Nr. 41
S. 14525–14900

1961
11. Oktober

Chemisches Zentralblatt

Vollständiges Repertorium für alle Zweige der reinen und angewandten Chemie

1830 gegründet. 1897—1945 von der Deutschen Chemischen Gesellschaft fortgeführt. Im Auftrage der Deutschen Akademie der Wissenschaften zu Berlin, der Chemischen Gesellschaft in der DDR, der Akademie der Wissenschaften zu Göttingen und der Gesellschaft Deutscher Chemiker (in der BRD)

herausgegeben von Prof. Dr. Heinrich Bertsch und Prof. Dr. Dr. h. c. Wilhelm Klemm

132. Jahrgang

1961

Chefredakteure: Dr. Willi Barz (komm.) und Dr. Eugen Klever

Akademie-Verlag GmbH., Berlin — Verlag Chemie, GmbH., Weinheim/Bergstr.

Inhalt

Postverlagsort: Berlin

Namenregister

Patentregister

Englische Patente (E.P.)

Französische Patente (F.P.)

Holländische Patente (Holl.P.)

Chemisches Zentralblatt

1961 **Bibliographien** Nr. 41

Neue Bücher

A. Elektrizität. Magnetismus. Elektrochemie

Karl M. Koch und **Werner Jellinghaus**, Einführung in die Physik der magnetischen Werkstoffe. Wien: Verl. Franz Deuticke. 1957. (VIII + 208 S. m. 176 Abb. u. 7 Tab.) 8°. DM 31,—.

Karl M. Koch und **Rudolf Reinbach**, Einführung in die Physik der Leiterwerkstoffe. Wien: Verl. Franz Deuticke. 1960. (VIII + 255 S. m. 144 Abb. u. 29 Tab.) 8°. DM 37,—.

A. Thermodynamik. Thermochemie

W. A. Kirpikow und **N. B. Kondukow**, Grundlagen der Thermodynamik der Strömung. Lehrbuch. Moskau: 1961. (122 S. m. Zeichnung.) [Russ.]

C. Präparative organische Chemie. Naturstoffe

Erwin Klingsberg, ed., Pyridine and its derivatives. Part 2. New York, London: Interscience 1961. (X + 576 S. m. Tab. u. Diagr.) 14 £ 2 s.

Keith Morton Seymour, Organic chemistry. Englewood Cliffs (New Jersey): Prentice-Hall. 1961. (321 S. m. Abb.) $ 9.—.

—, Soviet research in organo-silicon chemistry, 1949—1956. In English translation. New York: Consultants Bureau. 1960. (262 S. m. Abb.) $ 25. —.

D. Makromolekulare Chemie

T. Alfrey and others, Copolymerization. London: Interscience Publrs. 1961. (280 S. m. Abb. u. Tab.) = High polymers, vol. 8. 79 s.

C. B. Anfinsen and others eds., Advances in protein chemistry. Vol. 15. New York, London: Academic P. 1961. (X + 447 S. m. Abb., Tab. u. Diagr.) 93 s.

John D. Ferry, Viscoelastic properties of polymers. New York: Wiley. 1961. (482 S. m. Abb.) $ 15.—.

E. Pharmakologie. Therapie. Toxikologie. Hygiene

—, Pharmacotherapeutica 1950—1959. Collection of papers presented at the opportunity of the 10th anniversary of the Research Institute of Pharmacy and Biochemistry in Prague. Praha: Státní Zdravotnické Nakladatelství. 1961. (436 S. m. Abb. u. Tab.)

G. Analyse. Laboratorium

Wilhelm Autenrieth, Analisi chimica qualitativa. 4a ediz. Firenze: Sansoni edizioni scientifiche. 1960. (XII + 236 S. m. Abb.) L. 1500.—.

J. H. Avery and **A. W. K. Ingram**, Laboratory physics, rev. edit. London: Heinemann. 1961. (516 S. m. Diagr.) 25 s.

G. C. Barker and **A. W. Gardner**, Pulse polarography. London: H. M. S. O. 1961. (12 S. m. 10 Taf.) = A. E. R. E.-C/R. 2297. 4 s.

J.-A. Gautier, Mises au point de chimie analytique pure et appliquée et d'analyse bromatologique. 9e série. Paris: Masson. 1961. (210 S. m. 47 Abb. u. 31 Tab.) 40 NF.

I. M. Kolthoff and **P. J. Elving**, eds., Treatise on analytical chemistry. Vol. 2, part 1. London: Interscience Publrs. 1961. (518 S. m. Abb. u. Tab.) 120 s.

Izaak Maurits Kolthoff, ed., Treatise on analytical chemistry, vol 3, part 2. New York: Interscience. 1961. (XVII + 380 S. m. Abb.) $ 12. —.

Ludwig Medicus†, Einleitung in die chemische Analyse. 1. Bd.: Kurze Anleitung zur qualitativen Analyse. 28., erw. u. verb. Aufl. 2. Bd.: Kurze Anleitung zur Maßanalyse. Mit besonderer Berücksichtigung der Vorschriften des DAB. 6 und des Erg.-B. 6. 16., durchgesehene Aufl. Dresden, Leipzig: Theodor Steinkopff. 1961. 1. (VIII + 150 S. m. 13 Abb.) 8°. DM 10,70. 2. (XII + 400 S. m. 20 Abb.) 8°. DM 11,—.

Joseph Reilly and **Daniel Gerard O'Donovan**, Quantitative inorganic analysis; a students handbook. Cork: Cork U. P. 1956. (126 S. m. Diagr.) 10 s. 6 d.

—, Organische Reagenzien für die anorganische Analyse. 2. Aufl. Herausgeg. von E. Merck, Darmstadt. Weinheim/Bergstr.: Verl. Chemie 1961. (X + 139 S.) DM 9,—.

II. Allgemeine chemische Technologie

—, Regional Research Laboratory. Annual report 1959—60. Hyderabad: Regional Research Laboratory. 1961. (217 S.)

VI. Silicatchemie. Baustoffe

Ju. M. Butt und **L. N. Raschkowitsch**, Das Festwerden von Bindemitteln bei erhöhten Temperaturen. Moskau: Gosstroiisdat. 1961. (232 S. m. Abb.) 1 Rbl. 1 Kop. [Russ.]

VIII. Metallurgie. Korrosion

Ernest Clarence Rollason, Metallurgy for engineers. 3rd. edit. London: Edward Arnold. 1961. (VIII + 392 S. m. Abb., Tab. u. Diagr.) 20 s.

—, Eisenhütte. Taschenbuch für Eisenhüttenleute. 5., neubearb. Aufl. Herausgeg. vom Akademischen Verein Hütte, Berlin. Berlin: Verl. Wilhelm Ernst & Sohn. 1961. (XXXII + 1341 S. m. 1406 Abb. u. 549 Taf.) DM 112,—.

XII. Kautschuk

W. D. Huke, Introduction to natural and synthetic rubbers. London: Hutchinson. 1961. (160 S. m. Abb.) 25 s.

William Johnson Smith Naunton, ed., The applied science of rubber; prepared with the approval of the Institution of the Rubber Industry. London: Edward Arnold, 1961. (X + 1191 S. m. Abb., Tab. u. Diagr.) 8 £ 8 s.

Charles Henry Leigh-Dugmore, Microscopy of rubber. Cambridge: Institution of the Rubber Industry. 1961. (VI + 72 S. m. Taf.) 25 s.

XVII. Fette. Seifen. Wasch- und Reinigungsmittel. Wachse. Bohnermassen usw.

K. Durham, ed., Surface activity and detergency. London: Macmillan; New York: St. Martin's P. 1961. (XIII + 250 S. m. 14 Taf., Tab. u. Diagr.) 35 s.

XIX. Brennstoffe. Erdöl. Mineralöle

R. D. Obolenzew und **A. W. Maschkina**, Hydrogenolyse der schwefelorganischen Verbindungen des Erdöls. Moskau: Gosstoptechisdat. 1961. (144 S. m. Zeichng.) 58 Kop. [Russ.]

Ausgewertete Bibliographie-Fachzeitschriften

Belgien	Bibliographie de Belgique — Belgische Bibliographie	England	British Books (Incorporating the Publishers Circular & Booksellers Record)
ČSSR	Bulletin — Die Neuesten Forschungsergebnisse der Tschechoslowakischen Wissenschaft		British National Bibliography
	Nové Knihy (Neue Bücher)	Frankreich	Bibliographie de la France
	Novinky (Neuheiten)	Holland	Nieuwsblad voor de Boekhandel
Dänemark	Danske Bogmarked	Italien	Bibliografia Nazionale Italiana
Deutschland	Börsenblatt für den Deutschen Buchhandel — Frankfurter Ausgabe	Japan	Nōhon Shūhō (Current Publications)
	Börsenblatt für den Deutschen Buchhandel — Leipziger Ausgabe	Österreich	Österreichische Bibliographie
	Deutsche Bibliographie. Wöchentliches Verzeichnis. Ausgabe II. [Frankfurt/Main]	Schweiz	Schweizer Buch. Serie A und Serie B
	Deutsche Nationalbibliographie. Reihe A: Neuerscheinungen des Buchhandels [Leipzig]	UdSSR	Bücherverzeichnis des Jahres (Книжная летопись)
		USA	Publishers' Weekly

Chemisches Zentralblatt

1961 Nr. 41 11. Oktober

Geschichte. Unterricht

Kurt Heß 70 Jahre. H. Mahl. (Mikroskopie [Wien] **13.** 73–74. Sept. 1958.) (Dt.)
Lebensbild von K. Hess, geb. 5/10. 1888 in Krefeld, Professor der organ. Chemie in Freiburg, Karlsruhe, Berlin u. seit 1952 in Hannover, u. Würdigung seiner Arbeiten bes. in der Celluloseforschung, aber auch in der Chemie der Seifen u. Kohlenhydrate, sowie des Mehles. — Bild. W. Kuntz. 1□

Jnan Chandra Ghosh: 1894–1959. K. P. Basu. (J. sci. ind. Res. New Delhi, Sect. A **18.** 99–100. März 1959.) (Engl.)
Nachruf auf J. C. Ghosh [geb. 14/9. 1894 in Purulia (West Bengalen), gest. 21/1. 1959], Professor in Dacca, Bangalore u. Calcutta; Würdigung seiner Forschungen auf verschiedenen Gebieten der Chemie sowie seines Wirkens für die wissenschaftliche Forschung, techn. Erziehung u. industrielle Entw. in Indien. — Bild. W. Kuntz. 1□

Gedenkrede auf Paul Lebeau. L. Hackspill. (Bull. Soc. chim. France **1961.** 3–4. Jan.) (Franz.)
Gedenkrede anläßlich des Ablebens von Paul Lebeau (geb. 19/12. 1868, gest. 1959). A. Blaschette. 1□

Die hauptsächlichen Untersuchungen Paul Lebeaus. Georges Chaudron. (Bull. Soc. chim. France **1961.** 4–9. Jan.) (Franz.) — Vgl. vorst. Referat.
Übersicht über die Arbeiten Lebeaus, bes. auf dem Gebiet der Chemie des Be, der Arsenide u. Silicide, der Silane, der Gasanalyse, der Atomgewichts-Best., der Giftgase, der F-Verbb. u. der Rkk. bei hohen Temperaturen. Es folgt eine vollständige chronolog. Zusammenstellung der Veröffentlichungen (142 Arbeiten). A. Blaschette. 1□

Rudolf Nitsche. R. Ecker. (Kautschuk u. Gummi **12.** WT 13. Jan. 1959.) (Dt.)
Nachruf auf den leitenden Direktor der Abteilung „Organ. Stoffe" in der Landesanstalt für Materialprüfung Berlin-Dahlem, Prof. R. Nitsche, geb. 29/5. 1899 in Berlin-Charlottenburg, gest. 16/12. 1958, u. Würdigung seiner grundlegenden Arbeiten bes. über Kunststoffprüfung. — Bild. W. Kuntz. 1□

Einfluß der Arbeiten von A. Je. Faworski auf die Entwicklung der Chemie der hochmolekularen Verbindungen. (Zum 100. Geburtstag.) M. F. Schosstakowski. (Известия Академии Наук СССР, Отделение Химических Наук [Nachr. Akad. Wiss. UdSSR, Abt. chem. Wiss.] **1960.** 769–78. Mai.) (Russ.)
Kurze Würdigung der Verdienste von A. Je. Faworski bei der Entw. der Acetylenchemie u. die Beziehung der Arbeiten seiner Schule zur Synth. u. zur Unters. der Eigg. u. der Polymerisationsfähigkeit verschiedener Monomerer (bes. von substituierten Vinyläthern u. -thioäthern sowie Äthinylvinyläthern). — 30 Literaturzitate. H. Wergin. 1□

Emil Fischer (1852–1919). G. J. van Meurs. (Voeding **21.** 453–58. 15/9. 1960.) (Holl.)
Biographie u. Würdigung der biochem. Arbeiten E. Fischers. G. Kirsten. 1□

C. I. Istrati. E. Angelescu. (An. romîno-soviet., Ser. Chim. **12.** Nr. 2. 5–25. April/Juni 1957.) (Rum.)
C. I. Istrati (1850–1918) war der erste Professor für organ. Chemie an der Universität Bukarest. Er hat auf verschiedenen Gebieten der organ. u. der anorgan. Chemie gearbeitet u. auch chem. Lehrbücher verfaßt. — Bibliographie mit 78 Titeln, Bild. R. K. Müller. 1□

Petrologische Fragen in den Arbeiten von A. N. Sawaritzki. Ss. P. Ssolowjew. (Записки Всесоюзного Минералогического Общества [Schr. Allunions mineralog. Ges.] [2] **89.** 82–89. 1960.) (Russ.)
Überblick über die Arbeiten A. N. Sawaritzkis (1884–1952) u. ihre Bedeutung für die Entw. der Petrologie. Er erforschte nicht nur Zus. u. Bldg.-Bedingungen von Gesteinen u. Gesteinsgruppen, sondern beschäftigte sich auch mit den Bodenschätzen, Geologie u. Tektonik, teilweise sogar mit Problemen der Kristallographie u. Mineralogie soweit sie Nachbargebiete der Petrologie berührten. H. Noack. 1

Begriffliche Entwicklungen im griechischen Atomismus. S. Sambursky. (Arch. int. Histoire Sci. **11.** 251—61. Juli/Sept. 1958. Jerusalem, Hebrew Univ.) (Engl.)

Hinweis auf die Ausgestaltung der Atomlehre von Leukippos u. Demokrit durch Epikur u. spätere hellenist. Denker in bezug auf Größe u. Gestalt der Atome.
W. Kuntz. 2□

Der Einfluß von Legierungspartnern auf homologe Linienpaare. (Spektralanalytische Untersuchung des Dolches des Tut-anch-Amon.) (Zusammenfassung.) W. Jaschek. (Spectrochim. Acta [London], Proc. Colloquium spectroscop. int. VI **1956.** 290. 1957. Wien, TH, Inst. für Phys. Chem.) (Dt.)

Die Spektralaufnahme vom Funkenspektrum des Dolches des Tut-anch-Amon mit einer Pt-Gegenelektrode ergibt qual. Fe, Ni, Co, Cr, Mo, Si u. Pb. Quant. Auswertung nach der Meth. der homologen Linienpaare ergibt 9% Ni u. 0,5% Cr, wodurch die meteorit. Herkunft des Dolchmaterials als erwiesen angesehen werden kann. Zur Festlegung der Linienpaare wurde ein von den Anregungsbedingungen prakt. unabhängige Linie Fe I 2718,43 verwendet.
H.-J. Hartmann. 2□

Spektraluntersuchung von metallischen Gegenständen aus archäologischen Gräbern des Kaukasus und Festlegung ihres Alters (3. und 2. Jahrtausend vor Christum). I. R. Sselimchanow. (Известия Академии Наук Азербайджанской ССР, Серия Геолого-Географических Наук [Nachr. Akad. Wiss. AserbaidshanSSR, Ser. geol.-geogr. Wiss.] **1960.** Nr. 1. 105—21.) (Russ.)

Spektralanalyse der in verschiedenen Hünengräben des Kaukasus u. Krasnodargebietes ausgegrabenen archäolog. Funden (metall. Gegenstände) vom 3. u. 2. Jahrtausend vor Christus zeigte, daß diese nicht aus reinem Cu, sondern meist aus Legg. Cu + As bestehen, wobei der maximale As-Geh. ca. 10% erreicht. In anderen Gegenständen (Dolche u. ähnliches) wurden neben As oder ohne dieses auch bedeutende Mengen von Sn ermittelt. „Beilhacken" aus Maikop-Hünengräben enthalten neben Cu (94,10—97,30%) 2,03—4,55% As, kleine Mengen von Sn, Pb, Sb, 0,049—0,5% Ag, 0,003—0,005% Au, Bi, Ni, Fe.
M. Wroblewski. 2□

Nachweis der Echtheit antiker Steinobjekte durch physikalische und chemische Methoden. Fred H. Stross. (Analytic. Chem. **32.** 17A—19A. März 1960. Emeryville, Calif., Shell Developm. Co.) (Engl.)

Vf. berichtet über die Möglichkeiten u. Schwierigkeiten bei dem Nachw. der Echtheit alter Skulpturen. Am Beispiel ägypt. Skulpturen, deren Echtheit angezweifelt wurde, wird erläutert, daß eine Kombination verschiedener Meth. eine gewisse Sicherheit geben kann. Es wird bes. auf die Beobachtung der Oberfläche unter UV-Bestrahlung hingewiesen.
H. Pluskal. 2□

Die Soester Arzneimittelliste (um 1615). Wolfgang Schneider. (Dtsch. Apotheker-Ztg. **100.** 716—18. 23/6. 1960. Braunschweig, TH, Pharmaziegeschichtl. Sem.) (Dt.)
W. Barz. 2□

Die Erfindung des Portlandzements. P. W. Scharroo. (Arch. int. Histoire Sci. **11.** 270—74. Juli/Sept. 1958. Den Haag.) (Franz.)

Überblick über die Geschichte des Zements, die prakt. Herst. des von ihm so benannten Portlandzements durch Joseph Aspdin (1779—1855) u. die Verbesserung u. Ausgestaltung des Produktionsprozesses auf wissenschaftlicher Grundlage durch Isaac Charles Johnson 1844.
W. Kuntz. 2□

Braggscher Beugungsapparat. Robert G. Marcley. (Amer. J. Physics **28.** 415—17. Mai 1960. New York, N.Y., Amer. Inst. of Phys.) (Engl.)

Vf. beschreibt einen App., mit dem man ohne Verw. von Röntgenstrahlen das Braggsche Beugungsgesetz experimentell untersuchen kann. Der App. ist ein makroskop. Analogon eines Kristallgitters, während die beugenden Strahlen 3-cm-Mikrowellen sind. Angenommen wird ein kub. Gitter mit a = 4,25 cm. Das eigentliche Gitter besteht aus Al-Kugeln, die in Reihen von je 4 mit einem Abstand von 4,25 cm zwischen den Kugeln auf Nylonfasern aufgezogen sind. Das ganze Gitter besteht aus 16 solcher Reihen.
C. Gottfried. 6

A. Allgemeine, physikalische u. anorganische Chemie

Stand der Kenntnis der Fundamentalkonstanten der Physik und Chemie im Januar 1959. J. W. M. Du Mond. (Ann. Physics **7.** 365—403. Aug. 1959. Pasadena, Calif., California Inst. of Technol.) (Engl.)

Vf. diskutiert die neuesten Werte der Fundamental-Konst., 26 Beispiele von Neubest. sowie die wechselseitige Abhängigkeit der Werte untereinander u. zeigt, daß zur Aufstellung eines mit allen Verknüpfungsgesetzen u. mit allen Präzisionsmessungen verträglichen Syst. der Fundamental-Konst. eine gleichzeitige Analyse u. Synth. der Daten aller Konst. erforderlich ist. Eine graph. Darst. der „Bestwerte" der Fundamental-Konst. N, m, e, α^{-1} u. h zeigt, daß die Fehlerbereiche ständig enger werden u. im allg. auch innerhalb der Fehlergrenzen der vorangehenden Best. liegen. D. JÖRCHEL. 10□

Adiabatische Invarianten in der Quantenmechanik. L. M. Garrido. (Physica [Utrecht] **26.** 501—04. Juli 1960. Zaragoza, Fac. de Ci.) (Engl.)

Es wird u. a. gezeigt, daß die Bewegungs-Konst. eines Syst., das sich unter einer zeitunabhängigen HAMILTON-Funktion H_0 entwickelt, in einigen Fällen adiabat. Invarianten n-ter Ordnung sind. J.-M. SPAETH. 10□

Verhalten eines kleinen Quantensystems in einem schwach streuenden Medium. Einige Anwendungen auf Coulomb-Wechselwirkungen. F. Englert. (Physics Chem. Solids **11.** 78—91. Sept. 1959. Bruxelles, Univ. libre.) (Franz.)

Entw. eines HAMILTON-Formalismus zur Unters. des Verh. eines Syst. mit wenigen Freiheitsgraden in einem schwach streuenden Medium. Der Einfl. des Mediums wird im HAMILTON-Formalismus durch renormalisierte Operatoren dargestellt. Die allg. Theorie wird dann auf coulombsche Zwischenkräfte angewandt. Einige neue Ergebnisse werden im Bezug auf geladene Teilchen, die sich in einem Elektronengas bewegen u. für Excitonen, die sich in Festkörpern befinden, abgeleitet. H. SCHIBILLA. 10□

Die Renormalisierungskonstanten in der Störungstheorie. J. G. Taylor. (Nuovo Cimento [10] **17.** 695—702. 1/9. 1960. Cambridge, Univ., Dep. of Appl. Math. and Theoret. Phys.) (Engl.)

Eine einfache Theorie von Produkten von Verteilungen wird auf die Störungs-Entw. von Quantenfeldtheorien angewendet. Vf. versucht, ein Schema der Renormalisierung in der Störungstheorie aufzustellen, wobei keine unendlichen Größen auftreten. HERBERT WEBER. 10□

A₁. Kernphysik und Kernchemie

Atmosphärische Temperatureffekte auf die solare tägliche Änderung der Höhenstrahlintensität. J. J. Quenby und T. Thambyahpillai. (Philos. Mag. [8] **5.** 585—600. Juni 1960. London, Imperial Coll. of Sci. and Technol.) (Engl.)

Die solare tägliche Änderung der Höhenstrahl-Mesonenintensität, die durch die period. Erwärmung der Atmosphäre durch die Sonne verursacht wird, wird aus einem Vgl. der Ionisationskammer- u. Neutronenmonitordaten von HUANCAYO abgeleitet. Die Amplitude ergibt sich zu 0,11%, das zeitliche Maximum liegt bei 5^{30} Uhr. HERBERT WEBER. 85□

Änderungen der Höhenstrahlintensität und das interplanetarische Magnetfeld. H. Elliot. (Philos. Mag. [8] **5.** 601—19. Juni 1960. London, Imp. Coll. of Sci. and Technol.) (Engl.)

Ausführliche Darst. der C. **1961.** 725 referierten Arbeit. HERBERT WEBER. 85□

Eine Nebelkammeruntersuchung von Kernwechselwirkungen mit Energien von etwa 100 GeV. L. Montanet, J. A. Newth, G. Petrucci, R. A. Salmeron und A. Zichichi. (Nuovo Cimento [10] **17.** 166—88. 16/7. 1960. Geneva, CERN.) (Engl.)

Es wird über Kernwechselwrkg. von Höhenstrahlen mit ca. 100 GeV berichtet, die in einer magnet. Nebelkammer in 3500 m Höhe beobachtet wurden. Die Analyse der Wechselwrkg. wird beschrieben, die zur Deutung der Messungen notwendigen Hypothesen werden diskutiert. Die Ergebnisse von 41 Ereignissen werden mitgeteilt. L. ROTH. 85□

Spektrum von durch geladene Höhenstrahlenkomponenten erzeugten π^--Mesonen. G. W. Chrimjan, T. L. Assatiani und W. M. Krischtschjan. (Известия Академии Наук Армянской ССР, Серия Физико-Математических Наук [Nachr. Akad. Wiss. ArmenSSR, Ser. physik.-math. Wiss.] **13.** Nr. 3. 117—22. 1960. Physik. Inst. der Akad. der Wiss. der ArmenSSR.) (Russ.; Auszug: Armen.)

Auf 3200 m wurden mittels eines magnet. Spektrometers, einer Anordnung aus Zählern, Cu- u. Graphitfolien, die Impulsspektren der durch die geladenen Komponenten der Höhenstrahlung in Pb von 10—25 cm Dicke erzeugten Pionen untersucht. Neben den abgebremsten Pionen wurden solche erfaßt, die alle Absorber durchliefen u. aus Sternen mit ≥2 Zacken stammen. Es wurde ein Spektrum der Form $N(p) \sim p^{-2,3}$ gefunden. M. WIEDEMANN. 90□

Phänomenologische Untersuchung der Pionen-Photoerzeugung mit polarisierten Photonen. G. T. Hoff. (Physic. Rev. [2] **122.** 665—69. 15/4. 1961. Chicago, Ill., Univ. of Chicago, Enrico Fermi Inst. for Nucl. Stud.) (Engl.)

Ausdrücke für die Winkelverteilungen u. Polarisationen bei der Photoerzeugung von Pionen durch polarisierte Photonenbündel wurden aus der phänomenolog. Erzeugungsmatrix abgeleitet. Die zur vollständigen Best. der Multipolamplituden erforderlichen Experimente werden diskutiert. HERBERT WEBER. 90□

V–Θ-Stöße im Lee-Modell. R. D. Amado. (Physic. Rev. [2] **122.** 696–704. 15/4. 1961. Philadelphia, Pa., Univ. of Pennsylvania, Dep. of Phys.) (Engl.)

Die Meth. der Dispersionstheorie werden benutzt, um einen exakten Ausdruck für die elast. V–Θ-Streuamplitude u. die Amplitude für den Erzeugungsprozeß $V + \Theta \rightarrow N + 2\Theta$ im LEE-Modell zu erhalten. HERBERT WEBER. 90□

Geisterzustände und Paareffekte im Lee-Modell. L. M. Scarfone und W. A. McKinley. (Nuovo Cimento [10] **17.** 678–86. 1/9. 1960.) (Engl.)

Unters. über Paareffekte beim Θ-Teilchen u. über Geisterzustände im V- u. Θ-Spektrum. HERBERT WEBER. 90□

Λ-Bindung in Hyperkernen durch nichtlokale Wechselwirkung. G. Rajasekaran und S. N. Biswas. (Physic. Rev. [2] **122.** 712–18. 15/4. 1961. Bombay, Tata Inst. of Fundamental Res.) (Engl.)

Die Charakteristik der Λ–N-Wechselwrkg. bei niedriger Energie wurde unter der Annahme erhalten, daß das Λ–N-Potential nichtlokal, aber trennbar u. ähnlich dem von YAMAGUCHI im Fall des N–N-Potentials vorgeschlagenen ist. HERBERT WEBER. 90□

Mesonische Atome. D. West. (Rep. Progr. Physics **21.** 271–311. 1958. Harwell, Berks., A.E.R.E.) (Engl.)

Übersicht über die Eigg. meson. Atome u. die Informationen, die aus Messungen der Röntgenlinienenergien, der Röntgenstrahlausbeuten, der Lebensdauern u. Niveaubreiten zu gewinnen sind. Bes. werden die relative Wahrscheinlichkeit des Einfangs eines Mesons durch die Bestandteile einer chem. Verb., meson. Moll. u. die Katalyse von Kern-Rkk. zwischen H-Isotopen sowie aus K-Mesonen u. Hyperonen gebildete meson. Atome behandelt. D. JÖRCHEL. 90□

Neuere Entwicklungen in der Kernphysik. L. Gilly. (Ind. chim. belge **25.** 27–34. Jan. 1960. Louvain, Univ., Centre de Phys. nucl., Inst. Interuniv. des Sci. Nucl.) (Franz.)

Bericht über die Auswirkung der Entdeckung der Mesonen u. Antiteilchen auf die Erforschung der Struktur der Materie. GERHARD SCHMIDT. 90□

Über die Wellengleichung zweiter Ordnung von Fermionen. 2. Mitt. G. Marx. (Nuclear Physics [Amsterdam] **10.** 468–74. April 1959. Budapest, Roland Eötvös Univ., Inst. for Theoret. Phys. and Central Res. Inst. for Phys.) (Engl.) — 1. vgl. Nuclear Physics [Amsterdam] **9.** [1958.] 337.

Vff. zeigen, daß der Wellenoperator für das Nucleon (u. für andere Fermionendubletts) die irreduzierbare Darst. der durch P′ u. C′ erweiterten LORENTZ-Gruppe ist. Die nach dieser u. nach der Theorie von GELL-MANN erhaltenen Ergebnisse sind nicht im Einklang mit den Zerfallsdaten fremdartiger Teilchen. GERHARD SCHMIDT. 90□

Über die allgemeine Stoßtheorie für Teilchen mit Spin. M. Jacob und G. C. Wick. (Ann. Physics **7.** 404–28. Aug. 1959. Upton, N.Y., Brookhaven Nat. Labor.) (Engl.)

Vff. entwickeln eine Neuformulierung der allg. Theorie bin. Rkk. unter Beteiligung von Teilchen mit beliebigen Spins derart, daß auch relativist. Teilchen einschließlich Photonen damit behandelt werden können. Wesentlich ist dabei die Verw. von longitudinalen Spinkomponenten („Helizitätszuständen“) nicht nur in den Anfangs- u. Endzuständen, sondern auch in den Drehimpulszuständen, die wie üblich zur Reduzierung der S-Matrix auf eine einfachere Form benutzt werden. Ausdrücke für die Streu- u. Rk.-Amplitude, die Intensität sowie die Polarisation werden angegeben u. auf einige Beispiele angewendet. D. JÖRCHEL. 90□

Spektralverteilung der gestreuten γ-Strahlung. N. Dubinskaja und U. Ulmaniss. (Известия Академии Наук Латвийской ССР [Nachr. Akad. Wiss. LettSSR] **1960.** Nr. 5. 61–66.) (Russ.; Auszug: Lett.)

Eine ^{137}Cs-Quelle von 0,56-g-Äquivalent Ra befand sich in einem Pb-Kollimator mit zylindr. Kanal von 2–10 mm ∅ u. 170–200 mm Länge. In 90 cm Abstand befanden sich Al-, Fe-, Zn- oder Pb-Folien von 2500 cm² Fläche u. verschiedener Dicke, die streuend u. reflektierend wirkten. Der Abstand zum Detektor, einem Scintillationsspektrometer, betrug 10–60 cm, der Einfallswinkel auf den Streuer 0–180°. Die spektrale Verteilung der gestreuten sowie reflektierten γ-Strahlung wurde gemessen. M. WIEDEMANN. 90□

Winkelverteilung der reflektierten γ-Strahlung. U. Ulmaniss. (Известия Академии Наук Латвийской ССР [Nachr. Akad. Wiss. LettSSR] **1960.** Nr. 9. 67–72. Inst. für Phys. der Akad. der Wiss. der LettSSR.) (Russ.; Auszug: Engl.)

Mittels eines Scintillationsspektrometers als Detektor wurde die Winkelverteilung der reflektierten γ-Strahlung aus ^{170}Tm, ^{75}Se, $^{113,123}Sn$, ^{137}Cs, $^{152,154}Eu$ u. ^{60}Co in Abhängigkeit von der Energie (1,25 MeV bei ^{60}Co bis 84 keV bei ^{170}Tm), der Dicke (bis zu 90 mm) u. der Natur des streuenden Mediums (Plexiglas, Fe, Al, Pb) untersucht. Der Einfallswinkel betrug 0°. Mit zunehmender Schichtdicke u. abnehmender Primärenergie näherte sich die Winkelverteilung dem cos-Gesetz, bei niedriger Primärenergie hing die Verteilung prakt. nicht vom Medium ab. M. Wiedemann. 90□

Einige Beobachtungen über das Energiespektrum der Bremsstrahlung niedriger Energie aus Elektronen der Energie $\leq 10^{12}$ eV. P. K. Aditya. (Indian J. Physics Proc. Indian Assoc. Cultivat. Sci. **34/43.** 302—06. Juli 1960. Chandigarh, Panjab Univ., Dep. of Phys.) (Engl.)

Vf. beobachtet das Energiespektrum der Photonen $>$30 MeV, die durch die Bremsstrahlung von energiereichen Elektronen von 10^{11}—10^{12} eV emittiert worden sind. Das Energiespektrum für Elektronenpaare, die über die erste 1,5-Kaskadenlänge beobachtet werden, wird graph. wiedergegeben. Die Beobachtungen dienen zur Prüfung des Einfl. der Dichte des Mediums. Es wird keine signifikante Abweichung von der üblichen Theorie festgestellt. Gerhard Schmidt. 90□

Möglichkeit der Polarisation freier Elektronen. S. Yamaguchi. (Indian J. Physics Proc. Indian Assoc. Cultivat. Sci. **32 (41).** 45—47. Jan. 1958. Tokyo, Sci. Res. Inst. — C. **1958.** 13409 u. C. **1959.** 15255.) (Engl.) D. Jörchel. 90□

Kerneigenschaften von Antinucleonen. Emilio Segrè. (Природа [Natur] **50.** Nr. 4. 35—42. April 1961. Berkeley, Calif., Univ. of California, Phys. Dep., Radiat. Labor.) (Russ.) — Vgl. C. **1961.** 1797.

Überblick über die Entdeckung u. den Nachw. von Antiprotonen u. Antineutronen, ihre Eigg. wie Spin u. Parität, sowie über die verschiedenen Querschnitte für Streuung. M. Wiedemann. 90□

Reichweite der Proton-Antiproton-Vernichtung nahe 1,0 GeV. Osamu Hara. (Physic. Rev. [2] **122.** 669—71. 15/4. 1961. Minneapolis, Minn., Univ. of Minnesota, School of Phys.) (Engl.)

Eine Berechnung der p-$\bar{p}$-Vernichtung für Antiprotonen mit Energien nahe 1 GeV ergab als Reichweite $(1{,}19 \pm 0{,}07) \cdot 10^{-13}$ cm. Herbert Weber. 90□

Über die pionen- und elektromagnetische Struktur der Nucleonen. B. B. Dotzenko. (Український Фізичний Журнал [Ukrain. physik. J.] **5.** 295—307. Mai/Juni 1960. Inst. für Physik der Akad. der Wiss. der UkrainSSR.) (Ukrain.; Auszug: Engl.) — Vgl. C. **1961.** 11598.

Bei der Untersuchung der Struktur des Nucleons werden als Grundzustände der Pionenschale Zwei- u. Dreipionenzustände angesehen. Die ersteren sind gut zu berechnen, für die letzteren wird ein einfaches dynam. Modell vorgeschlagen. Danach wird das emittierte virtuelle Pion im Feld des Core in ein Nucleon-Antinucleon-Paar polarisiert. Wellenfunktionen u. Energiewerte dieses „gebundenen" Zustands werden ermittelt. Die Dichteverteilung im Core, das mittlere Quadrat des elektr. u. magnet. Radius u. die Beiträge des magnet. Moments werden in Übereinstimmung mit experimentellen Daten u. anderen Abschätzungen erhalten. M. Wiedeman. 90□

Beitrag der fremdartigen Teilchen zu den magnetischen Momenten des Nucleons. Hsüch-Hui Kung. (Acta physica sinica **16.** 57—60. 1960. Nankai Univ.) (Chin.; Auszug: Engl.)

Vf. berechnet das anomale Moment des Nucleons mit verschiedener Masse der fremdartigen Teilchen u. vergleicht die Berechnungen mit dem Ergebnis von Gupta (C. **1959.** 6016), das den Effekt der verschiedenen Masse der fremdartigen Teilchen nicht berücksichtigt. Gerhard Schmidt. 90□

Formfaktor des Neutrons aus der Elektrozertrümmerung des Deuterons. S. K. Bose. (Nuovo Cimento [10] **17.** 767—74. 1/9. 1960. Rochester, N.Y., Univ. of Rochester, Dep. of Phys. and Astronomy.) (Engl.)

Vorschlag einer Extrapolations-Meth. zur Best. des magnet. Formfaktors des Neutrons aus der Elektrozertrümmerung des Deuterons ($e + d \rightarrow e + n + p$). Herbert Weber. 90□

Grenzverhalten (boundedness) und Stabilität in nichtlinearer Reaktordynamik. Elias P. Gyftopoulos und Jacques Devooght. (Nuclear Sci. Engng. **7.** 533—40. Juni 1960. Cambridge, Mass., MIT, Dep. of Electric. and Nucl. Engng.) (Engl.)

Neuformulierung des Problems des Grenz-Verh. u. der Stabilität (Welton, 1955) des Leistungsniveaus eines Kernreaktors, das sich durch ein nichtlineares Modell beschreiben läßt. Ein ausreichendes Kriterium für das Grenz-Verh. u. die Stabilität wird abgeleitet u. an 2 Beispielen (Reaktor mit zirkulierendem Brennstoff u. KEWB-Reaktor) demonstriert. Gerhard Schmidt. 90□

Das Black-void-Reaktor-Konzept. C. O. Muehlhause. (Nuclear Sci. Engng. **7.** 505—07. Juni 1960. Washington, D.C., Nat. Bur. of Stand.) (Engl.)

Vf. betrachtet die Anwendung stark bestückter zylindr. Brennelemente, die für therm. Neutronen undurchlässig erscheinen, auf 2 Reaktorkonfigurationen. Durch die getroffene Anordnung wird ein schneller Neutronenfluß (frei von therm. Neutronen) für Bestrahlungs-Unterss. erhalten. Gerhard Schmidt. 90□

Ein H_2O–D_2O-moderierter Reaktor. Norman P. Klug und P. F. Zweifel. (Nuclear Sci. Engng. **7.** 541—44. Juni 1960. Ann Arbor, Mich., Univ. of Michigan, Nucl. Engng. Dep.) (Engl.)

Vff. berechnen den Multiplikationsfaktor in natürlichen UO_2-Gittern unter Verw. von Mischungen aus H_2O u. D_2O als Moderator. Die bei der Unters. variierten Parameter sind das Metall- zu Wasser-Vol.-Verhältnis, der Stabdurchmesser u. das H_2O- zu D_2O-Verhältnis. Aus der K_∞-Darst. in Abhängigkeit vom H- zu D-Verhältnis geht hervor, daß $H_2O + D_2O$-Mischungen in einigen Fällen vorteilhaft sind, wobei leichte Brennstoffanreicherung erforderlich sein kann. Gerhard Schmidt. 90□

Wechselwirkungen von 6,2-GeV-Protonen in Emulsionen. 1. Mitt. **Allgemeine Ergebnisse.** H. Winzeler, B. Klaiber, W. Koch, M. Nikolic und M. Schneeberger. (Nuovo Cimento [10] **17.** 8—34. 1/7. 1960. Bern, Univ., Physik. Inst.) (Engl.)

Bei der Verfolgung von 6,2-GeV-Protonen in Ilford-G 5-Emulsionen wurden ca. 700 Wechselwrkg. beobachtet. Die Auswertungen, bes. von 42 möglichen Stößen Proton–freies Proton, werden mitgeteilt u. mit den Ergebnissen der statist. Theorie sowie einer Modifizierung derselben verglichen. Ca. 50% sämtlicher Stöße sind periphere Stöße, die zur Isobaren-Bldg. führen. L. Roth. 90□

Phänomenologische Eigenfunktionen und Potentiale für den Deuteron-Grundzustand. 2. Mitt. L. Hulthén und L. T. Hedin. (Kgl. norske Vidensk. Selsk., Forh. **31.** Nr. 4. 1—7. 1958. Stockholm, Royal Inst. of Technol., Inst. of Theoret. Phys.) (Engl.) — 1. vgl. Kgl. norske Vidensk. Selsk., Forh. **31.** Nr. 3. [1958.] 1.

Vff. erörtern an Hand von Kurven u. Tabellenwerten das Verh. dieser Eigenfunktionen, das stark von der Wahl des cut-off-Radius r_c u. der D-Zustandswahrscheinlichkeit p_D abhängt, sowie die Eigg. der Zentral- u. Tensorpotentiale, bes. deren asymptot. Verhalten. D. Jörchel. 90□

Mittlerer Energieaufwand pro Ionenpaar in Gasen und Gasgemischen. J. M. Valentine und S. C. Curran. (Rep. Progr. Physics **21.** 1—29. 1958. Glasgow, Region. Phys. Dep., Western Region. Hosp. Board; Aldermaston, Berks., Atom. Weapons Res. Establishm.) (Engl.)

Übersicht über theoret. u. experimentelle Unterss. zur Best. des mittleren Energieaufwands w pro erzeugtes Ionenpaar. Behandelt wird die Ionisation durch Elektronen, α-Teilchen, Protonen, schwere Rückstoßteilchen u. Spaltfragmente. D. Jörchel. 90□

Die Struktur des Atomkerns. R. J. Blin-Stoyle. (Contemporary Physics **1.** 17—34. Okt. 1959. Oxford, Univ., Wadham Coll.) (Engl.)

Übersicht über die Eigg. des Atomkerns mit besonderer Berücksichtigung der Kernkräfte u. Kernmodelle. Herbert Weber. 95□

Eine Schalenmodellberechnung mit Reaktionsmatrix. M. K. Banerjee und Binayak Dutta Roy. (Ann. Physics **7.** 484—503. Aug. 1959. Calcutta, Saha Inst. of Nucl. Phys.) (Engl.)

Vff. berechnen mittels einer Näherungsform für die Rk.-Matrix die Niveauabstände von ^{42}Ca. Als Parameter der Matrix wurden die Korrelationslänge u. eine mit der effektiven Masse assoziierte Größe gewählt. Die theoret. Werte der Niveauabstände stimmen mit den experimentellen befriedigend für Parameterwerte überein, die mit Abschätzungen aus den Eigg. der Kernmaterie verträglich sind. Die Berechnungen werden mit anderen, ohne Rk.-Matrix durchgeführten Schalenmodellberechnungen verglichen. D. Jörchel. 95□

Die Coulombsche Kernanregung. Ilona Fodor. (Fizikai Szemle [Physikal. Rdsch.] **10.** 141—48. Mai 1960. Központi Fiz. Kutatô Int.) (Ung.)

Übersicht. G. Halmi. 95□

Elektromagnetische Anregung von Kernen durch Kerngeschosse und Elektronen. R. Huby. (Rep. Progr. Physics **21.** 59—111. 1958. Liverpool, Univ.) (Engl.)

Vf. entwickelt die theoret. Meth. zur Behandlung der Anregung von Kernen durch elektromagnet. Wechselwrkg. mit Elektronen u. Kernen u. beschreibt zahlreiche experimentelle Ergebnisse. Im Anhang wird auf die magnet. Anregung eingegangen. D. Jörchel. 95□

Die Theorie der Kollektivanregungen in Kernen. D. M. Brink. (Rep. Progr. Physics **21.** 144—64. 1958. Oxford, Clarendon Labor.) (Engl.)

Vf. behandelt die Kollektiv- u. Einzelteilchengesichtspunkte des zuerst von BOHR [1952] vorgeschlagenen vereinheitlichten Modells sowie die Berechnungs-Meth. u. Ergebnisse. Es werden Kerndeformationen, -rotationen u. -schwingungen betrachtet. Abschließende Diskussionen gelten neuen theoret. Entw., die das Modell von der einschränkenden Voraussetzung der adiabat. Näherung frei zu machen versuchen.

D. JÖRCHEL. 95□

Winkelverteilung von polarisierten, aus orientierten Kernen emittierten Elektronen. Hormoz Mahmoud. (Ann. Physics **7.** 429—39. Aug. 1959. Ames, Iowa, Iowa State Coll., Inst. for Atom. Res., Dep. of Phys.) (Engl.)

Vf. leitet einen exakten Ausdruck für diese Winkelverteilung ab, der als einzige unbekannte Größen die red. Matrixelemente enthält; diese lassen sich allein auf Grund eines angenommenen Kernmodells berechnen. D. JÖRCHEL. 103□

Übertragungskernreaktionen. 2. Mitt. M. Demeur und A. Gribaumont. (Bull. Cl. Sci., Acad. roy. Belgique **45.** [5] 533—45. 1959. Bruxelles, Univ. Libre.) (Franz.) — 1. vgl. C. **1960.** 10825.

Im Anschluß an l. c. wenden Vff. die Störungstheorie auf Übertragungs- u. Anregungs-Kern-Rkk. an. Die Querschnitte werden nach der Stoßparameter-Meth. berechnet. GERHARD SCHMIDT. 103□

Statistische Emission von Nucleonen bei Reaktionen, die durch 14-MeV-Neutronen hervorgerufen worden sind. U. Facchini, I. Iori und E. Menichella. (Nuovo Cimento [10] **16.** 1109—31. 16/7. 1960. Torino, Univ., Ist. di Fis.; Milano, Labor. CISE.) (Engl.)

Vff. analysieren eine Anzahl von Kern-Rkk. für mittlere u. leichte Kerne ($10 < Z < 40$), speziell (n, p)-Rkk. mit 14-MeV-Neutronen. Der Ausdruck $n(\varepsilon)/\varepsilon\,\sigma^*$, der proportional der Kernniveaudichte ist, wird für ε im Bereich von 4—10 MeV ausreichend genau durch ein Exponentialgesetz wiedergegeben. Die Exponenten werden für mittlere ($20 < Z < 40$) u. leichtere Kerne angegeben. σ^* wird unter der Annahme $r_0 = 1{,}4 \cdot 10^{-13}$ cm für Neutronen u. $r_0 = 1{,}6 \cdot 10^{-13}$ cm für Protonen berechnet. Auf einer solchen Basis stimmt das Verhältnis σ (n, p)/σ (n, n_J) mit dem Verdampfungsmodell überein, wenn die Q-Werte der Rk. u. die Tatsache betrachtet werden, daß der Restkern gerade–gerade oder ungerade–ungerade ist. Aus solchem Verhältnis, daß für gerade–A-Kerne berechnet worden ist, lassen sich Werte für die Paar-Bldg.-Energie Δ erhalten, die mit den berechneten Werten von CAMERON [1958] übereinstimmen. Ebenso für (n, 2n)-, (n, np)- u. (p, n)-Rkk. an mittleren Kernen liefert das Verdampfungsmodell befriedigende Ergebnisse für die Interpretation der Querschnittsänderungen.

GERHARD SCHMIDT. 103□

Energieniveaus in ^{28}Si aus der Reaktion ^{27}Al(p, γ) ^{28}Si. P. M. Endt und A. Heyligers. (Physica [Utrecht] **26.** 230—54. April 1960. Utrecht, Rijksuniv., Fys. Labor.) (Engl.)

Vff. untersuchen die γ-Spektren aus 12 Resonanzen der Rk. ^{27}Al(p, γ)^{28}Si im E_p-Bereich von 500—800 keV mit Scintillationsspektrometern. Einfach- u. Koinzidenzspektren werden gemessen, aus denen die Verzweigungen beim Zerfall der Resonanzniveaus u. der niedrigeren Niveaus bei $1{,}783 \pm 0{,}008$; $4{,}623 \pm 0{,}05$; $6{,}28 \pm 0{,}02$; $6{,}88 \pm 0{,}05$; $7{,}27 \pm 0{,}02$; $7{,}42 \pm 0{,}02$; $7{,}93 \pm 0{,}03$; $8{,}32 \pm 0{,}05$; $8{,}41 \pm 0{,}05$; $8{,}59 \pm 0{,}03$; $8{,}92 \pm 0{,}02$; $9{,}31 \pm 0{,}02$; $9{,}38 \pm 0{,}02$; $9{,}49 \pm 0{,}02$; $9{,}76 \pm 0{,}02$ u. $10{,}71 \pm 0{,}02$ MeV erhalten werden. Die Niveaus bei 9,31; 9,38 u. 10,71 MeV besitzen mit großer Wahrscheinlichkeit $T = 1$-Charakter. Sie würden dem Grundzustand, dem 0,03-MeV- u. dem 1,37-MeV-Niveau in ^{28}Al mit $J^{\pi} = 3^+$, 2^+ bzw. 1^+ entsprechen. Aus Ausbeutemessungen werden die Resonanzstärkefunktionen für sämtliche Resonanzniveaus erhalten.

GERHARD SCHMIDT. 103□

Der Zerfall von ^{34m}Cl. Tsutomu Tōhei. (J. physic. Soc. Japan **15.** 372—76. März 1960. Sendai, Tohoku Univ., Dep. of Phys., Fac. of Sci.) (Engl.)

Vf. untersucht die γ-Strahlen, die dem Zerfall von ^{34}Cl folgen, mit einem Scintillationsspektrometer unter Verw. eines NaJ(Tl)-Kristalls (4 in. × 4 in.) u. eines 100-Kanal-Impulshöhenanalysators. Die Proben werden mit einem Betatron durch die Rk. ^{35}Cl(γ, n)^{34}Cl erhalten. Es werden γ-Strahlen von 1,17; 2,14; 3,32 MeV u. 3 schwache γ-Strahlen von 0,64; 0,77 u. 4,10 MeV beobachtet. Die relativen Intensitäten sind I (1,17 MeV): I (2,14 (MeV): I (3,32 MeV): I (4,10 MeV) = 32:100:32:1,0. Das Positronenverzweigungsverhältnis für den Zerfall aus dem isomeren Zustand von ^{34}Cl zum 4,11-MeV-Zustand von ^{34}S wird zu ca. 0,4% des totalen Zerfalls geschätzt, der log ft-Wert des Positronenzerfalls zum 4,11-MeV-Niveau ist $5{,}15 \pm 0{,}20$. Dem Zustand bei 4,10 MeV wird 2^+ zugeordnet, von den Niveaus bei 3,92 u. 4,07 MeV wird angenommen, daß sie 3^+ oder 4^+ sind. GERHARD SCHMIDT. 103□

Kernausrichtung von ^{56}Mn. P. Dagley, M. A. Grace, J. M. Gregory und J. S. Hill. (Proc. Roy. Soc. [London], Ser. A **250.** 550—61. 7/4. 1959. Oxford, Univ., Clarendon Labor.) (Engl.)

Vff. beschreiben die Orientierung von ^{56}Mn-Kernen, die durch Neutronenbeschuß von in Nickelfluorosilicatkristallen enthaltenem ^{55}Mn entstehen. Winkelverteilung u. -beziehungen der γ-Strahlung von ^{56}Mn werden gemessen. Die Verhältnisse δ (E2/M1) für die 1,81- u. die 2,13-MeV-γ-Strahlung zum ersten Anregungszustand wurden zu $0{,}19 \pm 0{,}02$ bzw. $-0{,}28 \pm 0{,}02$ bestimmt. Mit Hilfe eines Scintillationsspektrometers wurde das Spektrum der γ-Strahlung untersucht u. folgende relativen Intensitäten erhalten: 0,845 MeV (100%), 1,81 MeV (27 ± 3%), 2,13 MeV (15 ± 3%), 2,55 MeV ($1{,}2 \pm 0{,}2$%), 2,66 MeV ($0{,}65 \pm 0{,}1$%), 2,98 MeV ($0{,}35 \pm 0{,}1$%) u. 3,4 MeV ($0{,}22 \pm 0{,}05$%). Koinzidenzmessungen lassen vermuten, daß die 2,55- u. die 3,4-MeV-γ-Strahlung dem Abklingen eines Niveaus bei 3,4 MeV zuzuschreiben sind, welches zum Grundzustand u. zum 1. angeregten Zustand zerfällt. Für diesen Zustand wird Spin 2 angenommen.

M. Vogelmann. 103□

Das Aktivierungsquerschnitt von ^{105}Ru für thermische Neutronen. B. L. Sharma. (Nuovo Cimento [10] **17.** 687—90. 1/9. 1960. Columbus, Ohio, Ohio State Univ., Dep. of Phys.) (Engl.)

Zur Berechnung des therm. Aktivierungsquerschnitts von ^{105}Ru wurde angereichertes ^{104}Ru einem therm. Neutronenfluß von $1{,}2 \cdot 10^{14}$ n·cm^{-2}·s^{-1} ausgesetzt (Verf. des doppelten Neutroneneinfangs). Nach dem Zerfall der 40-d-Aktivität von ^{103}Ru wurden die Ag-Verunreinigungen entfernt u. die Beiträge aus Co- u. Eu-Verunreinigungen subtrahiert. Die γ-Energien u. Koinzidenzergebnisse waren im Einklang mit früheren Ergebnissen für ^{106}Ru → ^{106}*Rh*. Aus den γ-Intensitäten wurde der Aktivierungsquerschnitt von ^{105}Ru für therm. Neutronen zu ($0{,}20 \pm 0{,}02$) barn berechnet.

Herbert Weber. 103□

Das Zerfallsschema von ^{110m}Ag. Shen Ho. (Acta physica sinica **16.** 86—93. 1960. Res. Inst. of Atom. Energy.) (Chin.; Auszug: Engl.)

Vf. untersucht die γ-Strahlen, die beim Zerfall von ^{110m}Ag emittiert werden, unter Verw. eines γ-Spektrometers u. einer γ–γ-Koinzidenztechnik. 14 γ-Strahlen mit Energien von 448, 620, 656, 679, 705, 741, 764, 817, 884, 936, 1384, 1473, 1504 u. 1560 keV werden beobachtet. Sämtliche γ-Strahlen können eingeordnet werden in 7 angeregte Niveaus von ^{110}*Cd* mit Energien von 656, 1473, 1540, 2160, 2219, 2476 bzw. 2924 keV. Die allg. angenommene Kaskadenbeziehung zwischen den γ-Strahlen wird bestätigt. Koinzidenzmessungen ergeben, daß der 1560-keV-γ-Strahl beim Übergang zwischen dem 2219-keV- u. 656-keV-Niveau emittiert wird, daß der 817-keV-γ-Strahl zum Übergang zwischen dem 1473-keV- u. dem 656-keV-Niveau gehört, u. daß der 764-keV-γ-Strahl dem 1504-keV-γ-Strahl vorangeht. Ein modifiziertes Zerfallsschema von ^{110m}Ag wird vorgeschlagen.

Gerhard Schmidt. 103□

Der Zerfall von ^{152}Eu. P. N. Mukherjee, I. Dutt, A. K. Sen Gupta und R. L. Bhattacharyya. (Physica [Utrecht] **26.** 179—90. März 1960. Calcutta, Saha Inst. of Nucl. Phys.) (Engl.)

Massenspektrometr. angereichertes ^{151}Eu (97,5%) in Form von Oxyd wird im Reaktor über 2 Wochen bei einem Reaktorfaktor von 40 bestrahlt. Das sich ergebende ^{152}Eu-Isotop wird in HCl gelöst. Der Zerfall des angereicherten ^{152}Eu wird unter Verw. eines Siegbahn-Slätis-β-Spektrometers, eines Szintillationsspektrometers u. einer γ–γ-Koinzidenzanordnung untersucht. Aus der Analyse des β-Spektrums ergibt sich α_K der 344-keV-γ-Strahlung zu $0{,}033 \pm 0{,}001$. Es wird eine β-Gruppe niedriger Energie mit einem Endpunkt bei 417 keV beobachtet. Um diese Gruppe in das Zerfallsschema einzuordnen, wird ein 1415-keV-Niveau in ^{152}*Gd* angenommen, welches völlig durch Emission eines 1415-keV-γ-Strahls zerfällt. Die α_K-, K/L- u. L/M-Werte des 122-keV-γ-Strahls in ^{152}*Sm* werden mit den theoret. Werten von Rose [1958] verglichen, die sich auf endliche Kerngröße stützen.

Gerhard Schmidt. 103□

Die Halbwertszeit von Iridium-192. J. W. Allison. (Brit. J. appl. Physics **11.** 302—04. Juli 1960. Melbourne, Australia, Austral. Defence Sci. Serv.) (Engl.)

In Intervallen von ca. 1 Woche wurde die γ-Aktivität von ^{192}Ir im Vgl. zu der eines ^{226}Ra-Präp. unter Benutzung einer Ionisationskammer u. eines Elektrometers gemessen. Die Meßergebnisse wurden nach der Meth. der kleinsten Quadrate ausgewertet u. daraus die Halbwertszeit von ^{192}Ir zu $74{,}17 \pm 0{,}07$ Tage bestimmt.

W. Reusse. 103□

Die Halbwertszeit von Radium C′. K. W. Ogilvie. (Proc. physic. Soc. **76.** [Part II] 299—301. 1/8. 1960. Edinburgh, Univ.) (Engl.)

Mit Hilfe einer speziellen Koinzidenz-Meth. für β-Strahlen von RaC u. α-Teilchen von RaC′ wurde die Halbwertszeit von RaC′ zu $159{,}5 \pm 3\,\mu$s bestimmt. G. Heinsohn. 103□

Beitrag zur Untersuchung der γ-Übergangswahrscheinlichkeit nach der Methode der verzögerten Koinzidenzen. Hamlet Vartapetian. (Ann. Physique [13] **3.** 569—628. Juli/Aug. 1958. Paris, Fac. de Sci.) (Franz.)

Theoret. u. experimentelle Unterss. der γ-Übergangswahrscheinlichkeit, bes. der elektr. Dipolübergänge in den deformierten Kernen ^{175}Lu, ^{177}Hf, ^{223}Ra u. UX_2 sowie der magnet. Dipolübergänge in ^{131}Cs u. UX_2. Unter anderem wurden erstmals die Lebensdauern $T_{1/2}$ folgender angeregter Niveaus bestimmt: 122-keV-Niveau von ^{131}Cs $(4\pm0{,}3)\cdot 10^{-9}$ s, 396-keV-Niveau von ^{175}Lu $(3{,}4\pm0{,}3)\cdot10^{-9}$ s, 92-keV-Niveau von ^{234}Pa (UX_2) $(1{,}8\pm0{,}3)\cdot10^{-9}$ s. Als obere Grenze für die Lebensdauer des 321-keV-Niveaus von ^{177}Hf ergab sich $T_{1/2} < 4\cdot10^{-10}$ s u. der 50-keV-Strahlung von ^{223}Ra (*AcX*) $T_{1/2} < 2\cdot10^{-9}$ s. Die Ergebnisse über E1-Übergänge werden mit Literaturdaten verglichen.

D. JÖRCHEL. 103☐

Verstärkte $2^{+\prime}$-2^+-Übergänge vom Typ des elektrischen Monopols in ^{232}Th und ^{238}U. F. E. Durham, D. H. Rester und C. M. Class. (Physic. Rev. Letters **5.** 202—05. 1/9. 1960. Houston, Tex., Rice Univ.) (Engl.)

Die inneren Konversionsspektren von ^{232}Th u. ^{238}U beim Beschuß mit 5-MeV-Protonen werden wiedergegeben u. interpretiert. Koeff. der inneren Konversion sowie Wahrscheinlichkeiten für die $2^{+\prime}$-2^+-Übergänge vom E0-Typ zwischen β-Schwingungszuständen u. ersten angeregten Rotationszuständen werden abgeleitet.

M. WIEDEMANN. 103☐

Nichtlokales Potential und Schwellendurchdringbarkeit beim α-Zerfall. Manujendra Lal Chaudhury. (Physic. Rev. Letters **5.** 205—06. 1/9. 1960. Dhanbad, Indian School of Mines and Appl. Geol., Dep. of Phys. and Math.) (Engl.)

Die Schwelle für die α-Emission wird als nicht rein vom COULOMB-Typ angenommen. Die Wrkg. der Geschw.-Abhängigkeit der α-Kern-Wechselwrkg. auf die Durchdringbarkeit der Schwelle beim α-Zerfall werden untersucht. Die nichtlokale Wechselwrkg. erweist sich als beträchtlich, so erhöht sie z. B. den Durchdringungsfaktor bei ^{254}Fm von $3{,}524\cdot10^{-24}$ bei entsprechendem stat. Potential auf $5{,}848\cdot10^{-24}$.

M. WIEDEMANN. 103☐

Lichtquellen unter Benutzung von Radioisotopen. E. J. Wilson und J. D. H. Hughes. (Contemporary Physics **1.** 62—69. Okt. 1959. Harwell, Isotope Div.) (Engl.)

Beschreibung von in Harwell durchgeführten Unterss. über die Anwendung von Radioisotopen in Verbindung mit Leuchtstoffen als Lichtquellen, die selbsttätig u. ohne Wartung jahrelang leuchten können. Prakt. Ausführungen (z. B. ^{85}Kr in einer mit Leuchtschicht ausgekleideten Glasbirne) u. Strahlungsgefahren werden beschrieben.

HERBERT WEBER. 106☐

Entwicklungen in der friedlichen Anwendung der Kernenergie. Willard F. Libby. (J. chem. Educat. **36.** 627—33. Dez. 1959. Los Angeles, Calif., Univ. of California.) (Engl.)

Übersicht über industrielle Isotopenanwendung u. Reaktorprogramme in USA.

GERHARD SCHMIDT. 110☐

Brutverhältnisse in mit ^{233}U und ^{239}Pu beschickten Reaktoren. Melvin M. Levine. (Nuclear Sci. Engng. **7.** 545—51. Juni 1960. Upton, N.Y., Brookhaven Nat. Labor.) (Engl.)

Im Anschluß an die Wiedergabe der Brutverhältnisse für rein epitherm. Syst., die nur ^{233}U enthalten, werden ^{239}Pu-Syst. unter Berücksichtigung der Wrkg. der höheren Isotope u. der Spaltprodd. behandelt. Die durch diese höheren Isotope hervorgerufene Absorption setzt das Brutverhältnis herab, die Kompensation durch Spaltung in ^{235}U oder ^{241}Pu bewirkt jedoch eine Zunahme des Brutverhältnisses für Pu-beschickte Systeme.

GERHARD SCHMIDT. 110☐

Messungen der Parameter, die zu p_{28}, f und ε in leichtwassermoderierten, zu 4,48 und 2,73% angereicherten Gittern führen. Victor E. Grob, E. Santandrea und Hilmar Ritz. (Nuclear Sci. Engng. **7.** 514—24. Juni 1960. Rufsdale, Pa., Westinghouse Reactor Evaluat. Center; Torino, Fiat-Sez. Energia Nucl.; Erlangen, Siemens-Schuckertwerke A.G., RE.) (Engl.)

Die Parametermessungen stellen einen Teil der krit. Experimente am YANKEE- u. BR-3-Reaktor (WESTINGHOUSE) dar. Die einzelnen in den Brennstäben enthaltenen gesinterten UO_2-Pellets haben 0,300 in. Ø u. 0,600 in. Länge. Die Pellets befinden sich in einer Hülse aus rostfreiem Stahl.

GERHARD SCHMIDT. 110☐

Die Vorhersage der Dampfvolumenanteile in siedenden Systemen. J. F. Marchaterre und M. Petrick. (Nuclear Sci. Engng. **7.** 525—32. Juni 1960. Lemont, Ill., Argonne Nat. Labor.) (Engl.)

Wiedergabe der Ergebnisse einer Unters. der relativen Geschw. eines Zweiphasengemisches beim ANL-Reaktor. Das Geschw.-Verhältnis wird in erster Linie durch den Druck, die Mischungsqualität, die Oberflächen-Geschw. u. in zweiter Linie erst durch die Geometrie der Durchströmungskanäle beeinflußt. Gerhard Schmidt. 110□

Loopuntersuchung der UO_2–NaK-Suspension im Reaktor. R. D. Carlson. (Nuclear Sci. Engng. **7.** 508—13. Juni 1960. Lemont, Ill., Argonne Nat. Labor., Reactor Engng. Div.) (Engl.)

Beschreibung eines Loops im therm. D_2O-Reaktor (CP-5) mit 5 Vol.-% Suspension des zu 93,14% angereicherten UO_2. Der Loop arbeitet über 902 Std. bei Temp. $>350^0$, wobei die gesamte Wärme durch den Spaltprozeß erzeugt wird. Analyt. Ergebnisse für UO_2, NaK u. das Schutzgas werden wiedergegeben. Gerhard Schmidt. 110□

Korrosionsprobleme von mit Kohlendioxyd gekühlten Leistungsreaktoren. Vratislav Rýpar. (Jaderná Energie **6.** 192—99. 1960. Praha, Stát. výzk. ústav ochrany materiálu G. V. Akimova.) (Tschech.; Auszug: Engl.)

Diskussion der Korrosionsfragen unter bes. Berücksichtigung der Eignung von Stahl u. Mg-Sonderlegierungen. — 41 Literaturangaben (bis 1959). J. Tůmová. 110□

Der durch eine organische Flüssigkeit moderierte Reaktor (OMR) auf dem Land und auf See. Adrian Seligman. (Energie nucléaire **2.** 250—55. Juli/Aug. 1960.) (Franz.)

Es wird ein für kleine Zentralen entwickelter Reaktor beschrieben, der sich zur Verw. auf See u. in abgelegenen Gegenden eignet. Er verwendet Uranoxyd, rostfreien Stahl u. als Moderator sowie als Kühlmittel Terphenyl. M. Wiedemann. 110□

Der Marcoule-Reaktor G 2. Anonym. (Nuclear Engng. **4.** 435—37. Dez. 1959.) (Engl.)

Auslegungsdaten für das Core u. Druckgefäß des CO_2-gekühlten, graphitmoderierten Reaktors mit einer elektr. Nettoleistung von 27 MW. Gerhard Schmidt. 110□

Halbempirische Methode zur Berechnung des Beschleunigungssystems eines Linearbeschleunigers mit stehender Welle für Protonen. G. Ja. Ljubarski, A. M. Nekraschewitsch und L. N. Rosenzweig. (Український Фізичний Журнал [Ukrain. physik. J.] **5.** 308—18. Mai/Juni 1960. Physikal.-techn. Inst. der Akad. der Wiss. der UkrainSSR.) (Ukrain.; Auszug: Russ. u. Engl.)

Notwendig ist die Ermittlung der Feldverteilung im Resonator u. der Synchrotronbewegung eines Ions in diesem Feld. Es werden eine halbempir. Meth. benutzt u. experimentell bekannte Parameter eingeführt. Ein mittleres makroskop. Feld im n-ten Sektor wird angenommen. M. Wiedemann. 112□

Zur Theorie der Bewegung eines Elektrons im linearen Betatron. Z. I. Gutzunajew und Ja. P. Terletzki. (Журнал Технической Физики [J. techn. Physik] **30.** 491—96. Mai 1960. Moskau, Staatl. Univ., Physikal. Fak., Lehrstuhl für statist. Phys. u. Mechan.) (Russ.)

Theoret. Unters. der Elektronenbewegung im „linearen Betatron" (vgl. Konjukow u. Terletzki, C. **1960.** 370). Dabei werden durch ein rotationssymm. Magnetfeld, das sich ungleichförmig längs seiner Achse ausbreitet, geladene Teilchen in axialer Richtung beschleunigt, wobei sie Bahnen auf einer mit dem Magnetfeld koaxialen Zylinderfläche beschreiben. Bedingungen für die Stabilität der Teilchenbahnen werden abgeleitet. Die elektromagnet. Ausstrahlung kann wesentlich geringer gehalten werden als bei Kreisbahnbeschleunigern u. stört bis zu Energien von 10^9 eV nicht. Weitere Vorzüge des linearen Betatrons wären die einfache Herausführung der Teilchen in axialer Richtung u. die Möglichkeit, gleichzeitig positiv u. negativ geladene Teilchen zu beschleunigen. F. Lenz. 112□

Magnetisches Massenspektrometer. L. Furman und V. Vrščaj. (Sloven. Acad. Sci. Arts, „J. Stefan" Inst. Physics, Rep. **4.** 109—15. Okt. 1957.) (Engl.)

Es werden die Konstruktion u. Wirkungsweise des magnet. Massenspektrometers des Stefan-Inst. beschrieben. Die Genauigkeit des Geräts wird durch Vgl. der prozentualen isotop. Häufigkeiten aus dem Massenspektrum von *Xe* abgeschätzt. J.-M. Spaeth. 112□

Magnetischer Mehrwinkel-Breitbandspektrograph. Je. M. Lobanow, A. M. Romanow und Ss. W. Starodubzew. (Известия Академии Наук УзССР, Серия Физико-Математических Наук [Nachr. Akad. Wiss. UsbekSSR, Ser. Physik.-math. Wiss.] **1959.** Nr. 5. 3—11. Physikal.-techn. Inst. der Akad. der Wiss. der UdSSR u. Inst. für Kernphys. der Akad. der Wiss. der UsbekSSR.) (Russ.; Auszug: Usbek.)

Vff. beschreiben theoret. Prinzipien des Aufbaus eines Magnetspektrometers für die schnelle gleichzeitige Best. der Energien u. der Winkelverteilungen von Kernteilchen, die bei Kern-Rkk. gebildet werden. Der Analysator ist für folgende Eigg. u. Möglich-

keiten berechnet: 1. Auflösungsvermögen —0,1%; 2. Möglichkeit der gleichzeitigen Analyse von Teilchen aus einem möglichst breiten Energieband; 3. Möglichkeit der gleichzeitigen Messung der energet. Verteilung in 10—15 verschiedenen Winkeln zum prim. Strahl; 4. Möglichkeit der Messung unter einem Winkelbereich 0—170° in Stufen von 2—3°; 5. Möglichkeit der Arbeit mit festen u. gasförmigen Targets. Das Gerät besteht aus 10—15 Einkanalspektrometern, die kreisförmig, durch Luftspalte voneinander getrennt, um die Targetkammer angeordnet sind. In jedem Kanal findet eine Ablenkung u. Analyse der Teilchen mit verschiedener Energie, die das Target unter dem entsprechenden Winkel verlassen haben, statt. Für die Ionenoptik, die Targetkammer u. das Registrier-Syst. der Teilchen werden mehrere Varianten vorgeschlagen.
G. Ewald. 112□

Über die Erzeugung eines homogenen Magnetfeldes des β-Spektrographen. N. Ossis und P. Prokofjew. (Известия Академии Наук Латвийской ССР [Nachr. Akad. Wiss. LettSSR] **1960.** Nr. 9. 85—92.) (Russ.; Auszug: Engl.)

Für ein β-Spektrometer wurde ein Magnet konstruiert, das Magnetfeld u. die Feldverteilung wurden bestimmt. Um die Inhomogenität von 2 auf 0,15% herabzusetzen, wird die Meth. der Umkehr der Magnetisierung vorgeschlagen. Eine weitere Herabsetzung auf ±0,08% auf einer Fläche von 90×50 cm² war durch das „Shim"-Verf. möglich.
M. Wiedemann. 112□

Automatisches Spektrometer für γ-Strahlen. M. Frank. (Nuovo Cimento [10] **12.** 385—88. 16/5. 1959. Roma, Ist. Super. di Sanità.) (Ital.)

Es wird ein Einkanal-γ-Spektrometer beschrieben. Die Anzahl der gezählten Impulse in jedem Kanal wird automat. auf einem Papierstreifen registriert u. am Ende der Registrierung ist der App. (Abb.) für weitere Messungen im nachfolgenden Kanal bereit.
G. Platzer. 112□

Differentieller Einkanal-Amplitudenanalysator. A. A. Chaidarow, M. N. Romanow und A. P. Nowikow. (Известия Академии Наук УзССР, Серия Физико-Математических Наук [Nachr. Akad. Wiss. UsbekSSR, Ser. physik.-math. Wiss.] **1959.** Nr. 5. 64—70. Inst. für Kernphysik der Akad. der Wiss. der UsbekSSR.) (Russ.; Auszug: Usbek.)

Vff. beschreiben ein Szintillations-γ-Spektrometer u. führen die γ-Spektren von ^{51}Cr, ^{60}Co, ^{137}Cs u. ^{65}Zn an, die zur Prüfung der Eigg. des Gerätes aufgenommen wurden. Der App. ist für die Analyse von neutronenaktivierten Erzen gedacht u. gestattet es, die Energie u. die relative Intensität der γ-Linie zu bestimmen u. die Halbwertszeit zu schätzen. Das Meßprinzip beruht auf der bekannten Anwendung von 2 Diskriminatoren in Antikoinzidenzschaltung. Als Szintillationskristall diente NaJ(Tl). Es wurden γ-Spektren im Energiebereich 0,3—1,5 MeV aufgenommen. Die Abhängigkeit Impulsamplitude–Energie des γ-Quants ist linear. Der Meßfehler beträgt 1%. Das Auflösungsvermögen bei den Linien ^{60}Co (2. Linie) u. ^{65}Zn beträgt 4%.
G. Ewald. 112□

Ein empfindlicher 4-π-Detektor für die Auswertung (scanning) von Radiochromatogrammen. Lothar L. Salomon. (Science [Washington] **131.** 415—17. 12/2. 1960. Galveston, Texas, Univ., Dep. of Biochem. and Nutrit.) (Engl.)

Es wird eine Meßanordnung mit zwei He–A.-gefüllten Zählern beschrieben, die ein mit weichen β-Strahlern (z. B. ^{14}C, T usw.) markiertes Chromatogramm von beiden Seiten abzutasten gestattet. Sie verbindet die hohe Empfindlichkeit des fensterlosen Durchflußzählers mit den Vorteilen eines geschlossenen Zählrohrs.
H. Hart. 112□

Über Untersuchungen des Gemisches radioaktiver Elemente mit Schwellenspektrometern. R. M. Kogan und Sch. D. Fridman. (Известия Академии Наук СССР, Серия Геофизическая [Nachr. Akad. Wiss. UdSSR, geophysik. Ser.] **1960.** 809—17. Juni. Inst. für angew. Geophys. der Akad. der Wiss. der UdSSR.) (Russ.)

Die Wahl des geeigneten Diskriminationsniveaus bei einem Schwellenspektrometer zur Unters. einer Mischung mehrerer radioakt. Komponenten wird diskutiert. Das Verf. wird auf ein Spektrometer mit NaJ(Tl)-Kristall angewandt, mit dem die γ-Strahlung einer in dünner Schicht gleichmäßig verteilten U-Th-Mischung gemessen werden soll. Der Einfl. von ^{40}K auf die Auswahl wird erörtert.
M. Wiedemann. 112□

Eine neue Methode zur Bestimmung der Dauer von Szintillationsimpulsen. F. T. Arecchi, E. Gatti und E. Zaglio. (Nuovo Cimento [10] **16.** 198—201. 1/4. 1960. Milano, Labor. CISE.) (Engl.)

Im Gegensatz zur „linearen Meth." betrachten Vff. bei der Verw. von langsamen Szintillatoren [z. B. NaJ(Tl)] als Bezugszeit den 1. Nulldurchgang der sinusförmigen Schwingung, deren Periode kürzer ist als die Impuls-Abklingzeit. Mit dieser Meth. wird die Bezugszeit bestimmt, indem nur ein kleiner Teil der bei der Szintillation auftretenden

Photoelektronen ausgenutzt wird. Die auf Grund der Photoelektronenemission eintretende statist. Streuung wird reduziert. H. SCHIBILLA. 112□

Neue Szintillatoren für den Nachweis thermischer Neutronen. G. Thielens. (Appl. sci. Res., B **7.** 87—88. 1958. Gent, Rijksuniv., Natuurkund. Labor.) (Engl.)

Vf. berichtet über 4 feste organ. Bor-Verbb., deren B-Anteil das natürliche Isotopenverhältnis hat u. die auf Grund der (n, α)-Rk. eines langsamen Neutrons mit dem ^{10}B-Kern als Neutronendetektoren dienen können: Tri-α-naphthylborin (Fluorescenzmaximum 525 mμ), α-Naphthylborsäure (I; 430 mμ), α-Naphthylboroxyd (430 mμ) u. 9-Phenanthrylborsäure (490 mμ). Alle Proben wurden auf einer kreisförmigen Quarzplatte geschmolzen u. so rasch abgekühlt, daß verfestigte, leicht gelblich transparente glasartige Schichten (∅ 30 mm, Dicke 2 mm) entstanden. Nur I lieferte mit einem Wirkungsgrad von 80% für langsame Neutronen das erwartete Ergebnis; die schlechte Wirksamkeit der anderen Proben wird der mangelhaften Herst. zugeschrieben.

D. JÖRCHEL. 112□

Neutronen-Absorptionsnomogramm. Robert G. Nisle. (Nucleonics **18.** Nr. **3.** 86—87. März 1960. Idaho Falls, Idaho, Phillips Petrol. Co.) (Engl.)

Nomogramm für die Ermittlung der Schwächung eines Neutronenflusses durch Absorber aus verschiedenen Stoffen u. mit unterschiedlicher Geometrie. Beispiele u. Aufgaben. H. HART. 112□

Ein Stickoxyd-Dosimeter. R. W. Hummel und J. A. Hearne. (Nature [London] **188.** 734—35. 26/11. 1960. Wantage, Berks., A.E.R.E., Res. Labor.) (Engl.)

Hinweis auf die Entw. eines Stickoxyd-Dosimeters, das zur Verw. in einem weiten Temp.- u. Druck-Bereich sowie für verschiedene Strahlenarten geeignet erscheint. Zur Analyse der Gase dienen gaschromatograph. u. spektroskop. Methoden.

H. SCHIRRWITZ. 112□

Einzelnachweis von Elektronen (15—50 keV) in Kernphotoplatten. R. Wittekindt. (Z. Physik **158.** 572—76. 1960. Mainz, Univ., Phys. Inst.) (Dt.)

Vf. weist langsame Elektronen (einige eV) in Kernphotoplatten (ILFORD G 5) nach. Dazu werden die Elektronen mit 15—50 kV nachbeschleunigt u. in Impulsen entweder in einen Käfig (zur Messung des Strahlstroms) oder auf die Kernphotoplatte geschossen, wobei Spuren der einzelnen Elektronen nachzuweisen sind. Trotz großer Schwankungen zwischen verschiedenen Platten kann innerhalb einer Platte Proportionalität zwischen Spurenzahl u. aufgeschossenen Elektronen festgestellt werden, wobei die Nachweiswahrscheinlichkeit für Elektronen von 30 keV im Mittel 40% beträgt. Bei einem Meßwert x liegt der gesuchte Wert mit 90% Wahrscheinlichkeit innerhalb $x \pm 2\sqrt{x}$.

H. SCHIRRWITZ. 112□

Über die Fixierung dicker Kernemulsionen. I. J. van Heerden und J. G. McEwen. (Nuovo Cimento [10] **17.** 671—77. 1/9. 1960. Ottawa, Nat. Res. Council, Div. of Pure Phys.) (Engl.)

Fixierungszeit, Schwellung u. Korrosion von ILFORD G 5- u. K 5-Emulsionen wurden für verschiedene Fixier-Lsgg. unter kontrollierten Bedingungen untersucht. Aus den wiedergegebenen Kurven kann abgelesen werden, wann eine Änderung der Fixier-Fl. zweckmäßig ist. HERBERT WEBER. 112□

A₂. Optisches Verhalten der Materie

Bericht über den ersten Röntgenfluorescenz-Ringtest. Anonym. (Appl. Spectroscopy **13.** 3—7. 1959. A.S.T.M. Task Group on X-Ray Fluorescence Spectrosc.) (Engl.)

In 16 verschiedenen Laborr. wurden gleichzeitig die Röntgenfluorescenzspektren von 4 Proben untersucht, die nur die Elemente Ba, Mo, Zn u. Ti in verschiedenen Mengen enthielten. Die Ergebnisse dieser ersten Vers.-Reihe sind tabellar. wiedergegeben.

C. GOTTFRIED. 116

Röntgenluminescenzspektren und thermisches Ausleuchten sibirischer Diamanten. E. Ss. Wilutiss. (Известия Академии Наук СССР, Серия Физическая [Nachr. Akad. Wiss. UdSSR, physik. Ser.] **23.** 1379—81. Nov. 1959. Irkutsk, Shdanow-Univ., Physik. Labor. der Amakinski Expedition des Ministeriums für Geol. u. Schutz der Bodenschätze.) (Russ.)

Nach einer Übersicht über bisher beobachtete Röntgenluminescenzspektren berichtet Vf. über die Unterss. an über 100 Diamanten der Amakinski-Expedition. Die Luminescenzspektren wurden mit Röntgenstrahlen (15 mA, 22 kV) oder durch harte Bremsstrahlung von ^{204}Tl angeregt. Im sichtbaren Gebiet treten zwei breite Zonen (blau u. orange) mit einem Helligkeitsminimum bei 510 mμ auf. Der kurzwellige Teil der blauen Zone hat keine deutliche Grenze; die Intensität nimmt monoton ab, mitunter bis 380 mμ. Die orangefarbene Zone erstreckt sich von 510—670 mμ. In vielen Fällen tritt eine Struktur auf, die durch Maxima bei 550, 598 u. 641 mμ charakterisiert wird. Vf. hält dies für charakterist. für Diamanten sibir. Lagerstätten. — Die Energie für die therm. Aktivierung wird zu 0,42 u. 0,64 eV für die blaue Zone u. zu 0,36 u. 0,80 eV für die orangefarbene Zone bestimmt. D. Hoene. 116□

Optische Anregung von N_2 durch 0,5- und 1,5-MeV-Wasserstoffionen. E. M. Reeves, R. W. Nicholls und D. A. Bromley. (Proc. physic. Soc. **76.** [Part II] 217—22. 1/8. 1960. London, Ontario, Univ. of Western Ontario, Dep. of Phys.; Chalk River, Ontario, Atom. Energy of Canada Ltd.) (Engl.)

Das Leuchten von mit Hilfe von H^+, HH^+- u. HHH^+-Strahlen zwischen 0,5 u. 1,5 MeV Energie angeregtem gasförmigen N_2 bei Drucken unter 100 μ Hg wurde spektroskop. untersucht, wobei Druck u. Temp. variiert wurden. Die Ergebnisse bestätigen die Annahme, daß ein Mechanismus mit Ionisation durch Einfachstoß bei der Anregung vorliegt. Wrkg. von Sekundärstößen durch Sekundärelektronen werden diskutiert. G. Heinsohn. 118□

Spektrum und Zeeman-Effekt des dreiwertigen Praseodyms im hexagonalen Äthylsulfat. K. H. Hellwege, G. Hess und H. G. Kahle. (Z. Physik **159.** 333—47. 1960. Darmstadt, TH, Inst. für Techn. Phys.) (Dt.)

Das sichtbare Absorptions-Spektrum von Pr^{3+} im hexagonalen (Ce, Pr)-Äthylsulfat u. der Zeeman-Effekt im äußeren Magnetfeld werden bei 4,2° K untersucht. Für das Kristallfeld wird eine Symmetrie D_{3h} angenommen. Die Kristallquantenzahlen für die Aufspaltungskomponenten der Terme, einige Kristallfeld-Matrixelemente u. die Landéschen g-Faktoren der Terme werden bestimmt. Bei den Übergängen $^3H_4 \rightarrow {}^3P_0$, $^3P_1$ wird Kristallhyperfeinstruktur beobachtet. G. Heinsohn. 118□

Spektrochemie des Plutoniums (Zusammenfassung). I. Haaland. (Spectrochim. Acta [London], Proc. Colloquium spectroscop. int. VI **1956.** 289. 1957. Kjeller, Joint Establ. of Nucl. Energy Res.) (Engl.)

Kurze Zusammenfassung eines Vortrages über die Spektrochemie des Pu. Lsgg. mit 10 μg ^{239}Pu/ml wurden unter Anwendung der „Cu-Funken-Meth." zur Best. von 500 Wellenlängen (auf ± 0,01 Å) u. Intensitäten der Pu-Linien sowie zur Berücksichtigung des Einfl. der Radioaktivität verwendet. H.-J. Hartmann. 118□

Analyse der Bande 1—0 des Systems $^3\Pi_i$-$^3\Sigma^-$ von PH. F. Legay. (Canad. J. Physics **38.** 797—805. Juni 1960. Ottawa, Conseil Nat. de Rech., Dep. de Phys. Pure.) (Franz.)

Unter hoher Auflösung wurde die (1,0)-Bande des Syst. $^3\Pi_i$-$^3\Sigma^-$ in Absorption photographiert u. analysiert. Die Rotations-Konst., die Spinkopplungs-Konst. u. das Schwingungsintervall $\Delta G'_{1/2}$ des $^3\Pi_i$-Zustandes wurden ermittelt. Die Unters. der Λ-Verdoppelung zeigte eine Störung im $^3\Pi_0$-Zustand, die jedoch nicht identifiziert werden konnte. G. Heinsohn. 118□

Ultraviolette Bandenspektren von AsO und AsO⁺. S. V. J. Lakshman und P. Tiruvenganna Rao. (Indian J. Physics Proc. Indian Assoc. Cultivat. Sci. **34** (**43**). 278—88. Juni 1960. Waltair, Andhra Univ.) (Engl.)

Das Bandenspektrum von As_2O_3, angeregt mit Hilfe einer Starkstromentladung in einer Quarzröhre u. Ni-Kohle-Elektroden, wurde spektroskop. untersucht u. die Dublett-Syst. C–$X^2\Pi$ u. D–$X^2\Pi$ im Gebiet zwischen 3100 u. 2400 Å gefunden. Ferner wurde im Gebiet zwischen 2550 u. 2200 Å ein Singulett-Syst. beobachtet, das dem AsO^+-Ion zugeordnet wurde. G. Heinsohn. 118□

Über einige Absorptionsspektren jenseits von 18 μ. A. Hadni. (Spectrochim. Acta [London], Proc. Colloquium spectroscop. int. VI **1956.** 632—39. 1957. Paris, Sorbonne, Labor. de Rech. Phys.) (Franz.)

Mit Hilfe von zwei Spektrometern, die in den Bereichen 18—53 μ bzw. 60—200 μ Auflösungen von 0,2 bzw. 2 cm^{-1} liefern, werden im Rotationsspektrum von NH_3 die Bande J = 15 → 16 u. die Feinstruktur der Bande 2ν—$_2\nu_2$ u. das Spektrum von *Aceton* (530—350 cm^{-1}) untersucht. Die Auflösung der Bande J = 15 → 16 reicht aus, um im Bereich zwischen 305 u. 317 cm^{-1} 11 Peaks (K = 0—15) zu liefern; die Beiträge der Zentrifugalkräfte sind beträchtlich. Die Unters. der Bande $2\nu_2$—ν_2 (480—600 cm^{-1}), die der symm. Deformationsschwingung ν_2 von NH_3 angehört, erfordert, daß H_2O sorgfältig ausgeschlossen wird. Herbert Müller. 118□

Absorptionsspektren diatomarer Radikale mit Bor oder Silicium. B. A. Thrush. (Nature [London] **186.** 1044. 25/6. 1960. Lensfield, Cambridge, Dep. of Phys. Chem.) (Engl.)

In Dämpfen von BCl_3 bzw. $B(OCH_3)_3$, teilweise gemischt mit O_2, N_2 oder H_2, u. von $SiCl_4$, teilweise gemischt mit H_2 oder N_2, werden mit Hilfe von 1—5 μF Kondensatoren (10 kV) Impulsentladungen erzeugt. Von der Entladung wird eine Ar-Blitzlichtlampe gesteuert, deren Licht von den in der Entladung entstandenen Radikalen absorbiert wird; das Absorptionsspektrum wird mit einem Gitterspektrographen aufgenommen. In den B-Syst. werden die Banden von BCl (A $^1\Pi-$X $^1\Sigma$), BH (A $^1\Pi-$X $^1\Sigma^+$), BN ($^3\Pi-{}^3\Pi$), BO (A $^2\Pi-$X $^2\Sigma^+$) u. die Schwankungsbanden der Borsäure beobachtet. BN tritt im Grundzustand $^3\Pi$ auf, während das isoelektron. C_2 einen $^1\Sigma^+$-Grundzustand hat; jedoch liegt der konfigurationsangeregte $^3\Pi$-Zustand nur 610 cm^{-1} höher. Der Unterschied hat zur Folge, daß die Grundzustände B(^{2}P) u. N(^{4}S) nur Triplett- u. Quintettzustände liefern. In den Si-Syst. treten die Banden von SiCl (B $^2\Sigma-$X $^2\Pi$), SiH (A $^2\Sigma-$X $^2\Pi$) u. SiN (B $^2\Sigma^+-$X $^2\Sigma^+$) auf; für SiCl werden außerdem die Banden (2,1) u. (3,1) identifiziert. Der CH analoge Übergang $^2\Sigma^+-{}^2\Pi$ wird im Banden-Syst. von SiH nicht beobachtet. HERBERT MÜLLER. 118□

Fluorescenz von Cer in einer Ce–NaF-Schmelze. Natalija Belegišanin. (Гласник Хемиског Друштва Београд [Ber. chem. Ges. Belgrad] **21.** 271–76. 1956. Boriss Kidritsch-Inst. für Kernwiss., Beograd-Wintscha, Physik.-chem. Labor.) — Vgl. C. **1957.** 598.

NaF-Schmelzen wird Ce in Form von $Ce(NO_3)_4$ zugesetzt. Das UV-Fluorescenzspektrum der erhaltenen Ce–NaF-Schmelze im Bereich 4300–6000 Å zeigt maximale Intensität bei 470 u. 517 mμ. Die Fluorescenz des Ce kann zu dessen quant. Best. verwendet werden. Y u. Th stören nicht, da sie bei genügender Verdünnung die Fluorescenz des Ce nicht unterdrücken. Etwa vorhandenes U muß von Ce abgetrennt werden, um beide getrennt zu bestimmen. R. K. MÜLLER. 118

Lichtabsorption oktaedrischer Übergangsmetallkomplexionen mit Dimethylsulfoxyd als Liganden. H. L. Schläfer und H. P. Opitz. (Z. Elektrochem., Ber. Bunsenges. physik. Chem. **65.** 372–75. Juni 1961. Frankfurt/M., Univ., Inst. für Physik. Chem.) (Dt.)

Vff. nehmen die Absorptionsspektren folgender Dimethylsulfoxyd(DMSO)-Metallperchlorate in frisch dest. wasserfreien DMSO auf u. teilen die Lagen der Bandenmaxima, die Intensitäten sowie die zugehörigen angeregten Zustände tabellar. mit: $Cr(ClO_4)_3 \cdot 6DMSO$, $Fe(ClO_4)_3 \cdot 6DMSO$, $Mn(ClO_4)_2 \cdot 6DMSO$, $Co(ClO_4)_2 \cdot 8DMSO$, $Ni(ClO_4)_2 \cdot 8DMSO$ u. $Cu(ClO_4)_2 \cdot 9DMSO$. In den Lsgg. liegen oktaedr. Komplexionen vom Typ $[Me(DMSO)_6]^{n+}$ mit Me = Cr, Fe, Mn, Co, Ni u. Cu vor, da ClO_4^- unter den gegebenen Bedingungen sicher nicht als Ligand fungieren kann. Das LAMBERT-BEERsche Gesetz ist im untersuchten Konz.-Bereich erfüllt. Auch für die krist. Verbb. nehmen Vff. oktaedr. Hexa-DMSO-Metallkationen an, so daß sie z. B. als $[Ni(DMSO)_6](ClO_4)_2 \cdot 2DMSO$ zu formulieren sind. Die Koordination des DMSO erfolgt wahrscheinlich über die O-Atome. Die Spektren sind denjenigen der oktaedr. Aquokomplexe $[Me(H_2O)_6]^{n+}$ weitgehend ähnlich; man beobachtet lediglich eine geringe Verschiebung der entsprechenden Banden nach längeren Wellen. Aus den Werten der Feldstärkeparameter Dq der DMSO- u. der Aquokomplexe ergibt sich, daß das Ligandenfeld bei DMSO als Ligand schwächer ist als bei H_2O. Die DMSO-Komplexe gehen in wss. Lsg. unter Austausch leicht in die entsprechenden H_2O-Komplexe über, womit auch die Unbeständigkeit der krist. DMSO-Verbb. an feuchter Luft zusammenhängt. Die Absorptionsspektren der DMSO-Übergangsmetallhalogenide in DMSO lassen auf komplizierte temperatur- u. konzentrationsabhängige Gleichgewichte schließen. Dabei spielen in einigen Fällen nicht nur Ligandenaustausch-Rkk. eine Rolle, auch reversible stereochem. Umlagerungen scheinen aufzutreten.

GERHARD SCHULZE. 118□

Druckeinfluß auf die Absorptionskante bestimmter molekularer Verbindungen. H. L. Suchan und H. G. Drickamer. (Physics Chem. Solids **11.** 111–14. Sept. 1959. Urbana, Ill., Univ. of Illinois, Dep. of Chem. and Chem. Engng.) (Engl.)

Der Druck-Einfl. auf die opt. Absorptionskanten verschiedener mol. Kristalle z. B. Hg_2Cl_2, Hg_2Br_2, Hg_2J_2, CJ_4, CBr_4, $SnBr_4$ u. CJ_3H wird gemessen. Im allg. nimmt mit wachsendem Druck der Abstand ab, u. zwar um so schneller, je größer der Druck wird. Die Verschiebungs-Geschw. der Absorptionskante hängt stark von den enthaltenen Halogenen ab im Gegensatz zu Ionenkristallen, bei denen die Kantenverschiebung von der Struktur u. dem Kation abhängt. Eine Extrapolation der Ergebnisse ergibt, daß bei 300000 at Druck bei den meisten mol. Jodiden der opt. Bandabstand verschwunden ist.

H. SCHIBILLA. 119□

Über die Absorption manganaktivierter Korund-Einkristalle. W. Kleber, H. Peibst und I. Reinhold. (Z. physik. Chem. **216.** 98–117. 1961. Berlin, Humboldt-Univ., Mineralog.-Petrograph. Inst. u. Museum.) (Dt.)

Von Mn-haltigen Korunden (maximal 2 Mol-% Mn) werden die Absorptionskurven aufgenommen. Bei ca. 490 mμ tritt eine Hauptbande auf, deren Intensität mit steigendem

Mn-Geh. zunimmt. Die Absorptionskante verschiebt sich beim Einbau von Mn ins Korundgitter nach längeren Wellenlängen. Farbveränderungen bei Röntgenbestrahlung werden ebenfalls erklärt. D. Hahn. 119□

Untersuchung des Polarisationszustandes des bei Totalreflexion in das dünnere Medium eindringenden Lichtes mittels Streuteilchen. R. Fleischmann und R. Witt. (Z. Physik **159.** 360—68. 1960. Erlangen, Univ., Phys. Inst.) (Dt.)

Das bei totaler Reflexion in das dünnere Medium eindringende Licht wird mittels Streuteilchen auf seinen Polarisationszustand untersucht. Es ergeben sich für das Verhältnis der longitudinalen Komponente zu derjenigen senkrecht zur Grenzebene die vom Einfallswinkel abhängigen berechneten Werte. Die verwendeten Rußteilchen verhalten sich bzgl. der Streu-Eigg. wie Dipole im Gegensatz zu anderen Teilchen (wie Schwefel, Pulverdampfrückstände u. a.). G. Heinsohn. 119□

Die Druckabhängigkeit der Refraktion von polaren Gasen. A. R. Blythe, J. D. Lambert, P. J. Petter und H. Spoel. (Proc. Roy. Soc. [London], Ser. A **255.** 427—33. 19/4. 1960. Oxford, Univ. of Oxford, Phys. Chem. Labor.) (Engl.)

Die Brechungsindices von CF_4, CH_3F, CH_3Cl, NH_3 u. SO_2 werden bei 25° (CH_3Cl: 22°) im Druckbereich 0—500 mm Hg untersucht. Zur Messung diente ein Zeiss-Interferometer mit einer Temp.-Konstanz von $\pm$ 0,01°, zur Druckmessung ein von Lambert u. Phillips (C. **1951.** I. 92) beschriebenes Manometer mit einer Genauigkeit von $\pm$ 0,02 mm. Als Lichtquelle wurde die grüne Linse (5460 Å) einer Osram-Hg-Dampflampe benutzt. Na-Licht erwies sich als nicht geeignet. Für die Gase wurden die Molrefraktionen, die scheinbaren zweiten Virial-Koeff. u. dazugehörige Konst. berechnet. Für CF_4, CH_3F u. CH_3Cl ändert sich die Brechung direkt mit der Gasdichte. Für NH_3 u. SO_2 ist der Anstieg in der Brechung geringer, als er nach der Dichtezunahme zu erwarten wäre. Dies wird nach Buckingham u. Pople (C. **1956.** 2379) mit einer „Hyperpolarisation erster Ordnung (HP)" für polare Gase erklärt, wobei deren Mol-Polarisation durch das Feld der benachbarten mol. Dipole erniedrigt wird. Die Größen der HP sind für CH_3Cl, CH_3F, NH_3 u. SO_2 tabellar. angegeben. D. Hoene. 119□

Verbotene Übergänge in zweiatomigen Molekülen. 5. Mitt. **Das Rotations-Schwingungs-Spektrum des Wasserstoff-Deuterium-Moleküls (HD).** R. A. Durie und G. Herzberg. (Canad. J. Physics **38.** 806—18. Juni 1960. Ottawa, Ontario, Nat. Res. Council, Div. of Pure Phys.) (Engl.) — 4. vgl. C. **1950/54.** 16 S.

Die 1-0-, 2-0- u. 3-0-Rotations-Schwingungs-Banden wurden mit einem PbS-Gitterspektrographen u. die 3-0- u. 4-0-Banden mit einem 21-ft-Gitterspektrographen aufgenommen u. genaue Werte der Schwingungs- u. Rotations-Konst. von HD im Grundzustand ermittelt. Die Abnahme der Bandenintensität gemäß 1-0 u. 4-0 ist gering u. steht in Übereinstimmung mit der theoret. Erwartung, da das HD-Mol. kein Dipolmoment in der Gleichgewichtslage besitzt. G. Heinsohn. 120□

Die Messung der Metall-Ligand-Bindungsschwingungen in Acetylacetonat-Komplexen. J. P. Dismukes, L. H. Jones und John C. Bailar jun. (J. physic. Chem. **65.** 792—95. Mai 1961. Urbana, Ill., Univ. of Illinois, William Albert Noyes Labor. of Chem.; Los Alamos, N. Mex., Los Alamos Sci. Labor.) (Engl.)

Vff. untersuchten die IR-Spektren der Acetylacetonatkomplexe folgender Metalle: Be, Mn, Fe(II), Co, Ni, Cu, Cr(III), Mn(III), Fe(III), Co(III), Al, Ga, In, La, Ce(III), Nd, Na u. K. Es besteht keine einfache Beziehung zwischen den IR-Spektren der Metall-Acetylacetonat-Komplexe unterhalb 700 cm^{-1} u. der Oxydationsstufe oder dem chem. Charakter des Metalls oder der Struktur des Komplexes. Obgleich die starken Banden im Bereich von 520—630 cm^{-1} denselben Gang wie die Stabilitäts-Konst. der Komplexe zeigen, tritt diese Tendenz bei den anderen starken Absorptionsbanden $<$ 700 cm^{-1} nicht auf. Es erscheint unwahrscheinlich, daß irgendeine Bande im Bereich zwischen 700 u. 350 cm^{-1} einer reinen Metall-Sauerstoff-Schwingung zuzuordnen ist. Der Ursprung verschiedener schwacher Banden $<$ 350 cm^{-1} ist unbestimmt. Die Spektren der Komplexe $<$ 700 cm^{-1} lassen sich am besten auf Grund folgender zwei Annahmen erklären: 1. Die drei starken niederfrequenten Schwingungen des Acetylacetonatanions sind diejenigen des K-Salzes bei 654, 520 u. 410 cm^{-1}. 2. Die Metall-O-Schwingungen treten in Wechselwrkg. mit den drei niederfrequenten Schwingungen des Acetylacetonatanions. Die Aufspaltung dieser drei Maxima in verschiedene Maxima wird teilweise durch die Kopplung der Acetylacetonatschwingungen innerhalb des Komplexes u. teilweise durch Kopplung mit den Metall-O-Schwingungen verursacht. Die Schwingungen zwischen 700 u. 350 cm^{-1} lassen sich in drei Gruppen anordnen, jede dieser Gruppen kann mit einer der niederfrequenten Schwingung des Acetylacetonatanions verbunden werden. Im Hinblick auf die Schwingungswechselwrkg. in den Acetylacetonatkomplexen muß die Best. der Metall-O-Kraft-Konst. an Komplexen mit einfachen O-Donatorliganden, wie Aquo- oder Hydroxokomplexen, vorgenommen werden. Gerhard Schulze. 120□

Molekularstrahlen. O. R. Frisch. (Contemporary Physics **1.** 3—16. Okt. 1959. Cambridge, Cavendish Labor.) (Engl.)

Überblick über die Erzeugung u. den Nachw. von Molekularstrahlen (Atomstrahlen) u. die mit ihnen durchgeführten Unterss. (Best. von magnet. Kernmomenten, Lamb-Verschiebung, Ablenkung in Feldern, Resonanz-Meth., Atomuhr, Maser, Streuung, Anwendung zur opt. Spektroskopie). Herbert Weber. 121□

Bemerkung über die Hyperfeinstruktur des Zustandes $2s^2 2p\,^2P_{1/2}$ von Bor-10 und -11. H. Lew und R. S. Title. (Canad. J. Physics **38.** 868—71. Juni 1960. Ottawa, Nat. Res. Council, Div. of Pure Phys.) (Engl.)

Mit Hilfe der Atomstrahlresonanz-Meth. wurde die Hyperfeinstruktur von ^{10}B u. ^{11}B an je 3 Linien untersucht u. Verschiebungen von $\Delta\nu$ (^{11}B, $^2P_{1/2}$) = 732,153 ± 0,003 MHz u. $\Delta\nu$ (^{10}B, $^2P_{1/2}$) = 429,048 ± 0,003 MHz sowie g_J (^{11}B, $^2P_{1/2}$) = 0,6656 ± 0,0004 gefunden. G. Heinsohn. 121□

Messung der Hyperfeinstrukturaufspaltungen der beiden Yttrium-Grundzustände $^2D_{3/2}$ und $^2D_{5/2}$ mit der Atomstrahlresonanzmethode. G. Fricke, H. Kopfermann und S. Penselin. (Z. Physik **154.** 218—30. 1959. Heidelberg, Univ., I. Phys. Inst.) (Dt.) — Vgl. C. **1959.** 15900.

Mittels einer magnet. Atomstrahlresonanz-App. wurden Hochfrequenzübergänge zwischen den Zeeman-Komponenten verschiedener Hyperfeinstrukturterme der Zustände $^2D_{3/2}$ u. $^2D_{5/2}$ von ^{89}Y von Feldern von 10—15 Gauß u. eines einzelnen Hyperfeinstrukturterms bei 470 u. 490 Gauß untersucht. Die Aufspaltungsfaktoren wurden zu A ($^2D_{3/2}$) = —(57,217 ± 0,015) MHz u. A ($^2D_{5/2}$) = —(28,749 ± 0,030) MHz bestimmt. G. Heinsohn. 121□

Messung der Zeeman-g_J-Faktoren der beiden Yttrium-Grundzustände $^2D_{3/2}$ und $^2D_{5/2}$ mit der Atomstrahlresonanzmethode. Siegfried Penselin. (Z. Physik **154.** 231—37. 1959.) (Dt.) — Vgl. vorst. Referat.

Aus den Messungen der Hochfrequenzübergänge zwischen den Zeeman-Komponenten eines Hyperfeinstrukturterms von ^{89}Y bei 470 u. 490 Gauß u. gleichzeitiger Messung eines entsprechenden Überganges des Zustandes $^2S_{1/2}$ von ^{107}Ag wurden die Verhältnisse der g_J-Faktoren der Grundzustände von Y u. Ag zu g_J(Y $^2D_{3/2}$)/g_J(Ag $^2S_{1/2}$) = 0,399187 ± 0,000003 u. g_J(Y $^2D_{5/2}$)/g_J(Ag $^2S_{1/2}$) = 0,599471 ± 0,000016 bestimmt. G. Heinsohn. 121□

Mikrowellenspektrum von Fluorcyanid. J. Sheridan, J. K. Tyler, E. E. Aynsley, R. E. Dodd und R. Little. (Nature [London] **185.** 96. 9/1. 1960. Birmingham, Univ., Newcastle-upon-Tyne, King's Coll.) (Engl.)

Von den Prodd. aus der Rk. von $(CN)_2$ mit F_2 wird in den Bereichen 21, 42 u. 63 GHz die Mikrowellenabsorption untersucht. Die Absorptionsbanden entsprechen Werten aus der Rotationsstruktur der ν_3-Bande im IR (1077 cm^{-1}). Ihre Stark-Effekte u. Quadrupolaufspaltungen gelten für die Übergänge J = 0 → 1, 1 → 2 u. 2 → 3 im linearen Mol. $F^{14}CN$. Aus den Messungen wurden bisher die Rotations-Konst. B_0 = 10554,20 ± 0,01 MHz, die Kopplungs-Konst. für ^{14}N —2,67 ± 0,05 MHz, das Dipolmoment μ = 1,68 ± 0,05 D u. die Konst. der zentrifugalen Streckung D_J = 0,0053 ± 0,0003 MHz abgeleitet. Der C—N-Abstand, der aus der Quadrupolkopplung folgt, ist wenig größer als in ClCN. Unter der Annahme von 1,165 Å beträgt der C—F-Abstand demnach 1,260 Å. Dieser geringste, bisher bekannte C—F-Abstand u. die kleine Kopplungs-Konst. lassen einen beträchtlichen Beitrag von $^+F{=}C{=}N^-$ zur Struktur vermuten. Herbert Müller. 121□

Magnetische Doppelbrechung von Mikrowellen in Paramagnetika. F. Ss. Imamutdinow, N. N. Neprimerow und L. Ja. Schekun. (Журнал Экспериментальной и Теоретической Физики [J. exp. theoret. Physik] **34.** 1019—21. April 1958. Kasan, Univ.) (Russ.)

Am $MnCl_2 \cdot 4H_2O$ wird durch die spezif. Drehung bei 9375 MHz in Abhängigkeit von der Feldstärke gezeigt, das der opt. Anisotropieeffekt der Drehung der Polarisationsebene auf Kosten der Anisotropie der magnet. Permeabilität fallen kann. J. Tůmová. 121□

Untersuchungen über präparative Einflüsse auf die Leuchteigenschaften von ZnSCu. H. Ortmann. (Z. physik. Chem. **216.** 75—83. 1961. Dtsch. Akad. der Wiss. zu Berlin, Phys.-Techn. Inst., Bereich Lumineszenzforschung Liebenwalde.) (Dt.)

An ZnSCu-Luminophoren führt Vf. Unterss. über die Blau-Grün-Umwandlung der Emission durch u. findet, daß die Qualität des gefällten ZnS sowie die therm. Nachbehandlung für die Emission wichtig sind. Beim Tempern treten Besonderheiten in den Glowkurven u. bes. ausgeprägte Erregungsmaxima auf. D. Hahn. 125□

A$_3$. Elektrizität. Magnetismus. Elektrochemie

Prüfung der Möglichkeit der Anwendung eines inhomogenen Magnetfeldes zur Formierung von Elektronenbündeln großer Dichte. Ju. W. Troitzki. (Журнал Технической Физики [J. techn. Physik] **30.** 512—21. Mai 1960. Nowossibirsk, Sibir. Abt. der Akad. der Wiss. der UdSSR, Inst. für Radiophys. u. Elektronik.) (Russ.) — Vgl. C. **1961.** 3890.

Experimentelle Unters. des Einfl. eines Magnetfeldes auf die Eigg. von rotationssymm. PIERCE-Elektronenstrahlerzeugern mit konvergentem Bündel, wie sie für Mikrowellenröhren verschiedener Typen verwendet werden. Der Strahlerzeuger ist von zwei koaxialen magnet. Hohlzylinderpolschuhen derart umgeben, daß die magnet. Kraftlinien in Richtung der berechneten Elektronenbahnen verlaufen. In einem solchen System können Elektronenbündel hoher Perveanz auf sehr kleine Querschnitte mit scharfer Bündelbegrenzung komprimiert werden, weil sich bei bestimmten Werten der magnet. Feldstärke der Einfl. der therm. Anfangs-Geschw. der Elektronen beim Austritt aus der Kathode unterdrücken läßt. Die Abhängigkeit der zur optimalen Fokussierung benötigten Magnetfeldstärke von der Lage des Fokus ist in befriedigender Übereinstimmung mit der l. c. entwickelten Theorie. F. LENZ. 130□

Isolierung eines heißen Plasmas durch Gase. Hannes Alfvén und Erik Smårs. (Nature [London] **188.** 801—02. 3/12. 1960. Stockholm, Roy. Inst. of Technol.) (Engl.)

Die therm. Leitfähigkeit von Gasen hoher Drücke u. Temp., bei denen die Gase ionisiert sind, kann durch ein Magnetfeld sehr stark vermindert werden. Es werden Rechnungen durchgeführt, die die Möglichkeit zeigen, Plasmen von thermonuclearen Temp. durch heiße Gase hoher Drücke unter Anlegung eines Magnetfeldes von den Gefäßwänden zu isolieren. E. WAGENFELD-HOHLWEG. 131□

Gleichzeitige Anwendung der Townsend- und Streamer-Theorie. A. E. D. Heylen. (Nature [London] **188.** 734. 26/11. 1960. London, Queen Mary Coll., Electr. Engng. Dep.) (Engl.)

Durchgeführte Leitfähigkeitsstrommessungen an *Isopentan* bei $E/p = 300$ V/cm/Torr u. $p = 3$ Torr zeigen einen streng linearen Zusammenhang zwischen dem log des Ionisationsstromes u. dem Elektrodenabstand über mehr als 8 Dekaden der Verstärkung bis zur Funkenspannung von 990 V bei $d = 1{,}1$ cm. Durch Anwendung der TOWNSEND- u. Streamer-Theorie leitet Vf. eine Beziehung ab, die diesen Kurvenverlauf befriedigend erklärt. H. SCHIRRWITZ. 131□

Ionisationsprozesse in CCl_4 und SF_6 durch Elektronenstrahlen. R. E. Fox und R. K. Curran. (J. chem. Physics **34.** 1595—1601. Mai 1961. Pittsburgh, Pa., Westinghouse Res. Labor.) (Engl.)

Die Ionisationsprozesse in CCl_4 u. SF_6 wurden für negative u. positive Ionen sowohl mit dem Massenspektrometer als auch mit einer Ionisationsröhre untersucht. Das Appearancepotential von Cl^- wurde zu $0 \pm 0{,}05$ eV gefunden, es zeigte eine scharfe Energieabhängigkeit. Ein zweiter Ionisationsprozeß setzt bei ca. 0,4 eV ein mit einem Maximum bei ca. 0,7 eV u. zeigt eine breitere Energieabhängigkeit. Eine Temp.-Abhängigkeit der relativen Intensitäten kann nicht beobachtet werden. Aus dem Appearance-Potential u. aus Messungen der kinet. Energie von Cl^- ergibt sich eine Dissoziationsenergie für die CCl_3—Cl-Bindung von $3{,}30 \pm 0{,}07$ eV. Der zweite Ionisationsprozeß bei 0,4 eV wird einem Anregungszustand von CCl_4^- zugeschrieben. G. M. NEUMANN. 131□

Über die Oberflächenzustände kristalliner Dielektrika. V. Sergiescu. (Studii Cercetări Fizică **6.** 349—68. April/Juni 1955.) (Rum.)

Zur Unters. der Frage, ob an der Oberfläche eines endlichen Kristalls Polaronen u. Excitonen existieren, wird für die Polaronen eine adiabat. Meth. angewandt, die zu einem negativen Ergebnis führt, abgesehen vom stat. Polaron. Bzgl. der Excitonen wird der Fall eines eindimensionalen Gitters behandelt, dessen Atome aus einem Atomrest u. einem opt. Elektron bestehen; unter bestimmten Bedingungen erscheint das Vorliegen eines Excitonenoberflächenzustandes möglich. R. K. MÜLLER. 132□

Stabilität eines dielektrischen Flüssigkeitsstrahls in Gegenwart eines longitudinalen elektrischen Feldes. N. K. Nayyar und G. S. Murty. (Proc. physic. Soc. **75.** 369—73. 1/3. 1960. Delhi, Univ., Dep. of Phys.) (Engl.)

Die Stabilität eines zylindr. Stahles (jet) einer inkompressiblen Fl. in Ggw. eines longitudinalen elektr. Feldes wird theoret. untersucht. Vff. zeigen, daß das elektr. Feld die Stabilität des Strahles erhöht. Für gegebene Werte des elektr. Feldes werden die Wellenlänge der Störung, bei der die Instabilität einsetzt, u. die Wellenlänge für maximale Instabilität berechnet. HERBERT WEBER. 132□

Anomale thermoelektrische Eigenschaften von Gadoliniumselenid. R. C. Vickery und H. M. Muir. (Nature [London] **190.** 336—37. 22/4. 1961. Santa Monica, Calif., Electronic Materials Corp.) (Engl.)

Vff. untersuchen das thermoelektr. Verh. des Syst. Gd–Se u. erhalten hohe thermoelektr. Charakteristika, wenn man das Syst. mit ca. 90% Gd_2Se_3 von etwas über dem F. (ca. 1800°) liegenden Temp. abschreckt. Diese hohen Werte verschwinden beim Umschmelzen oder langsamen Abkühlen der Schmelze. Nach der thermoelektr. Halbleitertheorie sind folgende Anomalien festzustellen: Die Erhöhung der Q-Werte mit der Temp. weist auf eine Entartung durch Verunreinigungen hin, die linearen oder leicht abfallenden Werte für $\varkappa$ zeigen jedoch keine Entartung an. Die normale Beziehung zwischen ZT u. Q^2/L wird nicht festgestellt. Bis ca. 800° ist $\varkappa_{ph}$ proportional der reziproken Temp., darüber jedoch ist die Beziehung $\varkappa = \varkappa_{el} + \varkappa_{ph}$ nicht gültig. Die Ableitung von $\varkappa_{el}$ aus den ϱ-Werten nach dem WIEDEMANN-FRANZschen Gesetz ist unzulässig, da ein heterogenes Syst. vorliegt. Röntgenbeugungsbilder u. metallograph. Unterss. weisen jedoch im wesentlichen auf eine Einzelphase hin. Liegen offensichtlich 2 Phasen vor, so sind keine hohen Z-Werte festzustellen. Vff. nehmen an, daß GdSe u. Gd_2Se_3 wahrscheinlich auf Grund von Gitterwechselwrkg. zwischen den kovalenten bzw. ion. Bindungszuständen der Komponenten eine metastabile intermetall. Verb. bilden. Aus vorläufigen Berechnungen wird eine Resonanzfrequenz von ca. $4{,}6 \cdot 10^{17}\,s^{-1}$ beim Raum-Temp. angenommen. Vff. erörtern die Erscheinungen mit Hilfe der Theorie der Oszillator-Wellen-Wechselwrkg. unter der Annahme, daß elektromagnet. Wellen therm. Frequenz („thermons") als Ladungsträger fungieren. P. FRENZEL. 133☐

Mit Geiger-Zählern gemessene Photoemission von Metalloberflächen. M. A. Conrad und S. Levy. (Nature [London] **189.** 887—89. 18/3. 1961. Monroeville, Pa., United States Steel Corp., Appl. Res. Labor.) (Engl.)

Vff. bestimmen mit Hilfe eines GEIGER-Durchflußzählers ohne Fenster bei Raumtemp. die Emission von Elektronen niedriger Energie von Oberflächen verschiedener Metalle (Al, Sn, Cu, Ni u. Zn) vor u. nach mechan. Bearbeitung (Schleifen, Feilen, Polieren u. Druckbeanspruchung). Im Gegensatz zu anderen Autoren wurde bei völliger Lichtabschirmung keine Elektronenemission von den bearbeiteten Oberflächen beobachtet. Offensichtlich ist die erforderliche Intensität des Streulichts sehr niedrig. Vff. nehmen an, daß der RUSSEL-Effekt nicht durch die Wrkg. verzögerter Elektronen, die mit einem GEIGER-Zähler nachzuweisen sind, erklärt werden kann. Die Beobachtung, daß bei Bestrahlung verschiedener Nichtmetalle (z. B. Al_2O_3-Pulver) durch Röntgenstrahlen Emission verzögerter Elektronen erzielt werden kann, wird bestätigt. Die Intensität der Emission ist abhängig vom Wassergehalt. Es wird festgestellt, daß bei Röntgenbestrahlung hinsichtlich der Photoemission Deaktivierung eintritt. Die photoelektr. Schwellenwerte liegen im nahen UV, sie unterscheiden sich für die verschiedenen Metalle nur wenig. Die Werte folgen der gleichen Reihenfolge wie die reiner Metalle im Vakuum mit einem Unterschied von einigen hundert Å-Einheiten. Im sichtbaren Teil des Spektrums wird kein scharfes Maximum gefunden. Die Abkling- u. Erholungskurven für *Sn* nach verschiedener mechan. Bearbeitung sind dargestellt. P. FRENZEL. 134☐

Die Photoleitfähigkeit von Molekülkristallen. J. N. Murrell. (Discuss. Faraday Soc. **1959.** Nr. 28. 36—47. Cambridge, Univ., Dep. of Theoret. Chem.) (Engl.)

Es werden theoret. Ausdrücke für den Photostrom eines Molekülkristalls durch eine Potenzreihen-Entw. der Lichtintensität hergeleitet. Diese schließt die Terme erster u. zweiter Ordnung ein. Folgende Voraussetzungen werden gemacht: Der plattenförmige Kristall habe eine Oberfläche unendlicher Ausdehnung. Die Bestrahlung erfolgt gleichmäßig mit monochromat. Licht in Richtung der Normalen zur Oberfläche. Der Kristall liegt zwischen zwei Elektroden mit unendlicher Leitfähigkeit (die Konz. der im Kristall erzeugten Ladungsträger hängt dann nur von der Koordinate senkrecht zur Oberfläche ab). Der Photostrom soll bei gleicher Spannung 10^3—10^4mal so groß sein wie der Dunkelstrom. Bei Absorption eines Photons entstehen entweder zwei freie Ladungsträger oder ein freier u. ein eingefangener Ladungsträger. Es wird gefunden, daß der Photostrom 1. vom relativen Wert der Potentialdifferenz über dem Kristall, 2. dem Extinktions-Koeff. u. 3. von der Geschw., mit der freie Ladungsträger eingefangen werden, abhängt. Es wird gezeigt, daß die experimentell gefundenen Ergebnisse nur dann verstanden werden können, wenn angenommen wird, daß der Einfang von Ladungsträgern wichtiger für die Begrenzung der Ladungs-Konz. ist als die Entladung an den Elektroden. Aus dem Vorzeichen des Gleichrichtereffektes wird geschlossen, daß die positive Ladung die größere Beweglichkeit hat. E. WAGENFELD-HOHHOEG. 135☐

Feldabhängige Elektronenbeweglichkeit in Ionen-Kristallen. J. F. Barnes und R. H. Tredgold. (Proc. physic. Soc. **76.** Part II. 261—66. 1/8. 1960. Bangor, Univ. Coll. of North Wales, Phys. Dep.) (Engl.)

Die Boltzmann-Gleichung für die Elektronenleitung in einem Ionenkristall wird aufgestellt. Eine Näherungslösung wird in Ausdrücken mit der 3. Potenz des elektr. Feldes erreicht. Explicite Ergebnisse werden für $h\omega_0 = 2\,kT$ ($\mu = 6{,}8\,cm^2\,V^{-1}\cdot cm^{-1}$) u. für $h\omega_0 = 1/2\,kT$ erhalten, wobei ω_0 = Winkelfrequenz der longitudinalen opt. Schwingungen ist. Für elektr. Felder kleiner als die bekannten Durchschlagsfelder nimmt die Elektronenbeweglichkeit mit wachsendem Feld ab. Für Felder kleiner als 10^{-5} V/cm werden die nichtohmschen Effekte vernachlässigt. H. Schibilla. 135□

Bestimmung der Anzahl injizierter Löcher und Elektronen in Halbleitern. F. van der Maesen. (Philips Res. Rep. **15.** 107—19. April 1960. Eindhoven.) (Engl.)

An p-*Ge*, *Si* u. *SiC* werden Messungen der Photoleitfähigkeit u. des Photo-Hall-Effektes bei Raum-Temp. ausgeführt. Aus den Messungen werden die Abweichungen der Anzahl von Elektronen u. Löchern Δn u. Δp von den Gleichgewichtswerten erhalten. Infolge von Einfangprozessen haben sie jedoch verschiedene Werte. Das Verhältnis $K = \overline{\Delta n}/\overline{\Delta p}$ wird aus der relativen Änderung des Hall-Effektes mit der Leitfähigkeit erhalten u. für die Berechnung der Diffusionslänge benutzt. Für $K = 1$ wird ein Verhältnis r_n/r_p (Verhältnis von Hall- zu Driftbeweglichkeit von Elektronen r_n u. Löchern r_p) erhalten, das bei Raum-Temp. für Ge $0{,}54 \pm 0{,}04$ u. Si $0{,}78 \pm 0{,}04$ beträgt. Herbert Müller. 135□

Minoritätsträgerrekombination in einem zylindrischen Transistor-Basisbereich. David P. Kennedy. (J. appl. Physics **31.** 954—56. Juni 1960. Poughkeepsie, N.Y., IBM Corp.) (Engl.)

Vf. untersucht den Einfl. der Rekombination innerhalb des Basisbereichs eines Mesa-Typ-Drift-Transistors. Die Ausbeute des Minoritätsträgertransports wird bestimmt für den Basisbereich eines festen Zylinders u. ebenfalls für eine vereinfachte eindimensionale Struktur. Ein Vgl. der zwei Minoritätsträger-Transportgleichungen zeigt, daß die Näherungs-Meth. nur einen vernachlässigbaren Fehler hat, wenn sie auf prakt. Halbleiteranordnungen angewandt wird. J.-M. Spaeth. 135□

Ausbreitungs-Widerstand in zylindrischen Halbleiter-Ausführungen. David P. Kennedy. (J. appl. Physics **31.** 1490—97. Aug. 1960.) (Engl.) — Vgl. vorst. Referat.

Für zylindr. Halbleiterformen wird die Berechnung des Ausbreitungswiderstandes als Grenzwertproblem eines festen Kreiszylinders behandelt. Die Lsgg. dieses Problems dienen dazu, den therm. Ausbreitungswiderstand in der Halbleiterumkleidung, den elektr. Widerstand in einer parametr. Mesa-Diode u. den Störstellen-Kollektor-Widerstand eines Mesa-Transistors zu bestimmen. Es werden Gleichungen in graph. Form aufgeführt, die den therm. oder elektr. Widerstand in dem Gebiet geometr. Parameter angeben, die für viele prakt. Anwendungsbereiche gelten. Weitere Beispiele werden für die Potentialverteilung innerhalb der verschiedenen behandelten zylindr. Ausführungen angegeben. H. Schibilla. 135□

„Intervalley"-Rauschen. P. J. Price. (J. appl. Physics **31.** 949—53. Juni 1960. New York, N.Y., Columbia Univ., IBM Corp., Watson Labor.) (Engl.)

Es wird eine Theorie für das Spektrum des elektr. Rauschens entwickelt, das von Elektronenübergängen zwischen verschiedenen quasi-isolierten Gruppen von Zuständen kommt (für den allg. Fall, daß jede Gruppe einen Teil des elektr. Stromes trägt). Sie wird angewandt auf das Rauschen von Übergängen zwischen Tälern des Leitungsbandes von *Ge*, u. es wird die Möglichkeit zur Beobachtung des Rauschens bei Verw. der Daten von Weinreich, Sanders u. White über die Frequenz der „Intervalley"-Übergänge diskutiert. J.-M. Spaeth. 135□

Einfluß der Halbleitereigenschaften von Oxydfilmen auf das elektrochemische Verhalten von Metallen in Elektrolyten bei der Einwirkung von ultraviolettem Licht. A. W. Bjalobshesski und W. D. Walkow. (Доклады Академии Наук СССР [Ber. Akad. Wiss. UdSSR] **134.** 121—24. 1/9. 1960. Inst. für phys. Chemie der Akad. der Wiss. der UdSSR.) (Russ.)

Vff. untersuchen den Einfl. von UV-Strahlung auf das elektrochem. Potential von mit Oxyd bedeckten Metallelektroden (Zn, Zr, Ta, Ti, Ni, Cu, Cd). Die Differenz der Elektrodenpotentiale $\Delta V = V_{bestrahlt} - V_{unbestrahlt}$ in 0,1n NaOH- bzw. bei Ti u. Ta in 0,5n Na_2SO_4-Lsg. ist für Metalle, deren Oxyde n-Halbleiter sind (Zn, Zr, Ta, Ti), negativ, bei p-Halbleitern positiv. Da bei potentiostat. Polarisations-Unterss. bei p-Halbleiter-Oxyden nur der anod., bei n-Halbleitern nur der kathod. Prozeß durch UV-Licht beeinflußt wird, muß angenommen werden, daß neben der Erhöhung der elektr. Leitfähigkeit der Oxydschicht eine Einw. der Strahlung auf die Rkk. selbst stattfindet. Das Verh. der Ta/Ta_2O_5-Elektrode wird an Hand von Stromdichte–Potential-Kurven beschrieben. In einem begrenzten Bereich gilt für den Photostrom die Beziehung $I_\Phi = A\cdot n\cdot(1-e^{-B\cdot V})$. A u. B sind für eine gegebene Strahlungsintensität konst., n ist die Zahl von

Ladungsträgern, die bei vollständiger Absorption der Strahlung gebildet werden. Eine erhebliche Verstärkung der Oxydschicht führt durch Erhöhung ihres Ohmschen Widerstandes stets wieder zu einer Abnahme von I_{Φ}. E. Winkler. 135□

Die Theorie des anomalen Skineffekts in Metallen für schräg einfallende Strahlung. J. G. Collins. (Appl. sci. Res. B **7.** 1—40. 1958. Nedlands, Western Australia, Univ. of Western Australia, Dep. of Phys.) (Engl.)

Die theoret. Unterss. dieses Problems zeigen, daß sich bei den oberen sichtbaren u. UV-Frequenzen die effektive Oberflächenimpedanz eines Metalls mit der Richtung der Polarisation der einfallenden Strahlung ändert. Die Unterschiede sind von derselben Größenordnung wie die vom Verdrängungsstrom herrührenden Terme. Es werden diesem Effekt Rechnung tragende verallgemeinerte Formeln für die opt. Konst. als Funktion zweier Oberflächenimpedanzen abgeleitet, die für alle Einfallsrichtungen u. für Frequenzen, die nicht innerhalb der inneren photoelektr. Absorptionsbanden liegen, gültig sind. Experimentelle Ergebnisse an *Ag* werden von dieser Theorie besser wiedergegeben als nach bekannten Theorien. D. Jörchel. 136□

Anomaler Skin-Effekt und optische Konstanten von Kupfer, Silber, Gold und Nickel im infraroten Spektralgebiet. I. N. Schkljarewski und W. G. Padalka. (Оптика и Спектроскопия [Optik u. Spektroskopie] **6.** 776—79. Juni 1959.) (Russ.)

An Hand der früher durchgeführten Bestimmungen der opt. Konst. von Cu, Ag, Au u. Ni (C. **1960.** 374 u. C. **1961.** 4241) werden auf Grund des anomalen Skin-Effektes die Konzz. der Leitfähigkeitselektronen N, die Relaxationszeit τ u. das Prod. der Elektronen-Geschw. v (an der Fermi-Grenze) u. des Diffusitäts-Koeff. (1—p) berechnet. Die Berechnung wird unter der Voraussetzung durchgeführt, daß die im Vakuum aufgetragenen dünnen Schichten gleiche Leitfähigkeit wie massive Metalle besitzen. Für die angeführte Reihe der Metalle beträgt N 3,8, 7,2, 2,8, 0,46 ($\cdot 10^{22}$ cm^{-3}); τ 6,05, 3,36, 6,23, 11,7 ($\cdot 10^{-14}$s); (1—p)l [l = freie Weglänge des Elektrons] 2,43, 0,57, 11,7, 64,1 ($\cdot 10^{-5}$ cm); (1—p)v 4,02, 1,7, 18,8, 55 ($\cdot 10^{8}$ cm/s). J. Tůmová. 136□

Das Maximum des elektrischen Widerstandes in verdünnten Magnesiumlegierungen. G. Gaudet, F. T. Hedgcock, G. Lamarche und E. W. Wallingford. (Canad. J. Physics **38.** 1134—35. Aug. 1960. Ottawa, Canada, Univ. of Ottawa, Dep. of Phys.) (Engl.)

Das Auftreten eines Widerstandsmaximums in *Mg–Mn*-Legg. wird an Proben untersucht, die von einem Block stammen, der nominell 1 Atom-% Mn enthält. Die einzelnen Proben werden bei verschiedenen Temp. abgeschreckt u. die Widerstandsverhältnisse $R_{4,2}/R_{273}$ gemessen. Die Temp. beim Widerstandsmaximum nimmt zu, wenn der Geh. an Verunreinigungen größer wird. Aus dem Verh. des Mn mit ein- u. zweiwertigen Metallen wird gefolgert, daß zur Erklärung der Widerstandsanomalien bei tiefen Temp. nur die spezif. Natur der Verunreinigung betrachtet werden muß. H. Schibilla. 136□

Die elektrische Leitfähigkeit des Eisens bei hohen Temperaturen. W. Ss. Gumenjuk und W. W. Lebedew. (Физика Металлов и Металловедение [Physik Metalle Metallkunde] **8.** 847—50. Dez. 1959. Physikal.-techn. Inst. der Akad. der Wiss. der UkrainSSR.) (Russ.)

Mitgeteilt werden die bei einer Unters. über die elektr. Leitfähigkeit in Abhängigkeit von der Temp. erhaltenen Werte von reinem, nach dem Verf. der Vakuum-Dest. gewonnenem Eisen. Auf der Kurve des spezif. elektr. Widerstandes in Abhängigkeit von der Temp. sind die Punkte der magnet. u. der Phasenübergänge gut sichtbar. Ein Vgl. der für Armco-Eisen erhaltenen Werte des spezif. elektr. Widerstandes mit den von anderen Autoren ermittelten Werten wird angestellt. Zum Unterschied von anderen Autoren wird festgestellt, daß der spezif. elektr. Widerstand des Fe im δ-Bereich mit der Temp. zunahm, u. zwar intensiver als für γ-Fe. Beschrieben wird der für die Durchführung der Verss. entwickelte Hochtemp.-Ofen für Temp. bis 2500°.

H. Hochstein. 136□

Elektrische Leitung in Festkörpern. 3. Mitt. **Der Kontakt an Eisenoberflächen.** J. A. Greenwood und A. J. Harris. (Proc. Roy. Soc. [London], Ser. A **257.** 83—97. 13/8. 1960. Cambridge, Tube Investments Res. Labor. and Cavendish Labor., Phys. and Chem. of Solids.) (Engl.) — 2. vgl. C. **1959.** 10473.

Die Wrkg. des Stromdurchgangs durch Fe-Kontakte, deren Oberflächen mit einer Oxydschicht bedeckt sind, wird behandelt. Der Durchlaßwiderstand solcher Kontakte ist durch die tatsächliche Berührungsfläche der Metalle u. bei nicht beschädigter Oxydschicht zusätzlich durch den Widerstand des Oxydfilms bestimmt. Kurze Stromstöße beeinflussen den Widerstand nicht, solange die Stromstärke den krit. Wert nicht überschreitet. Starke Ströme I verursachen eine Vergrößerung der Kontaktfläche u. damit einen Abfall des Widerstands auf den Wert R_0, wobei I einen konst. Wert erreicht. IR_0 hat auch für metall. reine Fe-Kontakte den theoret. erwarteten Wert, steigt aber mit dem Grad der Verunreinigung durch die Oxydschicht auf das 2—3fache an. Verss.

mit Stromstößen verschiedener Dauer zeigen die Abhängigkeit der Kontakterwärmung von der Kontaktfläche. Es konnte gezeigt werden, daß für IR_0 u. damit für das Temp.-Gleichgewicht eine obere Grenze existiert. Da die krit. Temp. des Fe weit unterhalb von F. liegt, konnte das Aufheizen der Kontakte im unstabilen Bereich untersucht werden. Die aufgenommenen Oscillogramme stimmen mit den theoret. Voraussagen überein.
K. ROSS. 136□

Leitfähigkeit und Hall-Konstante. 12. Mitt. **Nachweis einer Fernordnung in Kupfer-Nickel-Zink-Mischkristallen.** Werner Köster. (Z. Metallkunde **51.** 716—21. Dez. 1960. Stuttgart, MPI für Metallforsch.) (Dt.) — 11. vgl. C. **1961.** 4977.

Der elektr. Widerstand u. die HALL-Konst. von α-Cu-Ni-Zn-Legg. wurde für Ni:Zn = 1:1 in Abhängigkeit von der therm. u. mechan. Vorbehandlung bestimmt. Bei Cu-reichen Legg. werden beide Werte durch eine Zustandsänderung unter 500° erhöht, mit abnehmendem Cu-Geh., etwa ab 60% Cu, dagegen in steigendem Maße erniedrigt. Schließlich wird die HALL-Konst. positiv. Zur Deutung werden eine Nahordnung vom Typ des K-Zustandes u. eine Fernordnung vom Typ Cu_3Au im Mischkristall angenommen. Beide Zustände überlagern sich. Bei der Abkühlung unter den Transformationspunkt u. beim Anlassen bildet sich zuerst der K-Zustand aus. Röntgenograph. wurde durch Nachw. von Überstrukturlinien die Fernordnungsphase als L 1_2-Typ identifiziert.
F. VIER. 136□

Zwischenzustand von starken Supraleitern. A. L. Schawlow, G. E. Devlin und J. K. Hulm. (Physic. Rev. [2] **116.** 626—27. 1/11. 1959. Murray Hill, N.J., Bell Telephon Labor.; Pittsburgh, Pa., Westinghouse Res. Labor.) (Engl.)

Die sehr großen Bereiche, welche für den Zwischenzustand von starken Supraleitern charakterist. sind, werden beim *Re* untersucht. Es wird gefunden, daß Scheiben (1,37×0,18 cm) von reinem geglühten Re bei H = 75 Oe kleine Bereiche (wie schwache Supraleiter) zeigen. Durch Kaltbearbeitung (Abschleifen der Proben) werden aber große Bereiche erhalten. Daraus wird geschlossen, daß die Bldg. großer Bereiche keine Eig. von bestimmten Metallen oder Elektronenzuständen ist, sondern von örtlichen Spannungen oder unreinen Grenzbereichen abhängt. E. WAGENFELD-HOHLWEG. 136□

Der ΔE-Effekt in Eisen-Nickel-Legierungen. M. Yamamoto. (Sci. Rep. Res. Inst. Tôhoku Univ., Ser. A **11.** 102—19. April 1959. Res. Inst. for Iron, Steel and Other Metals.) (Engl.)

An angelassenen Fe-Ni-Legg. mit 0—100 Gewichts-% Ni maß Vf. den ΔE-Effekt mit Hilfe der Meth. der magnetostriktiven Schwingung. Zuerst wurde die Dichte der Legg. mit Hilfe der hydrostat. Meth. gemessen. Die Dichte steigt langsam mit steigendem Ni-Geh. im Gebiet der α-Phase, nimmt plötzlich in dem schmalen Bereich der α + γ-Phase bei ca. 30 Gewichts-% Ni zu u. steigt dann hyperbol. im Bereich der γ-Phase. Hierauf wurden mit Hilfe der Meth. des ballist. Galvanometers die Anfangssusceptibilität u. die Magnetisierungskurven für Feldstärken bis zu 900 Oe als Funktion der Zus. bestimmt. Die Ergebnisse stimmten gut mit Literaturwerten überein. Es wurde gefunden, daß die YOUNGschen Moduln der α-Phasen-Legg., die weniger als 30% Ni enthalten, nicht durch schwache magnet. Felder bis zu einigen Oe beeinflußt werden. Der ΔE-Effekt in Fe u. in Legg. mit 60—80% Ni zeigte ein kleines negatives Minimum bei der Feldstärke, bei der die gesamte oder die differentielle magnet. Susceptibilität ein Maximum zeigte. Der der Sättigung vorhergehende ΔE-Effekt zeigte ein sek. Anwachsen in Fe, in der Leg. mit 80% Ni u. in Ni; er zeigte aber eine leichte Abnahme in den Legg. mit 5, 30 u. 90% Ni. In ganzen untersuchten Zus.-Bereich erwiesen sich die Sättigungswerte von ΔE als positiv, was theoret. zu erwarten war. Der Sättigungs-ΔE-Effekt beträgt in Legg. der α-Phase 0,3%; in der γ-Phase liegt er in der Größenordnung mehrerer Prozente.
C. GOTTFRIED. 137

Herstellung reproduzierbarer magnetischer Gedächtnisse aus dünnen Schichten. E. M. Bradley. (Electronics **33.** Nr. 37. 78—81. 9/9. 1960. Stevenage, Herts., England, International Computers and Tabulators Ltd.) (Engl.)

Die mangelhaften magnet. Reproduzierbarkeiten dünner magnet. Aufdampfschichten werden dadurch verbessert, daß die äußeren Magnetfelder mit großen Winkeln zur Vorzugsrichtung der Schicht angelegt werden u. daß Permalloy durch eine nicht näher bezeichnete Leg. „Gyralloy“ ersetzt wird. Das größere Störgeräusch dünner Schichten im Vgl. zu den Rechteckferriten wird ferner durch ein Hochvakuum-Aufdampfen auf isolierte Al-Trägerfolien verkleinert. Das beschriebene magnet. Gedächtnis besteht aus zwei bedampften Al-Platten u. speichert 2500 „Bits“, die zu 50 Worten zusammengesetzt werden können. Schaltzeit 10^{-7} s, Sekundärspannung 6 V, Primärstrom 0,5 A.
H. FAHLENBRACH. 137□

Neutronenbeugungsuntersuchung von antiferromagnetischem $FeTiO_3$ und seinen festen Lösungen mit α-Fe_2O_3. G. Shirane, S. J. Pickart, R. Nathans und Y. Ishikawa. (Physics chem. Solids **10.** 35—43. April 1959. Pittsburgh, Pa., Westinghouse Res. Labor.; White Oak, Md., Naval Ordnance Labor.; Upton, N.Y., Brookhaven Nat. Labor.; University Park, Pa., Pennsylvania State Univ.; Tokyo, Univ. of Tokyo.) (Engl.)

Während $FeTiO_3$ u. α-Fe_2O_3 antiferromagnet. sind, haben einige feste Lsgg. dieser beiden Verbb. starke magnet. Momente, die einer Ordnung der Fe- u. Ti-Atome zugeschrieben werden. Neutronenbeugungsaufnahmen an Pulverproben bestätigen das aus dem Röntgendiagramm des $FeTiO_3$ gewonnene Modell: Schichten aus Fe u. Ti mit dazwischenliegenden O-Schichten wechseln längs der [1 1 1]-Achse der rhomboedr. Zelle ab. Außerdem ergaben sich aus Neutronenbeugungsaufnahmen genauere Werte für die O-Parameter: $FeTiO_3$, $x = 0{,}555$, $y = -0{,}040$, $z = 0{,}235$; α-Fe_2O_3, $x = 0{,}550$. Die Neutronenbeugungsdaten unterhalb des NÉEL-Punkts von 68°K lassen auf eine Spinstruktur schließen, bei der die Fe^{2+}-Momente ferromagnet. innerhalb einer (1 $\bar{1}$ 1)-Schicht gekoppelt u. senkrecht zu ihr gerichtet sind. Die spontanen Momente, die in festen Lsgg. beobachtet wurden, sind mit der Ausrichtung der Ti- u. Fe-Atome verknüpft; die Spinanordnung in den meisten dieser Mischkristalle ist vom α-Fe_2O_3-Typ mit ferromagnet. gekoppelten u. innerhalb der (1 1 1)-Schichten liegenden Spins. Das Nichtvorhandensein einer Fernordnungsspinstruktur bis hinunter zu 4,2°K in Proben mit 12% Haematit wird auf der Grundlage einer inhomogenen magnet. Struktur erklärt.

D. JÖRCHEL. 137 ☐

Anisotropie der magnetischen Susceptibilität und Abhängigkeit der Wärmekapazität von der Richtung des Feldes in einem Antiferromagnetikum. Je. A. Turow. (Журнал Экспериментальной и Теоретической Физики [J. exp. theoret. Physik] **34.** 1009—11. April 1958. Swerdlowsk, Inst. für Metallphys. der Uralzweigstelle der Akad. der Wiss. der UdSSR.) (Russ.)

An Hand von früher berechneten Formeln für das Spektrum der Spinwellen für $H \| Z$ u. $H > H_0$ wird ein Vorschlag zur Berechnung der Temp.-Abhängigkeit der Susceptibilität u. der Wärmekapazität der Spinwelle gegeben (Gleichungen). — Danach kann bei einachsigen Kristallen eine bedeutende Änderung der Spin-Wärmekapazität u. der Temp.-Abhängigkeit durch Drehen längs der Achse in der Feldrichtung erzielt werden; falls die Spin-Wärmekapazität einen bedeutenden Teil der allg. Wärmekapazität ausmacht, müßte bei adiabat. Drehen der Probe eine Temp.-Änderung erzielt werden.

J. TŮMOVÁ. 137 ☐

Temperaturänderung der magnetischen Susceptibilität einiger Übergangselemente. H. Kojima, R. S. Tebble und D. E. G. Williams. (Nature [London] **185.** 90—91. 9/1. 1960. Sheffield, Univ., Phys. Dep.) (Engl.)

Von spektroskop. reinem *Pt, Rh, Zr, Ti, Ta* u. *Nb* werden zwischen 20 u. 1750° die magnet. Susceptibilitäten, bezogen auf Pt, bei Raum-Temp. bestimmt; die Meßwerte sind tabellar. wiedergegeben. Die Übereinstimmung mit anderen Daten ist befriedigend.

HERBERT MÜLLER. 137 ☐

Über die Möglichkeit der Strahlungsmessung durch Benutzung thermomagnetischer Effekte unter und nahe dem Curie-Punkt. Yngve Öhman. (Optica Acta [London] **6.** 372—77. Okt. 1959. Saltsjöbaden, Stockholm Observ.) (Engl.)

Vf. beschreibt Vers.-Anordnungen, bei denen die starke Temp.-Abhängigkeit der Magnetisierung von *Gd* zur Strahlungsmessung benutzt wird. Bei Verw. einer empfindlichen Waage, einem astat. Magnetometer oder Induktionsspulen dürfte sich eine Strahlung von ca. 10^{-8} W nachweisen lassen. Zur Messung derart geringer Strahlungsmengen empfiehlt Vf. die Verw. eines Vakuuminstruments u. einer Mg–Gd-Leg. mit einem CURIE-Punkt von 102°K (GAUME-MAHN, C. **1953.** 3520). D. HOENE. 137 ☐

Über die Eigenschaften gemischter Yttrium-Dysprosium-Granate. Avénir Vassiliev, Jean Nicolas und Mieczyslaw Hildebrandt. (C. R. hebd. Séances Acad. Sci. **252.** 2681—83. 3/5. 1961.) (Franz.)

Gemische von Y_2O_3, Dy_2O_3 u. Fe_2O_3 werden bei 900° vorgebrannt u. bei 1350° zu $3\,[(1-x)\,Y_2O_3, x\,Dy_2O_3] \cdot 5\,Fe_2O_3$ ($x = 0; 0{,}1; \ldots; 0{,}9; 1$) gesintert. Die magnet. Momente $\sigma(\mu_b)$ werden nach der Meth. von WEISS in einem Feld von 7 kOe zwischen 78°K u. der CURIE-Temp. bestimmt. Aus der Temp.-Abhängigkeit von $\sigma(\mu_b)$ folgt, daß $\sigma(\mu_b)$ für die Kompensationspunkte bei verschiedenem x nicht den Wert Null erreicht. Die CURIE-Punkte sind innerhalb der Meßgenauigkeit konst. (ca. 553°K), während die Kompensationspunkte entsprechend der Theorie von NÉEL linear von x abhängen. Die lineare Abhängigkeit von g_{eff1}, dem wirksamen gyromagnet. Faktor, von der Zus. entspricht dem Gesetz von KITTEL (C. **1960.** 8772), während der Ursprung von g_{eff2} nicht erklärt werden kann. Eine lineare Abhängigkeit wird auch für $\sqrt{\Delta H}$ (ΔH = Größe der Resonanzlinie bei 9535 MHz) beobachtet. HERBERT MÜLLER. 137 □

Chemische Zusammensetzung und magnetische Eigenschaften von Siderit und Ankerit. W. M. Winokurow. (Записки Всесоюзного Минералогического Общества [Schr. Allunions mineralog. Ges.] [2] **89.** 98—102. 1960.) (Russ.) — Vgl. C. **1961.** 11232.

Gestützt auf die Literatur, kommt Vf. zu folgenden Ergebnissen: Die magnet. Eigg. von Siderit u. Ankerit hängen im wesentlichen vom Fe^{2+}-Geh., im geringeren Grade vom Geh. an Mn^{2+}, Fe^{3+}, Co^{2+}, Mg^{2+}, Ca^{2+}, CO_3^{2-} ab. CO_3^{2-}, Ca^{2+} u. Mg^{2+}-Ionen wirken diamagnetisch. Zusätze von Mn^{2+}, das diadoch Fe^{2+} ist, u. Fe^{3+} erhöhen einerseits die magnet. Susceptibilität, verringern aber ihre Anisotropie. Die prozentuale chem. Zus. (FeO, MnO, Fe_2O_3, CaO, MgO) u. die magnet. Susceptibilitäten sind für Siderit u. Ankerit in Tabellen zusammengestellt, außerdem ist graph. die Abhängigkeit der magnet. Susceptibilität vom FeO-Geh. wiedergegeben. Letzte Abhängigkeit ist die Grundlage einer Meth. zur Schnellbest. des FeO-Geh. $>$2,5—3% im Siderit u. Ankerit, die sowohl die Unters. von Einkristallen als auch Pulvern ermöglicht. H. NOACK. 137

Über die spontane Strahlung eines Paramagnetikums in einem Magnetfeld. W. M. Fain. (Журнал Экспериментальной и Теоретической Физики [J. exp. theoret. Physik] **34.** 1032—33. April 1958. Gorki, Inst. für Radiophys.) (Russ.)

Die Überführung eines kleinen Vol. eines Paramagnetikums in einen „ultrastrahlenden Zustand" kann durch ein geeignetes Umschalten des Magnetfeldes bei niedrigen Temp. geschehen; die Bedingungen für die Umschaltzeit sind angegeben.
J. TŮMOVÁ. 137 □

Daten über die paramagnetische Resonanz. J. W. Orton. (Rep. Progr. Physics **22.** 204—40. 1959. Oxford, Clarendon Labor.) (Engl.) — Vgl. BOWERS u. OWEN, C. **1957.** 12070.

Die l. c. veröffentlichte Tabelle aller Literaturdaten über experimentelle Ergebnisse der paramagnet. Resonanz in Festkörpern wird auf den neuesten Stand (Ende 1958) gebracht. Die Ergebnisse werden in Form von Parameterwerten der Spin-HAMILTON-Funktion für Ionen der Übergangsgruppe, F-Zentren, V-Zentren sowie andere Störzentren angegeben. Nicht enthalten sind die Daten über Fll. oder freie Radikale.
D. JÖRCHEL. 137 □

Direkte Analyse komplexer kernmagnetischer Resonanzspektren vom Typ A_2B_2. B. Dischler und W. Maier. (Z. Naturforsch. **16 a.** 318—19. März 1961. Freiburg/Br., Inst. für Elektrowerkstoffe u. Inst. für phys. Chem.) (Dt.)

Vff. entwickeln ein Verf. zur Analyse der in der hochauflösenden Kernresonanzspektroskopie von Fll. gelegentlich auftretenden Spektren des Typs A_2B_2, d. h. die Moll. enthalten 2 Paare von Kernen mit jeweils gleichen Resonanzfrequenzen ν_A u. ν_B bei verschwindender Kopplung, wobei $|\nu_A - \nu_B|$ von ähnlicher Größe wie die durch die elektronengekoppelte Spin–Spin-Wechselwrkg. verursachte Frequenzaufspaltung ist. Es wird der bes. interessante Fall des Kernspins I = 1/2 behandelt. Numer. Ergebnisse betreffen in CS_2 gelöstes *Benzofurazan* bzw. *Thiophen*, für die J_{12} = 6,5 bzw. 3,4 Hz; J_{34} = 1,2 bzw. 2,8 Hz; $J_{13}=J_{24}$ = 9,3 bzw. 5,0 Hz; $J_{14}=J_{23}$ = 0,9 bzw. 1,0 Hz (alle Fehler $\pm$0,1 Hz) u. δ = 0,389$\pm$0,005 bzw. 0,174$\pm$0,005 ppm gefunden werden.
D. JÖRCHEL. 137 □

Optische Isomerie bei der Hydratisierung. P. Spacu und D. Săndulescu. (Rev. Chim. [Bucureşti] **6.** 205—07. April 1955.) (Rum.)

Die Annahme von DONGOROZI (Rev. Chim. [Bucureşti] **6.** [1955.] 30), daß die Zers. von Na_2CO_3 auf der Bldg. opt. akt. hydratisierter Ionen $[CO_3(H_2O)_3]^{2-}$ beruht, widerspricht experimentellen Ergebnissen (Röntgen-Unterss., RAMAN-Spektren usw.) u. den modernen Theorien der Ionenstruktur. Die Schwankungen der Dissoziations-Konst. einer Reihe von Hydroxysäuren sind eine Folge der Kondens. der entsprechenden Hydroxyanionen. R. K. MÜLLER. 139 □

Der Druckeinfluß auf die ersten Dissoziationskonstanten der „schwefligen" Säure und der Phosphorsäure. A. J. Ellis und D. W. Anderson. (J. chem. Soc. [London] **1961.** 1765—67. April. Wellington, New Zealand, Dominion Labor., Dep. of Sci. and Ind. Res.) (Engl.)

Vff. untersuchen mit Hilfe konduktometr. Messungen die Abhängigkeit der 1. Dissoziations-Konst. K des Syst. $SO_2 + H_2O$ sowie von H_3PO_4 u. CH_3COOH in wss. Lsgg. bei Drücken zwischen 1 u. 2000 at bei 25°. K ändert sich für das Syst. $SO_2 + H_2O$ stärker ($K_1 = 1{,}39 \cdot 10^{-2}$ bei 1 at u. $K_{2000} = 6{,}4 \cdot 10^{-2}$ bei 2000 at in 0,017 m Lsg.) als bei H_3PO_4 ($K_1 = 0{,}67 \cdot 10^{-2}$, $K_{2000} = 2{,}01 \cdot 10^{-2}$ in 0,01 m Lsg.) u. bei CH_3COOH ($K_1 = 1{,}77 \cdot 10^{-5}$, $K_{2000} = 3{,}88 \cdot 10^{-5}$), aber in geringerem Maße als bei den Syst. $CO_2 + H_2O$

u. $NH_3 + H_2O$. Vff. führen diese Tatsache darauf zurück, daß SO_2 ein kleines partielles Mol-Vol. in der Lsg. hat, da es mit seinem hohen Dipolmoment u. mit seinem großen Mol.-Radius einen größeren Einfl. auf die Struktur des W. (Zusammenbruch der offenen Struktur) als CO_2 oder NH_3 ausübt. Die Werte für CH_3COOH stimmen gut mit bereits bekannten überein. J. KRAETSCH. 139□

Untersuchung der Ionisierung von Kupfer(II)-bromid in wässeriger Lösung. Ginette Watelle-Marion und Denise Keita-Garreau. (C. R. hebd. Séances Acad. Sci. **252.** 2718—20. 3/5. 1961. Dijon, Fac. des Sci., M.P.C., Labor. de Chim.) (Franz.)

Vff. untersuchen die opt. Absorption von wss., $6 \cdot 10^{-3}$ bis 0,3m $CuBr_2$-Lsgg. bei 281,5 mμ bei konst. Ionenstärke als Funktion der zugesetzten Menge $HClO_4$. Aus den Meßwerten folgt nach der Meth. der kontinuierlichen Variation die Gleichgewichts-Konst. $K_D = [Cu^{2+}][Br^-]/[CuBr^+] = 0{,}21 \pm 0{,}06$. Der gleiche Wert wird aus einer logarithm. Darst. erhalten, die gleichzeitig den mol. Extinktions-Koeff. von $CuBr^+$ ($\varepsilon = 76$) liefert. HERBERT MÜLLER. 139□

Die Aktivitätskoeffizienten wässeriger Lösungen des Tris-[äthylendiamin]-kobalt(III)-perchlorats. C. H. Brubaker jun. und T. E. Haas. (J. physic. Chem. **65.** 866—67. Mai 1961. East Lansing, Mich., Michigan State Univ., Kedzie Chem. Labor.) (Engl.)

Die Aktivitäts- u. osmot. Koeff. von Lsgg. des $Co(en)_3(ClO_4)_3$ mit en = Äthylendiamin wurden bei 25° bestimmt. Die Messungen wurden im Konz.-Bereich von ca. 0,04 bis 0,5404m (Sättigung) vorgenommen. Das untersuchte Salz verhält sich ähnlich wie andere 3:1-Salze; einige Unterschiede werden erörtert. GERHARD SCHULZE. 139□

Über das Potential der freiwilligen Auflösung von Metallen in einem kleinen Lösungsmittelvolumen. A. G. Loschkarew. (Известия Высших Учебных Заведений, Химия и Химическая Технология [Hochschulnachr., Chem. chem. Technol.] **3.** 422—26. 1960. Swerdlowsk, Wachruschew-Bergbau-Inst., Lehrstuhl für Chemie.) (Russ.)

Vf. läßt geringe Mengen (ca. 0,08 ml) Elektrolyt auf Metalle einwirken u. mißt deren Potential gegen eine gesätt. Kalomel-Elektrode. Graph. Darst. zeigen, daß das Potential in Abhängigkeit von der Zeit der Beziehung $\varphi = a + b \cdot \log t$ gehorcht. Für die Konst. a u. b wurden bei 17° folgende Werte ermittelt: Cu (in 6,5n HNO_3) a = 0,146, b = 0,09; Fe (in 6,5n HNO_3) a = 0,024, b = −0,10; Zn (in 5,54n HCl) a = 1,395, b = 0,028; Al (in 6,1n NaOH) a = −0,567, b = 0,112. In 5,54n HCl ergaben sich für Fe u. Sn konst. Potentiale von −0,22 V bzw. −0,38 V. Es wird gezeigt, daß sich — wenn die Diffusion des Elektrolyten geschwindigkeitsbestimmend ist — ein linearer Zusammenhang zwischen φ u. log t ergibt. Ist die Geschw. der elektrochem. Rk. sehr klein, wird φ = konstant. E. WINKLER. 140□

Stromverteilung in porösen Elektroden. J. Euler und W. Nonnenmacher. (Electrochim. Acta [London] **2.** 268—86. Mai 1960. Frankfurt/M., Zentral-Labor. der Accumulatorenfabrik AG.; Stuttgart, TH, Inst. für Nachrichtentechnik.) (Dt.)

In porösen Elektroden ist die Stromdichte der Umwandlung des Elektronenstroms in den Ionenstrom nicht an allen Stellen gleich groß. Die Verteilung der Umwandlungsstromdichte hängt von der Elektronenleitfähigkeit, von der Ionenleitfähigkeit u. den Polarisations-Eigg. des Elektrodenmaterials ab. Wenn es gelingt, die Polarisations-Eigg. genügend genau durch einen OHMschen Widerstand darzustellen, läßt sich für geometr. einfache Fälle ein Syst. von Differentialgleichungen finden, deren Lsg. die gesuchte örtliche Stromdichte-Verteilung ist. Für den Fall plattenförmiger Elektroden findet man die Überlagerung zweier gegenläufiger hyperbol. Cosinusfunktionen. An Braunstein mit Ruß u. mit Graphit wird der Einfl. der einzelnen Kenngrößen auf die Stromverteilung u. die Eindringtiefe des Stroms gezeigt. H. SCHIBILLA. 141□

Über Korrosions-Deckschicht-Elektroden. H. Göhr und E. Lange. (Electrochim. Acta [London] **2.** 287—310. Mai 1960. Erlangen, Univ., Inst. für Phys. Chem.) (Dt.)

Nach einer Behandlung der einzelnen Gleichgewichts-Bezugsspannungen an Hand eines entsprechenden $U_H(a_i)$-Diagramms, werden die Prinzipien der realen Korrosions-Deckschicht-Elektroden mit drei vorkommenden Halbzell-Rkk. besprochen. Die Sonderfälle, daß die aufgeprägte Bezugsspannung U_H gleich den theoret. Gleichgewichtswerten $U_{H\Pi}$ bzw. $U_{H\Lambda}$ bzw. $U_{H\Theta}$ der drei denkbaren Halbzell-Rkk. ist, werden bes. hervorgehoben. Charakterist. für die Korrosions-Deckschicht-Elektroden sind die Folgen der neu auftretenden Θ-Elektroden-Reaktionen. Dadurch können Vorgänge gesamtstromlos ablaufen, die an einer gewöhnlichen Deckschicht-Elektrode nur bei gesamtanod. Belastung auftreten können. Die gesamtstromlosen Fälle werden hinsichtlich der Lage der Ruhespannung $H_{H,r}$ in den verschiedenen möglichen U_H-Bereichen diskutiert.
H. SCHIBILLA. 141□

Die Änderung des Ruhepotentials der Mangandioxyd-Elektrode bei Entladung und der Entladungsmechanismus. W. C. Vosburgh und James H. De Lap. (J. electrochem. Soc. **107.** 255—58. April 1960. Durham, N.C., Duke Univ., Dep. of Chem.) (Engl.)

Aus einer $MnSO_4$–H_2SO_4-Lsg. werden auf Graphitstäben γ-MnO_2, beim Zusatz von $(NH_4)_2SO_4$ α-MnO_2 elektrolyt. abgeschieden. Nach vollständiger Entfernung von Mn^{2+} wird das Ruhepotential in 1 m $(NH_4)_2SO_4$-Lsg. (pH 8) untersucht, das sich im Verlauf der Entladung einstellt. Nach Erreichen des Gleichgewichts bei mehrfacher Unterbrechung der Entladung zeigt sich, daß das Potential der teilweise entladenen MnO_2-Elektrode eine lineare Funktion der während der Entladung gebildeten niederen Oxyde ist. Die Anwendung der Funktion auf ältere Meßwerte liefert eine befriedigende Übereinstimmung. Eine bessere Prüfung der theoret. Ergebnisse gestattet die Beziehung zwischen der Überspannung u. dem Entladungsstrom i in saurer Lsg. (0,01—1 m H_2SO_4); die Überspannung ist linear von $i^{1/2}$ abhängig. Für kleine Mengen niederer Oxyde ist die lineare Beziehung nicht erfüllt. Herbert Müller. 141☐

Eine Untersuchung der Porenstrukturen von anodisiertem Aluminium. T. A. Renshaw. (J. electrochem. Soc. **108.** 185—91. Febr. 1961. Philadelphia, Pa., Naval Air Material Center.) (Engl.)

Vf. untersucht die Oberflächenrauhigkeit u. die Porosität von anod. erzeugten Oxydschichten auf Al („Alclad 24 ST", 99,5 u. 99,97%ig. Al). Poröse Filme können in 10 gewichts-%ig. CrO_3-Lsgg. erzeugt werden, nicht poröse oxyd. Sperrschichten erhält man in 3%ig. Weinsäurelösung. Die Proben werden in einer „Alcoa R-5"-Lsg. chem. geglänzt u. dann mit konst. Spannung von 35 V bei 30° anod. oxydiert. Die Strom–Zeit-Kurven sind dargestellt u. werden erörtert, die gebildeten Oxydfilme elektronenmkr. untersucht. Sind vor der Anodisierung Oxydfilme auf der Al-Oberfläche vorhanden, so können diese die Zahl der Poren u. die Oberflächenrauhigkeit der anod. erzeugten Oxydschichten im Vgl. zu Eloxalschichten auf frischen Al-Oberflächen herabsetzen. In diesem Falle erfolgt Verzweigung isolierter Oberflächenporen u. die Entw. von Porenkolonien unter dem ursprünglichen Film. Letztere bestehen aus einheitlichen halbkugelförmigen Anordnungen der hexagonalen säulenförmigen Oxydzellen, die durch fortlaufende Verzweigung der Einzelporen entstanden sind. Die Kolonie-Bldg. kann auch durch anod. Oxydation erst in NH_4-Tartrat-Lsg. u. anschließender Oxydation in CrO_3-Lsg. erreicht werden. Es besteht ein Zusammenhang zwischen dem anfänglichen Abfall der Stromdichte–Zeit-Kurven u. dem Wachstum sowie der Anzahl der Kolonien, die ungleichmäßig über die Oberfläche verteilt sind. Vf. nimmt an, daß die Porenkolonien vorwiegend an Defektstellen oder an Bereichen niedrigen Widerstands der Deckschicht entstehen. Erstere sind abhängig von der Kornorientierung u. der Oberflächenrauhigkeit, letztere stellt man häufig an den Stellen der Schicht fest, an denen mkr. Spannungsrisse zu erwarten sind. P. Frenzel. 141☐

Durch elektrolytische Abscheidung und Diffusion erzeugte Überzüge aus Nickel–Aluminium-Legierungen. Dwight E. Couch und Jean H. Connor. (J. electrochem. Soc. **107.** 272—76. April 1960. Washington, D.C., Nat. Bur. of Stand.) (Engl.)

Die elektrolyt. Abscheidung von Ni aus organ. Lsgm., aus denen die Abscheidung von Al gelingt, ist kaum möglich, da die meisten Ni-Salze in diesen Lsgm. nur sehr wenig lösl. sind; eine Ni–Al-Leg. kann nicht abgeschieden werden. Die Herst. von Leg.-Überzügen ist möglich, wenn zunächst Ni u. auf dem Nd. Al elektrolyt. abgeschieden wird u. die Leg.-Bldg. durch Diffusion erfolgt. Als Bäder für die Al-Abscheidung sind die Gemische KCl–NaCl–Na_3AlF_6 (Arbeits-Temp. 700—800°) u. NaCl-$AlCl_3$ (160—180°) geeignet. Die benutzte Stromdichte wird von der Diffusions-Geschw. des Al in Ni bestimmt, da bei zu rascher Abscheidung geschmolzenes Al in das Bad abgegeben wird. Erfolgt die Al-Abscheidung bei 160—180°, so wird eine Leg.-Bldg. durch nachfolgendes Erhitzen auf 550—700° erreicht. Der Einfl. von 8—25 μ dicken Al-Schichten, die durch Diffusion mit Ni legiert wurden, auf die Oxydations-Geschw. von Stahl wird bei 900 bis 1000° untersucht. Die Oxydations-Geschw. wird durch die Legg. beträchtlich (ca. 80%) herabgesetzt. Außerdem wird der Korrosionswiderstand im Salzsprüh-Vers. u. bei atmosphär. Korrosion erhöht. Die Leg.-Schichten sind spröde u. können bei genügender Dicke durch mehrfaches Biegen vom Grundmetall abgelöst werden.

Herbert Müller. 141☐

Überzüge für Niob. S. T. Wlodek. (J. electrochem. Soc. **108.** 177—85. Febr. 1961. Niagara Falls, N.Y., Union Carbide Metals Co., Div. of Union Carbide Corp., Technol. Dep.) (Engl.)

Vf. untersucht die Schutz-Wrkg. verschiedener Überzüge (oxydationsbeständige Legg., Duplex-Schichten) auf Nb gegenüber stat. Oxydationsbeanspruchung bei höheren Temperaturen. Die Proben werden im Röhrenofen in ruhender Atmosphäre bei konst. Temp. gehalten, bis visuell die Bldg. von Nb_2O_5 festzustellen ist. Zunächst wird das Verh. bei 950° geprüft, im Falle der Beständigkeit die Temp. dann auf 1150—1500° erhöht. Bei Temp. >1500° verwendet man an Stelle von Al_2O_3-Haltern Gefäße aus $MoSi_2$. Das Versagen der Überzüge nach der Beanspruchung wird auf 1. allg. Oxydation des Überzugs, oft bes. ausgeprägt an dünnen Stellen, 2. Poren, durch die das Grundmetall oxydiert wird, 3. größere, dünne Stellen, die vorzeitige Korrosion bewirken, u. 4. Abblättern auf Grund schlechter Haftfestigkeit zurückgeführt. Cr, nichtrostender Stahl u. Nichrome schützen Nb im Temp.-Bereich von 950—1150°, bei Cr ist Verunreinigung durch O_2 infolge Diffusion durch den Überzug bzw. durch Kirkendall-Poren bereits bei 950° festzustellen. Eine „LM 5"-Schicht (40% Mo, 40 Si, 8 Cr, 2 B, 10 Al) verhindert jede Rk. ca. 1000 Std. lang bei 1150° u. ca. 100 Std. lang bei 1500°; die Überzüge zeigen gute Beständigkeit gegenüber mechan. Beanspruchung u. therm. Wechselbeanspruchung sowie eine Ausheilung der Poren. Wird außerdem eine Zwischenschicht des Leg.-Typs Nb–Ti–Cr–Al–Ni (z. B. „D-947") mit 47 (%) Nb, 30 Ti, 10 Cr, 10 Ni, 3 Al abgeschieden, erzielt man Beständigkeit gegenüber 30 maliger Abschreckung von 1150° mit W. unter Erhaltung der Festigkeits-Eigg. u. Schutzwirkung. Die Lebensdauer eines Überzugs kann durch die empir. Beziehung $X^2 = kt$ (X = Schichtdicke in mils, t = Dauer der Beständigkeit gegenüber Luft, k = Konst. in mils²/h) beschrieben werden. Die k-Werte sind tabellar. aufgeführt. P. Frenzel. 141 □

Elektrolytisches Polieren von unlegierten und schwach legierten Stählen in Salzschmelzen. Nachweis der Struktur und des tatsächlichen Austenitkornes. Zygmunt Wojcik. (Metaux **33**. 53—64. Febr. 1958. Gleiwitz, Inst. Metallurg. Zelaza.) (Franz.)

Zum Nachw. der Austenitstruktur von unlegierten u. niedriglegierten Stählen wird elektrolyt. Polieren in einer aus 90% KCl u. 10% LiCl bestehenden Salzschmelze mit einer Spannung von 2,5 V empfohlen. Es werden Angaben über die günstigste Bad-Zus. (KCl mit 5—15% LiCl oder KCl mit 10% $MgCl_2$), über die günstigsten Polierbedingungen sowie über Besonderheiten dieser Meth. (Austenitisierung unter 900°, elektrolyt. Polieren bei 900°, Abkühlen der Probe in Luft auf Raum-Temp., Wiegen u. Trocknen der Probe) gemacht. Die Ätzbilder werden im einzelnen besprochen. H. Hochstein. 142 □

Theorie der Korrosion der Metalle und inhibierende Wirkung organischer Stoffe. 3. Mitt. **Die Korrosion von Eisen und Zink in 1 n H_2SO_4.** L. I. Antropow und A. T. Petrenko. (Журнал Прикладной Химии [J. angew. Chem.] **31**. 1849—56. Dez. 1958. Nowotscherkask, Polytechn. Ordshonikidse-Inst.) — Vgl. C. **1959**. 15263 u. **1960**. 11571.

Bei der Auswahl der die Säurekorrosion verlangsamenden organ. Mittel, zu denen auch die Adsorptionsinhibitoren zählen, muß man neben den Adsorptionsbedingungen auch die Art der H_2-Überspannung an dem zu schützenden Metall berücksichtigen. Im Falle von Zn, bei dem die Entladung der H-Ionen verlangsamt ist, sind Adsorptionsinhibitoren die kationenakt. Stoffe. Anionenakt. Stoffe beschleunigen im Gegensatz dazu die Korrosion von Zn. Dies kann mit dem entsprechenden Einfl. des Aufladungsvorzeichens der zu adsorbierenden Teilchen auf die Entladung der H-Ionen u. auf den Übergang der Metallionen in die Lsg. verbunden sein. Im Falle von Fe, bei dem die Rekombination der H-Atome verlangsamt ist, zeigen alle an der Fe-Oberfläche adsorbierbaren Stoffe, unabhängig von der Ladung ihrer Teilchen, eine inhibierende Wirkung. Dies wird damit erklärt, daß hier die verlangsamte Stufe die Rk. der ungeladenen Teilchen ist. Die besten Inhibitoren sind die oberflächenakt. Stoffe vom Kationentyp, weil sie eine Schutz-Wrkg. in allen den Fällen zeigen, wo die Möglichkeit für ihre Adsorption an der Metalloberfläche unabhängig von der H-Überspannung an dem zu schützenden Metall besteht. Als wirksame Korrosionsinhibitoren von Fe u. Zn in 1 n H_2SO_4-Lsg. gelten Si-organ. Verbb., welche die Auflösung von Fe unter diesen Bedingungen beispielsweise um das 20fache bei einer Konz. von 0,1% u. die Auflösung von Zn um das 2,5—8fache bei einer Konz. von 0,1—0,2% hemmen. — 23 Schrifttumsangaben. H. Hochstein. 143 □

Karl M. Koch und Werner Jellinghaus, Einführung in die Physik der magnetischen Werkstoffe. Wien: Verl. Franz Deuticke. 1957. (VIII + 208 S. m. 176 Abb. u. 7 Tab.) 8°. DM 31,—.

Karl M. Koch und Rudolf Reinbach, Einführung in die Physik der Leiterwerkstoffe. Wien: Verl. Franz Deuticke. 1960. (VIII + 255 S. m. 144 Abb. u. 29 Tab.) 8°. DM 37,—.

A$_4$. Thermodynamik. Thermochemie

Gegenwärtige Theorien über Lösungen von Nichtelektrolyten. N. G. Parsonage und L. A. K. Staveley. (Quart. Rev. [chem. Soc., London] **13.** 306—26. 1959. Oxford, Univ., Inorgan. Chem. Labor.) (Engl.)

Übersicht über neuere theoret. u. experimentelle Unterss. der Beziehung zwischen den thermodynam. Eigg. einer Mischung zweier Fll. u. den intermol. Kräften. — 35 Literaturangaben (bis 1959). P. Golinske. 146□

Über den Relaxationsmechanismus im kritischen Entmischungsgebiet. L. A. Rott. (Доклады Академии Наук СССР [Ber. Akad. Wiss. UdSSR] **134.** 394—96. 11/9. 1960. Beloruss. Forsttechn. Kirow-Inst.) (Russ.)

Thermodynam. Berechnung der Relaxationszeit τ, ausgehend von der Hypothese von Onsager über irreversible Prozesse. Für Fll. beträgt τ ca. 10^{-7} bis 10^{-8} Sekunden. H. Jäger. 146□

Über ein rationelles Verfahren zur Bestimmung der Zusammensetzung durch Untersuchung der Dichte von Lösungen. W. A. Michailow und A. A. Kamarsin. (Журнал Общей Химии [J. allg. Chem.] **29** (**91**). 1398—99. April 1959. Inst. für anorg. Chem. der Sibir. Abt. der Akad. der Wiss. der UdSSR.) (Russ.)

Bei Unterss. der Dichte von Lsgg. muß die Zus. in Raumteilen ausgedrückt werden. Einfacher ist die Darst. des spezif. Vol. als Funktion der Zus. in Gewichtsteilen. Andere Darst. führen zu falschen Schlußfolgerungen. H. Jäger. 148□

Die Verflüchtigung von Chromoxyd. D. Caplan und M. Cohen. (J. electrochem. Soc. **108.** 438—42. Mai 1961. Ottawa, Nat. Res. Council, Div. of Appl. Chem.) (Engl.)

Der Gewichtsverlust, der beim Erhitzen von gepreßten u. bei 1400° gesinterten Cr_2O_3- u. Fe_2O_3-Pillen beobachtet wird, wird bei 1000—1200° in O_2- bzw. Ar-Atmosphäre untersucht, tabellar. aufgezeichnet u. in Abhängigkeit von der Zeit verfolgt. In O_2-Atmosphäre verflüchtigt sich Cr_2O_3 bei den genannten Temp. merklich; in feuchtem O_2 verflüchtigt sich mehr Cr_2O_3. Fe_2O_3 ist bei den genannten Bedingungen nicht flüchtig. Weder in trockenem noch feuchtem Ar konnte Verflüchtigung von Cr_2O_3 oder Fe_2O_3 beobachtet werden. Auf Grund der Ergebnisse wird angenommen, daß das bei der Oxydation von Cr_2O_3 entstehende gasförmige CrO_3 für die Verflüchtigung verantwortlich ist. Das CrO_3 soll sich bei der Abscheidung aus dem Gasraum zu Cr_2O_3 u. O_2 zersetzen. Der Einfl. der Feuchtigkeit auf die Verflüchtigung konnte nicht geklärt werden. F. Huber. 150□

Die thermische Differentialanalyse von Perchloraten. 4. Mitt. **Ein unechter Wärmeeffekt.** Meyer M. Markowitz und Daniel A. Boryta. (J. physic. Chem. **64.** 1711—14. Nov. 1960. Berwyn, Pa., Foote Miner. Co., Res. and Dev. Labor., Chem. Div.) (Engl.) — 3. vgl. C. **1960.** 14300.

Bei der DTA hochturbulenter Rkk. zwischen Gas- u. kondensierter Phase — im vorliegenden Fall der therm. Zers. von Alkalimetallperchloraten — tritt eine Fehlerquelle bei Verw. eines offenen Ofens auf. Die Fehlerquelle hat ihre Ursache in einer Ablagerung von Teilen der untersuchten Verb. auf dem Thermoelementpaar, die Anlaß zu endothermen Peaks gibt u. Fehldeutungen im Zers.-Mechanismus ermöglicht. Es wird gezeigt, daß sich diese Fehlerquelle bei Verw. eines geschlossenen Ofens vermeiden läßt. Als Beispiel wird die therm. Zers. von Li- u. K-Perchlorat im einzelnen diskutiert. W. Niemitz. 150□

Präparatives Zonenschmelzen von flüssigen und festen Substanzen mit mehrstufigen Zonenschmelz-Apparaturen. H. Schildknecht und U. Hopf. (Chemie-Ing.-Techn. **33.** 352—55. Mai 1961. Erlangen, Univ., Inst. für org. Chem.) (Dt.)

Vff. behandeln die theoret. Voraussetzungen für den Bau von Zonenschmelzanordnungen u. beschreiben eingehend mehrstufige App. für feste u. fl. Substanzen. Der Betrieb der App. wird an der Zonenreinigung von 3.4-Dimethylphenol u. Stilben erläutert. J. Kraetsch. 150□

Thermogravimetrische und magnetische Charakteristika einiger anorganischer Salze der Dilitursäure. Alexandre Berlin und Rex J. Robinson. (Analytica chim. Acta [Amsterdam] **24.** 432—37. Mai 1961. Seattle, Wash., Univ. of Washington, Dep. of Chem.) (Engl.)

Vff. bestimmten den Hydratationsgrad u. ermittelten die thermogravimetr. Zers.-Kurven der Diliturate von *Rb*, NH_4^+, *Zn*, *Cd*, *Co*, *Ni*, *Fe*(*II*) u. *Cu*. Weiterhin wurden die magnet. Susceptibilitäten von Co- u. Fe(II)-Diliturat zur Aufklärung der Bindungsart zwischen Metallkation u. organ. Rest untersucht. Die Aufnahme der Thermolysekurven für die gepulverten Proben (65 mesh) wurde in Luft vorgenommen; nur bei Cd-Diliturat wurde in einem trockenen N_2-Strom (2 Liter N_2/Std.) gearbeitet. $NH_4C_4N_2 \cdot H_2O_3 \cdot NO_2$, das wie die Diliturate der Alkalimetalle wasserfrei krist., ist bis 160° stabil, zersetzt sich dann schnell bis 350° u. liefert bis 570° eine S-förmige Kurve; es bleibt kein Rückstand. $RbC_4N_2H_2O_3 \cdot NO_2$ zersetzt sich ähnlich wie vorst. Verb., nur ist das wasserfreie Salz bis 300° stabil; bei 925° bildet sich RbO. $Fe(C_4N_2H_2O_3 \cdot NO_2)_2 \cdot 6\,H_2O$ verliert zwischen 80 u. 200° sein Kristallwasser in einer Stufe; die wasserfreie Verb. ist bis 230° stabil u. zersetzt sich dann explosionsartig bis 270°; ein Wendepunkt in der Kurve bei 350° entspricht der Zus. $FeCO_3$; das stabile Endprod. bei 520° ist FeO. $Co(C_4N_2H_2O_3 \cdot NO_2)_2 \cdot 6\,H_2O$ bildet bis 90° ein stabiles Hexahydrat u. verliert das W. bis 200° in einer Stufe. Zwischen 230 u. 330° tritt eine etwas schwächere Explosion als bei der Fe-Verb. ein. Nach Durchlaufen einer S-förmigen Kurve entsteht bei 480° CoO; ein Wendepunkt bei der Zus. $CoCO_3$ wurde nicht beobachtet. $Ni(C_4N_2H_2O_3 \cdot NO_2)_2 \cdot 6\,H_2O$ ist bis 100° stabil, verliert zwischen 100 u. 175° das W. u. zersetzt sich schnell zwischen 240 u. 400° in einer Stufe zu NiO. $Cu(C_4N_2H_2O_3 \cdot NO_2)_2 \cdot 8\,H_2O$ ist bei einer Aufheiz-Geschw. von 300°/Std. bis 90° beständig. Das Dihydrat u. die wasserfreie Verb. sind instabil u. lassen sich nur an den Wendepunkten der Thermolysekurve bei 180 bzw. 240° erkennen. Bis 290° erfolgt explosionsartige Zers. mit nachfolgender langsamer Zers. zu CuO bis 480°. Steigert man die Temp. mit 65°/Std., so beginnt die Wasserabgabe bei 70° u. das Dihydrat ist zwischen 115 u. 150°, die wasserfreie Verb. zwischen 180 u. 190° stabil. $Zn(C_4N_2H_2O_3 \cdot NO_2)_2 \cdot 6\,H_2O$ verliert bei einer Aufheiz-Geschw. von 300°/Std. das W. zwischen 120 u. 190°; bei 290° tritt heftige Explosion der wasserfreien Verb. ein. Nach einem S-förmigen Kurvenverlauf entsteht bei 640° ZnO. Bei einer Aufheiz-Geschw. von 65°/Std. ist das Hexahydrat nur bis 85°, die wasserfreie Verb. zwischen 150 u. 200° stabil. Bis 550° erfolgt langsame Zers. zu ZnO. $Cd(C_4N_2H_2O_3 \cdot NO_2)_2 \cdot 8\,H_2O$ gibt zwischen 65 u. 110° $4H_2O$ ab; das Tetrahydrat ist bis 120°, die wasserfreie Verb. zwischen 160 u. 215° stabil. Die weitere allmähliche Zers. führt bei 650° zu einem stabilen Rückstand von CdO. Die Best. der Mol-Susceptibilität des Co-Diliturathexahydrats ergab $\chi_M = 7{,}5 \cdot 10^{-3}$ u. $1{,}02 \cdot 10^{-2}$ entsprechend $\mu_{eff.} = 4{,}3$ bzw. 4,9. Die bei 192° entwässerte Co-Verb. lieferte $\chi_M = 5{,}9 \cdot 10^{-3}$ u. $\mu_{eff.} = 3{,}8$, das Endprod. der Zers. bei 250° $\chi_M = 7{,}6 \cdot 10^{-3}$ u. $\mu_{eff.} = 4{,}3$. Für Fe(II)-Dilurathexahydrat wurde χ_M zu $1{,}03 \cdot 10^{-2}$ u. $\mu_{eff.}$ zu 5,0 bestimmt. Die Werte des effektiven magnet. Moments für die Co-Verb. u. deren Zers.-Prodd. entsprechen angenähert 3 ungepaarten Elektronen; der Wert für die Fe-Verb. läßt auf 4 ungepaarte Elektronen schließen. Vff. folgern, daß keine kovalente Bindungs-Bldg. erfolgt; die Verbb. müssen „im wesentlichen ion." aufgebaut sein. Die Wassermoll. hindern nicht die Chelat-Bldg., da die Anzahl der ungepaarten Elektronen für die wasserfreie Verb. gleichbleibt. Die verschiedenen Metalldiliturate sind echte Salze. GERHARD SCHULZE. 150□

Kryoskopisches Verhalten von Aluminiumchlorid in Natriumsulfatdekahydrat. Paolo Franzosini. (Ann. Chimica **49**. 428—40. Febr. 1959. Pavia, Univ., Ist. di Chim. fis.) (Ital.)

Das kryoskop. Verh. von $AlCl_3$ u. von Gemischen von $AlCl_3$ mit HCl, NH_4Cl u. Alkalichloriden in geschmolzenem $Na_2SO_4 \cdot 10H_2O$ wurde geprüft. Dabei wurde gefunden, daß $AlCl_3$ vollständig dissoziiert vorliegt. Im Gegensatz zum $TlCl_3$ konnte weder Hydrolyse noch die Bldg. eines Komplexes der Art XCl_4^- beobachtet werden. H. HESS. 155□

Immersionswärmen. 3. Mitt. **Der Einfluß der Substratstruktur im System SiO_2–H_2O.** W. H. Wade, R. L. Every und Norman Hackerman. (J. physic. Chem. **64**. 355—58. März 1960. Austin, Tex., Univ. of Texas, Dep. of Chem.) (Engl.) — 1. vgl. C. **1959**. 16940.

Frühere mikrocalorimetr. Unterss. wurden überprüft u. weitgehend bestätigt. Lediglich für Quarz mit einer spezif. Oberfläche von 0,070 m^2/g wurde ein niedrigerer Wert (800—900 erg/cm^2) gefunden. Die Ergebnisse zeigen, daß die SiO_2-Oberfläche zur Zeit noch nicht genügend charakterisiert werden kann. Möglicherweise können durch therm. Behandlung verursachte Änderungen der Oberflächenstruktur beobachtet werden.

M. LASER. 156□

Relaxationsmechanismus der Verbrennungsfortpflanzung in heterogenen exothermen Systemen. 1. Mitt. S. I. Fur. (Журнал Физической Химии [J. physik. Chem.] **34**. 611—17. März 1960. Leningrad, Inst. für chem. Phys. der Akad. der Wiss. der UdSSR.) (Russ.; Auszug: Engl.)

Es wird eine Gleichung abgeleitet, die die Fortpflanzungs-Geschw. der Verbrennung in heterogenen Syst. (bes. Pulvern, Thermitsätzen) mit der Geschw. des Wärmedurchgangs in einer bes. definierten Elementarschicht, der Flammpunkts-Temp. u. der Temp. an der Grenzschicht zwischen den prim. Prodd. der Verbrennung u. der kondensierten Phase verknüpft. Die Gleichung berücksichtigt auch den Einfl. der Dispersität des Systems. An einem Syst. mit 2 verschiedenen Dispersitätsgraden wird gezeigt, daß die berechnete Fortpflanzungs-Geschw. 11 bzw. 13% kleiner ist als die gemessene.

J. LANGER. 157□

Explosionsgefahr brennbarer Dämpfe und Gase mit Luft. 7. Mitt. Die reduzierte Verbrennungsgeschwindigkeit unter Grenzbedingungen bei Atmosphärendruck. Aleksander Pilc. (Przemysł chem. **39.** 177—81. März 1960.) (Pol.) — 6. vgl. C. **1959.** 11480.

Es wird der Begriff der red. Geschw. der Verbrennung $(r_T)_r$ eingeführt, die in Einheiten der unteren Explosionsgrenze bei der Zünd-Temp. angegeben wird. $(r_T)_r$ ist auch mit dem theoret. möglichen Temp.-Anstieg ΔT des reagierenden Gemisches von der Zündung ab nach $(r_T)_r = d\,t/\Delta T/d\,r$ verknüpft. Bei dieser Art der Darst. der Verbrennungs-Geschw. läßt sich zeigen, daß unter den Grenzbedingungen die Werte $(r_T)_r$ für alle brennbaren Substanzen, sowie auch die Induktionszeiten, gleich groß sind. Annähernd gleich sind auch die gewöhnlichen Geschw. der Verbrennung von Substanzen bei Grenz-Konzz. um 0°. F. URBAN. 157□

Chlorhemmung von Kohlenmonoxydflammen. H. B. Palmer und D. J. Seery. (Combust. and Flame **4.** 213—21. Sept. 1960. Pennsylvania State Univ., Coll. of Mineral Ind., Dep. of Fuel Techn.) (Engl.)

H_2-enthaltende CO-Flammen, die durch Luft (I), O_2 oder Stickoxyde (II) unterhalten werden, verringern ihre Verbrennungs-Geschw. (VG) bei Zusatz von Cl_2 oder Br_2. Ist der H_2-Geh. des CO bei mit II unterhaltenen Flammen gering, so bewirkt Cl_2 eine Beschleunigung der VG durch Katalyse des II-Zerfalls. Der von DROSDOW u. SELDOWITSCH (Журнал Физической Химии [J. physik. Chem.] **17.** [1943.] 134) beschriebene Effekt bei Zusatz von CCl_4 ist äquivalenten Mengen Cl_2 gleichsetzbar. Die untere Grenze der Kettenlänge wird mit 55, die tatsächliche mit mehr als 1000 angegeben, wenn kein Inhibitor anwesend ist. Die Vers.-Ergebnisse werden eingehend besprochen. G. TALSKY. 157□

Photoelektrische Messung von Flammentemperaturen durch Linienumkehr. W. Snelleman und J. A. Smit. (Spectrochim. Acta [London], Proc. Colloquium spectroscop. int. VI **1956.** 44—48. 1957. Utrecht, Rijks Univ., Phys. Labor.) (Engl.)

Vff. beschreiben eine photoelektr. Meth. zur Best. von Flammentemperaturen. Es wird das Licht einer W-Bandlampe, deren Strahlungs-Temp. regelbar ist, in die zu untersuchende, durch NaCl angefärbte Flamme projiziert. Das Licht beider Strahlungsquellen wird dann in einem Spektrographen mit Autokollimation zerlegt u. der interessierende Spektralbereich in der Umgebung der Na-Doppellinie in einer bes. beschriebenen App. gedehnt u. photoelektr. vermessen. Ist die abs. Temp. der W-Lampe T_s kleiner als die zu bestimmende Flammen-Temp. T_F, ergeben sich Emissionslinien. Ist $T_s > T_F$ so entstehen Absorptionslinien. Bei $T_s = T_F$ werden keine Abweichungen vom Kontinuum festgestellt. An einer Acetylen–Luft-Flamme wird die Abhängigkeit von T_F durch Flammenhöhe u. NaCl-Zusatz bestimmt. H.-J. HARTMANN. 157□

Die Benutzung von Explosionen bei Hochdruckuntersuchungen. S. D. Hamann. (Rev. pure appl. Chem. **10.** 139—68. Sept. 1960. Ryde, N.S.W., C.S.I.R.O., Div. of Phys. Chem., High Pressure Labor.) (Engl.)

Übersicht über Detonationen u. Schockwellen, über die Chemie von Explosionen in Festkörpern, Meth. der Unters. mit Schockwellen u. einige Ergebnisse von Schockwellenexperimenten an Fll. u. Festkörpern. — 101 Literaturangaben (bis 1960). P. GOLINSKE. 157□

Spezifische Wärme und Wärmeleitfähigkeit von pulverförmigem Uranoxyd, U_3O_8. Vladimír Zajíc. (Jaderná Energie **6.** 200—01. 1960. Praha, Ústav jader. výzkumu Českoslov. akad. věd.) (Tschech.; Auszug: Engl.)

An pulverförmigem U_3O_8 (Partikelgröße 3—8 μ, Dichte 3,78 g/cm³) wurden die Mittelwerte der spezif. Wärme u. der Wärmeleitfähigkeit calorimetr. bestimmt. Danach beträgt die spezif. Wärme $= 0{,}006793 \pm 0{,}00024$ kcal/kg·Grad u. die Wärmeleitfähigkeit $\lambda = 0{,}1193 \pm 0{,}017$ kcal/m·h·Grad. Die Werte stimmen gut mit den Werten von UO_2 u. UO_3 überein. J. TŮMOVÁ. 158□

Messung von Gasstoffwerten. Hermann Senftleben. (Arch. Eisenhüttenwes. **31.** 709—10. Dez. 1960. Recklinghausen, Wärmestelle der Ver. Dt. Eisenhüttenleute.) (Dt.)

Das Verf. des Vf. (C. **1954.** 10420), die Stoffwerte, Wärmeleitzahl λ, spezif. Wärme c_p u. dynam. Viscosität η von Gasen gleichzeitig durch eine einzige Meßreihe zu ermitteln, wurde auf höhere Temp. bis zu 450° ausgedehnt. Einige Meßergebnisse werden für Erdgas u. CH_4 angegeben. Der Streubereich beträgt beim angewendeten Verf. für λ u. c_p ca. $\pm 2\%$, für η ca. ± 3—6%. H. HOCHSTEIN. 158□

Spektroskopische Temperaturmessungen in einem Stoßwellenrohr unter Verwendung von CN als thermometrischem Molekül. W. H. Parkinson und R. W.

Nicholls. (Canad. J. Physics **38.** 715–19. Juni 1960. London, Ontario, Univ. of Western Ontario, Dep. of Phys. Molecular Excitat. Group.) (Engl.)

Rotationsintensitätsmessungen im CN-Spektrum, das durch He-getriebene Stoßwellen auf ein gepulvertes Gemisch von NH_4Cl, KNO_2 u. C in Ar angeregt wird, wurden benutzt, um auf die „Rotations-Temp." von Gasen zwischen 6350 u. 8750° K zu schließen. Die gemessenen Werte stimmen mit denen gut überein, die durch Geschw.-Messungen von Stoßwellen erhalten werden sowie den „gaskinet. Temp.", die mit Hilfe der eindimensionalen Gastheorie aus Anfangsdrücken, Temp. u. Gas-Zus. auf einer Seite des Diaphragmas bestimmt werden. Das gepulverte Gemisch von NH_4Cl, KNO_2 u. C wird mit Aceton zu einer Paste verrieben u. auf eine Membran gestrichen. Nach dem Verdunsten des Acetons wird die mit dem Pulver bedeckte Membran nahe dem Fenster eines Stoßwellenrohres mit der Pulverseite zum Fenster befestigt, so daß die reflektierten Stoßwellen abgefangen werden können. H. FRIES. 159□

Annäherung an die Gleichgewichtsionisierung hinter starken Stoßwellen in Argon. Harry Petschek und Stanley Byron. (Ann. Physics **1.** 270–315. Juni 1957. Ithaca, N.Y., Cornell Univ.) (Engl.)

Theoret. u. experimentelle Unterss. über die Annäherung an den Gleichgewichtsgrad der Ionisierung in Hochtemp.-*Ar* zeigten, daß der verantwortliche Mechanismus 2 Stufen umfaßt: Die erste bewirkt ca. 10% der Endionisierung u. wird durch im Gas — selbst nach sorgfältiger Reinigung — vorhandene Verunreinigungen gesteuert. In der 2. Stufe ist die Ionisierung durch Elektron–Atom-Stöße der vorherrschende Prozeß; die Ionisierungsrate wird durch die Rate des Energieübergangs auf Elektronen durch elast. Stöße mit Atomen u. Ionen begrenzt u. ist ziemlich unabhängig vom unelast. Ionisierungsquerschnitt. D. JÖRCHEL. 159□

Ultraschallrelaxation in wässerigen N_2O_4-Lösungen. M. Krishnamurthi und M. Suryanarayana. (Current Sci. **24.** 369–70. Nov. 1955. Hyderabad, Osmania Univ., Phys. Labor.) (Engl.) — Vgl. C. **1959.** 7732.

Vff. vermuten in wss. Lsgg. von N_2O_4 in Analogie zum entsprechenden Verh. von SO_2 u. Sulfit-Lsgg. neben der bisher beobachteten Relaxation eine Relaxation bei tieferen Frequenzen, die durch die Störung des chem. Gleichgewichts bedingt ist. Messungen an 0,0025–0,05 m N_2O_4-Lsgg. mit der etwas modifizierten Impuls-Meth. von PALLAM u. GALT bestätigen diese Annahme. H. JACOB. 159□

W. A. Kirpikow und **N. B. Kondukow**, Grundlagen der Thermodynamik der Strömung. Lehrbuch. Moskau: 1961. (122 S. m. Zeichng.) [Russ.]

A₅. Kolloidchemie. Grenzschichtforschung

Strukturmechanische Eigenschaften von Lösungen, Gelen und Koagulaten (Koazervaten) der Gelatine. W. A. Ptschelin und N. Ja. Ssolomtschenko. (Коллоидный Журнал [Kolloid-J.] **22.** 63–68. Jan./Febr. 1960. Moskau, Lomonossow-Univ., Chem. Fak., Lehrstuhl für Kolloidchem.) (Russ.; Auszug: Engl.)

Mit einem neuen Elastoviscosimeter wurden die Viscosität u. Deformation von Gelatine, ihres gelförmigen Koazervates (31,35% ig. Gelatine-Lsg.) mit Na_2SO_4 u. ihres Koazervates (Emulsion) mit Resorcin untersucht. Die Struktur von 31,35% ig. Gelatine bricht bei 31–32° u. das Koazervat mit Na_2SO_4 bei 37–40° zusammen. Das Resorcinkoazervat ist strukturlos, es verhält sich wie eine NEWTONsche Flüssigkeit. Das Koazervat mit Na_2SO_4 behält qual. die strukturmechan. Eigg. der Gelatine, ist aber elastischer. Das Resorcinkoazervat hat eine veränderte Konfiguration der Makromoll. durch Bldg. von H-Brücken u. salzartigen Bindungen zwischen Gelatine u. Resorcin. Die Brücken können intra- u. intermol. Charakter haben. J. v. SCHROEDER. 162□

Über die Bestimmung der Oberflächenspannung bei hohen Temperaturen durch die Methoden des hängenden und kriechenden Tropfens. W. I. Smirnowa und B. F. Ormont. (Журнал Физической Химии [J. physik. Chem.] **33.** 771–79. April 1959. Moskau, Phys.-chem. Karpow-Inst.) (Russ.; Auszug: Engl.)

Vff. geben eine genaue Übersicht über ihre Unterss. zur Best. der Oberflächenspannung σ nach den Meth. des hängenden u. des kriechenden Tropfens. Nach diesem Verf. wurden die σ-Werte von *Ag*, *Au*, *Cu*, *Ni* u. *Fe* bei deren Schmelzpunkten ermittelt. Neben einer ausführlichen theoret. Darst. finden sich Angaben über Durchführung u. Auswertungs-Meth., bes. der Film- u. Photoaufzeichnungen. Derzeitig werden Verss. durchgeführt, beide Meth. zu kombinieren, um wechselseitige Kontrollen durchführen zu können. W.-D. HEUSSNER. 166□

Über die Orientierungsabhängigkeit der Freien Oberflächenenergie. N. A. Gjostein. (Acta metallurg. [New York] **7.** 812—14. Dez. 1959. Cleveland, Ohio, Thompson Ramo Woolridge, Inc., Materials Res. Dep.) (Engl.)

Vf. weist auf die Schwierigkeit bei der Best. von $\partial\gamma/\partial\alpha$ (γ ist die spezif. Oberflächenenergie einer Grenzfläche Festkörper–Dampf, α die Orientierung) für eine einzelne Grenzfläche hin u. zeigt, daß bei Verw. neuerer Unterss. von Moore (C. **1959.** 11464) ein Minimalwert von $\partial\gamma/\partial\alpha$ mit größerer Genauigkeit als früher bestimmt werden kann.
C. Gottfried. 166

Experimentelle Prüfung der Theorie von Verwey und Overbeek. B. K. Choudhury. (Nature [London] **185.** 308—09. 30/1. 1960. Calcutta, Dumdum Motijheel Coll.) (Engl.)

Für TiO_2-Sole mit Zusätzen von $K_4[Fe(CN)_6]$, Na-Citrat, Na_2SO_4, NaCl bzw. ihren Mischungen werden die ζ-Potentiale nach der Theorie von Verwey u. Overbeek berechnet u. mit Werten aus elektro-osmot. Messungen verglichen; die Übereinstimmung ist befriedigend. Herbert Müller. 166□

Eichmaße zur Messung der Viscosität metallurgischer Schlacken. O. M. Katkow. (Заводская Лаборатория [Betriebs-Lab.] **26.** 360—61. 1960. Irkutsk, Inst. für Seltene Metalle.) (Russ.)

Mitgeteilt wurden die Ergebnisse eines Dauer-Vers. der Verw. von reinem Ricinusöl u. dessen Gemischen mit Kolophonium im Verhältnis 3:1, 2:1 u. 1:1 als Eichmaß für die Zähigkeit metallurg. Schlacken. Die Zähigkeit der Vgl.-Maße wird durch die Meth. der fallenden Stahlkugel sowie durch Berechnung nach der Formel von Stokes ermittelt. Die hierbei für die 4 Medien erhaltenen Zähigkeitswerte werden mitgeteilt u. ihre Veränderung nach Ablauf von 4 Jahren ermittelt. Hierbei zeigt sich, daß sich die ermittelten Werte von den in der Literatur angegebenen Werten etwas unterscheiden. Dies wird durch die verschiedene chem. Zus. der untersuchten Prodd. erklärt.
H. Hochstein. 172□

Über die Messung und Interpretation von Fließkurven. M. Hermann und J. Schurz. (Chemie-Ing.-Techn. **33.** 356—58. Mai 1961. Graz, Univ., Inst. für phys. Chem.) (Dt.)

Um die Möglichkeit, daß ein Temp.-Gefälle im Meßgerät eine scherabhängige Viscosität vortäuscht, auszuschalten, brachten Vff. zur genauen Temp.-Kontrolle vor u. nach der Capillare beim Überdruckcapillarviscosimeter nach Umstetter Temp.-Fühler an. Außerdem wurde der Meßbereich bis auf 0,05 atü Schubspannung herab erweitert. Auf Grund der Meßergebnisse wurden die Theorien von Bueche u. Eyring auf ihre Gültigkeit u. ihre Möglichkeit zur Berechnung mol. Konst. untersucht.
J. Kraetsch. 172□

Das Sedimentvolumen in verdünnten Dispersionen kugelförmiger Teilchen. Marjorie J. Vold. (J. physic. Chem. **64.** 1616—19. Nov. 1960. Los Angeles, Calif., Univ. of Southern California, Dep. of Chem.) (Engl.) — Vgl. C. **1960.** 3130.

Die Bldg. eines Sediments durch sukzessive Fällung gleich großer, freifallender Teilchen wurde mit einem Digitalrechner untersucht. Danach hängt die Dichte des Sediments krit. von der Wahrscheinlichkeit ab, mit der zwei sich berührende Teilchen aneinander hängenbleiben, vorausgesetzt, daß die Kohäsionswahrscheinlichkeit $< 0{,}35$ ist. Für höhere Wahrscheinlichkeiten ist die Dichte kein genaues Maß für die Wechselwrkg. zwischen den Teilchen. Die nach dieser Meth. berechneten Sediment-Eigg. stimmen mit denen physikal. Modell-Syst., z. B. kleiner Glasperlen, überein. Die Sedimentdichte koll. Syst. mit nahezu kugelförmigen Teilchen liegt dagegen ca. 10 mal tiefer. Hier muß ein Modell benutzt werden, bei dem Flockung u. Sedimentation gleichzeitig berücksichtigt werden. M. Laser. 174□

Verwendung von Krypton für Bestimmungen des Oberflächeninhalts. Peter Cannon und George L. Gaines jun. (Nature [London] **190.** 340. 22/4. 1961. Schenectady, N.Y., Gen. Electric Res. Labor.) (Engl.)

Vff. erörtern die Verw. von Kr zur Best. der Oberflächengröße (OG) von Festkörpern nach der BET-Meth. u. weisen darauf hin, daß eine Best. der Bedeckung durch die Monoschicht (MS) durch das Verh. des adsorbierten Films begründet ist, wenn die erste MS nahezu vollständig ausgebildet ist. Zweidimensionale Kondens. oder andere Übergangszustände des adsorbierten Films bei niedrigeren oder höheren Bedeckungsgraden scheinen die Gültigkeit der OG-Best. aus den linearen BET-Kurven im Bereich der MS nicht zu beeinflussen. Vff. nehmen an, daß die beobachteten nichtlinearen Bereiche der BET-Kurven (vgl. Thomas, C. **1961.** 8563) für die Best. der OG ohne Bedeutung sind. Der geeignete lineare Bereich einer BET-Kurve ist abhängig von der Natur der Festkörperoberfläche. P. Frenzel. 176□

Rekombination von Atomen an Oberflächen. 7. Mitt. **Wasserstoffatome an Siliciumdioxyd und anderen ähnlichen Oberflächen.** M. Green, K. R. Jennings, J. W. Linnett und D. Schofield. (Trans. Faraday Soc. **55.** 2152—61. Dez. 1959. Oxford, Inorgan. Chem. Labor.) (Engl.) — 6. vgl. C. **1959.** 15918.

Die Rekombination von H-Atomen wurde an verschiedenen Oberflächen nach der Meth. von Smith untersucht (vgl. J. chem. Physics **11.** [1943.] 110). An SiO_2 (**I**) ist der Prozeß von 1. Ordnung, der Rekombinations-Koeff. beträgt bei Zimmer-Temp. ca. 10^{-4}. Er wird durch Waschen mit Säure erniedrigt u. mit Ammoniak erhöht. Die Aktivität nimmt mit steigender Temp. zu, ein Teil der Zunahme bleibt beim Abkühlen in einer Atmosphäre von feuchtem Wasserstoff erhalten. Bei Einw. von H-Atomen nimmt die Aktivität auf den ursprünglichen Wert ab. Eine *Boroxyd*-Oberfläche hat eine niedrige Aktivität, die nicht so stark mit der Temp. zunimmt wie die von **I**. *Al-Oxyd* verhielt sich bis unterhalb 450° ähnlich, darüber nahm die Aktivität jedoch stark zu. Die Aktivität von KH_2PO_4 war kleiner als die von K_2HPO_4 oder K_3PO_4. Es hat den Eindruck, als ob mehr „saure" Oberflächen weniger katalyt. akt. sind. Vff. schließen, daß die Rekombination wahrscheinlich über Anlagerung eines H-Atoms an die Oberfläche erfolgt, auf die die Kombination mit einem anderen Atom u. dann die Entfernung folgen. Bei den akt. Zentren handelt es sich wahrscheinlich eher um =Si=O als um ≡Si—OH.

H. Liepack. 176□

Rekombination von Atomen an Oberflächen. 8. Mitt. **Die dreidimensionale Diffusionsgleichung.** P. G. Dickens, D. Schofield und J. Walsh. (Trans. Faraday Soc. **56.** 225—33. Febr. 1960.) — 7. vgl. vorst. Referat.

Vff. untersuchen erneut die experimentelle Meth. von Smith zur Best. der atomaren Rekombinations-Koeff. aus dem Abfall der Atom-Konz. längs der Achse eines geschlossenen Zylinders. Es wird eine dreidimensionale Diffusionsgleichung entwickelt u. numer. gelöst. H. Liepack. 176□

Die Permeabilität von Monoschichten für Kohlendioxyd. M. Blank und F. J. W. Roughton. (Trans. Faraday Soc. **56.** 1832—41. Dez. 1960. Cambridge, Dep. of Colloid Sci.) (Engl.)

Die Durchlässigkeit von Monoschichten auf W. für CO_2 wurde unter Verw. eines Differentialmanometers gemessen. Für die Monoschichten wurde *Cetylalkohol, Octadecylalkohol, Stearinsäure, Heptadecylamin, Äthylpalmitat, Cholesterin* u. *Rinderserumalbumin* in PAe. verwendet. Das W. wurde mit verschiedenen Puffer-Lsgg. auf pH 6,8; 9,9 u. 10,3 eingestellt. Durch Zuhilfenahme eines einfachen physikal. Modells wird aus den experimentell erhaltenen Werte die Gasabsorption berechnet. Während der Absorption darf im W. keine Konvektion auftreten, u. die Monoschichten müssen die Diffusion hemmen. Der Beweis für die Erfüllung dieser Voraussetzungen wird erbracht. Die Werte der Permeabilität liegen bei $2 \cdot 10^{-3}$ bis 10^{-2} cm/s. Sie sind von den verschiedenen eingesetzten Lsgg. unabhängig, scheinen aber von der Länge u. dem Umfang des KW-Stoff-Teiles der Monoschicht sowie der Größe der polaren Gruppe abzuhängen. In einem Ausblick wird die prakt. Anwendung dieser Arbeit auf Probleme des biolog. Wassergleichgewichtes diskutiert. W. Hein. 176□

Einfluß organischer Lösungsmittel auf das Gleichgewicht des Ionenaustausches. 2. Mitt. **Einfluß von Aceton auf das Ionenaustauschgleichgewicht von Alkalimetallen an Sulfoharzen.** G. M. Pantschenkow, W. I. Gorschkow und M. W. Kuklanowa. (Журнал Физической Химии [J. physik. Chem.] **32.** 616—19. März 1958. Moskau, Lomonossow-Univ.) (Russ.) — 1. vgl. C. **1959.** 13085.

An 3 verschiedenen Sulfo- u. Carboxylgruppen enthaltenden Austauscherharzen in der H^+-Form wurde die Abhängigkeit des Austauschgleichgewichts der Ionen Li^+, Na^+ u. K^+, die als Chloride vorlagen, vom Aceton-Geh. der Lsg. (0—80%) untersucht. Die Gleichgewichts-Konst. wurde mit steigendem Aceton-Geh. erhöht, am meisten bei K^+, am wenigstens bei Li^+. Auch der Austausch von Na^+ durch Li^+ wurde beeinflußt. Die einzelnen Harze unterschieden sich nur wenig. Die Hauptrolle spielt wohl die Änderung der elektrostat. Wechselwirkung. M. Wiedemann. 177□

Struktur und Eigenschaften von heterogenen Kationenaustauschermembranen. D. K. Hale und D. J. McCauley. (Trans. Faraday Soc. **57.** 135—49. Jan. 1961. Teddington, Middlesex, Nat. Chem. Labor., New Materials Group.) (Engl.)

Aus Perl-Copolymerisaten von sulfoniertem Styrol als kationenakt. Komponente mit wechselnden Mengen Divinylbenzol als Vernetzungsmittel wurden nach Pulverisierung des Harzes mit Polyäthylen als Gerüstsubstanz Austauschermembranen hergestellt. Untersucht u. eingehend diskutiert wird der Einfl. des Harz-Geh. u. des Vernetzungsgrades auf die physikal. u. elektrochem. Eigenschaften. W. oder Elektrolyt-Lsgg. dringen in die Membranen ein u. füllen Hohlräume aus, die durch die verschieden starke Quellung des Harzes u. der Gerüstsubstanz entstehen. Bei hohem (niedrigem) Harzanteil in den Membranen ist der Wasser-Geh. höher (niedriger) u. die Dichte geringer (höher) als bei den Einzelkomponenten. Die stark von der Struktur des Harzes bestimmte Selektivität nimmt mit sinkendem Vernetzungsgrad u. sinkendem Harz-Geh. ab. Die spezif. Leitfähigkeit nimmt mit steigendem Harz-Geh. u. sinkendem Vernetzungsgrad zu. Die „wahren" Überführungszahlen von Na^+-Ionen in Membranen dieser Art lassen sich mit einer direkten Meth. feststellen, wenn der Einfl. der Diffusion durch die Membran berücksichtigt wird; ferner müssen sie in Beziehung zu den „scheinbaren" Überführungszahlen u. denen des W. gesetzt werden. Die „wahre" Überführungszahl ist unabhängig vom Harz-Geh.; die „scheinbare" nimmt schwach ab u. die des W. steigt mit wachsendem Harz-Geh. entsprechend an. Bei steigendem Vernetzungsgrad nimmt sowohl die „wahre" als auch die „scheinbare" Überführungszahl beträchtlich zu u. die des W. ab. W. HEIN. 177□

Eine adsorptions-komplexbildende chromatographische Methode. T. B. Gapon, A. M. Gurwitsch und K. W. Tschumtow. (Вестник Академии Наук СССР [Nachr. Akad. Wiss. UdSSR] **30.** Nr. 10. 58—60. Okt. 1960.) (Russ.)

Allg. Angaben über die Verw. von Säulen aus Aktivkohle mit Zusätzen von Dimethylglyoxim oder α-Nitroso-β-naphthol zur Reinigung von Salzen des Zn, Cd sowie der Alkali- u. Erdalkalimetalle von Cu-, Fe-, Ni-, Co- u. anderen Ionen. R. WITTWER. 177□

Zur Chemie des Quecksilbers. 14. Mitt. Über Kationenaustausch und zweidimensionales innerkristallines Quellungsvermögen von Quecksilberamidosulfonaten, Me^+. $(HgNSO_3)^-$. Armin Weiss und Eugen Michel. (Z. Naturforsch. **15 b.** 679—80. Okt. 1960. Darmstadt, TH, Eduard-Zintl-Inst. für anorg. u. phys. Chem.) (Dt.) — 13. vgl. C. **1961.** 14195.

In den *Quecksilberamidosulfonaten* $Me^+(HgNSO_3)^-$ können die Me^+-Ionen zeolith. gegen andere Kationen ausgetauscht werden. Während dieser Austausch mit anorgan. Kationen z. T. nur unvollständig u. unübersichtlich verläuft, gelingt er mit großen quart. Alkylammonium- oder Alkylpyridiniumionen glatt u. quantitativ. Wie röntgenograph. Unterss. zeigen, sind die dabei entstehenden *Alkylammonium-* oder *Alkylpyridiniumquecksilberamidosulfonate* zur zweidimensionalen innerkrist. Quellung mit den verschiedensten Fll. befähigt. Mit dem Nachw. dieser Quellung ist zugleich ein Konstit.-Beweis für das $HgNSO_3^-$ erbracht; es muß sich um Kettenanionen $[-N(SO_3^-)-Hg-]_\infty$ handeln. Mit dieser Kettenstruktur steht auch der elektronenmkr. sichtbare faserige Habitus im Einklang. Der Faserabstand (in Å) von $[(n\text{-}C_{16}H_{33})(CH_3)_3N][HgNSO_3]$ beträgt im getrockneten (20°; 0,1 Torr) Zustand 32,6, unter *W.* 42,2, *Toluol* 46,7, *Butylacetat* 40,5, *Decan* 55,4, *Nitrobenzol* 40,3, *Acetonitril* (**I**) 34,6, *Caprylnitril* (**II**) 41,0, *n-Decanol* 45,2, *n-Dodecanol* 49,3; von $[(n\text{-}C_{18}H_{37})_2(CH_3)_2N][HgNSO_3]$ getrocknet 35,8, unter *W.* 36,9, *Toluol* 38,2, *Decan* 50,4, **I** 36,9, **II** 36,9. Die Fasern liegen im gequollenen Zustand in einer quadrat. Anordnung vor. Die Identitätsperiode in der Längsachse der Fasern beträgt in allen Fällen $4{,}1_1$—$4{,}1_5$ Å. A. BLASCHETTE. 178□

Untersuchung der Verteilung von Silberjodidrauch im geschlossenen Gefäß. T. N. Shigalowskaja und W. N. Balabanowa. (Известия Академии Наук СССР, Серия Геофизическая [Nachr. Akad. Wiss. UdSSR, geophysik. Ser.] **1960.** 903—05. Juni. Inst. für angew. Geophys. der Akad. der Wiss. der UdSSR.) (Russ.)

Ein Aerosol aus AgJ wurde im Hochspannungsbogen hergestellt. Die Verteilung des AgJ (0,2 u. 25 mg) zwischen dem zylindr. Gefäß von 13 m³ u. dem Nd. auf der Wand, die sich nach mehreren Std. einstellt, wurde bei +20 u. −10° untersucht. Es wurde gefunden, daß der Koeff. der turbulenten Diffusion $D \cong 0{,}28\ R^2/T$ ist (R = Zylinderradius; T = Zeit, in der das Aerosol vollständig ausgeschieden ist). D ist für AgJ $1{,}1 \cdot 10^{-2}$ cm²/s. M. WIEDEMANN. 180□

A_6. Strukturforschung

Eine neue Präzisions-Röntgenkamera nach dem Rotationsgoniometer-Verfahren von E. Schiebold. Joachim Sommer und Horst Sperfeld. (Freiberger Forschungsh., Reihe B Heft **37.** 155—62. 1959. Magdeburg, Hochsch. für Schwermaschinenbau.) (Dt.)

Das Aufnahmeprinzip dieser Goniometerkamera beruht auf dem Rotationsgoniometer-Verf. nach SCHIEBOLD u. SAUTER. Der Filmzylinder einer normalen Drehkristallkamera wird durch eine zylindr. Schichtlinienblende ersetzt, die die eine Hälfte einer Schichtlinie aus dem Drehkristalldiagramm ausblendet. Synchron mit dem Kristall dreht sich ein Planfilm um eine Achse, die zur Kristalldrehachse senkrecht verläuft. Dabei wird die Schichtlinie durch das nicht gleichzeitige Auftreten der einzelnen Beugungspunkte zu einem wenig verzerrten Abbild der zugehörigen reziproken Gitterebene auseinandergezogen. C. GOTTFRIED. 181

Genaue Gitterkonstanten-Vermessung bei Röntgen-Feinstruktur-Untersuchungen. 1. Mitt. Die Filmmethoden. Hermann Weyerer. (Arch. techn. Messen ind. Messtechn. **1957.** 125—28. Juni. Braunschweig, Phys.-Techn. Bundesanstalt.) (Dt.)

Vf. gibt zusammenfassend einen Überblick über die einzelnen Aufnahme-Verff., über ihre Genauigkeit u. ihre jeweiligen Anwendungsmöglichkeiten. C. GOTTFRIED. 181

Über die Verwendung der Born-Oppenheimer-Näherung bei Molekularproblemen. Andrew D. Liehr. (Ann. Physics **1.** 221—32. Juni 1957. Murray Hill, N.J., Bell-Telephone Labor.) (Engl.)

Vf. entwickelt eine Neuformulierung der BORN-OPPENHEIMERschen Näherung (1927), die in dieser modifizierten Form — im Unterschied zur Original-Meth. — auch dann anwendbar ist, wenn bei einem mol. Problem nur genäherte elektron. Wellenfunktionen benutzt werden. Die Anwendung auf die Berechnung der Intensitäten „verbotener" elektron. Übergänge sowie der Stabilitäten spezif. Kernkonfigurationen wird diskutiert. D. JÖRCHEL. 182□

Struktur und physikalische Eigenschaften anorganischer Stoffe. Miroslav Zikmund. (Chem. Zvesti **14. 304—24.** April 1960. Bratislava, Ústav anorganickej chém. Slovenskej akadémie.) (Slowak.)

Vf. berichtet über die geschichtliche Entw. der Anschauungen über die Struktur anorgan. Verbb. u. erklärt ihre physikal. Eigg. auf Grund ihrer atomaren u. mol. Struktur. — 76 Literaturangaben. B. BLANKA. 182□

Die relative Stabilität der Oxydationsstufen von Übergangsmetallen. George W. Watt. (J. electrochem. Soc. **108.** 423—27. Mai 1961. Austin, Tex., Univ. of Texas, Dep. of Chem.) (Engl.)

Nach einem kurzen Überblick über Darst.-Meth. niederer u. hoher Oxydationsstufen verschiedener Übergangsmetalle wird verallgemeinernd erörtert, welche Faktoren möglicherweise für die Stabilitätserhöhung durch verschiedenartige Liganden u. die Stabilität der verschiedenen Oxydationsstufen verantwortlich sind. Es wird hervorgehoben, daß der Bindungscharakter der Metall–Ligand-Bindung die Grundlage zum Verständnis des Stabilitätsproblems bilden kann. F. HUBER. 182□

Allgemeine Einführung zur Diskussion über Ionen der Übergangselemente. J. W. Linnett. (Discuss. Faraday Soc. Nr. **26.** 1—20. 1958. Oxford, Inorgan. Chem. Labor.) (Engl.)

Als Einführung zu dem Kolloquium über die Eigg. u. Elektronenstrukturen der Übergangsmetallionen, bes. innerhalb komplexer Verbb., erörtert Vf. einerseits die theoret. Behandlungen der Elektronenstrukturen, andererseits die experimentellen Meth. zur Unters. dieser Verbindungen. D. JÖRCHEL. 182□

Aufspaltung der d^n-Terme in starken Komplex-Feldern von trigonalen und rhombischen Symmetrien. F. J. Gilde und M. I. Bán. (Acta physica Acad. Sci. hung. **12.** 13—34. 1960. Szeged, Univ., Dep. of Theoretic. Phys.) (Engl.)

Die Eigg. komplexer Verbb. von Übergangsmetallen können grundsätzlich durch die d-Elektronen charakterisiert werden. Die vorliegende Arbeit zeigt alle Konfigurationen der starken Felder auf, die durch den Einfl. der starken Felder der trigonalen u. rhomb. Symmetrien aus $d^n(n = 1, 2, 3, \ldots 10)$-Konfigurationen entstehen. Auf Grund der Wrkg. der starken Felder sind diese Konfigurationen aufgespalten. Die Symmetrien u. Vielfalt der Aufspaltungen werden durch die Gruppentheorie bestimmt. Um die Aufspaltungen einzustufen, wird eine neue Meth. entwickelt, die wegen ihres Aufbaus auf die Gruppentheorie als exakt anzusehen ist. H. SCHIBILLA 182□

Berechnungen über den Ionen-Charakter und die Hybridisierung von Dipolmomenten für AsF_3 und $AsCl_3$. J. Sobhanadri. (Proc. physic. Soc. **76.** [Part II] 267—72. 1/8. 1960. Waltair, India, Andhra Univ., Phys. Dep.) (Engl.)

Berechnungen für die Moll. AsF_3 u. $AsCl_3$ nach der Mol.–Bahn-Theorie ergeben, daß die Nichtbindungselektronen einen wesentlichen Anteil an dem Dipolmoment darstellen. Die aus den Berechnungen erhaltenen Näherungen für den Ionencharakter u. die Hybridisierung werden als ziemlich zuverlässig dargestellt. Den Rechnungen lagen H-ähnliche Wellenfunktionen zugrunde. Um den Einfl. der Wahl der Wellenfunktionen zu ermitteln, wird für AsF_3 die Rechnung noch einmal mit der SLATER-Funktion durchgeführt. H. SCHIBILLA. 182□

Oxydchloride und Organometalloidoxyde als Donator-Moleküle. Ingvar Lindqvist. (Acta chem. scand. **14.** 1112—17. 1960. Uppsala, Univ. of Uppsala, Inst. of Chem.) (Engl.)

Vf. diskutiert am Beispiel des Addukts *$SbCl_5(OPCl_3)$* die Natur der durch Donator-Acceptor-Rk. entstandenen Bindung. Cl_3P–O–$SbCl_5$ erhält folgende idealisierte Ladungsverteilung: das Syst. Cl–P–O wird so betrachtet, als hätte es eine völlig symm. Ladungsverteilung um das Brücken-O-Atom (also Cl_3P–O–PCl_3^{2+}); das gleiche geschieht für das Syst. O–Sb–Cl (also Cl_5Sb–O–$SbCl_5^{2-}$). Dann wären die Bindungsabstände zwischen P–O u. P–Cl ebenso wie zwischen Sb–O u. Sb–Cl nur von den jeweiligen Elektronegativitätsdifferenzen zwischen P, Cl u. O bzw. Sb, Cl u. O beeinflußt. Die SHOMAKER-STEVENSON-Formel $r_{AB} = r_A + r_B + 0{,}09|x_A - x_B|$ sollte als Differenz |P–Cl| — |P–O| u. |Sb–Cl| — |Sb–O| wegen der annähernd gleichen Elektronegativität von P u. Sb immer den gleichen Wert ergeben: 0,30 Å. Um die beobachtete Bindungskontraktion einzuführen, wird die Annahme gemacht, daß der Wert hier $0{,}32 \pm 0{,}02$ Å beträgt. Die Abweichungen von der idealisierten Ladungsverteilung können dann als Substitutionseffekt betrachtet werden: P–Cl u. P–O werden durch die Substitution von PCl_3^{2+} durch $SbCl_5$ u. entsprechend Sb–Cl u. Sb–O durch Substitution von $SbCl_5$ durch PCl_3^{2+} beeinflußt. Dies würde im Endeffekt auf eine Verlängerung der P–Cl-Bindung u. Verkürzung der P–O-Bindung hinauslaufen, während die Sb–O-Bindung länger u. die Sb–Cl-Bindung kürzer werden sollte. Dies stimmt mit der Beobachtung überein, ebenso wie die gleiche Überlegung für die Verb. *$[TiCl_4(OPCl_3)_2]_2$* zutrifft. Eine Doppelbindung im Syst. Cl–P=O–Sb–Cl bewirkt die gleiche Erscheinung. Die verfügbaren Daten erlauben keine Unterscheidung zwischen beiden. Die Überlegungen lassen sich auch auf Addukte von *$SeOCl_2$* ausdehnen. Auch der Vgl. zwischen $POCl_3$- u. POR_3-Addukten ist möglich. Schließlich läßt der Begriff der „idealisierten Struktur" auch Aussagen über die Struktur der freien Donator-Moll. gewinnen. Es ergibt sich die Wahrscheinlichkeit, daß das Phosphinoxyd-Mol. eine P=O-Doppelbindung enthält. P. SARTORI. 182□

Die Struktur von Dicyclopentadienylzinn und -blei. L. D. Dave, D. F. Evans und G. Wilkinson. (J. chem. Soc. [London] **1959.** 3684—88. Dez. London, Imp. Coll., Inorg. Chem. Res. Labor.) (Engl.)

Vff. versuchen mit Hilfe von Kernresonanz-, IR- u. UV-Spektren sowie durch Best. der Dipolmomente die Struktur von Dicyclopentadienylzinn $(C_5H_5)_2Sn$ u. Dicyclopentadienylblei $(C_5H_5)_2Pb$ sowie der Methyl-Derivv. $Sn(CH_3 \cdot C_5H_4)_2$ u. $Pb(CH_3 \cdot C_5H_4)_2$ aufzuklären. Kernresonanzmessungen zeigen, daß eine Struktur mit σ-Bindungscharakter ausgeschlossen werden kann. Dagegen weist die große Ähnlichkeit der IR-Spektren mit dem des *Ferrocens* auf eine Sandwichstruktur hin, wobei aber zwei Formen, eine axiale Sandwichstruktur des Ferrocentyps u. eine gewinkelte Struktur, möglich sind. Auf Grund der Dipolmomente [in CS_2 für $Sn(C_5H_5)_2$ $\mu = 0{,}96 \pm 0{,}06$ D, für $Pb(C_5H_5)_2$ $\mu = 1{,}49 \pm 0{,}06$ D] wird gewinkelte Struktur mit sp^2-Hybridisierung des Metallatoms angenommen. Die Absorptionsbanden im UV, IR u. im sichtbaren Gebiet werden in Form von Tabellen wiedergegeben. F. MADER. 182

Molekül-Quadrupolmomente. A. D. Buckingham. (Quart. Rev. [chem. Soc. London] **13.** 183—214. 1959. Oxford, Anorgan. chem. Labor.) (Engl.)

Übersicht über das elektrostat. Potential von zwei Punktladungen, die Wechselwrkg. der Ladungsverteilung mit einem äußeren Feld, das durch eine Ladungsverteilung erzeugte Potential, die Wechselwrkg. zwischen zwei Ladungsverteilungen, Multipolmomente u. Symmetrie, induzierte Multipolmomente u. Induktionsenergien, Meth. zur Messung von Quadrupolmomenten u. Tabellen von Mol.-Quadrupol-Momenten. — 87 Literaturangaben bis 1959. P. GOLINSKE. 182□

Bedeutung der kristallchemischen Forschung für die Chemie der Komplexverbindungen. B. G. Bokij. (Chem. Zvesti **13.** 744—59. Nov. 1959. Moska, Ústav všeobecnej a anorg. chém. Akad. vied SSSR.) (Slowak.)

Übersicht über den heutigen Stand der kristallchem. Forschung der Komplexverbindungen. — 50 Literaturangaben. B. BLANKA. 182□

Symmetrie der Gefügediagramme der Gesteine mittels statistischer Methoden beurteilt. Dušan Němec. (Neues Jb. Mineralog., Mh. **1960.** 15—23. März. Brno, ČSR.) (Dt.)

Vf. weist darauf hin, daß die Einordnung von Gefügediagrammen in die 4 Symmetrietypen mit axialer, rhomb., monokliner u. trikliner Symmetrie nicht immer ohne Willkür möglich ist. Deshalb schlägt er vor, die Symmetrie in den Gefügediagrammen durch die einfache, objektive Meth. der mathemat. Statistik abzuschätzen. Das Verf. wird am Beispiel einiger Quarzgefügediagramme erläutert. J.-E. HILLER. 190□

Eigenenergie von schraubenförmigen Versetzungen. Roland De Wit. (Physic. Rev. [2] **116.** 592—97. 1/11. 1959. Urbana, Ill., Univ. of Illinois.) (Engl.)

Die schraubenförmigen Versetzungen werden unter der Voraussetzung betrachtet, daß der Burger-Vektor sehr viel kleiner als der Schraubenradius u. die Stufenhöhe der Schraube ist. Die atomare Struktur wird vernachlässigt u. die Betrachtung auf ein elast. isotropes unendliches Kontinuum bezogen. Der Energieausdruck von Kröner (Ergebn. angew. Math. **5.** [1958]) wird für die theoret. Berechnungen gebraucht. Die Achsenlänge der Schraube ist groß verglichen mit ihrem Radius, u. der Radius ist groß verglichen mit dem Versetzungsquerschnitt, welcher von der Größenordnung eines Burger-Vektors ist. Für die Grenzfälle von sehr geringer u. sehr großer Stufenhöhe ergeben sich einfache Ausdrücke mit plausiblen physikal. Erklärungen. Außerdem werden Korrekturbetrachtungen für den Fall angestellt, daß ein „Gegenzug" von Versetzungen vorhanden ist. E. Wagenfeld. 190□

Das Wachstum von Ausscheidungen aus festen Lösungen. J. Burke. (Acta metallurg. [New York] **7.** 809—10. Dez. 1959. Liverpool, Univ., Dep. of Metallurg.) (Engl.)

Vf. verfeinert die Theorie von Zener u. West (J. appl. Physics **20.** [1949.] 950) über das Teilchenwachstum einer 2. Phase aus einer homogenen, übersätt., festen Lösung. C. Gottfried. 190

Der Mechanismus des Erstarrens von Gips. M. J. Ridge. (Rev. pure appl. Chem. **10.** 243—76. Dez. 1960. Melbourne, C.S.I.R.O., Div. of Building Res.) (Engl.)

Übersicht über Ca-Sulfat u. seine Hydrate, über die Kinetik des Erstarrens von Gips, Dimensionsänderungen beim Erstarren u. Trocknen sowie Beobachtungen an übersättigten $CaSO_4$-Lösungen. — 106 Literaturangaben (bis 1960).

P. Golinske. 190□

Abscheidungsreaktionen in Kristallen von Silber- und Alkalihalogeniden. J. W. Mitchell. (Discuss. Faraday Soc. **1959.** Nr. 28. 242—47. Bristol, Univ., H. H. Wells Phys. Labor.) (Engl.)

Vf. diskutiert die Abscheidungsmechanismen von koll. Metallteilchen während photochem. u. chem. Rkk. in Silber- u. Alkalihalogeniden. In Silberhalogenidkristallen (Frenkel-Fehlordnung) scheiden sich die Teilchen vorwiegend längs der Versetzungsgrenzen ab. Die Spannungsfelder, die während des Wachstums der Keime entstehen, werden durch Bldg. von Syst. prismat. Versetzungen vermindert. Bei der Abscheidung von Au-Teilchen in Alkalihalogenidkristallen (Schottky-Fehlordnung) hingegen bilden sich die Keime sowohl im Innern der Substruktur als auch an den Versetzungsgrenzen. Nicht nur die Bldg. von prismat. Versetzungen, sondern auch die Kondens. von Schottky-Fehlstellen an der Grenzfläche Keim/Alkalihalogenidkristall vermindert die während des Keimwachstums entstehenden Spannungsfelder. K. Hardel. 190□

Nachweis von Wachstumsschichten in Germaniumeinkristallen. Albert C. English. (J. appl. Physics **31.** 1498—1500. Aug. 1960. Berkeley, Calif., Univ. of California.) (Engl.)

An Ge-Einkristallen werden 2 Verss. durchgeführt, die eine stark gekrümmte Wachstumsschichtung nachweisen. 1. Die wachstumsabhängige Inhomogenität wird an einem Ge-Kristallscheibchen gezeigt, das auf einer Fe-, Ni- oder Cu-Unterlage auf über 700° in H_2 für wenige Min. erhitzt worden ist. 2. Die Schichtung wird sichtbar gemacht, indem auf einem Ge-Kristallscheibchen eine In-Schicht bei über 550° in H_2 oder einem inerten Gas geschmolzen wird. H. Schibilla. 190□

Spaltungs-Whiskers. John D. Venables. (J. appl. Physics **31.** 1503—04. Aug. 1960. Cleveland, Ohio, Parma Res. Labor., Union Carbide Corp.) (Engl.)

Die Spaltungs-Whiskers werden an einer Reihe von Materialien beobachtet einschließlich *Si, Ge, InSb, HgSe,* Mg_2Ge, *MgO, Sb* u. *Radiergummi.* Mit lichtopt.- u. Elektronenmikroskop werden die Spaltungs-Whiskers untersucht. Dabei sind für Si u. InSb die Whiskers Einkristalle. Lage u. Art der Whiskers sowie Spannungs-Einfl. durch Erwärmung werden beschrieben. An einem Modell u. an einem Radiergummi versucht Vf. zu veranschaulichen, wie die Entstehung der Spaltungs-Whiskers gedacht werden kann. Die Spaltungs-Meth. scheint ohne Einfl. auf die Bldg. der Whiskers zu sein, wenn nur Spaltungsstufen auftreten, an den die Whiskers entstehen können.

H. Schibilla. 190□

Dimensionsänderungen in synthetischen Saphir-Einkristallen nach der Bestrahlung. D. G. Martin. (Physics Chem. Solids **10.** 64—65. April 1959. Harwell, Berks., AERE.) (Engl.)

Während Vf. bei einer 1,3-MeV-γ-Bestrahlung (1,5 u. $4 \cdot 10^6$ r), einer 50-kV-Röntgenbestrahlung u. einer 1-MeV-Elektronenbestrahlung ($2 \cdot 10^{18}$ Elektronen/cm^2) keinerlei meßbare Veränderungen der physikal. Dimensionen von synthet. Saphireinkristallen beobachtete (der anfangs farblose Kristall zeigte lediglich eine mattgelbe Verfärbung), erzeugte eine Bestrahlung mit Neutronen (Verhältnis von Spalt- zu therm. Neutronen ca. 1) folgende Effekte: die Längenänderung der Probe parallel bzw. senkrecht zur c-Achse beträgt mit steigender Neutronendosis (bis $2 \cdot 10^{18}$ Neutronen/cm²) ca. 100 bzw. 61 ppm/10^{18} Neutronen·cm^{-2}; oberhalb von $4 \cdot 10^{18}$ Neutronen/cm² ist die Längenzunahme nur noch ca. 23 bzw. 19 ppm/10^{18} Neutronen·cm^{-2}. Ein weiterer Knickpunkt des Verlaufs der Längenzunahme wird oberhalb $1{,}2 \cdot 10^{19}$ Neutronen·cm² vermutet. Ferner wurde eine dunkelbraune Verfärbung beobachtet. Eine Temperung der bestrahlten Proben bei Temp. von 350—900° zeigte, daß die Verfärbung über Dunkelgrün und Gelb allmählich schwächer wird u. bei 900° prakt. verschwindet; die Längenzunahme in beiden Richtungen wird fast wieder rückgängig gemacht. Die maximalen Ausheilungs-Geschw. liegen bei 300 u. 550°. Theoret. Abschätzungen der Konz. der versetzten Ionen aus der Längenänderung bei der Neutronenbestrahlung liegen um einen Faktor 50 zu hoch. D. JÖRCHEL. 190□

Rotationsgleiten und Pseudostruktur des Glimmers Muskovit. R. Cartraud und R. Zouckermann. (J. Physique Radium **21.** 73—74. Jan. 1960. Poitiers, Fac. des Sci., Labor. de Microsc. et Diffraction Electron.) (Franz.)

Vff. nehmen Bezug auf eine Arbeit von ZOUCKERMANN u. CORCUFF (vgl. C. **1958.** 6465), in der über Elektronenbeugungsbilder von Muskovit berichtet worden war. Dabei wurde die Gesamtheit der Interferenzen einer „Überstruktur" zugeschrieben. Eine erneute Analyse der Diagramme ergab, daß die durch Gleitung erzeugten Rotationswinkel 21° 50'; 15° 10' u. 9° 30' betrugen. Die zusätzlichen Interferenzen, von denen bis zu 42 gezählt werden konnten, entsprechen nicht einer „Überstruktur", sie verdanken ihre Entstehung in Wirklichkeit vielmehr einer doppelten Beugung. C. GOTTFRIED. 190

Metastabile feste Lösungen im pseudobinären System Galliumantimonid–Germanium. Pol Duwez, R. H. Willens und W. Klement jun. (J. appl. Physics **31.** 1500. Aug. 1960. Pasadena, Calif., California Inst. of Technol., Div. of Engng.) (Engl.)

Eine Reihe von Legg. aus stöchiometr. GaSb (a = 6,097 Å) u. aus zonengereinigtem Ge (a = 5,658 Å) werden schnell abgekühlt. Die entstehenden Strukturen werden röntgenograph. untersucht. Die gestörte Zinkblendestruktur wird als einzige Phase in allen untersuchten Legg. gefunden. Die graph. Darst. der Gitterparameter über der Zus. zeigt keine bes. oder systemat. Abweichungen vom VEGARDschen Gesetz. Aus der qual. Intensitätsauswertung der DEBYE-SCHERRER-Aufnahmen wird angenommen, daß das Ge ohne Gesetzmäßigkeit Gitterplätze einnimmt, ohne die kub. Symmetrie zu zerstören. H. SCHIBILLA. 190□

Über die Gleichgewichtsdiagramme der Systeme Zirkoniumdioxyd–Oxyde der Seltenen Erden. Robert Collongues, Monique Perez y Jorba und Jean Lefèvre. (Bull. Soc. chim. France **1961.** 70—74. Jan. Vitry, C.N.S.R., Labor.) (Franz.)

Durch gemeinsame Fällung werden Mischungen von ZrO_2 mit 1—10 Mol-% M_2O_3 (M = *La, Nd, Sm, Gd, Y, Yb*) hergestellt u. therm. Behandlungen zwischen 500 u. 2700° unterworfen; von den erhaltenen Prodd. werden mit Co K_α-Strahlung Pulveraufnahmen gemacht. Beim Abschrecken von >2000° wird eine tetragonale Phase mit deformierter Fluoritstruktur erhalten. Mit zunehmendem x besitzt $Zr_{1-x}M_xO_{2-x/2}\square_{x/2}$ (□ = Leerstelle) kub. (Fluorit-) Struktur; das Vol. der Elementarzelle steigt mit x linear an. Unterhalb 2000° tritt eine Mischung der tetragonalen u. kub. Phase auf. Die Grenze zwischen dem tetragonalen u. dem Zweiphasenbereich ist von der Temp. u. der Art von M unabhängig u. liegt bei ca. 2 Mol-% M_2O_3. Die Grenze zur kub. Phase wird dagegen vom Ionenradius von M bestimmt. Die Temp., bis zu der ein Zweiphasenbereich beständig ist, fällt mit dem Ionenradius von M. Die röntgenograph. Ergebnisse werden dilatometr. bestätigt. Als Übergangsstrukturen treten in den Syst. $M_2Zr_2O_7$-Phasen mit Pyrochlorstruktur auf; die Kristallparameter sind eine lineare Funktion des Ionenradius von M. Lediglich in den Syst. *ZrO_2–Dy_2O_3, ZrO_2–Yb_2O_3* u. *ZrO_2–Y_2O_3* wird keine Phase mit Pyrochlorstruktur beobachtet. Die Verbb. $M_2Zr_2O_7$ bilden eine lückenlose Reihe von Mischkristallen. Aus den Ergebnissen werden die Gleichgewichtsdiagramme der festen Phasen in den Syst. *ZrO_2–La_2O_3, ZrO_2–Nd_2O_3, ZrO_2–Gd_2O_3* u. ZrO_2–Yb_2O_3 zwischen 1200 u. 2700° abgeleitet. HERBERT MÜLLER. 190□

Über die Gleichgewichtsdiagramme der von Germaniumoxyd mit den Oxyden von Zirkonium und Hafnium gebildeten Systeme. Jean Lefèvre und Robert Collongues. (Bull. Soc. chim. France **1961.** 74—77. Jan.) (Franz.) — Vgl. vorst. Referat.

Durch gemeinsame Fällung werden Gemische von GeO_2 mit ZrO_2 bzw. HfO_2 hergestellt u. auf Temp. zwischen 500 u. 1600° erhitzt; die Aufnahme der Pulverdiagramme erfolgt mit Co K_α-Strahlung. Die gegenseitige Löslichkeit von GeO_2 u. monoklinem

ZrO_2 ist sehr gering; tetragonales ZrO_2 löst unabhängig von der Temp. zwischen 1200 u. 1600° ca. 10 Mol-% GeO_2. Durch Einbau von GeO_2 wird die Umwandlungs-Temp. monoklin-tetragonal erniedrigt u. das Verhältnis c/a der tetragonalen Zelle erhöht. Die Löslichkeit von GeO_2 in HfO_2 ist so gering, daß die Stabilisierung der tetragonalen Phase nicht gelingt. In den Syst. werden *$ZrGeO_4$* bzw. *$HfGeO_4$* mit *Scheelit*-Struktur identifiziert. Die im Pulverdiagramm beobachteten Auslöschungen gehören der Gruppe J 4_1/a an; die Struktur kann von der tetragonalen Phase abgeleitet werden. Die Löslichkeit von ZrO_2 in $ZrGeO_4$ erstreckt sich bis $Zr_{1,2}Ge_{0,8}O_4$, während HfO_2 nur wenig in $HfGeO_4$ lösl. ist. Eine analoge Struktur besitzt *Zr_3GeO_8* (a = 5,007; c = 10,45 Å) bzw. *Hf_3GeO_8* (a = 4,982; c = 10,42 Å). Das Vol. der Elementarzelle nimmt beim Ersatz von Zr^{4+} durch Hf^{4+} ab. Hf_3GeO_8 erleidet unterhalb 1500° eine eutektoide Zers. in HfO_2 u. $HfGeO_4$. HERBERT MÜLLER. 190□

Über die von Thoriumdioxyd mit den Oxyden vierwertiger Metalle gebildeten Verbindungen. Monique Perez y Jorba, Hélène Mondange und Robert Collongues. (Bull. Soc. chim. France **1961.** 79—81. Jan.) (Franz.)

Die Bldg. von Verbb. im Syst. ThO_2–MO_2 (M = 4wertiges Metall) ist nur möglich, wenn der Ionenradius von M < 0,70 Å ist; diese Bedingung ist für Si, Ge u. Ti erfüllt. — Im Syst. ThO_2–SiO_2 tritt monoklines *$ThSiO_4$* auf, das die deformierte Elementarzelle von $ZrSiO_4$ besitzt. Eine tetragonale Modifikation ist offenbar nur unter Druck oder in Ggw. von Verunreinigungen beständig. — *$ThGeO_4$*, das im Syst. ThO_2–GeO_2 beobachtet wird, tritt in Modifikationen mit *Scheelit*-Struktur (A; a_0 = $5{,}14_0$; c_0 = $7{,}23_1$ Å) bzw. *Zirkon*-Struktur (B; a_0 = $11{,}53_1$; c_0 = $6{,}54_8$ Å) auf. Die Umwandlung A → B bei 1180° ist nicht umkehrbar. A ist demnach die bei tieferen Temp. stabile Modifikation. Während ThO_2 in A schwach lösl. ist, weist B eine streng stöchiometr. Zus. auf. Eine Verschiebung der Umwandlungs-Temp. zu höheren Werten ist beim Zusatz von ThO_2 zu beobachten. — Das im Syst. ThO_2–TiO_2 auftretende *$ThTi_2O_6$* besitzt zwei allotrope Modifikationen. Die orthorhomb. α-Modifikation (a = 16,7; b = 14,95; c = 4,1 Å) ist bis 1300° stabil u. besitzt die Dichte 6,2 g/cm³. Oberhalb 1300° tritt die tetragonale β-Modifikation mit a = 7,58; c = 10,45 Å u. Dichte = 5,8 g/cm³ auf. Die α–β-Umwandlung ist mit einer Dilatation verbunden. HERBERT MÜLLER. 190□

Antimonreiche Oberflächenschicht durch Diffusion in Germanium. J. E. McNamara. (J. electrochem. Soc. **108.** 199—200. Febr. 1961. Phoenix, Ariz., Motorola Semiconductor Prod. Div., Materials Res. Dep.) (Engl.)

Vf. untersucht die Eigg. einer Sb-reichen Oberflächenschicht bei der Diffusion von Sb in Ge, bes. die Bldg.-Geschw. der Schicht während der Diffusion, den Einfl. der Diffusions-Temp. auf die Sb-Konz. (C_F) in der Schicht, die Geschw. der Abtragung durch HF u. den Einfl. der kristallograph. Orientierung der Ge-Oberfläche auf die Konzentration. Das verwendete Sb enthält ^{124}Sb als Tracer. Gemessen wird das Absinken der Radioaktivität nach aufeinanderfolgendem, 2 Min. langem Ätzen der Ge-Proben in HF bei Raumtemperatur. C_F-Werte für verschiedene Diffusionszeiten(0,75—48,0 Std.) u. -Temp. (648 bzw. 755°) sind tabellar. dargestellt. C_F scheint bereits bei 648° nach 45 Min. einen Sättigungswert zu erreichen. Der bei höheren Diffusions-Temp. gebildete Film löst sich mit geringerer Geschw. in HF. Zwischen geätzten u. hochglanzpolierten Proben wird kein wesentlicher Unterschied bei der Abtragung festgestellt. Die C_F-Werte entsprechen der maximalen Anzahl der nichtabgesätt. Bindungen auf einer (1 1 1)-Ge-Oberfläche ($7 \cdot 10^{14}/cm^2$), so daß angenommen wird, daß jedes Sb-Atom in der Oberflächenschicht kovalent an ein Ge-Atom mit nichtabgesätt. Bindung gebunden sein kann. Die zur Auffüllung der äußeren Schale des Sb benötigten restlichen Elektronen können durch benachbarte Sb-Atome auf der Oberfläche beigetragen werden. Die auf Grund der größeren Zahl freier Bindungen ($1{,}2 \cdot 10^{15}/cm^2$) auf (1 0 0)-Oberflächen zu erwartenden höheren C_F-Werte werden jedoch nicht festgestellt. Der Einfl. des Dampfdruckes des Sb im Vgl. zu dem im Gleichgewicht über der gesätt. festen Lsg. des Sb in Ge, das Herausdiffundieren des Sb u. die Dissoziations-Rk. des bei den angewendeten Temp. als Sb_4 vorliegenden Sb in die atomare Form werden erörtert.

P. FRENZEL. 196□

Untersuchungen über die Oxydation von Metallen und Legierungen in geschmolzenem Zustand. 10. Mitt. **Das System Cadmium–Kupfer.** Paolo Spinedi. (Gazz. chim. ital. **89.** 2163—70. Okt./Nov. 1959. Roma, Univ., Ist. di Metallurg. e Metallograf.) (Ital.) — 9. vgl. C. **1960.** 17034.

Die Oxydationskurven für 0,0; 0,59; 1,46; 2,87; 6,09; 9,48; 16,78; 26,19, 26,48; 28,52; 37,97 u. 45,67% Cu enthaltenden Cd-Legg. sind wiedergegeben. Bei sehr niedrigem Cu-Geh. wird die Oxydierbarkeit des geschmolzenen Cd je nach der Best.-Temp. herabgedrückt oder erhöht. Die Oxydierbarkeit der Legg. mit einem Geh. von 0,6—9%

Cu ist merklich größer als die von reinem Cu. Legg. mit über 15% Cu sind weniger oxydierbar als reines Cd. Die Kurven zeigen die Oxydierbarkeit der bin. Legg. als Funktion der Konz. bei der Schmelz-Temp., bei 450 u. 750°. Sie werden mit dem Phasendiagramm (a) verglichen. Die verschiedenen beim Variieren der Zus. der Leg. verursachten Oxydationserscheinungen werden auf Grund der vermutlichen Permeabilitätsänderung der Oxydationsfilme u. auf Grund des von zahlreichen in a charakterisierten Übergangsphasen ausgeübten Einfl. interpretiert. G. PLATZER. 196□

Oxydation von Titan–Eisen-Legierungen. J. Stringer, M. G. Cowgill und N. C. Griffiths. (Nature [London] **185.** 304. 30/1. 1960. Liverpool, Univ., Dep. of Metallurgy.) (Engl.)

Oberhalb der α–β-Umwandlungs-Temp. von Ti wird bei der Oxydation eine TiO_2-Schicht gebildet, die über die Wanderung von Anionenleerstellen nach außen wächst. Gleichzeitig erfolgt die Wanderung der O-haltigen α-Phase nach innen. Die nahezu gleichmäßig dicke α-Schicht weist einen ausgeprägten Gradienten der Mikrohärte u. damit des O-Geh. auf; die Oxydations-Geschw. wird durch Diffusion von O über Zwischengitterplätze bestimmt. Zusätze von Fe beeinflussen im wesentlichen die Struktur der α-Phase. Wird eine Fe–Ti-Leg. mit 3% Fe nach der Oxydation bei 860° abgeschreckt, so wird nur der Teil der β-Phase martensit. umgewandelt, der von den Plättchen der α-Phase entfernt liegt. Daraus folgt, daß in der an die α-Phase grenzenden β-Phase >4% Fe vorliegen. Aus Messungen der Mikrohärte der α-Phase wird bei 850° ein O-Geh. von 2 (%), bei 900° von 2,5—3 erhalten. Wird ein lokales Gleichgewicht angenommen, so folgen daraus 6—7% Fe. Die Dickenzunahme an den Grenzflächen wird durch die Fe-Diffusion von der Grenzfläche weg bestimmt. HERBERT MÜLLER. 196□

Die neuartigen physikalischen und chemischen Eigenschaften durch Zonenschmelzen gewonnener hochreiner Metalle. Georges Chaudron. (Bull. Soc. chim. France **1961.** 18—25. Jan. Vitry, C.N.R.S., Labor.) (Franz.)

Übersicht unter bes. Berücksichtigung der im Labor. von Vitry erzielten Ergebnisse. — 21 Literaturangaben. A. BLASCHETTE. 197□

Bestimmung der Orientierung der Aluminiumeinkristalle durch Ätzung. D. I. Lainer, R. L. Petrussewitsch und Je. Ss. Ssollertinskaja. (Заводская Лаборатория [Betriebs-Lab.] **26.** 305—06. 1960. Inst. für Buntmetallbearbeitung.) (Russ.)

Vff. untersuchten das Verh. von Einkristallen aus Al u. Al mit 0,2% Zn gegenüber zwei Ätzreagentien: I — 5 ml HF, 20 ml HCl, 20 ml HNO_3, 30 ml H_2O. II — 45 ml HNO_3 mit 3% HF, 25 ml HCl, 30 ml C_2H_5OH (ohne genauere Konz.-Angaben). Lsg. I erzeugt durch Oktaederflächen abgegrenzte Ätzfiguren nur auf der Fläche (1 0 0), während Leg. II auf (1 0 0), (1 1 0) u (1 1 1) durch Würfelflächen begrenzte Ätzfiguren hervorruft. Verunreinigtes Al (0,2% Zn) weist eine wesentlich höhere Ätzfigurendichte auf. H. JÄGER. 197□

Elektronographische Untersuchung des Wolframcarbids WC. L. N. Butorina. (Кристаллография [Kristallographie] **5.** 233—37. März/April 1960. Gorki-Univ., Physiko-techn. Lobatschewski-Forschungsinst.) (Russ.)

Vf. stellt 2 hexagonale Wolframcarbide durch Einw. von reinstem CO auf W-Filme her. Bei 600—1000° entsteht WC, bei 1100° u. höher W_2C. Eine Zers. des WC bei höheren Temp. konnte nicht festgestellt werden. Von WC werden die Elektronogramme aufgenommen u. die Lokalisierung der C-Atome im WC-Gitter mit Hilfe von FOURIER-Analysen untersucht. G. ENGELHARDT. 197□

Untersuchung einiger Legierungen auf Tl-Basis im Hinblick auf ihre Elektronenstruktur. Ryoji Suganuma. (J. physic. Soc. Japan **15.** 1395—1409. Aug. 1960. Kyoto, Kyoto Prefectural Univ. of Med., Phys. Inst.) (Engl.)

Es wurden die Struktur der Phasen u. die Phasengrenzen auf der Tl-reichen Seite der Syst. *Tl–Cd*, *Tl–Sn* u. *Tl–Sb* röntgenograph. u. durch Elektronenbeugung untersucht. Vf. findet, daß bei diesen Legg. die Phasengrenze jeder einzelnen Struktur vom Verhältnis Zahl der Elektronen/Atom abhängt. Der Verlauf der Gitter-Konst. u. die Bldg. von Leerstellen bei der kub.-flächenzentrierten Phase im Syst. Tl–Sn wird unter der Annahme von BRILLOUIN-Zonen diskutiert. G. TALSKY. 197□

Die Kristallstruktur von $ZrAl_2$. C. G. Wilson. (Acta crystallogr. [Copenhagen] **12.** 660—62. 10/9. 1959. Shrivenham, Berks., Royal Milit. Coll. of Sci.) (Engl.) — Vgl. C. **1961.** 9709.

$ZrAl_2$ besitzt 4 Formeleinheiten in einer hexagonalen Elementarzelle mit $a = 5{,}282$, $c = 8{,}748$ Å, $c/a = 1{,}656$, $D_{ber.}$ 4,56, $D_{gem.}$ 4,42 $g \cdot cm^{-3}$; Raumgruppe $P\,6_3/m\,m\,c$; 4 Zr in (f): $^1/_3$, $^2/_3$, z; $z = {}^1/_{16}$; 6 Al in (h): x, 2x, $^1/_4$; $x = -{}^1/_6$; 2 Al in (b): 0, 0, 0. Atomabstände Zr—Zr: 3,28 u. 3,24 Å; Al—Al: 2,67 u. 2,64 Å; Zr—Al: 3,13, 3,11 u. 3,08 Å. Die Struktur ist eine LAVES-Phase vom C_{14}, $MgZn_2$-Typ mit kontrahierter Al- u. expandierter Zr-Substruktur. F. HUBER. 197□

Über zwei ternäre Germanide, $CaAl_2Ge$ und $CaAl_2Ge_{1,5}$. W. Freundlich und M.-L. Chartier. (Bull. Soc. chim. France **1961**. 63—65. Jan. Paris, Sorbonne, Labor. de Chim. Min.) (Franz.)

Durch Sintern gepreßter Pulver von *$CaAl_2$* u. *Ge* bei 900° im Vakuum werden verschiedene Mischungen im Syst. $CaAl_2$–Ge hergestellt u. in einer SEEMAN-BOHLIN-Kamera mit CuK_α-Strahlung röntgenograph. untersucht. Im Syst. werden die γ-Phase *$CaAl_2 \cdot Ge$* (I), die β-Phase *$CaAl_2Ge_{1,5}$* (II) u. feste Lsgg. der tern. Phasen mit den Ausgangs-Prodd. beobachtet. I ist mit genügender Reinheit nur schwierig darzustellen. Von den erhaltenen Prodd. sind die d-Werte u. relativen Intensitäten tabellar. angegeben. Im Syst. $CaAl_2$–Si tritt eine analoge Verb. nicht auf. II ist kub. (a_0 = 7,15 Å) u. mit $CaAl_2 \cdot Si_{1,5}$ isotyp. Beim Erhitzen im Vakuum erfolgt oberhalb 1200° Zers. in die Elemente. I ist wesentlich weniger therm. stabil u. zerfällt >900° in II u. $CaAl_2$. Beide Phasen sind in trockner Luft stabil; mit Feuchtigkeit erfolgt rasch Zersetzung. II reagiert mit W. unter teilweiser Bldg. von *$(GeH)_x$*. Beim Erhitzen an Luft erfolgt Oxydation zu CaO, Al_2O_3 u. GeO_2; die Rkk. werden thermogravimetr. untersucht. Der Oxydationsverlauf unterscheidet sich von dem der entsprechenden Silicide. HERBERT MÜLLER. 197□

Elektronenmikroskopische Untersuchung dünner Filme des nach einer Schmelzmethode hergestellten Aluminium–Kupfer-Eutektikums. Noboru Takahashi. (J. appl. Physics **31**. 1287—90. Juli 1960. Kofu, Univ. of Yamanashi.) (Engl.)

Von der eutekt. Al–Cu-Leg. mit 33% Cu werden aus der Schmelze dünne Filme hergestellt (C. **1957**. 10944) u. elektronenmkr. untersucht. Der an den Filmen beobachtete Kontrast der Lamellenstruktur ist vergleichbar mit dem der Abdrücke, die von massiven Proben erhalten wurden, d. h. die Struktur der nach verschiedenen Verff. hergestellten Proben ist identisch. Aus Elektronenbeugungsaufnahmen folgt, daß die dunkleren Lamellen von der θ-Phase ($CuAl_2$), die helleren von der ϰ-Phase (fast reines Al) gebildet werden. Die relative Orientierung ist $(0\,0\,1)_\theta//(0\,0\,1)_\varkappa$ u. $[1\,0\,0]_\theta//[1\,1\,0]_\varkappa$.

HERBERT MÜLLER. 197□

Existenz mehrerer Ausfällungsstufen für durch Titan gehärtete Legierungen auf Kupferbasis. J. Manenc. (Acta metallurg. [New York] **7**. 807—08. Dez. 1959. Chatillon, O.N.E.R.A.) (Franz.)

Die Härtung von Cu-reichen *Cu–Ti*-Legg. beruht auf der Ausfällung der Phase *Cu_3Ti*, deren Bldg. Vf. an Cu–Ti-Legg. mit Ti-Geh. zwischen 1,5 u. 5 Gewichts-% verfolgt. Die Legg. wurden 64 Std. bei 900° homogenisiert, kalt bearbeitet u. angelassen. Nach dem Abschrecken in W. wurden die Proben bei 300, 400, 450 u. 550° bis zu 1000 Std. getempert u. laufend mit Hilfe von Pulveraufnahmen untersucht. Die Phase bildet sich um so langsamer, je tiefer die Temperungs-Temp. ist. Bei allen Legg. ist der Beginn der Zers. durch eine anomale Streuung auf den Diagrammen charakterisiert. Es treten Nebeninterferenzen auf, u. zwar 1 Paar für (h 0 0)-Ebenen, 2 Paar für (h k 0)- u. 3 Paar für (h k l)-Ebenen; sie sind schwach u. liegen symm. zu den Hauptinterferenzen. Mit zunehmender Temperungszeit werden sie intensiver u. asymm. in Intensität u. Lage. Am Ende der zweiten Stufe treten die Interferenzen der verarmten Matrix u. die einer Übergangsphase mit tetragonaler Struktur auf, die sich nur wenig von einer flächenzentriert-kub. Struktur unterscheidet. Das Verhältnis c/a ist für eine Leg. mit 3,5% Ti nach einer Temperungszeit von 600 Std. bei 400° 0,982. Diese tetragonale Übergangsphase bleibt bei nicht zu hoher Temp. lange erhalten. Für die Leg. mit 3,5% Ti treten jedoch nach einer Temperungszeit von 2 Std. bei 550° die Interferenzen der Gleichgewichtsphase Cu_3Ti auf. Die Ausfällung dieser Phase erfolgt diskontinuierlich.

C. GOTTFRIED. 197

Calorimetrie und Thermodynamik der Kupfer–Wismut-Legierungen. Willy Oelsen, Eberhard Schürmann und Dietrich Buchholz. (Arch. Eisenhüttenwes. **32**. 39—46. Jan. 1961. Düsseldorf u. Clausthal, Bergakademie, Inst. für Eisenhüttenkunde u. Gießereiwesen.) (Dt.)

Bei der thermodynam. Analyse der Wärmeinhalte der Cu–Bi-Legg. wurde von der quant. therm. Analyse als Grundlage ausgegangen. Es wurde nachgewiesen, daß alle das Schmelz-Verh. von Zweistoff-Legg. kennzeichnenden energet. Größen bereits in dem Bild der quant. therm. Analyse enthalten sind u. ihrem Betrage nach festliegen. Aus der quant. therm. Analyse konnte mit hoher Genauigkeit sowohl das Zustandsdiagramm als auch die Mischungswärme bestimmt werden. Eine Temp.-Abhängigkeit der Mischungswärme zeichnet sich ab. Die thermodynam. Analyse führt zu der Mischungsentropie, der red. Bldg.-Affinität u. den Aktivitäten, die ihrerseits die im Zustandsdiagramm zum Ausdruck kommende Tendenz zur Entmischung bestätigen.

H. HOCHSTEIN. 197□

Die periodischen Antiphasen oder Legierungen mit langen Perioden. P. Perio und M. Tournarie. (J. Physique Radium **21.** 71—73. Jan. 1960. Saclay, Centre d'Etudes Nucl.) (Franz.)

Nach einer kurzen Erläuterung des Begriffs period. Antiphasen untersuchten Vff. mittels Elektronenbeugung u. elektronenmkr. die Syst. *Au–Cu* u. *Au–Mn* auf das Auftreten dieser Antiphasen. Die untersuchten Proben bestanden aus dünnen einkristallinen Filmen (ca. 300 Å) mit einer (1 0 0)-Ebene in der Filmebene. Aus den Aufnahmen u. den Beobachtungen ergab sich, daß die Strukturen der period. Antiphasen thermodynam. stabil sind. Sie stellen einen intermediären Zwischenzustand dar zwischen Regellosigkeit u. Fernordnung. Die Perioden sind streng definiert u. können nicht als ein zufälliges Gemisch von 2 benachbarten unversehrten Perioden angesehen werden. Die Periode wird bei Zusatz eines Elements mit höherer Metallvalenz erhöht, während sie bei Zusatz von Übergangselementen mit „negativer" Valenz erniedrigt wird.

C. GOTTFRIED. 197

Fernordnung in eisenreichen Eisen–Aluminium-Legierungen. 1. Mitt. **Berechnung der Ordnungseinstellung in nullter Näherung mit Anwendung auf das Phasendiagramm.** P. S. Rudman. (Acta metallurg. [New York] **8.** 321—27. Mai 1960. Haifa, Israel Inst. of Technol., Dep. of Phys.) (Engl.)

Es wird gezeigt, daß eine quasi-chem. Beschreibung der Fernordnung in Fe-reichen Fe–Al-Legg. 2 unabhängige Ordnungsparameter u. Bindungen bis mindestens zu Nachbarn 2. Ordnung erfordert. Gleichungen für die Ordnung werden in nullter Näherung gegeben. Unter Berücksichtigung der Ergebnisse aus der Berechnung der Umwandlungs-Temp. ergibt sich ein geändertes Fe–Al-Phasendiagramm. Vf. zeigt, daß für Zus. mit mehr als 25% Al das Auftreten einer Ordnung vom Fe_3Al-Typ durch ein einfaches kub. Gitter der NaCl-Struktur ausgedrückt werden kann, doch hängt die effektive Zus. von dem Grad der Ordnung des FeAl-Typs ab. Aus den experimentellen Werten der Übergangs-Temp. bei der Zus. Fe_3Al ergibt sich für das Verhältnis der Wechselwrkg.-Energien zwischen den Nachbarn 2. u. 1. Ordnung ein Wert von 0,5. F. VIER. 197□

Eigenschaften und Bindungen der Eisencarbide. André Michel. (Bull. Soc. chim. France **1961.** 143—48. Jan. Paris, Centre d'Orsay, Fac. des Sci., Labor. de Chim. Min.) (Franz.)

Durch Carburierung von Fe bzw. Fe-Oxyden in H_2–CO-Gemischen werden bei 550° *Zementit* (I), bei 400° das *χ-Carbid* nach HÄGG (II) u. bei 180—220° das hexagonale *ε-Carbid* (III) dargestellt u. die kristallograph. u. magnet. Eigg. untersucht. I ist orthorhomb. mit a = 4,515; b = 0,579 u. c = 6,729 Å u. enthält 6,7% C; eine Abweichung von der stöchiometr. Zus. wurde nicht beobachtet. Der CURIE-Punkt liegt je nach Herst.-Temp. zwischen 210 u. 215°. I ist bis 640° stabil u. erleidet dann eine Zers. nach $Fe_3C \rightarrow 3\,Fe + C$; die Keim-Bldg.-Geschw. von Graphit bestimmt die Geschw. des Zerfalls. Während Zusätze von Co u. Ni die Stabilität herabsetzen, wird sie durch Mn u. Mo erhöht. Die CURIE-Temp. wird in jedem Fall herabgesetzt. Zusätze von S u. N wirken ebenfalls stabilisierend, während mit Si Rk. nach $Fe_3C + Si \rightarrow C + (Fe, Si)_\alpha$ erfolgt. In der Elementarzelle von I ist jedes C-Atom von 2 Fe_I im Abstand 1,85 bzw. 1,89 Å u. von 4 Fe_{II} im Abstand 2,06 bzw. 2,15 Å umgeben. Zwischen C u. Fe_I besteht eine Doppelbindung u. zwischen C u. 2 Fe_{II} je eine Einfachbindung; die sp^2-Bindungen sind koplanar. Eine kovalente Einfachbindung besteht auch zwischen zwei dicht benachbarten Fe_{II}. Die nach PAULING berechneten Atomabstände stimmen mit den beobachteten Werten gut überein. Die Wrkg. der Zusätze auf die Stabilität u. damit auf die herrschenden Bindungen wird durch ihre Atomradien bestimmt. II weist eine CURIE-Temp. von 255—265° auf u. zerfällt > 450° nach FeC_x ($x < 3$) $\rightarrow Fe_3C + C$. In II bildet C eine Doppelbindung, die durch N u. S stabilisiert wird. Die Fe–Fe-Abstände (ca. 2,65 Å) sind größer als der Atomradius von Fe; eine Einlagerung von Mn wirkt demnach stabilisierend auf die Struktur. III ist hexagonal mit a = 2,757 u. c = 4,346 kX u. weist ferromagnet. Eigg. auf. Die CURIE-Temp. kann nicht bestimmt werden (> 360°), da > 350° Zerfall in II u. C einsetzt. Die Stabilisierung von III durch Zusätze ist nicht gelungen. HERBERT MÜLLER. 197□

Die Rolle der Austenitisierungstemperatur bei der Keimbildung von Perlit. M. H. Richman, D. A. Thomas und M. Cohen. (Acta metallurg. [New York] **7.** 814—16. Dez. 1959. Cambridge, Mass., MIT, Dep. of Metallurg.) (Engl.)

Vff. zeigen an *Fe–C*-Legg. mit 0,62—1,04% C, daß die langsame Keim-Bldg.-Geschw. des Perlits progressiv erhöht werden kann, sofern man die Austenitisierungs-Temp. erniedrigt. C. GOTTFRIED. 197

Untersuchungen über die Kristallorientierung in kaltgewalzten, rekristallisierten Eisenblechen unter Berücksichtigung von Carbonyleisen. H. Weik. (Metallurgia ital. **48.** 494—502. Nov. 1956. Frankfurt/M., Battelle Inst.) (Ital.)

Die Unterss. über die Kristallorientierung (KO) in kaltgewalzten, rekrist. Carbonyl-Fe enthaltenden Fe-Blechproben wurden mit der GEIGER-Zähler-Meth. ausgeführt u. lieferten folgende Ergebnisse: KO u. niedrige mechan. Härte sind untereinander verträglich, die KO wird deutlicher bei steigendem Walzgrad, die Verw. des GEIGER-Zählers ist vorteilhafter als der Photo-App., das Kristallgefüge erweist sich als eine Überlagerung von Faserkristallstrukturen, keine Wechselbeziehung zwischen KO-Maximum u. Deformierung durch Spannung u. Druck; die Rekristallisationsorientierung zeigt, daß eine gegebene Fe-Art in 3 Fällen zu rekristallisieren vermag: a) Das Kristallgefüge verändert sich während der Rekristallisation (R) durch schwache Anfangsdeformierungen, indem es eine ungeordnete Anordnung annimmt, b) die Aufrechterhaltung von KO nach vollständiger R u. c) die Bldg. einer neuen KO, die als ideal zu bezeichnen ist. Niedrige R-Temp. fördert die Aufrechterhaltung der KO, während hohe R-Temp. zur Bldg. einer neuen KO-Art führen. Durch mehrmaliges Überschreiten des Umwandlungspunktes (γ/α) u. sehr rasches Abkühlen der Proben ist es möglich, die KO vollkommen zu eliminieren u. eine ungeordnete Verteilung der Kristalle zu erhalten. — 28 Literaturangaben. G. PLATZER. 197□

Unstetigkeiten im Temperaturverlauf der Kerbschlagzähigkeit ferritischer Stähle. Karl Wellinger und Hans-Joachim Wittwer. (Naturwissenschaften **48.** 69. 1. Febr.-H. 1961. Stuttgart, TH, Staatl. Materialprüfungsanstalt.) (Dt.)

Die Kerbschlagzähigkeit ferrit. Stähle nimmt nicht kontinuierlich mit fallender Temp. ab, sondern die Versprödung erfolgt in einzelnen Stufen. Durch eine Wärmebehandlung des Stahls verschwindet der Stufencharakter nicht. Bei vergüteten Stählen mit einem mittleren C-Geh. (Ck 35 oder Ck 45) können die Stufen bes. gut erkannt werden. Bei weichen Stählen sind sie wesentlich schwächer ausgebildet u. machen sich nur als Knick im Verlauf des üblichen Steilabfalls bemerkbar. Es wird bei bestimmten Temp. eine Änderung im Deformationsmechanismus vermutet, für die die Ggw. von Leg.-Bestandteilen wesentlich ist. Die stufenförmige Abnahme der Schlagarbeit ist keine spezielle Eig. ferrit. Stähle. Der Stufencharakter ist eine Werkstoff-Eig. u. nicht allein durch den Spannungszustand bedingt. H. HOCHSTEIN. 200□

Elastische Konstanten von Kupfer–Nickel-Legierungen. R. E. Schmunk und Charles S. Smith. (Acta metallurg. [New York] **8.** 396—401. Juni 1960. Cleveland, Ohio, Case Inst. of Technol.) (Engl.)

Die elast. Konst. von *Cu* u. Cu–Ni-Legg. mit geringem Ni-Geh. wurden durch die Ultraschall–Puls–Echo-Technik gemessen. Alle Konst. nehmen zu mit zunehmendem Ni-Gehalt. Dieses Ergebnis steht für Zusätze, die im Perioden-Syst. rechts von Cu stehen, im Gegensatz zu früheren Beobachtungen. Es wird auf die Versteifung der kurzreichenden Kristallkräfte zurückgeführt, da der neutrale Ni-Atomrumpf größer ist als der isoelektron. Cu-Atomrumpf. Die weitreichenden elektrostat. Kräfte nehmen dagegen ab, da die mittlere Ionenladung abnimmt. F. VIER. 200□

Verfestigung und Stapelfehlerenergie von Kupfer-Legierungskristallen. Peter Haasen und Alwyn King. (Z. Metallkunde **51.** 722—36. Dez. 1960. Göttingen, Univ., Inst. für Metallphys.) (Dt.)

Die Kaltverfestigung von Einkristallen einiger *Cu–Ga-* u. *Cu–Ge*-Legg. wurde in Abhängigkeit von der Zus., der Temp. u. der Verformungs-Geschw. untersucht. Wie erwartet, nahm die Stapelfehlerenergie, gemessen durch die Spannung bei beginnendem Quergleiten, schnell mit steigender Konz. ab. Verformungszwillinge wurden bei höheren Ga- u. Ge-Geh. bis 200° beobachtet, bei reinem Cu nur unterhalb —10,5°. Die Kaltverfestigungsparameter u. die Gleitlinienbeobachtungen werden unter Verw. der Versetzungstheorie diskutiert. F. VIER. 200□

Einige Beobachtungen an Gleitlinien an verformten Kupfer-Whiskers. P. Charsley. (Acta metallurg. [New York] **8.** 353—55. Juni 1960. Aldermaston, Berks., Assoc. Electr. Ind. Ltd., Res. Labor.) (Engl.)

Unterss. von Gleitspuren, die bei Zugverformung an Cu-Whiskers entstehen, ergaben, daß sichtbares Quergleiten nicht unbedingt bei der Ausbreitung eines LÜDERS-Bandes auftreten muß. Ein Mechanismus wird vorgeschlagen, wodurch sich ein solches Band als Folge der Spannungs-Konz. zwischen dem geglittenen u. nichtgeglittenem Gebiet des Whiskers ausbreitet. F. VIER. 200□

Untersuchung des anelastischen Verhaltens von Silber im statischen Torsionsversuch. Werner Schilling, Georg Alefeld und Gerd Buschhorn. (Z. Metallkunde **51.** 685—93. Dez. 1960. München, TH.) (Dt.)

Unter Verw. einer modifizierten Anordnung nach KÊ (vgl. Physic. Rev. [2] **71.** [1947.] 533) wurden an reinen Ag-Drähten Nachwrkg.-Kurven in Torsion aufgenommen.

Unterss. der Spannungslinearität u. Reversibilität ergaben, daß die gefundenen Effekte anelast. Natur sind. An Überlagerungs-Verss. wurde das BOLTZMANNsche Superpositionsprinzip experimentell bestätigt. Die Temp.-Abhängigkeit der Nachwrkg. nimmt sehr stark mit der Temp. bis auf ein Mehrfaches der elast. Dehnung innerhalb der Meßzeit zu. Der Mechanismus der Nachwrkg. ist derselbe, der auch den bekannten Anstieg der inneren Reibung bei hoher Temp. bewirkt. Aus der Umrechnung der Ergebnisse der statist. Nachwrkg.-Verss. in innere Reibung ergibt sich eine amplitudenunabhängige innere Reibung, die nur sehr schwach von der Frequenz abhängig ist u. mit $e^{-A/RT}$ ansteigt. Um dieses Verh. im Versetzungsmodell zu deuten, wird angenommen, daß dem Aufbau der inneren Spannungen σ_i mit der Abgleitung ε eine Gleichung der Form $\sigma_i = \sigma_a (1 - e^{-\varrho \cdot \varepsilon})$ zugrunde liegt, wobei ϱ eine nur von der Temp. abhängige Konst. ist. Im Gebiet oberhalb der Korngrenzengleitung ergibt sich die gefundene Temp.-Abhängigkeit unter der Annahme, daß die Zahl der an der Nachwrkg. beteiligten Versetzungselemente oder die Abgleitung je Element mit der Temp. steigt. Durch diese Zunahme der Nachwrkg. wird eine evtl. vorhandene Temp.-Abhängigkeit der Nachwrkg.-Geschw. überdeckt. F. VIER. 200□

Vielfachgleiten in Einkristallen. U. F. Kocks. (Acta metallurg. [New York] **8.** 345—52. Juni 1960. Cambridge, Mass., Harvard Univ., Div. of Engng. and Appl. Phys., Gordon McKay Labor.) (Engl.) — Vgl. C. **1960. 7443.**

Das gleichzeitige Gleiten kub.-flächenzentrierter Kristalle auf 6 oder 8 Gleit-Syst. wurde durch Verfestigungsmessungen, Oberflächenbeobachtungen, röntgenograph. Meth. u. theoret. untersucht. Verss. an 4 der 5 kristallograph. Typen von Vielfachgleitung in *Al*-Einkristallen bei Raum-Temp. zeigen, daß es 2 extrem verschiedene Arten von Vielfachgleitung gibt, die sich durch Zug in ⟨1 0 0⟩- u. in ⟨1 1 1⟩-Richtung charakterisieren lassen. Diese Unterschiede können durch keinen der bekannten Mechanismen erklärt werden. 2 zusätzliche Mechanismen werden vorgeschlagen: 1. ein Mechanismus zur Unterdrückung „krit. Gleit-Syst." durch die Bldg. unbeweglicher Versetzungssprünge; 2. ein Mechanismus, der Versetzungsgruppen zum Gegenstand hat, die als „Hecken" für durchschneidende Gleit-Syst. wirken. F. VIER. 200□

Kriechprozesse in polykristallinem Aluminium. W. A. Rachinger. (Acta metallurg. [New York] **7.** 374—75. Juni 1959. Melbourne, Australian Defence Sci. Serv., Aeronaut. Res. Labor., Dep. of Supply.) (Engl.)

Das Verh. von polykristallinem Al bei langsamer Verformung durch Zug bei höheren Temp. wurde untersucht (vgl. C. **1956. 13954**). Vf. berichtet über neue Unterss. an einem 99,99% Al, das bei 300° langsam oder schnell verformt wurde. Method. wurde derart vorgegangen, daß die Proben nach der Verformung zerschnitten, elektrolyt. poliert u. die Anzahl der Körner pro Längeneinheit in Längs- u. Querrichtung gemessen wurden. Hierbei ergab sich, daß bei langsamer Dehnung sich die Probenoberfläche durch plast. Verlängerung der Körner verformt, das Innere dagegen durch Gleiten der Körner. C. GOTTFRIED. 200

Kriechdehnung von Metallen unter einfacher Schubspannung. E. N. Da C. Andrade und K. H. Jolliffe. (Nature [London] **190.** 431—32. 29/4. 1961. London, Imp. Coll. of Sci. and Technol., Dep. of Metallurgy.) (Engl.)

Vff. untersuchen die Verformung von polykrist. *Pb* unter einfacher konst. Schubspannung. Im Bereich niedriger Spannungen (ca. 0,03) ändern sich diese genau mit $t^{1/2}$. Diese Beziehung wird für Pb mit verschiedenem Geh. an Fremdmetallen u. für *Cd* sowie für das Kriech-Verh. bei Wechselbeanspruchung bestätigt. Vff. nehmen an, daß bei noch geringeren Verformungsspannungen die Beziehung $t^{2/3}$ gültig ist. P. FRENZEL. 200□

Ein Modell der Metallermüdung. A. N. May. (Nature [London] **185.** 303—04. 30/1. 1960. Cambridge, Brooklyn Cryst. Labor.) (Engl.)

Bei Ermüdungs-Verss. an Metallen mit Hilfe alternierender Spannungen sind die Versetzungsbewegungen bei Spannungsumkehr statist. in bezug auf die ursprüngliche Bewegungsrichtung verschoben. Wenn diese Verschiebungen vergleichbar mit der Breite der Gleitbanden sind, so entspricht dieses der Annahme, daß die Gleitungen in jedem zweiten Spannungscyclus statist. über die verfügbaren Gleitebenen verteilt werden u. daß die Verteilung in jedem zweiten Cyclus unabhängig von der Verteilung der Gleitungen in den vorhergehenden Cyclen ist. Durch die statist. Verteilung wird die Oberfläche aufgerauht. Diese Aufrauhung hat eine Neuverteilung der Spannungen zur Folge, so daß in folgenden Cyclen die Gleitungen in den an der Oberfläche gebildeten Tälern angereichert werden. Unter Verw. des Modells berechnet Vf., welche Taltiefe bei geeigneter Anzahl von Cyclen zum Bruch führt. HERBERT MÜLLER. 200□

A_7. Gleichgewichte. Kinetik

Über die Bestimmung von Komplex-Gleichgewichtskonstanten aus spektrophotometrischen Absorptionsmessungen. W. Liptay. (Z. Elektrochem., Ber. Bunsenges. physik. Chem. **65.** 375—83. Juni 1961. Würzburg, Univ., Inst. für Phys. Chem.) (Dt.)

Vf. beschreibt eine numer. Auswertungs-Meth. zur Best. der Gleichgewichts-Konst. u. der Extinktions-Koeff. eines 1:1-Komplexes aus spektrophotometr. Absorptionsmessungen. Das Verf. wird an einer Elektronendonator–Acceptor-Komplex-Bldg. erläutert; es gilt aber für alle 1:1-Komplexe, unabhängig von deren Bindungsmechanismus, soweit die Absorption des Komplexes von der der Komponenten verschieden ist. Die Meth. kann für alle Verhältnisse der Einwaage-Konzz. der Komponenten angewendet werden; die Voraussetzung, daß der Donator in einem großen Überschuß gegenüber dem Acceptor vorliegen muß, so daß die Einwaage-Konz. des Donators gleich der Gleichgewichts-Konz. zu setzen ist, muß also nicht erfüllt sein. Die Meth. liefert weiterhin ein Kriterium für die Konz.-Unabhängigkeit der Extinktions-Koeff. u. das Vorliegen nur eines einzigen Komplexes u. ermöglicht die Berechnung der Fehler der Gleichgewichts-Konst. u. der Extinktions-Koeff. des Komplexes. Als Beispiele werden der *Thiacyclobutan–Jod*-Komplex in CCl_4, der *Naphthalin–Pikrinsäure*-Komplex in Chlf. u. der *Diphenylamin–symm.-Trinitrobenzol*-Komplex in Chlf. behandelt.

GERHARD SCHULZE. 223 □

Flüssig-flüssig-Extraktion in der anorganischen Chemie. F. S. Martin und R. J. W. Holt. (Quart. Rev. [chem. Soc., London] **13.** 327—52. 1959. Springfields, United Kingdom Atomic Energy Authority, Dev. and Engng. Group [R. and D. Branch].) (Engl.)

Übersicht über die Einteilung der Solventextraktion, über Solventextraktion in der Praxis u. speziell über die Flüssig-flüssig-Extraktion geschmolzener Metalle. — 72 Literaturangaben (bis 1959).

P. GOLINSKE. 224 □

Untersuchungen über die Solventextraktion des Indiumoxinats. George K. Schweitzer und Gordon R. Coe. (Analytica chim. Acta [Amsterdam] **24.** 311—15. April 1961. Knoxville, Tenn., Univ. of Tennessee, Dep. of Chem.) (Engl.) — Vgl. C. **1961.** 5357.

Die Extraktion des In aus wss. Lsgg. mit verschiedenen organ. oxinhaltigen Lsgm. ($CHCl_3$, C_6H_5Cl, C_6H_5Br, C_6H_6, CS_2, $C_6H_5CH_3$ u. CCl_4) wurde untersucht. Der Einfl. des pH-Wertes, der Oxin-Konz. u. von Komplexbildern (Cyanid, Sulfat, Jodid, Bromid, Chlorid, Rhodanid, Formiat, Acetat, Glykolat, Fluorid, Nitrilotriacetat, Äthylendiamintetraacetat) in der wss. Phase ist tabellar. wiedergegeben. Eine Temp.-Abhängigkeit zwischen 0 u. 30° ist nicht festzustellen. Die Änderung der Freien Energie für die Extraktion wurde zu —0,8 kcal/Mol, der Enthalpie zu Null u. die der Entropie zu 3 Entropieeinheiten ermittelt. Berechnete Extraktions-Konst. u. pH-Werte für 50%ig. Extraktion stehen in guter Übereinstimmung zu den gemessenen Werten.

D. PAPENFUSS. 224 □

Extraktion von Wismut als Jodid mit Isoamylacetat und Isoamylalkohol. H. A. Mottola und E. B. Sandell. (Analytica chim. Acta [Amsterdam] **24.** 301—06. April 1961. Minneapolis, Minn., Univ. of Minnesota, School of Chem.) (Engl.)

Wismutsulfat ($5\cdot10^{-4}$m) gibt in 1—5n H_2SO_4 mit überschüssigem KJ ($5\cdot10^{-3}$m) BiJ_3, das sich mit Isoamylacetat u. Isoamylalkohol bei einem optimalen Mischungsverhältnis von organ. zu wss. Phase wie 1:4 extrahieren läßt. Mischungen beider Lsgm. sind wirksamer als jedes Lsgm. allein. Zusatz von 3% Natriumhypophosphit als Red.-Mittel bewirkt eine Abnahme der Extrahierbarkeit, die wahrscheinlich auf Komplex-Bldg. des Bi zurückzuführen ist.

D. PAPENFUSS. 224 □

Beziehungen zwischen Absorptionsspektren und Verteilungs-Daten von Plutonylnitrat in wässerigen und organischen Medien. T. V. Healy und A. W. Gardner. (J. inorg. Nuclear Chem. **7.** 245—56. Okt. 1958. Harwell, Didcot, Berks., A.E.R.E.) (Engl.)

Eine Unters. der Absorptionsspektren von Plutonylnitrat in Dibutylcarbitol zeigt die Ggw. von Di- u. Trinitratkomplexen, wobei die Trinitratkomplexe in Ggw. von HNO_3 oder quatern. Ammoniumsalzen auftreten. Tributylphosphat scheint die Bldg. von Trinitratkomplexen zu unterbinden. Das Trinitrat hat einen viel höheren Verteilungs-Koeff. als das Dinitrat für die Extraktion aus HNO_3 u. Nitraten in Dibutylcarbitol. Aus Vgl. mit den Absorptionsspektren folgt, daß die Anreicherung in der organ. Phase direkt mit der Bldg. der Trinitratoplutonyl-Verb. aus dem Dinitrat zusammenhängt. Die Assoziations-Konst. der Rk. $PuO_2(NO_3)_2 + HNO_3 \rightleftarrows HPuO_2(NO_3)_3$ beträgt im organ.

Lsgm. 4 ± 1. Die Verteilung der Plutonyl-Verb. auf die wss. u. organ. Phase wird diskutiert. G. HEINSOHN. 224□

Auflösung von eventuell in Zinn enthaltenem Arsen, Blei und Antimon. Giulio Milazzo. (Chim. e Ind. [Milano] **41.** 128—31. Febr. 1959. Roma, Ist. Superiore di Sanità, Labor. di Chim.) (Ital.)

Um zu prüfen, ob möglicherweise schädliche, in der Verzinnung von Konservendosen enthaltene Elemente in Lsg. gehen, wurden orientierende Vorverss. an Sn–As-, Sn–Pb- u. Sn–Sb-Legg. mit den Angriffsmitteln 0,1n H_2SO_4, 0,1n Weinsäure, 0,1n Citronensäure, 0,1n Oxalsäure u. 0,1n NaOH durchgeführt. Es wurde dabei gefunden, daß zumindest unter den Vers.-Bedingungen Sb u. As ungelöst bleiben, während Pb, wenn auch nur in geringen Mengen, in Lsg. geht. HEINZ HESS. 224□

Isotopeneffekte in Deuteriumoxydlösungen. 1. Mitt. **Säure–Base-Gleichgewichte.** C. A. Bunton und V. J. Shiner jun. (J. Amer. chem. Soc. **83.** 42—47. 5/1. 1961. Bloomington, Ind., Indiana Univ., Dep. of Chem.; London, Univ. Coll., William Ramsay and Ralph Forster Labor.) (Engl.)

Vff. zeigen in einer theoret. Analyse des vorliegenden experimentellen Materials (bes. spektroskop. Daten), daß der Lsgm.-Isotopeneffekt in D_2O, der sich in einer Erniedrigung der Dissoziations-Konst. schwacher Säuren äußert, hauptsächlich auf Änderungen der Nullpunktsenergie beruht; diese sind vorwiegend mit Änderungen der Stärke u. der Anzahl der Wasserstoffbindungen im Verlauf der Dissoziation verknüpft. Die Überlegungen führen zu einem einfachen quant. Verf. zur Abschätzung des Isotopeneffekts bei den Gleichgewichts-Konst. von Säure–Base-Gleichgewichten. A. BLASCHETTE. 228□

Diffusionsmessungen durch heterogenen Isotopenaustausch an $Ni(OH)_2$ und α-FeOOH. A. Wyttenbach. (Helv. chim. Acta **44.** 418—28. 15/3. 1961. Bern, Univ., Inst. für anorg., analyt. u. phys. Chem., Radiochem. Labor.) (Dt.)

Der Austausch von ^3H zwischen zwei damit markierten Hydroxyden, $Ni(OH)_2$ u. α-FeO(OH), u. fl. sowie gasförmigem W., ferner der Austausch von ^{63}Ni zwischen damit markierten $Ni(OH)_2$ u. einer $NiCl_2$-Lsg. werden untersucht. Die markierten Hydroxyde wurden unter Verw. von mit radioakt. ^3H markiertem W. (90 μC/ml) dargestellt. Für die Herst. des doppelt (mit ^{63}Ni u. ^3H) markierten $Ni(OH)_2$ wurde der zur Fällung verwendeten $NiCl_2$-Lsg. $^{63}NiCl_2$ (ca. 2 μC/ml) zugesetzt. Von allen Präpp. wurde die Teilchengrößenverteilung durch Ausmessen der elektronenmkr. Aufnahmen ermittelt. Außerdem wurde die Oberflächengröße nach der BET-Meth. mit N_2 als Adsorbat bestimmt. Die Messung des ^3H erfolgte mit einem Tri-Carb-Scintillationsspektrometer. Die ^{63}Ni enthaltende $NiCl_2$-Lsg. wurde in einem Zählschälchen als Kathode elektrolysiert u. in einem Gasdurchflußzählrohr gemessen. Für den Austausch zwischen markiertem Festkörper u. fl. W. im Temp.-Bereich von 25—95° wurden in zugeschmolzenen Glasampullen 50 bis 100 mg Hydroxyd mit 2 ml W. in einem Thermostaten gerollt. Die Aktivität des W. wurde zu verschiedenen Zeiten bestimmt. Zur Verfolgung des Ni-Austausches wurde statt W. eine 1 m $NiCl_2$-Lsg. verwendet. Für den Austausch zwischen Festkörper u. Wasserdampf im Temp.-Bereich zwischen 100—175° wurden 400 mg Hydroxyd in eine mit Wasserdampf gefüllte 22-Liter-Glaskugel gegeben. Zu bestimmten Zeiten wurden Wasserdampfproben über einen Ansatz an der Kugel entnommen. Diese wurden kondensiert u. auf ihre Aktivität untersucht. Bei der Auftragung des Austausches in % gegen die Quadratwurzel der Zeit ergeben sich Austauschkurven, deren Verlauf durch die Annahme zweier Vorgänge deutbar wird. Die erste, rasch ablaufende Aktivitätserhöhung ist einem Oberflächenaustausch zuzuschreiben; die folgende, langsamere einer Diffusion im Gitter der Festkörper. Das Ausmaß des Oberflächenaustausches ist für die verschiedenen Syst. unterschiedlich u. hängt von der spezif. Oberfläche des Festkörpers wie auch von dem Grad der Vollkommenheit der Kristalloberfläche ab. Es wird die Berechnungs-Meth. erläutert, nach der die Diffusions-Koeff. für ^3H u. ^{63}Ni in den Hydroxyden erhalten werden können. Die Temp.-Abhängigkeit der Diffusions-Koeff. wurde bestimmt zu: ^3H in $Ni(OH)_2$: $D = 1{,}9 \cdot 10^{-7} \exp(-23100/RT)$ cm²/s; ^3H in α-FeO(OH): $D = 1{,}9 \cdot 10^{-11} \exp(-16500/RT)$ cm²/s; ^{63}Ni in $Ni(OH)_2$: $D = 2{,}5 \cdot 10^{-13} \exp(-14100/RT)$ cm²/s. Es konnte gezeigt werden, daß der heterogene Isotopenaustausch ein brauchbares Mittel darstellt, um die sehr kleinen Diffusions-Koeff. von 10^{-17} bis 10^{-21} cm²/s zu messen, die zwischen Zimmer-Temp. u. 175° auftreten. W. HEIN. 225□

Über die Geschwindigkeit der Entfernung des gebundenen Wasserstoffs in geschmolzenem Carnallit beim Chlorierungsprozeß. Je. I. Ssawinkowa und Ja. Je. Wilnjanski. (Известия Высших Учебных Заведений, Химия и Химическая Технология [Hochschulnachr., Chem. chem. Technol.] **2.** 59—63. 1959. Ural, Polytechn. Inst., Lehrstuhl für die Technol. anorg. Stoffe.) (Russ.)

Bei der Entwässerung erleidet Carnallit (I) eine teilweise Hydrolyse, seine Schmelze enthält OH^--Ionen u. MgO. Durch Cl_2 überführt man MgO in $MgCl_2$, außerdem erfolgt eine Entfernung des gebundenen H aus der Schmelze. Die Geschw. der H-Verarmung in geschmolzenem I verläuft beim Einleiten von Cl_2 analog einer Rk. 2. Ordnung. Bei Verw. von unverd. Cl_2 ist die bestimmende Rk. des Prozesses: $2\,OH^- + Cl_2 = 2\,Cl^- + H_2O + {}^1/_2\,O_2$ (1.). Die nebenher verlaufenden Rkk. treten bei Anwendung stark mit Luft verd. Cl_2 hervor: $Mg^{2+} + OH^- + Cl^- = MgO + HCl$ (2); $Mg^{2+} + 2\,OH^- = MgO + H_2O$ (3). In Anwesenheit eines Red.-Mittels (Koks) beschleunigt sich die H-Entfernung noch durch den O_2-bindenden Vorgang: $C + O_2 = CO_2$ [O_2 aus Luft–Cl_2-Gemisch oder aus (1)]. Eine abs. Entfernung des gebundenen H wird nicht erreicht. S. ECKERT. 225□

Calciumnitridbildung und andere Anlaufreaktionen von Metallen. M. W. Roberts und F. C. Tompkins. (J. Chim. physique Physico-Chim. biol. **57.** 562—66. Juli/Aug. 1960. London, Imp. Coll.) (Franz.)

Die Kinetik einiger Rkk. zwischen Gasen u. Metallen wurde nach der Meth. des konst. Drucks untersucht, die es gestattet, ganz geringe Rk.-Geschw. zu messen. Es konnte gezeigt werden, daß die Rk. an akt. Zentren beginnt, deren Natur u. Zahl ermittelt wurde. Die Theorie von MOTT-CABRERA stimmt weitgehend mit den experimentellen Ergebnissen überein, doch wird eine Modifizierung vorgeschlagen. Danach ist für die Anzahl der gesätt. Stellen auf der Oberfläche das HENRY-Gesetz anwendbar. Die Größe F ist unabhängig von der Zahl der adsorbierten Ionen. Zwischen den gesätt. Stellen bestehen enge Röhren, deren Anzahl der adsorbierten Gasmenge proportional ist u. exponentiell von der Temp. abhängt. Die Beziehung $F = V/X$ ist dann gültig, wenn das Potential V von der Temp. unabhängig ist. K. ROSS. 225□

Mechanismus der Eisen–Schwefelwasserstoff-Reaktion bei erhöhten Temperaturen. Hans Arm, Paul Delahay, Charles Hudgins, Fritz Hügli, Lester Hulett und Mohsin Qureshi. (J. electrochem. Soc. **107.** 264—71. April 1960. Baton Rouge, La., Louisiana State Univ., Coates Chem. Labor.) (Engl.)

Die Rk. von spektroskop. reinem Fe mit H_2S, H_2S–H_2- u. H_2S–He-Mischungen wird zwischen 500 u. 760° u. 1 atm Gesamtdruck gravimetr. mit Hilfe einer Quarzspiralwaage verfolgt. Die Vers.-Ergebnisse werden auch in Fällen, in denen Fe bei 575° einem vorherigen S-Angriff ausgesetzt war, durch den folgenden Mechanismus beschrieben: Der bei der Rk. $Fe + 2\,H_2S$ gebildete H_2 bleibt größtenteils an FeS adsorbiert; dadurch werden die Rk.-Stellen für einen weiteren H_2S-Angriff beträchtlich blockiert. Aus der dann nahezu konst. Anzahl der Rk.-Stellen folgt ein lineares Zeitgesetz. Oberhalb 500° wird die Rk.-Geschw. nicht durch Diffusion bestimmt, da bei fortlaufender Rekristallisation in der FeS-Schicht eine grobkörnige, poröse Deckschicht entsteht; die Dicke der prim. entstehenden, dünnen Zone reicht nicht aus, eine Diffusionskontrolle auszulösen. Das Geschw.-Gesetz wird durch die H_2-Produktion, bestimmt durch den H_2S-Partialdruck, reguliert. Aus der Temp.-Abhängigkeit der Geschw.-Konst. folgt als Aktivierungsenergie 30 kcal/Mol. Werden Patronen aus Weichstahl innen mit $LiAlH_4$ beschickt u. einem S-Angriff bei 500° ausgesetzt, so wird die Rk.-Geschw. durch den diffundierenden H_2 beträchtlich herabgesetzt. Die Diffusions-Geschw. von H_2 durch die gebildete, kompakte FeS-Schicht ist geringer als durch Fe, so daß die Beladung der Schicht mit H_2 mit zunehmender Schichtdicke abnimmt. HERBERT MÜLLER. 225□

Polyamin-Metallkomplexe. 2. Mitt. Die Desaminierung der verschiedenen Metallkomplexe von Diaminen. János Nyilasi. (Magyar Kémiai Folyóirat [Ung. Z. Chem.] **66.** 313—19. Aug. 1960. Budapest, Eötvös Loránd Tud. Egyet. Vlt.-és Szervetlen Kémia Tanszék.) (Ung.) — 1. vgl. C. **1961.** 2240.

Vf. untersuchte die desaminierende Wrkg. von verschiedenen Metallionen (*Cr, Mn, Fe, Ni, Cu, Zn, Pd, Ag, Cd, Ce, Os, Pt, Au, Hg*) im alkal. Medium auf Diamine, wie *1.2-Diaminoäthan* (I), *-propan* (II), *1.3-Diaminopropan* (III), *1.4-Diaminobutan* (IV), *1.5-Diaminopentan* (V) u. *1.6-Diaminohexan* (VI), in Ggw. von Luftsauerstoff bzw. N_2. Es wurde festgestellt, daß eine oxydative Desaminierung nur in Ggw. von Co, Cu, Os u. Au stattfindet. NH_3-Entw. wurde in Ggw. von Co u. Cu nur bei Aminen mit kürzerer C-Kette (**I, II** u. **III**) festgestellt. Os u. Au üben auf sämtliche untersuchten Diamine, vornehmlich aber auf diejenigen mit längerer C-Kette (**IV, V** u. **VI**) eine katalyt. Wrkg. aus. Zur Deutung der experimentellen Beobachtungen nahm Vf. an, daß eine desaminierende Wrkg. nur Metalle besitzen, die in ihren Aminkomplexen zur notwendigen Veränderung ihres Oxydationszustandes fähig sind. G. HALMI. 225□

Die Umsetzung von Nitritopentamminkobalt(III)-chlorid mit Stickstoffwasserstoffsäure. F. Seel und R. Wölfle. (Z. anorg. allg. Chem. **308.** 305—13. März 1961. Stuttgart, TH, Labor. für anorg. Chem.) (Dt.)

Eine spezif. Nachw.-Rk. für Nitrito-Co(III)-Komplexe ist ihre Umsetzung mit N_3H in schwach saurer Lsg. zu den entsprechenden Aquokomplexen unter Entw. eines Gas-Gemisches aus gleichen Teilen N_2 u. N_2O. Durch Beobachtung des zeitlichen Ablaufs der Gas-Entw. am Beispiel des *Nitritopentamminkobalt(III)-chlorids* (I) konnte ermittelt werden, daß es sich um eine bimol. Rk. zwischen dem Komplexion u. N_3H handelt, die von der Isomerisierung zum stabilen Nitrokomplex begleitet wird. Die Isomerisierungs-Geschw. läßt sich aus Extinktionsmessungen bei 436 mμ ermitteln. Unter Mitberücksichtigung der monomol. Isomerisierungs-Rk. lautet das Geschw.-Gesetz der Umsetzung des I mit N_3H $-dc_{Komplex}/dt = (k_1 \cdot c_{N_3H} + k_2)c_{Komplex}$ mit $k_1^{20°}$ $195 \cdot 10^{-3}$ (Liter/Mol·min); $k_1^{25°}$ $332 \cdot 10^{-3}$; $k_1^{30°}$ $532 \cdot 10^{-3}$ u. $k_2^{20°}$ $2,1 \cdot 10^{-3}$ (min^{-1}), $k_2^{25°}$ $4,0 \cdot 10^{-3}$ u. $k_2^{30°}$ $7,5 \cdot 10^{-3}$. Aus $\log k_1 = 12,30 - 3810/T$ ergibt sich für die ARRHENIUSsche Aktivierungsenergie 17,7 kcal/Mol. Für die Isomerisierungs-Rk. ist die Aktivierungsenergie 22,4 kcal/Mol.

PETER SCHARNER. 225 □

Oxydation und Reduktion durch atomaren Wasserstoff in wässerigen Lösungen. Gabriel Stein. (Discuss. Faraday Soc. Nr. **29.** 235—39. 1960. Jerusalem, Hebrew Univ., Dep. of Phys. Chem.) (Engl.)

Vf. untersuchte die oxydierende Wrkg. von H-Atomen, die durch eine elektrodenlose Hochfrequenzentladung gebildet wurden, auf wss. Lsgg. von J^- u. Fe^{2+}. In beiden Fällen hängen die Anfangsausbeuten vom pH-Wert der Lsg. ab. Die Annahme, daß solvatisierte H_2^+-Ionen die tatsächlich oxydierenden Agentien sind, wird durch die Ergebnisse bestätigt. Für die pH-Abhängigkeit ist jedoch weitgehend die prim. photochem. Bldg. der H-Atome verantwortlich. Vf. schätzt die Hydratationsenergie für $H^+_{2,aq}$ zu ca. 204 kcal/Mol ab und gibt versuchsweise den $S_{H_2^+}$-Wert zu 210±kcal/Mol an. Weiterhin wurde der k-Wert der Rk. $H + [Fe(CN)_6]^{3-} \rightarrow [Fe(CN)_6]^{4-} + H^+$ zu ca. 10^6 (Liter/Mol·s) abgeschätzt. Oberhalb pH ca. 1 war die Bldg.-Geschw. von $H^+_{2,aq}$ zu gering, um mit vorst. Rk. konkurrieren zu können; daher herrscht die Red.-Rk. vor. Eine ähnliche Geschw.-Konst. wurde für die Rk. von *Ferricytochrom-c* bei pH ca. 7 erhalten. Es scheint daher, daß in jedem Syst. die Beziehung zwischen Oxydation u. Red. durch den pH-Wert bestimmt wird, wobei die Oxydation durch H-Atome in saurer Lsg. begünstigt sind. Für diese Rkk. werden zwei verschiedene Wege angenommen: 1. die Rk. von H-Atomen mit $H^+_{2,aq}$ unter Bldg. von $H^+_{2,aq}$ („H_2^+-Mechanismus"); der k-Wert dieser Rk. beträgt 10^2. Das durch diese relativ langsame Rk. gebildete $H^+_{2,aq}$ oxydiert geeignete Acceptoren, wie J^-. Diese Rk. tritt auch in rein wss. Lsgg. auf, ihre geringe Geschw. ist für das Fehlen eines Isotopeneffekts verantwortlich (vgl. FRIEDMAN u. ZELTMAN, C. **1959.** 4725). 2. In Ggw. anderer Acceptoren, wie Metallkationen, bilden sich aus H u. den Kationen direkt Zwischenkomplexe in schnellerer Rk.; für die Rk. mit Fe^{2+} ergibt sich k zu $6 \cdot 10^4$. Sofern dieser Hydridmechanismus auftritt, spielt der langsamere H_2^+-Mechanismus keine kinet. Rolle. Vf. vergleicht krit. die Ergebnisse mit den Befunden strahlungs-, photo- u. elektrochem. Unters.-Ergebnisse der Literatur. B. GNAUCK. 225 □

Gegenwärtige Perspektiven der industriellen Verwendung der Strahlenchemie. A. Chapiro. (Energie nucléaire **2.** 225—30. Juli/Aug. 1960. Centre Nat. de la Rech. scient., Labor. de Chim. des Radiat.) (Franz.)

Vortrag. Behandelt werden u. a. chem., meist organ. Synth., Änderung, z. B. Vernetzung, von Makro-Moll. u. Änderung von Katalysatoren. M. WIEDEMANN. 226 □

Neue Ion-Molekül-Reaktionen und ihre Bedeutung für die Strahlenchemie. A. Henglein und G. A. Muccini. (Z. Elektrochem., Ber. Bunsenges. physik. Chem. **64.** 1015. Nov. 1960. Pittsburgh, Pa., Mellon Inst., Radiation Res. Labor.) (Dt.) — Vgl. C. **1960.** 12942.

Die Analyse des Massenspektrums einer Jod-Methan-Mischung (1 : 1), der Ionisationsausbeutekurven u. Auftrittspotentiale zeigt, daß Ionen CH_nJ^+ (n = 0—4) über Rkk. der Art $CH^+_n + J_2 \rightarrow CH_nJ^+ + J$ u. $CH^+_{n+1} + J_2 \rightarrow CH_nJ^+ + HJ$ auftreten. Eine Sonderstellung nimmt das Ion CH_4J^+ ein, das wahrscheinlich über $J_2^{+(*)} + CH_4 \rightarrow CH_4J^+ + J$ entsteht. Weitere Rkk. des $J_2^{+(*)}$ werden diskutiert. In Mischungen von J_2 mit Ar u. Kr werden die Ionen ArJ^+ u. KrJ^+ beobachtet. J_2 erscheint auf Grund der Verss. als guter Ionenfänger. W. HABERDITZL. 226 □

Die Energieausbeute bei der Zersetzung von Stickstoffoxyden unter der Einwirkung ionisierender Strahlen. M. T. Dmitrijew, L. W. Ssaradshew und M. A. Miniowitsch. (Журнал Прикладной Химии [J. angew. Chem.] **33.** 808—14. April 1960.) (Russ.)

Bei der Unters. der Abhängigkeit der Energieausbeute bei der Zers. von N_2O, NO u. NO_2 unter der Einw. ionisierender Strahlungen vom Druck (von 0—1,5 at), von der Temp. (von 0—400°) u. von der Intensität der Bestrahlung (bis 10^{17} eV/cm³·s) wurde festgestellt, daß die Stabilität von NO, N_2O u. NO_2 gegen ionisierende Strahlen entgegengesetzt der Stabilität gegen hohe Temp. ist. Bei der Bestrahlung von N_2–O_2-Gemischen hängt die stationäre Konz. von NO_2 von der Bestrahlungsintensität ab u. beträgt ca. 15% bei großer Intensität. Alle Oxyde —N_2O, NO u. NO_2 — können als Gasdosimeter für ionisierende Strahlen verwendet werden. Wenn die Temp. des bestrahlten Syst. nicht konst. ist, ist NO das geeignetste Dosimeter. H. TREUMANN. 226□

Gasphasenreaktionen von Rückstoß-Kohlenstoff-14 in wasserfreiem Ammoniak. John Y. Yang und Alfred P. Wolf. (J. Amer. chem. Soc. **82.** 4488—92. 5/9. 1960. Upton, Long Island, N.Y., Brookhaven Nat. Labor., Chem. Dep.) (Engl.)

Vff. bestrahlen gasförmiges NH_3 (5 Tage), fl. NH_3 (2—3 Tage) u. CH_3NH_2 (3 Tage) mit therm. Neutronen (Fluß: $1 \cdot 10^{13}$ cm^{-2} s^{-1}) bei 30° u. einer γ-Dosis von $2 \cdot 10^6$ r/h. Es wird bei der Bestrahlung von NH_3 allein u. in Ggw. von Xe u. Ne fast ausschließlich $^{14}CH_4$ neben wenig $^{14}CH_3NH_2$ gebildet. Bei Zusatz von O_2 zu NH_3 entstehen auch geringe Mengen von $^{14}CO_2$. Zusatz von CH_4 führt zur Bldg. einer größeren Menge von $^{14}C_2H_6$ u. Polymeren. Bei der Bestrahlung von CH_3NH_2 wird weniger $^{14}CH_4$, jedoch $^{14}C_2H_6$ u. Polymere u. CH_3CN erhalten. Die Trennung der Rk.-Prodd. erfolgt nach Zusatz inakt. Trägermaterials gaschromatographisch. Mögliche Rk.-Mechanismen werden diskutiert. W. SCHWEERS. 226□

Blitzlichtphotolyse von Eisen(II)-sulfatlösungen. J. H. Baxendale und A. L. Mansell. (Nature [London] **190.** 622—23. 13/5. 1961. Manchester, Univ., Dep. of Chem.) (Engl.)

Vff. untersuchen die Oxydation von belüfteten $FeSO_4$-Lsgg. (10^{-4} bis $5 \cdot 10^{-3}$m in 0,01n H_2SO_4) bei der Blitzlichtphotolyse mit einer Quarzentladungsröhre (4 μF, 15 kV). Durch Messung der Absorption bei 3130 Å wird die Bldg. von ca. 5 μmol Fe(III) bei jeder Bestrahlung festgestellt. Die effektive Wellenlänge der Entladung muß unter 2000 Å liegen, da die Lsgg. oberhalb dieser Wellenlänge nicht merklich absorbieren. Unter NO-Atmosphäre findet keine Oxydation statt. Die Oxydation, die nicht durch direkte Absorption durch das Fe(II) erfolgt, ist im Konz.-Bereich von 10^{-4} bis 10^{-3}m nahezu unabhängig von der Konz., ist aber bei höheren Konzz. von größerem Ausmaß, bei niedrigeren von geringerem Ausmaß. Weiterhin erfolgt sie in einem Zeitraum, der über die Dauer der Entladung hinausgeht. Die Rk. wird oscillograph. verfolgt. Bei niedrigeren Konzz. sind 3 getrennte Rk.-Stufen festzustellen: Schnelle anfängliche Absorption (1), danach eine langsamere (2), auf die eine Stufe von einigen Sek. Dauer folgt. Alle Stufen scheinen 1. Ordnung in bezug auf die Teilchen, die Fe(II) oxydieren, zu sein. Die 3. Stufe ist ebenfalls 1. Ordnung hinsichtlich der Fe(II)-Konz., sie hat eine Geschw.-Konst. 2. Ordnung von 60 ± 2 (m^{-1} Liter·s^{-1}), die 2. Stufe entspricht einer solchen von $6 \cdot 10^4$. Die 1. Stufe ist wahrscheinlich nullter Ordnung bzgl. der Fe(II)-Konzentration. Vff. nehmen an, daß neben OH u. HO_2 noch andere Zwischenprodd., die wahrscheinlich auf Grund der Absorption durch O_2 entstehen, eine Rolle spielen. P. FRENZEL. 226□

Über die Bildung von elementarem Phosphor bei der Einwirkung von Wasserstoff und Dämpfen organischer Substanzen auf den Phosphorsäurekatalysator auf aktiver Kohle. A. A. Balandin, M. B. Turowa-Poljak, G. I. Lewi und L. A. Cheifitz. (Известия Академии Наук СССР, Отделение Химических Наук [Nachr. Akad. Wiss. UdSSR, Abt. chem. Wiss.] **1959.** 1499. Aug. Moskau, Lomonossow-Univ.; Zelinsky-Inst. für org. Chem. der Akad. der Wiss. der UdSSR.) (Russ.)

In Ggw. von H_2 oder organ. Stoffen wird H_3PO_4 auf akt. Kohle von 400° an, in Ggw. von N_2 von $>550°$ an zu elementarem, zunächst weißem P red., was mit der Aktivität der oberflächlichen C-Atome u. des an der Kohle adsorbierten H_2 erklärt wird. R. K. MÜLLER. 227□

Eine anomale katalytische Aktivität von reduziertem Silber. Kozo Hirota und Yasushi Kobayashi. (Bull. chem. Soc. Japan **29.** 996—98. Dez. 1956. Osaka City, Univ. Nakanoshima, Fac. of Sci., Dep. of Chem.) (Engl.)

Das Verh. des am Ag-Katalysator adsorbierten Sauerstoffs wurde in Abhängigkeit von der Red.-Weise des Ag-Katalysators durch Messung der Austausch-Rk. zwischen $O_{adsorbiert}$ u. CO_2 sowie der Rk. $O_{adsorbiert} + CO \rightarrow CO_2$ mit Hilfe von ^{18}O untersucht. Aus dem unterschiedlichen katalyt. Verh. des red. Ag gegenüber CO_2, CO u. O_2 schließen Vff., daß das Ag eine besondere Art „Restsauerstoff" fest zurückhält, nachdem es in Kontakt mit O_2 gekommen ist, auch bei Temp. oberhalb des Temp.-Bereichs, in dem die Dissoziation des Ag_2O beginnt. M. SCHENK. 227□

Über die Beziehung zwischen der Aktivität eines Plateforming-Katalysators und einigen physikalischen Eigenschaften. I. V. Nicolescu, Al. Popescu, C. Fordea, A. Papia und I. Bally. (J. Chim. physique Physico-Chim. biol. **57.** 409—15. Mai 1960. Bucarest, Acad. de la R.P.R., Sect. des reactions catalyt.) (Franz.)

Durch röntgenograph. Unterss. u. Messungen der elektr. Leitfähigkeit u. der Aktivierungsenergie der elektr. Leitfähigkeit des Katalysators Pt–Al_2O_3 (1% Pt) stellen sich Beziehungen heraus zwischen der reellen Aktivität des Katalysators u. 1. dem Dispersionsgrad des Pt im Katalysator in bezug auf die Temp.; 2. der Änderung der spezif. elektr. Leitfähigkeit mit der Temp. u. 3. dem Wert der Aktivierungsenergie der Leitfähigkeit.
H. SCHIBILLA. 227□

A_8. Präparative anorganische Chemie. Komplexverbindungen. Metallorganische Verbindungen

Neuere Untersuchungen über ternäre Metallfluoride. W. Klemm und R. Hoppe. (Bull. Soc. chim. France **1961.** 15—18. Jan.) (Dt.) — Vgl. C. **1957.** 13591.

Übersicht über die seit 1955 von KLEMM u. Mitarbeitern (Münster/Westf.) auf dem Gebiet der tern. Metallfluoride erzielten Ergebnisse, unter besonderer Berücksichtigung präparativer u. kristallchem. Fragen. — 28 Literaturangaben. A. BLASCHETTE. 246□

Gefärbte Schwefelabscheidungen bei tiefen Temperaturen. B. Meyer und E. Schumacher. (Nature [London] **186.** 801—03. 4/6. 1960. Zürich, Univ., Inst. for Inorg. Chem.) (Engl.) — Vgl. C. **1960.** 17380.

Gefärbte S-Abscheidungen werden in einer geeigneten Verdampfungs-App. nur beobachtet, wenn die Temp. des Raumes über der des fl. S $>250^0$, die Kondens.-Temp. $< -100^0$ u. der Druck im Targetraum so klein ist, daß der Mol.-Transport nahezu stoßfrei erfolgt. Die gefärbten Abscheidungen weisen bei 14,95 μ eine starke opt. Absorptionsbande auf. Bei -190^0 ändert die Bande ihre Intensität nicht, jedoch wird diese mit steigender Schichtdicke größer. Bei -104^0 fällt die Intensität mit der Halbwertszeit $t_{1/2} = 57{,}7$ h, bei -78^0 mit $t_{1/2} = 18$ min ab. Bei erneuter Abkühlung tritt die Absorption nicht wieder auf. Zwischen der Farbe u. der IR-Absorption besteht kein Zusammenhang. Auch bei Unterss. der paramagnet. Resonanzabsorption (9500 MHz) werden keine Absorptionsbanden beobachtet. Lediglich der elektr. Widerstand der gefärbten Abscheidungen ($2 \cdot 10^6$ $\Omega \cdot$cm) ist beträchtlich größer als der von normalem S (10^{18} $\Omega \cdot$cm). Als Abscheidungsmechanismus ist anzunehmen, daß die im Mol.-Strahl vorhandenen S_2-Moll. mit einer kinet. Energie auf das Target treffen, die ausreicht, die Moll. auszurichten. Sie kombinieren dann u. bilden nichtorientierte S-Ketten verschiedener Länge, bevor sie die Target-Temp. erreichen. Die Ketten stellen eine Matrix für den Einfang von S_2 dar, dessen Konz. von den Abscheidungsparametern abhängt. Die Farbe ist auf den Aggregationszustand des S zurückzuführen, d. h. auf die selektive Streuung an Polymerbündeln von nahezu gleichem Durchmesser. HERBERT MÜLLER. 253□

Die Chemie von Kohlenstoff–Sauerstoff-Oberflächenverbindungen. R. Nelson Smith. (Quart. Rev. (chem. Soc., London) **13.** 287—305. 1959. Claremont, Calif., Pomona Coll.) (Engl.)

Übersicht über Bldg., Zers., Struktur, thermodynam. u. elektr. Eigg. sowie die katalyt. Aktivität von C—O-Komplexen (**A**), die Adsorption von Elektrolyten u. Nichtelektrolyten an der Oberfläche von **A**, selektive Oxydations-Rkk. sowie die Benutzung von **A** als Füllmittel für Gummi u. als Pigment. — 30 Literaturangaben (bis 1959).
P. GOLINSKE. 260□

Ausgangszustände der Oxydation von Kohle. S. K. Chakrabartty, B. K. Mazumdar und A. Lahiri. (Nature [London] **187.** 502—03. 6/8. 1960. Jealgora, Bihar, India, Central Fuel Res. Inst.) (Engl.)

Die Veränderung von Kohle bei 170^0 in Abhängigkeit von der Einw.-Zeit von O_2/Luft-Gemisch einerseits u. S andererseits wird analysiert. Der erste u. wichtigste Teilschritt der Oxydation ist die Dehydrierung ohne grundlegende Änderung der Kohlenstoffstruktur. Während der Behandlung mit S tritt prakt. keine Abnahme an Kohlenstoff ein. Die Dehydrierung durch Luft führt zu 4—5% Verlust an C. Eine Verdopplung der Dehydrierungs-Geschw. tritt etwa pro 10^0 Temp.-Steigerung auf. G. PANKOW. 260□

Phosphor–Stickstoff-Verbindungen. 1. Mitt. **Alkylamino- und Dialkylaminoderivate des Cyclotriphosphazatriens.** S. K. Ray und R. A. Shaw. (J. chem. Soc. [London] **1961.** 872—78. März. London, Univ. of London, Birkbeck Coll.) (Engl.)

Vff. untersuchen die Rk. des Hexachlorcyclotriphosphazatriens (I) mit unverzweigten Alkylaminen (Methyl bis n-Butyl), mit verzweigten Alkylaminen (Isopropyl, Isobutyl, sek.-Butyl u. tert.-Butyl) u. mit sek. Aminen NHR_2 (R = Methyl, Äthyl, n-Propyl, n-, Iso- u. sek.-Butyl, Cyclohexyl u. Piperidyl). Der Umsatz von **I** mit nichtverzweigten Alkylaminen führt in Ae. nahe bei Raum-Temp. zu hexasubstituierten Verbb., während mit verzweigten Alkylaminen bei gleichen Bedingungen nur tetrasubstituierte Derivv. entstehen u. sd. Bzl. notwendig ist, um eine vollständige

Substitution des Cl zu erreichen. Bei Umsetzung von I mit tert.-Butylamin u. noch langkettigeren Alkylaminen erfolgt über das tetrasubstituierte Prod. hinaus keine Rk. mehr. Völlige Substitution durch $(CH_3)_2NH$ u. Piperidin wird erst bei 60—80° erreicht. Vff. stellen mono-, di-, tri-, tetra- u. hexasubstituierte Derivv. her. Es gelang jedoch nicht, ein pentasubstituiertes Deriv. darzustellen, was Vff. auf experimentelle Schwierigkeiten u./oder auf den dirigierenden Effekt zurückführen. Da nur 2 Isomere isoliert wurden u. scheinbar in allen übrigen Fällen nur jeweils das eine Isomere gebildet wird, nehmen Vff. einen dirigierenden Effekt an, der ster. u./oder polaren Ursprungs ist u. diskutieren die sich daraus ableitenden Rkk. ausführlich. So reagiert das Tetra-tert.-butylamin-Deriv., das sich gegen tert.-Butylamin resistent zeigt, leicht mit CH_3NH_2 weiter zu einem hexasubstituierten Produkt.

Versuche: Darst. aminosubstituierter *Cyclotriphosphazatriene* mit folgenden Aminogruppen: *Hexamethylamino-*, $C_6H_{24}N_9P_3$, F. 258° ($CHCl_3$/PAe.) durch Zugabe von überschüssigem CH_3NH_2 zu 5,0 g I in 150 ml Ae. bei —78°, Filtrieren, Extraktion des Rückstandes mit $CHCl_3$, Ausfällung mit PAe.; 65%. — *Hexaäthylamino-*, $C_{12}H_{36}N_9P_3$, F. 118—119°, durch Zugabe von überschüssigem $C_2H_5NH_3$ zu 5,0 g I in 50 ml Bzl., 12std. Stehenlassen, Filtrieren, Abziehen, Waschen des Rückstandes mit Säure, Base u. H_2O, Trocknen, Extraktion mit PAe., Ausfällen durch Kühlen; 43%. — Analog vorst. Verb. werden folgende Derivv. hergestellt (Rk.-Bedingungen in Klammern): *2.4.6.6-Tetrakis-[n-propylamino]-*, $C_{12}H_{32}Cl_2N_7P_3$, F. 93° [aus PAe. mit Kp. 40—60° (II)]; (Ae., Raum-Temp.); 9%. — *Hexakis-[n-propylamino]-*, $C_{18}H_{48}N_9P_3$, F. 59° aus Essigsäureäthylester; (3 Std. in sd. Ae.); 17%. — *2.4.6.6-Tetrakis-[isopropylamino]-*, $C_{12}H_{32}$·$Cl_2N_7P_3$, F. 126° [aus PAe. mit Kp. 60—80° (III)]; (Ae., Raum-Temp.); 96%. — *Hexakis-[isopropylamino]-*, $C_{18}H_{48}N_9P_3$, F. 81° (aus II); (in Bzl. bei 120°, 16 Std. im Autoklaven); 34%. — *Hexakis-[n-butylamino]-*, $C_{24}H_{60}N_9P_3$, F. 48° (aus II; in Ae. bei Raum-Temp.); 23%. — *Hexakis-[isobutylamino]-*, $C_{24}H_{60}N_9P_3$, F. 59° (aus II); (in Bzl. bei 120°, 12 Std. im Autoklaven); 77%. — *2.4.6.6-Tetrakis-[sek.-butylamino]-*, $C_{16}H_{40}Cl_2N_7P_3$, F. 171° (aus III); (Ae., Raum-Temp.); 14%. — *2.4.6.6-Tetrakis-[tert.-butylamino]-*, $C_{16}H_{40}Cl_2N_7P_3$, F. 155,5° (aus III); (Ae., Raum-Temp. oder 12 Std. in Bzl. bei 140); 95%. — *Hexakis-[cyclohexylamino]-*, $C_{36}H_{72}N_9P_3$, F. 165° (aus III); (in sd. Bzl. 1 Std.); 17%. — *Hexakis-[diäthylamino]-*, $C_{24}H_{60}N_9P_3$, F. 205° (aus wss. CH_3OH); (Bzl. bei 150°, 24 Std. im Autoklaven); 62,5%. — *4.6-Bis-[diisobutylamino]-*, $C_{16}H_{36}Cl_4N_5P_3$, F. 73° (aus III); (sd. Ae., 24 Std.); 8%. — *4.6-Bis-[dicyclohexylamino]-*, $C_{24}H_{44}Cl_4N_5P_3$, F. 200° (aus III); (sd. Bzl., 150 Std.); 2%. — *2.4.6-Tris-[di-n-butylamino]-*, $C_{24}H_{54}Cl_3N_6P_3$, Kp.$_{0,01}$ 170° (Bzl. bei 140°, 48 Std. im Autoklaven); 42%. — *Tetrakis-[p-toluidino]-*, $C_{28}H_{32}Cl_2N_7P_3$, F. 174° (aus Ae.); (1 Std. in sd. Bzl. mit 8 Äquivalenten p-Toluidin); 13,5%. — *Hexakis-[p-toluidino]-*, $C_{42}H_{48}N_9P_3$, F. 243° (aus III); (1 Std. in sd. Bzl.); 64%. — *Hexakis-[dimethylamino]-*, $C_{12}H_{36}N_9P_3$, F. 104° (aus III); (in Bzl. bei 90°, 3 Std. im Autoklaven); 91%. — *Hexakis-[piperidino]-*, F. 260° (aus A.); (12 Std. in sd. Bzl.); 19%. — *2.4-Bis-[methylamino]-2.4.6.6-tetrakis-[tert.-butylamino]-*, $C_{18}H_{48}N_9P_3$, F. 199° (aus II), durch Zugabe von überschüssigem CH_3NH_2 zu 2 g 2.4-Dichlor-2.4.6.6-tetrakis-[tert.-butylamino]-triphosphazatrien in 30 ml Ae., Stehenlassen über Nacht, 1 Std. Kochen am Rückfluß, Abziehen des Filtrats; 16%. — *Pentachlordimethylamino-* (IV), $C_2H_6Cl_5N_4P_3$, F. 12—14°, Kp.$_{0,01}$ 70—72°, u. *2.2.4.6-Tetrachlor-4.6-bis-[dimethylamino]-* (V), C_4H_{12}·$Cl_4N_5P_3$, F. 103°, durch Zugabe von 2,54 g $(CH_3)_2NH$ zu 10 g I in 100 ml Ae. unter Eis/NaCl-Kühlung, Abziehen des Filtrats, Aufnehmen des Rückstandes mit III, Abfiltrieren von nichtumgesetztem I, Chromatographieren mit PAe. auf Silicagel (45 g, 3½ Std. bei 400° erhitzt); 1. Fraktion ergab I, 2. Fraktion IV (20%) u. 3. Fraktion V; 12%; V auch durch Zugabe von 30%ig. wss. $(CH_3)_2NH$ zu I in Ae.; 23%. — *2.4.6-Trichlor-2.4.6-tris-[dimethylamino]-*, $C_6H_{18}Cl_3N_6P_3$, F. 104,5—105,5° (aus PAe.), durch Zugabe von 3,7 g $(CH_3)_2NH$ zu 5 g I in 50 ml Ae. bei —78°, 18 Std. Stehenlassen, Filtrieren; 58,5%. — *2.4-Dichlor-2.4.6.6-tetrakis-[dimethylamino]-*, $C_8H_{24}Cl_2N_7P_3$, F. 103,5 bis 104° (aus PAe.), a) durch Zugabe von überschüssigem $(CH_3)_2NH$ zu 10 g I in 100 ml Ae. bei 0°, bis sich kein $(CH_3)_2NH \cdot HCl$ mehr bildet, Abziehen des Filtrats; 79%; b) durch Zugabe von 5,2 g $(CH_3)_2NH$ zu 5 g I in Ae. bei —78°, 36std. Stehenlassen bei Raum-Temp., Einengen des Filtrats; 45,5%. — *Pentachlordiäthylamino-* (VI), $C_4H_{10}Cl_5N_4P_3$, Kp.$_{0,01}$ 81—83°, durch Zugabe von 3,0 g $(C_2H_5)_2NH$ zu 10 g I in Ae., 18std. Stehenlassen, Chromatographieren des Filtrats mit PAe. auf Silicagel (45 g, 3 Std. bei 400° erhitzt); 1. Fraktion: Ausgangs-Prod., 2. Fraktion: VI; n_D^{22} 1,5310; 14%. — *2.2.4.6-Tetrachlor-4.6-bis-[diäthylamino]-*, $C_8H_{20}Cl_4N_5P_3$, F. 134° (PAe.), durch 3std. Kochen von 6,5 g $(C_2H_5)_2NH$ u. 5 g I in 50 ml Bzl., 30std. Aufbewahren des orangefarbenen öligen Filtrats bei —78°; 7%. — *2.4.6-Trichlor-2.4.6-tris-[diäthylamino]-*, $C_{12}H_{30}Cl_3N_6P_3$, Kp.$_2$ 102°, a) durch 18std. Kochen von 13,0 g $(C_2H_5)_2NH$ u. 5 g I in 50 ml Bzl., Abziehen des Filtrats, Chromatographieren des orangefarbenen Öls mit PAe. auf Silicagel (45 g, 3½ Std.

lang bei 350° erhitzt); n_D^{20} 1,5100; nach 1½ Jahren noch keine Verfestigung; 30%; b) F. 162° (PAe.), durch 5std. Kochen von 8,8 g $(C_2H_5)_2NH$ u. 3,5 g I in 50 ml Toluol, Abziehen des Filtrats; 12%. — *2.4-Dichlor-2.4.6.6-tetrakis-[diäthylamino]-*, $C_{16}H_{40}Cl_2 \cdot N_7P_3$, $Kp._{0,02}$ 125°, durch 16std. Kochen im Autoklaven von 8,5 g $(C_2H_5)_2NH$ u. 5 g I in 25 ml Bzl., Abfiltrieren, Chromatographieren des orangefarbenen Öls mit PAe. auf Silicagel (45 g, 3 Std. lang bei 450° erhitzt); n_D^{22} 1,5103; 31%. A. NEBELUNG. 264□

Untersuchung von Nebenreaktionen bei der Reduktion von Natriumsulfat. Ján Hojnoš. (Chem. Zvesti **13.** 572—80. Okt. 1959. Bratislava, Výskumný ustav priemyslu celulózy.) (Slowak.)

Vf. stellte unter idealen Rk.-Bedingungen die Gleichgewichtszustände u. die Ausbeute für die Neben-Rkk., die bei der Red. von Na_2SO_4 durch C verlaufen, fest. Durch Vgl. der theoret. Berechnungen, die er aus den thermodynam. Daten gewonnen hat, mit den aus der Praxis erhaltenen Daten bestimmte Vf. die Größe des Einfl. kinet. Faktoren, welche zu einer minimalen Ausbeute an Prodd. der Neben-Rk. $Na_2S + CO_2 + H_2O = Na_2CO_3 + H_2S$ führten. Bei der Erzeugung von Na_2S durch Red. von Na_2SO_4 durch C genügt es, eine minimale Rk.-Temp. um 950° einzuhalten, um die Möglichkeit der Bldg. unerwünschten Na_2CO_3 auszuschließen. Bei der Red. in der Sulfatregenerier-Vorr. empfiehlt Vf. eine Temp. um 850°. B. BLANKA. 274□

Über Aluminiumoxydcarbide. N. Je. Filonenko, I. W. Lawrow und Ss. W. Andrejewa. (Доклады Академии Наук СССР [Ber. Akad. Wiss. UdSSR] **124.** 155—58. 1/1. 1959. Allunions Wiss. Forsch.-Inst. der Schleifmittel u. des Schleifens.) (Russ.)

Es wurden folgende Rkk. untersucht: $3\,Al_2O_3 + C \rightarrow 2\,Al_3O_4 + CO$, $2\,Al_2O_3 + 3\,C \rightarrow Al_4O_4C + 2\,CO$ u. $Al_2O_3 + 3\,C \rightarrow Al_2OC + 2\,CO$. Als Rohstoffe wurden feinkörnige Tonerde u. Erdölkoks verwendet, die zu Formlingen gepreßt u. Temp. zwischen 1500 u. 1900° ausgesetzt wurden. Bei den Verss. wurde der Gewichtsverlust der Formlinge in Abhängigkeit von der Temp. untersucht. Die Formlinge wurden nach den Verss. analysiert u. mkr. untersucht. Bei Temp. >1615° wird in den Proben Spinell gefunden. Bei höheren Temp. entstehen Al_4O_4C u. Al_2OC. Al_4O_4C u. Al_2OC bilden sich demnach nicht nur in der fl. Phase durch Kristallisation im Syst., Al_2O_3–Al_4C_3, sondern auch in der festen Phase aus Al_2O_3 u. C bei 1700—1850°. J. SCHNEIDER. 294

Das System SrO–Al_2O_3. Franco Massazza. (Chim. e Ind. [Milano] **41.** 108—15. Febr. 1959. Cagliari, Univ., Ist. di Chim. appl.) (Ital.)

Das Syst. SrO–Al_2O_3 wurde einer neuen, mkr. u. röntgenograph. Prüfung unterzogen u. das Bestehen der Verbb. *3 SrO·Al_2O_3*, *SrO·Al_2O_3*, *SrO·2 Al_2O_3* u. *SrO·6 Al_2O_3* bestätigt. Darüber hinaus konnte das Vorhandensein einer neuen Verb. *4 SrO·Al_2O_3* nachgewiesen werden. Diese Verb. existiert in 2 allotropen Modifikationen: der α-Form mit einer Beständigkeit zwischen 1690 u. 1320° u. der β-Form mit einer Beständigkeit zwischen 1320 u. 1125°. β-4 SrO·Al_2O_3 löst beträchtliche Mengen Al_2O_3; der Stabilitätsbereich nimmt dabei zu. 4 SrO·Al_2O_3 u. SrO·6 Al_2O_3 schmelzen inkongruent.

HEINZ HESS. 294□

Untersuchungen über die Hydrolyse von Natriumaluminatlösungen. 17. Mitt. **Einfluß der Zugabe einiger Kohlenhydrate auf die durch Zersetzung von Na-Aluminatlösungen nach Animpfen gefällten Teilchen.** Taichi Sato. (J. appl. Chem. **9.** 50—58. Jan. 1959. Tokyo, Government Chem. Ind. Res. Inst.) (Engl.) — 16. vgl. Bull. chem. Soc. Japan **30.** [1957.] 477; 15. vgl. C. **1960.** 411; 18. vgl. C. **1961.** 13838.

Durch Lösen von 99,85% Al in 140 g NaOH/Liter wird eine *Na-Aluminat* Lsg. hergestellt. Die Lsg. wird bei konst. Temp. mit Hydrargillit angeimpft. Die gefällten Teilchen werden abfiltriert u. gründlich gewaschen u. anschließend auf ihre Sedimentations-Eigg. untersucht, u. zwar in Abwesenheit u. Ggw. von Kohlenhydraten. Bei Zusatz von Glucose u. Saccharose erfolgt freie Sedimentation, das Absitz-Vol. ist klein; Stärke dagegen bewirkt aggregierte Sedimentation u. das sich bildende Sediment-Vol. ist groß. Zur Erklärung der Vers.-Ergebnisse nimmt Vf. an, daß sich Glucose u. Saccharose mit Al^{3+} oder $Al(OH)_3$-Moll. verbinden, während Stärke an Hydrargillitteilchen chemisorbiert wird. L. SCHULER. 294□

Untersuchungen über synthetischen Glimmer. 37. Mitt. **Halbtechnische Versuche zur Herstellung synthetischer Glimmerkristalle.** Tōkichi Noda, Isao Tate, Masanori Horiguchi, Yoshihiro Ishida, Kineo Inagaki, Shinsaku Kanatsu und Etsurō Kato. (J. chem. Soc. Japan, ind. Chem. Sect. [Kōgyō Kagaku Zassi] **59.** 352—55. März 1956. Nagoya Univ., Kōgakubu Ōyōkagaku-Kyōshitsu.) (Jap.)

In einem elektr. Ofen mit Graphittiegel werden Mischungen der Zus. 43—43,3 (%) SiO_2, 10,58—12,10 Al_2O_3, 17,75—18,04 MgO, 16,59—17,10 MgF_2 u. 11,25—12,50 K_2O bei ca. 1470° zusammengeschmolzen u. mit verschiedenen Geschw. sehr langsam abgekühlt. Die größten Glimmerkristalle von 2×2 cm werden bei einer Abkühlungs-Geschw. von 2—3°/h erhalten, solche von 1×1 cm bei 7—8°/h. L. SCHULER. 294□

Über die Komplexchemie der dreiwertigen Ionen der Seltenen Erden. 5. Mitt. **Die Yttrium–Acetat- und -Glykolat-Systeme.** Artur Sonesson. (Acta chem. scand. **14.** 1495—98. 1960.) (Engl.) — **4.** vgl. C. **1961.** 14212.

Die Komplex-Bldg. in den Syst. *Y(III)-Acetat* (**I**) u. *Y(III)-Glykolat* (**II**) wurde potentiometr. untersucht. Die Messungen wurden bei 20° in 2,0 m $NaClO_4$-Lsgg. durchgeführt. Beide Syst. zeigen große Ähnlichkeit mit den entsprechenden Syst. der mittleren Lanthaniden (bes. Ho u. Dy). Die Komplex-Konst. von **I** sind niedriger als die des Syst. Dy(III)-Acetat, doch sind die Quotienten b_n/b_{n+1} aufeinanderfolgender Stabilitäts-Konst. in beiden Syst. etwa gleich groß. Die Komplex-Konst. von **II** stimmen annähernd mit denen von Gd(III)-Glykolat überein. Nach den b_n/b_{n+1}-Werten ist **II** zwischen den entsprechenden Syst. von Sm(III) u. Gd(III) einzuordnen.

A. BLASCHETTE. 300□

Chemische und magnetische Eigenschaften von Lanthandicarbid und Lanthansesquicarbid. N. N. Greenwood und A. J. Osborn. (J. chem. Soc. [London] **1961.** 1775—82. April. Nottingham, Univ.) (Engl.)

Vff. stellen LaC_2 u. La_2C_3 durch Erhitzen von LaH_2 u. Graphit in stöchiometr. Verhältnissen her u. untersuchen die chem. u. magnet. Eigg. der beiden Verbindungen. LaC_2 ist diamagnet. u. La_2C_3 schwach paramagnet., so daß angenommen werden kann, daß eine fast vollständige Delokalisation der äußeren Valenzelektronen in einem Leitungsband vorliegt. Die Hydrolyse von LaC_2 in 4n H_2SO_4 verläuft exotherm, neben C_2H_2 (68,3 Vol.-%) u. H_2 (17,9) werden durch Red. C_2H_4 (8,9) u. KW-Stoffe mit 4 C-Atomen gebildet. Außerdem entstehen noch elementares C (0,56 g-Atom/Mol LaC_2) u. in geringen Mengen CH_4 u. CO_2, während KW-Stoffe mit 3 C-Atomen prakt. nicht auftreten. Bei der Hydrolyse von La_2C_3 mit 4n H_2SO_4 bilden sich C_2H_2 (36,6), H_2 (47,1) u. freies C (1,14 g-Atom/Mol La_2C_3) neben kleinen Mengen CO, CO_2, CH_4, C_2H_4 u. höheren KW-Stoffen mit geringen Mengen Propan u. Propen. Bei der Rk. mit 2n HNO_3 entstehen aus LaC_2 neben N_2O u. NO (19,2 bzw. 13,2) hauptsächlich C_2H_2 (59,0), ferner H_2, C_2H_4, CO_2 u. höhere KW-Stoffe sowie freies C (0,41 g-Atom/Mol LaC_2), während sich mit La_2C_3 C_2H_2 (50,3), N_2O u. NO (16,9 bzw. 3,6), H_2 (16,4) u. C (0,73 g-Atom/Mol La_2C_3) neben CH_4, C_2H_4 u. höheren KW-Stoffen bilden. Mit wasserfreiem bzw. 96- oder 99,8% ig. H_2SO_4 reagiert LaC_2 bei 100° unvollständig unter Bldg. von SO_2 u. elementarem C oder Teer, La_2C_3 unter Bldg. von H_2, SO_2 u. elementarem C. Vff. vermuten, daß in diesen Fällen SO_2 überwiegend durch Rk. von C_2H_2 mit H_2SO_4 u. nur in geringem Maße durch direkte Rk. von H_2SO_4 mit LaC_2 oder La_2C_3 entsteht. Die Rk. von LaC_2 mit Chlorsulfonsäure (**I**) verläuft ebenfalls unvollständig, es bildete sich je nach Vers.-Bedingungen HCl, SO_2, CO_2, COS, Spuren C_2H_2, freies C u. $La_2(SO_4)_3$, während mit La_2C_3 in unvollständiger Rk. nur HCl, SO_2 u. elementares C entstehen. Mit geschmolzenem J_2 reagieren bei 190° LaC_2 u. La_2C_3 in einem Ausmaß von ca. 40% unter Bldg. von wasserfreiem LaJ_3 u. freiem C, während mit fl. NH_3 nach 3 Monaten bei Zimmer-Temp. keine Rkk. zu bemerken sind. Verss. mit techn. CaC_2 zeigten, daß mit 4n H_2SO_4 nur C_2H_2, mit 2n HNO_3 C_2H_2 u. wenig CO, mit wasserfreiem H_2SO_4 C_2H_2 u. Spuren SO_2 u. CO_2 gebildet werden. Mit **I** reagierte CaC_2 heftig unter Bldg. von HCl (87%) u. kleineren, wahrscheinlich durch Rk. von C_2H_2 mit **I** entstandenen Mengen CO_2, CO, COS u. SO_2 sowie C_2H_2, wobei sich die Zus. mit der Temp. ändert. Aus geschmolzenem J_2 u. CaC_2 bilden sich bei 190° leicht unter vollständiger Umsetzung CaJ_2 u. C_2J_4. Bei 200° entstehen aus CaC_2 u. Cl_2 bei exothermer Rk. quant. $CaCl_2$ u. freies C, während bei Zimmer-Temp. u. bei —35° keine Rkk. festzustellen sind. Geschmolzenes JBr u. CaC_2 reagieren bei 100° unvollständig unter Bldg. von freiem C, während mit fl. Br_2 bei Zimmer-Temp. kleine Mengen Hexabromäthan entstanden

Versuche: *La_2C_3*, durch 30 Min. langes Verreiben stöchiometr. Mengen von LaH_2 u. Graphit unter N_2 in einer Achatschale, langsames Erwärmen auf 1000° im Vakuum u. sintern bei 1000° u. 10^{-5} mm Hg; messinggelbe kub. Kristalle mit a = 8,810 ± 0,005Å; magnet. Susceptibilität bei Zimmer-Temp. $\mu = 25{,}1 \cdot 10^{-6}$ (elektromagnet. Einheiten/Mol). — *LaC_2*, analog vorst. Verb. durch Erhitzen im Hochvakuum auf 2200°, bis Sinterung eintritt; gelbgrüne tetragonale Kristalle mit a = 3,935 ± 0,005 u. c = 6,750 ± 0,005 Å, $\mu = -7{,}17 \cdot 10^{-6}$.

J. KRAETSCH. 301□

Beobachtungen über die als „Di-trimethylstannyläthylen" bezeichnete Verbindung. H. D. Kaesz. (J. Amer. chem. Soc. **83.** 1514—15. 20/3. 1961. Los Angeles, Calif., Univ. of California, Dep. of Chem.) (Engl.)

Vf. untersucht die chem. u. spektroskop. Eigg. einer von KRAUS u. NEAL (vgl. J. Amer. chem. Soc. **52.** [1930.] 4426) mit der Formel $(CH_3)_3SnCH{=}CHSn(CH_3)_3$ beschriebenen Verb. (**I**) u. kommt auf Grund des Protonenkernresonanz-, RAMAN- u. IR-Spektrums von **I** sowie der Tatsachen, daß **I** durch trockenes HCl je nach Konz.-Verhältnissen in Trimethylzinnchlorid (II) u. CH_4 bzw. in II u. $(CH_3)_4Sn$ gespalten wurde, zu dem Schluß, daß I als $(CH_3)_3SnCH_2Sn(CH_3)_3$ zu formulieren ist. Die Rk. zwischen Trimethylstannylnatrium u. Chlf. verläuft in fl. NH_3 entsprechend den Gleichungen $2(CH_3)_3SnNa + CHCl_3 \rightarrow (CH_3)_6Sn_2 + NaCHCl_2 + NaCl$; $NaCHCl_2 + NH_3 \rightarrow NaNH_2 + CH_2Cl_2$; $2(CH_3)_3SnNa + CH_2Cl_2 \rightarrow (CH_3)_3SnCH_2Sn(CH_3)_3 + 2\,NaCl$. Das auf diese Weise hergestellte $(CH_3)_3SnCH_2Sn(CH_3)_3$ zeigte Spektren, die mit denen von I ident. waren.

Versuche: $(CH_3)_3SnCH_2Sn(CH_3)_3$ (I), $Kp._6$ 58—60°, durch Versetzen von 28,3 g II, suspendiert in fl. NH_3, bei —70° mit 6,53 g Na in kleinen Anteilen, anschließender Zugabe von 5,66 g $CHCl_3$ u. ca. 1 std. Rühren bis zum Verschwinden der gelben Färbung, Abdampfen des NH_3, Waschen mit n-Pentan, Abfiltrieren u. Entfernung des Lsgm., Zusatz von in Ae. gelöstem J_2 zu der verbleibenden Rohfl., Abfiltrieren des als Ammoniakat ausgefallenen Trimethylzinnjodids u. Entfernung des Lsgm.; 8,0 g (Ausbeute). — *Trimethylzinnchlorid* (II), F. 38—39°, a) durch Behandeln von 1,05 g I mit 137 ml trockenem HCl im Hochvakuum; 1,2 g; b) durch Versetzen von 2,31 g I mit 150 ml trockenem HCl im Hochvakuum u. Abtrennung von dem gleichzeitig entstehenden $(CH_3)_4Sn$; 0,0065 Mol für jede Verbindung. J. KRAETSCH. 327 □

Vanadin durch Reduktion von Vanadintrichlorid mit Metallen. F. E. Block und M. J. Ferrante. (J. electrochem. Soc. **108.** 464—68. Mai 1961. Albany, Oreg., Albany Metallurgy Res. Center, Bureau of Mines, U. S. Dep. of Interior.) (Engl.)

Es wird die Darst. von V durch Red. von VCl_3 mit Mg oder Mg–Na-Mischungen beschrieben. VCl_3 wird aus V_2O_5 hergestellt: 1000 g 99,9% ig. V_2O_5 werden mit 500 g Gaskohle, 200 g gepulvertem Zucker u. etwas W. vermahlen, zu Pillen gepreßt u. diese getrocknet. Die Einw. von Cl_2 ergibt bei 500° hauptsächlich $VOCl_3$ neben VCl_4, bei 750° VCl_4 neben $VOCl_3$. Der VCl_4-Anteil kann erhöht werden, falls durch Erhitzen vor dem Chlorieren teilweise red. wird; es wird dazu in Abwesenheit von Luft auf 1000° erhitzt. Durch Red. bei sehr hoher Temp. entsteht Vanadincarbid, welches oberhalb seines F. 2810° mit Cl_2 reines VCl_4 liefert. Vff. führen zunächst bei 1000° in einem Quarzrohr die partielle Vorred. durch u. chlorieren dann 24 Std. bei 750° bei einer Cl_2-Strömungs-Geschw. von 3 ft^3/h. 95% des V werden in ein Gemisch von VCl_4 mit wenig $VOCl_3$ verwandelt. Durch Nachchlorieren wird der $VOCl_3$-Geh. auf $<2\%$ vermindert. VCl_4 wird vorteilhaft unter Rühren durch Kochen am Rückfluß in 36 Std. zu 90% zu VCl_3 zersetzt. Dieses hinterbleibt nach Abdestillieren von $VOCl_3$ u. VCl_4 im Vakuum (26 in. Hg). VCl_3 wird mit Mg in einem Tiegel aus rostfreiem Stahl in einer Ar-Atmosphäre langsam auf 825° erwärmt. Bei dieser Temp. geht die Red. zu V in 1—4 Std. zu Ende. Nach Abkühlen auf 200° wird evakuiert, danach 15—20 Std. auf 825° erwärmt, um Mg u. $MgCl_2$ zu verdampfen. Nach Abkühlen auf Raum-Temp. wird langsam trockene Luft eingelassen, wobei die Oberfläche des entstandenen V-Schwammes passiviert wird. Ausbeute gewöhnlich $>90\%$. Bei Verw. eines Gemisches von Mg u. Na als Red.-Mittel verläuft die Red. bei tieferer Temp.; dadurch wird Korrosion des Tiegelmaterials u. Verunreinigung des V vermindert. Die Verunreinigung kann am besten in kontrollierbaren, niedrigen Grenzen ($<0,2\%$) gehalten werden, wenn in Tiegeln aus V red. wird. Die Weiterverarbeitung des V-Schwammes zu kompaktem Metall, welches kaltgewalzt werden kann, wird beschrieben. F. HUBER. 330 □

Eine spektrophotometrische Untersuchung der Sulfosalicylatoniob-Komplexe. Orval E. Ayers und James E. Land. (J. physic. Chem. **65.** 145—47. Jan. 1961. Auburn, Ala., Auburn Univ., Ross Chem. Labor.) (Engl.)

Vff. untersuchen spektrophotometr. die Rk. zwischen in NaOH gelöstem Nb_2O_5 u. Sulfosalicylsäure (HA), die zu einem wasserlösl. Komplex führt; die grüngelbe Lsg. zeigt eine maximale Absorption bei 310 mμ. In einem Konz.-Bereich von 10^{-5} bis 10^{-3} m an HA werden 2 verschiedene Komplexe mit einem Nb:HA-Verhältnis von 1:2 u. 1:1 ermittelt. Die Komplex-Bldg.-Konst. der 2-Stufen-Rkk. (k_1, k_2) u. der Gesamt-Rk. (K) werden für Lsgg. von pH 2—4 zu $k_1 = K/k_2 = 1{,}08\cdot10^4$, $k_2 = [NbO(A)_2]/[NbO(A)_{2-m}]\cdot[A]^m = 4{,}18\cdot10^3$ u. $K = [NbO(A)_2]/[Nb]\cdot[A]^2 = 4{,}52\cdot10^7$ berechnet. Vff. isolieren aus der grüngelben Lsg. durch Zugabe von Aceton ein festes Prod., dessen Analyse keine definierte Formel ergab. A. NEBELUNG. 331 □

Reinigung und Eigenschaften von Dichlorotetraaquochrom(III)-chloriddihydrat. W. B. Guenther und John J. Stuart. (J. Tennessee Acad. Sci. **35.** 244—46. Okt. 1960. Sewanee, Tenn., Univ.) (Engl.)

Die Reinigung des nach verschiedenen Meth. dargestellten grünen Chlorochromkomplexes $CrCl_3\cdot6\,H_2O$, der unter HCl-Verlust gebildete Polymere enthält, geschieht durch wiederholte Extraktion mit wasserfreiem Aceton u. Waschen mit Äther. Der bei 1 mm Hg Druck über NaOH oder $CaCl_2\cdot H_2O$–$CaCl_2\cdot2\,H_2O$ getrocknete Komplex entspricht auf Grund der Analyse (Best. des ionogenen Cl-Anteiles) dem Dichlorotetraquochrom(III)-chloriddihydrat der Formel $[CrCl_2(H_2O)_4]Cl \cdot 2\,H_2O$, F. 88—90°. In W. erfolgt Umwandlung in violette Hexaquochromkomplexe. Beim Aufbewahren über wasserfreiem $CaCl_2$ oder P_2O_5 unter vermindertem Druck tritt partieller bzw. totaler Verlust des Hydratwassers ein. S. GEORGI. 335□

Synthese von Tetrakobaltdodekacarbonyl durch Reduktion von kationischem Kobalt mit Wasserstoff und Dikobaltoktacarbonyl. R. Ercoli, P. Chini und M. Massi-Mauri. (Chim. e Ind. [Milano] **41.** 132—35. Febr. 1959. Milano, Polytechn., Ist. di Chim. Ind.) (Ital.)

Bei der Rk. von Lsgg. von $Co_2(CO)_8$ (**I**) u. H_2 unter Druck (20—80 at) findet bei Raum-Temp. mit verschiedenen Co(II)- u. Co(III)-Verbb. Red. u. Carbonylierung des kation. Co statt, wobei mit hohen Ausbeuten $Co_4(CO)_{12}$ entsteht. Ausgehend von einem **I**/Co(II)- oder **I**/Co(III)-Verhältnis von 3/1 [Co(II) oder Co(III) als 2-Äthylcapronat oder Acetylacetonat] u. unter Verw. von n-Heptan oder Toluol als Lsgm. erhielten die Vff. bei einer Rk.-Dauer von 2—8 Std. 90—95% des eingesetzten Co als $Co_4(CO)_{12}$. Die Rk. wird durch die folgenden Gleichungen wiedergegeben: $2\,Co(II)(RCOO)_2 + 3\,I + 2\,H_2 \rightarrow 2\,Co_4(CO)_{12} + 4\,RCOOH$, bzw. $2\,Co(III)(CH_3COCHCOCH_3)_3 + 3\,I + 3\,H_2 \rightarrow 2\,Co_4(CO)_{12} + 6\,CH_3COCH_2COCH_3$. Mit zunehmendem H_2-Druck verläuft die Rk. schneller, während sie in Ggw. großer Mengen CO in der Gasphase inhibiert wird. Es wird vermutet, daß die Rk. über die Bldg. von Carbonylwasserstoff abläuft.

HEINZ HESS. 355□

Wechselwirkung des Nickeloxyds NiO und der Sulfide NiS oder Ni_3S_2 in fester Phase. Guy Pannetier und Jean-Louis Abegg. (C. R. hebd. Séances Acad. Sci. **252.** 2724—26. 3/5. 1961. Paris, Centre d'Orsay, Fac. des Sci., Labor. de Chim. Gén.) (Franz.)

In einer Stahlkugelmühle werden innige Mischungen von NiO u. NiS bzw. Ni_3S_2 hergestellt u. im Vakuum einer Temp.-Behandlung unterworfen. Bei 350—600° findet die Rk. $NiO + 2\,NiS \rightarrow Ni_3S_2 + \frac{1}{2}\,O_2$ statt u. läuft bei 10^{-5} Torr vollständig ab. Oberhalb 600° wird NiS in S u. Ni_3S_2 zersetzt. Die Rk. $4\,NiO + Ni_3S_2 \rightarrow 7\,Ni + 2\,SO_2$ läuft erst $> 800°$ (10^{-5} Torr) ab; Ni_3S_2 ist dann bereits geschmolzen.

HERBERT MÜLLER. 356□

π-Komplexe der Übergangsmetalle. 13. Mitt. **Acetylenkondensationen an Nickel(II) und Chrom(II).** M. Tsutsui und H. Zeiss. (J. Amer. chem. Soc. **82.** 6255—58. 20/12. 1960. Dayton, Ohio, Monsanto Chem. Co., Res. and Engng. Div.) (Engl.) — 12. vgl. C. **1960.** 11233.

Aus *Mesitylmagnesiumbromid* (**I**) in *Tetrahydrofuran* (**II**) bildet sich bei Zugabe von $CrCl_2$ unterhalb —20° *Dimesitylchrom(II)* (**III**), das krist., vermischt mit Mg-Salz, isolierbar ist. Setzt man einer Lsg. von **III** in **II** bei —20° *Butin-(2)* (**IV**) zu (Molverhältnis 1:10), so bildet sich nach Stehen bei Zimmer-Temp. *Hexamethylbenzol* (**V**). Setzt man einer Lsg. von *Tolan* (**VI**) u. $CrCl_2$ in **II** bei —60° eine Lsg. von **I** in **II** (Molverhältnis $CrCl_2$:**VI**:**I** = 1:8:2) zu, so bildet sich nach langsamen Erwärmen, Kochen u. Hydrolysieren *Hexaphenylbenzol* (**VII**), ein grünes Cr-Salz, trans-Stilben u. wenig krist. unbekannte Substanz, F. 253—255°. Bei einem Verhältnis **VI**:$CrCl_2$ = 2:1 wird kein **VII** gebildet. Aus **I** u. $NiCl_2$ in **II** läßt sich durch Kühlen oder Ae.-Zusatz keine **III** entsprechende Verb. isolieren, jedoch wird aus dem Farbumschlag der **II**-Lsg. nach Rotbraun u. aus den **III** analogen Rkk. mit **IV** u. **VI** auf die Existenz von leichtlösl. *Dimesitylnickel(II)* in **II** geschlossen. Setzt man einer solchen Lsg. **IV** zu, so erhält man nur wenig **V** neben einer amorphen Ni-Verbindung. Analog bildet sich mit **VI** wenig **VII** neben einer orangefarbenen Substanz, die etwa die empir. Formel $(C_6H_5C{=}C \cdot C_6H_5)_4Ni$ hat. Kehrt man jedoch die Reihenfolge der Zugabe um, so ergibt sich folgendes: $NiBr_2$ u. **VI** in **II** bilden nach Zugabe von **I** in **II** nach mehreren Tagen **VII**. Die Ausbeute beträgt 11% beim Molverhältnis **VI**:$NiBr_2$ = 4:1, bei 8:1 85%, bei 12:1 75%. Bei 2:1 wird kein **VII** gebildet, jedoch das orangefarbene Polymere, das auch beim Verhältnis 12:1 auftritt. Sämtliche Rkk. wurden unter N_2 ausgeführt. Aus der Diskussion der Rk.-Mechanismen im Hinblick auf die Stabilität der π-Komplexe sowie die der Cyclobutan-Verbb. folgt, daß bei der Rk. zwischen Dimesitylnickel u. **VI** ein Cyclobutan-Ni-Komplex als Zwischenprod. auftreten kann.

Versuche: *Dimesitylchrom(II)* (**III**), aus 40 ml einer 0,10 m Lsg. von **I** in **II** u. 2,46 g wasserfreiem $CrCl_2$ bei —60° unter Rühren u. unter N_2, Abkühlen der nach 2 Std. auf —20° erwärmten Lsg. auf —80°, Abfiltrieren des Mg-Salzes u. Ausfällen mit Ae.; violette Kristalle, vermischt mit Mg-Salz. — *Dimesitylnickel(II)*, aus 1,3 g $NiCl_2$ in 30 ml **II** durch Zugabe von 23 ml einer 0,92 m Lsg. von **I** in **II** unter Rühren, bei —20°, 4std. Rk. bei —20 bis —10°, Abkühlen auf —80° u. Abfiltrieren des Mg-Salzes; Ae.-Zusatz bewirkt Zersetzung. R. JUNGE. 356□

Thermogravimetrische und röntgenographische Untersuchung der Zersetzung von Ammoniumhexachloroplatinat(IV). 1. Mitt. Untersuchung der Reduktion durch Wasserstoff. Darstellung von Pt auf trockenem Wege bei 150°. Guy Pannetier, Jean-Louis Abegg und Nathalie Georavovitch. (Bull. Soc. chim. France **1961.** 180–84. Jan. Paris, Fac. des Sci., Labor. de Chim. X.) (Franz.)

Mit Hilfe einer Waage von EYRAUD-UGINE u. einer geeigneten Temp.-Regelung wird die Red. von $(NH_4)_2PtCl_6$ (I) in H_2 untersucht. Entgegen den Angaben von VALLET [1932] erfolgt die Red. von I schon bei 125–150°; die Red.-Zeit hängt von der Art der I-Aufschüttung ab u. wird von der Diffusions-Geschw. von H_2 u. dem gebildeten HCl bestimmt. Das schwarze Red.-Prod. stellt das Gemisch Pt + 2 NH_4Cl dar; NH_4Cl kann durch Sublimation bei 10^{-4} Torr u. 125–150° entfernt werden.

HERBERT MÜLLER. 368□

Thermogravimetrische und röntgenographische Untersuchung der Zersetzung von Ammoniumhexachloroplatinat(IV). 2. Mitt. Untersuchung der thermischen Zersetzung in einer Atmosphäre von Stickstoff, Sauerstoff oder Luft oder im Vakuum. Guy Pannetier, Nathalie Georavovitch und Jean-Louis Abegg. (Bull. Soc. chim. France **1961.** 185–86. Jan.) (Franz.) — 1. vgl. vorst. Referat.

Die therm. Zers. von $(NH_4)_2PtCl_6$ in N_2, O_2, Luft oder im Vakuum wird mit Hilfe der l. c. beschriebenen App. untersucht. Die Zers. verläuft unabhängig von der Umgebung nach $(NH_4)_2PtCl_6 \rightarrow Pt + 2\,Cl_2 + 2\,NH_4Cl$ ohne Zwischenstufen. Der Beginn der Zers. liegt für O_2 bei 220°, Luft 240°, Vakuum 250° u. N_2 270°.

HERBERT MÜLLER. 368□

A₉. Mineralogische und geologische Chemie

Geochemische Tafel der Elemente für 1959. J. Green. (Bull. geol. Soc. America **70.** 1127–83. Sept. 1959. Downey, Calif., Aero-Space Labor., North-American Aviation, Missile Div.) (Engl.)

In einer großen Schautafel analog dem Perioden-Syst. werden die neuesten geochem. Daten für die einzelnen Elemente dargestellt. Sie enthalten: Gew. u. Struktur der Atome, Größe u. Ladung, Isotope u. ihre Eigg., thermodynam. Angaben, geochem. bedeutende Mineralien u. ihren Wert in Dollar sowie geochem. Häufigkeitsangaben. In Zusatztabellen werden elektrochem. Größen zusammengestellt. Im Text wird für die Tabelle ein ausführlicher Kommentar u. die Literatur seit 1953 gebracht.

J.-E. HILLER. 378□

Schwerer Sauerstoff in der Natur. R. W. Teiss. (Природа [Natur] **50.** Nr. 4. 31–34. April 1961.) (Russ.)

In seinem Überblick über das Vork. von schweren O-Atomen bzw. das Verhältnis $^{18}O/^{16}O$, das meist massenspektrometr. bestimmt wird, behandelt Vf. die Zus. der Gewässer sowie des Eises, den Austausch zwischen W. u. Mineralien, die Schlüsse, die sich aus der Zus. der letzteren auf die Temp. zur Zeit der Bldg. ziehen lassen, sowie den Sauerstoff in der Atmosphäre unter Berücksichtigung der Photo-Synth. u. des Kohlendioxyds.

M. WIEDEMANN. 378□

Wahrscheinliche geochemische Vergesellschaftung von Wismut und Thallium. R. R. Brooks. (Nature [London] **189.** 910–11. 18/3. 1961. Palmerston North, Univ. of New Zealand, Massey Coll., Dep. of Biochem.) (Engl.)

Vf. vergleicht Literaturwerte über das gemeinsame Vork. von Bi u. Tl in Silicatgesteinen u. Pb-Mineralien u. stellt eine überraschende wahrscheinliche Beziehung fest. Bei doppeltlogarithm. Darst. der Tl- gegen die Bi-Konz. streuen die Analysenwerte um eine Gerade. Vf. nimmt an, daß in Silicaten 2 Atome Pb durch je ein Bi- u. Tl-Atom ersetzt sein können, was auf Grund der Ähnlichkeit der Ionenradien nicht ausgeschlossen erscheint. Die Tatsache, daß Pb, Bi u. Tl die drei schwersten inakt. Elemente darstellen, könnte bei der Erklärung der Beziehung zwischen Bi u. Tl ebenfalls von Bedeutung sein.

P. FRENZEL. 378□

Auftreten von Metamorphose an Galenit in den Blei-Zink-Erzen der Sredny-Lagerstätte (Erz-Altai). I. N. Penkow. (Записки Всесоюзного Минералогического Общества [Schr. Allunions mineralog. Ges.] [2] **89.** 107–11. 1960. Kasan, Uljanow-Lenin-Univ., Lehrstuhl für Bodenschätze.) (Russ.)

Am Galenit aus obiger Lagerstätte äußert sich die Metamorphose in plast. Deformationen u. Umkristallisationen. Die metamorphen Anzeichen tragen lokalen Charakter u. hängen mit tekton. Störungen zusammen. H. NOACK. 378

Über den Galenit in den Devon-Sedimenten der Kalkanat-Berge. L. P. Konnow. (Записки Всесоюзного Минералогического Общества [Schr. Allunions mineralog. Ges.] [2] **89.** 114—17. 1960. Taschkent, mittelasiat. wiss. Forschungs-Inst. für Geol. u. mineral. Rohstoffe.) (Russ.)

Vf. bringt vorläufiges Ergebnis der geolog.-genet. Unterss. an obigem Mineral. Galenit befindet sich in Form von tröpfchenförmigen Einlagerungen, Gang-Syst. oder Drusen (z. T. mit anderen Mineralen, wie Pyrit, Chalkopyrit, Sphalerit) in einem im Dolomit befindlichen Porphyritkörper. Er wurde in spätvarist. Zeit während der hydrothermalen Sulfidphase gebildet. H. NOACK. 378

Formen des Eisens in den Kreide- und Tertiär-Sedimenten Turkmeniens. P. Ss. Slawin. (Доклады Академии Наук СССР [Ber. Akad. Wiss. UdSSR] **130.** 871—74. 1/2. 1960. Allunions Wiss.-Forsch.-Inst. für geol. Erdölschürfung.) (Russ.)

Vf. untersucht 295 Proben von Bohrungen in den Kreide- u. Tertiär-Lagerstätten Turkmeniens (südöstliches u. südwestliches Turkmenien u. Zentralkarakum) auf den Fe-Geh. (Fe^{2+}_{HCl} u. Fe^{3+} werden durch Ausziehen mit HCl erhalten, das im Pyrit gebundene Fe (Fe_S) aus dem Sulfid-Geh.), auf das Redoxpotential u. den Geh. an organ. gebundenem C. Es werden vier Typen unter den Proben festgestellt: 1. Oxydationslage: abs. Vorherrschen von Fe^{3+}, Pyriteisen (I) fehlt prakt. ($Fe^{3+} > Fe^{2+}_{HCl} + Fe^{2+}_S$); 2. schwachreduzierende Lage: Der Geh. an Fe^{3+} ist geringer als die Summe von Fe^{2+}, aber größer als der Geh. an I ($Fe^{2+}_{HCl} > Fe^{3+} > Fe^{2+}_S$); 3. reduzierende Lage: Der Geh. an Fe^{2+} beträgt mehr als 50% des gesamten Fe. Der Geh. an I ist größer als der an Fe^{3+}, aber kleiner als 50% der Summe von Fe^{2+} ($Fe^{2+}_{HCl} > Fe^{2+}_S > Fe^{3+}$); 4. stark reduzierende Lage: I beträgt mehr als 50% der Summe von Fe^{2+}, Fe^{3+} fehlt prakt. vollständig. Im Durchschnitt zeigt sich, daß die Oxydationslagen in den kontinentalen u. die Red.-Lagen in den Meeresablagerungen vorherrschen. Die Red.-Fähigkeit nimmt vom Pliozän zum Paleozän zu u. zu den Kreideablagerungen wieder ab. Dieses Schema kann durch lokale Prozesse jedoch stark verändert werden. Der Geh. an organ. gebundenem C in den Gesteinen nimmt im Durchschnitt zu beim Übergang von der Oxydationslage zu der stark reduzierenden Lage. Die unmittelbare Messung der Redoxpotentiale der Gesteine ergab keine direkten Zusammenhänge zwischen Oxydations–Red.-Verhältnissen u. dem Fe-Gehalt. Ebenso konnten keine gesetzmäßigen Beziehungen zwischen Oxydations–Red.-Verhältnissen, Erdöl-Vork. u. wirtschaftlicher Erdgashaltigkeit festgestellt werden. D. HOENE. 378□

Verteilung von Kobalt und Nickel in den Gesteinen der Daschkesan- und Dalidag-Intrusionen. F. I. Wekilowa und Ju. B. Borowskaja. (Известия Академии Наук Азербайджанской ССР, Серия Геолого-Географических Наук [Nachr. Akad. Wiss. AserbaidshanSSR, Ser. geol.-geogr. Wiss.] **1960.** Nr. 1. 95—103.) (Russ.)

In den untersuchten Gesteinen beträgt der Co-Geh. im Durchschnitt: in Granodioriten $2{,}40 \cdot 10^{-4}$ (%), Granoapliten $1{,}75 \cdot 10^{-4}$, Gabbroiden $3{,}30 \cdot 10^{-4}$, ihr Ni-Geh. entsprechend $1{,}81 \cdot 10^{-3}$, $1{,}5 \cdot 10^{-3}$, $2{,}12 \cdot 10^{-3}$. Das Verhältnis Ni:Co in den untersuchten Gesteinen (entsprechend 7,0, 8,0, 6,4) liegt höher als der Durchschnitt. Jedoch wird das hohe Ni:Co-Verhältnis nicht durch eine Ni-Anreicherung, sondern durch niedrigen Co-Geh. bedingt. Bedeutend mehr Co enthalten Adern bas. Gesteine, in denen Co selektiv angereichert wurde. Bei vermindertem Ni-Geh. beträgt in diesen Gesteinen das Verhältnis Ni:Co 1,4. M. WROBLEWSKI. 378□

Über die Bildung metasomatischer leukokratischer Granite West-Usbekistans. A. F. Swiridenko. (Узбекский Геологический Журнал [Usbek. geol. J.] **1960.** Nr. 2. 72—84.) (Russ.)

Leukokrat. Granite entstehen als Endprodd. der Metasomatose, u. zwar unabhängig von der Zus. der umfassenden Gesteine. An den Kontakten mit Kalksteinen können sich jedoch leukokrat. Plagiogranite, an denen mit Schiefern die den Alaskiten nahe stehenden Gesteine bilden. Die Bldg. dieser Granite wird durch das Hinaustragen von den bei Biotitzerlegung entstehenden Mg, Fe u. Ti begleitet. Allmählich steigt auch die Beweglichkeit bei Na, Ca, Al, wodurch der Geh. an Plagioklas im Gestein sinkt. Der Gesamt-Geh. an SiO_2 u. K_2O erhöht sich mit der Annäherung zu den umfassenden Gesteinen, was aber nicht nur mit der Auslaugung, sondern auch mit der Zufuhr von postmagmat. Lsgg. im Zusammenhang steht. Die K-Zufuhr wird von Mikroklinisation begleitet, ein Teil des K beteiligt sich bei der Mikroklinbildung. Durch den Ersatz der Plagioklase durch Mikroklin wird das Gestein mit alkal. Feldspat angereichert, wodurch im Zusammenwirken mit anderen Prozessen typ. Alaskite entstehen. Durch Zufuhr von SiO_2 in postmagmat. Lsgg., z. T. auch durch Freiwerden von SiO_2 bei Biotitzerlegung, findet Quarz-Bldg. statt. Quarz ersetzt allmählich alle gesteinsbildenden Mineralien (Biotit, Mikroklin, Plagioklas usw.). M. WROBLEWSKI. 378□

Genetische Besonderheiten der magnetithaltigen Skarne des Kara-Kys. K. Urunbajew. (Узбекский Геологический Журнал [Usbek. geol. J.] **1960.** Nr. 1. 38—45.) (Russ.)

Die an den Kontakten der Granite mit Kalksteinen entstandenen Skarne stellen Linsen mit einer Mächtigkeit von 10—12 m u. der Länge 75—125 m dar. Sie gehören zum bimetasomat. Typ. Ihre Bldg. wurde von der Zufuhr größerer Mengen von Fe, SiO_2, Tonerde u. kleinerer Mengen von Mn begleitet. Bei der Bldg. von Autoskarnen aus dem Granit wurden SiO_2 u. Alkalien stark, bei der von Alloskarnen aus dem Kalkstein CO_2 fast vollständig ausgetragen. Die Ggw. von Ni, Ti, V, Zr, Sr, Ba, Fe, Mn, Pb, Cu in unveränderten Graniten, Auto- u. Alloskarnen weist auf den genet. Zusammenhang zwischen diesen hin. M. Wroblewski. 378□

Chudobait, ein neues Mineral von Tsumeb. H. Strunz. (Neues Jb. Mineralog., Mh. **1960.** 1—7. März. Berlin, TU, Inst. für Miner.) (Dt.)

Aus der 2. Oxydationszone von Tsumeb wird als neues Mineral *Chudobait* beschrieben. Die Analyse ergibt: Na_2O 5,0; K_2O 2,0; CaO 1,0; MgO 12,0; ZnO 11,5; CuO 0,2; MnO 2,0; As_2O_5 49,7; H_2O^+ 17,0%. Daraus folgt die Formel (Na, K) $(Mg, Zn)_2 \cdot H[AsO_4]_2 \cdot 4\,H_2O$. Chudobait ist triklin-pinakoidal u. hat die Gitter-Konst. a = 7,69, b = 11,37, c = 6,59 Å, $\alpha = 115^0 10'$, $\beta = 95^0 54'$, $\gamma = 94^0 06'$, Z = 2. Dichte 2,94. Härte 2½—3. Die Kristalle sind rosa u. klar durchsichtig, haben sehr gute Spaltbarkeit nach (0 1 0) u. gute nach (1 0 0). Ihre Morphologie wird beschrieben. Optik: n_α 1,583, n_β 1,608, n_γ 1,633, 2 V = 79°, opt. negativ. Chudobait tritt in Paragenese mit *Konichalcit, Cuproadamin* u. *Zinkolivenit* auf. J.-E. Hiller. 380□

Kristallographische Untersuchung der Coelestine Dagestans. R. M. Alijew. (Известия Академии Наук Азербайджанской ССР, Серия Геолого-Географических Наук [Nachr. Akad. Wiss. AserbaidshanSSR, Ser. geol.-geogr. Wiss.] **1960.** 87—93.) (Russ.)

Coelestine Dagestans kommen meist in Form von Linsen bzw. linsenförmigen coelestinhaltigen Schichten vor, sind körnig oder mikrokrist. u. bilden selten Kristalle mit größerem Durchmesser (6—8 cm). Alle Kristalle sind tafelförmig mit verlängerter y-Achse. Kristallograph. Unterss. u. goniometr. Messungen ergaben 6 Kristallformen: c {0 0 1}, m {1 1 0}, d {1 0 2}, l {1 0 4}, o {0 1 1}, z {1 1 1}, die auf Grund von Achsenverhältnissen (a:b:c = 0,7803:1:1,2812) berechnet wurden. Die Spektralanalyse ergab bis 0,3% Ba u. >0,1 bis <1% Ca. M. Wroblewski. 380□

Datolith aus dem Dorf Bodrak in der Krim und einige Besonderheiten seiner Genesis. R. W. Getling. (Записки Всесоюзного Минералогического Общества [Schr. Allunions mineralog. Ges.] [2] **89.** 102—06. 1960. Moskau, Vernadsky Inst. für Geochemie u. analyt. Chem. der Akad. der Wiss. der UdSSR.) (Russ.)

Im Gebiet Bachtschi-Saraj unweit Bodrak kommt Datolith in miarolith. Hohlräumen des Diorit-Porphyrits vor. Postmagmat. hydrothermale Prozesse im erhärteten, aber nicht vollständig abgekühlten Gestein führten unter hypabyss. Bedingungen zu seiner Bildung. Der Zusammenhang zwischen den 3 existierenden Typen, die sich morpholog. u. genet. voneinander unterscheiden, konnte nicht geklärt werden. Auf Grund der chem. Analyse [SiO_2 38,04 (%), CaO 32,16, Al_2O_3 0,40, B_2O_3 22,46, MnO 0,03, Fe_2O_3 0,14, H_2O 5,99, Sb 0,001, K 0,001 u. MgO- u. Cu-Spuren] hat Datolith die Formel $Ca[BSiO_4](OH)$. H. Noack. 380

Röntgenographische Untersuchung von Kalifeldspäten der kontaktmetamorphen Zonen bei Gjelleråsen, Oslo. S. V. Lakshmi Narayana Rao. (Norsk geol. Tidsskr. **40.** 1—11. 1960. Kharagpur, Indian Inst. of Technol.) (Engl.)

Mittels Pulveraufnahmen untersuchte Vf. Kalifeldspäte — trikliner *Mikroklin* u. monokliner *Sanidin* — von den Intrusivgesteinen u. den Grundgesteinen bei Gjelleråsen. Im Grundgestein, weit entfernt von der Intrusionszone tritt trikliner Feldspat auf. Bei Annäherung an die Kontaktzone nimmt die Regellosigkeit in typ. Weise zu, d. h. es wird zuerst in geringer Menge, dann in zunehmendem Maße Sanidin beobachtet. Diese Zunahme der Regellosigkeit in den Kalifeldspäten führt Vf. auf die Wärmeübertragung in den Kontaktzonen zurück. C. Gottfried. 380

Über zweitrangige und accessorische Mineralien in den Gipsen von Gaurdak. W. D. Kogan. (Записки Всесоюзного Минералогического Общества [Schr. Allunions mineralog. Ges.] [2] **89.** 52—62. 1960. Aschchabad, Inst. für Geologie der Akad. der TurkmenSSR.) (Russ.)

In den Gipsen von Gaurdak sind über 30 verschiedene accessor. Mineralien unterschiedlicher Entstehung enthalten, die vom Vf. kurz beschrieben werden.

H. Noack. 380

Glaukonit aus den unteren Kreide-Sedimenten von Dagestan. L. I. Gorbunowa. (Доклады Академии Наук СССР [Ber. Akad. Wiss. UdSSR] **130.** 846—49. 1/2. 1960. Allunions-Forsch.-Inst. für geol. Erdölschürfung.) (Russ.)

Vf. untersucht die durchschnittliche Verteilung, die Entstehungsbedingungen u. das Vork. von Glaukonit (I) im Nordostkaukasus. Der I-Geh. schwankt stark mit der Verknüpfung an verschiedene Gesteinstypen. Aleurolithe mit Phosphoritbeimengungen u. kleinkörnige Aleurit-Sandsteine enthalten I zwischen 10 u. 40%, während I in Tonen, Kalksteinen u. Mergeln nur in Bruchteilen von Prozenten u. in reinem Kalkstein nicht vorhanden ist. Die Eigg. werden aus zwei Apte-Stufen aus benachbarten Schnitten von Dagestan ermittelt. I ist grün in verschiedenen Abstufungen gefärbt. Der Brechungsindex des dunkelgrünen I schwankt zwischen 1,603 u. 1,612, für schwächer gefärbte Teilchen liegt er bei 1,582—1,585. I besitzt Spaltbarkeit, sehr hohe Doppelbrechung u. Pleochroismus von dunkelgrün bei N_g bis schwachgelbgrün bei N_p. Die Korngröße liegt zwischen 0,02 u. 0,10 mm, die Struktur ist feingliedrig, teilweise glimmerähnlich, das spezif. Gew. schwankt zwischen 2,75—2,85. Die chem. Analyse ergibt in %: SiO_2 ca. 50, Al_2O_3 ca. 11, Fe_2O_3 ca. 16,5, ferner TiO_2, FeO, MnO, CaO, MgO, K_2O, Na_2O. Die Austauschkapazität beträgt 22 mVal für Ba. Zus. u. Austauschkapazität stimmen mit den bei Moskau gefundenen, wirtschaftlich genutzten Glaukoniten überein. Die Erhitzungs- u. Entwässerungskurven stimmen in sich u. mit den in der Literatur beschriebenen überein. Bis 100° wird das hygroskop. gebundene W. entfernt, von 400—600° das Hydroxylwasser. Die Röntgenanalyse ergab monomineral. Debyeogramme, die denen von bereits beschriebenen Glaukoniten ähnlich sind. — Ferner wird die Entstehung des I diskutiert. D. HOENE. 380□

Über die Fehlerhaftigkeit der Bestimmung von Idait als neues Mineral. E. N. Jelissejew. (Записки Всесоюзного Минералогического Общества [Schr. Allunions mineralog. Ges.] [2] **89.** 128—29. 1960. Lwow, Franko-Univ., Lehrstuhl für Mineralog.) (Russ.)

Auf Grund neuer Unterss. stellt Vf. fest, daß das von FRENZEL analysierte u. als „Idait" bezeichnete Mineral (C. **1959.** 7405) *Covellin* ist. H. NOACK. 380

Istisuit, eine neues Mineral aus der Skarnzone der Dalidag-Intrusion. M. A. Kaschkai und A. I. Mamedow. (Доклады Академии Наук Азербайджанской ССР [Ber. Akad. Wiss. AserbaidshanSSR] **11.** Nr. 1. 21—26. 1955. Akad. der Wiss. der AserbaidshanSSR, Gubkin-Inst. für Geol.) (Russ.)

Das beschriebene Mineral Istisuit (I; nach dem Kurort Istisu in der Nähe der Fundstelle) wurde in Gesteinen der Dalidag-Intrusion im Kleinen Kaukasus gefunden. Die Intrusion besteht aus einer Monzonit–Syenitdiorit- u. einer Granit–Granodiorit-Serie. Auffallend ist die Anreicherung an K–Na-Feldspäten. Im Kontakthof der Intrusion tritt I in enger Verb. mit Wollastonit neben vielen anderen Kontaktmineralien auf. I ist aschgrau bis grünlich, bildet säulige Kristalle, $N_g = 1{,}636 \pm 0{,}002$; $N_p = 1{,}623 \pm 0{,}002$; opt. positiv, wenig lösl. in heißer HCl, Härte 5—5,5. Die chem. Formel wird nach der Analyse angegeben zu: 7,6 (Ca, Na) 0,5 (Al, Fe^{3+})$(Si_4O_{11})_2 \cdot 2\,(OH)_2$. Diese Formel entspricht fast einem Ca-Amphibol, der bisher in der Natur nicht gefunden wurde. Der Amphibolcharakter wird auch durch die DTA u. Röntgenanalyse bestätigt. I hat sich am Kontakt von Granodioritmagma mit Kalk unter Beteiligung der leichtflüchtigen Komponenten Cl, F, (OH) u. CO_2 gebildet. HORST BRAUN. 380□

Karyinit, ein Arsenat vom Strukturtypus der Phosphate Hagendorfit und Alluaudit. H. Strunz. (Neues Jb. Mineralog., Mh. **1960.** 7—15. März. Berlin, TU, Inst. für Miner.) (Dt.)

Vf. weist darauf hin, daß das Mineral *Karyinit* mit den Phosphaten Hagendorfit u. Alluaudit isotyp, wahrscheinlich isomorph ist. Dafür sprechen die Gitter-Konst. sowie die d-Werte der Pulverdiagramme, der Chemismus u. die Optik dieser 3 Mineralien. J.-E. HILLER. 380□

Untersuchungen über die Serpentine der Republik Argentien. 2. Mitt. Erwin Kittl und Jorge Kittl. (Rev. Fac. Ing. Quím. **25.** 133—41. 1956. Santa Fé.) (Span.) — 1. vgl. C. **1958.** 11178.

Da nach der früheren Unters. die Eisenlöslichkeit von geglühtem Serpentin durch die Vorbehandlung stark vermindert war, wurden die Verss. mit nichtgeglühten Serpentiniten wiederholt. Die Ergebnisse der Extraktion von Ni, Fe, Mg aus gleichem Material, jedoch in 3 Kornklassen durch Kochen mit HCl-Lsgg. verschiedener Stärke werden in Zahlentafeln wiedergegeben. Gelöst wurden in 160 Min. Kochzeit mit konz. HCl-Lsg. bei der Kornklasse I (= 2—3 mm) 92% des Ni, 70% des Fe u. 71% des Mg, bei Kornklasse II (= 0,5—0,15 mm) entsprechend 100, 95 u. 96%, bei feinem Material Klasse III 99, 100 u. 95%. Verdünntere Säure ergab bei gleicher Kochzeit geringere Werte

u. außerdem verschlechterte Filtrationsbedingungen, bes. bei dem Feinmaterial. Ni ist am raschesten zu extrahieren gewesen. R. G. KAISER. 380□

Über die Charakteristik der Spinelle aus Alluvialsedimenten und der Verwitterungsrinde der kristallinen Gesteine des Gebietes des mittleren Dnepr und des Bug. M. G. Djadtschenko. (Доповіді Академії Наук Української РСР [Ber. Akad. Wiss. UkrainSSR] **1960.** 513—16. Inst. für geolog. Wiss. der Akad. der Wiss. der UkrainSSR.) (Ukrain.; Auszug: Engl.)

Die mineralog. Unters. der krist. Gesteine von Dnepr u. Bug ergab, daß der Spinell (I) in den quatern., vor allem in den alluvialen Sedimenten sowie in der Verwitterungszone der Granite vom Tschudnowo-Berditschew-Typ weit verbreitet ist. Viel seltener ist der I in den Aplit–Pegmatit-Graniten sowie in ihren Magmatiten u. Pegmatiten anzutreffen. Unter hypergenen Bedingungen ist I ein beständiges Mineral, das jedoch manchmal auch verändert wird. Hierbei wird dem I Mg entzogen u. von außen Ca, Fe, Mn u. Si zugeführt. Die hierbei auftretenden Veränderungen der physikal. u. opt. Eigg. werden beschrieben. In den untersuchten Proben finden sich äußerst selten *Gahnit* u. *Pleonast*. O. LEBTAG. 380□

Eisenspinell aus Almalyk (Usbekistan). Ss. T. Badalow und Ss. Rusmatow. (Узбекский Геологический Журнал [Usbek. geol. J.] **1960.** Nr. 2. 85—90. Inst. für Geol. der Akad. der Wiss. der UsbekSSR.) (Russ.)

Eisenspinell stellt ein dunkles bis schwarzes, in Säuren unlösl. isotropes Mineral mit einem Brechungsindex 1,740, einem spezif. Gew. von 3,53, Härte um 8 dar. Röntgenograph. Analyse zeigt, daß die Struktur des Spinells der eines gewöhnlichen Spinells entspricht. Die Spektralanalyse ergab einen Geh. von $>1\%$ an Mg, Al, Fe, in Ggw. von Mn, Ga, Si, Zn, Ca, Co, Ni. Als gewöhnlicher Mineralienkomplex für Eisenspinell in der untersuchten Lagerstätte erscheint Magnetit, Flogopit, Tremolit, Epidot, Apatit, Calcit, Anhydrit. Eisenspinell bildete sich durch hydrothermale Veränderungen der Xenolyte der Dolomitgesteine, die in die tekton. schwächeren Zonen mit stärkerer Riß-Bldg. gelangten. M. WROBLEWSKI. 380□

Identifizierung von Tennantit aus dem Erzgang Rozalia in Hodruša. Jiří Svoboda und František Kupka. (Časopis Mineralog. Geol. **3.** 445—47. 1958. Kutná Hora, Ústav pro výzkum rud, geochem. oddělení.) (Tschech.)

Die Begleitmineralien des Tennantits aus dem polymetall., subvulkan. Lager bei Hodruša sind Quarz, Calcit, Siderit, Pyrit, Markasit, Hämatit, Chalkopyrit, Sphalerit, Galenit u. Bornit. Ätzen ist positiv mit HNO_3 1:1 u. mit 20%ig. KCN-Lösung. Die mittlere Gitter-Konst. wurde zu $10{,}190 \pm 0{,}003$ kX bestimmt. Vff. geben eine Übersicht über den Intensitätsablauf der Interferenzen einer Pulveraufnahme u. über die spektralanalyt. bestimmten Fremdionen. Die Spektralanalyse u. röntgenograph. Unterss. zeigen, daß es sich um Tennantit mit kleinen Mengen Antimon handelt. J. TŮMOVÁ. 380□

Tschuchrowit — ein neues Mineral aus dem Zentral-Kasachstan. L. P. Jermilowa, W. A. Molewa und R. F. Klewzowa. (Записки Всесоюзного Минералогического Общества [Schr. Allunions mineralog. Ges.] [2] **89.** 15—25. 1960. Moskau, Inst. für Geologie, Erzlagerstätten, Petrographie, Mineralogie u. Geochemie der Akad. der Wiss. der UdSSR.) (Russ.)

Tschuchrowit — ein dem Fluorit sehr ähnliches Mineral — wurde 1950 in der Lagerstätte Karaoba entdeckt. Die Erzadern, die in den Grenzgebieten des Karaobinsko-Stocks (Alaska-Granit) liegen, gliedern sich in 4 Typen: 1. Molybdänit Quarz-, 2. Wolframit–Quarz-, 3. Hübnerit–Sulfid–Quarz-, 4. Quarz–Fluorit-Adern. Häufig vergesellschaftet mit Halloysit, kommt Tschuchrowit in den Adern des 2. u. 3. Typs vor. Seine Kristalle bilden gewöhnlich isometr. Aggregate mit kub. bzw. oktaedr. Habitus (0,5 bis 10,0 mm Größe). Sie sind farblos, durchsichtig oder undurchsichtig u. dann porzellanartig weiß. Glas- bzw. schwacher Perlmuttglanz, Härte 3, D. 2,274—2,398, in verd. Salz- u. Schwefelsäure leicht lösl., Brechungsindex 1,1440—1,442. Die Kristalle weisen im durchfallenden polarisierten Licht Zonarbau auf: gesetzmäßiger Wechsel von durchsichtigen u. halbdurchsichtigen Zonen. Letztere enthalten in größeren Mengen ungleichmäßig verteilte, kleine, fl. Einschlüsse mit niedrigem Brechungsindex. Anomale Anisotropie: Als Interferenzfarbe tritt ein anomales Grau auf. Die Aufheizungskurve ist charakterisiert durch zwei endotherme Effekte bei 280° (Kristallwasserabgabe) u. 780° (Ursache nicht geklärt). Der exotherme Effekt bei 480° deutet auf Bldg. einer neuen Kristallphase hin. Aus der chem. Analyse [CaO 21,00—21,52 (%), Al_2O_3 10,56—10,70, Seltene Erden (TR) 18,00—18,12, SO_3 10,30—10,38, F 27,88—28,32, H_2O 22,80—23,20) errechnet sich die Formel des Tschuchrowits zu $Ca_3Al_2(TR)(SO_4)F_{13} \cdot 10\,H_2O$. Spektroskop. konnten kleine Mengen Pb, Fe, Si u. Mo, Mn, Cu, Ag, Ti, Sr in Spuren ermittelt werden. Nach der röntgenograph. Unters. besitzt Tschuchrowit eine kub. flächenzentrierte Elementarzelle mit $a = 16{,}80 \pm 0{,}05$ Å. H. NOACK. 380

Zinckenit von Husárky (Nieder-Tatra) und seine Paragenesis. Jaroslav Hak. (Časopis Mineralog. Geol. **3.** 397—406. 1958. Kutná Hora, Ústav pro výzkum rud.) (Tschech.; Auszug: Engl.)

Im Erz-Vork. Husárky am Südabhang der Niederen Tatra wurde in der Mylonitzone des Granits des „Prašivá"-Typs akzessor. Zinckenit $PbSb_2S_4$ vorgefunden. Die einfache Aderassoziation besteht vor allem aus Quarz u. Antimonit, während die anderen Mineralien — ein Carbonat des Ankerittyps, Albit, Rutil, Pyrit, Arsenopyrit, Chalkopyrit u. Zinckenit — mehr oder weniger akzessor. erscheinen. Die eingehende minerograph., röntgenograph. u. spektralanalyt. Unters. zeigt Ag, As, Hg, Cd, Fe u. Cu als „isominerale" Elemente, wobei Ag u. Hg infolge der ähnlichen Ionenradien Pb im Zinckenit diadoch vertreten können. — Die BETECHTIN-Theorie des S-Einfl. in Lsgg. wird als Paragenesisgrundlage angesehen. J. TŮMOVÁ. 380□

Ein Eisen- und Titanmineralvorkommen in der Sierra Pie De Palo, San Juan. Nestor E. Bellio und Erwin Kittl. (Rev. Fac. Ing. Quím. **25.** 153—60. 1956. San Juan.) (Span.)

Über ein Fe–Ti-Oxyd-Vork. am Pie de Palo, nordöstlich von San Juan, u. den kristallograph. Habitus der großen Ader wird berichtet. Nach den chem. Analysen von Proben der Vff. u. auch von anderen Interessenten handelt es sich um *Ilmenit* mit einem Überschuß an *Haematit*. Das auf 100—500 t sichtbares Material geschätzte Lager liegt in einer sehr schwer zugänglichen Gegend, weitab von San Juan, so daß seine Ausbeutung vorläufig nicht in Frage kommen wird. R. G. KAISER. 380□

Die Gesetze der Bodenbildung. P. Schaufelberger. (Neues Jb. Geol. Paläontol., Mh. **1959.** 392—416. Sept. Chinchiná.) (Dt.)

Vf. untersucht, welche Hypothesen der konventionellen Bodenkunde den Tatsachen entsprechen u. welche nur noch histor. Interesse haben. Als Kriterium dienen die Auswaschungsfaktoren, da die Gesamtheit der chem. Vorgänge der Boden-Bldg. durch sie erfaßt werden kann. Die Ergebnisse werden in 20 Leitsätzen zusammengefaßt. J.-E. HILLER. 382□

Bodenbildungsprobleme in Nordwestdeutschland. Wilhelm Hollstein. (Geol. Jb. **76.** 1—10. Dez. 1959. Hannover, Amt für Bodenforsch.) (Dt.)

Erörterung der Boden-Bldg. auf sandigem Untergrund, auf Flottsandlagen u. auf der Saale-Grundmoräne. Das nordwestdeutsche Bodenprofil verdankt seine Entw. nach der Sandablagerung in der Weichseleiszeit der Postglazialzeit, das Grundmoränenprofil dem Hochglazial oder einem frühen Abschnitt der Spätglazialzeit. Nadelholz u. Verheidung mit darauf folgendem Eichenmischwald u. Buchenwachstum führten zur Podsolierung, wobei durch Huminsäure gelöste Sesquioxyde in mehr oder weniger große Tiefen transportiert wurden. Hieraus ergab sich eine Bodenfolge wie bei der Weichsel-Grundmoräne, nämlich lehmiger Sand über sandigem Lehm über sandigem Mergel, bei der Saale-Grundmoräne mit dem Unterschied relativ großer Ca-Armut. R. G. KAISER. 382□

Grundsätzliche Betrachtungen zur systematischen Gliederung der Marschböden. Werner Müller. (Geol. Jb. **76.** 11—24. Dez. 1959. Hannover, Amt für Bodenforsch.) (Dt.)

Zur Aufstellung einer neuen Systematik der Marschböden nach ihrer Entstehung unter dem Einfl. von Meeres- u. Küstenklima werden die Kationensorption der überwiegend aus illit. Tonmineralien bestehenden Sedimente, der $CaCO_3$-Geh. der Flußwässer u. die Durchlüftung erörtert, ebenso die Folge der menschlichen Bodenbearbeitung, die zur Bodenentkalkung führt. Unter solcher dynam. Betrachtungsweise wird für Kartierungen die folgende Einteilung in Vorschlag gebracht: See-, Brack-, Fluß- u. Moormarsch. R. G. KAISER. 382□

Spektrale Helligkeit der Sande des südöstlichen Karakum. M. A. Romanowa. (Доклады Академии Наук СССР [Ber. Akad. Wiss. UdSSR] **130.** 856—59. 1/2. 1960. Aerometh. Labor. der Akad. der Wiss. der UdSSR.) (Russ.)

Vf. beschreibt die Ergebnisse der aeropetrograph. Aufnahmen der Sande des südöstlichen Karakum vom August bis Oktober 1958. Es wird der Zusammenhang zwischen der Reflexionsfähigkeit der Mineralien u. ihrer petrograph. Zus. untersucht. In einer tabellar. Übersicht wird die Zus. der Sande (Quarz, Feldspat, Kalkstein, Granit, Effusivgestein) im Gebiet der Flüsse Tedshen u. Murgab, der Ansiedlungen Budalyk u. Kabakly sowie die Verteilung der Proben in der graph. Darst. der Klassifikationsdreiecke für granulometr. Zus. (Ton, Aleurit) u. für mineralog. Zus. (Feldspat, Quarz, Grauwacken, Arkosen) angegeben. Die spektrale Helligkeit der Sande wird für die Wellenlängenbereiche 510—568, 568—604 u. 604—650 mμ diskutiert u. durch Kurven dargestellt. Nach Vf. besteht ein Zusammenhang zwischen der spektralen Helligkeit u. dem Geh.

an Bruchstücken von Granit u. Epidot, für Kalkstein nur für den grünen u. orangefarbenen Teil des Spektrums. Aus der Steigung der Kurve der spektralen Helligkeit kann auf den Geh. an Quarz geschlossen werden. D. HOENE. 385□

Charakteristik der mineralogischen Zusammensetzung der Lößgesteine des Nord-Ost-Asowgebiets. L. Ss. Melik-Dawtjan. (Записки Всесоюзного Минералогического Общества [Schr. Allunions mineralog. Ges.] [2] **89.** 117—26. 1960.) (Russ.)

Unter Berücksichtigung der vorhandenen Literatur bringt Vf. die Ergebnisse, die bei Unterss. an den Lößgesteinen des Nord-Ost-Asowgebietes (Taganrog- u. Asowgebiet) gewonnen wurden. Die mineralog. Zus. der Lößgesteine ist tabelliert. Als Resultat der komplexen Unterss. (mkr., elektronenmkr., röntgenograph., differentialthermoanalyt., chem.) kann definiert werden: Im Taganrog- u. im Asowgebiet besteht der tonige Teil der Gesteine hauptsächlich aus Hydroglimmern u. Glimmern mit einem wesentlichen Anteil an Montmorillonit u. Bridellit, aber auch Kaolin-Mineralen, Haematit u. Quarz. H. NOACK. 385

Neuer Lithiumpegmatit von Nová Ves bei Český Krumlov (Südböhmen). František Čech und Josef Staněk. (Časopis Mineralog. Geol. **3.** 407—10. 1958. Praha, Miralog. ústav Karl. univ.; Brno, Mineralog. ústav Masarykovy univ.) (Tschech.)

Beschreibung der Struktur- u. Texturverhältnisse des unlängst in der Nähe von Nová Ves bei Český Krumlov entdeckten Li-Pegmatits. Das Grundgestein ist ein Pegmatit mit granit. Textur, ein Pegmatit mit Blocktextur, metasomat. Albitpegmatit, metasomat. Li-Pegmatit u. Pollucit. Im Pegmatit wurden folgende Mineralien gefunden: Albit, Amblygonit, Apatit, Beryll, Biotit, Columbit, Granat, Cassiterit, Lepidolith, Mikroklin, Mikrolith, Muskovit, Petalit, Pollucit, Quarz, Spodumen, Turmalin, Zirkon sowie Tonmineralien. J. TŮMOVÁ. 385□

Über die Phosphatoolithe und Sphärolithe in den Phosphoriten von Kara-Tau. A. M. Tuschina. (Записки Всесоюзного Минералогического Общества [Schr. Allunions mineralog. Ges.] [2] **89.** 46—51. 1960.) (Russ.)

Die Formierung der Phosphat-Bldg. hängt vom Reinheitsgrad des prim. Phosphatschlamms u. den hydrodynam. Bedingungen in den bodennahen Teilen des Meerbassins ab. Als Kristallisationskern für die Oolithe dient ein Phosphatkorn (Mikrokonkretion). Die Mikrokonkretionen befinden sich im suspendierten Zustand. Bei Übersättigung des natürlichen W. mit Phosphat setzt Kristallisation u. unter ungestörten Bedingungen gleichmäßiges Schalenwachstum ein. Die oftmals nicht phosphathaltige, sondern quarzhaltige Zus. der Hüllen bzw. die Verunreinigung der Phosphatschalen mit Quarz, Chalcedon u. Fe-Verbb. weisen auf eine Umgestaltung des physikal.-chem. Milieus während des Wachstums der Oolithe hin. Die Phosphatsphärolithe bilden sich wahrscheinlich bei der Umwandlung von Koll. in den krist. Zustand auf diagenet. Wege. Bei großem Reinheitsgrad des koll. Nd. entstehen gut ausgebildete Sphärolithe. Eine zu große Anzahl von Kristallisationskernen (starke Verunreinigung!) führt zu Wachstumsstörungen u. damit zu nadligen Kristallen. — Die Phosphorite von Kara-Tau, die sich zu 40—60% aus Phosphat-Sphärolithen zusammensetzen, sind hochwertig (35—38% P_2O_5) bei geringem Geh. an Kieselsäure u. Fe-Hydroxyden. H. NOACK. 385

Alter von Lavaflüssen auf Haleakala, Hawaii. G. Reber. (Bull. geol. Soc. America **70.** 1245—46. Sept. 1959. New York, N.Y., Res. Corp.) (Engl.)

Nach der C-Isotopen-Meth. wird das Alter verschiedener Lavaströme an Hand verkohlter Baumreste bestimmt. Es ergeben sich: Kamahina 800, Koonehunehune 650, Makua 590, Kalua o Lapa 200 u. Pimoe $<$100 Jahre. J.-E. HILLER. 386□

Berechnung des kosmischen Alters der Eisenmeteorite „Carbo“ und „Treysa“. H. Voshage und H. Hintenberger. (Nature [London] **185.** 88—89. 9/1. 1960. Mainz, MPI für Chem., Otto-Hahn-Inst.) (Engl.)

Aus dem Isotopenverhältnis $^{41}K/^{40}K$ in den Fe-Meteoriten „Carbo“ bzw. „Treysa“ kann bei Kenntnis der Wrkg.-Querschnitte σ_{41} u. σ_{40}, die für die Bldg. von ^{41}K bzw. ^{40}K aus Fe beim Beschuß mit schnellen Teilchen der kosm. Strahlung gelten, das kosm. Alter der Meteoriten zu $(1,05—1,40)\cdot 10^9$ bzw. $(0,50—0,67)\cdot 10^9$ Jahren berechnet werden. Die Streubreite rührt aus der ungenauen Kenntnis des Verhältnisses σ_{41}/σ_{40} her. HERBERT MÜLLER. 388□

Berechnung des kosmischen Alters der Eisenmeteorite „Carbo“ und „Treysa“. Royal R. Marshall. (Nature [London] **185.** 89. 9/1. 1960. Bern, Univ., Phys. Inst.) (Engl.) — Vgl. vorst. Referat.

Unter Berücksichtigung verschiedener Fehler in der Arbeit C. **1960.** 5761 wird das l. c. angegebene Alter der Meteorite erhalten. HERBERT MÜLLER. 388□

Zur Methodik hydrochemischer Untersuchungen im Wesergebiet. Karl Bösenberg und Gerd Lüttig. (Geol. Jb. **76.** 579—96. Dez. 1959. Hildesheim, Niedersächs. Wasseruntersuchungsamt; Hannover, Niedersächs. Landesamt für Bodenforsch.) (Dt.)

Die Gewässer des Wesergebietes sind durch erhebliche Geh. an Ca^{2+}, Mg^{2+}, Na^+, K^+ sowie HCO_3^- u. SO_4^{2-} neben Cl^- charakterisiert. Die Angabe der Verunreinigung eines Brunnenwassers durch Zufluß aus der Weser, aus normalem, von der Weser nicht beeinflußtem Grundwasser, aus versalzenem Tiefenwasser u. a. war in früheren Unterss. durch das Verhältnis Ca/Mg: Na/K verfolgt worden. Von den Autoren wird eine neue, die Herkunft des W. deutlicher kennzeichnende Meth. beschrieben: Die Erfassung der Analysenwerte der Säuren in einem Anionendreieck, der Werte von Ca + Mg, von K u. Na in einem Kationendreiecksdiagramm. Aus der Lage der Ionenfelder der bemusterten Brunnen u. des Weserwassers in den Diagrammen zueinander können entsprechende Schlüsse gezogen werden. R. G. KAISER. 393□

Hydrochemische Verhältnisse der Oberflächenwässer auf einem Takyr. I. Ja. Degopik. (Доклады Академии Наук СССР [Ber. Akad. Wiss. UdSSR] **106.** 1083—86. 21/2. 1956. Labor. für Seenwesen der Akad. der Wiss. der UdSSR.) (Russ.)

Für die Bldg. von Takyren (Salzböden in Wüstengebieten der UdSSR) spielt die Lebenstätigkeit niederer Pflanzen (Algen, Flechten) während der Bewässerungsperioden eine große Rolle. Auf einem Takyr wurden während eines Monats die täglichen Änderungen von O_2-Geh., Alkalinität u. pH-Wert in Abhängigkeit von der Lebenstätigkeit der Algen gemessen. Der O_2-Geh. stieg durch verstärkte Photo-Synth. tagsüber an u. sank nachts durch Vermischung des W. u. O_2-Abgabe an die Luft ab. Der pH-Wert liegt im alkal. Gebiet, er steigt bis 11,5, es tritt kein freies CO_2 auf. Durch CO_2-Verbrauch aus den Carbonaten der Takyr-Sedimente wird eine hohe Alkalinität erzeugt, die in Abhängigkeit von der Lebenstätigkeit der Algen schwankt. Dadurch erhöht sich auch der in W. echt gelöste Anteil an SiO_2. Durch Parallel-Verss. auf abgetrennten Feldern des Takyrs, auf denen die Pflanzen abgetötet waren, wurde die Abhängigkeit der hydrochem. Verhältnisse von der Pflanzen-Entw. bewiesen. HORST BRAUN. 393□

Radioaktivität der Luft in Verbindung mit den meteorologischen Bedingungen im Elbrus-Gebiet. T. P. Aminewa. (Известия Академии Наук СССР, Серия Геофизическая [Nachr. Akad. Wiss. UdSSR, geophysik. Ser.] **1960.** 898—902. Juni. Inst. für angew. Geophys. der Akad. der Wiss. der UdSSR.) (Russ.)

Auf der Elbrus-Station wurden vom Sommer 1957 an über 2 Jahre Messungen der Radioaktivität der Luft mittels Filtern u. GEIGER-Zählern durchgeführt. Der Einfl. der meteorolog. Bedingungen, wie z. B. Temp., Wind, Schnee, Regen, wurde geprüft. Diese spielen jedoch nur eine sek. Rolle, maßgebend ist die Emanation aus dem Boden. M. WIEDEMANN. 396□

Radioaktiver Fallout in Israel nach Kernwaffenversuchen in der Sahara. Y. Feige, E. Shalmon, J. Vardi, J. R. Gat (Gutmann) und Y. L. Tokatly. (Nature [London] **189.** 90—95. 14/1. 1961. Rehovoth, Israel Atom. Energy Comm., Health Phys. Dep., Weizman Inst. of Sci.; Israel Meteorolog. Serv.) (Engl.)

Es wird über den radioakt. Fallout in Israel nach Kernwaffen-Verss. am 13/2. u. 1/4. 1960 in der Sahara berichtet. Der an 5 verschiedenen Orten gemessene Fallout ist starken Schwankungen in Abhängigkeit von meteorolog. Einfl. unterworfen. Aus den Messungen über den radioakt. Fallout bei gegebenen meteorolog. Bedingungen wird versucht, Einblick über die Bewegungen von Luftströmungen mit radioakt. Teilchen u. deren Ablagerung zu erhalten. G. FAUST. 396□

B. Allgemeine und theoretische organische Chemie

Kohlenstoff und Wasserstoff in Nachbarstellung. 34. Mitt. **Wechselwirkung nichtkonjugierter Chromophore.** C. F. Wilcox jun., S. Winstein und W. G. McMillan. (J. Amer. chem. Soc. **82.** 5450—54. 20/10. 1960. Los Angeles, Calif., Univ. of California, Dep. of Chem.) (Engl.) — 33. vgl. C. **1961.** 797; vgl. auch C. **1961.** 6103.

Vff. nahmen das UV-Spektrum von *Bicyclo-[2.2.1]-heptadien-(2.5)* (**I**, $Kp._{755}$ 90°, n_D^{25} 1,4669, $D._4^{25}$ 0,9008) im Dampfzustand sowie das IR-Spektrum (zwischen ca. 3730 u. 653 cm^{-1}) auf, die Daten sind tabellar. angeführt. Vff. benutzen die Ergebnisse von **I** u. *Bicyclo-[2.2.1]-hepten-(2)* (**II**) zur Lösung des Problems der Wechselwrkg. zwischen nichtkonjugierten Chromophoren mittels dreier halbempir. Meth.: der einfachen LCAO-Meth. sowie der Meth. von PARISER u. PARR (C. **1956.** 6620 u. früher) bzw. LONGUET-HIGGINS u. MURRELL (C. **1958.** 7700), welche die Elektronenabstoßung u. die Konfigurations-Wechselwrkg. berücksichtigen. Angegeben sind die Mol.-Dimensionen u. die Überlappungsintegrale von **I**. In die Unterss. wird das noch unbekannte *Bicyclo-[2.2.2]-octatrien* (**III**) einbezogen, für das die Daten des Absorptionsspektrums vorausgesagt werden. Die drei Meth. beschreiben übereinstimmend den Grundzustand von **I** mit einer klass. KEKULÉ-Struktur, die berechneten Delokalisierungsenergien sind Null. Analog wird für **III** vorausgesagt, daß es nicht durch Homokonjugation stabilisiert ist. **I** weist eine UV-Absorption bei längeren Wellenlängen auf als **II**, die Verschiebung geben quant. die beiden oben zuletzt genannten Meth., nicht aber die LCAO-Meth. wieder. Das IR-Spektrum von **I** weist ein C=C-Valenzfrequenzpaar bei 1635 u. 1543 cm^{-1} auf, während **II** bzw. Cyclobuten bei 1568 bzw. 1566 cm^{-1} absorbieren. Im Gegensatz zu CRAM u. VAN DUUREN (C. **1956.** 4410) nehmen Vff. zur Erklärung an, daß infolge gekoppelter Oszillatoren sich die Bezugsfrequenz in 2 Banden mit höherer u. niedriger Frequenz aufspaltet. — **I** bildet mit $AgNO_3$ in W. einen Komplex mit ca. 2 Mol Ag pro Mol **I**. B. GNAUCK. B 114□

Die Ultraviolett-Absorption von isolierten Doppelbindungen. J. H. Chapman und A. C. Parker. (J. chem. Soc. [London] **1961.** 2075—78. Mai. Greenford, Middlesex, Glaxo Labor. Ltd.) (Engl.)

Die UV-Spektren einer Reihe von Verbb., die isolierte Doppelbindungen enthalten, werden bis zu einer Wellenlänge von 187 mμ in n-Heptan, bei Verbb. mit * in A., gemessen. Die maximalen Absorptionen (in mμ) liegen wie folgt: *Cyclohexen* <187, *Δ²²-11α-Acetoxy-3β-hydroxy-5α-ergosten* <187, *Δ²-5α-Cholesten* <187, *Δ⁶-3β-Acetoxy-5α-cholesten*, <188, *Δ²-5α.22-Spirosten* <187, *Δ¹¹-3β-Hydroxy-5α.22α-spirosten* <187, *Lupeol** (**I**) 197, **I**-*Acetat* 195, *2.4.4-Trimethylpenten-(1)* 193 u. -(2) 193,5, *Δ⁵-Cholesten* (**II**) 190, *Δ⁵-3β-Acetoxy-* 189 u. *-3β.24-Diacetoxycholesten* 190, *Δ⁴-5α-Cholesten* 192, *Δ⁷-3β.5α-Diacetoxyergosten-11-on* 187, *Δ⁸-3β-Acetoxylanosten* 202, *Δ⁸-3β-Hydroxylanosten** 201, *Δ⁸,¹⁴-3β-Acetoxy-5α-ergosten** 200, *Δ⁸,⁹-3β-Acetoxy-5α-hydroxyergosten** 200, *Δ⁹,¹¹-3β-Acetoxy-11-methyl-5α.25β-spirosten* 200, *Euphenylacetat* 197, *3β-Acetoxy-5α-cholestan* ≪187, *Aceton* 186—187, *2.4.6-Trimethylcyclohexanon* <187, *2.2.6.6-Tetramethylcyclohexanon* <187, *Cholestan-3-on* <187, *3β-Acetoxy-5α-ergostan-11-on* <187, *3β-Acetoxy-5α.9β-ergostan-11-on* <187, *3β-Acetoxy-5α-pregnan-12-on* <187, *3β-Acetoxy-5α-pregnan-20-on* <187. Keines der gesätt. Ketone zeigt eine Absorption über 187 mμ. Die Lagen von λ_{max} zeigen eine Abhängigkeit vom Grad der Substitution an der Doppelbindung. Unterschiede in den Ergebnissen dieser Unterss. zu denen von TURNER (C. **1961.** 5739), ELLINGTON u. MEAKINS (J. chem. Soc. [London] **1960.** 697) u. STICH u. Mitarbeitern (C. **1960.** 2806) werden diskutiert. RUDOLF ALBRECHT. B 118□

Untersuchung der Anisotropie der Polarisierbarkeit von Molekülen der o-, m- und p-Dichlorbenzole, Dibrombenzole und Xylole durch die Lichtstreuung in Lösungen. M. F. Wuks und M. G. Panow. (Вестник Ленинградского Университета, Серия Физики и Химии [Nachr. Leningrader Univ.] **12.** Nr. 22. [Ser. Physik Chem.] Nr. 4. 14—18. 1957.) (Russ.; Auszug: Engl.)

Nach der Lichtstreuungs-Meth. unter Verw. des Umwandlungsfaktors $5{,}83 \cdot 10^{-6}$ cm^{-1} nach PAYROT wird die opt. Anisotropie der Moll. von Dichlorbenzolen (**I**), Dibrombenzolen (**II**) u. Xylolen (**III**) in CCl_4, A., Cyclohexan u. n-Heptan gemessen u. mit den nach der additiven Tensor–Vektor-Meth. berechneten verglichen. Es ergibt sich für **I**: *o*- experimentell 79 (berechnet 60), *m*- 79 (60), *p*- 94 (69); **II**: *o*- 107 (78), *m*- 114 (78), *p*- 138 (93); **III**: *o*- 48 (57), *m*- 47 (57), *p*- 49 (61). Die höheren experimentellen Werte bei **I** u. **II** werden durch Wechselwrkg. der p-Elektronen der Halogene mit den π-Elektronen des Benzolrings erklärt, die niedrigeren experimentellen Werte bei **III** durch das Fehlen der p-Elektronen u. einen induktiven Effekt. Bei allen Isomeren besteht relative Additivität der Polarisierbarkeit der opt. Anisotropie. R. K. MÜLLER. B 119□

Untersuchungen über optische Rotationsdispersion. 36. Mitt. **α-Halogenketone.** 7. Mitt. **Demonstration der Bootform bei der Bromierung von 2α-Methylcholestan-3-on.** Carl Djerassi, Neville Finch, R. C. Cookson und C. W. Bird. (J. Amer. chem. Soc. **82.** 5488—93. 20/10. 1960. Stanford, Calif., Stanford Univ., Dep. of Chem.; Southampton, Univ.) (Engl.) — 35. vgl. FISHMAN u. DJERASSI, Experientia [Basel] **16.** [1960.] 138; 6. vgl. J. org. Chemistry **25.** [1960.] 917; 8. vgl. C. **1961.** 12393; vorl. Mitt. vgl. J. Amer. chem. Soc. **81.** [1959.] 4997; 26. vgl. C. **1961.** 8602.

Wie MAZUR u. SONDHEIMER (C. **1961.** 3328) untersuchten Vff. die Bldg. von *2-Methyl-Δ²-cholesten-3-olacetat* (**I**) aus 2α-Methylcholestan-3-on (**II**) u. die kinet. kontrollierte Bromierung von **I**. Das Prod. dieser Rk. ist nach dem IR- u. UV-Spektrum u. bes. seiner Rotationsdispersion (negativer COTTON-Effekt) nicht 2β-Brom-2α-methylcholestan-3-on wie MAZUR u. SONDHEIMER l. c. angenommen hatten, sondern die *Bootform* (**IIIa**) von *2α-Brom-2β-methylcholestan-3-on*. In Übereinstimmung hiermit ist der Verlauf der HBr-Abspaltung aus **IIIa**, die zu *2-Methyl-Δ¹-cholesten-3-on* (**IV**) führt. Ferner liefert **IIIa** beim Stehen (1 Nacht) in Chlf.–Essigsäure-Lsg. in Ggw. von HBr ein öliges Prod., aus dem durch Dehydrobromierung unter Bedingungen, bei denen **IIIa** nur **IV** liefert, ein chromatograph. trennbares Gemisch aus **IV**, *2α-Methyl-Δ⁴-cholesten-3-on*, die Sesselform (**IIIb**) von *2β-Brom-2α-methylcholestan-3-on* u. *2α-Methyl-4α-bromcholestan-3-on* erhalten wurde. Die Konstit. dieser Verbb. wurde IR- u. UV-spektroskop. sowie durch Aufnahme der Rotationsdispersionen sichergestellt. **IIIb** ergab durch HBr-Abspaltung **IV**. Vff. schließen aus den Befunden, daß das Prod. der kinet. kontrollierten Bromierung von **I** zwar **IIIa** (Ring A in Bootform) ist, daß das thermodynam. bevorzugte Prod. aber **IIIb** (Ring A in Sesselform) ist. Die energet. stabilste Form ist also **IIIb**, doch ist die Sesselform (**IIIc**) von **IIIa** noch energet. ungünstiger als die Bootform von **IIIa**. Die Energieunterschiede zwischen diesen Formen sind aber gering, die Hauptrolle spielt dabei die angulare CH_3-Gruppe. Zur Erklärung der Bldg. von **IIIa** bei der kinet. kontrollierten Bromierung wird angenommen, daß die Rk. über eine sesselförmige Zwischenstufe zunächst **IIIc** ergibt, das sich dann in **IIIa** umwandelt. Vff. fanden ferner, daß sich 2β-Bromcholestan-3-on (**V**) durch Einw. von HBr–Essigsäure in die 2α-Brom-Verb. umlagert. Unter der Voraussetzung, daß der stereochem. Verlauf der Bromierung von Enolacetaten u. Ketonen tatsächlich gleich ist, müßte nun die allg. Annahme von COREY (C. **1954**. 8582 u. früher), daß die kinet. kontrollierte Bromierung eines Cyclohexanon-Deriv. stets ein axial orientiertes Br-Atom erfordert, aufgegeben werden (vgl. 37. Mitt., VILLOTTI u. Mitarbeiter, C. **1961**. 12393). Bei der Red. von **IIIa** mit $NaBH_4$ trat Br-Verlust auf, das resultierende Alkoholgemisch bestand aus *2β-Methylcholestan-3β-* u. *-3α-ol*. Die entsprechende *2α-Methylisomeren* wurden durch die gleiche Red. aus **II** erhalten. Durch basenkatalysierte Zers. von **II**-p-Toluolsulfonylhydrazon (**VI**) nach BAMFORD u. STEVENS (C. **1955**. 7179) konnte *2-Methyl-Δ^2-cholesten* dargestellt werden. Die Konstit. dieser Verb. wurde durch Aufnahme des kernmagnet. Resonanzspektrums u. durch Oxydation mit Perbenzoesäure (**IX**) nachgeprüft, die *2α.3α-Oxido-2β-methylcholestan* (**VII**) ergab. **VII** lieferte durch Einw. von HBr ein Gemisch, aus dem als krist. Verb. nur **II** isoliert werden konnte. Vff. vermuten, daß die Bldg. von **II** durch eine direkte Verschiebung von H erfolgt.

Versuche ($[\alpha]_D$-Werte in Chlf.): *2-Hydroxymethylencholestan-3-on*, F. 164—166° (hellgelb), durch langsame Zugabe von 82 g Cholestan-3-on in abs. Bzl. zu $NaOCH_3$-Suspension in Äthylformiat–Bzl., Zugabe von weiterem $NaOCH_3$, 4std. Einw. u. Zers. des kräftiggelben Na-Salzes in wss. HCl (1 Std.); 70 g (Ausbeute). — *2α-Methylcholestan-3-on* (**II**), F. 119,5—120° (Ae.–Methanol), durch Zugabe von 4,54 g vorst. Verb. in abs. Bzl. zu 10%ig. Pd-Kohle in A., 2tägige Hydrierung u. Chromatographie an Al_2O_3; $[\alpha]_D$ +44° (c = 0,93); 2,25 g, daneben 0,15 g (vermutlich) *2-Methylcholestan*, F. 96—97°. — *2-Methyl-Δ^2-cholesten-3-olacetat* (**I**), F. 92—93°, aus 3 g **II** mit der Isopropenylacetat-Meth. nach MAZUR u. SONDHEIMER (l. c.) u. Chromatographie an Al_2O_3; 2,8 g. — *2α-Brom-2β-methylcholestan-3-on* (**IIIa**), F. 136—138° (Ae.–Methanol), durch Zugabe von Br_2 in Essigsäure zu 100 mg **I** in Essigsäure–Pyridin, 18std. Stehen unter Lichtausschluß u. Gießen in W.; 62 mg. — *2-Methyl-Δ^1-cholesten-3-on* (**IV**), F. 75—76°, a) durch Zugabe von LiBr u. Li_2CO_3 zu 100 mg **IIIa** bzw. 18 mg **IIIb** in Dimethylformamid, 18std. Rühren bei 95°, Gießen in verd. H_2SO_4 u. Chromatographie des glasartigen Rückstands an Al_2O_3; 75 mg bzw. 14 mg; b) durch Lösen von 150 mg **IIIa** bzw. **IIIb** in heißem Eisessig unter N_2, Zugabe von 2.4-Dinitrophenylhydrazin u. kurzes Kochen über das *2.4-Dinitrophenylhydrazon*, $C_{34}H_{50}N_4O_4$, F. 252—253° (orangefarbene Nadeln aus Bzl.–A.); 84 mg. — *2β-Brom-2α-methylcholestan-3-on* (**IIIb**), $C_{28}H_{47}BrO$, F. 120—122° (Ae.–Methanol), durch Zugabe von 8 Tropfen 15%ig. HBr in Essigsäure zu 850 mg **IIIa** in Chlf.–Essigsäure (1:1), 23std. Rühren bei Raum-Temp. unter Lichtausschluß, Gießen in 10%ig. $KHCO_3$ u. Chromatographie an Silicagel; 120 mg; daneben 61 mg *2α-Methyl-4α-bromcholestan-3-on* (**VIII**), $C_{28}H_{47}BrO$, F. 140—141° (Ae.–Methanol) sowie 190 mg **IV**. — *2α-Methyl-Δ^4-cholesten-3-on*, F. 120—122° (Methanol), aus 18 mg **VIII** analog **IV** nach a); 13 mg. *2.4-Dinitrophenylhydrazon*, $C_{34}H_{50}N_4O_4$, F. 224—226° (Bzl.–A.). — *2α-Bromcholestan-3-on*, F. 167—168° (Ae.–Methanol), durch Zutropfen von Br_2 in CCl_4–Eisessig zu 3-Acetoxy-Δ^2-cholesten (F. 93—98°, $[\alpha]_D$ +60°, c = 1,11) in CCl_4–Eisessig–Na-Acetat u. Gießen in W.; $[\alpha]_D$ +40° (c = 1,12); daneben nach dem IR-Spektrum **V**. — *2α-Methylcholestan-3α-ol*, F. 99—103° (wss. A.), durch Zugabe von $NaBH_4$ in W. zu 200 mg **II** in Methanol u. wenig Ae., Zugabe von gesätt. Na_2CO_3-Lsg., 2std. Stehen bei Raum-Temp. u. Chromatographie des Ae.-Extrakts an Al_2O_3; 17 mg; daneben 65 mg *2α-Methylcholestan-3β-ol*, F. 140—141° (A.), $[\alpha]_D$ +12° (c = 1,47), *Acetat*, F. 104,5 bis 106°. — *2β-Methylcholestan-3α-ol*, $C_{28}H_{50}O$, F. 122—128° (Ae.–Methanol), durch Red. von 200 mg **IIIc** analog vorst. Verb. (14std. Stehen); $[\alpha]_D$ +34° (c = 0,85); 32 mg; daneben 55 mg *2β-Methylcholestan-3β-ol*, $C_{28}H_{50}O$, F. 121—124° (Ae.–A.), $[\alpha]_D$ +30° (c = 0,2); lieferte durch Oxydation mit CrO_3 in Aceton *2β-Methylcholestan-3-on* (F. 85 bis 92°, $[\alpha]_D$ +30°, c = 0,2). — *2-Methyl-Δ^2-cholesten*, $C_{28}H_{48}$, F. 97—97,5° (A.), durch Zugabe von 4 Tropfen konz. H_2SO_4 zu einer sd. Lsg. von 2,5 g **II** u. 1,25 g p-Toluolsulfonylhydrazin in A. (→ 1,64 g **VI**, *Solvat*, $C_{35}H_{56}N_2O_2S \cdot C_6H_6$, F. 210° (Zers., Bzl.–A.)], Zugabe von 200 mg **VI** in Diäthylcarbitol zu Na in Äthylenglykol, 18std. Kochen unter

N_2, Zugabe von W. u. Chromatographie des Benzolextrakts; $[\alpha]_D$ +75° (c = 0,74); 55 mg. — *2α.3α-Oxido-2β-methylcholestan* (**VII**), $C_{28}H_{48}O$, F. 98—98,5° (A.), durch Zugabe von 0,817 **IX**-Lsg. in Chlf. zu eiskalter Lsg. von 71 mg vorst. Verb. in Chlf. u. 24std. Stehen bei 4°; $[\alpha]_D$ +35° (c = 0,94); 59 mg. 202 mg **VII** lieferten durch 7minütiges Schütteln mit 40%ig. HBr in Chlf., Gießen in 10%ig. wss. Na_2SO_3-Lsg. u. Chromatographie 76 mg **II**. B. Gnauck. B 119□

Das Raman-Spektrum von Äthylen. T. Feldman, J. Romanko und H. L. Welsh. (Canad. J. Physics **34.** 737—44. Aug. 1956. Toronto, Ontario, Univ. of Toronto, McLennan Labor.) (Engl.)

Das Raman-Spektrum gasförmigen *Äthylens* bei 1—3 atm wurde mit einer Dispersion von 10,5 cm^{-1}/mm u. der Spaltweite von 0,7 cm^{-1} untersucht. Die gefundenen Frequenzen werden tabellar. aufgeführt u. eine Zuordnung der Schwingungs- u. Rotationsstruktur, letztere mit dem Modell des leicht asymm. Kreisels, versucht.

R. Voigt. B 120□

Wechselbeziehungen zwischen Infrarot-Spektren und Struktur von organischen Siliciumverbindungen. A. Lee Smith. (Spectrochim. Acta [London] **16.** 87—105. Febr. 1960. Midland, Mich., Dow Corning Corp.) (Engl.)

Von *Hexamethyl-, -äthylcyclotrisiloxan, Oktamethyl-, -äthylcyclotetrasiloxan, Methyl-, Äthyl-, n-Propyl-, Isopropyl-, n-Butyl-, n-Decyl-, Phenyltrichlorsilan, Dimethyl-, Diäthyl-, Diphenyldichlorsilan, Dimethyl-, Diäthyl-, Di-n-propylchlorsilan, Trimethyl-, Triphenylchlorsilan, Tetramethyl-, Tetraphenylsilan, Tetramethoxy-, Tetraäthoxysilan, Diphenylsilan, Diphenyldimethyl-, Phenylmethylsilan, Phenylmethylchlorsilan, Chlorbenzol, Methylmethoxydichlor-, Methyldimethoxychlor-* u. *Methyltrimethoxysilan* sind die IR-Spektren angegeben. In einer graph. Tabelle wurden die charakterist. Banden von Si–Alkyl-, Si–Alkoxy-, Si–Aryl-, Si–Aryloxy-, SiX-Gruppen sowie von N- u. S-haltigen Si-organ. Verbb. übersichtlich im Bereich von 2—16 μ zusammengestellt. Die einzelnen Hauptgruppen sind noch weitgehend unterteilt. — 116 Literaturangaben.

M. Schüle. B 120□

Intensitäten im Raman-Spektrum des Benzols. D. H. Whiffen. (Proc. physic. Soc., Sect. A **69.** 375—80. 1/5. 1956. Birmingham, Univ., Chem. Dep.) (Engl.)

Auf Grund neuerer photoelektr. Messungen der Intensitäten u. der Depolarisation der Raman-Linien von fl. *Bzl.*, C_6D_6 u. *symm.* $C_6H_3D_3$ untersucht Vf. für die E_{1g}- u. E_{2g}- u. A_{1g}-Klasse die Übereinstimmung der experimentellen Werte mit den berechneten (vgl. Allen u. Bernstein, C. **1959.** 9170). Aus den experimentellen Werten wird die Vorzeichengebung gewählt u. zweifelhafte Zuordnungen werden diskutiert.

R. Voigt. B 120□

Die Schwingungsfrequenzen von Pentafluorbenzol. D. Steele und D. H. Whiffen. (Spectrochim. Acta [London] **16.** 368—75. April 1960. Birmingham, Univ., Chem. Dep.) (Engl.)

Vff. messen von *Pentafluorbenzol* (**I**) die IR-Spektren (Gas- u. Lsg.-Phase) u. das Raman-Spektrum, sowie von D-**I** die IR-Spektren (gleichfalls Gas- u. Lsg.-Phase) u. stellen deren Frequenzen tabellar. zusammen. In einer weiteren Tabelle werden Vgl. mit C_6F_6 angestellt. Für *1.2.4.5-Tetrafluorbenzol* wird eine teilweise Neuzuordnung der Frequenzen vorgeschlagen. — **I** wird durch Dehydrofluorierung von *1H.2H.4H.5H-Oktafluorcyclohexan* (Kp. 118°) dargestellt, D-**I** durch Umwandlung von **I** in C_6F_5Br u. dann C_6H_5MgBr u. dessen Zers. mit D_2O. M. Schüle. B 120□

Die Schwingungsfrequenzen von Hexafluorbenzol. D. Steele und D. H. Whiffen. (Trans. Faraday Soc. **55.** 369—76. März 1959. Birmingham, Univ., Chem. Dep.) (Engl.)

Vff. nahmen das Raman-Spektrum von fl. *Hexafluorbenzol* (**I**) sowie das IR-Spektrum von fl. u. gasförmigem **I** zwischen ca. 300 u. 3200 cm^{-1} auf. Dem **I**-Mol. wird die Struktur eines flachen regulären Sechsecks mit D_{6h}-Symmetrie zugeschrieben. Die Banden sind mit Zuordnungen in Tabellenform angegeben. Neben einer Diskussion der Zuordnungen geben Vff. einige Regeln für die Frequenzungleichheit für verwandte Moll., die am Beispiel **I**, C_6F_5H u. C_6F_5D erläutert werden. B. Gnauck. B 120□

Mikrowellenspektrum, Dipolmoment und innere Schwelle von 2-Fluorpropen. Louis Pierce und James M. O'Reilly. (J. molecular Spectroscopy **3.** 536—47. Okt. 1959. Notre Dame, Ind., Univ. of Notre Dame, Dep. of Chem.) (Engl.)

Vff. untersuchten das Mikrowellenspektrum von *2-Fluorpropen* (**I**; aus 1.2-Dichlor-2-fluorpropan mit Mg u. J_2 in Ae.) im Grundzustand u. ordnen die zahlreichen Rotationsübergänge zu (Tabelle). Aus den bekannten Dimensionen des Mol. wurden angenäherte Rotations-Konst. berechnet. Im Grundzustand betrugen die Rotations-

Konst. a = 10169,40 [MHz]; b = 9041,36; c = 4927,16; außerdem sind die 3 Trägheitsmomente angegeben. Aus den STARK-Aufspaltungen ergab sich ein Dipolmoment von 1,60 ± 0,02 D. Infolge der Kopplung der inneren u. Gesamtrotation treten viele Absorptionslinien als Dubletts auf. Die Schwelle gegenüber der inneren Rotation in **I** ist relativ hoch u. als Folge davon ist die von den Dublettaufspaltungen abhängige Schwelle auch für sehr hohe Übergänge klein. Aus den Dublettaufspaltungen des Grundzustandes errechnete sich eine Schwellenhöhe von 2440 ± 16 cal/Mol. Eine entsprechende Analyse der Dublettaufspaltung des ersten angeregten Zustandes lieferte eine Schwellenhöhe von 2432 ± 11 cal/Mol. C. GOTTFRIED. B 121 □

Relaxationszeit und Natur der sich orientierenden Einheit. C. R. K. Murty. (J. sci. ind. Res. [New Delhi], Sect. B **16.** 334—36. Aug. 1957. Waltair, Andhra Univ., Phys. Dep.) (Engl.)

In benzol. Lsg. werden bei 30° u. 9515 MHz die Relaxationszeiten von *Phenol* zu $7{,}4 \cdot 10^{-12}$ (Dipolmoment 1,46 D), *o-Chlorphenol* $4{,}8 \cdot 10^{-12}$ (1,24), *p-Chlorphenol* $11{,}9 \cdot 10^{-12}$ (1,82), *Anilin* $3{,}0 \cdot 10^{-12}$ (1,32) u. *Benzylalkohol* $4{,}7 \cdot 10^{-12}$ s (1,59) bestimmt. Diese Zahlen werden im Zusammenhang mit älteren Messungen an homologen Alkoholen im Hinblick auf die Frage nach der rotierenden Gruppe diskutiert, ohne daß eine eindeutige Entscheidung möglich wird. K. L. WOLF. B 121 □

Die Stereokonfiguration von Decadien-(2.4)-alen, die aus Linolsäure enthaltenden Ölen isoliert wurden. G. Hoffmann und J. G. Keppler. (Nature [London] **185.** 310—11. 30/1. 1960. Vlaardingen, Unilever Res. Labor.) (Engl.) — Vgl. BEERTHUIS u. KEPPLER, C. **1958.** 5468.

Aus Stillingia-Öl, dem Öl des Samens von *Sapium sebiferum* Roxb., erhielten Vff. in 3—5%ig. Ausbeute *Decadien-(trans-2.cis-4)-säure*, aus der nach der Meth. von BROWN u. SUBBA RAO (C. **1959.** 14685) *Decadien-(trans-2.cis-4)-al* (**I**) dargestellt wurde. *Decadien-(trans-2.trans-4)-al* (**II**) wurde dagegen aus Hexanal durch DOEBNER-Rk. (vgl. FORSS u. HANCOX, C. **1958.** 5047) synthetisiert. Vff. nahmen das IR-Spektrum (von 650—4000 cm^{-1}) sowie das Gas–Fl.-Chromatogramm von **I** u **II** auf, wobei sich ergab, daß die früher (vgl. l. c.) aus Palm- u. Erdnußöl erhaltenen zwei Aldehyde die Konfiguration von **I** u. **II** besitzen. Im natürlichen Gemisch sind **I** u. **II** im Verhältnis 28 : 72 enthalten. Vff. werten die Befunde als indirekten Beweis, daß 10-trans.12-cis-Linolsäurehydroperoxyd-(9) (**III**) als eines der prim. Autoxydations-Prodd. der Linolsäure auftritt, wie schon SEPHTON u. SUTTON (C. **1957.** 10161) spektroskop. gefunden haben. **III** wird als Vorläufer von **I** angesehen. Das stabilere **II** bildet sich entweder als sek. Rk.-Prod. während der weiteren Umlagerung von **III** in 10-trans.12-trans-Decadiensäurehydroperoxyd-(9) oder infolge der Instabilität von **I**. B. GNAUCK. B 123 □

Beziehung zwischen Massenspektrum und Struktur bei sauerstoffhaltigen aromatischen Verbindungen. Methylsubstituierte aromatische Säuren und Aldehyde. Thomas Aczel und H. E. Lumpkin. (Analytic. Chem. **33.** 386—89. März 1961. Baytown, Tex., Humble Oil and Refining Co., Res. and Dev. Div., Mfg. Dep.) (Engl.) — Vgl. C. **1961.** 8238.

Von folgenden aromat. Säuren u. Aldehyden wurden die Massenspektren (Tabellen) aufgenommen: *Benzoesäure, o-, m-, p-Methyl-, 2.6-, 2.5-, 2.4-, 2.3-, 3.5-, 3.4-Dimethyl-, 2.4.6-, 2.4.5-Trimethyl-, o-* u. *p-Methoxybenzoesäure, Phthal-, Isophthal-, Terephthal-, 4-Methylphthal-, 4-* u. *5-Methylisophthal-* u. *Methylterephthalsäure, Benzaldehyd, o-, m-p-Toluyl-, Mesityl-* u. *Terephthalaldehyd*. Der Zerfall in unterschiedliche Bruchstücke läßt sich auf den Einfl. der Stellung des Substituenten im Benzolring zurückführen. HEINZ NESTLER. B 131 □

Einige spezifische molekulare Umlagerungen in den Massenspektren organischer Verbindungen. J. H. Beynon, G. R. Lester und A. E. Williams. (J. physic. Chem. **63.** 1861—68. Nov. 1959. Manchester, Imp. Chem. Ind., Dyestuffs Div.) (Engl.)

Vff. untersuchen massenspektrometr. die Einw. von 50-eV-Elektronen auf *Anthrachinon* (**I**). Die Analyse der erhaltenen Spektren zeigt, daß als Spaltfragmente Fluorenon (**II**)- u. o-Diphenylenionen auftreten, wobei zwei Moll. CO entstehen. Der Mechanismus dieser Spalt-Rk. wird eingehend diskutiert u. es wird gezeigt, daß diese Eliminierungs- u. Umlagerungs-Rk. spezif. für Chinone (z. B. *Benzochinon, 2-Hydroxyanthrachinon, Naphthochinon* u. alle substituierten Anthrachinone), aliphat. Ketone [z. B. *Acetylaceton* (**III**)], Äther [z. B. *Diphenyläther* (**IV**)] sind. Bei den einfachen aliphat. Ketonen (*Aceton, Cyclopentanon*) ist die vorst. erwähnte Rk. auf Grund anderer energet. bevorzugter Spaltungswahrscheinlichkeiten nur schwierig zu beobachten. Eine ähnliche Umlagerungs-Rk., in diesem Falle unter Abspaltung von HCN, findet sich bei stickstoffhaltigen Verbindungen. Diese Rk. wurde beobachtet beim *Anilin, Dinaphthylamin, Benzonitril, Phthalodinitril* u. *α-Picolin*. Nitroverbb. liefern bei der Spaltung NO u. NO_2.

Die Analyse der Massenspektren der drei *Nitroaniline* zeigt, daß hier durch Umlagerungs-Rkk. CO, HCN u. NO abgespalten werden. Abgebildet sind die Massenspektren von I, II, *Benztropon, Naphthalin, Phenol, Benzalacetophenon,* III, *Maleinsäureanhydrid,* IV, *Dimethylacetal* u. *o-Nitroanilin.* K. FRENKLER. B 131□

Zur Berechnung der magnetischen Eigenschaften von Molekülen nach der Methode des Metall-Modells. 2. Mitt. T. K. Rebane. (Вестник Ленинградского Университета, Серия Физики и Химии [Nachr. Leningrader Univ.] **12.** Nr. 22. [Ser. Physik Chem.] Nr. 4. 70—75. 1957.) (Russ.; Auszug: Engl.) — 1. vgl. C. **1961.** 3613; vgl. auch C. **1959.** 14642.

Die früher entwickelte Meth. der Berechnung der diamagnet. Anisotropie aromat. Moll. auf Grund eines eindimensionalen Modells mit freien Elektronen („Metallmodell") wird mit der Berechnung nach der Theorie der Mol.-Bahnen verglichen. Aus den Ionisationspotentialen I u. den Elektronenaffinitäten A für die π-Elektronen läßt sich halbempir. die Beziehung zwischen den eindimensionalen Potentialen der Elektronen x u. y wiedergeben: $V_0^{(x)} - V_0^{(x)} = {}^1/_2 (I_y + A_y - I_x - A_x)$. R. K. MÜLLER. B 137□

Elektrolytische Leitfähigkeit von Salzen von einigen Cyankohlenstoffsäuren. John E. Lind jun. und Raymond M. Fuoss. (J. Amer. chem. Soc. **83.** 1828—30. 20/4. 1961. New Haven, Conn., Yale Univ., Sterling Chem. Labor.) (Engl.) — Vgl. C. **1959.** 86.

Die elektrolyt. Leitfähigkeit bei 25° des *Tetraäthylammoniumsalzes* von *1.1.2.3.3-Pentacyanpropen* (I) u. *1.1.2.4.5.5-Hexacyan-3-azapentadien* (II) in Acetonitril (DK 36,01) u. Äthylendichlorid (DK 10,35) u. vom I-Salz in W. wurden bestimmt. Beide Salze zeigen das Verh. starker Elektrolyte. Die Ionenassoziation in W. u. Acetonitril ist sehr klein, in $C_2H_4Cl_2$ dagegen erheblich. Die hydrodynam. Radien der Ionen, berechnet aus den Grenzleitfähigkeiten Λ_0, stimmen für alle 3 Lsgm. überein; es tritt also keine selektive Solvatation u. damit CN–CN-Wechselwrkg. auf. Diese Werte sowie die ebenfalls berechneten Kontaktabstände der Ionen zeigen, daß die negative Ladung weitgehend in beiden Anionen verteilt ist. Ergebnisse: Salz von I: Λ_0: 67,19 (W.), 169,57 (CH_3CN); 70,81 ($C_2H_4Cl_2$); Assoziations-Konst. k: 0 (W.); 8 (CH_3CN); 2570 ($C_2H_4Cl_2$); Salz von II: Λ_0: 156,35 (CH_3CN); 66,94 ($C_2H_4Cl_2$); k: 8 (CH_3CN); 2000 ($C_2H_4Cl_2$). Die Salze sind gefärbt u. zeigen starke Absorption im nahen UV. G. PÖTZSCHER. B 138□

Quantenmechanische Untersuchungen der Oxydationspotentiale und antioxydierenden Wirkung von Phenolverbindungen. Takayuki Fueno, Taikyue Ree und Henry Eyring. (J. physic. Chem. **63.** 1940—48. Nov. 1959. Salt Lake City, Utah, Univ., Dep. of Chem.) (Engl.)

Vff. berechnen für ca. 180 mögliche Monophenole der Stammkörper *Bzl.*, *Naphthalin* (Stellung des C-Atoms, das die OH-Gruppe trägt: *1* u. *2*), *Anthracen* (*1, 2* u. *9*), *Phenanthren* (*1, 2, 3, 4* u. *9*), *Naphthacen* (*1, 2* u. *5*), *1.2-Benzanthracen* (*1, 2, 3, 4, 5, 6, 7, 8, 9, 10, 11, 12*), *Diphenyl* (*o, p*), *3.4-Benzophenanthren* (*1, 2, 3, 4, 5, 6*), *Pyren* (*1, 3, 4*), *Chrysen* (*1, 2, 3, 4, 5, 6*), *Triphenylen* (*1, 2*), *Pentacen* (*1, 2, 5, 6*), *Pentaphen* (*1, 2, 3, 4, 5, 6, 13*), *Picen* (*1, 2, 3, 4, 5, 6, 13*), *1.2-Benzonaphthacen* (*1, 2, 3, 4, 5, 6, 7, 8, 9, 10, 11, 12, 13, 14*), *4.5-Benzochrysen* (*1, 2, 3, 4, 5, 6, 7, 8, 9, 10, 11, 12, 13, 14*), *1.2;3.4-Dibenzanthracen* (*1, 2, 3, 4, 9, 10, 11*), *1.2;5.6-Dibenzanthracen* (*1, 2, 3, 4, 5, 6, 7*), *1.2;7.8-Dibenzanthracen* (*1, 2, 3, 4, 5, 6, 7, 14*), *Perylen* (*1, 2, 3*), *1.2;3.4-Dibenzophenanthren* (*1, 2, 3, 4, 5, 6, 7, 8, 9, 10, 11, 12, 13, 14*), *1.2;5.6-* (*1, 2, 3, 4, 5, 6, 7, 8, 9, 10, 11, 12, 13, 14*), *2.3;5.6-* (*1, 2, 3, 4, 5, 6, 7, 8, 9, 10, 11, 12, 13, 14*), *3.4;5.6-Dibenzophenanthren* (*1, 2, 3, 7, 8, 9, 10*), *4.5-* (*1, 2, 3, 4, 9, 10*) u. *1.2-Benzpyren* (*1, 2, 3, 4, 5, 6, 7, 8, 9, 10, 11, 12*) mit Hilfe der LCAO–MO-Theorie die π-Elektronenenergien der höchsten besetzten Mol.-Zustände. Es zeigt sich, daß zwischen diesen Energien u. den Oxydationspotentialen dieser Phenole eine lineare Beziehung existiert. Ferner wird die antioxydierende Wrkg. von Phenolen bei radikal. Ketten-Rkk. theoret. untersucht u. vorgeschlagen, als geschwindigkeitsbestimmenden Schritt bei der Inhibierung eine Elektronenübertragung von den Phenolen zu den Radikalen anzunehmen. Mit Hilfe der Störungstheorie werden die Ladungsübertragungsstabilisierungsenergien der vorgeschlagenen Übergangszustände für die Primär-Rkk. zwischen einem Radikal u. einigen Phenolen u. das Ausmaß der Ladungsübertragung in diesen Übergangskomplexen berechnet, wobei eine π-Elektronen-Wechselwrkg. zwischen den beiden Rk.-Zentren als Störung angenommen wird. Die auf diese Weise berechneten Werte stehen in enger Beziehung zu der Antioxydationswirksamkeit der Phenole. K. FRENKLER. B 140□

Synthetisch-elektrochemische Fortschritte in der organischen Chemie. N. A. Isgaryschew und M. I. Fioschin. (An. romîno-soviet., Ser. Chim. **12.** Nr. 1. 37—73. Jan./März 1957.) (Rum.) — C. **1957.** 6699. R. K. MÜLLER. B 141□

Polarographische und polarometrische Messungen an einer mit Wachs imprägnierten Graphitelektrode. J. Horyna und V. Jehlička. (Collect. czechoslov.

chem. Commun. **25.** 1769–74. Juli 1960. Pardubice-Rybitví, Forsch.-Inst. für organ. Synth.) (Dt.)

Wachsimprägnierte Graphitelektroden wurden zur Gewinnung von Strom-Spannungs-Kurven in konz. H_2SO_4 bzw. in konz. KOH angewandt. Die Red. von *2-Nitronaphthalin-4.8-disulfonsäure*, von *Nitrosoverbb.*, von *p-Äthoxybenzoldiazosulfonsäure* (I) in H_2SO_4 sowie von *Pikrinsäure* u. *2-Nitrophenol-4-sulfonsäure* in KOH wurde verfolgt. Die zeitliche Veränderung des Grenzstroms wurde zur Verfolgung der Rk. von **I** (bzw. des Na-Salzes) mit *Carbazol* (→ N-[Carbazolyl-(3)]-p-benzochinonimin) in H_2SO_4 benutzt. Durch Polarographie in konz. H_2SO_4 sind einige in W. unlösl. Farbstoffe zu unterscheiden, z. B. *Hansagelb G* (reduzierbar), *Rapid Echtgelb 13 HG* (nicht reduzierbar).

P. ZUMAN/Prag. B 142

Die Druck–Volumen–Temperatur-Eigenschaften des Perfluorcyclobutans: Zustandsgleichungen, Virialkoeffizienten und intermolekulare Potentialenergiefunktionen. D. R. Douslin, R. T. Moore und Guy Waddington. (J. physic. Chem. **63.** 1959–66. Nov. 1959. Bartlesville, Okla., U. S. Dep. of the Interior, Bur. of Mines, Petrol. Exp. Stat., Thermodynamics Labor.) (Engl.)

Vff. bestimmen den Dampfdruck [von 30° bis zum krit. Punkt: $\log P$ (atm) = $11{,}87628 - 2025{,}845/T - 21{,}85656 \cdot 10^{-3}\,T + 2{,}16552 \cdot 10^{-5}\,T^2$), die krit. Konst. ($t_K$ 115,22°, p_K 27,412 atm, V_K 0,3248 Liter/Mol), die orthobaren Dichten für die Fl. u. den Dampf sowie die Kompressibilität des Gases im Druckbereich 3–394 atm u. im Temp.-Bereich 115,22–350° des *Perfluorcyclobutans*. Die Konst. der Zustandsgleichungen von BENEDICT-WEBB-RUBIN [1942 u. früher], BEATTIE-BRIDGEMAN [1928] u. MARTIN-HOU (A. I. Ch. E. Journal **1.** [1955.] 142) werden berechnet. Aus den Kompressibilitätsdaten werden die 2. u. 3. Virial-Koeff. der Gleichung $PV = RT[1 + B/V + C/V^2 + \cdots]$ graph. ermittelt u. mit den mit Hilfe der intermol. Potentialenergiefunktionen von STOCKMAYER [1941] u. KIHARA (C. **1955.** 989) berechneten Werten verglichen.

K. FRENKLER. B 148□

Bestimmung der Gleichgewichtskonstanten für die Hydrierung von Mesitylen. Die thermodynamischen Eigenschaften der 1.3.5-Trimethylcyclohexane. Clark J. Egan und W. C. Buss. (J. physic. Chem. **63.** 1887–90. Nov. 1959. Richmond, Calif., California Res. Co.) (Engl.)

Mesitylen reagiert mit Wasserstoff unter Bldg. von *1.cis-3.cis-5-* (I) u. *1.cis-3.trans-5-Trimethylcyclohexan* (II) in äquimol. Mengen. Vff. untersuchen diese Rk. im Temp.-Bereich 200–300° u. bestimmen die Gleichgewichtskonstanten. Es wird erhalten ΔH^0 für die Bldg. der Gleichgewichtsmischung **I** + **II** $-47{,}3 \pm 0{,}5$ u. für die Isomerisierung von **II** → **I** (jeweils im Gaszustand) $-2{,}1 \pm 0{,}25$ kcal/Mol. Für die vorst. Rkk. werden ferner die Rk.-Wärmen, freien Energien u. Gleichgewichts-Konst. u. die Entropien der Verbb. für einige ausgewählte Temp. zwischen 298 u. 1000° K berechnet. **I** liegt nur in der Äquatorialform vor, **II** bei niedrigeren Temp. bevorzugt in der e.e.a- gegenüber der e.a.a-Form. Die Isomerisierungswärme **II** → **I** im Gaszustand bei 0° K wird zu $-1{,}9$ kcal/Mol (Entropie bei 298,16° K $-2{,}3$ cal/Grad·Mol) berechnet.

K. FRENKLER. B 156□

Kinetik des Ausbleichens von Chrysoidin durch Ultraschallwellen. Satya Prakash und Sheo Prakash. (J. Indian chem. Soc. **36.** 601–04. Sept. 1959. Allahabad, Univ., Chem. Labor.) (Engl.)

Wss. Lsgg. des Farbstoffs *Chrysoidin* (I) der Konz. c = 0,008–0,016 g/Liter wurden bis zu 100 Min. beschallt (Frequenz 1 MHz). Dabei fällt pH vom Wert 7,10 auf 3,82 ab, während die spezif. Leitfähigkeit ansteigt. Gleichzeitig findet eine Abnahme der Farbintensität der Lsg. statt; colorimetr. Messungen zeigen, daß eine monomol. Rk. vorliegt, deren Geschw.-Konst. von 0,285 bei c = 0,008 auf 0,221 bei c = 0,016 abfällt. Der Ausbleicheffekt ist nicht, wie spezielle Verss. zeigen, durch die Bldg. von H_2O_2 bedingt. Vermutlich werden die **I**-Moll. unter der Einw. der Ultraschallwellen aufgespalten.

O. FUCHS. B 159□

Untersuchungen über die Bildung helixförmiger Desoxycholat-Komplexe. D. M. Blow und Alexander Rich. (J. Amer. chem. Soc. **82.** 3566–71. 20/7. 1960. Cambridge, Mass., MIT, Biol. Dep.) (Engl.) — Vgl. C. **1959.** 10515.

Na-Desoxycholat (I) lagert sich in alkal.-wss. Lsg. zu einem gelatinösen Komplex von makromol. Dimensionen um, der eine faserartige, helixförmige Struktur von 36 Å ⌀ besitzt. Bldg. u. thixotropes Verh. des Komplexes lassen sich durch Viscositätsmessung verfolgen u. werden durch pH-Senkung bis zur Fällung der unlösl. Säure begünstigt. Bei genügend großer Ionenstärke geliert **I** ohne Säurezusatz. Die Komplex-Bldg. scheint für **I** spezif. zu sein, da nur *Lithocholsäure*, die mit **I** eine 3α-Hydroxylgruppe gemeinsam hat, ähnliches Verh. zeigt. 9 weitere Chol- bzw. Cholansäuren [*Chol-*, *Glykochol-*, *Dehydrochol-*, *3α.12α-Dihydroxy-7-ketocholan-*, *Hyochol-*, *Hyodesoxychol-*, *Chenodesoxychol-*,

Apochol- (II) u. *Nordesoxycholsäure* (**III**)] zeigen unter gleichen Vers.-Bedingungen keine Viscositätsänderung. Der Verlust einer CH_2-Gruppe (bei **III**) oder Einführung einer Doppelbindung in das Steroidskelett (bei **II**) verhindert bereits die Bldg. des helixförmigen Komplexes. Die Komplex-Bldg. bei **I** verläuft unter pH-Anstieg, der zur Zerstörung des Gels bei mechan. Rühren in Beziehung steht. Die bei der Komplex-Bldg. verbrauchten Protonen dienen zur Ausbildung zusätzlich H-Brücken innerhalb der Helix. Obwohl es Röntgenbeugungsaufnahmen sehr wahrscheinlich machen, daß in der Lsg. anwesende Aminosäuren (Tyrosin, Glycin, Lysin oder Glycylglycin) in das faserige Helixgitter eingebaut werden u. dessen Struktur verändern, geben Viscositäts-, spektrophotometr. u. Leitfähigkeitsmessungen keine Hinweise auf spezif. Wechselwrkg. in verd. Lösungen. G. KIRSTEN. B 162□

Bildung eines helixförmigen Komplexes durch einen Sulfonphthaleinfarbstoff. D. M. Blow und Alexander Rich. (J. Amer. chem. Soc. **82.** 3572—74. 20/7. 1960.) (Engl.) — Vgl. vorst. Referat.

Nach Entfärbung oberhalb pH 10 bildet *Bromphenolblau* bei Neutralisation nur langsam seine blaue Farbstofform zurück, was die Existenz eines monovalenten Farbstoffions mit einer OH-Gruppe am zentralen C-Atom wahrscheinlich macht. Bei pH 4 scheiden sich aus der farblosen Lsg. weiße Fasern ab, deren Röntgenbeugungsdiagramm helixförmige Symmetrie mit einem Windungsabstand von 9,8 Å u. regelmäßig wiederkehrenden Asymmetrieeinheiten zeigt. Dies ist das zweite Beispiel helixförmiger Komplex-Bldg. aus kleinen Moll. in einem koll. Syst. u. scheint seine Ursache in bes. micellaren Eigg. des koll. Elektrolyten zu haben. G. KIRSTEN. B 162□

Dreidimensionale Verfeinerung der Struktur der β-Bernsteinsäure. J. S. Broadley, D. W. J. Cruickshank, J. D. Morrison, J. M. Robertson und H. M. M. Shearer. (Proc. Roy. Soc. [London], Ser. A **251.** 441—57. 23/6. 1959. Glasgow, Univ., Chem. Dep.) (Engl.)

Vff. nehmen Bezug auf die mittels zweidimensionaler Meth. durchgeführten Strukturanalyse der *β-Bernsteinsäure* (F. 185°) von MORRISON u. ROBERTSON (vgl. J. chem. Soc. [London] **1949.** 980) u. berichten über eine Verfeinerung dieser Struktur mittels dreidimensionaler FOURIER-Meth. u. hierauf folgender Differenz-Synth., bei denen die anisotropen Temp.-Faktoren berücksichtigt werden. Die monokline Elementarzelle hat die Abmessungen $a = 5{,}126 \pm 0{,}01$; $b = 8{,}880 \pm 0{,}007$; $c = 7{,}619 \pm 0{,}006$ Å; $\beta = 133{,}6 \pm 0{,}1°$. Raumgruppe ist $C_{2h}^5 - P\,2_1/a$; $Z = 2$. Zu den Aufnahmen wurden nadelähnliche Kristalle mit der c-Richtung als Nadelachse verwendet, die aus W. erhalten worden waren. Es wurden die folgenden Parameter bestimmt: $C_{(1)}$ (x =) 0,05352; (y =) 0,06651; (z =) 0,08258; $C_{(2)}$: 0,02642; 0,03450; 0,26070; $O_{(1)}$: —0,12482; —0,07780; —0,25386; $O_{(2)}$: 0,16813; 0,14041; 0,42508; $H_{(1)}$ [$C_{(1)}$]: —0,12310; 0,16104; —0,03006; $H_{(2)}$ [$C_{(1)}$]: 0,33125; 0,09685; 0,18152; $H_{(3)}$ [$O_{(2)}$]: 0,15099; 0,11577; 0,55165. Die zentrale C—C-Bindung hat eine Länge von 1,533 Å u. unterscheidet sich kaum von der Länge der Einfachbindung im Diamant. Der Abstand C—COOH beträgt $1{,}485 \pm 0{,}013$ Å; diese Kontraktion ist ziemlich beträchtlich. Das Hauptmerkmal der Wärmebewegung ist, daß die Bewegung in der Richtung der durch H-gebundenen Mol.-Säulen sehr viel kleiner ist als in jeder anderen Richtung des Kristalls u. auch sehr viel kleiner als in reinen Mol.-Kristallen, wie Bzl. oder Naphthalin. C. GOTTFRIED. B 195

Über die Harnstoffadduktbildung stellungsisomerer n-Alkanderivate. Gerhard Geiseler und Peter Richter. (Chem. Ber. **93.** 2511—21. 1960. Leipzig, Univ., Physikal.-chem. Inst.; Leuna-Werke, Organ. Abt.) (Dt.) — Vgl. C. **1958.** 6789.

Vff. stellten die n-Octadecanone aus den Carbonsäurechloriden u. Alkyl-ZnJ nach BREUSCH u. BAYKUT (C. **1954.** 10457) dar. Wegen der schlechten Bldg. von Hexa- u. Tetradecyl-ZnJ waren die Ausbeuten an *Octadecanon-(2)* (**VIII**) u. -*(4)* unbefriedigend, so daß diese Ketone aus den entsprechenden Alkoholen durch Oxydation mit $K_2Cr_2O_7$ (vgl. C. **1960.** 2815) erhalten wurden. Octadecanol-(2) u. -(4) waren durch GRIGNARD-Synth., die anderen Alkohole aus den Ketonen durch Red. mit $LiAlH_4$ zugänglich. Die Ketone, Alkohole u. die aus diesen erhaltenen Octadecylacetate wurden chromatograph. an Al_2O_3 bzw. Silicagel gereinigt. Als beste Darst.-Weise für die n-Octadecanonoxime erwies sich die Meth. von BACHMANN u. BOATNER [1936] (Einw. von $NH_2OH \cdot HCl$ auf die Ketone in Ggw. von Pyridin). Die Einw. von freiem NH_2OH in wss. NaOH-Lsg. führte nicht zum Erfolg, u. die Oximierung in alkohol.-alkal. Lsg. nach KIPPING [1893] gab nur mäßige Ausbeuten. Die Oxime wurden nach chromatograph. Vorreinigung durch Vakuum-Dest. rein erhalten. Die Darst. der *Harnstoff* (**I**)-*Addukte* der Alkohole u. Oxime erfolgte in üblicher Weise in Methanol. Die Umsetzung der Ketone u. Ester mit **I** mußte dagegen in Dimethylformamid–Ae.-Gemischen durchgeführt werden. Aus dem

N-Geh. der Addukte wurde das Mol.-Verhältnis (MV) zwischen Substanz u. **I** ermittelt, untersucht wurden: *Octadecan* (**II**), *Octadecanol-(1)* bis *-(9)*, *Octadecanal* (**X**; *Stearinaldehyd*), *Octadecanon-(2)* (**VIII**) bis *-(9)* (**IX**), *Octadecanon-(2)-* (**III**), *-(3)-* (**IV**) u. *-(4)-oxim* (**V**), *Octadecanol-(2)-* (**VI**) u. *-(3)-acetat* (**VII**) sowie *Octadecanol-(1)-benzoat.* Bei den Octadecanol- u. Octadecanon-**I**-Addukten liegt das MV beim Übergang der C=O- bzw. OH-Gruppe vom Ende der Kette zur Mitte des Mol. bis zur 4-Stellung unterhalb (bis 1 : 12,9) u. etwa ab 5-Stellung oberhalb (bis 1 : 14,8) des für **II** (1 : 14,0 [Substanz : **I**]) erhaltenen Werts. Das kleinste MV besitzt **X** (1 : 12,8). Zur Erklärung dieser Beobachtungen nehmen Vff. an, daß Wechselwrkg.-Kräfte nicht nur zwischen den eingeschlossenen Gast-Moll. u. **I**-Moll., sondern auch zwischen den ersteren allein auftreten, d. h. daß die Ketone u. bes. die Alkohole in den Kanälen des hexagonalen **I**-Gitters assoziieren oder wenigstens lose H-Brücken bilden. Der Assoziationseffekt führt zu einer Verringerung der freien Hohlräume im Addukt u. damit zur Erniedrigung des MV. Von der 5-Stellung an sind die Wechselwrkg. zwischen den nunmehr als Seitenkette fungierenden OH- bzw. C=O-Gruppen des Gast-Mol. u. den **I**-Moll. so stark, daß ganz bestimmte feste Lagen im Kanal eingenommen werden, durch die größere Leerstellen resultieren als bei gewöhnlichen **I**-Addukten. Von den Oximen bildeten nur **III** u. **IV** definierte Addukte (MV 1 : 14,25 bzw. 1 : 13,75). Dies wird auf die der Addukt-Bldg. vorausgehende Bldg. von Ringassoziaten der Oxime zurückgeführt. Bei Oximen, deren NOH-Gruppe jedoch weiter vom Mol.-Ende entfernt ist, tritt dies nicht auf, weil die größere Alkylseitenkette den Mol.-Querschnitt so stark vergrößert, daß die Addukt-Bldg. unmöglich wird. Bei **V** bewegt sich das MV zwischen 1 : 3,53 u. 1 : 1,7. Vff. vermuten, daß **V** zwei verschiedene **I**-Addukte bildet, von denen nur eines eine Einschluß-Verb. ist. In Übereinstimmung hiermit ist die Beobachtung, daß von den sek. Octadecylacetaten nur **VI** u. **VII** Addukte liefern. Vff. untersuchten die IR-Spektren der **I**-Addukte aller Octadecanone (extrem getrocknet) in KCl. Wie bei den Spektren der Paraffinaddukte (vgl. FISCHER u. MCDOWELL, Canad. J. Chem. **38.** [1960.] 187) sind nur die CH-Valenzbanden der Ketone sichtbar. Diese werden deutlich durch die einschließenden **I**-Moll. beeinflußt. Nur bei dem Addukt von **VIII** u. **IX** tritt keine Änderung der CH-Frequenzen durch die Addukt-Bldg. ein. Der alternierende Effekt der Valenzschwingungsfrequenzen ist bei den Addukten nur noch bei den mittelständigen Isomeren zu erkennen, während die Frequenzänderung der Isomeren in 3- u. 8-Stellung im entgegengesetzten Sinne verläuft. Vff. werten diese Befunde als weiteren Hinweis für das Auftreten zwischenmol. Kräfte zwischen Gast- u. Wirtmolekül. Beim Erhitzen der in KCl eingebetteten Einschluß-Verb. über den F. von **I** tritt irreversible Zers. ein. Im Einbettmaterial liegt dann tetragonaler **I** in so feiner Verteilung vor, daß die **I**-Banden bes. gut aufgelöst werden.

Versuche: Octadecanone, durch Erhitzen von 0,75 Mol Alkyljodid in 25 cm³ Äthylacetat u. 50 cm³ Toluol mit 98 g pulverisierter Zn–Cu-Leg. (8% Cu), 1 std. Kochen, Zugabe von Toluol, Abtrennung von der Leg., Zugabe von Fettsäurechlorid in Toluol unterhalb +8°, 1 std. Rühren u. Zers. mit W. + H_2SO_4: *Octadecanon-(2)* (**VIII**), F. 51°, aus Hexadecyljodid u. Acetylchlorid (**XI**); n_D^{60} 1,4310; 22% (Ausbeute). — *-(3)*, F. 51,5°, aus Äthyljodid u. Palmitinsäurechlorid; n_D^{60} 1,4300; 83%. — *-(4)*, F. 46°, aus Tetradecyljodid u. Buttersäurechlorid; n_D^{60} 1,4302; 59%. — *-(5)*, F. 45°, aus Butyljodid u. Myristinsäurechlorid; n_D^{60} 1,4304; 83%. — *-(6)*, F. 45°, aus Dodecyljodid u. Capronsäurechlorid; n_D^{60} 1,4298; 80%. — *-(7)*, F. 44°, aus Hexyljodid u. Laurinsäurechlorid; n_D^{60} 1,4296; 84%. — *-(8)*, F. 45°, aus Decyljodid u. Caprylsäurechlorid; n_D^{60} 1,4302; 85%. — *-(9)* (**IX**), F. 46°, aus Octyljodid u. Caprinsäurechlorid; n_D^{60} 1,4300; 78%. — *Octadecanal* (**X**), F. 42°, Kp.$_{0,01}$ 160°, durch Zugabe von $LiAlH_4$ in absol. Ae. zur Stearinsäure-N-methylanilid in Ae. unter Eiskühlung, 8 std. Rühren bei 0° u. Zers. mit Äthylacetat; 72%. — Octadecanole, a) durch 1 std. Erhitzen von Alkyl-MgBr u. Aldehyd in Ae., b) durch Zugabe der Octadecanone in Ae. zu $LiAlH_4$ in Ae. u. 2 tägige Rk. bei Raum-Temp.: *Octadecanol-(2)*, F. 50°, aus Hexadecylbromid u. Acetaldehyd; n_D^{60} 1,4376; 71%. — *-(3)*, F. 49°, nach b); n_D^{60} 1,4373; 84%. — *-(4)*, F. 49°, aus Tetradecylbromid u. n-Butyraldehyd; n_D^{60} 1,4366; 74%. — *-(5)*, F. 50°, nach b); n_D^{60} 1,4362; 87%. — *-(6)*, F. 51°, nach b); n_D^{60} 1,4360; 86%. — *-(7)*, F. 51°, nach b); n_D^{60} 1,4362; 87%. — *-(8)*, F. 52°, nach b); n_D^{60} 1,4377; 85%. — *-(9)*, F. 59°, nach b); n_D^{60} 1,4386; 90%. — Octadecanonoxime, a) durch 6 std. Kochen der Octadecanone mit $NH_2OH \cdot HCl$ u. KOH in abs. A.; b) durch 6 std. Kochen der Ketone mit $NH_2OH \cdot HCl$ in Pyridin–Methanol: *Octadecanon-(2)-* (**III**), F. 48°, nach a); n_D^{60} 1,4467; 60%. — *-(3)-* (**IV**), F. 44°, nach a); n_D^{60} 1,4473—1,4475; 62%; nach b); 81%. — *-(4)-* (**V**), F. 38°, nach a); n_D^{60} 1,4468; 59%. — *-(5)-*, nach a); D_4^{20} 0,8698; n_D^{20} 1,4618; n_D^{60} 1,4465; 58%. — *-(6)-*, nach a); D_4^{20} 0,8679; n_D^{20} 1,4613; n_D^{60} 1,4460; 54%. — *-(7)-*, nach a); D_4^{20} 0,8670; n_D^{20} 1,4612; n_D^{60} 1,4458; 56%. — *-(8)-*, nach b); D_4^{20} 0,8658; n_D^{20} 1,4610; n_D^{60} 1,4610; 78%. — *-(9)-*, nach b); D_4^{20} 0,8660; n_D^{20} 1,4618; n_D^{60} 1,4465; 77%. Die FF. der festen

Oxime liegen nach mehrmonatigem Stehen bei 55°. — Octadecylacetate, durch Zutropfen von **XI** in Chlf. zum Octadecanol in Pyridin–Chlf. unter Eiskühlung, 3std, Rühren u. Gießen in wss. H_2SO_4 unter Kühlung (Ausbeuten 75—80%): *Octadecyl-(1)-* F. 32°; n_D^{35} 1,4380. — -(*2*)- (**VI**); $D._4^{20}$ 0,8597; n_D^{20} 1,4395. — -(*3*)- (**VII**); $D._4^{20}$ 0,8591; n_D^{20} 1,4397. — -(*4*)-; $D._4^{20}$ 0,8584; n_D^{20} 1,4400. — -(*5*)-; $D._4^{20}$ 0,8589; n_D^{20} 1,4407. — -(*6*)-; $D._4^{20}$ 0,8588; n_D^{20} 1,4415. — -(*7*)-; $D._4^{20}$ 0,8580; n_D^{20} 1,4414. — -(*8*)-; $D._4^{20}$ 0,8568; n_D^{20} 1,4415. — -(*9*)-; $D._4^{20}$ 0,8562; n_D^{20} 1,4417. Die Mol.-Refr. der Oxime u. Acetate zeigen eine lineare Abhängigkeit von der Stellung der funktionellen Gruppe in der C-Kette. B. GNAUCK. B 223□

α-Liposäure–Thioharnstoff-Addukt. Hiroyuki Mima, Yutaka Asahi, Hiroshi Okuta und Tokunosuke Kanzawa. (Chem. pharmac. Bull. [Tokyo] **7.** 750. Sept. 1959. Osaka, Takeda Pharmaceut. Ind. Ltd., Res. Labor.) (Engl.)

Durch Kristallisation von *α-Liposäure* (**I**) u. *Thioharnstoff* (**II**) aus Butanol oder 4tägiges Stehen der Komponenten mit einer Spur CH_3OH im verschlossenen Gefäß bei 40° wird ein *Addukt* aus 1 Mol **I** u. 6,3 Mol **II** (schwachgelbe Nadeln, zersetzt sich bei 158°) erhalten. Das **I–II**-Addukt ist geruchlos u. stabil; die Röntgenstrukturanalyse an einem Einkristall ergibt folgende Daten: monoklin, Raumgruppe C_{2h}^5 — P 2_1/a; a = 5,27; b = 14,71; c = 11,9 Å; β = 113,0°. F. HELLER. B 223□

Über die Isomerisierung der n-Butylradikale. Alvin S. Gordon und James R. McNesby. (J. chem. Physics **33.** 1882—83. Dez. 1960. China Lake, Calif., U. S. Naval Ordnance Test Stat., Chem. Div.) (Engl.)

Vff. diskutieren die Arbeit von KERR u. TROTMAN-DICKINSON (J. chem. Soc. [London] **1960.** 1602) über die Rkk. der bei der Photolyse von *n-Valeraldehyd* entstehenden n-Butylradikale. Auf Grund eigener Verss. kommen sie zu dem Ergebnis, daß der von vorst. Autoren angegebene Mechanismus nicht zutreffen kann. K. FRENKLER. B 225□

Mechanismus der Enolisation von Ketonen in Schwefelsäure. C. Gardner Swain und Arthur S. Rosenberg. (J. Amer. chem. Soc. **83.** 2154—58. 5/5. 1961. Cambridge, Mass., Inst. of Technol., Dep. of Chem. and Labor. for Nucl. Sci.) (Engl.)

Zur Racemisierung von *D-α-Phenylisocaprophenon* [$C_{18}H_{20}O$, F. 77,2—77,6° (A.); $[\alpha]_D^{25}$ —200° in 98%ig. H_2SO_4; pK_{SH^+} (in 99%ig. H_2SO_4) = lg ([SH⁺]/[S]) + H_0 = —7,39] in 85—94%ig. H_2SO_4-Lsg. bei 25° (k_1. 10 [s^{-1}] in 85%ig. H_2SO_4 37,9; in 93,8%ig. H_2SO_4 3,96) ist ein nucleophiles Reagens (NR) erforderlich. W. ist dabei als NR ca. 100mal reaktiver als HSO_4^-. Dem geschwindigkeitsbestimmenden Schritt, dem Angriff von NR, ist ein rasches Gleichgewicht vorgelagert, indem ein Proton an das Keton angelagert wird. Interpretationen der Abweichung von der h_0-Abhängigkeit von Rkk. protonierter Substrate (Hydrolyse von Äthylacetat, γ-Butyrolacton, Äthylidendiacetat, o-Benzamiden, Hydratation von α,β-ungesätt. Carbonyl-Verbb.) in verdünnteren starken Säuren u. die Anwendung des Isotopeneffekts zur Best. der Position des α-H-Atoms im Übergangszustand bei Enolisationen (k_{D_2O}/k_{H_2O} bei Ketonen = 1,2 bei 25°, BELL u. FORD-SMITH, unveröffentlicht) werden diskutiert. GERHARD SCHULZ. B 225□

Der Mechanismus der thermischen Isomerisierung von Cyclopentadien–Methacrylsäuremethylester-Addukten. Jerome A. Berson, Allen Remanick und William A. Mueller. (J. Amer. chem. Soc. **82.** 5501—02. 20/10. 1960. Los Angeles, Calif., Univ. of Southern California, Dep. of Chem.) (Engl.)

Um Aussagen über mögliche Zwischenprodd. bei der DIELS-ALDER-Rk. zu gewinnen, wurde opt.-akt. *exo-3-Methoxycarbonyl-3-methylbicyclo-[2.2.1]-hepten-(5)* (**I**) (0,425 m Lsg. in Dekalin) 3½ Std. auf 170° erhitzt. Es entstand ein Gemisch von 94,4 ± 1% **I** u. 5,6 ± 1% des *endo-Isomeren* (**II**). Nach Verseifung war die aus **I** entstandene Carbonsäure zu 7% racemisiert, während die aus **II** entstandene opt.-inakt. war. Die **I** → **II**-Isomerisierung über ein Zwischenprod., bei dem nur eine der beiden Dien–Philodien-Bindungen vorhanden ist, wird ausgeschlossen, da dieser Mechanismus die Bldg. von opt.-akt. **II** bewirken würde. Auf Grund kinet. Betrachtungen (kinet. Verhältnis **I** → **II**-Umwandlung/%-Racemisierung von **I** = 0,67 bei 170°) kommt der Autor vielmehr zu der Auffassung, daß Isomerisierung u. Racemisierung gekoppelte Prozesse sind u. daß **II** durch völligen Bindungsbruch von **I** u. anschließende Bindungsneubildung entsteht. Es werden Angaben über die ster. Anordnung im Übergangskomplex auf Grund der Elektronenverteilung im Philodien gemacht. Die Bedingungen für einen radikal. Mechanismus der Rk. auf Grund der Ergebnisse werden erörtert.
U. LIEBSCHER. B 225□

Oxydation von Ameisensäure und des Formiations in wässeriger Lösung durch einige anorganische Oxydationsmittel. J. Halpern und Sandra M. Taylor. (Discuss. Faraday Soc. Nr. **29.** 174—81. 1960. Vancouver, Canada, Univ. of Brit. Columbia, Dep. of Chem.) (Engl.) — Vgl. TAYLOR u. HALPERN, J. Amer. chem. Soc. **81.** [1959.] 2933 u. früher.

Wie l. c. verfolgten Vff. die Kinetik der Oxydation von *Ameisensäure* (I) bzw. *DCOOH* in $HClO_4$-Lsgg. mit MnO_4^-, Tl^{3+}, Hg^{2+} bzw. Hg_2^{2+}. Diese Rkk. liefern durchweg CO_2 u. H^+, u. es gilt die kinet. Gleichung $-d[HCOOH]/dt = k_1[HCOOH][Ox] + k_2[HCOO^-][Ox]$ (Ox = Oxydationsmittel). Folgende Daten wurden ermittelt: Mit MnO_4^- (Temp.-Bereich 15—35°) für k_1, $[\Delta H^{\neq}]$ 16 [kcal/Mol], $[\Delta S^{\neq}]$ —19 [cal/Grad·Mol], $[\Delta G^{\neq}]$ (bei 25°) 21 [kcal/Mol], $[k_H/k_D]$ 1,0 (bei 29,9°), bzw. für k_2, 12, —14, 16, 7,0; mit Hg^{2+} (36—61°) für k_2 20, +3, 19, 3,4 (46,5°); mit Hg_2^{2+} (60—80°) für k_2 21, 0, 21, 3,9 (65,1°); mit Tl^{3+} (65—85°) für k_2 26, +21, 20, 3,4 (75,2°) bzw. für k 26, —1, 26, 2,7 ($k = k_2/K'$, $K' = [HCOOTl^{2+}]/[HCOO^-][Tl^{3+}]$). Bei den Rkk. von Hg^{2+}, Hg_2^{2+} u. Tl^{3+} ist k_1 unmeßbar klein. MnO_4^- reagiert sowohl mit I als auch mit $HCOO^-$, jedoch beträgt k_2/k_1 ca. 2000 bei 25°, so daß die Rk. von I selbst nur bei sehr hohen Aciditäten von Bedeutung ist. Die Rk. mit MnO_4^- wird durch Fe^{3+} katalysiert, wobei ein Grenzwert für den katalyt. Effekt bei Fe^{3+}-Konzz. von 0,02m erreicht wird. Der geschwindigkeitsbestimmende Rk.-Schritt in Ggw. von MnO_4^- ist vermutlich eine Hydridion-Übertragung von $HCOO^-$, bei den anderen Rkk. die Red. des Metallions um 2 Äquivalente durch Elektronenübertragung von einem koordinativ gebundenen $HCOO^-$ (z. B. $HCOO^- + Tl^{3+} = HCOO{\cdot}Tl^{2+} \rightarrow H^+ + CO_2 + Tl^+$), wobei eine H^+-Übertragung auf ein Wasser-Mol. erfolgt. Bei der Rk. von MnO_4^- mit I tritt auch ein Rk.-Weg auf, dessen Geschw. von der Konz. an H^+ unabhängig ist.u. für den ein Isotopeneffekt nicht beobachtet wurde. Vff. vermuten daher, daß diese Rk. nach einem anderen Mechanismus verläuft, der geschwindigkeitsbestimmende Schritt ist dabei vielleicht der Angriff von MnO_4^- an der C=O-Gruppe von I u. Bldg. von $^-OCH(OH)OMnO_3$, das entweder direkt in $H_2CO_3 + MnO_3^-$ übergeht oder durch Hydrolyse in $H_2CO_3 + MnO_4^{3-}$ umgewandelt wird. Die Kinetik der Rk. mit Tl^{3+} ist infolge von Komplex-Bldg. etwas kompliziert. Für die von BAWN u. WHITE (C. **1951**. II. 3285) untersuchte Oxydation von I durch Co^{3+} wird ein monoäquivalenter Redoxmechanismus vorgeschlagen.

B. GNAUCK. B 225□

Durch Permanganat induzierte Oxydationen organischer Verbindungen in alkalischen Lösungen. K. A. K. Lott und M. C. R. Symons. (Discuss. Faraday Soc. Nr. **29**. 205—10. 1960. Southampton, Univ., Dep. of Chem.) (Engl.)

Vff. verfolgten UV-spektroskop. (bei 526 mμ) die Kinetik der Oxydation von *Na-Isobutyrat* (I) u. *tert.-Butylalkohol* (II) durch $KMnO_4$ bei 25° in konz. NaOH (ca. 1 bis 3m). In Abwesenheit organ. Verbb. (RH), die von $KMnO_4$ in neutraler Lsg. nicht angegriffen werden, verläuft die Zers. von $KMnO_4$ in konz. wss. Alkali gemäß $4\,MnO_4^- + 4\,OH^- \rightarrow 4\,MnO_4^{2-} + 2\,H_2O + O_2$. Diese Rk. verläuft komplex, wie schon früher festgestellt worden war (vgl. SYMONS, C. **1954**. 10193). Für die erste Stufe wird der Ablauf $MnO_4^- + OH^- \underset{k_{-1}}{\overset{k_1}{\rightleftharpoons}} MnO_4^{2-} + {\cdot}OH$ vorgeschlagen. Für diese Rk. wurde der k_1-Wert 2,1 ± 0,5 Liter/Mol·s (Werte für den Beginn der Rk.) ermittelt. In Ggw. organ. Verbb. folgt auf die obige Stufe $HO{\cdot} + RH \xrightarrow{k_2} H_2O + R{\cdot}$. Dieser Schritt ist irreversibel u. verläuft offenbar schnell, da die k_1-Werte der Rkk. in Ggw. von I oder II 2,87 ± 0,5·10^{-3} betrugen. Vff. vermuten, daß die Abweichung vom obigen in Abwesenheit organ. Verbb. gewonnenen k_1-Wert auf experimentelle Fehler zurückzuführen ist. Die Rk. zwischen MnO_4^- u. OH^- ist also geschwindigkeitsbestimmend. In Ggw. eines großen Überschusses an I bzw. II trat keine Bldg. von O_2 auf u. die Geschw. der Abnahme an MnO_4^- entspricht nahezu einer Kinetik 1. Ordnung, abgesehen von Abweichungen zu Beginn u. am Ende der Rk.; außerdem hängen die k_1-Werte von der Anfangs-Konz. an MnO_4^-, der Konz. an zugefügtem MnO_4^{2-} sowie der des organ. Substrats ab. In mit NaOH gesätt. Lsgg. konnte jedoch die Bldg. von O_2 nicht vollständig unterdrückt werden. Mit der Annahme eines stationären Zustands ergibt sich folgende kinet. Gleichung: $-d[MnO_4^-]/dt = k_1k_2[RH][MnO_4^-][OH^-]/(k_{-1}[MnO_4^{2-}] + k_2[RH])$. Für das Verhältnis $(k_2/k_{-1})\cdot 10^3$ wurden die Werte 16,0 für die Rk. mit I bzw. 4,9 für die Rk. mit II ermittelt. I wird demnach ca. 4mal schneller angegriffen als II, was in Übereinstimmung mit dem beobachteten spezif. Angriff am tert.-H-Atom von I ist. Da k_{-1} groß ist, muß auch k_2 einen hohen Wert besitzen. Aus den Daten der Zers. von MnO_4^- in Abwesenheit organ. Verbb. wird abgeleitet, daß der k_2-Wert der Rk. mit I u. der k_2'-Wert der O_2-Bldg.-Rk. $HO{\cdot} + OH^- \overset{k_2'}{\rightleftharpoons} {\cdot}O^- + H_2O$ sich höchstens um den Faktor 10^2 unterscheiden.

B. GNAUCK. B 225□

Die Oxydation aliphatischer Ester mit Bleitetraacetat. William A. Mosher und Clifton L. Kehr. (J. Amer. chem. Soc. **82**. 5342—45. 20/10. 1960. Newark, Del., Univ. of Delaware, Dep. of Chem.) (Engl.) — Vgl. C. **1954**. 2799.

Bei der Einw. von Pb(IV)-Acetat (I) auf folgende Ester (im Überschuß) in Eisessig wurden nachst. Ergebnisse erzielt: aus Isopropylacetat (III; 7std. Rk.-Zeit bei 114°),

19,5% *Acetanhydrid* (IV) u. 44,7% CO_2, aus n-Butyl-n-butyrat (VIII; 11 Std. bei 129°) 11,6% *1-Acetoxy-1-butyroxybutan* (V), 12,8% (vermutlich) *1.2-Diacetoxy-1-butyroxybutan* (II) u. 44,1% CO_2, aus n-Propylacetat (VI; 12 Std. bei 119°) 25,0% *Propylidendiacetat* u. 53,5% CO_2, aus Methylacetat (VII; 35 Std. bei 110—125°) 2,6% *Methylendiacetat* u. 69,7% CO_2, aus Essigsäure (26 Std. bei 122°) 1,3% VII. Bei diesen Rkk. erfolgt offenbar zunächst eine Acetylierung am α-C-Atom der Alkoholkomponente des Esters. Die geringen Prod.-Ausbeuten werden auf deren höhere Red.-Wrkg. im Vgl. zum Ausgangsester zurückgeführt, die Primärprodd. werden daher vermutlich von nicht umgesetztem I abgebaut. Die größte Rk.-Fähigkeit weist III auf, was mit der Ggw. des tert. H-Atoms, dem Ort des Angriffs der Rk., in Zusammenhang gebracht wird. Das prim. gebildete Isopropylidendiacetat ist instabil u. zerfällt in IV u. Aceton (das schnell von I zers. wird). Vff. nehmen weiter an, daß II durch Acetoxylierung von V entsteht. Zum Mechanismus der Rkk. nehmen Vff. einen ion. Ablauf an, wobei CH^{3+}-Ionen gebildet werden gemäß: I → Pb(II)-Acetat + CH_3COO^+ + CH_3COO^-, CH_3COO^+ → CH_3^+ + CO_2. Neben der auf das CH_3^+-Ion zurückzuführenden Oxydations-Wrkg. von I wird vermutet, daß auch das CH_3COO^+-Ion ähnliche Eigg. in bezug auf Rk.-Vermögen u. Stabilität wie CH_3^+ besitzt.

Versuche: *Propylidendiacetat*, $C_7H_{12}O_4$, $Kp._{11}$ 73—78°, durch 12std. Kochen von VI mit I in Eisessig; n_D^{20} 1,4083; 25% (Ausbeute). Lieferte durch 1std. Kochen mit W. *Propionaldehyd, 2.4-Dinitrophenylhydrazon*, F. 155—156°. — Analog: *Acetanhydrid* (IV), $Kp._{12,5}$ 40—41°, durch 7std. Kochen von III; n_D^{20} 1,3882; 19,5%. Lieferte durch Kochen mit Anilin *Acetanilid*, F. 112,5—114°. — *1-Acetoxy-1-butyroxybutan* (V), $C_{10}H_{18}O_4$, $Kp._{4,5}$ 95—97°, durch 11std. Kochen von VIII; n_D^{20} 1,4210; daneben 12,8% *1.2-Diacetoxy-1-butyroxybutan* (II; ?), $C_{12}H_{20}O_6$, $Kp._4$ 138—140°. V lieferte durch längeres Kochen mit W. *n-Butyraldehyd, 2.4-Dinitrophenylhydrazon*, F. 121—122°. — *Methylendiacetat*, $Kp._{10}$ 55—60°, durch langsame Zugabe (12 Std.) von VII zu sd. Lsg. von I in Eisessig u. 35std. Kochen (110°); 2,6% (daneben 51,3% CH_4). B. GNAUCK. B 225□

Oxydation von Oxal- und Citronensäure mit Bichromat in Gegenwart von Manganosulfat. K. Chatterjee und B. P. Gyani. (J. Indian chem. Soc. **36.** 605—08. Sept. 1959. Patna, B.N. Coll., Chem. Dep.) (Engl.)

Die Oxydation von *Oxal-* (I) u. *Citronensäure* (II) in wss. Lsg. bei 32° mit $K_2Cr_2O_7$ in Ggw. von H_2SO_4 (6—14n) u. $MnSO_4$ (III; 0,3m) wurde durch potentiometr. Titration untersucht. I u. II werden dabei völlig oxydiert. Während sich bei I sofort ein konst. Potential einstellt, ist dies bei II erst nach mehreren Std. der Fall. III wirkt stark katalyt.; ohne III verläuft die Rk. so langsam, daß diese Oxydations-Meth. ohne prakt. Bedeutung ist. O. FUCHS. B 225□

Oxydationen von organischen Verbindungen mit fünfwertigem Vanadium. 6. Mitt. **Spaltung der Kohlenstoff-Kohlenstoff-Bindung bei den Oxydationen von 2-Phenyläthanol und α-tert.-Butylbenzylalkohol.** J. R. Jones und William A. Waters. (J. chem. Soc. [London] **1960.** 2772—73. Juni. Oxford, Dyson Perrins Labor.) (Engl.) — 5. vgl. C. **1961.** 2574.

Bei der Oxydation von *2-Phenyläthanol* (Kp. 218—219°) durch NH_4VO_3 in Chlorbenzol in Ggw. von 0,7—3,4m H_2SO_4 bei 100° entstanden Benzaldehyd (I), Benzoesäure (II) u. Ameisensäure (nach 4—24std. Rk.-Zeit), Styrol trat nicht auf. Unter den angewandten Bedingungen wurde Benzylalkohol, nicht aber Phenylessigsäure oxydiert. Analog lieferte die Oxydation von *α-tert.-Butylbenzylalkohol* (F. 45°, $Kp._{30}$ 118—120°) hauptsächlich I u. II sowie kleinere Mengen an tert.-Butylphenylketon. Als Nebenrk. trat eine Dehydratisierung unter Umlagerung in Phenyltrimethyläthylen auf. Diese Verb. wird nur langsam durch V^V oxydiert u. ist daher nicht eine Zwischenstufe der Reaktion. Es zeigt sich also, daß der C–C-Bindungsbruch bei Alkoholen (außer 1.2-Glykolen) durch Agentien, die ein Elektron abziehen, ausgelöst wird. Als Mechanismus wird der früher (vgl. WATERS, Quart. Rev. (chem. Soc., London) **12.** [1958.] 286) über ein Oxy-Radikal verlaufende angenommen. — *tert.-Butylphenylketon*, $Kp._{0,4}$ 70—72°, aus Pivaloylchlorid nach FORD u. Mitarbeitern [1935]; n_D^{25} 1,5100; *Oxim*, F. 167°.
B. GNAUCK. B 225□

Die Disproportionierung von p-Toluolsulfinsäure in wässeriger Lösung. Paul Allen jun. und Leo Reich. (J. physic. Chem. **64.** 1928—33. Dez. 1960. Hoboken, N.J., Stevens Inst. of Technol., Dep. of Chem. and Chem. Engng.) (Engl.)

Vff. untersuchten titrimetr. die Kinetik der Disproportionierung von *p-Toluolsulfinsäure* (I; Freisetzen der Säure durch Ansäuern der Lsg. des Na-Salzes) in wss. Lsg. bei 79,9, 85,0 u. 90,0° bei pH-Werten von 0,2—1,55 u. wechselnden Konzz. an J^--Ion als Katalysator. Die Rk. hat eine nichtlineare Anfangsperiode, deren Dauer von der J^--Konz. abhängt, danach ist die Rk. von der 2. Ordnung in bezug auf I u., bei niedrigeren pH-Werten, annähernd 1. Ordnung in bezug auf die H^+-Konz. (k-Werte bei pH 1,05, J^--Konz. 5,7 mg/100 ml bei 79,9° 0,34 [Liter/h·Mol] 85,0° 0,36; 90° 0,44). Es wird angenommen, daß J^- als Katalysator einer Isomerisierung von I zu einer tautomeren Form von I wirkt u. die Einstellung des Gleichgewichts beschleunigt. Eine Änderung der J^--Konz. ändert die k-Werte nur geringfügig, J^- hat keinen oder nur geringen Einfl. auf den geschwindigkeitsbestimmenden Schritt der Reaktion. Ein Mechanismus wird vorgeschlagen, bei dem p-Toluolsulfensäure als reaktives Zwischenprod. auftritt, eine Rk.-Geschw.-Gleichung wird aufgestellt, die im pH-Bereich 0,2 bis 1,0 erfüllt ist. W. SCHRAMM. B 225

Infrarot-Spektren von cis- und trans-Propenyllithium. Die Stereochemie der Reaktion von Vinylchloriden mit Lithiummetall. Norman L. Allinger und Robert B. Hermann. (J. org. Chemistry **26.** 1040—42. April 1961. Detroit, Mich., Wayne State Univ., Dep. of Chem.) (Engl.)

Vff. stellen *cis-* (I) u. *trans-1-Chlorpropen* (II) dar u. überführen es mit Li in *cis-* (III) u. *trans-Propenyllithium* (IV). Für die Li-Verbb. wird eine Strukturermittlung aus den IR-Spektren vorgenommen. Beide Isomere zeigen eine starke Absorption bei 1040 cm^{-1}, die der C–Li-Valenzschwingung zugeordnet wird. In der aus II entstandenen Li-Verb. tritt außerdem eine Bande bei 1030 cm^{-1} auf, diese wird als nichtebene CH-Deformationsschwingung der trans-Olefine betrachtet u. damit der Verb. die trans-Struktur zugeschrieben. Diese Zuordnung wird gestützt durch die Lage der C=C-Valenzschwingungen, die hier wie im allg. etwas höhere Werte für die trans-Verb. liefert (für **III**: 1540 cm^{-1}, für **IV**: 1555 cm^{-1}). Es zeigt sich also, daß die Li-Verbb. aus den entsprechenden 1-Chlorpropenen unter Erhaltung der Konfiguration gebildet werden. Die Umsetzung von **III** u. **IV** mit Benzaldehyd (V) zu den entsprechenden Phenylbutenolen verläuft ebenfalls unter Erhaltung der Konfiguration.

Versuche: *cis-Propenylchlorid* (I), Kp. 30,8—31,1°, aus 1.2-Dichlorpropan u. alkohol. KOH. *trans-Form* (II), Kp. 37,9°, aus dem Ansatz von I durch fraktionierte Destillation. — *cis-Propenyllithium* (III), aus 4 g I in 15 ml Ae. mit 2fachem Li-Überschuß unter Rühren u. N_2 während 3 Stunden. Analog **IV**. — *trans-1-Phenylbuten-(2)-ol*, $Kp._{0,25}$ 103—110°, aus dem Rk.-Gemisch der Bldg. von **IV** u. 2 g **V** bei 5°; 2 g (Ausbeute). Analog die *cis-Verbindung.* R. ALBRECHT. B 225□

Kinetik der Hydrolyse von Acetanhydrid in Aceton–Wasser- und Dioxan–Wasser-Gemischen. Jouko Koskikallio. (Acta chem. scand. **14.** 1343—48. 1960. Oulu, Finland, Univ. of Oulu, Dep. of Chem.) (Engl.)

Aus den Geschw.-Konst. (Bestimmungs-Meth. vgl. C. **1956.** 4963) der säurekatalysierten u. der spontanen Hydrolyse u. den Aktivierungsenergien u. -entropien der säurekatalysierten Hydrolyse von *Acetanhydrid* in Aceton–W. (bei 0, 20 u. 40°) u. Dioxan–W. (bei 20°) wird geschlossen, daß gleichzeitig ein A_1 -u. ein A_2-Mechanismus wirksam ist. Je nach der Zus. des Lsgm. ist der eine Mechanismus gegenüber dem anderen begünstigt. In einem ca. 50%ig. Aceton-W.-Gemisch besitzt die Aktivierungsentropie ein Minimum ($\Delta S = -20$ e.u.) — es überwiegt A_2. Bei geringen Wasser-Geh. nimmt die Aktivierungsentropie stark zu, u. es werden Werte für eine unimol. Rk. erreicht ($\Delta S = -2,6$ e.u. bei 1,3 Mol/Liter H_2O). Als Beispiel einer unimol. Rk. wird die säurekatalysierte Hydrolyse von *Diäthoxymethan* in Dioxan–W. angegeben, deren Aktivierungsentropie $\Delta S = +6,9$ e.u. beträgt; ein Beispiel einer bimol. Rk. ist die säurekatalysierte Hydrolyse von *Äthylacetat*, $\Delta S = -22,5$ e. u. In diesen beiden Fällen bleibt die Aktivierungsentropie nahezu konst. u. unabhängig vom Wasser-Geh. des Lösungsmittels.

U. LIEBSCHER. B 225□

Intramolekularer Angriff von Carboxyl- auf Estergruppen. 1. Mitt. Die Hydrolyse substituierter Phenylhydrogensuccinate und Phenylhydrogenglutarate. Erick Gaetjens und Herbert Morawetz. (J. Amer. chem. Soc. **82.** 5328—35. 20/10. 1960. Brooklyn, N.Y., Polytechn. Inst. of Brooklyn, Dep. of Chem.) (Engl.) — Vgl. MORAWETZ u. ORESKES, C. **1958.** 12356.

Vff. verfolgten UV-spektroskop. die Kinetik der Hydrolyse substituierter Phenylhydrogensuccinate u. -glutarate in Abhängigkeit von der Temp. (Intervall von 30°) u. vom pH-Wert. Die beobachteten k-Werte 1. Ordnung erfüllen die Beziehung $k = k_\alpha \cdot \alpha + k_{OH}[OH^-]$, wobei α der Ionisationsgrad der freien COOH-Gruppe u. k_α der die intramol. Rk. charakterisierende k-Wert 1. Ordnung gemäß $ROCO(CH_2)_xCOO^- \xrightarrow{k_\alpha} RO^- +$ Säureanhydrid ist. Bei den Bernsteinsäureestern ist die Katalyse durch OH^- bei pH 7 zu vernachlässigen, bei den Glutarsäureestern beträgt ihr Beitrag zur Gesamt-Geschw. ca. 15%. Ferner kann ein scheinbarer pK-Wert (pK_{app}) für die reaktive Carboxylgruppe definiert werden: $pK_{app} = pH + \log [(1-\alpha)/\alpha]$. Folgende Daten wurden erhalten: für *p-Methoxyphenyl-* [pK_{app}] 4,63, [$\Delta H^{\ddagger}$] 19,3 [kcal/Mol], [$T\Delta S^{\ddagger}$] —5,5 [kcal/Mol]; *p-Tolyl-*, —, 19,5, —5,2; *o-Tolyl-* —, 21,7, —4,4; *Phenyl-* [10^4 k in s^{-1} bei 25,3°]

0,10 [k_{OH} in Liter/Mol·s bei pH 9,7] 3,1, [10^4 k_α in s^{-1}] 0,098, [pK_{app}] 4,74; *p-Chlorphenyl-*, pK_{app} 4,47, $\Delta H^{\neq}$ 20,3, $T\Delta S^{\neq}$ −3,2; *o-Chlorphenyl-*, —, 19,7, −3,0; *p-Bromphenyl-* 4,37, 20,2, −3,1; *o-Bromphenyl-*, k-Werte 1,31, 14,4, 1,29; —; *p-Carbomethoxyphenyl-* 4,8, 9,5, 4,8, 4,70; *o-Carbomethoxyphenyl-* 0,50, —, —, —, —; *m-Nitrophenyl-* 6,3, 48, 6,3, —, u. *p-Nitrophenylhydrogenglutarat*, pK_{app} 4,50, $\Delta H^{\neq}$ 19,1, $T\Delta S^{\neq}$ −1,8; ferner *p-Methoxyphenyl-* 4,36, 19,0, −2,8; *o-Methoxyphenyl-* —, 18,0, −3,4; *p-Hydroxyphenyl-* [10^4 k in s^{-1}] 4,9, [pK_{app}] 4,35; *o-Hydroxyphenyl-* 12,6, 4,22; *Phenyl-* 14,2, 4,30; *p-Acetamidophenyl-* 32, —; *o-Acetamidophenyl-* 98, —; *p-Chlorphenyl-* 75, 4,36; *p-Carbomethoxyphenyl-* 600, —; *o-Carbomethoxyphenylhydrogensuccinat* 113, —. Ferner wurde die durch Acetationen katalysierte Hydrolyse von *Phenylacetat, m-* u. *p-Nitrophenylacetat* bei 60,8° u. pH 5,27 (μ = 0,2, NaCl) kinet. verfolgt, die k-Werte betrugen 0,994, 6,80 bzw. 15,0 Liter/Mol·s, die Daten ähneln den von BENDER u. NEVEU (C. **1959.** 6755) ermittelten weitgehend. Die Rkk. der obigen Bernstein- u. Glutarsäureester zeigen folgende unerwartete Eigg.: Die intramol. Rk. wird von elektronenanziehenden p-Substituenten stärker als die analoge intermol. Rk. der Acetate beeinflußt. Die E-Werte zeigen kaum eine Abhängigkeit von Substituenteneffekten, sondern nur die Aktivierungsentropien. Vff. nehmen an, daß der intermol. Angriff der COO^--Gruppe auf Phenylester zu einer Zwischenstufe mit tetraedr. Bindungszustand führt; beim intramol. Rk.-Ablauf erfolgt dagegen eine direkte Verdrängung der Phenolatgruppe durch die angreifende COO^--Gruppe. Bei der Betrachtung der ster. Effekte der Rkk. ergibt sich, daß Cl-, Br-, CH_3O- u. CH_3CONH-Substituenten in o-Stellung die Rk. stärker beschleunigen als in p-Stellung, entgegengesetzt verhalten sich CH_3- u. $COOCH_3$-Gruppen. Die Substituenten-Einfll. bei hydrolyt. Rkk. substituierter Phenol-Derivv. werden für eine Anzahl verwandter enzymat. Rkk. verglichen, wobei der TAFTsche Parameter ψ der Gleichung $\log (k/k_0) = \sigma\varrho + \psi$ herangezogen wird, der ein Maß für den Resonanzbeitrag zwischen Substituenten u. Rk.-Zentrum darstellt. Die ψ-Werte betragen: für die Rk. von Phenylacetaten in Ggw. von CH_3COO^- 0,26, für die Phenylhydrogenglutarate in Ggw. u. Abwesenheit von OH^- −0,20 bzw. 0,74. — Präparate: *p-Carbomethoxyphenol*, F. 126—127°, durch Veresterung von p-Hydroxybenzoesäure. — Phenylhydrogenglutarate u. -succinate, nach BISCHOFF u. VON HEDENSTRÖM (1902) durch Lösen des entsprechenden Phenols in eiskalter wss. NaOH, Zugabe von Bernstein- bzw. Glutarsäureanhydrid, 5 minütiges Rühren u. Ansäuern mit konz. HCl (20—40% Ausbeute): Hydrogenglutarate: *m-Nitrophenyl-*, F. 99—99,5° (Bzl.). — *p-Chlorphenyl-*, F. 86,5—87° (Bzl.-Pentan). — *o-Chlorphenyl-*, F. 34,5—35,5° (Heptan). — *p-Carbomethoxyphenyl-*, F. 105—105,5° (Bzl.). — *p-Bromphenyl-*, F. 102,5—103° (Bzl.-Pentan). — *o-Bromphenyl-*, F. 34—34,5° (Ae.-Pentan). — *p-Methoxyphenyl-*, F. 89,5—90° (Bzl.). — *p-Tolyl-*, F. 83—83,5° (Ae.-Pentan). — *o-Tolyl-*, F. 44,5—45° (Ae.-Pentan). — *Phenyl-*, F. 45—46° (Bzl.-Heptan). Hydrogensuccinate: *p-Chlorphenyl-*, F. 115—115,5° (Bzl.). — *p-Acetamidophenyl-*, F. 136—137° (Methyläthylketon-Pentan). — *o-Acetamidophenyl-*, F. 119—120° (Ae.-Pentan). — *p-Methoxyphenyl-*, F. 117,5—118° (Bzl.). — *o-Methoxyphenyl-*, F. 70—70,5° (Bzl.-Pentan). — *p-Hydroxyphenyl-*, F. 174 bis 175°. — *o-Hydroxyphenyl-*, F. 122—123°.
B. GNAUCK. B 225□

Untersuchung der alkalischen Hydrolyse von Säurechloriden der Adipin- und Sebacinsäure. T. I. Schein, G. I. Kudrjawzew und L. N. Wlassowa. (Химические Волокна [Chemiefasern] **1960.** Nr. 5. 13—15.) (Russ.)

Es wurde die Hydrolyse von Adipinsäure- (**I**) u. Sebacinsäuredichlorid (**II**) in Chlorbenzol durch 0,455n wss. NaOH untersucht. **I** wird bedeutend schneller hydrolysiert als **II**, was auf die bessere Löslichkeit von **I** in W. zurückgeführt wird. Bei 30° werden in 60 Min. 99,9% des eingesetzten **I** hydrolysiert, während in der gleichen Zeit unter den gleichen Bedingungen nur 31,9% **II** zerlegt werden. Die Aktivierungsenergie der Hydrolyse beträgt für **I** 11500, für **II** 10580 cal/Mol. HANS NESTLER. B 225□

Die Reaktion von Dialkylcarbamylchloriden mit Silbernitrat. William P. Norris. (J. Amer. chem. Soc. **81.** 3346—50. 5/7. 1959. China Lake, Calif., U. S. Naval Ordnance Test Stat., Res. Dep., Chem. Div.) (Engl.)

Auf einem neuen Weg stellt Vf. Dialkylnitramine u. Nitrosamine durch Einw. von $AgNO_3$ auf N.N-Dialkylcarbamylchloride in abs. Acetonitril oder CCl_4 dar. Als Zwischenstufe tritt bei der Rk. vermutlich ein instabiles Dialkylcarbamylnitrat auf, das unter Bldg. von Dialkylnitramin (in ca. 25—70%ig. Ausbeute), Dialkylnitrosamin (11—40%) sowie wenig Dialkylammoniumnitrat u. CO_2 zerfällt. Bei der Umkristallisation der festen Nitramine traten erhebliche Verluste auf, so daß die Ausbeuten an reinen Prod. nur ca. 20—50% betrugen. Bei der Rk. von *N.N-Diäthyl-* (**II**) u. *N.N-Di-n-propylcarbamylchlorid* (**III**) traten erhebliche Mengen teeriger Prodd. auf. Bei Ersatz des CH_3CN als Lsgm. durch CCl_4 war bei der Rk. von **III** eine Verdoppelung der Ausbeuten zu verzeichnen. Dialkylammoniumnitrate wurden nur bei den Rkk. von **II** u. **III** isoliert, doch wird angenommen, daß sie in allen Fällen in geringen Mengen gebildet werden. Die Unters. der gasförmigen Rk.-Prodd. ergab, daß neben CO_2 noch meist 1,0% NO sowie 8,5 bis 1,0% N_2O auftreten. Der Ursprung des N_2O ist nicht bekannt. Zum Ablauf der Rkk. wird die Folge $R_2NCOCl + AgNO_3 \xrightarrow{k_1} R_2NCOONO_2 + AgCl$, $R_2NCOONO_2 \xrightarrow{k_2} R_2N \cdot NO_2 + CO_2$ angenommen. Die Kinetik der Rk. von *N.N-Dimethylcarbamylchlorid* (**I**) mit $AgNO_3$ in CH_3CN wurde gasvolumetr. sowie gravimetr. (Bldg. von AgCl) verfolgt, k_1 1,5·10^{-2} [Liter/Mol·s] bei 38,90°, die Rk. ist 1. Ordnung bzgl. beider Reaktanten. Die Gas-Bldg. folgt einem kinet. Gesetz 1. Ordnung. *N.N-Dimethylcarbamylnitrit* (postuliertes Zwischen-Prod. der Rk. von **I** mit $AgNO_2$), das ebenfalls als Zwischen-Prod. der Rk. von **I** mit $AgNO_3$ angesehen werden könnte, zersetzt sich nach einer Rk. 1. Ordnung u. schneller als die Gas-Bldg. bei der Rk. von **I** mit $AgNO_3$ verläuft. Folgende Geschw.-Konst. für die Gas-Bldg. wurden bei 38,90° in CH_3CN gemessen: **I** [+ $AgNO_3$] [k] 2,9·10^{-3} [s^{-1}], [CO_2-Ausbeute] 42%, **II** 1,6·10^{-4}, 45%, *N.N-Diisopropylcarbamylchlorid* (**VI**), 1,1·10^{-3}, 77%; *Morpholinocarbonylchlorid* (**IV**) 1,5·10^{-3}, 40%; **I** (+ $AgNO_2$) 1,2·10^{-2}, 29%. Die Rk. von **IV** mit $AgNO_3$ ergab für die Gas-Bldg. keinen mit der Kinetik 1. Ordnung gut übereinstimmenden Verlauf, die Geschw. der Bldg. des AgCl-Nd. ergab den k-Wert 9,8·10^{-3} (s^{-1}). *N.N-Bis-[β-cyanäthyl]-carbamylchlorid* (**VII**) reagierte sehr langsam mit $AgNO_3$, die Rk. konnte nur durch 3std. Kochen in CH_3CN beendet werden. Als Rk.-Mechanismen werden ein cycl. (vgl. BIEBER, C. **1956.** 2420) oder der S_{Ni}-Mechanismus (vgl. CRAM, C. **1954.** 6695) diskutiert. Wegen der folgenden weiteren Befunde wird ein freier Radikalmechanismus für unwahrscheinlich gehalten: Bei der Zers. von **VI** in CCl_4 wurde NO_2 zugefügt, doch trat nur eine geringe Menge eines nach dem IR-Spektrum NO_2-Gruppen enthaltenden, nicht identifizierten Materials auf. Ferner wurde **I** mit $AgNO_3$ in Ggw. von NO_2 in CH_3CN umgesetzt, wodurch die Ausbeute an Dimethylnitrosamin (**V**) auf Kosten der von Dimethylnitramin erhöht wurde.

Versuche: *Dimethylnitramin*, F. 55—57° (Ae.), durch Einw. von $AgNO_3$ in CH_3CN auf **I** in CH_3CN unter Kühlung (Temp. unterhalb 50°) u. 2tägiges Stehen bei 25°; 70 bzw. 48% (Roh- u. Reinausbeute); daneben 11% **V**. — Analog: *Diäthylnitramin*, $Kp._{50}$ 115 bis 118°, aus **II**; 28%; daneben *Diäthylnitrosamin* sowie *Diäthylammoniumnitrat*, F. 103 bis 105° (Tetrahydrofuran). — *Diisopropylnitramin*, F. 105—107°, aus **VI** u. Abtrennen des Diisopropylnitrosamins (29%) durch Lösen in 70%ig. HNO_3 u. Fällen mit W.; 49%; daneben *Diisopropylammoniumchlorid*, F. 210—213°. — *Di-n-propylnitramin*, durch Zugabe von $AgNO_3$-Pulver zu **III** in CCl_4, 2std. Erhitzen auf 60° u. 2std. Kochen; 25%; daneben 39% *Di-n-propylnitrosamin*, ferner *Di-n-propylammoniumnitrat*, F. 150—153° (Tetrahydrofuran). — Analog: *N-Nitromorpholin*, F. 53—54° (Methanol), aus **IV**; 44 bzw. 22%. — *Bis-[β-cyanäthyl]-nitramin*, F. 53—55° (Methanol–CH_2Cl_2, durch Zugabe von **VII** zu $AgNO_3$ in CH_3CN u. 3std. Kochen; 59 bzw. 30%. — *Dimethylnitrosamin* (**V**), Kp. 52—57°, durch portionsweise Zugabe von $AgNO_2$ zu **I** in CH_3CN bei 40° (Kühlung); 66% (verunreinigt mit dem Nitramin); b) durch 5minütiges Einleiten von NO_2 in **I** in CH_3CN unter He u. Zugabe von $AgNO_3$ in CH_3CN unter Kühlung; 40%, daneben 40% Nitramin. B. GNAUCK. B 225□

Die Reaktion von Alkylchlorformiaten mit Silbernitrat. Beweis für die stereoselektive intramolekulare Bildung von Nitratestern. Robert Boschan. (J. Amer. chem. Soc. **81.** 3341—46. 5/7. 1959. China Lake, Calif., U. S. Naval Ordnance Test Stat., Res. Dep., Chem. Div.) — Vgl. vorst. Referat.

Durch Einw. von $AgNO_3$ auf Alkylchlorformiate in inerten Lsgm. (heterogene Rk. in Ae., Bzl. oder CCl_4, homogene Rk. in Acetonitril) können eine Reihe von Salpetersäureestern gemäß der Gleichung $RO-COCl + AgNO_3 \rightarrow RONO_2 + CO_2 + AgCl$ dargestellt werden. So konnte auch *Cholesterylnitrat* in über 90%ig. Ausbeute erhalten werden, das nach Verseifung unverändertes Cholesterin (F. 147—147,5° (95% A.)] lieferte. Hieraus kann vermutet werden, daß die Umwandlung in die Nitrate unter Erhaltung der Konfiguration abläuft. Zur Aufklärung des Rk.-Mechanismus wurde die Rk. von $^{18}O_{(C-OR)}$-*n-Hexylchlorformiat* (**I**) mit $AgNO_3$ in CH_3CN untersucht, wobei der Verbleib des ^{18}O bei den Rkk. **I** → n-Hexylnitrat (**II**) → n-Hexylalkohol (durch Red. mit $LiAlH_4$) → **I** (durch Rk. mit $COCl_2$) → **II** sowie **I** → n-Hexylchlorid + CO_2 durch massenspektrograph. Unters. des gebildeten CO_2 nachgeprüft wurde. Es ergibt sich, daß ca. 75% der C—O-Bindung von **I** bei der Rk. zu **II** nicht gespalten werden. Ferner wurde die Rk. von *opt- akt.-Octyl-(2)-chlorformiat* untersucht. Aus den Daten der opt. Aktivität des erhaltenen opt. akt.-Octyl-(2)-nitrats ist zu schließen, daß die Rk. unter (ca.) 67,6%ig. Erhaltung der Konfiguration u. mit 32,4%ig. Inversion verläuft. Schließlich ergab eine kurze kinet. Verfolgung der Rk. von **I** mit $AgNO_3$ in CH_3CN nach der Meth. von NORRIS (l. c.), daß 1. die Rk. etwa 1. Ordnung bzgl. beider Rk.-Partner verläuft, 2. vermutlich ein instabiles Zwischenprod. gebildet wird, das nach einer Kinetik 1. Ordnung zerfällt. Vf. schließt, daß die Rk. nach einem intramol. cycl. Mechanismus, analog dem S_{Ni}-Ablauf, erfolgt, wobei daneben noch ein weiterer Rk.-Weg beschritten wird, der unter Inversion verläuft u. vielleicht dem von BOOZER u. LEWIS (C. **1953.** 9436) angegebenen entspricht. Vf. diskutiert verwandte Zers.-Rkk., die zu Estern führen.

Versuche: *n-Hexylnitrat* (II), $Kp._{5,6}$ 55—58°, a) durch 2tägiges Kochen von I mit $AgNO_3$-Pulver in CCl_4 unter weiterer Zugabe von $AgNO_3$; n_D^{25} 1,4180; 40%; b) durch 5tägige Einw. von $AgNO_3$; auf I in CH_3CN bei Raumtemp.; 64,8%. — *Cholesterylchlorformiat* (III), F. 118°, nach KUTCHEROW u. KOTCHESNIKOW (Журнал Общей Химии [J. allg. Chem.] **16** (78). [1946.] 1137). — *Cholesterylnitrat*, $C_{27}H_{45}NO_3$, F. 115° (Aceton), durch 3std. Kochen von III mit $AgNO_3$-Pulver in Bzl. unter weiterer Zugabe von $AgNO_3$; 91,5% (roh), 74,5% (rein). — *Bornylchlorformiat*, $Kp._{3,5}$ 78—81°, durch Einleiten von $COCl_2$ in eine Ae.-Lsg. von Borneol; n_D^{25} 1,4740. — Analog: *Cetylchlorformiat*, aus Cetylalkohol, n_D^{25} 1,4463. — *Bornylnitrat*, $Kp._{1,2}$ 58°, aus vorvorst.Chlorformiat analog II nach b), 4std. Rk.-Dauer; n_D^{25} 1,4768; geringe Ausbeute. — *Cetylnitrat*, $C_{16}H_{33}NO_3$, $Kp._{<0,001}$ 100°, durch 2tägiges Kochen vorvorst. Verb. mit $AgNO_3$ in Bzl.; n_D^{25} 1,4498; 83,3%. — *^{18}O-Essigsäure*, $Kp._{705}$ 113,9—114,0°, durch 3tägiges Einleiten von Keten in $H_2{}^{18}O$; 80%. — *^{18}O-n-Hexylacetat*, $Kp._{703,4}$ 164—167°, durch Kochen (1 Nacht) von n-Hexyl-p-toluolsulfonat (n_D^{25} 1,4971) mit ^{18}O-K-Acetat (aus vorst. Säure u. wss. KOH); n_D^{25} 1,4068; 71%. — *^{18}O-nHexylalkohol*, $Kp._{701,7}$ 154,5—155°, durch Red. vorst. Verb. mit $LiAlH_4$ in Ae. unterhalb —25° (3 Std.), Erwärmen auf Raumtemp. u. 1 Nacht Stehen; n_D^{25} 1,4161; 84%. — *^{18}O-n-Hexylchlorformiat* (I), $Kp._7$ 60°, durch 5std. Einleiten von $COCl_2$ zu vorst. Verb. in Ae.; n_D^{25} 1,4218; 92,2%. — *l-Octyl-(2)-chlorformiat*, $Kp._2$ 61°, durch 4std. Einleiten von $COCl_2$ zu *l*-Octanol-(2) ($[\alpha]_D$ —8,55°) in Ae. u. 1 Nacht Stehen; $[\alpha]_D$ —22,38°; n_D^{25} 1,4251; 93%. *d-Verb.*, $Kp._{2,2}$ 61—63°, aus d-Octanol-(2) ($[\alpha]_D$ 23,06°); $[\alpha]_D$ +9,40°. — *d-Octyl-(2)-nitrat*, $Kp._2$ 50—60°, durch 4tägige Einw. von $AgNO_3$ auf vorst. *d*-Verb. in CH_3CN bei Raumtemp.; $[\alpha]_D$ +6,01°; n_D^{25} 1,4251; 30%. — *Cholesteryltrifluoracetat*, $C_{29}H_{45}F_3O_2$, F. 131—132° (Aceton), durch Zugabe von III in Ae. zu Ag-Trifluoracetat in Ae. u. 1tägiges Stehen; 77%. B. GNAUCK. B 225□

Die Kinetik der Bromierung von Polymethylbenzolen in Chloroform. Katalyse durch Bromjodid. Roy Josephson, R. M. Keefer und L. J. Andrews. (J. Amer. chem. Soc. **83.** 2128—32. 5/5. 1961. Davis, Calif., Univ. of California, Dep. of Chem.) (Engl.)

Im Gegensatz zu CCl_4 werden in $CHCl_3$ *Mesitylen* (I; Kp. 166,5—167°) u. *Pentamethylbenzol* (II; F. 51,0—52,2°; Prod. 6-Brom-1.2.3.4.5-pentamethylbenzol, F. 159 bis 162°) ohne Katalysator am Kern bromiert. Die Rk. ist in bezug auf das Halogen 2. Ordnung. In Ggw. von JBr als Katalsyator ist die Bromierung von I, II u. *Durol* (III; F. 79 bis 80°) sowohl in bezug auf Br_2 als auf den Katalysator 1. Ordnung. Die entsprechenden Rkk. in CCl_4 sind in bezug auf den Katalysator 2. Ordnung. Bei mäßig hohen Konz. der aromat. KW-Stoffe vermindern sich die beobachteten Geschw.-Konst. 3. Ordnung mit zunehmender Konz. der KW-Stoffe, was die Vff. teils der Bldg. von Molekülkomplexen, teils der Änderung des polaren Charakters des Mediums zuschreiben. Die Aktivierungsenergien der Rkk. in $CHCl_3$ (untersucht zwischen 10 u. 45°) ohne Katalysator sind 0 ($\Delta S^{\neq}$ für I —64, für II —59 cal/Grad·Mol), mit BrJ für I —2,76 (—61), für II —1,94 (—54) u. für III +1,4 kcal/Mol (—55). Die Ergebnisse werden in bezug auf den wahrscheinlichen Mechanismus der polaren aromat. Halogenierung diskutiert. Die Gleichgewichts-Konst. für den JBr–III-Komplex (1:1) in Chlf. bei 25° im Konz.-Bereich 0,1—1,0m für III u. $1 \cdot 10^{-4}$ bis $20 \cdot 10^{-4}$ m für JBr wurde zu 1,1 [Mol^{-1}/Liter] u. entsprechend für den Br_2–I-Komplex zu 0,25 ermittelt, die Assoziation von JBr in Chlf. bei 25° (Konz.-Bereich 1—$1{,}9 \cdot 10^{-3}$m) beträgt 94 ± 1,5%. GERHARD SCHULZ. B 225□

Der Mechanismus der durch Trifluoressigsäure katalysierten aromatischen Chlorierung durch Jodbenzoldichlorid in Tetrachlorkohlenstoff. L. J. Andrews und R. M. Keefer. (J. Amer. chem. Soc. **82.** 5823—26. 20/11. 1960. Davis, Calif., Univ. of California, Dep. of Chem.) (Engl.)

Vff. verfolgten zunächst die Gleichgew.-Einstellung zwischen *Jodbenzoldichlorid* (I) u. *Jodbenzol* (IV) + Cl_2 (k_1) in Ggw. von Trifluoressigsäure (II) in CCl_4 auf UV-spektroskop. Wege (bei 380 mμ). Die Rk.-Ordnung dieser Dissoziation beträgt wenigstens 2,2 bzgl. II u. nimmt mit der II-Konz. zu. In Ggw. von 4,31—0,539 Mol Liter/II betrugen die Geschw.-Konst. der Dissoziation 10^4 k_1 = 27,4—0,15 (s^{-1}) bzw. die Gleichgew.-Konst. 10^3 K = 7,7—17,4 bei 25°. Wie schon früher angenommen wurde (vgl. KEEFER u. ANREWSS (C. **1961.** 5391) dürften wenigstens zwei II-Moll. für die Solvatation des polaren aktivierten II-Komplexes notwendig sein, über den die Dissoziation von I verläuft. Unter gleichen Bedingungen wurde die Chlorierung von Durol (III) durch I UV-spektroskop.

(bei 380 bzw. 360 mμ) untersucht, wobei $-d\ln[I]/dt = k_0$. Es wurde die Bldg. von *3-Chlor-1.2.4.5-tetramethylbenzol* (F. 45—46°) nachgewiesen u. die der 3.6-*Dichlor-Verb.* wahrscheinlich gemacht. Seitenkettenchlorierung trat höchstens zu 3,2% auf. Die k_0-Werte waren stets größer als die k_1-Werte, in Ggw. von 1,08 m II beträgt k_1 ca. $7 \cdot 10^{-5} [s^{-1}]$, k_0 dagegen $3{,}5-6 \cdot 10^{-3} [s^{-1}]$ in Ggw. von 0,062—0,124 m III. Diese k_0-Werte wurden bei 30%ig. Umsatz ermittelt. Zusatz von IV hat keinen erheblichen Einfl. auf die Geschw. der Abnahme der I-Konz., Zugabe von HCl vermindert jedoch die Rk.-Geschw. erheblich. Vff. nehmen an, daß das Gleichgewicht I + II $\rightleftharpoons$ $C_6H_5J(Cl)OCOCF_3$ (V) + HCl auftritt, u. das Chlorierungs-Prod. von III sowohl durch Angriff von I (k_4) als durch Rk. mit V (k_3) entstehen kann. V liegt vielleicht als Ionenpaar $C_6H_5J^+Cl$, CF_3COO^- vor u. verhält sich vermutlich stärker elektrophil als I selbst. Es wird ferner angenommen, daß das obige Gleichgewicht während der gesamten Chlorierungszeit aufrechterhalten bleibt. Selbst in Abwesenheit von HCl soll das Gleichgewicht weit auf der linken Seite liegen. Folgende kinet. Beziehung wird abgeleitet: $k_0 = k_4[ArH] + k_3K[ArH]\,[II]/[HCl]$; ArH = III. Der k_4-Wert für die Rk. zwischen III u. I ist 2. bis 3. Ordnung bzgl. II, die Rk.-Ordnung wächst mit steigender II-Konzentration. Vermutlich erhöht II durch die Bldg. einer H-Bindung die Fähigkeit von I als Quelle von elektrophilem Cl zu wirken, d. h. I wird durch II gemäß $C_6H_5J^+(Cl)Cl^- \ldots HOOCCF_3$ polarisiert. Diese Polarisierung tritt wahrscheinlich auch vor der Dissoziation von I in IV u. Cl_2 auf. Die Werte für den Ausdruck $k_3K[II]$ zeigen eine scheinbar starke Abhängigkeit von der [II]. Auch k_3 scheint in 2. oder höherer Ordnung von [II] abzuhängen. Ebenso wie I erleidet V offenbar eine durch II begünstigte Polarisation, sofern es als elektrophiles Reagens wirkt. Vff. nehmen an, daß unter bestimmten Bedingungen die Rk. I → IV + Cl_2 geschwindigkeitsbestimmend für die Rk. von I mit III ist. B. GNAUCK. B 225□

Kinetik der aromatischen Halogenierung. 7. Mitt. **Die Jodierung von 2.4.6-Trideuteroanisol durch Jodmonochlorid.** Ernst Berliner. (J. Amer. chem. Soc. **82.** 5435—38. 20/10. 1960. Bryn Mawr, Pa., Bryn Mawr Coll., Marion Edwards Park Labor.) (Engl.) — 6. vgl. Chem. and Ind. **1960.** 177; 5. vgl. C. **1959.** 8831.

Wie l. c. verfolgte Vf. die Kinetik der Jodierung von *Anisol* (I, $Kp._{756}$ 154°, n_D^{25} 1,5149) u. $D_{3(2.4.6)}$-I (*D*-I) durch JCl in $HClO_4$ u. überschüssige Cl^--Ionen enthaltendem W. bei geringer Ionenstärke. Unter allen untersuchten Bedingungen (Änderung der Säure- u. Cl^--Konz., der Temp. [18,0—38°], Ersatz des W. durch D_2O] tritt ein erheblicher Isotopeneffekt auf, k_H/k_D = ca. 3,8. Die beobachteten k-Werte (bei 25°) sind proportional dem Ausdruck $K_1/(K_1 + Cl^-)\,(Cl^-)$, wobei K_1 die Gleichgewichts-Konst. für $JCl_2^- \rightleftharpoons JCl + Cl^-$ ist. Folgende Aktivierungsgrößen wurden für die Rk. von D-I erhalten: E 15,5 kcal/Mol, log A 9,37 Liter/Mol·s, $\Delta S^{\neq}$ —17,6 cal/Grad·Mol. Danach wird der Isotopeneffekt durch den höheren E-Wert der Rk. von D-I verursacht. Die Rk.-Geschw. von I ist in D_2O um ca. 30% geringer als in H_2O, dies gilt auch für die Rkk. von D-I. Die Isotopeneffekte der Substrate u. des Lsgm. sind also additiv u. unabhängig voneinander. Vf. konnte weiter zeigen, daß die Isotopeneffekte auch bei sehr geringer Cl^--Konz. (bis 0,01 m Cl^-) in nahezu unveränderter Höhe wirksam sind. Die Rk. von I u. D-I wurde ferner in 4%ig. Essigsäure (ohne Cl^-) untersucht, wobei während 20 Sek. der I-Umsatz ca. 75% beträgt. Auch unter diesen Bedingungen reagiert D-I etwa viermal langsamer als I, allerdings scheinen die Isotopeneffekte etwas größer zu sein u. mit der Zeit zuzunehmen. Als Ursache wird eine Dijodierung angenommen. Vf. gibt nachst. Mechanismus nunmehr den Vorzug: $JCl + H_2O \rightleftharpoons H_2OJ^+ + Cl^-$, ArH (I) + $H_2OJ^+ \rightleftharpoons H_2O$, $ArHJ^+ \rightarrow ArJ + H^+$. — *D*-I, $Kp._{751,7}$ 153,2—153,4°, aus I u. 40 Mol-%ig. D_2SO_4 (aus SO_3 u. D_2O) durch 12std. Schütteln u. Wiederholung der Einw. von D_2SO_4; n_D^{25} 1,5143; 25% (Ausbeute). B. GNAUCK. B 225□

Spezifische Solvatation in binären Lösungsmittelgemischen. 1. Mitt. **Unterschiede in der Aktivierungsenergie bei Reaktionen in gemischten Lösungsmitteln.** J. B. Hyne. (J. Amer. chem. Soc. **82.** 5129—35. 5/10. 1960. Hannover, N. H. Dartmouth Coll., Steele Chem. Labor.) (Engl.)

In der Umgebung eines einzelnen Ions zeigt sich in Lsgm.-Gemischen eine Art Sortierung der Lösungsmittelmoleküle. Diese Erscheinung ist von Einfl. auf die Rk.-Geschw.-Konstante. Vff. geben nun ein Modell, das gestattet, in bin. Mischungen, deren eine Komponente dipolarer u. deren andere Komponente Ionencharakter hat, den Einfl. dieser Solvatation auf die Aktivierungsenergie abzuschätzen. Der Einfl. des gelösten Stoffes sowie der Art der Lsgm. auf die Aktivierungsenergie wird für verschiedene Solvolysen untersucht. Der Einfl. der Temp.-Abhängigkeit der DK auf die Aktivierungsenergie reicht nicht aus, um die beobachteten Phänomene zu erklären. Untersucht werden unter Verw. von Literaturdaten die Solvolysen in verschiedenen Lsgm.-Gemischen von *Benzolsulfonsäuremethyl-, -äthyl-, -n-propyl-, -isopropyl-, -benzyl-, tert.-butyl-* u. *-α--methylbenzylester,* *tert.-Butylchlorid, -bromid, α-Phenäthylchlorid, Isopropylbromid, Benzylchlorid, Dimethyl-tert.-butylsulfoniumjodid* u. *Äthylacetat.* S. v. SCHIESZL. B 225□

Eine Spektraluntersuchung der Reaktion zwischen Jod und N.N-Dimethylanilin in Cyclohexan. B. Z. Senkowski und G. S. Panson. (J. org. Chemistry **26.** 943–46. März 1961. Newark, N.J., Rutgers, State Univ. of New Jersey, Dep. of Chem.) (Engl.)

Vff. verfolgen die Rk. zwischen *N.N-Dimethylanilin* (**I**) u. Jod in Cyclohexan bei Konzz. von ca. 10^{-3} m bei 25° durch Messung der UV-Spektren. Eine Verschiebung von λ_{max} des Aminspektrums um 4–5 mμ sowie die Verfolgung der Intensität der 300 mμ Absorption in Abhängigkeit von der Zeit zeigen die prim. Bldg. eines „charge transfer"-Komplexes von J_2 u. **I**. Als Gleichgewichts-Konst. dieser Komplex-Bldg. bei 25° werden Werte von K = 18,5–22,7 Liter/Mol ermittelt. Nach erfolgter Komplex-Bldg. tritt das Spektrum des *p-Jod-N.N-dimethylanilins* (λ_{max} in Cyclohexan 264–265 mμ, $\varepsilon = 26{,}4 \cdot 10^3$) auf, es erfolgt also Substitution im Phenylkern. Ein bei der Rk. gebildeter Nd. zeigt als Lsg. in Isopropanol Banden bei 248, 290 u. 358 mμ (zum Vgl. wurden die Spektren von J u. J + KJ in Isopropanol aufgenommen), dies deutet damit auf Ggw. von **I** u. Trijodid u. eine mögliche Bldg. nach $\mathbf{I} \cdot J_2 \overset{J_2}{\rightleftarrows} \mathbf{I} \cdot [\mathbf{I} \cdot J]^+ J_3^-$ hin. — *p-Jod-N.N-dimethylanilin*, $C_8H_{10} \cdot JN$, F. 80,2° (PAe.), aus einem auf 12–15° abgekühlten Gemisch von 24,2 g **I**, 25 g $NaHCO_3$ u. 167 ml W. durch Zugabe von 42,4 g Jod in 20 Min. unter Rühren.
R. ALBRECHT. B 225□

Austauschgeschwindigkeit von Acetylenwasserstoff in wässerigen Lösungen. P. Ballinger und F. A. Long. (J. Amer. chem. Soc. **81.** 3148–49. 20/6. 1959. Ithaca, N.Y., Cornell Univ., Dep. of Chem.) (Engl.)

Es wird die Austausch-Geschw. von Acetylenwasserstoff am Beispiel des *Phenylacetylens* ($C_6H_5C_2D$) u. *Acetylens* (in W. mit 60% D) in gepufferten wss. Lsgg. bei pH-Werten zwischen 2 u. 10 bei einer Temp. von 25° untersucht. Die gewonnenen Ergebnisse stützen die Annahme eines langsamen Rk.-Schrittes in der wss. Phase u. zeigen für beide Fälle, daß die Austausch-Rkk. durch Hydroxylionen katalyt. beschleunigt werden.
W. EISENMANN. B 225□

Stereochemie der Substitution am asymmetrischen Silicium. L. H. Sommer, C. L. Frye, M. C. Musolf, G. A. Parker, P. G. Rodewald, K. W. Michael, Y. Okaya und R. Pepinsky. (J. Amer. chem. Soc. **83.** 2210–12. 5/5. 1961. University Park, Pa., State Univ., Coll. of Chem. and Phys.) (Engl.)

Die konfigurativen Beziehungen einer Reihe von α-Naphthylphenylmethylsilyl-Verbb. (R_3Si^*X) wurden geklärt mit Hilfe der FREDGA-Meth. u. durch die Aufnahme der Rotationsdispersionskurven .(–)-R_3Si^*F, (–)-R_3Si^*H u. (+)-R_3Si^*Cl bilden Mischkristalle untereinander u. sollten daher gleiche Konfiguration besitzen, (+)-R_3·Si^*F u. (–)-R_3Si^*H, (+)-R_3Si^*F u. (+)-R_3Si^*Cl, (+)-R_3Si^*H u. (+)-R_3Si^*Cl bilden dagegen eutekt. Gemische u. sollten entgegengesetzte Konfiguration haben. (–)-R_3Si^*F, (–)-R_3Si^*H, (+)-R_3Si^*Cl, (–)-$R_3Si^*OCH_3$, (–)-$R_3Si^*OCOCH_3$ u. (–)-R_3SiOH zeigen ähnliche Rotationsdispersionskurven mit negativem COTTON-Effekt, sie sollten gleiche Konfiguration haben, das erste Maximum im UV liegt bei allen Verbb. bei 317 mμ ($\varepsilon = 310$). Dieser Zuordnung zufolge verlaufen folgende Rk. unter Inversion: (+)-$R_3SiCl \xrightarrow{H_2O \text{ in Ae.}}$ (+)-R_3SiOH; (+)-$R_3SiCl \xrightarrow{LiAlH_4}$ (+)-R_3SiH (in Ae.); (+)-$R_3SiCl \xrightarrow{CH_3OH}$ (+)-R_3SiO·CH_3) Pentan; Amin); (+)-$R_3SiF \xrightarrow{LiAlH_4}$ (–)-R_3SiH (in Ae.); (+)-$R_3SiCl \xrightarrow{KOH}$ (+)-R_3S;OH (KOH; Xylol) $\xrightarrow{H_2O}$ (+)-R_3SiOH; (+)-$R_3SiCl \xrightarrow{NaD(OCH_3)_4}$ (+)-R_3SiOCH_3 (in Ae.); (+)-$R_3SiOH \xrightarrow{KOH} \xrightarrow{(-)\text{-}R_3SiCl}$ (meso)-$R_3SiOSiR_3$ (Xylol); (–)-$R_3SiOCH_3 \xrightarrow[NaOH]{H_2O,\ \text{Aceton}}$ (+)-R_3SiOH; (+)-$R_3Si \cdot OCOC_6H_5 \xrightarrow{LiAlH_4}$ (–)-R_3SiH (in Ae.); (+)-$R_3SiOCOCH_2Cl$ $\xrightarrow{CH_3OH}$ (–)-R_3SiOCH_3 (in Pentan; Amin). Folgende Rkk. verlaufen unter Konfigurationserhaltung : (–)-$R_3SiH \xrightarrow{Cl_2}$ (+)-R_3SiCl (in CCl_4); (+)-$R_3SiOCH_3 \xrightarrow{LiAlH_4}$ (+)-R_3SiH (in Ae.); (+)-$R_3SiOSiR_3 \xrightarrow{LiAlH_4}$ (+)-R_3SiH (in Ae.); (+)-$R_3SiH \xrightarrow{KOH\ (Xylol)} \xrightarrow{H_2O}$ (+)-R_3SiOH; GRIGNARD-Red.: (+)-R_3SiOCH_3 + tert.-C_4H_9MgCl → (+)-R_3SiH + $CH_2 = C(CH_3)_2$. Allg. zeigt sich aber, daß bei Rkk. mit nucleophilen Reagentien die Verbb., die leicht bewegliche Gruppen, wie –Cl oder –OCOR, haben, u. deren konjugierte Säuren einen pK-Wert < 5 haben, unter Konfiguartionsinversion reagieren. Bei schlecht abspaltbaren Gruppen, wie –H, –OCH_3 oder –OH (pK_a > 10) hängt die Stereochemie der Rk. von mehreren Faktoren ab, es kann sowohl Retention als auch Inversion erfolgen. GERHARD SCHULZ. B 225□

Überlappungskontrolle organischer Reaktionen. 3. Mitt. **Die Stereochemie der Darzens-Reaktion.** Howard E. Zimmerman und Leo Ahramjian. (J. Amer. chem. Soc. **82.** 5459–66. 20/10. 1960. Evanston, Ill., Northwestern Univ., Chem. Dep.) (Engl.) — 2. vgl. C. **1960.** 8475.

Bei der Rk. von 1 Mol α-Chlorphenylessigsäureäthylester (I) mit 1 Mol p-Nitrobenzaldehyd (II) + 1 Mol p-Methoxybenzaldehyd (III) in Ggw. von K-tert.-Butylat (IV) in tert.-Butanol (V)–Bzl. wurde nur die Bldg. von *2-Phenyl-3-p-nitrophenyl-2.3-epoxypropionsäureäthylester*, nicht aber die der entsprechenden 3-p-Methoxyphenyl-Verb. beobachtet. Die Kondens. von **I** mit Benzaldehyd (**VI**) lieferte überwiegend *2.3-cis-Diphenyl-2.3-epoxypropionsäureäthylester*, diese Verb. wurde auch bei der Einw. von **IV** auf die diastereomeren 2-Chlor-3-hydroxy-2.3-diphenylpropionsäureäthylester (**VIII**) erhalten. Bei Durchführung dieser Rk. mit dem festen **VIII**-Isomeren in Ggw. eines m-Nitrobenzaldehyd (**IX**)-Überschusses wurde dagegen *2-Phenyl-3-m-nitrophenyl-2.3-epoxypropionsäure*äthylester isoliert. Schließlich ergab die kurzzeitige Einw. von **IV** auf beide **VIII**-Diastereomeren in **V** bei höherer Verdünnung nur geringe Glycidesterausbeuten sowie **VI, I** u. Mandelsäure (**X**). Vff. schließen daher, daß die DARZENS-Rk. über eine Aldolstufe verläuft u. diese Anfangsstufe der Rk. schnell u. reversibel ist. Die darauf folgende Cyclisierungsstufe wird stereochem. durch die Überlappung der π-Elektronenbahnen kontrolliert. Die Voraussetzung für einen leicht eintretenden Ringschluß ist eine ster. nicht gehinderte Carbonylgruppe.

Versuche: *α-Chlorphenylacetylchlorid*, Kp.$_2$ 85—86°, durch portionsweisen Zusatz von **X** zu PCl_5 u. 4std. Erhitzen auf 130°; 63,5% (Ausbeute). — *α-Chlorphenylessigsäureäthylester* (**I**), Kp.$_2$ 77—78°, durch Zugabe von abs. A. zu vorst. Verb.; n_D^{25} 1,5123; 99%. — *2.3-cis-Diphenyl-2.3-epoxypropionsäureäthylester*, F. 57,0—58,0° (Hexan), durch Zugabe von **IV** in **V** zu **I** u. **VI** in **V**–Bzl. bei 15° unter N_2 u. 3std. Rühren; 75%. *Freie Säure* (**VII**), F. 120—122°. — *2-Chlor-3-hydroxy-2.3-diphenylpropionsäureäthylester* (**VIII**), $C_{17}H_{17}ClO_3$, F. 64,0—65,0° (Hexan), durch Zugabe von Diisopropylamin in abs. Ae. zu C_2H_5MgBr in Ae., Kühlen der Suspension auf 0°, langsame Zugabe von **I** u. **VI** in Ae., 1std. Rühren bei Raumtemp., Kühlen mit Eis, Ansäuern mit wss. Essigsäure u. Chromatographie des isolierten Öls an Silicagel; daneben *Isomeres*, viscoses Öl. — *2.3-cis-Diphenyl-2.3-epoxypropionsäure-tert.-butylester*, $C_{19}H_{20}O_3$, F. 67,5—68,0° (Hexan), durch Zugabe von **IV** in **V** zu **VIII** in abs. **V**–Bzl. unter N_2 u. Chromatographie. Lieferte durch Einw. von $NaOC_2H_5$ in wss. A. **VII**. — *2-Phenyl-3-m-nitrophenyl-2.3-epoxypropionsäureäthylester*, $C_{17}H_{15}NO_5$, F. 83,0—83,5°, durch Zugabe von **IV** in **V** zu 1,91 g **IX** u. 1,286 g **VIII** in **V**–Bzl. unter N_2 bei 15° u. 3std. Rk.-Zeit 955 mg. — *2-Phenyl-3-p-nitrophenyl-2.3-epoxypropionsäureäthylester*, $C_{17}H_{15}NO_5$, F. 108—109,0° (Hexan–Chlf.), durch Zugabe von **IV** in **V** zu **I, II** u. **III** in **V**–Bzl. bei 5—10° u. Chromatographie. *Freie Säure*, $C_{15}H_{11}\cdot NO_5$, F. 154—155° (Hexan–Chlf.). — *2.3-trans-Diphenyl-2.3-epoxypropionsäureimidoäthylester*, $C_{17}H_{17}NO_2$, F. 76—77° (Hexan), durch Zugabe von 6,50 g 2.3-trans-Diphenyl-2.3-epoxypropionitril (F. 69—70°) in abs. A. zu $NaOC_2H_5$ in A., 20std. Stehen u. Chromatographie; 640 mg; daneben das entsprechende *Säureamid*, F. 203—204° (Chlf.–Hexan). — *2.3-trans-Diphenyl-2.3-epoxypropionsäureäthylester*, $C_{17}H_{16}O_3$, Öl, durch 1½std. Kochen von 1,10 g vorst. Verb. mit wss.-alkohol. H_2SO_4, Zugabe von Na-Acetat u. Chromatographie; 675 mg. *Freie Säure*, $C_{15}H_{12}O_3$, F. 97,0—98,0° (Hexan–Ae.), durch 11std. Stehen des Esters in alkohol. wss. Lsg. in Ggw. von $NaOC_2H_5$. B. GNAUCK. B 225□

Organoborverbindungen. 9. Mitt. **Chinolin-8-boronsäure, ihre Darstellung und ihr Einfluß auf die Reaktionen mit Chlorhydrinen.** Robert L. Letsinger und S. H. Dandegaonker. (J. Amer. chem. Soc. **81.** 498—501. 20/1. 1959. Evanston, Ill., Northwestern Univ., Chem. Labor.) (Engl.) — 8. vgl. C. **1959.** 14405; 10. vgl. C. **1960.** 1193.

Vff. beschreiben Darst. u. Konstit.-Beweis der *Chinolin-8-boronsäure* (**I**) u. diskutieren das IR-Spektrum der Verb. u. verschiedener ihrer Ester. Die eigentliche Unters. erstreckt sich auf das katalyt. Verh. von **I** in Abhängigkeit von der Nachbarschaft der Boronsäuregruppe u. dem Hetero-N-Atom. Dazu werden *2-Chloräthanol* (**II**), *3-Chlorpropanol-(1)* (**III**) u. *4-Chlorbutanol-(1)* (**IV**) sowie *1-Chlorpentan* (**V**) mit **I** in Dimethylformamid (DMF) u. Chinolin (**VI**) bei 90,0 bzw. 89,3° (bei **IV**) zur Umsetzung gebracht u. die Geschw. der Cl^--Bldg. (% nach 24 Std.) bestimmt. Die Rk. zwischen äquimol. Mengen von **II** u. **VI** (4,3% Cl^-) bzw. **II, VI** u. Benzolboronsäure (**VII**; 3,4% Cl^-) verläuft langsam, desgleichen zwischen **III** u. **VI** (3,6% Cl^-), **V** u. **VI** (2,2% Cl^-) bzw. **V, I** u. Butanol-(1) (3,5% Cl^-). Dagegen bilden sich bei der Rk. zwischen **II** u. **I** 44,3% u. zwischen **III** u. **I** 44,5 Cl^--Ionen. Die Geschw.-Konst. 1. Ordnung für die Rk. von **IV** in DMF ist $k = 0{,}09\ h^{-1}$ u. 60—80mal größer als für **II** u. **III**. **VI** hat nur geringen Einfl. auf die Rk. von **IV** in DMF, dagegen red. Zusatz von **VII** die Geschw. um den Faktor 2, u. zwar auf Grund der Bldg. eines Esters zwischen Boronsäure- u. Alkoholgruppe. Zusatz von **I** dagegen verdoppelt die Geschw. der **IV**-Rk., **I** hat also einen ungewöhnlichen Einfl. auf Rkk. von Chloralkoholen. Auffällig ist ferner die HCl-Abspaltung bei der Rk. zwischen **I** u. den Chloralkoholen. So wird bei der Rk. von **I** u. **II** nach 24 Std. eine HCl-Menge gefunden, die 80% der freigesetzten Chloridionenmenge entspricht, wobei über 80% des ursprünglichen I zurückgewonnen werden. Ein Mechanismus der genannten Rkk. wird noch nicht aufgeführt.

Versuche: *Chinolin-8-boronsäure* (I), F. > 300° (A.), durch Zugeben einer -39^0 kalten Lsg. von 8-Bromchinolin in Ae. zu einer äther. Lsg. von Butyl-Li von -78^0 innerhalb 20 Min. u. weiteren 30 Min. Rühren bei dieser Temp., dann tropfenweiser Zusatz einer -39^0 kalten äther. Lsg. von Tributylborat, weiteres 2std. Rühren, dann Stehen bei Zimmer-Temp. über Nacht. Es wird dann verd. HCl zugesetzt u. die wss. Phase mit $NaHCO_3$ neutralisiert; IR-Banden angegeben; 79% (Ausbeute). *Hydrojodid*, $C_9H_9 \cdot BJNO_2$, F. 168—169° (A.), a) aus I u. HJ; 92%. b) aus CH_3J u. I durch 15std. Kochen in A.; 92%. *o-Phenylendiamin-Deriv. von* I, $C_{15}H_{12}BN_3$, F. 188—189° (Cl_4), aus I u. äquimol. Mengen Phenylendiamin in sd. Bzl.; 96%. — *8-Hydroxychinolin*, F. 69—70°, aus I in Eisessig u. W. u. Zusatz von 30%ig. H_2O_2 bei Zimmertemp.; 76%. — *Chinolin*, durch 36std. Erhitzen von I mit W. auf 225° im Bombenrohr; 97%. *Methojodid*, F. 133—134°. Daneben 73% *Borsäure*. — *Chinolin-8-boronsäuredi-n-butylester*, $C_{17}H_{24}BNO_2$, Kp.$_4$ 180°, erhalten durch azeotrope Dest. von n-Butanol, I u. Bzl.; n_D^{25} 1,4840; 59%. *Methojodid*, F. 70—75°, aus CH_3J u. vorst. Verb. durch 12std. Erhitzen auf dem Dampfbad; 96%. *Bis-[2-chloräthyl]-ester*, $C_{13}H_{14}BCl_2NO_2$, F. 193—194° (Toluol), aus Toluol, II u. I durch Dest.; 93%. W. BURGHARDT. B 225□

Untersuchungen über die Reaktionsfähigkeit von Naturprodukten. 2. Mitt. **Kinetik der Bromierung einiger Steroidketone.** Owen H. Wheeler und J. L. Mateos. (J. org. Chemistry **22**. 605—07. Juni 1957. Mexico, Univ. National Autónoma, Inst. de Quím.) (Engl.) — 1. vgl. C. **1958**. 8149; 7. vgl. C. **1961**. 12409.

Es wurden folgende Geschw.-Konst. 1. Ordnung für die Bromierung der Ketone bei 25° in 90% Essigsäure, 0,06 μmol an HCl gemessen: *Cyclopentanon* (I) $k \cdot 10^5 = 4{,}61$; *Cyclohexanon* (II) 13,4; *Cholestanon-(3)* 29,5; *Koprostanon-(3)* 22,6; *Cholestanon-(6)* 1,62; *Cholestanon-(7)* 0,91; in 75% ig. Essigsäure, 0,10m an HCl, I 1,91, II 6,25. Vff. erklären die unterschiedlichen Geschw.-Konst. als Folge der unterschiedlichen Enolisierungstendenz der Ketone u. der Leichtigkeit des Angriffs von Br_2.

GERHARD SCHULZ. B 225□

Faktoren bei der Aldolkondensation von Alkylacetaten mit Benzophenon und Rückreaktionen durch Natriumamid im Vergleich mit Lithiumamid. Metallkationen-Effekte. Charles R. Hauser und William R. Dunnavant. (J. org. Chemistry **25**. 1296—1302. Aug. 1960. Durham, N.C., Duke Univ., Dep. of Chem.) (Engl.) — Vgl. C. **1954**. 3666.

Die Kondens. von *Äthyl-* (I), *Isopropyl-* (II) u. *tert.-Butylacetat* (III) mit *Benzophenon* (IV) in fl. NH_3 in Ggw. von $NaNH_2$ wurde bei Raum-Temp. erzielt, wenn 1 Äquivalent oder etwas mehr an $NaNH_2$ angewendet, **IV** sofort nach dem Ester zugegeben (Ionisationszeit = Null) u. das Rk.-Gemisch innerhalb weniger Min. neutralisiert wurde (Kondens.-Zeit). Bei anderer Verf.-Weise tritt Rückspaltung auf, außer bei **III**, das auch bei längerer Ionisationszeit (20 Min.) u. bei Anwendung von 2 Äquivalenten $NaNH_2$ in 54—70% ig. Ausbeute *β-Hydroxy-β.β-diphenylpropionsäure-tert.-butylester* (**VII**) lieferte. Zur Verminderung der Rückspaltung wurden die Rk.-Gemische in Lsgg. von NH_4Cl in fl. NH_3 gegossen. Die besten Aldolausbeuten (71—73 bzw. 56%) wurden aus I u. II bei einer Kondens.-Zeit von 5 Min. erzielt. Auch bei Anwendung von 2 Äquivalenten $NaNH_2$ bei der Rk. von I u. 1std. Kondens.-Zeit war eine Aldolausbeute von 72% zu erzielen. Das Ausbleiben einer Spaltung unter diesen Bedingungen wird der Umwandlung des Mono-Na-β-hydroxyesters in das Di-Na-Deriv. zugeschrieben, das stabiler sein dürfte. Bei 15 Min. langer Ionisationszeit blieb die Aldol-Bldg. bei I aus, es zeigt sich also, daß ein weiteres Äquivalent $NaNH_2$ keinen solchen Stabilisierungseffekt auf das intermediär gebildete Na-I-Salz ausübt, wie dies früher von Vff. (noch nicht veröffentlicht) bei der Anwendung von $LiNH_2$ bei dieser Rk. beobachtet worden war. In Übereinstimmung hiermit lieferte I bei der Einw. nur von 2 Äquivalenten $NaNH_2$ in fl. NH_3 nach 20 Min. 12% Acetessigester. Das Verhältnis des Angriffs von $NaNH_2$ auf das α-H-Atom zu dem auf das Carbonyl-C-Atom von I scheint ca. 7:1 zu betragen. $NaNH_2$ bewirkte keine entsprechende Kondens. von I mit *Acetophenon*, im Gegensatz zum Verh. von $LiNH_2$ (vgl. l. c.). Dieser Metallkationeneffekt dürfte auf dem stärker nucleophilen Charakter des Li-I-Salzes bei der Addition an die Carbonylgruppe des Ketons beruhen, wobei vermutlich zunächst eine Koordination am Carbonyl-C-Atom erfolgt. Der Na-Ester koordiniert schwächer u. fungiert als stärkere Base, indem das α-H-Atom des Ketons ionisiert wird. Vff. untersuchten ferner die Spaltung der Aldole, *β-Hydroxy-β.β-diphenylpropionsäureäthyl-* (**V**) u. *-isopropylester* (**VI**) u. **VII** durch 4std. Einw. von $NaNH_2$, KNH_2 bzw. $LiNH_2$ in fl. NH_3. Katalyt. Mengen u. teilweise sogar äquivalente Mengen der Amide führen zur

Rückspaltung, wobei vermutlich diese Rk. innerhalb kürzerer Zeit als 4 Std. bereits beendet ist. Daß die Spaltung der Aldole auftritt, wird auf die größere thermodynam. Stabilität von **IV** u. der Ester zurückgeführt. Zum Mechanismus wird angenommen, daß die Na-Verbb. der Aldole **V**—**VII** eine *β*-Eliminierung erleiden unter Bldg. von **IV** u. Na-Ester, der das Na auf die noch nicht umgesetzten Aldole überträgt. So erleidet weniger als die Hälfte von **VII** mit 0,5 Mol-% $NaNH_2$ eine Spaltung, mit 1 Äquivalent Amid dagegen keine. **V** wird auch durch katalyt. Mengen an $NaNH_2$ gespalten, aber auch die Anwendung von einem oder etwas mehr Äquivalenten $NaNH_2$ oder KNH_2 bei **V** führt zu einer Spaltung. Der Unterschied im Spaltungsvermögen zwischen den Na-Verbb. von **V** bzw. **VII** wird mit verschiedener Neigung für Seiten-Rkk. des Na-**I**- bzw. Na-**III**-Salzes erklärt, die vermutlich in geringen Gleichgewichtsmengen vorhanden sind. Das Ausbleiben einer Spaltung von **V** durch 2 Äquivalente $NaNH_2$ wird auf die Bldg. eines Di-Na-Aldols zurückgeführt. Im Gegensatz zur Wrkg. von $NaNH_2$ führten katalyt. oder äquivalente Mengen von $LiNH_2$ nicht zur Spaltung von **V** unter den angewendeten Bedingungen. Dieser Metallkationeneffekt könnte mit der Annahme einer geringeren Ionisation der LiO-Bindung u. einer stärkeren Chelatisierung des Li-Aldols gedeutet werden. Mit einem Äquivalent KNH_2 ließ sich *α-Benzyl-β-hydroxy-β.β-diphenylpropionsäureäthylester* (**VIII**) in **IV** u. *β*-Phenylpropionsäureäthylester (**IX**) aufspalten (vgl. l. c.). Im Gegensatz zum stabilen Na-**VII**-Salz liegt im Fall der Na- bzw. K-Verb. von **VIII** das Gleichgewicht offenbar auf der Seite der Komponenten. Als indirekter Beweis für die Lage des Gleichgewichts ist der Befund anzusehen, daß die aus **IX** u. Na-Triphenylmethid in Ae. gewonnene Na-Verb. von **IX** in diesem Medium mit **IV** nicht **VIII** liefert, auch nicht beim Eingießen in NH_4Cl–NH_3. Wegen der höheren thermodynam. Stabilität der neutralen Ester- u. Keton-Moll. im Vgl. zum neutralen Aldol-Mol. wird vermutet, daß die Addition von Na- oder Li-Alkylacetat an die C=O-Gruppe von **IV** von der Bldg. des schwächer bas. Anions des Prod. abhängt. Förderlich wirken dabei die Chelatisierung (bes. die des Li-Deriv.) u. eine Ausfällung des Produkts. Entsprechend diesen Annahmen tritt keine Addition von Li-Malonester, dessen Anion schwächer bas. als Alkoholatanionen ist, an die C=O-Gruppe von **IV** in fl. NH_3 während 1 Std. auf. Auch in Ggw. eines $LiNH_2$-Überschusses war keine Kondens. zu verzeichnen.

Versuche: *β-Hydroxy-β.β-diphenylpropionsäureäthylester* (**V**), F. 86—87° (PAe.), a) durch schnelle Zugabe von **I**-Ae. (1:1) zu $NaNH_2$ in fl. NH_3, sofortige Zugabe von **IV** in Ae. u. Gießen in NH_4Cl–NH_3 nach 5 Min.; 71% (Ausbeute); b) analog a), jedoch 1std. Rk.-Zeit; 72%. *Isopropylester* (**VI**), F. 101—102° (PAe.), analog **V** mit **II** (5 Min.); 56%. *tert.-Butylester* (**VII**), F. 92—93° (A.), analog **V** aus **III** bei 1std. Rk.-Zeit; 70%.

B. GNAUCK. B 225□

Elektrophile Fragmentierung in der Tropilidenreihe. Kenneth Conrow. (J. Amer. chem. Soc. **81.** 5461—67. 20/10. 1959. Los Angeles, Calif., Univ. of California, Dep. of Chem.)

Durch Einw. akt. Methylen-Verbb. auf Tropyliumbromid (**I**) in Pyridin als Lsgm. u. HBr-Acceptor gelang unter nucleophiler Rk. die Darst. von Alkyltropilidenen in Ausbeuten von 46—83% trotz Anwendung von rohem **I**. Das mit Acetylaceton (**II**) erhaltene *Tropylacetylaceton* (**X**) konnte auch aus wss. Lsg. gewonnen werden u. scheint für die Abtrennung des Tropyliumions bes. gut geeignet zu sein. Es konnte nachgewiesen werden, daß diese Rk. überwiegend C-Alkylierungen sind. Die erhaltenen Kondens.-Prodd. ließen sich durch übliche Meth., wie Verseifung, Decarboxylierung, Veresterung, GRIGNARD-Rk., Hydrid-Red. u. Substitution von OH durch Halogen, in verschiedene andere Alkyltropilidene umwandeln, wobei der Tropilidenring diese Rkk. nicht stört u. übliche Ausbeuten erzielt werden. Jedoch nimmt der Tropilidenring an der Rk. von HNO_2 mit Tropylalkylaminen teil. Vf. untersuchte die Spaltungs-Rkk. der substituierten Alkyltropilidene (vgl. GROB, Experientia [Basel] **13.** [1957.] 126); diese können in zwei Gruppen eingeteilt werden: 1. $C_7H_7CH_2CR_2X + BZ \rightarrow C_7H_7^+Z^- + CH_2{=}CR_2 + XB$ (mit X = OH, Cl, Br, B = H^+, Ag^+, Z = ClO_4^-, BF_4^-); 2. $C_7H_7CHRC({=}O)CH_3 + HClO_4 \rightarrow C_7H_7^+ClO_4^- + RCH{=}C(OH)CH_3$ bzw. RCH_2COCH_3. So lieferte 1-Tropyl-2-methylpropanol-(2) (**IX**) mit 70% ig. $HClO_4$ in Acetonitril (**V**) bei Raum-Temp. 67% *Tropyliumperchlorat* (**III**, explodiert bei 280°), daneben konnte die Bldg. von *Isobutylen* (**IV**) gaschromatograph. nachgewiesen werden. Die entsprechenden sek. u. prim. Alkohole [1-Tropylpropanol-(2) (**XIII**) u. 2-Tropyläthanol (**XIV**)] lieferten dagegen keine isolierbaren Mengen an **III**. **X** wurde durch Einw. von 70% ig. $HClO_4$ in Eisessig in 90% **III** sowie **II** (isoliert als 1-[2.4-Dinitrophenyl]-3.5-dimethylpyrazol, F. 122,5—123,0 [wss. A.]; 73%) gespalten. 1-Tropyl-2-methylpropyl-(2)-chlorid (**VI**) ergab durch Einw. von $AgClO_4$ in **V** 51% **III** sowie **IV**, 1-Tropylpropyl-(2)-bromid (**VII**) dagegen unter gleichen Bedingungen weder **III** noch Propylen (**VIII**). Mit $AgNO_3$ in Methanol entstanden aus **VI** geringe Mengen von (vermutlich) *1-Tropyl-2-methylpropyl-(2)-methyläther* sowie **IV**; aus

VII wurden analog eine Spur **VIII** sowie ein Gemisch von *Salpetersäureester* u. *Methyläther* erhalten. 2-Tropyläthylbromid ergab hauptsächlich unter diesen Bedingungen *2-Tropyläthylnitrat*. Durch Einw. von $AgBF_4$ konnte aus **VI** nur 23% *Tropyliumtetrafluorborat* [F. 225° (Zers.)] erhalten werden, **VII** lieferte kein isolierbares Material. **IX** lieferte durch Einw. von konz. HCl 78% ungespaltene Prodd., hauptsächlich **VI** sowie vermutlich etwas Olefin u. 8% Tropyliumionen (isoliert als **X**). Vf. nimmt an, daß die Spaltungs-Rkk. stufenweise über ein Alkylcarboniumion als Zwischenstoff ablaufen, das die Spaltung erleidet. Bei der Rk. mit HCl erfolgt die Haupt-Rk. mit dem nucleophilen Cl^- unter Bldg. eines Chlorids, daneben tritt entweder Spaltung unter Bldg. eines Tropyliumions oder normale Eliminierung unter Abgabe von H^+ auf. **X** u. Tropylaceton werden unter dem Einfl. starker Säuren in das Tropyliumion u. das entsprechende aliphat. Keton aufgespalten, wobei 90 bzw. 53% **III** isoliert wurden. Diese Rkk. wurden spektroskop. verfolgt u. laufen offenbar ohne Neben-Rkk. quant. ab. **X** liefert mit $FeCl_3$ langsam eine ähnliche Farb-Rk. wie **II** selbst; Vf. nimmt daher an, daß die Enolisierung unter Abspaltung des Tropyliumions verläuft.

Versuche (FF. korr.): *3-Tropylacetylaceton* (**X**, *3-Cycloheptatrienylacetylaceton*), $C_{12}H_{14}O_2$, F. 124,7—125,2° (PAe.), a) durch Zugabe von **I** zu **II** in Pyridin, 1½ std. Erwärmen u. Gießen in 1n HCl–Ae.; 82% (Ausbeute); b) durch Einw. von **II** auf **I** in W. u. Zutropfen von Pyridin; 68%. *Dioxim*, $C_{12}H_{16}N_2O_2$, F. 161,0—161,5° (cremefarbene Kristalle aus Bzl.–PAe.). *Bis-2.4-dinitrophenylhydrazon*, $C_{24}H_{22}N_8O_8$, F. 232—233° (Zers., feine gelbe Nadeln aus Äthylacetat). — *α-Tropylacetessigsäureäthylester* (*α-Cycloheptatrienylacetessigsäureäthylester*), $C_{13}H_{16}O_3$, $Kp._{0,3}$ 90—93° (viscoses, leicht gelbliches Öl), durch Einw. (1 Nacht) von Acetessigsäureäthylester auf **I** analog **X**; $n_D^{28,5}$ 1,5016; 83%. *2.4-Dinitrophenylhydrazon*, $C_{19}H_{20}N_4O_6$, F. 135,0—136,4° (gelbe Nadeln aus abs. A.). — *Tropylaceton* (**XV**, *Cycloheptatrienylaceton*), $C_{10}H_{12}O$, $Kp._{1,8}$ 76°, a) durch 45 Min. langes Erwärmen von vorst. Verb. in A. mit wss. KOH u. Zugabe von konz. HCl; n_D^{30} 1,5174; 74%; b) durch 20 std. Einw. von **I** auf Aceton in Pyridin bei Raum-Temp.; 7%. *2.4-Dinitrophenylhydrazon*, $C_{16}H_{16}N_4O_4$, F. 171—172° (orangefarbene Nadeln aus A.–Äthylacetat). — *2-Tropyl-2-nitropropan* (?), $Kp._{2,0}$ ca. 95°, aus 1 g **I** u. 2-Nitropropan in Pyridin; 0,2 g. — *Tropylmalonsäure* (*Cycloheptatrienylmalonsäure*), $C_{10}H_{10}O_4$, F. 135—137° (Ae.–PAe., Zers.), analog **X** aus Malonsäurediäthylester, 2 std. Erhitzen [→ *Tropylmalonsäurediäthylester*, $Kp._{0,3}$ 99—110° (viscoses orangegelbes Öl; 48%], Zugabe von wss. KOH zur Lsg. in 95% ig. A. u. 3 std. Erhitzen auf 100°; 80%. — *Tropylessigsäure* (**XI**, *Cycloheptatrienylessigsäure*), $C_9H_{10}O_2$, F. 30—33°, $Kp._{0,3}$ 95—98°, $Kp._{0,3-0,4}$ ca. 106°, a) durch 1½ std. Erhitzen vorst. Verb. in Pyridin auf 100° u. Gießen in 1n HCl; b) durch Zugabe von **I** zu Malonsäure in Pyridin, Erhitzen auf 100° (1 Nacht) u. Gießen in 1n HCl; 82%. *p-Bromphenacylester*, $C_{17}H_{15}BrO_3$, F. 85,9—86,4°. *Äthylester*, $C_{11}H_{14}O_2$, $Kp._{3,8}$ 95—97°, durch 1 std. Kochen von **XI** in abs. A.–Toluol in Ggw. von konz. H_2SO_4; n_D^{25} 1,4996; 82%. — *2-Tropyläthanol* (**XIV**, *2-Cycloheptatrienyläthanol*), $C_9H_{12}O$, $Kp._{2,8}$ 91—95°, aus **XI** oder **XI**-Äthylester durch Red. mit $LiAlH_4$ in Ae. bei Raum-Temp.; $n_D^{23,5}$ 1,5360; 88%. *3.5-Dinitrobenzoat*, $C_{16}H_{14}N_2O_6$, F. 79,5—80,5° (gelbe Nadeln aus 95% ig. A.). — *Tropylacetonitril* (**XII**, *Cycloheptatrienylacetonitril*), C_9H_9N, $Kp._{1,2}$ 80 bis 84°, durch Zugabe von **I** zu Cyanessigsäure in Pyridin, Zugabe von Cu-Bronze, 19 std. Kochen u. Gießen in wss. HCl; $n_D^{25,7}$ 1,5331; 45%. — *Tropylacetamid* (*Cycloheptatrienylacetamid*), $C_9H_{11}NO$, F. 124—124,5° (Bzl.–Hexan), durch Einw. von $SOCl_2$ auf **XI** in Bzl., 1½ std. Kochen, Vertreiben von Bzl. u. $SOCl_2$, Zugabe von Bzl. u. Sättigen mit NH_3-Gas; 47%. — *2-Tropyläthylamin* (*2-Cycloheptatrienyläthylamin*), $Kp._4$ 78—82°, a) durch Red. von **XII** mit $LiAlH_4$ in Ae. (4 Std. bei Raum-Temp.); n_D^{27} 1,5340; 76%; b) analog aus vorst. Verb.; 45%. *N-Benzoyl-Deriv.*, $C_{16}H_{17}NO$, F. 96,8—98,0° (wss. A.). — *1-Tropylpropanol-(2)* [**XIII**, *1-Cycloheptatrienylpropanol-(2)*], $C_{10}H_{14}O$, $Kp._{2,3}$ 92—95°, durch Zugabe von $NaBH_4$ zu **XV** in Methanol bei 0°, 1 std. Einw. u. Gießen in W.; n_D^{23} 1,5242; 83%. *3.5-Dinitrobenzoat*, $C_{17}H_{16}N_2O_6$, F. 101—102° (gelbe Prismen aus 95% ig. A.). — *1-Tropyl-2-methylpropanol-(2)* [**IX**, *1-Cycloheptatrienyl-2-methylpropanol-(2)*], $C_{11}H_{16}O$, $Kp._{2,0}$ 84—85°, durch Zugabe von **XI**-Äthylester in Ae. zu CH_3MgJ in Ae. u. 2 std. Rk. bei Raum-Temp.; n_D^{25} 1,5178; 80%. *Phenylurethan*, $C_{18}H_{21}NO_2$, F. 105,5—106° (PAe.). — *1-Tropyl-2-methylpropyl-(2)-chlorid* [**VI**, *1-Cycloheptatrienyl-2-methylpropyl-(2)-chlorid*], $C_{11}H_{15}Cl$, $Kp._{2,6}$ 79—81°, durch Zugabe von **IX** zu konz. HCl u. Ae. (10 Min. lange Einw.) u. Zugabe von W.; n_D^{24} 1,5183; ca. 78%. — *1-Tropylpropyl-(2)-bromid* [**VII**, *1-Cycloheptatrienylpropyl-(2)-bromid*], $C_{10}H_{13}Br$, $Kp._{0,6-0,7}$ 80—82,5°, durch Mischen von **XIII**, Bzl., Pyridin u. PBr_3 unter Eiskühlung u. Einw. bei normaler Temp. (1 Nacht); n_D^{25} 1,5430; 71%. — *2-Tropyläthylbromid* (*2-Cycloheptatrienyläthylbromid*), $Kp._{4-4,5}$ 86—87°, durch 5 tägige Einw. von 1,02 g **XIV** u. PBr_3 in Ae. im Eisschrank, Gießen in wss. Na_2CO_3–$NaHCO_3$-Lsg. u. Wasserdampf-Dest.; 0,59 g. B. GNAUCK. B 225☐

Kinetik und Mechanismus der Bildung des Sulfonats aus Epinephrin und Bisulfit. Takeru Higuchi und Louis C. Schroeter. (J. Amer. chem. Soc. **82.** 1904—07. 20/4. 1960. Madison, Wis., Univ. of Wisconsin, School of Pharm.) (Engl.) — Vgl. SCHROETER u. Mitarbeiter, J. Amer. pharmac. Assoc. sci. Edit. **47.** [1958.] 723 u. C. **1960.** 7796.

Die l. c. beobachtete Bldg. des *Sulfonats* (**II**, F. 259°, Zers.) aus Epinephrin (**I**) u. $NaHSO_3$ bzw. Na_2SO_3 wurde nun mit polarimetr. u. titrimetr. Meth. kinet. untersucht, u. zwar zwischen pH 4,0 u. 7,0 u. zwischen 65 u. 97°. Die scheinbare Aktivierungsenergie der Rk. bei pH 6,50 (Phosphatpuffer) beträgt 24 kcal/Mol. Ferner wurde die Kinetik der Racemisierung von *l*-**I** in Abwesenheit von Bisulfit bei 84,5° u. pH 4,0 untersucht, $k_r = 5{,}9 \cdot 10^{-3}$ [h^{-1}]. Es zeigt sich, daß Bisulfit oder Sulfit schnell mit der aktivierten Form von **I** (**I***, Carboniumion) reagiert, die auch bei der Racemisierung durchlaufen wird. Bereits 0,01 mol HSO_3^- genügt, um die Racemisierung zu unterdrücken. Bei pH-Werten oberhalb 5 scheint die Rk. eine einfache S_N2-Rk. zu sein, bei der SO_3^{2-} direkt **I** angreift, unterhalb pH 5 tritt neben dieser Rk. anscheinend eine weitere auf, bei der SO_3^{2-} mit **I*** reagiert. Es gilt demnach folgender Ablauf: *l*-**I** + $SO_3^{2-} \xrightarrow{k_4}$ rac. **II**, *l*-**I** $\xrightarrow{k_1}$ **I*** $\xrightarrow{k_r}$ *dl*-**I** bzw. **I*** + $SO_3^{2-} \xrightarrow{k_3}$ rac. **II**. k_4 zeigt eine pH-Abhängigkeit bei pH-Werten < 7. Dagegen scheint k_1 vom pH im untersuchten Bereich nicht beeinflußt zu werden. Der vermutete Angriff von SO_3^{2-} (oder HSO^{3-}) auf **I*** (k_3) muß dann schnell ablaufen im Vgl. mit der Geschw. der Rück-Bldg. von **I**. B. GNAUCK. B 225□

Untersuchungen über den Mechanismus der Olefin–Alkohol-Umwandlung. Die Wirkung der Acidität auf die ^{18}O-Austausch- und Dehydratationsgeschwindigkeiten tertiärer Alkohole. Robert H. Boyd, Robert W. Taft jun., Alfred P. Wolf und David R. Christman. (J. Amer. chem. Soc. **82.** 4729—36. 5/9. 1960. University Park, Pa., Pennsylvania State Univ., Coll. of Chem. and Physics; Brookhaven Nat. Labor., Dep. of Chem.) (Engl.) — Vgl. RIESZ u. Mitarbeiter, C. **1958.** 5919.

Vff. verfolgten manometr. nach der Meth. von TAFT jun. u. Mitarbeitern (C. **1956.** 67) die Dehydratisierung von *tert.-Amyl-* (**I**, n_D^{25} 1,4032) u. *tert.-Butylalkohol* (**II**, Kp. 81,2°, $n_D^{26,5}$ 1,3840) in wss. H_2SO_4 zwischen 25—50° sowie den ^{18}O-Austausch. Folgende Aktivierungsparameter wurden bestimmt: Dehydratisierung von **I** [$\Delta H^{\ddagger}$ 29,1 [kcal/Mol], [$\Delta S^{\ddagger}$] + 12 [cal/Grad·Mol], **II** 33,9, + 19; ^{18}O-Austausch-Rk. von **I** 28,1, + 13, **II** 30,7, + 15. Die k_p-Werte der reversiblen Hydratisierung von **I** bei 25° erfüllen die Beziehung $\log k_p = -1{,}00 \cdot H_0 - 3{,}92$, ferner gehorchen die k_{-1}-Werte der Dehydratisierung von **I** in HNO_3, H_2SO_4 u. $HClO_4$ der Gleichung $\log k_{-1} = -1{,}00 \cdot H_0 - 4{,}30$, nicht aber der Beziehung $\log k_{-1} = \log [H_3O^+] +$ Konstante. Auch die Beziehung $\log k_{-1} = -1{,}00 \cdot H_R +$ Konst. von DENO u. Mitarbeitern (C. **1961.** 5743 u. früher) wird nicht erfüllt. Deswegen wird angenommen, daß der Übergangszustand für die Umwandlung von Alkoholen in Olefine nicht den Charakter eines „freien" Carboniumions besitzt, das sich im geschwindigkeitsbestimmenden Schritt der Rk. in einen π-Komplex umlagert. Vielmehr wird angenommen, daß entweder ein freies Carboniumion geschwindigkeitsbestimmend mit W. reagiert oder die Isomerisierung einer „gehinderten" Carboniumion-Zwischenstufe, $R^+ \cdots OH_2$, in einen π-Komplex als geschwindigkeitsbestimmende Stufe auftritt. Für die „gehinderten" Carboniumionen als Zwischenstoffe wird eine Klassifizierung vorgeschlagen, wonach diese Ionen einen wesentlichen Carboniumion-Charakter besitzen u. bei ihnen meßbare Wechselwrkg. zwischen dem kation. Zentrum u. den aus- oder eintretenden neutralen oder geladenen Gruppen zu verzeichnen ist. Vff. vermuten ferner, daß für den vorliegenden Fall der über ein „gehindertes" Carboniumion verlaufende Mechanismus wahrscheinlich zutrifft. B. GNAUCK. B 225□

Untersuchungen über Stereochemie. 32. Mitt. **Mechanismus der Eliminierung von Sulfoxyden.** Charles A. Kingsbury und Donald J. Cram. (J. Amer. chem. Soc. **82.** 1810—19. 5/4. 1960. Los Angeles, Calif., Univ. of California, Dep. of Chem.) (Engl.) — 31. vgl. MATEOS u. CRAM, C. **1960.** 11950.

Bei der Einw. von Na-Thiophenolat (**II**) auf threo-1.2-Diphenylpropyl-(1)-chlorid (**III a**) entstand in 87% ig. Ausbeute *erythro-1.2-Diphenylpropyl-(1)-phenylsulfid* (**IV b**). Dagegen konnte bei der analogen Rk. mit erythro-**III** (**III b**) nur *cis-α-Methylstilben* (cis-**VI**) erhalten werden. Vff. führen diese Unterschiede auf die Größe des nucleophilen Reagenzes (**II**) zurück, u. es zeigt sich, daß eclipt. Effekte bei der Substitutions-Rk. einen größeren Einfl. ausüben als bei Eliminierungsreaktionen. Die Ursache hierfür ist vermutlich darin zu suchen, daß in den die Prodd. bildenden Übergangszuständen bei der Substitution drei Gruppenpaare eclipt. stehen, während es nur zwei bei der Eliminierung sind. Die Substitution verläuft unter Inversion. *threo*-**IV** (**IV a**) wurde durch Solvolyse eines Diastereomerengemisches von 1.2-Diphenylpropanol-(1) (**X**) in Thiophenol (**XI**) in Ggw. eines sauren Katalysators dargestellt. Die erhaltenen diastereomeren Sulfide wurden durch Chromatographie u. Kristallisation getrennt u. jedes zu einem Gemisch diastereomerer Sulfoxyde oxydiert, die in 4 Sulfoxydracemate (**Ia**—**Id**) aufgespalten wurden. Die *erythro-1.2-Diphenylpropyl-(1)-phenylsulfoxyde* (**Ia** u. **Ib**) sowie die entsprechenden *threo-Verbb.* (**Ic** u. **Id**) unterscheiden sich nur in der Konfiguration am S-Atom, da jeweils das gleiche Sulfon, *erythro-1.2-Diphenylpropyl-(1)-phenylsulfon* (**V b**) aus **Ia** u. **Ib** bzw. das *threo-Sulfon* (**V a**) aus **Ic** u. **Id** durch Oxydation erhalten wurde. Bei der Oxydation der diastereomeren Sulfide zu den Sulfoxyden tritt eine asymm. Induktion durch die Substituenten auf, da **IV b** **Ia** u. **Ib** im Verhältnis 2:1, **IV a** dagegen **Ic** u. **Id** im Verhältnis 1:3 lieferte. Da die relativen Konfigurationen am S-Atom u. am asymm. C-Atom (das mit S verbunden ist) bei **Ia** u. **Id** verschieden sind, scheint die ster. Richtung der Oxydation von **IV b** durch eines der beiden asymm. C-Atome u. die von **IV a** durch das andere kontrolliert zu werden. Vff. untersuchten UV-spektroskop. die Zus. der Prodd. der Pyrolyse von **Ia** bis **Id** bei 80—120° in Dioxan (**VII**), Pyridin, Dimethylformamid (**VIII**) u. Methanol (**IX**) im geschlossenen Rohr. Aus den Bldg.-Verhältnissen von cis- u. trans-**VI** ergab sich, daß in fast allen Fällen eine cis-Eliminierung auftritt. Das Prod. dieser Rk. tritt 3—16mal häufiger auf als das der trans-Eliminierung, u. die Stereospezifität dieser Rkk. ändert sich nur wenig mit der Konfiguration an den beiden asymm. C-Atomen bzw. am asymm. S-Atom. Vff. konnten ferner zeigen, daß unter den Pyrolysenbedingungen keine Isomerisation von cis- u. trans-**VI** auftritt. Die Kinetik der Eliminierungs-Rk. von **Ia**—**Id** wurde bis zu 75%ig. Umsatz UV-spektroskop. verfolgt. Für 80° wurden folgende k-Werte (in s^{-1}) ermittelt: **Ia** in **VII** $7{,}30 \cdot 10^{-6}$, in **VII**—**IX** (50:50 Vol.) $2{,}10 \cdot 10^{-6}$, in **VIII** $1{,}96 \cdot 10^{-6}$; **Ib** in **VII**—**IX** (99,7:0,3) $2{,}24 \cdot 10^{-5}$, in **VII**—**IX** (50:50) $5{,}69 \cdot 10^{-6}$, in **IX** $< 0{,}002 \cdot 10^{-5}$; **Ic** in **VII**—**IX** (50:50) $6{,}78 \cdot 10^{-6}$; **Id** in **VII** $4{,}24 \cdot 10^{-5}$, in **VII**—**IX** (50:50) $1{,}13 \cdot 10^{-5}$, in **VIII** $2{,}09 \cdot 10^{-5}$. Die Rk. von **Ib** in **VII** wurde ferner zwischen 70,15 u. 108,7° verfolgt, das Bldg.-Verhältnis von cis-/trans-**VI** betrug 11:89 bis 15:85; folgende Aktivierungsparameter wurden ermittelt: Zwischen 70,15 u. 85,2°: [$\Delta H^{\neq}$] + 26,3 [kcal/Mol]; [$\Delta S^{\neq}$] — 5,8 [cal/Grad·Mol] bzw. zwischen 85,2 u. 108,7°: + 30,1, + 4,6; analog wurde für die Rk. von **Ic** gefunden: cis-/trans-**VI** 90:10, zwischen 65,2 u. 83,6°: [$\Delta H^{\neq}$] + 26,2, [$\Delta S^{\neq}$] — 5,5 bzw. zwischen 83,6 u. 108,7°: + 27,8 u. — 1,0. Da die $\Delta H^{\neq}$-Werte von der Temp. abhängen, ist das Auftreten zweier konkurrierender Primär-Rkk., die zu **VI** führen, anzunehmen. Obwohl die Rk. in reinem **IX** stark gehemmt wird, ändert sich am stereospezif. Ablauf der Pyrolyse nichts. Bei höheren Temp. (ca. 120°) verschwindet allg. die Stereospezifität. Vff. nehmen an, daß bei den tieferen Temp. der klass. cycl. „concerted"-Mechanismus befolgt wird. Bei höheren Temp. herrscht dagegen ein anderer Rk.-Ablauf vor, der eine cis- oder trans-Eliminierung darstellt u. bei dem zunächst ein Radikalpaar gebildet wird, das dann durch eine H-Übertragungs-Rk. disproportioniert. Die ster. Richtung dieses Prozesses wird durch die relativen Geschw. des H-Abzugs u. die konfigurative Anordnung des Radikalpaares im Lsgm.-Käfig bestimmt. Vff. diskutieren die Mechanismen anderer pyrolyt. Eliminierungs-Rkk. u. schließen, daß allg. die Rkk., bei denen größere Gruppen abgespalten u. tiefere Temp. angewendet werden, stärker stereospezif. ablaufen.

Versuche: *erythro-1.2-Diphenylpropyl-(1)-phenylsulfid* (**IV b**), F. 103,5—104° (Ae.), durch Zugabe von **IIIa** zu **II** in A. u. 48std. Rühren bei ca. 50° unter N_2; 87% (Ausbeute). Die analoge Rk. mit **III b** lieferte 46% *cis-α-Methylstilben* (*cis*-**VI**), F. 44—46°. — *threo-1.2-Diphenylpropyl-(1)-phenylsulfid* (**IV a**), F. 41,5—43° (Pentan), durch 60std. Erhitzen einer Lsg. von **X** in konz. HCl-haltigem **XI** unter N_2 unter weiterer Zugabe von konz. HCl (oder besser p-Toluolsulfonsäure) u. Chromatographie an neutralem Al_2O_3; 14%. — *erythro-1.2-Diphenylpropyl-(1)-phenylsulfoxyd* (**Ia**), F. 184—185° (Ae.-Chlf.), durch Zugabe von Perbenzoesäure (**XII**) in Chlf. zu **IV b** in Chlf. bei 5°, 3tägiges Rühren bei Raum-Temp. u. fraktionierte Kristallisation nach der Dreieck-Meth. aus Ae.-Chlf.; 28%; daneben 15% *Isomeres* (**Ib**), F. 132—133°. Anwendung von 30%ig. H_2O_2 lieferte 15% **Ia** u. 3% **Ib**, Peressigsäure 30% **Ia** u. 13% **Ib**. — *threo-1.2-Diphenylpropyl-(1)-phenylsulfoxyd* (**Ic**), F. 155—155,5° (Ae.), analog **Ia** aus **IVa** bei —5° u. 4tägige Rk.-Zeit; 8%; daneben 28% **Id**, F. 75,5—76° (Ae.). — *threo-1.2-Diphenylpropyl-(1)-phenylsulfon* (**Va**), F. 138 bis 139° (Ae.), a) durch Zutropfen von **XII** in Chlf. zu **Ic** in Chlf. bei —5°, 10std. Rühren bei Raum-Temp. u. 1 Std. bei 40°; 30%; b) analog a) aus **Id** u. 2std. Kochen; c) analog a) aus **IVa**; 45%. — *erythro-1.2-Diphenylpropyl-(1)-phenylsulfon* (**Vb**), F. 183—184,6° (Ae.), a) analog **Va** aus **Ia** (oder **Ib**) u. **XII**; 87%; b) aus **IVb** u. **XII**; 79%.

B. GNAUCK. B 225□

Die Natur der bei der durch Propylen inhibierten Pyrolyse des n-Butans beteiligten Reaktionen. J. H. Purnell und C. P. Quinn. (Nature [London] **189**. 656—58. 25/2. 1961. Lensfield, Cambridge, Dep. of Phys. Chem.) (Engl.)

Vff. untersuchen die Pyrolyse des *n-Butans* (**I**) in Ggw. von *Propylen* (**II**) als Inhibitor. Die Ergebnisse zeigen, daß die entstehenden Prodd. unabhängig vom I-Druck sind. Mol.-Prozesse scheinen bei der vollständig inhibierten Rk. keine Rolle zu spielen. Vielmehr müssen sowohl die inhibierte als auch die nichtinhibierte Rk. vollständig über freie Radikale verlaufen. Die Aktivierungsenergie ist unabhängig vom I-Druck konst. (28,6 kcal/Mol). K. FRENKLER. B 225□

Kinetik der Zersetzung von Ammoniumacetat in Essigsäurelösung. A. S. Dewagan und Sameer Bose. (Proc. Nat. Acad. Sci. India, Sect. A **27.** 119—23. Mai 1958. Javalpur, Mahakoshal Mahavidyalaya, Dep. of Chem.) (Engl.)

Vff. untersuchten titrimetr. die Kinetik der Zers. von *Ammoniumacetat* (I) in reinem Eisessig im geschlossenen Glasrohr im Temp.-Bereich von 120—145°. Die Geschw.-Konst. nehmen mit der Zeit geringfügig ab. Die Aktivierungsenergie E beträgt 27,2 [kcal], $k = 170 \cdot 10^{-5}$ [min^{-1}] bei 130°. Zusatz von 0,5m Lsg. von Na- bzw. K-Acetat beschleunigt die Rk., E = 22,5 (k = 212) bzw. 22,0. Zusatz von Acetanhydrid (10%ig. Lsg.) zum Binden des entstehenden W. beschleunigte die Rk. erheblich. Die Halbwertszeit dieser Zers. bei 30° betrug 90 Min., die Rk. verlief nicht unimol. (evtl. Seiten-Rkk.). Zum Mechanismus wird angenommen, daß ein nichtionisiertes I-Mol. zerfällt. W. SCHRAMM. B 225□

Thermische Zersetzung von Di-n-butylmaleat. William R. Miller und H. M. Teeter. (J. org. Chemistry **24.** 1816—18. Nov. 1959. Peoria, Ill., U. S. Dep. of Agric., Agric. Res. Serv., Northern Utilizat. Res. and Dev. Div., Northern Regional Res. Labor.) (Engl.)

Bei 2½ std. Erhitzen von *Di-n-butylmaleat* (I; n_D^{30} 1,4412) auf 260—265° oder bei dem Vers., I bei Atmosphärendruck zu dest., entstehen unter Rotfärbung, Erhöhung des Brechungsindex u. Gewichtsverlust als flüchtige Prodd. *Butanol-(1)* (II; n_D^{30} 1,3950. *α-Napthylurethan*, F. 69—70,5°), welches durch Vakuum-Dest. isoliert wird, u. *Buten-(1)* (III), das mit N_2 aus der Rk.-Mischung entfernt u. in H_2SO_4 absorbiert wird, neben CO_2. Das mol. Verhältnis von II, III u. CO_2, bezogen auf III = 1 bei der therm. Zers. von I, das aus Maleinsäureanhydrid (IV) u. II mit u. ohne H_2SO_4-Katalysator hergestellt wurde, u. von *Di-n-butylfumarat* (V; aus Fumarsäure u. II; n_D^{30} 1,4420) wurde festgestellt u. die Ergebnisse tabellar. zusammengefaßt. Die Mengen von II u. III verhalten sich etwa wie 2:1, während CO_2 in geringerer Menge als II, aber in größerer Menge als III entstand. Das mit saurem Katalysator gewonnene I zersetzt sich mit der gleichen Leichtigkeit wie I, das ohne Katalysator hergestellt wurde. Bei der Zers. von V entstanden außer II, III u. CO_2 W. u. höhersd. Prodd., die II verunreinigten. Bei der Zers. von I wird ein nichtflüchtiger Rest gebildet, der mit A. in ein A.-lösliches Öl u. einen Holzkohle ähnlichen Festkörper getrennt werden konnte. Ein 5 Rkk. umfassender Zers.-Mechanismus wird diskutiert, der Rk.-Verlauf konnte aber nicht geklärt werden. — *1.2-Dibrombutan*, Kp. 164°, durch Zers. von I u. Einleiten des entstandenen III in eine Br_2-Lsg. in CCl_4; n_D^{30} 1,507, $D.^{29}$ 1,76. G. MARQUARD. B 225□

Über die Hydroperoxyde der isomeren C_8-Aromaten und ihre durch Schwermetallsalze katalysierte Zersetzung. Wilhelm Pritzkow und Rolf Hofmann. (J. prakt. Chem. [4] **12 (284).** 11—17. 1960. Leuna, Leuna-Werke, Zentr. Vers.-Labor.; Halle, Martin-Luther-Univ. Halle-Wittenberg, Organ.-chem. Inst.) (Dt.)

Die *Hydroperoxyde von Äthylbenzol, o-, m-* u. *p-Xylol* wurden durch ca. 10 std. Oxydation der KW-stoffe mit Luft bei 125—130° u. normalem Druck als 1,2%ig. Lsgg. in den KW-Stoffen gewonnen. Weder Katalysatoren oder Initiatoren noch UV-Licht wurden angewendet, die Rk. verläuft schwach autokatalytisch. Gute Hydroperoxydausbeuten wurden dadurch erzielt, daß die Xylole vor der Rk. durch Druckraffination unter H_2 bei 350° u. 15 atü über einem Hydrierkatalysator (0,5% Pt auf Al_2O_3) gereinigt wurden. Die Oxydationen wurden abgebrochen, bevor sich merkbare Mengen an sauren Verbb. bildeten. Vff. untersuchten die Zers. der Hydroperoxyde in ca. 10%ig. Lsgg. in den entsprechenden KW-Stoffen in Ggw. von ca. 0,1% Co-Stearat bei 135—140° unter N_2 (1 std. Rk.-Zeit). In allen Fällen entstehen als Haupt-Prodd. Verbb. mit unverändertem C-Gerüst, d. h. aus den Hydroperoxyden der Xylole die entsprechenden *Toluylsäuren, -aldehyde* u. *-alkohole*, aus Äthylbenzol-α-hydroperoxyd (I) *Acetophenon* u. *Phenylmethylcarbinol.* Das gasförmige Haupt-Prod. der Rkk. der Xylolhydroperoxyde war H_2, von dem geringere Mengen (ca. 5 Mol-%) als bei der rein therm. Zers. unverd. prim. Alkylhydroperoxyde (vgl. WURSTER JUN. u. Mitarbeiter, C. **1960.** 11613) entstanden. Die H_2-Ausbeute aus I war sehr gering, doch lieferte I ca. 0,5% CH_4 (Prod. der unimol. C—C-Spaltung des entsprechenden Alkoxyradikals). Alle untersuchten Hydroperoxyde lieferten CO u. CO_2, vermutlich infolge Decarbonylierung bzw. Decarboxylierung von intermediär auftretenden Acyl- oder Acyloxyradikalen. — *Äthylbenzol-α-hydroperoxyd* (I), $C_8H_{10}O_2$, Kp.$_{10^{-2}}$ 50°, $D.^{20}$ 1,0740, n_D^{20} 1,5266; *Xanthydrol-Deriv.*, $C_{21}H_{18}O_3$, F. 84° (Chlf.-n-Heptan). — *o-Xylolhydroperoxyd*, $C_8H_{10}O_2$, Kp.$_{10^{-2}}$ 58°, $D.^{20}$ 1,0840, n_D^{20} 1,5382. — *m-Xylolhydroperoxyd*, $C_8N_{10}O_2$, Kp.$_{10^{-3}}$ 48°, $D.^{20}$ 1,0734, n_D^{20} 1,5310. —

p-Xylolhydroperoxyd, $C_8H_{10}O_2$, Kp.$_{10-2}$ 58°, D.^{20} 1,0723, n_D^{20} 1,5332; *Xanthydrol-Deriv.*, $C_{21}H_{18}O_3$, F. 67° (Chlf.–n-Heptan). — *1-Phenyläthanol, Phenylurethan*, $C_{15}H_{15}O_2N$, F. 89° (Chlf.–n-Heptan). — *o-Tolylcavbinol, Phenylurethan*, $C_{15}H_{15}O_2N$, F. 79° (Chlf.–n-Heptan). — *m-Tolylcarbinol, Phenylurethan*, $C_{15}H_{15}O_2N$, F. 63° (Chlf.–n-Heptan). — *p-Tolylcarbinol*, $C_8H_{10}O$, F. 57°. — *o-Toluylaldehyd, Semicarbazon*, $C_9H_{11}N_3O$, F. 212° (Chlf.–n-Heptan). — *m-Toluylaldehyd, Semicarbazon*, $C_9H_{11}N_3O$, F. 215° (Chlf.–n-Heptan). — *p-Toluylaldehyd, Semicarbazon*, $C_9H_{11}N_3O$, F. 209° Chlf.–n-Heptan). — *o-Toluylsäure, p-Bromphenacylester*, $C_{16}H_{13}BrO_3$, F. 58° (Chlf.–n-Heptan). — *m-Toluylsäure, p-Bromphenacylester*, $C_{16}H_{13}BrO_3$, F. 106° (Chlf.–n-Heptan). — *p-Toluylsäure, p-Bromphenacylester*, $C_{16}H_{13}BrO_3$, F. 154° (Chlf.–n-Heptan). B. GNAUCK. B 225□

Pyrolyse des Käfig-Ketons $C_{10}Cl_{10}O$. Philip Eaton, Emery Carlson, Pasquale Lombardo und Peter Yates. (J. org. Chemistry **25**. 1225—27. Juli 1960. Cambridge, Mass., Harvard Univ., Dep. of Chem.; Morristown, N.J., Allied Chem. Corp., Gen. Chem. Div.) (Engl.)

Die von MCBEE u. Mitarbeitern (C. **1956**. 13406) beobachtete therm. Stabilität von *Dodekachlorpentacyclo-[5.3.0.0$^{2.6}$.0$^{4.10}$.0$^{5.9}$]-decan* (*Dodekachloroktahydro-1.3.4-metheno-2H-cyclobuta-[cd]-pentalen*, F. ca. 485° im Rohr)] konnte bestätigt werden, bei 500° trat nur eine geringfügige Pyrolyse unter Bldg. von Spuren von Hexachlorcyclopentadien (**III**) auf, ein kohleartiges Material war nicht zu beobachten. Demgegenüber ist *Dekachlorpentacyclo-[5.3.0.0$^{2.6}$.0$^{4.10}$.0$^{5.9}$]-decanon-(3)* [**I**, *Dekachloroktahydro-1.3.4-metheno-2H-cyclobuta-[cd]-pentalenon-(2)*, F. ca. 350° (geschlossenes Rohr), nach GILBERT u. GIOLITO (Amer. Reissue Pat. 24 435] therm. weniger beständig, oberhalb 450° werden rasch äquivalente Mengen an CO u. Cl_2 eliminiert. Beim Eintropfen einer Lsg. von **I** in CCl_4 auf eine auf 475—500° erhitzte Keramikfläche (im N_2-Strom) konnte nach Chromatographie des Prod. in 80% ig. Ausbeute *Oktachlorinden* (**II**) erhalten werden, daneben wurde Hexachlorbenzol (aus CCl_4 durch Pyrolyse) sowie unverändertes **I** isoliert. Nur Spuren von **III** konnten nachgewiesen werden, ebenso war kaum die Bldg. von kohleartigen Stoffen zu beobachten. Die Struktur von **II** wurde durch Synth. aus Oktachlor-3a.4.7.7a-tetrahydro-4.7-methanoindendion-(1.8) (**IV**) mit wss. Aceton über Hexachlorindon (**V**) durch Einw. von PCl_5 nachgeprüft. Ferner lieferte **II** mit fl. SO_3 **V**. Die Chlorierung von **II** ergab *Dekachlorindan*, das mit fl. SO_3 zu *Hexachlorindandion-(1.3)* reagierte; diese Verb. konnte mit $KMnO_4$ zu Tetrachlorphthalsäure abgebaut werden. Vff. nehmen an, daß bei der Pyrolyse von **I** zuerst die Carbonylgruppe in Form von CO abgespalten wird, worauf intramol. Umlagerung u. Aromatisierung unter Cl_2-Abgabe erfolgt.

Versuche: *Hexachlorindon* (**V**), C_9Cl_6O, F. 149—150° (leuchtendgelbe Kristalle aus Methanol), durch Hydrolyse von 1.1-Dimethoxytetrachlorcyclopentadien mit H_2SO_4 (→ **IV**), Lösen in Aceton, Zugabe von W. u. 1 Nacht Stehen; 82% (Ausbeute). — *Oktachlorinden* (**II**), C_9Cl_8, F. 138—138,5° (Methanol), durch 2std. Erhitzen vorst. Verb. mit PCl_5 auf 190—205° im geschlossenen Gefäß; 79%. — *Dekachlorindan*, C_9Cl_{10}, F. 134 bis 135° (Methanol), durch Einleiten von Cl_2 in eine Lsg. von **II** in CCl_4 bei 50° (2 Std.); 81%. Lieferte durch Einw. von fl. SO_3 über Nacht fast quant. **V**. — *Hexachlorindandion-(1.3)*, $C_9Cl_6O_2$, F. 155—156° (leuchtendgelbe Kristalle), aus 5 g vorst. Verb. durch Einw. von fl. SO_3; 3,8 g. Lieferte durch Einw. von $KMnO_4$ in 5% ig. wss. NaOH in warmem Aceton nach 4 Std. *Tetrachlorphthalsäure*, F. 254—256° (sublimiert).

B. GNAUCK. B 225□

Die Wirkung von Säure und Alkali auf die Wasserstoffübertragung von Isopropanol und Diisopropyläther in verdünnter wässeriger Lösung. C. F. Wells. (Discuss. Faraday Soc. Nr. **29**. 219—34. 1960. Wythenshawe, Manchester, Brit. Rayon Res. Assoc., Heald Green Labor.) (Engl.)

Die Kinetik u. die Prod.-Ausbeuten der Autoxydation von *Isopropylalkohol* (**I**) u. *Diisopropyläther* (**II**) in sauren u. alkal. Lsgg. sowie von *Cyclohexanol* (**III**) in sauren Lsgg. in Ggw. eines Photosensibilisators [Na-Anthrachinonsulfonat-(2) (**V**)] bei 0° wurden untersucht. Die Geschw. der O_2-Absorption wurde dabei manometr. bestimmt. Die Ausbeuten an Aceton (**IV**) u. H_2O_2 aus **I** betrugen in neutraler Lsg. 100%, dies gilt auch für alkal. u. saure Lsgg., doch treten in diesen Medien Reaktivitätsabnahmen von **I** auf. Zwar bleiben die **IV**- u. H_2O_2-Ausbeuten gleich, sie nehmen aber mit abnehmender **I**-Konz., mit zunehmendem Umsatz u. mit steigender Alkali-Konz. ab. Diese Erscheinungen werden auf eine Neben-Rk. des angeregten **V** zurückgeführt. Aus **III** entstanden sowohl in neutraler als auch in saurer Lsg. 10% Cyclohexanon u. H_2O_2. Der gleiche Befund gilt für **II**, aus dem 100% **IV** u. H_2O_2 gebildet werden. Die **IV**-Ausbeute fällt jedoch zwischen 10^{-5}- u. $5\cdot10^{-5}$m OH^- rasch auf 70% ab, die von H_2O_2 zwischen 10^{-4}- u. 10^{-3}m OH^- auf 70—75%. In saurer Lsg. wird die Oxydations-

Geschw. von **I** durch die Zugabe von $(NH_4)_2SO_4$ nicht beeinflußt. Vf. vermutet, daß die Verzögerung der Rkk. in sauren Lsgg. mit der Bldg. protonierter Substrat-Moll. zu erklären ist, die gegenüber dem angeregten **V** inaktiv sind. Die gleiche Erscheinung in alkal. Lsg. wird auf ein analoges Verh. des gebildeten Alkoholations zurückgeführt. In sauren Lsgg. tritt also das Gleichgewicht $ROH + H_3O^+ \rightleftharpoons ROH_2^+ + H_2O$ (K_b) auf. Folgende K_b'-Werte ($K_b/[H_2O] = K_b'$) wurden bestimmt (bei 0° in H_2SO_4): für **I** 2,2, **II** 3,2 bzw. **III** 2,0. Es konnte nachgewiesen werden, daß das Gleichgewicht $HSO_4^- + ROH \rightleftharpoons SO_4^{2-} + ROH_2^+$ keinen Einfl. auf die K_b'-Werte ausübt. Für das Gleichgewicht von **I** ergibt sich aus Messungen von K_b' bei 0 u. 25,5° $-\Delta G$ 429 [cal/Mol] (bei 0°) bzw. 315 bei 25,5°, ΔS $-4{,}48$ cal/Grad·Mol u. ΔH $-1{,}6$ kcal/Mol. Ferner wurde durch potentiometr. Titration der K_a-Wert von *Anthrachinonsulfonsäure-(2)* zu 0,08 (bei 0°) sowie der K_a'-Wert für das Sulfonatanion zu 12,5 bestimmt. Für **I** beträgt der K_b'-Wert 78 (bei 0°). Die Geschw. der O_2-Absorption der wss. Lsgg. von **II** in Ggw. von **V** nimmt bei Zugabe von Alkali etwas ab, sie erreicht jedoch im Gegensatz zum Verh. von **I** ein konst. Minimum ($0{,}95 - 10^{-6}$ Liter/Mol·s bei $[OH^-] = 0{,}04$); daher schließt Vf., daß die Wechselwrkg. von **V** mit **II** nicht von Alkali beeinflußt wird. Vf. diskutiert die Gleichgewichte im Zusammenhang mit der Solvatisierung, die für die Unempfindlichkeit der K_b'-Werte gegenüber induktiven Effekten verantwortlich gemacht wird.

B. GNAUCK. B 226□

Die Photolyse von Methylmercaptan. T. Inaba und B. de B. Darwent. (J. physic. Chem. **64.** 1431—33. Okt. 1960. Washington, D.C., Catholic Univ. of America, Dep. of Chem.) (Engl.)

Der Einfl. von Zeit, Druck u. Temp. auf die Photolyse von *CH_3SH* wurde untersucht. Bei geringem Umsetzungsgrad (UG) tritt als nichtkondensierbares Gas vorherrschend H_2 auf; CH_4 wird lediglich als Folgeprod. bei höherem UG gebildet. Aus *CH_3SD* entstehen bei 90—147 Torr, 40—220° u. hohem UG nach massenspektrograph. Unterss. nur D_2 u. CH_3D, hingegen kein H_2 oder HD, d. h. H_2 wird ausschließlich aus den Thiolgruppen gebildet. In Ggw. von C_2H_4 ($C_2H_4 + H \rightarrow C_2H_5$) sinkt die Geschw. der H_2-Bldg. mit zunehmendem Wert von C_2H_4/CH_3SH. C_2H_4 ist ohne Einfl. auf die Bldg. von CH_4. C_3F_6 hemmt die H_2-Bldg. auf unreproduzierbare Weise. Die Photolyse verläuft somit im wesentlichen nach $CH_3SH \xrightarrow{h\cdot\nu} CH_3S + H$, $H + CH_3SH \rightarrow CH_3S + H_2$(1). Die CH_3S-Radikale sind therm. recht stabil, wie aus der auch bei 300° nicht wesentlich erhöhten Bldg.-Geschw. von H_2 u. CH_4 hervorgeht. Ihre therm. Zers. erfordert ca. 30 kcal/Mol. Aus den in Ggw. von C_2H_4 erhaltenen Werten folgt für Rk. (1) eine Aktivierungsenergie von ca. $4{,}6 \pm 0{,}1$ kcal/Mol u. ein P-Faktor von ca. 0,34.

A. BLASCHETTE. B 226□

Ein neuer primärer photochemischer Prozeß, die photochemische Enolisierung von o-substituierten Benzophenonen. N. C. Yang und Carlos Rivas. (J. Amer. chem. Soc. **83.** 2213. 5/5. 1961. Chicago, Ill., Univ. of Chicago, Dep. of Chem.) (Engl.)

Unter dem Einfl. von UV-Licht erfolgt bei o-Alkylbenzophenonen, die in α-Stellung ein H-Atom tragen, eine intramol. H-Übertragung unter Bldg. des entsprechenden Enols. Nach der Bestrahlung einer Lsg. von *o-Benzylbenzophenon* (**I**) in CH_3OD enthält das rückgewonnene **I** 1,04—1,09 Atome Deuterium pro Mol., u. zwar nach dem NMR-Spektrum in der α-Position. Bei der Bestrahlung einer äquimol. Lsg. von *o-Methylbenzophenon* u. *Acetylendicarbonsäuredimethylester* (24 Std. bei 15—20°) wurde in 85%ig. Ausbeute das Dienaddukt 1-Phenyl-2.3-dicarbomethoxy-1.4-dihydronaphthol-(1) vom F. 112° (aus Bzl.-Cyclohexan), erhalten, dessen Struktur durch Überführung mit Säure in 1-Phenylnaphthalin-2.3-dicarbonsäure bewiesen wurde. Die Quantenausbeute der Rk. ist $> 0{,}5$.

GERHARD SCHULZ. B 226□

Radiolyse von Methan in Gegenwart von Sauerstoff. Die Bildung von Methylhydroperoxyd. G. R. Johnson und G. A. Salmon. (J. physic. Chem. **65.** 177—78. Jan. 1961. Grove, Wantage, Berks., U.K.A.E.A., Isotope Res. Div., Technol. Irrad. Group, Wantage Res. Labor.) (Engl.)

CH_4–O_2-Gemische vom Gesamtdruck 760 Torr wurden einer ^{60}Co-γ-Strahlung ausgesetzt ($1{,}9 \cdot 10^{14}$ eV·ml^{-1}·min^{-1}, gemessen mit Hilfe eines NO-Dosimeters), u. dabei als einziges peroxyd. Prod. *Methylhydroperoxyd* (**I**) festgestellt; H_2O_2 u. Dimethylperoxyd treten nicht auf. Die Ausbeute an **I** ist proportional der Strahlendosis u. im Bereich 0,1—10,0 Mol-% unabhängig von der O_2-Konzentration. G(CH_3OOH) beträgt ca. 3,5. Die Bldg. von **I** erfolgt wahrscheinlich über eine Radikalfänger-Rk.: $CH_3\cdot + O_2 (+ M) \rightarrow CH_3OO (+ M)$, doch ist die Bldg. negativer Sauerstoffionen nach $O_2 + e^- \rightarrow O_2^-$ bzw. $O_2 + e^- \rightarrow O^- + O$, die mit positiven Ionen zu stabilen Diradikalen reagieren können, nicht ausgeschlossen.

A. BLASCHETTE. B 226□

Die Anwendung verschiedener Katalysatoren bei der Oxydation von Paraffin. B. G. Freidin und W. K. Zysskowski. (Химия и Технология Топлив и Масел [Chem. Technol. Brennstoffe Öle] **4.** Nr. 12. 25—29. Dez. 1959.) (Russ.)

In Verss. mit der Fraktion 220—250° von Synthin (I) wurde der Einfl. von $KMnO_4$ (**II**) u. eines Gemisches aus K- (**III**) u. Mn-Naphthenat (**IV**) auf die **I**-Oxydation untersucht. Die Konz. der Katalysatoren, berechnet auf das zu oxydierende **I**, betrug für **II** 0,1%, für **IV** 0,035% u. für **IV** + **III** 0,035 + 0,025%; der Luftverbrauch bei der Oxydation war 8 Liter/min. **II** u. **III** stabilisieren den Valenzzustand des Mn in der Induktionsperiode der **I**-Oxydation in der fl. Phase, was zur Verlängerung der Induktionsperiode führt. Andererseits wird im vorgeschrittenen Stadium der Rk. die Bldg. von Säuren beschleunigt. Es stellt sich ferner heraus, daß die Wrkg. des **II** der des äquimol. Gemisches von **III** u. **IV** gleich ist. Für das Gemisch **III** + **IV** ist das äquimol. Verhältnis optimal. K. WEKUA. B 227□

Hydrierung von Benzol am Skelett-Nickel-Molybdän-Kontakt mit Oxydoberfläche. A. Ss. Ssultanow, N. W. Wassiljewa, Ja. Ju. Alijew, A. Ss. Ssafajew und M. I. Monakow. (Доклады Академии Наук УзССР [Ber. Akad. Wiss. UsbekSSR] **1959.** Nr. 9. 30—32. Inst. für Chem. der Polymeren der Akad. der Wiss. der UsbekSSR.) (Russ.; Auszug: Usbek.)

Vff. schlagen für die Hydrierung von S-freiem Bzl. zu *Cyclohexan* einen geschmolzenen Skelett-Ni-Mo-Kontakt mit Oxydoberfläche vor, der durch Erhitzen mit Luftsauerstoff auf 580—600° reaktiviert wird. Bei 250° u. 50 at wird bei einem Durchsatz von 0,4 Liter/Liter·h in der ersten Stufe eine 90% ig., in der dritten Stufe eine vollständige Hydrierung erzielt (Tabelle). Das Absinken der Kontaktaktivität nach Verw. von S-haltigem Bzl. kann durch Verw. von S-freiem Bzl. rückgängig gemacht werden. P. NEULAND. B 227□

Umwandlung von Phenolen bei der Dampfphasenhydrierung. K. A. Alexejewa und B. L. Moldawski. (Химия и Технология Топлив и Масел [Chem. Technol. Brennstoffe Öle] **4.** Nr. 1. 43—48. Jan. 1959. Leningrad, Forschungsinst.) (Russ.)

In Ggw. von $WS_2 + NiS + Al_2O_3$ wurde eine rasche Umwandlung von Phenolen festgestellt. Zur Anwendung gelangten *Phenol* (**I**), *o-Kresol, p-Kresol, n-Butylphenol, p-tert.-Butylphenol* u. *3.5-Diäthylphenol.* Die Abhängigkeit der Rk.-Geschw. von der Temp. wird durch die Gleichung $\log k = 7{,}23 - (3830/T)$ wiedergegeben. Für den Temp.-Bereich 300—340° ist der Temp.-Koeff. der Umwandlungs-Rk. von **I** k = 1,3. Die Umwandlung von **I** ist direkt proportional dem Druck. Die Umwandlungs-Rk. erfolgt in zwei Richtungen, es bilden sich anfänglich Bzl. bzw. Cyclohexanol, als Endergebnis beider Rkk. Cyclohexan. Am leichtesten sind die Phenole spaltbar, die verzweigte Alkylgruppen enthalten. G. SCHREIBER. B 227

Die Anwendung von Isotopen bei der Untersuchung der Katalyse. E. Angelescu. (An. romîno-soviet., Ser. Chim. **12.** Nr. 1. 5—35. Jan./März 1957.) (Rum.)

Zusammenfassende Darst. der Grundlagen u. der Berichte einer Tagung in Moskau, 30/3. bis 5/4. 1956. — 24 Literaturhinweise. R. K. MÜLLER. B 227□

Katalytischer Austausch von Kohlenwasserstoffen mit Deuterium. C. Kemball. (Advances Catalysis related Subjects **11.** 223—62. 1959. Belfast, N.Ireland, Queen's Univ., Dep. of Chem.) (Engl.)

Übersicht über allg. Aspekte von Austausch-Rkk., Austausch in Moll. mit hoher u. geringer Symmetrie sowie einige Ergebnisse mit ungesätt. Molekülen. — 49 Literaturangaben. P. GOLINSKE. B 227□

Basenkatalysierte Reaktionen von Kohlenwasserstoffen. Herman Pines und Luke A. Schaap. (Advances Catalysis related Subjects **12.** 117—48. 1960. Evanston, Ill., Northwestern Univ., Dep. of Chem., Ipatieff High Pressure and Catalytic. Labor.; Whiting, Ind., Standard Oil Co. [Indiana], Res. and Dev. Dep.) (Engl.)

Übersicht über Isomerisierungen, Seitenkettenalkylierungen von Arylalkanen, Kernalkylierungen von Aromaten, Alkylierungen von Alkylpyridinen u. Rkk. von Olefinen. — 55 Literaturhinweise. P. GOLINSKE. B 227□

Die Polymerisation von Propylen über einem gemischten Nickel-Molybdänoxyd-Katalysator auf einem Aluminiumoxydträger. G. M. Pantschenkow und Tsch. Ss. Karryjew. (Известия Высших Учебных Заведений, Нефть и Газ [Hochschulnachr., Erdöl Gas] **3.** Nr. 11. 71—74. 1960. Moskau, Gubkin-Inst. für Erdölchem. u. Gasind.) (Russ.)

Die Polymerisation von Propylen wurde bei Tempp. von 140—200° bei normalem Druck u. bei einer Gaszufuhr von 15—50 Liter/kg·h über einem gemischten Ni-Mo-Oxydkatalysator untersucht. Die höchste Propylenumwandlung u. die höchste Polymerisatausbeute wird bei der Temp. von 160° u. der geringen Vol.-Geschw. der Gaszufuhr (15—20 Liter/kg·h) erzielt. Das Polymerisat besteht im wesentlichen aus Propylendimeren. Steigerung der Gaszufuhr u. der Temp. über 160° führt zur Verminderung der Polymerisatausbeute. W. Hantzsch. B 227□

C. Präparative organische Chemie. Naturstoffe

Eine bequeme Synthese von Alkylhalogeniden aus Carbonsäuren. Stanley J. Cristol und William C. Firth jun. (J. org. Chemistry **26.** 280. Jan. 1961. Boulder, Colo., Univ. of Colorado, Dep. of Chem.) (Engl.)

Der Hunsdiecker-Abbau von Carbonsäuren wird von Vff. durch Anwendung eines Gemisches aus Säure + HgO an Stelle des Ag-Salzes verbessert. Als Rk.-Medium dient CCl_4 oder Tetrachloräthan, bei Jodierungen auch Cyclohexan. — Zum Beispiel entsteht *Heptadecylbromid* (F. 22°) durch 1 std. Kochen von je 0,25 Mol Stearinsäure u. Br_2 mit 0,19 Mol HgO in 150 cm³ CCl_4 in einer Rohausbeute von 93%. Analog wurden auch Cyclopropancarbonsäure, 9.10-Dihydro-9.10-äthanoanthroesäure-(9) u. Laurinsäure zu Bromiden bzw. Jodiden abgebaut. Benzoesäure u. Glutarsäure lieferten nur schlechte Ausbeuten an *Brombenzol* bzw. *1.3-Dibrompropan* (frei von Butyrolacton). Belichtung während der Rk. führt zu Polybromierungen. exo- oder endo-5.6.7.8.9.9-Hexachlor-1.2.3.4.4a.5.8.8a-oktahydro-exo-1.4-endo;5.8-dimethanonaphthoesäure-(2) ergibt das gleiche Gemisch aus *exo-* u. *endo-Bromiden*, das auch beim Ag-Salzabbau entsteht. Beide Rkk. dürften über das gleiche Acylhypobromit-Zwischenprod. verlaufen, das sich bei der HgO–Halogen-Rk. wahrscheinlich aus der freien Säure u. positivem Halogen bildet. H. Pracejus. 460□

Synthesen mit N-Halogenaminen. Ernst Schmitz. (Angew. Chem. **73.** 23—25. 7/1. 1961. Berlin-Adlershof, Dt. Akad. der Wiss., Inst. für organ. Chem.) (Dt.)

Allg. Übersicht über die Synth. mit N-Halogenaminen, z. B. die Gewinnung von Säureamiden aus Aldehyden, Diaziridinen aus Schiffschen Basen u. N-Halogenaminen u. die Synth. bicycl. Basen aus Dibromaminen. — 25 Literaturangaben.

W. Hampel. 460□

Die Verwendung von radioaktiven Elementen. 3. Mitt. **Decarboxylierende Acylierung von Phenylessigsäure.** Risaburo Nakai, Michiyasu Sugii und Chiaki Tanaka. (Chem. pharmac. Bull. [Tokyo] **7.** 645—46. Juli 1959. Kyoto, Univ., Inst. for Chem. Res.; Osaka, Coll. of Pharmacy.) (Engl.) — 2. vgl. Chem. pharmac. Bull. [Tokyo] **5.** [1957.] 576; 1. vgl. C. **1960.** 6108.

Bei der Rk. von $^{14}C_{(COOH)}$-Phenylessigsäure (**I**) u. Acetanhydrid in Ggw. von Pyridin werden *$^{14}CO_2$*, *Benzylmethylketon* u. *$^{14}C_{(CO)}$-Dibenzylketon* erhalten. Das Vers.-Ergebnis stützt den von King u. McMillan (C. **1956.** 4676) vorgeschlagenen Rk.-Mechanismus.

Versuche: *Benzylmethylketon-2.4-dinitrophenylhydrazon*, F. 152—154°, durch 4 std. Kochen von 0,7 g **I** (1141 ± 23 μc/mMol), 2,5 cm³ Pyridin u. 2,5 cm³ Acetanhydrid. Fällen des *$^{14}CO_2$* als $Ba^{14}CO_3$ (0,51 g; 11,18 ± 0,14 μc/mMol), Gießen des Gemisches in eine Lsg. von 2.4-Dinitrophenylhydrazin in 2n HCl u. Chromatographie der Dinitrophenylhydrazone in Bzl. an Silicagel/Supercel; aus A. orangefarbene Platten; 0,42 g (Ausbeute). — *$^{14}C_{(CO)}$-Dibenzylketon-2.4-dinitrophenylhydrazon*, F. 105—107°, neben vorst. Verb.; aus A. gelbe Nadeln; 11,21 ± 0,38 μc/mMol; 0,1 g. F. Heller. 480□

Oxydationen mit Silberjodiddibenzoat. P. S. Raman. (Proc. Indian Acad. Sci., Sect. A **44.** 321—30. Nov. 1956. Madras, Univ., Dep. of Org. Chem.) (Engl.)

Bei der Oxydation von Eruca- (**II**), Petroselin- (**III**) u. Ölsäure (**IV**) mit $(C_6H_5COO)_2$·Ag (**I**) in abs. Bzl. entstehen die entsprechenden niedriger schm. *threo-Dihydroxysäuren*, während bei Verw. von wasserhaltigem Bzl. in der Hauptsache die entsprechenden höher schm. *erythro-Dihydroxysäuren* gebildet werden. Selbst Spuren von W. beeinflussen die Rk. von **I**. Bei Verw. von über $CaCl_2$ getrocknetem Bzl. entsteht ein Gemisch von *threo-* u. *erythro-Säuren*. Ein Rk.-Mechanismus wird diskutiert. Von außerordentlicher Bedeutung ist die Anwendung von **I** zur Spaltung von α-Glykolen zu den entsprechenden Carbonylverbindungen. Die Rk. verläuft analog der Glykolspaltung nach Criegee. Während bei der Criegee-Spaltung die Glykole mit anderen oxydierenden Reagentien dargestellt werden müssen, können bei Verw. von **I** Darst. u. Spaltung mit demselben Reagens vorgenommen werden. Die Rk. mit **I** ist von großem Nutzen bei der Festlegung von Doppelbindungen. Sie wird an 9.10-Dihydroxystearinsäure, 13.14-Dihydroxybehensäure (**V**), 6.7-Dihydroxystearinsäure (**VIII**), α-Monobenzoylglycerin (**X**) u. Hydrobenzoin (**IX**) geprüft.

Versuche: Säuren: *threo-13.14-Dihydroxybehen-* (V), F. 98—99°, durch Versetzen von I (durch Erwärmen einer Lsg. von J_2 in abs. Bzl. mit Ag-Benzoat) mit II in Bzl., 12std. Kochen, Entfernen des AgJ u. Bzl., $^3/_4$std. Kochen mit 4%ig. alkohol. K_2CO_3, Entfernen des A. u. Verdünnen mit W.; aus A. Platten; 56% (Ausbeute). — *threo-6.7-Dihydroxystearin-* (VIII), F. 116—117° (Essigester), wie V, aus III. — *threo-9.10-Dihydroxystearin-*, F. 94°, wie V aus IV. — *erythro-13.14-Dihydroxybehen-* (VI), F. 129 bis 130° (A.), unter Verw. von feuchtem Bzl. analog V. — *erythro-6.7-Dihydroxystearin-*, F. 122—123° (Essigester); analog VI. — *erythro-9.10-Dihydroxystearin-*, F. 132° (A.), analog VI. — Folgende Verbb. werden aus I in warmen Bzl. durch Versetzen mit der äquimolaren Menge der entsprechenden Glykol-Verb., 4std. Kochen u. Abfiltrieren des AgJ dargestellt u. die erhaltenen Spalt-Prodd. in Derivv. übergeführt: *Pelargonaldehyd-2.4-dinitrophenylhydrazon*, F. 104°, a) aus vorst. Verb.; aus A. goldgelbe Nadeln [neben *Azelainaldehydsäuresemicarbazon* (VII), F. 162—164° (A.)]; b) aus VI [neben *Brassylsäure*, F. 113—114° (*Dianilid*, F. 157—158°)]. — *β-Hydroxypelargonaldehyddinitrophenylhydrazon*, F. 123—125°, aus 9.10.12-Trihydroxystearinsäure (F. 107—109°). Daneben VII. — *Laurinaldehyd* (*2.4-Dinitrophenylhydrazon*, F. 103—104°. *Semicarbazon*, F. 102°. → *Laurinsäure*, F. 43°), aus VIII. Daneben *Adipinaldehydsäuresemicarbazon*, F. 175—177° (Zers.; A.). — *Benzaldehyd-2.4-dinitrophenylhydrazon*, F. 235°, aus IX. — *Benzoylglykolaldehyd*, $Kp._{16}$ 145—147°, aus X. *Semicarbazon*, F. 197° (Zers.).

H. NÜRNBERGER. 490□

Untersuchungen auf dem Gebiet konjugierter Systeme. 97. Mitt. **Anlagerung von Alkoholen an Vinylalkylacetylene in Gegenwart von KOH.** B. Ss. Kupin und A. A. Petrow. (Журнал Общей Химии [J. allg. Chem.] **29** (**91**). 1151—58. April 1959. Leningrad, Technol. Lensowjet-Inst.) (Russ.) — 95. vgl. C. **1961**. 14243.

Alkohole werden in Ggw. von KOH an die Dreifachbindung von Penten-(1)-in-(3)(I) oder Hexen-(1)-in-(3) (II) zunächst unter Bldg. von *4-Alkoxypentadien-(1.3)* (III) bzw. *4-Alkoxyhexadien-(1.3)* (IV) angelagert, doch erfolgt, wie die saure Hydrolyse von III bzw. IV, ihre Hydrierung sowie IR-Spektren beweisen, anschließend eine teilweise Isomerisierung (von III) bzw. eine fast vollständige (von IV) zu den entsprechenden *2.4-Dienen*. In Ggw. von Na-Äthylat erhält man aus II u. Methanol einen Dienäther ($Kp._{100}$ 78 bis 80°, n_D^{20} 1,4449), der nicht näher untersucht wurde. Der nucleophile Charakter dieser Anlagerung wird diskutiert.

Versuche: *4-Methoxypentadien-(1.3)-4-Methoxypentadien-(2.4)-Gemisch*, $C_6H_{10}O$, Kp. 110—112°, $Kp._{100}$ 54—56°, aus I u. Methanol in Ggw. von KOH (1:3:1 Mol) durch 7std. Erhitzen auf 150—155°, Wasserdampf-Dest. u. Fraktionierung bei 100 mm; $D._4^{20}$ 0,8381—0,8442; n_D^{20} 1,4582—1,4660. Gibt bei der Hydrierung in Methanol in Ggw. von $Pd/CaCO_3$ *Methylpropylketon* (*2.4-Dinitrophenylhydrazon*, F. 139°) u. *2-Methoxypentan*, Kp. 87,5—88,5°; $D._4^{20}$ 0,7597; n_D^{20} 1,3840. Hydrolyse mit 10%ig. H_2SO_4 führt zu *Methylpropenylketon*, Kp. 118—121°; $D._4^{20}$ 0,8597; n_D^{20} 1,4350; 70% (Ausbeute); *2.4-Dinitrophenylhydrazon*, F. 153° (A.). — *4-Äthoxypentadien-(1.3)-4-Äthoxypentadien-(2.4)-Gemisch*, $C_7H_{12}O$, $Kp._{100}$ 69—71°, analog Vorst. aus 16,8 g I u. A.; $D._4^{20}$ 0,838; n_D^{20} 1,4542; 5 g. — *4-Methoxyhexadien-(2.4)*, $C_7H_{12}O$, $Kp._{20}$ 45—46°, $Kp._{100}$ 78—80°; aus 40 g II u. Methanol in Ggw. von KOH; $D._4^{20}$ 0,8503; n_D^{20} 1,4752; 12 g. Hydrolyse mit 10%ig. H_2SO_4 liefert *Äthylpropenylketon*, $Kp._{100}$ 75,5—76,5°, $Kp._{760}$ 135—137°; $D._4^{20}$ 0,8487; n_D^{20} 1,4350; *2.4-Dinitrophenylhydrazon*, F. 163—164° (A.). Bei der Ozonisierung wurde nur Essigsäure erhalten. — *4-Äthoxyhexadien-(2.4)*, $C_8H_{14}O$; $Kp._{100}$ 93,5—95,5°, aus 26,1 g II u. A. in Ggw. von KOH; $D._4^{20}$ 0,8346; n_D^{20} 1,4650; 6,2 g.

RENATE RICHTER. 520□

Untersuchungen auf dem Gebiet konjugierter Systeme. 98. Mitt. **Telomerisation von Divinyl mit Crotylchlorid und 3-Chlorbuten-(1).** A. A. Petrow, Ch. W. Baljan, L. I. Bunina-Kriworukowa und T. W. Jakowlewa. (Журнал Общей Химии [J. allg. Chem.] **29** (**91**). 1576—87. Mai 1959.) (Russ.) — 97. vgl. vorst. Referat.

Bei der Telomerisation von Divinyl (I) mit Crotylchlorid (II) erfolgt 1.2- u. 1.4-Addition unter Bldg. von *3-Chloroctadien-(1.6)* u. *1-Chloroctadien-(2.6)*. Daneben erhält man höhere Telomere, die nicht näher untersucht wurden. Bei der Rk. von I mit 3-Chlorbuten-(1) (III) entstehen dieselben Verbb. wie aus I u. II. Auf Grund dieser Tatsache wird ein Ionencharakter dieser Rk. diskutiert. Durch IR-Spektren, SOMMELET-Rk. u. Hydrierung erfolgt Identifizierung der erhaltenen Produkte.

Versuche: *Crotylchlorid* (II; Kp. 83,5—84°; $D._4^{20}$ 0,9279; n_D^{20} 1,4350) u. *3-Chlorbuten-(1)* (III); Kp. 64—64,5°; $D._4^{20}$ 0,8978; n_D^{20} 1,4148) entstehen im Verhältnis 2,5—3:1 aus I u. konz. HCl in Ggw. von $CuCl_2$ u. Cu_2Cl_2; 70% (Ausbeute). — *Telomerisation*: Zu 108 g I u. 181 g II oder III in 250 ml CH_2Cl_2 gibt man 6 g $SnCl_4$ in 10 ml CH_2Cl_2 u. läßt bei 15—20° ca. 3 Std. reagieren, bis die Dichte um 0,04 zugeommen hat; durch Zugabe von Pyridin wird die Rk. abgebrochen;Dest. bei 10 mm liefert Fraktion **A** bis 54° u. Fraktion **B** von 54—66°. *Fraktion* **A**: SOMMELET-Rk. gibt Aldehydgemisch, $Kp._{10}$ 68—71°; $D._4^{20}$ 0,8686; n_D^{20} 1,4712. *Semicarbazon*, F. ca. 125° (wss. A.). *2.4-Dinitrophenylhydrazon*, F. 110—115° (wss. A.); Hydrierung in Methanol in Ggw. von $Pd/CaCO_3$ gibt Gemisch von n-Octan u. 20% *3-Methylheptan*, Kp. 122—126°; $D._4^{20}$ 0,7058; n_D^{20} 1,3988. Ferner *3-Chloroctadien-(1.6)*, $Kp._{10}$ 52—54°, aus Fraktion **A**; $D._4^{20}$ 0,9127; n_D 1,4570. — *1-Chloroctadien-(2.6)*, $Kp._{10}$ 62—66°, aus Fraktion **B**; $D._4^{20}$ 0,9253; n_D^{20} 1,4675. — *Dodecatrien-(2.6.10)-al*, $Kp._{10}$ 142—146°, entsteht durch SOMMELET-Rk. aus höheren Telomeren; $D._4^{20}$ 0,8820; n_D^{20} 1,4850. *2.4-Dinitrophenylhydrazon*, $C_{18}H_{22}N_4O_4$, F. 126—128° (A.). RENATE RICHTER. 520□

Untersuchungen auf dem Gebiet konjugierter Systeme. 99. Mitt. **Über die Synthese von Geranylchlorid durch Telomerisation von Isopren mit seinem 1.4-Hydrochlorid.** A. A. Petrow, Ch. W. Baljan, Ju. I. Cheruse, Je. Ju. Schwarz und L. L. Tscherenkowa. (Журнал Общей Химии [J. allg. Chem.] **29** (**91**). 1876—78. Juni 1959.) (Russ.) — 98. vgl. vorst. Referat.

Vff. untersuchen die Telomerisation von Isopren mit 1-Chlor-3-methylbuten-(2) in Ggw. verschiedener Katalysatoren, die in 2 Gruppen eingeteilt werden. Die 1. Gruppe ($SnCl_4$, $TiCl_4$, $FeCl_3$) fördert die Bldg. höherer Telomerer, während die Katalysatoren der 2. Gruppe [$ZnCl_2$, $Zn(BF_4)_2$, $BiBr_3$] die Telomerisation auf der Stufe der Terpenchloride abbrechen, da das prim. gebildete *Geranylchlorid* (**I**) durch teilweise Cyclisierung in die Terpenchloride übergeführt wird. Deshalb ist auch die Ausbeute an **I** in Ggw. von Katalysatoren der 2. Gruppe geringer als in Ggw. der der 1. Gruppe. Die Rk.-Bedingungen bei Anwendung der einzelnen Katalysatoren werden beschrieben.

RENATE RICHTER. 520□

Untersuchungen auf dem Gebiet konjugierter Systeme. 100. Mitt. **Über die Anlagerung von Brom an Phenylbutenine.** A. A. Petrow und T. W. Jakowlewa. (Журнал Общей Химии [J. allg. Chem.] **29** (**91**). 1878—82. Juni 1959.) (Russ.) — 99. vgl. vorst. Referat.

Vff. untersuchen die Anlagerung von 1 Mol Br_2 an 1-Phenylbuten-(3) — in -(1) (**I**) u. 1-Phenylbuten-(1)-in-(3) (**II**) u. weisen an Hand der IR-Spektren nach, daß bei **I** das Br_2 an die Doppel- u. bei **II** an die Dreifachbindung addiert wird. **I** bildet *1-Phenyl-3.4-dibrombutin-(1)* u. **II** *1-Phenyl-1.4-dibrombutadien-(2.3)* u. *1-Phenyl-3.4-dibrombutadien-(1.3)*. Die Bromierung erfolgt in 10%ig. CCl_4-Lsg. mit 15%ig. Br_2–CCl_4-Lsg. (10% Überschuß). RENATE RICHTER. 520□

Eine allgemeine stereospezifische Synthese von Olefinen. J. W. Cornforth, R. H. Cornforth und K. K. Mathew. (J. chem. Soc. [London] **1959**. 112—27. Jan. London, Nat. Inst. for Med. Res.) (Engl.)

α-Chloraldehyde u. -ketone reagieren bei —70° mit Organometall-Verbb. in normaler Weise ohne Umlagerung. Die Ausbeute an den entsprechenden *α-Chlorhydrinen* (**B**) ist im allg. bei der GRIGNARD-Rk. höher als bei Alkyl–Li-Verbb., nur bei ster. gehinderten α-Chlorcarbonyl-Verbb. (**A**) ist die Verw. von Alkyl–Li-Verbb. vorteilhafter. Die Addition von Organometall-Verbb. an die **A** ist ein nahezu stereoselektiver Prozeß. So ergab das aus 2-Chlorbutanal (**I**) u. Butyl-MgBr (oder Butyl-Li) gebildete *3-Chloroctanol-(4)* (**V**) bei der HCl-Abspaltung ein cis–trans-Gemisch von *3.4-Epoxyoctan* (**II**) mit einem Geh. von 70% an trans-**II**. — Die Überführung der **B** in die entsprechenden Olefine mit hohen Ausbeuten (82%) erfolgt in der Weise, daß das aus dem **B** gebildete Epoxyd in eine gekühlte Mischung von Zn-Pulver, NaJ u. Na-Acetat (als Puffer) in Essigsäure eingetragen wird. Die Rk. verläuft über das α-Jodhydrin als Zwischenstufe, das dann durch Zn red. wird. Es genügen dabei katalyt. Mengen an NaJ, da das zur Bldg. des Jodhydrins verbrauchte J^--Ion bei der Red. wieder zurückgebildet wird. Die Rk. ist nicht stereospezif., es bilden sich immer Gemische mit etwa gleichem Geh. an cis- u. trans-Olefin. Vff. führen das darauf zurück, daß das durch ZnJ-Abspaltung im Übergangszustand gebildete Carbanion freie Drehbarkeit um die mittelständige C—C-Bindung besitzt. Eine stereoselektive Red. der Jodhydrine in steigendem Ausmaß wird erreicht bei Verw. von $CrCl_2$ oder besser $SnCl_2$ in Essigsäure-HCl als Red.-Mittel. So entstand aus trans-**II** über das Jodhydrin prakt. reines *trans-Octen-(3)* in 70%ig. Ausbeute. Die Meth. ist zur Darst. disubstituierter Olefine geeignet, sie versagt bei der stereoselektiven Darst. von trisubstituierten Olefinen. Z. B. entsteht aus jedem der beiden stereoisomeren 2.3-Epoxy-3-methylpentane (**IIIa** u. **IIIb**) bei der Red. nach dieser Meth. stets ein 70:30-Gemisch der beiden stereoisomeren Olefine. Hier wird Stereoselektivität der Red. der intermediären Jodhydrine erreicht, wenn als Red.-Mittel wasserfreies $SnCl_2$ in einem Gemisch von $POCl_3$ u. Pyridin (statt HCl–Essigsäure) verwendet wird. Die **B** u. auch α-Bromhydrine geben nach der letztgenannten Meth. keine Olefine; dagegen ist die

Meth. auch mit der gleichen Selektivität auf die Darst. disubstituierter Olefine anwendbar. — Auf Grund einer stereospezif. Synth. aus 3-Methyl-1.5-dibrom-cis- (cis-**XVIII**) u. -trans-penten-(2) (trans-**XVIII**) wird für die beiden stereoisomeren *3-Methylpentene-(2)* der niedrigsd. Verb. die cis-, der höhersd. Verb. die trans-Konfiguration bewiesen. — Die Red. von 3-Chloroctanon-(4) mit $NaBH_4$ in wss. A. ist ebenfalls ein stereospezif. Prozeß, da das Red.-Prod. bei der HCl-Abspaltung mit Alkali ein Gemisch aus 80—85% cis- u. 15—20% trans-**II** ergibt.

Versuche: α-Chlorhydrine (**B**), durch Zugabe der entsprechenden **A** in Ae. zu einer 1,5—2m äther. Lsg. von Alkyl-Li oder Grignard-Verb. bei —70° unter N_2 u. Zers. nach 10—15 Min. mit Essigsäure–Ae.: *3-Chloroctanol-(4)* (**V**), $C_8H_{17}ClO$, $Kp._{20}$ 94 bis 96°, $Kp._{25}$ 96—99°, a) aus **I** mit n-C_4H_9Li in Ae.; 64,5%; b) analog mit n-C_4H_9MgBr; 67,5%. — Analog: *2-Chlor-3-methylheptanol-(3)* (**VI**), $C_8H_{17}ClO$, $Kp._{15}$ 81—82°, aus 3-Chlorbutanon-(2) (**IV**); nach a) 79%; nach b) 65% [daneben wahrscheinlich *3-Chlorbutanol-(2)*, $Kp._{20}$ 40—70°]. — *3-Chlormethylheptanol-(3)* [**VII**, *1-Chlor-2-äthylhexanol-(2)*], $C_8H_{17}ClO$, $Kp._{25}$ 85—86°, aus 1-Chlorbutanon-(2) (21,3 g) nach a); 8 g (unrein); nach b) 75%. — *1-Chlor-2-methylhexanol-(2)* (**VIII**), $C_7H_{15}ClO$, $Kp._{20}$ 74—78°, aus Chloraceton (7 g) nach a); 3,5 g; nach b) 67%. — *2-Chlor-2-methylheptanol-(3)* (**IX**), $C_8H_{17}ClO$, $Kp._{20}$ 82—83°, aus 2-Chlor-2-methylpropanal; nach a) 63%; nach b) 24%. — *2-Chlor-2.3-dimethylheptanol-(3)* (**X**), $C_9H_{19}ClO$, $Kp._{25}$ 91—93°, aus 3-Chlor-3-methylbutanon-(2); nach a) 68%; nach b) 8%. — *2-Chlor-3-methylpentanol-(3)*, „*α-Verb.*" (**XI**), $C_6H_{13}ClO$, $Kp._{18}$ 52—57°, aus 2-Chlorpentanon-(3) mit Methyl-MgBr; 92%. „*β-Verb.*" (**XII**), $Kp._{16}$ 52—56°, aus **IV** mit Äthyl-MgBr; 90%. — Epoxyde, durch 1—2std. Rühren der **B** mit einem geringen Überschuß an 1n NaOH: *3.4-Epoxyoctan* (**II**), $C_8H_{16}O$, $Kp._{20}$ 47,5 bis 49°, aus 7 g **V**; 4,5 g (Gemisch mit 70% trans-Verb.). *trans-Verb.*, $C_8H_{16}O$, $Kp._{20}$ 47 bis 49°, aus 11,2 g trans-Octen-(3) mit Monoperphthalsäure in Ae. 12 Std. bei 0°; 9,6 g. *cis-Verb.*, $Kp._{20}$ 47—49°, analog aus 5,6 g cis-Octen-(3); 4,0 g. — *2.3-Epoxy-3-methylheptan* (**XIII**), $C_8H_{16}O$, $Kp._{20}$ 42—44°, aus **VI**; 88%. — *1.2-Epoxy-2-äthylhexan* (**XIV**), *2-n-Butyl-2-äthyloxiran*), $C_8H_{16}O$, $Kp._{20}$ 46°, $Kp._{760}$ 150°, aus 7,0 g **VII**; 4,5 g. — *1.2-Epoxy-2-methylhexan* (**XV**), $C_7H_{14}O$, $Kp._{110}$ 73°, aus 7,6 g **VIII**; 4,0 g. — *2.3-Epoxy-2-methylheptan* (**XVI**), $C_8H_{16}O$, $Kp._{25}$ 45—46°, aus 6,3 g **IX**; 3,9 g. — *2.3-Epoxy-2.3-dimethylheptan* (**XVII**), $C_9H_{18}O$, $Kp._{25}$ 57—58°, aus 9 g **X**; 5,9 g. — *2.3-Epoxy-3-methylpentan*(**III**), $C_6H_{12}O$, a) $Kp._{748}$ 100—101°, aus **XI**; 90% (Gemisch von 80—85% **IIIa** u. 15—20% **IIIb**); b) $Kp._{750}$ 100—101°, aus **XII**; 91% (Gemisch von 80—85% **IIIb** u. 15—20% **IIIa**). *trans-Verb.*, Kp. 97—99°, aus 5 g 3-Methyl-trans-penten-(2) mit Monoperphthalsäure; 4,2 g. *cis-Verb.*, Kp. 98—99°, analog aus 5 g 3-Methyl-cis-penten-(2); 4,35 g. — Olefine: *3-Methylhepten-(2)*, C_8H_{16}, a) Kp. 121,5°, durch Zutropfen von 10,5 g **XIII** zu NaJ (21 g)-Na-Acetat (7 g, wasserfrei) in Essigsäure–W. (42:3 ml) u. Zn unter Eiskühlung u. ca. 1std. Stehen; n_D^{25} 1,4170; 82% (50:50-Gemisch von cis- u. trans-Verb.); b) Kp. 124—124,5°, aus 1,5 g **XIII** in Essigsäure–Propionsäure (1:2) über das Jodhydrin (2,9 g), Zugabe zu wasserfreiem $SnCl_2$ in Pyridin, Zutropfen von $POCl_3$ in Pyridin unter Eiskühlung u. 1std. Stehen; n_D^{25} 1,4177; 0,81 g. Gibt bei der Oxydation mit $NaJO_4$–$KMnO_4$ *Hexanon-(2)*, *2.4-Dinitrophenylhydrazon* (*DNP*), F. 104—105° (wss. A.). — Analog a): *2-Äthylhexen-(1)*, C_8H_{16}, Kp. 117,5°, aus **XIV**; n_D^{22} 1,4154; 80%. Gibt mit $NaJO_4$–$KMnO_4$ *Heptanon-(3)*, *DNP*, F. 78—82° (wss. A.). — *2-Methylhexen-(1)*, C_7H_{14}, Kp. 92—93°, aus 3 g **XV**; 1,8 g. — *2-Methylhepten-(2)*, C_8H_{16}, Kp. 122—123°, aus 1,5 g **XVI**; 0,9 g. — *2.3-Dimethylhepten-(2)*, C_9H_{18}, Kp. 145—146°, aus 2 g **XVII**; n_D^{24} 1,4300; 1,2 g. — *Octen-(3)*, C_8H_{16}, Kp. 122°, aus 1,5 g **II**; n_D^{22} 1,4122; 0,9 (1:1-Gemisch von cis- u. trans-Verb.). *trans-Verb.*, Kp. 122—124°, a) durch Zugabe von 1,28 g trans-**II** zu 3 g NaJ in Essigsäure–W. (6:0,5 ml) bei 5°, Eingießen in W., Extraktion des Jodhydrins mit Ae. u. dessen Red. durch Zugabe zu $SnCl_2 \cdot H_2O$ in Essigsäure–konz. HCl; 0,8 g; b) durch Zugabe von 3 g des Jodhydrins zu einer eiskalten Lsg. von $SnCl_2$ (wasserfrei) in Pyridin, Zutropfen von $POCl_3$ in Pyridin u. 12std. Stehen; 87%. *cis-Verb.*, Kp. 122 bis 126°, analog der trans-Verb. nach a) aus 1,0 g cis-**II**; 0,6 g. — *3-Methylpenten-(2)*, Kp. 66—70°, a) aus 126 g **III** (mit 80—85% **IIIa**) analog vorst. Verb. mit Zn; 76 g (1:1-Gemisch von cis- u. trans-Verb.); b) aus 1 g trans-**III** mit $SnCl_2$ in Essigsäure–HCl; 0,5 g (7:3 trans:cis-Gemisch). *trans-Verb.*, Kp. 70—72°, a) durch $LiAlH_4$-Red. von 5,7 g trans-**XVIII** in Dibutyläther, 1 Std. bei 70°, Zers. mit W., Dest. der Äther-Lsg., Schütteln des Destillats mit Semicarbazid (zur Entfernung von gebildetem Butyraldehyd) u. Rektifikation; 702 mg; b) aus 0,95 g trans-**III** mit NaJ in Essigsäure–Propionsäure über das Jodhydrin u. dessen Red. mit $SnCl_2$ u. $POCl_3$ in Pyridin; 0,5 g. *cis-Verb.*, Kp. 69°, analog der trans-Verb. nach a) aus 11,8 g cis-**XVIII**; 366 mg; nach b) aus 1,52 g cis-**III**; 0,66 g. — *3-Hydroxy-3-methylpenten-(4)-säuremethylester*, $Kp._{13.5}$ 66—68°, durch Zutropfen von 43 g Methylvinylketon u. 85 g Bromessigsäuremethylester in Bzl. zu einer sd. Suspension von Zn-Wolle u. $HgCl_2$ in Bzl. u. weiteres 1std. Kochen; 60%. — *5-Hy-*

droxy-3-methyl-cis-Δ^3-pentensäurelacton, $Kp._{14}$ 112°, aus 168,8 g vorst. Verb. nach CORNFORTH u. Mitarbeitern (Biochem. J. **69.** [1958.] 146) über 5-Brom-3-methylpenten-(3)-säuremethylester, dessen Rk. mit wasserfreiem K-Acetat in Aceton (2½ Tage schütteln) zu einem Gemisch von 53,9 g 3-Methylpentadien-(2.4)-säuremethylester u. 79,9 g 5-Acetoxy-3-methylpenten-(3)-säuremethylester u. 12std. Verseifung des Acetoxyesters (75 g) mit 0,1n NaOH; 8,0 g. Daneben *5-Hydroxy-3-methyl-trans-penten-(3)-säure*, F. 48 bis 52° (Ae. bei −70°); 15,55 g; *Methylester*, $C_7H_{12}O_3$, $Kp._{0,2}$ 72—73°. — *3-Methyl-cis-penten-(2)-diol-(1.5)*, $C_6H_{12}O$, $Kp._{0,6}$ 98°, aus vorst. Lacton mit $LiAlH_4$ in Ae.; n_D^{20} 1,4810; 80%. *Bis-p-nitrobenzoat*, $C_{20}H_{18}N_2O_8$, F. 126—127° (n-Butanol). — *3-Methyl-trans-penten-(2)-diol-(1.5)*, $Kp._{0,2}$ 100—102°, aus 3,3 g vorvorst. trans-Ester mit $LiAlH_4$ in Tetrahydrofuran u. 1std. Kochen; 1,9 g. *Bis-p-nitrobenzoat*, F. 104° (n-Butanol). — *1.5-Dibrom-3-methyl-cis-penten-(2)* (*cis*-**XVIII**), $C_6H_{10}Br_2$, $Kp._{0,005}$ 42—46°, aus vorvorst. Verb. mit Triphenylphosphitbenzylobromid nach HARRISON u. LYTHGOE (C. **1958.** 13510) in Tetrahydrofuran u. 12std. Stehen; 97%. — *1.5-Dibrom-3-methyl-trans-penten-(2)* (*trans*-**XVIII**), $Kp._{0,005}$ 46°, analog cis-**XVIII** aus 3,3 g vorvorst. Verb.; 5,9 g. — *3-Chloroctan-on-(4)*, $C_8H_{15}ClO$, $Kp._{16}$ 83—85°, durch Oxydation von 5 g **V** mit CrO_3–H_2SO_4 in Bzl., 4½ Std. unter Wasserkühlung; 4,1 g. 3,25 g geben bei der Red. mit $NaBH_4$ u. $NaHCO_3$ in wss. A. (½ Std.) 2,95 g **V** ($C_8H_{17}ClO$, $Kp._{18}$ 95—97°) zurück. G. PÖTZSCHER. 520□

Zur Kenntnis halogenierter Acetylene. 2. Mitt. **Ein Beitrag zur Darstellung und Handhabung von Dichloracetylen.** Randolph Riemschneider und Klaus Brendel. (Liebigs Ann. Chem. **640.** 5—13. Febr. 1961.) (Dt.) — 1. vgl. Liebigs Ann. Chem. **640.** [1961.] 1.

Vff. fanden, daß von den bekannten Verff. zur Darst. von *Dichloracetylen* (**I**) aus Trichloräthylen u. KOH, aus Acetylen u. Hypochlorit oder aus Ba-Trichloracrylat in der Hitze das Trichloräthylen-Verf. im Labor.-Maßstab am besten geeignet ist. Durch Überleiten von Trichloräthylendampf im Gemisch mit Ae. u. N_2 über KOH bei 115 bis 125° wird **I** in 50%ig. Ausbeute gewonnen. App. zur Darst. von **I** aus Trichloräthylen u. aus Acetylen werden beschrieben. Von Trichloracrylaten ist das *K-Salz* (Zers. bei 160°) am besten zur **I**-Darst. geeignet. Das von DAVIDSON [1918] beschriebene Verf. zur **I**-Darst. durch Erhitzen von CaC_2 im Cl_2-Strom lieferte nur *Hexachloräthan*.

CLAUS FISCHER. 530□

Zur Kenntnis halogenierter Acetylene. 3. Mitt. **Dichloracetylen aus Chlorkalk, Calciumcarbid und Alkali.** Randolph Riemschneider und Klaus Brendel. (Liebigs Ann. Chem. **640.** 13—15. Febr. 1961.) (Dt.) — 2. vgl. vorst. Referat.

Es wird eine einfache Anordnung zur Demonstration der Eigg. von Dicloracetylen (**I**) beschrieben sowie auf Gefahren bei der Handhabung hingewiesen. **I** scheint keinen philodienen Charakter zu haben. Bei Umsetzung mit Hexachlorcyclopentadien, Cyclopentadien u. Furan entstehen keine 1:1-Addukte, sondern teerartige Produkte.

CLAUS FISCHER. 530□

Synthesen in der Reihe der Allylacetylene. Marcel Bertrand. (C. R. hebd. Séances Acad. Sci. **244.** 619—20. 28/1. 1957.) (Franz.)

1-Brom-2-äthoxypentin-(4) (**I**), dargestellt aus Propargyl-MgBr (**II**) u. 1.2-Dibrom-1-äthoxyäthan (**V**) in Ae. im Kältegemisch liefert mit Zn/Butanol *Allylacetylen.* Entsprechend werden *Hexen-(4)-in-(1)* u. *Hepten-(4)-in-(1)* dargestellt.

Versuche: *1-Brom-2-äthoxypentin-(4)* (**I**), $C_7H_{11}BrO$, $Kp._{12}$ 69—70,5°, aus **V** u. **II** in Ae. im Kältegemisch; $D._4^{20}$ 1,2846; n_D^{20} 1,4740; 75% (Ausbeute). — *2-Brom-3-äthoxyhexin-(5)* (**III**), $C_8H_{13}BrO$, $Kp._8$ 69—70°, analog **I** aus 1.2-Dibrom-1-äthoxypropan u. **II**; $D._4^{20}$ 1,234; n_D^{20} 1,4725; 70%. — *5-Brom-4-äthoxyheptin-(1)* (**IV**), C_9H_{15}·BrO, $Kp._2$ 59—60°, aus 1.2-Dibrom-1-äthoxybutan u. **II**; $D._4^{20}$ 1,192; n_D^{20} 1,4717; 72%. — *Allylacetylen*, C_5H_6, Kp. 41,5—42,5°, aus **I** mit Zn u. Butanol; $D._4^{20}$ 0,7246; n_D^{20} 1,4152; 78%. — *Hexen-(4)-in-(1)*, C_6H_8, Kp. 75—76°, analog aus **III**; $D._4^{20}$ 0,7558; n_D^{20} 1,429; 71%. — *Hepten-(4)-in-(1)*, C_7H_{10}, Kp. 102°, analog aus **IV**; $D._4^{20}$ 0,7635; n_D^{20} 1,4375; 66%. B. GÖRLICH. 530□

Hydrierung einiger α-Acetylenaldehyde unter Verdopplung des Moleküls. Léon Piaux und Marc Durand. (C. R. hebd. Séances Acad. Sci. **243.** 1774—76. 26/11. 1956.) (Franz.)

Alkylpropiolaldehyde werden entsprechend den β-Alkylacroleinen durch H in statu nascendi in saurem Milieu unter Mol.-Verdopplung in *1.2-Bis-[alkyläthinyl]-äthylenglykole* verwandelt, ohne daß die Dreifachbindungen angegriffen werden. Das IR-Spektrum der erhaltenen Substanzen zeigt noch die für die dreifache Bindung charakterist. Bande bei 2230—2235 cm^{-1} u. schwach bei 2294 cm^{-1}.

Versuche: Folgende Verbb. werden durch Red. der entsprechenden Aldehyde mit Zn u. CH_3COOH bei ca. −10°, Ae.-Extraktion, Trocknen, Abtrennen des Ausgangs-

Prod. u. des entsprechenden substituierten Proparylalkohols durch fraktionierte Dest. unter vermindertem Druck u. energ. Kühlen des erhaltenen braunen Sirups erhalten; Kristalle; 40% (Ausbeute): *Dodecadiin-(4.8)-diol-(6.7)* (I), $C_{12}H_{18}O_2$, F. 83—84°. — *Tetradecadiin-(5.9)-diol-(7.8)* (II), $C_{14}H_{22}O_2$, F. 76—77°. — *Hexadecadiin-(6.10)-diol-(8.9)* (III), $C_{16}H_{26}O_2$, F. 72—73°. — *Dodecandiol-(6.7)*, $C_{12}H_{26}O_2$, F. 135°, aus I durch katalyt. Hydrierung an RANEY-Ni in A.; 80%. — *Tetradecandiol-(7.8)* (IV), $C_{14}H_{30}O_2$, F. 130°; wie vorst. aus II. — *Hexadecandiol-(8.9)*, $C_{16}H_{34}O_2$, F. 127°, wie vorst. aus III. — *Önanthol*, aus IV durch Oxydation mit $(CH_3COO)_4Pb$. *Semicarbazon*, F. 108—109°. L. JOHANNSEN. 570□

Amidine und lokalanästhetische Aktivität. 1. Mitt. **N.N'-disubstituierte Acetamidine.** G. Tsatsas, R. Delaby, A. Quevauviller, R. Damiens und O. Blanpin. (Ann. pharmac. franç. **14.** 607—21. Sept./Okt. 1956. Paris, Fac. de Pharm., Labor. de Pharm. chim. et de Pharmacodynamie.) (Franz.)

Mehrere N.N'-disubstituierte *Acetamidine* werden dargestellt u. an der Kaninchencornea auf lokalanästhet. Wrkg. geprüft.

Versuche: *o-Acetamidophenol*, F. 206° (verd. A.), aus o-Aminophenol u. Acetanhydrid in verd. wss. NaOH; 76% (Ausbeute). — *o-Isopropoxyacetanilid*, $C_{11}H_{15}NO_2$, F. 50° (Ligroin), Kp.$_{14}$ 167°, aus vorst. Verb. u. Isopropylbromid in wss.-äthanol. KOH; 75%. — *p-Acetamidophenol*, F. 168° (W.), analog vorvorst. Verb.; 80%. — *p-Isopropoxyacetanilid*, F. 132° (wss. A.), a) aus vorst. Verb.; 82%; b) aus p-Isopropoxyanilin; 95%. — *p-Isopropoxynitrobenzol*, $C_9H_{11}NO_3$, F. 33°, Kp.$_{11}$ 148°), aus K-p-Nitrophenolat u. Isopropylbromid in A. (130°, 4 Std.); 60%. — *p-Isopropoxyanilin*, $C_9H_{13}NO$, Kp.$_{12}$ 125°, aus vorst. Verb. durch Hydrierung am Pt-Katalysator nach ADAMS oder RANEY-Ni in A. bei 1 at; 100%. — Acetamidine: *N-Phenyl-N'-[p-isopropoxyphenyl]-* (I), $C_{17}H_{20}N_2O$, F. 108—109° (sublimiert), aus p-Isopropoxyanilin, Acetanilid u. $POCl_3$ in abs. Bzl. (2 Std.; 100°); 92%. *Hydrochlorid*, $C_{17}H_{21}ClN_2O$, F. 180—182° (A./Ae.). — *N.N'-Diphenyl-* (II), $C_{14}H_{14}N_2$, F. 132°, aus Acetanilid u. $POCl_3$ in Bzl. (3 Std., Kochen); Nadeln (wss. A.); 85%. *Hydrochlorid*, $C_{14}H_{15}ClN_2$, F. 219—220°. — *N'-[β-Naphthyl]-N-[p-isopropoxyphenyl]-* (III), $C_{21}H_{22}N_2O$, F. 121—123° (Ae., Ae./PAe.), a) aus β-Naphthylamin, p-Isopropoxyacetanilid u. $POCl_3$ in Bzl. (3 Std., Kochen); b) aus p-Isopropoxyanilin, N-Acetyl-β-naphthylamin u. $POCl_3$ wie vorst.; 93,70%. *Hydrochlorid*, $C_{21}H_{23}ClN_2O$, F. 198° (A./Ae.). Nebenprodd.: *N.N'-Bis-[β-naphthyl]-*; 10%; *N.N'-Bis-[p-isopropoxyphenyl]-* (IV), $C_{20}H_{26}N_2O_2$; Öl; 83%. *Hydrochlorid*, $C_{20}H_{27}ClN_2O_2$, F. 203°. — *N'-[p-Isopropoxyphenyl]-N-[p-äthoxyphenyl]-* (V), $C_{19}H_{24}N_2O_2$, F. 81°; 95%. *Hydrochlorid*, $C_{19}H_{25}ClN_2O_2$, F. 185—186°. — *N'-[o-Äthoxyphenyl]-N-[o-isopropoxyphenyl]-* (VI), $C_{19}H_{24}N_2O_2$; Öl; 90%. *Hydrochlorid*, $C_{19}H_{25}ClN_2O_2$, F. 134°. — *N'-[p-Isopropoxyphenyl]-N-[o-isopropoxyphenyl]-* (VII), $C_{20}H_{26}N_2O_2$, F. 88—89°; 85%. *Hydrochlorid*, $C_{20}H_{27}ClN_2O_2$; Öl. — *N'-[p-Carbäthoxyphenyl]-N-[p-isopropoxyphenyl]-* (VIII), $C_{20}H_{24}N_2O_3$; Öl; 92%. *Hydrochlorid*, $C_{20}H_{25}ClN_2O_3$, F. 189—190°. — *N'-[p-Carbobutoxyphenyl]-N-[p-isopropoxyphenyl]-* (IX), $C_{22}H_{28}N_2O_3$; Öl; 88%. *Pikrat*; Öl. *Hydrochlorid*, $C_{22}H_{29}ClN_2O_3$, F. 168°. — *N'-[α-Naphthyl]-N-[p-isopropoxyphenyl]-* (X), $C_{21}H_{22}N_2O$, F. 76—77°; 90%. *Hydrochlorid*, $C_{21}H_{23}ClN_2O$, F. 194°. DL_{50} (Maus, subkutan): I—X, 100, 250, 328, 50, 50, 80, 100, >400, >300, >400 mg/kg; lokalanästhet. Aktivität (Auge, bezogen auf Cocain: I—X, 2/1/8/4/7,5/0,7/10/3/0,8/0,4. Infiltrationsanästhesie: III 10—12fach wirksamer als Procainhydrochlorid (XI); Leitungsanästhesie: 2—5fach wirksamer als XI. K. MAIER. 810□

Amidine und lokalanästhetische Aktivität. 2. Mitt. **N.N'-Dinaphthylacylamidine und N.N'-disubstituierte symmetrische Phenylen-bis-acetamidine.** G. Tsatsas und R. Delaby. (Ann. pharmac. franç. **14.** 621—35. Sept./Okt. 1956.) (Franz.) — 1. vgl. vorst. Referat.

Einige neue Amidine der Zus. R'N=CR—NHR'', R = CH_3, C_2H_5, C_3H_7, $CH_2C_6H_5$, R' u. R'' = α- oder β-Naphthyl, sowie N-substituierte, von m- u. p-Phenylendiamin abgeleitete Diamidine werden dargestellt.

Versuche: *N-[β-Naphthyl]-acetamid* (IV), F. 131—132°, aus äquimol. Mengen β-Naphthylamin (I) u. Acetanhydrid (2 Std.; 100°) in Bzl.; 100% (Ausbeute). — *N-[α-Naphthyl]-acetamid* (V), F. 159°, analog IV; 90%. — *N-[α-Naphthyl]-propionamid* (VI), F. 117° u. 127° (wss. A.), a) aus α-Naphthylamin (II) u. Propionsäure (9 Std., Kochen); 70%; b) aus II u. Propionsäurechlorid; 75%. — *Bis-[β-naphthyl]-amin* (III), $C_{20}H_{15}N$, F. 172° (A.), aus I u. Propionsäure (10 Std., Kochen). — *N-[β-Naphthyl]-propionamid*, $C_{13}H_{13}NO$, F. 122° (nach Sublimieren bei 110°/0,01 mm), aus den äthanol. Mutterlaugen von III; 50%. — *N-[β-Naphthyl]-butyramid* (VII), F. 125° (PAe.), aus I u. Buttersäure (5 Std., Kochen), aus den äthanol. Mutterlaugen nach der III-Abtrennung; 52,5%. — *N-[α-Naphthyl]-phenylacetamid* (VIII), $C_{18}H_{15}NO$, F. 169° (nach Sublimieren bei 120°/

0,01 Torr), aus **II** u. Phenylessigsäure (1 Std., Kochen); 77%. — *N-[β-Naphthyl]-phenylacetamid* (**IX**), $C_{18}H_{15}NO$, F. 161° (nach Vakuumsublimation bei 120°), aus **I** wie vorst.; 78%. — *N.N'-Diacetyl-p-phenylendiamin*, F. 307—308°, aus p-Phenylendiamin u. Eisessig (2 Std., Kochen); 77%. — *N.N'-Bis-[β-naphthyl]-acetamidin*, $C_{22}H_{18}N_2$, F. 171° (nach Vakuumsublimation bei 150°), aus **I**, **IV** u. $POCl_3$ in abs. Bzl. (3 Std., Kochen); glänzende Kristalle (A.); 91%. *Hydrochlorid*, $C_{22}H_{19}ClN_2$, F. 245—247° (A./Ae.; Capillare), F. 229° (Block). — *N'-[β-Naphthyl]-N-[α-naphthyl]-acetamidin*, $C_{22}H_{18}N_2$, F. 135—136° (Bzl./PAe.), aus **I**, **V** u. $POCl_3$ in Bzl. (3 Std., Kochen) u. Chromatographie an Al_2O_3 aus Bzl./PAe. (5 : 1); 55%. *Hydrochlorid*, $C_{22}H_{19}ClN_2$, F. 220°. Daneben *N.N'-Bis-[α-naphthyl]-acetamidin* ($C_{22}H_{18}N_2$, F. 139—140°, 14%) u. 11,3% der β-Verbindung. — *N.N'-Bis-[α-naphthyl]-propionamidin*, $C_{23}H_{20}N_2$, F. 96° (Bzl./PAe.), aus **II**, **VI** u. $POCl_3$ in sd. Toluol (5 Std.); 88%. *Hydrochlorid*, $C_{23}H_{21}ClN_2$, F. 236°; 88%. — *N.N'-Bis-[β-naphthyl]-propionamidin*, $C_{23}H_{20}N_2$, analog wie vorst.; viscoses Öl; 75%. *Hydrochlorid*, $C_{23}H_{21}ClN_2$, F. 169°. — *N.N'-Bis-[β-naphthyl]-butyramidin*, $C_{24}H_{22}N_2$, F. 104—105° (CH_3OH), aus **I** u. **VII** wie vorst.; 38%. *Hydrochlorid*, $C_{24}H_{23}ClN_2$, F. 211—212° (A./Ae.). — *N.N'-Bis-[β-naphthyl]-phenylacetamidin*, $C_{28}H_{22}N_2$, F. 132° (A.), aus **I** u. **IX** wie vorst. in sd. Chlf.; 50%. *Hydrochlorid*, $C_{28}H_{23}ClN_2$, F. 180° (A./Ae.). — *N.N'-Bis-[α-naphthyl]-phenylacetamidin*, $C_{28}H_{22}N_2$, F. 134° (CH_3OH), aus **I** u. **VIII** wie vorst. oder in sd. Bzl. (5 Std.); 45%. *Hydrochlorid*, $C_{28}H_{23}ClN_2$, F. 240° (A.). — *p-Phenylen-bis-[N'-(p-tolyl)-acetamidin]*, $C_{24}H_{26}N_4$, F. 215° (nach Vakuumsublimation bei 175°), aus p-Phenylendiamin, N-Acetyl-p-toluidin u. $POCl_3$ in abs. Bzl. (3 Std., Kochen) u. Chromatographie an Al_2O_3 aus Bzl./PAe.; 42%. — *N.N'-Bis-[p-tolyl]-acetamidin*, $C_{16}H_{18}N_2$, F. 121° (A.), als Nebenprod. vorst. Reaktion. — *p-Phenylen-bis-[N'-(β-naphthyl)-acetamidin]*, $C_{30}H_{26}N_4$, F. 216—218° (A.), aus **I** u. N.N'-Diacetyl-p-phenylendiamin wie oben; F. 72,5%. — *p-Phenylen-bis-[N'-phenylacetamidin]*, $C_{22}H_{22}N_4$, F. 196—197° (A.); 35%. — *m-Phenylen-bis-[N'-phenylacetamidin]*, $C_{22}H_{22}N_4$, F. 216° (nach Sublimation bei 200°/0,01 Torr); 61%. — *m-Phenylen-bis-[N'-(p-tolyl)-acetamidin]*, $C_{24}H_{26}N_4$, F. 205° (nach Sublimation bei 190°/0,01 Torr); 72%. K. MAIER. 810□

Untersuchung über synthetische Pyrethroide. 9. Mitt. **Zuordnung der geometrischen Konfiguration von α.δ-Dimethylsorbinsäure.** Yuzo Inouye, Toshio Sugita und Minoru Ohno. (Botyu-Kagaku [Sci. Insect Control] **21.** 86—92. Aug. 1956. Kyoto Univ., Inst. for Chem. Res., Takei Labor.) (Jap.; Auszug: Engl.) — 8. vgl. Bull. agric. chem. Soc. Japan **20.** [1956.] 77; 6. vgl. C. **1959.** 3813; vgl. C. **1960.** 113.

Durch Vgl. der UV- u. IR-Absorption u. der Dissoziations-Konst. von α.δ-Dimethylsorbinsäure (**I**) mit derjenigen von aus **I** durch partielle Hydrierung an Pt erhaltenen *trans-2.5-Dimethyl-Δ^2-hexensäure* (**II**) wird auf die trans-Konfiguration von **I** geschlossen. Da **I** Zwischenprod. bei der Total-Synth. von *Chrysanthemumdicarbonsäure* ist, wird für deren Seitenkettendoppelbindung ebenfalls auf die trans-Konfiguration geschlossen.

Versuche: *2.5-Dimethylhexen-(2)-säure* (**II**), $C_8H_{14}O_2$, Kp.$_{10}$ 120,5—121,5°, durch katalyt. Hydrieren von 15,8 g **I** (F. 134—135°) in 80 ml CH_3OH in Ggw. von Pd/$BaSO_4$; 9,5 g (Ausbeute). *p-Phenylphenacylester*, $C_{22}H_{24}O_3$, F. 54—56°. — *Brenztraubensäure*, durch Ozonisieren von 1 g **I** in Chlf. u. therm. Zers. des gebildeten Ozonids. *2.4-Dinitrophenylhydrazon*, F. 218°; 0,6 g. — *Isovaleriansäure*, Kp. 170—175°, durch Ausäthern des Filtrats des vorst. Hydrazons; 0,3 g. *p-Phenylphenacylester*, F. 77—78°. — *α.δ-Dimethylcapronsäure*, Kp.$_{13}$ 115—116°, durch Hydrieren von **I** in A. in Ggw. von Pt; n_D^{20} 1,4261. *Amid*, F. 102—103°. *p-Phenylphenacylester*, F. 66°. F. MOSSNER. 810

Racematspaltung von DL-Äpfelsäure (mit D- oder L-Weinsäure) durch äquimolekulare Kombination von L-Äpfelsäure mit D-Weinsäure oder von D-Äpfelsäure mit L-Weinsäure. Vladimir Č. Arsenijević. (C. R. hebd. Séances Acad. Sci. **245.** 317—20. 17/7. 1957. Belgrad, Fac. de Pharm., Labor. de Chim. organ.) (Franz.)

Infolge der Bldg. äquimol. Verbb. aus D-Äpfelsäure (D-**I**) u. L-Weinsäure (L-**II**) sowie aus L-**I** u. D-**II** (vgl. C. **1957.** 13301) gelingt die Spaltung von DL-**I** mit D- oder L-**II**.

Versuche: *Äquimol. Kombination aus L-Äpfelsäure* (*L*-**I**) *u. D-Weinsäure* (*D*-**II**), F. 164°, durch Umsetzen von 17,86 g DL-**I** mit 10 g D-**II** in 47 g Isopropanol u. 70 g Bzl. bei 80°, Umlösen aus Isopropanol–Bzl. (2 : 10); $[\alpha]_D^{20}$ +519° (0,115 g L-**I**·D-**II** u. 0,2575 g NH_4-Molybdat in 10 ml W.); 12,6 g (Ausbeute). — *Äquimol. Kombination aus D-***I** *u. L-***II**, F. 164°, analog aus DL-**I** u. L-**II**; $[\alpha]_D^{20}$ −518°; 65%. — *L*-**I**, F. 102°, aus 14,2 g der äquimol. Kombination von L-**I** mit D-**II** in 15 ml W. mit 5,1 g $KHCO_3$ in 20 ml W. u. 60 ml A., 4std. Stehen, Filtrieren u. im Vakuum (1 mm, P_2O_5) Einengen; Umlösen aus 50 g Ae. u. 6 g abs. A.; $[\alpha]_D^{15,5}$ +568°; 97%. — *D*-**I**, F. 102°, analog; $[\alpha]_D^{15,5}$ −560°.

B. GÖRLICH. 850□

Reaktion von Thioharnstoff mit Phosphorigsäuredialkylestern und Phosphorsäuretrialkylestern. J. B. Parker und T. D. Smith. (J. chem. Soc. [London] **1961.** 442—45. Jan. Bangor, Caernarvanshire, Univ. Coll. of North Wales.) (Engl.)

Die Rk. von Thioharnstoff (I) mit Phosphorigsäuredialkylestern bzw. Phosphorsäuretrialkylestern liefert *N-Alkylthiuroniumalkylphosphite* bzw. *N-Alkylthiuroniumdialkylphosphate*. Die IR- u. UV-Spektren, die elektr. Leitfähigkeit u. die Eigg. dieser Verbb. in wss. Lsg. werden untersucht.

Versuche: *N-Isopropylthiuronium-O-isopropylphosphit*, $C_7H_{19}N_2O_3PS$, F. 165° (Chlf.), durch Erhitzen von I u. Phosphorigsäurediisopropylester im Verhältnis 1 : 1 auf 135° bis zur Lsg., $^1/_4$ std. Erhitzen auf 145°, Kühlen u. Extrahieren mit heißem Aceton; 39% (Ausbeute). — *N-Äthylthiuronium-O-äthylphosphit*, $C_5H_{15}N_2O_3PS$, F. 108° (Aceton), analog vorst. Verb. durch Extraktion mit heißem Aceton; 32%. — *N-Methylthiuronium-O-methylphosphit*, $C_3H_{11}N_2O_3PS$, F. 112° (Aceton), durch Extraktion mit heißem Aceton; 34%. — *N-n-Butylthiuronium-O-n-butylphosphit*, $C_9H_{23}N_2O_3PS$, F. 117° (Aceton), aus 0,8 g I u. 2 g Phosphorigsäuredi-n-butylester (Extraktion mit CCl_4); 1,4 g. — *N-n-Butylthiuronium-O.O-di-n-butylphosphat*, $C_{13}H_{31}N_2O_4PS$, F. 97° (Aceton), durch Extraktion mit heißem Ae.; 33%. — *N-Isobutylthiuronium-O.O-diisobutylphosphat*, $C_{13}H_{31}N_2O_4PS$, F. 120° (Ae./Chlf.), durch Extraktion mit kaltem Ae.; 12%. — *N-Propylthiuronium-O.O-dipropylphosphat*, $C_{10}H_{25}N_2O_4PS$, F. 124° (Essigester), durch Extraktion mit kaltem Ae.; 32%. — *N-Äthylthiuronium-O.O-diäthylphosphat*, $C_7H_{19}N_2O_4PS$, F. 145° (Aceton), durch Extraktion mit heißem Aceton; 24%. — *N-Methylthiuronium-O.O-dimethylphosphat*, $C_4H_{13}N_2O_4PS$, F. 138° (W./Aceton), durch Extraktion mit Essigester; 27%. — *N-Allylthiuronium-O.O-diallylphosphat*, $C_{10}H_{19}N_2O_4PS$, F. 77° (Ae.), durch Extraktion mit heißem Ae.; 40%. — *Thioharnstoff–Dimethylsulfoxyd-Komplex*, $C_3H_{10}N_2OS_2$, F. 55° (Aceton), durch ½ std. Erwärmen von 0,8 g I u. 0,8 g Dimethylsulfoxyd; dissoziiert in W. vollständig. — *Thioharnstoff–Dimethylsulfit-Komplex*, durch Kochen von 2,4 g I mit 3 g Dimethylsulfit, Kühlen u. Gießen in Aceton; Zers. beim Stehen; löst sich in Wasser. *3.5-Dinitrobenzoyl-Deriv.*, F. 225°. P. GOLINSKE. 880□

Die Reaktion des Stickstoff(II)-oxyds mit verschiedenen primären und sekundären Aminen. Russell S. Drago und Bruce R. Karstetter. (J. Amer. chem. Soc. **83.** 1819—22. 20/4. 1961. Urbana, Ill., Univ., W. A. Noyes Labor.) (Engl.) — Vgl. C. **1960.** 8154.

N_2O_2 verhält sich gegenüber einer Reihe von prim. u. sek. Aminen generell als LEWIS-Säure. Es bilden sich *Ammoniumsalze* der Zus. $RNH_3^+RNHN_2O_2^-$ bzw. $R_2NH_2^+ \cdot R_2NN_2O_2^-$. Die Struktur dieser Verbb. wurde durch IR- u. kernmagnet. Resonanzspektren bestätigt. Die Stabilität der Di-n-alkylammoniumsalze nimmt vom *Diäthyl-* zum *Di-n-hexylammoniumsalz* zu. Mit Na-Äthylat bilden sich aus den Ammoniumsalzen Verbb. des Typs $Na^+RNHN_2O_2^-$ bzw. $Na^+R_2NN_2O_2^-$. sek.-Butylamin, tert.-Butylamin, Diisopropylamin u. Di-sek.-butylamin bilden mit N_2O_2 nur geringe Mengen der *Alkylammoniumnitrite*.

Versuche: Ammoniumsalze, $R_2NH_2^+R_2NN_2O_2^-$ bzw. $RNH_3^+RNHN_2O_2^-$, durch Einleiten von N_2O_2 in eine äther. Lsg. der Amine bei —78° unter Atmosphärendruck oder Hochdruck; 60—80% Ausbeute; Na-Salze, $Na^+R_2NN_2O_2^-$ bzw. $Na^+RNH \cdot N_2O_2^-$, Umsetzung alkohol. Lsgg. der Ammoniumsalze mit Na-Äthylat: $[CH_3(CH_2)_2]_2 \cdot NH_2^+[CH_3(CH_2)_2]_2NN_2O_2^-$, F. 96—97° (im zugeschmolzenen Rohr; Zers.). $Na^+[CH_3 \cdot (CH_2)_2]_2NN_2O_2^-$, bei 0° unter N_2. — $[CH_3(CH_2)_3]_2NH_2^+[CH_3(CH_2)_3]_2NN_2O_2^-$, F. 101° (im zugeschmolzenen Rohr). — $[CH_3(CH_2)_4]_2NH_2^+[CH_3(CH_2)_4]_2NNO_2^-$, F. 101—103° (Zers.). — $[CH_3(CH_2)_5]_2NH_2^+[CH_3(CH_2)_5]_2NN_2O_2^-$, F. 100—102°. — $C_5H_{10}NH_2^+C_5H_{10}NN_2O_2^-$, F. 69—71° (Zers.), mit Piperidin. $Na^+C_5H_{10}NN_2O_2^-$, hygroskopisch. — *Methylammoniumsalz*, zersetzt sich spontan bei Erwärmung auf Raum-Temp. unter Ausstoßung weißen Rauches. — *n-Propylammoniumsalz*, instabil bei Raum-Temp.; bildet aber bei tiefer Temp. mit Na-Äthylat das stabile $Na^+CH_3(CH_2)_2NHN_2O_2$. — $(CH_3)_2CHNH_3^+(CH_3)_2 \cdot CHNHN_2O_2^-$, F. 71° (Zers.). $Na^+(CH_3)_2CHNHN_2O_2^-$, explodiert bei 122° im offenen Schmelzrohr. — $CH_3(CH_2)_3NH_3^+CH_3(CH_2)_3NHN_2O_2^-$, zersetzt sich nach wenigen Min. bei Raumtemperatur. $Na^+CH_3(CH_2)_3NHN_2O_2^-$, explodiert bei 98°. — *Isobutylammoniumsalz*, zersetzt sich bei Raumtemperatur. $Na^+(CH_3)_2CHCH_2NHN_2O_2^-$, explodiert bei 118°. — *n-Amylammoniumsalz*, zersetzt sich bereits beim Filtrieren in der Kälte. — $C_6H_{11}NH_3^+ \cdot C_6H_{11}NHN_2O_2^-$, F. 71—72° (Zers.). — Die Rk. von Anilin mit N_2O_2 ist sehr exotherm u. führte in einem Falle zu einer heftigen Explosion. GERHARD SCHULZ. 910□

1.1-Bis-[2-hydroxyäthyl]-hydrazone. Richard H. Wiley, Gether Irick und H. Keith White. (J. org. Chemistry **26.** 589—91. Febr. 1961. Louisville, Ky., Univ., Dep. of Chem.) (Engl.) — Vgl. C. **1960.** 10234.

Verschiedene *N'.N'-Bis-[2-hydroxyäthyl]-hydrazone* aliphat. u. aromat. Aldehyde werden synthetisiert. Die UV- u. IR-Spektren der Verbb. werden diskutiert.

Versuche: *1.1-Bis-[2-hydroxyäthyl]-hydrazin* (I), durch Zugeben von konz. NH_4OH zu 5,25%ig. NaOCl-Lsg. bei 0—5°, Zugeben von Diäthanolamin u. Erwärmen auf

Raum-Temp. in 6 Stunden. — Aldehyd-N'.N'-bis-[2-hydroxyäthyl]-hydrazone: *2-Äthylbutanal-*, $Kp._{0,5}$ 94°, n_D^{25} 1,4740; 51% (Ausbeute). — *3-Methylbutanal-*, $Kp._{0,9}$ 82°, n_D^{25} 1,4721; 40%. — *Hexanal-*, $Kp._{0,9}$ 89°, durch ½ std. Erwärmen von Hexanal mit I in Methanol auf 50—60°, mehrstd. Stehen bei Raum-Temp., Einengen, Sättigen mit NaCl u. Extrahieren mit Ae.; n_D^{25} 1,4710; 46%. — *Anthracen-9-aldehyd-*, F. 80—81° (A./W.), durch 18std. Kochen des Aldehyds mit I in Methanol; orangefarbene Kristalle; 93,6%. — *Heptanal-*, $Kp._1$ 104°, n_D^{26} 1,4699; 48%. — *Nonanal-*, $Kp._{0,5}$ 109°, n_D^{23} 1,4709; 25%. — *Cyclopentanon-*, $Kp._{0,5}$ 74°, n_D^{25} 1,5023; 22%. — *Benzaldehyd-* (II), $Kp._{0,1}$ 161°, durch 2std. Kochen von Benzaldehyd mit I in Methanol, mehrstd. Stehen bei Raum-Temp., Einengen u. Extrahieren mit Ae.; 55,6%. — *m-Nitrobenzaldehyd-*, F. 95—96° (Chlf.); 40%. — *p-Nitrobenzaldehyd-*, F. 84,5—85° (A./W. oder Chlf.); 50%. — *Pyridin-2-aldehyd-*, F. 53—60°, $Kp._{0,5}$ 188—193°, durch ¼std. Kochen von Pyridin-2-aldehyd mit I, Einengen, Alkalisieren u. Extrahieren mit Chlf.; 27,3%. *Dipikrat*, $C_{22}H_{21}N_9O_{16}$, F. 131—133° (A.). — *6-Methylpyridin-2-aldehyd-*, F. 93—95° (Bzl.); 9%. — *Benzaldehyd-N'.N'-bis-[2-chloräthyl]-hydrazon*, $Kp._{0,3}$ 126°, durch 1std. Kochen von II mit $POCl_3$, Einengen, Zugeben von W. u. Extrahieren mit Ae.; 43,5%. E. Schröder. 920□

Untersuchungen über Lokalanästhetica. 16. Mitt. Nils Löfgren, Claës Tegnér und Bertil Takman. (Acta chem. scand. **11.** 1724—37. 1957. Stockholm, Univ., Inst. of Organ. Chem. and Biochem.) (Engl.) — 15. vgl. C. **1961.** 3734.

Zur Unters. des Zusammenhanges zwischen lokalanästhet. Wrkg. u. Konstit. werden 24 neue Verbb. mit xylocainähnlicher Struktur der allg. Formel *ArNHCOCH·(R)—NR'₂* durch Umsetzung der entsprechenden Arylamine ($ArNH_2$) mit Chloracetylchlorid bzw. α-Brompropionylbromid zu Verbb. des Typs *$ArNHCOCH_2Cl$* bzw. *$ArNH·COCH(Br)CH_3$* u. anschließende Umsetzung mit dem entsprechenden prim. oder sek. Amin hergestellt. Die Verbb. werden auf ihre lokalanästhet. Wrkg. an der Kaninchencorona untersucht; die DL_{50} wird durch subkutane Injektion an Mäusen ermittelt. Die erhaltenen Ergebnisse werden mit denen von Xylocain (I) verglichen u. zu diesen in Beziehung gesetzt, wobei durch Verhältniszahlen relative Toxizitäten (RT) u. relative Aktivitäten (RA) in bezug auf I eingeführt u. der Quotient aus RA: RT als anästhet. Index (Q) bezeichnet werden. Die Zusammenhänge zwischen RT, RA u. Q werden eingehend diskutiert. Von den 24 Verbb. zeigen am Coronatest 14 günstigere Q-Werte als I. Die anschließenden Unterss. am Menschen zeigten jedoch, daß dieser Vgl. nicht zufriedenstellend ist: nur wenige Verbb. sind mit I vergleichbar. Von diesen zeigten einige noch hautätzende Wirkung. Lediglich *α-Isopropylaminopropion-2.4.6-trimethylanilid* wurde klin. als Dentalanästheticum geprüft, erwies sich hier aber dem I sowohl hinsichtlich der Anästhesiedauer als auch -tiefe etwas unterlegen.

Versuche (FF. korr.): *Chloracetanilid* (II), F. 134—135° (Ligroin), aus Chloracetylchlorid u. Anilin in wss. Na-Acetatpuffer nach Löfgren (Dissertation, Stockholm, 1948); 86% (Ausbeute). — *α-Brompropion-2.4.6-trimethylanilid*, F. 188—190°, analog aus α-Brompropionylbromid u. Mesidin; aus Di-n-butyläther Nadeln; 88%. — *2-Methylpiperidinoacetanilid*, $C_{14}H_{20}N_2O$, F. 74—75° (PAe./Bzl.), durch 5std. Kochen von II, α-Methylpiperidin in Bzl., Extrahieren mit 4n HCl, Alkalisieren des mit Ae. ausgewaschenen sauren Extraktes mit NH_3, Ausäthern u. Vakuum-Dest.; 77%. — Analog wurden dargestellt: *Pyrrolidinoacet-2.6-dimethylanilid*, $C_{14}H_{20}N_2O$, F. 82—83° (Dibutyläther/PAe.; unkorr.); 73%. — *2-Methylpiperidinoacet-2.6-dimethylanilid*, $C_{16}H_{24}N_2O$, F. 118—120° (unkorr.; Xylol); 90%. — *α-Dimethylaminopropion-2.6-dimethylanilid*, $C_{13}H_{20}N_2O$, F. 70—72° (Dibutyläther), analog vorst. Verb. durch 5std. Erhitzen im Autoklaven auf 80°; 93%. *Hydrochlorid*, $C_{13}H_{21}ClN_2O$, F. 196—198° (Dioxan/n-Propanol). — *Dimethylaminoacet-2.4.6-trimethylanilid*, $C_{13}H_{20}N_2O$, F. 73—74° (Ligroin), analog vorst. Verb.; 77%. — *Piperidinoacet-2.4.6-trimethylanilid*, $C_{16}H_{24}N_2O$, F. 111—114° (Dibutyläther); 72%. *Hydrochlorid*, $C_{16}H_{25}ClN_2O$, F. 197—199° (Propanol/Dibutyläther). — *n-Amylaminoacet-2-methylanilid*, $C_{14}H_{22}N_2O$, $Kp._{0,3}$ 162—163°, durch 5std. Erhitzen von 0,1 Mol Chloracet-2-methylanilid mit 0,5 Mol n-Amylamin in abs. A. (falls erforderlich in Druckflasche bzw. im Autoklaven), Vakuumabdampfen bis 100°, Zufügen von 4n HCl zum Rückstand, ½ std. Rühren bei 50°, Abfiltrieren, Ausäthern des Filtrats, Vereinigen des Nd. u. des ausgeätherten Filtrats, Alkalisieren mit 5n NaOH u. Ausziehen mit Chlf.; 90%. *Hydrochlorid*, $C_{14}H_{23}ClN_2O$, F. 218—219° (n-Propanol). *Methansulfonat*, $C_{15}H_{26}N_2O_4S$, F. 124—125° (Methyläthylketon). — *Isoamylaminoacet-2.6-dimethylanilid*, $C_{15}H_{24}N_2O$, F. 42—43° (Dibutyläther); 83%. *Hydrochlorid*, $C_{15}H_{25}ClN_2O$, F. 211—213° (verd. A.). — *α-Äthylaminopropion-2.6-dimethylanilid*, $C_{13}H_{20}N_2O$, F. 86—88° (PAe./Dibutyläther); 90%. *Hydrochlorid*, $C_{13}H_{21}·ClN_2O$, F. 248—250° (Propanol). — *α-n-Propylaminopropion-2.6-dimethylanilid*, $C_{14}H_{22}·N_2O$, F. 76—77° (Dibutyläther); 89%. *Hydrochlorid*, $C_{14}H_{23}ClN_2O$, F. 200—201° (Methyläthylketon/Propanol). — *α-Isopropylaminopropion-2.6-dimethylanilid*, $C_{14}H_{22}N_2O$, F. 86—87° (Dibutyläther); 87%. — *α-n-Butylaminopropion-2.6-dimethylanilid*, $C_{15}H_{24}$-N_2O, F. 40—42° (PAe.); 80%. *Hydrochlorid*, $C_{15}H_{25}ClN_2O$, F. 153—157° (Methyläthylketon). — *α-Isobutylaminopropion-2.6-dimethylanilid*, $C_{15}H_{24}N_2O$, F. 65—66° (Dibutyläther); 93%. — *n-Propylaminoacet-2.4.6-trimethylanilid*, $C_{14}H_{22}N_2O$, Kp.$_{0,6}$ 175°, F. 60 bis 61° (PAe./Dibutyläther); 86%. *Hydrochlorid*, $C_{14}H_{23}ClN_2O$, F. 277—278° (unkorr.; W.). — *Isopropylaminoacet-2.4.6-trimethylanilid*, $C_{14}H_{22}N_2O$, Kp.$_{0,4}$ 163—164°, F. 81 bis 83°; 65%. *Hydrochlorid*, $C_{14}H_{23}ClN_2O$, F. 218—220° (Methyläthylketon). — *n-Butylaminoacet-2.4.6-trimethylanilid*, $C_{15}H_{24}N_2O$, Kp.$_{0,6}$ 180—181° (unkorr.; PAe./Dibutyläther). *Hydrochlorid*, $C_{15}H_{25}ClN_2O$, F. 237—238° (unkorr.; W.). — *Isobutylaminoacet-2.4.6-trimethylanilid*, $C_{15}H_{24}N_2O$, F. 73—74° (Dibutyläther); 94%. — *Isoamylaminoacet-2.4.6-trimethylanilid*, $C_{16}H_{26}N_2O$, F. 58—60° (Dibutyläther); 87%. *Hydrochlorid*, $C_{16}H_{27}ClN_2O$, F. 236—238° (verd. A.). — *Cyclohexylaminoacet-2.4.6-trimethylanilid*, $C_{17}H_{26}N_2O$, F. 71—72° (Dibutyläther); 83%. *Hydrochlorid*, $C_{17}H_{27}ClN_2O$, F. 261—262° (A./Dibutyläther). — *α-Äthylaminopropion-2.4.6-trimethylanilid*, $C_{14}H_{22}N_2O$, F. 100 bis 101° (Dibutyläther); 88%. *Hydrochlorid*, $C_{14}H_{23}ClN_2O$, F. 145—146° (Butanol). — *α-n-Propylaminopropion-2.4.6-trimethylanilid*, $C_{15}H_{24}N_2O$, F. 67—70° (PAe.); 93%. *Hydrochlorid*, $C_{15}H_{25}ClN_2O$, F. 236—239° (Zers.; Isobutanol). — *α-Isopropylaminopropion-2.4.6-trimethylanilid*, $C_{15}H_{24}N_2O$, Kp.$_{0,3}$ 158—159°, F. 92—94° (PAe./Bzl.); 85%. *Hydrochlorid*, $C_{15}H_{25}ClN_2O$, F. 212—214° (Methyläthylketon). — *α-n-Butylaminopropion-2.4.6-trimethylanilid*, $C_{16}H_{26}N_2O$, F. 67—69°; 88%. *Hydrochlorid*, $C_{16}H_{27}ClN_2O$, F. 203—208° (Dioxan). — *α-Isobutylaminopropion-2.4.6-trimethylanilid*, $C_{16}H_{26}N_2O$, F. 65—67° (unkorr.); 78%. *Perchlorat*, $C_{16}H_{27}ClN_2O_5$, F. 212—213° (A.).

H. LEHWALD. 950☐

Die Alkylmercaptotrimethylsilane: Darstellung und einige Eigenschaften. E. W. Abel. (J. chem. Soc. [London] **1960**. 4406—09. Nov. Bristol, Univ.) (Engl.)

Aus Bleimercaptiden u. Trimethylchlorsilan (I), aus Mercaptanen u. N-Trimethylsilyldiäthylamin (II) u. aus Trimethylsilylalkylsulfiden mit höhersiedenden Mercaptanen werden *Alkylmercaptotrimethylsilane* (A) gewonnen. Mit Alkoholen oder W. geben die A *Mercaptane* u. *Alkoxysilane* oder *Hexamethyldisiloxan*. Die IR-Spektren der A werden diskutiert.

Versuche: Alkylmercaptotrimethylsilane: *Äthyl-* (III), Kp. 130°, aus 1 Mol Pb-Äthylmercaptid u. 2,2 Mol I durch 0,3std. Kochen; D.$_4^{20}$ 0,832, n_D^{20} 1,4512; 76% (Ausbeute). — Analog: *n-Propyl-*, Kp. 151°, durch 1std. Kochen; D.$_4^{20}$ 0,844, n_D^{20} 1,4524; 92%. — *Isopropyl-*, Kp. 142°, durch 2std. Kochen; D.$_4^{20}$ 0,824, n_D^{20} 1,4497; 73%. — *tert.-Butyl-*, Kp. 157°, durch 25std. Kochen; D.$_4^{20}$ 0,834, n_D^{20} 1,4570; 70%. — *n-Butyl-* (IV), Kp. 166—169°, a) durch 1std. Kochen; 81%; b) aus 1 Mol II u. 1 Mol n-Butylmercaptan (V) durch 1std. Kochen; 88%; c) aus 1 Mol III u. 1,2 Mol V durch 1std. Kochen; D.$_4^{20}$ 0,854, n_D^{20} 1,4542—1,4550; 78%. — *Trimethylmethoxysilan*, Kp. 57°, aus 1 Mol IV u. 1 Mol Methanol; n_D^{20} 1,3685; 76%. — *Trimethyl-n-butoxysilan*, Kp. 125°, aus 1 Mol III u. 1 Mol n-Butanol; n_D^{20} 1,3934; 93%. — Analog: *Trimethyl-n-propoxysilan*, Kp. 99°, mit n-Propanol; n_D^{20} 1,3822; 82%. — *Trimethyl-tert.-butoxysilan*, Kp. 105°, mit tert.-Butanol; n_D^{20} 1,3915; 79%. — *Trimethylisopropoxysilan*, Kp. 87°, mit Isopropanol; n_D^{20} 1,3782; 81%. — *Hexamethyldisiloxan*, Kp. 97—101°, aus 2 Mol III u. 1 Mol W.; n_D^{20} 1,3771; 81%; daneben 87% *Äthylmercaptan*, Kp. 34—36°, n_D^{20} 1,4291. — *Di-n-butylsulfid*, $C_8H_{18}S$, Kp. 181—183°, aus 1 Mol IV u. 1 Mol n-Butyljodid durch 25std. Kochen; n_D^{20} 1,4534; 83%; daneben 76% *Trimethyljodsilan*, Kp. 107°, n_D^{20} 1,4742.

K. RÜHLMANN. 980☐

Reaktion von Trimethylacetoxysilan mit Tetraisopropoxytitan. J. B. Rust, H. H. Takimoto und G. C. Denault. (J. org. Chemistry **25**. 2040—42. Nov. 1960. Culver City, Calif. Hughes Aircraft Co., Hughes Research Labor.) (Engl.)

Die Rk. von Tetraisopropoxytitan (I) mit Trimethylacetoxysilan (II) führt über Verbb. des Typs $[(CH_3)_3SiO]_nTi(OC_3H_7)_{4-n}$ mit n = 1—3 zu *Tetrakis-[trimethylsiloxy]-titan* (III). III reagiert mit überschüssigem II zu *Hexamethyldisiloxan* u. einem farblosen Ti-haltigen Festkörper, der Acetoxyreste enthält. In ähnlicher Weise reagiert III auch mit Essigsäureanhydrid zu II u. einem farblosen Ti-haltigen Festkörper, der Acetoxyreste enthält.

Versuche: *Trimethylsiloxytriisopropoxytitan*, $C_{12}H_{30}O_4SiTi$, Kp.$_5$ 91°, aus 0,10 Mol II u. 0,10 Mol I durch 1½ std. Rühren; n_D^{20} 1,4509; 93,1% neben *Isopropylacetat* (IV). — *Bis-[trimethylsiloxy]-diisopropoxytitan*, $C_{12}H_{32}O_4Si_2Ti$, Kp.$_9$ 103°, aus 1 Mol II u. 0,5 Mol I durch 2std. Rühren; n_D^{25} 1,4378; 76% neben IV. — *Tris-[trimethylsiloxy]-isopropoxytitan*, $C_{12}H_{34}O_4Si_3Ti$, Kp.$_8$ 107°, aus 0,2 Mol II u. 0,067 Mol I; n_D^{25} 1,4321, 65,3% neben IV. — *Tetrakis-[trimethylsiloxy]-titan* (III), $C_{12}H_{36}O_4Si_4Ti$, Kp.$_8$ 125°, aus 0,2 Mol II u.

0,05 Mol I; n_D^{25} 1,4283; 82,5% neben IV. — *Trimethylacetoxysilan* (II), Kp. 102°, aus 0,025 Mol III u. 0,05 Mol Essigsäureanhydrid durch 85 Min. langes Erhitzen; n_D^{25} 1,3810; 9,4 g neben 4,5 g eines farblosen Si- u. Ti-haltigen Festkörpers. K. Rühlmann. 980□

4-Nitro-2.6-di-tert.-butylphenol und seine thermische Zersetzung. T. J. Barnes und W. J. Hickinbottom. (J. chem. Soc. [London] **1961.** 953—56. März. London, Univ., Queen Mary Coll.) (Engl.)

Die Nitrierung von 2.6-Di-tert.-butyl-phenol (I) mit HNO_3 in Essigsäure liefert 30% *4-Nitro-2.6-di-tert.-butylphenol* (II) neben *3.3′.5.5′-Tetra-tert.-butyl-diphenochinon-(4.4′)* (III), *4.4′-Dihydroxy-3.3′.5.5′-tetra-tert.-butylbiphenyl* (IV) u. etwas *2.6-Di-tert.-butyl-p-benzochinon* (V). II gibt ungewöhnliche Rkk.: positiven Liebermann-Test, therm. Zers. zu III, NO_2 u. W., saure Hydrolyse zu V u. dessen *Monoxim* (VI) u. Übergang in IV mit Zn u. Essigsäure. Der Nachw. der NO_2-Gruppe wird erbracht durch IR-Spektrum, Wasserstoffresonanzspektrum u. Hydrierung von II zu *4-Amino-2.6-di-tert.-butylphenol,* das sich diazotieren, oxydieren u. acetylieren läßt. Für die therm. Zers. u. die saure Hydrolyse von II werden radikal. Mechanismen vorgeschlagen. Zum Vgl. wurde VI (bzw. *4-Nitroso-2.6-di-tert.-butylphenol*) aus I u. HNO_2 dargestellt u. zu II oxydiert.

Versuche: *4-Nitro-2.6-di-tert.-butylphenol* (II), $C_{14}H_{21}NO_3$, F. 157,5° (Zers.; gelbe Tafeln oder Nadeln aus A. oder PAe.), a) durch tropfenweisen Zusatz von HNO_3 (D. 1,5) zu I in Essigsäure bei 0—5°, Gießen in W., NaOH-Zusatz, Abtrennen der Lsg. vom festen Prod. (A) u. Ansäuern; 36% (Ausbeute); b) durch Ansäuern der mit $Fe(CN)_6^{3+}$ oxydierten alkal. VI-Lösung. *α-Naphthylurethan,* $C_{25}H_{28}N_2O_4$, F. 200° (Zers.), durch Erhitzen mit α-Naphthylisocyanat u. Pyridin auf 100°. II liefert in konz. H_2SO_4 VI; Kochen in Essigsäure/60% ig. H_2SO_4 → V; Erwärmen in Essigsäure/HNO_3 (D. 1,5) auf 65—70° → *Pikrinsäure,* F. 122°. Hydrierung von II in Äthylacetat über PtO_2 → *4-Amino-2.6-di-tert.-butylphenol*[Luftoxydation→V; Behandlung mit Nitrosylschwefelsäure in H_2SO_4/Essigsäure u. β-Naphtholzusatz → roter *Azofarbstoff*; 12std. Stehenlassen in Acetanhydrid (VII) → *4-Acetylamino-2.6-di-tert.-butylphenyl* (VIII), $C_{16}H_{25}NO_2$, F. 170—170,5° (Prismen aus wss. A.)]. 20std. Kochen von II mit Pd/Kohle in Cyclohexen u. Acetylierung → VIII. ½ std. Kochen von 0,5 g I mit Zn in Eisessig → nitrose Gase u. 0,4 g IV. Kochen von 1 g II in VII/Pyridin → nitrose Gase, 0,15 g III u. 0,6 g V. 3std. Kochen von 2,5 g II in Dodekan bei 215° unter N_2 → NO, 1,3 g III u. 0,07 g VI. — Neben II entstanden nach a): *3.3′.5.5′-Tetra-tert.-butyldiphenochinon-(4.4′)* (III), $C_{28}H_{40}O_2$, F. 246—247,5° (rote Nadeln aus A.), aus A mit A. extrahiert; 42%; wird durch Zn u. Essigsäure zu IV reduziert. — *4.4′-Dihydroxy-3.3′.5.5′-tetra-tert.-butylbiphenyl* (IV), $C_{28}H_{42}O_2$, F. 185—185,5°, aus A isoliert; 20%. — *2.6-Di-tert.-butyl-p-benzochinon* (V), $C_{14}H_{20}O_2$, F. 66—67° (gelbe Nadeln aus wss. A.), aus A isoliert; 2%. *2.4-Dinitrophenylhydrazon,* F. 201° (A.). — *2.6-Di-tert.-butyl-p-benzochinonmonoxim-(4)* (VI), $C_{14}H_{21}NO_2$, F. 225—226° (Zers.; gelbe Tafeln aus A.), a) aus I u. HNO_2 in alkohol. Lsg.; b) analog in Essigsäure (neben III u. IV). Oxydation mit $Fe(CN)_6^{3+}$ in alkal. Lsg. oder mit sd. alkal. $KMnO_4$-Lsg. → III u. V.
Heinz Nestler. 1060□

Alkylierung von 2-Chloranisol mit Propylen, Buten-(2) und Cyclohexen in Gegenwart von $BF_3 \cdot H_3PO_4$. A. W. Toptschijew, W. G. Krjutschkowa und Ss. W. Sawgorodni. (Доклады Академии Наук СССР [Ber. Akad. Wiss. UdSSR] **133.** 617 bis 619. 21/7. 1960. Inst. für erdölchem. Synth. der Akad. der Wiss. der UdSSR; Woronesh, Univ.) (Russ.)

Die Alkylierung von 2-Chloranisol (I) mit Propylen (II), Buten-(2) (III) u. Cyclohexen (IV) in Ggw. von $BF_3 \cdot H_3PO_4$ (V) liefert in fast quant. Ausbeute *4-Isopropyl-, 4-sek.-Butyl-* bzw. *4-Cyclohexyl-*, in geringer Menge auch *6-Cyclohexyl-2-chloranisol.* Die Spaltung mit HBr gibt die *Phenole,* die in die entsprechenden *Phenoxyessigsäuren* übergeführt werden.

Versuche: *4-Isopropyl-2-chloranisol,* $C_{10}H_{13}ClO$, Kp.$_3$ 91—92°, man erhitzt 88 g I, 7 g V u. 8,6 g II 2 Std. auf 60° u. läßt 12 Std. bei 20° stehen; $D._4^{20}$ 1,0872; n_D^{25} 1,5245; 96% (Ausbeute). — *4-Isopropyl-2-chlorphenol,* Kp.$_3$ 70—71°, aus vorst. Verb. durch 45 Std. langes Erhitzen mit HBr; $D._4^{20}$ 1,1265; n_D^{20} 1,5336; 77,8%. — *4-Isopropyl-2-chlorphenoxyessigsäure,* F. 72—73° (PAe.); glänzende Plättchen; 59,7%. — *4-sek.-Butyl-2-chloranisol,* $C_{11}H_{15}ClO$, Kp.$_2$ 97—98°, man erhitzt 114,8 g I, 10,4 g V u. 11,5 g III 1¼ Std. auf 60°; $D._4^{20}$ 1,0700; n_D^{20} 1,5220; 97%. — *4-sek.-Butyl-2-chlorphenol,* Kp.$_3$ 82°, aus vorst. Verb. mit HBr (45 Std. langes Erhitzen); $D._4^{20}$ 1,1061; n_D^{20} 1,5292; 76%. — *4-sek.-Butyl-2-chlorphenoxyessigsäure,* F. 84—85°; 53,3%. — *4-Cyclohexyl-2-chloranisol,* $C_{13}H_{17}ClO$, F. 56° (Methanol), man tropft zu 4 Mol I u. 0,3 Mol V in 1 Std. 1 Mol IV, rührt 2 Std. u. läßt über Nacht stehen; Plättchen; 93%. (Daneben *6-Cyclohexyl-2-chloranisol,* Kp.$_3$ 124—126°; $D._4^{20}$ 1,1116; n_D^{20} 1,5410. Wird durch HBr nicht gespalten.) — *4-Cyclohexyl-2-chlorphenol,* Kp.$_3$ 122—123°, F. 39°, aus vorst. Verb. mit HBr (45 Std.

langes Erhitzen); $D._4^{20}$ 1,1494; n_D^{20} 1,5544; 85,4%. — *4-Cyclohexyl-2-chlorphenoxyessigsäure*, F. 124—125° (PAe.); 74,5%. HELMUT SCHÄFER. 1060□

Mittlere Ringe. 17. Mitt. **Zur Darstellung von ω-[2-Carboxyphenyl]-fettsäuren durch Kettenverlängerung arylaliphatischer Säuren.** Rolf Huisgen und Erich Rauenbusch. (Liebigs Ann. Chem. **641.** 51—62. März 1961. München, Univ., Inst. für Organ. Chem.) (Dt.) — 16. vgl. C. **1961.** 9772.

Zur Synth. der theoret. bedeutsamen *1.2-Benzocyclen-(1)-one-(3)* mit 10—15gliedrigen Ringen werden ω-[2-Carboxyphenyl]-fettsäuren benötigt. In den Ketocarbonsäuren, die aus Phthalsäureanhydrid u. Cd-organ. Verbb. zugänglich sind, vereitelt die Wechselwrkg. mit der Carboxylgruppe eine glatte Carbonylreduktion. Auch die analog aus Homophthalsäureesterchlorid bereiteten Ketosäuren zeigen bei der Red. interessante Ausweichreaktionen. Erst beim β-[2-Cyanphenyl]-propionylchlorid (**I**) gelingt nach Verlängerung der Kohlenstoffkette die Reduktion. So entsteht aus β-[2-Cyanphenyl]-propionsäurechlorid (**I**) u. Diäthyl-Cd in Toluol *1-[2-Cyanphenyl]-pentanon-(3)* (**II**), das durch WOLFF-KISHNER-Red. unter gleichzeitiger Verseifung der Nitrilgruppe in *o-Amylbenzoesäure* übergeht. Aus **I** entsteht mit Bis-[4-phenoxybutyl]-Cd (**XI**) *1-[2-Cyanphenyl]-7-phenoxyheptanon-(3)*, die analog **II** in *2-[7-Phenoxyheptyl]-benzoesäure* übergeführt wird. Saure Hydrolyse von **II** liefert 60% *Truxen*. Eine andere brauchbare Möglichkeit zur Kettenverlängerung besteht in der Umsetzung von **I** mit α-Acetylglutarsäurediäthylester (**XII**), die zu *7-[2-Cyanphenyl]-5-oxo-4-acetyl-4-carbäthoxyheptansäureäthylester* (**III**) führt. Aus **III** wird mit Ammoniak/Ammoniumchlorid-Puffer die Acetylgruppe abgespalten, der entstehende *7-[2-Cyanphenyl]-5-oxo-4-carbäthoxyheptansäureäthylester* zu *7-[2-Cyanphenyl]-5-oxoheptansäure* verseift u. decarboxyliert. *ε-[2-Carboxyphenyl]-capronsäure* entsteht aus 1.2-Benzocycloocten-(1)-on-(3)-oxim (**XIII**) über *ε-[2-Aminophenyl]-capronsäurelactam* (**XIV**) u. die entsprechende *Aminosäure*, in die nach SANDMEYER eine Cyangruppe eingeführt wird, die dann verseift wird.

Versuche: *3-Äthylphthalid*, $Kp._{0,1}$ 150—160° (Bad-Temp.), a) durch Red. von Propiophenon-o-carbonsäure (**IV**) nach MARTIN (Org. Reactions **1.** [1942.] 155); 83% (Ausbeute); b) durch Hydrierung von **IV** in 4n NaOH an RANEY-Ni (2 Std.); 70%; c) durch Red. von **IV** mit RANEY-Ni-Leg. in wss. NaOH bei 90°, 1std. Rühren u. Ausäthern; 80%; d) durch 4std. Erhitzen von **IV**, 57%ig. HJ u. gelbem P im Rohr auf 150°; 96%; e) aus **IV** nach WOLFROM u. CARABINOS (J. Amer. chem. Soc. **66.** [1944.] 909); 45%. *6-Nitro-Deriv.*, F. 61—63°. — *3-Methylphthalid*, aus Acetophenon-o-carbonsäure (**V**) analog vorst. Verb. nach c) u. d); 35 bzw. 25%. — *o-Äthylbenzoesäure*, F. 63—64°, a) analog vorvorst. Verb. nach e); 55%; b) neben vorst. Verb. nach d) u. c); 6 bzw. 49%. — *4-Methylphthalazon*, F. 220—222°, a) beim Vers. der WOLFF-KISHNER-Red. von **V**; 57%; b) beim Erwärmen von **V** mit Semicarbazid in Alkohol. — *[o-Carbomethoxyphenyl]-essigsäurechlorid*, durch Verseifen von 2 g Homophthalsäuredimethylester zu *[o-Carbomethoxyphenyl]-essigsäure* [**VI**, F. 141,5—143°, *Anilid*, $C_{16}H_{15}NO_3$, F 111—111,5° (Bzl./PAe.); 88%] u. 1std. Kochen des letzteren mit $SOCl_2$ in abs. Benzol. — *3-Äthylisocumarin* (**VII**), $C_{11}H_{10}O_2$, F. 74—74,5° (PAe.), durch Versetzen von Äthyl-MgBr mit wasserfreiem $CdCl_2$ unter Eiskühlung, ½ std. Kochen, Abdest. des Ae., Aufnehmen in thiophenfreiem Bzl., Zugabe vorst. Verb., 1std. Kochen, Hydrolysieren mit 10%ig. H_2SO_4, Eindampfen u. 2std. Kochen mit 5n HCl; 39%. — *1-[2-Carboxyphenyl]-butanon-(2)* (**VIII**), $C_{11}H_{12}O_3$, F. 86 bis 86,5°, a) durch Lösen vorst. Verb. in 2n NaOH u. Ansäuern; b) durch alkal. Verseifung von 1-[2-Carbomethoxyphenyl]-butanon-(2); aus Cyclohexan oder Aceton/PAe. Nadeln. — *1-Hydroxy-3-äthylisochinolin*, $C_{11}H_{11}NO$, F. 138,5—139,5°, a) durch 3std. Erhitzen von 0,3 g **VIII** mit 80%ig. $N_2H_4 \cdot H_2O$ u. KOH in Glykol auf 130°, Abdest. von $N_2H_4 \cdot H_2O$ u. W., 5std. Erhitzen auf 190—210° u. Versetzen mit W.; aus Aceton/PAe. Nadeln; 0,28 g; b) aus 2-Cyanbenzylchlorid u. Propionsäureanhydrid. — *Verb. $C_{11}H_{12}N_2O$*, analog vorst. Verb. nach a); es handelt sich möglicherweise um *1-Oxo-2-amino-3-äthyl-1.2-dihydroisochinolin*. — *1-[2-Carboxyphenyl]-6-phenoxyhexanon-(2)* (**IX**), $C_{19}H_{20}O_4$, F. 98,5°, durch Überführen von 22,9 g 4-Phenoxy-n-butyl-MgBr in die Cd-organ. Verb. (**XI**) analog **VII**, 3std. Kochen mit 50 mMol **VIII** in Bzl., Hydrolyse, 2std. Kochen mit 5%ig. NaOH, Dest., Lösen in sd. 2n NaOH u. Ansäuern; aus Cyclohexan Nadeln; 7,6 g; daneben 1 g **VI**. — *3-[4-Phenoxybutyl]-isocumarin* (**X**), $C_{19}H_{18}O_3$, F. 82—82,5°, durch Dest. von **IX** bei 180—200°/0,1 Torr. — *Desoxybenzoin*, aus Phenylacetylchlorid u. Diphenyl-Cd analog **VIII**; 82%. — *1-Hydroxy-3-[4-phenoxybutyl]-isochinolin*, $C_{19}H_{19}NO_2$, F. 151,5°, aus **IX** durch WOLFF-KISHNER-Red.; aus Bzl./Cyclohexan Prismen; 100%. — *Verb. $C_{19}H_{24}O$*, $Kp._{0,1}$ 131—137° (Bad-Temp.), durch Red. von 0,54 g **X** mit amalgamiertem Zn (40 Std.); es handelt sich wahrscheinlich um *1-[o-Tolyl]-6-phenoxyhexan*; 0,25 g. — *β-[2-Cyanphenyl]-propionsäure*, F. 125—126°, a) durch Red. von o-Cyanzimtsäure mit Na-Amalgam in A.; 79%; b) durch Red. an einer Pb-Kathode. *Chlorid* (**I**), $Kp._{0,1}$ 127—130°, durch ½ std. Erhitzen von 17,5 g Säure mit $SOCl_2$ auf 80°; 18,3 g. — *β-[2-Carbamoyl-phenyl]-popionsäure*, $C_{10}H_{11}NO_3$, F. 171° (Methanol/W.), durch Red. von o-Cyanzimtsäure mit 2%ig. Na-Amalgam in wss. NaOH; 74%. — *1-[2-Cyanphenyl]-pentanon-(3)* (**II**), $Kp._{0,2}$ 120—140°, durch Versetzen von Äthyl-MgBr mit $CdCl_2$, 3 std. Kochen mit 30 mMol **I** in Toluol unter N_2 u. Hydrolyse; 4,35 g. *2.4-Dinitrophenylhydrazon*, $C_{18}H_{17}N_5O_4$, F. 157 bis 157,5°; aus A./Essigester goldgelbe Kristalle. *Semicarbazon* **A**, $C_{13}H_{16}N_4O$, F. 162,5° (Bzl./Methanol); schwer löslich. *Semicarbazon* **B**, $C_{13}H_{16}N_4O$, F. 135—136° (Methanol/W. u. wenig Bzl.). — *2-n-Amylbenzoesäure*, $Kp._{0,3}$ 160—180° (Bad-Temp.), aus **II** durch Wolff-Kishner-Red.; 56%. *Amid*, $C_{12}H_{17}NO$, F. 108,5° (Cyclohexan). — *Truxen*, $C_{27}H_{18}$, F. 364—365°, durch 3 std. Kochen von 3,02 g **II** mit Eisessig/W./konz. H_2SO_4 (1:1:1) u. Verdünnen mit W.; aus Chlorbenzol Tafeln; 1,09 g. — *1-[2-Cyanphenyl]-7-phenoxyheptanon-(3)*, $C_{20}H_{21}NO_2$, F. 66,5—67°, durch 4 std. Rk. von 30 mMol **XI** u. 9,65 g **I** in Toluol bei 110°, saure Hydrolyse u. Fraktionierung bei 180—230°/0,05 Torr; 56%. *2.4-Dinitrophenylhydrazon*, $C_{26}H_{25}N_5O_5$, F. 142,5—143° (Methanol/Dioxan). — *2-[7-Phenoxyheptyl]-benzoesäure*, $C_{20}H_{24}O_3$, F. 89—89,5° (Cyclohexan), durch Wolff-Kishner-Red. von 0,48 g gereinigter vorst. Verb.; 0,37 g. — *7-[2-Cyanphenyl]-5-oxo-heptansäure*, $C_{14}H_{15}NO_3$, F. 91,5—92,5° (Bzl./PAe.), durch 3 std. Kochen von 11,5 g **XII** mit Na-Pulver in abs. Ae., Versetzen mit 8,7 g **I** in Ae., 15 std. Stehen bei 20°, 1½ std. Kochen, Hydrolysieren, Abspalten der Acetylgruppe aus dem entstandenen **III** (19 g) mit einer Lsg. von 10,7 g NH_4Cl in 30 ml 28%ig. NH_4OH, 15 ml W. u. 30 ml Methanol bei 40° (10 Min.), Versetzen mit Eis, Aufnehmen in Ae., 30 std. Kochen mit 5%ig. H_2SO_4, Aufnehmen in Ae., Eindampfen, 1 std. Erhitzen auf 150°/12 Torr u. Reinigen über das *Semicarbazon* [$C_{15}H_{18}N_4O_3$, F. 168° (Dioxan/PAe.)]; 23% (Rohprod.). *Äthylester, 2.4-Dinitrophenylhydrazon*, $C_{22}H_{23}N_5O_6$, F. 108° (A.). — *ε-[2-Aminophenyl]-capronsäure*, F. 116 bis 117°, durch 2 std. Kochen von **XIV** (aus **XIII** durch Beckmann-Umlagerung) mit 2 n HCl u. Einstellen auf pH 5; Nadeln; 83%. — *ε-[2-Carboxyphenyl]-capronsäure*, $C_{13}H_{16}O_4$, F. 93,5—94° (Cyclohexan), durch Diazotieren vorst. Verb., Umsetzung mit CuCN, 2 std. Verseifen mit Eisessig/W./konz. H_2SO_4 (1:1:1) u. Extrahieren mit Bzl.; 28%.

P. Golinske. 1220□

Mittlere Ringe. 18. Mitt. **Die Synthese von ω-[2-Carboxyphenyl]-fettsäuren durch nitrosierende Spaltung von Derivaten des α-Tetralons.** Ivar Ugi, Rolf Huisgen und Dieter Pawellek. (Liebigs Ann. Chem. **641**. 63—70. März 1961.) (Dt.) — 17. vgl. vorst. Referat.

Die Alkylierungs-Prodd. des α-Tetralon-β-carbonsäureäthylesters (**I**) mit ω-Bromcarbonsäureestern werden nach Verseifung, Decarboxylierung u. erneuter Veresterung mit Äthylnitrit (**III**) u. Na-Äthylat gespalten. Die prim. *Hydroximino-Verbb.* gehen mit HNO_2 in Ketodicarbonsäureester über, die nach Wolff-Kishner zu *ω-[2-Carboxyphenyl]-carbonsäuren* red. werden. So entsteht aus **I** u. γ-Brombuttersäureäthylester (**V**) *2-Carbäthoxy-2-[3′-carbäthoxypropyl]-tetralon-(1)* (**VI**), das durch Decarboxylierung u. erneute Veresterung 73% *γ-[1-Oxo-1.2.3.4-tetrahydronaphthyl-(2)]-buttersäureäthylester* (**II**) liefert. Die nitrosierende Spaltung gelingt am besten unter Einw. von bas. Katalysatoren. **II** wird bei —15 bis 0° mit Na-Äthylat u. 2,2 Val **III** behandelt u. der entstandene *7-[o-Carbäthoxyphenyl]-5-hydroximinoheptansäureäthylester* (**VII**) mit konz. HCl angesäuert. Dabei vollzieht sich die Redox-Rk. zwischen der Oximgruppe u. **III** bzw. HNO_2, die unter N_2O-Freisetzung zu *7-[o-Carbäthoxyphenyl]-5-oxoheptansäureäthylester* (**IV**) führt. **IV** liefert durch Wolff-Kishner-Red. u. Verseifung in 50%ig. Ausbeute *7-[o-Carboxyphenyl]-heptansäure*. Die Benutzung von α-Hydrindon- u. Benzosuberon-β-carbonsäureestern an Stelle von **I** erwies sich als weniger günstig. Die Bemühungen, aus den so gewonnenen Dicarbonsäureestern durch reduktive Acyloin-Kondens. zu 1.2-Benzocyclen-(1)-onen-(3) mit 10- bis 17-gliedrigen Ringen zu gelangen, waren erfolglos.

Versuche: *α-Tetralon-β-glyoxylsäureäthylester*, F. 43—46°, durch Zugabe von α-Tetralon u. Oxalsäurediäthylester zu einer Lsg. von Na in A., mehrstd. Stehen im Eisschrank u. Eintragen in Eis/W./Essigsäure; 96% (Ausbeute). — *α-Tetralon-β-carbonsäureäthylester* (**I**), $Kp._{0,01}$ 148—150° durch 1 std. Erhitzen vorst. Verb. in Ggw. von Glaspulver auf 170—180° (Bad; gegen Ende der Rk. im Wasserstrahlvakuum); 87—92%. — *γ-[1-Oxo-1.2.3.4-tetrahydronaphthyl-(2)]-buttersäureäthylester* (**II**), $C_{16}H_{20}O_3$, $Kp._{0,01}$ 130—135°, durch Zugabe von Na in A. zu einer äthanol. Lsg. von **I** u. **V** ($Kp._{15}$ 86—88°), 10 std. Kochen, Versetzen mit W. zur Lsg. von NaBr, Einengen, 10 std. Kochen mit wss.-methanol. KOH zur Verseifung u. Decarboxylierung des entstandenen **VI**, Gießen in 4 n HCl, Aufnehmen in CH_2Cl_2, Verestern u. Dest.; gelbliches Öl; 73%. — *7-[o-Carbäthoxyphenyl]-5-oxoheptansäureäthylester* (**IV**), $C_{18}H_{24}O_5$, $Kp._{0,01}$ 170—180°, durch Zugabe von **II** zu einer Lsg. von Na in abs. A. bei —12 bis —15°, Eindest. von **III** in das Rk.-Gemisch, ½ std. Stehen bei —15°, 12 std. Stehen unter Feuchtigkeitsausschluß im Eisschrank, Zugabe von konz. HCl zur Umwandlung der Oximgruppe im entstandenen **VII** in die Ketogruppe (15—20 Min.), Gießen in W., Extrahieren mit Bzl. u. Dest. der Benzol-Lsg.; blaßgelbes Öl; 81%. — *7-[o-Carboxyphenyl]-heptansäure* (**IX**), $C_{14}H_{18}O_4$, durch Red. von **IV** nach WOLFF-KISHNER bei 210—220°, Verdünnen mit W. u. Extrahieren mit Essigester; 51%. *Dimethylester* (**VIII**), Kp.$_{0,01}$ 150—152°, durch 10 std. Veresterung der Dicarbonsäure mit Methanol u. konz. H_2SO_4 in CH_2Cl_2; 94%. — *β-[2-Carbäthoxy-1-oxo-1.2.3.4-tetrahydronaphthyl-(2)]-propionsäureäthylester*, $C_{18}H_{22}O_5$, Kp.$_{0,01}$ 145—150°, durch Zugabe von **I** u. Acrylsäureäthylester zu einer Na-Äthylat-Lsg., 15 std. Stehen im Kühlschrank, Gießen in verd. HCl, Extraktion mit CH_2Cl_2 u. Dest.; 86—89%. — *β-[1-Oxo-1.2.3.4-tetrahydronaphthyl-(2)]-propionsäureäthylester*, Kp.$_{0,01}$ 115—120°, durch 7 std. Kochen vorst. Verb mit wss.-methanol. KOH zur Verseifung u. Decarboxylierung u. Veresterung der entstandenen *β-[1-Oxo-1.2.3.4-tetrahydronaphthyl-(2)]-propionsäure* (F. 104,5—106°, Bzl.; $C_{13}H_{14}O_3$; 78%) analog **VIII**; 90°. — *6-[2-Carbäthoxyphenyl]-4-oxohexansäureäthylester*, $C_{17}H_{22}O_5$, Kp.$_{0,01}$ 145—150°, analog **IV**; 48%. *Freie Säure*, F. 140—141°, durch Verseifen mit alkohol. KOH; 96%. — *6-[2-Carboxyphenyl]-hexansäure*, $C_{13}H_{16}O_4$, F. 94,5—95°, durch Versetzen vorst. Verb. mit NaOH u. $N_2H_4 \cdot H_2O$, Erhitzen auf 210—220° u. Reinigen über den Methylester; aus Cyclohexan Nadeln; 51%. *Dimethylester*, Kp.$_{0,01}$ 150 bis 152°. — *δ-[1-Oxo-1.2.3.4-tetrahydronaphthyl-(2)]-valeriansäuremethylester*, $C_{16}H_{20}O_3$, Kp.$_{0,01}$ 140—145°, aus **I** u. δ-Bromvaleriansäuremethylester analog **II**; 62%. — *8-[2-Carbäthoxyphenyl]-6-oxooctansäure-(1)-äthylester*, $C_{19}H_{26}O_5$, Kp.$_{0,01}$ 180—185°, analog **IV** aus vorst. Verb.; blaßgelbes Öl; 56%. — *8-[2-Carbomethoxyphenyl]-octansäure-(1)-methylester*, $C_{17}H_{24}O_4$, Kp.$_{0,01}$ 154—161°, analog **IX** u. Veresterung mit Methanol; blaßgelbes Öl; 72%. — *8-[2-Carboxyphenyl]-octansäure-(1)*, $C_{15}H_{20}O_4$, F. 78—79° (Bzl./PAe.). — *ε-[1-Oxo-1.2.3.4-tetrahydronaphthyl-(2)]-capronsäuremethylester*, Kp.$_{0,01}$ 145—150°, analog **II** aus **I** u. ε-Bromcapronsäuremethylester; blaßgelbes Öl; 35%. — *9-[2-Carbomethoxyphenyl]-nonansäure-(1)-methylester* (**X**), $C_{18}H_{26}O_4$, Kp.$_{0,01}$ 164—168°, analog **IV**, Spaltung der Ketosäure ohne vorherige Reinigung u. Veresterung; Öl; 28%. — *8-[1-Oxo-1.2.3.4-tetrahydronaphthyl-(2)]-octansäure-(1)-methylester*, Kp.$_{0,01}$ 150—160°, analog **II**; 30%. — *11-[2-Carbomethoxyphenyl]-undecansäure-(1)-methylester*, Kp.$_{0,01}$ 173—180°, analog **X**; 16%. — *12-[2-Carbomethoxyphenyl]-dodecansäure-(1)-methylester*, $C_{21}H_{32}O_4$, Kp.$_{0,01}$ 180—185°, analog der Rk.-Folge, die zu vorst. Verb. führt; 5% (Gesamtausbeute). — *11-[1-Oxo-1.2.3.4-tetrahydronaphthyl-(2)]-undecansäure-(1)-methylester*, $C_{22}H_{32}O_3$, Kp.$_{0,01}$ 195—202°, aus **I** u. 11-Bromundecansäure-(1)-äthylester analog **II**; blaßgelbes Öl; 66%. *Freie Säure*, $C_{21}H_{30}O_3$, F. 58—59° (Cyclohexan). — *14-[2-Carboxyphenyl]-12-oxotetradecansäure-(1)*, $C_{21}H_{30}O_5$, F. 96—97°, analog **IV** aus vorst. Verb. u. Verseifen; aus Bzl. Nadeln; 62%. — *14-[2-Carbomethoxyphenyl]-tetradecansäure-(1)-methylester*, $C_{23}H_{36}O_4$, Kp.$_{0,01}$ 195—200°, analog **VIII** aus vorst. Verb.; 32%. P. GOLINSKE. 1220□

Zur Darstellung aliphatischer Dicarbonsäuren durch nitrosierende Spaltung von Cyclanon-Derivaten. Rolf Huisgen und Dieter Pawellek. (Liebigs Ann. Chem. **641**. 71—75. März 1961. München, Univ., Inst. für Organ. Chem.) (Dt.) — Vgl. vorst. Referat.

Cyclopentanon- (**I**), Cyclohexanon- (**II**) u. Cycloheptanoncarbonsäureäthylester-(2) (**III**) werden in 2-Stellung mit ω-Bromfettsäureestern alkyliert. Im Anschluß an die Ketonspaltung der β-Ketosäureester führt die Nitrosierung mit Äthylnitrit (**IV**) u. Na-Äthylat (**VI**) über die Hydroximinostufe zum *Ketodicarbonsäurediester*, aus dem durch WOLFF-KISHNER-Red. die entsprechenden Dicarbonsäuren entstehen. So entsteht z. B. aus **I** u. γ-Brombuttersäureäthylester (**V**) über *γ-[1-Carbäthoxy-2-oxocyclopentyl-(1)]-buttersäureäthylester* (**VII**) durch Verseifung, Ketonspaltung u. Veresterung mit Methanol *γ-[2-Oxocyclopentyl]-buttersäuremethylester* (**IX**), der durch Einw. von **IV** u. **VI** in A. über *δ-Hydroximinoazelainsäurediäthylester* in *δ-Oxoazelainsäurediäthylester* (**VIII**) übergeführt wird. Letzterer liefert durch WOLFF-KISHNER-Red. *Azelainsäure*. Durch Säurespaltung läßt sich **VII** in *δ-Carbäthoxyazelainsäurediäthylester* überführen.

Versuche: *δ-Carbäthoxyazelainsäurediäthylester*, $C_{16}H_{28}O_6$, Kp.$_{0,01}$ 110—120°, durch Zugabe von **I** u. **V** zu **IV** in A., 5 std. Kochen, Verdünnen mit W., Zusatz von etwas konz. HCl, Extrahieren mit CH_2Cl_2 u. Dest.; 60% (Ausbeute). — *γ-[1-Carbäthoxy-2-oxocyclopentyl-(1)]-buttersäureäthylester* (**VII**), Kp.$_{0,7}$ 127—130°, durch 20 std. Kochen des K-Salzes von **I** (aus **I** u. alkohol. KOH durch Ae.-Zusatz) u. **V** in abs. Bzl., Filtrieren, Einengen u. Dest.; 50%. — *γ-[2-Oxocyclopentyl]-buttersäure*, $C_9H_{14}O_3$, Kp.$_{0,7}$ 140—145°, durch Kochen vorst. Verb. mit Eisessig u. konz. HCl u. Reinigen über den *Methylester* (**IX**) (Kp.$_{0,7}$ 100—109°; 89%). — *δ-Oxoazelainsäurediäthylester* (**VIII**), $C_{13}H_{22}O_5$, Kp.$_{0,7}$ 125—130°, durch nitrosierende Spaltung von **IX** analog 7-[2-Carbäthoxyphenyl]-5-oxoheptansäureäthylester (vgl. vorst. Ref.) u. Ansäuern mit konz. HCl; 55%. — *Azelainsäure*, F. 105,5—106,5°, durch 3 std. Erhitzen von 12 g **VIII** mit 80% ig. $N_2H_4 \cdot H_2O$ in Diäthylenlykol auf 120°, Einengen, Versetzen mit KOH, 7std. Erhitzen auf 220°, Verdünnen mit W. u. Ansäuern; 5,5 g. — *11-[2-Oxocyclopentyl-(1)]-undecansäure-(1)-methylester,* $Kp._{0,7}$ 150—155°, durch 24std. Kochen des K-Salzes von **I** u. 11-Bromundecansäure-(1)-äthylester in Xylol, Verseifen u. Decarboxylieren mit konz. HCl u. Eisessig; blaßgelbes Öl; 30%. — *4-Oxotetradecandicarbonsäure-(1.14)-diäthylester,* $C_{20}H_{36}O_5$, F. 35—36° (PAe.), $Kp._{0,7}$ 180—185°, analog **VIII**; 67%. — *Thapsiasäure,* F. 124,5—125,5°, durch WOLFF-KISHNER-Red. vorst. Verb. u. Reinigen über den *Dimethylester* [F. 53—53,5°, $Kp._{0,7}$ 160—165° (Bad-Temp.)]; 60%. — *γ-[1-Carbäthoxy-2-oxocyclohexyl-(1)]-buttersäureäthylester,* $Kp._{0,7}$ 145—150°, durch Zugabe von **VI** in A. zu einer Lsg. von **II**, **V** u. einer Spatelspitze NaJ in abs. A. (2 Std.), je 2std. Rühren bei 0°, 20° u. 50° u. Aufarbeiten; 61%. — *γ-[2-Oxocyclohexyl-(1)]-buttersäuremethylester,* $Kp._{0,7}$ 135—140°, durch saure Hydrolyse u. Decarboxylierung vorst. Verb. analog **IX** u. 8std. Veresterung mit Methanol u. konz. H_2SO_4 in CH_2Cl_2; 97%. — *δ-Oxosebacinsäurediäthylester,* $Kp._{0,7}$ 125—130°, analog **VIII**; 51%. — *Sebacinsäure,* F. 133—133,5°, aus vorst. Verb. durch WOLFF-KISHNER-Red.; 74%. — *γ-[1-Carbäthoxy-2-oxocycloheptyl-(1)]-buttersäureäthylester,* $C_{16}H_{26}O_5$, $Kp._{0,01}$ 110—115°, analog **VII** aus **III** u. **V** (6 Std.); 66%. — *γ-[2-Oxocycloheptyl-(1)]-buttersäuremethylester,* $Kp._{0,7}$ 140—145°, aus vorst. Verb. analog **IX**; hellgelbes Öl; 66%. — *Nonandicarbonsäure-(1.9),* F. 109 bis 110°, aus 2 g vorst. Verb. analog den Rkk., die zur Azelainsäure führen, über *4-Oxonandicarbonsäure-(1.9)-diäthylester;* 1 g. P. GOLINSKE. 1220□

Potentielle Antikrebsmittel. 38. Mitt. **Mit Phenylalaninlost verwandte Alkylierungsmittel.** 2. Mitt. W. A. Skinner, Karen A. Hyde, Helen F. Gram und B. R. Baker. (J. org. Chemistry **25.** 1756—59. Okt. 1960. Menlo Park, Calif., Stanford Res. Inst., Dep. of Biol. Sci.) (Engl.) — 37. vgl. C. **1961.** 14637.

Zur Synth. von *3-{m-[Bis-(2-chloräthyl)-amino]-phenyl}-β-alanin* (**I**) wird 3-[m-Nitrophenyl]-β-alanin durch Rk. mit Phthalsäureanhydrid in Pyridin u. anschließende Veresterung zu *β-[m-Nitrophenyl]-β-[1.3-dioxoisoindolinyl-(2)]-propionsäuremethylester* (**II**) umgesetzt. Katalyt. Hydrierung von **II**, anschließende Hydroxyäthylierung mit Äthylenoxyd in wss. Essigsäure u. Chlorierung des *β-{m-[Bis-(2-hydroxyäthyl)-amino]-phenyl}-β-[1.3-dioxoisoindolinyl-(2)]-propionsäuremethylesters* mit $SOCl_2$ in Chlf. liefern *β-{m-[Bis-(2-chloräthyl)-amino]-phenyl}-β-[1.3-dioxoisoindolinyl-(2)]-propionsäuremethylester,* aus dem durch Hydrolyse **I** erhalten wird. Ferner wird die Synth. von *3-{4-[Bis-(2-chloräthyl)-amino]-3-chlorphenyl}-DL-alanin* u. *3-{m-[Bis-(2-chloräthyl)-amino]-phenyl}-N-formyl-DL-alanin* beschrieben.

Versuche: *3-[m-Nitrophenyl]-β-alanin,* F. 224—226°, durch 5std. Kochen von m-Nitrobenzaldehyd mit Malonsäure u. Ammoniumacetat in A., Lösen des Nd. in 2nHCl u. Neutralisieren mit 15nNH_4OH; 67% (Ausbeute). — *β-[m-Nitrophenyl]-β-[1.3-dioxoisoindolinyl-(2)]-propionsäure,* $C_{17}H_{12}N_2O_6$, F. 158° (Chlf./PAe.), durch 4½ std. Kochen vorst. Verb. mit Phthalsäureanhydrid in Pyridin, Einengen, 10 Min. langes Kochen mit Acetonhydrid, Gießen auf Eis u. Zugeben von konz. HCl; 100% (roh). *Methylester* (**II**), $C_{18}H_{14}N_2O_6$, F. 116,5—118° (abs. A.), durch 2std. Kochen der Säure in mit HCl gesätt. Methanol; 58%. — *β-[m-Aminophenyl]-β-[1.3-dioxoisoindolinyl-(2)]-propionsäuremethylester,* $C_{18}H_{16}N_2O_4$, F. 131—133° (Methanol), durch katalyt. Hydrierung von **II** in Methanol in Ggw. von Pd/Kohle; 100%. — *β-{m-[Bis-(2-hydroxyäthyl)-amino]-phenyl}-β-[1.3-dioxoisoindolinyl-(2)]-propionsäuremethylester,* $C_{22}H_{24}N_2O_6$, durch 24std. Stehen vorst. Verb. mit Äthylenoxyd in Eisessig bei Raum-Temp., Gießen in $NaHCO_3$-Lsg. u. Extrahieren mit Ae.; Öl; 85%. — *β-{m-[Bis-(2-chloräthyl)-amino]-phenyl}-β-[1.3-dioxoisoindolinyl-(2)]-propionsäuremethylester,* $C_{22}H_{22}Cl_2N_2O_4$, F. 115—116° (A.), durch 2std. Kochen vorst. Verb. mit $SOCl_2$ in Chlf.; 49%. — *3-{m-[Bis-(2-chloräthyl)-amino]-phenyl}-β-alanin* (**I**), $C_{13}H_{18}Cl_2N_2O_2$, F. 185—188° (20% ig. HCl/Na-Acetat), durch 3std. Kochen vorst. Verb. mit konz. HCl, Zugeben von Na-Acetat (pH 5), Extrahieren mit Chlf., Einengen u. Lösen in Aceton; 45%. — *3-{4-[Bis-(2-chloräthyl)-amino]-3-chlorphenyl}-DL-alanin,* $C_{13}H_{17}Cl_3N_2O_2$, F. 166—173°, durch Rk. von 3-{p-[Bis-(2-chloräthyl)-amino]-phenyl}-DL-alanin in Eisessig mit SO_2Cl_2 bei 50—55°, Einengen u. Zugeben von Na-Acetat; 41%. — *3-{m-[Bis-(2-chloräthyl)-amino]-phenyl}-N-formyl-DL-alanin,* $C_{14}H_{18}Cl_2N_2O_3$, F. 151—152° (abs. A.), durch ½ std. Erwärmen von 3-{m-[Bis-(2-chloräthyl)-amino]-phenyl}-DL-alanin mit 90% ig. Ameisensäure u. Acetanhydrid auf 50—55° u. Zugeben von W.; 91%. E. SCHRÖDER. 1350□

Potentielle Antikrebsmittel. 43. Mitt. **Analoga von Chlorambucil.** 4. Mitt. **Synthese von Isochlorambucil und verwandten Alkylierungsmitteln vom Benzyltyp.** W. A. Skinner, Abelardo P. Martinez, Helen F. Gram, Leon Goodman und B. R. Baker. (J. org. Chemistry **26.** 148—52. Jan. 1961.) (Engl.) — 38. bzw. 2. vgl. vorst. Ref.; 3. vgl. J. org. Chemistry **25.** [1960.] 953.

p-[Bis-(2-chloräthyl)-aminomethyl]-hydrozimtsäure (*Isochlorambucil*) wird durch Rk. von p-[Chlormethyl]-hydrozimtsäuremethylester (**I**) mit 2.2′-Iminodiäthanol (**II**), anschließende Chlorierung mit $SOCl_2$ in CH_2Cl_2 u. Hydrolyse des *p-[Bis-(2-chloräthyl)-aminomethyl]-hydrozimtsäuremethylesterhydrochlorids* synthetisiert. Die Darst. von *p-[Aziridinyl-(1)-methyl]-hydrozimtsäuremethylester* sowie von *p-[2-Chloräthylmercaptomethyl]-p-[(2-Chloräthyl)-äthylaminomethyl]-* u. *p-[(2-Chloräthyl)-aminomethyl]-hydrozimtsäure* wird beschrieben.

Versuche: *p-[Chlormethyl]-hydrozimtsäuremethylester* (I), $C_{11}H_{13}ClO_2$, Kp.$_4$ 145°, F. 48—49° (PAe.), durch 1 std. Kochen von p-[Chlormethyl]-hydrozimtsäure in mit HCl gesätt. Methanol; 67% (Ausbeute). — *p-[Hydroxyäthylmercaptomethyl]-hydrozimtsäuremethylester*, $C_{13}H_{18}O_3S$, Kp.$_7$ 220—222°, durch 15 std. Kochen von I mit 2-Mercaptoäthanol in NaOH/abs. A.; 60%. — *p-[2-Chloräthylmercaptomethyl]-hydrozimtsäuremethylester*, $C_{13}H_{17}ClO_2S$, durch 1½ std. Kochen vorst. Verb. mit $SOCl_2$ in CH_2Cl_2; gelbes Öl; 74%. *Freie Säure*, $C_{12}H_{15}ClO_2S$, F. 78—79° (Ae./PAe.), durch ¼ std. Erwärmen des Methylesters mit 12 n HCl in Eisessig auf 50° u. Zugeben von W.; 72%. — *p-[Äthyl-(2-hydroxyäthyl)-aminomethyl]-hydrozimtsäuremethylester*, $C_{15}H_{23}NO_3$, Kp.$_3$ 140—180°, durch 2 std. Kochen von I mit 2-Äthylaminoäthanol in Chlf.; 70%. — *p-[(2-Chloräthyl)-äthylaminomethyl]-hydrozimtsäuremethylesterhydrochlorid*, $C_{15}H_{22}ClNO_2 \cdot HCl$, F. 132—133° (abs. A./Ae.), durch ¼ std. Kochen vorst. Verb. mit $SOCl_2$ im Chlf.; 92%. *Freie Säure, Hydrochlorid*, $C_{14}H_{20}ClNO_2 \cdot HCl$, F. 141—143°, durch ¾ std. Kochen des Methylesters mit 12 n HCl; 84%. — *p-[Aziridinyl-(1)-methyl]-hydrozimtsäuremethylester*, $C_{13}H_{17}NO_2$, durch 70 std. Rühren von I mit Äthylenimin u. K_2CO_3 in Methanol bei Raum-Temp.; 69%. *Hydrochlorid*, $C_{13}H_{17}NO_2 \cdot HCl$, F. 220—225° (Methanol). — *p-[(2-Chloräthyl)-aminomethyl]-hydrozimtsäuremethylesterhydrochlorid*, $C_{13}H_{18}ClNO_2 \cdot HCl$, F. 197—198° (Essigester, Methanol), durch Rk. vorst. Verb. mit HCl in sd. Ae.; 98%. *Freie Säure, Hydrochlorid*, $C_{12}H_{16} \cdot ClNO_2 \cdot HCl$, F. 178—179°, durch ½ std. Erwärmen des Methylesters mit 12 n HCl, Einengen u. Digerieren mit Essigester; 95%. — *p-[Bis-(2-hydroxyäthyl)-aminomethyl]-hydrozimtsäuremethylesterhydrochlorid*, $C_{15}H_{23}NO_4 \cdot HCl$, F. 82—85° ($CH_2Cl_2$/Ae.), durch 6 std. Kochen von I mit II in Chlf., Einengen, Lösen in Bzl. u. Sättigen mit HCl; 70%. — *p-[Bis-(2-chloräthyl)-aminomethyl]-hydrozimtsäuremethylesterhydrochlorid*, $C_{15}H_{21}Cl_2NO_2 \cdot HCl$, F. 113—114° ($CH_2Cl_2$/PAe.), durch 1½ std. Kochen vorst. Verb. mit $SOCl_2$ in CH_2Cl_2; 100%. — *p-[Bis-(2-chloräthyl)-aminomethyl]-hydrozimtsäure, Hydrochlorid*, $C_{14}H_{19}Cl_2NO_2 \cdot HCl$, F. 176—177° (HCl), durch ½ std. Kochen vorst. Verb. mit 12 n HCl; 81%. — *p-[Aminomethyl]-hydrozimtsäuremethylester*, F. 208—217° (Methanol), durch 40 Min. langes Kochen von I mit Hexamethylentetramin in Methanol in Ggw. von KJ, Rk. des Nd. in Methanol mit HCl, ½ std. Kochen, Einengen u. Lösen in CH_2Cl_2; 77%.

E. SCHRÖDER. 1350□

Potentielle Antikrebsmittel. 46. Mitt. Analoga von Chlorambucil. 5. Mitt. Von ω-Phenoxyalkansäuren abgeleitete Alkylierungsmittel. W. A. Skinner, Abelardo P. Martinez und B. R. Baker. (J. org. Chemistry **26**. 152—55. Jan. 1961.) (Engl.) — 45. vgl. J. Amer. chem. Soc. **82**. [1960.] 6050; 43. bzw. 4. vgl. vorst. Referat.

Die Alkoholyse der Acetamidogruppe von [m-Acetamidophenoxy]-essigsäure (I) u. anschließende Veresterung liefern *[m-Aminophenoxy]-essigsäureäthylesterhydrochlorid* (II), aus dem durch Hydroxyäthylierung mit Äthylenoxyd in wss. Essigsäure *{m-[Bis-(2-hydroxyäthyl}-amino]-phenoxy)-essigsäureäthylester* (III) erhalten wird. Chlorierung von III u. nachfolgende Hydrolyse mit konz. HCl führen zu *{m-[Bis-(2-chloräthyl)-amino]-phenoxy}-essigsäure*. In analoger Rk.-Folge wird aus 3-[m-Acetamidophenoxy]-propionsäure bzw. 3-[o-Aminophenoxy]-propionsäure (VIII) *3-{m-[Bis-(2-chloräthyl)-amino]-phenoxy}-propionsäure* bzw. *3-{o-[Bis-(2-chloräthyl)-amino]-phenoxy}-propionsäure* synthetisiert.

Versuche: *3-[m-Acetamidophenoxy]-propionsäure*, $C_{11}H_{13}NO_4 \cdot H_2O$, F. 130—131°, durch mehrstd. Erwärmen von m-Hydroxyacetanilid in 4%ig. NaOH mit 3-Brompropionsäure auf 100° u. Ansäuern (pH 5); 17% (Ausbeute). — *3-[m-Aminophenoxy]-propionsäureäthylesterhydrochlorid* (IV), $C_{11}H_{15}NO_3 \cdot HCl$, F. 112—113° (Essigester), durch 1 std. Kochen vorst. Verb. in mit HCl gesätt. A.; 82%. — *[m-Aminophenoxy]-essigsäureäthylesterhydrochlorid* (II), $C_{10}H_{13}NO_3 \cdot HCl$, F. 129—130° (Essigester), aus I analog IV; 62%. — *3-[o-Aminophenoxy]-propionsäure* (VIII), $C_9H_{11}NO_3$, F. 105—106°, durch katalyt. Hydrierung von 3-[o-Nitrophenoxy]-propionsäure in abs. A. in Ggw. von Pd; Nadeln; 82%. *Äthylesterhydrochlorid* (V), $C_{11}H_{15}NO_3 \cdot HCl$, F. 172—173°, aus VIII analog IV; 88%. — *{m-[Bis-(2-hydroxyäthyl)-amino]-phenoxy}-essigsäureäthylester* (III), $C_{14}H_{21}NO_5$, durch 24 std. Schütteln von II mit Äthylenoxyd in wss. Essigsäure bei Raum-Temp., Neutralisieren mit $NaHCO_3$ u. Extrahieren mit CH_2Cl_2; hellrotes Öl; 92%. — *3-{m-[Bis-(2-hydroxyäthyl)-amino]-phenoxy}-propionsäureäthylester* (VII), $C_{15}H_{23}NO_5$, F. 53—54° (Ae.), aus IV analog III; ca. 100%. — *3-{o-[Bis-(2-hydroxyäthyl)-amino]-phenoxy}-propionsäureäthylester* (IX), $C_{15}H_{23}NO_5$, aus V analog III; Öl; 81%. — *{m-[Bis-(2-chloräthyl)-*

amino]-phenoxy}-essigsäureäthylester (**X**), $C_{14}H_{19}Cl_2NO_3$, F. 38—39°, durch ¼std. Kochen von **III** mit $POCl_3$, Gießen auf Eis, Neutralisieren mit Na-Acetat (pH 5) u. Extrahieren mit CH_2Cl_2; 88% — *3-{m-[Bis-(2-chloräthyl)-amino]-phenoxy}-propionsäureäthylester* (**VI**), $C_{15}H_{21}Cl_2NO_3$, F. 31—32° (Ae./PAe.), aus **VII** mit $POCl_3$ in ½ Std. analog **X**; 96%. — *3-{o-[Bis-(2-chloräthyl)-amino]-phenoxy}-propionsäureäthylester* (**XI**), $C_{15}H_{21}Cl_2NO_3$, aus **IX** analog **X**; 82%. — *{m-[Bis-(2-chloräthyl)-amino]-phenoxy}-essigsäure*, $C_{12}H_{15}Cl_2NO_3$, F. 127—128°, durch 10 Min. langes Kochen von **X** mit konz. HCl, Zugeben von Na-Acetat (pH 5) u. Extrahieren mit CH_2Cl_2; 87%. — *3-{m-[Bis-(2-chloräthyl)-amino]-phenoxy}-propionsäure*, $C_{13}H_{17}Cl_2NO_3$, F. 138—139° (PAe.), durch ½std. Kochen von **VI** mit konz. HCl; 88%. — *3-{o-[Bis-(2-chloräthyl)-amino]-phenoxy}-propionsäure*, $C_{13}H_{17}Cl_2NO_3$, F. 71,5—73° (PAe.), durch 10 Min. langes Kochen von **XI** mit konz. HCl; 87%.

E. SCHRÖDER. 1350□

Einige Derivate des Tribenzylsilans. Henry Gilman und Oren L. Marrs. (J. org. Chemistry **25**. 1194—98. Juli 1960. Ames, Iowa, Iowa State Univ., Chem. Labor.) (Engl.) — Vgl. C. **1961**. 5034.

Aus Tribenzylsilan (**I**) u. geeigneten Aryl-Li-Verbb. werden *Tribenzylarylsilane* gewonnen. Aus p-Bromphenyltribenzylsilan (**II**) u. n-Butyl-Li wird *p-Tribenzylsilylphenyl-Li* (**III**) dargestellt, das mit CO_2, Silanen u. Halogensilanen weiter umgesetzt wird. Alle Verbb., die einen Tribenzylsilylrest enthalten, sind Fll. oder niedrigschm. Festkörper. Therm. sind sie stabil.

Versuche: *m-Bromdiphenyläther* (**IV**), $C_{12}H_9BrO$, Kp.$_{15}$ 168—171°, durch 20std. Erhitzen von m-Dibrombenzol mit K-Phenolat in Ggw. von Cu auf 205°; D.$_{20}^{20}$ 1,3944; n_D^{20} 1,6075; 39,4 % (Ausbeute). — Aryltribenzylsilane: *o-Tolyl-*, $C_{28}H_{28}Si$, F. 70 bis 72° (PAe.), aus 0,047 Mol o-Tolyl-Li in 40 ml Ae. u. 0,03 Mol **I** in 50 ml Ae., 68std. Kochen u. Hydrolyse mit verd. Säure; Verdampfungs-Temp. (VT) 465°; 48%. — Analog: *m-Tolyl-*, $C_{28}H_{28}Si$, Kp.$_{0,005}$ 187—191°, D.$_{20}^{20}$ 1,0692, n_D^{20} 1,6163; VT 440°; 30,8%. — *p-Tolyl-*, $C_{28}H_{28}Si$, F. 41—43°; VT 460°; 68%. — *o-Diphenylyl-*, $C_{33}H_{30}Si$, F. 124—125° (PAe.); VT 480°; 15,8%. — *m-Diphenylyl-*, $C_{33}H_{30}Si$, F. 133—134° (PAe.); 8,1%. — *p-Diphenylyl-*, $C_{33}H_{30}Si$, F. 121—123° (PAe.); VT 490°; 51,6%. — *p-Trimethylsilylphenyl-*, $C_{30}H_{34}Si_2$, Kp.$_{0,005}$ 200—202°, D.$_{20}^{20}$ 1,0362; n_D^{20} 1,5952; VT 440°; 28,3%. — *o-Phenoxyphenyl-*, $C_{33}H_{30}OSi$, F. 81—82,5° (PAe.), aus o-Phenoxyphenyl-Li u. 0,028 Mol **I** in 100 ml Ae., 14std. Kochen u. Hydrolyse mit verd. H_2SO_4; VT 450°; 13,6%. — *m-Phenoxyphenyl-*, $C_{33}H_{30}OSi$, Kp.$_{0,003}$ 240—243°, aus 0,02 Mol n-Butyl-Li u. 0,02 Mol **IV** in Ae., Zugabe von 0,018 Mol **I** in 60 ml Ae. bei —15°, 20std. Kochen u. vorsichtige Hydrolyse mit gesätt. NH_4Cl-Lsg.; VT 490°; 68,6%. — Analog: *p-Phenoxyphenyl-*, $C_{33}H_{30}OSi$, F. 105—107° (PAe.); VT 490°; 56,8%. — *p-Bromdiphenylyl-*, $C_{33}H_{29}BrSi$, F. 114,5 bis 115,8° (Pentan–Bzl.); 25,9%. — *p-Terphenylyl-(4)-*, $C_{39}H_{34}Si$, F. 125—127° (PAe./Toluol); VT 510°; 24,6%. — *p-Bromphenyl-* (**II**), $C_{27}H_{25}BrSi$, F. 72—74° (PAe.), aus 0,35 Mol p-Dibrombenzol u. 0,35 Mol n-Butyl-Li in 250 ml Ae., Zugabe von 0,35 Mol **I** in 950 ml Ae. bei —15° bis —20° u. 34std. Kochen; VT 465°; 32,8%, daneben 14,3% *p-Phenylen-bis-[tribenzylsilan]*, $C_{48}H_{46}Si_2$, F. 155—157° (Bzl.–PAe.). — *p-Tribenzylsilylbenzoesäure*, $C_{28}H_{26}O_2Si$, F. 150—152° (PAe.), aus 0,005 Mol **II** u. 0,005 Mol n-Butyl-Li in 50 ml Ae. unter 2std. Rühren u. Umsetzung mit Trockeneis; VT 440°; 36,5%. — *Methylphenyl-p-tolyl-[p-tribenzylsilylphenyl]-silan*, $C_{41}H_{40}Si_2$, Kp.$_{0,003}$ 290—291°, aus 0,022 Mol **II** u. 0,022 Mol n-Butyl-Li in 75 ml Ae., Zugabe von 0,022 Mol Methylphenyl-p-tolylsilan in 25 ml Ae. unter 3std. Rühren bei Zimmer-Temp. u. Hydrolyse mit verd. Säure; VT 475°; 56,1%. — *Tetrakis-[p-tribenzylsilylphenyl]-silan*, $C_{108}H_{100}Si_5$, F. 159—161° (PAe.), aus 0,028 Mol **III** u. 0,007 Mol $SiCl_4$ in 15 ml Ae. unter 18std. Rühren u. Hydrolyse mit verd. Säure; VT 510°; 51%. — *p-Phenylen-bis-[tribenzylsilan]*, $C_{48}H_{46}Si_2$, F. 155—157° (Bzl.–PAe.), aus **III** u. **I**; VT 520°; 15%. — *Bis-[p-tribenzylsilylphenyl]-diphenylsilan*, $C_{66}H_{60}Si_3$, F. 142—143,5° (Bzl.–PAe.), aus **III** u. Diphenyldichlorsilan; VT 540°; 43,4%.

K. RÜHLMANN. 1380□

Abwandlung der Phosphylen-Methodik. 3. Mitt. **über Phosphinalkylene als olefinbildende Reagentien.** Georg Wittig, Hans-Dietrich Weigmann und Manfred Schlosser. (Chem. Ber. **94**. 676—89. 21/3. 1961. Heidelberg, Univ., Chem. Inst.) (Dt.) — 2. vgl. C. **1956**. 7792.

Aus Methyl-tris-[o-methoxyphenyl]-phosphoniumbromid wird durch Rk. mit äther. Phenyl-Li *Tris-[o-methoxyphenyl]-phosphinmethylen* (**I**) dargestellt, das mit Benzophenon (**II**) langsam zu *1.1-Diphenyläthylen* (**III**) u. *Tris-[o-methoxyphenyl]-phosphinoxyd*, dagegen mit Benzaldehyd (**IV**) nicht reagiert. **I** reagiert mit CH_3J zu *Äthyl-tris-[o-methoxyphenyl]-phosphoniumjodid*, das auch aus Tris-[o-methoxyphenyl]-phosphin (**V**) u. C_2H_5J entsteht. Das geringe Rk.-Vermögen von **I** weist darauf hin, daß mit Phenyl-Li der Komplex **A** gebildet wird. Die aus Methyl-tris-[p-tolyl]- u. Methyl-tris-[p-methoxyphenyl]-phosphoniumbromid dargestellten *Phosphylene* reagieren mit **II** u. **IV** glatt zu den erwarteten *Betainen*, deren Zerfall zu *Triarylphosphinoxyd* u. *Olefin* jedoch erheblich langsamer erfolgt als bei den sich vom Triphenylphosphinmethylen (**VI**) ableitenden Betainen. Alle stationären Gruppen am Phosphor, die seine Elektronendichte erhöhen, erschweren somit die vom Betain ausgehende Zerfallsreaktion. Die Substituenten-Einfl. werden diskutiert. Triphenoxyphosphin (**VII**) reagiert mit CH_3J oder Trimethyloxoniumtetrafluoborat (**VIII**) zu den entsprechenden *Phosphoniumsalzen.* Das Phosphoniumfluoborat setzt sich mit K-Phenolat u. **II** über intermediäres **VI** u. *Phenol* (**IX**) zu **III** u. *Triphenylphosphinoxyd* um, wobei das bei der Dest. frei werdende **IX** das Gleichgewicht weiter zugunsten der Rk.-Prodd. verschiebt. Das aus Tripiperidinophosphin u. CH_3J dargestellte *Phosphoniumsalz* liefert mit Phenyl-Li *Tripiperidinophosphinmethylen* (**XVII**). **XVII** reagiert mit **II** leicht zum entsprechenden *Betain* (**X**), das zu seiner Charakterisierung mit HJ in das *Phosphoniumjodid* umgewandelt wird. **X** zerfällt beim Erhitzen in Tetrahydrofuran (THF) in **III** u. nicht isoliertem *Tripiperidinophosphinoxyd.* Analog reagiert das sich vom Trimorpholinophosphin (**XI**) ableitende *Trimorpholinophosphinmethylen* (**XII**). Das bei der Umsetzung von **XII** mit **II** entstehende *Betain* zerfällt beim Erhitzen in THF in **III** u. *Trimorpholinophosphinoxyd.* **XII** bildet mit **IV** ein isolierbares *Betain* (**XIII**), das über sein *Hydrojodid* in das *Tetraphenylborat* übergeführt wird. **XIII** bildet beim Erhitzen auf 180° nur in Spuren das erwartete *Styrol.*

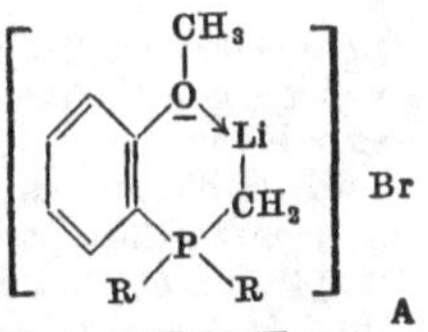

A

R = o-$CH_3OC_6H_4$-

Versuche: *Methyl-tris-[o-methoxyphenyl]-phosphoniumbromid,* $C_{22}H_{24}BrO_3P$, F. 234 bis 235° (W.), aus äther. **V** durch 24std. Stehen mit überschüssigem CH_3Br; 94,5% (Ausbeute). — *Tris-[o-methoxyphenyl]-phosphinoxyd,* $C_{21}H_{21}O_4P$, F. 217—218° (W.), a) durch Zugabe vorst. Verb. zu äther. Phenyl-Li, 5std. Schütteln, Zugabe von äther. **II**, 15std. Schütteln, 16std. Erhitzen auf 65°, Benzolextraktion des ungelösten Anteiles, Behandlung der benzol. Lsg. mit n-HCl, Einengen u. Ausfällen mit PAe.; 10% ; daneben aus der äther. Lsg. durch Behandeln mit verd. HCl *1.1-Diphenyläthylen* (**III**), $Kp._{16}$ 150—160°; 11% ; b) aus **V** in Eisessig durch Zugabe von 30% ig. H_2O_2 u. kurzes Kochen. — *Äthyl-tris-[o-methoxyphenyl]-phosphoniumjodid,* $C_{23}H_{26}JO_3P$, F. 227—229° (Zers.; A./Ae.), a) aus in Ae. aufgeschlämmten **I** durch 14tägiges Stehen mit überschüssigem CH_3J u. saure Hydrolyse; 69,5% ; b) durch 20std. Erhitzen von **V** mit äther. C_2H_5J auf 85°; 86%. — *Tri-p-tolylphosphin,* F. 145—146° (A.), durch Zutropfen von äther. PCl_3 (0,02 Mol) zu äther. p-Tolyl-Li (0,08 Mol), 24std. Stehen u. Zers. unter Kühlung mit wss. NH_4Cl; 82%. — *Methyltri-p-tolylphosphoniumbromid,* $C_{22}H_{24}BrP$, F. 220,5—222° (Butanol/Ae.), aus vorst. Verb. u. CH_3Br in Bzl. durch 24std. Stehen; 96,5%. — *Tri-p-tolylphosphinoxyd,* F. 144—145° (Bzl./PAe.), aus vorst. Verb. u. Phenyl-Li in Ae. wird durch 3std. Schütteln *Tri-p-tolylphosphinmethylen* dargestellt, das mit äther. **II** 10 Std. geschüttelt u. mit n-HCl zersetzt wird; 81% ; daneben aus der äther. Phase **III**. — *[β-Hydroxy-β-phenyläthyl]-tri-p-tolylphosphoniumtetraphenylborat* (**XIV**), $C_{53}H_{50}BOP$, F. 170 bis 171° (Zers.; Aceton/Ae.), a) durch Zugabe von äther. **IV** zu äther. Tri-p-tolylphosphinmethylen, ½ std. Schütteln, Zers. mit verd. HBr, Aufnehmen des öligen Phosphoniumbromids in A. u. Fällen mit alkohol. Na-Tetraphenylborat; 92% ; b) analog a) durch 7std. Erhitzen auf 65°, Absaugen des unlösl. Anteiles, Waschen mit abs. Ae., Zers. mit verd. HCl, Benzolextraktion des entstandenen *Tri-p-tolylphosphinoxyds* [F. 143—144° (Bzl./PAe.), 12%] u. Zugabe von alkohol. Kalignost zum öligen Rückstand; 61% ; daneben aus der äther. Lsg. 6% *Styrol.* — *Methyl-tris-[p-methoxyphenyl]-phosphoniumbromid,* $C_{22}H_{24}BrO_3P$, F. 214—216° (A./Ae.), durch 24std. Stehen eines äther. Gemisches von Tris-[p-methoxyphenyl]-phosphin u. CH_3Br; 91%. — *Tris-[p-methoxyphenyl]-phosphinoxyd,* $C_{21}H_{21}O_4P$, F. 146—146,5° (Bzl./PAe.); a) aus vorst. Verb. durch 20std. Schütteln mit Phenyl-Li in Ae., Zusatz von äther. **II**, 40std. Schütteln, Absaugen des ungelösten Anteils u. Zers. mit HCl; 51% ; daneben durch Zers. der äther. Lsg. mit n-HCl, Einengen, Aufnehmen des verbleibenden Öles in PAe. u. Chromatographie des PAe.-Auszuges an Al_2O_3 45% **III**; b) aus Tris-[p-methoxyphenyl]-phosphin u. H_2O_2. — *Methyl-tris-[p-methoxyphenyl]-phosphoniumjodid,* F. 218—220° (W.), durch Neutralisation der salzsauren Phasen vorst. Verb. nach a) u. Versetzen mit KJ; 15%. — *[β-Hydroxy-β-phenyläthyl]-tris-[p-methoxyphenyl]-phosphoniumtetraphenylborat,* $C_{53}H_{50}BO_4P$, F. 211 bis 213° (Zers.; Butanol), a) aus dem aus Tris-[p-methoxyphenyl]-phosphinmethylen u. **IV** analog **XIV** dargestellten u. weiteverarbeiteten Betain; 72%; b) durch 16std. Erhitzen des nach a) erhaltenen Betains auf 65°, Absaugen des Rückstandes, Zers. mit HCl u. Benzolextraktion; 68%. — *Methyltriphenoxyphosphoniumjodid,* F. 114—119° (verschlossene Capillare), aus **VII** u. CH_3J in Nitromethan durch 3std. Erhitzen auf 110—120°

im Rohr; äther. Lsg. der Verb. liefert durch Zugabe von äther. Trityl-Na, ½ std. Rühren, Zugabe von **II**, 2tägiges Stehen u. 8std. Erhitzen auf 110° 1,8% **III**. — *Methyltriphenoxyphosphoniumtetrafluoborat*, F. 69° (verschlossene Capillare), aus **VII** u. **VIII** durch 5std. Rühren bei 65° unter N_2; liefert mit K-Phenolat u. **II** in THF, unter N_2 durch ½ std. Schütteln u. 18std. Erhitzen auf 140° **IX**, 20% **III** u. 49% **II**. — *[β-Hydroxy-β.β-diphenyläthyl]-tripiperidinophosphoniumjodid*, $C_{29}H_{43}JN_3OP$, aus Methyltripiperidinophosphoniumjodid (**XV**) u. Phenyl-Li in Ae. durch 2tägiges Schütteln, Zugabe von äther. **II**, 2tägiges Schütteln u. Zers. des Nd. mit 0,3n HJ; beim Erhitzen auf 70—80°/0,05 Torr entstehen **II** u. **XV**. — *Methyltrimorpholinophosphoniumjodid* (**XVI**), $C_{13}H_{27}JN_3 \cdot O_3P$, F. 328—330° (Zers.; A.), durch Zutropfen von CH_3J zu **XI** in Methylenchlorid/Bzl. (1 : 1) bei 0° u. 10std. Stehen; 45%; durch Einrühren der Verb. in Phenyl-Li in THF, Zugabe von **II** u. 18std. Erhitzen auf 75° entstehen 72% **III** (Kp.$_{14}$ 132—136°) u. 12% **II**. — *Methyltrimorpholinophosphoniumtetraphenylborat*, $C_{37}H_{47}BN_3O_3P$, F. 239—240° (Aceton/A.), aus **XVI** mit Kalignost in heißem CH_3OH. — *Trimorpholinophosphinmethylen* (**XII**), durch 4tägiges Schütteln von **XVI** u. Li-Phenyl in Ae.; die Verb. geht mit verd. HJ wieder in **XVI** über (75%); gibt bei 41std. Erhitzen mit **II** auf 70° in Ae. **II**; 88%. — *Trimorpholinophosphinoxyd*, $C_{12}H_{24}N_3O_4P$, F. 187—188° (Cyclohexan), ans **XVI** u. Phenyl-Li in Glykoldimethyläther durch Zugabe von **II** u. 38std. Erhitzen auf 60°; 33%; daneben 80% **III** u. 8% **II**. — *[β-Hydroxy-β-phenyläthyl]-trimorpholinophosphoniumjodid*, $C_{20}H_{33} \cdot JN_3O_4P$, F. 268—270° ($CH_3OH$/A.), durch Zugabe von **IV** zu dem analog vorst. Verb. dargestellten Phosphylen u. 20std. Erhitzen auf 65°; 49%. *Tetraphenylborat*, F. 272 bis 274°, mit Kalignost in heißem CH_3OH. G. KOWOLLIK. 1380□

Untersuchungen über chemische Konstitution und insekticide Aktivität. 11. Mitt. **Darstellung und Eigenschaften von 1.2-Diphenylcyclopropanen.** Masayuki Hamada. (Botyu-Kagaku [Sci. Insect Control] **21.** 22—28. Febr. 1956. Kyoto Univ., Inst. for Chem. Res., Takei Labor.) (Jap.; Auszug: Engl.) — 10. vgl. C. **1961.** 14633; 12. vgl. C. **1961.** 14634.

trans-Benzalacetophenone werden durch Einw. von 99% ig. $N_2H_4 \cdot H_2O$ in *3.5-Diphenyl-Δ²-pyrazoline* übergeführt u. diese bei 200° in Ggw. von KOH zu den entsprechenden *1.2-Diphenylcyclopropanen* pyrolysiert, bei denen es sich, wie ein Vgl. der UV- u. IR-Absorptionsspektren mit denen von früher erhaltenen ähnlichen Verbb. zeigt, um die trans-Verbb. handelt.

Versuche: trans-Benzalacetophenone: *p.p'-Dichlor-* (**II**), F. 156—157°, aus p-Chlorbenzaldehyd u. p-Chloracetophenon in A. u. verd. NaOH bei 15—30° durch 2std. Rk.; 72% (Ausbeute). — *p.p'-Dimethoxy-* (**III**), $C_{17}H_{16}O_3$, F. 101—101,5°, analog **II** aus p-Methoxyacetophenon (**I**) u. Anisaldehyd; gelbliche Prismen; 22%. — *trans-Cinnamyliden-p-methoxyacetophenon* (**IV**), $C_{18}H_{16}O_2$, F. 94,5—95°, analog **III** aus **I** u. Zimtaldehyd; gelbe Nadeln; 64,1%. — Δ²-Pyrazoline: *3.5-Diphenyl-* (**V**), F. 84—85°, aus 4,8 g trans-Benzalacetophenon u. 99% ig. $N_2H_4 \cdot H_2O$ in A. durch 1std. Kochen; 4 g. *1-Acetyl-Deriv.*, $C_{17}H_{16}N_2O$, F. 125—125,5°, durch Einw. von Acetanhydrid; 59%. — *3.5-Bis-[p-chlorphenyl]-* (**VI**), F. 95—97°, analog **V** aus **II**. *1-Acetyl-Deriv.*, $C_{17}H_{14}Cl_2N_2O$, F. 108—109°; 68%. — *3.5-Bis-[p-methoxyphenyl]-* (**VII**), F. 88—90°, analog **V** aus **III**. — *3-[p-Methoxyphenyl]-5-styryl-* (**VIII**), F. 85—87°, analog **V** aus **IV** (verwandelt sich rasch in ein Harz). *1-Acetyl-Deriv.*, $C_{20}H_{20}N_2O_2$, F. 92—93°; 69%. — trans-Cyclopropane: *1.2-Diphenyl-*, $C_{15}H_{14}$, Kp.$_{12}$ 151—154°, aus 8 g **V** u. 0,2 g KOH-Pulver durch 1std. Erhitzen auf 200—205° unter N_2; n_D^{25} 1,5939; 3,8 g. — *1.2-Bis-[p-chlorphenyl]-*, $C_{15}H_{12}Cl_2$, F. 83—83,5°, wie vorst. aus 5 g **VI**; 3,1 g. — *1.2-Bis-[p-methoxyphenyl]-*, $C_{17}H_{18}O_2$, F. 70,5—71°, aus 1 g **VII**; 0,4 g. — *1-[p-Methoxyphenyl]-2-styryl-*, $C_{18}H_{18}O$, F. 70—71°, aus 2,5 g **VIII**; 0,9 g. L. SCHULER. 1810□

Pflanzliche Phospholipoide. 2. Mitt. **Isolierung und Struktur von Glycerophosphorylinosit.** M. Lepage, R. Mumma und A. A. Benson. (J. Amer. chem. Soc. **82.** 3713—15. 20/7. 1960. University Park, Pa., Pennsylvania State Univ., Dep. of Agric. and Biol. Chem. u. Dep. of Chem.) (Engl.) — 1. vgl. C. **1958.** 13474.

Vff. untersuchten die Stellung der Phosphatdiesterbindung in *Phosphatidylinosit* (**I**) pflanzlichen Ursprungs. *Glycerophosphorylinosit* [**II**; *Cyclohexylaminsalz*, $C_{15}H_{32}NO_{11}P$, $[\alpha]_D^{25}$ −14,0° (c = 6 in W., pH 3,5)] wurde chromatograph. an Dowex-2-acetat aus desacylierten Getreidephosphatiden unter Zusatz von ^{32}P-markiertem **II** erhalten u. papierchromatograph. von Glycerophosphat (**III**), Diglycerophosphat u. Glycerylglkyosidsulfonat getrennt. Die Hydrolyse von **II** mit 0,1n HCl bei 100° liefert 35% **III** u. 65% Inositmonophosphat. Das protonenmagnet. Resonanzspektrum des **II**-Heptaacetats ($C_{23}H_{33}O_{18}P$) deutet auf eine axiale Acetoxygruppe u. ähnelt demjenigen von Mesoinosithexaacetat. Für **I** wird daher die Struktur des *1-Phosphatidylmesoinosits* angenommen. H. GOLDNER. 1860□

Potentielle Antikrebsmittel. 21. Mitt. **2-Alkylmercaptocyclopenten-1-carbonsäure und Derivate.** Leonard O. Ross, Leon Goodman und B. R. Baker. (J. org. Chemistry **24.** 1152—54. Aug. 1959. Menlo Park, Calif., Stanford Res. Inst., Dep. of Biol. Sci.) (Engl.) — 20. vgl. C. **1960.** 12319; 22. vgl. C. **1960.** 11642.

Die angenommene Struktur des bei der Rk. von S-Methylisothioharnstoff (**VI**) mit 2-Carbäthoxycyclopentanon (**II**) neben *4-Hydroxy-2-methylmercapto-5.6-trimethylenpyrimidin* (**IV**) entstehenden *N-[2-Methylmercaptocyclopenten-(1)-ylcarbonyl]-harnstoffes* (**I**; vgl. C. **1960.** 5495) konnte bestätigt werden. **I** liefert durch alkal. Hydrolyse *2-Methylmercaptocyclopenten-1-carbonsäure*, die auch durch alkal. Verseifung des aus **II** u. Methylmercaptan (**III**) zugänglichen *2-Methylmercaptocyclopenten-1-carbonsäureäthylester* erhalten werden kann. Die Rk. von **II** mit Äthylmercaptan (**V**) führt nicht zu den Äthylanaloga von **IV** u. **I**, sondern zu *2-Äthylmercaptocyclopenten-1-carbonsäureäthylester*. Die Ggw. von Benzylmercaptidionen bei der Rk. von **VI** mit **II** liefert *N-[2-Benzylmercaptocyclopenten-(1)-yl-carbonyl]-harnstoff*.

Versuche: *2-Methylmercaptocyclopenten-1-carbonsäureäthylester*, $C_9H_{14}O_2S$, F. 68 bis 70° (CH_3OH), durch 4 std. Rühren von **II** mit **III** in konz. HCl bei —5 bis 0° u. Extrahieren mit CH_2Cl_2; 32% (Ausbeute). — *2-Methylmercaptocyclopenten-1-carbonsäure*, $C_7H_{10}O_2S$, F. 234—237° (Zers.; $NaHCO_3$/Eisessig pH 5), a) durch 1½ std. Kochen vorst. Verb. mit KOH u. Zugeben von Eisessig; 14%; b) durch 1 std. Kochen von **I** mit KOH; 19%. — *2-Äthylmercaptocyclopenten-1-carbonsäureäthylester*, $C_{10}H_{16}O_2S$, Kp.$_{0,3}$ 110°, durch 2 std. Rk. von **II** mit **V** in konz. HCl u. Extrahieren mit CH_2Cl_2; n_D^{20} 1,5341; 77%. *Freie Säure*, $C_8H_{12}O_2S$, F. 174—175° ($NaHCO_3$/Eisessig pH 5), durch 1½ std. Kochen des Esters mit NaOH, Extrahieren mit CH_2Cl_2 u. Ansäuern; 6,9%. — *N-[2-Benzylmercaptocyclopenten-(1)-ylcarbonyl]-harnstoff*, $C_{14}H_{16}N_2O_2S$, F. 190—193° (Zers.; CH_3OH), durch Zugeben von Benzylmercaptan u. **II** zu **VI** in KOH, 8 std. Rühren, Rühren mit CH_2Cl_2, Extrahieren mit Methylcellosolve u. Verdünnen mit W.; 2,9%.

E. SCHRÖDER. 2050□

Die Reduktion von Diarylketonen und Diarylmethanolen zu Diarylmethanen. J. Blackwell und W. J. Hickinbottom. (J. chem. Soc. [London] **1961.** 1405—07. März. London, Univ., Queen Mary Coll.) (Engl.)

Substituierte *Diarylmethane* lassen sich durch Red. von Diarylketonen (**A**) u. -methanolen (**B**) mit $LiAlH_4$ u. $AlCl_3$ bequem u. schnell mit Ausbeuten um 90% darstellen.

Versuche: Diphenylmethane, durch Zugeben der äther. Lsg. von 0,1 Mol **A** bzw. **B** (in Einzelfällen SOXHLET-Extraktion) zu 0,35 Mol $AlCl_3$ u. 0,175 Mol $LiAlH_4$ in Ae., ½ std. Kochen, Versetzen mit Äthylacetat, Gießen in 20%ig. H_2SO_4 u. übliche Aufarbeitung; aus **A** wurden dargestellt: *2-Chlor-*, $C_{13}H_{11}Cl$, Kp.$_{10}$ 157°, n_D^{20} 1,5889; 89% (Ausbeute). — *3-Chlor-*, Kp.$_{12}$ 161°, n_D^{20} 1,5867; 90%. — *4-Chlor-*, Kp.$_{11}$ 160°, n_D^{20} 1,5854; 90%. — *2-Brom-*, $C_{13}H_{11}Br$, Kp.$_{16}$ 166—167°, n_D^{20} 1,6100; 91%. — *3-Brom-*, Kp.$_1$ 129—130°, n_D^{20} 1,6056; 90%. — *4-Brom-*, Kp.$_{14}$ 164°, n_D^{20} 1,6045; 90%. — *2-Jod-*, $C_{13}H_{11}J$, Kp.$_{12}$ 177°, n_D^{20} 1,6406; 90%. — *3-Jod-*, Kp.$_{12}$ 181°, n_D^{20} 1,6389; 89%. — *4-Jod-*, F. 43—44°, durch Extraktion; 88%. — *2-Fluor-*, $C_{13}H_{11}F$, Kp.$_{0,2}$ 74°, n_D^{20} 1,5586; 90%. — *3-Fluor-*, Kp.$_{0,2}$ 75°, n_D^{20} 1,5563; 90%. — *3-Methoxy-4'-chlor-*, $C_{14}H_{13}ClO$, Kp.$_{17}$ 198—199°, n_D^{20} 1,5798; 88%. — *2-Brom-4'-chlor-*, $C_{13}H_{10}BrCl$, Kp.$_{0,4}$ 129°, n_D^{20} 1,6138; 90%. — *3-Brom-4'-chlor-*, Kp.$_{0,5}$ 132—133°, n_D^{20} 1,6117; 90%. — *4-Chlor-2'-jod-*, $C_{13}H_{10}ClJ$, Kp.$_{0,3}$ 151—152°, n_D^{20} 1,6440; 88%. — *4-Chlor-3'-jod-*, Kp.$_{0,2}$ 150°, n_D^{20} 1,6428; 89%. — *4-Chlor-4'-jod-*, F. 47°, Kp.$_{0,2}$ 148°; 89%. — *4-Chlor-2'-fluor-*, $C_{13}H_{10}ClF$, Kp.$_{0,2}$ 91—92°, n_D^{20} 1,5680; 90%. — Aus **B** wurden erhalten: *2-Methyl-*, Kp.$_{13}$ 141°, n_D^{20} 1,5762; 90%. — *3-Methyl-*, Kp.$_{11}$ 139—140°, n_D^{20} 1,5713; 90%. — *4-Methyl-*, Kp.$_{11}$ 140°, n_D^{20} 1,5692; 89%. — *2-Methoxy-*, $C_{14}H_{14}O$, F. 30—31°, Kp.$_{11}$ 162°, durch Extraktion; 90%. — *3-Methoxy-*, Kp.$_{13}$ 165°, n_D^{20} 1,5763; 91%. — *4-Methoxy-*, Kp.$_{13}$ 166°, n_D^{20} 1,5758; 90%. — *3-Hydroxy-*, $C_{13}H_{12}O$, F. 55°, Kp.$_{11}$ 183—184° durch Extraktion; 88%. — *4-Fluor-*, Kp.$_{14}$ 132°, n_D^{20} 1,5552; 90%. — *4'-Chlor-2-methyl-*, $C_{14}H_{13}Cl$, Kp.$_{11}$ 172—173°, n_D^{20} 1,5842; 90%. — *4'-Chlor-3-methyl-*, Kp.$_{10}$ 169—170°, n_D^{20} 1,5790; 89%. — *4'-Chlor-4-methyl-*, F. 26—27°, Kp.$_9$ 166—167°, n_D^{20} 1,5840; 90%. — *4'-Chlor-2-methoxy-*, $C_{14}H_{13}ClO$, F. 24—25°, Kp.$_{0,2}$ 115°, n_D^{25} 1,5840; 88%. — *4'-Chlor-4-methoxy-*, Kp.$_{14}$ 191°, n_D^{20} 1,5827; 89%. — *2.4'-Dichlor-*, $C_{13}H_{10}Cl_2$, Kp.$_{11}$ 185°, n_D^{20} 1,5976; 90%. — *3.4'-Dichlor-*, Kp.$_{10}$ 181°, n_D^{20} 1,5954; 89%. — *4.4'-Dichlor-*, F. 56°; 88%. — *4-Brom-4'-chlor-*, $C_{13}H_{10}BrCl$, F. 52°; 88%. — *4'-Chlor-3-fluor-*, $C_{13}H_{10}$·ClF, Kp.$_{30}$ 184—185°, n_D^{20} 1,5669; 89%. — *4-Chlor-4'-fluor-*, Kp.$_{12}$ 159°, n_D^{20} 1,5663; 89%.

HEINZ NESTLER. 2210□

Untersuchungen über chemische Konstitution und insekticide Aktivität. 10. Mitt. **Synthese von 1.1-Bis-[p-chlorphenyl]-2.2-dichlorpropan.** Hirokazu Takahara und Masayuki Hamada. (Botyu-Kagaku [Sci. Insect Control] **21.** 20—22. Febr. 1956.

Kyoto Univ., Inst. for Chem. Res., Takei Labor.) (Engl.) — 8. vgl. Botyu-Kagaku [Sci. Insect. Control] **19.** [1954.] 135; 7. vgl. C. **1956.** 12258.

1.1-Bis-[p-chlorphenyl]-2.2-dichlorpropan wird aus p.p'-DDT durch Rk. mit KOH in Diäthylenglykol, Überführen der entstehenden *Bis-[p-chlorphenyl]-essigsäure* mit $SOCl_2$ in das *Chlorid*, dessen Rk. mit Na-Malonsäurediäthylester, Überführen des Kondens.-Prod. in *α.α-Bis-[p-chlorphenyl]-aceton* u. dessen Rk. mit PCl_5 dargestellt.

Versuche: *Bis-[p-chlorphenyl]-essigsäure*, F. 166—167°, nach GRUMMIT u. Mitarbeitern (Org. Syntheses **26.** [1946.] 22); 75% (Ausbeute). *Chlorid*, durch 3std. Kochen der Säure mit $SOCl_2$ u. Entfernen des überschüssigen $SOCl_2$ durch Dest. mit abs. Bzl.; 90%. — *α.α-Bis-[p-chlorphenyl]-aceton*, $C_{15}H_{12}Cl_2O$, Kp.$_1$ 167—168°, durch 4std. Kochen von Na u. Malonsäurediäthylester in abs. Bzl., Zugabe von vorst. Chlorid in Bzl., mehrstd. Stehen, 9std. Kochen, Entfernen des Lsgm., 18std. Kochen mit 6n HCl u. Dest.; gelbes Öl; 40%. *Oxim*, $C_{15}H_{13}Cl_2NO$, F. 170—171°, durch 20 Min. langes Kochen des Acetons mit $NH_2OH \cdot HCl$ u. K_2CO_3 in 80%ig. A.; aus 80%ig. A. Nadeln. — *1.1-Bis-[p-chlorphenyl]-2.2-dichlorpropan*, $C_{15}H_{12}Cl_4$, Kp.$_{1,8}$ 185—195°, durch 3std. Erhitzen vorst. Verb. mit PCl_5 auf 150—170°, Dest. u. Chromatographie in n-Hexan an Al_2O_3.
L. SCHULER. 2210□

Untersuchungen über chemische Konstitution und insekticide Aktivität. 12. Mitt. **Darstellung und Toxizität von o.p'- und m.p'-DDT.** Masayuki Hamada und Sumio Nagasawa. (Botyo-Kagaku [Sci. Insect Control] **21.** 50—53. Mai 1956.) (Jap.; Auszug: Engl.) — 11. vgl. C. **1961.** 14632; 10. vgl. vorst. Referat.

o- (**I**) u. *m-Chlorphenyltrichlormethylcarbinol* (**II**) werden aus o- (**III**) bzw. m-Chlorbenzaldehyd (**IV**), Chlf. u. KOH oder aus o- (**V**) bzw. m-Chlorbrombenzol (**VI**) u. Mg u. Rk. der entstehenden GRIGNARD-*Verb.* mit Chloral (**VII**) dargestellt. Durch Kondens. von **I** bzw. **II** mit Chlorbenzol (**VIII**) in Ggw. von H_2SO_4 werden *o.p'-* (**IX**) bzw. *m.p'-DDT* (**X**) erhalten. Diese liefern mit KOH in CH_3OH oder A. die entsprechenden *Äthylene* (**XI** bzw. **XII**), die durch CrO_3 zu den entsprechenden *Dichlorbenzophenonen* oxydiert werden. Lsgg. von **IX** oder **X** bzw. **XI** oder **XII** geben beim Kochen mit KOH in Diäthylenglykol u. W. bei 135—140° die entsprechenden *Diphenylessigsäuren*.

Versuche: Chlorphenyltrichlormethylcarbinole: *o-* (**I**), Kp.$_2$ 155—159°, Kp.$_5$ 165—168°, a) aus **V** durch Rk. mit Mg, Rk. des entstehenden *o-Chlorphenyl-MgBr* mit **VII** in Ae. u. 1std. Kochen; 76% (Ausbeute); b) aus **III**, Chlf. u. KOH-Pulver durch 5std. Rk. bei Raum-Temp.; 17,9%. — *m-* (**II**), Kp.$_2$ 125—128°, a) analog **I** nach a) aus **VI**, Mg u. **VII**; 59%; b) analog **I** nach b) aus **IV**; sehr niedrige Ausbeute. — 1-[p-Chlorphenyl]-2.2.2-trichloräthane: *1-[o-Chlorphenyl]-* (*o.p'-DDT*; **IX**), $C_{14}H_9Cl_5$, F. 73,5 bis 74° (CH_3OH), aus 20 g **I** u. 10 g **VIII** durch Rühren, Zugabe von 3 g rauchender u. 50 g konz. H_2SO_4 u. 6std. Rk. bei 10—20°; 44%. — *1-[m-Chlorphenyl]-*, (*m.p'-DTT*; **X**), $C_{14}H_9Cl_5$, Kp.$_1$ 182—185°, analog **IX** aus 52 g **II**, 34 g **VIII**, 50 cm³ 98%ig. u. 50 cm³ 104%ig. H_2SO_4; gelbes Öl; 37%. — 1-[p-Chlorphenyl]-2.2-dichloräthylene: *1-[o-Chlorphenyl]-* (**XI**), F. 79—79,5° aus 10 g **IX** u. 100 cm³ 5%ig. KOH in A. durch 2std. Rk.; 72%. — *1-[m-Chlorphenyl]-* (**XII**), Kp.$_4$ 163—165°, aus **X** analog **XI**; 78%. — 1-[p-Chlorphenyl]-essigsäuren: *1-[o-Chlorphenyl]-*, $C_{14}H_{10}Cl_2O_2$, F. 104,5—105°, aus 2 g **IX** in 25 cm³ Diäthylenglykol bei 100° durch Zugabe von 3 g KOH u. 2 g W. u. 5std. Erhitzen auf 135—140°; 0,9 g. *Anilid* (über das *Chlorid*), F. 204—205°. — *1-[m-Chlorphenyl]-*, aus **X** analog vorst. Verb.; Öl. *Anilid*, $C_{20}H_{15}Cl_2NO$, F. 199—200°. — Dichlorbenzophenone: *o.p'-*, F. 64,5—65°, a) aus 3 g **XI** u. 2,5 g CrO_3 in Eisessig; b) aus o-Chlorbenzoylchlorid u. **VIII** in Ggw. von $AlCl_3$. *2.4-Dinitrophenylhydrazon*, F. 227—229°. — *m.p'-*, $C_{13}H_8Cl_2O$, F. 112—112,5°, analog vorst. Verb. aus **XII**. *2.4-Dinitrophenylhydrazon*, F. 256—258°. — Die insekticide Wrkg. von **IX** u. **X** gegen *Musca domestica vicina* Macq. wird mit der von p.p'-DDT verglichen. L. SCHULER. 2210

Kondensation von 1.1.1-Trichlorisopropylalkohol mit Benzol. L. F. Golowjaschkina und I. P. Zukerwanik. (Доклады Академии Наук УзССР [Ber. Akad. Wiss. UsbekSSR] **1958.** Nr. 2. 31—33. Mittelasiat. Lenin-Univ.) (Russ.; Auszug: Usbek.)

Die Kondens. von *α.α.α*-Trichlorisopropylalkohol mit Bzl. in Ggw. von überschüssigem $AlCl_3$ bei 50—60° liefert 76% *α.α-Diphenylaceton* u. wenig *Diphenylmethan*.

Versuche: *α.α-Diphenylaceton*, F. 61—62°, Kp.$_3$ 130—140°, durch 1¼std. Erhitzen von 4,08 g *α.α.α*-Trichlorisopropylalkohol, 13,4 ml Bzl. u. 6,7 g $AlCl_3$ auf 50—60°; 76,3%. — *Diphenylmethan*, Kp.$_{10}$ 120—121°, aus der Mutterlauge vorst. Verbindung.
P. NEULAND. 2360□

N → O-Benzoylwanderung diastereomerer 1.2-Diphenyl-1-(benzoylamino)-propanole-(3). B. I. Kurtew, N. M. Mollow und A. Ss. Orachowatz. (Известия Академии Наук СССР, Отделение Химических Наук [Nachr. Akad. Wiss. UdSSR, Abt. chem. Wiss.] **1960.** Nr. 8. 1522. Aug. Sofia, Univ.) (Russ.)

Durch Red. von α.β-Diphenyl-β-aminopropionsäure mit $LiAlH_4$ wird das entsprechende *γ-Aminopropanol* erhalten, dessen Benzoylierung ein diastereoisomeres *1.2-Diphenyl-1-[benzoylamino]-propanol-(3)* (I; F. 187—189°) liefert; ein bereits früher dargestelltes diastereoisomeres 1.2-Diphenyl-1-[benzoylamino]-propanol-(3) (II; vgl. MOLLOW u. ORACHOWATZ, Доклады Болгарской Академии Наук [C. R. Acad. bulg. Sci.] **11.** [1958.] 283) hat F. 225—227°). I lagert sich bei 10std. Erhitzen auf 40° in 5,16n alkohol. HCl in *1.2-Diphenyl-1-aminopropanol-(3)-benzoat* um, während die analoge Umlagerung von II erst bei 100° erfolgt. I wird die *threo-*, II die *erythro*-Konfiguration zugeschrieben. Die große Geschw. der N → O-Wanderung in I wird durch die energet. günstige trans-Stellung der benachbarten Phenylgruppen im intermediär gebildeten Methoxazin erklärt.
P. NEULAND. 2520

Durch Alkali ausgelöste Reaktionen des 1-Methyl-1-dichlormethyl-1.2-dihydro-2-oxonaphthalins und verwandter Verbindungen. R. M. Dodson, John R. Lewis, William P. Webb, Ernest Wenkert und R. D. Youssefyeh. (J. Amer. chem. Soc. **83.** 938—43. 20/2. 1961. Ames, Iowa, Iowa State Univ., Dep. of Chem.; Minneapolis, Minn., Univ., School of Chem.) (Engl.) — Vgl. C. **1957.** 5544.

Behandlung von 1-Methyl-1-dichlormethyl-2-oxo-1.2-dihydronaphthalin (I) mit sd. wss. KOH führt zu *o-[α-Methyl-β-chlorvinyl]-cis-zimtsäure* (II) neben wenig *1-Methyl-naphthol-(2)* (III) u. *1-Methylnaphthoesäure-(3)* (IV), mit sd. wss.-alkohol. KOH hauptsächlich zu IV. II läßt sich zur entsprechenden *Hydrozimtsäure* hydrieren u. diese zur *o-Carboxyhydrozimtsäure* oxydieren. Mit konz. H_2SO_4 erleidet II Cyclodehydrierung zu *2-Chlor-3-methyl-4.5-benzotropon*, eine neue Rk. zur Darst. von Troponen. Bei der katalyt. Hydrierung von I entsteht neben *1-Methyl-1-dichlormethyltetralon-(2)* (V) etwas *1-Methyl-1-dichlormethyltetralol-(2)*, das auch durch Red. von V mit $LiAlH_4$-Tri-tert.-butoxyhydrid zugänglich ist. Behandelt man V wie I, so entstehen, jeweils neben Neutralprodd., mit wss.-alkohol. NaOH bzw. K-tert.-Butylat (VI) *1-Methyl-3.4-dihydronaphthoesäure-(3)* (VII), bei höherer A.-Konz. bzw. mit Na-Methylat in Methanol neben VII auch IV, deren Auftreten durch Dehydrierung des VII-Esters erklärt wird. Als Zwischenprod. der Rk. V → VII wird ein chlorhaltiges Cyclobutanon (VIII)-Deriv. angenommen, das durch interne Umlagerung aus dem prim. gebildeten Anion entsteht u. durch solvolyt. Ringöffnung u. HCl-Abspaltung in VII übergeht. Analog liefert 1-Methyl-1-chlormethyl-tetralon-(2) mit VI über ein chlorfreies, ebenfalls instabiles VIII-Deriv., *1-Methyl-1.2.3.4-tetrahydronaphthoesäure-(3)*. Entsprechend wird die Bldg. der Rk.-Prodd. von I durch Basenangriff an der C=O-Gruppe oder β-ständig dazu interpretiert. Bei bas. Behandlung von 2-Methyl-2-dichlormethylcyclohexanon (IX, F. 33—35°) kann das entstehende VIII-Deriv., *2-Methyl-2.6-endo-chlormethylencyclohexanon*, in Form nur eines Isomeren mit äquatorialem Cl isoliert werden.

Versuche: *1-Methylnaphthol-(2)* (III), F. 107—109° (Hexan), aus I a) durch 24std. Kochen in wss. KOH; 18% (Ausbeute); b) durch 7std. Kochen in wss.-alkohol. (1:2) KOH; 4%; jeweils Ansäuern, Ausäthern, Chromatographie an Celite–Kieselsäure mit PAe.–Ae.-Gemischen. Neben III entstanden: *o-[α-Methyl-β-chlorvinyl]-cis-zimtsäure* (II), $C_{12}H_{11}ClO_2$, F. 113—114°, nach a) 20%, nach b) 9%; *Amid*, $C_{12}H_{12}ClNO$, F. 147°, mit $SOCl_2$ u. NH_4OH; Hydrierung (PtO_2, 95%ig. A., 2,7 at, 5 Min.) → 56% *o-[α-Methyl-β-chlorvinyl]-hydrozimtsäure* [$C_{12}H_{13}ClO_2$, F. 79—79,5° (PAe.); Oxydation mit wss.-alkal. $KMnO_4$ bei 30° → 22% *o-Carboxyhydrozimtsäure*, $C_{10}H_{10}O_4$, F. 167—168°]. — *1-Methylnaphthoesäure-(3)* (IV), F. 203—205° (wss. Methanol), nach a) 2%, nach b) 40%. *Methylester*, F. 39—40°. *Amid*, $C_{12}H_{11}NO$, F. 163,5°. — *2-Chlor-3-methyl-4.5-benzotropon*, $C_{12}H_9ClO$, F. 102—103° (wss. Methanol), durch 45 Min. langes Stehen der schwarzen Mischung aus 1,25 g II u. 19 ml konz. H_2SO_4, Eingießen in 285 ml W., 18std. Stehen bei Zimmer-Temp. u. Abfiltrieren des Nd.; 49%. *2.4-Dinitrophenylhydrazon*, $C_{18}H_{13}ClN_4O_4$, F. 230° (Aceton/Methanol). 8std. Kochen mit wss. $KMnO_4$-Lsg. → 11% *Phthalsäure*. — *1-Methyl-1-dichlormethyltetralol-(2)*, $C_{12}H_{14}Cl_2O$, F. 75—76° (Chlf./PAe.), a) neben V bei der Hydrierung von I über 5%ig. Pd-Kohle in A. u. PAe.–Bzn.-Extraktion; 27%; b) durch 2std. Rühren von V mit $LiAlH_4$ in Tetrahydrofuran; 82%; c) durch 2std. Rühren von V mit LiAl-Tri-tert.-butoxyhydrid in Diglyme; 93%. — *1-Methyl-3.4-dihydronaphthoesäure-(3)* (VII), $C_{12}H_{12}O_2$, F. 94,5—95° (PAe.), aus V a) durch 8std. Kochen in wss.-alkohol. (2: 1) 10%ig. NaOH; 81,5%; b) analog aus 3 g V in 4: 5-wss.-alkohol. Lsg.; 1,15 g (daneben 0,65 g IV); c) analog mit Na-Methylat in Methanol (daneben 55% IV); d) durch 24std. Rühren in VI-Lsg.; 27%. *Amid*, $C_{12}H_{13}NO$, F. 146,5—147° (wss. Methanol). 2std. Erhitzen mit S auf 196° bei 25 mm Hg → 88% IV. 4std. Kochen des Methylesters in Na-Methylat-Lsg. → 45% IV. — *1-Methyl-1-chlormethyltetralon-(2)*, durch Hydrierung von 400 mg 1-Methyl-1-chlormethyl-2-oxo-1.2-dihydronaphthalin über 5%ig. Pd-Kohle in A.; 230 mg. *2.4-Dinitrophenylhydrazon*, F. 177—178° (A./Äthyl-acetat). — *1-Methyl-1.2.3.4-tetrahydronaphthoesäure-(3)*, $C_{12}H_{14}O_2$, F. 124—125° (Hexan),

a) durch 8std. Rühren vorst. Verb. in **VI**-Lsg. unter N_2; 37%; b) durch Hydrierung (Pd-Kohle, A.) von **VII**; 94%. — *2-Methyl-2.6-endo-chlormethylencyclohexanon*, $C_8H_{11}ClO$, $Kp._{0,07}$ 45°, durch 24std. Rühren von **IX** in **VI**-Lsg. unter N_2. *Semicarbazon*, $C_9H_{14}ClN_3O$, F. 234—235° (wss. Methanol); 80%. HEINZ NESTLER. 2700□

Über die Acetylierung von aromatischen Kohlenwasserstoffen. 3. Mitt. Acetylierung von Naphthalin nach Friedel-Crafts. Haupteinflüsse auf die Reaktion. Helmi F. Bassilios, Saad M. Makar und Alexan Y. Salem. (Bull. Soc. chim. France **1958.** 1430—36. Nov./Dez. Alexandria, Ägypten, Univ., Fac. de Polytechn.) (Franz.) — 2. vgl. Bull. Soc. chim. France, Mém. [5] **21.** [1954.] 72.

Eine systemat. Unters. zur Darst. von *Acetylnaphthalinen* über den Einfl. des Lsgm., der Konz., der Temp., der Zeit, des acylierenden Agens u. der Durchmischung (ob homogen oder heterogen) wird durchgeführt. In 7 Tabellen werden die Unterss. im Hinblick auf Ausbeute u. Bldg. von α- u. *β-Acetylnaphthalin* niedergelegt. Die Bedingungen für eine gute Ausbeute sind Homogenität des Rk.-Mediums, Temp. von 30° u. ein Verhältnis von 1 Mol Naphthalin: 1 Mol Acetylchlorid: 1,05 Mol $AlCl_3$. Bei 30° u. Chlf. als Lsgm. entstehen 99% α- u. 1% β-Acetylnaphthalin, während bei einer Temp. von 120° u. in Lsgm., die ein hohes Dipolmoment (> 2,45 wie Nitrobenzol) aufweisen, die α- u. β-Form im Verhältnis von 18: 82 entstehen. H. WOLLWEBER. 2700

Eine neue Synthese von cyclischen Diacylperoxyden. Diphenoylperoxyd aus Phenanthrenchinon über ein Phosphoranderivat. Fausto Ramirez, N. B. Desai und R. B. Mitra. (J. Amer. chem. Soc. **83.** 492. 2/2. 1961. Oyster Bay, N.Y., Long Island Center, State Univ. of New York, Dep. of Chem.) (Engl.)

Durch ½std. Stehen von Phenanthrenchinon (**II**) u. Phosphorsäuretrimethylester (**III**; 1: 1) in CH_2Cl_2 bei Raum-Temp., Ozonisierung bei —70° bis zur Aufnahme von 1 Mol O_3 u. Eindampfen bei <20° entsteht *Diphenoylperoxyd* (**I**, $C_{14}H_8O_4$, aus CH_2Cl_2/Methanol Kristalle, die bei ca. 70° explodieren; >50% Ausbeute). Bei der Rk. von **II** mit **III** läßt sich *Trimethoxy-9.10-dihydrophenanthrylen-(9.10)-dioxyphosphoran* (**I**) isolieren, das durch Ozonisierung in 46—50%ig. Ausbeute in **I** übergeht. Eine **I** analoge Verb. aus Benzil u. **III** geht in *Dibenzoylperoxyd* (ca. 37%) über. P. GOLINSKE. 2850□

Die Synthese von 4.12-Dimethyl-[2.2]-metacyclophan. W. S. Lindsay, Peter Stokes, Leslie G. Humber und V. Boekelheide. (J. Amer. chem. Soc. **83.** 943—49. 20/2. 1961. Rochester, N.Y., Univ., Dep. of Chem.) (Engl.)

Die Synth. des zur Überprüfung der HÜCKEL-Regel im Gebiet der mittleren Ringe benötigten *trans-15.16-Dimethyl-15.16-dihydropyren* (**I**) durch Methylierung des nach NEUNHOEFFER u. WOGGEN (C. **1956.** 12546; C. **1957.** 1925) dargestellten Dianions des Pyrens (**II**) gelang nicht: Mit CH_3J entstand *4-Methyl-4.5-dihydropyren*, das sich zu *4-Methylpyren* dehydrieren ließ, u. mit Allylbromid (**III**) *4-Allyl-4.5-dihydropyren*. *4.12-Dimethyl-[2.2]-metacyclophan* (**IV**) als Vorstufe zu **I** bildet sich in 4%ig. Ausbeute neben *2.2'.3.3'-Tetramethylbibenzyl* (**V**) nach MÜLLER u. RÖSCHEISEN (C. **1957.** 9900) durch Rk. von 2.6-Bis-[brommethyl]-toluol (**VI**) mit Na; die Darst. von **VI** geht von 2-Chlor-6-nitrotoluol aus über *2-Chlor-6-aminotoluol* [RANEY-Ni u. Hydrazin; 92% (Ausbeute)], *2-Chlor-6-cyantoluol* (**VII**; SANDMEYER-Rk.; 70%), *2.6-Dicyantoluol*, *2-Methylisophthalsäurediäthylester*, *2.6-Bis-[hydroxymethyl]-toluol* u. dessen Rk. mit HBr. In verbesserter Ausbeute wurde am Beispiel des *[2.2]-Metacyclophans* (**VIII**) der Ringschluß des *3.3'-Bis-[brommethyl]-bibenzyls* erreicht, das von m-Chlor(Brom)-toluol [**IX** (**X**)] aus über *m-Chlor(Brom)-benzylbromid*, dessen Dimerisierung zu *3.3'-Dichlor-(brom)-bibenzyl* [**XI** (**XII**)], *3.3'-Dicyan-*, *3.3'-Dicarboxy-*, *3.3'-Dicarbomethoxy-* u. *3.3'-Bis-[hydroxymethyl]-bibenzyl* dargestellt wird. Analog bildet sich **IV** mit 44% durch Rk. von Na mit *3.3'-Bis-[brommethyl]-2.2'-dimethylbibenzyl* (**XIII**), das in entsprechender Weise aus 2-Chlor-6-aminotoluol (**XIV**) in glatten Rkk. zugänglich ist. Die Vorstufe *3.3'-Bis-[hydroxymethyl]-2.2'-dimethylbibenzyl* (**XV**) läßt sich zu Vgl.-Zwecken zu **V** hydrieren. Die beabsichtigte Überführung von **IV** in **I** lieferte bei Verw. von N-Bromsuccinimid (**XVI**), tert.-Butylhypochlorit, Pb-Tetraacetat, Cumolhydroperoxyd u. CuCl, V_2O_5, H_2O_2, CrO_3 u. SeO_2 nur Ausgangsmaterial oder teerige Gemische.

Versuche (FF. korr.): *4-Methylpyren*, F. 146—147°, durch 3std. Kochen von **II** mit Na in 1.2-Dimethoxyäthan, Zusatz von CH_3J, Chromatographie u. Dehydrierung mit Chloranil in sd. Toluol. — *4-n-Propyl-4.5-dihydropyren*, $C_{19}H_{18}$, $Kp._{10^{-3}}$ 140°, analog vorst. Verb. aus 5 g **II** mit **III** u. Hydrierung an PtO_2 in Eisessig; 0,5 g (Ausbeute). — *2.6-Dicyantoluol*, $C_9H_6N_2$, F. 134—135° (Nadeln aus A.), durch 12std. Erhitzen von 22 g **VII** mit 18 g CuCN u. 13 ml Pyridin auf 240° unter N_2, Eingießen in konz. NH_4OH u. Extraktion mit Bzl.-Ae.; 11,4 g. — *2-Methylisophthalsäure*, F. 228—229°, durch 5std. Kochen vorst. Verb. mit 20%ig. wss. KOH; 87%. *Diäthylester*, $C_{13}H_{16}O_4$, $Kp._1$ 143°, aus der Säure, A., Bzl. u. konz. H_2SO_4 durch 24std. azeotrope Dest.; 96%. — *2.6-Bis-[hydroxymethyl]-toluol*, $C_9H_{12}O_2$, F. 123—124° (Nadeln aus W.), durch Zutropfen vorst.

Esters zu $LiAlH_4$ in Ae. u. 3std. Kochen, Zusatz von Äthylacetat u. Ausschütteln mit verd. H_2SO_4; 97%. — *2.6-Bis-[brommethyl]-toluol* (**VI**), $C_9H_{10}Br_2$, F. 94—95° (n-Hexan), durch ½ std. Erwärmen vorst. Verb. mit 48%ig. HBr auf 50° u. Chromatographie des Prod. an Al_2O_3; 91%. — *m-Chlorbenzylbromid*, F. 15°, Kp.$_{12}$ 110—112°, aus **IX** u. **XVI**; 55%. — *3.3'-Dichlorbibenzyl* (**XI**), $C_{14}H_{12}Cl_2$, F. 50—51° (Ae.), durch Zugabe von $FeCl_3$ zu vorst. Verb. u. Mg in Ae. u. 1std. Kochen; 94%. — *m-Brombenzylbromid*, F. 39—41°, aus **X** u. **XVI** in Ggw. von Dibenzoylperoxyd; 47%. — *3.3'-Dibrombibenzyl* (**XII**), $C_{14}H_{12}Br_2$, F. 65—66°, analog **XI** aus vorst. Verb.; 92%. — *3.3'-Dicyanbibenzyl*, $C_{16}H_{12}N_2$, F. 163,5—164,0° (Bzl.), nach NEWMAN (Org. Syntheses Coll. Vol. **III.** [1955.] 631) a) aus **XI**; 7%; b) aus **XII**; 45%. — *3.3'-Dicarboxybibenzyl*, $C_{16}H_{14}O_4$, F. 264—265° (Bzl.-Aceton), durch 10 Min. langes Kochen vorst. Verb. in verd. (3:4) H_2SO_4; 72%. *Dimethylester*, $C_{18}H_{18}O_4$, F. 81,5—82,5° (Platten aus Methanol), durch 26std. Kochen der Säure mit Methanol u. konz. H_2SO_4; 98%. — *3.3'-Bis-[hydroxymethyl]-bibenzyl*, $C_{16}H_{18}O_2$, F. 58,0—58,5° (Ae.-Methanol), durch Red. vorst. Esters mit $LiAlH_4$ in Ae.; 99%. — *3.3'-Bis-[brommethyl]-bibenzyl*, $C_{16}H_{16}Br_2$, F. 87—88° (Nadeln aus n-Hexan), durch 2std. Kochen analog **VI**; 76%. — *[2.2]-Metacyclophan* (**VIII**), F. 132,5—133,0°, a) durch 4std. Zugeben vorst. Verb. in Tetrahydrofuran (THF) zur Lsg. von Na in Tetraphenyläthylen/THF (3:1) unter N_2 bei ca. —60°, Methanolzusatz, Filtrieren u. Wasserdampf-Dest.; 77%; b) analog aus m-Xylyldibromid; 33%. 18std. Kochen mit 30%ig. Pd/Kohle in Triäthylenglykol (**XVII**) bei 290° → 61% **II**. — *2-Cyan-6-amino-toluol*, F. 95—96° (Tafeln aus Bzl.-Hexan), nach NEWMAN (l. c.) aus **XIV**; 72%. — *2-Cyan-6-bromtoluol*, F. 44—45°, durch SANDMEYER-Rk. aus vorst. Verb.; Nadeln; 88%. — *3-Brom-2-methylbenzoesäure*, $C_8H_7BrO_2$, F. 151—152° (wss. A.), durch 26std. Kochen vorst. Verb. in 20%ig. wss. KOH über das entsprechende *Amid* (F. 166—167°); 85%. *Äthylester*, $C_{10}H_{11}BrO_2$, Kp.$_1$ 112—113°, durch azeotrope Dest. der Säure mit Methanol-Bzl.; 79%. — *2-Brom-6-[hydroxymethyl]-toluol*, C_8H_9BrO, F. 103—104° (Bzl.), durch 2std. Kochen vorst. Esters mit $LiAlH_4$ in Ae.; Tafeln; 91%. — *2-Brom-6-[brommethyl]-toluol*, $C_8H_8Br_2$, F. 31—32°, aus vorst. Verb. analog **VI**; 89%. — *3.3'-Dibrom-2.2'-dimethylbibenzyl*, $C_{16}H_{16}Br_2$, F. 132—133° (n-Hexan), aus vorst. Verb., Mg u. $FeCl_3$ in Ae.; 61%. — *3.3'-Dicarboxy-2.2'-dimethylbibenzyl*, $C_{18}H_{18}O_4$, F. 264—265° (Eisessig), durch 3std. Rühren vorst. Verb. mit n-Butyl-Li in Ae. bei Zimmer-Temp., Zusatz von überschüssigem festem CO_2 u. Gießen in W.; 94%. *Diäthylester*, $C_{22}H_{26}O_4$, F. 77,5—78° (A.), durch 24std. Kochen der Säure mit A. u. konz. H_2SO_4; 86%. — *3.3'-Bis-[hydroxymethyl]-2.2'-dimethylbibenzyl* (**XV**), $C_{18}H_{22}O_2$, F. 158—160° (A.), durch Red. vorst. Esters mit $LiAlH_4$; 90%. — *3.3'-Bis-[brommethyl]-2.2'-dimethylbibenzyl* (**XIII**), $C_{18}H_{20}Br_2$, F. 142 bis 143° (Bzl.-Hexan), analog **VI** aus vorst. Verb. in 36 Std.; Nadeln; 77%. — *4.12-Dimethyl-[2.2]-metacyclophan* (**IV**), $C_{18}H_{20}$, F. 205° (Hexan), a) durch 5std. Zutropfen von **VI** zu Na in sd. Dioxan, 12std. Kochen, Dekantieren, Dest., Wasserdampf-Dest. des Rückstands u. Chromatographie an Al_2O_3 aus n-Pentan; 4%; b) analog der Darst. von **VIII** aus **XIII**; 44%. 4tägiges Kochen mit Pd/Kohle in **XVII** → 1% **II** neben 61% **IV**. — *2.2'.3.3'-Tetramethylbibenzyl* (**V**), $C_{18}H_{22}$, F. 110—111°, a) als Nebenprod. bei der Darst. von **IV** nach a); 1,8%; b) durch Hydrierung von 240 mg **XV** in Eisessig über 10%ig. Pd/Kohle, Eindampfen u. Chromatographie aus n-Pentan an Al_2O_3; 170 mg.

HEINZ NESTLER. 2950 □

Potentielle Antikrebsmittel. 37. Mitt. **Dem Tetramin verwandte monofunktionelle Aziridine.** Elmer J. Reist, Irene G. Junga und B. R. Baker. (J. org. Chemistry **25.** 1673—74. Sept. 1960. Menlo Park, Calif., Stanford Res. Labor., Dep. of Biol. Sci.) (Engl.) — 36. vgl. C. **1961.** 14652; 38. vgl. C. **1961.** 14628.

Durch Rk. von 3.4-Epoxy-3-methylbuten-(1) (**I**) mit Äthylenimin (**II**) entsteht *β-[Aziridinyl-(1)]-α-methyl-α-vinyläthanol* (**III**). Das isomere β-[Aziridinyl-(1)]-β-methyl-β-vinyläthanol konnte gaschromatograph. nicht nachgewiesen werden. Analog **III** wird aus 1.2-Epoxybutan (**IV**) u. **II** *β-[Aziridinyl-(1)]-α-äthyläthanol* (**V**) u. aus 2.3-Epoxybutan (**VI**) u. **II** *β-[Aziridinyl-(1)]-α.β-dimethyläthanol* (**VII**) synthetisiert. **III**, **V** u. **VII** sind gegenüber Sarcom 180, Adenocarcinom 755 u. Leukemia L-1210 (Maus) im Vgl. zum Tetramin (β-[Aziridinyl-(1)]-α-vinyläthanol) unwirksam.

Versuche: *3.4-Epoxy-3-methylbuten-(1)* (**I**), Kp. 78—82°, durch 2—3std. Rk. von Isopren mit N-Bromsuccinimid in W. bei 18—25°, Extrahieren mit Ae., Einengen u. 2std. Rk. mit 30%ig. NaOH bei 10°; n_D^{26} 1,4139; 41% (Ausbeute). — *β-[Aziridinyl-(1)]-α-methyl-α-vinyläthanol* (**III**), $C_7H_{13}NO$, Kp.$_{0,1}$ 40—50°, durch 3std. Rk. von **I** mit **II** in W. bei 15—20°, 16std. Stehen bei Raum-Temp. u. Einengen; n_D^{27} 1,4672; 70%. — *β-[Aziridinyl-(1)]-α-äthyläthanol* (**V**), $C_6H_{13}NO$, Kp.$_{0,1}$ 32—36°, aus **IV** u. **II** analog **III**; n_D^{22} 1,4499; 50%. — *β-[Aziridinyl-(1)]-α.β-dimethyläthanol* (**VII**), $C_6H_{13}NO$, Kp.$_3$ 54 bis 58°, aus **VI** u. **II** analog **III** u. 72std. Stehen bei Raum-Temp.; n_D^{22} 1,4515; 45%.

E. SCHRÖDER. 3030 □

Über 9.10-Dihydroanthracenderivate mit Heterobrückenatomen. Georg Wittig, Erhard Knauss und Konrad Niethammer. (Liebigs Ann. Chem. **630**. 10—18. 17/5. 1960. Heidelberg, Univ., Chem. Inst.) (Dt.) — Vorl. Mitt. vgl. C. **1959**. 112.

Dehydrobenzol [**I**, aus o-Fluorbrombenzol (**XII**) u. Mg in Tetrahydrofuran] läßt sich als reaktionsfreudiges Dienophil mit geeigneten Verbb. zur Synth. von Dihydroanthracen-Derivv. mit O, S oder N als Brückenatom in 9.10-Stellung verwenden, so liefert es mit 2.5-Diphenyl-3.4-benzofuran (**II**, F. 127—128°) *9.10-Diphenyl-9.10-oxidodihydroanthracen* (**XXII**). Dessen Struktur folgt aus der Red. zu *9.10-Diphenylanthracen* (**IV**) mit Zn/Eisessig. 2.5-Diphenyl-3.4-benzothiophen (**III**) ergibt mit **I** neben 14% **IV** 9% *9.10-Diphenyl-9.10-epithiodihydroanthracen*, das bei 212—214° sintert u. bei weiterem Erhitzen unter Abgabe von S in **IV** übergeht. Im Gegensatz zu Dufraisse u. Daniel [1937] gelingt es Vff., **III** mit Maleinsäureanhydrid (**V**) umzusetzen, wobei beim Erhitzen in Bzl. *1.4-Diphenyl-1.4-epithio-1.2.3.4-tetrahydronaphthalindicarbonsäure-(2.3)-anhydrid* (**VI**) entsteht. **VI** liefert beim Kochen mit Methanol/HCl *1.4-Diphenyl-1.4-epithio-1.2.3.4-tetrahydronaphthalindicarbonsäure-(2.3)-dimethylester* (**IX**). **III** ergibt mit Acetylendicarbonsäuredimethylester (**VII**) durch längeres Erhitzen in Xylol *1.4-Diphenylnaphthalindicarbonsäure-(2.3)-dimethylester*, der auch aus **IX** durch Einw. von methanol. NaOH gebildet wird. Die Rk. von **I** mit N-Methylisoindol (**VIII**, F. 90—91,5°) führt zu *9.10-Epimethylaminodihydroanthracen* (**X**) sowie wenig *9-[N-Methyl-N-phenylamino]-anthracen* (**XI**). **X** u. **XI** liefern mit CrO_3 *Anthrachinon* (**XVIII**, F. 283—284°). **XI** entsteht offenbar aus **X**, da bei der Einw. von **XII** u. Mg auf **X** in Tetrahydrofuran **XI** sowie *Anthracen* (**XVII**, F. 138—139°) gebildet wurden. Die Struktur von **XI** wurde durch unabhängige Synth. aus Anthron (**XIII**) u. N-Methylanilin (**XIV**) bewiesen. **X** addiert CH_3J, das entsprechende *Hydroxyd* (**XV**) wird durch sd. W. zersetzt unter Bldg. von 98% *cis-* u. *trans-9-Dimethylamino-10-hydroxydihydroanthracen* (**XVIa** u. **b**). Beide Isomeren ergaben mit HJ u. rotem P **XVII** u. *(CH_3)$_2$NH* (*Pikrat*, F. 154—155°) bzw. durch Oxydation **XVIII**. Die Zers. von **XV** konnte bei 20° reaktionskinet. (durch Titration) verfolgt werden, $k = 1{,}60 \cdot 10^{-4}\,[\text{min}^{-1}]$, die Rk. ist 1. Ordnung, der k-Wert verändert sich durch Erhöhung der $[OH^-]$ nicht. Vff. nehmen an, daß bei der Umwandlung **XV** → **XVI** die Aufsprengung der C—N—C-Brücke der geschwindigkeitsbestimmende Schritt der Rk. ist; ein intermediär auftretendes Carbeniumion erklärt die Bldg. von cis- u. trans-Form, die sich aus ster. Gründen nicht im Verhältnis 1 : 1 bilden können. Die Konfigurationszuordnung wird auf Grund der Löslichkeit (nur **XVIa** ist in verd. HCl unlösl.) u. der IR-Spektren (angegeben zwischen 2 u. 15 μ in KBr), deren quant. Auswertung ein cis-trans-Verhältnis von 10 : 90 ergab, vorgenommen. N-Phenylisoindol (**XIX**, F. 136—138°) ergibt analog **VIII** mit **I** *9-Diphenylaminoanthracen* (**XX**), *9.10-Epiphenylaminodihydroanthracen* (**XXI**) u. **XVII**. **XX** u. **XXI** liefern mit CrO_3 **XVIII**, außerdem läßt sich **XXI** zu *9-Phenylaminoanthracen* isomerisieren.

Versuche: *9.10-Diphenyl-9.10-oxidodihydroanthracen* (**XXII**), $C_{26}H_{18}O$, F. 188 bis 188,5° (Bzl.-Methanol), durch Zugabe von **XII** in Tetrahydrofuran zu Mg, Zugabe einer gesätt. heißen Lsg. von **II** in Tetrahydrofuran u. 1std. Kochen; 85,5% (Ausbeute). Lieferte durch 20minütiges Kochen mit Zn/Eisessig 88% *9.10-Diphenylanthracen* (**IV**), F. 245—247° (Eisessig). — *2.5-Diphenyl-3.4-benzothiophen* (**III**), F. 118—119° (nach Chromatographie, Aceton), aus **II** u. P_2S_5 nach Dufraisse u. Daniel (l. c.); 80% (roh). — *9.10-Diphenyl-9.10-epithiodihydroanthracen*, $C_{26}H_{18}S$, F. 212—214° (Zers.; Cyclohexan), analog **XXII** aus **III**; 9%; daneben 14% **IV** u. 7% *Triphenylen*, F. 188—192° (Cyclohexan). — *1.4-Diphenyl-1.4-epithio-1.2.3.4-tetrahydronaphthalindicarbonsäure-(2.3)-anhydrid* (**VI**), $C_{24}H_{16}O_3S$, F. 237—239° (Zers.; Chlf.), durch 3std. Kochen von **III** mit **V** in Bzl.; 79%. — *1.4-Diphenyl-1.4-epithio-1.2.3.4-tetrahydronaphthalindicarbonsäure-(2.3)-dimethylester* (**IX**), $C_{26}H_{22}O_4S$, F. 203—204° (Bzl.-Cyclohexan), durch 19std. Kochen von **VI** mit HCl-haltigem Methanol. — *1.4-Diphenylnaphthalindicarbonsäure-(2.3)-dimethylester*, $C_{26}H_{20}O_4$, F. 222—223° (Methanol), a) durch Kochen (10 Min.) von **IX** mit methanol. NaOH; b) durch 13std. Kochen von **III** u. **VII**. — *9.10-Epimethylaminodihydroanthracen* (**X**), $C_{15}H_{13}N$, F. 159—160,5° (Essigester), analog **XXII** aus **VIII**; 54%; daneben 0,9% *9-[N-Methyl-N-phenylamino]-anthracen* (**XI**), $C_{21}H_{17}N$, F. 141 bis 142,5° (nach Chromatographie), auch a) durch 14std. Erhitzen von **XIII** u. **XIV** auf 270° u. Chromatographie an Al_2O_3; b) analog **XXII** aus **X** u. Chromatographie; 17%, daneben 9% **XVII**. — *9.10-Epimethylaminodihydroanthracenmethojodid*, $C_{16}H_{16}JN$, F. 129—123° (Zers., bei weiterem Erhitzen aus der Schmelze braune Kristalle vom F. 190 bis 195°), durch kurzes Kochen von **X** mit CH_3J in Ae.; 98%. — *cis-9-Dimethylamino-10-hydroxydihydroanthracen* (**XVIa**), $C_{16}H_{17}NO$, F. 213—214° (gelbliche Nadeln aus Aceton), durch 2std. Schütteln vorst. Verb. mit Ag_2O in W., Filtrieren u. Erhitzen zum Sieden (20 Min.); 10%; aus den Mutterlaugen *trans-Verb.* (**XVIb**), $C_{16}H_{17}NO$, F. 134—135° (Cyclohexan). — *9.10-Epiphenylaminodihydroanthracen* (**XXI**), $C_{20}H_{15}N$,

F. 206—206,5° (Bzl. u. Methanol), a) analog **XXII** aus **XIX** u. Chromatographie an Al_2O_3; 11%; daneben 17% *9-Diphenylaminoanthracen* (**XX**), $C_{26}H_{19}N$, F. 233—234° (grünliche Kristalle aus Bzl.), sowie 5% **XVII**; b) durch 1 std. Kochen von **XIII** mit Anilin in Ggw. von J_2; 35%. Lieferte durch kurzes Kochen in Eisessig *9-Phenylaminoanthracen*, F. 202 bis 203° (grünliche Kristalle). B. GNAUCK. 3050 □

Über neue Jonone. Michel Sy. (C. R. hebd. Séances Acad. Sci. **243.** 1772—74. 26/11. 1956.) (Franz.) — Vgl. C. **1958.** 8492.

In Fortsetzung der Arbeiten von HIBBERT u. CANNON [1924] sowie von POPE u. BOGERT [1937] werden „*Pseudojonone*" (Pseudojonone, deren ω-CH_3-Gruppe durch einen anderen Rest ersetzt ist) aus Citral (I) u. Ketonen mit tert.-Butyl-, Cyclohexyl- u. Thienylgruppen, z. B. aus tert.-Butylmethylketon (**II**), 1-Acetyl-4-cyclohexylbenzol (**III**), 2-Acetylthiophen (**IV**), 2-Acetyl-5-tert.-butylthiophen (**V**) u. 2-Acetyl-5-benzylthiophen (**VI**) in alkal. Medium dargestellt u. mit 85% ig. H_3PO_4 in 60—70% ig. Ausbeute zu den entsprechenden „Jononen" cyclisiert, die fast alle intensiven Veilchengeruch besitzen. Der Vers., I mit 2-Phenacetylthiophen oder 2-Phenylpropionylthiophen zu kondensieren, gelang nicht.

Versuche: *2-Methyl-2-citrylidenacetylpropan* (**VII**), $C_{16}H_{26}O$, Kp.$_9$ 175—179°, aus **II**, **I** u. 30% ig. NaOH durch 1 std. Erhitzen auf 100°, 48 std. Stehen bei Raum-Temp., Ansäuern mit verd. CH_3COOH u. Chlf.-Extraktion; bernsteingelbes Öl; 68% (Ausbeute). — *2-Methyl-2-[α-cyclocitrylidenacetyl]-propan* (**VIII**), $C_{16}H_{26}O$, Kp.$_9$ 157—160°, aus **VII** durch Zutropfen zu 85% ig. H_3PO_4 bei $<50°$, 24 std. Stehen bei Raum-Temp. u. Chlf.-Extraktion; hellgelbes Öl mit Veilchengeruch; 66%. — *2-Citrylidenacetylthiophen*, $C_{16}H_{20}OS$, Kp.$_{19}$ 321—234°, aus **IV** u. **I** analog **VII**; hellgelbes Öl; n_D^{19} 1,5945; 60%. — *2-[α-Cyclocitrylidenacetyl]-thiophen*, $C_{16}H_{20}OS$, Kp.$_{20}$ 219—221°, aus vorst. Verb. analog **VIII**; hellgelbes Öl; 65%. — *2-Citrylidenacetyl-5-tert.-butylthiophen*, $C_{20}H_{28}OS$, Kp.$_{13}$ 265—269°, aus **V** u. **I** analog **VII**; 67%. — *2-[α-Cyclocitrylidenacetyl]-5-tert.-butylthiophen*, $C_{20}H_{28}OS$, Kp.$_{13}$ 254—258°, aus vorst. Verb. analog **VIII**; hellgelbes Öl mit Zedernholzgeruch; 60%. — *2-Citrylidenacetyl-5-benzylthiophen*, $C_{23}H_{26}OS$, Kp.$_{0,4}$ 237—242°, aus **VI** u. **I** analog **VII**; 65%. — *2-[α-Cyclocitrylidenacetyl]-5-benzylthiophen*, $C_{23}H_{26}OS$, Kp.$_{0,4}$ 229—231°, aus vorst. Verb. analog **VIII**; hellgelbes Öl von wenig angenehmen Geruch; 61%. — *1-Citrylidenacetyl-4-cyclohexylbenzol*, $C_{24}H_{31}O$, Kp.$_{0,6}$ 235—245°, aus **III** u. **I** analog **VII**. — *1-[α-Cyclocitrylidenacetyl]-4-cyclohexylbenzol*, $C_{24}H_{31}O$, Kp.$_{0,7}$ 222—229°, aus vorst. Verb. analog **VIII**.

L. JOHANNSEN. 3071 □

Heterocyclische Verbindungen. 8. Mitt. 2-[Thenoyl-(2)-1]-naphthoesäure und 1-[Thenoyl-(2)]-2-naphthoesäure. Milton C. Kloetzel, William King, William J. Wasserman, Charles K. Warren und Per A. Larssen. (J. org. Chemistry **26.** 607—08. Febr. 1961. Los Angeles, Calif., Univ. of Southern California, Dep. of Chem.) (Engl.) — 7. vgl. C. **1960.** 11300.

1-[Thenoyl-(2)]-2-naphthoesäure wird durch 2 std. Erwärmen von 1.2-Naphthalsäureanhydrid (I) mit Thiophen in CS_2 in Ggw. von $AlCl_3$ synthetisiert. Zur Darst. von *2-[Thenoyl-(2)]-1-naphthoesäure* (**II**) wird 2-Acetylaminonaphthalin-1-sulfonsäure (**III**) in *2-Acetylamino-1-bromnaphthalin* umgewandelt, aus dem über *1-Brom-2-naphthoylchlorid 1-Brom-2-[theonyl-(2)]-naphthalin* (**IV**) erhalten wird. Rk. von **IV** mit CuCN u. Hydrolyse des *2-[Thenoyl-(2)]-1-naphthonitrils* liefern schließlich **II**.

Versuche: *2-Acetylaminonaphthalin-1-sulfonsäure* (**III**), *Pyridinsalz*, $C_{17}H_{16}N_2O_4S$, F. 135—136° (A.), durch mehrstd. Stehen von 2-Aminonaphthalin-1-sulfonsäure (**V**) mit Acetanhydrid/Pyridin bei Raum-Temp. u. Suspendieren des Nd. in Aceton; 64% (Ausbeute). *Freie* **III**, $C_{12}H_{11}NO_4S$, durch 1 std. Kochen von **V** mit Acetanhydrid/Pyridin u. Ansäuern; 63%. — *2-Acetylamino-1-chlornaphthalin*, F. 146—147° (abs. A.), aus **III** in W. mit Chlorwasser in 10 Min.; 85%. — *2-Acetylamino-1-jodnaphthalin*, F. 163° (abs. A.), durch Rk. von JCl in verd. Essigsäure mit **III**-Pyridinsalz in W.; 80%. — *2-Acetylamino-1-bromnaphthalin*, F. 140—141° (abs. A.), aus **III** in W. mit Br_2 in verd. Essigsäure; Nadeln. — *1-Brom-2-[thenoyl-(2)]-naphthalin* (**IV**), $C_{15}H_9BrOS$, F. 95—96° (A.), durch Hydrolyse vorst. Verb., Umwandlung in *1-Brom-2-naphthoesäure*, 24 std. Kochen mit $SOCl_2$, 2 std. Rk. des *1-Brom-2-naphthoylchlorids* (95%) mit Thiophen u. $SnCl_4$ in Bzl. bei 10° u. Hydrolyse mit verd. HCl; 83%. *Oxim*, $C_{15}H_{10}BrNOS$, F. 191—192° (A.). — *2-[Thenoyl-(2)]-1-naphthonitril*, $C_{16}H_9NOS$, F. 131,5—132,5° (wss. A. oder Bzl./PAe.), durch 16 std. Kochen von 5 g **IV** mit CuCN in Pyridin unter N_2, Zugeben von W. u. Extrahieren mit Ae.; 2,6 g. — *2-[Thenoyl-(2)]-1-naphthoesäure* (**II**), F. 155—157° (Essigsäure), durch 6 tägiges Kochen vorst. Verb. mit verd. H_2SO_4 in A., Einengen u. Extrahieren mit Bzl.; 62%. — *1-[Thenoyl-(2)]-2-naphthoesäure*, F. 220—222°, durch 2½ std. Kochen von I mit Thiophen u. $AlCl_3$ in CS_2; 27%. E. SCHRÖDER. 3071 □

Halogenierung mit in Tetrachlorkohlenstoff löslichen Bromhydantoinen. Orfeo O. Orazi, Renee A. Corral und Julio Bonafede. (An. Asoc. quím. argent. **43.** 98—100. Juni 1955.) (Span.)

Vorl. Mitt. zu den C. **1959.** 4142 referierten Arbeiten. H. R. Schütte. 3122 □

Neue Dipeptide des Histidins. Friedhelm Schneider. (Hoppe-Seyler's Z. physiol. Chem. **320.** 82—91. 31/8. 1960. Tübingen, Univ., Physiolog.-Chem. Inst.) (Dt.)

Unter Anwendung der Carbobenzoxy(Cbo)-Azid-Meth., der Meth. der gemischten Anhydride, der Meth. nach Sheehan u. Hess (C. **1955.** 10486) sowie mit Hilfe von akt. Estern wurden die folgenden *histidylhaltigen Dipeptide* synthetisiert: *L-Histidyl-L-serin, L-Histidyl-L-glutaminsäure, L-Histidyl-L-asparaginsäure, L-Histidyl-DL-tryptophan, L-Histidyl-L-leucinmethylesterdihydrochlorid, L-Histidyl-L-leucinamiddihydrochlorid, L-Glutamyl-L-histidin.* Weiterhin werden die *Cbo-Verbb.* von *L-Glutaminyl-L-histidin, L-Histidyl-S-benzyl-L-cystein* u. *S-Benzyl-L-cysteinyl-L-histidin* beschrieben. Alle Zwischen- u. Endprodd. wurden im Syst. Butanol/Eisessig/W. 4:1:1 oder Pyridin/W. 65:35 chromatograph. auf Reinheit geprüft.

Versuche: Hydrochloride (nach bekannten Verff.): *Glycinäthylester-*, F. 144°. — *L-Leucinmethylester-*, F. 145—146°. — *L-Histidinmethylester* (**I**)-*di-*, F. 199—200°. — *L-Glutaminsäurediäthylester* (**II**)-, F. 104—106°. — *L-Glutaminsäure-γ-methylester-*, F. 161°. — *L-Asparaginsäurediäthylester-*, F. 109—110°. — *DL-Tryptophanmethylester-*, F. 225—227°. — *S-Benzyl-L-cysteinmethylester-*, F. 151—153°. — *L-Serinmethylester-*, F. 165—166°. — *DL-Serinmethylester-*, F. 114—115°. — *Cbo-L-histidinhydrazid*, F. 173 bis 175° (W.), aus **I**-Dihydrochlorid u. Cbo-Chlorid über *Cbo-L-histidinmethylester* mit 100%ig. Hydrazinhydrat (**VIII**); 55% (Ausbeute). — *Cbo-L-histidyl-L-glutaminsäurediäthylester* (**III**), $C_{23}H_{30}N_4O_7$, F. 145—147° (A.), aus vorst. Verb. durch 5 Min. langes Schütteln mit 2n HCl u. $NaNO_2$ bei —5°, Extraktion des *Azids* mit Essigester u. 24std. Stehen mit **II** (aus dem Hydrochlorid mit K_2CO_3) in Essigester/Ae. bei 0° u. 2 Std. lang bei Zimmer-Temp.; 82%. — Analog aus den entsprechenden Estern: *Cbo-L-histidyl-L-leucinmethylester* (**IV**), $C_{21}H_{28}N_4O_5$, F. 126—128° (Aceton/W.); 80%. — *Cbo-L-histidyl-L-asparaginsäurediäthylester*, $C_{22}H_{28}N_4O_7$, F. 140—142° (A.); 76%. — *Cbo-L-histidyl-L-serinmethylester*, $C_{18}H_{22}N_4O_6$, F. 140—142° (A.); 75%. — *Cbo-L-histidyl-DL-serinmethylester*, $C_{18}H_{22}\cdot N_4O_6$, F. 130—133° (A.); 60%. — *Cbo-L-histidyl-DL-tryptophanmethylester*, $C_{26}H_{27}N_5O_5$, F. 163—164° (A./Ae.); 45%. — *Cbo-L-histidyl-S-benzyl-L-cysteinmethylester*, $C_{25}H_{28}\cdot N_4O_5S$, F. 116—118° (A.); 76%. — *Cbo-L-histidyl-L-leucinamid*, $C_{20}H_{27}N_5O_4$, F. 188 bis 189° (Aceton), aus **IV** mit NH_3 in Methanol in 3 Tagen bei Zimmer-Temp.; 90%. — Analog: *Cbo-L-histidyl-DL-tryptophanamid*, $C_{25}H_{26}N_6O_4$, F. 195—197° (Methanol/Ae.); 80%. — *Cbo-L-glutamyl-γ-methylester-L-histidinmethylester* (**V**), $C_{21}H_{26}N_4O_7$, F. 154 bis 155° (A.), aus Cbo-L-glutaminsäure-γ-methylester durch 15 Min. langes Stehen mit Triäthylamin u. Chlorameisensäureäthylester in Chlf. bei —5°, Zugabe von **I**-Dihydrochlorid u. Triäthylamin u. 1std. Rühren bei 0°; 70%. — *Cbo-L-glutamincyanmethylester*, $C_{15}H_{17}N_3O_5$, F. 135° (Essigester-PAe.), aus Cbo-L-glutamin mit Chloracetonitril u. Triäthylamin u. 2 Std. lang bei 50—70°; 80%. — *Cbo-L-glutaminyl-L-histidinmethylester*, $C_{20}H_{25}N_5O_6$ F. 190—191° (W.), aus vorst. Verb. u. **I** in Acetonitril in 48 Std. bei Zimmer-Temp.; 60%. — *N-Cbo-S-benzyl-L-cysteinyl-L-histidinmethylester* (**VI**), $C_{25}H_{28}N_4O_5S$, F. 138—140° (A.-Ae.), aus N-Cbo-S-benzyl-L-cystein u. **I** mit Dicyclohexylcarbodiimid in Methylenchlorid durch Stehen bei —10° über Nacht u. 1 Tag lang bei Zimmer-Temp.; 60%. — *Cbo-L-histidyl-L-leucinhydrazid*, $C_{20}H_{28}N_6O_4$, F. 177—178° (A.), aus **IV** u. **VIII** in abs. A. in 24 Std. bei Zimmertemperatur. — *Cbo-L-seryl-L-histidinhydrazid*, $C_{17}H_{22}N_6O_5$, F. 184—186° (W.), aus Cbo-L-serinhydrazid über das *Azid* durch Stehen mit **I** in Chlf. über Nacht, Zugabe von **VIII** in Methanol u. Stehen über Nacht. — *L-Histidinhydrazid*, $C_6H_{11}N_5O$, F. 119—121° (Methanol/Ae.), aus **I** mit **VIII** in abs. Methanol in 3 Tagen bei Zimmertemperatur. — Analog: *Cbo-L-histidyl-L-histidinhydrazid*, $C_{20}H_{24}N_8O_4$, F. 148—150° (A.). — *Cbo-L-histidyl-L-serinhydrazid*, $C_{17}H_{22}N_6O_5$, F. 195—197° (W.). — *Cbo-L-glutaminyl-L-histidinhydrazid*, $C_{19}H_{25}N_7O_5$, F. 189—192° (A.). — *Cbo-L-histidyl-DL-tryptophanhydrazid*, $C_{25}H_{27}N_7O_4$, F. 114—115° (W.). — *Cbo-L-histidyl-L-glutaminsäure*, $C_{19}H_{22}N_4O_7$, F. 169 bis 171° (W.), aus **III** mit 4n NaOH in Dioxan in 1 Std. bei Zimmer-Temp.; 65%. — *N-Cbo-S-benzyl-L-cysteinyl-L-histidin*, $C_{24}H_{26}N_4O_5S$, F. 149—152° (A.), aus **VI** mit 1n NaOH in Methanol in 10 Min. bei Zimmer-Temp.; 70%. — Analog durch Verseifung der entsprechenden Ester mit der äquivalenten Menge NaOH in Methanol/W. oder Dioxan/W.: *Cbo-L-histidyl-L-asparaginsäure*, $C_{18}H_{20}N_4O_7$, F. 222° (W.); 72%. — *Cbo-L-histidyl-L-serin* (**VII**), $C_{17}H_{20}N_4O_6$, F. 202—204° (W.); 67%. — *Cbo-L-histidyl-S-benzyl-L-cystein*, $C_{24}H_{26}\cdot N_4O_5S$, F. 191—192° (A.); 65%. — *Cbo-L-histidyl-DL-tryptophan*, $C_{25}H_{25}N_5O_5$, F. 172 bis 175° (A.); 70%. — *Cbo-L-glutaminyl-L-histidin*, $C_{19}H_{23}N_5O_6$, F. 191—193° (A.); 55%. — *L-Histidyl-L-serin*, $C_9H_{14}N_4O_4$, F. 140—142° (W./A.), aus **VII** durch 2std. Hydrierung an 10% ig. Pd/Kohle in W./Methanol/Essigsäure 20:10:0,5. — Analog: *L-Histidyl-L-glutaminsäure*, $C_{11}H_{16}N_4O_5$, F. 219—220°. — *L-Histidyl-L-asparaginsäure*, $C_{10}H_{14}N_4O_5 \cdot H_2O$, F. 140—141°. — *L-Histidyl-DL-tryptophan*, $C_{17}H_{19}N_5O_3 \cdot H_2O$, F. > 160° (unscharf), ohne Säurezusatz bei der Hydrierung. — *L-Histidyl-L-leucinmethylesterdihydrochlorid*, $C_{13}H_{22}N_4O_3 \cdot 2HCl$, F. 132—135° (Zers.; Methanol/Ae.), amorph. — *L-Histidyl-L-leucinamiddihydrochlorid*, $C_{12}H_{21}N_5O_2 \cdot 2HCl$, F. 195—200° (Zers.; Methanol/Ae.), amorph. — *L-Glutamyl-L-histidin*, $C_{11}H_{16}N_4O_5$, F. 177—178° (W./A.), aus **V** mit konz. HCl in 70 Min. bei 37°. K. PREUSS. 3122□

Tripeptide des Histidins. Friedhelm Schneider. (Hoppe-Seyler's Z. physiol. Chem. **321**. 38—48. 22/11. 1960.) (Dt.)

Analog den Dipeptiden des Histidins (vgl. vorst. Ref.) wurden die folgenden Tripeptide mit vorwiegend mittelständigem Histidylrest synthetisiert: *Glycyl-L-histidyl-L-leucin, Glycyl-L-histidyl-L-leucinamid, Glycyl-L-histidyl-L-glutaminsäure, L-Seryl-L-histidyl-L-leucin, O-Acetyl-DL-seryl-L-histidyl-L-leucinamid, L-Glutaminyl-L-histidyl-L-leucinamid, L-Histidylglycylglycin, L-Histidylglycylglycinäthylester*. Weiterhin wird die Synth. von *N-Carbobenzoxy(Cbo)-S-Benzyl-L-cysteinylglycylglycyl-L-histidinmethylester* beschrieben. Alle Zwischen- u. Endprodd. wurden im Syst. Butanol/Eisessig/W. 4:1:1 oder Pyridin/W. 65:35 chromatograph. auf Reinheit geprüft u. ihre R_F-Werte bestimmt.

Versuche: *Cbo-glycinhydrazid*, F. 115—116°, aus 13 g Glycinäthylesterhydrochlorid (**VII**) u. Cbo-Chlorid über den *Cbo-glycinäthylester* mit 100% ig. Hydrazinhydrat (**V**) in abs. A.; 10 g (Ausbeute). — *Cbo-glycyl-L-histidinhydrazid* (**I**), F. 204—205° (A.), a) aus 12 g vorst. Verb. über das *Azid* mit L-Histidinmethylester in Chlf. durch 24 std. Stehen bei Zimmer-Temp., Zugabe von **V** in Methanol u. Stehen über Nacht; 10 g; b) aus 8,4 g Cbo-glycin, Triäthylamin u. Chlorameisensäureäthylester (**VI**) mit L-Histidinmethylester in Chlf. bei —5° durch 15 Min. langes Rühren im Eisbad, dann über Nacht bei Zimmer-Temp., Zugabe von **V** in Methanol u. Stehen über Nacht; 6 g. — *Cbo-glycyl-L-histidyl-L-leucinmethylester* (**II**), $C_{23}H_{31}N_5O_6$, F. 187—188° (W.), aus **I** über das *Azid* mit L-Leucinmethylester in Chlf. in 24 Std. bei Zimmer-Temp.; 60%. — *Cbo-glycyl-L-histidyl-L-leucinamid*, $C_{22}H_{30}N_6O_5$, F. 232—233° (W.), aus vorst. Verb. mit NH_3 in Methanol in 4 Tagen bei Zimmer-Temp.; 90%. — *Glycyl-L-histidyl-L-leucinamid-acetat*, $C_{14}H_{24}N_6O_3 \cdot CH_3COOH$, F. 168—170° (A.), aus vorst. Verb. durch 3 std. Hydrierung an Pd/Kohle in W./Methanol/Eisessig 10:60:1; 60%. — *Cbo-glycyl-L-histidyl-L-leucin*, $C_{22}H_{29}N_5O_6$, F. 185—187° (W.), aus **II** mit 1n NaOH in Dioxan in 50 Min. bei Zimmer-Temp.; 87%. — *Glycyl-L-histidyl-L-leucin*, $C_{14}H_{23}N_5O_4 \cdot H_2O$, F. 240—242° (W./A.), aus vorst. Verb. durch Hydrierung an Pd in W./Methanol/Eisessig 30:60:2; 80%. — *Cbo-glycyl-L-histidyl-L-glutaminsäurediäthylester*, $C_{25}H_{33}N_5O_8$, F. 168—169° (A.), aus **I** über das *Azid* mit L-Glutaminsäurediäthylester in Chlf.; 50%. — *Cbo-glycyl-L-histidyl-L-glutaminsäure*, $C_{21}H_{25}N_5O_8$, F. 208—210° (Methanol), aus vorst. Verb. mit 2n NaOH in Dioxan in 1 Std. bei Zimmer-Temp.; 60%. — *Glycyl-L-histidyl-L-glutaminsäure*, $C_{13}H_{29}N_5O_6 \cdot H_2O$, F. 203—205°, aus vorst. Verb. durch 4 std. Hydrierung in W./Methanol/Eisessig 10:30:0,3; aus W./A. Nadeln; 62%. — *Cbo-L-serinhydrazid* (**III**), F. 178—180°, aus 3,2 g L-Serin über den *Methylester* durch Rk. mit Cbo-Chlorid zu *Cbo-L-serinmethylester* (Öl) u. Rk. mit **V** in abs. A.; 3,2 g. — *Cbo-L-seryl-L-histidyl-L-leucinmethylester*, $C_{24}H_{33}N_5O_7$, F. 148—150° (W.), aus vorst. Verb. über das *Azid* mit L-Histidyl-L-leucinmethylesterdihydrochlorid in Ggw. von Triäthylamin in Chlf. in 48 Std. bei Zimmer-Temp.; 35%. — *Cbo-L-seryl-L-histidyl-L-leucin*, $C_{23}H_{31}N_5O_7$, F. 192—194° (W.), aus **III** über das *Azid* in Essigester mit L-Histidyl-L-leucin (**VIII**) in Ggw. von Triäthylamin in W. durch 48 std. Rühren bei 4°; 60%. Daneben *4-Cbo-aminooxazolidon-(2)*, F. 169—170°. — *L-Seryl-L-histidyl-L-leucin*, $C_{15}H_{25}N_5O_5$, F. 220—223° (W./A.), aus vorst. Verb. in fl. NH_3 mit Na u. dann Dowex-50 (NH_4^+-Form); 30%. *Dihydrochlorid*, $C_{15}H_{25}N_5O_5 \cdot 2HCl$, kein scharfer F., aus dem Cbo-Tripeptid mit 12n HCl (70 Min. lang bei 37°). — *Cbo-DL-seryl-L-histidyl-L-leucinamid*, $C_{23}H_{32}N_6O_6$, F. 183 bis 185° (W.), aus Cbo-DL-serinhydrazid über das *Azid* in Chlf. mit L-Histidyl-L-leucinamid in Dimethylformamid in der Kälte u. dann 1 Tag bei Zimmer-Temp.; amorph; 30%. — *O-Acetyl-DL-seryl-L-histidyl-L-leucinamiddihydrobromid*, $C_{17}H_{28}N_6O_5 \cdot 2HBr$, F. 176 bis 177° (A.), aus vorst. Verb. mit 2n HBr/Eisessig in 70 Min. bei Zimmer-Temp.; 70%. — *Cbo-L-glutaminyl-L-histidyl-L-leucinmethylester*, $C_{26}H_{36}N_6O_7$, F. 205—207°, aus Cbo-L-glutamin (**IV**) u. **VI** in Dioxan/Tetrahydrofuran/Triäthylamin bei —5° mit L-Histidyl-L-leucinmethylester in W. durch 3 std. Rühren bei Zimmer-Temp.; aus Essigester amorph; 35%. — *Cbo-L-glutaminhydrazid*, $C_{13}H_{18}N_4O_4 \cdot H_2O$, F. 176—178° (Dimethylformamid/W.), aus **IV** über *Cbo-L-glutaminmethylester* (F. 138—139°) mit **V** bei 0°. — *Cbo-L-glutaminyl-L-histidyl-L-leucin*, $C_{25}H_{34}N_6O_7$, F. 187—189° (W.), aus vorst. Verb. über das *Azid* mit **VIII** in Essigester u. Triäthylamin durch 48 std. Rühren bei 4°; 51%. —

Cbo-L-glutamin-p-nitrophenylester, F. 155–156° (A.), aus **IV** u. p-Nitrophenol mit Dicyclohexylcarbodiimid in Dimethylformamid (1 Std. bei 0°, 2 Std. bei Zimmer-Temp.). – *Cbo-L-glutaminyl-L-histidyl-L-leucinamid*, $C_{25}H_{35}N_7O_6$, F. 184–186°, aus vorst. Verb. mit L-Histidyl-L-leucinamiddihydrobromid u. Triäthylamin in Dimethylformamid durch Stehen über Nacht; aus Dimethylformamid/W. amorph; 72%. – *L-Glutaminyl-L-histidyl-L-leucinamiddihydrobromid*, $C_{17}H_{29}N_7O_4 \cdot 2HBr$, F. 184–186° (A.), aus vorst. Verb. mit 2n HBr/Eisessig in 1½ Std. bei Zimmer-Temp.; 80%. – *Cbo-L-histidylglycylglycinäthylester*, $C_{20}H_{25}N_5O_6$, F. 183–184° (A.), aus Cbo-L-histidinhydrazid über das *Azid* mit Glycylglycinäthylester in Chlf.; 90%. – *L-Histidylglycylglycin*, $C_{10}H_{15}N_5O_4$, Zers. > 200° (W.), aus vorst. Verb. mit konz. HCl (1 Std. bei 37°); 56%. *Äthylesterdihydrobromid*, $C_{12}H_{19}N_5O_4 \cdot 2HBr$, F. 203–205° (A.); 70%. – *Diketopiperazin*, $C_4H_6N_2O_2$, aus **VII** mit wss. Triäthylamin in 5 Tagen bei Zimmer-Temp.; 53%. – *Glycylglycinhydrochloridhydrat*, aus 22 g vorst. Verb. mit konz. HCl durch 90 Sek. langes Kochen u. 1std. Stehen im Eisbad; aus W./A. Nadeln; 21 g. – *Glycylglycinäthylesterhydrochlorid*, F. 182–183° (A.), aus 30 g vorst. Verb. mit HCl in abs. A. (10 Min. lang am Rückfluß, 2 Std. lang im Eisbad); 28 g (roh). – *N-Cbo-S-benzyl-L-cysteinylglycylglycinhydrazid*, F. 165–166° (A.), aus vorst. Verb. u. N-Cbo-S-benzyl-L-cystein nach der Meth. der gemischten Anhydride über den entsprechenden *Ester* mit **V**; 75%. – *N-Cbo-S-benzyl-L-cysteinylglycylglycyl-L-histidinmethylester*, $C_{29}H_{34}N_6O_7S$, F. 195–198°, aus vorst. Verb. über das *Azid* mit L-Histidinmethylester in Chlf. über Nacht im Kühlschrank; aus A. amorph; 60%. K. PREUSS. 3122□

Benzimidazol-Derivate und verwandte Heterocyclen. 5. Mitt. **Die Kondensation von o-Phenylendiamin mit aliphatischen und alicyclischen β-Ketoestern.** A. Rossi, A. Hunger, J. Kebrle und K. Hoffmann. (Helv. chim. Acta **43.** 1298 bis 1313. 1/8. 1960. Basel, CIBA A.G., Forsch.-Labor., Pharm. Abt.) (Dt.) – 4. vgl. C. **1961.** 3315.

Bei dem bei der Rk. von Acetessigsäureäthylester (**I**) mit o-Phenylendiamin (**II**) in sd. Xylol (Xy) nach SEXTON (J. chem. Soc. [London] **1942.** 303) erhaltenen Prod. vom F. 121° handelt es sich nicht um 5-Methyl-2.3-benzo-4.7-dihydro-1H-1.4-diazepinon-(7) (**III**), sondern um *1-Isopropenylbenzimidazolon-(2)* (**IV**). **IV** nimmt 2H unter Bldg. von *1-Isopropylbenzimidazolon-(2)* auf, dessen Konstit. aus der UV-Absorption u. der Synth. aus 2-Isopropylaminoanilin u. Harnstoff (**V**) folgt. Bei dem bei der Rk. von **I** mit **II** in sd. Xy nach SEXTON (l.c.) erhaltenen Prod. vom F. 148° handelt es sich nicht um 2-Acetonylbenzimidazol (**VI**), sondern um **III**. **III** nimmt 2H unter Bldg. von *5-Methyl-2.3-benzo-4.5.6.7-tetrahydro-1H-1.4-diazepinon-(7)* auf, dessen Konstit. aus dem UV- u. IR-Spektrum sowie der Synth. aus **II** u. Crotonsäure folgt. **VI** wird durch Kondens. von **I**-Äthylenketal (**VII**) mit **II** in A. in Ggw. von 1 Äquivalent C_2H_5ONa u. saure Hydrolyse des entstehenden *2-Acetonylbenzimidazoläthylenketals* dargestellt. **VI** ist sowohl in A. als auch in Säure u. Alkali teilweise enolisiert. Bei der Kondens. von **II** mit 2-Carbäthoxycyclohexanon (**VIII**) in sd. Xy in Ggw. von HCl-Spuren entsteht in 80%ig. Ausbeute *ε-[Benzimidazolyl-(2)]-capronsäureäthylester* (**IX**). In Abwesenheit von HCl entsteht **IX** nur in geringer Menge; als Hauptprod. bildet sich in 50%ig. Ausbeute *1-[Cyclohexenyl-(1')]-benzimidazolon-(2)* (**X**), das leicht zu *1-Cyclohexylbenzimidazolon-(2)* hydriert werden kann. Beim Zusammenschmelzen von **VIII** mit **II** nach RIED u. DRAISBACH (C. **1959.** 10804) entstehen nicht N-[2-Carbäthoxycyclohexyliden]-o-phenylendiamin u. 2.3-Benzo-5.6-cyclohexano-6.7-dihydro-1H-1.4-diazepinon-(7), sondern **IX** u. **X**. Bei der Kondens. von 2-Carbäthoxycyclopentanon (**XI**) mit **II** in sd. Xy wird *5.6-Trimethylen-2.3-benzo-4.7-dihydro-1H-1.4-diazepinon-(7)* (**XII**), das zu *5.6-Trimethylen-2.3-benzo-4.5.6.7-tetrahydro-1H-1.4-diazepinon-(7)* hydriert werden kann, neben *1-[Cyclopentenyl-(1')]-benzimidazolon-(2)* (**XIII**), das sich zu *1-Cyclopentylbenzimidazolon-(2)* hydrieren läßt, erhalten. Die sauer katalysierte Rk. gibt 50% *δ-[Benzimidazolyl-(2)]-valeriansäureäthylester* neben wenig **XII**. **XII** gibt beim Erhitzen in Cellosolve (Cs) in Ggw. von Na-β-Äthoxyäthanolat **XIII**. Bei der Kondens. von 1-Benzyl-3-carbäthoxypiperidon-(4) (**XIV**) mit **II** entsteht *1-[1'-Benzyl-1'.2'.3'.6'-tetrahydropyridyl-(4')]-benzimidazolon-(2)*, das durch katalyt. Hydrierung unter gleichzeitiger Entbenzylierung in *1-[Piperidyl-(4')]-benzimidazolon-(2)* übergeführt wird. Der Rk.-Mechanismus vorst. Umsetzungen wird diskutiert. UV- u. IR-Spektren vgl. Original.

Versuche: *5-Methyl-2.3-benzo-4.7-dihydro-1H-1.4-diazepinon-(7)* (**III**), $C_{10}H_{10}N_2O$, F. 147–148° (Bzl./PAe.), a) durch ½ std. Zutropfen von 1,33 Mol **I** in Xy zu 1,2 Mol **II** in sd. Xy, Einengen, Abkühlen auf 10°, ¼ std. Schütteln mit 20%ig. NaOH von 0°, Abfiltrieren des ausgeschiedenen Na-Salzes u. Neutralisieren der wss.-alkal. Schicht des Filtrates mit Eisessig (Eg); 35,5% (Ausbeute); b) nach SEXTON (l.c.) unter alkal. Bedingungen; 64%. — *1-Isopropenylbenzimidazolon-(2)* (**IV**), $C_{10}H_{10}N_2O$, F. 120—121° [Essigester (Ee)/PAe.], durch Lösen des bei der Darst. von **III** nach a) erhaltenen Nd. des Na-Salzes in W. u. Neutralisieren mit Eg.; 26—47%. — *β-[o-Aminoanilino]-crotonsäureäthylester*, $C_{12}H_{16}N_2O_2$, F. 60—62° (Ae./PAe.), durch Eindampfen der bei der Darst. von **III** nach a) von der alkal.-wss. Lsg. abgetrennten Xy-Schicht; 12,5%; F. steigt nach 4tägigem Stehen auf 84—86°. — *1-Isopropylbenzimidazolon-(2)*, $C_{10}H_{12}N_2O$, F. 126—127° (Ee/PAe.), a) durch Hydrieren von 5 g **IV** in A. in Ggw. von 10%ig. Pd/Kohle bei 28° u. 1 at u. Abdampfen des Lsgm.; 4,7 g; b) durch 6std. Erhitzen von 0,2 Mol 2-Nitrochlorbenzol mit 0,5 Mol Isopropylamin im Bombenrohr auf 150°, Eindampfen im Vakuum, Versetzen mit verd. NH_4OH-Lsg., Ee-Extraktion, Dest., Hydrieren des erhaltenen *2-Isopropylaminonitrobenzols* (Kp.$_{11}$ 141—145°; rotes Öl; 32,2 g) in A. in Ggw. von RUPE-Ni, 16std. Erhitzen von 0,1 Mol des entstehenden *2-Isopropylaminoanilins* (Kp.$_{0,1}$ 70—72°; schwachgelbes Öl; 22,4 g) u. 0,3 Mol **V** auf 175—180°, Lösen in 1n NaOH, Ansäuern der ausgeätherten alkal. Schicht mit 2n HCl u. Ee-Extraktion; 30%. — *5-Methyl-2.3-benzo-4.5.6.7-tetrahydro-1H-1.4-diazepinon-(7)*, $C_{10}H_{12}N_2O$, F. 183—184° (A./PAe.), durch Hydrieren von 8,7 g **III** in A. in Ggw. von 10%ig. Pd/Kohle bei Raum-Temp. u. 1 at u. Abdampfen des Lsgm., 7,5 g. — *2-Methylbenzimidazol*, F. 175—176° (Bzl./Ee/PAe.), durch 4std. Kochen von 0,1 Mol **II** u. 0,1 Mol **I** in Xy in Ggw. von wenig konz. HCl unter Wasserabscheidung, Verdünnen mit Ee u. Eindampfen im Vakuum; 78%. — *2-Acetonylbenzimidazoläthylenketal*, $C_{12}H_{14}N_2O_2$, F. 173—175°, durch Zugabe von 0,6 Mol **II** u. 0,65 Mol **VII** zu 0,65 g-Atom Na in abs. A., Abdest. des A., 3std. Erhitzen auf 175° (Bad-Temp.), Aufnehmen in W. u. Ee u. Eindampfen der Ee-Schicht im Vakuum; aus Ee/PAe. Blättchen; 50%. *Hydrochlorid*, F. 173—175°. — *2-Acetonylbenzimidazol* (**VI**), $C_{10}H_{10}N_2O$, F. 140—142°, durch 2std. Erhitzen vorst. Verb. in 2n HCl auf 100°, Alkalisieren mit $NaHCO_3$ u. Ee-Extraktion; aus Ee/PAe. Nadeln; 80%. *Oxalat*, F. 178—181°. — *ε-[Benzimidazolyl-(2)]-capronsäureäthylester* (**IX**), $C_{15}H_{20}N_2O_2$, F. 120—121°, durch 5std. Kochen von 0,1 Mol **II** u. 0,1 Mol **VIII** in Xy in Ggw. von wenig konz. HCl unter Wasserabscheidung, Verdünnen mit Ee u. Abdampfen des Lsgm. im Vakuum; aus Ee/PAe. Plättchen; 80%. — *1-[Cyclohexenyl-(1')]-benzimidazolon-(2)* (**X**), $C_{13}H_{14}N_2O$, F. 180—182°, a) durch $^1/_2$std. Zugabe von 0,5 Mol **VIII** in Xy zu 0,5 Mol **II** in sd. Xy, Einengen u. Abkühlen auf 0°; aus A./PAe. Nadeln; 53% (neben 7 g **IX**); b) durch $1^1/_2$std. Erhitzen von 10,2 g **VIII** u. 6,48 g **II** auf 180—190°, Verreiben mit Ae., Lösen des abfiltrierten Prod. in warmem Ee u. Zugabe von PAe; 1 g (neben 5 g **IX**). — *1-Cyclohexylbenzimidazolon-(2)*, $C_{13}H_{16}N_2O$, F. 176—178° (A./PAe.), durch Hydrieren von 30,3 g **X** in A. in Ggw. von 10%ig. Pd/Kohle bei Raum-Temp. u. 1 at; 26,2 g. — *5.6-Trimethylen-2.3-benzo-4.7-dihydro-1H-1.4-diazepinon-(7)* (**XII**), $C_{12}H_{12}N_2O$, F. 182—184° (A./PAe.), durch 1std. Zugabe von 0,2 Mol **XI** in Xy zu 0,2 Mol **II** in sd. Xy bei gleichzeitiger Abdest. von Xy, 1std. weitere Abdest. von Xy, Verdünnen mit Bzl., $^1/_4$std. Schütteln mit 5n NaOH von 0°, Abfiltrieren des ausgeschiedenen Na-Salzes, Eindampfen der abgetrennten Xy/Bzl.-Schicht des Filtrats u. Eindampfen im Vakuum; 30%. — *1-[Cyclopentenyl-(1')]-benzimidazolon-(2)* (**XIII**), $C_{12}H_{12}N_2O$, F. 157—159°, a) durch Aufschlemmen des vorst. isolierten Na-Salzes in W., Ansäuern mit Eg, Schütteln mit Ee bis zur Lsg. u. Eindampfen im Vakuum; aus Ee/PAe. Nadeln; 25%; b) durch 4std. Kochen von 0,1 Mol **II** u. 0,1 Mol **XI** in Xy in Ggw. von wenig konz. HCl unter Wasserabscheidung, Eindampfen im Vakuum, Lösen in Ee, Extrahieren mit 2n HCl u. Eindampfen des Ee-Rückstandes im Vakuum; 17%; c) durch Zugabe von **XII** zu einer Lsg. von Na in Cs, 3std. Kochen, Eindampfen im Vakuum, Versetzen mit wenig Eg, Ee-Extraktion u. Eindampfen im Vakuum; 35%. — *δ-[Benzimidazolyl-(2)]-valeriansäureäthylester*, $C_{14}H_{18}N_2O_2$, F. 138 bis 140° (A./PAe.), durch Alkalisieren des bei der Darst. von **XIII** nach b) erhaltenen wss. HCl-Auszugs mit NH_4OH-Lsg. bei 0° u. Ee-Extraktion; 50%. — *1-Cyclopentylbenzimidazolon-(2)*, $C_{12}H_{14}N_2O$, F. 123—125° (Ee/PAe.), durch Hydrieren von 23,1 g **XIII** in A. in Ggw. von 10%ig. Pd/Kohle bei 30° u. 1 at u. Eindampfen im Vakuum; 21 g. — *5.6-Trimethylen-2.3-benzo-4.5.6.7-tetrahydro-1H-1.4-diazepinon-(7)*, $C_{12}H_{14}N_2O$, F. 179 bis 180° (Ee/PAe.), durch Hydrieren von 2,1 g **XII** in A. in Ggw. von 10%ig. Pd/Kohle bei 44° u. 1 at u. Eindampfen im Vakuum; 1,4 g. — *1-[1'-Benzyl-1'.2'.3'.6'-tetrahydropyridyl-(4')]-benzimidazolon-(2)*, $C_{19}H_{19}N_3O$, F. 160—162° (Isopropanol/PAe.), durch 4std. Zutropfen von 0,166 Mol **XIV** in Xy zu 0,166 Mol **II** in sd. Xy bei gleichzeitiger Abdest. von Xy u. Eindampfen im Vakuum zur Trockne; 68%. — *1-[Piperidyl-(4')]-benzimidazolon-(2)*, $C_{12}H_{15}N_3O$, F. 178—180° (A./PAe.), durch Hydrieren von 10 g vorst. Verb. in Eg. u. A. (1 : 1) mit 2 Äquivalenten H_2 in Ggw. von 10%ig. Pd/Kohle bei 30° u. 1 at, Eindampfen im Vakuum, Lösen in W., Alkalisieren mit verd. NH_4OH-Lsg., Chlf.-Extraktion u. Eindampfen der Chlf.-Lsg., 3,8 g. *Hydrochlorid*, F. 305—307°. — *1-[1'-Methyl-1'.2'.3'.6'-tetrahydropyridyl-(4')]-benzimidazolon-(2)*, $C_{13}H_{15}N_3O$, F. 181—183° (Ee/A./PAe.), analog vorvorst. Verb. aus 1-Methyl-3-carbäthoxypiperidon-(4) u. **II**. —

1-[1'-Methylpiperidyl-(4')]-benzimidazolon-(2), $C_{13}H_{17}N_3O$, F. 202—204° (A./PAe.), durch Hydrieren von 15 g vorst. Verb. in A. in Ggw. von 10%ig. Pd/Kohle; 11,6 g. *Hydrochlorid*, F. 288—290° (Zers.). G. REISNER. 3122□

Monoazoverbindungen von N-Thiazolyl- und N-Benzthiazolylfuroylacetamiden. 1. Mitt. Ado Cerniani und Riccardo Passerini. (Ricerca sci. **25.** 2593—98. Sept. 1955. Bologna, Univ., Ist. di Chimica ind.) (Ital.) — 2. vgl. C. **1960.** 3487.

Durch Kupplung von N-[Thiazolyl-(2)]- (I) u. N-[Benzthiazolyl-(2)]-furoyl-(2)-acetamid (II) mit Aryldiazoniumsalzen wurden verschiedene *α-Arylazo-α-furoyl-N-[thiazolyl-(2)]-* u. *-N-[benzthiazolyl-(2)]-acetamide* dargestellt, die als Entw.-Farbstoffe auf Rayon mit gelben bis dunkelorangefarbenen Tönen aufziehen u. z. T. sehr gute Schweiß- u. Waschechtheit besitzen.

Versuche: *N-[Thiazolyl-(2)]-furoyl-(2)-acetamid* (I), $C_{10}H_8N_2O_3S$, F. 172—174°, durch 40 Min langes Kochen von 9,6 g Furoylacetessigsäureäthylester (Kp.$_{18}$ 146°) u. 5g 2-Aminothiazol (F. 90—91°); aus A. Nadeln; 7 g (Ausbeute). — *N-[Benzthiazolyl-(2)]-furoyl-(2)-acetamid* (II), $C_{14}H_{10}N_2O_3S$, F. 207—209°, analog I mit 2-Aminobenzthiazol; aus A. Tafeln. — α-Arylazo-α-furoyl-N-[thiazolyl-(2)]-acetamide [λ_{max} in mμ u. log ε in ( ); Lsg. in Dioxan], durch Zugeben von 1 Mol Aryldiazoniumchlorid-Lsg. zu 1 Mol I in 30 Mol 10%ig. NaOH unter Eiskühlung, 1std. Stehen, Waschen des Nd. mit warmem CH_3OH u. Kristallisation aus Eisessig: *α-Benzolazo-*, $C_{16}H_{12}N_4O_3S$, F. 187—188°; gelbe Stäbchen (393; 4,41). — *α-[o-Toluolazo]-*, $C_{17}H_{14}N_4O_3S$, F. 210—211°; orangegelbe Prismen (402; 4,37). — *α-[p-Toluolazo]-*, $C_{17}H_{14}N_4O_3S$, 210—211°; orangegelbe Schuppen (400; 4,38). — *α-[o-Methoxybenzolazo]-*, $C_{17}H_{14}N_4O_4S$, F. 239—240°; orangegelbe Nadeln (409; 4,36). — *α-[p-Methoxybenzolazo]-*, $C_{17}H_{14}N_4O_4S$, F. 205—207°; orangefarbene Nadeln (413; 4,38). — *α-[p-Äthoxybenzolazo]-*, $C_{18}H_{16}N_4O_4S$, F. 211,5—212,5°; orangefarbene Stäbchen (414; 4,38). — *α-[m-Chlorbenzolazo]-*, $C_{16}H_{11}ClN_4O_3S$, F. 181,5—182,5°; gelbe Nadeln (390; 4,38). — *α-[p-Chlorbenzolazo]-*, $C_{16}H_{11}ClN_4O_3S$, F. 211—212°; orangefarbene Schuppen (395; 4,44). — *α-[p-Brombenzolazo]-*, $C_{16}H_{11}BrN_4O_3S$, F. 219—221°; orangefarbene Drusen (396; 4,41). — *α-[α-Naphthalinazo]-*, $C_{20}H_{14}H_4O_3S$, F. 205,5—206,5°; orangefarbene Drusen (420; 4,31). — *α-[β-Naphthalinazo]-*, $C_{20}H_{14}N_4O_3S$, F. 193—195°; gelbe Nadeln (410; 4,44). — α-Arylazo-α-furoyl-N-[benzthiazolyl-(2)]-acetamide, wie vorst. Verbb. aus II: *α-Benzolazo-*, $C_{20}H_{14}N_4O_3S$, F. 204—206°; gelbe Schuppen (393; 4,41). — *α-[o-Toluolazo]-*, $C_{21}H_{16}N_4O_3S$, F. 215°; orangefarbene Nadeln (402; 4,40). — *α-[p-Toluolazo]-*, $C_{21}H_{16}N_4O_3S$, F. 236—237°; gelbe Tafeln (402; 4,43). — *α-[o-Methoxybenzolazo]-*, $C_{21}H_{16}N_4O_4S$, F. 232—235°; orangefarbene Stäbchen (414; 4,40). — *α-[p-Methoxybenzolazo]-*, $C_{21}H_{16}N_4O_4S$, F. 236—237°; orangefarbene Nadeln (413; 4,41). — *α-[p-Äthoxybenzolazo]-*, $C_{22}H_{18}N_4O_4S$, F. 207—209°; rote Nadeln (414; 4,42). — *α-[m-Chlorbenzolazo]-*, $C_{20}H_{13}ClN_4O_3S$, F. 224—226°; gelbe Stäbchen (390; 4,43). — *α-[p-Chlorbenzolazo]-*, $C_{20}H_{13}ClN_4O_3S$, F. 237—238°; gelbe Drusen (396; 4,44). — *α-[p-Brombenzolazo]-*, $C_{20}H_{13}BrN_4O_3S$, F. 232—234°; gelbe Stäbchen (395; 4,45). — *α-[α-Naphthalinazo]-*, $C_{24}H_{16}N_4O_3S$, F. 228—230°; orangefarbene Nadeln (422; 4,34). — *α-[β-Naphthalinazo]-*, $C_{24}H_{16}N_4O_3S$, F. 250—251°; gelbe Stäbchen (412; 4,48).

F. HELLER. 3142□

Von Trimethylbenzimidazoliumsalzen abgeleitete Pseudo-bis-formazane und Bis-tetrazoliumsalze. Marie-Thérèse Le Bris (unter Mitarbeit von Thérèse Jambu). (Bull. Soc. chim. France **1960.** 1158—61. Juni. Nancy, École Nat. Supér. des Ind. Chim.) (Franz.)

Ausführliche Wiedergabe der C. **1961.** 6144 referierten vorl. Mitteilung. Nachzutragen sind folgende Verbb.: *p.p'-Bis-{1-phenyl-3-[1.3-dimethylbenzimidazolio-(2)]-formazyl-(5)}-biphenyl-o.o'-disulfonat*, $C_{44}H_{38}N_{12}O_6S_2$, Zers. bei schnellem Erhitzen bei 300°, bei langsamem Erhitzen beständig bis 380°, aus Benzidin-2.2'-disulfonsäure; rotbraunes Pulver; 50% (Ausbeute). — *p.p'-Bis-{1-[p-nitrophenyl]-3-[1.3-dimethylbenzimidazolio (2)]-formazyl-(5)}-biphenyl-o.o'-disulfonat*, $C_{44}H_{36}N_{14}O_{10}S_2$, analog vorst. Verb.; aus verd. Ameisensäure rotbraune Stäbchen, sehr hitzebeständig. — p.p'-Bis-{5-[1.3-dimethylbenzimidazolio-(2)]-2-phenyltetrazolio-(3)}-biphenyltetrachloride: *m.m'-Dimethoxy-*, $C_{46}H_{42}Cl_4N_{12}O_2$, Zers. bei 188—189° (Braunfärbung ab 150°), aus A.-Ae. oder A.-Aceton blaßgelbe unregelmäßige Plättchen. — *m.m'-Dichlor-*, $C_{44}H_{36}Cl_6N_{12}$, F. 210°. — *m.m'-Dimethyl-*, $C_{46}H_{42}Cl_4N_{12}$, F. 210° (Zers.). — p.p'-Bis-{5-[1.3-dimethylbenzimidazolio-(2)]-2-[p-nitrophenyl]-tetrazolio-(3)}-biphenyl-tetrachloride: *m.m'-Dimethoxy-*, $C_{46}H_{40}Cl_4N_{14}O_6$, Zers. ab 230°, aus A.-Aceton gelbe Kristalle. — *m.m'-Dichlor-*, $C_{44}H_{34}Cl_6N_{14}O_4$, Zers. ab 230°. — *m.m'-Dimethyl-*, $C_{46}H_{40}\cdot Cl_4N_{14}O_4\cdot C_2H_5OH$, F. 228°, aus Nitromethan-Aceton u. A.-Ae. gelbe Tafeln. — *p.p'-Bis-{5-[1.3-dimethylbenzimidazolio-(2)]-2-phenyltetrazolio-(3)}-biphenyl-o.o'-disulfonatdichlorid*,

$C_{44}H_{36}Cl_2N_{12}O_6S_2$, aus abs. A. feine Nadeln, langsame Zers. beim Erwärmen. *Diperchlorat*, $C_{44}H_{36}Cl_2N_{12}O_{14}S_2$, explodiert bei 385°, dunkelgelbe Täfelchen. — *p.p'-Bis-{5-[1.3-dimethylbenzimidazolio-(2)]-2-[p-nitrophenyl]-tetrazolio-(3)}-biphenyl-o.o'-disulfonat-dijodid*, $C_{44}H_{34}J_2N_{14}O_{10}S_2$, verharzt ab 220°, rotbraune Mikronadeln. *Diperchlorat*, $C_{44}H_{34}Cl_2N_{14}O_{18}S_2$, explodiert bei 350°, orangefarbene Prismen. H. GLEING. 3184□

Chromane. 8. Mitt. **Katalytische Hydrierung von Dehydrorotenon zu Dihydrorotenon.** Otto Dann und Gerda Volz. (Liebigs Ann. Chem. **631.** 102—10. 27/5. 1960. Erlangen, Univ., Inst. für Angew. Chem.) (Dt.) — 7. vgl. C. **1958.** 14047.

Bei der Red. von Rotenon (I) mit $LiAlH_4$ entsteht ein *Stereoisomerengemisch* (II) *von 8.9-Dimethoxy-6-hydroxy-2-isopropenyl-1.2.6.6a.12.12a-hexahydrofuro-[2.3:h]-[1]-benzopyrano-[3.4:b]-[1]-benzopyran,* das an der Isopropenylseitenkette zu einem entspr. *Gemisch* (III) *der Dihydroderivv.* hydriert wird. II liefert ein *Acetat vom F. 139—140°* u. gibt mit CrO_3/Pyridin wieder I zurück. Das von LA FORGE u. SMITH [1930] beschriebene Dihydrorotenon (IV) wird durch Kochen mit K_2CO_3 in Aceton zu einem *Gleichgewichtsgemisch* (V) *von hauptsächlich* IV u. *d-Dihydroepirotenon* (VI) epimerisiert. Bei der katalyt. Hydrierung von Dehydrorotenon (2-Isopropenyl-6-oxo-8.9-dimethoxy-1.2.6.12-tetrahydrofuro-[2.3:h]-[1]-benzopyrano-[3.4:b]-[1]-benzopyran) an $Pd(OH)_2/BaSO_4$ bei 40° u. 250 at wird III gebildet, das mit CrO_3/Pyridin in ein *Gemisch von hauptsächlich* VI *neben wenig* IV übergeht. Dieses wird wieder zu V epimerisiert. IV wird durch Oxydation von III oder durch Hydrierung von I bei Normaldruck hergestellt u. gibt 2 *Oxime*.

Versuche: *8.9-Dimethoxy-6-hydroxy-2-isopropenyl-1.2.6.6a.12.12a-hexahydrofuro-[2.3:h]-[1]-benzopyrano-[3.4:b]-[1]-benzopyran* (II), *Gemisch vom F. 85—100°* (Cyclohexan), $C_{23}H_{24}O_6$, durch 6std. Rühren von 10 g I mit $LiAlH_4$ $<-12°$ in Tetrahydrofuran; 8 g (Ausbeute). *Gemisch vom F. 65—85°*, aus II-Acetat vom F. 139—140° wie vorstehend. *Acetat vom F. 139—140°* (Methanol), $C_{25}H_{26}O_7$, aus 7,5 g II vom F. 85—100° durch 3½std. Kochen mit Acetanhydrid/Pyridin; 4,2 g. — *8.9-Dimethoxy-6-hydroxy-2-isopropyl-1.2.6.6a.12.12a-hexahydrofuro-[2.3:h]-[1]-benzopyrano-[3.4:b]-[1]-benzopyran* (III), $C_{23}H_{26}O_6$, F. 95—105° (Cyclohexan), a) durch Hydrieren von 10 g II an PtO_2 in Methanol; 8 g; b) durch Hydrieren von 4 g I an $Pd(OH)_2/BaSO_4$ in Dimethylformamid bei 40°/250 at 4 g. — *Rotenon* (I), F. 177° (A.), aus 1 g II mit CrO_3 in abs. Pyridin in 1 Min.; 0,65 g. — *Dihydrorotenon* (IV), F. 208,5—212,5° (Methanol, Nadeln), a) durch Hydrieren von 8 g I in Aceton an $Pd(OH)_2/BaSO_4$; $[\alpha]_D^{20}$ —226° (c = 1,24 in Bzl.); 6 g; b) aus 8 g III mit CrO_3/Pyridin; 3 g. *Oxim*, $C_{23}H_{25}NO_6$, a) F. 265—266° (A.), durch 5std. Kochen mit Hydroxylaminhydrochlorid in Pyridin; $[\alpha]_D^{20}$ +19,6° (c = 0,86 in Essigester); b) F. 255—256°, durch 5std. Kochen mit Hydroxylaminhydrochlorid, Na-Acetat u. Eisessig in abs. A.; $[\alpha]_D^{20}$ +16,7° (c = 1,24 in Essigester). — *Angereichertes d-Dihydroepirotenon* (VI), $(C_{23}H_{24}O_6)_2 \cdot CH_3OH$, F. 113—115° (Nadeln, Methanol), durch 3std. Kochen von I mit K_2CO_3 in Aceton unter N_2 u. Hydrieren des erhaltenen angereicherten d-Epirotenons in Aceton an $Pd(OH)_2/BaSO_4$; $[\alpha]_D^{20}$ +43,7° (c = 1,53 in Bzl.). *Oxim*, F. 214—216° (Zers.), $[\alpha]_D^{20}$ —250° (c = 1,71 in Essigester). — *Gemisch von* VI u. IV *vom F. 118—119°* (Zers.; Methanol, Nadeln), durch 6std. Hydrieren von 4 g Dehydrorotenon in Dimethylformamid bei 40°/250 at an $Pd(OH)_2/BaSO_4$ u. Behandlung des Rk.-Prod. mit CrO_3/Pyridin; $[\alpha]_D^{20}$ +26,5° (c = 2,68 in Bzl.); 1,75 g. Gibt ein *Oxim vom F. 229—231°*; $[\alpha]_D^{20}$ —66° (c = 0,96 in Essigester) u. eines *vom F. 223—224°* ($[\alpha]_D^{20}$ —310° (c = 1,37 in Essigester). — *Gleichgewichtsgemisch von* IV u. VI (V), durch 3std. Kochen vorst. Gemisches oder von IV mit K_2CO_3 in Aceton unter N_2; schm. zwischen 85 u. 170°; $[\alpha]_D^{20}$ —85,5 bzw. —87° (c = 2,04 bzw. 1,67 in Bzl.). Gibt ein *Oximgemisch vom* $[\alpha]_D^{20}$ —43,2° (c = 2,13 in Essigester) u. durch fraktionierte Kristallisation IV. H. KAMPFER. 3211□

Chromane. 9. Mitt. **5a.11a-Dihydrochromeno-[3.4:b]-chromon, die Stammverbindung der Rotenoide.** Otto Dann und Gerda Volz. (Liebigs Ann. Chem. **631.** 111—16. 27/5. 1960.) (Dt.) — 8. vgl. vorst. Ref.

Bei der Hydrierung von 6.12-Dihydro-12-oxo-[1]-benzopyrano-[3.4:b]-[1]-benzopyran (I) an PdO oder $Pd(OH)_2/BaSO_4$ bei 40°/200 at entstehen 2 *Racemate von 6.6a.12.12a-Tetrahydro-12-hydroxy-[1]-benzopyrano-[3.4:b]-[1]-benzopyran* (II), von denen eines mit wahrscheinlich äquatorialer OH-Gruppe isoliert wird. II wird mit p-Toluolsulfonsäure zu *6.6a-Dihydro-[1]-benzopyrano-[3.4:b]-[1]-benzopyran* (III) dehydratisiert, wobei nicht umgesetztes II als Bernsteinsäuremonoester abgetrennt wird. II wird mit CrO_3 zu *6.6a.12.12a-Tetrahydro-12-oxo-[1]-benzopyrano-[3.4:b]-[1]-benzopyran* (IV; „*5a.11a-Dihydrochromeno-[3.4:b]-chromon*") mit wahrscheinlich trans-verknüpften Ringen oxydiert. Die Behandlung von IV mit J_2 liefert wieder I, u. an Pt wird die CO-Gruppe von IV hydriert. Die UV-Spektren von I, II-*Acetat*, III u. IV sowie das IR-Spektrum von IV sind angegeben.

Versuche: *6.6a.12.12a-Tetrahydro-12-hydroxy-[1]-benzopyrano-[3.4:b]-[1]-benzopyran* (II), $C_{16}H_{14}O_3$, F. 238—239° (Isopropanol, Nädelchen), durch 6std. Hydrieren von 1,5 g I in Dimethylformamid an PdO bei 40°/200 at; 1,1 g (Ausbeute). *Acetat*, $C_{18}H_{16}O_4$, F. 147—147,5° (Methanol). — *6.6a-Dihydro-[1]-benzopyrano-[3.4:b]-[1]-benzopyran* (III), $C_{16}H_{12}O_2$, F. 104—106°, durch 2std. Kochen von 1,7 g II in Ggw. von p-Toluolsulfonsäure in Bzl. u. 3std. Erwärmen des Rk.-Prod. in Pyridin mit Bernsteinsäureanhydrid auf 100°; 0,5 g. — *6.6a.12.12a-Tetrahydro-12-oxo-[1]-benzopyrano-[3.4:b]-[1]-benzopyran* (IV), $C_{16}H_{12}O_3$, F. 165—166,5° (Methanol/A., Nadeln), durch 2std. Hydrieren von 3 g I in Dimethylformamid an $Pd(OH)_2/BaSO_4$ bei 40°/250 at, 10 Min. Stehen des Rk.-Prod. mit CrO_3/Pyridin, Zers. mit H_2SO_4 u. 3std. Erwärmen des Chlf.-Extrakts mit Bernsteinsäureanhydrid in Pyridin unter N_2 auf 100°; 1,05 g. *Oxim*, $C_{16}H_{13}NO_3$, F. 232—233,5° (Eisessig). — *6.12-Dihydro-12-oxo-[1]-benzopyrano-[3.4:b]-[1]-benzopyran* (I), F. 130 bis 133°, durch Zugabe von J_2 zur sd. Lsg. von 0,5 g IV u. K-Acetat in absol. A. u. $^1/_2$std. Kochen; 0,2 g. — *6.6a.12.12a-Tetrahydro-[1]-benzopyrano-[3.4:b]-[1]-benzopyran*, $C_{16}H_{14}O_2$, F. 147—150° (Methanol), durch Hydrieren von IV in Eisessig an PtO_2 u. 3std. Erwärmen des Rk.-Prod. mit Bernsteinsäureanhydrid in Pyridin unter N_2 auf 100°.

H. KAMPFER. 3211 □

Chromane. 10. Mitt. **Mit der Willgerodt-Reaktion dargestellte 2-Methoxyphenylessigsäuren und deren Umwandlung in 2′-Methoxydesoxybenzoine und in 2-Phenylcumarone.** Otto Dann, Josef Lang und Hans Vohl. (Liebigs Ann. Chem. **631.** 116—28. 27/5. 1960.) (Dt.) — 9. vgl. vorst. Referat.

Vff. stellen eine Reihe von *2-Methoxyphenylessigsäuren* (**A**) durch WILLGERODT-Rk. geeigneter Acetophenone dar, wobei zunächst die entsprechenden *Phenylthioessigsäuremorpholide* erhalten werden, die dann verseift werden. Mit 2-Hydroxy-5-methylacetophenon wird dabei in Ggw. von Dioxan *2-Hydroxy-5-methylphenylglyoxylsäure* als Nebenprod. gewonnen. Dieser Rk.-Verlauf wird bei Verw. von 2-Methoxy-4.6-dimethylacetophenon auch ohne Dioxan vorherrschend, wodurch *2-Methoxy-4.6-dimethyl-α-oxophenylthioessigsäuremorpholid* u. durch Verseifung die entsprechende *Glyoxylsäure* als einzige Rk.-Prodd. gefaßt werden. Die gewonnenen **A** werden dann mit Phenolen in HF zu *2′-Methoxydesoxybenzoinen* kondensiert, die bei der Ätherspaltung mit HJ oder $AlBr_3$ über die intermediären *2′-Hydroxydesoxybenzoine* in *2-Phenylcumarone* übergehen.

Versuche: *2-Hydroxy-5-methylphenylthioessigsäuremorpholid*, $C_{13}H_{17}NO_2S$, F. 177° (A.), durch 4std. Erhitzen von 2-Hydroxy-5-methylacetophenon mit S in Morpholin auf 140°; 60—85% (Ausbeute). — *2-Hydroxy-5-methylphenylessigsäure* (I), $C_9H_{10}O_3$, F. 134° (W.), durch 8std. Kochen vorst. Verb. mit verd. NaOH u. Ansäuern auf pH 2—1; 55%. *Methyläther*, $C_{10}H_{12}O_3$, F. 131—132° (Bzl./Bzn.), aus I mit Dimethylsulfat u. verd. NaOH in 1 Std. auf dem Wasserbad; 93%. *Carboxymethyläther*, $C_{11}H_{12}O_5$, F. 170—171° (Essigester), durch Zugabe von Bromessigsäureäthylester zu I in propanol. K-Propylat bei 40°, 2std. Kochen u. weiteres 2std. Kochen nach Zugabe von KOH; 80%. — *2-Hydroxy-5-methyl-α-oxophenylessigsäure*, F. 105° (wasserfrei) u. 70° (wasserhaltig), durch 4std. Kochen von 2-Hydroxy-5-methylacetophenon mit S in Morpholin-Dioxan, 8std. Kochen des Morpholids mit verd. NaOH u. Ansäuern; daneben I. *2.4-Dinitrophenylhydrazon*, $C_{15}H_{12}N_4O_7$, F. 283—284°. — *2-Hydroxy-4.6-dimethylphenylthioessigsäuremorpholid*, $C_{14}H_{19}NO_2S$, F. 188—189° (A.), aus 2-Hydroxy-4.6-dimethylacetophenon, Morpholin u. S in $2^1/_2$ Std. bei 155° u. $^1/_2$ Std. bei 170°; 63%. — *2-Hydroxy-4.6-dimethylphenylessigsäure*, $C_{10}H_{12}O_3$, F. 163—164° (Zers.; A., Nädelchen), durch 12std. Kochen vorst. Verb. mit verd. KOH; 59%. *Methyläther*, $C_{11}H_{14}O_3$, F. 152—153° (Methanol/W.), mit Dimethylsulfat/NaOH; 97%. — *2-Methoxy-4.6-dimethyl-α-oxophenylthioessigsäuremorpholid*, $C_{15}H_{19}NO_3S$, F. 143—144° (A.), aus 2-Methoxy-4.6-dimethylacetophenon, Morpholin u. S in $2^1/_2$ Std. bei 155° u. $^1/_2$ Std. bei 170°; 57%. — *2-Methoxy-4.6-dimethyl-α-oxophenylessigsäure*, $C_{11}H_{12}O_4$, F. 130° (wss. Methanol), aus vorst. Verb. mit verd. KOH in 10 Std.; 16,5%. — *2-Hydroxy-4.5-dimethylphenylessigsäure*, $C_{10}H_{12}O_3$, F. 129° (Chlf.), aus 2-Hydroxy-4.5-dimethylacetophenon, Morpholin u. S in Ggw. von Dioxan über das entsprechende *Morpholid* (F. 174—175°). — *2-Hydroxy-4-methoxyphenylthioessigsäuremorpholid*, $C_{13}H_{17}NO_3S$, F. 133° (A.), aus 2-Hydroxy-4-methoxyacetophenon, Morpholin u. S in $3^1/_2$ Std. bei 145° u. $^1/_2$ Std. bei 170°, 21%. — *2-Hydroxy-4-methoxyphenylessigsäure*, F. 133° (Bzl./Aceton), aus vorst. Verb. analog I; 50%. — *2-Acetyl-5-methoxyphenoxyessigsäuremethylester*, $C_{12}H_{14}O_5$, F. 80° (Methanol, Nadeln), durch 6std. Kochen von 2-Hydroxy-4-methoxyacetophenon mit Bromessigsäuremethylester u. K_2CO_3 in Aceton; 80%. — *2-[Thiocarbomorpholidomethoxy]-4-methoxyphenylthioessigsäuremorpholid*, $C_{19}H_{26}N_2O_4S_2$, F. 118—119° (Methanol), durch 4std. Kochen vorst. Verb. mit Morpholin u. S; 32%. — *2-Carboxymethoxy-4-methoxyphenylessigsäure*, F. 162° (W.), aus vorst. Verb. analog I; 50%. — *2-Hydroxy-4.5-dimethoxyphenylessig-*

säure, F. 136—137° (Chlf.), aus 1,96 g 2-Hydroxy-4.5-dimethoxyacetophenon mit Morpholin u. S über das Morpholid; 0,1 g. — *2.4.5-Trimethoxyphenylessigsäure*, F. 77—81° (W.), aus 21 g 2.4.5-Trimethoxyacetophenon nach WILLGERODT in 7 Std. über das entsprechende *Morpholid* [F. 127—130° (Zers.); 23 g]; 44%. — *2-Acetyl-4.5-dimethoxyphenoxyessigsäuremethylester*, $C_{13}H_{16}O_6$, F. 137° (Methanol), aus 2-Hydroxy-4.5-dimethoxyacetophenon mit Bromessigsäuremethylester u. K_2CO_3 in Aceton in 6 Std.; 87%. — *2-[Thiocarbomorpholidomethoxy]-4.5-dimethoxyphenylthioessigsäuremorpholid*, $C_{20}H_{28}N_2 \cdot O_5S_2$, F. 149°, aus vorst. Verb. nach WILLGERODT in 4 Std.; 51%. — *2-Carboxymethoxy-4.5-dimethoxyphenylessigsäure* (*Derrsäure*), F. 163—164° (Essigester, Blättchen), aus vorst. Verb. analog I; 28%. — *2.6-Dimethyl-4-methoxybenzylcyanid*, Kp.$_{12}$ 134—141°, durch 4std. Kochen von 3.5-Dimethyl-4-chlormethylanisol mit wss. KCN in A.; 73%. — *2.6-Dimethyl-4-methoxyphenylessigsäure*, $C_{11}H_{14}O_3$, F. 138—139° (W., Nädelchen), durch 24std. Erhitzen vorst. Verb. mit wss.-methanol. KOH im Autoklaven auf 110—120°; 24%. — Desoxybenzoine, durch mehrstd. Erwärmen der entsprechenden Phenylessigsäure mit dem entsprechenden Phenol in fl. HF im Autoklaven auf 30—50°: *2'-Methoxy-4-hydroxy-5'-methyl-*, $C_{16}H_{16}O_3$, F. 156—158° (Methanol), mit Phenol in 5 Std. bei 40°; 47%. — *2-Hydroxy-2'-methoxy-5.5'-dimethyl-*, $C_{17}H_{18}O_3$, F. 113—114°, mit p-Kresol in 5 Std. bei 50°; 55%. *Oxim*, $C_{17}H_{19}NO_3$, F. 154—155,5°. — *2.4-Dihydroxy-2'-methoxy-5'-methyl-*, $C_{16}H_{16}O_4$, F. 121—123°, mit Resorcin in 5 Std. bei 30°; 55%. — *2-Hydroxy-2'-methoxy-4'.5.6'-trimethyl-*, $C_{18}H_{20}O_3$, F. 111—112°, mit p-Kresol in 5 Std. bei 50°; 53%. *Oxim*, $C_{18}H_{21}NO_3$, F. 145—146°. *Acetat*, $C_{20}H_{22}O_4$, F. 86—87° (Bzl./PAe.), mit Acetylchlorid u. Mg-Spänen in 20 Std. in sd. Bzl.; 61%. *Methyläther*, $C_{19}H_{22}O_3$, F. 96—97°, mit CH_3J u. K_2CO_3 in sd. Aceton in 8 Std.; 80%. — *2-Hydroxy-4'-methoxy-2'.5.6'-trimethyl-*, $C_{18}H_{20}O_3$, F. 127°, mit p-Kresol in 1 Std. bei 80°. *Oxim*, $C_{18}H_{21}NO_3$, F. 162—163,5°. — *2'.4'-Dimethoxy-4-hydroxy-*, $C_{16}H_{16}O_4$, F. 167—169,5°, mit Phenol in 5 Std. bei 40°; 22%. — *2'.5'-Dimethoxy-4-hydroxy-*, $C_{16}H_{16}O_4$, F. 157—159°, mit Phenol in 5 Std. bei 40°; 55%. — *2-Hydroxy-2'.4'.5'-trimethoxy-5-methyl-*, $C_{18}H_{20}O_5$, F. 126—127°, mit p-Kresol in 1$^1/_2$ Std. bei 30°; 19%. — Cumarone: *2-[4-Hydroxyphenyl]-5-methyl-*, $C_{15}H_{12}O_2$, F. 214—216° (Eisessig-W.), durch Zugabe von 2'-Methoxy-4-hydroxy-5'-methyldesoxybenzoin in heißem abs. Bzl. zu $AlBr_3$ in Bzl. u. 20 Min. langes Kochen; 80%. — *2-[2-Hydroxy-5-methylphenyl]-5-methyl-*, $C_{16}H_{14}O_2$, F. 92—93,5°, analog vorst. Verb. *Methyläther*, $C_{17}H_{16}O_2$, F. 116—117,5°, mit CH_3J u. K_2CO_3 in sd. Aceton in 10 Std.; 79%. — *2-[2.4-Dihydroxyphenyl]-5-methyl-*, $C_{15}H_{12}O_3$, F. 170—173°, analog vorst. Verb.; 50%. — *2-[2-Hydroxy-5-methylphenyl]-4.6-dimethyl-*, $C_{17}H_{16}O_2$, F. 102—103° (PAe./Bzl.), durch 1$^1/_2$std. Kochen von 2-Hydroxy-2'-methoxy-4'.5.6'-trimethyldesoxybenzoin mit HJ/Eisessig; 75%. — *2-[4-Hydroxyphenyl]-5-methoxy-*, F. 250—270° (Zers.), analog vorst. Verbindung. *Methyläther*, $C_{16}H_{14}O_3$, F. 165,5—167,5°, mit CH_3J u. K_2CO_3 in 20 Std. in sd. Aceton. — *2-[4-Acetoxyphenyl]-5-acetoxycumaron*, $C_{18}H_{14}O_5$, F. 213—215°, aus vorst. Verb. mit Acetanhydrid in Pyridin in 2 Std. bei 20°. H. KAMPFER. 3211 □

Die säurekatalysierte Selbstkondensation von Acetanhydrid und analogen Verbindungen. P. F. G. Praill und A. L. Whitear. (Proc. chem. Soc. [London] **1961**. 112. März. London, Queen Elizabeth Coll.) (Engl.)

Aus Lsgg. von $HClO_4$ in Acetanhydrid wird *6.6'-Dimethyl-γ-pyrono-[2'.3':2.3]-γ-pyronperchlorat* [I, F. 223° (Zers.)] isoliert. Beim Vers., daraus das freie Dilacton zu gewinnen, wird *3-Acetoacetyl-4-hydroxy-6-methyl-α-pyron* (III, F. 117°) erhalten, das zu *Dehydracetsäure* hydrolysiert wird. Durch W. wird I in ein *isomeres Perchlorat* verwandelt, das *6.6'-Dimethyl-α-pyrono-[4'.3':2.3]-γ-pyron* (II, F. 183—184°) liefert. II-Perchlorat wird auch durch Lösen von III in $HClO_4$/Essigsäure erhalten. In $HClO_4$-Acetanhydrid liefert III wieder I. *Citromycinon* (*6'-Methyl-γ-pyrono-[3'.2':3.4]-cumarin*) wird durch Einw. von $HClO_4$-Acetanhydrid auf 4-Hydroxycumarin oder sein 3-Acetylderiv. synthetisiert. Die von FLEISCHMANN [1907] bei der Kondens. von 4-Hydroxy-6-methyl-α-pyron mit Äthylacetoacetat entstehende Verb. scheint *4.6'-Dimethyl-α-pyrono-[3'.4':5.6]-α-pyron* zu sein. E. REICHELT. 3211 □

Synthese von Gingketintetramethyläther. Koichi Nakazawa. (Chem. pharmac. Bull. [Tokyo] **7**. 748—49. Sept. 1959. Gifu, Coll. of Pharmac.) (Engl.)

Durch Umlagerung von 2-[3-Jodanisoyloxy]-4.6-dimethoxyacetophenon sowie von 2-Anisoyloxy-3-jod-4.6-dimethoxyacetophenon mit KOH/Pyridin werden *2-Hydroxy-3'-jod-4.4'.6-trimethoxydibenzoylmethan* (40% Ausbeute) bzw. *2-Hydroxy-3-jod-4.4'.6-trimethoxydibenzoylmethan* (78%) dargestellt u. mit H_2SO_4/Eisessig zu *3'-Jod-* bzw. *8-Jod-5.7.4'-trimethoxyflavon* (91 bzw. 85%) cyclisiert. Kondens. der beiden Jodflavone (je 1 Mol) nach ULLMANN mit dem gleichen Gewicht Cu-Pulver in sd. Dimethylformamid (8 Std.) gibt in 28%ig. Ausbeute *5.5''.7.7''.4'.4'''-Hexamethoxybiflavonyl-(3'.8'')*

(I; F. 238°, aus Dimethylformamid Prismen. *Dioxim*, F. 252°), das durch Verdünnen des Reaktionsgemisches mit A. abgeschieden wird, während die isomeren *8.8''*- u. *3'.3'''-Biflavonyle* in Lsg. bleiben. Die Identität von I mit *Gingketintetramethyläther* wurde durch direkten Vgl. bestätigt. F. HELLER. 3211 □

Thiaaromaten. 3. Mitt. **Thiopyryliumperchlorat.** A. Lüttringhaus und N. Engelhard. (Angew. Chem. **73.** 218. 21/3. 1961. Freiburg/Br., Univ., Chem. Labor.) (Dt.) — 2. vgl. C. **1961.** 8662.

Das aus 1-Thiacyclohexandion-(3.5) mit überschüssigem $LiAlH_4$ gewonnene *1-Thiacyclohexen-(3)-ol-(5)* (I; $Kp_{1,5}$ 75—77°) liefert mit 1 Val Phthalmonopersäure als Hauptprod. *1-Thiacyclohexen-(3)-ol-(5)-S-oxyd* (II); II geht in 95%ig. H_2SO_4 bei 25° in das gewünschte *Thiopyryliumperchlorat* (III) über. Durch Einw. von Tritylperchlorat auf I in heißem Eisessig entsteht ebenfalls unter Dehydrierung u. Dehydratisierung **III**. In wss. 1%ig. $HClO_4$ liegen Absorptionsmaxima bei 245 mμ und 284 mμ vor. Das aus dem orangefarbenen Jodid gewonnene **III** besitzt die gleichen Absorptionsbanden. H.-J. SPANGENBERG. 3221 □

Thiaaromaten. 4. Mitt. **Einstufige Synthese für 1-Thianaphthaliniumsalze.** N. Engelhard und A. Kolb. (Angew. Chem. **73.** 218. 21/3. 1961.) (Dt.) — 3. vgl. vorst. Referat.

Durch Mischen von Thiophenol bzw. 3.4-Dimethoxythiophenol u. Propargylaldehyd, Erwärmen auf 40°, dann auf 60—65°, Kühlen auf —10°, Zugabe von 70%ig. $HClO_4$ u. Eisessig u. Ausfällen mit Ae. entstehen *1-Thianaphthylium-* bzw. *6.7-Dimethoxy-1-thianaphthyliumperchlorat*, die mit den früher (C. **1961.** 8662) dargestellten Verbb. ident. sind. H.-J. SPANGENBERG. 3221 □

Desoxygenierung von Pyridin-N-oxyden mit Triäthylphosphit: Eine neue, durch Sauerstoff und Peroxyde katalysierte Reduktion. T. R. Emerson und C. W. Rees. (Proc. chem. Soc. [London] **1960.** 418—19. Dez. London, King's Coll. Dep. of Chem.) (Engl.)

Die Red. von *Pyridin-N-oxyd* (I) mit Triäthylphosphit (III) in Diäthylenglykoldiäthyläther (II) kommt nach 48 Std. bei einer 70%ig. Umsetzung unter Bldg. von *Pyridin* trotz 100fachen III-Überschusses zum Stillstand. *4-Methoxypyridin-N-oxyd* verhält sich wie I, *4-Nitropyridin-N-oxyd* dagegen wird während 48 Std. nur zu 10% reduziert. Für die Red. ist ein normaler Peroxyd-Geh. von II wichtig, der durch Dest. stark vermindert, durch Behandlung mit Na fast ganz zerstört wird. II kann nach der Reinigung durch UV-Bestrahlung oder Behandlung mit O_2 reperoxydiert werden. Weiter ist die gleichzeitige Ggw. von III u. O_2 erforderlich, während W. bei der Rk. keine Rolle zu spielen scheint. Ein Mechanismus unter Verw. freier Radikale wird diskutiert. G. MARQUARD. 3231

Suche nach neuen amöbiciden Stoffen. 4. Mitt. K. L. Pathak und B. Pathak. (J. Indian chem. Soc. **37.** 231—34. April 1960. Calcutta, Univ. of Calcutta, Dep. of Appl. Chem.) (Engl.) — 3. vgl. C. **1960.** 9196.

2-[β-Diäthylamino]-äthyl-3-alkyl-4-chlor-5 (oder *7*) *-jod-8-hydroxychinoline* werden durch Rk. von o-Anisidin (I) u. 2-Alkylacetessigsäureäthylester zu *2-Methyl-3-alkyl-4-hydroxy-8-methoxychinolinen*, Chlorierung mit $POCl_3$ u. PCl_5 zu den entsprechenden *4-Chlor-Verbb.*, Umsetzung mit Diäthylaminhydrochlorid u. Paraformaldehyd zu *2-[β-Diäthylamino]-äthyl-3-alkyl-4-chlor-8-methoxychinolinen*, H_2SO_4-Spaltung zu den entsprechenden *8-Hydroxy-Verbb.* u. Behandlung mit alkal. J_2-Lsg. dargestellt. Die 5- oder 7-Stellung des J konnte nicht festgelegt werden.

Versuche: 3-Alkyl-2-methyl-4-hydroxy-8-methoxychinoline: *3-Methyl-* (II), $C_{12}H_{13}NO_2$, F. 289—291°, durch 12std. Stehen eines Gemisches aus **I**, 2-Methylacetessigester u. einigen Tropfen verd. HCl, Erhitzen auf 120—130° mit aufgesetzter DEAN-STARK-App. bis kein W. mehr übergeht, Abdestillieren des Bzl., Eingießen des Rk.-Gemisches in sd. Diphenyloxyd, $^1/_4$std. Kochen, Verdünnen mit PAe. u. 12std. Stehen; aus A. Nadeln; 55% (Ausbeute). — *3-Äthyl-*, $C_{13}H_{15}NO_2$, F. 288°, analog **II**; aus A. Nadeln; 65%. — *3-n-Propyl-*, $C_{14}H_{17}NO_2$, F. 198—200°; aus A. Nadeln; 57%. — *3-n-Butyl-*, $C_{15}H_{19}NO_2$, F. 196—197°; aus A. Nadeln; 52%. — *3-n-Amyl-*, $C_{16}H_{21}NO_2$, F. 165°; aus A. Nadeln; 55%. — *3-n-Hexyl-*, $C_{17}H_{23}NO_2$, F. 152°; aus A. Nadeln; 42%. — 3-Alkyl-2-methyl-4-chlor-8-methoxychinoline: *3-Methyl-* (III), $C_{12}H_{12}ClNO$, F. 132—133°, durch 5std. Erhitzen eines Gemisches von 15 g **II**, 35 ml $POCl_3$ u. 3 g PCl_5 auf 125—130°; aus PAe. Nadeln; 14 g. *Pikrat*, F. 204—206°; aus A. gelbe Nadeln. — *3-Äthyl-*, $C_{13}H_{14}ClNO$, F. 115°, analog **III**; aus PAe. Nadeln. *Pikrat*, F. 163—165°; aus

A. gelbe Nadeln. — *3-n-Propyl-*, $C_{14}H_{16}ClNO$, F. 122—123°; aus PAe. Nadeln. *Pikrat*, F. 165—166°; aus A. gelbe Nadeln. — *3-n-Butyl-*, $C_{15}H_{18}ClNO$, F. 96—97°; aus PAe. Nadeln. *Pikrat*, F. 165—167°; aus A. gelbe Nadeln. — *3-n-Amyl-*, $C_{16}H_{20}ClNO$, F. 101 bis 102°; aus PAe. Nadeln. *Pikrat*, F. 161—162°; aus A. gelbe Nadeln. — *3-n-Hexyl-*, $C_{17}H_{22}ClNO$, F. 96—97°; Nadeln. *Pikrat*, F. 130—132°; aus A. gelbe Nadeln. — 3-Alkyl-2-[β-diäthylamino]-äthyl-4-chlor-8-methoxychinolinpikrate: *3-Methyl-* (**IV**), $C_{23}H_{26}ClN_5O_8$, F. 195—196°, durch 1std. Erhitzen eines Gemisches aus **III**, Diäthylaminhydrochlorid, Paraformaldehyd u. 3 Tropfen HCl in absol. A.. Zugabe von weiterem Paraformaldehyd, weiteres 2std. Erhitzen u. Überführen in das Pikrat; aus A. braune Nadeln. — *3-Äthyl-*, $C_{24}H_{28}ClN_5O_8$, F. 178—179°; aus A. braune Nadeln. — *3-n-Propyl-*, $C_{25}H_{30}ClN_5O_8$, F. 158—160°; aus A. gelbe Nadeln. — *3-n-Butyl-*, $C_{26}H_{32}ClN_5O_8$, F. 151 bis 152°; aus A. gelbe Nadeln. — *3-n-Amyl-*, $C_{27}H_{34}ClN_5O_8$, F. 129—130°; aus A. gelbe Nadeln. — *3-n-Hexyl-*, $C_{28}H_{36}ClN_5O_8$, F. 139—140°; aus A. gelbe Nadeln. — 3-Alkyl-2-[β-diäthylamino]-äthyl-4-chlor-8-hydroxychinolinpikrate: *3-Methyl-* (**V**), $C_{22}H_{24}ClN_5O_8$, F. 193—194°, durch 6std. Kochen eines Gemisches aus **IV**, konz. H_2SO_4 u. W. u. Überführen in das Pikrat; aus A. gelbe Nadeln.— *3-Äthyl-*, $C_{23}H_{26}ClN_5O_8$, F. 190 bis 192°; aus A. gelbe Nadeln. — *3-n-Propyl-*, $C_{24}H_{28}ClN_5O_8$, F. 170—171°; aus A. gelbe Nadeln. — *3-n-Butyl-*, $C_{25}H_{30}ClN_5O_8$, F. 115—116°; aus A. gelbe Nadeln. — *3-n-Amyl-*, $C_{26}H_{32}ClN_5O_8$, F. 125—126°; aus A. gelbe Nadeln. — *3-n-Hexyl-*, $C_{27}H_{34}ClN_5O_8$, F. 126 bis 127°; aus A. gelbe Nadeln. — 3-Alkyl-2-[β-diäthylamino]-äthyl-4-chlor-5(oder 7)-jod-8-hydroxychinoline: *3-Methyl-*, durch Zugabe einer Lsg. von J_2 in 3%ig. KOH zu einer filtrierten Lsg. von **V** in 2%ig. KOH, allmähliches Ansäuern des Gemisches mit verd. CH_3COOH innerhalb von 30 Min. unter Rühren u. 12std. Stehen. *Hydrochlorid*, $C_{16}H_{21}Cl_2JN_2O$, F. 185—186° (abs. A./Äthylacetat). — *3-Äthyl-*, *Hydrochlorid*, $C_{17}H_{23}Cl_2JN_2O$, F. 184—186° (A./Äthylacetat). — *3-Äthyl-*, *Hydrojodid*, F. 166 bis168° (A.). — *3-n-Propyl-*, *Hydrojodid*, $C_{18}H_{25}ClJ_2N_2O$, F. 177—179° (A.). — *3-n-Butyl-*, *Hydrojodid*, $C_{19}H_{27}ClJ_2N_2O$, F. 172—173° (A.). — *3-n-Amyl-*, *Hydrochlorid*, $C_{20}H_{29}\cdot Cl_2JN_2O$, F. 162—164° (Äthylacetat/A.) J. RUHNKE. 3231□

Eine neue Synthese des Chinolizin-Ringsystems. Dehydrochinoliziniumsalze. Otto Westphal, Klaus Jann und Wilhelm Heffe. (Arch. Pharmaz. Ber. dtsch. pharmaz. Ges. **294/66.** 37—45. Jan. 1961. Freiburg-Zähringen, A.-Wander-Forschungsinst.; Freiburg/Br., Univ., Chem. Inst.) (Dt.)

Eine allg. anwendbare Synth. von *Dehydrochinoliziniumsalzen* durch Kondens. von 1-Phenacyl- bzw. 1-Carbäthoxymethyl-2-alkylpyridiniumsalzen mit 1.2-Diketonen in Ggw. von Basen wird beschrieben. Z. B. wird N-Carbäthoxymethyl-α-picoliniumbromid (**I**) mit Phenanthrenchinon (**II**) unter Verseifung u. Decarboxylierung zu *Dehydrophenanthro-[9'.10':2.3]-chinoliziniumbromid* kondensiert, dessen Struktur durch Hydrierung zu dem von MARCHINI u. BELLEAU (Canad. J. Chem. **36.** [1958.] 581) synthetisierten „*DL-Phenanthro-[9'.10':2.3]-chinolizidin*" (1.6.7.8.9.9a-Hexahydrophenanthro-[9'.10':2.3]-4H-chinolizin) bewiesen wird. Als Pyridiumkomponenten können auch N-Carbäthoxymethyl-5.6.7.8-tetrahydrochinoliniumsalze, N-Carbäthoxymethylchinaldinium- oder -1-methylisochinoliniumsalze eingesetzt werden; in den beiden letzten Fällen sind die Zwischenprodd. mit Carbäthoxyrest faßbar. **I** wird aus α-Picolin (**III**) u. Bromessigester (**IV**) dargestellt; die Darst. der übrigen quart. Salze erfolgt analog.

Versuche: *N-Carbäthoxymethyl-α-picoliniumbromid* (**I**), $C_{10}H_{14}BrNO_2$, F. 128°, durch 2std. Rk. von frisch dest. **IV** u. **III** in Aceton bei Raum-Temp. u. 4std. Stehen bei 0°; Nadeln aus A.; 82% (Ausbeute). — *N-Carbäthoxymethyl-α-äthylpyridiniumbromid* (**V**), $C_{11}H_{16}BrNO_2$, F. 138—139°, analog **I** aus α-Äthylpyridin u. **IV**; Nadeln aus A.; 90,5%. — *N-Carbäthoxymethyl-1-methylisochinoliniumbromid* (**VI**), $C_{14}H_{16}BrNO_2$, F. 200°, durch 1—2std. Kochen von **IV** u. 1-Methylisochinolin in Aceton, mehrstd. Stehen bei 0°, Abfiltrieren u. Waschen mit Ae.; Nadeln aus A.; 84,5%. — *N-Carbäthoxymethylchinaldiniumbromid* (**VII**), $C_{14}H_{16}BrNO_2$, F. 204—205°, durch 5std. Erwärmen von **IV** u. Chinaldin auf 50—55°, Digerieren mit Aceton, Lösen des Rückstands in 0,01n HBr, Entfärben mit Kohle u. Eindampfen; Nadeln aus A.; 83%. — Dehydrochinoliziniumbromide: *2.3-Dimethyl-*, *Hydrat*, $C_{11}H_{14}BrNO$, F. 233°, durch Zugabe von Dibutylamin (**VIII**) zu **I** u. Diacetyl (**IX**) in A., 40 Min. langes Kochen, Eindampfen im Vakuum u. Waschen mit Ae. u. Aceton; Würfel aus A.–Ae.; 70%. *Pikrat*, F. 215°, aus A. gelbe Nadeln. *Perchlorat*, F. 176—177°, aus A. Blättchen. — *1.2.3-Trimethyl-*, *Hydrat*, F. 223—224° (A.), analog vorst. Verb. aus **V** u. **IX**; 61%. — *2.3-Di-α-furyl-*, $C_{17}H_{12}BrNO_2$, F. 294°, durch Kochen von **I** u. Furil in Aceton bis zur Lsg., Zugabe von **VIII** bei 50°, 5 Min. langes Kochen, Eindampfen, Trocknen im Vakuum, Kochen mit Aceton, Kühlen, Abfiltrieren u. Waschen mit Aceton; ockergelbe Rhomben aus A.; 80%. *Pikrat*, F. 184—185° (Zers.), aus A. gelbe Nadeln. — *2.3-Dimethyl-4-carbäthoxy-*

6.7-benzo-, Hydrat, $C_{18}H_{20}BrNO_3$, F. 171° (wss. CH_3OH), durch Lösen von **VII** u. **IX** in W. bei Raum-Temp., Zugabe von $NaHCO_3$-Pulver unter Rühren, 20 Min. langes Stehen bei Raum-Temp., Ansäuern mit 2n HBr u. Kühlen auf 0°; 51% (nach Einengen der Mutterlauge, Abtrennen von NaBr u. Chinaldinhydrobromid u. Behandeln des Prod. (F. 147°) mit Acetanhydrid). — *Dehydrophenanthro-[9'.10':2.3]-chinoliziniumbromid, Hydrat,* $C_{21}H_{16}BrNO$, F. 332°, durch Lösen von **I** u. **II** in Aceton–A. (1:1) unter Erwärmen, Zugabe von $NaHCO_3$, $1^1/_4$ std. Kochen, Zugabe von 2n HBr, Eindampfen, Lösen in A., Zugabe von Aceton bis zur Trübung, Erwärmen, Filtrieren u. Eindampfen; gelbe Kristalle aus W.; 68%. *Pikrat,* F. 230—231° (Zers.), aus A. gelbe Nadeln. — *„Phenanthro-[9'.10':2.3]-chinolizidin"*, $C_{21}H_{21}N$, F. 169—170°, durch Zugabe von 2n NaOH zum Hydrobromid in dest. W., Ausäthern, Trocknen (Na_2SO_4) u. Eindampfen; aus A. Nadeln. *Hydrobromid,* F. 322—323°, durch 1std. Hydrieren vorst. Verb. in 90% ig. A. in Ggw. von red. PtO_2, Filtrieren u. Eindampfen; Nadeln aus A.; 96,5%. *Pikrat,* F. 254°, gelbe Nadeln. — *8.9-Benzodehydrophenanthro-[9'.10':2.3]-chinoliziniumbromid, Hemihydrat,* $C_{25}H_{16}BrN \cdot 1/2\, H_2O$, F. >360°, durch Erwärmen von **VI** u. **II** in A.-Aceton (5:6) auf 50°, Zugabe von **VIII**, Abkühlen auf 0° nach 1 Min. u. 5std. Stehen; gelbe Rauten mit violetter Fluorescenz aus A.; 40%. H. PAGEL. 3231□

Furochinoline. 17. Mitt. **Über das γ-Dictamnin von Asahina und Inubuse.** Tatsuo Ohta, Yo Mori und Masuo Umeda. (Chem. pharmac. Bull. [Tokyo] **7.** 547—49. Juli 1959. Tokyo, Coll. of Pharmacy.) (Engl.) — 16. vgl. Annu. Rep. Tokyo Coll. Pharmacy **8.** [1958.] 149; 12. vgl. C. **1959.** 9227.

Entgegen der Synth. von γ-Dictamnin (**I**) nach ASAHINA u. INUBUSE [1932] liefert Nordictamnal(**II**) u. Cyanessigsäure in verd. KOH bei 30—35° ein Gemisch aus *3-[2.2-Dicarboxyvinyl]-4-hydroxychinolon-(2)* (**III**) u. *2.5-Dioxo-5.6-dihydro-2H-pyrano-[3.2:c]-chinolin-3-carbonsäure* (**IV**). **III** geht beim Kristallisieren aus Eisessig in **IV** über, dessen Konstit. durch Synth. aus **II** u. Malonsäure in Pyridin sowie durch Decarboxylierung zu *5.6-Dihydro-2H-pyrano-[3.2:c]-chinolindion-(2.5)* (**V**) bewiesen wurde. Mit Br_2 gibt **V** das *3-Brom-Deriv.*, das bei der PERKIN-Umlagerung *4-Oxo-4.5-dihydrofuro-[3.2:c]-chinolin-2-carbonsäure* (**VI**) liefert. Bei der Rk. von **VI** mit Dimethylsulfat in KOH wird *4-Oxo-5-methyl-4.5-dihydrofuro-[3.2:c]-chinolin-2-carbonsäure* gebildet, die durch CH_2N_2 zum *Methylester* umgesetzt wird. Die Methylierung von **VI** nach ASAHINA u. INUBUSE (l. c.) liefert ein **VI** enthaltendes Gemisch. Die Verss. machen es wahrscheinlich, daß **I** ein Gemisch aus **VI** u. *4-Oxo-4.5-dihydrofuro-[3.2:c]-chinolin* ist.

Versuche: *3-[2.2-Dicarboxyvinyl]-4-hydroxychinolon-(2)* (**III**), aus **II** u. Cyanessigsäure in 10% ig. KOH bei 30—35° oder bei 50—70° (NH_3-Entw.), Ansäuern mit HCl u. Extrahieren des Nd. mit $NaHCO_3$-Lsg.; 46 bzw. 75% (Ausbeute). — *2.5-Dioxo-5.6-dihydro-2H-pyrano-[3.2:c]-chinolin-3-carbonsäure* (**IV**), $C_{13}H_7NO_5$, F. 307—308° (Zers.), a) aus dem in $NaHCO_3$-Lsg. unlösl. Anteil von **III**; 13 bzw. 50%; b) durch 4malige Kristallisation von **III** aus Eisessig; c) durch Erhitzen des aus **II** u. Cyanessigsäure gebildeten Rohprod. mit konz. H_2SO_4 auf dem Wasserbad u. Verdünnen mit W.; d) aus **II**, Malonsäure u. wenig Piperidin in sd. Pyridin (100 Min.), Einengen, Ansäuern, Erhitzen des Nd. mit 5% ig. NaOH auf dem Wasserbad (50 Min.) u. Ansäuern; aus Eisessig gelbe Plättchen; die Lsg. in Eisessig fluoresciert intensiv gelbgrün. — *2.5-Dioxo-5.6-dihydro-2H-pyrano-[3.2:c]-chinolin* (**V**), F. 327—328°, a) durch Sublimation von **IV**; 29,2%; b) aus 4-Hydroxycarbostyril, Äpfelsäure u. konz. H_2SO_4; aus Eisessig blaßgelbe Nadeln; die Lsg. in Eisessig fluoresciert im UV blau. — *3-Brom-2.5-dioxo-5.6-dihydro-2H-pyrano-[3.2:c]-chinolin,* F. 306—308°, aus 2 g **V** u. Br_2 in Eisessig bei Raum-Temp. (1 Woche); 1,4 g. — *4-Oxo-4.5-dihydrofuro-[3.2:c]-chinolin-2-carbonsäure* (**VI**), F. 313 bis 315° (Zers.), aus vorst. Verb.; aus A. Nadeln; R_F 0,71 (50% ig. Essigsäure); die Lsg. in $NaHCO_3$ fluoresciert blau. — *4-Oxo-5-methyl-4.5-dihydrofuro-[3.2:c]-chinolin-2-carbonsäure,* F. 300°, a) aus **VI**, Dimethylsulfat u. 50% ig. KOH; b) neben unveränderter **VI** nach ASAHINA u. INUBUSE; R_F 0,76 (50% ig. Essigsäure). *Methylester,* F. 207—208°, aus der Säure u. CH_2N_2; Nadeln. F. HELLER. 3231□

Synthesen von β-Carbolinderivaten. 2. Mitt. **Pentacyclische β-Carbolinanaloga von Alstonilin und Tetrahydrobenzindolochinolizinen.** Shigehiko Sugasawa und Seiichi Takano. (Chem. pharmac. Bull. [Tokyo] **7.** 417—26. Juni 1959. Tokyo, Univ., Fac. of Pharmac. Sci.) (Engl.) — 1. vgl. C. **1957.** 7932.

Das aus [Chinolyl-(2)]-methylketonphenylhydrazon (**I**) durch Cyclisieren mit Polyphosphorsäure erhaltene *2-[Chinolyl-(2)]-indol* (**II**) wurde in einer Fünfstufen-Synth. in *2-[Chinolyl-(2)]-3-[2-hydroxyäthyl]-indol* übergeführt, das bei der Rk. mit PBr_3/Chlf. zu *8.9-Dihydro-14H-benz-[f]-indolo-[2.3:a]-chinoliziniumbromid* (**III**) cyclisiert wurde. **III** gibt in alkal. Lsg. eine *Anhydroniumbase*; durch H_2/ADAMS-Pt erfolgt keine Hydrierung in neutraler Lsg., während in alkohol. Alkali 1 Mol H_2 unter Bldg. einer blaßroten Lsg. aufgenommen wird. Mit $NaBH_4$ in verd. A. liefert **III** eine Lsg. des nicht isolierbaren *Dihydro-Deriv.*, die nach Hydrierung an Raney-Ni *1.2.8.9-Tetrahydro-14H.14bH-benz-[f]-indolo-[2.3:a]-chinolizin* (**IV**) liefert. Das auf dem gleichen Wege wie **III** aus [Isochinolyl-(1)]-methylketonphenylhydrazon (**V**) hergestellte *8.9-Dihydro-14H-benz-[a]-indolo-[3.2:h]-chinoliziniumbromid* (**VI**) wird bereits durch $NaBH_4$ allein zu *5.6.8.9-Tetrahydro-14H.14bH-benz-[a]-indolo-[3.2:h]-chinolizin* (**VII**) red., wobei unter milden Bedingungen ein *Dihydro-Deriv.* auftritt. **VII** wird an der Luft nur wenig verändert, während **IV** schnell verharzt. Zum Vgl. mit **IV** u. **VII** wurde aus **II** *1-Methyl-2-[indolyl-(2)]-1.2.3.4-tetrahydrochinolin* u. analog *1-[Indolyl-(2)]-2-methyltetrahydroisochinolin* dargestellt. — UV-Spektren vgl. Original.

Versuche: *[Chinolyl-(2)]-methylketon, Phenylhydrazon* (**I**), F. 154°, aus [Chinolyl-(2)]-methylketon, Phenylhydrazin u. 1 Tropfen Eisessig in sd. A. (2 Std.); aus A. gelbe Nadeln; 97% (Ausbeute). — *2-[Chinolyl-(2)]-indol* (**II**), $C_{17}H_{12}N_2$, F. 200—201°, durch Erhitzen von **I** mit Polyphosphorsäure auf 135° (heftige Rk. unter Temp.-Anstieg auf 210°), Abkühlen, Verdünnen mit W. u. Zers. des Nd. mit NaOH; nach Filtrieren in Bzl. über Al_2O_3 aus Bzl. Nadeln; 90%. *Pikrat*, $C_{17}H_{12}N_2 \cdot C_6H_3N_3O_7$, F. 213—214° (Zers.), aus A. gelbe Nadeln. *Methomethylsulfat*, $C_{19}H_{18}N_2O_4S$, F. 278—279° (Zers.), aus 580 mg **II** u. Dimethylsulfat in sd. Xylol (3 Std.); aus CH_3OH gelbe Platten; 360 mg. — *2-[Chinolyl-(2)]-3-diäthylaminomethylindol*, aus **II**, Diäthylamin u. 35% ig. CH_2O-Lsg. in Eisessig bei 50° (20 Std.), Gießen in 15% ig. NaOH u. Extrahieren mit Bzl.; glasige Masse; 89%. *Pikrat*, $C_{22}H_{23}N_3 \cdot C_6H_3N_3O_7$, F. 183—184° (Zers.), aus A. gelbe Säulen. *Methojodid*, $C_{23}H_{26}JN_3$, F. 202—205° (Zers.), aus dem Amin u. CH_3J in Bzl./Eisessig/A. bei Raum-Temp. (4 Tage); aus verd. A. gelbe Platten; 65%. — *2-[Chinolyl-(2)]-indolyl-(3)-acetonitril*, $C_{19}H_{13}N_3$, F. 197—198°, aus vorst. Methojodid u. NaCN in sd. verd. A. (3 Std.); aus Bzl./A. Nadeln; ca. 100%. — *2-[Chinolyl-(2)]-indolyl-(3)-essigsäure*, $C_{19}H_{14}N_2O_2$, F. 217—218° (Zers.), durch 15std. Kochen vorst. Nitrils mit wss.-alkohol. KOH, Einengen im Vakuum, Zugeben von K_2CO_3, Lösen des abgeschiedenen K-Salzes in W., Filtrieren u. Ansäuern des Filtrats mit Eisessig; aus verd. Essigsäure gelbe Körner; 94%. *Äthylester*, $C_{21}H_{18}N_2O_2$, F. 162°, aus der Säure u. konz. H_2SO_4 in abs. A. bei 80° (3 Std.), 7std. Kochen, Gießen in Eiswasser, Alkalisieren mit 10% ig. NH_4OH u. Extrahieren mit Bzl./Ae.; aus Bzl./A. Säulen; 67%. — *2-[Chinolyl-(2)]-3-[2-hydroxyäthyl]-indol*, $C_{19}H_{16}N_2O$, F. 226°, aus vorst. Ester u. $LiAlH_4$ in Tetrahydrofuran unter Eiskühlung (3 Std.), Zugeben von W., ½ std. Kochen, Filtrieren, Waschen des Rückstandes mit Chlf./A., Eindampfen des Filtrats im Vakuum u. Extrahieren des Rückstands mit Tetrahydrofuran/Bzl. (2:1); aus A. Säulen; 97%. — *8.9-Dihydro-14H-benz-[f]-indolo-[2.3:a]-chinoliziniumbromid* (**III**), $C_{19}H_{15}BrN_2$, F. 308—311° (Zers.), aus vorst. Verb. u. PBr_3 in sd. Chlf. (5 Std.); aus A. orangerote Platten; 62%. *Pikrat*, $C_{19}H_{15}N_2 \cdot C_6H_2N_3O_7$, F. 275—277° (Zers.), aus A. orangefarbene Platten. — *1.2.8.9-Tetrahydro-14H.14bH-benz-[f]-indolo-[2.3:a]-chinolizin* (**IV**), $C_{19}H_{18}N_2$, F. 173—175°, durch Zugeben von $NaBH_4$ in A. zu **III** in verd. A., Zufügen von Raney-Ni, Hydrieren bei Normaldruck u. 50° (7 Std.), Einengen im Vakuum unter CO_2, Zers. des $NaBH_4$ mit HCl, Alkalisieren mit 10% ig. NaOH u. Extrahieren mit Bzl./Chlf.; aus A. unter CO_2 Platten; 20%. — *[Isochinolyl-(1)]-methylketon, Phenylhydrazon* (**V**), F. 166—167°, wie **I**; aus A. gelbe Säulen; 94%. — *2-[Isochinolyl-(1)]-indol* (**VIII**), $C_{17}H_{12}N_2$, F. 150—151°, aus **V** u. Polyphosphorsäure; aus Bzl. Platten; 90%. *Methojodid*, aus 2,2 g **VIII** u. CH_3J in Aceton im Rohr bei 100° (5 Std.); glasige Masse; 3,2 g. *Methopikrat*, $C_{18}H_{15}N_2 \cdot C_6H_2N_3O_7$, F. 216—217° (Zers.), aus A. gelbe Nadeln. — *2-[Isochinolyl-(1)]-3-diäthylaminomethylindol*, aus **VIII**, Diäthylamin u. 35% ig. CH_2O-Lsg. in Eisessig bei 50° (18 Std.); 96%. *Pikrat*, $C_{22}H_{23}N_3 \cdot C_6H_3N_3O_7$, F. 213—214° (Zers.), aus A. gelbe Nadeln. *Methojodid*, F. 183—193°, aus der Base u. CH_3J in Bzl. bei Raum-Temp. (24 Std.); 88%. *Methopikrat*, $C_{23}H_{26}N_3 \cdot C_6H_2N_3O_7$, F. 199° (Zers.), aus A. orangefarbene Mikrokristalle. — *2-[Isochinolyl-(1)]-indolyl-(3)-acetonitril*, aus vorst. Methojodid u. NaCN in sd. verd. A. (5 Std.); glasige Masse; 97%. *Pikrat*, $C_{19}H_{13}N_3 \cdot C_6H_3N_3O_7$, F. 246° (Zers.), aus A./Bzl. orangefarbene Nadeln. — *2-[Isochinolyl-(1)]-indolyl-(3)-essigsäure*, $C_{19}H_{14}N_2O_2$, F. 201—203° (Zers.), aus vorst. Nitril u. sd. wss.-alkohol. KOH (15 Std.); aus verd. CH_3OH gelbe Säulen; 85%. *Äthylester, Äthanolat*, $C_{21}H_{18}N_2O_2 \cdot C_2H_6O$, aus der Säure u. alkohol. H_2SO_4; aus A./PAe. Tetraeder; 54%. — *2-[Isochinolyl-(1)]-3-[2-hydroxyäthyl]-indol*, $C_{19}H_{16}N_2O$, F. 182 bis 183°, aus vorst. Ester u. $LiAlH_4$ in Tetrahydrofuran bei —5°; aus Bzl. Oktaeder; 75%. — *8.9-Dihydro-14H-benz-[a]-indolo-[3.2:h]-chinoliziniumbromid* (**VI**), $C_{19}H_{15}BrN_2$, F. 318 bis 320° (Zers.), aus vorst. Verb. wie **III**; aus A. orangerote Blättchen; 92%. — *5.6.8.9-Tetrahydro-14H.14bH-benz-[a]-indolo-[3.2:h]-chinolizin* (**VII**), *Äthanolat*, $C_{19}H_{18}N_2 \cdot C_2H_6O$, F. 97—99°, aus **VI** u. $NaBH_4$ in 80% ig. A., 1std. Kochen u. Verdünnen mit W.; aus verd. A. Säulen; 63%. *Methojodid*, $C_{20}H_{21}JN_2$, F. 263—264° (Zers.), aus CH_3OH Platten.

— *1-Methyl-2-[indolyl-(2)]-1.2.3.4-tetrahydrochinolin*, $C_{18}H_{18}N_2$, F. 202—204°, aus 300 mg II-Methomethylsulfat u. H_2 an ADAMS-Pt in A.; aus CH_3OH Platten; 170 mg. — *1-[Indolyl-(2)]-2-methyl-1.2.3.4-tetrahydroisochinolinhydrochlorid*, $C_{18}H_{19}ClN_2$, F. 209—210° (Zers.; A.), durch Überführung von 3 g **VIII**-Methojodid in das Methochlorid, Hydrieren an PtO_2, Einengen im Vakuum, Lösen in A./Aceton u. Stehen im Kühlschrank; 1,1 g. — *2-[Chinolyl-(4)]-indol*, $C_{17}H_{12}N_2$, F. 142—143°, aus 1,14 g [Chinolyl-(4)]-methylketon-phenylhydrazon u. Polyphosphorsäure bei 180° (5 Min.); aus A. Platten; 0,56 g. *Pikrat*, $C_{17}H_{12}N_2 \cdot C_6H_3N_3O_7$, F. 246—247° (Zers.), orangefarbene Säulen. *Methojodid*, $C_{18}H_{15}JN_2$, F. 242—243° (Zers.), aus der Base u. überschüssigem CH_3J bei Raum-Temp. über Nacht; aus CH_3OH orangefarbene Nadeln; 0,45 g. F. HELLER. 3231 □

Potentielle Antikrebsmittel. 36. Mitt. **Von 5-Aminouracil abgeleitete Alkylierungsmittel.** Allen Benitez, Leonard O. Ross, Leon Goodman und B. R. Baker. (J. Amer. chem. Soc. **82.** 4585—91. 5/9. 1960. Menlo Park, Calif., Stanford Res. Inst., Dep. of Biol. Sci.) (Engl.) — 35. vgl. J. org. Chemistry **25.** [1960.] 1455; 29. vgl. C. **1961.** 14660; 37. vgl. C. **1961.** 14637.

Katalyt. reduktive Alkylierung von 5-Aminouracil (**I**) mit Acetaldehyd u. RANEY-Ni führt zu einem Gemisch aus *5-Äthylaminouracil* (**II**) u. *5-Diäthylaminouracil* (**III**). 5-Bromuracil (**IV**) bildet mit wss. Äthylamin reines **II**, mit wss. 2-Aminoäthanol (**V**) *5-[2-Hydroxyäthylamino] uracil* (**VI**). **I** u. **II** werden als *N^5-p-Tosyl-Derivv.* charakterisiert. Die Rk. von **II** mit Äthylenoxyd (**VII**) nach LYTTLE u. PETERING (C. **1959.** 11567 u. C. **1961.** 9827) führt zu *3-[2-Hydroxyäthyl]-5-[N-(2-hydroxyäthyl)-äthylamino]-uracil* (**VIII**), Abbrechen der Rk. nach Verschwinden von **II** aus dem Rk.-Gemisch zu *5-[N-(2-Hydroxyäthyl)-äthylamino]-uracil* (**IX**), längere Einw. von **VII** auf **II** zu einem *N.N'-Bis-[2-hydroxyäthyl]-5-äthylaminouracil* (**X**; wahrscheinlich **VIII**, s. unten). $SOCl_2$ reagiert mit **VI** zu *5-[2-Chloräthylamino]-uracilhydrochlorid* (**XI**), mit **IX** zu *5-[N-(2-Chloräthyl)-äthylamino]-uracilhydrochlorid* (**XII**) u. mit **VIII** zu *3-[2-Chloräthyl]-5-[N-(2-chloräthyl)-äthylamino]-uracilhydrochlorid* (**XIII**). **XI** u. **XIII** werden mit wss. $NaHCO_3$ in die entsprechenden *freien Basen* übergeführt. Aus 2-Thiouracil (**XIV**) wird über *3-Methyl-2-methylmercapto-1.2-dihydro-3H-pyrimidon-(4)* (**XV**) *3-Methyluracil* (**XVI**) u. über *1-Methyl-2-methylmercapto-1.2-dihydro-3H-pyrimidon-(4)* (**XVII**) *1-Methyluracil* (**XVIII**) nach C. **1955.** 9802 dargestellt. Mit Brom geht **XVI** in *3-Methyl-5-bromuracil* (**XIX**) u. **XVIII** in *1-Methyl-5-bromuracil* (**XX**) über. **XIX** reagiert mit Diäthanolamin zu *3-Methyl-5-[bis-(2-hydroxyäthyl)-amino]-uracil* (**XXI**) u. mit **V** zu *3-Methyl-5-[2-hydroxyäthylamino]-uracil* (**XXII**), **XX** reagiert mit **V** zu *1-Methyl-5-[2-hydroxyäthylamino]-uracil* (**XXIII**) u. dieses mit **VII** zu *1-Methyl-5-[bis-(2-hydroxyäthyl)-amino]-uracil* (**XXIV**). Mit $SOCl_2$ nach LYTTLE u. PETERING (l. c.) geht **XXI** in *3-Methyl-5-[bis-(2-chloräthyl)-amino]-uracilhydrochlorid* (**XXV**) u. **XXIV** in *1-Methyl-5-[bis-(2-chloräthyl)-amino]-uracilhydrochlorid* (**XXVI**) über. **XXVI** verliert schon beim Stehen HCl u. geht wie **XXV** mit wss. $NaHCO_3$ in die entsprechende *freie Base* über. Ein Vgl. der UV-Spektren von **X** u. **XIII** mit denen von **XXI** u. **XXIV** bzw. **XXV** u. **XXVI** machen **X** u. **XIII** als entsprechende 3.5-disubstituierte Verbb. wahrscheinlich.

Versuche: *5-[2-Hydroxyäthylamino]-uracil* (**VI**), $C_6H_9N_3O_3$, F. 275—277° (W.), durch 5std. Erhitzen von **IV** u. 70%ig. wss. **V** auf 160° in einer Stahlbombe; 80% (Ausbeute). *Pikrat*, $C_{12}H_{12}N_6O_{10} \cdot ½ H_2O$, F. 207—208° (W.), aus heißem wss. **VI** u. Pikrinsäure. — *5-Äthylaminouracil* (**II**), $C_6H_9N_3O_2$, F. 268—274,5° (A.), a) durch 6std. Erhitzen von **IV** u. 70%ig. wss. Äthylamin in einer Stahlbombe auf 160°; 58%; bei großem Ansatz im Rührautoklaven 66%. *Pikrat*, $C_{12}H_{12}N_6O_9$, F. 192—193° (W.), aus warmem wss. **II** u. Pikrinsäure; b) durch Zugabe von Acetaldehyd zu **I** u. RANEY-Ni in einem Druckgefäß unter N_2 u. 8std. Erhitzen auf dem Wasserbad unter Schütteln mit H_2 bei 30 at u. 23—29°; daneben *5-Diäthylaminouracil* (**III**, $C_8H_{13}N_3O_2$, F. 258—262°). *N^5-p-Tosyl-Deriv.*, $C_{13}H_{15}N_3O_4S$, F. 248—251°, durch Lösen von **II** in warmem wss. NaOH, Abkühlen auf Zimmer-Temp., allmähliche Zugabe von p-Toluolsulfochlorid u. 22std. Rühren bei Zimmer-Temp., nach Zugabe von Pyridin 10 Min. langes Rühren u. Zugabe von konz. HCl (pH 5,5—6); 84%. — *5-[2-Chloräthylamino]-uracil*, $C_6H_8ClN_3O_2$, F. $>$300°, aus **VI** u. $SOCl_2$ durch 3std. Erhitzen auf 90° u. Alkalisieren von **XI**; 75%. — *5-[N-(2-Hydroxyäthyl)-äthylamino]-uracil* (**IX**), $C_8H_{13}N_3O_3$, F. 207—208,5°, durch Zugabe von gekühltem **VII** zu einer gekühlten Lsg. von **II** in 50%ig. CH_3COOH u. 15std. Stehen bei Zimmer-Temp.; 44%. *Pikrat*, $C_{14}H_{16}N_6O_{10}$, F. 198,5—199,5° (W.). — *5-[N-(2-Chloräthyl)-äthylamino]-uracilhydrochlorid* (**XII**), $C_8H_{12}ClN_3O_2 \cdot HCl$, F. $>$300°, a) durch $^1/_4$std. Erhitzen von **IX** u. $SOCl_2$ auf 80° u. $^1/_4$std. Stehen bei Zimmer-Temp.; 53%; b) wie a), jedoch in 1.2-Dimethoxyäthan in Ggw. von geringen Mengen W. u. A. nach LYTTLE u. PETERING (l. c.); 91%. *Freie Base*, $C_8H_{12}ClN_3O_2$, F. 166—166,5°, durch Zugabe von gesätt. $NaHCO_3$-Lsg. zu wss. **XII** bei 0°; 67%. — *5-Aminouracil* (**I**), *N^5-p-Tosyl-Deriv.*, $C_{11}H_{11}N_3O_4S$,

F. >300° (CH_3OH), durch Zugabe von p-Toluolsulfochlorid zu **I** in NaOH u. 4std. Rühren bei Zimmer-Temp.; 91%. — *3-[2-Hydroxyäthyl]-5-[N-(2-hydroxyäthyl)-äthylamino]-uracil* (**VIII**), $C_{10}H_{17}N_3O_4 \cdot {}^1/_4 H_2O$, F. 197,5—199,5°, aus **II** in 50%ig. wss. $CH_3 \cdot COOH$ unter Zugabe von gekühltem **VII** bei 0° u. 142std. Stehen bei Zimmer-Temp.; 44%. *Pikrat*, $C_{16}H_{20}N_6O_{11}$, F. 203—204,5° (W.), aus heißem wss. **VIII** u. Pikrinsäure. — *3-[2-Chloräthyl]-5-[N-(2-chloräthyl)-äthylamino]-uracilhydrochlorid* (**XIII**), $C_{10}H_{15}Cl_2N_3O_2 \cdot HCl$, F. 167—169° (Zers.), durch 6std. Erhitzen von **VIII** u. $SOCl_2$ auf 90°; 92%. — *3-Methyl-2-methylmercapto-1.2-dihydro-3H-pyrimidon-(4)* (**XV**), F. 126,5—127,9°, u. *1-Methyl-2-methylmercapto-1.2-dihydro-3H-pyrimidon-(4)* (**XVII**), F. 170—171°, aus **XIV** nach BROWN u. Mitarbeitern (l. c.); je 23%. — *3-Methyluracil* (**XVI**), F. 184 bis 184,5 (A.), aus **XV** nach BROWN (l. c.); 58%. — *1-Methyluracil* (**XVIII**), F. 238—239°, aus **XVII** nach BROWN (l. c.); 68%. — *3-Methyl-5-bromuracil* (**XIX**), F. 238—241°, durch Br_2-Zugabe zu einer Lsg. von **XVI** in Eisessig u. 2std. Rühren bei 15°; 79%. — *1-Methyl-5-bromuracil* (**XX**), F. 267—272° (Zers.), analog **XIX** aus **XVIII**; 75%. — *3-Methyl-5-[2-hydroxyäthylamino]-uracil* (**XXII**), $C_7H_{11}N_3O_3$, F. 198—200° (abs. CH_3OH), durch 6std. Erhitzen eines Gemisches aus **XIX** u. wss. **V** in einer Stahlbombe auf 160° u. 15std. Stehen bei Zimmer-Temp.; 91%. — *3-Methyl-5-[bis-(2-hydroxyäthyl)-amino]-uracil* (**XXI**), $C_9H_{15}N_3O_4$, F. 165—166° (CH_3OH), analog **XXII** aus **XIX** u. 70%ig. wss. Diäthanolamin; 59%. — *1-Methyl-5-[2-hydroxyäthylamino]-uracil* (**XXIII**), $C_7H_{11}N_3O_3$, F. 195—198° (95%ig. A.), analog **XXII** aus **XX** u. **V**; 68%. — *1-Methyl-5-[bis-(2-hydroxyäthyl)-amino]-uracil* (**XXIV**), $C_9H_{15}N_3O_4$, F. 126—127° (CH_3OH/Bzl.), durch Zugabe von gekühltem **VII** zu **XXIII** in 50%ig. wss. CH_3COOH bei 0° u. 16std. Stehen bei Zimmer-Temp.; 67%. — *3-Methyl-5-[bis-(2-chloräthyl)-amino]-uracilhydrochlorid* (**XXV**), $C_9H_{13}Cl_2N_3O_2 \cdot HCl$, F. 145—155° (aus CH_3OH mit Ae.), durch Zugabe von $SOCl_2$ zu 1.2-Dimethoxyäthan mit wenig A. u. W., Kühlen auf 10°, Zugabe von **XXI** u. weiterem $SOCl_2$ u. 20std. Rühren bei Zimmer-Temp., Zugabe von Bzl. u. weiteres 1std. Rühren; 78%. *Freie Base*, $C_9H_{13}Cl_2N_3O_2$, F. 154—157° (Äthylacetat), aus **XXV** u. gesätt. $NaHCO_3$-Lsg.; 84%. — *1-Methyl-5-[bis-(2-chloräthyl)-amino]-uracilhydrochlorid* (**XXVI**), analog **XXV** aus **XXIV**; 90%; verliert leicht HCl. *Freie Base*, $C_9H_{13}Cl_2N_3O_2$, F. 147—151° (Äthylacetat), aus **XXVI** u. $NaHCO_3$; 68%. G. KOWOLLIK. 3272□

Heterocyclische Schwefelverbindungen. 1. Mitt. Einwirkung von primären Aminen auf Benzo-3.1-thiazinthione-(4) und auf Benzo-3.1-thiazinone-(4). Louis Legrand und Noël Lozac'h. (Bull. Soc. chim. France **1960**. 2088—92. Nov./Dez. Caen, Fac. des Sci.) (Franz.)

Benzo-3.1-thiazinthion-(4) (I)-Derivv. u. Benzo-3.1-thiazinone-(4) reagieren mit prim. Aminen unter Ringspaltung u. erneutem Ringschluß unter H_2S-Abspaltung zu *3H-Chinazolinthionen-(4)* (**S**) bzw. *3H-Chinazolinonen-(4)* (**O**). Im Falle der **O** sind die intermediär gebildeten *o-Thioacylaminobenzamide* (**T**) z. T. faßbar (bes. bei der Rk. von 2-Aryl-Derivv. mit aliphat. Aminen); bei höheren Temp. lassen sie sich zu **O** cyclisieren. Einige **T** ließen sich nicht cyclisieren. Im Falle der **S** wurden Zwischenverbb. nicht isoliert. Die Strukturen der Verbb. werden durch die Überführung einiger **S** in analoge bekannte **O** durch Hg(II)-Acetat bewiesen. **S** werden auch durch Umkehrung dieser Rk. aus **O** mittels P_4S_{10} (vgl. C. **1961**. 131) dargestellt. Die **O** besitzen Carbonylbanden bei 1675 cm^{-1}, die **S** haben Thionabsorptionen bei 1360—1365 cm^{-1} (Verhältnis $\nu_{co}/\nu_{cs} \cong$ 1,23 bei analogen Verbb.).

Versuche: 3H-Chinazolinthione-(4) (**S**): *3-Äthyl-*, $C_{10}H_{10}N_2S$, F. 132°, durch Kochen von **I** mit 1 Val $C_2H_5NH_2$ in gesätt. alkohol. Lsg. bis zur Hellgelbfärbung, Einengen, Kühlen u. Umkristallisieren aus A. bzw. A.–Bzl. (Meth. **A**; Ausbeuten fast quant.). — *3-Butyl-*, $C_{12}H_{14}N_2S$, F. 61°, nach **A**. — *3-Benzyl-*, $C_{15}H_{12}N_2S$, F. 110°, nach **A**. — *3-Phenyl-*, $C_{14}H_{10}N_2S$, F. 125°, nach **A**. — *3-p-Tolyl-*, $C_{15}H_{12}N_2S$, F. 121°, nach **A**. — *3-p-Methoxyphenyl-*, $C_{15}H_{12}N_2OS$, F. 124,5°, nach **A**. — *3-p-Sulfamoylphenyl-*, $C_{14}H_{11}N_3O_2S_2$, F. 256,5°, nach **A**. — *2.3-Dimethyl-*, $C_{10}H_{10}N_2S$, F. 100°, nach **A**. — *2-Methyl-3-äthyl-*, $C_{11}H_{12}N_2S$, F. 109°, nach **A**. — *2-Methyl-3-butyl-*, $C_{13}H_{16}N_2S$, F. 65°, nach **A**. — *2-Methyl-3-benzyl-*, $C_{16}H_{14}N_2S$, F. 94,5°, nach **A**. — *2-Methyl-3-phenyl-* (**II**), $C_{15}H_{12}N_2S$, F. 186°, a) nach **A** aus 2-Methylbenzo-3.1-thiazinthion-(4) u. Anilin (**IV**); b) durch Rk. von 2-Methyl-3-phenyl-3H-chinazolinon-(4) (**V**) mit P_4S_{10} in Xylol.— *2-Methyl-3-p-methoxyphenyl-*, $C_{16}H_{14}N_2OS$, F. 153°, nach **A**. — *2-Methyl-3-p-aminophenyl-*, $C_{15}H_{13}N_3S$, F. 212°, nach **A**. — *2-Methyl-3-p-sulfamoylphenyl-*, $C_{15}H_{13}N_3O_2S_2$, F. 267°, nach **A**. — *2-Methyl-3-[2-diäthylaminoäthyl]-*, $C_{15}H_{21}N_3S$, nach **A**; Öl. — *2-Methyl-3-o-tolyl-*, $C_{16}H_{14}N_2S$, F. 128°, nach **A**. — *2-Äthyl-3-methyl-*, $C_{11}H_{12}N_2S$, F. 110°, nach **A**. — *2.3-Diäthyl-*, $C_{12}H_{14}N_2S$, F. 94°, nach **A**. — *2-Äthyl-3-phenyl-*, $C_{16}H_{14}N_2S$, F. 123°, durch Erhitzen von **IV** mit 1 Val 2-Äthylbenzo-3.1-thiazinthion-(4) auf 200° bis zum Ende der H_2S-Entw., Kühlen u. Umkristallisieren aus A. bzw. A.–Bzl. (Meth. **B**).

— *2-Äthyl-3-o-tolyl-*, $C_{17}H_{16}N_2S$, F. 122°, nach **A**. — *2-Isopropyl-3-äthyl-*, $C_{13}H_{16}N_2S$, F. 56°, nach **A**. — *2-Isopropyl-3-phenyl-*, $C_{17}H_{16}N_2S$, F. 173°, nach **B**. — *2-Benzyl-3-methyl-*, $C_{16}H_{14}N_2S$, F. 96°, nach **A**. — *2-Benzyl-3-äthyl-*, $C_{17}H_{16}N_2S$, F. 129°, nach **A**. — *2-Benzyl-3-phenyl-*, $C_{21}H_{16}N_2S$, F. 156°, nach **B**. — *2-Phenyl-3-methyl-*, $C_{15}H_{12}N_2S$, F. 149°, nach **A**. — *2-Phenyl-3-äthyl-*, $C_{16}H_{14}N_2S$, F. 116°, nach **A**. — *2-Phenyl-3-butyl-* (**III**), $C_{18}H_{18}N_2S$, F. 146°, nach **A**. — *2-Phenyl-3-benzyl-*, $C_{21}H_{16}N_2S$, F. 165°, a) nach **A** aus 2-Phenylbenzo-3.1-thiazinthion-(4) u. Benzylamin; b) durch ½ std. Kochen von 3-Benzyl-2-phenyl-3H-chinazolinon-(4) mit P_4S_{10}-Pulver in Xylol, Waschen mit Soda-Lsg. u. W., Eindampfen im Vakuum u. Kristallisation aus Bzl.–Äthanol. — *2.3-Diphenyl-*, $C_{20}H_{14}N_2S$, F. 208°, nach **B**. — *2-Phenyl-3-p-tolyl-*, $C_{21}H_{16}N_2S$, F. 228°, nach **B**. — *2-Phenyl-3-p-methoxyphenyl-*, $C_{21}H_{16}N_2OS$, F. 215°, nach **B**. — *2-Phenyl-3-p-sulfamoylphenyl-*, $C_{20}H_{15}N_3O_2S_2$, F. 285°, nach **B**. — *2-p-Tolyl-3-butyl-*, $C_{19}H_{20}N_2S$, F. 135°, nach **A**. — *2-p-Tolyl-3-benzyl-*, $C_{22}H_{18}N_2S$, F. 126°, nach **A**. — *2-p-Methoxyphenyl-3-butyl-*, $C_{19}H_{20}\cdot N_2OS$, F. 104°, nach **A**. — *2-p-Methoxyphenyl-3-phenyl-*, $C_{21}H_{16}N_2OS$, F. 231°, nach **B**. — *2-o-Chlorphenyl-3-benzyl-*, $C_{21}H_{15}ClN_2S$, F. 114°, nach **A**. — *2-p-Chlorphenyl-3-benzyl-*, F. 143°, nach **A**. — *2-p-Chlorphenyl-3-phenyl-*, $C_{20}H_{13}ClN_2S$, F. 231°, nach **B**. — *2-α-Naphthyl-3-phenyl-*, $C_{24}H_{16}N_2S$, F. 180°, nach **B**. — 3-H-Chinazolinone-(4) (**O**): *3-Methyl-*, F. 105°, nach **A**. — *3-Benzyl-*, $C_{15}H_{12}N_2O$, F. 120°, nach **A**. — *3-p-Tolyl-*, $C_{15}H_{12}N_2O$, F. 146°, nach **A**. — *2.3-Dimethyl-*, F. 110°, nach **A**. — *2-Methyl-3-äthyl-*, F. 67°, nach **A**. — *2-Methyl-3-benzyl-*, F. 123°, nach **A**. — *2-Methyl-3-phenyl-* (**V**), $C_{15}H_{12}N_2O$, F. 148 bis 149°, a) nach **A** aus **IV** u. 2-Methylbenzo-3.1-thiazinon-(4); b) durch langsame Zugabe von Hg(II)-Acetat-Pulver zu **II** in CH_3COOH unter Rühren bis zur Entfärbung, Filtrieren, Einengen im Vakuum, Kühlen u. Kristallisation aus Bzl. u. Äthanol. — *2-Methyl-3-p-tolyl-*, $C_{16}H_{14}N_2O$, F. 151—152°, nach **A**. — *2-Phenyl-3-benzyl-*, $C_{21}H_{16}N_2O$, F. 146°, nach **A**. — *2.3-Diphenyl-*, F. 158°, nach **B**. — *2-p-Chlorphenyl-3-methyl-*, $C_{15}H_{11}\cdot ClN_2O$, F. 170°, nach **A**. — *2-Phenyl-3-butyl-*, $C_{18}H_{18}N_2O$, F. 116° (A.), a) analog **V** nach b) aus **III** mit Hg(II)-Acetat; b) durch 1 std. Erhitzen von 1 g nachst. Verb. auf 200°, Aufnehmen in PAe. + 20% Bzl., Filtrieren u. Chromatographie an Al_2O_3; 300 mg Ausbeute. — Benzamide (**T**) nach **A**: *2-[Thiobenzamido]-N-butyl-*, $C_{18}H_{20}N_2OS$, F. 125° (A.), durch Kochen von 2-Phenylbenzo-3.1-thiazinon-(4) u. Butylamin in A. u. Einengen. — *2-[Thiobenzamido]-N-methyl-*, $C_{15}H_{14}N_2OS$, F. 163°. — *2-[Thiobenzamido]-N-äthyl-*, $C_{16}H_{16}N_2OS$, F. 137°. — *2-[Thio-p-anisamido]-N-methyl-*, $C_{16}H_{16}N_2O_2S$, F. 169°. — *2-[Thio-p-anisamido]-N-äthyl-*, $C_{17}H_{18}N_2O_2S$, F. 148°. — *2-[Thio-p-anisamido]-N-butyl-*, $C_{19}H_{22}\cdot N_2O_2S$, F. 129°. — *2-[Thio-p-anisamido]-N-benzyl-*, $C_{22}H_{20}N_2O_2S$, F. 139,5°. — *2-[p-Chlorthiobenzamido]-N-äthyl-*, $C_{16}H_{15}ClN_2OS$, F. 165°. H. Pagel. 3272□

Untersuchungen an Pyrazinderivaten. 4. Mitt. Darstellung und spezifische Oxydation einer Anzahl von 2.3-Dialkoxy- und 2.3-Diaryloxychinoxalinen. H. I. X. Mager und W. Berends. (Recueil Trav. chim. Pays-Bas **78.** 5—21. Jan. 1959. Delft, TU, Biochem. Labor.) (Engl.) — 3. vgl. Recueil Trav. chim. Pays-Bas **77.** [1958.] 842; vgl. auch C. **1959.** 3823.

Durch Kondens. von o-Phenylendiaminen mit Oxalsäure oder Oxalsäurediäthylester werden *2.3-Dihydroxychinoxaline* (**A**) gewonnen, die mit PCl_5 in entsprechende *2.3-Dichlorchinoxaline* (**B**) übergeführt werden. **B** werden mit Alkali oder verd. Mineralsäuren zu **A** hydrolysiert u. liefern mit Na-Alkoholaten oder K-Phenolaten *2.3-Dialkoxy-* (**C**) bzw. *2.3-Diaryloxychinoxaline. 5-* u. *6-Amino-2.3-dimethoxychinoxalin* werden durch Red. der Nitro-Verbb. mit $Fe(OH)_2$ in A. oder besser mit Hydrazinhydrat u. Pd-Kohle in A. dargestellt. **C** lassen sich langsam mit $AlCl_3$ in Bzl. oder schneller mit verd. Säuren in **A** überführen. Bei der Oxydation der 2.3-disubstituierten Chinoxaline mit $KMnO_4$ entstehen unter Aufspaltung des Benzolrings *2.3-disubstituierte Pyrazindicarbonsäuren-(5.6)*, deren Bldg. aus 5(6)-Nitro- oder noch mehr 5(6)-Aminochinoxalinen begünstigt wird. Von **C** wird die 2.3-Dimethoxy-Verb. bei 140° in wenigen Min., die 2.3-Dipropyloxy-Verb. bei 150° in 2½ Std. dagegen kaum von $KMnO_4$ angegriffen.

Versuche: *2.3-Dimethoxychinoxalin*, F. 92—93° (wss. A.), aus 19,9 g 2.3-Dichlorchinoxalin (**I**) u. Na-Methylat-Lsg. unter Rückfluß; 17 g (Ausbeute). — *2.3-Diäthoxychinoxalin*, F. 78° (A.), analog vorst. Verb.; 17,5 g. — *2.3-Dipropoxychinoxalin*, $C_{14}H_{18}N_2O_2$, F. 48° (wss. A.), aus 10 g **I** u. Na-n-Propylat in 3 Std. auf dem Dampfbad; 9,5 g. — *2.3-Diphenoxychinoxalin*, $C_{20}H_{14}N_2O_2$, F. 166° (wss. Aceton), aus 10 g **I**, Phenol u. K_2CO_3 in 20—30 Min. bei 120°; 14 g. — *2.3-Bis-[p-nitrophenoxy]-chinoxalin*, $C_{20}H_{12}\cdot N_4O_6$, F. 215—216° (wss. Aceton), aus 10 g **I** analog vorst. Verb.; 17 g. — *m-Nitroacetanilid*, F. 152°, aus m-Nitranilin u. Essigsäureanhydrid in Eisessig mit Zn-Staub durch ½ std. Kochen. — *2.3-Dinitroacetanilid*, aus 230 g vorst. Verb. durch Nitrierung; enthält *2.5-* u. *3.4-Dinitroacetanilid*; 75 g. — *2.3-Dinitroanilin*, F. 126°, aus vorst. Verb. u. konz. H_2SO_4 durch 5 Min. langes Erwärmen auf 110° u. Zugabe von Eis; 60%. — *2.6-Dinitroanilin*, aus Chlorbenzol durch Sulfonierung u. Nitrierung zu *4-Chlor-3.5-dinitrobenzol-*

sulfonsäure, Rk. des K-Salzes mit NH_4OH zu *K-4-Amino-3.5-dinitrobenzolsulfonat* u. dessen Rk. mit konz. H_2SO_4 durch 6std. Kochen. — *1.2-Diamino-3-nitrobenzol*, aus 2.6-Dinitroanilin, wss. Na_2S u. $NaHCO_3$ unter Rückfluß. — *1.2-Diamino-4-nitrobenzol*, F. 197—198°, durch Red. von 95 g 2.4-Dinitroanilin; 45 g. — *2-Nitro-4-methoxyanilin*, aus 61,5 g p-Anisidin durch Acetylierung, Nitrierung zu *2-Nitro-4-methoxyacetanilid* u. dessen Verseifung mit KOH in wss. CH_3OH; 63,5 g. — *1.2.3-Triaminobenzoldihydrochlorid*, aus 2.3-Dinitroanilin durch Red. mit $SnCl_2$ in konz. HCl. — *1.2.4-Triaminobenzoldihydrochlorid*, aus 2.4-Dinitroanilin durch Red. mit Sn u. konz. HCl oder besser katalyt. an RANEY-Ni. — *2.3-Dihydroxy-5-nitrochinoxalin*, F. 296° (Zers.; Essigsäure), a) aus 10 g 1.2-Diamino-3-nitrobenzol u. Oxalsäure in 50%ig. Essigsäure in 3 Std. unter Rückfluß; 8 g; b) aus 10 g 1.2-Diamino-3-nitrobenzol u. Diäthyloxalat in 2 bis 2½ Std. unter Rückfluß; 8—9 g; c) durch ½—1std. Kochen von 1.2-Diamino-3-nitrobenzol mit Oxalsäure in 4n HCl; 10%. — *2.3-Dimethoxy-5-nitrochinoxalin*, $C_{10}H_9N_3O_4$, F. 156—157° (CH_3OH), aus 2.3-Dihydroxy-5-nitrochinoxalin durch Erwärmen mit PCl_5 auf 160—170° unter Abdestillieren von $POCl_3$ u. Kochen des entstehenden *2.3-Dichlor-5-nitrochinoxalins* (96%) mit Na-Methylat-Lsg. (40—45 Min. unter Rückfluß); 81—88%; b) durch 3std. Kochen von 8 g 2.3-Dihydroxy-5-nitrochinoxalin mit PCl_5 unter Rückfluß, Abdestillieren von $POCl_3$, Kristallisation des Rk.-Prod. aus wss. Aceton (F. 147—148°) u. ½std. Kochen mit Na-Methylat-Lsg.; 2,7 g; daneben 2 g *2(3)-Methoxy-3(2)-hydroxy-5-nitrochinoxalin* ($C_9H_7N_3O_4$, F. 220,5—221°, gelb aus A.). — *2.3-Dihydroxy-6-nitrochinoxalin*, $C_8H_5N_3O_4$, F. 345—346° (Zers.; 50%ig. Essigsäure), aus 7,5 g 1.2-Diamino-4-nitrobenzol u. Oxalsäure in 6n HCl durch ½std. Kochen; 10 g. — *2.3-Dichlor-6-nitrochinoxalin*, F. 153° (PAe.), aus 18 g vorst. Verb. u. PCl_5 bei 160 bis 170°; 17 g. — *2.3-Dimethoxy-6-nitrochinoxalin*, $C_{10}H_9N_3O_4$, F. 175—175,5° (CH_3OH), aus 16 g vorst. Verb. u. Na-Methylat-Lsg. unter Rückfluß; 15 g. — *2.3-Dimethoxy-5-aminochinoxalin*, $C_{10}H_{11}N_3O_2$, F. 97—97,5° (PAe.), a) aus der 5-Nitro-Verb. u. $Fe(OH)_2$ in A. durch 7std. Kochen unter N_2; 76—86%; b) aus der 5-Nitro-Verb. u. Hydrazinhydrat in A. in Ggw. von 5%ig. Pd/Kohle durch ½std. Kochen; 70—80%. — *2.3-Dimethoxy-6-aminochinoxalin*, $C_{10}H_{11}N_3O_2$, F. 130—130,5° (PAe.), analog vorst. Verb. nach a) oder b); 70 bzw. 75—80%. — *2.3-Dihydroxy-5-aminochinoxalin*, $C_8H_7N_3O_2$, F. 339—340° (Zers.; W.), a) aus vorvorst. Verb. u. 6 nHCl in 2 Std. unter Rückfluß; b) aus der 5-Nitro-Verb. u. Na_2S in W. in 2 Std. unter Rückfluß; 60—75%. — *2.3-Dihydroxy-6-aminochinoxalinhydrochlorid*, $C_8H_8ClN_3O_2$, analog vorst. Verb. nach a) oder b); nach b) 60—75%. — *2.3-Dihydroxy-6-methoxychinoxalin*, aus 42 g 2-Nitro-4-methoxyanilin durch Red. mit $SnCl_2$ in konz. HCl zu *1.2-Diamino-4-methoxybenzol* u. dessen Rk. mit Diäthyloxalat durch 3½std. Kochen; 35 g. — *2.3-Dichlor-6-methoxychinoxalin*, F. 159 bis 160° (Aceton), aus 35 g vorst. Verb. u. $POCl_3$ in 1 Std. unter Rückfluß; 32—33 g. — *2.3.6-Trimethoxychinoxalin*, F. 127° (CH_3OH), aus vorst. Verb. u. Na-Methylat-Lsg. unter Rückfluß; 83—89%. WALTER SIMON. 3272

Untersuchungen an Pyrazinderivaten. 5. Mitt. **Eine eingehendere Untersuchung über die katalytische Hydrierung von Pyrazincarbonsäureestern.** H. I. X. Mager und W. Berends. (Recueil Trav. chim. Pays-Bas **78**. 109—25. Febr. 1959.) (Engl.) — **4.** vgl. vorst. Referat.

2-Carbomethoxy-, 2.3-Dicarbomethoxy- u. 2.3.5-Tricarbomethoxypyrazin lassen sich über Pd/Kohle bei Zimmer-Temp. nur zu *Tetrahydro-Derivv.* hydrieren, wie an den UV-Spektren erkannt wird. Daraus wird der Schluß gezogen, daß eine am Pyrazinring stehende Carbalkoxygruppe die benachbarte Doppelbindung im Ring gegen katalyt. Hydrierung schützt. Die Prodd. der partiellen Hydrierung lassen sich nicht rein isolieren. Sie sind äußerst labil u. erleiden leicht Dismutation oder Reoxydation. Alle 3 Tetrahydropyrazine reduzieren Ag^+ in neutraler Lsg. zu Ag.

Versuche: *Pyrazin-2.3-dicarbonsäure*, F. 185° (W.), aus Chinoxalin u. $KMnO_4$ über das *Ag-Salz. Dimethylester*, $C_8H_8N_2O_4$, F. 59,5—60°, aus 10 g vorst. Verb. u. CH_3OH in Ggw. von 3% konz. H_2SO_4 durch 15std. Kochen; 7—8 g. *Diphenacylester*, $C_{22}H_{16}N_2O_6$, F. 144—145,5° (Aceton), aus 1,68 g der freien Säure u. Phenacylbromid in wss.-alkohol. NaOH durch 2std. Kochen; 2,5—3 g. WALTER SIMON. 3272

Eine bequeme Synthese von kondensierten 4-Mercaptopyrimidinen aus o-Aminonitrilen. Edward C. Taylor und John A. Zoltewicz. (J. Amer. chem. Soc. **83**. 248—49. 5/1. 1961. Princeton, N.J., Univ., Frick Chem. Labor.) (Engl.)

3-Amino-4-cyanpyrazol (**I**) reagiert mit Thioamiden (**A**) in HCl-gesätt. A. zu instabilen 6-substituierten *4-Iminopyrazolo-*[*3.4:d*]*-thiazinhydrochloriden*, die ohne Isolierung mit Alkali unter Ringöffnung u. Neuverknüpfung zu 6-substituierten *4-Mercaptopyrazolo-*[*3.4:d*]*-pyrimidinen* umgelagert werden. Die Rk. gelingt auch mit anderen o-Aminonitrilen (**B**). Daneben wird die Bldg. von den **A** entsprechenden Nitrilen u. den **B** entsprechenden o-Aminothioamiden beobachtet. Diese Rk. kann zur Darst. 2-unsubstituierter 4-Mercaptopyrimidine benutzt werden: Das aus **B** u. Thioformanilid (**II**) in Dimethylformamid-HCl dargestellte **A** wird gleichzeitig zum o-Formamidothioamid formyliert, das sich sofort cyclisiert. — *4-Mercaptopyrazolo-[3.4:d]-pyrimidin*, F. > 300° (Zers.), aus **I** u. **II**; 62% (Ausbeute). — 4-Mercaptopyrazolo-[3.4:d]-pyrimidine: *6-Methyl-*, F. > 300° (Zers.), aus **I** u. Thioacetamid; 72%. — *6-Phenyl-*, F. 308—310° (Zers.), aus **I** u. Thiobenzamid; 69%. — *6-p-Aminophenyl-*, F. > 300° (Zers.), aus **I** u. p-Aminothiobenzamid; 74%. — *6-p-Methoxyphenyl-*, F. 299—300°, aus **I** u. Thio-p-anisamid; 59%. — *6-p-Nitrophenyl-*, F. > 300° (Zers.), aus **I** u. p-Nitrothiobenzamid; 40%. H. PAGEL. 3272□

Untersuchungen an Phenoxazinderivaten. 3. Mitt. **Synthese einiger Phenoxazine mit cyclischer, stickstoffhaltiger Seitenkette.** H.-J. Conrad und H. Linde. (Arch. Pharmaz. Ber. dtsch. pharmaz. Ges. **294/66.** 45—49. Jan. 1961. Würzburg, Univ., Inst. für Pharmaz. u. Lebensmittelchem.) (Dt.) — 2. vgl. C. **1961.** 9411.

Einige weitere *N-Alkylphenoxazine* mit heterocycl. substituierten Alkylresten sowie *10-[2.4-Dinitro-* u. daraus *-[2.4-Diaminophenyl]-phenoxazin* werden analog C. **1960.** 14023 dargestellt.

Versuche: Phenoxazine: *10-[2-Phenoxazinoäthyl]-* (**I**), $C_{26}H_{20}N_2O_2$, F. 210 bis 211° (Sublimation ab 180°), durch 1std. Kochen von 2 g Phenoxazin (**II**) mit $NaNH_2$ in Xylol unter N_2, Zutropfen von 1.2-Dibromäthan in Xylol innerhalb von ½ Std. zur sd. Lsg., ½std. Kochen, Eindampfen im Vakuum, Aufnehmen in Ae., Waschen mit Säure, Alkali u. W., Trocknen über Na_2SO_4, Eindampfen, Lösen in Bzl. u. Chromatographie an Al_2O_3 (PAe., dann PAe.–Bzl., 4:1); Prismen aus Bzn.; 0,8 g (Ausbeute). — *10-[10-Phenoxazinodecyl]-*, $C_{34}H_{36}N_2O_2$, F. 139—140°, analog **I** aus 2 g **II** u. 1.10-Dibromdecan durch 40std. Kochen in Xylol u. Chromatographie mit PAe.–Bzl. (1:1); bäumchenförmige Kristalle aus Bzn.; 0,8 g (Ausbeute). — *10-[2.4-Dinitrophenyl]-*, $C_{18}H_{11}N_3O_5$, F. 184—185°, analog **I** aus 2 g **II** u. 2.4-Dinitrofluorbenzol in Toluol durch ½std. Kochen; violette, bei 137° gelbbraun werdende Prismen aus Bzn.; 0,7 g. — *10-[2.4-Diaminophenyl]-*, $C_{18}H_{15}N_3O$, F. 238—240°, durch Zugabe von Fe-Pulver (4 Portionen in 5-Min.-Abständen) zu 0,1 g vorst. Verb. in sd. A. + konz. H_2SO_4 unter Rühren, 2std. Kochen, Filtrieren der heißen Lsg., Zugabe von verd. HCl, Einengen, Alkalisieren, Ausäthern, Eindampfen, Lösen in Bzl., Filtrieren mit Kohle, Zugabe von Bzn. u. Einengen unter CO_2; farnblattähnliche Kristalle; 0,05 g. — *10-[2-Morpholinoäthyl]-* (**III**), $C_{18}H_{20}N_2O_2$, F. 104—105°, analog **I** aus 2 g **II** u. N-[2-Chloräthyl]-morpholin durch 1½std. Kochen in Xylol u. Chromatographie mit PAe.–Bzl. (1:1); derbe Säulen aus CH_3OH; 1,1 g. *Hydrochlorid*, F. 220—224° (Sublimation bei 160°; Bzl.). *Pikrat*, F. 202 bis 204°, aus A. rote, federförmige Kristalle. — *10-[2-Pyrrolidinoäthyl]-*, $C_{18}H_{20}N_2O$, F. 60—62°, analog **III** aus 2 g **II** u. N-[2-Chloräthyl]-pyrrolidin durch 1½std. Kochen in Toluol u. längeres Stehen des Öls; derbe Nadeln aus Cyclohexan; 0,7 g. *Hydrochlorid*, F. 212—213°, aus Bzl. Schuppen. *Pikrat*, F. 182°, aus A. rote Nadelbüschel. — *10-[2-Piperidinoäthyl]-*, $C_{19}H_{22}N_2O$, F. 56—58°, analog **III** aus 2 g **II** u. N-[2-Chloräthyl]-piperidin durch 1½std. Kochen in Xylol, Aufarbeiten, Eindampfen des Ae., Chromatographie an Al_2O_3 (PAe.) u. Stehen; derbe Kristalle aus CH_3OH; 1,8 g. *Hydrochlorid*, F. 224 bis 225°, aus Bzl. Nadeln. *Pikrat*, F. 175—177°, aus A. rote Büschel. — *10-[Pyridyl-(4)-methyl]-*, $C_{18}H_{14}N_2O$, F. 143—144° (Ausfrieren aus Cyclohexan), analog **III** aus 2 g **II** u. 4-Picolylchlorid durch ½std. Kochen in Toluol, Eindampfen im Vakuum, Lösen in Bzl., Waschen mit wss. Alkali u. W., Extraktion mit HCl, Stehen, Absaugen, Lösen in W., Alkalisieren, Extraktion mit Bzl., Waschen mit W., Trocknen, Einengen, Zugabe von PAe. u. Chromatographie an Al_2O_3 (PAe.–Bzl., 1:3); 1,4 g. *Hydrochlorid*, F. 202—204°, aus Bzl. schwachgelbe Kristalle. H. PAGEL. 3282□

2.3;6.7-Dibenzoazepin. Rolf Huisgen, Erich Laschtuvka und Friedrich Bayerlein. (Chem. Ber. **93.** 392—97. 29/2. 1960. München, Univ., Inst. für organ. Chem.) (Dt.)

Die Isomerisierung zu Iminostrukturen ohne cycl. Konjugation, die Ursache der Instabilität einkerniger 1H-Azepin-Derivv. sein dürfte (vgl. C. **1958.** 7714 u. BARLTROP u. Mitarbeiter, C. **1960.** 2182), wird durch das „Einfrieren" einzelner Doppelbindungen des Azepin-Syst. durch Einbeziehung in Benzolkerne gehemmt. So bleibt die cycl. Konjugation des 7-Ringes erhalten in *2.3;6.7-Dibenzazepin* (**I**) u. *1-Methyl-2.3;6.7-dibenzazepin* (**II**), die durch Dehydrierung von o.o'-Iminodibenzyl (**III**) u. seinem N-Methyl-Deriv. (**IV**) mit S oder durch Pd in Maleinsäuredimethylester erhalten werden. Durch katalyt. Hydrierung wird **I** wiederum in **III**, **II** in **IV** übergeführt. Die

UV-Spektren von I, II, *Carbazol* (V), *N-Methylcarbazol* (VI) u. *cis-Stilben* (VII) in A. sowie von I, II u. IV in konz. H_2SO_4 sind abgebildet: I u. II absorbieren längerwellig als V u. VI; N-Methylierung des Azepin-Syst. bewirkt im Gegensatz zum Carbazol-Syst. hypsochrome Verschiebung in alkohol. Lsg., nicht aber in konz. H_2SO_4, in der I u. II kürzerwellig als in A. u. ähnlich dem VII absorbieren. Der ster. Bau von I u. II, bes. die Frage der Planierung des 8π-Syst. u. evtl. ster. Ursachen des spektralen Effektes der N-Methylierung wird diskutiert (Abb. des Kalottenmodells). Bei den von BUTENANDT, BIEKERT u. NEUBERT (vgl. C. **1957**. 13044) beschriebenen Prodd. der Alkalibehandlung von *5-Acetylphenoxazonen* dürfte es sich z. T. um Azepin-Syst. handeln.

Versuche: *o.o'-Iminodibenzyl* (III), $C_{14}H_{13}N$, F. 107—108° (A.), aus dem durch katalyt. Hydrierung von o.o'-Dinitrostilben mit RANEY-Ni in A. erhaltenen *o.o'-Diaminodibenzyl* [VIII; F. 72—73°, $Kp._{0,001}$ 200—210° (Bad-Temp.); 90—91% (Ausbeute)] durch Erhitzen von a) 2 g bzw. b) 50 g mit der gleichen Menge VIII-Dihydrochlorid unter N_2 im Einschlußrohr bei 280° (30 Std.); 89 bzw. 58%. *N-Benzolsulfonat*, $C_{20}H_{17}NO_2S$, F. 138—140°. — *N-Methyl-o.o'-iminodibenzyl* (IV), $C_{15}H_{15}N$, F. 107—108° (A.), $Kp._{0,1}$ 150—160° (Bad-Temp.), a) durch Erhitzen von III mit Dimethylsulfat bei 100° (3 Std.); 56%; b) durch 20std. Kochen der mit Li-Phenyl in Ae. erhaltenen *N-Li-Verb. von* III mit CH_3J unter N_2; 63%. — *2.3;6.7-Dibenzazepin* (I), $C_{14}H_{11}N$, F. 193—195° (CH_3OH), $Kp._{0,1}$ 150—180°, $Kp._{0,001}$ 145—150° (Bad-Temp.), durch Dehydrierung von 3,90 g III mit 672 mg S unter N_2 bei 235—240° (40 Min.) bzw. von III an Pd-Mohr in Maleinsäuredimethylester unter N_2 u. 5std. Kochen; orangefarbene Tafeln; 364 mg bzw. 48—60%; ν_{NH} 3344 cm^{-1} (KBr). — *1-Methyl-2.3;6.7-dibenzazepin* (II), $C_{15}H_{13}N$, F. 143 bis 144,5° (PAe.), analog I durch Dehydrierung von 4,00 g IV nach a) oder in höherer Ausbeute nach b); gelbe Nadeln; 230 mg (a); keine F.-Depression mit IV (Isomorphie?).

W. DIEPERS. 3370□

Derivate der Zuckermercaptale. 19. Mitt. **Mercaptale der 2.5-Anhydro-D-ribose und 2.5-Anhydro-D-xylose.** Helmut Zinner, Hildegard Brandhoff, Horst Schmandke, Helmut Kristen und Reinhard Haun. (Chem. Ber. **92**. 3151—55. 28/12. 1959. Rostock, Univ., Inst. für Organ. Chem.) (Dt.) — 18. vgl. C. **1961**. 14281.

Im Gegensatz zu D-Arabinosemercaptalen entstehen aus D-Ribose- u. D-Xylosemercaptalen bei der Rk. mit Sulfonsäurechloriden in Pyridin *2.5-Anhydro-D-ribose-* bzw. *2.5-Anhydro-D-xylosemercaptale*, die mit $HgCl_2$ oder Br_2 in wss. Ae. amorphe *2.5-Anhydropentosen* ergeben. Die Struktur der *2.5-Anhydropentosediisobutylmercaptale* (I) wird durch Oxydation mit Bleitetraacetat zu *α.α.α'-Triformyldimethyläther-α-diisobutylmercaptal* bewiesen, das als *Bis-[p-nitrophenylhydrazon]* u. als *Tris-[diisobutylmercaptal]* charakterisiert wird.

Versuche: 2.5-Anhydropentosemercaptale, aus den entsprechenden Pentosemercaptalen u. einem Sulfonsäurechlorid in Pyridin durch 2std. Rühren bei —15°, 30std. Stehen bei 20°, Gießen in Eiswasser, Waschen des Chlf.-Extraktes mit $KHSO_4$- u. $NaHCO_3$-Lsgg. u. W., Einengen u. Versetzen mit PAe.: *2.5-Anhydro-D-ribose-di-n-propylmercaptal*, $C_{11}H_{22}O_3S_2$, F. 67—70°; aus Chlf./PAe. Nadeln; $[\alpha]_D^{18}$ —91,4° (c = 1,36; CH_3OH); 47% (Ausbeute). — *2.5-Anhydro-D-ribosediisobutylmercaptal*, $C_{13}H_{26}O_3S_2$, F. 89—90°; aus CH_3OH/W. Nadeln; $[\alpha]_D^{17}$ —85,6° (c = 1,74; CH_3OH); 59%. — *2.5-Anhydro-D-xylosediisobutylmercaptal*, $C_{13}H_{26}O_3S_2$, F. 94°; aus Chlf./PAe. Nadeln; $[\alpha]_D^{21}$ +11,5° (c = 0,62; Chlf.); 21%. — *2.5-Anhydro-D-xylosedibenzylmercaptal*, $C_{19}H_{22}O_3S_2$, F. 98°; aus Chlf./PAe. Blättchen; $[\alpha]_D^{18}$ +159,6° (c = 1,04; Chlf.); 29%. *3.4-Bis-phenylurethan*, $C_{33}H_{32}N_2O_5S_2$, F. 168° (CH_3OH/W.), mit Phenylisocyanat in Pyridin durch 2std. Erhitzen auf 100°, Verdünnen mit CH_3OH, Zugeben von W. bis zur Trübung u. Stehen bei 3°; $[\alpha]_D^{21}$ +9,3° (c = 1,28; Pyridin); 84%. — *2.5-Anhydro-D-ribose*, aus einem 2.5-Anhydro-D-ribosemercaptal in Ae./W. durch portionsweises Zugeben einer Mischung von Br_2, Ae. u. W. unter Schütteln, nach 25 Min. Neutralisieren der wss. Phase mit Wofatit L u. Behandeln mit Aktivkohle; hygroskop. Pulver; $[\alpha]_D^{21}$ —95,4° (c = 1,78; W.); 65%. *p-Nitrophenylhydrazon*, $C_{11}H_{13}N_3O_5$, F. 140°; aus A. gelbe Nadeln; $[\alpha]_D^{20}$ +3,2° (nach 60 Min.; c = 0,66; CH_3OH); 32%. — *2.5-Anhydro-D-xylose*, aus einem 2.5-Anhydro-D-xylosemercaptal mit $HgCl_2$; amorphes, hygroskop. Pulver; $[\alpha]_D^{20}$ +9,05° (c = 1,16; W.); 76%. *p-Nitrophenylhydrazon*, $C_{11}H_{13}\cdot N_3O_5$, F. 196°; gelbe Nadeln; $[\alpha]_D^{20}$ +93,3° (nach 130 Min.; c = 0,45; CH_3OH); 37%. — *α.α.α'-Triformyldimethyläther-α-diisobutylmercaptal*, $C_{13}H_{24}O_3S_2$, durch 1/4std. Schütteln von I in Bzl. mit 98%ig. Bleitetraacetat bei 20°, Filtrieren über Kieselgur, Waschen des Filtrats mit $NaHCO_3$-Lsg. u. W. u. Behandeln mit Aktivkohle; Sirup; $[\alpha]_D^{20}$ —46,8° (c = 1,69; CH_3OH); 97%. *α.α'-Bis-[p-nitrophenylhydrazon]*, $C_{25}H_{34}N_6O_5S_2$, F. 162°, mit p-Nitrophenylhydrazin in CH_3OH durch 24std. Stehen bei 20°, Versetzen mit W. u. 5std. Stehen bei 0°; aus CH_3OH gelbes Pulver; $[\alpha]_D^{20}$ +109,2° (c = 1,28; Pyridin);

59%. — *α.α.α'-Triformyldimethyläther-α.α.α'-tris-[diisobutylmercaptal]*, $C_{29}H_{60}OS_6$, aus vorst. Verb. u. Isobutylmercaptan in einer 10%ig. Lsg. von HCl in Dioxan durch 10 Min. langes Schütteln, 1std. Stehen bei 20° u. Behandeln der methanol. Lsg. des Verdampfungsrückstandes mit Aktivkohle; gelber Sirup; 92%. G. ZUMACH. 3400□

Derivate der Zuckermercaptale. 20. Mitt. **Dicarbonate der D-Arabinosemercaptale und Disulfite der D-Xylosemercaptale.** Helmut Zinner, Georg Sych und Frank Schneider. (Chem. Ber. **93.** 468—72. 29/2. 1960.) (Dt.) — 19. vgl. vorst. Referat.

D-Arabinosemercaptale bilden mit $COCl_2$ *D-Arabinosemercaptal-2.3;4.5-dicarbonate* (**A**), deren Konstit. durch Synth. aus dem 4.5-Isopropyliden-D-arabinosediäthylmercaptal bewiesen wird. Durch Abspaltung des Mercaptans mit Essigsäureanhydrid u. H_2SO_4 gehen die **A** in *1.1-Diacetyl-D-arabinose-2.3;4.5-dicarbonat* über, woraus durch Hydrolyse sirupöses, unreines *al-D-Arabinosedicarbonat* entsteht. Aus D-Xylosemercaptalen werden mit $SOCl_2$ in Pyridin vermutlich die entsprechenden *2.4;3.5-Disulfite* dargestellt, die mit $HgCl_2$ oder Br_2 *al-D-Xylosedisulfit* als sirupöse, unreine Verb. bilden.

Versuche: D-Arabinosedialkylmercaptal-2.3;4.5-dicarbonate (**A**), aus den entsprechenden D-Arabinosemercaptalen in Pyridin durch tropfenweises Versetzen mit einer 30%ig. Lsg. von $COCl_2$ in Dioxan unter Rühren bei —10 bis —15°, 5std. Rühren bei gleicher Temp., 16std. Stehen bei 0°, Gießen in W., 20std. Stehen des ausgefallenen Sirups unter 1%ig. Essigsäure; wenn nichts anderes vermerkt aus CH_3OH Nadeln oder Blättchen; opt. Drehungen in Pyridin: *-dimethyl-*, $C_9H_{12}O_6S_2$, F. 117°; $[\alpha]_D^{18}$ +50,7° (c = 2,68); 48% (Ausbeute). — *-diäthyl-*, $C_{11}H_{16}O_6S_2$, F. 115—116°; $[\alpha]_D^{18}$ +40,2° (c = 2,38); a) wie oben beschrieben; 55%; b) aus D-Arabinosediäthylmercaptal-2.3-carbonat u. $COCl_2$ in Pyridin; 60%. — *-di-n-propyl-*, $C_{13}H_{20}O_6S_2$, F. 92°; $[\alpha]_D^{18}$ +37,0° (c = 2,07); 60%. — *-diisopropyl-*, $C_{13}H_{20}O_6S_2$, F. 166—167°; $[\alpha]_D^{18}$ +19,7° (c = 2,51); 64%. — *-di-n-butyl-*, $C_{15}H_{24}O_6S_2$, F. 71—72° (Isobutanol); $[\alpha]_D^{18}$ +36,3° (c = 2,15); 41%. — *-diisobutyl-*, $C_{15}H_{24}O_6S_2$, F. 69—71° (Isobutanol); $[\alpha]_D^{18}$ +30,1° (c = 3,17); 40%. — *-dibenzyl-*, $C_{21}H_{20}O_6S_2$, F. 125—126°; $[\alpha]_D^{18}$ +102,9° (c = 2,06); 44%. — *-äthylen-*, $C_9H_{10}O_6S_2$, F. 184° (Aceton); $[\alpha]_D^{18}$ +41,1° (c = 1,02); 57%. — *4.5-Isopropyliden-D-arabinosediäthylmercaptal-2.3-carbonat*, $C_{13}H_{22}O_5S_2$, F. 53—55°, aus 4.5-Isopropyliden-D-arabinosediäthylmercaptal u. $COCl_2$ analog **A**, Gießen in Na-acetathaltiges W. u. mehrstd. Stehen; aus PAe. Prismen; $[\alpha]_D^{18}$ +39,0° (c = 2,52; CH_3OH); 57%. — *D-Arabinosediäthylmercaptal-2.3-carbonat*, $C_{10}H_{18}O_5S_2$, durch 2std. Erwärmen vorst. Verb. in 80%ig. Essigsäure auf 75°; Sirup; $[\alpha]_D^{21}$ +73,8° (c = 1,69; CH_3OH); 73%. — *1.1-Diacetyl-D-arabinose-2.3;4.5-dicarbonat*, $C_{11}H_{12}O_{10}$, F. 116—117°, durch 72std. Stehen von **A** in einer abgekühlten Mischung von Essigsäureanhydrid u. konz. H_2SO_4 bei 20°, Gießen in 10%ig. Na-Acetat-Lsg. u. Stehen im Eisschrank; aus Chlf./CH_3OH/PAe. Blättchen; $[\alpha]_D^{20}$ +30,8° (c = 2,47; Pyridin); 61%. — *D-Xylose-dimethylmercaptal-2.4;3.5(?)-disulfit*, $C_7H_{12}O_6S_4$, F. 94°, aus D-Xylosedimethylmercaptal in Pyridin u. $SOCl_2$ in Dioxan bei —15° unter Rühren analog, Versetzen der methanol. Lsg. mit Ae. u. Stehen; aus Chlf./PAe. Nadeln; $[\alpha]_D^{19}$ —27,1° (c = 0,68; CH_3OH); 22%. — *D-Xylosediisopropylmercaptal-2.4;3.5(?)-disulfit*, $C_{11}H_{20}O_6S_4$, F. 121°, aus D-Xylosediisopropylmercaptal analog vorst. Verb.; aus CH_3OH Nädelchen; $[\alpha]_D^{18}$ —145,2° (c = 0,91; CH_3OH); 20%. G. ZUMACH. 3400□

Derivate der Zuckermercaptale. 21. Mitt. **2.4-Benzyliden- und 2.4-Äthyliden-D-glucuronmercaptale.** Helmut Zinner und Carl-Gottfried Dässler. (Chem. Ber. **93.** 1597—1608. 1/7. 1960.) (Dt.) — 20. vgl. vorst. Referat.

Vff. beschreiben eine verbesserte Darst. für *D-Glucurondialkylmercaptale* (**A**) u. deren Charakterisierung als *2.4.5-Tribenzoyl-Derivv.* (**B**); letztere ergeben mit $HgCl_2$ amorphes *2.4.5-Tribenzoyl-al-D-glucuron*, das ein krist. *p-Nitrophenylhydrazon* bildet. Aus den **A** entstehen mit Benzaldehyd u. HCl *2.4-Benzyliden-D-glucurondialkylmercaptale* (**C**), aus denen sich durch Abspalten von Mercaptan *2.4-Benzyliden-D-glucuron* (**I**) u. durch Red. mit $LiBH_4$ *2.4-Benzyliden-D-glucosemercaptale* gewinnen lassen. **I** läßt sich mit $LiBH_4$ zu *2.4-Benzyliden-D-sorbit* (**II**) reduzieren. Die Veresterung der **C** in $C_{(5)}$-Stellung ergibt die entsprechenden *Mercaptale*, aus welchen man mit $HgCl_2$ z. B. im Fall der *5-Acetyl-2.4-benzyliden-D-glucurondialkylmercaptale* (**D**) *5-Acetyl-2.4-benzyliden-al-D-glucuronmonohydrat* erhält. Die **A** bilden mit Acetaldehyd in Ggw. von HCl *2.4-Äthyliden-D-glucurondialkylmercaptale.* Daraus kann man in Analogie zu den entsprechenden Benzyliden-Verbb. die *2.4-Äthyliden-D-glucosemercaptale* u. unbeständiges *2.4-Äthyliden-D-glucuron* gewinnen, dessen Struktur durch Überführen in *1.3.5.6-Tetraacetyl-2.4-äthyliden-D-sorbit* bewiesen wird.

Versuche: D-Glucurondialkylmercaptale (**A**), aus D-Glucuron, Mercaptan u. konz. HCl durch Schütteln (10 Min.), $^1/_4$std. Stehen, Verdünnen mit CH_3OH, Versetzen mit $PbCO_3$, Kühlen auf 0° u. Filtrieren; 90—95% (Ausbeute). — 2.4.5-Tribenzoyl-D-glucurondialkylmercaptale (**B**), aus den entsprechenden **A** u. Benzoylchlorid in Chlf. u. Pyridin durch Rühren u. 16std. Stehen bei 0°; Blättchen oder Nadeln; opt. Drehungen in Chlf.: *-dimethyl-*, $C_{29}H_{26}O_8S_2$, F. 130° (n-Butanol/CH_3OH); $[\alpha]_D^{21}$ +118,8° (c = 0,73); 50%. — *-diäthyl-*, $C_{31}H_{30}O_8S_2$, F. 148° (n-Butanol); $[\alpha]_D^{21}$ +91,1 (c = 0,66); 59%. — *-di-n-propyl-*, $C_{33}H_{34}O_8S_2$, F. 138° (n-Butanol/CH_3OH); $[\alpha]_D^{21}$ +77,9° (c = 0,67); 68%. — *-diisopropyl-*, $C_{33}H_{34}O_8S_2$, F. 165° (n-Propanol); $[\alpha]_D^{21}$ +74,5° (c = 0,79); 70%. — *-di-n-butyl-*, $C_{35}H_{38}O_8S_2$, F. 111° (CH_3OH); $[\alpha]_D^{21}$ +71,4° (c = 0,66); 60%. — *-diisobutyl-*, $C_{35}H_{38}O_8S_2$, F. 134° (n-Butanol); $[\alpha]_D^{21}$ +75,0° (c = 0,77); 59%. — *-dibenzyl-*, $C_{41}H_{34}O_8S_2$, F. 110° (A.); $[\alpha]_D^{21}$ +38,1° (c = 0,60); 75%. — *2.4.5-Tribenzoyl-al-D-glucuron*, durch 3std. Rühren der **B** in wss. Aceton bei 50° in Ggw. von $HgCl_2$, Versetzen des Filtrats mit HgO, 4std. Rühren bei 50°, Filtrieren, Extrahieren des Verdampfungsrückstandes mit warmen Chlf., Schütteln mit n-KJ-Lsg. u. W.; amorphes Pulver; $[\alpha]_D^{21}$ +94,9° (c = 0,49; Chlf.); 80%. *p-Nitrophenylhydrazon*, $C_{33}H_{25}N_3O_{10}$, F. 230—232° (Zers. ab 170°); aus Essigester/A. gelbe Nadeln; $[\alpha]_D^{21}$ —156,0° (c = 0,40; Chlf.); 61%. — 2.4-Benzyliden-D-glucurondialkylmercaptale (**C**), aus den entsprechenden **A** in Benzaldehyd durch Einleiten von HCl bei 0°, Schütteln mit PAe., Lösen des Filtrationsrückstandes in Chlf. u. Schütteln mit festem $NaHCO_3$; Nadeln; opt. Drehungen in Pyridin: *-dimethyl-*, $C_{15}H_{18}O_5S_2$, F. 206° (A.); $[\alpha]_D^{21}$ +10,7° (c = 1,84); 67%. — *-diäthyl-*, $C_{17}H_{22}O_5S_2$, F. 176° (A.); $[\alpha]_D^{21}$ +26,8° (c = 1,55); 60%. — *-di-n-propyl-*, $C_{19}H_{26}O_5S_2$, F. 175° (A.); $[\alpha]_D^{21}$ +33,0° (c = 1,24); 76%. — *-diisopropyl-*, $C_{19}H_{26}O_5S_2$, F. 205° (n Propanol/W.); $[\alpha]_D^{21}$ +58,6° (c = 1,64); 60%. — *-di-n-butyl-*, $C_{21}H_{30}O_5S_2$, F. 153° (n Propanol/W.); $[\alpha]_D^{21}$ +35,1° (c = 1,88); 51%. — *-diisobutyl-*, $C_{21}H_{30}O_5S_2$, F. 181° (n-Propanol/W.); $[\alpha]_D^{21}$ +25,9° (c = 1,84); 66%. — *-dibenzyl-*, $C_{27}H_{26}O_5S_2$, F. 181° (n-Propanol/W.); $[\alpha]_D^{21}$ +75,5° (c = 1,39); 84%. — *2.4-Benzyliden-D-glucuron* (**I**), F. 139° (Essigester/PAe.) bzw. 125—127° (W.), durch 48std. Stehen nachst. Monohydrats in Dimethylformamid (DMF); Stäbchen; $[\alpha]_D^{21}$ —58,4° (c = 0,79; DMF) bzw. —74,5° (c = 0,99; Pyridin); 69%. *Monohydrat*, $C_{13}H_{12}O_6 \cdot H_2O$, Zers. ab 120°, durch 4std. Rühren von **C** in wss. Aceton bei 40° in Ggw. von $HgCl_2$ u. gelbem HgO, Filtrieren, Extrahieren des Verdampfungsrückstandes mit heißem W. u. Kühlen der Extrakte auf 0°; aus W. Nadeln; $[\alpha]_D^{21}$ +92,0° (nach 20 Min.) u. —61,1° (nach 130 Std.; c = 0,96; Pyridin) bzw. +54,9° (nach 15 Min.) u. —59,0° (nach 48 Std.; c = 1,26; DMF); 68%. *p-Nitrophenylhydrazon*, $C_{19}H_{17}N_3O_7$, F. 250 bis 280° (Zers.); aus Aceton/A. gelbe Nadeln; $[\alpha]_D^{21}$ +163,2° (c = 0,79; Pyridin); 66%. — *2.4-Benzyliden-D-sorbit* (**II**), F. 174—176°, durch 3std. Erwärmen vorst. Monohydrats in wss. Tetrahydrofuran auf 40° in Ggw. von $LiBH_4$, Versetzen mit 10%ig. Essigsäure, Verdünnen mit W. u. Entsalzen mit Ionenaustauscher; aus W. Nädelchen; $[\alpha]_D^{21}$ —1,0° (c = 0,48; W.); 33%. — *2.4-Benzyliden-D-glucosediisopropylmercaptal*, $C_{19}H_{30}O_5S_2$, F. 137 bis 138°, aus dem entsprechenden **C** in Tetrahydrofuran durch 3std. Erwärmen auf 40° unter Rühren in Ggw. von $LiBH_4$, Neutralisieren mit verd. Essigsäure u. Verdünnen mit W.; aus A./W. oder PAe. Nädelchen; $[\alpha]_D^{21}$ +15,1° (c = 0,46; Chlf.); 95%. — *2.4-Benzyliden-D-glucose-di-n-butylmercaptal*, $C_{21}H_{34}O_5S_2$, F. 118—119° (A.) bzw. 135° (PAe.), aus dem entsprechenden **C** in Dioxan/W. durch Red. mit $LiBH_4$ wie vorst.; Nädelchen; $[\alpha]_D^{21}$ —13,4° (c = 0,54; Chlf.) bzw. —12,6° (c = 0,61; Chlf.); 95%. *3.5.6-Triacetyl-Deriv.*, $C_{27}H_{40}O_8S_2$, F. 58—60°; aus PAe. Nadeln; $[\alpha]_D^{21}$ —3,1° (c = 0,56; Chlf.); 59%. — *2.4-Benzyliden-D-glucosedibenzylmercaptal* (**III**), $C_{27}H_{30}O_5S_2$, F. 136° (A.) bzw. 149—150° (Bzl.), aus dem entsprechenden **C** in Dioxan durch Red. mit $LiBH_4$ wie vorst.; Nädelchen; $[\alpha]_D^{21}$ +5,2° (c = 0,99; Dioxan) bzw. $[\alpha]_D^{22}$ +5,0° (c = 0,78; Dioxan); 95%. *3.5.6-Tribenzoyl-Deriv.*, $C_{48}H_{42}O_8S_2$, F. 142°; aus Isopropanol Blättchen; $[\alpha]_D^{21}$ —16,2° (c = 0,98; Pyridin); 49%. — 5-Acetyl-2.4-benzyliden-D-glucurondialkylmercaptale (**D**), aus den **C** u. Acetanhydrid in Pyridin durch 45std. Stehen bei 0° u. Gießen in 2%ig. Essigsäure; wenn nichts anderes vermerkt, aus n-Propanol Nadeln; opt. Drehungen in Chlf.: *-dimethyl-*, $C_{17}H_{20}O_6S_2$, F. 171°; $[\alpha]_D^{21}$ +108,3° (c = 0,54); 91%. — *-diäthyl-*, $C_{19}H_{24}O_6S_2$, F. 162°; $[\alpha]_D^{21}$ +118,8° (c = 0,46); 95%. — *-di-n-propyl-*, $C_{21}H_{28}O_6S_2$, F. 165°; $[\alpha]_D^{21}$ +122,8° (c = 0,63); 91%. — *-diisopropyl-*, $C_{21}H_{28}O_6S_2$, F. 178°; $[\alpha]_D^{21}$ +141,5° (c = 0,40); 95%. — *-di-n-butyl-*, $C_{23}H_{32}O_6S_2$, F. 148°; $[\alpha]_D^{21}$ +102,3° (c = 0,67); 92%. — *-dibenzyl-*, $C_{29}H_{28}O_6S_2$, F. 212° (Essigester); $[\alpha]_D^{21}$ +163,1° (c = 0,67); 91%. — 5-Benzoyl-2.4-benzyliden-D-glucurondialkylmercaptale, aus den **C** u. Benzoylchlorid in Pyridin durch 3std. Stehen bei 0° u. Gießen in 2%ig. Essigsäure; aus n-Propanol Nadeln; opt. Drehungen in Chlf.: *-dimethyl-*, $C_{22}H_{22}O_6S_2$, F. 159°; $[\alpha]_D^{21}$ +96,6° (c = 0,74); 85%. — *-diäthyl-*, $C_{24}H_{26}O_6S_2$, F. 138°; $[\alpha]_D^{21}$ +118,1° (c = 0,80); 91%. — *-di-n-butyl-*, $C_{28}H_{34}O_6S_2$, F. 119°; $[\alpha]_D^{21}$ +107,2° (c = 0,62); 88%. — *-dibenzyl-*, $C_{34}H_{30}O_6S_2$, F. 157°; $[\alpha]_D^{21}$ +174,0° (c = 0,58); 90%. — 5-Tosyl-2.4-benzyliden-D-glucurondialkylmercaptale, aus den **C**

u. p-Toluolsulfonsäurechlorid in Pyridin durch 20std. Stehen bei 0° u. Gießen in verd. Essigsäure; aus n-Propanol Nadeln; opt. Drehungen in Chlf.: *-dimethyl-*, $C_{22}H_{24}O_7S_3$ F. 137°; $[\alpha]_D^{21}$ +58,5° (c = 0,75); 87%. — *-diäthyl-*, $C_{24}H_{28}O_7S_3$, F. 116°; $[\alpha]_D^{21}$ +79,1° (c = 0,75); 82%. — *-di-n-propyl-*, $C_{26}H_{32}O_7S_3$, F. 136°; $[\alpha]_D^{21}$ +76,3° (c = 0,54); 78%. — *-diisopropyl-*, $C_{26}H_{32}O_7S_3$, F. 168°; $[\alpha]_D^{21}$ +98,0° (c = 0,72); 80%. — *-di-n-butyl-*, $C_{28}H_{36}O_7S_3$, F. 100°; $[\alpha]_D^{21}$ +71,5° (c = 0,79); 81%. — *-dibenzyl-*, $C_{34}H_{32}O_7S_3$, F. 130°; $[\alpha]_D^{21}$ +131,7° (c = 0,72); 82%. — 5-Mesyl-2.4-benzyliden-D-glucurondialkylmercaptale, aus den entsprechenden **C** u. Methansulfonsäurechlorid wie vorst.; die Verbb. schm. unter Zers.; wenn nichts anderes vermerkt, aus A. Nadeln; opt. Drehungen in Chlf.: *-dimethyl-*, $C_{16}H_{20}O_7S_3$, F. 179° (Aceton/n-Propanol); $[\alpha]_D^{21}$ +23,9° (c = 1,27; Pyridin); 81%. — *-diäthyl-*, $C_{18}H_{24}O_7S_3$, F. 162°; $[\alpha]_D^{21}$ +52,1° (c = 0,53); 80%. — *-di-n-propyl-*, $C_{20}H_{28}O_7S_3$, F. 139° (CH_3OH/W.); $[\alpha]_D^{21}$ +52,0° (c = 0,63); 80%. — *-di-n-butyl-*, $C_{22}H_{32}O_7S_3$, F. 144°; $[\alpha]_D^{21}$ +49,7° (c = 0,78); 81%. — *-dibenzyl-*, $C_{28}H_{28}$·O_7S_3, F. 148°; $[\alpha]_D^{21}$ +126,8° (c = 0,68); 82%. — *5-Acetyl-2.4-benzyliden-al-glucuronmonohydrat*, $C_{15}H_{14}O_7 \cdot H_2O$, F. 115—135° (Zers.), aus den **D** in wss. Aceton durch 4std. Rühren bei 30° u. 2std. Rühren bei 40° in Ggw. von $HgCl_2$ u. gelbem HgO, Verdünnen des Filtrats mit W., Behandeln mit Wofatit L, Einengen des Filtrats u. 16std. Stehen bei 0°; aus W. Nadeln; $[\alpha]_D^{21}$ +155,0° (nach 10 Min.; c = 0,98; Dioxan); 71%. *p-Nitrophenylhydrazon*, $C_{21}H_{19}N_3O_8$, F. 230—235° (Zers. ab 215°); gelbe Blättchen; $[\alpha]_D^{21}$ +197,1° (c = 1,56; Pyridin); 77%. — 2.4-Äthyliden-D-glucurondialkylmercaptale, aus den entsprechenden **A** u. Acetaldehyd bei 0° unter Einleiten von HCl (15 Min.), Verdünnen mit Eiswasser, Verreiben des ausgefallenen Sirups mit Eiswasser, Lösen des Filtrationsrückstandes in Chlf. u. Waschen mit $NaHCO_3$-Lsg. u. W.; aus Essigester/PAe. Blättchen oder Nadeln; opt. Drehungen in Chlf.: *-dimethyl-*, $C_{10}H_{16}O_5S_2$, F. 181°; $[\alpha]_D^{21}$ +33,8° (c = 0,63); 50%. — *-diäthyl-*, $C_{12}H_{20}O_5S_2$, F. 175°; $[\alpha]_D^{21}$ +58,6° (c = 1,06); 55%. — *-di-n-propyl-*, $C_{14}H_{24}O_5S_2$, F. 118°; $[\alpha]_D^{21}$ +58,0° (c = 0,69); 53%. *-dibenzyl-*, $C_{22}H_{24}O_5S_2$, F. 126°; $[\alpha]_D^{21}$ +113,0° (c = 0,42); 67%. — *2.4-Äthyliden-D-glucuron*, aus einem vorst. Mercaptal analog **I**; amorphes Pulver; $[\alpha]_D^{21}$ +92,0° (nach 15 Min.) u. +83,2° (nach 24 Std.; c = 0,91; W.); 66%. *Bis-dimedon-Verb.*, $C_{24}H_{32}O_9$, F. 203—205° (Zers. ab. 180°); $[\alpha]_D^{21}$ −2,5° (c = 0,47; Chlf.); 71%. — *2.4-Äthyliden-D-glucosedibenzylmercaptal*, $C_{22}H_{28}O_5S_2$, F. 115°, durch Red. von 2.4-Äthyliden-D-glucurondibenzylmercaptal analog **III**; aus Essigester/PAe. Nädelchen; $[\alpha]_D^{21}$ +52,3° (c = 0,48; Chlf.); 76%. — *1.3.5.6-Tetraacetyl-2.4-äthyliden-D-sorbit*, a) F. 116—117°, durch Red. von 2.4-Äthyliden-D-glucuron analog **II**, Eindampfen der mit verd. Essigsäure angesäuerten Lsg., Lösen in Chlf., Trocknen mit Na_2SO_4, Eindampfen, Acetylieren, Gießen in Eiswasser, Extrahieren mit Chlf., Waschen mit $KHSO_4$- u. $NaHCO_3$-Lsgg. u. W.; aus 70%ig. A. Nadeln; 16%; b) F. 115—117°, durch Erwärmen (150 Min.) von 1.3;2.4-Diäthyliden-D-sorbit in 50%ig. Essigsäure auf 95° u. Behandeln wie unter a); 15%. G. ZUMACH. 3400□

Potentielle Antikrebsmittel. 29. Mitt. **Inversion an einem Ringkohlenstoffatom eines Glykosids.** Elmer J. Reist, Roland R. Spencer und B. R. Baker. (J. org. Chemistry **24.** 1618—19. Okt. 1959. Menlo Park, Calif., Stanford Res. Inst., Dep. of Biol. Sci.) (Engl.) — 28. vgl. C. **1961. 4702.**

Die Rk. von *α-Methyl-2.3-di-O-benzoyl-4.6-di-O-tosyl-D-galaktopyranosid* mit Na-Benzoat in Dimethylformamid bei 140° führt unter Ersatz der Tosylgruppe u. Konfigurationswechsel am Ring-C zu *α-Methyltetra-O-benzoyl-D-glucopyranosid.*

Versuche: *α-Methyl-2.3-di-O-benzoyl-D-galaktopyranosid*, aus α-Methyl-2.3-di-O-benzoyl-4.6-O-benzyliden-D-galaktopytanosid in A. durch Hydrieren an Pd bei 65°; amorph 100% (Ausbeute). — *α-Methyl-2.3-di-O-benzoyl-4.6-di-O-tosyl-D-galaktopyranosid*, F. 128—129°, durch Tosylierung vorst. Verb.; $[\alpha]_D^{39}$ +150° (c = 1; Chlf.); 60%. — *α-Methyltetra-O-benzoyl-D-glucopyranosid*, F. 104°, aus vorst. Verb. u. Na-Benzoat in Dimethylformamid durch 24std. Erhitzen auf 140°; $[\alpha]_D^{31}$ +78° (c = 0,5; Chlf.); 49%. G. ZUMACH. 3400□

Potentielle Antistrahlungsdrogen. 1. Mitt. **Zuckeräthylenimine und -episulfide.** James E. Christensen und Leon Goodman. (J. Amer. chem. Soc. **82.** 4738—39. 5/9. 1960. Menlo Park, Calif., Stanford Res. Inst., Dep. of Biol. Sci.) (Engl.)

Durch Rk. von Methyl-3-amino-4.6-O-benzyliden-3-desoxyaltrosid mit CS_2 u. CH_3J in Pyridin in Ggw. von Triäthylamin entsteht das *3-[S-Methyldithiocarbamino]-Deriv.* (F. 187—190°), dessen *2-O-Mesyl-Deriv.*, [F. 168—170°; 89% (Ausbeute)] durch 4—5 Min. langes Erhitzen mit Na-Methylat in CH_3OH/2-Methoxyäthanol (MA) auf 60° das *2.3-[S-Methyldithiocarbimino]-Deriv.* (I; F. 198—212°; 65%) ergibt. Aus I entsteht durch Red. mit $NaBH_4/AlCl_3$ in Diglyme ein unbeständiger Stoff, der beim Erhitzen auf 120—130° das freie *2.3-Äthylenimino-Deriv.* [F. 153—154°; 55%; *N-Benzoyl-Deriv.*, F. 195—198°; Rk. mit CS_2 u. CH_3J → I] ergibt. Beim Erhitzen von Methyl-2.3-anhydro-4.6-O-benzylidenmannosid mit NH_4CNS in MA auf 105—110° wird der Epoxyring unter Bldg. des *trans*-diaxialen *Methyl-3-desoxy-3-rhodan-4.6-O-benzylidenmannosids* (F. 188—190°; 75—90%) geöffnet, dessen *2-O-Mesyl-Deriv.* (92%) mit verd. NaOH das entsprechende *2.3-Episulfid* (F. 166°; 62%) ergibt.

KURT MÜLLER/Berlin. 3400□

Derivate des D-Glucosamins. 2. Mitt. **Die Reindarstellung des α-Pentabenzoyl-D-glucosamins.** Hans Weidmann und Howard K. Zimmerman jun. (Chem. Ber. **92.** 2828—32. 10/11. 1959. Texas, Coll. Stat., Agric. and Mech. Coll. of Texas, Dep. of Chem.) (Dt.) — 1. vgl. C. **1961.** 12838; 3. vgl. C. **1961.** 3656.

Die bereits von LEVENE [1916] beschriebene u. von FOSTER u. STACEY (C. **1954.** 7654) als *α-1.3.4.6-Tetrabenzoyl-N-benzoyl-D-glucosamin* bezeichnete Verb. ist in Wirklichkeit ein Anomerengemisch, in dem das *β-Isomere* das Hauptprod. bildet. Seine Rk. mit Eisessig (Eg)/HBr führt zu *1-α-Brom-3.4.6-tribenzoyl-N-benzoyl-D-glucosamin* (I), das mit Alkoholen u. Mercaptanen sehr leicht zu *β-Alkyl-3.4.6-tribenzoyl-N-benzoyl-D-glucosaminiden* bzw. *-thioglucosaminiden* reagiert. In feuchtem Ae. erfolgt Umlagerung von I zu *1.3.4.6-Tetrabenzoyl-α-D-glucosaminhydrobromid*, dessen freie Base zu *1.3.4.6-Tetrabenzoyl-N-benzoyl-α-D-glucosamin* benzoyliert werden kann. IR-Absorption vgl. Original.

Versuche: D-Glucosamine: *αβ-1.3.4.6-Tetrabenzoyl-N-benzoyl-* (*Gemisch A*), F. 215° [CH_3CN/A. (1:1)], aus D-Glucosaminhydrochlorid nach LEVENE (l. c.); $[\alpha]_D^{20}$ +46° [c = 2,56; Pyridin (Py)]; 41% (Ausbeute). — *1-α-Brom-3.4.6-tribenzoyl-N-benzoyl-* (I), $C_{34}H_{28}BrNO_8$, F. 128°, a) durch 6std. Rk. des vorst. Gemisches in mit HBr gesätt. Eg bei 0° im geschlossenen Gefäß, Verdünnen mit Chlf., Einengen, Verdünnen mit Ae. u. Fällen mit PAe.; $[\alpha]_D^{23}$ +125° (c = 2; Chlf.); 45%; b) durch Lösen vorst. Gemisches in einer 20%ig. Lsg. von HBr in Eg, 24std. Stehen bei Raum-Temp., Zusatz von abs. Chlf. u. K_2CO_3 u. 2std. Schütteln; 88%. — *αβ-1.3.4.6-Tetrabenzoyl-N-benzoyl-* (*Gemisch B*), $C_{41}H_{33}NO_{10}$, F. 208° (A.), durch 10std. Kochen von I, Benzoesäure u. Py in abs. Ae.; $[\alpha]_D^{23}$ +55° (c = 0,68; Py); 57%. — *1.3.4.6-Tetrabenzoyl-α-*, *Hydrobromid*, $C_{34}H_{29}NO_9 \cdot HBr$, F. 193° (Zers.), durch mehrstd. Rk. von I in Chlf. u. feuchtem Ae. bei Raum-Temp.; Nädelchen; $[\alpha]_D^{24}$ +68,3° (c = 1,1; A.); 73%. *Freies Amin*, $C_{34}H_{29}NO_9$ F. 145° (wss. A.), durch Versetzen des Hydrobromids in CH_3OH mit der berechneten Menge NaOH in CH_3OH u. Fällen mit W. von 0°; $[\alpha]_D^{21}$ +89,5° (c = 0,7; CH_3OH); 100%. — *1.3.4.6-Tetrabenzoyl-N-benzoyl-α-*, $C_{41}H_{33}NO_{10}$, F. 174° (wss. A.), a) durch Versetzen des vorst. Amins in abs. Py mit Benzoylchlorid (II), 24std. Stehen bei Raum-Temp., Zusatz von 5%ig. CH_3COOH, Chlf.-Extraktion, Entfernen des Lsgm. im Vakuum u. Anreiben mit Ae.; $[\alpha]_D^{21}$ +125° (c = 0,5; Py); 57%; b) durch Versetzen des vorst. Amins in Chlf. mit II u. gesätt. $NaHCO_3$-Lsg., ½ std. Schütteln, Trennung der Phasen u. Entfernen des Lsgm.; 42%. — Glucosaminide: *β-Methyl-3.4.6-tribenzoyl-N-benzoyl-β-D-*, $C_{35}H_{31}NO_9$, F. 192° (CH_3OH), durch Lösen von I in abs. CH_3OH u. 3std. Stehen; $[\alpha]_D^{23}$ +16,1° (c = 1,55; Chlf.); 87%. — *β-Äthyl-3.4.6-tribenzoyl-N-benzoyl-β-D-thio-*, $C_{36}H_{33}NO_8S$, F. 197° (A.), durch mehrstd. Stehen von I in Äthylmercaptan bei 0°, Entfernen des Lsgm. u. Digerieren mit Ae./PAe. (4:1); $[\alpha]_D^{25}$ +10,7° (c = 1,28; Chlf.); 78%.

G. REISNER. 3400□

Synthese von Polyhydroxyflavonglucosiden. Z. I. Jerzmanowska und M. J. Michalska. (Chem. and Ind. **1957.** 1318—19. 5/10. Lodz, Akademia Medyczna.) (Engl.)

Zur Unters. der relativen Reaktivitäten von Hydroxylgruppen in Polyhydroxyflavonen u. ihrer gegenseitigen Beeinflussung synthetisieren Vff. einige neue *Polyhydroxyflavonglucoside*. Während $C_{(3)}$- u. $C_{(5)}$–OH durch Chelat-Bldg. mit der Carbonylgruppe des Pyrons in ihrer Reaktivität beschränkt sind, beruht die geringe Rk.-Fähigkeit von $C_{(4')}$–OH vermutlich auf ster. u. polaren Effekten.

Versuche: Die nachst. Glucoside werden aus dem entsprechenden Polyhydroxyflavon u. α-Acetobromglucose in Chinolin in Ggw. von Ag_2O u. Entacetylierung mit CH_3ONa/CH_3OH erhalten: *5-[β-D-Glucosyloxy]-flavon*, *Hemihydrat*, $C_{21}H_{20}O_8 \cdot ½ H_2O$, F. 175—177°; aus wss. A. Nadeln; 2% (Ausbeute). — *3.5-Bis-[β-D-glucosyloxy]-flavon*, *Dihydrat*, $C_{27}H_{30}O_{14} \cdot 2 H_2O$, F. 176—178°; aus wss. CH_3OH Nadeln; $[\alpha]_D^{21}$ −84,25° (W.); 3,1%. — *3-[β-D-Glucosyloxy]-4'-methoxyflavon*, *Hydrat*, $C_{22}H_{22}O_9 \cdot H_2O$, F. 196—198°; aus wss. CH_3OH Nadeln; $[\alpha]_D^{21}$ +36,49° (Aceton); 39,5%. — *3-[β-D-Glucosyloxy]-3'-methoxyflavon*, $C_{22}H_{22}O_9$, F. 168—170°; aus CH_3OH Nadeln; 39,6%. *Tetraacetyl-Deriv.*, $C_{30}H_{30}O_{13}$, F. 138—146°; aus CH_3OH Nadeln; $[\alpha]_D^{22}$ −71,61° (Aceton). — *3.7-Bis-[β-D-glucosyloxy]-flavon*, *Trihydrat*, $C_{27}H_{30}O_{14} \cdot 3 H_2O$, F. 232—235°; aus W. Nadeln;

37,1%. *Oktaacetyl-Deriv.*, $C_{43}H_{46}O_{22}$, F. 195,5—197°; aus A. Nadeln; $[\alpha]_D^{22}$ —54,93° (Aceton). — *3.7-Bis-[β-D-glucosyloxy]-4'-methoxyflavon, Sesquihydrat*, $C_{28}H_{32}O_{15} \cdot 1\frac{1}{2} H_2O$, F. 231—233°; aus wss. A. Nadeln; 44,4%. *Oktaacetyl-Deriv.*, $C_{44}H_{48}O_{23}$, F. 186 bis 188°; aus wss. A. Nadeln; $[\alpha]_D$ —56,98° (Aceton). — *5-Hydroxy-4'-[β-D-glucosyloxy]-flavon, Hemihydrat*, $C_{21}H_{20}O_9 \cdot \frac{1}{2} H_2O$, F. 239,5—240,5°; aus wss. CH_3OH Nadeln; 37,0%. *Tetraacetyl-Deriv.*, $C_{29}H_{28}O_{13}$, F. 179—181°; aus wss. A. Nadeln; $[\alpha]_D$ —21,02° (Aceton). — *3.7.4'-Triglucosyloxyflavon*, $C_{33}H_{40}O_{20}$, F. 230—232°; aus CH_3OH amorph; 3,5%. G. ZUMACH. 3400□

Zur Struktur des Aucubins. (Vorl. Mitt.) M. W. Wendt, W. Haegele, E. Simonitsch und H. Schmid. (Helv. chim. Acta **43.** 1440—43. 1/8. 1960. Zürich, Univ., Organ.-Chem. Inst.) (Dt.)

Vff. berichten über Unterss. des Aucubins (I), die zur Aufstellung der Formel **Ia** bzw. **Ib** führten. Tetrahydroanhydroaucubigenin (**II**), aus **I** durch katalyt. Hydrierung

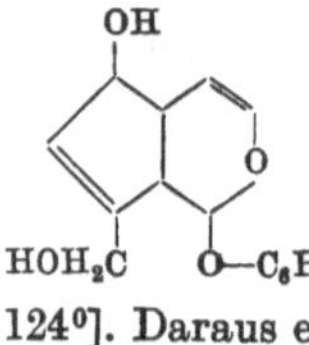
Ia

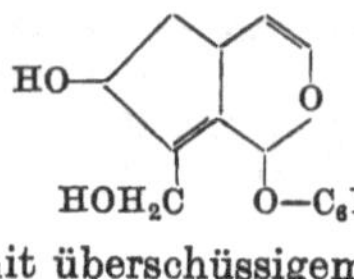
Ib

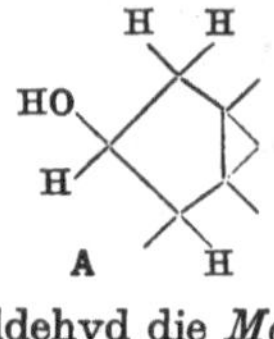

u. nachfolgende Säurebehandlung zugänglich, liefert mit CrO_3/Pyridin das *Keton* $C_9H_{12}O_3$ [F. 76 bis 76,5°, $[\alpha]_D$ —61° (Chlf.) bzw. —51° (CH_3·OH). *Oxim*, F. 123 bis 124°]. Daraus entsteht mit überschüssigem Benzaldehyd die *Monobenzal-Verb.* $C_{16}H_{16}O_3$ (F. 129—131°), die durch Ozonisierung u. oxydative Aufarbeitung die *Dicarbonsäure* $C_9H_{12}O_6$ (F. 157—158°) liefert. Letztere gibt mit Essigsäureanhydrid ein *Sechsring-anhydrid* $C_9H_{10}O_5$ (F. 119—120°). **II** enthält somit die Gruppierung **A**. **I** besitzt eine Enolüthergruppierung (IR-Banden bei 1661, 1835 u. 1824 cm^{-1} in KBr). Hexaacetyl-aucubin gibt mit Br_2 in Methanol oder A. unter Absättigung der Enoldoppelbindung das *Brommethoxy-Deriv.* $C_{28}H_{37}BrO_{16}$ (F. 182°) bzw. die entsprechende *Äthoxy-Verb.* $C_{29}H_{39}BrO_{16}$ [F. 116—119° u. 154—156° (Zers.)]. Das mit Br_2 in Tetrahydrofuran/W. entstehende *Bromhydroxyhexaacetylaucubin* [$C_{27}H_{35}BrO_{16}$ (Zers. ab ca. 150°)] liefert mit CrO_3/CH_3COOH ein *α-Bromlacton* $C_{27}H_{33}BrO_{16}$ (F. 165—166°), das mit Zn in 96%ig. CH_3COOH zum *Lacton* $C_{27}H_{34}O_{16}$ entbromiert wird, das durch Hydrierung an Pt ein *Dihydrolacton* (F. 133—134°) liefert, welches mit verd. Lauge in Dioxan/W. D-Glucose (nachgewiesen als *Phenylosazon*) abspaltet. Während **I** in wss. Säuren zersetzt wird, erhält man mit 0,05n abs. methanol. HCl bei 20° eine dünnfl. *Verb.* $C_{13}H_{22}O_5$ {$[\alpha]_D$ +179° (Chlf.)}, die kein akt. H mehr enthält u. ein *Dihydro-Prod.* $C_{13}H_{24}O_5$ liefert, das beim Erwärmen mit 1n HCl eine *Verb.* $C_{10}H_{16}O_4$ liefert, die mit CrO_3/Pyridin in ein *δ-Lacton* $C_{10}H_{14}O_4$ (F. 103—103,5°) übergeführt wird. **I** enthält somit eine enol. Halbacetalglykosidstruktur, wie sie im Plumierid gefunden wurde. Das Gerüst von **I** kann man sich durch Kopf–Schwanz-Verknüpfung von 2 Isoprenresten aufgebaut denken. Ein sicherer Entscheid zwischen **Ia** u. **Ib** ist nach Ansicht der Vff. noch nicht möglich. H. NÜRNBERGER. 3450□

Potentielle Antikrebsmittel. 39. Mitt. **Eine Alternativsynthese von 9-[2'.3'-Anhydro-β-D-ribofuranosyl]-adenin.** Allen Benitez, Osborne P. Crews jun., Leon Goodman und B. R. Baker. (J. org. Chemistry **25.** 1946—50. Nov. 1960. Menlo Park, Calif., Stanford Res. Inst., Dep. of Biol. Sci.) (Engl.) — 38. vgl. C. **1961.** 14628.

Drei verschiedene Synth.-Wege für *9-[2'.3'-Anhydro-β-D-ribofuranosyl]-adenin* (**I**) werden beschrieben. Aus 9-[β-D-Xylofuranosyl]-adenin (**II**) wird **I** in 7 Stufen in 28%ig. Ausbeute erhalten. Ferner werden die Vorteile der Synth.-Wege aus *2-O-Acetyl-5-O-benzoyl-3-O-[p-toluolsulfonyl]-D-xylofuranosylchlorid* (**IV**) oder *2-O-Acetyl-5-O-methoxycarbonyl-3-O-[p-toluolsulfonyl]-D-xylofuranosylchlorid* (**V**) gegeneinander abgewogen. Die Synth. aus **V** verläuft schonender u. ergibt höhere Ausbeuten als die aus **IV**.

Versuche: *9-[3'.5'-O-Isopropyliden-β-D-xylofuranosyl]-adenin*, F. 212,5—214° (Methanol), aus 70,6 mMol **II**, 530 ml trockenem Aceton u. ca. 0,35 mMol Äthansulfonsäure unter 7std. Rühren bei Zimmer-Temp., Gießen in eine kalte Lsg. von 0,53 Mol $NaHCO_3$ in 200 ml W., Eindampfen im Vakuum bis zur Trockne, 22std. Extraktion des gepulverten Rückstandes im Soxhlet mit Chlf. u. Abdampfen des Lsgm.; 68% (Ausbeute). Im Lsgm.-Syst. W./n-Butanol (A) chromatograph. homogen mit R_{Ad} 1,74. — *N^6.N^6-Dibenzoyl-9-[2'-O-benzoyl-3'.5'-O-isopropyliden-β-D-xylofuranosyl]-adenin*, $C_{34}H_{29}N_5O_7$, F. 195 bis 196°, aus vorst. Verb. in Pyridin u. Benzoylchlorid in der Kälte, ½std. Rühren bei 0° u. 96 Std. bei Raum-Temp. unter Ausschluß von Feuchtigkeit, Gießen in kaltes W., Extraktion mit Chlf., Eindampfen im Vakuum zur Trockne, Aufnehmen des Rückstandes in kochenden PAe., Umkristallisieren des Rückstandes aus Bzl. u. Aufnehmen des

Benzolsolvats [$C_{34}H_{29}N_5O_7 \cdot {}^3/_4\, C_6H_5$, F. 164,5—165,5° (nach Trocknen bei 100°/2 mm)] in kochendem PAe.; 66%. Im Lsgm.-Syst. A R_{AD} 3,14. — *N^6.N^6-Dibenzoyl-9-[2'-O-benzoyl-β-D-xylofuranosyl]-adenin* (**III**), durch 8std. Rühren vorst. Verb. in 70%ig. Essigsäure bei 50°, Eindampfen im Vakuum bei 35° zur Trockne, Extraktion des Rückstandes mit kochendem PAe., Behandeln des Rückstandes mit einem Gemisch aus 160 ml Bzl., 96 ml Methanol u. 64 ml W. u. Einengen der Benzolphase; 74%. Aus der wss. Phase 32% *N^6-Benzoyl-9-[2'-O-benzoyl-β-D-xylofuranosyl]-adenin.* — *N^6.N^6-Dibenzoyl-9-[2'-O-benzoyl-3'-O-methansulfonyl-5'-O-trityl-β-D-xylofuranosyl]-adenin,* aus 3,71 g (ca. 7,8 mMol) **III** in Pyridin u. 2,39 g (8,57 mMol) Triphenylchlormethan in 10 ml Pyridin unter 72std. Rühren bei 50—54° unter Feuchtigkeitsausschluß, Zugeben von 1.34 g (11,7 mMol) Methansulfonylchlorid u. 16std. Rühren bei 50—54°, Zugabe von 60 ml Chlf., 100 ml W. u. $NaHCO_3$, bis die wss. Phase gerade alkal. ist, Eindampfen der Chlf.-Phase im Vakuum bei 30° zur Trockne, Aufnehmen des Rückstandes in Toluol u. Einengen im Vakuum; 6,17 g. — *N^6.N^6-Dibenzoyl-9-[2'-O-benzoyl-3'-O-methansulfonyl-β-D-xylofuranosyl]-adenin,* $C_{32}H_{27}N_5O_9S$, F. 105—125°, durch 25 Min. langes Erhitzen von 6,17 g vorst. Verb. mit 100 ml 80% wss. Essigsäure auf 80°, Eindampfen im Vakuum bei 30° zur Trockne, mehrmalige Extraktion mit abs. A., Eindampfen im Vakuum u. Digerieren des Rückstandes mit heißem PAe., dann mit sd. Ae.; 3,56 g. — *9-[2'.3'-Anhydro-β-D-ribofuranosyl]-adenin* (**I**), durch Zugabe einer kalten Lsg. von 0,345 g (6,38 mMol) Na-Methylat in 15 ml Methanol zu 3,52 g (ca. 6,4 mMol) vorst. Verb. in 175 ml Methanol, 6tägiges Stehen bei 3° unter Feuchtigkeitsausschluß, Einstellen des Filtrats mit Eisessig auf pH 7, Eindampfen im Vakuum bei 30° zur Trockne, Behandeln des Rückstandes mit 200 ml W. u. 100 ml Chlf., Eindampfen der wss. Phase bei 35° im Vakuum, Lösen in 100 ml W. u. Zugabe einer 30° warmen Lsg. von 2,56 g (9,5 mMol) Pikrinsäure in 120 ml W.; 0,16 g I-*Pikrat,* das bei 185° dunkelt, ohne definierten F.; R_{AD} in A. 0,81. — *1.2-O-Isopropyliden-3-O-[p-toluolsulfonyl]-D-xylofuranose,* aus 10 g (24,9 mMol) 1.2-O-Isopropyliden-5-O-methoxycarbonyl-3-O-[p-toluolsulfonyl]-L-xylofuranose (**VI**) in 300 ml Methanol bei 0° u. 0,134 g (2,48 mMol) Na-Methylat in 5 ml Methanol, 16std. Stehen bei Raumtemp. in verschlossener Flasche, Eindampfen im Vakuum bei 30° zur Trockne, Zugeben von 50 ml Chlf. u. 50 ml W., Einstellen mit Eisessig auf pH 7, Extraktion der wss. Phase mit Chlf. u. Einengen im Vakuum bei 30°; 8,96 g (105%). — *5-O-Benzoyl-1.2-O-isopropyliden-3-O-[p-toluolsulfonyl]-D-xylofuranose,* $C_{22}H_{24}O_8S$, F. 96—96,5°, durch 17std. Stehen einer kalten Lsg. vorst. Verb. in Pyridin u. Benzoylchlorid im verschlossenen Gefäß bei Raumtemp., Zugeben von W. u. ½std. Rühren, Verdünnen mit Chlf., Einengen im Vakuum u. Umkristallisieren aus PAe.; 68%. — *1.2-Di-O-acetyl-5-O-benzoyl-3-O-[p-toluolsulfonyl]-D-xylofuranose,* aus 7,38 g vorst. Verb. nach der Vorschrift zur Synth. von **VI** nach ANDERSON u. Mitarbeitern (vgl. C. **1959. 7468**); 8,42 g (104%). — *2-O-Acetyl-5-O-benzoyl-3-O-[p-toluolsulfonyl]-D-xylofuranosylchlorid* (**IV**), aus 8,42 g vorst. Verb. nach der Vorschrift zur Synth. von **V** (19. vgl. C. **1960. 17125**); gibt durch Umsetzung mit Chlormercuri-6-benzamidopurin (**VII**) 0,43 g **I**, das mit Adenin u. anderem purinhaltigen Material verunreinigt ist. — *9-[3'-Desoxy-3'-äthylmercapto-β-D-xylofuranosyl]-adenin,* durch Überführen von 1.2-Di-O-acetyl-5-O-carbomethoxy-3-O-[p-toluolsulfonyl]-D-xylofuranose (**VIII**) in **V** (19. vgl. l. c.), Behandeln mit 66,7%ig. **VII** im Gemisch mit Celite, Extraktion mit sd. Chlf., Lösen des Rückstandes in Methanol, Kühlen auf 10°, Versetzen mit einer 10° kalten Lsg. von Na-Methylat in Methanol, 15std. Stehen bei Raumtemp., Einstellen mit Eisessig auf pH 7,4, Eindampfen im Vakuum bei 55°, Lösen des erhaltenen rohen **I** in Methanol, 20std. Erhitzen unter Feuchtigkeitsausschluß mit Na-Äthylmercaptid in Methanol, Kühlen auf Raumtemp., Ansäuern mit Eisessig (pH 8), wobei die Temp. unter 45° gehalten wird, Eindampfen im Vakuum bei 50° zur Trockne, Extraktion des in W. gelösten Rückstandes mit Chlf. u. Umkristallisieren aus 95% A.; 19% (bezogen auf **VIII**). L. TRÄGER. 3450□

Potentielle Antikrebsmittel. 40. Mitt. **Synthese des β-Anomeren von 9-[D-Arabinofuranosyl]-adenin.** William W. Lee, Allen Benitez, Leon Goodman und B. R. Baker. (J. Amer. chem. Soc. **82.** 2648—49. 20/5. 1960.) (Engl.) — 39. vgl. vorst. Referat.

9-[3'.5'-O-Isopropyliden-β-D-xylofuranosyl]-adenin reagiert mit Methansulfonylchlorid zu *9-[3'.5'-O-Isopropyliden-2'-O-methansulfonyl-β-D-xylofuranosyl]-adenin* [$C_{14}H_{19}N_5O_6S$, F. 212°; 63% (Ausbeute)], aus dem durch 6std. Erhitzen mit 90%ig. Essigsäure auf 100° *9-[2'-O-Methansulfonyl-β-D-xylofuranosyl]-adenin* (**I**; $C_{11}H_{15}N_5O_6S$, F. 171 bis 172°; 60%) erhalten wird. 12 Min. langes Kochen von **I** mit methanol. $NaOCH_3$ liefert in 87%ig. Ausbeute nach Reinigung über das Pikrat *9-[2'.3'-Anhydro-β-D-xylofuranosyl]-adenin* (**II**; $C_{10}H_{11}N_5O_3$, F. 205—206°). Durch 6std. Kochen von **II** mit Na-Benzoat in Dimethylformamid (DMF) + 5% W. wird das *Hemihydrat* von *9-[β-D-Arabinofurano-*

syl]-adenin (III; $C_{10}H_{13}N_5O_4 \cdot \frac{1}{2} H_2O$, F. 257°; 54%) gebildet. Die Umlagerung II → III läßt sich auch mit Na-Acetat in 95%ig. DMF erreichen; mit Na-Benzoat in 95%ig. Diäthylenglykoldimethyläther wird III nur in Spuren gebildet. Mit KOH wird II zu *Adenin* aufgespalten. E. SCHRÖDER. 3450□

Die Struktur von Colchicin und Isocolchicin. E. J. Forbes. (Chem. and Ind. **1956.** 192. 24/3. Birmingham, Univ., Chem. Dep.) (Engl.)

Die Resultate von MULLER u. VELLUZ (C. **1956.** 5557), die auf Grund stereochem. u. spektroskop. Betrachtungen zu einem Austausch der von KING u. Mitarbeitern (C. **1954.** 2589) bestätigten Formeln von *Colchicin* u. *Isocolchicin* führen, werden neu interpretiert u. ein Austausch der Formeln als unnötig angesehen. W. WINTER. 3500□

Untersuchung der Alkaloide der C_{15}-Reihe. 3. Mitt. **Decarboxylierung der Aphyllinsäure und Darstellung einiger ihrer Ester.** A. Ss. Ssadykow und A. I. Ischibajew. (Журнал Общей Химии [J. allg. Chem.] **30** (**92**). 1733—36. Mai 1960. Mittelasiat. Univ.) (Russ.) — 2. vgl. C. **1961.** 1932.

Bei der Unters. der Nebenprodd. der Darst. von Anabasin (**I**)-Sulfat aus *Anabasis aphylla* gelangen der Nachw. von *Aphyllin-* (**II**) u. *Aphyllidinsäure* (**III**) sowie die Isolierung von **II.** Beim Vers. der Decarboxylierung von **II** erfolgt Cyclisierung zu *Aphyllin.* Erhitzen von N-Methylaphyllinsäure (**IV**) ergibt 10—15% *3-[N-Methylpiperidyl-(2)]-chinolizidin,* ein Stereoisomeres des Alkaloids Pusillin aus *Lupinus pusillus.*

Versuche: *Aphyllinsäure* (**II**), $C_{15}H_{26}N_2O_2$, F. 218—219° (W.), aus dem krist. Nebenprod. der Darst. von **I**-Sulfat aus *Anabasis aphylla* erhält man durch mehrmaliges Waschen mit Methanol ein Gemisch von **II**- u. **III**-Sulfat, daraus durch dreimaliges Umkristallisieren aus W. **II**-*Sulfat,* F. 224—225° [35% (Ausbeute)]; daraus durch Behandeln mit $Ba(OH)_2$ in W. u. Einengen die freie Säure; $[\alpha]_D$ +14,1°; 92%. *Dihydrochlorid,* F. 262 bis 264° (A.). *Jodmethylat,* $C_{16}H_{29}JN_2O_2$, F. 257—258° (W.). Folgende **II**-*Ester* wurden aus **II**, dem entsprechenden Alkohol u. etwas konz. H_2SO_4 durch 2std. Einleiten von HCl, Einengen u. Freisetzen der Esterbase aus der wss. Lsg. mit K_2CO_3 dargestellt: *Methyl-*, $C_{16}H_{28}N_2O_2$, F. 81—82°, $[\alpha]_D^{20}$ +8,9°; 42%. *Äthyl-*, $C_{17}H_{30}N_2O_2$, F. 73—74°, $[\alpha]_D^{20}$ +11,2°; 35%. *n-Propyl-*, $C_{18}H_{32}N_2O_2$, F. 93—96°, $[\alpha]_D^{20}$ +28,9°; 25%. *n-Butyl-*, $C_{19}H_{34}N_2O_2$, F. 78—80°, $[\alpha]_D^{20}$ +17,2°; 27%. — *N-Methylaphyllinsäure* (**IV**), $C_{16}H_{28}N_2O_2$, F. 312—314° (A.-Aceton), aus **II**, Formaldehyd u. Ameisensäure in W. erhält man durch 5std. Erhitzen (Wasserbad) u. Einengen **IV**-*Formiat* (F. 266—269°; 95%) u. daraus die freie Säure durch Behandeln mit H_2SO_4, Einengen, Lösen des Rückstandes in W., Zugeben von $Ba(OH)_2$, Abfiltrieren u. Einengen; $[\alpha]_D$ —14,6. — *3-[N-Methylpiperidyl-(2)]-chinolizidin,* $C_{15}H_{28}N_2$, 8 g **IV** werden 4 Std. bei 10 mm auf 300—320° erhitzt, das Rk.-Prod. wird in W. gelöst, mit Bzl. extrahiert u. an Al_2O_3 chromatographiert; Elution mit Bzl. u. Aceton; $[\alpha]_D$ —16,2°; 1,2 g. *Pikrat,* F. 194—196°. *Hydrochlorid,* F. 168—170°.

O. DOLD. 3500□

Untersuchung der Alkaloide der C_{15}-Reihe. 4. Mitt. **Struktur von Hydroxyaphyllin.** A. Ss. Ssadykow und R. N. Nuriddinow. (Журнал Общей Химии [J. allg. Chem.] **30** (**92**). 1736—39. Mai 1960. Inst. für die Chemie der Pflanzeninhaltsstoffe der Akad. der Wiss. der UsbekSSR.) (Russ.) — 3. vgl. vorst. Referat.

Aus der hochsd. Fraktion der Alkaloide von *Anabasis aphylla* wurden 2 neue Alkaloide, *Hydroxyaphyllin* (**I**) u. *Oxoaphyllidin* ($C_{15}H_{20}N_2O_2$, F. 182—184°; $[\alpha]_D$ —21,5°), isoliert. **I** wird leicht zu *Aphyllidin* (**II**) dehydratisiert u. besitzt vermutlich nebenst. Struktur.

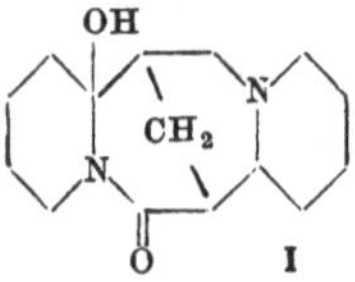

I

Versuche: *Fraktionierte Trennung der hochsiedenden Anabasisalkaloide nach ihrer Basizität.* Die hochsd. Fraktion erhält man aus rohem Anabasin (**III**)-Sulfat durch Alkalischmachen u. Dest.; man löst 44 g der hochsd. Fraktion in 47 ml 15%ig. HCl, extrahiert die Neutralprodd. mit Bzl., setzt 20 ml n-KOH zu u. extrahiert erschöpfend mit Bzl.; der Vorgang wird 9mal wiederholt u. jede Fraktion eingeengt; die ersten 5 Fraktionen geben nach Umkristallisieren aus PAe. eine krist. Base vom F. 100—103°; die restlichen Fraktionen enthalten **III**, *Lupinin, Aphyllin* (**IV**) u. **II**; 20 g der Base vom F. 100—103° werden nochmals derselben fraktionierten Trennung unterworfen; die ersten 9 Fraktionen ergeben *Aphyllidin* (**II**), F. 110—111° (PAe.); *Hydrochlorid,* $C_{15}H_{23} \cdot ClN_2O$, F. 254—255° (Aceton); *Perchlorat,* F. 210—211° (W.); *Jodmethylat,* F. 223—225° (Methanol). — *Hydroxyaphyllin* (**I**), $C_{15}H_{24}N_2O_2$, F. 165—167° (Aceton), aus der 10. Fraktion der oben erwähnten Fraktionierung; IR-Banden bei 1600 u. 3390 cm^{-1}; 0,36% (Ausbeute); **I** wird durch 0,1n H_2SO_4 nicht verändert, wird jedoch durch 40%ig. H_2SO_4 in der Kälte in **II** übergeführt. — *Aphyllin-N-oxyd* (**V**); **IV** wird mit 2%ig. H_2O_2 stehengelassen, darauf erschöpfend mit Ae., dann mit Bzl. u. schließlich mit Chlf. extrahiert;

die wss. Lsg. wird zur Trockne eingeengt u. mit abs. Aceton verrieben; man erhält **V** als hygroskop. Pulver; Red. mit Zn/HCl ergibt **IV**-*Hydrochlorid*, F. 207—209°.

O. DOLD. 3500□

Untersuchung der Alkaloide der C_{15}-Reihe. 5. Mitt. **Struktur von Oxoaphyllidin.** R. N. Nuriddinow und A. Ss. Ssadykow. (Журнал Общей Химии [J. allg. Chem.] **30 (92).** 1739—44. Mai 1960.) (Russ.) — 4. vgl. vorst. Referat.

Oxoaphyllidin (I), eine Neutralsubstanz aus *Anabasis aphylla* (**A**), besitzt eine Doppelbindung u. zwei säureamidartig gebundene N-Atome. Hydrierung in Eisessig in Ggw. von PtO_2 ergibt *Dihydrooxoaphyllidin*, das mit *Oxoaphyllin*, einem Oxydations-Prod. von Aphyllin (III), ident. ist. Dagegen ergibt Hydrierung von **I** in HCl an PtO_2 oder elektrolyt. Red. in H_2SO_4 ein *Tetrahydrodesoxyoxoaphyllidin*, das sich als ident. mit *Oxypachycarpin* (**II**; *d-Oxyspartein*) erwies. Die Lage der Doppelbindung in **I** zwischen $C_{(5)}$ u. $C_{(6)}$ ergibt sich a) durch Chromsäureoxydation von **I**, bei der *γ-Aminobuttersäure* gebildet wird u. b) auf Grund theoret. Überlegungen über den ster. Verlauf der Hydrierung von **I** im Vgl. zum Verlauf der Hydrierung bei nahe verwandten Sparteinabkömmlingen. Für **I** wird vorst. Struktur vorgeschlagen.

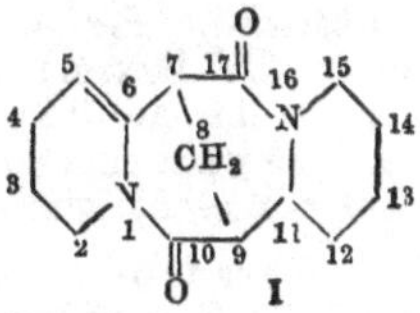

I

Versuche: *Oxoaphyllidin* (I), $C_{15}H_{20}N_2O_2$, F. 182—184° (Ae.), durch Extraktion der sauren Lsg. der hochsiedenden Fraktion der Alkaloide von **A** mit Bzl.; $[\alpha]_D$ —21,5°. — *Oxoaphyllidinsäuremethylester*, $C_{16}H_{24}N_2O_3$, Kp.$_{1,1}$ 190°, aus 0,8 g **I** durch 8std. Erhitzen in Methanol u. Durchleiten eines HCl-Stroms, Einengen, Alkalischmachen mit 5%ig. Soda-Lsg. u. Extraktion mit Bzl.; 0,128 g. — *Oxoaphyllin*, $C_{15}H_{22}N_2O_2$, F. 157—159° (Ae.), a) durch Hydrierung von 0,4 g **I** in 2,5%ig. Essigsäure an PtO_2 unter Normalbedingungen, Alkalischmachen des Filtrats u. Extraktion mit Bzl.; $[\alpha]_D$ —73,3°; 0,38 g; b) 0,5 g **III** werden in 50 ml Aceton, 5 ml W. u. 5 ml Essigsäure gelöst u. unter Rühren mit 0,9 g $KMnO_4$ versetzt; MnO_2 wird abfiltriert, das Filtrat eingeengt, in 20%ig. H_2SO_4 gelöst u. mit Bzl. extrahiert; 0,4 g. — *Oxypachycarpin* (II; *d-Oxyspartein*), $C_{15}H_{24}N_2O$, F. 83—85° (PAe.); a) durch Hydrierung von 0,4 g **I** in 2n HCl an PtO_2 unter geringem Überdruck (10 Std. Schütteln), Alkalischmachen des Filtrats u. Extraktion mit Bzl.; 0,32 g; b) durch elektrolyt. Red. von 0,5 g **I** in 30 ml 50%ig. H_2SO_4 (Pb-Elektroden, poröses Tongefäß als Anodenraum, 8 A, 6 V, 7—8°, 5 Std.), darauf Alkalischmachen u. Extraktion mit Bzl.; 0,23 g; *Pikrat*, $C_{21}H_{27}N_5O_8$, F. 180—182° (A.). — *Oxydation von Oxoaphyllidin* (I) in 50%ig. H_2SO_4 mit CrO_3 unter 3std. Erhitzen auf dem Wasserbad u. 5std. Erhitzen zum Sieden ergibt *γ-Aminobuttersäure*, F. 200—202° (Methanol); daraus durch Erhitzen auf 250° *Pyrrolidon-(2)*, F. 25—26°; aus letzterem an der Luft *Pyrrolidonhydrat*, F. 29,5—30°.

O. DOLD. 3500□

Untersuchung der Alkaloide der C_{15}-Reihe. 6. Mitt. **Spaltung von Aphyllin und Aphyllidin durch Natriumamid.** A. Ss. Ssadykow und R. N. Nuriddinow. (Журнал Общей Химии [J. allg. Chem.] **30 (92).** 1744—47. Mai 1960.) (Russ.) — 5. vgl. vorst. Referat.

Aphyllin (I) u. *Aphyllidin* (II) werden durch Erhitzen mit $NaNH_2$ in Bzl. unter Ringspaltung in *Aphyllin-* (**III**) u. *Aphyllidinsäureamid* (**IV**) übergeführt. **I** u. **II** werden durch $NaNH_2$ nicht enolisiert. Hydrierung von **IV** ergibt **III**.

Versuche: *Aphyllinsäureamid* (III), $C_{15}H_{27}N_3O$, F. 262—264° (A./Aceton); a) man löst 8 g **I** in 30 ml Bzl., gibt 2,5 g $NaNH_2$ zu, erhitzt 16 Std. unter Rückfluß, zersetzt mit W., trennt die Benzolschicht ab, extrahiert die wss. Lsg. mit Chlf., vereinigt die Bzl.- u. Chlf.-Lsgg. u. engt ein; 8,02 g; b) durch Hydrieren von 1 g **IV** in 5%ig. Essigsäure in Ggw. von PtO_2 unter Schütteln bei geringem Überdruck, Alkalischmachen, Extrahieren mit Chlf. u. Einengen; $[\alpha]_D$ +19,3°; 0,8 g. *Dihydrochlorid*, $C_{15}H_{29}Cl_2N_3O$, F. 295—297° (Aceton/A.); $[\alpha]_D$ +15°. *Dihydrobromid*, F. 293—295° (abs. A.). *Dihydrojodid*, F. 278 bis 280° (Aceton/A.), durch Zusammengeben alkohol. Lsgg. von **III** u. HJ. *Dipikrat*, $C_{27}H_{33}\cdot N_9O_{15}$, F. 220—222° (A.). — *Aphyllinsäure* (V), $C_{15}H_{26}N_2O_2$, F. 217—220° (Umfällung aus A. mit Aceton); a) **III** wird in 30%ig. H_2SO_4 8 Std. unter Rückfluß erhitzt, H_2SO_4 mit $Ba(OH)_2$-Lsg. gefällt, $BaSO_4$ abfiltriert u. das Filtrat eingeengt; b) **I** wird in 30%ig. H_2SO_4 6 Std. unter Rückfluß erhitzt u. der Ansatz wie unter a) aufgearbeitet. — *Aphyllidinsäureamid* (IV), $C_{15}H_{25}N_3O$, F. 239—240° (A./Aceton), aus 12 g **II** u. $NaNH_2$ in Bzl. analog **III** (24 Std. Erhitzen); $[\alpha]_D$ +26,5°; 11,7 g. *Dihydrochlorid*, F. 246—248°. *Dihydrobromid*, F. 245—247°. *Dihydrojodid*, F. 241—243°. *Dipikrat*, F. 200—202°. — *Aphyllidinsäure*, $C_{15}H_{24}N_2O_2$, F. 228—230°, a) aus 10 g **IV** in 30%ig. H_2SO_4 durch 6std. Erhitzen analog **V**; 10 g; b) aus **II** in 30%ig. H_2SO_4 durch 4std. Erhitzen analog **V**.

O. DOLD. 3500□

Alkaloide aus Vinca rosea Linn. (Catharanthus roseus G. Don.) 5. Mitt. **Darstellung und Charakterisierung der Alkaloide.** Gordon H. Svoboda, Norbert Neuss und Marvin Gorman. (J. Amer. pharmac. Assoc., sci. Edit. **48.** 659–66. Nov 1959. Indianapolis, Ind., Eli Lilly and Co., Organ. Chem. Dev. and Lilly Res. Labor.) (Engl.) — 4. vgl. C. **1961.** 1573.

Die aus *Vinca rosea* LINN. (**A**) erhaltenen Alkaloide werden auf Grund der Löslichkeitsunterschiede ihrer Tartrate in organ. Lsgm. getrennt. Die weitere Reinigung erfolgt durch Chromatographie an desaktiviertem Al_2O_3. Es werden *Ajmalicin, Tetrahydroalstonin, Serpentin, Lochnerin, Vindolin, Catharanthin, Lochnericin, Leurosin, Vincaleukoblastin, Perivin* u. *Virosin* erhalten. Die empir. Formeln, FF., pK-Werte, opt. Drehung, UV-Maxima der letzten 7 Alkaloide angegeben, außerdem die IR-Spektren. Auf Grund der Analyse des *Hydrochlorids* von *Perivin*, dessen Molgew.-Best. u. Röntgenanalyse wird eine empir. Formel für Perivin gegeben. Für Virosin wird eine empir. Formel vorgeschlagen, die noch nicht gesichert ist.

Versuche ($[\alpha]_D^{26}$; pK in 66%ig. Dimethylformamid): *Perivin*, $C_{20}H_{22}N_2O_3$, F. 218 bis 221° (Zers.), durch Extraktion von 9 kg **A** ,Trennung über die Tartrate u. Chromatographie an Al_2O_3; aus CH_3OH Prismen; [α] −121,4° (c = 1; Chlf.); 140 mg; pK 7,5; *Hydrochlorid*, $C_{20}H_{22}N_2O_3 \cdot HCl$; aus CH_2OH/Ae. Kristalle. — *Virosin*, $C_{22}H_{26}N_2O_4$, F. 258 bis 261° (Zers.), analog vorst. Verb.; aus Chlf./CH_3OH Prismen; [α] −160,5° (c = 1; Chlf.); pK 5,85; 55 mg. — *Vindolin*, $C_{25}H_{32}N_2O_6$, F. 154–155°; [α] +42° (Chlf.); pK 5,5. — *Catharanthin*, $C_{21}H_{24}N_2O_2$, F. 126–128°; [α] +29,8°; pK 6,8. — *Vindolinindihydrochlorid*, $C_{21}H_{24(26)}N_2O_2 \cdot 2\,HCl$, F. 210–212° (Zers.); [α] −8° (W.); pK 3,3 u. 7,1. — *Lochnericin*, $C_{21}H_{24}N_2O_2$, F. 190–193° (Zers.); [α] −432° (Chlf.); pK 4,2. — *Leurosin*, $C_{46}H_{58}N_4O_9$, F. 202–205° (Zers.); [α] +72° (Chlf.); pK 5,5 u. 7,5 (W.). — *Vincaleukoblastin*, $C_{46}H_{58}N_4O_9$, F. 211–216° (Zers.); [α] +42° (Chlf.; als Ätherat); pK 5,4 u. 7,4 (W.).
H. KNIESZ. 3500 □

Cytodeuteroporphyrin. G. S. Marks, D. K. Dougall, E. Bullock und S. F. MacDonald. (J. Amer. chem. Soc. **82.** 3183–88. 20/6. 1960. Ottawa, Canada, Nat. Res. Council of Canada, Div. of Pure Chem.) (Engl.) — Vgl. C. **1959.** 14723.

Die Synth. der *1-, 5-* u. *8-Desmethyl-Derivv.* des *Deuterophorphyrins IX* werden beschrieben. Das aus Cytohämin (Hämin-a) dargestellte *Cytodeuteroporphyrin* ist ident. mit dem 8-Desmethylderivat.

Versuche: *3.5.5'-Trimethylpyrromethen, Hydrobromid* (I), $C_{12}H_{15}BrN_2$, F. 237°, durch 3std. Erwärmen von 2-Methylpyrrol (**III**) u. 2.4-Dimethylpyrrol-5-aldehyd (**IV**) mit 42%ig. HBr in Ggw. von wenig A.; aus Essigsäure orangerote Nadeln; 35% (Ausbeute). *Hydrochlorid*, $C_{12}H_{15}ClN_2$, F. 187° (Zers.; A.) durch Einleiten von HCl in die Lsg. von **III** u. **IV** in A.; 70%. — *4.3'.4'-Tribrom-3.5.5'-trimethylpyrromethenhydrobromid*, $C_{12}H_{12}Br_4N_2$, F. 205° (Zers.), durch Zugabe von Br_2 zu I in 98%ig. Ameisensäure u. 10 Min. Erwärmen; aus Ameisensäure rote Nadeln; 90%. — *3.5.8-Trimethylporphin-6.7-dipropionsäuredimethylester* (*1-Desmethyldeuteroporphyrin-IX-Dimethylester*) (**II**), $C_{31}H_{32}N_4O_4$, F. 230–234°, durch 1¹/₄std. Erhitzen von I, 4.4'-Dimethyl-5.5'-dibrompyrromethen-3.3'-dipropionsäurehydrobromid (vgl. FISCHER u. KÜRZINGER [1931]) u. Bernsteinsäure (**VI**) auf 185–195°, Extraktion mit heißem W., Na_2HPO_4-Zusatz bis pH 4 u. Aufarbeiten unter Zugabe von 45%ig. wss. Resorcin; aus Methanol Platten u. Nadeln; 4,2%. — *1.2.4-Tribrom-3.5.8-trimethylporphin-6.7-dipropionsäuredimethylester*, $C_{31}H_{29}Br_3N_4O_4$, F. 274–276°, durch Bromieren von **II** in Essigsäure, Absaugen der purpurfarbenen Tafeln des Perbromids, Lösen in Aceton u. nach 2 Std. Verdünnen mit W.; aus Chlf./Methanol Nadeln. — *2-Methyl-5-carboxypyrrol-4-propionsäure*, $C_9H_{11}NO_4$, F. 132° (Zers.), durch 1std. Verseifen des entsprechenden Esters (nach MACDONALD u. STEDMAN, C. **1959.** 5467) mit 8%ig. wss.-alkohol. NaOH; aus Ae. Nadeln; 60%. — *2-Methylpyrrol-4-propionsäure*, $C_8H_{11}NO_2$, F. 79–81°, durch 1¹/₄std. Kochen vorst. Verb. mit W., Kühlen, Filtrieren u. Extraktion mit Ae.; aus Ae. durch Fällen mit Pentan Nadeln; 65%. — *4.5'-Dimethyl-5-carboxypyrromethen-3.3'-dipropionsäuredihydrobromid*, $C_{18}H_{21}BrN_2O_6$, Zers. bei ca. 160°, durch Rühren von vorst. Verb. u. 2-Formyl-4-methyl-5-carboxypyrrol-3-propionsäure (nach FISCHER u. ANDERSAG [1923]) in der Kälte u. Zugabe von 42%ig. HBr; feine Nadeln; 48%. — *5.4'-Dibrom-4.5'-dimethylpyrromethen-3.3'-dipropionsäurehydrobromid* (**V**), $C_{17}H_{19}Br_3N_2O_4$, Doppelbrechung verschwindet bei 210°, durch Bromieren von 387 mg vorst. Verb. in Ameisensäure; purpurbraune Mikronadeln u. -tafeln; 333 mg. — *1.5-Dimethylporphin-2.3.6.7-tetrapropionsäuretetramethylester*, $C_{38}H_{42}N_4O_8$, F. 257 bis 261°, analog **II** durch 1std. Erhitzen von **V** mit **VI** auf 185–195°; Platten aus Chlf./Methanol; 7%. — *2.3-Dimethylpyrrol*, aus 2.3-Dimethyl-4-carbäthoxypyrrol-5-carbonsäure nach TREIBS u. SCHMIDT (C. **1953.** 4535); 70%. — *3.4'.5'-Trimethyl-3'.4.5-tribrom-*

pyrromethenhydrobromid (**VIII**), $C_{12}H_{12}Br_4N_2$, F. über 240°, durch Bromieren vorst. Verb. in Essigsäure; 61%. — *5-Methyl-4.3'.5'-tribrompyrromethen-3.4'-dipropionsäurehydrobromid*, $C_{16}H_{16}Br_4N_2O_4$, durch Bromieren von 1 g 2-Methylpyrrol-4-propionsäure in Essigsäure; 1,62 g. — *Porphin-1.3.5.7-tetrapropionsäuretetramethylester*, $C_{36}H_{38}N_4O_8$, F. 270 bis 271°, durch 1½std. Erhitzen vorst. Verb. mit Methylbernsteinsäure (**VIa**) auf 190—200° u. Extraktion des in heißem W. unlösl. Prod. mit methanol. HCl; aus Aceton/Chlf. Prismen; 2,2%. — *1.3.5-Trimethylporphin-6.7-dipropionsäuredimethylester*, [*8-Desmethyldeuteroporphyrin-IX-Dimethylester*] (**VII**), $C_{31}H_{32}N_4O_4$, F. 198—202° (Chlf./Methanol), durch 1std. Erhitzen von **V**, 4.3'.5'-Trimethyl-3.5.4'-tribrompyrromethenhydrobromid (nach FISCHER u. SCHEYER [1923] u. **VIa** auf 195—205° u. Aufarbeiten analog **II**; aus Methanol Nadeln; 2%. *Kupferkomplex*, F. 236,5—240°. — *1.3.5-Trimethylporphin-6.7-dipropionsäure* (*8-Desmethyldeuteroporphyrin IX*), durch alkal. Hydrolyse vorst. Verb.; aus Ae. Stäbchen. — *2.4.8-Tribrom-1.3.5-trimethylporphin-6.7-dipropionsäuredimethylester*, $C_{31}H_{29}Br_3N_4O_4$, F. 285—287° (Zers., Chlf.), durch Bromieren von 6 mg **VII** in Essigsäure, 2 mg; b) Sintern bei 283—289°, durch Bromieren von **IX**. — *1.3.8-Trimethylporphin-6.7-dipropionsäuredimethylester* (*5-Desmethyldeuteroporphyrin-IX-Dimethylester*), $C_{31}H_{32}N_4O_4$, F. 183—187° u. 211—213°, aus **V**, **VIII** u. **VIa** analog **VII**; Platten; 1%. *Kupferkomplex*, F. 236—238°; Nadeln. — *2.4.5-Tribrom-1.3.8-trimethylporphin-6.7-dipropionsäuredimethylester*, $C_{31}H_{29}Br_3N_4O_4$, F. 284—288°, durch Bromieren vorst. Esters in Essigsäure. — *Cytodeuteroporphyrindimethylester* (**IX**), F. 201—202,5°, a) aus frischen Rinderherzen nach WARBURG, GEWITZ u. VÖLKER (C. **1957.** 7084); b) aus gefrorenen Pferdeherzen; mit **VII** keine F.-Depression. *Kupferkomplex*, F. 237—239°. — *Cytodeuteroporphyrin*, durch alkal. Hydrolyse von **IX**; aus Ae. Stäbchen.

KURT MÜLLER/Berlin. 3550 □

Mikrobiologische Umwandlung von Steroiden. 6. Mitt. **Stereospezifische Reduktion der 20-Carbonylgruppe.** Fernando Carvajal, Onofrio Fred Vitale, Margaret Jevnik Gentles, Hershel L. Herzog und E. B. Hershberg. (J. org. Chemistry **24.** 695—98. Mai 1959. Bloomfield, N.J., Schering Corp.) (Engl.) — 5. vgl. C. **1959.** 9592.

Durch Anwendung von *Streptomyces griseus* (**A**), anderer *Streptomyces*-Arten sowie einer nicht identifizierten Bakterienart wurden Δ^4-Pregnen-17α.21-diol-3.20-dion (**I**) zu *Δ^4-Pregnen-17α.20β.21-triol-3-on* (**VI**), Cortison (**II**) zu *Δ^4-Pregnen-17α.20β.21-triol-3.11-dion*, Cortisol (**III**) zu *Δ^4-Pregnen-11β.17α.20β.21-tetrol-3-on*, Δ^1-Dehydrocortison (**IV**) zu *$\Delta^{1.4}$-Pregnadien-17α.20β.21-triol-3.11-dion* u. Δ^1-Dehydrocortisol (**V**) zu *$\Delta^{1.4}$-Pregnadien-11β.17α.20β.21-tetrol-3-on* reduziert. *Rhodotorula longissima* (**B**) ist in der Lage, **I** zu *Δ^4-Pregnen-17α.20α.21-triol-3-on* (**VII**), **II** zu *Δ^4-Pregnen-17α.20α.21-triol-3.11-dion* u. **IV** zu *$\Delta^{1.4}$-Pregnadien-17α.20α.21-triol-3.11-dion* zu reduzieren. Die Rk.-Zeit beträgt im ersten Fall 1—3, im zweiten 1—7 Tage, die Ausbeuten betragen 20—75 bzw. 10—25%. Die Prodd. wurden durch IR-Spektren, andere physikal. Konst. u. Überführung in verschiedene Derivv. identifiziert.

Versuche: (FF. korr.): *Δ^4-Pregnen-17α.20β.21-triol-3-on* (**VI**), $C_{21}H_{32}O_4$, FF. 175 u. 190° (Aceton/Hexan), durch Zugabe von **A** zu einer auf pH 7 eingestellten Lsg. von 3 g Hefeextrakt, 10 g Dextrose u. 1 g Maismaische in 1 Liter W., 1—2tägiges Schütteln bei 28°, Zugabe von 0,9 g **I** in 95%ig. A., 2tägiges Stehen u. Extrahieren mit Chlf.; $[\alpha]_D^{25}$ +65° (Dioxan); 0,43 g (Ausbeute). *20.21-Diacetyl-Deriv.*, $C_{25}H_{36}O_6$, F. 191—193°, durch mehrstd. Stehen von 240 mg **VI** mit Acetanhydrid/Pyridin; aus Aceton/Hexan Nadeln; $[\alpha]_D^{25}$ +128° (Dioxan); 240 mg. — *Δ^4-Pregnen-17α.20β.21-triol-3.11-on*, F. 206 bis 207° (Zers.; Aceton/Hexan), analog **VI** aus 925 mg **II** (1 Tag); 0,46 g. *20.21-Diacetyl-Verb.*, F. 255,5—257° (Aceton/Hexan); $[\alpha]_D^{25}$ +186° (Dioxan). — *Δ^4-Pregnen-11β.17α.-20β.21-tetrol-3-on*, F. 133—135° (A./W.), analog **VI** aus 915 mg **III** (4 Tage); $[\alpha]_D^{25}$ +85° (Dioxan); 150 mg. — *$\Delta^{1.4}$-Pregnadien-17α.20β.21-triol-3.11-dion*, $C_{21}H_{28}O_5 \cdot C_3H_6O$, F. 184 bis 185° (Aceton/Hexan), a) analog **VI** aus 2 g **IV**; $[\alpha]_D^{25}$ +118° (Dioxan); 1,5 g; b) analog a) mit *Corynebacterium simplex*. *20.21-Diacetyl-Deriv.*, F. 239—242° (Aceton/Hexan); $[\alpha]_D^{25}$ +160° (Dioxan). — *$\Delta^{1.4}$-Pregnadien-11β.17α.20β.21-tetrol-3-on*, *20.21-Diacetyl-Deriv.*, $C_{25}H_{34}O_7 \cdot C_3H_6O$, F. 243—244° (Aceton/Hexan), analog **VI** aus 925 mg **V** (4 Tage), nachfolgend Acetylierung; 175 mg (Rohprod.). — *Δ^4-Pregnen-17α.20α.21-triol-3-on* (**VII**), F. 221—225° (Aceton/Hexan), a) analog **VI** aus 2 g **I** mit **B** (in einer Lsg. von 20 g Edamin, 50 g Dextrose u. 3 g Maismaische, die auf 1 Liter aufgefüllt u. auf pH 5,3 eingestellt ist) in 5 Tagen durch Chromatographie an Florisil u. Eluieren mit 1—5%ig. methanol. CH_2Cl_2; b) durch Verseifen nachst. Diacetats; $[\alpha]_D^{25}$ +55° (Dioxan); 540 mg. *20.21-Diacetyl-Deriv.*, $C_{25}H_{36}O_6$, F. 251—253°; aus Acetan/Hexan Nadeln; $[\alpha]_D^{25}$ +35° (Chlf.), +19° (Dioxan); 230 mg. — *Δ^4-Androsten-3.17-dion*, F. 157—165° (Ae./Hexan), durch mehrstd. Rühren von 65 mg **VII** in Essigsäure mit Na-Wismutat bei Raumtemp.,

Extrahieren mit CH_2Cl_2 u. Einengen; 18 mg. — *Δ^4-Pregnen-17α.20α.21-triol-3.11-dion*, $C_{21}H_{30}O_5$, F. 240—242° (Zers.; Aceton/Hexan), analog **VII** aus 2 g **II**; $[\alpha]_D^{25}$ +158° (Dioxan); 0,65 g. *20.21-Diacetyl-Verb.*, $C_{25}H_{34}O_7$, F. 273—275° (Zers.; Aceton); $[\alpha]_D^{25}$ +107°. — *$\Delta^{1.4}$-Pregnadien-17α.20α.21-triol-3.11-dion*, $C_{21}H_{28}O_5$, polymorph, FF. 225 bis 228°, 238—240°, Zers.; Aceton/Hexan, analog **VII** aus 1,875 g **IV**; $[\alpha]_D^{25}$ +117° (Dioxan); 0,41 g. *20.21-Diacetyl-Deriv.*, $C_{25}H_{32}O_7$, F. 267—270° (Zers.); $[\alpha]_D^{25}$ +75° (Dioxan).
P. GOLINSKE. 3700□

Mikrobiologische Umwandlung von Steroiden. 7. Mitt. **15β-Hydroxylierung.** Hershel L. Herzog, Margaret Jevnik Gentles, William Charney, David Sutter, Edward Townley, Milton Yudis, Peter Kabasakalian und E. R. Hershberg. (J. org. Chemistry **24.** 691—95. Mai 1959.) (Engl.) — 6. vgl. vorst. Referat.

Durch Anwendung von *Bacillus megaterium* (**A**) gelingt es, Δ^4-Pregnen-17α.21-diol-3.20-dion (**I**) u. Progesteron (**II**) in *Δ^4-Pregnen-15β.17α.21-triol-3.20-dion* (**III**) bzw. *Δ^4-Pregnen-15β-ol-3.20-dion* (**VI**) überzuführen. **III** läßt sich mit Na-Wismutat (**IV**) zu *Δ^4-Androsten-15β-ol-3.17-dion* (**V**) oxydieren, das mit CrO_3 zu *Δ^4-Androsten-3.15.17-trion* oxydiert wird. **V** kann durch *Saccharomyces cerevisiae* (**B**) zu *Δ^4-Androsten-15β.17β-diol-3-on* red. werden. Aus den physikal. u. chem. Daten der Rk.-Prodd. folgt die 15β-Stellung der eingeführten OH-Gruppe. Die $C_{(15)}$–OH-Gruppe in **V** ist schwer zu acetylieren, während **VI** gar kein $C_{(15)}$-Acetyl-Deriv. liefert. Die aus **III** durch Oxydation mit KJO_4 darstellbare *3-Keto-15β.17α-dihydroxy-Δ^4-ätiensäure* bildet kein (20 → 15)-Lacton, was auf eine ster. Hinderung an der $C_{(15)}$–OH-Gruppe zurückgeführt wird. Δ^1-Dehydrocortison (**VII**) u. Δ^1-Dehydrocortisol (**VIII**) lassen sich durch **A** nicht hydroxylieren, sondern gehen dabei in *Cortison* bzw. *Cortisol* über.

Versuche (FF. korr.): *Δ^4-Pregnen-15β.17α.21-triol-3.20-dion* (**III**), $C_{21}H_{30}O_5$, F. 240 bis 241° (Zers.; Aceton/Hexan u. Aceton), durch Hydroxylieren von 25 mg **I** mit einer Kultur von **A** in 10 g Hefeextrakt u. 10 g Cerelose in 1 Liter W. (16 Std. bei 28° geschüttelt), 24std. Schütteln, Extrahieren mit Chlf. u. Eindampfen; $[\alpha]_D^{25}$ +103° (A.); 0,128 g (Ausbeute). *21-Acetyl-Deriv.*, $C_{23}H_{32}O_6$, F. 244—246°, durch 2½std. Stehen von 130 mg **III** mit Acetanhydrid/Pyridin u. Gießen in W.; aus Aceton/Hexan Nadeln; $[\alpha]_D^{25}$ +92° (A.); 80 mg. *15.21-Diacetyl-Deriv.*, $C_{25}H_{34}O_7$, F. 211—214°, durch mehrstd. Stehen von 260 mg **III** mit Acetanhydrid/Pyridin, Verdünnen mit W., fraktionierte Kristallisation u. Chromatographie an Florisil; aus Aceton/Hexan Nadeln; $[\alpha]_D^{25}$ +56,8° (A.); 180 mg; daneben 20 mg des *21-Acetyl-Derivats*. — *Δ^4-Pregnen-17α.21-diol-3.15.20-trion, 21-Acetyl-Deriv.*, $C_{23}H_{30}O_6$, F. 258—260° (Aceton/Hexan), durch Oxydation von 150 mg vorst. 21-Acetyl-Deriv. mit CrO_3 in Pyridin bei 0° unter Rühren, Erwärmen auf Raumtemp., mehrstd. Rühren, Zugabe von Na_2SO_3, 1std. Rühren u. Gießen in W.; $[\alpha]_D^{25}$ +129° (Aceton); 120 mg. — *Δ^4-Androsten-15β-ol-3.17-dion* (**V**), $C_{19}H_{26}O_3$, F. 203—205° (CH_2Cl_2/Hexan), durch mehrstd. Rühren von 250 mg **III** in Essigsäure mit **IV** bei Raumtemp.; $[\alpha]_D^{25}$ +120° (A.); 60 mg. — *Δ^4-Androsten-3.15.17-trion*, $C_{19}H_{24}O_3$, F. 194—197° (Aceton/Hexan), durch 3std. Oxydation von 540 mg **V** mit CrO_3 in Eisessig bei Raumtemp., Zugabe von W., Extraktion mit CH_2Cl_2, Chromatographie an Florisil u. Eluieren mit Ae./Hexan (1:2); $[\alpha]_D^{25}$ +117,5° (Methanol); 70 mg. — *Δ^4-Androsten-15β.17β-diol-3-on*, $C_{19}H_{28}O_3$, F. 220—222° (CH_2Cl_2/Hexan), durch 42std. Schütteln von **B** in einer Lsg. von 600 g Cerelose u. 100 g Hefeextrakt in 1 Liter W. bei pH 6,8 (Phosphatpuffer) bei 28° unter Belüftung, Zugabe von 0,5 g **V** in Methanol. 3tägiges Belüften u. Schütteln u. Extrahieren mit Chlf.; $[\alpha]_D^{25}$ +57° (A.); 0,2 g. — *3-Keto-15β.17α-dihydroxy-Δ^4-ätiensäure*, $C_{20}H_{28}O_5 \cdot H_2O$, F. 265—270° (Zers.), durch mehrstd. Oxydation von 40 mg **III** mit KJO_4 in W., Ansäuern mit 10%ig. H_2SO_4, ½std. Stehen bei Raumtemp., Einstellen auf pH 5,0 bis 6,0 mit methanol. NaOH, Zugabe von 1 Tropfen Glycerin u. Einengen; Nadeln; 26 mg. *Methylester*, $C_{21}H_{30}O_5$, F. 199—201° (Methanol/W.), durch Verestern von 50 mg Säure mit äther. CH_2N_2 bei Raumtemp. (mehrere Std.); $[\alpha]_D^{25}$ +50° (Dioxan); 22,5 mg. — *Δ^4-Pregnen-15β-ol-3.20-dion* (**VI**), $C_{21}H_{30}O_3$, F. 195—199°, aus 1 g **II** analog **III** (48 Std.); aus Acetan/Hexan Nadeln; $[\alpha]_D^{25}$ +158° (Chlf.); 90 mg. — *Cortison*, F. 215 bis 220° (Zers., Aceton/Hexan), aus 2 g **VII** analog **III** (48 Std.), Chromatographie an Florisil u. Eluieren mit Ae./Hexan (1:2); 15 mg. — *Cortisol*, F. 210—215° (Aceton/Hexan), aus 2 g **VIII** analog vorst. Verb.; 45 mg. P. GOLINSKE. 3700□

Mikrobiologische Umwandlung von Steroiden. 8. Mitt. **16β-Hydroxylierung und andere Umwandlungen von Testosteron durch Wojnowicia graminis.** Hershel L. Herzog, Margaret Jevnik Gentles, Alvin Basch, W. Coscarelli, Mary Ellen Atnarish Zeitz und William Charney. (J. org. Chemistry **25.** 2177—82. Dez. 1960.) (Engl.) — 7. vgl. vorst. Referat.

Inkubation von *Testosteron* (**I**) mit *Wojnowicia graminis* (CBS) (**B**) ergibt verschiedene Rk.-Prodd., u. a. *6β-* (**II**), *16β-* (**VI**), *16α-Hydroxytestosteron* (**IV**), *16-Ketotestosteron*,

6β-, 14α-Hydroxy-Δ^4-androsten-3.17-dion (**V**), *Δ^4-Androsten-3.17-dion* (**III**) u. zwei weitere, unvollständig charakterisierte krist. Prodd., von denen eins 12α-hydroxyliert zu sein scheint. Bei der Inkubation von **III** mit demselben Organismus werden u. a. **I** u. **IV** erhalten. Die Verss. stellen die erste mikrobiolog. 16β-Hydroxylierung dar. IR-Maxima in Nujol u. Methanol sind angegeben.

Versuche (FF. korr.): *6β-Hydroxytestosteron* (**II**), $C_{19}H_{28}O_3$, FF. 205 u. 215—218° (Aceton/Hexan), aus 7,5 g **I** durch 72std. Fermentieren mit der **B**-Kultur bei 28°, Extrahieren mit Äthylacetat, Eindampfen im Vakuum, Aufnehmen in wenig CH_2 Cl_2 u. Chromatographie an Florisil (Chromatogramm **A**), Eluieren mit Ae. u. Ae./CH_2Cl_2 (1:1) u. Reinigung an Florisil; $[\alpha]_D^{25}$ +29° (Chlf.); 0,102 g (Ausbeute). *Diacetyl-Deriv.*, FF. 119 u. 132—138° (W.). — *Epoxy-16α.17β-dihydroxysteroid $C_{19}H_{30}O_3$*, F. 196—199° (Aceton/Hexan) durch Chromatographie der Mutterlaugen von **II** an Chromosorb- W u. Elution mit Ligroin neben **I** ; $[\alpha]_D^{25}$ +10° (Dioxan), +10° (Chlf.); 0,079 g. *Diacetyl-Deriv.*, $C_{23}H_{34}O_5$, F. 134—135° (W.); $[\alpha]_D^{25}$ +12° (Chlf.). — *Verb. $C_{19}H_{31}ClO_3$*, F. 110—117°, durch mehrstd. Stehen vorst. Verb. in Aceton/konz. HCl (99:1) bei Raumtemp., Zufügen von W. u. Verdunsten des Acetons; Rosetten aus W.; R_F 0,06. — *Δ^4-Androsten-3.17-dion* (**III**), F. 160—167° (Ae./Hexan), bei weiterem Eluieren des Chromatogramms **A** mit CH_2Cl_2, Chromatographie des Eluats an Chromosorb u. Eluieren mit mit Propylenglykol gesätt. Toluol; 0,024 g; daneben **I**; gibt bei Fermentation analog **II** (0,25 g) 0,058 g **I** u. 0,003 g **IV**. — *6β-Hydroxy-Δ^4-androsten-3.17-dion* (F. 160—167°, neben **II**; 0,046 g Rohprod.) u. *14α-Hydroxy-Δ^4-androsten-3.17-dion* (**V**), F. 246—252°; $[\alpha]_D^{25}$ +166° (Chlf.); 0,045 g; gibt kein Acetyl-Derivat. — *16β-Hydroxytestosteron* (**VI**), $C_{19}H_{28}O_3$, F. 179—182° (Aceton/Ae./Hexan), neben **V**; $[\alpha]_D^{25}$ +101° (Chlf.), +94° (Dioxan); 0,033 g. *Diacetyl-Deriv.*, $C_{23}H_{32}O_5$, F. 201—202,5° (Aceton/Hexan); $[\alpha]_D^{25}$ +88° (Chlf.). — *16-Ketotestosteron*, F. 153—155°, durch weiteres Eluieren von **A** mit Methanol/CH_2Cl_2 (2:98) u. Aufarbeiten analog **III**; $[\alpha]_D^{25}$ −54° (Chlf.); 0,081 g. *Acetyl-Deriv.*, F. 194—197°; $[\alpha]_D^{25}$ −44° (Chlf.); daneben *$\Delta^{4.14}$-Androstadien-12α.17β-diol-3-on* [F. 166—168° (Aceton/Ae./Hexan); $[\alpha]_D^{25}$ +136° (Chlf.); 0,014 g. *Acetyl-Deriv.*, FF. 90—120 u. 137—140°], 0,014 g **V** u. 0,097 g **VI**. — *16α-Hydroxytestosteron* (**IV**), F. 183—187° (Aceton/Hexan), durch weiteres Eluieren von **A** mit Methanol/CH_2Cl_2 (4:96); $[\alpha]_D^{25}$ +63° (Dioxan); 1,04 g. *Diacetyl-Deriv.*, F. 142—143° (Ae.); $[\alpha]_D^{25}$ +4° (Chlf.). B.-G. BRODDA. 3700□

Die Selendehydrierung von Cynanchogenin. Hiroshi Mitsuhashi und Yuzuru Shimizu. (Chem. pharmac. Bull. [Tokyo] 7. 749—50. Sept. 1959. Sapporo, Univ. of Hokkaido, School of Med., Pharmaceut. Inst.) (Engl.)

Cynanchogenin (**I**) gibt mit Se bei 310° (24 Std.) ein Gemisch von KW-Stoffen, aus dem chromatograph. *7-Äthyl-8-methyl-1.2-benzofluoren* (F. 146—150°) sowie ein zweiter krist. Anteil abgetrennt wurde. Für **I** wird daher als Grundstruktur ein C-Nor-D-homo-pregnanskelett angenommen. F. HELLER. 3700□

Die Einwirkung der Nitriersäure auf Cholsäure. I. Tănăsescu, E. Ramonţian, I. Ganea und F. Hodoşan. (Rev. Chim. [Bucarest] 2. 157—69. 1957.) (Dt.)

Bei Einw. von Nitriersäure auf Cholsäure (**I**) wird *3α.12α-Dihydroxy-7-ketocholansäuredinitrat* (**II**) u. *3α-Hydroxy-7.12-diketocholansäurenitrat* (**III**) durch gleichzeitige Veresterung u. Oxydation gebildet. Weder **II** noch **III** sind acylierbar. Durch Rk. mit CH_2N_2 oder CH_3OH bzw. A. entstehen die *Methyl-* bzw. *Äthylester* von **II** u. **III**. **II**-Methylester (**IV**) wird in das *Oxim* u. *Phenylhydrazon*, **III**-Methylester (**V**) in das *Dioxim* übergeführt. Durch Einw. von Red.-Mitteln auf **II** wird *3α.12α-Dihydroxy-7-ketocholansäure* erhalten, die in den *Methylester* (**VI**), dessen *Diacetat*, *Oxim* u. *Semicarbazon* (**VII**), sowie das *Semicarbazon* (**VIII**) der freien Säure übergeführt wird. Durch selektives Acylieren von **VI** mit Chlorameisensäureäthylester (**IX**) wird *3α-Äthoxycarbonyloxy-12α-hydroxy-7-ketocholansäuremethylester* erhalten, der bei der Oxydation mit CrO_3 *3α-Äthoxycarbonyloxy-7.12-diketocholansäuremethylester* gibt. Erwärmen von **VII** u. **VIII** mit C_2H_5ONa in Ggw. von $N_2H_4 \cdot H_2O$ führt zu *Desoxycholsäure*. Entsprechend wird **III** zunächst in *Reduktodehydrocholsäure* (**X**) u. schließlich in *Lithocholsäure* übergeführt. **X** wird auch in ca. 90% ig. Ausbeute durch Red. des Na-Salzes von 3.7.12-Triketocholansäure (**XI**) mit Al-Amalgam in wss. Lsg. erhalten.

Versuche: Cholansäuren: *3α.12α-Dihydroxy-7-keto-*, *Dinitrat* (**II**), $C_{24}H_{36}N_2O_9$, F. 218° (Zers.), durch 20 Min. langes Einrühren von 10 g **I** in ein Gemisch aus 125 cm^3 H_2SO_4 (D. 1,84) u. 180 cm^3 HNO_3 (D. 1,48) bei −10°, weiteres 1/4std. Rühren, Eingießen in W. von 0°, Lösen des Nd. in 65 cm^3 sd. Eisessig (Eg.) u. Abkühlen; aus CH_3OH Nadeln; 3 g [Ausbeute; *Methylester* (**IV**), $C_{25}H_{38}N_2O_9$, F. 155°, durch Kochen von **II** mit 5% ig. methylalkohol. HCl oder Einw. von äther. CH_2N_2-Lsg.; aus CH_3OH oder Essigester (Ee.) Nadeln (*Oxim*, $C_{25}H_{39}N_3O_9$, F. 178—179°, durch Zugabe von $NH_2OH \cdot HCl$ u. K_2CO_3 in W. zu **IV** in CH_3OH, 6std. Kochen, Lösen des Nd. in Ae. u. Eindampfen der filtrierten Lsg. zur Trockne; aus CH_3OH Nadeln. *Phenylhydrazon*, $C_{31}H_{44}N_4O_8$, F. 183°, durch Zugabe von W. u. Phenylhydrazin zu **IV** in Eg., ¼std. Kochen u. Zugabe von W.; aus CH_3OH Nadeln). *Äthylester*, $C_{26}H_{40}N_2O_9$, F. 120°, analog **IV**; Nadeln]. *Freie Säure*, $C_{24}H_{38}O_5$, F. 192—193° (Bzn.), durch portionsweise Zugabe von Zn zu **II** in Eg., Versetzen der filtrierten Lsg. mit W. bis zur Trübung u. mehrtägiges Stehen unter gelegentlichem Wasserzusatz [*Solvat mit 2 Moll. Ee.*, $C_{24}H_{38}O_5 \cdot 2CH_3COOC_2H_5$. *Hemihydrat*, $C_{24}H_{38}O_5 \cdot \frac{1}{2}H_2O$, F. 174°; aus wss. CH_3COOH oder wss. A. Nadeln]. *Semicarbazon* (**VIII**), F. 256—257° (Zers.), durch Zugabe von Semicarbazidhydrochlorid u. CH_3COONa in W. zur Säure in CH_3OH, 12std. Kochen, Gießen in W. u. ca. 1tägiges Stehen. *Methylester* (**VI**), $C_{25}H_{40}O_5$, F. 152°, durch Zugabe von konz. HCl zur Säure in CH_3OH bis zur Trübung, ½std. Kochen u. mehrtägiges Stehen bei Raumtemp.; aus Bzn. oder Bzl. Nadeln [*Diacetat*, $C_{29}H_{44}O_7$, F. 119—120°, durch Zugabe von Essigsäureanhydrid (**XII**) zu **VI** in Pyridin (Py), 30std. Erhitzen auf 100°, Gießen in W., Lösen des Nd. in Ae., Abdampfen des Ae., Lösen in CH_3OH, Zugabe von W. bis zur Trübung u. mehrtägiges Stehen; Nadeln. *Oxim*, $C_{25}H_{41}NO_5$, F. 175°, durch Zugabe von $NH_2OH \cdot HCl$ u. CH_3COONa zu **VI** in CH_3OH, 8std. Kochen, Abdampfen des A., Lösen des Nd. in Bzl. u. Zugabe von Benzin. *Semicarbazon* (**VII**), F. 221—223° (Zers.; erweicht bei ca. 150°), aus 10 g **VI** u. Reinigen durch Lösen in Aceton (Ac) u. Zugabe von Bzn.; 11 g]. — *3α-Hydroxy-7.12-diketo-*, *Nitrat* (**III**), $C_{24}H_{35}NO_7$, F. 228—230° (wss. CH_3COOH), a) durch Gießen der essigsauren Lsg., aus der sich **II** abgesetzt hat, in W., Lösen des abfiltrierten Nd. in wenig CH_3OH u. mehrstd. Stehen; 1—1,5 g; b) durch 3std. Kochen von **V** mit ½n methylalkohol. KOH, Zugabe von W. u. Ansäuern mit verd. HCl [*Methylester* (**V**), $C_{25}H_{37}NO_7$, F. 168—169° (CH_3OH), durch Lösen von **III** in CH_3OH mit 5%ig. HCl, 2—3 Min. langes Kochen u. Gießen in verd. Na_2CO_3-Lsg. (*Dioxim*, $C_{25}H_{39}N_3O_7$, F. 238—240° (Ac), durch Behandeln von **V** in CH_3OH mit $NH_2OH \cdot HCl$ u. K_2CO_3 in W., 5std. Erhitzen auf 100°, Lösen des abfiltrierten Nd. in Ac u. Abdampfen des Ac). *Äthylester*, $C_{26}H_{39}NO_7$, F. 156°, analog **V**; aus A. Nadeln]. *Freie Säure* (*Reduktodehydrocholsäure*; **X**), $C_{24}H_{36}O_5$, F. 190—191°, a) durch Behandeln von **III** mit Zn-Staub u. Eg.; aus wss. Ac Nadeln; b) durch allmähliche Zugabe von 30%ig. NaOH zu **XI** in W. unter Erwärmen bis zur Lsg., Abkühlen, Gießen auf amalgamierte Al-Späne, mehrtägiges Stehen bei Raum-Temp. u. Ansäuern der filtrierten Lsg. mit 20%ig. HCl; 87—90%. *Methylester*, $C_{25}H_{38}O_5$, F. 155—156° (CH_3OH), a) durch Zugabe von konz. H_2SO_4 zu **X** in CH_3OH, 3std. Kochen u. Gießen in W. von 0°; b) durch Behandeln von **V** mit Zn-Staub u. Eg. [*Acetyl-Deriv.*, $C_{27}H_{40}O_6$, F. 162—163°, durch Behandeln des Methylesters mit **XII** u. Eg., 2std. Kochen, Gießen in W. u. Stehen; aus CH_3OH Blättchen. *Dioxim*, $C_{25}H_{40}N_2O_5$, F. 255—258° (Zers. erweicht bei 249°); aus wss. CH_3COOH Nadeln]. *Dioxim*, $C_{24}H_{38}N_2O_5$, F. 255° (Zers.; A.), durch Behandeln von **X** in 5%ig. NaOH mit $NH_2OH \cdot HCl$, 4std. Erhitzen auf 100°, Verdünnen mit W. u. Ansäuern mit verd. HCl. — *3α.12α-Dihydroxy-* (*Desoxycholsäure*), $C_{24}H_{40}O_4$, F. 173—174° (A.), durch 8std. Erhitzen von **VII** oder **VIII** mit $N_2H_4 \cdot H_2O$ u. C_2H_5ONa auf 170° im geschlossenen Rohr, Lösen in W., Einengen, Verdünnen mit W. u. Ansäuern mit verd. HCl. *Solvat mit 1 Mol Ac*, $C_{24}H_{40}O_4 \cdot C_3H_6O$, F. 172—173° (Ac). — *3.12-Diketo-*, F. 185—187° (erweicht bei 182°), durch Oxydation vorst. Säure nach WIELAND u. SORGE [1913]; Blättchen. — *3α-Äthoxycarbonyloxy-12α-hydroxy-7-keto-*, *Methylester*, $C_{28}H_{44}O_7$, F. 183°, durch Zugabe von **IX** zu **VI** in Py unter Kühlung, 24std. Stehen u. Gießen in 10%ig. CH_3COOH; aus CH_3OH, Bzn. u. wss. CH_3OH Nadeln. — *3α-Äthoxycarbonyloxy-7.12-diketo-*, *Methylester*, F. 125°, durch Oxydieren vorst. Verb. in Eg. mit CrO_3 in Eg., ½tägiges Stehen u. Gießen in W.; aus Bzl. Nadeln. G. REISNER. 3700☐

Teilsynthese der zwei 3α.7α.12α-Trihydroxykoprostansäuren und ähnlicher Gallensäuren mit verlängerten Seitenketten. R. J. Bridgwater. (Biochem. J. **64**. 593—99. Dez. 1956. London, Guy's Hosp. Med. School.) (Engl.)

Vf. untersuchte die Anwendung der KOLBE-Synth. auf Cholsäure (**I**) in Ggw. einiger einfacher Halbester zweibas. aliphat. Fettsäuren. Elektrolyse von **I** mit Bernsteinsäuremonomethylester (**V**) liefert *3α.7α.12α-Trihydroxy-23-nor-Δ²²-cholen, 23.23'-Bisnorcholyl* u. *25.26-Bishomocholsäuremethylester*, aus welchem durch Hydrolyse *25.26-Bishomocholsäure* (**IX**) entsteht. Die Säure liefert durch Chromsäureoxydation *Dehydro-25.26-bishomocholsäure* (*3.7.12-Trioxo-25.26-bishomocholansäure*) u. durch WOLFF-KISHNER-Red. *25.26-Bishomocholansäure* (als *Äthylester* isoliert). Aus **I** wurde durch Elektrolyse mit Malonsäuremonoäthylester (**VI**) über den entsprechenden Ester *25-Homocholsäure* erhalten. Elektrolyse von **I** mit einem Gemisch der α- u. β-Methylbernsteinsäuremonomethylester (L-**VII**) aus L-Methylbernsteinsäureanhydrid liefert eine mit „β"-*Trihydroxykoprostansäure* (**II**) ident. Säure (vgl. KOMATSUBARA, Proc. Jap. Acad. **30**. [1954.] 618). Aus D- bzw. L-β-Methylglutarsäuremonomethylester

(D- bzw. L-VIII) u. I wurden über die Ester *3α.7α.12α-Trihydroxy-25-L-homokoprostansäure* (III) bzw. *3α.7α.12α-Trihydroxy-25-D-homokoprostansäure* (IV) erhalten, wovon IV durch Abbau nach WIELAND-BARBIER u. Hydrolyse *3α.7α.12α-Trihydroxy-25-D-koprostansäure* liefert, die mit der natürlich vorkommenden Säure (aus Alligatorengalle) u. mit der „*α*"-*Trihydroxykoprostansäure* (vgl. KOMATSUBARA; l. c.) ident. ist. Ein ähnlicher Abbau von III liefert *3α.7α.12α-Trihydroxy-25-L-koprostansäure* (ident. mit II). — Trennung u. Reinigung der Verbb. erfolgte nach verschiedenen Meth. säulenchromatograph. unter Anwendung verschiedener organ. Lösungsmittel.

Versuche: *DL-Methylbernsteinsäuremonomethylester* (DL-VII), aus DL-Methylbernsteinsäureanhydrid durch 2std. Kochen mit Methanol. Spaltung des DL-Halbesters mit Strychninsalz, Trennung über die Anhydride u. Behandlung mit Methanol liefert *D*- bzw. *L*-VII. — *β-Methylglutarsäuremonomethylester* (VIII), nach LINSTEAD, LUNT u. WEEDON (C. **1951**. II. 957). — *25.26-Bishomocholsäure* (IX), $C_{26}H_{44}O_5 \cdot 1/2\,H_2O$, F. 194 bis 195°, aus I u. V mit Na in Methanol durch 2½ std. Elektrolyse (6—4 A), Chromatographie der Neutral-Prodd. an Al_2O_3 mit Ae., Ae.-Aceton u. Methanol, 1 std. Kochen mit alkohol. KOH u. Ansäuern; $[\alpha]_D^{22}$ $+34 \pm 2^0$ (c = 2,0; A.), aus Äthylacetat Blättchen; 22% (Ausbeute). *Methylester*, $C_{27}H_{46}O_5$, F. 148—150° (aus Bzl./Pentan lange Nadeln). Säure u. Ester geben positiven HAMMARSTEN-HCl-Test. Neben IX vermutlich *3α.3'α.7α.7'α.12α.12'α-Hexahydroxy-bis-23.23'-norcholanyl*, F. 312—313° (aus Methanol Nadeln). — Vermutlich *3α.7α.12α-Trihydroxy-23-nor-Δ²²-cholen*, $C_{23}H_{38}O_3$, F. 179—181° (Aceton), analog vorst. Verb. durch 3 std. Elektrolyse bei 8—6 A. — *Dehydro-25.26-bishomocholsäure*, $C_{26}H_{38}O_5$, F. 220,5—221,5° (Zers.), aus IX durch 10 Min. CrO_3-Oxydation in Essigsäure bei 20°; aus Methanol/W. kleine Nadeln. — *25.26-Bishomocholansäureäthylester*, $C_{28}H_{48}O_2$, F. 59,5—60,5° (A.), durch 1¼ Std. langes Kochen vorst. Verb. mit Na, Hydrazinhydrat (90%ig) u. Diäthylenglykol, 3 std. Halten bei 208° u. Behandeln des durch Ansäuern erhaltenen Prod. in A. mit Diazoäthan. — *25-Homocholsäure*, F. 215 bis 216° (Aceton), aus I u. VI mit Na in Methanol durch 4 std. Elektrolyse (4—2 A); 37%. — Vermutliche *3α.7α.12α-Trihydroxy-25-DL-koprostansäure* (X), $C_{27}H_{46}O_5 \cdot H_2O$, F. 164 bis 166°, aus I u. DL-VII (oder D-VII) mit Na in Methanol durch 3½ std. Elektrolyse (ca. 1 A); $[\alpha]_D^{28}$ $+31,2 \pm 2^0$ in A. (c = 2,1), aus Äthylacetat Nadeln; 46%. *Äthylester*, F. 122 bis 125°. — *3α.7α.12α-Trihydroxy-25-D-homokoprostansäure* (IV), $C_{28}H_{48}O_5$, a) F. 205 bis 207° (Äthylacetat), aus 30 g I u. 58 g L-VIII mit 0,9 g Na in 600 ml Methanol durch 3 std. Elektrolyse (9—5 A, 25—30°); $[\alpha]_D^{19}$ $+36,9 \pm 2^0$ in A. (c = 2,1); 1,93 g; b) F. 197 bis 200°, wie unter a) mit DL-VIII (4½ Std. lang, 2—1 A) u. chromatograph. Trennung der Isomeren; $[\alpha]_D^{23}$ $+33,9 \pm 2^0$ in A. (c = 1,0). *Äthylester*, $C_{30}H_{52}O_5$, F. 137—139° (Bzl./PAe.). — *3α.7α.12α-Trihydroxy-25-L-homokoprostansäure* (III), $C_{28}H_{48}O_5$, a) F. 173 bis 176°, analog vorst. Verb. mit D-VIII (3¼ Std. lang, 4—2 A, 30°); $[\alpha]_D^{21}$ $+28,9 \pm 2^0$ in A. (c = 0,8); b) F. 166—168°, mit DL-VIII (4½ Std. lang, 2—1 A). — *3α.7α.12α-Trihydroxy-25-D-koprostansäure*, $C_{27}H_{46}O_5$, F. 180—182°, aus 2,1 g IV über den *Ester* durch GRIGNARD-Rk. (2,1 g Mg, 9,6 ml Brombenzol, 1 Std. lang im Wasserbad, über Nacht bei Zimmer-Temp.), Hydrolyse, Acetylierung mit Essigsäure/Acetanhydrid/8,5n Perchlorsäure (35:30:0,3 ml) in 15 Min. u. Oxydation mit 1 g CrO_3 in Chlf./Essigsäure in 40 Min. bei 40°; $[\alpha]_D$ $+27,4 \pm 2^0$ in A. (c = 0,7); aus Äthylacetat kurze Stäbchen; 50 mg. — *3α.7α.12α-Trihydroxy-25-L-koprostansäure*, F. 194—196°, a) aus 110 mg III analog vorst. Verb.; 7 mg; b) analog X aus I u. L-VII (7 Std., 1 A); $[\alpha]_D^{22}$ $+42,6 \pm 2^0$ in A. (c = 2,13). K. PREUSS. 3700□

Lysinvasotocin, ein synthetisches Analogon der Hypophysenhinterlappenhormone mit dem Ring des Oxytocins und der Seitenkette des Lysinvasopressins. Raymond D. Kimbrough jun. und Vincent du Vigneaud. (J. biol. Chemistry **236**. 778—80. März 1961. New York, N.Y., Cornell Univ., Med. Coll., Dep. of Biochem.) (Engl.)

Lysinvasotocin (I) wird durch Red. von *N-Carbobenzoxy(Cbo)-S-benzyl-L-cysteinyl-L-tyrosyl-L-isoleucyl-L-glutaminyl-L-asparaginyl-S-benzyl-L-cysteinyl-L-prolyl-N^ε-tosyl-L-lysylglycinamid* (II) mit Na/fl. NH_3, anschließende Oxydation mit Luft, Entsalzung u. Chromatographie erhalten. I zeigt eine Pressoraktivität (Ratte) von 130 u. eine Depressoraktivität (Vogel) von 190 U.S.P.-Einheiten/mg. II wird aus L-Glutaminyl-L-asparaginyl-S-benzyl-L-cysteinyl-L-prolyl-N^ε-tosyl-L-lysylglycinamid durch schrittweise Ankondens. von L-Isoleucin, L-Tyrosin u. L-Cystein in Form von N-Cbo-L-isoleucin- (III), N-Cbo-O-benzyl-L-tyrosin- (IV) bzw. N-Cbo-S-benzyl-L-cystein-p-nitrophenylester (V) u. jeweilige Abspaltung des Cbo-Restes mit HBr/Eisessig synthetisiert.

Versuche: *Cbo-L-isoleucyl-L-glutaminyl-L-asparaginyl-S-benzyl-L-cysteinyl-L-prolyl-N^ε-tosyl-L-lysylglycinamid*, $C_{53}H_{73}N_{11}O_{13}S_2$, F. 220—223° (85%ig. A.), durch 1 std. Rk. von Cbo-L-glutaminyl-L-asparaginyl-S-benzyl-L-cysteinyl-L-prolyl-N^ε-tosyl-L-lysylglycinamid {F. 195—199°, $[\alpha]_D^{20}$ −40° [c = 1; Dimethylformamid (DMF)]} mit HBr/Eisessig, Zugeben von abs. Ae., 2tägiges Stehen mit **III** in DMF/Triäthylamin bei Raum-Temp., Zugeben von Eisessig u. Essigester u. Digerieren des Nd mit A.; $[\alpha]_D^{20}$ −38° (c = 1; DMF); 82% (Ausbeute). — *N-Cbo-O-benzyl-L-tyrosyl-L-isoleucyl-L-glutaminyl-L-asparaginyl-S-benzyl-L-cysteinyl-L-prolyl-N^ε-tosyl-L-lysylglycinamid,* $C_{69}H_{88}N_{12}O_{15}S_2$, F. 222—224° (85% ig. A.), durch 1std. Rk. vorst. Verb. mit HBr/Eisessig, Zugeben von Ae., Lösen in DMF/Triäthylamin, 2tägiges Stehen mit **IV** bei Raum-Temp., Zugeben von Eisessig u. W. u. Digerieren des Nd. mit warmem A. u. Essigester; $[\alpha]_D^{20}$ −31° (c = 1; DMF); 82%. — *N-Cbo-S-benzyl-L-cysteinyl-L-tyrosyl-L-isoleucyl-L-glutaminyl-L-asparaginyl-S-benzyl-L-cysteinyl-L-prolyl-N^ε-tosyl-L-lysylglycinamid* (**II**), $C_{72}H_{93}N_{13}$·$O_{16}S_3$, F. 229—231° (85% ig. A.), durch 1std. Rk. vorst. Verb. mit HBr/Eisessig, Zugeben von Ae., Lösen des Nd. in DMF/Triäthylamin, 3tägiges Stehen mit **V** bei Raum-Temp., Zugeben von Eisessig u. W., Digerieren des Nd. mit Aceton/Essigester (1:1), Essigester u. A., Umfällen aus DMF/Ae. u. Digerieren mit Essigester; $[\alpha]_D^{21}$ −32° (c = 0,8; DMF); 75%. — *Lysinvasotocin* (**I**), $C_{43}H_{67}N_{13}O_{12}S_2$, durch Red. von 0,3 g **II** mit Na/fl. NH_3, Einengen, Oxydation mit Luft bei pH 7, Entsalzen an Amberlite XE-64 mit 0,25% ig. Essigsäure u. W., Eluieren mit 30% Pyridin–4% Essigsäure-Lsg., Chromatographie an Amberlite XE-64 mit 0,5mol. Ammoniumacetatpuffer (pH 6,3), erneute Entsalzung u. Gefriertrocknung; $[\alpha]_D^{25}$ −25° (c = 0,4; 1n Essigsäure); 130 mg.

E. SCHRÖDER. 3750□

Die Synthese eines Nonadekapeptids mit adrenocorticotroper und melanotroper Aktivität. Choh Hao Li, Johannes Meinenhofer, Eugen Schnabel, David Chung, Tung-Bin Lo und Janakiraman Ramachandran. (J. Amer. chem. Soc. **82.** 5760—62. 5/11. 1960. Berkeley, Calif., Univ., Hormone Res. Labor.) (Engl.)

Beschrieben wird die Synth. des Nonadekapeptids *L-Seryl-L-tyrosyl-L-seryl-L-methionyl-L-glutamyl-L-histidyl-L-phenylanalyl-L-arginyl-L-tryptophylglycyl-L-lysyl-L-prolyl-L-valylglycyl-L-lysyl-L-lysyl-L-arginyl-L-arginyl-L-prolin,* das adrenocorticotrop. u. melanocytenstimulierende Wrkg. zeigt.

Versuche (Carbobenzoxy- = Cbo-): *Cbo-Seryltyrosylserylmethioninhydrazid* (**I**), F. 244—245°, aus Cbo-Seryltyrosinhydrazid u. Serylmethioninmethylester nach der Azid-Meth. u. Umwandlung in das Hydrazid; $[\alpha]_D^{25}$ −15° (c = 1; Essigsäure). — *Cbo-O-benzylglutamylbenzylhistidylphenylalanyltosylarginyltryptophylglycinmethylester* (**II**), F. 193 bis 195° (90% ig. wss. Dioxan), durch katalyt. Hydrierung von Cbo-tosylarginyltryptophylglycinmethylester u. Kondens. des Prod. mit Cbo-benzylhistidylphenylalanin-p-nitrophenylester {F. 152—155°, $[\alpha]_D^{25}$ −19,0° [c = 1; Dimethylformamid (DMF)]}, Verseifung u. Hydrierung des Prod., Kondens. mit Cbo-O-benzylglutaminsäure-p-nitrophenylester [F. 114—115°, $[\alpha]^{25}$ −32,5° (c = 1; CH_3OH)] u. Reinigung durch Gegenstromverteilung; $[\alpha]_D^{26}$ −19° (c = 1; DMF). — *Cbo-tosyllysylprolylvalylglycin* (**III**), F. 109—110°, aus Cbo-prolylvalin u. Glycinmethylester nach der Dicyclohexylcarbodiimid-Meth. (Meth. **A**) über *Cbo-prolylvalylglycinmethylester* [F. 111—112°, $[\alpha]_D^{25}$ −90,4° (c = 1,6; CH_3OH)], dessen Hydrierung, Rk. mit Cbo-tosyllysin-p-nitrophenylester u. Verseifung; $[\alpha]_D^{25}$ −73° (c = 1; CH_3OH). — *Cbo-tosyllysyltosyllysyltosylarginyltosylarginylprolinmethylester,* F. 109—112°, aus Prolinmethylester durch Kupplung mit Cbo-tosylarginin (**IV**) nach Meth. **A** über das geschützte *Dipeptid* [F. 152—153°, $[\alpha]_D^{25}$ −39° (c = 1; CH_3OH)], dessen Hydrierung u. erneute Kupplung mit **IV** zum *Tripeptid* [F. 112—120°, $[\alpha]_D^{25}$ −31,0° (c = 1; CH_3OH)], dessen Hydrierung u. Kupplung mit Cbo-tosyllysin-p-nitrophenylester zum *Cbo-tosyllysyltosylarginyltosylarginylprolinmethylester* [F. 110—115°, $[\alpha]_D^{25}$ −30,5° (c = 1; CH_3OH)] u. Wiederholung der Kupplung; $[\alpha]_D^{25}$ −29° (c = 1; CH_3OH). — *Cbo-tosyllysylprolylvalylglycyltosyllysyltosyllysyltosylarginyltosylarginylprolin,* F. 135—137°, aus vorst. Verb. durch Abspaltung der Cbo-Gruppe u. Rk. mit dem p-Nitrophenylester von **III** [F. 152—153°, $[\alpha]_D^{25}$ −37,4° (c = 1; CH_3OH)] über den *Peptidester* [F. 119—121°, $[\alpha]_D^{25}$ −43,2° (c = 1; CH_3OH); 96% (Ausbeute)] u. dessen Verseifung; $[\alpha]_D^{25}$ −37,4° (c = 1; CH_3OH). — *Cbo-O-benzylglutamylbenzylhistidylphenylalanyltosylarginyltryptophylglycyltosyllysylprolylvalylglycyl-tosyllysyltosyllysyltosylarginyltosylarginylprolinmethylester,* F. 135—140°, aus vorst. Verb. (nach hydrierender Abspaltung der Cbo-Gruppe) u. **II** mit Isobutylchlorcarbonat nach der Meth. der gemischten Anhydride u. Reinigung durch Gegenstromverteilung; $[\alpha]_D^{25}$ −25,3° (c = 0,5; DMF); 35%. — *L-Seryl-L-tyrosyl-L-seryl-L-methionyl-L-glutamyl-L-histidyl-L-phenylalanyl-L-arginyl-L-tryptophylglycyl-L-lysyl-L-prolyl-L-valylglycyl-L-lysyl-L-lysyl-L-arginyl-L-arginyl-L-prolin,* aus **I** (als Azid) u. vorst. Verb. (nach Abspaltung der Cbo-Gruppe) über das geschützte *Nonadekapeptid* [F. 165—170° (DMF-Ae. u. CH_3OH-Methylacetat), $[\alpha]_D^{26}$ −25° (c = 0,5; DMF); 56%], Abspaltung der Schutzgruppen mit Na in fl. NH_3 u. Gegenstromverteilung.

J. BOELTER. 3750□

Die Fortschritte der Chemie der Antibiotica in den letzten Jahren. A. Ss. Chochlow und M. M. Schemjakin. (An. romîno-soviet., Ser. Chim. **11.** 63—96. April/Juni 1957.) (Rum.)

Übersicht. — 251 Literaturangaben. R. K. MÜLLER. 3900 □

Tetrahydrocohulupon und die Beziehung zwischen den Lupulonen und den Hulupenen. R. Stevens und D. Wright. (Proc. chem. Soc. [London] **1960.** 417. Dez. Nutfield, Surrey, Brewing Ind. Res. Foundat.) (Engl.)

Vff. beschreiben die Bldg. von *Tetrahydrocohulupon* (I) aus Colupulon. Durch Schütteln von Hexahydrocolupulon (vgl. RIEDL u. NICKEL, C. **1957.** 6458) in Cyclohexan mit O_2 entsteht ein *Peroxyd* (II), das durch Hydrierung in *Hexahydrocolupulinon* u. weiter durch milde Behandlung mit NaOH in das *Na-Salz* von *Hexahydroisocolupulinon* (**III**; F. 240°) übergeführt wird. Die Hydrolyse von **III** ergibt *Isohexansäure* (*4-Bromphenacylester*, F. 75—76°) u. ein farbloses *Öl* (**IV**, Kp.$_{10^{-3}}$ 180°). Oxydation von **IV** mit Bi_2O_3 in Essigsäure nach HOWARD, POLLOCK u. TATCHELL (C. **1956.** 1032) liefert **I**, Kp.$_{10^{-3}}$ 90—100°, gelbes Öl), dessen *Na-Salz* (**V**, F. 228°) mit H_2O_2 quant. zu *Diisopentylmalonsäure* (F. 159°) u. *Isobuttersäure* (*4-Bromphenacylester*, F. 72°) oxydiert werden kann. **I** entsteht auch durch milde therm. Zers. von **III**. Diese Rk. zeigt, daß die Hulupone in der Natur evtl. durch Oxydation u. anschließende Umformung der Lupulone entstehen. Die UV-Maxima von **I**, **II**, **III**, **IV** u. **V** sind angegeben.

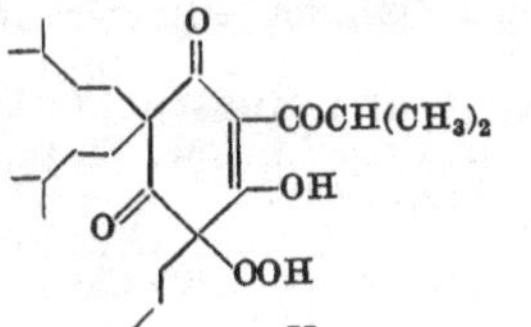

II

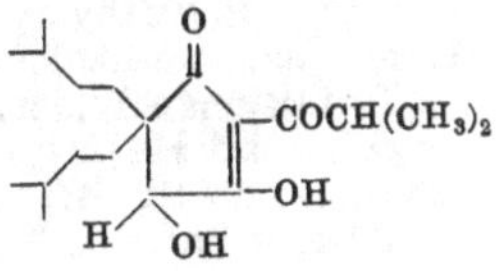

IV

G. MARQUARD. 3950

Über die Inhaltstoffe der Rinde von Simaruba amara: Isolierung eines neuen Bitterstoffs: Simarolid. Judith Polonsky (unter Mitarbeit von Z. Baskevitch). (Bull. Soc. chim. France **1959.** 1546—47. Okt. Paris, Inst. de Biol. Physicochim., Labor. du Prof. E. Lederer.) (Franz.)

Aus der zerkleinerten Rinde (3 kg) von *Simaruba amara Aubl.* (Simarubacea) aus Brasilien konnte durch Ausziehen mit sd. W., Klären mit Pb-Acetat, Adsorption an Aktivkohle, Trocknen der Kohle, Extraktion mit Chlf., Chromatographie über Mg-Silicat–Celite (2:1), Elution mit Chlf., abermalige Chromatographie u. mehrfaches Umkristallisieren aus Essigester *Simarolid* [**I**, Nadeln, F. 264—270°, $[\alpha]_D$ +73,6° (c = 0,788; Chlf.); 2,1 g (Ausbeute)] als neuer Bitterstoff isoliert werden. Nach Umkristallisieren aus Bzl.–Aceton hat **I** einen Doppel-F. bei 180—185° u. 260°. **I** ist sehr leicht lösl. in Chlf. u. Pyridin, lösl. in Aceton u. A., schwer lösl. in Essigester u. heißem W. (0,4%), unlösl. in Äther u. gibt eine kirschrote Färbung mit konz. H_2SO_4, aber keine Farb-Rk. mit $FeCl_3$. In alkohol. Lsg. ist **I** neutral gegen Phenolphthalein. Bei der katalyt. Hydrierung nimmt **I** keinen H_2 auf. **I** enthält eine Acetoxygruppe, die bei der Hydrolyse mit Alkali als *Essigsäure* (*p-Bromphenacylester*, F. 85°) abgespalten wird. Eine Hydroxylgruppe gestattet Bldg. eines *Acetats* [F. 290—294°, $[\alpha]_D$ −28,9° (c = 0,864; Chlf.)]. Weiterhin läßt sich bei quant. Verseifung neben dem Acetoxyrest eine Lactongruppierung nachweisen. Bei milderer Verseifung mit 0,1n KOH (45 Min. bei 20°) erfolgt lediglich Hydrolyse der Lactongruppierung u. Abspaltung von 1 Mol W. zu *Simarensäure* [**II**; F. 248—250°, $[\alpha]_D$ +48,5° (c = 0,597; Chlf.); *Methylester*, F. 161—162°, $[\alpha]_D$ +65° (c = 0,585; Chlf.), mit Diazomethan]. Neben diesen funktionellen Gruppen besitzt **I** noch eine wenig reaktionsfähige Carbonylgruppe. Die bei der IR-Spektroskopie erhaltenen Daten bestätigen die chem. Befunde. K. ZOPFF. 3950 □

Erwin Klingsberg, ed., Pyridine and its derivatives. Part 2. New York, London: Interscience. 1961. (X + 576 S. m. Tab. u. Diagr.) 14 £. 2 s.

Keith Morton Seymour, Organic chemistry. Englewood Cliffs (New Jersey): Prentice-Hall. 1961. (321 S. m. Abb.) $ 9.—.

—, Soviet research in organo-silicon chemistry, 1949—1956. In English translation. New York: Consultants Bureau. 1960. (262 S. m. Abb.) $ 25.—.

D. Makromolekulare Chemie

Nomenklatur von Polymeren, die eine sterisch geordnete Struktur besitzen. G. Natta und F. Danusso. (J. Polymer Sci. **34.** 3—11. Jan. 1959. Milano, Italy, Politecn., Ist. Chim. Ind.) (Engl.)

Vff. geben eine zusammenfassende Übersicht über die von Natta geprägten Taktizitätsbezeichnungen für Hochpolymere. Behandelt werden: Taktizität, Ataktizität, Eutaktizität, Isotaktizität, Syndyotaktizität, cis- u. trans-Taktizität u. Stereocopolymere. — Vgl. auch C. **1960.** 16444. O. Fuchs. 4000 □

Polymer-Forschung in der Sowjetunion. Herman Mark. (Kunststoffe **49.** 526—29. Okt. 1959. Brooklyn, N.Y.) (Dt.)

Zusammenfassende Übersicht, in der gebracht werden: Synth. neuer anorgan.-organ. Polymerer (Darst. u. Polymerisation von p-Bis-[dimethylchlorsilyl]-benzol, Darst. von monomeren Siliconen, Rk. von Silandiolen mit Mg, Al, Ti u. Sn, wärmestabile Polymere, die 4wertige Metalle sowie P, As u. Sb enthalten), stereoregulierte Polymere (Auffinden neuer Katalysatoren, Erhöhung des Taktizitätsgrades, Polymerisation von Vinyl-, Dien- u. Acrylmonomeren, Rk.-Mechanismus), Block- u. Pfropfpolymerisation (z. B. Styrol auf Stärke, Styrol u. Acrylonitril auf Cellulose, Polyamiden u. Polyestern, Darst. von Polymeren aus Diphenylmethan u. von Polyferrocen, Emulsionspolymerisation mit γ-Strahlen, Polyäthylen nach Ziegler, Polymerisation bei sehr tiefen Temp., Reaktivität von Makroradikalen). O. Fuchs. 4000 □

Emulsionspolymerisation und Kunststofflatices. Hans Fikentscher, Heinz Gerrens und Helmut Schuller. (Angew. Chem. **72.** 856—64. 21/11. 1960. Ludwigshafen/Rh., BASF, Hauptlabor.) (Dt.)

Zusammenfassende Erörterung der Emulsionspolymerisation (qual. u. quant. Theorie) u. der Kunststofflatices (Eigg. u. Veränderung des Latex, Stabilität, Elektrolyt-Einfl., therm. Beanspruchung, Film-Bldg.). — 88 Literaturangaben. R. Schäff. 4000 □

Die Kinetik der stereospezifischen Polymerisation von α-Olefinen. G. Natta und I. Pasquon. (Advances Catalysis related Subjects **11.** 1—66. 1959. Milan, Italy, Politecn., Ist. di Chim. Ind.) (Engl.)

Übersicht über die anion. koordinierte Polymerisation von α-Olefinen, die Kinetik des Polymerisationsprozesses, Kettenübertragung, Molgew. u. ster. Zus. der Polymeren. — 52 Literaturangaben. P. Golinske. 4010 □

Metallorganische Synthese höherer aliphatischer Verbindungen aus niedrigen Olefinen in Praxis und Theorie. Karl Ziegler. (Angew. Chem. **72.** 829—35. 21/11. 1960. Mülheim/Ruhr, MPI für Kohlenforsch.) (Dt.)

Zusammenfassende Übersicht über die weiteren Fortschritte auf dem Gebiet der metallorgan. Synth. höherer aliphat. Verbb. aus niedrigen Olefinen, ausgehend vom einstufigen, rein katalyt. *Äthylen* (I)-Polymerisations-Verf. mit wenig Triäthyl-Al u. dem zweistufigen Verf. (Aufbau u. Verdrängung). Die starke, ca. 10fache Beschleunigung der ersten Verf.-Stufe (Aufbau-Rk.) durch geeignete Vers.-Führung, das Zweistufen-Verf. mit Aktivierung u. Desaktivierung der Organo-Al-Verbb., die Kurzzeit-Hochtemp.-Verdrängung (Verweilzeiten ½—2 Sek./280—320°) u. die mögliche Verwirklichung der antistatist. Synth. der geradkettigen α-Olefine (über 90 Gewichts-% C_{12}—C_{18}-Olefine erwartet) sowie die gezielte Codimerisation von Propylen u. I zu 2-Methylbuten-(1) u. die weiteren Möglichkeiten, wie Umlagerung von Olefinen mit thermodynam. wenig begünstigter Stellung der Doppelbindung über B-Alkyle, Synth. von Alkoholen u. Carbonsäuren, werden erörtert. — 54 Literaturangaben. R. Schäff. 4010 □

Neuartiges Katalysatorsystem zur Polymerisation von Äthylen. August Weickmann. (Angew. Chem. **72.** 866. 21/11. 1960. Ludwigshafen a. Rh., BASF, Ammoniak-Labor.) (Dt.)

Die Red. von $TiCl_4$ durch Al in aliphat. KW-Stoffen, wie Octan (**II**), läßt sich durch Mitverwendung von Ä. bedeutend erleichtern. Mit der entstandenen Katalysatorsuspension kann man *Äthylen* (**I**) bei 10—50 atm von 80° an polymerisieren (vgl. D. B. P. 1 072 389; C. **1961.** 1387). — Zu 6000 ml **II**, 2280 g $TiCl_4$ u. 372 g Al-Pulver werden bei 40—45° unter Rühren innerhalb 3 Std. 636 g A. zugetropft (Temp. nicht über 50°!); die Temp. dieser Suspension läßt man während 6 Std. auf 95° steigen u. erwärmt dann weitere 6 Std. auf 102—105°. 600 ml dieser Suspension werden mit 30 Liter **II** in einem Rührautoklaven unter einem I-Druck von maximal 20 atm auf 140° erhitzt. Bei 150 bis 155° Rk.-Temp. werden 50 Liter **II** (ca. 50 ml/min) zugepumpt; nach 18 Std. wird die Polymerisation abgebrochen (Umfüllen in Rührkessel mit 170 Litern **II** u. 5 Litern Propanol). 18 kg *Polyäthylen* werden abgetrennt: F. 130—132°, Molgew. 150000, D. 0,96. R. Schäff. 4010 □

Zum thermischen Abbau von Polyäthylen und Polypropylen. Karl Wisseroth. (Angew. Chem. **72.** 866—67. 21/11. 1960. Ludwigshafen/Rh., BASF, Ammoniak-Labor.) (Dt.)

Der therm. Abbau von linearem *Polyäthylen* (**I**) u. *Polypropylen* (**II**) in seinem zeitlichen Verlauf bei verschiedenen Temp. (300—400°) u. unter O_2-Ausschluß wurde

untersucht. Während für II bei bestimmten Temp. die Anzahl der Bindungssprengungen pro Min. prakt. konst. bleibt, nimmt dieser Wert bei I mit dem Molgew. ab. Daraus wird auf eine höhere Sprengungswahrscheinlichkeit einer C—C-Bindung bei I mit großen Moll. als bei I mit kleinen Moll. geschlossen. Der Kettenlängeneffekt auf die Bindungssprengung ist bei II vermutlich infolge der CH_3-Seitengruppen (stärkere Verfilzung der Moll., zusätzliche Lieferung von Spaltungsenergie) weniger ausgeprägt.
R. SCHÄFF. 4010□

Röntgenographische Studien zur übermolekularen Struktur von Vinyon N. O. Kratky und R. Breiner. (Makromolekulare Chem. **26.** 92—95. März 1958. Graz, Univ., Inst. für physikal. Chem.) (Dt.)

An verschieden (50—100%) gedehnten u. in verschiedenen Lsgm. angequollenen Fäden aus *Vinyon N* (I, *Vinylchlorid–Acrylonitril-60/40-Copolymerisat* der UNION CARBIDE & CARBON CORP.) wurden röntgenograph. Unterss. durchgeführt, die es als gesichert erscheinen lassen, daß die nur bei einer in Essigsäuremethylester (II) schwach gequollenen u. 50% gedehnten I-Probe deutlich erkennbare Interferenz (in der Faserrichtung verlaufenden Periode im Bereich von 183 Å) u. die früher (vgl. C. **1957.** 1689) an ungedehnten, ebenfalls in II schwach gequollenen I-Proben beobachtete Interferenz bei 171 Å zusammengehören; es handelt sich also auch im früher untersuchten Fall um Meridianreflexe. Analoge Reflexe konnten an trockenen I-Fäden nicht beobachtet werden.
R. SCHÄFF. 4010□

Fluorkohlenstoffpolymere und ihre Derivate. R. Boulaye. (Chim. mod. **3.** Nr. 16. 5—23. Febr. 1958. Soc. des Résines Fluorées.)

Die Erzeugung von *Trifluorchloräthylen* (I, Kp. —28°, F. —157,5°, D.[20] 1,305 u. a. physikal. Daten) aus Trifluortrichloräthan durch Cl_2-Abspaltung mittels Zn in alkohol. Medium wird kurz beschrieben. Hochmol. *Homopolymerisate* von I, ihre Eigg., Verarbeitung u. Anwendung, *Telomere* von I (Öle, Fette bzw. Wachse) u. deren Anwendung u. elastomere *Copolymerisate* aus I u. *Vinylidenfluorid* (Eigg. u. Anwendung) werden besprochen u. Fluorchlorcarbonsäuren als Derivv. der I-Telomerisate kurz erwähnt.
R. SCHÄFF. 4010□

Radiochemische Polymerisation von Styrol in festem Zustand. Adolphe Chapiro und Vivian Stannett. (J. chem. physique Physico-Chim. biol. **57.** 35—37. Jan. 1960. Bellevue, Seine-et-Oise, C.N.R.S., Labor. Chim. des Radiations.) (Franz.)

Die durch Röntgenstrahlen ausgelöste Polymerisation von festem *Styrol* (I) bei —78° wurde untersucht. Die Rk.-Geschw. wird durch Ggw. von Diphenylpikrylhydrazyl nicht beeinflußt, während sie in Ggw. von Benzochinon stark zunimmt. Auf die Rk. folgt eine deutliche Nachpolymerisation im Augenblick der Erwärmung des bestrahlten I u. vor dessen vollständigem Schmelzen. Die Befunde werden durch die Annahme erklärt, daß I in festem Zustand nach einem anion. Mechanismus polymerisiert u. daß diese Rk. durch Verbb. mit starker Elektronenaffinität sensibilisiert wird. R. SCHÄFF. 4010□

Untersuchungen über die verzweigte Struktur von Polyvinylalkohol durch Infrarotabsorption. Eiichi Nagai und Norio Sagane. (J. chem. Soc. Japan, ind. Chem. Sect. [Kōgyō Kagaku Zassi] **59.** 794—97. Juli 1956. Osaka, Kōgyō-Gijutsu Shikenjō.) (Jap.)

Für verschiedene Proben von *Polyvinylalkohol* (I) u. *Copolymerisaten* aus I u. *Allylalkohol* vom Polymerisationsgrad P_A = 1200—2100 wird die Form der Kurve für die opt. Dichte bei Wellenzahlen von 950—1150 cm^{-1} bestimmt. Unsymm. Kurven bei 9,1 μ werden graph. durch 2 (symm.) Maxima ersetzt u. werden dem Geh. an prim. u. sek. Alkoholgruppen zugeordnet, deren Verteilung zum Grad der Verzweigung in Beziehung steht. Das Verhältnis der opt. Dichten (E_1/E_2), die der prim. bzw. sek. OH-Gruppe zugeordnet sind, ist 0,17—0,29. L. SCHULER. 4010□

Die Beziehung zwischen der Deformation eines Substrates aus einem PVA-Film beim Dehnen und dem Dehnungsverhältnis R_s. Yoshie Tanizaki, Teruaki Kobayashi und Noboru Ando. (Bull. chem. Soc. Japan **32.** 1362—63. Dez. 1959. Meguro-ku, Tokyo, Inst. of Technol., Labor. of Phys. Chem.) (Engl.)

Folien aus *Polyvinylalkohol* (I) der anfänglichen Länge w_0 u. Dicke t_0 wurden im Verhältnis R_s bis zu den Dimensionen w u. t gedehnt. $(w/w_0)(t/t_0)$ ist unabhängig von R_s (R_s zwischen 1 u. 15 variiert). Dehnungs-Verss. an mit J_2 überzogenem I (vgl. hierzu C. **1959.** 12873; C. **1960.** 10604) zeigen die Gültigkeit der früher (vgl. TANIZAKI, Bull. chem. Soc. Japan **32.** [1959.] 75) abgeleiteten Beziehung $R_d = 2f(R_s)/[1 - f(R_s)]$, wobei R_d = Verhältnis der opt. Dichten vor u. nach der Dehnung, $f(R_s) = R_s^2/(R_s^2 - 1)$.
O. FUCHS. 4010□

Untersuchung über das Verhalten von Hochpolymeren in Lösung. 11. Mitt. Über den Gelierungsmechanismus von konzentrierten Polyvinylalkohollösungen. Hirokuni Maeda, Toru Kawai und Ryoji Kashiwagi. (J. chem. Soc. Japan, ind. Chem.

Sect. [Kōgyō Kagaku Zassi] **59.** 809—13. Juli 1956. Tokyo, TH, Sen-i-Kagaku Kyōshitsu.) (Jap.) — 10. vgl. C. **1960.** 5179.

Die scheinbare Gelschmelz-Temp. T von gereinigtem *Polyvinylalkohol* (mittlerer Polymerisationsgrad 1610) in konz. (ca. 20%) wss. Lsg. der Konz. c ohne bzw. mit 0,083—0,826% Methylenblau u. 10—30% CH_3OH wurde in Abhängigkeit von c untersucht. Zwischen log c u. 1/T besteht eine lineare Beziehung. Aus der Best. der zeitlichen Veränderung der scheinbaren Viscosität bei verschiedenen Geschw.-Gradienten ergibt sich, daß sich im Anfangsstadium der Alterung eine schwache Bindung zwischen 2 Moll. ausbildet (thixotropes Verh. der Lsgg.), die bei längerer Dauer zu micellartiger Assoziation führt, so daß die Lsg. „Dilatanz" zeigt. Durch Kühlung wird das Altern beschleunigt, durch Erhitzen verzögert. Der Mechanismus der Gel-Bldg. u. des Alterns wird erörtert. L. Schuler. 4010□

Analyse hochviscoser Flüssigkeiten mittels Rotationskräfte. 1. Mitt. **Kritische Bemerkung zur Viscosität von Polyvinylacetat.** Keikichi Arai und Megumu Suzuki. (Chem. High Polymers [Tokyo] **13.** 1—5. 1956. Tokyo Keio, Gijuku Univ.) (Jap.; Auszug: Engl.) — 2. vgl. C. **1960.** 7865.

Bei Temp. von 10—90° u. Konzz. von 2,5—21% wird die Viscosität von *Polyvinylacetat* (**I**; Polymerisationsgrad 1601) unter Anwendung eines Rotationsviscosimeters bestimmt. Durch Veränderung der Umdrehungszahl bei jeder der Konzz. wird die Beziehung zwischen Viscosität u. Temp. untersucht. Die erhaltenen Ergebnisse entsprechen denen der Gleichung von Sakurada u. Sone. Bei 30 U/min u. mehr treten aber Abweichungen auf. Die Aktivierungsenergie bei einer Konz. von 2,5 bzw. 21% berechnet sich in Übereinstimmung mit Sakurada u. Sone zu 3,5 bzw. 12,5 kcal/Mol. L. Schuler. 4010

Extraktionsfraktionierung von Polyvinylacetat und von Polyvinylalkohol. A. Beresniewicz. (J. Polymer Sci. **35.** 321—33. März 1959. Wilmington, Del., E. I. du Pont de Nemours & Co., Electrochem. Dep.) (Engl.)

Polyvinylacetat wurde nach der von Fuchs (vgl. C. **1956.** 10490) beschriebenen Extraktions-Meth. fraktioniert (Verw. von Äthylacetat u. PAe.); an Stelle einer Al-Folie wurde jedoch ein Drahtnetz als Träger verwendet. Die Ergebnisse sind gut reproduzierbar, ferner arbeitet die Meth. sehr rasch. Wird *Polyvinylalkohol* (**I**) nach der gleichen Meth. fraktioniert, so treten wegen der Ggw. von kristallinen Anteilen in **I** Schwierigkeiten auf. Diese werden vermieden, wenn **I** zuerst reacetyliert u. dann das so erhaltene Polyvinylacetat wie vorher fraktioniert wird. Die Acetylierung wurde folgendermaßen durchgeführt: 20 g **I**, 200 cm³ Pyridin u. 200 cm³ Essigsäureanhydrid wurden unter starkem Rühren auf 95° erhitzt; eine Std. nach der Bldg. einer homogenen Lsg. wurde die Acetylierung unterbrochen; Abdestillieren der Hauptmenge der Lsgm. im Vakuum, Eingießen des noch fl. Rückstands in W., Lösen des Nd. in Aceton, Fällen in W. u. Trocknen im Vakuum bei 50—60°. O. Fuchs. 4010□

Untersuchungen über die Polymerisation von Allylverbindungen. 11. Mitt. **Mit 2.2'-Azo-bis-isobutyronitril katalysierte Polymerisation von Allylacetat.** Ichiro Sakurada und Gisaku Takahashi. (Chem. High Polymers [Tokyo] **13.** 25—30. 1956. Kyoto, Univ.) (Jap.; Auszug: Engl.) — 10. vgl. C. **1960.** 7869.

Die monomol. Zers.-Konst. von *2.2'-Azo-bis-isobutyronitril* (**I**) in *Allylacetat* bei 80° beträgt bei Anfangs-Konzz. von 0,994% **I** 0,895, von 2,077% 0,916 u. von 5,118% 0,874 (10^{-2} min^{-1}). Das Verhältnis der Polymerisations-Geschw. d[M]/dt zu der Zers.-Geschw. d[Kat]/dt von **I** ist für jede Vers.-Reihe konst. u. ändert sich nur je nach der Anfangs-Konz. von **I**. Die kryoskop. gefundenen Molgew. der durch Blockpolymerisation erhaltenen Prodd. sind bei **I**-Anfangs-Konzz. von 0,5% 1340, von 1,0% 1295 u. von 5,0% 1120. Danach verläuft die Rk. im wesentlichen wie die mit Dibenzoylperoxyd. L. Schuler. 4010

Zur Kenntnis des Härtungsprozesses von Phenol–Formaldehyd-Harzen. 28. Mitt. **Über lineare und cyclische Mehrkernmethylenphenole.** 2. Mitt. A. Zinke, R. Ott und Farouk H. Garrana. (Mh. Chem. **89.** 135—42. 21/3. 1958. Graz, Univ., Inst. für organ. u. pharmazeut. Chem.) (Dt.) — 27. vgl. C. **1957.** 7950; 1. vgl. C. **1955.** 2214.

Zur Stützung der Annahme, daß gewisse Härtungs-Prodd. von Phenolalkoholen cycl. Struktur besitzen, zeigen Vff., daß die linearen Polymethylenphenole u. die von Niederl u. Vogel (J. Amer. chem. Soc. **62.** [1940.] 2512) bzw. Zinke u. Mitarbeitern (C. **1955.** 2214) gefundenen, offenbar cycl. Vierkern-Verbb. tatsächlich verschiedenes chem. Verh. aufweisen. Während die cycl. Verbb. offensichtlich weder von nascierendem H noch von katalyt. erregtem H_2 (in Ggw. von PtO_2) geändert werden, nehmen die linear gebauten Syst. vom Grundtypus des 2.2'-Dihydroxy-5.5'-di-tert.-butyldiphenylmethans (**I**) u. die methylierten linearen Syst. sowie p-tert.-Butylphenol (**II**) leicht H_2

(mehr als erwartet) auf. Einige Oxydationen mit HNO_3 lieferten krist. Verbindungen. Die linearen I-Homologen ergeben bei mäßiger HNO_3-Einw. zunächst *Nitroderivv.*, während energischere HNO_3-Einw. zu *2.2'-Dihydroxy-3.3'.5.5'-tetranitrodiphenylmethan* (**III**) u. schließlich zu *Pikrinsäure* führt. Ähnliche Befunde ergab auch die cycl. Vierkern-Verb. 3.3'';3'.3'''-Dimethylen-bis-[2.2'-dihydroxy-5.5'-di-tert.-butyldiphenylmethan] (**IV**), während die cycl. Vierkern-Verb. 3.3'';3'.3'''-Diäthyliden-bis-[4.4'.6.6'-tetrahydroxy-α.α'-dimethyldiphenylmethan] (**V**; Kondens.-Prod. aus Resorcin u. Acetaldehyd, vgl. NIEDERL u. VOGEL, l. c.) *Styphninsäure* liefert.

Versuche: *2.2'-Dimethoxy-5.5'-di-tert.-butyldiphenylmethan* (**VII**), $C_{23}H_{32}O_2$, F. 87° (Nadeln aus A.–W.), durch Methylierung von **I** mit Dimethylsulfat in 30%ig. NaOH. — *2.6-Bis-[2-methoxy-5-tert.-butylbenzyl]-4-tert.-butylanisol*, $C_{35}H_{48}O_3$, F. 140—141° (Stäbchen aus A.–W.), durch Methylierung von 2.6-Bis-[2-hydroxy-5-tert.-butylbenzyl]-4-tert.-butylphenol (**VIII**). — *2.2'-Diacetoxy-3.3'-bis-[2-acetoxy-5-tert.-butylbenzyl]-5.5'-di-tert.-butyldiphenylmethan*, $C_{51}H_{64}O_8$, F. 90° (krist. Pulver), aus 2.2'-Dihydroxy-3.3'-bis-[2-hydroxy-5-tert.-butylbenzyl]-5.5'-di-tert.-butyldiphenylmethan (**VI**) durch Rk. mit Essigsäureanhydrid. — *4-tert.-Butylcyclohexanol*, $C_{10}H_{20}O$, F. 79° (Nadeln), durch Hydrieren von **II** in Eisessig in Ggw. von PtO_2. — *3.3'.5.5'-Tetramethyl-4.4'-dihydroxydicyclohexylmethan*, $C_{17}H_{32}O_2$, F. 163° (Nadeln aus PAe.), analog aus 3.3'.5.5'-Tetramethyl-4.4'-dihydroxydiphenylmethan. — *Verb.* $C_{21}H_{40}O$, Kp.$_{0,01}$ 80°, analog aus **I**. — *Verb.* $C_{22}H_{42}O$, Kp.$_{0,01}$ 80°, aus **VII**. — *Verb.* $C_{32}H_{60}O$, F. 75°, aus **VIII**. — *Verb.* $C_{43}H_{80}O$, F. 115° (Zers.), aus **VI**. — *o-Nitro-p-tert.-butylphenol*, $C_{10}H_{13}NO_3$, Kp.$_1$ 72—78° (gelbes Öl), durch Nitrieren von **II** in Eisessig mit 2n HNO_3 (1 Std.), Alkalisieren mit 2n NaOH u. Ansäuern des orangefarbenen Na-Salzes. — *2.2'-Dihydroxy-3.3'-dinitro-5.5'-di-tert.-butyldiphenylmethan*, $C_{21}H_{26}N_2O_6$, F. 129°, analog aus **I**; aus Eisessig Stäbchen oder Plättchen. — *2.2'-Dihydroxy-3.3'.5.5'-tetranitrodiphenylmethan* (**III**), $C_{13}H_8N_4O_{10}$, F. 253°, a) durch Zugabe von HNO_3 zur Mutterlauge vorst. Verb.; gelbe Prismen; b) durch gelindes Erwärmen vorst. Verb. in Eisessig mit konz. HNO_3; c) durch Nitrieren von **I** mit konz. bzw. rauchender HNO_3; d) durch Nitrieren von **VIII** mit rauchender HNO_3 unter Eiskühlung; daneben *Pikrinsäure*, F. 122° (A.). — *Verb.* $C_{24}H_{22}N_4O_{11}$, durch Nitrieren von **VIII** mit konz. u. rauchender HNO_3. — *Verb.* $C_{31}H_{27}N_5O_{14}$, durch Nitrieren von **VI** mit rauchender HNO_3. Gibt mit rauchender HNO_3 **III**. — *3.3'';3'.3'''-Dimethylen-bis-[2.2'-dihydroxy-5.5'-dinitrodiphenylmethan]*, $C_{28}H_{20}N_4O_{12}$, F. >400° (Verfärbung ab 200°), durch Nitrieren einer Suspension von **IV** in Eisessig mit rauchender HNO_3 (3 Std.), Versetzen mit W. u. Umfällen aus Essigester mit CCl_4; daneben **III** u. *Pikrinsäure*. Gibt mit rauchender HNO_3 in Eisessig **III**. — *Styphninsäure*, $C_6H_3N_3O_8$, F. 174° (Eisessig), durch Nitrieren von **V** in Eisessig mit rauchender HNO_3 unter Eiskühlung, 12std. Stehen in der Kälte, Einengen im Vakuum u. Versetzen mit Wasser.

R. SCHÄFF. 4010□

Einige Bemerkungen zur kristallinen Struktur von Polyacrylonitril. Z. Menčik. (Высокомолекулярные Соединения [Hochmolekulare Verbind.] **2**. 1635—38. Nov. 1960. Brno, ČSSR, Wiss. Forsch.-Inst. für makromol. Chem.) (Russ.; Auszug: Engl.)

Aus früheren Daten von REIN [1949] über die Struktur von *Polyacrylonitril* (**I**) wurde angenommen, daß **I** in einem hexagonalen Syst. kristallisiert. Auf Grund röntgenograph. Unterss. an **I** kommt Vf. jedoch zu der Schlußfolgerung, haß dies aus folgenden Gründen nicht möglich ist: Die aus den Parametern der hexagonalen Zelle berechnete Dichte beträgt 1,13, während experimentelle Messungen zu 1,18 g/cm³ führen; die Symmetrie der Kette mit zwei Monomereinheiten widerspricht dem hexagonalen Syst.; im Röntgendiagramm wurden Interferenzen beobachtet, die nicht mit der hexagonalen Struktur in Verbindung zu bringen sind (3,67, 2,91, 2,67 u. 2,25 Å). Die nur teilweise geordnete Struktur von **I** ist wahrscheinlich auf die ungeordnete Lage der CN-Gruppen in der Kette zurückzuführen. An Hand der erhaltenen Resultate nimmt Vf. für **I** eine orthorhomb. Elementarzelle mit den Gitter-Konst. a = 18,1, b = 6,12 u. c = 5,00 Å an. Die Verkürzung der Identitätsperiode entlang der Faserachse von 5,10 Å (wie sie bei Paraffinen mit Zickzackstruktur beobachtet wird) auf 5,00 Å wird als eine nichtebene Anordnung der Kette gedeutet, wie sie auch bei Polyvinylchlorid vorliegt.

H. WERGIN. 4010□

Über ein Polymerisationsverfahren auf Adsorbentien. Alexandre Blumstein, Jean Herz, Victor Sinn und Charles Sadron. (C. R. hebd. Séances Acad. Sci. **246**. 1856—58. 24/3. 1958.) (Franz.)

Die durch Azodiisobutyronitril aktivierte Polymerisation von an Bentonit (**I**) adsorbierten Monomeren [*Acrylonitril*, *Acrylsäuremethylester* (**II**), *Methacrylsäuremethylester*, *Styrol*] wurde untersucht. **I** wird dabei hydrophobiert; die extrahierten **II**-Polymeren unterscheiden sich von analogen Blockpolymeren (schlechtere Löslichkeit in

Aceton, die Intrinsicviscositäten sind beträchtlich kleiner, die Bruchfestigkeit ist höher u. die Bruchdehnung niedriger). Es wird angenommen, daß sich nahezu 2dimensionale Harze mit Makromoll. in dünnen Blättchen gebildet haben. R. SCHÄFF. 4010□

Acrylpolymere. Telomere aus Acrylester und Mercaptan. Yoshikazu Hachihama und Hiroshi Sumitomo. (Technol. Rep. Osaka Univ. **7.** 463—69. Okt. 1957. Dep. of Chem. Technol.) (Engl.)

Ein Gemisch aus gleichen Mengen Äthylacrylat (**I**) u. Dodecylmercaptan (**II**) wurde in Ggw. von 0,5% Dibenzoylperoxyd am Rückfluß erhitzt; die Temp. stieg dabei allmählich an u. erreichte nach 55 Std. 240°. Die Rk.-Prodd. wurden durch Vakuum-Dest. getrennt. Dabei wurden folgende Verbb. erhalten: *β-Dodecylmercaptopropionsäureäthylester* (**III**), $C_{17}H_{34}O_2S$, $Kp._{0,1}$ 120—128°, $D._4^{20}$ 0,9470, n_D^{20} 1,4637, *δ-Dodecylmercapto-γ-äthoxycarbonylvaleriansäureäthylester* (**IV**), $C_{22}H_{42}O_4S$, $Kp._{0,06}$ 165—168°, $D._4^{20}$ 0,9801, n_D^{20} 1,4660, *7-Dodecylmercapto-4.6-dicarbäthoxyheptansäureäthylester* (**V**), $C_{27}H_{50}O_6S$, $Kp._{0,05}$ 208—215°, $D._4^{20}$ 1,0318, n_D^{20} 1,4723, u. *Didodecyldisulfid*, $C_{24}H_{50}S_2$, F. 40,5—41° (entsteht auch bei der Oxydation von **II** mit H_2O_2 in Ggw. von KOH). Die Mengenanteile von **III—V** betragen 17, 21 bzw. 15%; daneben 13% höhere Telomere u. 34% Didodecyldisulfid. **III—V** lassen sich auch papierchromatograph. trennen (Verw. von Methanol + Eisessig 1:1); die zugehörigen R_F-Werte sind 0,88, 0,80 bzw. 0,70. Ferner wurde aus **I, II** u. KOH *K-β-Dodecylmercaptopropionat* [**VI**; F. 204—205° (A.)] hergestellt. Die Veresterung von **VI** mit C_2H_5J u. Behandlung mit HCl ergab *β-Dodecylmercaptopropionsäure* (**VII**), F. 61—62° (Methanol). Der **VII**-Äthylester wurde mit 30%ig. H_2O_2 in Eisessig zu *β-Dodecylsulfonylpropionsäureäthylester* [**VIII**; F. 75—76° (Eisessig)] oxydiert. Aus **VIII** u. HCl entsteht *β-Dodecylsulfonylpropionsäure* (**IX**), F. 137—138° (Eisessig); **IX** wird auch durch Oxydation von **VI** mit H_2O_2 erhalten. Die Oxydation von **IV** mit H_2O_2 gibt *γ-Carboxy-δ-dodecylsulfonylvaleriansäureäthylester* oder *γ-Äthoxycarbonyl-δ-dodecylsulfonylvaleriansäure* (**X**), woraus mit HCl *γ-Carboxy-δ-dodecylsulfonylvaleriansäure* [**XI**; F. 95—98° (Eisessig)] entsteht. Bei der Oxydation von **V** wird ein Wachs erhalten. Die Oberflächenspannung der z. B. 0,01%ig. wss. Lsg. wurde bei 8° bestimmt zu: 56,07 für **VI**, 53,04 für *Na-β-Dodecylmercaptopropionat* (F. 196—198°), 69,39 für das *Na-Salz* von **IX** (F. 212—213°) u. 62,28 für das *Di-Na-Salz* von **XI** (F. 205—208°). Die IR-Spektren von **VII, VIII, IX** u. **X** sind angegeben. O. FUCHS. 4010□

Untersuchungen über Polyester. 8. Mitt. **Dielektrische Eigenschaften kristalliner Polyester.** Motowo Takayanagi, Fujio Irie und Ryoji Teranaka. (J. chem. Soc. Japan, ind. Chem. Sect. [Kōgyō Kagaku Zassi] **59.** 790—94. Juli 1956. Fukuoka, Kyushu Univ., Kōgakubu Ōyō-Kagaku Kyōshitsu.) (Jap.) — 6. vgl. C. **1960.** 15424.

Amorphe unterkühlte Proben von *Polyäthylenfumarat* erreichen verschiedene Kristallinitätsgrade durch bis zu 215 Min. langes Stehen bei 55° (bestimmt durch die $D._4^{20}$-Werte u. die Röntgenbeugung sowie durch die Anteile an kugeligen kristallinen Aggregaten). Die bei 11° bestimmten DK erweisen sich für alle Proben ident. ohne Rücksicht auf den kristallinen Charakter. Die $(\varepsilon_0 - \varepsilon_\infty)$-Werte nehmen mit fortschreitender Kristallinität ab. Zur Erklärung der Erscheinungen während der Kristallisation wird ein theoret. Modell erörtert. L. SCHULER. 4010□

Die Umkehrung der Doppelbrechung von Polyäthylenterephthalat-Fasern. Shoichi Sakajiri. (J. Polymer Sci. **35.** 543—46. März 1959. Iwakuni, Japan, Teikoku Rayon Co., Res. Labor.) (Engl.)

Von Fäden aus *Polyäthylenterephthalat* (**I**) mit schwacher anfänglicher Doppelbrechung Δn wurde die Änderung von Δn beim Erhitzen bis 225° gemessen. Für **I** mit $[\eta] = 0{,}51$ mit z. B. $\Delta n = 0{,}0064$ bleibt Δn bis 50° zunächst konst., fällt dann ab, wird ab 65° ($= T_g$) negativ u. steigt dann wieder auf $\Delta n = 0$ bei 200° an. Für **I** mit $[\eta] = 0{,}62$ ist der Verlauf qual. ähnlich, nur beträgt hier $T_g = 85°$ u. $\Delta n = 0$ tritt erst bei 225° wieder auf. $(\Delta n)_{min}$ ist um so größer, je höher Δn am Anfang (Δn zwischen 0,003 u. 0,010 variiert). Die Änderungen von Δn werden auf eine Änderung des Rotationszustandes der **I**-Ketten beim Erhitzen zurückgeführt. O. FUCHS. 4010□

Die Oxydation und Reduktion freier Radikale durch Metallionen in wässeriger Lösung. E. Collinson, F. S. Dainton, D. R. Smith und G. J. Trudel (unter Mitarbeit von S. Tazuké). (Discuss. Faraday Soc. Nr. **29.** 188—204. 1960. Leeds, Univ., Dep. of Physic. Chem.) (Engl.)

Vff. untersuchten die Kinetik u. Quantenausbeute bei der Polymerisation von *Acrylamid* (**I**) in luftfreien wss. Lsgg. unter der Wrkg. von γ-Strahlen (aus ^{60}Co) in Ggw. u. Abwesenheit von Metallionen. Folgender Ablauf der Polymerisation wird angenommen: Start-Rkk.: $H\cdot + m_1 \xrightarrow{k_1} m_1\cdot$ u. $HO\cdot + m_1 \xrightarrow{k_2} m_1\cdot$; Ketten-Rk.: $m_j\cdot + m_1 \xrightarrow{k_p} m_{j+1}\cdot$, Abbruch-Rk.: $2\ m_j\cdot \xrightarrow{k_t}$ unreaktives Polymeres. Die Polymerisationen wurden dilatometr. verfolgt. Bei der Rk. ohne Metallionen in 0,1 n$HClO_4$-Lsg.

tritt weder eine therm. Polymerisation, noch eine Induktionsperiode auf, für das Temp.-Intervall von 18,6—40,3° ergaben sich folgende Aktivierungsgrößen: $A_p/A_t^{1/2} = 45$ [$Liter^{0,5}/Mol^{0,5}\cdot s^{0,5}$] u. $E_p - (E_t/2) = 1,38 \pm 0,25$ kcal/Mol. Eine Steigerung der [$HClO_4$] hatte keinen Einfl. auf die Polymerisations-Geschw. (R_p), Ersatz von $HClO_4$ durch H_2SO_4 halbiert den R_p-Wert, Na_2SO_4 vermindert ihn ebenfalls. Für die Rkk. in Ggw. von oxydierenden Metallkationen (M^{x+}) werden folgende Prozesse angenommen: $H\cdot + M^{x+} \xrightarrow{k_s} H^+ + M^{(x-1)+}$ u. $m_j\cdot + M^{x+} \xrightarrow{k_t^1}$ unreaktives Polymeres $+M^{(x-1)+}$. Nachst. k_t^1-Werte wurden für die Polymerisationen von I bei 25° in 0,1n $HClO_4$-Lsg. bestimmt: für *Fe(ClO₄)₃* 4,1·10³ [Liter/Mol·s], *Cu(ClO₄)₂* 1,2·10³, *Ce(ClO₄)₄* 3,4, *AgClO₄* 0, *Hg(ClO₄)₂* 1,05 u. *Tl(ClO₄)₃* 0,34. Bei den Rkk. in Ggw. von Ce^{4+} wurde der stationäre Zustand der Polymerisation erst oft nach einigen Std. erreicht. Die Dauer der Vorperiode erhöht sich bei Steigerung der [Ce^{4+}]. Während dieses Rk.-Abschnittes erhöht sich die Polymerisations-Geschw. langsam, u. die [Ce^{4+}] nimmt anfangs mit einer Geschw. ab, die einem hohen $G(-Ce^{4+})$-Wert (ca. 20) entspricht. Am Ende der Induktionsperiode werden sowohl [Ce^{4+}] als auch die Polymerisations-Geschw. konstant. Vermutlich wird die lange Induktionsperiode durch die Rk. von Ce^{4+} mit dem im Primärschritt gebildeten H_2O_2 verursacht. Der freigesetzte O_2 lagert sich an das wachsende Polymerradikal unter Bldg. von $m_jO_2\cdot$-Radikalen an, die entweder mit anderen Polymer-Radikalen zusammentreten oder Ce^{4+} reduzieren. Die peroxyd. Polymeren werden sodann durch Ce^{4+} oxydiert, wobei freie Radikalzwischenstufen u. schließlich Carbonylgruppen enthaltende Polymere auftreten. Ce^{3+} spielt bei diesen Rkk. offenbar keine Rolle, da die Zugabe von Ce^{3+} keine Wrkg. hat. Mit Erhöhung der Temp. tritt eine verstärkte Hydrolyse von Ce^{4+} auf, die sich kinet. bemerkbar macht. Der schnelle Geschw.-Abfall zu Beginn der Polymerisation in Ggw. von Tl^{3+} wird mit der Rk. $Tl^{3+} + H_2O_2 \rightarrow Tl^+ + 2H^+ + O_2$ in Zusammenhang gebracht, anschließend reagiert O_2 mit H-Atomen unter Bldg. von HO_2-Radikalen. Untersucht wurde ferner die Wrkg. von $Ti_2(SO_4)_3$ sowie von *Ti₂*$(SO_4)_3$+ Na_2SO_4 auf die Polymerisation von I in 0,8n H_2SO_4. Auf UV-spektroskop. Wege (neues Maximum bei 325 mμ) wurde nachgewiesen, daß I u. $Ti_2(SO_4)_3$ 1:1-Komplexe bilden. Mit steigender [Ti^{3+}] nimmt die Rk.-Geschw. ab, am wenigsten in Ggw. von Na_2SO_4. Weder eine Inhibierung noch Induktionsperioden oder eine therm. Polymerisation wurden unter diesen Bedingungen beobachtet. Die Ggw. von $1,2\cdot10^{-4}$m $TiOSO_4$-Lsg. hatte keinen Einfl. auf die Geschw. der Reaktion. Hierbei wurde durch Ersatz von H_2O durch D_2O kein Isotopeneffekt auf $k_p/k_t^{1/2}$ beobachtet, jedoch nimmt dieses Verhältnis um den Faktor 2 bei Ersatz der 0,8n H_2SO_4 durch 0,1n $HClO_4$ ab u. Zugabe von 0,5m Na_2SO_4-Lsg. erhöht es um 50%. Folgende Aktivierungsdaten für die Rk. in Ggw. von Ti^{3+} wurden ermittelt: E_t^2 14,6 ± 2,75 kcal/Mol u. A_t^2 zwischen $5\cdot10^{10}$ u. $5\cdot10^{14}$ [Liter/Mol·s]. Die auf graph. Wege erhaltenen G_H/G_{OH}- u. $G_{H_2O_2}/(G_H+G_{OH})$-Werte sind in guter Übereinstimmung mit früheren, auf anderem Wege erhaltenen Daten (vgl. ARMSTRONG u. Mitarbeiter, Trans. Faraday Soc. **55**. [1959.] 1375). Für die Rkk. zwischen den Radikalen u. Fe^{3+}, Cu^{2+} bzw. Ti^{3+} treten keine Unterschiede auf bei Ersatz des H_2O durch D_2O, doch wurde ein bes. Lsgm.-Isotopeneffekt für die Rk. zwischen HO· u. Ti^{3+} festgestellt, der im Widerspruch zu den gewöhnlich bei Redox-Rkk. beobachteten Effekten steht. Der ΔS^0-Wert für die Oxydation von Ti^{3+} durch das polymere Radikal ist nahezu Null, die entsprechenden Daten für Fe^{3+}, Cu^{2+}, Hg^{2+} bzw. Tl^{3+} lauten dagegen −35, −25, −31, −38 bzw. −53 [cal/Grad Mol]. Diese überraschend stark negativen Werte zeigen zudem keine Beziehung zu den ΔS^0-Werten der Red. dieser Ionen durch H. Ferner wurde festgestellt, daß die Aktivierungsenergien für die Red. der Kationen durch das polymere Radikal viel geringer sind als für die Oxydation des Ti^{3+}. Die k-Werte der Red. von Fe^{3+}, Cu^{2+} u. Ce^{4+} sind 10^3—10^4mal größer als die k-Werte für die Red. von Hg^{2+} u. Tl^{3+} u. zeigen keine Beziehung zu den ΔG^0-Werten der Red. dieser Ionen durch H. Die Stabilität von Ag^+ gegenüber den Radikalen ist vielleicht mit dem stark positiven Wert von ΔG^0 für die Red. zu Ag durch H verbunden. Es gilt also, daß die mit H-Atomen schnell reagierenden Ionen sich nur langsam mit dem Polymerradikal umsetzen (u. umgekehrt). Alle Verss., die k-Werte, S- oder E-Werte mit den thermodynam. Eigg. der Redox-Syst. oder mit den Änderungen der Solvatationswärmen oder -entropien oder mit den Ionisationspotentialen in Beziehung zu setzen, waren ohne Erfolg. Vff. vermuten, daß bei der Oxydation des Polymerradikals die freien d-Elektronenbahnen der Kationen eine Rolle spielen. Bei der Annäherung des Radikals an das Kation könnte also eine hinreichende Überlappung der p-Bahn des C-Atoms mit einer d-Bahn des Kations im Übergangszustand für die schnelle Elektronenübertragung angenommen werden, worauf durch die Abgabe eines Elektrons das Radikal H^+ abstoßen kann. Die experimentellen Befunde sind hiermit in Übereinstimmung, nur der Nachweis für das Auftreten der dann resultierenden Vinylendgruppe im Polymeren muß noch erbracht werden. Die stark negativen $\Delta S^{\neq}$-Werte sind vielleicht mit einem geringen „Tunneleffekt" zu erklären. Während allg. während des geschwindigkeitsbestimmenden Schritts der Rk. kein O–H-Bindungsbruch auftritt, ist ein solcher bei der Red. von OH- oder Polymerradikalen durch Ti^{3+} beteiligt. Die Oxydation von H-Atomen, die vermutlich über die Bldg. von M–H-Verbb. führt, wird maßgeblich von der Energiedifferenz zwischen der d- u. s-Elektronenbahn bestimmt. B. GNAUCK. 4010□

Polymerisation und Depolymerisation von ε-Caprolactam. 3. Mitt. Hirosuke Yumoto und Naoya Ogata. (Makromolekulare Chem. **25.** 71—91. Dez. 1957. Nagoya, Japan, Toyo Rayon Co. Ltd., Res. Labor.) — 2. vgl. C. **1960.** 7871.

Reines u. vollkommen trockenes *ε-Caprolactam* (I) ist nicht polymerisationsfähig. Bei der Hydrolyse von I entsteht ε-Aminocapronsäure (II), die einen großen katalyt. Einfl. auf die Polymerisation ausübt. Indirekt könnte man H_2O als Katalysator bezeichnen. Verbb., die NH_2- u. COOH-Gruppen gemeinsam in einem Mol. enthalten, z. B. II oder Nylonsalz, zeigen eine große katalyt. Wrkg., die um so größer ist, je weiter die funktionellen Gruppen voneinander entfernt sind. Enthalten die Verbb. entweder eine COOH- oder eine NH_2-Gruppe, wie z. B. Benzoesäure oder Hexamethylendiamin, so ist der katalyt. Einfl. sehr gering. In der vorliegenden Arbeit werden die Funktionen von verschiedenen α- oder ω-Aminosäuren im Anfangsstadium der I-Polymerisation untersucht u. die Ergebnisse berichtet. Die auftretenden intramol. Wechselwrkg. zeigen sich in der elektr. Leitfähigkeit der Substanz. Die Messungen wurden in H_2O u. reinem geschmolzenem I durchgeführt. Die Rk.-Prodd. der Aminosäuren mit I wurden mit Hilfe der Papierchromatographie nachgewiesen. Es wurde dabei gefunden, daß die Reaktivität der funktionellen Endgruppe von der Kettenlänge abhängt u. die Rk.-Geschw. von I mit Verbb. mit wachsender Kette schneller wird. E. ANTON. 4010□

Abbau und Vernetzung von bestrahlten Polyamiden und der Effekt der Sauerstoffdiffusion. Joseph Zimmerman. (J. Polymer Sci. **46.** 151—62. Sept. 1960. Wilmington, Del., E. I. du Pont de Nemours & Co., Inc., Carothers Res. Labor., Textile Fibers Dep.) (Engl.)

Bei Bestrahlung von *Nylon 66* mit 2 MeV-Elektronen in O_2-freier Atmosphäre bei 25° fällt bei steigender Strahlungsdosis zunächst die Viscosität ab u. steigt dann nach Durchlaufen eines Minimums an, bis der Gelpunkt erreicht ist. Bei —78° fällt auch bei höherer Strahlungsdosis bis 80 Mrad die Viscosität weiter ab, ohne ein Minimum zu erreichen. Bringt man nach der Bestrahlung die Proben auf höhere Temp., so zeigt die auf höhere Temp. gebrachte eine höhere Viscosität. Ähnlich wie bei Polyäthylen vernetzen Polyamide mit niedrigerer Kristallinität als Nylon 66 bei Bestrahlung schneller als solche mit hoher. Mit H_2O durchtränktes Garn vernetzt schneller als luftfeuchtes. Die Größe der Vernetzung ist bedeutend geringer, als der Radikal-Konz. entspricht. In Ggw. einer geringen Menge *Acrylsäure* im Polymeren wird die Vernetzung stark vermindert oder geht prakt. auf Null herunter. Auf Grund aller dieser Beobachtungen wird ein Mechanismus angenommen u. die Anzahl der Kettenspaltungen u. Vernetzungen berechnet. In bestrahlten Polymeren läßt sich die Eintritts-Geschw. von O_2 bestimmen. Sie fällt deutlich ab u. ist auf die Anwesenheit freier Radikale in der Faser u. deren irreversible Rk. mit O_2 zurückzuführen. Eine angenäherte Diffusionsgleichung wird aufgestellt u. die wahren Diffusions-Koeff. abgeschätzt. Der Fadendurchmesser hat einen deutlichen Einfl. auf das Ausmaß des Abbaus nach Bestrahlung u. anschließender Luft-Einw. u. läßt sich qual. mit der Geschw. des Eintritts des O_2 in Beziehung setzen.
H. G. KIRSCHNER. 4010□

Polymerisation von 2-Vinylfuran durch γ-Strahlen. Akira Mishina. (J. agric. chem. Soc. Japan [Nippon Nōgei-Kagaku-Kaishi] **34.** 649—52. 15/8. 1960. Ōsaka Daigaku, Sangyō Kagaku-Kenkyūsho.) (Jap.)

2-Vinylfuran (aus Furfurol über β-Furylacrylsäure) läßt sich durch Bestrahlung mit γ-Strahlen (^{60}Co; $4{,}2 \cdot 10^4$ r/Std.) nur schwer polymerisieren. Bei geringer Strahlendosis ist der Polymerisationsgrad gering u. die Grenzviscosität klein. Diese Tendenz ist auch bei der Polymerisation in der Hitze (60—137,5°) in Ggw. von 0,5—2 g α.α'-Azo-bis-isobutyronitril zu beobachten. Bei hoher Strahlendosis entsteht ein unlösl. vernetztes Harz.
F. MOSSNER. 4010

Phosphororganische Polymere. 6. Mitt. **Über Polyamide einiger phosphororganischer Dicarbonsäuren.** T. M. Frunse, W. W. Korschak und W. W. Kuraschew. (Высокомолекулярные Соединения [Hochmolekulare Verbind.] **1.** 670—76. Mai 1959. Inst. für metallorgan. Verbb. der Akad. der Wiss. der UdSSR.) (Russ.; Auszug: Engl.) — 4. vgl. C. **1959.** 15703.

Tetra- (I), *Hexa-* (II), *Okta-* (III), *Nona-* (IV) u. *Dekamethylendiamin* (V) sowie *p-*, *m-* u. *o-Phenylendiamin* u. *Toluylendiamin* wurden mit *Bis-[p-carboxyphenyl]-*

phenylphosphinoxyd (**VI**) bzw. mit *Bis-[o-, m- u. p-carboxyphenyl]-methylphosphinoxyd* (**VII, VIII** bzw. **IX**) polykondensiert. Aus den aliphat. Diaminen u. den phosphorhaltigen Dicarbonsäuren wurden die entsprechenden Salze hergestellt. Die Polykondens. wurde im N_2-Strom in Kondens.-Röhrchen durch langsame Temp.-Erhöhung von 220 auf 260° im Laufe von 8 Std. durchgeführt. Die erhaltenen *Polyamide* (**PA**) sind leicht gefärbt u. unbrennbar; sie lösen sich in Kresol, Ameisen- u. Essigsäure. Die Erweichungs-Temp. T_E der **PA** aus aliphat. Diaminen nehmen mit steigender Zahl der CH_2-Gruppen in der Methylenkette ab. Bzgl. der phosphorhaltigen Dicarbonsäuren nehmen die T_E in der Reihe **VI** > **VII** > **VIII** > **IX** ab. Die T_E der **PA** aus aromat. Diaminen liegen allg. höher als die der aliphatischen. Ein Vgl. mit Polyamiden aus analogen Dicarbonsäuren ergibt, daß der Austausch einer CH_2-Gruppe (z. B. in Diphenylmethan-4.4'-dicarbonsäure) gegen die =P(O)R-Gruppe zu einer beträchtlichen Erhöhung der T_E der **PA** führt; dies wird auf die größere Polarität der =P(O)R-Gruppe zurückgeführt.

Versuche: *Bis-[p-tolyl]-methylphosphinoxyd* (**X**, $C_{15}H_{17}OP$, F. 143—144° (Bzl.), zu 365,4 (g) p-Bromtoluol in 250 ml Ae. u. 51,6 Mg gibt man tropfenweise 142,0 Methylphosphonsäuredichlorid (**XI**) in 250 ml Ae., hydrolysiert mit 10% ig. H_2SO_4 u. äthert aus; 73% (Ausbeute). — *Bis-[o-tolyl]-methylphosphinoxyd* (**XII**), $C_{15}H_{17}OP$, F. 120—121°, analog vorst. Verb. aus o-Bromtoluol, Mg u. **XI**; 85%. — *Bis-[m-tolyl]-methylphosphinoxyd* (**XIII**), $C_{15}H_{17}OP$, F. 77—78°, aus m-Bromtoluol, Mg u. **XI**; 64%. — *Bis-[p-carboxyphenyl]-methylphosphinoxyd* (**IX**), $C_{15}H_{13}O_5P$, F. 285—287°, aus **X** mit $KMnO_4$ in wss. Pyridin; 68%. — *Bis-[m-carboxyphenyl]-methylphosphinoxyd* (**VIII**), $C_{15}H_{13}O_5P$, F. 282 bis 285°, aus **XIII** analog **IX**; 25%. — *Bis-[o-carboxyphenyl]-methylphosphinoxydanhydrid*, $C_{15}H_{11}O_4P$, F. 163—164°, aus **XII** analog **IX**; 20%. — Die Salze wurden durch leichtes Erwärmen einer Lsg. von 0,095 Mol Säure u. 0,099 Mol Diamin in 15 ml A. dargestellt. Die Lsg. wird filtriert, mit Bzl. gewaschen; die Fl. wird abgetrennt u. der Rückstand getrocknet; die Salze sind in W., Methanol u. A. lösl. u. in Ae., PAe., Aceton u. Bzl. unlösl.; hellgelbe Pulver. — Es wurden erhalten: *Salze von* **IX** *mit* **I** (F. 252—253°), **II** (284—285°), **III** (199—201°), **IV** (210—212°) u. **V** (236—238°); *Salze von* **VIII** *mit* **II** (150—152°), **III** (139—141°), **IV** (135—138°) u. **V** (144—146°); *Salze von* **VI** *mit* **I** (239 bis 240°), **II** (212—214°), **III** (238—240°), **IV** (201—204°) u. **V** (216—218°).

H. Wergin. 4010□

Phosphororganische Polymere. 7. Mitt. **Über gemischte phosphorhaltige Polyamide.** T. M. Frunse, W. W. Korschak, L. W. Koslow und W. W. Kuraschew. (Высокомолекулярные Соединения [Hochmolekulare Verbind.] **1.** 677—81. Mai 1959. (Russ.; Auszug: Engl.) — 6. vgl. vorst. Referat.

Es wurde eine Reihe bin. u. tern. Syst. *phosphorhaltiger Copolyamide* dargestellt u. die Veränderung ihrer Schmelz-Temp. in Abhängigkeit von der Zus. untersucht. Als Ausgangsstoffe dienten die Salze von *Hexamethylendiamin* mit *Adipinsäure* (**I**), *Azelainsäure* (**II**), *Sebacinsäure* (**III**), *Bis-[p-carboxyphenyl]-phenylphosphinoxyd* (**IV**), *Bis-[p-carboxyphenyl]-methylphosphinoxyd* (**V**) sowie *ε-Caprolactam* (**VI**). Es wurden Copolyamide aus **IV**-Salz u. den Salzen von **I, II, III** u. **V** mit **VI** dargestellt. Diese bin. Syst. haben (mit Ausnahme des Syst. **IV–VI**) ein gemeinsames Minimum der Schmelz-Temp. T_G bei 125—130° entsprechend einem Anteil von 40 Mol-% **IV**. Beim Copolyamid aus **IV** u. **VI** liegt das Minimum von T_G bei einer Zus. von 20 Mol-% **IV**. Die T_G von **V** mit **I, II, III** u. **VI** liegen etwas höher. Das Syst. **IV–V** hat eine T_G von 203—205° bei 40 Mol-% **IV**. Ferner wurden tern. Copolyamide aus **I, II** u. **V** bzw. **I, V** u. **VI** gewonnen. Die erhaltenen Copolyamide stellen hellgelbe, durchsichtige Prodd. dar, wobei mit Abnahme des Geh. an phosphorhaltiger Dicarbonsäure (auf 20—30 Mol-%) die Durchsichtigkeit verschwindet. Die Prodd. sind leicht lösl. in polaren Lsgm., wie Kresol, Ameisen- u. Essigsäure. Im Gegensatz zu den Homopolyamiden aus phosphorhaltigen Dicarbonsäuren u. Diaminen sind die Copolyamide in Methanol u. Äthanol löslich. H. Wergin. 4010□

Chemismus der Bestrahlung von Polydimethylsiloxan. 2. Mitt. **Effekte von Beimischungen.** A. A. Miller. (J. Amer. chem. Soc. **83.** 31—36. 5/1. 1961. Schenectady, N.Y., General Electric Co., Res. Labor.) (Engl.) — 1. vgl. C. **1961.** 6517.

Bei Elektronenbestrahlung von *Polydimethylsiloxan*-Öl in Ggw. verschiedener Beimischungen [O_2, H_2, Di-tert.-butyl-p-kresol (**I**) u. Chinon (**II**) als Radikalinhibitoren, n-Butyl- bzw. Dodecylmercaptan, Diäthyldisulfid, Bzl., Tetralin (**III**)] wurde der Einfl. dieser Verbb. auf die Vernetzung (Ausbeute G) untersucht. O_2 erniedrigt G vom Normalwert 3 auf einen unteren Grenzwert von 1. Vf. zeigt, daß diese restlichen Vernetzungen nicht —O—O- oder —Si—Si-Bindungen sein können. Reaktionsfähige H-Überträger, wie Mercaptane, verzögern die Vernetzung wirksamer als **I** u. **II**. Die Verw. von 10 Gewichts-% Mercaptan ermöglicht einerseits eine direkte Messung der prim. Si—CH_3-Spaltungen (Ausbeute an $\geqslant$SiH: G = 4, wenig temperaturabhängig zwischen —40 u.

100°) u. zeigt andererseits (durch die geringe Ausbeute an SiOH-Endgruppen, G = 0,3), daß im Vgl. zur Vernetzung die durch Bestrahlung ausgelöste radikal. Spaltung der Siloxanhauptkette zu vernachlässigen ist. Im Vgl. zu Mercaptanen ist **III** weniger u. Bzl. noch weniger wirksam bei der Verzögerung der Vernetzung. R. Schäff. 4010□

Bestimmung des Vernetzungsgrades in Naturkautschukvulkanisaten. 3. Mitt. L. Mullins. (J. appl. Polymer Sci. **2.** 1—7. Juli/Aug. 1959; Rubber Chem. Technol. **34.** 279—89. Jan./März 1961. Welwyn Garden City, Herts., Brit. Rubber Prod. Res. Assoc.) — 2. vgl. C. **1957.** 451; 4. vgl. C. **1961.** 5819.

Nachdem neuere Unterss. (vom Vf.) der Zugspannung–Dehnungs-Eigg. von stark gequollenen *Kautschuken* u. der Best. des Zahlenmittel-Molgew. aus Intrinsicviscositätsmessungen zu einer verbesserten Meth. für die quant. Best. des Vernetzungsgrades aus Messungen der physikal. Eigg. geführt haben, wurden frühere experimentelle Befunde vom Vf. (vgl. 1. Mitt. C. **1957.** 451) u. Moore u. Watson (2. Mitt. l. c.) auf Basis dieser Entw. erneut krit. überprüft. Ferner wurde der Effekt von Korrekturen für Fehlstellen im Netzwerk untersucht. Es wird gezeigt, daß die Abschätzungen des Vernetzungsgrades aus physikal. Messungen u. aus chem. Best. bemerkenswert gut übereinstimmen, wenn empir. Korrekturen für den Effekt von durch Kettenenden verursachten Netzwerkfehlstellen (flaws) u. für einen 2. Typ von Fehlstellen infolge Kettenverknäuelungen (entanglements) gemacht werden. R. Schäff. 4030□

Vulkanisation mit Tetramethylthiuramdisulfid. E. M. Bevilacqua. (Science [Washington] **128.** 840—41. 10/10. 1958. Wayne, N.J., U. S. Rubber Co.) (Engl.)

Ein weiterer möglicher Mechanismus für die Tetramethylthiuramdisulfid (**I**)-Vulkanisation von *Kautschuk* (**II**) wird beschrieben u. erörtert, bei dem in der Endstufe die gleiche Rk., wie von Bielstein u. Scheele (C. **1958.** 1023) beschrieben, vorliegt, bei dem aber die vorhergehenden Stufen sich von einer symm. Dissoziation von **I** ableiten. Die in 3 Stufen verlaufende Rk. (radikal. Rk. von **I** mit dem **II**-KW-Stoff R'H, Hydrolyse des Dimethyldithiocarbaminsäuremethylesters u. Oxydation des mit ZnO gebildeten $R'SZnOC(S)N(CH_3)_2$ durch **I**) hat folgende Summengleichung: $2R'H + 3\,I + 3\,ZnO = R'SSR' + 2\,Zn(S_2CNR_2)_2 + Zn(OCSNR_2)_2$ (**III**) + H_2O [$R = CH_3$; bis auf **II** wurden alle Prodd. beobachtet; das von Craig u. Mitarbeitern (C. **1959.** 10745) gefundene COS könnte von **III** herrühren]. Die auf Grund dieser Gleichung vorausgesagten stöchiometr. Verhältnisse stimmen gut mit dem bei der **I**-Vulkanisation von **II** gefundenen überein. R. Schäff. 4030□

Untersuchung des Verzweigungsgrades von Butadien-Kautschuken. I. Ja. Poddubny und Je. G. Erenburg. (Высокомолекулярные Соединения [Hochmolekulare Verbind.] **2.** 1625—34. Nov. 1960. Lebedew-Allunions-Forsch.-Inst. für synthet. Kautschuk.) (Russ.; Auszug: Engl.)

Der Verzweigungsgrad von *Butadienkautschuk* (**I**) wird an Hand der Intrinsicviscosität von Lsgg. im idealen Lsgm. verfolgt. Die Polymeren wurden durch Polymerisation in der Gasphase in Ggw. von K bei 0 (**Ia**), 40 (**Ib**) u. 60° (**Ic**) erhalten. Die Fraktionierung erfolgte durch Fällung mit Methanol aus benzol. Lösungen. Das Molgew. der Polymerfraktionen wurde osmot. sowie viscosimetr. in Bzl. bei 25° ermittelt. Methyläthylketon hat bei 42° die Eigg. eines idealen Lösungsmittels. Auf der Grundlage der Theorie von Flory u. Fox (vgl. C. **1952.** 6380) wurde eine Gleichung zur Best. des Verzweigungsgrades g abgeleitet: $g = [\eta]^{2/3}/M^{1/3} \cdot K^{2/3}$ (M = Molgew., K = Konst.). Durch Auftragen von $[\eta]^{2/3}/M^{1/3}$ gegen $M/[\eta]$ unter Verw. von $[\eta]$ im idealen Lsgm. erhält man Kurven, die die Best. von g gestatten. Es wird gefunden, daß **Ia** bereits merkliche Verzweigungen aufweist. Mit Erhöhung der Polymerisations-Temp. nimmt der Verzweigungsgrad zu; bei einem Molgew. von ca. 180000 beträgt die Zahl Z der Verzweigungsstellen pro Mol 9,3 bei **Ib** u. 13,5 bei **Ic**, während bei **Ia** mit M = 269000 Z = 1,05 ist. An Hand der Daten über die Verzweigung wurde die Differenz ΔE der Aktivierungsenergie zwischen Wachstums- u. Verzweigungs-Rk. berechnet; diese beträgt 5 kcal/Mol. Gleichzeitig wurde festgestellt, daß die Zunahme des Verzweigungsgrades der Makromoll. mit Erhöhung der Polymerisations-Temp. nicht nur von ΔE abhängt, sondern auch vom Temp.-Koeff. der Löslichkeit des Monomeren in **I**. Die bei der Fraktionierung erhaltenen Fraktionen unterscheiden sich auch durch ihren Verzweigungsgrad. Das Verhältnis der Intrinsicviscositäten von Polymeren mit gleichem Molgew., aber unterschiedlichem g bleibt beim Übergang vom guten zum idealen Lsgm. konstant. H. Wergin. 4030□

Benetzungswärme von Baumwollcellulose und Hydratcellulose in organischen Flüssigkeiten. Ch. U. Ussmanow und I. Ch. Chakimow. (Узбекский Химический Журнал [Usbek. chem. J.] **1959.** Nr. 5. 30—34. Inst. für Chem. der Polymeren der Akad. der Wiss. der UsbekSSR.) (Russ.; Auszug: Usbek.) — Vgl. C. **1960.** 7872.

Natürliche *Baumwollcellulose* zeigt wie in W., so auch in Ameisensäure, Essigsäure, Propionsäure, n-Buttersäure u. Isobuttersäure eine geringere Benetzungswärme als *Hydratcellulose*, was auf eine analoge Wrkg. des W. u. der organ. Säuren hinweist. Mit steigendem Molgewicht der Säuren erniedrigt sich die Benetzungswärme. Organ. Lsgm. mit niedrigem Dipolmoment, wie Bzl., Toluol, m-, o-, p-Xylol u. Mesitylen geben noch niedrigere Benetzungswärmen. Viscosefasern zeigen in W. eine Benetzungswärme von 23,30 (cal/g), in Essigsäure von 18,25, in n-Buttersäure von 9,57 u. in m-Xylol von 0,97.
M. Ulmann. 4050□

Thermische Depolymerisation von Cellulose. O. P. Golowa und R. G. Krylowa. (Доклады Академии Наук СССР [Ber. Akad. Wiss. UdSSR] **135.** 1391—94. 21/12. 1960. Inst. für hochmol. Verbb. der Akad. der Wiss. der UdSSR.) (Russ.) — Vgl. C. **1961.** 4731.

Wie beim therm. Abbau von *Baumwollcellulose* (**I**) führt auch derjenige von *Hydratcellulose* (**II**) nach Erniedrigung des Asche-Geh. von 0,2—0,09% auf < 0,001% zu einer Steigerung des gebildeten pastenförmigen Destillats u. zu einer Erhöhung des Geh. an *Lävoglucosan* in diesem. Die Bldg. von Prodd. eines sehr weitgehenden Zerfalls in bezug auf C=C-Bindungen tritt zurück. Auch die Kurven der therm. Zerfalls-Geschw. weisen einen Zusammenhang mit dem Asche-Geh. der Cellulose auf. Während man bei höherem Asche-Geh. nach einer hohen Anfangs-Geschw. des Zerfalls einen Abfall auf die Hälfte hat, zeigen die Spaltungskurven bei geringerem Asche-Geh. bei 20—30% gespaltenem Material ein Maximum. In allen Fällen beobachtet man bei **II** eine höhere Zerfalls-Geschw. als bei **I**. Der Grenzpolymerisationsgrad, d. h. der prakt. konst. bleibende Polymerisationsgrad nach der anfänglich schnellen Spaltung der Makromoll., beträgt bei **I** 200, bei **II** nur 30—40. M. Ulmann. 4050□

Untersuchung über das kolloidale Verhalten von Hochmolekularen vom Standpunkt der Strukturchemie. 6. Mitt. **Wirkung von Farbstoffen auf die kolloide Natur von Methylcellulose.** Saburo Inokawa. (J. chem. Soc. Japan, ind. Chem. Sect. [Kōgyō Kagaku Zassi] **59.** 838—42. Juli 1956. Kyoto, Univ., Rigakubu Kagaku-Kyoshitsu.) (Jap.) — 5. vgl. C. **1959.** 8577; 4. vgl. C. **1959.** 7153.

Wss. Lsgg. von 7,2 $\cdot$ 10^{-3} Mol *Methylcellulose* (**I**) wurden mit (0—4) $\cdot$ 10^{-2} Mol/Liter *Na-2-[p-Phenylazo]-, -2-[p-Tolylazo]-, -2-[p-Äthylphenylazo]-* bzw. *-2-[p-Butylphenylazo]-naphthionat* (**II**) versetzt. Die spezif. Viscosität η_{sp} (30°) erfährt dadurch einen scharfen Anstieg, bes. bei **II**, wobei bei einer Konz. von 1,3 $\cdot$ 10^{-3} Mol/Liter bereits Gel-Bldg. eintritt. Kongorot (**III**) zeigt eine ganz ähnliche Wirkung. Aus dem UV-Spektrum von **I** sowie den Spektren der Lsgg. von **I** in Pyridin (0—30%), in 0,0075n NaCl bzw. in **III** (0,013%) ergibt sich, daß die Gel-Bldg. durch das Auftreten von H-Brücken zwischen **I**-Moll. u. **III**-Micellen zustande kommt. Der Vgl. der Viscositätsänderung von **I**/**III**-Lsgg. der Konzz. (2,8—8,5) $\cdot$ 10^{-3} bzw. (0—9) $\cdot$ 10^{-4} Mol/Liter in der Kälte u. Wärme zeigt, daß ein durch **III**-Zusatz gebildetes Gel in der Wärme zersetzt u. beim Abkühlen nicht regeneriert wird. L. Schuler. 4050□

Viscoelastizität von Filmen von Cellulosederivaten. 2. Mitt. **Umwandlungstemperaturen zweiter Ordnung von Cellulosetriacetat und Nichtlösungsmittel-Weichmacher-Systemen.** Koichi Nakamura. (J. chem. Soc. Japan, ind. Chem. Sect. [Kōgyō Kagaku Zassi] **59.** 830—33. Juli 1956. Tokyo, Kosairoku Shashin-Kogyo K.K.) (Jap.) — 1. vgl. C. **1959.** 9262.

Cellulosetriacetat (**I**; 61,5% Acetyl-Geh.) wird mit 10—40% *Triphenylphosphat* bzw. 10—100% *Diäthylphthalat* zu Filmen vergossen. Nach einer Vibrations-Meth. (vgl. l. c.) werden die Änderung des Young-Moduls u. dilatometr. die der Umwandlungs-Temp. (UT) 2. Ordnung in Abhängigkeit von Temp., Frequenz, Zus. u. Art des Weichmachers bestimmt. In der Nähe der Löslichkeitsgrenze des Weichmachers in **I** steigt die UT an, die gleiche Tendenz zeigt die Aktivierungsenergie der Umwandlung. Die Beziehung zwischen Kristallinität des Polymeren u. Löslichkeit des Weichmachers wird auf Grund dynam. Daten erörtert. Das dynam. Verh. des Syst. **I**-„Weichmacher vom Nicht-Lsgm.-Typ" (A) ist zwar gleich dem vom Lsgm.-Typ im Bereich der Löslichkeit im Hochmolekularen, aber die Weichmacher-Wrkg. ist geringer als beim Syst. vom Typ A.
L. Schuler. 4050□

Chemie der Xanthogenate und der Viscose. 10. Mitt. **Die Verteilung von Schwefelkohlenstoff in der Viscose in Abhängigkeit von den Bedingungen.** K. W. Lewitzkaja, P. T. Passtuchow und Ss. N. Danilow. (Журнал Прикладной Химии [J. angew. Chem.] **33.** 890—96. April 1960. Leningrad, Technol. Lensowjet-Inst. u. Inst. für hochmol. Verbb.) (Russ.) — 9. vgl. C. **1960.** 7873.

Bei den nachst. Xanthogenierungs-Verss. wurde teilweise auch markiertes $C^{35}S_2$ angewandt. Mercerisations-Temp. bis zu 40—45° u. Abpreß-Temp. bis 33—35° zeigten prakt. keinen Einfl. auf die Verteilung des CS_2. Der Gesamt-Geh. der *Viscose* (I) an S stellt sich hierbei auf 1,8—2,2% ein, von welchen 65—72% auf das *Xanthogenat* (II) kommen u. 28—35% auf Nebenprodukte. Verringerung des Abpressungsgrades u. Erhöhung der NaOH-Menge in der Alkalicellulose bewirken einen Anstieg der Nebenprodd. bis auf 50%, was bes. bei hohen Temp. hervortritt. Falls ein Interesse für I-Schnell-Verff. vorliegt, empfiehlt es sich, die I für 1½ Std. auf 35—40° zu erhitzen, wodurch sich die Reifezeit verkürzt. Eine Erniedrigung der Xanthogenierungs-Temp. auf 10—12° verringert wohl die Bldg. von Nebenprodd., doch fällt hierbei auch der Xanthogenierungsgrad der Cellulose stark ab. Zusammenfassend folgt aus den Verss., daß bei einem Alkaliüberschuß die II-Gruppen in Cellulose-II stabiler sind. Die Bldg. von Na_2S beschleunigt die Spaltung von II unter Abspaltung von CS_2 u. Bldg. von Trithiocarbonat. Letztere Verb. bildet sich demnach nicht direkt aus NaOH u. CS_2, sondern über Na_2S. Die Ggw. von Luft-O_2 bewirkt Komplikationen u. Veränderungen in den Umwandlungen der S enthaltenden Stoffe. Bes. S-haltige Nebenprodd. werden leicht oxydiert.

M. Ulmann. 4050□

Chemie der Xanthogenate und der Viscose. 11. Mitt. Der Einfluß oxydierender und reduzierender Zusätze zur Viscose auf deren Eigenschaften. K. W. Lewitzkaja, P. T. Passtuchow und Ss. N. Danilow. (Журнал Прикладной Химии [J. angew. Chem.] **33.** 896—902. April 1960.) (Russ.) — 10. vgl. vorst. Referat.

Zugabe von NaOCl (1,3%) gleich nach Herst. der *Viscose* (I) erhöht ihre Viscosität um fast 100%, die Reife um 32% u. erniedrigt den S-Geh. in den titrierbaren Verbb. um 71%. Hierbei fällt der Xanthogenat-S stärker ab, als der S in den Nebenprodukten. Zugabe von $K_2S_2O_8$ zur Mercerisationslauge erniedrigt die Viscosität der erhaltenen I, erhöht die Reife um 20% u. erniedrigt die Menge des Xanthogenat-S um 21%. Ein Zusatz von 5% Na_2O_2 vom Gewicht der α-Cellulose in der Alkalicellulose vor der Auflösung des Xanthogenates oder sogleich danach erhöht die Reife u. die Viscosität der I, erniedrigt aber die Gesamtmenge des titrierbaren S. Ggw. von Luft-O_2 verändert die Eigg. von I, bes. von der Mercerisation an bis zur Lsg. des Xanthogenates. Na_2SO_3, zur Alkalicellulose vor der Xanthogenierung gegeben, erhöht den Geh. an Xanthogenat-S in I, erniedrigt die Viscosität stark u. hemmt die Koagulation von I. Zugabe von Na_2SO_3 zur fertigen I ändert wohl auch deren Viscosität, wirkt jedoch nicht auf die Verteilung von CS_2 ein. M. Ulmann. 4050□

Die Hydrolyse von Baumwollsamen durch konzentrierte Fluorwasserstoffsäure. Ju. L. Pogossow und S. A. Rogowin. (Узбекский Химический Журнал [Usbek. chem. J.] **1959.** Nr. 5. 73—80.) (Russ.; Auszug: Usbek.) — Vgl. C. **1959.** 12567.

Bei Anwendung von 65—75% ig. HF verläuft bei 20° die Hydrolyse (App. aus Polyäthylen) der bekanntlich sehr schwer hydrolysierbaren *Baumwollsamenhüllen* recht langsam. Erst bei 90—98% ig. HF hat man in 5—10 Min. in W. vollständig lösl. Produkte. Je höher die HF-Konz., desto schneller stellt sich ein Gleichgewicht zwischen den Prozessen der Spaltung u. Bldg. von Acetalbindungen ein. Im Gleichgewichtszustand beträgt der Polymerisationsgrad der niedermol. Polysaccharide 3—5.

M. Ulmann. 4050□

Differenzierte Titration von Tripeptiden und Diketopiperazinen bei den Polykondensationsprodukten von Glycinäthylester. K. T. Poroschin, T. D. Kosarenko und Ju. I. Churgin. (Известия Академии Наук СССР, Отделение Химических Наук [Nachr. Akad. Wiss. UdSSR, Abt. chem. Wiss.] **1956.** 626—28. Mai. Inst. für organ. Chem, der Akad. der Wiss. der UdSSR.) (Russ.)

Bei der Polykondens. von *Glycin-* (I) bzw. *DL-Alaninäthylester* entstehen neben linearen *Polypeptiden* (III) auch *Diketopiperazine* (IV). Eine quant. Best. von IV in den Prodd. der Polykondens. ist nach der Cu-Meth. nur dann zulässig, wenn die anfänglich in bedeutender Menge vorliegenden, spektrophotometr. feststellbaren *Tripeptide* (II) berücksichtigt werden. Die abgeänderte Meth. zur genauen Best. von IV u. II in Ggw. von III beruht darauf, daß die Bldg. der Cu-Biuret-Komplexe im alkal. Medium von der Kettenlänge der Peptide abhängt. Danach bildet sich bei Zugabe von $CuSO_4$-Lsg. zur Lsg. des Peptidgemisches zuerst ein roter (λ_{max} 510—520 mμ) u. bald darauf ein violetter (λ_{max} 580 mμ) Komplex mit Tetra- u. höheren Peptiden bzw. II; in Abwesenheit von Dipeptiden läßt sich daher die Best. von II auf die Cu-Menge zurückführen, die vom Moment des Farbumschlages (Rot → Violett) bis zur Ausfällung von $Cu(OH)_2$ verbraucht wird. Die Titration mit Cu^{2+} u. die Messung der Zunahme des Amino-N nach van Slyke liefern Ergebnisse, die innerhalb von 2,5% übereinstimmen. Die Polykondens. von I wird unter Zusatz eines Katalysators (2 bzw. 4 Mol-% CO_2) in 12 Std. bei 40 ± 0,1° durchgeführt, wobei in Ggw. von 2 Mol-% CO_2 ein 72% ig., in Ggw. von 4 Mol-% CO_2 ein 80% ig. Umsatz der vorhandenen NH_2-Gruppen erzielt wird. Die Prodd. der Polykondens. lösen sich gut in W., schwachen Alkalien u. schwachen Säuren, verfärben sich beim Erhitzen auf 160° u. schmelzen von 160—306° unter Verkohlung. Eine Probe des Polykondens.-Prod. wird in nicht weniger als der 10fachen Menge 0,1n NaOH gelöst, der Übergangspunkt (**II**-Geh.) durch Titration mit $CuSO_4$-Lsg. bei Raum-Temp. visuell bestimmt u. in der gleichen Analysenprobe ungeachtet der Anwesenheit von Cu-Peptidkomplexen der **IV**-Geh. durch 2—4std. Hydrolyse in einer Ampulle bei 40° ermittelt. Parallel dazu wird das Polykondensat in 0,1n NaOH bei 40° zur Best. der Zunahme von freiem Amino-N (VAN SLYKE) hydrolysiert u. das Hydrolysat durch Titration eines aliquoten Teiles zur Kontrolle der Peptidstabilität bei der Hydrolyse der **IV** auf den Gesamt-Cu-Geh. untersucht. Der Geh. an **IV** bzw. **II** in den Prodd. der Polykondens. wird bei 2% CO_2 zu 9,8% **II** u. 16,9 bzw. 17,9% **IV** sowie bei 4% CO_2 zu 17,8% **II** u. 10 bzw. 12,5% **IV** gefunden. ULRICH SCHULZE. 4070□

Untersuchungen über die N- und C-terminale Aminosäurefolge im menschlichen Serumalbumin. Tokuji Ikenaka. (J. Amer. chem. Soc. **82.** 3180—83. 20/6. 1960. Houston, Texas, Univ. of Texas, Dep. of Biochem.) (Engl.)

Es wurde die N- u. C-terminale Aminosäuresequenz im menschlichen *Serumalbumin* (HA) untersucht. Zur Best. der N-terminalen Aminosäurefolge von HA wurde Dinitrophenyl (DNP)-HA unter Benutzung bakterieller Proteinase (Bac. subtilis) enzymat. abgebaut. Die so erhaltenen DNP-Peptide wurden durch Extraktion mit Äthylacetat isoliert u. gereinigt, dann wurde durch zweidimensionale Papierchromatographie getrennt. Die einzelnen Flecken wurden eluiert, die Substanzen mit 6n HCl verseift u. abermals chromatographiert. Nach den Laufwerten der Aminosäuren bzw. DNP-Aminosäuren auf dem Papierchromatogramm wurde die Struktur der DNP-Peptide bestimmt. Hieraus ergibt sich die N-terminale Aminosäurefolge zu *Asp·ala·his* . . . Eine Kombination der Carboxy (CP-ase)-Meth. u. der Hydrazinolysen-Meth. wurde zur Unters. der C-terminalen Aminosäurefolge von HA benutzt. Die endständige Aminosäure wurde durch Abbau von HA u. CP-ase zu *Leucin* bestimmt, die nächstfolgende durch Hydrazinolyse des mit CP-ase behandelten HA zu *Glycin;* auf die weiteren wurde durch Vgl. mit z. T. synthetisierten Peptiden geschlossen. So wurde zur Klärung des bei der Verdauung mit CP-ase aus HA entstehenden hohen Alaninanteils Carbobenzoxy-*l*-alanyl-*l*-alanyl-*l*-alanylglycin synthetisiert u. mit CP-ase abgebaut. Die Freisetzung des Ala u. Gly aus dem Peptid war ähnlich wie bei HA. Für die C-terminale Aminosäuresequenz ergibt sich: . . . $(Leu \cdot val \cdot ala_{3-4}) \cdot gly \cdot leu$. K. HEYNS. 4070□

Molekulare Wechselwirkungen bei β-Lactoglobulin. 1. Mitt. **Die elektrophoretische Heterogenität von β-Lactoglobulin nahe seinem isoelektrischen Punkt.** Serge N. Timasheff und Robert Townend. (J. Amer. chem. Soc. **82.** 3157—61. 20/6. 1960. Philadelphia, Pa., Eastern Reg. Res. Labor.) (Engl.)

Es wurden verschiedene *β-Lactoglobulin* (**I**)-Präpp. untersucht. Die Elektrophoreseexperimente wurden teils mit einer KLETT-TISELIUS-Elektrophorese-App. bei 2°, teils mit einem PERKIN-ELMER-Gerät durchgeführt. Es wurde eine Vers.-Reihe als Funktion des pH nahe dem isoelektr. Punkt zwischen pH 4,79 u. 6,04 in Acetatpuffer u. eine bei pH 5,6 als Funktion der Konz. durchgemessen u. mit reinen Präpp. von ASCHAFFENBURG-β-Lactoglobulin A u. B (βA, βB) u. mit synthet. Gemischen aus βA u. βB verglichen. **I** ist im pH-Bereich von 4,79—6,04 elektrophoret. heterogen. Beim pH 5,6 u. 5,3 besteht es aus 2 realen mol. Komponenten (βA u. βB). Nach Aufnahme von Eichkurven mit Gemischen von reinem βA u. βB ließen sich in diesem pH-Bereich elektrophoret. quant. Best. von βA u. βB in **I** unbekannter Zus. ausführen. In niedrigeren pH-Bereichen sind auch βA u. βB uneinheitlich. Die in der Literatur angegebene verschiedene Nomenklatur wurde krit. durchgesehen u. der ASCHAFFENBURGschen zugeordnet. K. HEYNS. 4070□

Molekulare Wechselwirkungen bei β-Lactoglobulin. 2. Mitt. **Ultrazentrifugale und elektrophoretische Untersuchungen über die Assoziation von β-Lactoglobulin unter seinem isoelektrischen Punkt.** Robert Townend, R. J. Winterbottom und Serge N. Timasheff. (J. Amer. chem. Soc. **82.** 3161—68. 20/6. 1960.) (Engl.) — 1. vgl. vorst. Referat.

Es wurde eine Unters. der Assoziation von *β-Lactoglobulin* (**I**) zwischen pH 3,5 u. 5,2 durchgeführt. Als Molgewicht des Monomeren wurde 36000 angenommen. Größere Moll. wurden als Aggregate angesehen. Die Zus. von verschiedenen **I**-Präpp. wurde mit der Ultrazentrifuge als Funktion der Protein-Konz. (bei pH 4,65, 2°, in Acetatpuffer der Ionenstärke 0,1), als Funktion des pH (1—3°, Acetatpuffer der Ionenstärke 0,1) u. als Funktion der Temp. bei pH 4,10, 4,65 u. 4,9 (Acetatpuffer der Ionenstärke 0,1) gemessen. Aus den Sedimentations-Konst. u. elektrophoret. Daten folgt bei Anwendung der GILBERT-Theorie, daß die Aggregate größer als dimer sein müssen. Trimere, tetramere u. pentamere Formationen vertragen sich mit den Sedimentationsdaten. Weiter folgern

Vff. aus den Messungen, daß 90% von βA assoziieren kann, während βB keine großen Aggregate bildet, wenn es allein vorhanden ist. 30% von βB kann aber mit βA gemischte Aggregate bilden. Aus den Sedimentations-Konst. u. elektrophoret. Daten allein konnte keine Aussage über die tatsächliche Größe der Aggregate gewonnen werden. Es müßten noch weitere Daten, z. B. Lichtstreuungsmessungen, berücksichtigt werden.

K. HEYNS. 4070□

Molekulare Wechselwirkungen bei β-Lactoglobulin. 3. Mitt. Lichtstreuungsuntersuchung der Stöchiometrie der Assoziation zwischen pH 3,7 u. 5,2. Robert Townend und Serge N. Timasheff. (J. Amer. chem. Soc. **82.** 3168—74. 20/6. 1960.) (Engl.) — 2. vgl. vorst. Referat.

Durch ultrazentrifugale u. elektrophoret. Unterss. wurde l. c. gezeigt, daß *β-Lactoglobulin* (I) bei niedrigen Temp. zwischen pH 3,7 u. 5,2 (maximal zwischen 4,40 u. 4,65) reversible Aggregate bildet. Um die Größe genau festlegen zu können, wurden Lichtstreuungsmessungen bei 436 mμ ausgeführt. Die Verss. wurden zwischen 4,5 u. 30° bei pH 3,7, 3,9, 4,14, 4,40, 4,65, 4,9 u. 5,5 im Konz.-Bereich von 0,5—35 g/Liter in Acetatpuffer der Ionenstärke 0,1 durchgeführt. Eine detaillierte Analyse der Lichtstreuungsdaten (gewonnen bei 4,5°, pH 4,65, Protein-Konz. 30 g/Liter) ergab für ein I-Präp. ein Molgew. von 87000, für ein anderes 103000. Das Monomeren-Molgew. wurde mit 37000 bestimmt. Wenn man berücksichtigt, daß nur ein bestimmter Teil der Monomeren zur Assoziation befähigt ist, sprechen diese Daten für ein Monomer–Tetramer-Gleichgewicht. Größere Aggregate als Tetramere wurden nicht gefunden. Aus den Gleichgewichts-Konst. der Tetramerisierungs-Rk. wurden die thermodynam. Größen als Funktion des pH berechnet. Beim pH der maximalen Assoziation (4,65) ist ΔF^0 $-14,4 \pm 0,4$ kcal/Mol, ΔH^0 -53 ± 1 kcal/Mol u. ΔS^0 -138 ± 6 cal/Mol · Grad. Aus den durch Lichtstreuungsmessungen erhaltenen thermodynam. Daten wurde mit Hilfe der GILBERT-Theorie die Flächenverteilung in der Ultrazentrifuge berechnet. Die Berechnungen stimmen gut mit den experimentellen Sedimentationsdaten überein. Ein Vgl. von I-Präpp. verschiedener Zus. zeigt, daß 90% von βA u. 30% von βB in die Assoziations-Rk. eintreten können.

K. HEYNS. 4070□

Molekulare Wechselwirkungen bei β-Lactoglobulin. 4. Mitt. Die Dissoziation von β-Lactoglobulin unter pH 3,5. Robert Townend, Lucille Weinberger und Serge N. Timasheff. (J. Amer. chem. Soc. **82.** 3175—79. 20/6. 1960.) (Engl.) — 3. vgl. vorst. Referat.

Die Größe der *β-Lactoglobulin* (I)-Moll. hängt stark vom pH ab. Die vorliegende Unters. beschäftigt sich mit der Natur der unter pH 3,5 eintretenden Dissoziation u. ihrer Stöchiometrie mit Hilfe von Lichtstreuungs- u. Ultrazentrifugenmessungen. Diese wurden mit einer analyt. Ultrazentrifuge „Spinco Modell E", meist bei 59,780 r.p.m., u. einem BRICE-Photometer bei 436 mμ ausgeführt. Es wurde die Konz.- u. pH-Abhängigkeit der Sedimentations-Konst. von I in NaCl-Lsg. der Ionenstärke 0,1 bei pH 5,2, 3,5 u. 1,4 u. 25° gemessen. Die resultierenden Kurven sprechen für eine Dissoziation im Bereich von pH 1,6. Die Annahme wird gestützt durch ARCHIBALD-Sedimentationsdaten von I bei pH 1,6 u. 2,1 u. durch Lichtstreuung. I unterliegt bei niedrigem pH einer reversiblen Dissoziation in Untereinheiten von 17000—18000, entsprechend der halben Einheit beim isoelektr. Punkt. Diese Dissoziation beruht auf einer nicht spezif. elektrostat. Abstoßung der Untereinheiten, die nahezu ident. sind u. den 2 Polypeptidketten des Proteins entsprechen. K. HEYNS. 4070□

Sedimentationsverhalten von menschlichen γ-Globulinen verschiedener Herkunft. J. A. Cooper, L. Straumanis und B. Jirgensons. (Makromolekulare Chem. **26.** 167—74. März 1958. Houston, Texas, Univ., M. D. Anderson Hosp. and Tumor Inst., Dep. of Biochem.) (Engl.)

Vff. ermittelten die Sedimentations-Koeff. von 4 normalen *γ-Globulin* (I)- u. 6 I-Präpp. von krebskranken Patienten bei 3 verschiedenen Konzentrationen. Keine statist. bedeutenden Unterschiede konnten bei den Mittelwerten der (s)-Konst. oder den Neigungen der Geraden für beide I-Gruppen gefunden werden. Deutliche Unterschiede im Sedimentations-Verh. traten aber bei den Präpp. jeder einzelnen I-Gruppe, bes. bei I-Präpp. aus dem Blut der Kranken, auf. R. SCHÄFF. 4070□

Charakterisierung und Fraktionierung von Proteinen durch Craig-Verteilung in Polymere–Wasser-Systemen. E. J. Nyns und P. Å. Albertsson. (Arch. int. Physiol. Biochim. **68.** 222—24. Jan. 1960. Upsal, Suède, Univ., Labor. de Biochim.) (Franz.)

Da Polymere (I) verschiedener chem. Natur in wss. Lsg. nicht mischbar sind, werden aus 2 I u. W. bestehende 2-Phasen-Syst. möglich, in denen sich Proteine, entsprechend ihren Eigg., der Art u. Konz. der I verteilen. Infolge der zu nahe beieinander liegenden Verteilungs-Koeff. K ist jedoch eine Fraktionierung oder Charakterisierung nicht möglich. Diese gelingen aber auf Grund der Tatsache, daß K durch anwesende Elektrolyte stark beeinflußt wird. Im Syst. Polyäthylenglykol (Carbowax 6000; 4,4%)-Dextran (7,0%)-W. übt jedes Ion eine spezielle Wrkg. aus, die von Protein zu Protein differiert. Die CRAIG-Verteilung von *R-Phycoerythrin* u. *R-Phycocyanin* von *Ceraurium rubrum* erfolgt nach dem NERNSTschen Verteilungssatz. Bei geeigneter Salz-Konz. sind beide Proteine trennbar. K. MAIER. 4070□

T. Alfrey and others, Copolymerization. London: Interscience Publrs. 1961. (280 S. m. Abb. u. Tab.) = High polymers, vol. 8. 79 s.

C. B. Anfinsen and others eds, Advances in protein chemistry. Vol. 15. New York, London: Academic P. 1961. (X + 447 S. m. Abb., Tab. u. Diagr.) 93 s.

John D. Ferry, Viscoelastic properties of polymers. New York: Wiley. 1961. (482 S. m. Abb.) $ 15.—.

E. Biologische Chemie. Physiologie. Medizin

E_1. Allgemeine Biologie und Biochemie

Die lebendige Materie. O. Gregorini. (Chimica [Milano] **34.** 341—43. Sept. 1958.) (Ital.)

Es werden mögliche Mechanismen beschrieben, die zur Organisation lebendiger Syst. führen können. P. LOCH. 4100□

Die Ausscheidung von Adrenalin, Noradrenalin und 3-Methoxy-4-hydroxymandelsäure im Harn nach Schleuderwirkung und scheinbarer Schleuderwirkung. Mc C. Goodall und M. L. Berman. (J. clin. Invest. **39.** 1533—38. Okt. 1960. Knoxville, Tenn., Univ. of Tennessee, Res. Center and Hosp.; Wright-Patterson Air Force Base, Ohio, Wright Air Dev. Div., Aerospace Med. Labor., Biophys. Branch.) (Engl.)

Bei 9 Personen wurde durch Zentrifugieren der Einfl. von Gravitationsstress ($1 \cdot g$/5 Sek., $12 \cdot g$/3 Min.) u. scheinbarem Stress ($0{,}02 \cdot g$ 3 Min.) auf die Sympathicus-Nebennieren-Rk. untersucht. Bei starkem Schwerestress scheint die erhöhte *Adrenalin*-Ausscheidung im Harn vorwiegend emotionell bedingt zu sein, während die erhöhte *Noradrenalin*-Abgabe weitgehend mit physikal. Veränderungen (Hämodynamik) zusammenhängt. Parallel zu dieser erhöhten Aminausscheidung nimmt auch diejenige des gemeinsamen Stoffwechsel-Prod. *3-Methoxy-4-hydroxymandelsäure* zu.
K. MAIER. 4102□

Lichtdermatosen und Porphyrin-Photosensibilisierung. H. Ippen. (Arch. klin. exp. Dermatol. **210.** 496—522. 16/8. 1960. Düsseldorf, Med. Akad., Hautklinik.) (Dt.)

Nach einem Überblick über experimentelle Unterss. wird das Verh. der Haut bei der Porphyria tarda im Licht dargestellt u. gezeigt, daß hier die vermehrte *Porphyrin* (I)-Bldg. ebensowenig eine erhöhte Lichtempfindlichkeit bedingt, wie umgekehrt bei anderen Lichtdermatosen regelmäßig eine nachweisbare vermehrte I-Bldg. erfolgt. — 211 Literaturangaben. K. F. MÜLLER. 4102□

Beeinflussung der Succinodehydrogenase-Aktivität der Leber, der Nieren und des Herzens im Hochgebirge. Camillo Lenti, Matilde Cafiero und Maria Angelica Grillo. (Atti Accad. naz. Lincei, Rend., Cl. Sci. fisiche, mat. natur [8] **18.** 85—87. Jan. 1955. Torino, Univ., Ist. di Chim. biol.; Col d'Olen, Ist. „Angelo Mosso".) (Ital.)

Vff. stellten fest, daß die *Succinodehydrogenase* (I)-Aktivität von Herz u. Nieren junger ♂ Ratten in größeren Höhenlagen (2961 m) höhere Werte zeigt als in tiefer gelegenen Gebieten (239 m): der Anstieg der I-Aktivität des Herzens beträgt 33,7%, der Nieren 16,2%. Diese Aktivierung ist statist. signifikant. In der Leber macht sich hingegen eine nichtstatist. signifikante Abnahme der I-Aktivität in großer Höhe um 5,7% bemerkbar. H. KOCKERT. 4102□

Beeinflussung der Adenylatkinase des Skelettmuskelgewebes und des Herzens im Hochgebirge. Camillo Lenti und Maria Angelica Grillo. (Atti Accad. naz. Lincei, Rend., Cl. Sci. fisiche, mat. natur. [8] **21.** 215—17. Sept./Okt. 1956. Col d'Olen, Ist. „Angelo Mosso"; Torino, Univ., Ist. di Chim. biol.) (Ital.) — Vgl. vorst. Referat.

Vff. stellten fest, daß die die Rk. Adenosindiphosphat (ADP) + ADP ⇌ Adenosintriphosphat + Adenosinmonophosphat katalysierende *Adenylatkinase* (I)-Aktivität in Skelettmuskelgewebe (a) u. Herz (b) von jungen ♂ Ratten in größeren Höhenlagen (2961 m) weit niedrigere Werte zeigt als in tiefer gelegenen Gebieten (239 m): In a beträgt der Unterschied 83,4%, in b 38,9%; die Verminderung der I-Aktivität in beiden Geweben ist statist. signifikant. H. KOCKERT. 4102□

Gen-Instabilisierung, hervorgerufen durch Hitze und salpetrige Säure. Stephen Zamenhof. (J. Bacteriol. **81.** 111—17. Jan. 1961. New York, N.Y., Columbia Univ., Coll. of Phys. and Surg., Dep. of Biochem.) (Engl.)

Hitzbehandlung (130—155°) oder HNO_2 (1 ml einer 8,7 m $NaNO_2$-Lsg./5 ml Medium) führen außer stabilen Mutanten zu instabilen Lactosefermentationsmutanten(*Escherichia coli*) u. zu instabilen Auxotrophen (E. coli u. *Bacillus subtilis*). Die instabilen Fermentationsmutanten wurden unter den Einzelkolonien auf einem Tetrazolium-Lactose-Agarmedium (1% Lactose u. 0,005% 2.3.5-Triphenyltetrazoliumchlorid) aufgefunden, welches auch die Erkennung von Mutanten mit einem Zwischen-Geh. von β-Galaktosidase erkennen läßt. Die Rückmutations-Geschw. instabiler Auxotropher waren 10^{-4} bis $4 \cdot 10^{-2}$, jedoch können instabile Stämme unbeschränkt erhalten u. untersucht werden. Die chem. Wrkg. von Mutagenen, welche eine Geninstabilisierung hervorrufen, auf Desoxyribonucleinsäure u. die für die Entw. mögliche Bedeutung instabiler Gene werden kurz besprochen. H. AMAN. 4130□

Die teratogene Wirksamkeit einiger mit Trypanblau verwandter synthetischer Verbindungen. Allan R. Beaudoin und Michael J. Pickering. (Anatom. Rec. **137.** 297—301. Juli 1960. Gainesville, Fla., Univ. of Florida, Coll. of Med., Dep. of Anatomy.) (Engl.)

Vff. injizierten intraperitoneal die genannten Farbstoffe Ratten am 8. Trächtigkeitstag in Dosen von 14 mg/100 g, stellten die Mißbildungen an den Foeten fest u. prüften verschiedene Gewebe des Muttertieres auf die Ggw. der verabfolgten Verbindungen. — *Trypanblau*, 57 (% der resorbierten Embryonen), 54 (% der mißgebildeten Überlebenden), ++ (Verteilung des Farbstoffes in mütterlichen Makrophagen, Leber-, Milz-, Lymphknoten- u. Lungenzellen), +++ (Verteilung in der Niere), +++ (Verteilung im Dottersackepithel); *Niagarablau 2 B*, 23, 0, ++, +++, +++; *Evansblau*, 23, 14, ++, +++, +++; *Niagarablau 4B*, 15, 4, ++, +++, ++; *Niagaraskyblue 6 B*, 8, 3, —+, —+, +; Di- bzw. Tetra-Na-Salze folgender p.p'-Bis-[naphthyl-(2)-azo]-m.m'-bitolyle: -[*1-hydroxy-3.6-disulfonaphthyl-(2)-azo*]-, 4, 2, —, —, —; -[*1-hydroxy-5-sulfo-8-aminonaphthyl-(2)-azo*]-, 0, 0, —, —, —; -[*1.8-dihydroxy-3.6-disulfonaphthyl-(2)-azo*]-, 22, 0, +, —, —; sowie *p-[1-Hydroxy-3.6-disulfo-8-aminonaphthyl-(2)-azo]-p'-[1-hydroxy-5.7-disulfo-8-aminonaphthyl-(2)-azo]-m.m'-bitolyl*, 14, 3, +, +++, +++; u. die analoge *Dianisyl*-Verb., 7, 0, +, ++, +++. P. LOCH. 4130□

Mutationsaktivität einiger Inhibitoren der Cholinesterase. I. A. Rapoport und R. G. Kosstjanowski. (Доклады Академии Наук СССР [Ber. Akad. Wiss. UdSSR] **131.** 191—94. 1/3. 1960. Akad. der Wiss. der UdSSR, Inst. für chem. Physik.) (Russ.)

Es wurde die mutagene Wrkg. des *Methylfluorphosphinsäureisopropylesters* (**I**) auf Larven u. Imago von *Drosophila melanogaster* untersucht. In der 1. Serie wurden 12, in der 2. Serie 8,5 mg **I**/Liter verwendet. In der 1. Serie wirkte **I** nur einmal 5 Min. auf die Imagines ein, entsprechend DL 80 (Imago) bzw. DL 70 (Zahl der geschlüpften Insekten). In der 2. Gruppe wurde nach 3—5 Min. Einw. noch eine 2. Bearbeitung nach beendeter Verpuppung durchgeführt. Die Zahl der schlüpfenden Imagines wurde dadurch nicht herabgesetzt. Die Toxizität für die Imago lag bei DL 50—80. Der beobachtete Unterschied in der physiolog. Einw. auf die 3 Entw.-Stadien wird auf die Spezifität des Stoffwechsels im Puppenstadium zurückgeführt. **I** erhöht die Häufigkeit der erblichen Verschiebungen um das 100fache. Seine Wrkg. übertrifft daher die der Kurzwellenbestrahlung. Es handelt sich also um einen transgenet. Faktor, der auch für landwirtschaftliche Selektionen von Interesse sein kann. Eine direkte, für die Mutagenese des Chromosomensubstrats verantwortliche Phosphorylierung wird angenommen. Es handelt sich am wahrscheinlichsten um den Eiweißanteil des Gens, u. zwar um die Aminosäuren Serin u. Tyrosin. Diese letzte Möglichkeit kann zu einer Quelle einer gewissen Spezifität in der mutagenen Wrkg. werden. Die experimentelle Nachprüfung ist am leichtesten bei Rückmutationen. F. DU MANS. 4130□

Zur Penetration und Utilisation des Wasserstoffperoxyds. R. Ludewig und V. Görisch. (Acta biol. med. german. [Berlin] **6.** 249—53. 1961. Leipzig, Karl-Marx-Univ., Pharmakol. Inst. u. Neapel, Zoolog. Stat.) (Dt.)

Wasserstoffperoxyd dringt in Seeigeleier ein. Die Entw.-Hemmung der Seeigeleier in sauerstoffarmem Meerwasser wird durch H_2O_2 in einer End-Konz. $3,7 \cdot 10^{-7}$ bis $3 \cdot 10^{-5}$ m aufgehoben. Der Sauerstoff des H_2O_2 wird also zumindestens z. T. im Stoffwechsel der Zellen verwertet. Höhere H_2O_2-Konzz. führen zu einer deutlichen Entwicklungshemmung. D. SCHEUCH. 4150□

Untersuchungen über die Trägerfunktion von Phosphatidsäure beim Natriumtransport. 1. Mitt. **Der Umsatz von Phosphatidsäure und Phosphoinositid in der Salzdrüse der Vögel bei Stimulierung der Sekretion.** Lowell E. Hokin und Mabel R. Hokin. (J. gen. Physiol. **44.** 61—85. Sept. 1960. Madison, Wis., Univ. of Wisconsin, Dep. of Physiol. Chem.) (Engl.) — Vgl. C. **1960.** 13422.

Inkubation von Schnitten der Salzdrüse des Albatros mit *Acetylcholin* (I), dem die Sekretion auslösenden physiolog. Agens, bewirkte eine 13fache Steigerung der Geschw. des ^{32}P-Einbaus in Phosphatidsäure (II) u. eine 3fache des Einbaus von ^{32}P u. $^{3}H_{(2)}$-Inosit in Phosphoinositid (III), während die ^{32}P-Aufnahme in Phosphatidylcholin u. Phosphatidyläthanolamin nicht oder nur wenig zunahm. Die Atmung wurde verdoppelt. Der „Phospholipid"-Effekt erfolgte in der Mikrosomenfraktion, die Fragmente des endoplasmat. Reticulum enthält. Diglyceridkinase (IV) u. II-Phosphatase (V), die den aktivierten II-Umsatz in der Hirnrinde katalysieren, fanden sich in der Mikrosomenfraktion in der höchsten Konzentration. Die auf I ansprechenden Phosphatide finden sich in der Membranwand an Eiweiß gebunden. Anscheinend nehmen II, vielleicht auch III, am Na-Transport teil. Es wird ein Schema, der „II-Cyclus", diskutiert, in dem der durch IV u. V katalysierte II-Umsatz in der Zellwand als Na-Pumpe funktioniert. K. MAIER. 4150□

Lipidentmischung von Algenplastiden. Renate Franz. (Protoplasma **49.** 197 bis 225. 1958. Wien, Univ., Pflanzenphysiol. Inst.) (Dt.)

Der Zusatz von Na-Oleinat zu Algenzellen (verschiedene Arten von *Zygnemataceen, Desuridiaceen, Chlorophyceen* u. *Diatomeen*) bewirkt eine Entmischung der Chloroplasten zunächst unter Bldg. von Myelinfiguren, dann eine fortschreitende Trennung in fl. Sphärokristalle u. körnige Plasma- u. Plastidenreste. Die Entmischung ist hinsichtlich des zeitlichen Ablaufs u. der entstehenden Formen gattungsspezifisch. Die Sphärolithe sind anfärbbar u. in A. löslich. Mit KJ_3 entsteht eine Braunfärbung, die auf die Anwesenheit von *Phosphatiden* hinweist. U. BAUMANN. 4150

Die Luminescenzmikroskopie in der Histochemie der Nucleinsäuren. A. W. Selenin. (Архив Анатомии, Гистологии и Эмбриологии [Arch. Anatom., Histol. Embryol.] **40.** Nr. 3. 88—98. März 1961. Moskau, 2. Med. Pirogow-Inst., Lehrstuhl für Histol. u. Embryologie.) (Russ.)

Übersicht an Hand der Literatur. — 60 Literaturangaben. O. LEBTAG. 4150□

Nucleotidzusammensetzung der Desoxyribonucleinsäuren der höheren Pflanzen B. F. Wanjuschin und A. N. Beloserski. (Доклады Академии Наук СССР [Ber. Akad. Wiss. UdSSR] **129.** 944—46. 1/12. 1959. Moskau, Lomonossow-Univ.) (Russ.)

Durch Unters. der *Desoxyribonucleinsäure* (I) im Blütenstaub, Samen, Keim, in den Sporen u. in der ganzen Pflanze (19 Pflanzenarten aus 17 Familien) wird festgestellt, daß bei allen untersuchten Pflanzen die I zum Typ Adenin/Thymin gehört. Der Spezifitätsindex der I-Zus., das Verhältnis (Guanin + Cytosin + 5-Methylcytosin)/(Adenin + Thymin), schwankt zwischen 0,54 u. 0,97. Die I-Zus. der höheren Pflanzen schwankt demnach viel weniger als bei Mikroorganismen u. nähert sich der I von Tieren. Charakterist. für die Pflanzen-I ist der hohe 5-Methylcytosin-Geh. von 2,0—7,2%. Bei den archegonialen Pflanzen ist dieser Geh. etwas geringer als bei den bedecktsamigen. Die I-Zus. ist unabhängig vom Alter u. physiolog. Zustand der Pflanze. Die verschiedenen Organe einer Pflanze weisen keine Unterschiede in der I-Zus. auf. O. LEBTAG. 4150□

Isolation und Eigenschaften von Ribonucleinsäure aus Tabakblättern. K. K. Reddi. (Biochim. biophysica Acta [Amsterdam] **23.** 208—10. Jan. 1957. Berkeley, Calif., USA, Univ. of Calif., The Virus Labor.) (Engl.)

Aus 350 g Blattmaterial 6 Wochen alter gesunder Gewächshauspflanzen des türkischen Tabaks wurden nach einem bes. Verf. unter Verw. von 0,1 m *Phosphat*-Puffern, 0,14 m *NaCl*-Lsg., *NaOH*, A., *Phenol*, Ae. u. *Eisessig* 33 mg reine *Ribonucleinsäure* (I) isoliert. Das gewonnene I, ein weißes, wasserlösl. Pulver, ergab negativen *Diphenylamin*-Test auf *Desoxyribose* u. negative *Biuret*-Probe auf *Proteine*. Das in dest. W. mit BECKMAN-Spektrophotometer bestimmte UV-Absorptionsmaximum lag bei 258 mμ [ε(P) = 7485], das -Minimum bei 230 mμ [ε(P) = 3308]. Die Best. der mol. Mengen von *Purinen* u. *Pyrimidinen* der I nach dem Verf. von WYATT ergab folgende Werte (Vgl.-Werte für I des Tabakmosaikvirus in Klammern): *Adenin* 0,71 (1,13), *Guanin* 1,00 (1,00), *Cytosin* 0,72 (0,70), *Uracil* 0,59 (1,11), *Purin/Pyrimidin*-Verhältnis: 1,30 (1,18).
H. G. W. GLEISS. 4150□

Ernährungserfordernisse für die Zellwandsynthese durch Bakterien. Gerald D. Shockman, Margaret J. Conover, Joseph J. Kolb, Lillian S. Riley und Gerrit Toennies. (J. Bacteriol. **81.** 44—50. Jan. 1961. Philadelphia, Pa., Inst. for Cancer Res.) (Engl.)

Wenn Zellen von *Streptococcus faecalis* in der Logphase in ein relativ einfaches Medium (Na-Phosphat, pH 6,5; 0,3 mMol Glucose/ml 10,0; Na-Acetat 1,2; Ammoniumsulfat 0,6; L-Glutaminsäure 0,3; L-Asparaginsäure 0,1; L-Lysin 0,1; DL-Alanin 0,2; L-Cystin 0,2; $MgSO_4 \cdot 7\,H_2O$ 0,2; $MnSO_4 \cdot 4\,H_2O$ 0,01; $FeSO_4 \cdot 7\,H_2O$ 0,01; NaCl 0,01 mg/ml) über geführt werden, nimmt die Trübung gewöhnlich um 40% zu. Der Bedarf des Mediums an den einzelnen Bestandteilen wurde bestimmt. Eine Zunahme an N_2 in der Zellwandfraktion u. ein Anstieg im Zellinhalt des für die Zellwand spezif. Zuckers Rhamnose zeigt an, daß die Trübungszunahme mit einer Zellwand-Synth. einhergeht. Die Zugabe von Guanin (oder Adenin) u. Uracil (0,03 mg/ml) zum Inkubationsmedium führt zu einer weiteren Zunahme der Trübung ohne entsprechenden Zuwachs an Zellwandsubstanz. Dies wird auf eine erhöhte Anreicherung von Nucleotiden in Ggw. dieser Basen zurückgeführt. H. Aman. 4150□

Die Beziehungen zwischen der biologischen Aktivität der Gewebe von tierischen Organen und dem Nucleinsäuregehalt. N. G. Belenki, N. N. Krylowa, L. B. Polonskaja und K. I. Basarowa. (Вестник Сельскохозяйственной Науки [Nachr. Landwirtsch.-Wiss.] **5.** Nr. 12. 67—70. Dez. 1960. Allunions-Forsch.-Inst. für die Fleischindustrie.) (Russ.; Auszug: Dt.)

Die Best. des Geh. an *Desoxyribonucleinsäure* (**I**), *Ribonucleinsäure* (**II**) u. der *Insulin* (**III**)-Aktivität von Extrakten frisch eingefrorener Bauchspeicheldrüsen von Rindern im Alter von 9—14 Jahren ergab die folgenden Werte (Mittel aus je 10 Best.): 292,6 bzw. 1877,6 mg/100 g u. 292,8 E./100 g. Die Werte für die einer 6, 12, 18 bzw. 24 std. Autolyse bei $+26^0$ unterworfenen Drüsen sind die folgenden: für **I** 251,2; 218,7; 143,9 bzw. 94,4; für **II** 1380,2; 1263,9; 1191,7 bzw. 806,6 u. für die **III**-Aktivität 187,0; 158,0, 147,3 bzw. 97,4. Aus den Verss. wird geschlossen, daß die Fermente der Bauchspeicheldrüse, welche **III** inaktivieren u. **II** aufspalten, die gleiche Wrkg.-Intensität besitzen, daß zwischen dem Geh. an **II** u. der biolog. Aktivität der Bauchspeicheldrüse direkte Beziehungen bestehen. Spezielle Unterss. ergaben ferner, daß auch zwischen der **III**-Aktivität u. dem **II**-Geh. direkte Beziehungen bestehen. Die im tier. Organismus bei der Synth. spezif. Proteine vor sich gehenden Prozesse hängen demnach von der Höhe des Nucleinsäure-Geh. ab. E. Rentz. 4150□

Eintritt von Nucleinsäuren in Knochenmarkzellen und ihre Wirkung auf die Hämoglobinelektrophorese. Austin S. Weisberger. (J. Lab. clin. Med. **56.** 957 bis 958. Dez. 1960. Cleveland, Ohio.) (Engl.)

Es wurde im Rahmen von Unterss., die sich mit der Rolle von Viren u. infektiöser Nucleinsäuren bei der Tumor- u. Leukämie-Bldg. befassen, zu bestimmen versucht, ob Nucleinsäuren aus dem Knochenmark von Patienten mit genet. Hämoglobinerkrankungen den durch Megaloblastenknochenmarkszellen gebildeten Hämoglobintyp verändern u. somit zur Unters. von Zellumformungsvorgängen dienen können. Nach Inkubation von *Desoxyribonucleinsäure* oder *Ribosenucleinsäure* aus dem Knochenmark von Patienten mit Sichelzellanämie mit Knochenmarkszellen von Patienten mit perniziöser Anämie (24 Std. unter sterilen Bedingungen unter Vitamin B_{12}-, Folsäure- u. Penicillinzugabe zum ausgeglichenen Gewebekulturmedium) zeigten sich regelmäßig abnorme elektrophoret. Hämoglobinkomponenten in den betreffenden Zellen (langsam wandernde Komponente, kein Sichelhämoglobin). Möglicherweise führen die Nucleinsäuren zur Interferenz mit der normalen Transferation innerhalb der Zellen. U. Tausendfreund. 4150□

Atypisches Epitheliom der Ratte. 6. Mitt. **Die Wirkung von Adenosintriphosphat auf den vitro-Einbau von ^{32}P in die Nucleinsäure der Mitochondrien.** D. Szafarz, Y. Khouvine, Y. Matsuoka und Kunio Yagi. (Bull. Soc. Chim. biol. **40.** 1505—10. 10/12. 1958. Paris, Inst. de Biol. physico-chim., et C.N.R.S.) (Franz.) — 5. vgl. Bull. Soc. Chim. biol. **39.** [1957.] 1243.

Zusatz von *Adenosintriphosphat* (**I**) zum Inkubationsmedium von Mitochondrien des atyp. Guérin-Epithelioms vermindert die spezif. Radioaktivität von *Ribonucleinsäure* (**II**)-P. Der Mechanismus dieses Effekts ist nicht durch Verdünnung von intramitochondrialem, markiertem **I** durch zugesetztes **I** erklärbar. Er beruht wahrscheinlich auf der Verdünnung des markierten Orthophosphats durch das aus **I** frei gemachte *Phosphat* (**III**) u. durch Austausch mit **I** oder gebildetem Adenosindiphosphat. Wenn die **III**-Konz. des Mediums $\leqq 5 \cdot 10^{-3}$ m ist, ist die Menge des in die Mitochondrien eingebauten **III** dieser Konz. proportional. K. Maier. 4150□

Beobachtungen über Blutammoniak und Glucose bei Patienten mit Leukämie. Robert T. Manning und William E. Larsen. (J. Lab. clin. Med. **56.** 925. Dez. 1960. Kansas City, Kans.) (Engl.)

Bei Patienten mit chron. Granulocytenleukämie u. lymphat. Leukämie konnte in vitro eine Zunahme des NH_3-Geh. von Blutproben um 300—1000% innerhalb 20 Min. nachgewiesen werden; der Geh. des Blutes an *Glucose* verminderte sich allmählich u. erreichte nach 1 Std. einen Wert von 10—30 mg%. U. Tausendfreund. 4160□

Atmung, Glykolyse und oxydative Phosphorylierungen zweier Ascites-Tumoren: Asciteshepatom und Ehrlich Ascites-Tumor. A. Andrejew, A. Jean Rosenberg und F. Zajdela. (C. R. Séances Soc. Biol. Filiales **150.** 1855—60. 1956, herausgeg. 26/4. 1957. Inst. de Biol. phys.-chem. et CNRS.) (Franz.)

Die Respiration (Q_{O_2}) von Rattenhepatomzellen mit Asciteswachstum u. des EHRLICH-Ascitestumors ähnelt der normaler Leberschnitte. Dagegen sind im Vgl. zum normalen Gewebe die aerobe Glykolyse ($Q^{N_2}_{CO_2}$) u. die anaerobe Glykolyse ($Q^{N_2}_{CO_2}$) dieser neoplast. Zellen ungleich viel höher. In Ggw. von Succinat oder Glutamat sind die oxydativen Phosphorylierungen (P/O) der Mitochondrien (M) des Hepatoms oder des EHRLICH-Tumors von derselben Ordnung, wie die der normalen Leber. Im Gegensatz zu den Erfahrungen mit den M normaler Leber konnte bei den M neoplast. Zellen in Ggw. von β-Hydroxybutyrat keine Phosphorylierung festgestellt werden. Die fördernde Wrkg. des DPN auf die M-Respiration eines Hepatoms in Ggw. DPN-abhängiger Substrate des „Krebs"-Zyklus wurde schon von WENNER u. WEINHOUSE beschrieben, während LIELLEY die Zunahme der Phosphorylierungsaktivität in Ggw. von DPN darlegte, mit einem P/O von 1,99 in Ggw. von α-Ketoglutamat. J. MALPRICHT. 4160□

Über die Fixierung der Schilddrüsenhormone durch aus Ehrlich-Adenocarcinom (Ascitestumor) isolierte Zellen. Gaetano Salvatore, Vincenzo Macchia, Giancarlo Vecchio und Jean Roche. (C. R. Séances Soc. Biol. Filiales **154.** 1737 bis 1742. 1960. Naples, Inst. de Pathologie génér. de l'Univ.) (Franz.)

Zu Suspensionen von EHRLICH-Adenocarcinomzellen von Mäusen wurden folgende ^{131}J-markierte Verbb. unter aeroben oder anaeroben Bedingungen gegeben: *L-Thyroxin* (I), *3.5.3'-Trijod-L-thyronin* (II), *3.5.3'-Trijodthyroessigsäure* (III), *3.5-Dijod-L-tyrosin* (IV), *3-Monojod-L-tyrosin* (V) bzw. *NaJ*. **I, II** u. **III** werden von den Zellen schnell aufgenommen, **IV, V** u. J^- jedoch nicht. Die Fixierung der Verbb. **I, II** u. **III** wurde auch quant. verfolgt. H. LOHSCHELDER. 4160□

Über die Hemmung der Fixierung der Schilddrüsenhormone in aus Ehrlich-Adenocarcinom (Ascitestumor) isolierten Zellen durch Serum oder Ascitesflüssigkeit. Gaetano Salvatore, Italo Covelli und Jean Roche. (C. R. Séances Soc. Biol. Filiales **154.** 1743—46. 1960.) (Franz.) — Vgl. vorst. Referat.

Suspensionen von EHRLICH-Adenocarcinomzellen von Mäusen wurde ^{131}J-markiertes *L-Thyroxin* (I) oder *3.5.3'-Trijod-L-thyronin* (II) sowie entweder Mäuseserum(MS) oder Ascites-Fl. (AF) zugesetzt. MS u. AF hemmen die Fixierung von **I** oder **II** durch die Zellen, u. zwar bei gleicher Protein-Konz. MS stärker als AF. Die Kombination von **I** oder **II** mit den Proteinen ist reversibel. Die Fixierung von **I** wird stärker gehemmt als die von **II.** H. LOHSCHELDER. 4160□

Tumorförderung durch Citrusöle: Tumore der Haut und Harnröhrenöffnung bei Mäusen. Francis J. C. Roe und Winifred E. H. Peirce. (J. nat. Cancer Inst. **24.** 1389—1402. Juni 1960. London, London Hosp. Med. Coll., Cancer Res. Dep.) (Engl.)

Die Öle aus den Schalen von süßen Orangen, Zitronen, Grapefruit u. Limonen verursachen *epidermat. Hyperplasie* bei Mäusen des Inzuchtstammes 101. Diese Öle wurden auf tumorfördernde Wrkg. durch wöchentliche Applikation auf die Mäusehaut nach einer einzigen Gabe von 300 μg *9.10-Dimethyl-1.2-benzanthracen* (**I**) getestet: alle ergaben *Hautpapillome* nach 5—12 Wochen. Mehrere maligne Hauttumoren sind auch entstanden u. weitere werden im Laufe der Beobachtungen erwartet. Verdünnung von Orangenöl (O) mit Aceton verringerte den tumorfördernden Effekt. Unverd. O förderte Tumoren bei Mäusen, die vorher örtlich oder parenteral mit *Urethan* (**II**) behandelt waren. Mit Aceton verd. oder nicht verd. O war für Mäusehaut nicht carcinogen. Normale u. **II**-vorbehandelte Mäuse erhielten 7 intradermale Injektionen unverd. O; keine Tumoren traten während einer 30 wöchentlichen Beobachtungsperiode auf. Frühere Verss. zeigten, daß die fördernde Wrkg. des O wahrscheinlich von seinem *d-Limonen*-Geh. kommt, der mehr als 90% des Öles ausmacht, u. nicht von den *Terpenalkoholen* u. anderen vorkommenden oxydierten Verbindungen. Papillomatöse Tumoren der Harnröhrenöffnung wurden bei 7 Mäusen gesehen, 4 waren mit **I** u. verd. O, 2 nur mit verd. O u. 1 mit **I** u. der nicht Terpenfraktion des O behandelt. Aceton fördert wahrscheinlich die Absorption der akt. Komponente des O, da keine Harnröhrentumoren bei Mäusen, die mit dem unverd. Öl behandelt waren, auftraten. H. GOLDNER. 4160□

Anatomisch-pathologische Experimentaluntersuchung der Wirkung des aus Guérin T_8-Carcinom gewonnenen Toxohormons auf die lymphatischen Ganglien der Ratte. J. Biraben und G. Delmon. (C. R. Séances Soc. Biol. Filiales **154.** 1796 bis 1798. 1960. Bordeaux, Fac. de Méd., Labor. d'Anatomie patholog. exp.) (Franz.)

Ratten erhielten Injektionen von toxohormonalen Extrakten aus Guérin-T_8-Carcinom, u. die morpholog. Veränderungen der lymphat. Ganglien werden beschrieben. Bes. wird das Verschwinden des reticulären Netzwerkes beobachtet.

H. LOHSCHELDER. 4160□

Leukämiebildung bei Mäusen mit Hilfe zellfreier Filtrate von menschlichen Leukämien. Richard DeLong. (J. Lab. clin. Med. **56.** 891—93. Dez. 1960. Toledo, Ohio, Univ. of Toledo, Dep. of Biol.; Res. Found.) (Engl.)

Bei wenig leukämieanfälligen Mäusen konnten durch Inokulation zellfreier Knochenmarkskulturfiltrate von Personen mit akuter Lymphocytenleukämie, Monocytenleukämie oder Plasmocytenleukämie Leukämien hervorgerufen werden, während gleichartig zubereitete Filtrate von nichtleukäm. Personen unwirksam waren. Das akt. Agens der Lymphocytenleukämie war auch nach 3monatiger Tiefkühlung noch wirksam; durch β-Propiolacton konnte es inaktiviert werden. U. TAUSENDFREUND. 4160□

Viren und Tumoren. Leon Dmochowski. (Science [Washington] **133.** 551—61. 24/2. 1961. Houston, Texas, Baylor Univ.; Univ. of Texas, Anderson Hosp. u. Tumor Inst.) (Engl.)

In der Übersicht werden bes. die elektronenmkr. gewonnenen Ergebnisse behandelt: Ultrastruktur normaler, virusinfizierter u. krebsiger Zellen u. ihrer Untereinheiten, die Nucleinsäuren von Krebszellen u. Viren. — 88 Literaturangaben. P. LOCH. 4160□

Über die Leukocyten vermehrende Wirkung von 2-Methyl-4-aminopyrimidin-5-carbonsäurehydrazid. Tetuo Minesita und Kenji Yamaguchi. (Annu. Rep. Shionogi Res. Lab. [Japan] **1957.** 423—28. Amagasaki, Shionogi Seiyaku Kabushiki Kaisha, Yakurigaku-Kenkyushitsu.) (Jap.; Auszug: Engl.)

Bei normalen Albinoratten steigt 3 Tage nach täglicher subkutaner Injektion von 20 γ *„Pyrimazid“* (I; *2-Methyl-4-aminopyrimidin-5-carbonsäurehydrazid*)/g Körpergewicht die Leukocytenzahl um 30%, nach 9 Tagen um 50%. Später (bis zum 15. Tage) kommt es zu keiner weiteren Erhöhung der Leukocytenzahl. Die Zahl der Erythrocyten wird durch I nicht beeinflußt. — Erhalten Ratten mit experimenteller Leukopenie (subkutane Injektion von 1 γ Lycorin/g) gleichzeitig 20 γ I pro Tag, so geht die bis zum 3. Tag nach der Injektion beobachtete Leukopenie zurück. Auch bei Ratten mit transplantiertem YOSHIDA-Sarkom hebt tägliche Injektion von 40 γ I/g die durch den Tumor hervorgerufene Leukopenie auf. F. MOSSNER. 4160

Cancerogene Wirkung des Methylcholanthrens und von Östradiol auf männliche NLC-Mäuse. G. Rudali, L. Juliard und B. Desormeaux. (C. R. Séances Soc. Biol. Filiales **150.** 1853—55. 1956, herausgeg. 26/4. 1957. Serv. de Rech. de la Fond. Curie.) (Franz.)

Männliche NLC-Mäuse, bei denen prakt. niemals spontane Leukosen beobachtet wurden, sind hochempfindlich gegen Behandlung mit *Methylcholanthren.* Durch Verabreichung einer Gesamtdosis von 10 mg, in 10 Gaben unterteilt, löst man bei den Tieren Leukosen u. Lungenadenome aus. Gibt man dieses Cancerogen mit einer *Östrogen*-Tablette behandelten männlichen Tieren, so ruft man u. a. Brustcarcinome hervor. Die Häufigkeit der Carcinome u. Leukosen ist viel höher bei den Tieren mit kombinierter Behandlung, als bei den mit dem KW-Stoff allein behandelten. Unter den gegebenen Vers.-Bedingungen übt das Östradiol eine Hemmwrkg. gegen das Auftreten von Lungenadenomen aus.
J. MALPRICHT. 4160□

Eine Untersuchungsmethode der Wirksamkeit chemotherapeutischer Substanzen mittels Ascites-Tumorzellen-Platten. J. A. DiPaolo und G. E. Moore. (Antibiotics and Chemotherapy **7.** 465—70. Sept. 1957. Buffalo, N.Y., Roswell Park Mem. Inst.) (Engl.)

Als Testmedium für die Prüfung der Wirksamkeit chemotherapeut. Substanzen auf Tumorzellen dient eine EHRLICH-Ascites-Zellen, Krebsasciteszellen oder HeLa-Zellen enthaltende modifizierte Agarplatte. Man läßt die zu testenden Stoffe auf Scheibchen in die Platte diffundieren. Dann wird die Platte mit einem Redoxindicator Methylenblau oder Neotetrazoliumsalz angefärbt u. 3 Std. bei 37° inkubiert. Die Schädigung der Zellen macht sich bei akt. Substanzen durch die bleibende Färbung bemerkbar, wobei der Durchmesser der Flecken ein Maß für die Schädigung ist. In einer Konz. von 100 μg/ml sind wirksam *Actinomycin D, 4-Amino-4-methylpteroylglutaminsäure, 4-Amino-9.10-dimethylpteroylglutaminsäure, Carcinophillin* (I), *Fumagillin, Hydrocortison* (II), *Quecksilberchlorid* (III), *Methyl-bis-[β-chloräthyl]-amin* (IV), *Neomycin, 3-Aminophenoxazon-(2), Polymyxin B, Tetracyclin, 2.4.6-Tris-[äthylenimino]-symm.-triazin.* **I, II, III** u. **IV** sind auch noch bei 10 μg/ml wirksam. Unwirksam sind *4-Aminopteroylasparaginsäure, 4-Aminopteroylglutaminsäure, 4-Amino-N^{10}-methylpteroylglutaminsäure, Pteroylglutaminsäure, O-Diazoacetyl-L-serin, Bacitracin, Desoxypyridoxin, Erythromycin, 8-Äthoxycaffein, 8-Äthylthiocaffein, Octatetraen-1.8-dicarbonsäure, Fumagillinalkohol I, Fumagillinalkohol Ib, Penicillin, N.N'.N''-Triäthylenthiophosphoramid* u. *Urethan.*
D. ZIEBARTH. 4160□

Beckenperfusion mit Stickstofflost gegen Krebs: eine neurologische Komplikation. Dillard M. Sholes jun. (Amer. J. Obstetr. Gynecol. **80.** 481—84. Sept. 1960. Knoxville, Tenn., Univ. of Tennessee, Mem. Res. Center, Dep. of Obstetrics and Gynec., Hosp.) (Engl.)

Eine 47 jährige Patientin erhielt 60 mg *Stickstofflost* (I) in 4 Dosen in 15-Min.-Intervallen in die arterielle Seite des extrakorporalen Kreislaufs. Monate nach der Behandlung zeigten sich zunehmende Schmerzen u. eine Lähmung des rechten Fußes. Allg. wird eine Zerstörung der Nerven zum Lendenkreuzplexus sowie Paralyse der Muskeln unterhalb des Knies beobachtet. Die Schäden schritten jedoch nicht weiter fort, so daß die Patientin an Krücken gehen konnte. Die Neurotoxizität von I muß demnach als Begrenzungsfaktor beim Gebrauch hoher I-Dosen berücksichtigt werden.

L. TRÄGER. 4160□

Die Antitumoreigenschaften von N.N'-Bis-[3-brompropionyl]- und N.N'-Bis-[3-chlorpropionyl]-piperazin. Robert J. Stein, John Carbon, John Langdon und Richard K. Richards. (J. Lab. clin. Med. **56.** 949. Dez. 1960. North Chicago, Ill.) (Engl.)

Bei Experimenten mit Adenocarcinom (CA-755) u. lymphat. Leukämie (LE-1210; BDF_1-Mäuse) bzw. Sarkom 180 (Swiss-Mäuse) konnte durch 16 mg *N.N'-Bis-[3-brompropionyl]-piperazin* (intraperitoneal für 11 Tage) ein deutlicher Rückgang der CA-755-Tumoren erzielt werden; perorale Verabreichung hatte gleichen Erfolg. Auch bei Ratten konnten mit 25 mg/kg/Tag Erfolge bei CA-755-Tumoren erzielt werden. Bei dieser Dosierung (u. bei 5 mg/kg/Tag bei Hunden) kommt es jedoch zu Granulocytopenie.

U. TAUSENDFREUND. 4160□

Die Wirkung des Hämolysins aus Streptokokken auf Ehrlich-Ascites-Tumorzellen. I. Ginsburg und N. Grossowicz. (J. Pathol. Bacteriol. **80.** 111—19. Juli 1960. Jerusalem, Hebrew Univ., Hadassah Med. School, Dep. of Bacteriol.) (Engl.)

Verschiedene Stämme Streptokokken der A-Gruppe besitzen eine zellgebundene hämolyt. Aktivität, die die Permeabilität der Zellmembranen verändert. Asciteszellen verlieren die Fähigkeit zur Proliferation. Die Hämolysine wirken auch auf normale Zellen, sind also unspezifisch. Vff. extrahierten mit Albumin oder Tween den akt. Faktor aus Streptokokken. Neutralisation der hämolyt. Aktivtät des Streptolysin S u. D durch Trypanblau, der zellgebundenen Aktivität durch Aureomycin u. des Streptolysin O durch Cholesterin u. Antistreptolysin O beseitigt die cytotox. Eigg. der Hämolysine. Streptolysin S wirkt nur auf EHRLICH-Ascitestumorzellen. M. W. GÖRLICH. 4160□

Verhinderung des peritonealen freien (Ascites) Tumor-Zellwachstums und der Implantation durch Vorbehandlung mit radioaktivem Yttrium. Horace Goldie, Spencer C. Disher, Charles S. Smith und Frank B. Davis. (Proc. Soc. exp. Biol. Med. **102.** 295—99. Nov. 1959. Nashville, Tenn., Meharry Med. Coll., Labor. for Experimental Oncology.) (Engl.)

Vff. injizierten Albinomäusen 0,25 mc $^{90}YPO_4$ u. 2 ml 0,85% *NaCl* in die Bauchhöhle u. übertrugen auf gleichem Wege nach 3—4 Tagen 10^5 Zellen von Krebs-2-Ascitestumor. Nach 3—4 Tagen wurde die angesammelte Fl. sowie der Geh. an Tumorzellen ermittelt. Gegenüber den Kontrolltieren waren bei den mit ^{90}Y vorbehandelten Tieren der Geh. an Fl. sowie der Umfang des Wachstums der implantierten Zellen beträchtlich reduziert. Die freien Tumorzellen erschienen vergrößert (verzerrte Mitosen) u. nach Übertragung auf gesunde Mäuse weniger lebensfähig. Vorbehandlung mit ^{90}Y steigerte die Resistenz des Peritoneum gegen Tumorzellen. Vff. vermuten, daß das Prinzip dieser Meth. für die Verhinderung von „transcoelomic metastases“ bei Bauchtumoren vor u. nach ihrer Entfernung angewandt werden kann. B. GÖRLICH. 4160□

E_2. Enzymologie. Gärung

Eine Methode zur Konzentrierung gelöster hochmolekularer Stoffe. Per Flodin, B. Gelotte und J. Porath. (Nature [London] **188.** 493—94. 5/11. 1960. Uppsala, AB Pharmacia, Res. Labors.; Univ. of Uppsala, Inst. of Biochem.) (Engl.)

Bei Zusatz von *Sephadex* (I), einem vernetzten Dextran, zu wss. Lsgg. hochmol. Substanzen werden diese unter I-Quellung konzentriert. Auf diese Weise wurden Cellulase in fl. Kulturmedium von *Polyporus versicolor* sowie gegen Eindampfen oder Gefriertrocknung empfindliche Stoffe, wie Cholinesterase, Pankreaslipase, Phosphatasen, Phosphodiesterasen, Pepsin, angereichert. Die Ausbeuten betrugen bei 10—20facher Konzentrierung $>$90%. In einigen Fällen blieben niedermol. Proteine, z. B. Cytochrom c u. *E. coli*-Phosphatase in erheblichem Maße im Gel u. konnten nur durch reichliches Waschen entfernt werden. I ist regenerierbar. K. MAIER. 4200□

Kristallisation eines Algencytochroms von Porphyra tenera-Cytochrom 553. Sakae Katoh. (Nature [London] **186.** 138—39. 9/4. 1960. Tokyo, Univ., Fac. of Sci., Dep. of Biophysics and Biochem.) (Engl.)

Aus dem wss. Extrakt gefrorener u. wieder aufgetauter Thalli der Rotalge *P. tenera* wurde durch fraktionierte $(NH_4)_2SO_4$-Fällung, Rivanol- u. $(NH_4)_2SO_4$-Fällung, Dialyse, XE-64 (H^+-Form)-Passage, Red. mit Ascorbinsäure, Chromatographie an Diäthylaminoäthylcellulose, $(NH_4)SO_4$-Fällung des Endeluats (Reinheitsgrad *E* 553/*E* 270 1,0) u. Kristallisation aus Phosphatpuffer unter $(NH_4)_2SO_4$-Zusatz ein kristall. *Cytochrom* (200 mg aus 15 kg gefrorenen Thalli) erhalten; λ_{max} red. 553 (549), 521, 417 (350), 317, 272 mμ, oxydiert 565, 525, 408 (380), 272 mμ (in Parenthese Schulterstellen). K. MAIER. 4210□

Einfluß der Glutaminsäure auf die Aktivität einiger Gewebefermente bei Hypoxie und körperlicher Arbeit. N. A. Udinzew. (Український Біохімічний Журнал [Ukrain. biochem. J.] **32.** 857—66. 1960. Swerdlowsk, Med. Inst., Lehrstuhl für biol. Chemie.) (Russ.; Auszug: Engl.)

Im Ratten-Vers. wurde der Einfl. einer subkutanen Zufuhr von 1 mg *Na-Glutaminat* (**I**)/g auf die Aktivität von *Dehydrase* (**II**), *Glutamicodehydrase* (**III**), *Lacticodehydrase* (**IV**) u. *Cytochromoxydase* (**V**) bei Hypoxie (Luftverdünnung in der Kammer, entsprechend 7000—8000 m Höhe) untersucht. Danach wird durch **I**-Zufuhr die **V**-Aktivität im Gehirn um 20%, in der Leber um 69%, im Herzmuskel um 33%, in der Niere um 38% erhöht. Die **II** Aktivität wird durch **I** im Hirngewebe um 27%, im Lebergewebe um 34%, im Skelettmuskel um 24% erhöht. Auch **III** u. **IV** werden durch **I** aktiviert. Bei kurzzeitiger körperlicher Beanspruchung (3 Min. langes Schwimmen) ist **I** ohne wesentlichen Einfl. auf **III**, **IV** u. **V**. Bei 1 std. Schwimmen wirkt **I** auf **III** u. **IV** aktivierend, auf **V** nicht ein. O. LEBTAG. 4210□

Einfluß des Lichts und der CO_2-Konzentration auf die Aktivität einiger Enzymsysteme von Blattgeweben. Silvio Fortini. (Ann. Staz. chim.-agrar. sperim. Roma [3] **1955.** Pubbl. Nr. 110. 1—19.) (Rum.)

Unter dem Einfl. von Belichtung u. CO_2-Konz. kann bei *Katalase* (**I**) u. *Peroxydase* keine Zunahme oder Abnahme der Aktivität festgestellt werden. Bei *Kohlensäureanhydrase* führen beide Faktoren gemeinsam zu einer Aktivitätszunahme, CO_2 allein zeigt keine eindeutige Wirkung. **I** u. *Catecholoxydase* (**II**) wirken an Blattspitze u. -basis verschieden. Die Aktivität der **II** wird durch Licht verstärkt. **II** u. Adenosintriphosphorsäure enthaltende Suspensionen von Blattgewebe von *Cynara scolymus* zeigen im Dunkeln ähnliche Aktivität wie belichtete Suspensionen mit **II** allein; am Licht ist kein Unterschied festzustellen. Bei Blattgewebe von *Nicotiana tabacum* besteht dieser Effekt nicht. Ascorbinsäure wird im Dunkeln u. am Licht in Ggw. von Na-Diäthyldithiocarbamat weniger durch *Ascorbinsäureoxydase* angegriffen; bei *Triticum vulgare* wird die Aktivität durch Licht schwach erhöht. R. K. MÜLLER. 4210□

Über die Entfärbung chemischer und enzymatischer Oxydationslösungen verschiedener Phenole durch Bisulfit. Die Bildung von Bisulfitderivaten. S. Bouchilloux. (C. R. Séances Soc. Biol. Filiales **153.** 642—45. 30/7. 1959. Marseille, Fac. de Méd.-Pharmacie, Labor. de Chim. Biol.) (Franz.)

Bei der papierchromatograph. u. -elektrophoret. Unters. der Melamin-Bldg. in vitro [Substrate: L-Tyrosin, *L-DOPA*, Hydroxytyramin, Noradrenalin, Adrenalin; Oxydans: *Polyphenoloxydase* (**I**), *Ag_2O*] wurde bei Verw. nichtgewaschener Papiere Bldg. einer sauren, gelb fluorescierenden, $AgNO_3$ nicht sofort reduzierenden, durch **I** nicht oxydierbaren Verb. mit Indol-Rk. beobachtet, die je nach Substrat im R_F-Wert verschieden war. Die Bldg. der fluorescierenden Verbb. (λ_{max} 340, 246 mμ, λ_{min} 270 mμ) wurde durch

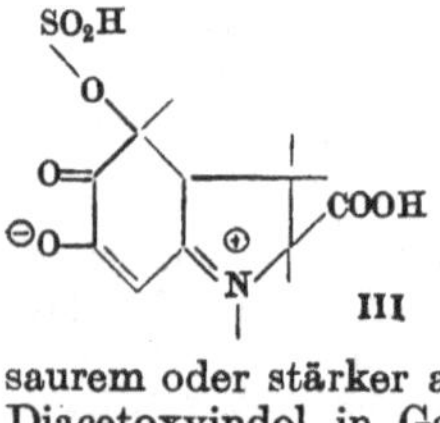

III

Red.-Mittel, wie $NaHSO_3$, $Na_2S_2O_4$, Hydroxymethylsulfinat, verstärkt. Bei Einw. wss. Bisulfit-Lsg. auf Flecken der cycl. Verbb. Dopachrom (**II**), Hydroxytyrachrom, Noradrenochrom oder Adrenochrom auf gewaschenem Papier (z. B. WHATMAN 1) werden diese durch intensiv gelb fluorescierende ersetzt, die die oben angegebene Absorption zeigen. Es handelt sich anscheinend um Zwischenstufen der Melamin-Bldg., die mit einem Sulfit- oder Sulfoxylrest kombiniert sind, z. B. **III**, u. bei stärker saurem oder stärker alkal. pH in Melanine übergehen. Durch alkal. Hydrolyse von 5.6-Diacetoxyindol in Ggw. von $Na_2S_2O_4$ hergestelltes 5.6-Dihydroxyindol gibt ebenfalls teilweise eine gelb fluorescierende Verb. des beschriebenen Typs. K. MAIER. 4210□

Vergleichende Untersuchungen mit der Photooxydase von Rhodospirillum. M. L. Ibanez und E. S. Lindstrom. (Canad. J. Microbiol. **7.** 85—90. Febr. 1961. University Park, Pa., Pennsylvania State Univ., Dep. of Bact.) (Engl.)

Heterotroph. gewachsene Zellen von *Rhodospirillum rubrum* ergaben nach aerober Züchtung in Licht zugleich mit dem photosynthet. Wachstum Photooxydationen

(PhO), Photophosphorylierungen (PhP) u. photosynthet. Pigmente. Zugabe von Diphosphopyridinnucleotid zu Extrakten photosynthet. gewachsener Zellen hemmte PhO u. förderte PhP. UV-Bestrahlung hemmte PhP, *Menadion* (**I**) hob Hemmung wieder auf. PhO wurde durch UV-Bestrahlung nur wenig gehemmt, **I** hatte keinen Einfluß. Eine Verknüpfung zwischen PhP u. PhO konnte nicht nachgewiesen werden.

U. BEHRENS. 4210□

Der Einfluß einiger dem Organismus zugeführter organischer Säuren auf den Oxydations-Reduktions-Prozeß im regenerierenden Gewebe. L. I. Palladina und A. M. Gudina. (Український Біохімічний Журнал [Ukrain. biochem. J.] **32.** 867—76. 1960. Kiew, Inst. für Biochem. der Akad. der Wiss. der UkrainSSR.) (Ukrain.; Auszug: Engl.)

Im Ratten-Vers. wurde der Einfl. von *Glutaminsäure* (**I**), *Asparaginsäure* (**II**), *Citronensäure* (**III**), *Methionin* (**IV**) u. *Arginin* (**V**) auf die Aktivität der *Dehydrase* (**VI**) u. die nach WARBURG bestimmte Intensität der O_2-Aufnahme bei einer 7tägigen Leberregeneration untersucht. Es wurde festgestellt, daß bei Zufuhr von **I**, **II**, **III**, **IV** oder **V** die **VI**-Aktivität u. die O_2-Aufnahme erhöht werden, während ohne diese Zufuhr während der Regeneration die **VI**-Aktivität abnimmt. Die Wrkg. von **IV** ist geringer als die von **I**, **II**, **III** u. **V**.

O. LEBTAG. 4210□

Dihydrofolsäurereduktase. James M. Peters und David M. Greenberg. (J. Amer. chem. Soc. **80.** 6679—82. 20/12. 1958. Berkeley, Calif., Univ., School of Med., Dep. of Physiol. Chem.) (Engl.)

Ausführliche Wiedergabe der C. **1959.** 8595 referierten Arbeit. — Zu ergänzen ist, daß gereinigte *Dihydrofolsäurereduktase* (**I**)-Präpp. eine extrem schwache Aktivität für die Red. von Folsäure (**II**) haben, d. h. **I** ist aus dem Enzym-Syst., das **II** zu Tetrahydrofolsäure red., abgetrennt. Unterss. mit SH-Reagentien zeigten, daß freie SH-Gruppen für die Enzymaktivität wahrscheinlich nicht notwendig sind.

K. MAIER. 4210□

Untersuchungen über die enzymatische Reduktion von Aminosäuren. 2. Mitt. **Reinigung und Eigenschaften einer D-Prolinreduktase und einer Prolinracemase aus Clostridium sticklandii.** Thressa C. Stadtman und Patricia Elliott. (J. biol. Chemistry **228.** 983—97. Okt. 1957. Bethesda, Md., Nat. Inst. of Health, Nat. Heart Inst., Enzyme Sect.) (Engl.) — 1. vgl. C. **1957.** 13380.

Die weitere Unters. u. Reinigung des Reduktase-Syst., welches die reduktive Ringspaltung von *D*- oder *L*-*Prolin* (**I**) zu *δ-Aminovaleriansäure* katalysiert, ergab, daß hierbei zwei Enzyme beteiligt sind: *D-Prolinreduktase* (**II**) die gegen L-**I** (unwirksam ist) u. *Prolinracemase* (**III**), welche die opt. Isomeren in das Racemat überführt. Die Reinigung erfolgt durch Fällen mit $(NH_4)_2SO_4$, Säurebehandlung (zur Entfernung von nichtenzymat. Material) u. Adsorption an $Ca_3(PO_4)_2$-Gel. — Bei gereinigter **I** wird im Gegensatz zu roher **I** *1.3-Dimercaptopropanol* als der beste Elektronendonator gefunden; weniger wirksam sind *DL-6.8-Dimercaptooctanoat*, *2.3-Dimercaptopropanol* (*BAL*) u. *DL-5.8-Dimercaptooctanoat*; *β-Mercaptoäthanol* wirkt geringfügig, Thioglykolsäure ist ohne Wirkung. An Cofaktoren sind Mg^{2+}, Diphosphopyridinnucleotid (DPN) u. Pyridoxalphosphat erforderlich. Co^{2+} hemmt die Rk. vollständig. **II** ist bei Dialyse beständig. Einw. von Phosphomonoesterase auf **II** führt zu teilweisem Wrkg.-Verlust, der aber durch Nicotinamidadeninnucleotid z. T. wieder ausgeglichen werden kann. Reversibilität der **II**-Wrkg. konnte nicht nachgewiesen werden. — **III** wirkt bei 37° besser als bei 24°; die Wrkg. bei pH 6,7 u. 8,1 sind sehr wenig verschieden; unterhalb von pH 6,5 erfolgt starker Wrkg.-Abfall, bis bei pH 5,5 keine Wrkg. mehr besteht. Die bei **II** gefundenen Cofaktoren wirken bei **III** nicht. Zur **III**-Wrkg. ist eine —SH-Verb. erforderlich; red. Glutathion, Thioglykolsäure u. Liposäure bewirken eine geringfügige Hemmung.

A. HESSE. 4210□

Der Mechanismus der Glutaminsäuredehydrogenasereaktion. 2. Mitt. **Die Substratspezifität des Enzyms.** Harvey F. Fisher und Lois L. McGregor. (J. biol. Chemistry **236.** 791—94. März 1961. Detroit, Mich., Henry Ford Hospital, Edsel B. Ford Inst. for Med. Res.) (Engl.) — 1. vgl. C. **1961. 4745.**

L-Glutaminsäuredehydrogenasen (**I**) aus Rinderleber katalysieren die reversible oxydative Entaminierung von L-Alanin (**II**). Bei der Hinrk. reagiert Pyruvat mit dem gleichen Enzym-NAD (oder NADP) Ammoniumkomplex, mit dem α-Ketoglutarat reagiert. **I** sind nicht auf L-Glutamat (**III**) u. L-**II** als Substrat beschränkt. Ca. 25 Aminosäuren waren als akt. Substrate geeignet, wobei in einigen Fällen die maximale Rk.-Geschw. sich derjenigen von **III** weitgehend näherte.

K. MAIER. 4210□

Oxydation von Gluconat, 2-Desoxy-D-Glucose und Milchsäure durch ein Enzympräparat aus Aerobacter aerogenes. E. R. Blakley und O. Ciferri. (Canad. J. Microbiol. **7.** 61—73. Febr. 1961. Saskatoon, Can., Prairie Res. Lab.) (Engl.)

Extrakte aus *Aerobacter aerogenes* oxydierten *2-Desoxy-D-glucose* (I) zu *2-Desoxy-D-gluconat, 6-Desoxy-6-fluor-D-glucose* (II) zu *6-Desoxy-6-fluor-2-keto-D-gluconat* u. *D-* u. *L-Lactat* (III) zu *Pyruvat*. Vff. weisen nach, daß Oxydation von **I, II** u. **III** durch verschiedene Enzym-Syst. bewirkt wird. U. BEHRENS. 4210□

Das Verhalten der Atmung und der Glucose-6-phosphatdehydrogenase roter Blutkörperchen verschiedenen Alters während einer Entblutungsanämie bei Kaninchen. C. Kahrig und S. Rapoport. (Acta biol. med. german. [Berlin] **6**. 238—48. 1961. Berlin, Humboldt-Univ., Physiol. Chem. Inst.) (Dt.)

Durch fraktioniertes Zentrifugieren wurden rote Blutzellen verschiedenen Alters erhalten. Reife alte Erythrocyten haben eine um mehr als 50% geringere O_2-Aufnahme als junge reife Erythrocyten. Mit der Alterung sinkt also die Atmung ab. Am 4. Tag der Entblutung zeigen die Reticulocyten die größte Atmung, dieser Befund ist wahrscheinlich auf das Fehlen des Hemmstoffes des Succinatoxydase-Syst. zurückzuführen, da dieser meist erst ab 4., 5. Tag auftritt. Atmung u. Glucose-6-phosphatdehydrogenase (**I**) steigt bei längerer Entblutung stärker an, als es den Reticulocytenzahlen entspricht. Daraus wird vermutet, daß mit längerer Entblutung immer mehr junge Zellen ausgeschwemmt werden, die kein anfärbbares Reticulum besitzen, jedoch einen größeren Stoffwechsel als alte Erythrocyten zeigen. Umgekehrt ist die Aktivität von **I** der am Beginn der Entblutung ausgeschwemmten Reticulocyten niedriger als es den Reticulocytenzahlen entsprechen würde. Mit der Reifung der Reticulocyten zu Erythrocyten fällt **I** auf weniger als $^1/_5$ ab. Bei Umrechnung der gemessenen Werte auf 100% Reticulocyten erhält man eine Aktivität von **I** von $50-80 \cdot 10^3$ Δ E./g Hämoglobin/Minute. Dieser Wert ist gering überhöht, da der Hämoglobin-Geh. pro Zelle bei der Entblutung absinkt, ein Bezug der **I**-Aktivität auf die Zellmasse ist deshalb vorzuziehen. D. SCHEUCH. 4210□

Hexokinase-Aktivität von auf biotinreichen und biotinarmen Nährmedien gezüchteten Hefen. Rolf Siepmann und James C. MacDonald. (Canad. J. Microbiol. **6**. 573—81. Okt. 1960. Saskatoon, Sask., Nat. Res. counc. of Canada, Prairie Reg. Labor.) (Engl.)

Zwei Stämme von *Saccharomyces cerevisiae* (S.c.) u. ein Stamm von *Candida parapsilosis* (C.p.) wurden auf biotinarmen u. biotinreichen Medien gezüchtet. Ihre *Hexokinase*-Aktivität wurde in zellfreien Extrakten getestet. — Extrakte von C.p., gezüchtet auf biotinarmen Medien, wiesen eine höhere Hexokinaseaktivität auf als die von biotinreichen Medien. Die Hexokinaseaktivität dieser in biotinarmen Medien gezüchteten Hefen wird weder durch Biotin erhöht, noch durch Avidin inhibiert. — Die Resultate sprechen nicht für die Möglichkeit einer direkten Rolle des Biotins bei der Hexokinase-Aktivität. M. RINGPFEIL. 4210□

Phosphorylierung einiger Fructoseanalogen durch Hefehexokinase. J. R. Burt. (Biochem. J. **77**. 16 P. Dez. 1960. St. Andrews (Fife) Univ., Dep. of Physiol. and Biochem.) (Engl.)

Vf. untersucht 4 Fructofuranose-Analoge auf ihre Eignung als Substrate bzw. Inhibitoren für Hefe-*Hexokinase* (I). *1-Desoxy-D-fructose* wird durch Hydrierung von 1-Desoxy-2,3.4,5-bis-[O-isopropyliden]-1-mercaptoäthyl-D-fructose an RANEY-Nickel mit anschließender Säurehydrolyse gewonnen. Die Verb. wird durch **I** phosphoryliert ($K_m = 1{,}09 \cdot 10^{-2}$ m) u. hemmt die Phosphorylierung von Fructose. — *2.5-Anhydro-D-mannit*, durch Hydrieren (RANEY-Nickel oder $NaBH_4$) von 2.5-Anhydro-D-mannose erhalten, wird ebenfalls durch **I** phosphoryliert u. ist gleichzeitig sein eigner Inhibitor. — *1-Amino-1-desoxy-D-fructose* wird nicht als Substrat verwertet, hemmt jedoch die Phosphorylierung der Glucose. — Weder Substrat- noch Inhibitor-Eigg. weist *2.5-Anhydro-D-sorbit* auf. P. LOCH. 4210□

Stoffwechseluntersuchungen über skorbutische Meerschweinchen. 1. Mitt. **Der Stoffwechsel von Glucose-α-phosphat in der Leber.** N. C. Ganguli und Arun Baran Banerjee. (J. biol. Chemistry **236**. 979—82. April 1961. Calcutta, Univ., Coll. of Sci. and Technol., Dep. of Applied Chem.) (Engl.)

Leberhomogenate von ♂ Meerschweinchen mit akutem Skorbut wurden zentrifugiert u. mit der überstehenden Fl. Enzymaktivitätsmessungen durchgeführt. Die spezif. Aktivitäten der *Hexokinase, Phosphoglucomutase* (I) u. *Phosphohexoisomerase* waren bei den skorbut. Tieren gegenüber den Kontrollen erniedrigt, am stärksten bei **I** (92%). Von den untersuchten Enzymen war nur die *Glucose-6-phosphatase* normal akt., während die *Glucose-6-phosphat-* u. die *6-Phosphogluconatdehydrogenase* gesteigerte Aktivität zeigten. Die Oxydation von $^{14}C_{(1)}$*-Glucose* zu $^{14}CO_2$ war normal, während die Oxydation von $^{14}C_{(6)}$*-Glucose* erniedrigt war. H. LOHSCHELDER. 4210□

Substratabhängige Phosphorylierung in ruhenden Zellen von Pseudomonas aeruginosa. G. A. Strasdine, J. J. R. Campbell, H. P. C. Hogenkamp u. J. N.

Campbell. (Canad. J. Microbiol. **7.** 91—97. Febr. 1961. Vancouver, B.C., Univ. of British Columbia, Dairying Labor.) (Engl.)

Unterss. mit ^{32}*P-Phosphat* an ruhenden Zellen von *Pseudomonas aeruginosa* ergaben eine substratabhängige Phosphorylierung. Phosphat wurde bevorzugt in Nucleinsäuren eingebaut. Werden äquivalente Mengen von Glucose, Gluconat oder 2-Ketogluconat als Substrat verwendet, so zeigt sich, daß das stärker oxydierte Substrat sehr viel weniger ^{32}P inkorporiert. Das zeigt, daß die Phosphorylierung übereinstimmt mit der Passage von Elektronen zu Sauerstoff beim Elektronentransport-Syst. von diesem Organismus. Das P:O-Verhältnis, das bei Verw. von Glucose als Substrat erhalten wird, ist 0,01. Die Phosphorylierung wird von Dinitrophenol oder NaF nicht beeinflußt. Sie wird aber vollständig durch Cyanid gehemmt. Chloramphenicol in einer Konz., die die Protein-Synth. hemmt, verursacht eine 2fache Stimulierung der Phosphatinkorporierung. Pyocyanin hemmt die Phosphataufnahme vollständig u. stoppt die Oxydation von Glucose zu 2-Ketogluconat. Diese Wrkg. werden durch Mg aufgehoben.
U. BEHRENS. 4210□

Methode der Isolierung und einige Eigenschaften der kristallinen Muskelbrenztraubensäurephosphokinase. P. D. Dwornikowa, M. F. Guli, O. Ja. Fedortschenko und F. P. Martynenko. (Український Біохімічний Журнал [Ukrain. biochem. J.] **32.** 783—92. 1960. Kiew, Inst. für Biochem. der Akad. der Wiss. der UkrainSSR.) (Ukrain., Auszug: Engl.)

Vff. beschreiben eine Meth. zur Gewinnung von krist. *Brenztraubensäurephosphokinase* (I) aus den Muskeln der Katze. I krist. aus jener Fraktion des Muskelextraktes, die mit $(NH_4)_2SO_4$ bei einer Sättigung von 0,428—0,524 erhalten wurde. Das pH der Mutter-Lsg. beträgt 5,8—6,1, die I-Konz. 10—12%. Die in Oktaedern auftretende I besitzt eine hohe Aktivität, die nach der Umkristallisation das 40—43fache des Wertes des ungereinigten Extraktes erreicht. Die mol. Aktivität kann bis zu 8000—9000 bei 20° u. beim pH 7,0 in Ggw. von Mg^{2+} u. K^+ erreichen. Das 4—5mal umkrist. I-Präp. ist bei der Diffusionsaussalzung u. bei der 7std. Elektrophorese homogen.
O. LEBTAG. 4210□

Die Thiaminphosphate. Ju. M. Osstrowski. (Український Біохімічний Журнал [Ukrain. biochem. J.] **32.** 911—26. 1960. Grodno, Med. Inst.) (Russ.)

Übersicht an Hand der Literatur. Behandelt werden die Phosphorylierung des *Thiamins* u. die Beteiligung der *Thiaminphosphate* bei der Phosphorylierung. — 81 Literaturangaben.
O. LEBTAG. 4210□

Die Funktion von Phosphotaurocyamin und Phosphoglykocyamin als Phosphatdonatoren. Nguyen-van Thoai. (C. R. Séances Soc. Biol. Filiales **150.** 1889—91. 1956, herausgeg. 26/4. 1957. Concarneau, Finistere, Coll. de France, Lab. de Biol. Marine.) (Franz.) — Vgl. C. **1959.** 1499.

In Ggw. von Enzymextrakten aus Muskel von *Arenicola marina* u. *Nereis diversicoler* wirken *Phosphotaurocyamin* u. *Phosphoglykocyamin* als Phosphatdonatoren für Adenosindiphosphat. Taurocyaminphosphokinase u. Glykocyaminphosphokinase katalysieren diese Transphosphorylierung wie die Rückrkk. streng spezifisch. K. MAIER. 4210□

Enzymatische Synthese und Stoffwechsel von Malonyl-Coenzym-A und Glutaryl-Coenzym-A. Govind K. K. Menon und Joseph R. Stern. (J. biol. Chemistry **235.** 3393—98. Dez. 1960. Cleveland, Ohio, Western Res. Univ., School of Med., Dep. of Pharmacol.) (Engl.)

Die früher (STERN, COON, DEL CAMPILIO u. SCHNEIDER, C. **1957.** 13697) beschriebene *Succinyl-β-ketoacyl–Coenzym-A-Transferase* (I), die die enzymat. Übertragung von *Coenzym A* (CoA) aus Acetyl-CoA auf eine Carbonsäure katalysiert, wurde untersucht. Als Test für die CoA-Übertragung diente die Feststellung, ob bei der Rk. Acetyl-CoA + $R(CH_2)_nCOOH \rightleftharpoons R(CH_2)_nCO-S-CoA$ + Acetat (wobei R = H oder COOH ist), durch Zusatz von Carbonsäuren das Verschwinden von Acetyl-CoA beschleunigt wird. — Hefe enthält I, welche die Rk. Acetyl-CoA + Succinat ⇌ Succinyl-CoA + Acetat katalysiert. — Muskel u. Herz des Hundes katalysieren folgende Rkk.: a) Acetoacetyl-CoA + Malonat ⇌ Malonyl-CoA + Acetoacetat (II); b) Acetoacetyl-CoA + Glutarat ⇌ Glutaryl-CoA + **II**; c) Acetoacetyl-CoA + Succinat ⇌ Succinyl-CoA + **II**. Es wurde gezeigt, daß hochgereinigte I (Schweineherz) die Rkk. c) u. a), nicht aber die Rk. b) katalysiert. — *Malonyl-CoA* (**III**) wurde auch synthet. hergestellt durch Suspendieren von 30 mg CoA in 0,10 ml (188 μm) kaltem Malonyldichlorid in W. unter starkem Rühren, tropfenweisem Zusatz von W. bis zu einem Vol. von 1,0 ml, 5malige Extraktion mit je 4 ml Ae. (zur Entfernung von Chromogen u. Malonsäure; das so erhaltene **III** hat denselben R_F-Wert (0,46 in A.-Acetat) wie das nach Rk. a) erhaltene **III**. — Synthet. sowie en-

zymat. hergestelltes **III** wird durch Extrakte aus Taubenleber oder Hundeskelettmuskel in Acetyl-CoA übergeführt; hierbei erfolgt anscheinend direkte Carboxylierung.
A. HESSE. 4210☐

Einige strukturelle Beobachtungen über das Vitamin-B_{12}-Coenzym. A. W. Johnson und N. Shaw. (Proc. chem. Soc. [London] **1960.** 420—21. Dez. Nottingham, Univ.) (Engl.)

Aus einem Coenzym-Präp. (**Ia**) der *Vitamin-B_{12}* (**I**)-Reihe wurden durch Zers. mit Cyanid krist. *Cyanocobalamin* u. 2 weitere Verbb. erhalten u. eine als *Adenin* (**II**) identifiziert. Die 2. entsprach wahrscheinlich dem entsprechenden *Nucleosid* (**III**) mit Zuckerverknüpfung an $N_{(9)}$, wobei der Zucker nicht mit D-Ribose oder 2-Desoxy-D-ribose ident. war. **III** wurde aus **Ia** durch Luft im Licht unter Bldg. von *Hydroxocobalamin* abgespalten. Im Hinblick auf den erheblichen Unterschied der sichtbaren Spektren von **I** u. **Ia** stellt letztes vermutlich einen anderen Typ eines Co-Koordinationskomplexes dar. **Ia** ist im Unterschied zu **I** paramagnetisch. Angabe einer vorläufigen Konst. für **Ia.**
K. MAIER. 4210☐

Die Wirkung der Substratstruktur auf die Aktivität von Taubenleberacetyltransferase. K. Bruce Jacobson. (J. biol. Chemistry **236.** 343—48. Febr. 1961. Oak Ridge, Tenn., Oak Ridge National Labor., Biol. Div.) (Engl.) — Vgl. C. **1961.** 5844.

Taubenleber-*Acetyltransferase* wurde durch Aceton- u. $(NH_4)_2SO_4$-Fraktionierung sowie Chromatographie an DEAE-Cellulose gereinigt (48—74fach) u. hinsichtlich der Spezifität gegenüber ihren Substraten, den Acetyldonatoren u. -acceptoren, untersucht. Von den Donatoren reagierten diejenigen Acetanilid-Derivv. mit stark elektronegativen p-ständigen Gruppen am raschesten ($NO_2 > Cl$, $Br > CH_3 > H$). Von den Acetylacceptoren, Anilin-Derivv. mit 2 p-ständigen Gruppen, waren diejenigen wirksamer, deren einer Substituent, ausgenommen die Halogen-Derivv., schwache Elektronegativität aufwies, wie p-Methylanilin. Die Elektronenkonfiguration der Substrate wird in diesem Zusammenhang diskutiert.
K. MAIER. 4210☐

Untersuchungen über die Spezifität der Acylase. 1. Mitt. **Über die Wirkung der Zooacylase auf Acyl-DL-norleucin.** Shin-ichi Sugano. (Acta Scholae med. Univ. Kioto **35.** 246—58. 1958. Kyoto, Univ., Fac. of Med., Dep. of Med. Chem.) (Engl.)

Die untersuchten Acyl-Derivv. von *DL-Norleucin* (**I**), nämlich *Acetyl* (**III**)-, *Chloracetyl* (**IV**)-, *Propionyl-*, *Butyryl-*, *Isobutyryl-*, *n-Valeryl-*, *Isovaleryl-*, *n-Caproyl*, *Isocaproyl-*, *Benzoyl* (**V**)-, *Carbobenzoxy-*, *Benzolsulfonyl-*I, werden durch *Acylase* (**II**) aus tier. Organen gespalten. **II** der Niere von Hund, Rind u. Katze, Huhn zeigte starke Wrkg., **II** der Niere von Schwein u. Huhn schwächere Wirkung. — Leber-**II** zeigte im allg. schwächere Wrkg. als Nieren-**II**, bes. gegenüber den aromat. **I**-Derivv. u. den Derivv. mit längeren Fettsäureketten. — Gehirn-**II** zeigte schwache Wrkg.; es wurden lediglich einige Fettsäure-Derivv. von **II** langsam hydrolysiert. — **II** aus Milz u. aus Pankreas zeigten nur geringfügige Wrkg. lediglich gegen **III** u. **IV**. — Menschliche Placenta hydrolysierte **IV** nur nach sehr langer Inkubationszeit zu 39%, war aber unwirksam gegen **III** u. **V**.
A. HESSE. 4210☐

Untersuchungen über die Spezifität der Acylase. 2. Mitt. **Über die Wirkung von Mycoacylase auf Acyl-DL-norleucin.** Shin-ichi Sugano. (Acta Scholae med. Univ. Kioto **35.** 259—62. 1958.) (Engl.) — 1. vgl. vorst. Referat.

Acylase aus *Takadiastase* (**III**), *Aspergillus oryzae* bzw. *Proteus vulgaris*, allg. vom Vf. als *Mycoacylase* (**I**) bezeichnet, vermag *Acetyl-DL-norleucin*, *Chloracetyl-DL-norleucin* (**II**) u. *Benzoyl-DL-norleucin* (**IV**) zu spalten (Nachw. durch Aciditätszunahme sowie durch Partialpapierchromatographie). Dabei übt **I** die stärkste Wrkg. gegen **II** aus. Den größten **I**-Geh. wies **III** auf .— Auffallend ist die starke Wrkg. von **I** gegen **IV**; die von der in l. c. beschriebenen geringen Wrkg. tier. Acylasen gegen **IV** stark abweicht. — *Mycobacterium tuberculosis* spaltet **II** u. **IV**; *Staphylococcus aureus* u. *Escherichia coli* spalten nur **II**, nicht aber die anderen Verbindungen.
A. HESSE. 4210☐

Untersuchungen über die Spezifität der Acylase. 3. Mitt. **Über die Aufspaltung von Benzoyl-DL-norleucin durch Acylase der Schweineniere.** Shin-ichi Sugano. (Acta Scholae med. Univ. Kioto **35.** 263—65. 1958.) (Engl.) — 2. vgl. vorst. Referat.

Benzoyl-DL-norleucin (**I**) wird durch Acylase (**II**) aus Schweineniere opt. gespalten, wobei 70% bzw. 60% der theoret. Menge an *-L-norleucin* bzw. *-D-norleucin* erhalten wurden. — D-**I** wird weder von tier. noch von bakterieller **II** gespalten.
A. HESSE. 4210☐

Einfluß von NaF auf die Hydrolyse von Chloracetyl-DL-norleucin durch Acylase der Kükenleber. Shin-Ichi Sugano. (Acta Scholae med. Univ. Kioto **35.** 266—68. 1958.) (Engl.) — Vgl. vorst. Referate.

Die Wrkg. der *Acylase* (aus Hühnerleber) gegen *Chloracetyl-DL-norleucin* wird durch kleine Mengen *NaF* gehemmt. Die Inhibitor-Wrkg. scheint etwa proportional der NaF-Konz. zu sein; 50% Hemmung werden durch 0,02 m Endkonz. an NaF erzielt.
A. HESSE. 4210□

Die biosynthetische Funktion des Tricarbonsäurecyclus. J. M. Wiame. (Advances Enzymol. **18.** 241—80. 1957. Bruxelles, Univ. Libre, Labor. de Microbiol., et Services des Recherches C.E.R.I.A.) (Franz.) — Vgl. C. **1958.** 8081.

Übersicht. Der Tricarbonsäurecyclus (Tcy) der Mikroorganismen; mit Tcy verknüpfte Biosynth. der Zelle: NH_4-Assimilation, Glutaminsäure (I) als N-Donator, Bilanz der Synth. von *Bacillus subtilis*, von I u. Asparaginsäure abgeleitete Aminosäuren, Glycin, Bernsteinsäure-Derivv., Funktion von CO_2 bei Synth., Wrkg. der Azidität auf das Wachstum von *B. subtilis*, Unterss. mit ^{14}C-markierten Vorstufen, Mangelmutanten mit Ausfallserscheinung im Tcy-Bereich; Tcy in Aerobiose. — 133 Literaturangaben.
K. MAIER. 4210□

Malatsynthetase und Isocitritase in Tetrahymena pyriformis. Henry Reeves, Marco Papa, Gerald Seaman und Sam Ajl. (J. Bacteriol. **81.** 154—55. Jan. 1961. Washington, D.C., Walter Reed Army Inst. of Res., Dep. of Bact.; Galveston, Tex., Univ. of Texas, Med. Branch, Dep. of Microbiol.) (Engl.)

In zellfreien Extrakten von *Tetrahymena pyriformis* [Nährmedium: 1,0% Protasepepton Nr. 3 (Difco) u. 0,1% Hefeextrakt (Difco)] wurden die *Malatsynthetase* (I) u. *Isocitritase* (II) spektrophotometr. bestimmt. Ihre spezif. Aktivitäten (μMol: Min.: mg Protein) waren 0,032 bzw. 0,002. Obgleich die Rolle von **I** u. **II** beim aeroben Bakterienwachstum auf C_2-Verbb., wie Acetat begründet ist, ist ihre Funktion beim Wachstum von Tetrahymena in einem komplexen Medium noch zu klären.
H. AMAN. 4210□

Ernährung und Stoffwechsel der Meeresbakterien. 10. Mitt. **Glyoxylat-Cyclus in einem Meeresbakterium.** R. A. MacLeod, Aiko Hori und Sylvia M. Fox. (Canad. J. Microbiol. **6.** 639—44. Dez. 1960. Vancouver, B.C., Technol. Stat., Fisheries Res. Board of Canada.) (Engl.) — 9. vgl. Canad. J. Biochem. Physiol. **38.** [1960.] 693.

An einem Meeresbakterium (*Pseudomonas* oder *Spirillum*) mit hohem Na^+-Bedarf wurde das Vork. des Glyoxylatcyclus (G.C.) untersucht. In Extrakten von Bakterien, die auf Acetat als alleiniger C-Quelle gewachsen waren, konnten Fermente des G.C. nachgewiesen werden, während diese in Extrakten aus Bakterien, die auf Hefeextraktmedium gezüchtet waren, nicht nachgewiesen werden. Vff. schließen daraus, daß Enzyme des G.C. nur bei Bedarf gebildet werden.
U. BEHRENS. 4210□

Enzymatische Faktoren beim experimentellen Galaktosekatarakt. Sidney Lerman. (Science [Washington] **130.** 1473—74. 27/11. 1959. Rochester, N.Y., Univ., School of Med., and Dentistry, Div. of Ophthalmol.) (Engl.)

Die eine Trübung der Augenlinse bei Ratten hervorrufende Verfütterung von *Galaktose-1-phosphat* (I) bewirkt eine spezif. Herabsetzung der Aktivität von *Glucose-6-phosphatdehydrogenase* in vivo. Eine analoge Hemmung wird mit Linsenhomogenat bei Zusatz von I in vitro beobachtet. Diese offenbar vor einer Hemmung der Synth. von lösl. Protein eintretende Inhibierung des Hexosemonophosphatshunts dürfte eine Rolle bei der Pathogenese des experimentellen Galaktosekatarakts spielen. Eine Hemmung der Aktivität der 6-Phosphogluconatdehydrogenase durch I in vivo wird nicht beobachtet.
H.-J. KOCH/Berlin. 4210□

Spezifischer Abbau des Kapselpolysaccharids von Cryptococcus neoformans 3723 durch ein mikrobielles Enzym. 1. Mitt. **Isolierung, partielle Reinigung und Eigenschaften des Enzyms.** Hans H. Gadebusch und John D. Johnson. (Canad. J. Microbiol. **7.** 53—60. Febr. 1961. Ann Arbor, Mich., Veterans Admin. Hosp., Gen. Med. Res. Unit.) (Engl.)

Ein intracelluläres Enzym einer Species von *Alkaligenes* vermag das Heteropolysaccharid von *Cryptococcus neoformans* zu spalten. Das Enzym ist in Ggw. von Serum akt. u. kann durch Erwärmen auf 45° über 10 Min. inaktiviert werden. Die Kinetik der Enzym-Rk. unterscheidet sich nicht von der für andere Enzyme gültigen. Es wird vermutet, daß ein Enzymkomplex vorliegt.
M. RINGPFEIL. 4210□

Stickstoffbindung durch zellfreie Präparate aus Mikroorganismen. K. C. Schneider, Clive Bradbeer, R. N. Singh, Li Chuan Wang, P. W. Wilson und R. H. Burris. (Proc. nat. Acad. Sci. USA **46.** 726—33. 15/5. 1960. Univ. of Wisconsin, Coll. of Agric., Dep. of Biochem. and Bacteriol.) (Engl.)

Mit zellfreien Enzym-Präpp. aus *Clostridium pasteurianum* (Cl.p.), *Rhodospirillum rubrum* u. verschiedenen Algen, wie *Mastigocladus laminosus, Nostoc muscarum G, Gloeotrichia ochinulata, Anabaena cylindrica, Calothrix parietina,* konnte Fixierung von $^{15}N_2$ nachgewiesen werden. Die N_2-Bindung durch Cl.p. ist mit dem Pyruvatstoffwechsel gekoppelt. Die Isolierung von freiem NH_3 mit maximal 52 Atom-% ^{15}N-Überschuß aus dem Rk.-Gemisch stützt die NH_3-Hypothese der N_2-Fixierung. K. MAIER. 4210☐

Über den Abbau von $^{14}C_{(2)}$-Glykokoll durch Meerschweinchenleberschnitte. E. Jenny und F. Leuthardt. (Helv. chim. Acta **44.** 78—84. 1/2. 1961. Zürich, Univ., Biochem. Inst.) (Dt.) — Vgl. C. **1961.** 5840.

Es wurde nachzuweisen versucht, auf welchem Wege beim Meerschweinchen ein Austausch von C-Atomen zwischen *Glutamin* (I) u. *Glykokoll* (II; Verw. von $^{14}C_{(2)}$-II) stattfinden könnte. Danach läßt sich folgendes Schema aufstellen: a) II kann unter intermediärer Bldg. von Glyoxylsäure in CO_2 u. ^{14}C-Formiat gespalten werden. b) II geht außerdem leicht in *Serin* (III) über, es entsteht dabei $^{14}C_{(2,3)}$-III, die Hydroxymethylgruppe weist schwächere Aktivität auf als $C_{(2)}$, da das durch Rk. a) gebildete Formiat im endogenen Formiat-Pool verd. wird. c) III kann durch III-Hydratase direkt in Pyruvat u. NH_3 gespalten werden. d + e) Das durch Rk. c) gebildete $^{14}C_{(2,3)}$-Pyruvat tritt nun über bekannte Zwischenstufen in den Citronensäurecyclus ein u. führt dabei zur Bldg. von α-Ketoglutarsäure u. durch Transaminierung auch zu I.

U. TAUSENDFREUND. 4210☐

Enzymatische Substitution der Mercaptogruppe des Cysteins durch Sulfit unter dem Einfluß einer aus dem Dottersack und dem Eidotter von Hühnerembryos isolierten Proteinfraktion. F. Chapeville und P. Fromageot. (Bull. Soc. chim. biol. **42.** 877—89. 1960. Saclay, Gif-sur-Yvette, Centre d'Etudes Nucléaires, Commissariat a l'Energie Atomique, Serv. de Biol.) (Franz.)

Vff. stellten fest, daß die durch sukzessive Ae.-, A.- u. $(NH_4)_2SO_4$-Fällung aus dem Dottersack u. dem Eidotter isolierte Proteinfraktion (PF) die Desulfhydrierung von *Cystein* (I) u., in Ggw. von *Sulfit*, die Synth. von *Cysteinsäure* (II) aus I katalysiert. Auf das Trockengewicht bezogen, ist die PF ca. 50mal akt. als das Ausgangsmaterial. Ihre spezif. Aktivität, ausgedrückt als Einheiten der Enzymaktivität pro mg N, ist 22mal größer als die eines Rohhomogenats von Dottersack u. Eidotter. Papierelektrophoret. u. durch Ultrazentrifugation konnte festgestellt werden, daß die PF aus 3 Komponenten besteht, in deren einer die gesamte Enzymaktivität vorliegt u. ca. 50% des anfänglichen Protein-Geh. des Präparates. — Die gereinigten Präpp. katalysieren weder die Decarboxylierung der II noch die Transaminierung zwischen folgenden Substanzen: *Glutaminsäure* (III)- *Brenztraubensäure* (IV), III-*β-Mercaptobrenztraubensäure*, I-*α-Ketoglutarsäure* (V) u. I-IV. — Als optimale Bedingungen für die Bldg. von II aus Sulfit u. I unter N_2-Atmosphäre wurden folgende ermittelt: pH-Wert: 8—8,5; Temp.: 40°; I-Konz.: $5\cdot10^{-3}$ m; Sulfit-Konz.: $1\cdot10^{-2}$ m. — Das aus dem Dottersack gewonnene Enzym zeigt eine strenge Spezifität für *L*-I. L-I kann nur dann für die II-Synth. verwendet werden, wenn alle seine funktionellen Gruppen in freier Form vorliegen. Derivv. des I u. strukturähnliche Substanzen (S-Aminoäthylcystein, Cystathionin, S-Benzylcystein, Lanthionin, N-Benzoylcystein, D-Methylcystein, Cysteinmethylester, S-Benzyl-N-benzoylmethylester, D-Cystein, DL-Homocystein, Cysteamin, Cysteinsulfinsäure, II, DL-Serin, DL-Phosphoserin u. Thioglykolsäure) inhibieren nicht die Verw. von I. — IV u. V inhibieren jedoch die II-Synth. aus I u. Sulfit sehr ausgeprägt.

H. KOCKERT. 4210☐

Biosynthese von Methionin. Nguyen van Thoai und Yvonne Robin. (Bull. Soc. Chim. biol. **38.** 843—50. 4/9. 1956. Paris, Coll. de France, Labor. de Biochim. gén. et comp.; Concarnèau, Finistère, Labor. Maritime du Coll. de France.) (Franz.; Auszug: Engl.)

Vff. stellten in verschiedenen Organgeweben von Vertebraten u. Invertebraten (Katzen-, Hunde-, Pferde-, Frosch-, Schildkröten-, Neunaugen-, Karpfen-, Mauleselleber u. Rattenmuskel bzw. Hepatopankreas des Tintenfisches, Intestinaltrakt des Seeigels u. a. Invertebratengewebe) eine akt. *Methionin* (I)-Biosynth. durch *Transmethylierung* von *Betain* u. *Dimethylthetin* auf *Homocystein* (II) fest. In acellulären Ratten- u. Pferdeleberextrakten wird die höchste *Enzymaktivität* gefunden. Die Isolierung u. Reinigung der *Transmethylase* aus Acetonpuder der Pferdeleber wird beschrieben. — Trimethylaminoxyd ist für die I-Biosynth. durch Methylierung von II nicht geeignet (Unterss. mit Ratten-, Frosch- u. Neunaugenleber). — In Tintenfisch- u. Seeigelorgangeweben wird ein enzymat. Abbau von *Cystein*, I u. II festgestellt. Es konnte die Ggw. einer gegenüber den 3 vorst. genannten Substraten akt. *Desulfhydrase* nachgewiesen werden. Das rasche Verschwinden von II aus dem Rk.-Gemisch erklärt die bei Invertebraten beobachteten niedrigen Werte der I-Biosynth. im Vgl. zu den bei Vertebraten erhaltenen. H. KOCKERT. 4210☐

Über die Dopadecarboxylase und Histidindecarboxylase des Nervengewebes. P. Holtz und E. Westermann. (Naunyn-Schmiedebergs Arch. exp. Pathol. Pharmakol. **227.** 538—46. 1956. Frankfurt/M., Univ., Pharmakolog. Inst.) (Dt.)

Ausführliche Angaben zur C. **1957**. 5888 referierten Arbeit. — Aus den Befunden ergibt sich, daß die Bldg. von *Hydroxytyramin* durch *L(—)-Dopadecarboxylase* eine Zwischenstufe bei der Synth. von *Noradrenalin* darstellt u. daß diese Synth. vom Nervengewebe selbst durchgeführt wird. A. HESSE. 4210□

Untersuchungen über Arginase des Blutes. 1. Mitt. **Einfluß verschiedener Verbindungen auf die durch Tetrachlorkohlenstoff verursachte „Arginasämie" bei Kaninchen.** Masahisa Ogawa. (Acta Scholae med. Univ. Kioto **35**. 229—41. 1958. Kyoto, Fac. of Med., Dep. of Med. Chem.) (Engl.)

Als „*Arginasämie*" (AA) hat DEI (J. Biochemistry **34**. [1941.] 257) die Erscheinung bezeichnet, daß der Geh. an *Arginase* (**I**) des Blutes nach Injektion von Metallsalzen, bes. $MnSO_4$, eine Steigerung erfährt, u. zwar derart, daß diese Steigerung nach 1 Std. einsetzt, daß nach 1—2 Tagen ein Maximum der **I** erreicht wird u. der normale **I**-Geh. innerhalb von 5 Tagen wiederhergestellt ist. Eine ähnliche Wrkg. fand KAIJU (J. Biochemistry **28**. [1938.] 405) bei Injektion von *CCl_4*. Vf. fand, daß die durch CCl_4 (in Olivenöl subkutan injiziert) verursachte AA bei Kaninchen durch vorangehende (3mal wiederholte) subkutane Injektion kleiner Mengen gewisser SH-Verbb. [*L-Cystein* (**II**), *L-Cystin*, *Glutathion*, *2.3-Dimercaptopropanol* (**III**), nicht aber durch Thioglykolsäure oder Thiosulfat] verhindert wird; eine größere **II**-Dosis führt dagegen zur Verringerung von **I** am dritten Tag nach der Injektion von CCl_4; Injektion von größeren Mengen führt zu AA, ohne daß Injektion von CCl_4 erforderlich ist. — Das Auftreten von AA nach Injektion von CCl_4 wird ferner verhindert durch vorangehende Injektion von *Cholinchlorid*, *Kreatin*, *L-Methionin* (**IV**), *Glucose* (**V**), *Glykokoll* (mit sehr geringer Wrkg.), Dinatriumsalz der *Äthylendiamintetraessigsäure* (starke Wrkg.). — **II**, **IV** u. **V** waren bei Injektion von großen Mengen CCl_4 ohne Wirkung. — Der Geh. des Plasmas an *Harnstoff* (**VI**) wurde weder durch Auftreten noch Verschwinden der AA beeinflußt; lediglich Anwendung von großen Mengen CCl_4 führte, vermutlich wegen weitgehender Dysfunktion der Leber, zu Abnahme von **VI** im Plasma. A. HESSE. 4210□

Untersuchungen über Arginase des Blutes. 2. Mitt. **Arginaseaktivität der Kaninchenfraktionen.** Masahisa Ogawa. (Acta Scholae med. Univ. Kioto **35**. 242 — 45. 1958.) (Engl.) — 1. vgl. vorst. Referat.

Rattenplasma (aus durch Herzpunktur entnommenem Blut) zeigt 24 Std. nach Verabreichen von CCl_4 (Art u. Weise der Verabreichung ist nicht angegeben) folgende Änderungen: der elektrophoret. ermittelte Geh. an *Albumin* steigt; bei Fraktionieren mit $(NH_4)_2SO_4$ wird die Hauptmenge der *Arginase* (**I**) in den Fraktionen 0,25—0,33 sowie 0,33—0,50 Sättigung gefunden; die Fraktion mit $>$0,50 Sättigung ist frei von **I**. A. HESSE. 4210□

Untersuchungen über die Arginase der menschlichen Erythrocyten. 1. Mitt. **Arginase der Erythrocyten von tuberkulösen Patienten.** Senji Utzino und Masahisa Ogawa. (Acta Scholae med. Univ. Kioto **35**. 269—76. 1958. Kyoto, Univ., Fac. of Med., Dep. of Med. Chem.) (Engl.) — Vgl. auch vorst. Referate.

Beim Vgl. von 80 tuberkulösen Patienten u. 20 Gesunden war der Geh. an *Arginase* in den Erythrocyten bei den Kranken, bes. bei solchen im fortgeschrittenen Stadium der Krankheit, herabgesetzt. Als Ursache wird eine unmittelbare Wrkg. der Tuberkulose u. zusätzlich eine chron. latente Schädigung der Leber angenommen. A. HESSE. 4210□

Untersuchungen über die Arginase der menschlichen Erythrocyten. 2. Mitt. **Einflüsse der chirurgischen Behandlung von Lungentuberkulose auf die Arginase der Erythrocyten.** Senji Utzino und Masahisa Ogawa. (Acta Scholae med. Univ. Kioto **35**. 277—84. 1958.) (Engl.) — 1. vgl. vorst. Referat.

Bei 36 Tuberkulösen, deren Erythrocyten einen verminderten Geh. an *Arginase* (**I**) aufwiesen (vgl. l. c.), konnte in den meisten Fällen nach einem chirurg. Eingriff ein Ansteigen des **I**-Geh. in den Erythrocyten beobachtet werden. Gleichzeitig nahm aber die Aktivierbarkeit der **I** durch Mn^{2+} ab. A. HESSE. 4210□

Untersuchungen über die Arginase der menschlichen Erythrocyten. 3. Mitt. **Erythrocytenarginase von Patienten mit Lebererkrankungen.** Senji Utzino und Masahisa Ogawa. (Acta Scholae med. Univ. Kioto **35**. 285—90. 1958.) (Engl.) — 2. vgl. vorst. Referat.

Bei Patienten mit verschiedenen Leberschädigungen wurde hinsichtlich der *Arginase* (**I**) der Erythrocyten beobachtet: Bei chron. u. (in geringerem Maße) bei akuten Lebererkrankungen ist der **I**-Geh. herabgesetzt. Gleichzeitig nimmt das Ausmaß der Aktivierbarkeit der **I** durch Mn^{2+} zu. — Im Harnstoff-Geh. der Erythrocyten wurde bei den Patienten kein Unterschied gegenüber Gesunden gefunden. A. HESSE. 4210□

Einfluß von 3-Methylanthranil- und Anthranilsäure auf die Bildung von Tryptophansynthetase durch Escherichia coli. Gabriel Lester und Charles Yanofsky.

(J. Bacteriol. **81.** 81—90. Jan. 1961. Shrewsbury, Mass., Worcester Found. for Exp. Biol.; Stanford, Calif., Stanford Univ.) (Engl.)

Die Bldg. von *Tryptophansynthetase*, welche durch *Tryptophan* (**I**) gehemmt wird, wird stimuliert durch die Ggw. von *Anthranilsäure* (**II**) oder *3-Methylanthranilsäure* im Medium. Diese Wrkg. kann einer Hemmung der Umwandlung von *Anthranilribonucleotid* (**III**) in *Indolyl-3-glycerinphosphat* (**IV**) zugeschrieben werden, was vermutlich eine Red. der Konz. von endogenem **I** zur Folge hat. Ein Beweis, daß sowohl Zwischen- als auch End-Prodd. in einer biosynthet. Folge (**II** → **III** → **IV** → **I**) deren Ablauf beeinflussen können. H. AMAN. 4210□

Wirkung von Metallen auf proteolytische Enzyme. Jeannine Yon. (Bull. Soc. Chim. biol. **42.** 1263—77. 1960. Paris, Inst. de Biol. physico-chim., Labor. de Biol. physico-chim. de la Fac. des Sci.) (Franz.)

Der Einfl. von *Ammoniumsalzen, Alkalichloriden, Erdalkalimetallsalzen* u. *Cu-Salzen* auf die Aktivität von *Trypsin* (**I**) u. *Chymotrypsin* wurde untersucht. NH_4Cl hemmt die Spaltung von *β-Lactoglobulin* durch **I** von 0,2m an vollständig. Es wird der Schluß gezogen, daß das NH_4^+-Ion auf das Substrat einwirkt, wahrscheinlich durch Verstärkung der H-Brücken, die die native Struktur der Proteine gewährleisten. *KCl* u. *NaCl* bewirken eine Verminderung der Hydrolyse-Geschw., was auf die gleiche Ursache zurückgeführt wird. Ähnlich wirken auch Ca^{2+} u. Mg^{2+}, ohne jedoch eine vollständige Hemmung hervorrufen zu können. Es wird vermutet, daß das Ca^{2+} durch Fixierung an das Substrat die Bldg. des Enzym–Substrat-Komplexes erschwert. Die Wrkg. von Cu^{2+} unterscheidet sich wesentlich von der der vorgenannten Ionen. Cu^{2+} wirkt aktivierend in dem pH-Bereich, in dem **I** seine maximale Aktivität noch nicht erreicht hat. Wahrscheinlich wirkt es auf den Zerfall des Enzym–Substrat-Komplexes ein. Die aktivierende Wrkg., die durch *Versene* umgekehrt wird, wurde bei Chymotrypsin nicht festgestellt, desgleichen nicht bei Verw. von *Toluolsulfonylargininmethylester* u. *Benzoylargininamid* als Substrat, wobei Cu^{2+} sogar hemmend wirkt. E. LODEMANN. 4210□

Vergleichende Untersuchung der Proteinasen zweier Bacillus-Arten (Bacillus subtilis und Bacillus cereus). Theodor Wieland, Gerhart Griss, Konrad Haider und Barbara Haccius. (Arch. Mikrobiol. **35.** 415—27. 1960. Frankfurt/M., Univ., Inst. für organ. Chem.; Mainz, Univ., Botan. Inst.) (Dt.)

Vff. verglichen die Proteinasen *Subtilisin* (a, aus *Bac. subtilis*) u. *Nagarse* (b, aus *Bac. subtilis N*) mit einem Enzym-Präp. (c, *Proteinase C*) aus einer zunächst unbestimmten Bacillenart [Gewinnung: $(NH_4)_2SO_4$-Fällung des zellfreien Kulturfiltrats, Acetonfraktionierung, Dialyse, 2. Acetonfraktionierung, Calciumgeladsorption zur Entfärbung, Dialyse, 3. Acetonfällung; Ausbeute 25—30%]. Der Bacillus wurde schließlich als *Bac. cereus* identifiziert u. *Bac. cereus F 9 d* benannt. Die wie a gewonnene c unterscheidet sich von a u. b in folgenden Eigg. nicht: Anzahl der Milchgerinnungseinheiten (700 bis 1000 MGE/mg); Verh. bei der Papierelektrophorese; UV-Spektrum; Sedimentations-Konst.; qual. Zus. an Aminosäuren; Natur der am Aminoende stehenden Aminosäure (*Alanin*) u. Kinetik der Proteolyse von Milchsäuredehydrogenasen (d, zeitliche Aktivitätsabnahme). b u. c führen bei Einw. auf native u. denaturierte d zu Gemischen von Peptiden, die nach zweidimensionaler Papierchromatographie gleiche Verteilungsmuster ergeben. b u. c sind daher einander sehr ähnlich, wenn nicht ident., im Gegensatz zu den Penicillinasen von *Bac. subtilis* u. *Bac. cereus*. HANS THIELE. 4210□

Aminosäurezusammensetzung von α-Chymotrypsinogen, einschließlich Bestimmung von Asparagin und Glutamin. Philip E. Wilcox, Elaine Cohen und Wen Tan. (J. biol. Chemistry **228.** 999—1019. Okt. 1957. Seattle, Wash., Univ. of Washington, Dep. of Biochem.) (Engl.)

Durch chromatograph. Unters. nach saurer Hydrolyse zeigte *α-Chymotrypsinogen* (**I**) folgende Zahl von Aminosäureresten (berechnet für Molgew. 25100): *Asparaginsäure* (**II**) 21,8; *Threonin* 23,0; *Serin* 30,1; *Glutaminsäure* (**III**) 14,2; *Prolin* 8,7; *Glykokoll* 23,3; *Alanin* 21,7; *Valin* 22,4; *Methionin* 1,9; *Isoleucin* 9,9; *Leucin* 18,8; *Tyrosin* 4,1; *Phenylalanin* 6,5; *Histidin* 1,9; *Lysin* 13,2; *Arginin* 4,0; Halb-*Cystin*-Reste (als Cysteinsäure bestimmt) 10,0; *Tryptophan* 7,0. — Aus dem nach Hydrolyse in 1n NaOH, 5n HCl bzw. in konz. HCl ermittelten NH_3-Geh. ergibt sich ein Geh. von 24,1 bzw. 24,4 bzw. 23,7 Amidgruppen/Mol **I**. — Zur Best. von **II** u. **III** in **I** dient eine neue chromatograph. Meth. mit Dowex 2-X 10, bei der **II** u. **III** nach Veresterung, Red. der Estergruppen mittels Lithiumborhydrid u. Hydrolyse des red. Proteins von allen anderen NH_2-Verbb. abgetrennt werden; es werden so 11 ± 1 **III**-Reste u. 14 ± 1 **II**-Reste gefunden. A. HESSE. 4210□

Die Harnstoffdenaturierung von Chymotrypsinogen, bestimmt durch Änderung des UV-Spektrums. Auswertung zusätzlicher kinetischer Konstanten. Charles H. Chervenka. (J. Amer. chem. Soc. **83.** 473—76. 20/1. 1961. Palo Alto, Calif., Med. Res. Found.) (Engl.) — Vgl. C. **1961.** 6166.

UV-spektrophotometr. Unterss. der Denaturierung von *Chymotrypsinogen* durch *Harnstoff* bei relativ niedrigen Temp. u. Harnstoff-Konzz. u. Berechnung der kinet. Konst. der LEVY- u. BENAGLIA-Formeln erlaubten den Schluß, daß es sich bei den drei bereits früher festgestellten (l. c.), ungewöhnlich sauren Gruppen (pK $\approx$ 2) um „maskierte" Carboxylgruppen handelt. E. LODEMANN. 4210□

Unterdrückung der Trypsinaktivität durch das Blutplasma. K. M. Weremijenko. (Український Біохімічний Журнал [Ukrain. biochem. J.] **32.** 793—807. 1960. Kiew, Inst. für Biochem. der Akad. der Wiss. der UkrainSSR; Med. Inst., Lehrstuhl für Biochem.) (Ukrain.; Auszug: Engl.)

Die Verss. ergaben, daß unter dem Einfl. des verd. Plasmas die Unterdrückung der Aktivität von *Trypsin* (I) sehr rasch eintritt u. prakt. schon nach 2 Min. beendet ist. Die Unterdrückung der I-Aktivität durch unverd. Plasma bleibt in den ersten 20 Min. fast unverändert, steigt jedoch bei 35° in den nächsten 3 Std. stark an. Dies hängt möglicherweise mit der autolyt. I-Inaktivierung zusammen. Serum u. Plasma des Blutes unterscheiden sich in der I-Hemmung nicht. Das Blut ist um 30% weniger akt. als Plasma oder Serum. Bei den Erythrocyten beträgt die Aktivität ca. 20% der Aktivität des Blutplasmas. Bei Anwendung von Casein nimmt die I-Hemmung mit steigendem Plasma-Geh. linear zu. Bei Anwendung von Hämoglobin als Substrat besteht diese lineare Beziehung nicht. Zusatz von Harnstoff zum Casein verursacht eine Abweichung von der linearen Abhängigkeit. Der verstärkende Einfl. des Harnstoffs auf die Dissoziation des Komplexes I–Inhibitor zeigt, daß die H-Bindungen an der Bldg. der Verb. I–Inhibitor beteiligt sind. Das acetylierte I wird durch das Blutplasma viel weniger gebunden als das reine I. Der Komplex aus acetyliertem I u. Inhibitor zeigt eine starke Tendenz zur Dissoziation. Auf Grund der Ergebnisse wird geschlossen, daß die heilende Wrkg. des I gegenüber Entzündungen auf der proteolyt. Aktivität, auf der Spaltung bestimmter Eiweißstoffe u. Peptide beruht. O. LEBTAG. 4210□

Spaltung des Eiweißkomplexes in der Zelle von Tuberkelbakterien durch Gewebsfermente vom Kathepsintyp. A. I. Kartaschew. (Проблемы Туберкулеза [Probleme der Tuberkulose] **38.** Nr. 8. 70—76. 1960. Leningrad, Forschungsinst. für chirurg. Tuberkulose.) (Russ.; Auszug: Franz.)

Verss. an Tuberkelbakterien vom Typus humanus ergaben, daß dieselben nach Abtötung durch Erhitzen auf 120° oder durch A. der Einw. kathept. Fermente zugänglich werden, u. zwar erfolgt die Aufspaltung des Proteinkomplexes durch *Kathepsin* (I) u. *Papain* (II) in gleicher Weise wie durch die Proteasen des Magendarmtrakts. Der Grad der Aufspaltung ist etwas höher als durch *Pepsin* (III). Noch stärker (trypsinartig) ist die Verdauung, wenn man **I, II** u. **III** sukzessive auf die Bakterien einwirken läßt. E. RENTZ. 4210□

Die strukturabhängige Wirkung einiger Pyronkörper auf die Aktivität der Serum-Tributyrinase von Ratten. T. Kusch. (Acta biol. med. german. [Berlin] **6.** 222—24. 1961. Jena, Friedrich-Schiller-Univ., Pharmakolog. Inst.) (Dt.)

Einige α-Pyron-Derivv. werden auf ihre die Serum-*Tributyrinase*-Aktivität hemmende Wrkg. untersucht. Die Test-Verbb. wurden in einer End-Konz. von $2{,}1 \cdot 10^{-3}$m zugesetzt u. die Aktivität manometr. gemessen. — Untersucht wurden folgende 4-Hydroxy-6-methyl-α-pyrone: *3-Carboäthoxy-5-phenyl-* 79 (Hemmung in % des Kontrollwerts); *3-Carboxy-5-benzyl-* 86 u. folgende 4-Hydroxy-6-methyl-α-thiopyrone: *3-Carboäthoxy-5-phenyl-* 26; *3-Carboxy-5-phenyl-* 30; *3-Carboxy-5-benzyl-* 0; *5-Phenyl-* 24; *5-Benzyl-* 33. — Man erkennt, daß das Ring-O-Atom einen bedeutenderen Einfl. auf die Hemmung ausübt als die verschiedenen $C_{(3)}$- u. $C_{(5)}$-Substituenten. D. SCHEUCH. 4210□

Der Einfluß von Chlorpromazin auf Serum-Fermente der Ratte, gleichzeitig ein Beitrag zur vermeintlichen Identität der Acetylcholin und Tributyrin spaltenden Esterasen. T. Kusch und I. Heinrich. (Acta biol. med. german [Berlin] **6.** 225—28. 1961. Jena, Friedrich-Schiller-Univ., Pharmakolog. Inst.) Dt.) — Vgl. vorst. Referat.

Ratten wurde einmalig 10 mg *Chlorpromazin*/100 g Körpergewicht subkutan injiziert. 3 Tage danach wurde eine Abnahme der Aktivität der *Tributyrinase* um 50% gefunden, während die Aktivität der *Acetylcholinesterase* gleich blieb. Dieses unterschiedliche Verh. bekräftigt die an anderer Stelle dargelegte Behauptung, daß die *Pseudocholinesterase* kein einheitliches Ferment-Syst. darstellt. Die Aktivitätsabnahme der Tributyrinase scheint der Ausdruck einer Leber-, vielleicht auch Pankreasstörung durch Chlorpromazin zu sein. D. SCHEUCH. 4210□

Bestimmung der Lecithinase A in Serum und anderen Körperflüssigkeiten. Leslie Zieve und William C. Vogel. (J. Lab. clin. Med. **56.** 959—60. Dez. 1960. Minneapolis, Minn.) (Engl.)

Lecithinase A (I) wurde mit Hilfe einer Meth., die die quant. Best. freigesetzter Fettsäuren nach Inkubation eines Lecithinsubstrates mit der I-Quelle verwendet, bestimmt. Gallensalze (bes. Na-Desoxycholat) u. Aminosäuren (bes. Glycin) steigern die Wrkg. deutlich. Durch Akkumulierung von Fettsäuren u. verschiedenen anderen Substanzen, wie Ca, Mg, Oxalat, Ae., EDTA, wurde I verschiedengradig gehemmt. Die Freisetzung der Fettsäuren aus dem Serum war nicht Folge einer Lipaseaktivität; die Lipaseaktivität wurde durch alkal. pH u. das Lecithinsubstrat gehemmt. Als Serum-I-Werte wurden bei normalen Personen u. Personen mit verschiedenen Erkrankungen Werte zwischen 0 u. 20 Einheiten/ml beobachtet, bei akuter Pankreatitis kommt es zu 10fachem Anstieg (klin. Verlaufsbeurteilung ist möglich). Meist trifft die I-Erhöhung mit Erhöhungen von Serum–Amylase- u. –Lipase-Konzz. zusammen (keine perfekte Korrelation). In Pankreassaft, Galle u. Duodenalinhalt sind große Unterschiede in den Konzz. der Fermente feststellbar. Beim Hund sind geringere I-Mengen in Pankreas u. -sekret zu finden. U. TAUSENDFREUND. 4210□

Die Aufnahme von Monocarbonsäuren durch das Rattenzwerchfell. Ernest C. Foulkes und C. M. Paine. (J. biol. Chemistry **236.** 1019—22. April 1961. Cincinnati, Ohio, Univ. of Cincinnati, Coll. of Med., May Inst. for Med. Res. of the Cincinnati Jewish Hosp., and the Dep. of Physiol.) (Engl.)

Am Zwerchfell von SPRAGUE-DAWLEY-Ratten wurde die Aufnahme von $^{14}C_{(1)}$-*Propionat* (I) in Abhängigkeit von Konz. u. Temp. untersucht. Bei hohen äußeren I-Konzz. wurde wenig ^{14}C aufgenommen. Die I-Aufnahme wurde durch Senkung der Temp. von 37 auf 2° erniedrigt. Folgende Anionen erniedrigten die ^{14}C-Aufnahme aus $^{14}C_{(1)}$-*Acetat*-Lsg.: *Acetat, Propionat, Isobutyrat, Oktanoat, Pyruvat* u. *L-Lactat*; andere, wie Benzoat u. D-Lactat, zeigten keine Wirkung. Eine Hemmung der Acetataufnahme erfolgte durch *2.4-Dinitrophenol, Protaminsulfat* u. *$HgCl_2$*, Erniedrigung der I-Aufnahme durch *Azid, p-Hydroxymercuribenzoat, Neohydrin* u. *Mercuhydrin*. Die Aufnahme der Anionen ist unabhängig von ihrem intracellulären Stoffwechsel. H. LOHSCHELDER. 4210□

Untersuchungen über die intracelluläre Verteilung der Kohlensäureanhydratase in der Rattenniere. Helga Baumann. (Acta biol. med. german. [Berlin] **6.** 229—37. 1961. Berlin, Humboldt-Univ., Anatom. Inst. u. Physiolog.-chem. Inst.) (Dt.)

Rattennierenhomogenat wurde nach HOGEBOOM u. Mitarbeiter fraktioniert u. die Aktivität der *Kohlensäureanhydratase* manometr. nach LEINER gemessen. 85% der Gesamtaktivität wurde in der fl. Phase, 2% in der Mikrosomen-, 1% in der Mitochondrien- u. 12% in der Kernfraktion gefunden. Der letzte Wert ist nicht gesichert, da die Möglichkeit besteht, daß Fermente an die Kerne adsorbiert sein könnten. Die Aktivität der Kohlensäureanhydratase fällt bei der Aufbewahrung bei —4° nach einigen Std. ab. Die Ursache hierfür ist nicht geklärt. D. SCHEUCH. 4210□

Induktion von Enzymen zum Abbau von Pyrimidin durch Nocardia corallina. Richard D. Batt. (J. Bacteriol. **81.** 59—64. Jan. 1961. Dunedin, New Zealand, Univ. of Otago Med. School, Biochem. Dep.) (Engl.)

Eine *Uracil-Thymin-Oxydase* (I) wurde induziert in *Nocardia corallina* durch *Uracil* (II), *Thymin* (III), *Barbitursäure, 5-Methylbarbitursäure, 5-Hydroxymethyluracil* u. *6-Methyluracil*. Die Induktion von I wurde gehemmt durch Glucose, Chloramphenicol u. NaN_3. I ist ein nichtspezif. Enzym, welches II, III, 2-Thiouracil oder 2-Thiothymin zur Oxydation zu den entsprechenden Barbitursäuren aktiviert. H. AMAN. 4210□

Abbau von Rutin durch Aspergillus flavus. Faktoren, die die Bildung des Enzymsystems beeinflussen. D. W. S. Westlake und F. J. Simpson. (Canad. J. Microbiol. **7.** 33—44. Febr. 1961. Saskatoon, Saskatchewan, Prairie Reg. Labor.) (Engl.)

Folgende synthet. Nährlsg. für die Bldg. eines extracellulären, rutinabbauenden *Enzyms* (E) durch *Aspergillus flavus* wird beschrieben: 0,4% Rutin, 0,3% $(NH_4)_2HPO_4$, 0,1% KH_2PO_4, 0,1% $MgCl_2 \cdot 6H_2O$ u. 0,8% NH_4SO_4. Temp.-Erhöhung von 25 auf 35° erhöht Geschw. der E-Bldg., nicht jedoch Menge des E. Belüftung ist für Synth. u. Ausscheidung notwendig. Mg^{2+} ist für Synth., SO_4^{2-} für E-Ausscheidung nötig. $CaCO_3$ verringert Wachstum u. E-Synthese. U. BEHRENS. 4210□

Darstellung zellfreier Staphylokokken-Penicillinase-Konzentrate. M. Goldner und R. J. Wilson. (Canad. J. Microbiol. **7.** 45—51. Febr. 1961. Toronto, Ontario, Univ. of Toronto, Connaught Med. Res. Labor.) (Engl.)

Die Darst. von intracellulärer *Staphylokokken-Penicillinase* (I) als zellfreies Konzentrat wird beschrieben. Die Zellen werden durch Beschallung zerstört u. die Bruchstücke bei 17000·*g* abzentrifugiert. Die Konzentrate aus der überstehenden Fl. weisen eine höhere Aktivität pro mg N auf als die Bakteriensuspensionen, aus denen sie gewonnen wurden. Zentrifugierung bei 35000·*g* bringt einen nicht erklärbaren Verlust an Aktivität. Die optimale Enzymaktivität liegt bei pH 6,0—6,5 u. 30°. Die mögliche Anwendung solcher Konzentrate wird diskutiert. M. RINGPFEIL. 4210□

Untersuchungen mit Herzsteroiden. 8. Mitt. **Über die Verteilung herzglykosidspaltender Fermente im tierischen Organismus.** Fritz Lauterbach und Kurt Repke (unter Mitarbeit von Dorothea Nitz). (Naunyn-Schmiedebergs Arch. exp. Pathol. Pharmakol. **240.** 45—71. 1960. Berlin-Buch, Dt. Akad. der Wiss., Inst. für Med. u. Biol.) (Dt.)

An Herzglykosiden des Typs Genin-(Desoxyzucker)$_n$-(Glucose)$_m$ bzw. des Typs Genin-(Desoxyzucker)$_n$ wird die Verteilung des glucose- bzw. desoxyzuckerabspaltenden Ferments im tier. Organismus untersucht. Bisher war nicht bekannt, ob u. inwieweit man die Spaltungs-Rkk. auf tier. Fermente oder aber auf mikrobielle Enzyme der Darmflora zurückführen muß. Vff. untersuchen diese Verhältnisse durch in vitro-Verss. sowie durch ergänzende in vivo-Experimente mit Kot u. verschiedenen Mikroorganismen, mit Ferment-Präpp., Gewebsschnitten u. intaktem Gewebe. Dabei werden die Glykosidspaltungen papierchromatograph. verfolgt. Maß für die Fermentaktivität ist die unter Standardbedingungen gebildete Menge an zuckerärmeren oder zuckerfreien Metaboliten. Die Verss. ergaben, daß die körperverwandte Glucose aus Herzglykosiden vorwiegend durch mikrobielle Enzyme u. die körperfremden Desoxyzucker ganz überwiegend durch tier. Fermente abgespalten werden. Mögliche Zusammenhänge zwischen Glykosidspaltung u. -Wrkg. bzw. -kumulation werden diskutiert. K. LOHS. 4210□

An der Synthese von Monojodtyrosin beteiligte Enzymsysteme. 3. Mitt. **Der Ionenbedarf des löslichen Systems.** B. A. Cunningham und S. Kirkwood. (J. biol. Chemistry **236.** 485—89. Febr. 1961. St. Paul, Minn., Univ. of Minnesota, Dep. of Agric. Biochem.) (Engl.) — 2. vgl. C. **1960.** 10630.

Die Wrkg. von Pufferion-Konz. u. Metallionen auf das Monojodtyrosin synthetisierende lösl. Enzym-Syst. (I) der Ratten-Submaxillarisspeicheldrüse wurde untersucht. I wurde soweit gereinigt, bis dieses ohne Cu^{2+}-Zusatz inakt. war (keine Sedimentation bei 185000·*g*). Mit Hilfe von derart gereinigtem I u. von Äthylendiamintetraessigsäure sowie Neocuproin wurde nachgewiesen, daß die aktivierende Wrkg. von Cu^{2+} auf deren Funktion bei der H_2O_2-Bldg. beruht. H_2O_2 kann den Cu^{2+}-Bedarf des Syst. völlig decken. Mn^{2+}-Ion wirkt als Cu-Synergist u. aktiviert I anscheinend an einem nach der H_2O_2-Bldg. folgenden Punkte. H_2O_2 wurde I in Form von Graminoxyd zugesetzt. K. MAIER. 4210□

Stoffwechseluntersuchungen an Gallensäuren. 43. Mitt. **Enzymatische $C_{(7)}$-Hydroxylierung von 3β-Hydroxy-Δ^5-cholensäure.** Toshiaki Usui und Kazumi Yamasaki. (J. Biochemistry [Tokyo] **48.** 226—35. Aug. 1960. Yonago, Tottori Univ., School of Med., Dep. of Biochem.) (Engl.) — 26. vgl. C. **1959.** 9924.

Aus Rattenlebermazerat wurde mit 0,25m Saccharose-Lsg. u. Zentrifugieren bei 44000·*g* eine Mikrosomen u. lösl. Zellbestandteile enthaltende Fraktion gewonnen, die in Ggw. von TPNH u. Glucose-6-phosphat 3β-Hydroxy-Δ^5-cholensäure zu *3.7-Dihydroxy-Δ^5-cholensäure* (I) umsetzte. DPN u. DPNH vermochten nicht als Cofaktoren zu dienen. I wurde colorimetr. nach Rk. mit 10% H_2SO_4 in Essigsäure bestimmt. F. RADLER. 4210□

Induzierte Synthese von Fremdstoffe abbauenden Enzymen in Lebermikrosomen. A. H. Conney, James R. Gillette, Joseph K. Inscoe, Eberhard R. Trams und Herbert S. Posner. (Science [Washington] **130.** 1478—79. 27/11. 1959. Bethesda, Md., Nat. Inst. of Health.) (Engl.)

Die Beeinflussung verschiedener unphysiolog. Verbb. umsetzender Enzyme in Rattenlebermikrosomen, 24 Std. nach intraperitonealer Gabe von 1 mg *3.4-Benzpyren* (I) pro Tier, wird untersucht. I scheint eine spezif. Wrkg. zu haben, da die Enzyme verschieden stark aktiviert bzw. gehemmt werden. Folgende enzymat. Rkk. werden untersucht (in [ ] das Verhältnis der unter I erhöhten Aktivität gegenüber der des unbehandelten Kontrolltiers): I → Gemisch hydroxylierter Prodd. [12], *Acetanilid* → *4-Hydroxyacetanilid* [6,5], *Zoxazolamin* → *6-Hydroxyzoxazolamin* [3,8], *Chlorozoxazone* → *6-Hydroxychlorozoxazone* [1,4], *Chinolin* → *3-Hydroxychinolin* [2,0], *Naphthalin* (II) → *α-Naphthol* [2,0], II → *1.2-Dihydronaphthalindiol-(1.2)* [1,9], *3-Methyl-4-monomethylaminoazobenzol* → *3-Methyl-4-aminoazobenzol* [5,3], *N-Methylanilin* → *Anilin* [2,0], *Monomethyl-4-aminoantipyrin* → *4-Aminoantipyrin* [3,3], *Meperidin* → *Normeperidin* [0,32], *Benadryl* → *2-[Benzhydryloxy]-äthylamin* [0,70], *4-Methoxyacetanilid* → *4-Hydroxyacetanilid* [1,4], *4-Dimethylaminoazobenzol* → *Anilin* + *N.N-Dimethyl-p-phenylendiamin* [2,0]. *Chlorpromazin* → *Chlorpromazinsulfoxyd* [0,96], *p-Nitrotoluol* → *p-Nitrobenzoesäure* [1,6], H.-J. KOCH/Berlin. 4210□

E_3. Mikrobiologie. Bakteriologie. Immunologie

Über den Einfluß von Substratkombinationen auf ruhende und sich vermehrende Mycobakterien (M. phlei). 1. Mitt. Vergleichende Untersuchungen über die Wirkung der Einzelkomponenten auf INH-sensible und -resistente Bakterien. G. Müller, H. Iwainsky und K. Täufel. (Arch. Mikrobiol. **35.** 361—66. 1960. Berlin, Humboldt-Univ., Inst. für Lebensmittelchem. u. -technol.; Tuberkulose-Forschungsinst. Berlin-Buch.) (Dt.) — Vgl. C. **1961.** 5486.

Vff. untersuchten mit Hilfe der WARBURG-Methodik den Einfl. von *Malon-* (**I**), *Bernstein-* (**II**), *Essig-* (**III**), *Ameisen-* (**IV**), *Glyoxyl-* u. *Citronensäure* auf die Ruhe- u. Vermehrungsatmung *INH*-sensibler u. -resistenter Bakterien (*Mycobacterium phlei*) im Hinblick auf die Verw. als zweite C-Quelle neben *Glycerin* (**V**). Die Substrate mit einem Q_{O_2} zwischen —8,2 u. —4 (**V** u. **I**—**III**) bei ruhenden Keimen zeigen auch bei Vermehrung eine hierfür charakterist. O_2-Aufnahme. Beim Zusatz der restlichen Substrate ist eine Vermehrung dagegen nicht mehr erkennbar. Die Ruheatmung *INH*-resistenter u. -sensibler Bakterien läßt im Gegensatz zur Vermehrungsatmung (Verzögerung bei resistenten Keimen) kaum Unterschiede erkennen. Mit Ausnahme der **IV** entspricht der R_Q bei allen Substraten einer vollständigen Oxydation zu CO_2 u. H_2O. Der R_Q für *Brenztraubensäure* (**VI**) u. *Oxalessigsäure* zeigt bei *INH*-resistenten u. -sensiblen Keimen statist. signifikante ($P < 0{,}001$) Unterschiede (bei resistenten geringer). Dieser Befund sowie die Erhöhung des R_Q für diese beiden Substrate gegenüber dem theoret. Wert bei völliger Oxydation erklärt sich aus partieller Decarboxylierung zu **III** bzw. **VI** u. erhöhter Decarboxylaseaktivität der sensiblen Variante. HANS THIELE. 4310□

Über den Einfluß von Substratkombinationen auf ruhende und sich vermehrende Mycobakterien (M. phlei). 2. Mitt. **Über das Verhalten INH-sensibler und -resistenter Bakterien beim Einsatz zweier Kohlenstoffquellen.** G. Müller, H. Iwainsky und K. Täufel. (Arch. Mikrobiol. **35.** 367—76. 1960. Berlin, Humboldt-Univ., Inst. für Lebensmittelchem. u. -technol.; Tuberkulose-Forschungsinst. Berlin-Buch.) (Dt.) — 1. vgl. vorst. Referat.

Vff. untersuchten den Einfl. der in vorst. Ref. angeführten Substrate auf die Ruhe- u. Vermehrungsatmung von *INH*-resistenten u. -sensiblen Zellen von *Mycobacterium phlei*, sofern sie neben *Glycerin* (**I**) als zweite C-Quelle vorlagen. Neben der Best. der O_2-Aufnahme wurde der Rest-Geh. an **I** in der Nährlsg. nach LAMBERT u. NEISH nach vorheriger Entfernung der *Glyoxylsäure* (**II**) mit $Ca(OH)_2$ u. $CuSO_4$ bestimmt. Ruhe- u. Vermehrungsatmung wurden durchweg im gleichen Sinne beeinflußt. Während jedoch z. B. *Essigsäure* (**III**) mit dem **I** zusammen verbraucht wurde, setzt der Abbau von beispielsweise *Malonsäure* u. **II** erst nach dem des **I** ein. Hinsichtlich der Zuordnung der Substrate zu den einzelnen Gruppen zeigen sich in der Ruheatmung zwischen *INH*-sensiblen u. -resistenten Keimen deutliche Unterschiede. Die O_2-Aufnahme der sensiblen wird durch **III**, *Ameisen-* u. *Bernsteinsäure* bes. charakterist. beeinflußt, dagegen wird die O_2-Aufnahme sich vermehrender Keime durch Zusatz der zweiten C-Quelle in den ersten Std. gehemmt. *Citronensäure* beeinflußt nur resistente Keime, u. zwar bei Ruheatmung im gleichen Sinne wie **III**, hemmt jedoch die Vermehrung in der Vermehrungsphase. HANS THIELE. 4310□

Eine chemisch definierte Nährlösung für das Wachstum von Micrococcus lysodeikticus. E. A. Grula, Shing-Kei Luk und Yung-Chieh Chu. (Canad. J. Microbiol. **7.** 27—32. Febr. 1961. Stillwater, Okla., Oklahoma State Univ., Dep. of Bacteriol.) (Engl.)

Für optimales Wachstum wird folgende synthet. Nährlsg. angegeben (pro 100 ml Nährlsg.): *Biotin* 50 µg, *Inosin* 6 mg, *L-Glutaminsäure* 358 mg, *L-Phenylalanin* 40 mg, *L-Tyrosin* 100 mg, NH_4Cl 100 mg, K_2HPO_4 200 mg, $MgSO_4 \cdot 7H_2O$ 2 mg u. $FeSO_4 \cdot (NH_4)_2SO_4 \cdot 6H_2O$. *M. lysodeikticus* zeigt einen relativ nichtspezif., aber abs. Bedarf an Purinen, der am besten durch *Hypoxanthin*, weniger gut durch *Adenin* gedeckt werden kann. Hypoxanthin kann durch *Inosin*, *Adenosin* oder *Adenylsäure*, aber nicht durch *Guanosin* oder *Guanylsäure* ersetzt werden. *Biotin* bzw. *Biocytin* oder *Biotin-d-sulfoxyd* stimulieren das Wachstum. Eine geringere Wrkg. geben *Desthiobiotin*, *dl-Oxybiotin* oder *Biotin-l-sulfoxyd*. Obwohl Aminosäuren für das Wachstum benötigt werden, konnte der Bedarf einer spezif. Aminosäure nicht festgestellt werden. U. BEHRENS. 4310□

Ernährungsuntersuchungen über Lactobacillus heterohiochi. A. L. Demain, E. L. Rickes, D. Hendlin und Evelyn C. Barnes. (J. Bacteriol. **81.** 147—53. Jan. 1961. Rahway, N.J., Merck Sharp and Dohme Res. Labor.) (Engl.)

Lactobacillus heterohiochi benötigt zum Wachstum *Hefeextrakt* (**I**) u. das 10fache (5 µg/ml) der für Milchsäurebakterien charakterist. Konz. an *Mevalonsäure*. Der Bedarf an **I** konnte nur z. T. durch enzymat. abgebautes *Casein* (**II**) ersetzt werden. Dieses war wiederum ersetzbar durch ein Gemisch von *Ascorbinsäure*, *L-Cystein* u. hohe Konzz. von *L-Asparagin*, *L-Glutaminsäure*, *L-Glutamin* u. *DL-Serin*. Der Rest des I-Bedarfs entfiel bei mindestens 10facher Erhöhung der Konzz. von Nicotinsäure u. Calciumpantothenat. Eine weitere Wachstumssteigerung wurde erzielt durch Zugabe von A. zum Medium. Das endgültige Medium (E) wurde chem. definiert mit Ausnahme der vitaminfreien Komponente an säurehydrolysiertem Casein; es konnte mit ihm ein viel dichteres Wachstum erreicht werden als bisher, u. man benötigte keinen Zusatz an II. H. AMAN. 4310□

Rolle von Polyphosphat und Phospholipid bei der Keimung von Sporen von Aspergillus niger. Arasuke Nishi. (J. Bacteriol. **81**. 10—19. Jan. 1961. Okubo, Narashino, Chiba-ken, Japan, Chiba Univ., Inst. of Food Microbiol.) (Engl.)

Durch Zusatz von radioakt. Orthophosphat (1,5 mc/Liter Agarmedium) mit ^{32}P markierte Sporen von *Aspergillus niger* wuchsen in einem nichtradioakt. Medium (Zus.: 10 g Glucose, 300 mg Alanin, 200 mg Prolin, 20 mg Guanin, 1,2 g $Na_2HPO_4 \cdot 12H_2O$, 2,3 g KH_2PO_4, H_2O ad 1 Liter, pH 6,0, 30°), wobei die Veränderungen in P-Geh. u. Radioaktivität im Verlaufe der Keimung verfolgt wurden. Die Fraktionierung der verschiedenen cellulären P-Verbb. erfolgte nach der SCHMIDT-THANNHAUSER-SCHNEIDER-Meth., die *säurelösl. Phosphate* (I) wurden papierchromatograph. u. elektrophoret. bestimmt. Es zeigte sich, daß der Vorrat an Reservephosphaten, die *Polyphosphate* (II) u. *Phospholipide* (III) in ruhenden Sporen in der Anfangsphase der Keimung den Großteil der intracellulären P-Verbb. liefern. So nimmt der P-Geh. u. die Radioaktivität von II u. III rasch ab, während gleichzeitig der der Zuckerphosphate u. Nucleotide signifikant ansteigt. Ein Teil des Reserve-P wurde mit fortschreitender Keimung in Ribonucleinsäure inkorporiert. Die chromatograph. Analyse der I offenbarte als Schlüsselsubstanzen im P-Stoffwechsel in der Anfangsperiode der Keimung *Glycerophosphat* u. *Adenosintriphosphat*. H. AMAN. 4310□

Die Bildung von Cellulose-Mikrofibrillen in Suspensionen von Acetobacter xylinum. J. Ross Colvin und M. Beer. (Canad. J. Microbiol. **6**. 631—37. Dez. 1960. Ottawa, Canada, Nat. Res. Counc., Div. of Appl. Biol.) (Engl.) — Vgl. C. **1960**. 10635.

Die Bldg. von Cellulosemikrofibrillen von Precursoren, gebildet von *Acetobacter xylinum*, erfolgt entfernt von der Zelloberfläche u. ohne großes, amorphes, zwischenliegendes Hochpolymeres. Das Mikrofibrillenwachstum erfolgt nur an einem oder beiden Enden. Die Geschw. des mikrofibrillären Wachstums pro Bakterienzelle bei 25° ist konst. 0,1 μ/min bis zu mindestens 7 Min. Inkubationszeit. Neue Mikrofibrillen werden laufend während der Inkubationszeit gebildet. M. RINGPFEIL. 4315□

Vorkommen einer die Sterinreaktionen gebenden Substanz in Escherichia coli. Simone Dauchy und Fernand Kayser. (Bull. Soc. Chim. biol. **40**. 1533—38. 10/12. 1958. Nancy, Meurthe-et-Moselle, Fac. de Pharmacie, Labor. de Chim.) (Franz.)

Aus *E. coli* war durch Extraktion regelmäßig eine Verb., F. 132—134°, 5 mg/100 g Trockenbakterien, extrahierbar, die verschiedene Eigg. der Sterine gab. K. MAIER. 4315□

Anreicherung von intracellulärem anorganischen Sulfat durch Penicillium chrysogenum. Irwin H. Segel und Marvin J. Johnson. (J. Bacteriol. **81**. 91—98. Jan. 1961. Madison, Wis., Univ. of Wisconsin, Dep. of Biochem.) (Engl.)

Es wurde die intracelluläre Verteilung u. Konz. von ^{35}S im Mycel mehrerer verwandter Stämme von *Penicillium chrysogenum* untersucht, die mit $Na_2{}^{35}SO_4$ als alleiniger S-Quelle gewachsen waren. Ein starker Penicillinbildner (Stamm 51-20F3) konnte anorgan. Sulfat in seinem Mycel bis zu einem 25—35 mm Geh. (der 5—6fache Geh. des extrahierten Mediums) konzentrieren. Andere starke u. schwache Penicillinbildner erreichten nur eine Konz. von ca. 5 mmolar. Die Mutation des Stammes 51-20F3 hat wahrscheinlich den Verlust eines spezif. Kontrollmechanismus zur Folge, welcher die Tätigkeit des Sulfatübertragungsmechanismus begrenzt. Es wurde beobachtet, daß Methionin oder Cystein im Substrat den Sulfatübertragungsmechanismus hemmen. H. AMAN. 4320□

Arsinbildung durch Trichophyton rubrum. R. A. Zussman, E. E. Vicher und I. Lyon. (J. Bacteriol. **81**. 157. Jan. 1961. Chicago, Ill., Univ. of Illinois, Coll. of Med., Dep. of Microbiol. and Biol. Chem.) (Engl.)

In Kulturen von *Trichophyton rubrum* (Stamm CDC) in einem Substrat mit 0,006 bis 0,0015 m *Arsenat* wurde *Arsin* gebildet, ein Beweis für die Fähigkeit von T. rubrum zu reduzierenden Stoffwechselreaktionen. H. AMAN. 4320□

Die Verwertung von Essig- und Propionsäure durch Chromatium vinosum bei ihrer gleichzeitigen Anwesenheit im Nährboden. W. N. Schaposchnikow, L. K.

Ossnitzkaja und W. I. Tschudina. (Микробиология [Mikrobiologie] **29.** 320—22. Mai/Juni 1960. Moskau, Inst. für Mikrobiol. der Akad. der Wiss. der UdSSR.) (Russ.; Auszug: Engl.)

Die Unterss. wurden auf VAN NIEL-Medium ohne Na_2S u. $NaHCO_3$ unter Zusatz von 0,2% Na-Propionat (I) oder Na-Acetat (II) bzw. je 0,1% I u. II durchgeführt. In Ggw. von I + II war der Verbrauch nach 7 Tagen (I ca. 0,5—1,4, II 3—2,6 mMol) geringer als in Ggw. von I oder II (I 2,3, II 5,2 mMol). Der C von I u. II wird fast vollständig zum Aufbau von Zellsubstanz verbraucht. Nach einer Vers.-Pause von 17 Tagen konnten im Medium weder flüchtige noch nichtflüchtige Säuren (außer der eingesetzten I u. II) nachgewiesen werden. CO_2 trat in geringen (bis zu 2,5 mMol, wahrscheinlich aus sich zersetzenden Kulturen) Mengen auf. Der Verbrauch von II war in jeder Phase des Vers. größer (1,5—3fach) als der von I. K. SATTLER. 4320□

Abbau von Glucose durch den MX-Stamm von Rhizopus. Maurice Margulies und Wolf Vishniac. (J. Bacteriol. **81.** 1—9. Jan. 1961. New Haven, Conn., Yale Univ., Dep. of Microbiol.) (Engl.)

Es zeigte sich, daß die entstandenen Mengen *CO_2*, *A.* u. *Milchsäure* (I) fast der gesamten anaerob u. die entstandenen Mengen CO_2, I u. *Fumarsäure* (II) fast der gesamten aerob verbrauchten *Glucose* (III) entsprachen. Unter O_2 war eine Steigerung der Säureausbeute über diejenige unter N_2 festzustellen, erklärbar durch die Bldg. von II. Rhizopus Stamm MX setzt $^{14}C_{(1)}$-III u. $^{14}C_{(2)}$-III aerob u. anaerob zu I um mit der Hälfte der Aktivität der vorgelegten III. I aus $^{14}C_{(1)}$-III u. $^{14}C_{(2)}$-III war im Methyl- bzw. Carbinol-C markiert. Aus $^{14}C_{(2)}$-III gebildeter A. war im Carbinol-C markiert. In den Zellextrakten wurde eine Anzahl von für die Bldg. von I u. A. notwendiger Enzyme, wie in Hefe u. Muskel nachgewiesen. Es wird angenommen, daß die Bldg. von I u. A. über den EMBDEN-MEYERHOF-PARNAS-Weg erfolgt. Die Inkorporation von CO_2 in II u. von $^{14}C_{(1)}$-III in II wurde untersucht, u. der mögliche Mechanismus der II-Bldg. wird besprochen. H. AMAN. 4320□

Anaerober Abbau von ^{14}C-Glucose durch Escherichia coli. L. M. Page und Martin Gibbs. (J. Bacteriol. **81.** 107—10. Jan. 1961. Upton, Long Island, N.Y., Brookhaven Nat. Labor., Dep. of Biol.) (Engl.)

Die Vergärung von *Glucose* (I) durch *E. coli* bei pH 5 ist im wesentlichen ein Milchsäuretypus, wird aber bei stärker alkal. pH-Werten gemischt; bei der Vergärung von $^{14}C_{(1)}$-Glucose, $^{14}C_{(2)}$-Glucose u. $^{14}C_{(6)}$-Glucose sind Spuren verteilt auf Ameisensäure, CO_2, Milchsäure, Essigsäure u. A., entsprechend dem EMBDEN-MEYERHOF-Schema. Bei pH ca. 5 werden ungefähr 6—10% I über den Hexosemonophosphatweg u. die Transaldolase–Transketolase-Folge abgebaut, während der Rest der klass. Glykolyse unterliegt. Zunehmende Phosphat-Konz. verändert nicht die nach beiden Möglichkeiten abgebaute Menge von I. H. AMAN. 4320□

CO_2-abhängige Vergärung von Glucose durch Cytophaga succinicans. Richard L. Anderson und Erling J. Ordal. (J. Bacteriol. **81.** 139—46. Jan. 1961. Seattle, Wash., Univ. of Washington, Dep. of Microbiol.) (Engl.)

Zellfreie Extrakte von *Cytophaga succinicans* können *Glucose* (I) über den EMBDEN-MEYERHOF-Weg zu Pyruvat abbauen. Die Bldg. der Endprodd. [Bernstein- (II), Essig- u. Ameisensäure] verläuft in bekannten Bahnen. Bei Vergärung von I in Ggw. von $^{14}CO_2$ zeigte es sich, daß der Hauptteil des gebundenen CO_2 in dem Carboxy-C von II erschien. Eine Phosphoenolpyruvat (III)–CO_2 kondensierende Rk., die durch Guanosindisphosphat stimuliert wird, wurde in den Extrakten nachgewiesen. Bei Zugabe von Milchsäuredehydrogenase konnte mit den Extrakten ein CO_2-unabhängiger Abbau von Fructose-1.6-diphosphat durchgeführt werden. Es wird angenommen, daß die Rolle von CO_2 bei der Gärung in der Lieferung von Verbb. — durch Kondens. mit III — besteht, die als Acceptoren für den beim Abbau von I entstehenden H_2 dienen können. H. AMAN. 4320□

Oxydative Assimilation von Aminosäuren durch Salmonellae in bezug auf die Wachstumsgeschwindigkeiten. J. L. Stokes und H. G. Bayne. (J. Bacteriol. **81.** 118—25. Jan. 1961. Albany, Calif., Western Regional Res. Labor.; Pullman, Wash., Washington State Univ., Dep. of Bact. and Public Health.) (Engl.)

Bei der Unters. von Geschw. u. Ausmaß der Oxydation von *Aminosäuren* (I) durch Suspensionen von Ruhezellen rasch wachsender Salmonellastämme u. langsam wachsender Stämme von *Salmonella pullorum* (S.p.) wurden signifikante Unterschiede festgestellt. Salmonellastämme, wie *S. oranienburg*, *S. typhimurium*, oxydieren mehr I u. viele von ihnen rascher als Sp. überdies werden *Alanin* (III) u. *Serin* (II) als einzige von S.p. rasch, vollständig u. ohne Assimilierung oxydiert. Nur solche I, welche langsam oxydiert werden, wie *Prolin* u. *Cystin*, werden von S.p. assimiliert. Dagegen assimilieren

Salmonellastämme oxydativ **III** u. **II** u. alle anderen rasch oder langsam oxydierten **I**. Einige Stämme von S.p., welche Acetat nicht oxydieren können, reichern es während der Oxydation von **III** an. Außer **III** u. **II** können durch S.p. Glycin, Lactat, Pyruvat u. Acetat nicht oxydativ assimiliert werden. Allg. erfolgt Assimilation durch S.p. nicht bei der Oxydation von C_2- u. C_3-Verbb., wohl aber bei der Oxydation von C_4- u. höherer Verbindungen. H. Aman. 4320□

Aminosäurestoffwechsel von Salmonellen. H. G. Bayne und J. L. Stokes. (J. Bacteriol. **81**. 126—29. Jan. 1961. Albany, Calif., Western Regional Res. Labor.; Pullman, Wash., Washington State Univ., Dep. of Bact. and Public Health.) (Engl.)

Allg. oxydieren Salmonellen *Alanin* (**III**), *Serin* (**IV**), *Threonin* (**V**), *Prolin*, *Asparagin*- (**VI**) u. *Glutaminsäure* (**VII**) mehr oder weniger rasch. *Glycin*, *Cystin*, *Lysin* (**VIII**), *Arginin* (**I**) u. *Histidin* werden langsam oder überhaupt nicht oxydiert. Keiner der 38 untersuchten Stämme [*Salmonella oranienburg* (S.o.), *S. typhimurium*, *S. worthington*, *S. newport*, *S. derby*, *S. anatum*, *S. fulica*, *S. typhosa*, *S. gallinarum* (S.g., 6 Stämme), *S. pullorum* (S.p., 16 Stämme), *S. abortusovis* (2 Stämme), *S. typhisuis* (2 Stämme), *S. paratyphi A* (2 Stämme) u. *S. sendai* (2 Stämme)] oxydierte *Leucin* (**X**), *Isoleucin* (**XI**), *Valin* (**XII**), *Methionin* (**XIII**), *Phenylalanin* (**XIV**), *Tyrosin* (**IX**) u. *Tryptophan* (**II**). Dies scheint eine charakterist. negative Eig. der Salmonellen zu sein. Stämme von S.p. u. S.g. besitzen die geringste Fähigkeit, Aminosäuren zu oxydieren. Die D-Isomeren von **III**, **IV**, **V** u. **VII** werden von Salmonellen oxydiert, **VI** jedoch nicht. **VIII** u. **IX** werden unter anaeroben Bedingungen von Zellsuspensionen aller 6 darauf hin geprüften Stämme decarboxyliert. Akt. Suspensionen wurden nur erhalten, wenn die Zellen auf einem Medium von pH 6,0 u. bei Raum-Temp. gewachsen waren. Dieselben Stämme konnten **X**, **XI**, **XII**, **XIII**, **XIV**, **II** u. **I** nicht decarboxylieren. Bei S.o. u. S.p. wurde das Auftreten der Transaminierungs-Rk. **VII** + Oxalessigsäure → α-Ketoglutarsäure + **VI** festgestellt. H. Aman. 4320□

Acetyl-L-isoleucin und Acetyl-L-leucin als extracelluläre Produkte von Mycobacterium ranae. Audree V. Fowler, Merrill N. Camien und Max S. Dunn. (J. Bacteriol. **81**. 163—64. Jan. 1961. Los Angeles, Calif., Univ. of California, Chem. Labor.) (Engl.)

In angesäuerten Kulturfiltraten von *Mycobacterium ranae* (mit Asparagin, Glycerin u. Spuren von Citrat als einzige organ. Bestandteile) wurde nach Fraktionierung durch Gegenstromverteilung u. weiterer Reinigung ein krist. Prod. aufgefunden (F. 148—151°), das als Gemisch von 86% *Acetyl-L-isoleucin* (F. 155—156°) u. 14% *Acetyl-L-leucin* (F. 183—184°) identifiziert wurde. Die physiolog. Bedeutung acetylierter Aminosäuren wird besprochen. H. Aman. 4320□

Faktoren, welche die Anreicherung von Biotin durch Lactobacillus arabinosus beeinflussen. Herman C. Lichstein und James R. Waller. (J. Bacteriol. **81**. 65—69. Jan. 1961. Minneapolis, Minn., Univ. of Minnesota, Dep. of Bacteriol.) (Engl.)

Verwendeter Stamm: *L. arabinosus*; Vers.-Medium nach Wright u. Skeggs mit der Ausnahme, daß Cystin durch Cystein ersetzt u. Folsäure (50 μg/100 ml) zugesetzt wurde. Bei der Anreicherung von *Biotin* (**I**) durch L. arabinosus scheint es sich um eine von der Mitwrkg. von Enzymen abhängige Rk. zu handeln. Temp.-Optimum: 37°, pH-Optimum 6,8. Die Stimulierung der **I**-Anreicherung durch Glucose ist offenbar abhängig sowohl von der Größe des Vitaminmangels als auch vom Alter der Bakterienzellen. Der endogene Spiegel von intracellulär gebundenem **I** steigt mit zunehmender Konz. von **I** im Wachstumsmedium, sinkt aber mit fortschreitendem Alter der Bakterienzellen. Unerwartet waren die sehr hohen **I**-Spiegel in anfänglich **I**-Mangelzellen nach Inkubation mit **I** unter bestimmten Bedingungen. H. Aman. 4320□

Die Wirkung von Carbamylphosphat und Cyanat auf Escherichia coli. Andrew Taussig. (Canad. J. Microbiol. **6**. 619—29. Dez. 1960. Montreal, McGill-Montreal Gen. Hosp. Res. Inst.) (Engl.)

Carbamylphosphat (**I**) hemmt in der Induktionphase (IPh) Wachstum von *E. coli*, während es, in der logarithm. Phase (LPh) zugegeben, ohne Wrkg. ist. Umgekehrt verlängert *Cyanat* IPh u. hemmt Wachstum, wenn in LPh zugefügt. Beide Hemmungen können durch Glutathion u. Cystein aufgehoben werden. Wrkg. von **I** soll auf Bldg. von Carbamylcystein beruhen. U. Behrens. 4330□

Die Wirkung flüchtiger Fettsäuren auf das Wachstum von Chlamydomonas und Haematococcus. Raymond G. Stross. (Canad. J. Microbiol. **6**. 611—17. Dez. 1960. College Park, Md., Univ. of Maryland, Dep. of Zool.) (Engl.)

Die Wrkg. der Fettsäuren C_1—C_5 auf die Zellteilung von *Chlamydomonas reinhardti Danseard* u. *Haematococcus pluvialis Flotow* wurde untersucht. Acetat förderte Zellteilung, während Butyrat keine eindeutige Wrkg. ausübte. Die ungeraden Fettsäuren (C_1, C_3 u. C_5) hemmten Zellteilung, wobei Propionat am stärksten u. Valeriat am schwächsten wirkten. Die Hemmung durch Propionat entsprach der Konz. der undissoziierten Säure. U. BEHRENS. 4330□

Pharmacaresistenz bei Trypanosomen, Wirkungen von Stoffwechselinhibitoren, pH und Redoxpotential auf normales und resistentes Trypanosoma rhodesiense. J. Williamson. (Brit. J. Pharmacol. Chemotherapy **14.** 443—55. Dez. 1959. Vom, Northern Nigeria, West African Inst. for Trypanosomiasis Res.) (Engl.)

Die in vitro-Prüfung verschiedener Stoffwechselinhibitoren, z. B. *Cyanid, Azid, 2.2'-Dipyridyl, NH_2OH, Dithizon, Oxin, Fluorid, Urethan, Pentobarbiton, Thiopenton, Jodacetat, $HgCl_2$, Arsenit, Tetrathionat, Alloxan* (I), *1.2-Naphthochinonsulfonat-(4), Ninhydrin, Pyrophosphat, Phlorrhizin, 2.4-Dinitrophenol, Methylenblau, Eserin, Ephedrin, Malonat, Fluoracetat, Pentamidin, Melarsenoxyd,* auf trypanocide Wirksamkeit gegenüber normalen u. pharmakaresistenten Stämmen von *T. rhodesiense* ließen keinen Zusammenhang zwischen erworbener Resistenz u. Veränderungen in spezif. enzymat. Funktionen erkennen. Das Redoxpotential ist ein wichtiger Faktor der trypanociden Wrkg., steht aber nicht zur Resistenz-Entw. in Beziehung. Die pH-Abhängigkeit der trypanociden Wrkg. ionisierender Pharmaca gegenüber normalen u. resistenten Trypanosomen stützt die Annahme, daß die Resistenz-Entw. mit physikal. Änderungen, verbunden mit der Pharmacaaufnahme, verknüpft ist. Der trypanocide Titer von 14 reversibel reduzierbaren Verbb., einschließlich 12 Redoxindikatoren, wurde bestimmt u. mit dem Redoxpotential der halbred. Verbb. (E_0') u. dem Resistenzfaktor verglichen: I, Ferricyanid, BINSCHEDLERS Grün, o-Kresol-2.6-dichlorphenolindophenol, Toluolblau, Thionin, Brilliantkresylblau, Toluidinblau, Methylenblau, Janusgrün, Nilblau, Indigocarmin, Phenosafranin, Neutralrot. K. MAIER. 4330□

Antifungale Aktivität halogenierter Biphenylderivate. G. Viel, M. Chancogne, M. Sy und N. P. Buu-Hoï. (Bull. Soc. Chim. biol. **40.** 1617—22. 10/12. 1958. Sèvres, Seine-et-Oise, Centre Nat. de la Recherche Agronomique, Labor. de Phytopharmacie; Paris, Univ. de Paris, Inst. du Radium.) (Franz.)

Bei der Prüfung halogenierter *Biphenyl*-Derivv. (I) auf antifungale Wrkg. gegenüber verschiedenen parasitären, in der Landwirtschaft wichtigen Pilze (in vitro gegen Sporen von *Glomerella cingulata* u. *Alternaria claeracea*, in vivo gegen *Plasmopara viticola* u. *Phytophthora infestans*) erwiesen sich einige als akt., wirkten jedoch z. T. phytotoxisch. Wirksame Verbb.: *3-Chlor-4'-äthyl-4-hydroxybiphenyl; 3-Chlor-4-hydroxy-, 3-Brom-4-hydroxy-;* [*3-Bromxenyl-(4)*]*-oxyessigsäure;* [*3-Chlor-4'-äthylxenyl-(4)*]*-oxyessigsäure;* [*3-Brom-4'-propylxenyl-(4)*]*-oxyessigsäure,* $CuSO_4$, *Zinebe.* K. MAIER. 4330□

Das Fehlen einer aufhebenden Wirkung gewisser Metall-Ionen bei der Hemmung durch Salicylanilid. R. S. Baichwal, R. M. Baxter und G. C. Walker. (Canad. J. Microbiol. **6.** 595—97. Okt. 1960. Toronto, Ontario, Univ., Fac. of Pharm.) (Engl.)

Die Struktur der Salicylanilide (die CONH- u. o-phenol. Hydroxylgruppe) legte die Vermutung nahe, daß die antifungale Wrkg. mit der Metalle bindenden Eig. durch Chelat-Bldg. zusammenhängt. — Daher wurden die Testsubstanzen (*Salicylanilid, 5-Chlor-, 5.3'-Dichlor-* u. *5.4'-Dichlorsalicylanilid* u. als Vgl. *Glycin*) allein, $CuCl_2$ allein u. dann die Kombination eines Salicylanilids mit $CuCl_2$ potentiometr. titriert. Es ergaben sich keine Anzeichen stattgefundener Chelatbildung. — Weiterhin hätte die antifungale Wrkg. durch im Überschuß zugesetzte Metallionen aufgehoben werden müssen. Verss. mit *Trichophyton rubrum* u. *T. mentagrophytes*, Salicylanilid, unter Zusatz eines divalenten Metallions (Cu, Co, Fe, Mg, Mn, Zn, Mo) zeigten, daß dies nicht der Fall war. U. BEHRENS. 4330□

Die oligodynamische Wirkung von chemisch reinem metallischen Silber. A. I. Klotschkow und L. A. Kunina. (Микробиология [Mikrobiologie] **29.** 428—32. Mai/Juni 1960. Tscheljabinsk, Polytechn. Inst.) (Russ.; Auszug: Engl.)

Auf Agarplatten, in denen *Escherichia coli* suspendiert (50000 Zellen) war, wurden Ag-Plättchen gelegt, die zuvor in 35%ig. HNO_3 3 Min. bei 50° gereinigt u. in 72%ig. A. aufbewahrt wurden. Die entstandenen Hemmzonen wurden gemessen. Die baktericide Wrkg. von metall. Ag wird durch Bldg. von Ag_2S vermindert. Eine plast. Verformung bringt keine Änderung mit sich, dagegen übt die Anlegung eines Potentials einen großen Einfl. aus. Unabhängig von der Größe des angelegten Potentials war die Hemmzone am positiven Plättchen 2 mal größer als an der Kontrolle. Ein kleines negatives Potential verkleinert die Zone. Bei Potentialen von mehr als 0,5 V vergrößert sie sich am negativen Plättchen gegenüber der Kontrolle. Nicht das Metall selbst, sondern seine in die Lsg. austretenden Ionen über die baktericide Wrkg. aus. K. SATTLER. 4330□

Chinolinderivate und fungicide Wirkung. F. Gialdi und R. Ponci. (Farmaco [Pavia], Ediz. sci. **12.** 413—27. Mai 1957. Pavia, Univ., Ist. Chim. Farmaceut. e Tossicol.) (Ital.)
Auf einem Bakteriennährboden (25 g Glucose, 10 g Pepton, W. ad 1000 ml, pH 6,0) wurde die fungistat. Aktivität einer Reihe von *Chinolin*-Derivv. gegenüber *Trichophyton mentagrophytes A.T.C.C 8757* u. *Candida albicans A.T.C.C. 10231* in den Konzz. (γ/ml) 100, 50, 20, 10, 5, 2, 1, 0,5 gemessen (bei Angaben wie >20 sind die Substanzen in höheren Konzz. im Nährboden nicht lösl.). Im einzelnen wurden geprüft (minimal inhibierende Dosis γ/ml, *C. albicans* u. *T. mentagrophytes*): *Chinolin-8-carbonsäure, Chinolin-7-carbonsäure, Chinolin-6-carbonsäure, Chinolin-5-carbonsäure,* alle >100, *Chinolin-4-carbonsäure* >100, 100, *Chinolin-6-carbonsäuremethylester* je >100, *-äthylester* 100, >100, *-propylester* 50, 100, *-butylester* (**V**) 10, 50, *Chinolin-5-carbonsäurebutylester* 100, 50, *Chinolin-7-carbonsäurebutylester* 100, 20, *Chinolin-8-carbonsäurebutylester* >100, 100, *Chinolin-8-aldehyd, Chinolin-8-aldoxim, Bis-[chinolin-8-aldehyd]-hydrazon* (**XV**), *Chinolin-8-aldehydsemicarbazon, Chinolin-8-aldehydthiosemicarbazon,* alle vorst. >100, *Chinolin-6-aldehyd* 100, 100, *Chinolin-6-aldehydthiosemicarbazon* je >100, *Chinolin-7-aldehyd* 100, >100, *Chinolin-7-aldehydthiosemicarbazon* je >100, *Chinolin-8-aldehydanil* >100, 50, *Chinolin-8-aldehyd-[p-methylanil]* >100, 100, *-[m-methylanil]* >100, 100, *-[o-methylanil]* >100, 100, *-[p-nitroanil]* je >100, *-[m-nitroanil]* >100, 100, *-[o-nitranil* je >100, *-[p-hydroxyanil]* >100, 100, *-[m-hydroxyanil]* je >100, *-[o-hydroxyanil]* >100, 100, *-[p-carboxyanil]* 100, 50, *-[m-carboxyanil]* >100, 100, *-[o-carboxyanil* >100, 100, *-[p-carbäthoxyanil]* 100, 100, *-[p-carbobutoxyanil]* >100, 100,- *[p-sulfoanil]* >100, 100, *-[o-sulfoanil]* je >100, *-[p-aminosulfonylanil]* je >100, *N-[α-Naphthyl]-chinolin-8-aldehydimin* je 100; *Na-[Chinolin-8-mercaptid]* je >100, *Na-[Chinolin-6-mercaptid]*, 20,5, *8-Benzoylmercaptochinolin* >100, 10, *6-Benzoylmercaptochinolin* >100, 5, *Bis-[chinolyl-8]-disulfid* je >100, *Bis-[chinolyl-6]-disulfid* (**I**) 10, 1, *Sn-Di-[chinolin-6-mercaptid]* >20, 50, *Sn-Di-[chinolin-8-mercaptid]* 50, 50, *Ni-Salz* >100, >100, *Cu-Salz,* >100, >100, *8-Methylmercaptochinolin* je >100, *8-Äthylmercaptochinolin* >100, 50, *8-Propylmercaptochinolin* 100, 20, *8-Butylmercaptochinolin* (**II**) 50, 10, *8-Pentylmercaptochinolin* (**III**) >20, 5, *8-Dodecylmercaptochinolin* je >20, *8-Hexadecylmercaptochinolin* je >100, *Bis-[chinolyl-(8)-mercapto]-methan* je >100, *1.6-Bis-[chinolyl-(8)-mercapto]-hexan* je >100, *8-Allylmercaptochinolin* 100, 50, *8-[α-Methylpropylmercapto]-chinolin* (**IV**) 50, 5, *8-[γ-Methylbutylmercapto]-chinolin* 100, 5, *8-[β-Hydroxyäthylmercapto]-chinolin* je >100, *8-[β-Acetoxyäthylmercapto]-chinolin,* >100, 100, *8-[β-Benzoyloxyäthylmercapto]-chinolin* >100, 10, *8-[β.γ-Dihydroxypropylmercapto]-chinolin* je 100, *8-[β-Dimethylaminoäthylmercapto]-chinolin* je >100, *β-[Chinolyl-(8)-mercapto]-äthyltrimethylammoniumjodid* je >100, *β-[Chinolyl-(8)-mercapto]-äthyl-n-butyldimethylammoniumbromid* je >100, *β-[Chinolyl-(8)-mercapto]-äthyl-n-hexadecyldimethylammoniumbromid* 1, 10, *8-Phenylmercaptochinolin* 100, 10, *8-[p-Nitrophenylmercapto]-chinolin* >100, 100, *8-[p-Aminophenylmercapto]-chinolin* 100, 50, *8-[p-Acetaminophenylmercapto]-chinolin* je >100, *8-[p-Benzoylaminophenylmercapto]-chinolin* je >100, *8-[o-Nitrophenylmercapto]-chinolin* je >100, *8-[o-Aminophenylmercapto]-chinolin* >100, 50, *8-[o-Acetaminophenylmercapto]-chinolin* >100, 100, *8-[o-Benzoylaminophenylmercapto]-chinolin* je >100, *8-[p-Dinitrophenylmercapto]-chinolin* je >100, *8-[o.p-Dinitrophenylmercapto]-chinolin* je >100, *8-Benzylmercaptochinolin* je >100, *8-[p-Nitrobenzylmercapto]-chinolin* je >100, *8-[p-Aminobenzylmercapto]-chinolin* >100, 100, *8-[p-Acetamidobenzylmercapto]-chinolin* je 100, *8-[p-Benzoylaminobenzylmercapto]-chinolin* je >100, *8-[o-Nitrobenzylmercapto]-chinolin* je >100, *8-[o-Aminobenzylmercapto]-chinolin* >100, 50, *8-[o-Benzoylaminobenzylmercapto]-chinolin* je >50. Die folgenden *Chinolin-8-sulfonsäureester* erwiesen sich als inakt.: *Methyl-, Äthyl-, n-Propyl-, n-Butyl-, n-Pentyl-, n-Dodecyl-, n-Hexadecyl-, sek.-Butyl-, Phenyl-, Benzyl-,* außerdem *Na-[Chinolin-8-sulfonat], Chinolin-6-sulfonamid* u. *Bis-[chinolyl-(6)]-sulfon.* Die aktivsten Verbb. wurden auch an anderen Mikroorganismen geprüft: *Kloeckera brevis, Saccharomyces cerevisiae, Cryptococcus neoformans, Nocardia asteroides, Aspergillus niger,* minimal inhibierende Dosis (γ/ml) für vorst. Reihenfolge von **I** 0,1, 5, 5, 10, 2; **II** 10, >50, 10, 20, 10; **III** 20, >20, 2, >20, 2, 20, 5; **IV** 20, 50, 10, 10, 10; **V** >100, 100, 50, 20, 50. Allg. wurde der Zusammenhang zwischen fungicider Wrkg. u. chem. Konstit. untersucht. W. Schäfer. 4330□

Der Einfluß von Rose Bengal auf die Polysaccharidbildung in Böden. D. L. Lynch. (Canad. J. Microbiol. **6.** 673—74. Dez. 1960. Edmonton, Alberta, Univ. of Alberta, Dep. of Soil Sci.) (Engl.)
Verschiedene Böden werden mit Saccharose, Pektin u. Casein (2%) versetzt u. ein Teil derselben mit einer *Rose-Bengal*-Lsg. (1:15000) getränkt. Es wurde in den mit dem Farbstoff versetzten Böden geringere Polysaccharid-Konzz. beobachtet als in den Kontrollversuchen. Die Populationsdichten unterschieden sich nicht merklich.
M. Ringpfeil. 4330□

Zur Prüfung der Antibiotica-Empfindlichkeit von Spirochäten. (Am Beispiel der Streptomycinwirkung gegen Treponema sp. Reiter.) Ulrich Berger. (Arch. klin. exp. Dermatol. **210.** 537—46. 16/8. 1960. Hamburg, Univ., Klinik für Zahn-, Mund- u. Kieferkrankheiten.) (Dt.)

Es wurden die Konzz. u. Zeiten geprüft, die für Hemmung, Abtötung u. Immobilisierung des Reiter-Stammes durch *Streptomycin* (I) erforderlich sind. Bei 1 tägiger Beobachtung ist eine Immobilisierung auch durch die mehr als 10 fache Abtötungs-Konz. nicht zu erreichen; erst bei 5 tägiger Vers.-Dauer fielen die für Hemmung, Abtötung u. Immobilisierung notwendigen I-Konzz. (50 γ/ml) zusammen. Hemmungs- u. Abtötungs-Konzz. lagen dagegen während der gesamten Vers.-Dauer gleich hoch. Die in der Literatur angegebene extreme I-Resistenz des Reiter-Stammes konnte nicht bestätigt werden.

K. F. MÜLLER. 4340 □

Die Art der durch Chloramphenicol auf die Nucleinsäuresynthese in menschlichen Knochenmarks- und leukämischen Zellen ausgeübte Hemmung. Adel A. Yunis und William J. Harrington.(J. Lab. clin. Med. **56.** 831—38. Dez. 1960. St. Louis, Mo., Washington Univ., School of Med., Dep. of Med.) (Engl.)

Im Hinblick auf das verschiedentlich beobachtete Zusammentreffen von Knochenmarksaplasie u. *Chloramphenicol* (I)-Verabreichung wurde die Wrkg. von I auf die Aufnahme von *$^{14}C_{(8)}$-Adenin*, *$^{14}C_{(6)}$-Orotsäure* u. *^{14}C-Na-Formiat* in vitro in die Nucleinsäuren normaler Knochenmarksleukocyten u. peripherer leukäm. Leukocyten (myeloische Leukämie) geprüft. Dabei ließ sich eine Hemmung erst mit I-Konzz. oberhalb 100 μg/ml erzielen. Lediglich in 1 Fall, der von einer durch I bedingten Knochenmarksaplasie genesen war, konnte ein Inkorporierungshemmung schon bei 50 μg I/ml gesehen werden. Es bleibt zu klären, wie weit derartige Knochemarksschädigungen eine Folge erhöhter I-Spiegel bei von der Norm abweichender I-Ausscheidung sind, oder ob ein biochem. Defekt im Bereich der Knochenmarkszellen vorliegt. U. TAUSENDFREUND. 4340 □

Einige biologische Eigenschaften von Cephalosporin C und einem Derivat. M. Jago und N. G. Heatley. (Brit. J. Pharmacol. Chemotherapy **16.** 170—79. April 1961. Univ. of Oxford, Sir William Dunn School of Pathol.) (Engl.)

Das Wachstum von Staphylokokken (St) u. einigen anderen Bakterien wurde durch 60—125 μg *Cephalosporin C* (I)/ml u. durch 5—20 μg *Cephalosporin C_A* (*Pyridin;* II; ABRAHAM u. NEWTON [1958], Symposium)/ml gehemmt. Resistenz in Subkulturen Penicillase-erzeugender St entwickelte sich nur langsam. Die minimale Hemmkonz. bei 500 facher Vergrößerung des Inoculums stieg bei I auf das Doppelte, bei II auf das 4—8 fache. Die Aktivität wurde durch Serum nicht verringert. I u. II waren nicht tox. u. wurden nach i.v. oder subcutaner Anwendung bei Mäusen quant. im Harn ausgeschieden. Bei oraler Verabreichung wurden nur 5% ausgeschieden. Gegen experimentelle Streptokokkeninfektion bei Mäusen war II 8 mal stärker wirksam als I.

K. ZINGRAF. 4340 □

Auftreten von Resistenz gegen Kanamycin in einem einzelnen Phagentyp von Staphylococcus. Lewis J. Griffith, William E. Ostrander, Zane F. Smith und Doris E. Beswick. (J. Bacteriol. **81.** 157—59. Jan. 1961. Batavia, N.Y., Veterans Administrat. Hosp.) (Engl.)

17 Stämme des Phagentyps 54 von 118 untersuchten erwiesen sich als gegen *Kanamycin* resistent u. gegen *Chloramphenicol* empfindlich oder umgekehrt, was darauf hinweist, daß das Auftreten bestimmter kollateraler Resistenz durch die Ergebnisse nicht bestätigt wird. H. AMAN. 4340 □

Die Wirkung von Nisin auf Clostridium butyricum Prazm. H. R. Ramseier. (Arch. Mikrobiol. **37.** 57—93. 1960. Zürich, Eidgen. TH, Milchtechn. Inst.) (Dt.)

Nisin (I), ein polypeptid. Antibioticum aus *Streptococcus-lactis*-Stämmen wirkt auf junge,wie auf alte vegetative Zellen von *Clostridium butyricum* bakterieid (Maximum bei pH 6,5—6,8), besitzt aber keine sporostat. u. sporocide Wirkung. Gekeimte Sporen sind I-empfindlich. Aus den Zellen infolge der bakteriolyt. Wrkg. auslaufendes Material zeigt eine charakterist. Absorption bei 260 mμ. Bei wachsenden vegetativen Organismen kann die Resistenz gegen I um das 32 fache erhöht werden. I wird durch Seife neutralisiert, die baktericide Wrkg. durch 2 wertige Kationen, wie Mg^{2+}, aufgehoben. Ähnlichkeit der Wrkg. von I mit der von kation. Detergentien u. der anderer Polypeptidantibiotica. H. AMAN. 4340 □

Vergleichende Untersuchung der Naphthalin oxydierenden Bakterien in Grundwässern. R. P. Naumowa. (Микробиология [Mikrobiologie] **29.** 415—18. Mai/Juni 1960. Moskau, Allunions-Inst. für Geologie.) (Russ.; Auszug: Engl.)

Die Wasserproben wurden entnommen aus Quellen zur Speisung wasserführender Horizonte, aus Bohrlöchern in Erdöllagerstätten u. Schurfgebieten, aus Mineralquellen in Gebieten, wo Grundwasser zutage tritt. Die isolierten, Naphthalin oxydierenden Stämme wurden identifiziert als: *Pseudomonas scissa, Ps. pelliculosa, Ps. pictorum, Ps. desmoliticum* u. *Bacterium jophagum*. Ps. scissa u. pelliculosa sind spezif. für Grundwasser von Erdöllagerstätten. Sie oxydieren energ. Naphthalin unter Bldg. eines gründgelben Pigments. K. SATTLER. 4350□

Phagocytose von Staphylokokken durch Mäuse-Leukocyten in Gegenwart von Botulinum-Toxin. Noel L. Freeman. (J. Bacteriol. **81.** 156—57. Jan. 1961. Berkeley, Calif., Univ. of California, School o fPublic Health, U. S. Naval Med. Res. Unit Nr. 1, and Naval Biol. Labor.) (Engl.)

Die Ergebnisse der einzelnen Verss. wichen beträchtlich voneinander ab, so daß Veränderungen im phagocyt. Index bei der hier angewandten Technik nicht als spezif. Mittel zur Auffindung von *Botulinumtoxin* zu gebrauchen sind. H. AMAN. 4370□

Hämagglutinationsreaktionen von Mycobacterium tuberculosis-Phosphatiden. Y. Takahashi und K. Ono. (C. R. Séances Soc. Biol. Filiales **152.** 380—83. 5/9. 1958. Sapporo, Hokkaido, Univ., Inst. de Recherche de la Tuberculose.) (Franz.)

Inhaltlich ident. mit der C. **1960.** 877 referierten Arbeit. K. MAIER. 4370□

Über die chemische Natur der Virulenz der Viren. A. Ss. Spirin. (Успехи Современной Биологии [Fortschr. gegenwärt. Biol.] **50.** 261—75. Nov./Dez. 1960.) (Russ.)

Übersicht an Hand der Literatur. — 44 Literaturangaben. O. LEBTAG. 4374□

Die vollständige Aminosäurefolge des Proteins des Tabakmosaikvirus. A. Tsugita, D. T. Gish, J. Young, H. Fraenkel-Conrat, C. A. Knight und W. M. Stanley. (Proc. nat. Acad. Sci. USA **46.** 1463—69. Nov. 1960. Berkeley, Calif., Univ. of California, Virus Labor.) (Engl.)

In Verbindung mit früheren Befunden konnte durch weitere Spalt-Prodd. die Anordnung der 158 Aminosäurereste des *Tabakmosaikvirusproteins* (I) u. damit dessen Primärstruktur völlig aufgeklärt werden. Zur Festlegung der Folge der 12 durch Trypsin-Einw. erhaltenen *Peptide* (**II**) wurde **I** durch *Subtilisin* (**III**) u. durch *Chymotrypsin* (**IV**) gespalten, die bas. Reste enthaltenden **II** an Dowex 1-X 2 isoliert u. nach Reinigung analysiert. Es wurde hierbei eine Reihe von Tri- u. Polypeptiden gefaßt, die die Verknüpfungsstellen der durch *Trypsin* (**V**)-Spaltung gewonnenen **II** überlappten, „Brückenpeptide" (**IIa**), u. dadurch die Festlegung ihrer Reihenfolge ermöglichten. **IIa**: **III**-Spaltung: $GluNH_2$·Ala·Arg·Thr, $GluNH_2$·Val·Arg·$GluNH_2$, Lys·Val·Tyr·Arg·Tyr, Asp·Ala·Thr·Arg·Arg·Val·Asp, Ala·Thr·Arg·Arg·Val·Asp·Asp, Asp·Ala·Thr·Arg·Arg, Leu·Ileu·Arg·Gly, **IV**-Spaltung: Lys·Pro·Ser·Pro $GluNH_2$·Val·Thr·Val·Arg·Phe·Pro·Asp·Ser·Asp·Phe, Lys·Val·Tyr, Asp· . . . ·Val (I, 88—114), $AspNH_2$·Arg·Ser·Ser·Phe. Die eingekreisten Reste in folgenden Schema **I** bedeuten die Stellen der **V**-Spaltung: AcetylN·Ser·Tyr·Ser·Ileu·Thr·Thr·Pro·Ser·Glu·Phe·Val·Phe·Leu·Ser·Ser·Ala·Try·Ala·Asp·Pro Ileu·Glu·Leu·Ileu·Leu·Asp·CySH·Thr·Asp·Ala·Leu·Gly·Asp·Glu·Phe·Glu·Thr·Glu·Glu·Ala·(Arg)·Thr·Val·Glu·Val·(Arg)·Glu·Phe·Ser·Glu·Val·Try·Lys·Pro·Ser·Pro·Glu·Val·Thr·Val·(Arg)·Phe·Pro·Asp·Ser·Asp·Phe·(Lys). Val·Tyr·(Arg)·Tyr·Asp·Ala·Val·Leu·Asp·Pro·Leu·Val·Thr·Ala·Leu·Leu·Gly·Ala·Phe·Asp·Thr·(Arg)·Asp·(Arg)·Ileu·Ileu·Glu·Val·Glu·Asp·Glu·Ala·Asp·Pro·Thr·Thr·Ala·Glu·Thr·Leu·Asp·Ala·Thr·(Arg)·Arg·Val·Asp·Asp·Ala·Thr·Val·Ala·Ileu·(Arg)·Ser·Ala·Asp·Ileu·Asp·Leu·Ileu·Val·Glu·Leu·Ileu·(Arg)·Gly·Thr·Gly·Ser·Tyr·Asp·(Arg)·Ser·Ser·Phe·Glu·Ser·Ser·Ser·Gly·Leu·Val·Try·Thr·Ser·Gly·Pro·Ala·Thr. K. MAIER. 4374□

Die Wirkung wachstumsregulierender Substanzen auf virusbefallene Tomatenpflanzen. Jayendra G. Bhatt und Sardar Singh Verma. (Sci. and Cult. [Calcutta] **23.** 610—11. Mai 1958. Indore (M.P.,) Inst. of Plant Ind.) (Engl.)

Besprühung mit „tomato streak" befallener Tomatenpflanzen mit wss. Lsgg. von *β-Indolyl-(3)-propionsäure* u. *α-Naphthylessigsäure* (2 mg%) erholten sich innerhalb 14 Tagen. Die typ. Virussymptome verschwanden von Blättern u. Stengel, u. die Pflanzen wuchsen normal. Keiner der beiden Wuchsstoffe bewirkte formbildende Effekte. Stärker konz. Lsgg. riefen früheres Absterben der Pflanzen, als dies bei den infizierten der Fall war, hervor. K. MAIER. 4374□

Wirkung von Trypsin auf einen empfindlichen Stamm von Influenza A Virus. Roy Cleeland und John Y. Sugg. (J. Immunology **85.** 539—45. Nov. 1960. New York, N.Y., Cornell Univ., Med. Coll., Dep. of Microbiol. and Immunol.) (Engl.)

Durch Züchtung auf Hühnerembryonen wurde ein Influenza-A-Stamm (A/Se/53) isoliert, der durch Inkubation mit *Trypsin* bei 37° 1 Std. die Hämagglutinationsfähigkeit vollkommen u. die Infektiosität im Hühnerei zu 99% verlor. Rohe Trypsin-Präpp.

wirkten stärker als kristallisierte. Bei weiteren Passagen des Stammes blieb die Trypsin-Susceptibilität erhalten, die daher als genet. Marker dienen kann. Es ließ sich jedoch eine Linie mit erhöhter Trypsin-Resistenz heraus selektionieren. M. WIEDEMANN. 4374□

Neue Gruppe von antiviralen Pharmacis: Komplexverbindungen von Wismut mit Natriumpyrocatechindisulfonat. Tito Berti, Silvio Bezzi und Pierantonio Visentini. (Atti Accad. naz. Lincei, Rend., Cl. Sci. fisiche, mat. natur. [8] **24.** 439—46. April 1958. Padova, Univ., Ist. di Farmacol., Centro di Studio per la'Chemioterapia del C.N.R. u. Ist. di Chim. Organ.) (Ital.)

Vff. untersuchen die antivirale Wrkg. von *Bi-Di-Na-Pyrocatechindisulfonat*-Komplex-Verbb. gegenüber dem Virus der Newcastle-Krankheit. Die Präpp. mit einem Bi-Geh. unterhalb 21% (*P 2, P 31, P 30, P 19*) zeigen keine antivirale Wirksamkeit; alle übrigen Verbb. sind gut wirksam. — Die Substanzen mit antiviraler Wirksamkeit

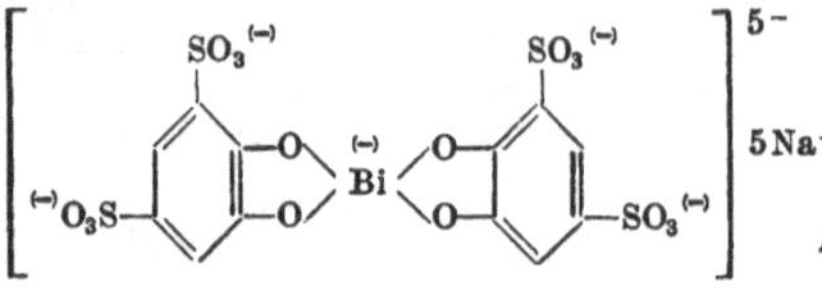

A

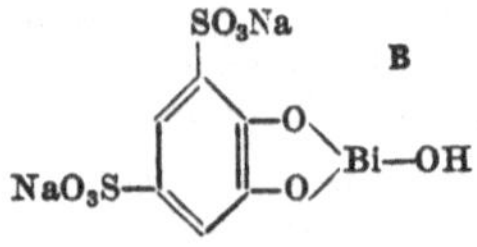

B

agglutinieren Hühnererythrocyten in vitro bei Konzz. zwischen 4 u. 40 γ/cm³; diese hämagglutinierende Eig. fehlt den inakt. Substanzen völlig. — Die DL_{50} (Maus, i.v.) liegt bei der Mehrzahl der getesteten Verbb. zwischen 30 u. 70 mg/kg (Ausnahmen: Präp. *P 36* 127 μg/kg u. *P 18* 631 mg/kg)

Versuche: Die Darst. der Verbb. erfolgt allg. durch Rk. einer gesätt. wss. Lsg. von *Natriumpyrocate-chindisulfonat* (**I**) mit festen $Bi(NO_3)_3 \cdot 5\,H_2O$ (**II**) oder $Bi(OH)_3$ (**III**) bei verschiedenen pH-Werten u. Tempp. (Raum-Temp. u. 0°), wobei mehr oder weniger intensiv gelbgefärbte Lsgg. erhalten werden, die nach Reinigung über Aktivkohle u. Filtration in wasserfreien Methanol gegeben werden; hierbei scheiden sich gelbgefärbte Ndd. ab, die abfiltriert, mit Methanol gewaschen u. im Vakuum getrocknet werden. Je nach Rk.-Bedingungen u. Mengenverhältnissen (genaue Angaben vgl. Original!) wurden 3 Gruppen von Substanzen erhalten: *A*. Präpp. mit einem theoret. Bi-Geh. von 24,4% (Verhältnis **I**:Bi ca. 2:1) entsprechend nebenstehendem Strukturbild **A**: *P 2*, aus **III** (u. **I**) bei Raum-Temp. (RT); 19,3% (Bi-Geh.); *P 31*, **III**, RT; 20,0; *P 30*, **II**, 0°; 21,1%. — *B*. Präpp. mit einem theoret. Bi-Geh. von 38,8% (Verhältnis **I**:Bi ca. 1:1) entsprechend nebenstehendem Strukturbild **B**: *P 4* bzw. *P 5*, **III**, RT; 34,2 bzw. 34,3%; *P 29*, **III**, 0°, 36,0; *P 11*, **II**, 0°, 36,2; *P 36*, **II**, 0°, 31,7; *P 37*, aus P 36, 33,9; *P 38*, aus P 36, 36,7. —

C
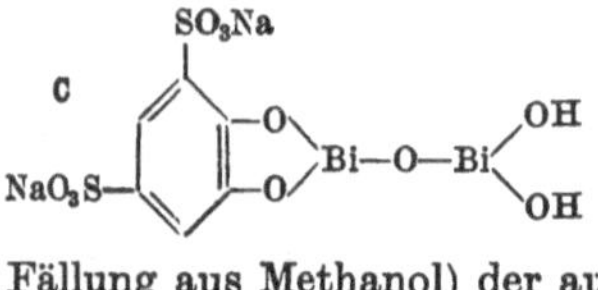

C. Präpp. mit einem theoret. Bi-Geh. von 53,6% (Verhältnis **I**:Bi ca. 1:2) entsprechend nebenstehendem Strukturbild **C**: *P 12*, **III**, RT, 51,5; *P 33*, **III**, RT, 48,3; *P 1*, **III**, RT, 50,2; *P 7*, **II**, RT, 46,9; *P 8*, **II**, RT, 50,3; *P 9*, **II**, RT, 51,6; *P 10*, **II**, 0°, 50,9; *P 32*, **II**, 0°, 52,5; *P 28*, **II**, 0°, 45,8. — Fraktionierung (durch fraktionierte Fällung aus Methanol) der aus **I** u. **II** bei 0° dargestellten Substanzen (Verhältnis **I**:Bi ca. 1:1): *P 16*, 40,1% (Bi-Geh.); *P 17*, 54,6; *P 18*, 24,8; *P 19*, 11,6 (diese Fraktion ist gegenüber dem Virus der Newcastle-Krankheit inakt.). — Fraktionierung (wie vorst.) der aus **I** u. **II** bei 0° dargestellten Substanzen (Verhältnis **I**:Bi ca. 1:2): *P 24*, 52,0; *P 25*, 57,3; *P 26*, 28,3. H. KOCKERT. 4374□

E₄. Pflanzenchemie. Pflanzenphysiologie. Pflanzenpathologie

Über einige physikalisch-chemische Grundlagen der stimulierenden Wirkung von Ultraschallwellen auf die Keimfähigkeit von Maissamen. I. Je. Elpiner und L. M. Bronskaja. (Доклады Академии Наук СССР [Ber. Akad. Wiss. UdSSR] **128.** 1073—75. 11/10. 1959. Inst. für biol. Phys. der Akad. der Wiss. der UdSSR.) (Russ.)

Eine Beschallung von 5—7 Min. Dauer stimulierte erheblich das Keimen der Maissamen, jedoch nur dann, wenn in der Umgebung ausreichende Mengen O_2 vorhanden waren. Ersetzte man O_2 durch H_2, so blieb die Beschleunigung der Keimung aus. Eine Zunahme von Peroxyd-Verbb. wurde nur in den Fällen beobachtet, wo das Keimen der Samen intensiviert war. Eine Beschallung von 10—15 Min. hemmte die Entw.-Prozesse u. führte manchmal sogar zur Vernichtung der Samen. Die Stimulierung der Entw. der Maissamen wird anscheinend durch die biochem. Prozesse bedingt, die unmittelbar während der Beschallung entstehen, bei denen O_2 eine akt. Rolle spielt. Es wird angenommen, daß im Ultraschallfeld die mkr. Strukturen der Samenhüllen gelockert werden. Ihre Rk. mit der Luft wird erleichtert. F. DU MANS. 4404□

Einige Gesichtspunkte des Phosphat-Stoffwechsels bei Claviceps purpurea (Fr.) Tul. C. de Waart und W. A. Taber. (Canad. J. Microbiol. **6.** 675—78. Dez. 1960. Saskatoon, Saskatchewan, Nat. Res. Council of Canada, Prairie Region. Labor.) (Engl.)

Vff. untersuchten die Bldg. von *Nucleinsäuren* (I) u. *kondensierten Phosphaten* (II) unter Bedingungen, die die Alkaloid-Synth. fördern als auch verhindern. In stationären Kulturen wurden trotz geringem o-Phosphat-Geh. I u. II gebildet. Nach Verarmung des Mediums an anorgan. Phosphat wurden I u. II kontinuierlich ausgeschieden. Das Wachstum wurde nicht beeinflußt. U. BEHRENS. 4420□

Eine neue Methode zur Bestimmung des Gossypols in verschiedenen vegetativen Organen der Baumwollpflanze. A. Ss. Ssadykow, A. Issmailow und D. Usbekowa. (Доклады Академии Наук УзССР [Ber. Akad. Wiss. UsbekSSR] **1959.** Nr. 3. 40—43. Inst. für Chem. der Pflanzenstoffe der Akad. der Wiss. der UsbekSSR.) (Russ.; Auszug: Usbek.)

Mit Ae. in der Kälte erhaltene Extrakte aus vegetativen Organen der Baumwollpflanze werden mit Borax-Lsg. behandelt, die wss. Phase mit HCl angesäuert, daraus mit Chlf. *Gossypol* (I) extrahiert, die Chlf.-Lsg. mit gesätt. $SbCl_3$-Lsg. u. einem Tropfen Acetanhydrid versetzt, bis zur Ausbildung einer beständigen Rotfärbung stehen gelassen u. photoelektrocolorimetriert. Durch Vgl. mit einer Eichkurve nach Lsgg. von reinem I wird der I-Geh. mit einer Genauigkeit von $\pm 5-7\%$ bestimmt (Vgl. mit Anilin-Pyridin-Meth.). Das Verf. eignet sich auch zur Best. kleiner I-Mengen. Die Wurzelrinde junger Baumwollpflanzen enthält wenig I; der I-Geh. erreicht ein Maximum in den letzten Vegetationsperioden; in den Blättern nimmt der I-Geh. mit dem Alter ab; in der Stengelrinde bleibt er konstant. R. K. MÜLLER. 4420□

Solanumalkaloide. 4. Mitt. **Über die Glykoalkaloide einiger Wildkartoffeln der Ser. Commersoniana.** K. Schreiber. (Pharmazie **10.** 379—86. Juni 1955. Mühlhausen, Thür., Forschungsstelle für Kartoffelkäfer-Bekämpfung; Berlin, Inst. für Pflanzenzüchtung in Groß-Lüsewitz bei Rostock der Dtsch. Akad. der Landwirtschaftswiss. zu Berlin.) (Dt.) — 3. vgl. Chem. Techn. **7.** [1955.] 271; 2. vgl. C. **1955.** 10755.

Die Kartoffelkäferresistenz der Wildkartoffeln *Commersoniana Solanum chacreuse Bitt.*, *Solanum commersonii Dum.* u. *Solonum schickii Juz. et Bvk.* beruht nicht auf dem enthaltenen Glykoalkaloid. Das isolierte Alkaloid ist ident. mit *Solanin* aus der Kulturkartoffel Solanum tuberosum L.

Versuche: Isolation der Alkaloide aus trockenen Blättern durch Extraktion mit CH_3COOH, Neutralisation mit NH_4OH u. Umkristallisieren aus A.—*Solanidin-HCl* durch Hydrolyse der Glykoside aus S. chacoense u. S. schikii mit HCl. Freies Solanidin, F. 218°, krist. aus A., $[\alpha]_D^{20} = -26,8°$, $[\alpha]_D^{21} = -25,7°$. — *Solanidien-(3.5)*, F. 170°, aus Mutterlaugenrückständen durch Lösen in A. u. Fällung mit Digitonin, $[\alpha]_D^{20} = -187,5°$. — Drehvermögen der Zuckergemische, bestehend aus 1 Mol D-Galaktose, 1 Mol D-Glucose u. 1 Mol L-Rhamnose, bestimmt aus hydrolysiertem Glykosid zu $[\alpha]_D^{20} = +48,1°$ u. 47,7° (berechnet $[\alpha]_D^{20} = +48,2°$). — Identifizierung der Zucker: D-Galaktose als o-Tolylhydrazon, F. 173°, D-Glucose als Phenylglucosazon, F. 205°, nach Kristallisation aus Aceton L-Rhamnose als reine Substanz, F. 90°, L-Rhamnose-p-nitrophenylhydrazon, F. 190°, u. L-Rhamnose-p-bromphenylhydrazon, F. 167°, Kristalle aus Methanol-Äther. Nachw. der Zucker auch durch Ringchromatographie. Best. des Zucker-Geh. nach WILLSTÄTTER-SCHUDEL. M. W. GÖRLICH. 4420□

Die Bedeutung von Bufotenidin, der wirksamen Komponente der chinesischen Droge „Chan-Su". Motohiko Ueda, Seikichi Takahashi und Tetuo Minesita. (Annu. Rep. Shionogi Res. Lab. [Japan] **1957.** 409—22. Amagasaki, Shionogi Seiyaku Kabushiki Kaisha, Yakurigaku Kenkyushitsu.) (Jap.; Auszug: Engl.)

Bufotenidin (I), Krötengift aus der in der chines. Medizin als Diureticum verwandten Droge „Chan-Su", ähnelt in seiner Struktur dem *Serotonin*. Pharmakolog. Verss. ergaben, daß die DL_{50} (Maus) 1,3 γ I/g i.v. beträgt, daß 5 γ I/kg bei Kaninchen den Blutdruck zunächst senken u. dann erhöhen u. die Atmung beschleunigen, während 10 u. 100 γ I/kg den Blutdruck senken u. die Atmung verlangsamen. Am exstirpierten Kaninchenherzen erhöhen Dosen von 1—10 γ I die Amplituden der Muskulatur in Systole u. Diastole. Glatte Muskulatur (Kaninchendarm, Kaninchenohrgefäße, Meerschweinchenuterus) wird durch I in Konz. von 10^{-7} bis 10^{-9} kontrahiert. F. MOSSNER. 4420

Untersuchungen über die Sterinkomponenten japanischer Pflanzen. 16. Mitt. **Steroides Sapogenin enthaltende Pflanzen.** Teil 1. Kenichi Takeda, Tameto Okanishi, Ariyoshi Shimaoka und Akira Akahori. (Annu. Rep. Shionogi Res. Lab. [Japan] **1957.** 339—47. Amagasaki, Shionogi Seiyaku Kabushiki Kaisha, Yuki Kagaku- u. Seiyakugaku-Kenkyushitsu.) (Jap.; Auszug: Engl.)

In 2 Tabellen sind die Ergebnisse einer chem. Analyse von 106 japan. Pflanzenproben auf ihren Geh. an steroiden Sapogeninen zusammengestellt. Neben *Diosgenin, Yuccagenin, Sarsasapogenin, Smilagenin, Markogenin, Tigogenin, Gitogenin, Hecogenin* u. *Tokorogenin* wurden folgende neue Substanzen gefunden: „*Metagenin*" (*22a.25a-Spirostan-2β.3β.7β-triol*), $C_{27}H_{44}O_5$, F. 273—274°, $[\alpha]_D^{17}$ — 82°, isoliert aus *Metanarthecium-luteoviride Maxim. Triacetat*, $C_{33}H_{50}O_8$, F. 250—252°, $[\alpha]_D^{20}$ — 77,5°. — „*Kitigenin*", $C_{27}H_{44}O_6$, F. 298—300°. *Triacetat*, $C_{33}H_{50}O_9$, F. 226°. — Verb. mit F. 254°. *Acetat*, F. 175°. — Verb. mit F. 268°, $C_{27}H_{44}O_4$. *Acetat*, F. 173°. — Verb. mit F. 310—316°. *Acetat*, F. 248 bis 262°. — Verb. mit F. 240—243°, $C_{27}H_{44}O_4$. *Acetat*, F. 212°, $C_{31}H_{48}O_6$. F. MOSSNER. 4420

Über die chemische Natur der Carotinoidpigmente des Blütenstaubes von Lilien. B. G. Ssawinow und Ss. Je. Kudritzkaja. (Украинский Химический Журнал [Ukrain. chem. J.] **25.** 210—16. 1959. Inst. für org. Chem. der Akad. der Wiss. der UkrainSSR.) (Russ.)

Aus dem Blütenstaub von Lilium bulbiferum (A), L. regale (B) u. L. Willmottiae (C) wurden nach Behandeln mit A. die Carotinoidpigmente (**I**) mit Bzl. extrahiert u. durch Chromatographieren an MgO, dann Al_2O_3 getrennt. Die Identifizierung erfolgte durch Analyse der UV-Absorption u. gemeinsames Chromatographieren mit den bekannten Verbindungen. Die Hauptmenge der **I** machen die O-Derivv. des Carotins aus. Auffallend ist der niedrige Geh. an den isomeren Carotinen (γ-Carotin fehlt ganz), so daß die A-Provitamine in den chem. Funktionen des Blütenstaubs keine wesentliche Rolle zu spielen scheinen. Die **I** aus dem Lilienblütenstaub haben folgende annähernde Zus. in %: A *Kapsorubin* 60, *cis-Anteraxanthin* 37, *α-Carotin* 3; B *cis-Anteraxanthin* 99, *α-Carotin* 0,5, *β-Carotin* 0,5; C *Kapsorubin* 58, *Kapzanthin* 35, *Violaxanthin* 2, *cis-Anteraxanthin* 3, *α-Carotin*; *β-Carotin* 1. HELMUT SCHÄFER. 4420□

Veränderung der Redoxprozesse bei gepfropften Baumwollpflanzen. N. N. Nasirow. (Доклады Академии Наук УзССР [Ber. Akad. Wiss. UsbekSSR] **1959.** Nr. 3. 44—46. Inst. für Pflanzengenetik u. -physiol. der Akad. der Wiss. der UsbekSSR.) (Russ., Auszug: Usbek.)

Die morphobiolog. Veränderungen beim Propfen von spät- u. frühreifenden Sorten von Gossypium hirsutum u. Gossypium hirsutum sp. punctatum werden auf den Stoffaustausch zwischen Unterlage u. Propfreis zurückgeführt. Unterss. an Spitzenblättern über die Peroxydase-Aktivität u. das Red.-Vermögen der Gewebe lassen, entgegen der Annahme einer „Autonomie" beider, eine ständige gegenseitige Beeinflussung von Unterlage u. Propfreis erkennen, die sich sicher auch auf die Nachkommenschaft der gepfropften Pflanzen auswirkt. R. K. MÜLLER. 4460□

Über einige Besonderheiten der physiologischen Prozesse bei der Baumwollpflanze. W. I. Runow und W. F. Gerassimowa. (Доклады Академии Наук УзССР [Ber. Akad. Wiss. UsbekSSR] **1959.** Nr. 3. 50—52. Inst. für Pflanzengenetik u. -physiol. der Akad. der Wiss. der UsbekSSR.) (Russ.; Auszug: Usbek.)

An einer frühreifenden (f.B.) u. einer mittelspätreifenden (s.B.) Baumwollpflanzensorte werden Stoffbilanzen durchgeführt. Die Trockensubstanz des Samenkeims nimmt bei f.B. in den ersten 54 Tagen zu, dann ab. Bei s.B. hält die Zunahme bis zum 67. Tag der Kapsel-Bldg. an; die Menge bleibt bis zum Öffnen der Kapseln höher als bei f. B. Die Fettspeicherung erfolgt bei f. B. in den ersten 47 Tagen rascher, der Fettgeh. ist höher als bei s. B. Auch Eiweiß nimmt bei f.B. rascher zu, erreicht seinen Höchstwert nach 65 Tagen u. nimmt dann ab; bei s. B. dauert die Eiweißspeicherung bis zum völligen Öffnen der Kapseln an. R. K. MÜLLER. 4460□

Untersuchung der Biosynthese des Lignins in isolierten Geweben der Mohrrübe. M. Ss. Bardinskaja und W. I. Ssafonow. (Доклады Академии Наук СССР [Ber. Akad. Wiss. UdSSR] **129.** 205—08. 1/11. 1959. Timirjasew-Inst. für Pflanzenphysiol. der Akad. der Wiss. der UdSSR.)

Der bei den Verss. als Gewebekultur in vitro verwendete Rübencallus bildete auf Nährmedien mit verschiedenen Kohlenhydratquellen (Saccharose, Glucose, Lactose) Lignin (**I**), sowohl in der Dunkelheit als auch im Licht. Dieses **I** stand nach der Zus. seiner Aldehydfraktion dem **I** der gesunden Pflanzen nahe. Das Callusgewebe verfügt also über ein Ferment-Syst., das die Phenolringe des **I** aus Kohlenhydraten produziert. Vanillin bildete den größten Teil der Aldehydfraktion. Da das Gewebewachstum auf allen 3 Kohlenhydraten gleich war, muß in Geweben die Ggw. einer Fermentgruppe, die die gegenseitige Umwandlung der Hexosen reguliert, angenommen werden.
F. DU MANS. 4460□

Über die Biosynthese des Lycorins. A. R. Battersby, R. Binks und W. C. Wildman. (Proc. chem. Soc. [London] **1960.** 410—11. Dez. Bristol, Univ.; Bethesda USA., Nat. Inst. of Health.) (Engl.)

Vff. isolieren nach Gaben von ^{14}C-Tyrosin an *Narcissus*-Pflanzen (var. „Twink") *^{14}C-Lycorin* (I) neben *^{14}C-Morpluviin*. Beim HOFMANN-Abbau des I-Methojodids wird unter Öffnung des Fünfringes ein *^{14}C-Methin* erhalten, das bei Oxydation mit OsO_4 ein *^{14}C-Glykol* liefert. Dieses spaltet bei der Rk. mit Perjodat *^{14}C-Formaldehyd* ab. Das andere Spaltungs-Prod. läßt sich mit $KMnO_4$ zu einer *Lactamsäure* oxydieren, die kein ^{14}C enthält. G. TEEGE. 4460□

Zur Frage der Umwandlung von mit ^{35}S markiertem Thioharnstoff in Kartoffelknollen. N. A. Ssatarowa. (Доклады Академии Наук СССР [Ber. Akad. Wiss. UdSSR] **122.** 528—31. 21/9. 1958. Timirjasew-Inst. für Pflanzenphysiol. der Akad. der Wiss. der UdSSR.) (Russ.)

Beim Gießen u. Spritzen von Pflanzen mit durch ^{35}S markiertem *Thioharnstoff* (I) wird dieser gespalten; ^{35}S bewegt sich im Saftstrom u. sammelt sich in den jungen Blättern der oberen Krone an. Nur eine unbedeutende Menge des ^{35}S geht in die Knollen. Beim Behandeln zerschnittener Knollen sammelt sich I an den Schnittflächen, von wo aus er sich nach u. nach über die Weichteile der Knollen verteilt. Die höchste Radioaktivität innerhalb der Fraktion der Aminosäuren wurde im Methionin gefunden, wogegen Cystin, Cystein u. Glutathion verhältnismäßig unbedeutende Radioaktivität aufweisen. In die alkohol. Fraktion geht ein wesentlicher Teil des I über.

E. KOCH. 4470□

Das Spurenelement Quecksilber als Faktor der Einwirkung auf pflanzliche Organismen. O. K. Dobroljubski. (Доклады Академии Наук СССР [Ber. Akad. Wiss. UdSSR] **128.** 1080—83. 11/10. 1959. Odessa, Landwirtsch. Inst.)

An Weinreben wurde eine 2malige Bestäubung mit *$HgSO_4$*-Lsgg. vorgenommen, u. zwar zu Beginn des Massenblühens der Pflanzen u. 3 Wochen danach. Die Aktivität von Ascorbinoxydase (I), Polyphenoloxydase u. Peroxydase (II) war unter dem Einfl. des Hg höher. Sie war auch von längerer Dauer im Vgl. zu den nur mit W. behandelten Kontrollpflanzen. Die positive Einw. von Hg war bes. bei I u. II in saurer Lsg. bemerkbar. Hg ändert auch den Charakter des Kohlenhydratstoffwechsels, indem es den Anstieg des Geh. an Zucker in den Blättern fördert. Dieser Anstieg geht auf Kosten der Saccharose. In den Beeren steigt der Gesamt-Geh. an Zucker, wobei die ganze Saccharose sich in Glucose u. Fructose umwandelt. Diese Umwandlung hängt stark von der Aktivität der Invertase ab. Ihr Optimum liegt ca. bei pH 4,5. Sie stieg unter dem Einfl. von Hg in den Blättern, noch mehr in den Beeren. F. DU MANS. 4470□

Wirkung eines Triterpens (Asiaticosid) der Amyrinreihe auf Keimung und Wachstum von Pflanzen. Pierre Boiteau und Albert Rakoto Ratsimamanga. (C. R. Séances Soc. Biol. Filiales **152.** 1106—10. 15/12. 1958. Paris, Fac. de Méd., Labor. du C.N.R.S.) (Franz.)

Oxyasiaticosid (I), ein wasserlösl. Deriv. von *Asiaticosid* (aus *Centella asiatica*) beschleunigt in niedrigen u. hemmt in höheren Konzz. das Wachstum von Pflanzengeweben. I hat ähnliche Konstit. wie die Corticosteroide u. zeigt die gleichen Eigg. wie diese.

K. MAIER. 4480□

Faktoren, die das Wachstum von Microcystis aeruginosa Kütz. emend. Elenkin beeinflussen. A. Zehnder und P. R. Gorham. (Canad. J. Microbiol. **6.** 645—60. Dez. 1960. Ottawa, Canada, Nat. Res. Council, Div. of Appl. Biol.) (Engl.)

Die Ausbeute an Algentrockensubstanz (ATS) konnte von 685 mg/Liter/20 Tage auf 1500 mg/Liter/7 Tage durch Erhöhung der Konz. von $NaNO_3$, K_2HPO_4 u. $MgSO_4$ in der Kultur-Lsg. gesteigert werden. Eine Minderung von ATS durch Spurenelemente, Fe, 10 verschiedene Vitamine wurde nicht beobachtet. Bodenextrakte hingegen förderten Bldg. von ATS. Temp.-Optimum lag bei 28°, pH-Optimum zwischen 8 u. 11. Kräftige Belüftung war vorteilhaft. Lysis der Zellen wurde durch Überangebot an Na^+, Unterangebot an Ca^{2+} u. einem unbekannten Faktor beschleunigt. Das Verf. soll für eine techn. Algengewinnung geeignet sein. U. BEHRENS. 4480□

Einfluß eines aus Erdöl stammenden Wuchsstoffes auf Wachstum und Entwicklung von Apfelsämlingen. G. G. Ssardarowa, S. A. Alijewa und A. G. Gilani. (Доклады Академии Наук Азербайджанской ССР [Ber. Akad. Wiss. AsserbaidshanSSR] **14.** 527—31. 1958.) (Russ.)

Der aus dem Erdöl isolierte *Wuchsstoff* (I) bewirkte eine bedeutende Ertragserhöhung verschiedener Gemüsekulturen (Tomaten, Kohl). Bei Behandlung der Wurzeln der Apfelsämlinge mit I in Konzz. von 0,004% beobachtete man eine günstige Beeinflussung des Wachstums u. der Entw. derselben. Bei den behandelten Sämlingen stellte sich das Gewicht der Wurzeln auf 5,15 g gegen 1,4—3,85 g bei unbehandelten bzw. mit *Heteroauxin* behandelten. Der Stammdurchmesser bei den ersten übertraf denjenigen bei den unbehandelten um 27—38%. Höhere Konz. von I (0,01%) wirkte jedoch weniger günstig. Auch Gaben von I in den Boden vor der Anpflanzung der Sämlinge beeinflußten deren Wachstum u. Entw. günstig. M. GORDIENKO. 4485□

Der Einfluß von Auxinen und Vitaminen auf das Wachstum und die Entwicklung von Pflanzen bei ihrer Behandlung mit Gibberellin. M. Ch. Tschailachjan und L. P. Chlopenkowa. (Доклады Академии Наук СССР [Ber. Akad. Wiss. UdSSR] **129.** 454—57. 11/11. 1959. Timirjasew-Inst. für Pflanzenphysiol. der Akad. der Wiss. der UdSSR.) (Russ.) — Vgl. C. **1959.** 176, 1516 u. 4196.

Bei Perilla nankinensis förderte unter den Bedingungen des Kurztages *Gibberellin* (I) das Wachstum. Auxine (II), getrennt genommen, hemmten das Wachstum der Pflanzen, *α-Naphthylessigsäure* mehr als *Heteroauxin*. Fügte man gleichzeitig I hinzu, so zeigte das Wachstum ein Mittel zwischen I- u. II-Pflanzen. Vitamine allein waren ohne Wrkg., aber kombiniert mit I förderten sie das Wachstum sehr stark. Es bestand also ein Antagonismus zwischen I u. II u. ein Synergismus zwischen I u. Vitamin C bzw. B_1. Die gleichen Ergebnisse erhielt man bei Perilla auch unter den Bedingungen eines langen Tages. Bei Rudbeckia bicolor konnte man im allg. die gleichen Regelmäßigkeiten feststellen. F. DU MANS. 4485□

Das Keimen der Samen einiger Arten von Unkräutern und ruderalen Pflanzen bei deren Behandlung mit Lösungen von Gibberellsäure verschiedener Konzentration. P. G. Kossikowa. (Доклады Академии Наук СССР [Ber. Akad. Wiss. UdSSR] **130.** 922—24. 1/2. 1960. Stawropol, Landwirtsch. Inst.) (Russ.)

Der Samen verschiedener Pflanzen wurde mit 0,0001-, 0,005- u. 0,03%ig. Gibberellsäure (I) jeweils 48 Std. behandelt. Bei einer Gruppe blieb I ohne Wrkg., bei der 2. hat sie das Keimen beschleunigt. In letztem Fall waren höhere Konzz. erheblich wirksamer. Es ist anzunehmen, daß noch stärkere Konzz. als die gebrauchten in solchen Fällen noch größere Wirksamkeit entfalten würden. Die Art der Behandlung der Samen nach der Einw. von I war ohne Bedeutung. Anscheinend wird im Laufe von 48 Std. eine derartige Menge von I aufgenommen, daß sie das spätere Keimen des Samens endgültig bestimmt. Einige Arten, z. B. Thlaspi arvense, ergaben in verschiedenen Verss. verschiedene Ergebnisse. Die Stimulierung gelang sowohl bei Nachtschattengewächsen als auch bei Cruciferen. F. DU MANS. 4485□

Der Einfluß von gibberellinähnlichen Stoffen aus Blättern verschiedener Pflanzen auf den Wuchs und die Blüte von Rudbeckia. M. Ch. Tschailachjan und W. N. Loshnikowa. (Доклады Академии Наук СССР [Ber. Akad. Wiss. UdSSR] **128.** 1309—12. 21/10. 1959. Timirjasew-Inst. für Pflanzenphysiol. der Akad. der Wiss. der UdSSR.) (Russ.)

Dem Gibberellin (I) ähnliche Stoffe konnten sowohl aus den Blättern von Tabakpflanzen, Perilla u. Rudbeckia, gewonnen werden. Sie waren reichlicher in Extrakten aus den Blättern der Langtagpflanzen als in denen des Kurztages. Die Rk. der einzelnen Rudbeckia-Pflanzen auf die Extrakte ist ungleichmäßig. Am stärksten ist ihre Wrkg. bei Pflanzen, die von vornherein eine hohe Intensität des Wachstums aufweisen. Es ist möglich, das Blühen der Rudbeckia auch bei Kurztag durch Einw. der I-haltigen Extrakte aus den Blättern verschiedener Pflanzen zu erreichen. Das kann man auch bei einer Kurztag-Rudbeckia, die sonst unter den Bedingungen des langes Tages vegetiert, erreichen, indem man die Pflanze mit dem Blattextrakt von Langtag-Tabak (üblicherweise Kurztagpflanze) behandelt. Das bestätigt die Vermutung, daß in den Blättern einer während des Kurztages vegetierenden Rudbeckia Stoffe (Anthesine) enthalten sind, die auf die Bldg. der Blüten Einfl. haben, in den Blättern des unter den Bedingungen des Langtages wachsenden Tabakpflanze aber die Gibberelline. Diese beiden Stoffe zusammen bedingen das Blühen der Pflanzen. F. DU MANS. 4485□

Hemmung der Induktionsvorgänge bei Wurzelhalsgallen durch 2-Thiouracil und 5-Bromuracil. Martin Bopp. (Planta **54.** 221—32. 1960. Freiburg i. Br., Univ., Bot. Inst.) (Dt.)

Vf. untersuchte den Einfl. von *5-Bromuracil* (I) u. *2-Thiouracil* (II) guf *Agrobacterium tumefaciens* auf *Kalanchoë* (*Bryophyllum*) *daigremontiana* (Kal.) u. auf Wurzelhalsgallen von Kal. unter dem Einfl. des Bakteriums. 100—100 γ I oder II/cm³ wurden ohne nennenswerte Beeinträchtigung des Bakteriums aufgenommen. 20 γ I/cm³ beeinflußten die Wund-Rk. von Kal. nicht, jedoch hatte II Blattschädigungen zur Folge. Die Bldg. der Wurzelhalsgallen wird durch I u. II konzentrationsabhängig gehemmt. Während die Wrkg. von I lediglich 3 Tage andauert, wirkt II während der gesamten Gallenentwicklung. I hemmt die Tumorzellen über einen gleichen Zeitraum wie erhöhte Temp., möglicherweise wirken *Pyrimidin* u. Temp.-Erhöhung über den gleichen Mechanismus. Da I bekanntlich in *DNS* eingelagert werden kann, wird vermutet, daß die Tumor-Bldg. eine veränderte *DNS*-Synth. voraussetzt u. bei Vorliegen von I diese Synth. gehemmt wird. HANS THIELE. 4490□

Das Anziehungsvermögen von Blattalkohol und einigen aliphatischen Alkoholen für ausgewachsene Tiere und Larven von Kornwurm. Untersuchungen über die Bestimmung der Wirtspflanzen blattfressender Insekten. 5. Mitt. Y. Matsumoto und S. Sugiyama. (Ber. Ōhara Inst. landwirtsch. Biol., Okayama Univ. **11.** 359—64. März 1960.) (Engl.)

Synthet. u. natürlicher *Blattalkohol* (*β-γ-Hexenol*, **I**) wirkte als Lockstoff für ausgewachsene Tiere u. frisch geschlüpfte Larven von *Listroderes costirostris*, einem Schädlig vieler Vertreter von > 30 Pflanzenfamilien. **I** regte die Freßlust der ausgewachsenen Tiere an. Mehrere aliphat. Alkohole, *n-Butanol, n-Amylalkohol, Isoamylalkohol, n-Hexylalkohol, n-Octylalkohol, β-Phenyläthylalkohol,* lockten gleichfalls frisch geschlüpfte Larven an. K. MAIER. 4490□

E_5. Tierchemie. Tierphysiologie. Tierpathologie

Getrennte Sammlung von Faeces und Harn von Kühen. A. J. H. van Es und J. E. Vogt. (J. Animal Sci. **18.** 1220—23. Nov. 1959. Wageningen, Niederlande, Agric. Univ., Dep. of Animal Physiol.) (Engl.)

Beschreibung eines neuen Geschirrs zur getrennten Sammlung von Faeces u. Harn bei längeren Stoffwechseluntersuchungen. K. ZINGRAF. 4500□

Eine neue, rasche und wirksame Methode zur Messung träger und chemisch aktiver Gase in Körperflüssigkeiten mit Hilfe der Technik der Dampfphasenchromatographie. Russell H. Wilson und Bruce E. Jay. (J. Lab. clin. Med. **56.** 958. Dez. 1960. Dallas, Texas.) (Engl.)

Zur raschen Best. von O_2, CO_2, *CO*, N_2O, *Acetylen*, N_2, *He* usw. zum Zwecke der Messung von Herz-Min.-Vol., Lungencapillarstrom u. -Vol. sowie Cerebralblutstrom eignet sich die Gasphasenchromatographie (BECKMAN GC-2-Gaschromatographiegerät). Das Hauptproblem der Einführung einer bekannten Menge Fl. in die App. u. die schnelle Extraktion des gelösten oder chem. gebundenen Gases wurde durch Anwendung einer besonderen analyt. Kammer gelöst. Die Werte für O_2 u. CO_2 lagen über denen nach VAN SLYKE gewonnenen. U. TAUSENDFREUND. 4500□

Bestimmung des Gesamtkörperwassers mit Tritiumoxyd. Fabian Udekwu und Donald D. Kozoll. (J. Lab. clin. Med. **56.** 952. Dez. 1960. Chicago, Ill.) (Engl.)

Mit Hilfe einer eigenen Modifikation der LANGHANS-Meth. konnte nach i.v.-Injektion von 30 μc ^3H/kg bei ♂ Personen ein Durchschnittswert für das Gesamtkörperwasser von 86,8% des Körpergewichts ermittelt werden, während bei ♀ Personen der Mittelwert 83,9% betrug. Die Regressionsgleichung ist Gesamtkörperwasser = 0,597 + 0,94. Bis zur Pubertät besteht keine Geschlechtsdifferenz, danach Anstieg für ♂ u. Abfall für ♀. U. TAUSENDFREUND. 4510□

Die Lokalisierung von Kohlensäureanhydrid in den Salzen von Knochen und Zähnen auf Grund der Untersuchung mittels der Isotopenaustauschmethode. Camille François. (Bull. Soc. Chim. biol. **40.** 1341—47. 20/10. 1958. Liège, Univ., Belgique, Inst. de Thérapeut. Experiment.) (Franz.)

Nur ein sehr kleiner Teil des in den geprüften *Phosphaten* von Knochen, Zahnschmelz, synthet. u. natürlichen *Ca-Phosphat* enthaltenen CO_2 nimmt an einem Ionenaustausch mit $Na_2{}^{14}CO_3$ in Lsg. teil. Anscheinend ist dieses CO_2 nicht oberflächlich adsorbiert, sondern in den *Phosphat*-Partikeln eingeschlossen. K. MAIER. 4520□

Untersuchung der löslichen, menschlichen Hirnproteine. 4. Mitt. **Elektrophorese in Gelose und Immunoelektrophorese.** C. Chatagnon und P. Chatagnon. (Ann. Biol. clin. **18.** 427—37. Juli/Sept. 1960. Neuilly-sur-Marne, Labor. Centr. de Biol. et de Biol. Nerv. de l'Hôspital de Maison Blanche.) (Franz.)

Die Elektrophorese lösl. Gehirnproteine in Gelose aus 14 wohlabgegrenzten Regionen menschlichen Hirngewebes, mit dem Vorteil einer sauberen Trennung gegenüber der Papierelektrophorese, erfolgt parallel zu einem Kontrollserum, da die Migration der *α.β.γ-Globuline* u. *Albumine* des Serums die gleiche ist u. so den Vgl. von Fraktionen gleicher Placierung auf Verwandtschaft zuläßt. Die äußerst empfindliche u. elegante Meth. der Immunoelektrophorese dieser Proteine sowie eines Euglobulins gegen SC-Antigen (Pferdeimmunserum vom PASTEUR-Institut als menschliches Antiserum) zeigt die Identität einer großen Zahl von Fraktionen mit solchen aus dem Serum unter zwei Voraussetzungen: 1. gleicher Wanderungs-Geschw. u. 2. Identität der Fällungskennlinien mit dem Anti-Immunserum des bekannten Proteins. Es konnten drei Präalbuminfraktionen, davon zwei bes. klar, in allen Extrakten nachgewiesen werden. Ihre Ggw. scheint ein allg. Charakteristicum für lösl. Gehirnproteine darzustellen.

J. MALPRICHT. 4520□

Über die Guanidinverbindungen der Eier von Audouinia tentaculata Mtg. Yvonne Robin, Nguyen-Van Thoai, Louise-Anne Pradel und Jean Roche. (C. R. Séances Soc. Biol. Filiales **150.** 1892—94. 1956, herausgeg. 26/4. 1957. Comarneau, Finistère, Coll. de France, Labor. de Biol. marine.) (Franz.)

In den Eiern von *A. tentaculata* Mtg. wurden papierchromatograph. die *Guanidin-Derivv.* (I), *Arginin* (II), *Glykocyamin, Lombricin* u. *Taurocyamin* identifiziert. Außer **II** sind diese Verbb. in anderen *Audouinia*-Geweben nicht oder nur spurenweise anzutreffen. Dagegen finden sich in diesen erhebliche Mengen von *Kreatin*, manchmal zusammen mit *Arcaïn*. Diese Befunde deuten auf einen besonderen I-Stoffwechsel in den Eiern von *Audouinia* hin. K. Maier. 4520□

Hormonale und pharmakologische Einflüsse auf die Mikrozirkulation des Rattenmagens. Horacio A. Dolcini, Isidoro Zaidman und Seymour J. Gray. (Amer. J. Physiol. **199.** 1157—60. Dez. 1960. Boston, Mass., Harvard Med. School; Peter Bent Brigham Hosp.) (Engl.)

An Ratten wurde die Verteilung von Tuschepartikeln in den Capillaren der Magenschleimhaut nach intraaortaler Injektion am lebenden Tier vor u. nach *ACTH, Serotonin* (*5-Hydroxytryptamin*, **II**), *5-Hydroxytryptophan* (**II**), *Mecholyl* (**III**), *Dibenzylin* (*Phenoxybenzaminchlorid* (**IV**) u. *Adrenalin* (**V**) sowie nach Adrenalektomie gegenüber Kontrollen untersucht. Eine stärkere Anreicherung der Tusche im Mucosacapillargebiet erfolgte nach ACTH, **I, II, III** u. **IV**, eine Verminderung nach **V** u. Adrenalektomie. Somit sind für diese hormonalen u. pharmakolog. Einfl. neurale (**I, II, IV**), vasomotor. (**III, V**, Adrenalektomie) u. Stoffwechselfaktoren (ACTH) verantwortlich. H. Jordan. 4550□

Anaphylaktische Eigenschaften der Komplexe aus löslichem Antigen und Antikörpern im Meerschweinchen und Kaninchen. William O. Weigle, Charles G. Cochrane und Frank J. Dixon. (J. Immunology **85.** 469—77. Nov. 1960. Pittsburgh, Pa., Univ., School of Med., Dep. of Pathol.) (Engl.)

Mit Rinderserumalbumin u. Rinder-γ-Globulin als Antigene wurden in vitro Antigen-Antikörper-Komplexe hergestellt, diese wurden Kaninchen u. Meerschweinchen i.v. injiziert. Es wurden anaphylakt. Rkk. beobachtet, Emphysem in den Lungen u. Hemmung der Antihistamin-Symptome. Durch Markierung mit ^{131}J konnte die bevorzugte Lokalisation in den Lungen festgestellt werden. Durch vorherige Injektion des Antigens wurden die Rkk. noch gesteigert. Aus dem Blut der Meerschweinchen wurde eine beträchtliche Komplement-Aktivität entfernt. M. Wiedemann. 4551□

Resorption der Proteinstoffe aus den Tonsillen und der Peritonsillarregion. B. M. Ssagalowitsch und G. G. Melkumowa. (Вестник Оторино-Ларингологии] [Nachr. Oto-Rhino-Laryngol.] **23.** Nr. 1. 64. Jan./Febr. 1961. Moskau, Forsch.-Inst. für Ohren, Hals u. Nase, Pathophysiol. Abt.) (Russ.; Auszug: Engl.)

Verss. an 28 Kaninchen u. 10 Hunden, welchen man 0,1—0,15 ml mit ^{131}J markiertes Serumglobulin vom Pferd in beide Tonsillen injizierte, ergaben eine Abnahme der anfänglichen Radioaktivität in den Tonsillen u. im peritonsillären Gewebe um die Hälfte im Mittel in 71,7 Minuten. Am sensibilisierten Tier (6malige intraperitoneale Injektionen von homologem Serum in 3tägigen Intervallen) betrug der Wert 47,7 Min. u. nach Abkühlung des Organismus auf 34—35° 112,3 Minuten. Spezif. Sensibilisierung des Organismus steigert u. Abkühlung verlangsamt demnach die Resorption von Protein aus der Tonsillarregion. Nach Meinung der Vff. ergänzen sich die pathogenen Wrkg. beider Faktoren in der Pathogenese tonsillärer u. tonsillogener patholog. Prozesse. E. Rentz. 4551□

Bewirkung einer Toleranz gegenüber mütterlichem Gewebe durch Hyaluronidase bei Kaninchen. Benjamin F. Miller, Paul Nathan und Eduardo Gonzalez. (J. Lab. clin. Med. **56.** 928. Dez. 1960. Cincinnati, Ohio.) (Engl.)

Im Zuge von Unterss. zur Verbesserung des Verständnisses von Transplantationsproblemen wurde die Toleranz von Kaninchen gegenüber Hauttransplantaten untersucht. Dabei konnte durch einzelne i.v.-Injektionen von *Hyaluronidase* (15—100 Trübungsreduzierende Einheiten) eine Durchlässigkeit der Placentaschranke bei graviden Kaninchen für mütterliche Gewebeantigene erzielt werden. Die danach geworfenen jungen Kaninchen besaßen im Gegensatz zur Norm eine gewisse Toleranz gegenüber mütterlichen Hauttransplantaten. U. Tausendfreund. 4551□

Biochemische Wirkungsweise der Hormone. P. Karlson. (Dtsch. med. Wschr. **86.** 668—74. 7/4. 1961. München, Univ., Physiol.-Chem. Inst.) (Dt.)

Die zur Zeit geltenden drei Theorien über den Angriffsort u. den Wrkg.-Mechanismus der *Hormone* werden zusammenfassend dargestellt. — 40 Literaturangaben. P. Loch. 4558□

Beiträge zur Kenntnis der Empfänglichkeit des unreifen Eierstocks für hormonalen Reiz. 2. Mitt. Acetylcholinstoffwechsel im unreifen Eierstock unter der Einwirkung des gonadotropen Hormons. H. I. Zimel. (Comun. Acad. Republ. Populare romîne **5.** 449—57. Febr. 1955.) (Rum.) — 1. vgl. C. **1950/54.** 5481 S.

Die beim ♀ Kaninchen 30—60 Min. nach Zufuhr von *Choriongonadotropin* (I) einsetzende u. 3 Std. anhaltende Steigerung der Synth. u. Resorption von *Acetylcholin* (II) im Ovarium kann teilweise keine direkte Wrkg. des **I** sein, da **I** nach 1 Std. aus dem Kreislauf verschwindet. Bei nicht geschlechtsreifen Kaninchen bleibt der Einfl. von **I** auf den **II**-Stoffwechsel aus, weil die Nervenelemente des Ovariums gegenüber **I** unempfindlich sind, da ihnen der troph. Faktor fehlt, der die Reifung des GRAAFschen Follikels bewirkt. R. K. MÜLLER. 4559□

Wirkung von östrogenen Hormonen, injiziert in die gravide Maus, auf die Entwicklung des Gubernaculums des Fötus. Albert Raynaud und Jeanne Raynaud. (C. R. Séances Soc. Biol. Filiales **152.** 1461—64. 1958, herausgeg. 28/2. 1959. Paris, Inst. Pasteur, Labor. de Sannois; Inst. du Radium, Labor. Pasteur.) (Franz.)

Durch Injektion der graviden Maus mit *östrogenen Hormonen* wird die Entw. des Gubernaculums des Fötus behindert. G. ZIEBARTH. 4559□

Effekt der gemeinsamen Einwirkung von östrogenen und endogenen Hormonen, injiziert in gravide Mäuse, auf die Entwicklung des Gubernaculums. Albert Raynaud. (C. R. Séances Soc. Biol. Filiales **152.** 1465—68. 1958, herausgeg. 28/2. 1959. Paris, Inst. Pasteur, Labor. de Sannois; Inst. du Radium, Labor. Pasteur.) (Franz.) — Vgl. vorst. Referat.

Durch gemeinsame Injektion gravider Mäuse mit *Testosteron-* u. *Östradioldipropionat* werden die Gubernaculi der männlichen u. weiblichen Föten atrophiert, während der übrige Geschlechtstrakt bei männlichen Exemplaren stärker als normal entwickelt ist. G. ZIEBARTH. 4559□

Die Wirkung von Östradiol und Progesteron auf Milchdrüsenkulturen junger Mäuse. Etienne Y. Lasfargues. (C. R. Séances Soc. Biol. Filiales **154.** 1720—21. 1960. New York, N.Y., Columbia Univ., Coll. of Phys. and Surg., Labor. for Cell Physiol.) (Franz.)

Vf. beschreibt die morpholog. Veränderungen, die *Östradiol* (I) bzw. *Progesteron* (II) an Kulturen von Milchdrüsen 3 Monate alter Mäuse hervorrufen. **I** bewirkt Nekrose des Stromas u. Stimulierung des Epithels; durch **II** tritt allg. Nekrose auf, während bei Kombination von **I** u. **II** die Morphologie weitgehend unverändert bleibt. H. LOHSCHELDER. 4559□

Die Wirkung sukzessiver Applikation von Östradiol und Progesteron auf die Zahl der Blutplättchen des weiblichen Kaninchens. D. Maric. (C. R. Séances Soc. Biol. Filiales **154.** 1865—66. 1960. Novi Sad, Yougoslawie, Labor. de Rech. Méd.) (Franz.)

♀ Kaninchen erhielten subkutane Injektionen von 5 mg *Östradioldipropionat* (I) u. am 5. u. 6. Tag danach i.m. je 10 mg *Progesteron* (II). Es fand sich in den folgenden Tagen ein mäßig erhöhter Geh. an Blutplättchen. Auch bei kastrierten Tieren, die nur 1 mg **I** erhielten, wurde dies beobachtet. Der durch alleinige **I**-Gabe bewirkte Abfall der Plättchenzahl wird demnach durch **II** aufgehoben. H. LOHSCHELDER. 4559□

Über den Einfluß von Testosteron auf die Eosinophilenzahl und die durch Dexamethason ausgelöste Eosinopenie beim Manne. H. Holzmann und G. W. Korting. (Arch. klin. exp. Dermatol. **210.** 523—30. 16/8. 1960. Tübingen, Univ., Hautklinik.) (Dt.)

Durch i.m. Injektion von 50 mg *Testoviron* (I) wird die Eosinophilenzahl im Blut signifikant erhöht (im Durchschnitt um 90% nach 3 Std. u. um 40% nach 4 Std. bei 26 ♂ Personen), durch 1 mg *Dexamethason* (II), am Tage darauf verabfolgt, deutlich erniedrigt (um durchschnittlich 75% nach 3 Std. u. 60% nach 4 Std.), jedoch nicht in einem solchen Maße wie ohne vorherhgehende Injektion von **I** am Vortage. Werden 50 mg **I** u. 1 mg **II** gleichzeitig injiziert, so wird der eosinopene Effekt von **II** durch die eosinotrope Wrkg. von **I** ausgelöst. K. F. MÜLLER. 4559□

Die Charakterisierung von Östronsulfat im Menschenplasma. Robert H. Purdy, Lewis L. Engel und J. Lawrence Oncley. (J. biol. Chemistry **236.** 1043—50. April 1961. Boston, Mass., Harvard Med. School, and the John Collins Warren Labor. of the Huntington Mem. Hosp. of Harvard Univ. at the Massachusetts Gen. Hosp., Dep. of Biol. Chem.) (Engl.)

$^{14}C_{(16)}$-*Östradiol* (1 mg) wurde Frauen verabreicht u. nach 2½ Std. das Plasma mit DELSAL-Reagens (Methylal–Methanol) extrahiert u. die Östrogene durch Gegenstromverteilung u. Säulenchromatographie aufgetrennt u. gereinigt. Mit Hilfe von Trägersubstanzen u. statist. Analyse der radiochem. Reinheit wurde *Östronsulfat* (I) als Hauptprod. nachgewiesen. Es scheinen geringe Anteile an *Östronglucosiduronat* vorzuliegen.

Im Plasma von Schwangeren fand sich ca. 4mal mehr **I** als Östron. **I** wird als wichtiges zirkulierendes Östrogen beim Menschen angesehen. H. LOHSCHELDER. 4559□

Analytische Untersuchung der Steroide der Pregnantriolgruppe. S. Weinmann, J. Weinmann, E. E. Baulieu, P. Desgrez und M. F. Jayle. (Bull. Soc. Chim. biol. **41.** 1427—40. 17/12. 1959. Paris, Fac. de Méd., Labor. de Chim. biol.) (Franz.)

Es werden Lsgm.-Syst. zur papierchromatograph. Trennung u. Farb-Rkk. zur Identifizierung von *Pregnantriolisomeren*, wie *3β.17α.20α-Trihydroxy-5-pregnen, 3β.17α.-20β-* (**I**), *3β.17α.20α-Trihydroxy-5α-pregnan, 3β.17α.20β-, 3α.17α.20α-Trihydroxy-5β-pregnan, 3α.17α.20β-, 3β.17α.20β-, 3α.17α.20β-Trihydroxy-5α-pregnan, 3α.11β.17α.20β-Tetrahydroxy-5β-pregnan, 3α.17α.20β-Trihydroxy-11-oxo-5β-pregnan*, sowie die Absorptionsspektren im sichtbaren Bereich von einigen in konz. H_2SO_4 u. das IR-Spektrum von **I** angegeben. K. MAIER. 4559□

Beitrag zur Untersuchung der hormonalen Wirkung eines Triterpens der Amyrinreihe (Asiaticosid). Albert Rakoto Ratsimamanga, Geneviève Costes-Sodigné und Marie Nigeon-Dureuil. (C. R. Séances Soc. Biol. Filiales **152.** 1110—14. 15/12. 1958. Paris, Fac. de Méd., Labor du C.N.R.S.) (Franz.)

Asiaticosid (**I**; subkutan), eine aus Asiatsäure, D-Glucose u. L-Rhamnose bestehende Verb., bewirkt Keratinisierung der Vagina der kastrierten Ratte, verlängert die Lebensdauer der adrenalektomierten Ratte u. erhöht deren Kälteresistenz. Möglicherweise sind **I** u. allg. die Triterpene Vorstufen der Steroidhormone. K. MAIER. 4559□

Ein schneller saure-Phosphatase-Test zur Bestimmung androgener Aktivität. J. E. Kirk. (J. Lab. clin. Med. **56.** 918. Dez. 1960. St. Louis, Mo.) (Engl.)

Die Best. der Konz. der *sauren Phosphatase* (**I**) im Prostatasekret kann als Test auf androgene Aktivität (zur Unterstützung der Diagnose bei Gonadenunterentw. größerer Knaben oder junger Erwachsener) gelten. Zu seiner Durchführung wird das Prostatasekret (Prostatamassage) 1 : 1000 mit 0,06m Phthalatpuffer, pH 5,0, verd., 0,5 ml werden zur Substrat-Lsg. aus 0,72 mg Phenolphthaleindiphosphorsäure in 1 ml Phthalatpuffer gefügt, Rk.-Zeit 2 Min. bei Zimmer-Temp.; Zufügung von 8,5 ml 0,2m Carbonat–Bicarbonat-Puffer, pH 10,4. Das freigesetzte Phenolphthalein wird bei 550 mμ spektrophotometr. oder durch Farb-Vgl. bestimmt. U. TAUSENDFREUND. 4559□

Wachstumshormonartige Substanzen der Placenta. Kisaburō Ikeda, Akira Tanaka und Tetuo Minesita. (Annu. Rep. Shionogi Res. Labor. [Japan] **1957.** 429—33. Amagasaki, Shionogi Seiaku Kabushiki Kaisha, Yakurigaku-Kenhyūshitsu.) (Jap.; Auszug: Engl.)

Transplantation von drei 2 mm dicken Scheiben Placentargewebe einer graviden Albinoratte unter die Rückenhaut von weiblichen Ratten steigerte bei diesen die Knochen-Entw. der Mandibula. — 10—20 mg eines Extraktes aus menschlichen Placenten (5.—7. Schwangerschaftsmonat), 24%ig. alkohol. Nd. u. pH 6,8-Fraktion, regen das Wachstum des Epiphysenknorpels der Tibia hypophysektomierter Ratten an. F. MOSSNER. 4560

Wirkungen der Hypophysenvorderlappenhormone auf den Glucosestoffwechsel der Rattenmilchdrüse in vitro. Arnold N. Weinberg, Ira Pastan, Hibbard E. Williams und James B. Field. (J. biol. Chemistry **236.** 1002—05. April 1961. Bethesda, Md., Nat. Inst. of Health, Nat. Inst. of Arthritis and Metabol. Dis., Clin. Endocrinol. Branch.) (Engl.)

Gewebeschnitte der 2 großen abdominalen Milchdrüsen lactierender SPRAGUE-DAWLEY-Ratten wurden mit $^{14}C_{(1)}$- bzw. $^{14}C_{(6)}$-markierter *Glucose* (**I**) u. einem Hypophysenvorderlappenhormon inkubiert u. die $^{14}CO_2$-Bldg. bestimmt. Die Oxydation von **I** wird durch *Prolactin* (**II**), *Adrenocorticotropin* (**III**) u. *Wachstumshormon* (**IV**) gesteigert, während follikelstimulierendes Hormon, Thyrotropin u. Luteinisierungshormon keinen Einfl. zeigten. Der Effekt wurde in Abhängigkeit vom Lactationsstadium, der Hormon-Konz. u. der Einw.-Dauer untersucht. **II**, **III** u. **IV** zeigten keine Wrkg. auf die **I**-Oxydation durch Rattenleber, Hundeschilddrüse oder Menschenleukocyten. H. LOHSCHELDER. 4560□

Wirkung von LH (Luteininisierungshormon) und FSH (Follikelreifungshormon) auf die Spermaausschüttung von Bufo arenarum. M. H. Burgos und B. A. Houssay. (C. R. Séances Soc. Biol. Filiales **152.** 197—98. 25/8. 1958. Buenos Aires, Inst. de Biol. et Med.; Mendoza, Fac. de Méd., Inst. d'Histol. et d'Embryol.) (Franz.)

Von hochgereinigten Hypophysen-Präp. der Säuger bewirkt LH, bei subkutaner Injektion von 0,02—0,05 mg (oft schon 0,01 mg) Spermaausschüttung bei Bufo arenarum Hensel u. Rana pipiens in geringeren Dosen (0,15 mg) als FSH (1 mg). Nur mit vollständig LH-freien FSH-Präp. kann man entscheiden, ob seine Wrkg. auf Verunreinigung durch LH beruht. J. MALPRICHT. 4560□

Sekretion und Wirkungen der Hormone des Hypophysenhinterlappens. O. Heidenreich. (Dtsch. med. Wschr. **86.** 674–78. 7/4. 1961. Freiburg/Breisgau, Univ., Pharmakol. Inst.) (Dt.)

In dem Überblick werden chem. Struktur, die Neurosekretion, deren Förderung u. Hemmung, die Wrkg., sowie Abbau u. Ausscheidung von *Oxytocin* u. *Vasopressin* besprochen. — 84 Literaturangaben. P. LOCH. 4560□

Wirkung von Vasopressin auf die Schilddrüsenfunktion des Menschen. Richard E. Peterson, Robert F. Cech und Robert W. Johnson. (J. Lab. clin. Med. **56.** 934–35. Dez. 1960. Iowa City, Iowa.) (Engl.)

Bei Unters. der Wrkg. von *Vasopressin* (**I**) auf die Schilddrüsenfunktion des Menschen verursachte **I** eine Erhöhung der Konz. von ^{131}J in der Schilddrüse u. eine Verminderung des Geh. des Serums an butanolextrahierbarem ^{131}J. — Durch *Oxytocin* konnte kein Einfl. ausgeübt werden. U. TAUSENDFREUND. 4560□

Wirkung der Hypophyse und der Nebenniere der Mutter auf das Gewicht der Nebenniere des Fötus der Ratte. Luc-Olivier Picon. (C. R. Séances Soc. Biol. Filiales **152.** 1469–72. 1958, herausgeg. 28/2. 1959. Paris, Fac. de Sci., Labor. de Physiol. comparé.) (Franz.)

Ein durch Entfernung der Hypophyse bzw. der Nebennieren der graviden Ratte hervorgerufener Mangel an *corticoiden Hormonen* beim Muttertier führt beim Fötus zu einer Hypertrophie der Nebennieren. Ein Passieren der *corticoiden Hormone* durch die Placenta muß angenommen werden. G. ZIEBARTH. 4560□

Einflüsse von Adrenocorticotropin auf temperatur- und druckabhängige Stoffwechselfunktionen. Henry B. Hale und Roy B. Mefferd jun. (Amer. J. Physiol. **197.** 1291–96. Dez. 1959. Brooks Air Force Base, School of Aviation Med.; Houston, Texas, Veterans Admin. Hosp.; Baylor Univ. Coll. of Med.) (Engl.)

Es wurde der Einfl. von geringen ACTH-Dosen auf Stoffwechseldaten [Na, K, Ca, P, Mg, Harnstoff, Harnsäure, Kreatinin, Kreatin, Taurin, α- u. β-Alanin, Glycin, Valin, Methionin, Serin, Threonin, Tyrosin, Glutaminsäure, Asparaginsäure, Lysin, Arginin, Histidin, Glucose, Glucuronsäure, Phenolsäuren u. Koproporphyrin (**I**)] erwachsener, ♂ Ratten, welche an Kälte, neutrale oder heiße Umgebung oder niedrigen Barometerdruck gewöhnt waren, untersucht. Zusätzlich wurden Faeces-Unterss. bzgl. **I**, Proto- u. Deuteroporphyrin durchgeführt. Bei der angewandten niedrigen Dosierung hat ACTH eine einschränkende Wrkg. auf nichtspezif. Stoffwechselreaktionen.

K. F. MÜLLER. 4561□

Untersuchungen über die Verminderung der Nebennierensteroidhormonbildung durch einen Hemmstoff der Cholesterinbiosynthese. James C. Melby, Marlys St. Cyr und Sidney L. Dale. (J. Lab. clin. Med. **56.** 927–28. Dez. 1960. Little Rock, Ark.) (Engl.)

Ausgehend von der Überlegung, nach der *Cholesterin* (**I**) als wichtiger Vorläufer der Nebennierensteroidhormone anzusehen ist, konnte mit *Triparanol* (**II**) als Hemmstoff der **I**-Synth. bei normalen Personen sowohl die Grundausscheidung von Steroidmetaboliten als auch die Rk.-Fähigkeit gegenüber Zn-ACTH (Corticotropin) um ca. 50% vermindert werden. Der Serum-**I**-Spiegel verringerte sich allerdings nicht. Der Anstieg des Plasmacortisolspiegels nach Pyrogenstress war ebenso wie die Steroid-Bldg. durch Rattennebennierenschnitte gehemmt. Bei Nebennierenrindenüberfunktion konnte durch **II** eine Verminderung der Steroidausscheidung erzielt werden.

U. TAUSENDFREUND. 4561□

Wirkung anaboler Steroide auf den Stickstoff- und Mineralstoffwechsel bei Patienten unter Corticosteroidtherapie. Paul J. Vignos jun., William E. Abbott, Robert S. Post und Stanley Levey. (J. Lab. clin. Med. **56.** 954. Dez. 1960. Cleveland, Ohio.) (Engl.)

Bei Prüfung der *Na-*, *K-*, *Cl-*, *Ca-*, *P-* u. *N*-Bilanz sowie Best. des Harn-*Kreatins* (**I**), -*Kreatinins* u. der Serum-*Aldolase* (**II**) bzw. anderer Serumkomponenten unter *Corticosteroid*-Therapie u. Gabe von *Methandrostenolon* (**III**; *Dianabol*) oder *Testosteronpropionat* (**IV**) erwies sich der katabole Effekt als direkt proportional zur Gesamtcorticosteroiddosierung. Die anabolen Steroide führten zu stärkerer N- u. K-Retention u. einer Beeinflussung des Ca- u. P-Stoffwechsels. Die unter Corticosteroid-Einfl. erhöhte **I**-Ausscheidung stieg zusammen mit Erhöhung von **II** unter **III**-Zulage weiter an (da **II**-Vermehrung gewöhnlich mit Myopathie vergesellschaftet ist, kann die **II**-Vermehrung mit **I**-Ausscheidungssteigerung unter **III** wohl nicht als Folge gesteigerter **I**-Synth. angesehen werden). **IV**-Zugabe zu Corticosteroiden führte nicht zur Vermehrung der **I**-Ausscheidung. Die Vermehrung der **I**-Ausscheidung u. **II**-Konz. im Serum lassen auf fundamentale Veränderungen in der Muskulatur oder dem Muskelmembranstoffwechsel

u. mögliche deletäre Wrkg. bei der Bekämpfung der katabolen Wrkg. von Corticosteroiden schließen. Bei geringen Dosen von Corticosteroiden u. **III** wurden über 4—8 Monate keine androgenen oder myopath. Wrkg. festgestellt. Die spezif. Gewebeveränderungen, die zur Erhellung der Bedeutung der **I**- u. **II**-Steigerungen beitragen, sowie die Elektrolytbilanzdaten werden besprochen. U. TAUSENDFREUND. 4561 □

Die Wirkung von Leber- und Muskelextrakten normaler Kaninchen und von Kaninchen mit hypertrophischen Nebennieren auf die eosinophilen Leukocyten intakter und adrenalektomierter Ratten. I. G. Fazekas. (Acta biol. med. german. [Berlin] **6.** 297—311. 1961. Szeged, Univ., Inst. für gerichtl. Med.) (Dt.)

Leber- u. Muskelextrakte normaler Kaninchen (Lnorm bzw. Mnorm), sowie von Kaninchen mit hypertrophierten Nebennieren (Lhyp bzw. Mhyp) wurden Ratten subkutan injiziert. Bei intakten Ratten wurde durch Lnorm eine ca. 50—66%ig., durch Mnorm eine ca. 47—58% ig, durch Lhyp eine 62—85% ig. u. durch Mhyp eine 63—80% ig. Eosinopenie hervorgerufen. Bei adrenalektomierten Ratten wurden folgende Werte beobachtet: Lnorm u. Mnorm 10—15%, Lhyp 27—47%, Mhyp 23—42%. — Die Unterss. weisen darauf hin, daß die Extrakte auch ohne Mitwirkung der Nebennieren Eosinopenie hervorrufen u. mit Glucocorticoiden ident. sein können. Diese Annahme wird dadurch unterstützt, daß Vf. über frühere Unterss. berichtet hat (C. **1958.** 6009; C. **1957.** 12224), nach denen Organextrakte, wie die hier verwendeten, ebensolche Wrkg. auf den Kohlenhydratstoffwechsel ausüben wie Glucocorticoide u. diese somit in Leber u. Muskel gespeichert werden. P. LOCH. 4561 □

Neue Untersuchungen über den von Cortison ausgeübten Schutz gegen die letale Wirkung von Proteinmangel bei adrenalektomierten Ratten. Unwirksamkeit von Glutathion-, Pyridoxin- oder Coenzym-A-Injektionen. A. Aschkenasy. (C. R. Séances Soc. Biol. Filiales **154.** 1783—87. 1960. Paris, Hôp. de la Pitié.) (Franz.)

Jungen ♀ Ratten wurde vom 4. Tag der Adrenalektomie an eine proteinfreie Diät u. 1% ig. NaCl-Lsg. verfüttert. *Cortison* (**I**) zeigte in Dosen >25 µg/Tag Schutz-Wrkg., bei 150 µg **I**/Tag überlebten 100% 28 Tage (Kontrollen maximal 10 Tage). Wenn nach 28 Tagen proteinhaltige, salzfreie Diät gegeben wurde, starben die Tiere bald. *Glutathion*, *Pyridoxin* (**II**) oder *Coenzym A* (**III**) verlängerten nicht die Überlebenszeit, u. Kombination von **II** oder **III** mit **I** (25 µg) verbesserte die Resultate kaum.
H. LOHSCHELDER. 4561 □

Erfahrungen bei der Anwendung von Cortison bei vasomotorischer Rhinitis. M. I. Ssutin. (Вестник Оторино-Ларингологии [Nachr. Oto-Rhino-Laryngol.] **23.** Nr. 1. 16—19. Jan./Febr. 1961. Dsershinsk, Städt. Krankenhaus.) (Russ.; Auszug: Engl.)

Von 75 Patienten (darunter 30 Kinder) mit vasomotor. Rhinitis, welche man mit *Cortison* (**I**) ambulator. behandelte (4—6 Injektionen von je 0,5 ml einer Suspension von 12,5 mg **I**-Acetat in die Schleimhaut u. Submucosa des vorderen Teiles einer unteren Nasenmuschel in Intervallen von 1—4 Tagen), wurden 56 geheilt u. 11 gebessert, während 8 unbeeinflußt blieben. Nebenwrkg. kamen nicht zur Beobachtung. E. RENTZ. 4561 □

Stoffwechseluntersuchungen mit einer neuen Reihe von 1.4-Diensteroiden. 2. Mitt. **Wirkung von Prednison, Prednisolon und 9α-Fluorprednisolon in normalen Personen.** Maurice M. Pechet, Blair Bowers und Frederic C. Bartter. (J. clin. Invest. **38.** 691—701. April 1959. Bethesda, Md., Nat. Inst. of Health, Nat. Heart Inst., Clin. of General Med. and Exp. Therapeutics.) (Engl.) — 1. vgl. C. **1961.** 11013.

Der Einfl. von Doppelbindungen (1.2-Dehydrogenierung) auf die Aktivität in mittleren u. sehr großen Dosen gegebener *C_{21}-Steroide* (*Prednison, Prednisolon, 9α-Fluorprednisolon*) wurde bei 3 Personen mit normaler Nebennierenrindenfunktion untersucht. Bei diesen 1.4-Diensteroiden beobachtet man eine Zunahme der antianabol. oder katabol. Aktivität, die auf Grund des N-Verlustes das annähernd 8fache der Ausgangssteroide erreicht. In großen Dosen bewirkten diese ungesätt. Steroide nach vorübergehender Na-Retention Na-Verlust. Der ungesätt. Charakter erhöhte die Eig. der Ausgangs-Verbb., die Harn-17-ketosteroidausscheidung herabzusetzen durch Verminderung der Empfindlichkeit gegen oxydative Spaltung zu letzten. K. MAIER. 4561 □

Das Stoffwechselschicksal eines synthetischen Corticosteroids (Triamcinolon) beim Hund. James R. Florini, Leland L. Smith und Donald A. Buyske. (J. biol. Chemistry **236.** 1038—42. April 1961. Pearl River, N.Y., Amer. Cyanamid Comp., Lederle Labor. Div., Exp. Therapeut. Res. Sect. and Chem. Process Improvement Dep.) (Engl.)

^{3}H-Triamcinolone [**I**; *9α-Fluor-11β.16.α.17α.21-tetrahydroxypregnadien-(1.4)-dion-(3.20)*] wurde ♂ Hunden i.v. injiziert u. der Urin untersucht. Durch Gegenstromverteilung u. Papierchromatographie wurden als radioakt. Hauptprodd. zwei tetrazoliumblaureduzierende Substanzen gefunden, die als **I** (20% der Dosis) u. *6β-Hydroxytriamcinolone* (25% der Dosis) identifiziert wurden. H. LOHSCHELDER. 4561 □

Ein klinischer Vergleich zweier Methoden zur Bestimmung freier Corticosteroide im Plasma, Fluorimetrie gegen Colorimetrie. Richmond W. Smith jun., Raymond C. Mellinger, Lillian Arakelian und Jalileh Mansour. (J. Lab. clin. Med. **56.** 946—47. Dez. 1960. Detroit, Mich.) (Engl.)

Beim Vgl. der fluorimetr. Nachw.-Meth. für freies *Corticosteron* u. *Hydrocortison* im Plasma mit der Phenylhydrazin–H_2SO_4-Meth. ergab sich ein zufriedenstellender Gleichlauf bei der Unters. der Nebennierenrindenfunktion unter verschiedenen klin. Bedingungen u. Belastungen, so daß die fluorimetr. Meth. als geeignete, rasch durchführbare Meth. zur Best. der Nebennierenrinden-Rk.-Fähigkeit angesehen werden kann. Ihre Spezifität wird durch Interferenz von Spirolacton SC 9420 beeinträchtigt.

U. Tausendfreund. 4561□

Blutdruckänderung der Ratte bei langsamer Zufuhr von Adrenalin und Noradrenalin. Wirkung von Butylsympatol und Adrenalinfreimachern (Chlorpromazin, Yohimbin). René Hazard, Jean Delga und P. Mouillé. (C. R. Séances Soc. Biol. Filiales **152.** 1455—59. 1958, herausgeg. 28/2. 1959. Paris, Val de Grace, Labor. de Chim., et Fac. de Méd., Labor. de Pharmacol.) (Franz.)

Es werden die Blutdruckkurven der Ratte bei langsamer i.v. Injektion von *Adrenalin* (**I**) u. *Noradrenalin* (**II**) aufgetragen. Die durch diese Stoffe erzeugte Hypertension wird durch *Yohimbin* in genügender Dosis verhindert, während *Chlorpromazin* nur die Wrkg. von **II** aufhebt. *Butylsympatol* verzögert bei **I** u. **II** verschieden stark das Erreichen der Norm.

G. Ziebarth. 4561□

Beeinflussung der Wirkung biogener Amine durch Hemmung der Aminoxydase. H. Balzer und P. Holtz. (Naunyn-Schmiedbergs Arch. exp. Pathol. Pharmakol. **227.** 547—58. 1956. Frankfurt/M., Univ., Pharmakolog. Inst.) (Dt.)

An Katzen wurde der Einfl. von *Marsilid* („*Iproniazid*") u. von *Methylenblau* auf die Blutdruck-Wrkg. u. die Nickhaut-Wrkg. von *Adrenalin*, *Noradrenalin*, *Tyramin*, *Hydroxytyramin* (**I**), *Tryptamin* u. *Hydroxytryptamin* sowie die Beeinflussung der Blutdruck-Wrkg. des i.v. injizierten *Dihydroxyphenylalanins* (*Dopa*) untersucht. Ferner wurde an Meerschweinchen die Beeinflussung der Ausscheidungsquote des **I**, das nach i.m. Injektion von Dopa im Harn ausgeschieden wird, untersucht.

A. Hesse. 4561□

Titration des Adrenalins und des Noradrenalins mit Krötenpräparaten nach Laewen Trendelenburg. A. C. Nacimiento. (C. R. Séances Soc. Biol. Filiales **152.** 195—96. 25/8. 1958. Buenos Aires, Inst. de Physiol., Fac. de Méd.) (Franz.)

Als Präp. dienten die Hinterschenkel von *Bufo arenarum Hensel*. Durchströmungsdruck 12 cm WS bei 22°, -Fl., Ringer-Clark-Lsg. in g/Liter: NaCl (6), KCl (0,14), $CaCl_2$ (0,14), $NaHCO_3$ (0,2). Die mittleren akt. Dosen für *L-Adrenalin*, Wrkg.-Minimum $1—10 \cdot 10^{-7}$, Maximum $5—10 \cdot 10^{-3}$, für *L-Noradrenalin*, Wrkg.-Minimum $1—10 \cdot 10^{-6}$, Maximum $5—10 \cdot 10^{-2}$. Beim Auftrag der Wrkg.-% gegen den log der Konz. erhält man Kennlinien mit 2 Knickstellen. Der geradlinige (auswertbare) Teil entspricht Redd. zwischen 20 u. 80%. Die Kurven der angewandten Bitartrate des L-Adrenalins u. Noradrenalins sind nicht parallel. Kokain erhöht die Wrkg. der beiden Substanzen, bes. die des Noradrenalins.

J. Malpricht. 4561□

Über die vergleichende Biochemie des Jods und der Schilddrüsenhormone in tierischen Organismen. Jean Roche. (Bull. Soc. Chim. biol. **42.** 1155—64. 1960. Paris, Coll. de France, Biochim. génér. et comparée; Concarneau, Finistère, Labor. de Biol. Marine du Coll. de France.) (Franz.)

Übersicht. — 49 Literaturangaben.

H. Lohschelder. 4562□

Stoffwechsel von Radiojod durch die Schilddrüse von Hühnerembryos bei erniedrigter Bebrütungstemperatur. Andrée Tixier-Vidal. (C. R. Séances Soc. Biol. Filiales **152.** 1435—39. 1958, herausgeg. 28/2. 1959. Paris, Coll. de France, Labor. d'Histophysiol.) (Franz.)

Wenn bei bebrüteten Hühnereiern am 17. Tag die Brut-Temp. auf 10° gesenkt wird, verringert sich die in der Schilddrüse eingelagerte *Jodmenge* (gemessen durch vorherige Injektion von Radiojod), ohne daß die in der Schilddrüse verlaufenden Synth. gehemmt werden.

G. Ziebarth. 4562□

Die Natur der Metaboliten der Schilddrüsenhormone in Galle und Plasma der Ratte nach Verabreichung von radioaktiven Jodiden. P. De Gregorio, L. C. G. Lobo, R. Michel und J. Roche. (Bull. Soc. chim. biol. **42.** 1213—21. 1960. Paris, Coll. de France, Labor. de Biochim. Génér. et Comparée.) (Franz.)

Die Galle von ♂ Ratten, denen 8 Tage lang geringe Dosen $Na^{131}J$ injiziert worden waren, wurde gesammelt, u. durch Elektrophorese u. Radioautochromatographie wurden die radioakt. Bestandteile ab- u. aufgetrennt. Die Eluate einzelner Flecken wurden mittels β-Glucuronidase hydrolysiert u. dann *Thyroxin* (**I**), *3.5.3'-Trijodthyronin* (**II**) u.

3.5.3'.5'-Tetrajodthyroessigsäure (III) nachgewiesen. Die den Sulfaten dieser Verbb. zugeschriebenen Flecken wurden eluiert u. durch Arylsulfatase der Takadiastase hydrolysiert u. I, II, III u. *3.5.3'-Trijodthyroessigsäure* chromatograph. nachgewiesen. Plasmaextrakte von mit $Na^{131}J$ behandelten Ratten wurden der Elektrophorese u. Chromatographie unterworfen, u. nach Hydrolyse mit HCl oder Arylsulfatase wurde I nachgewiesen. Die genannten Verbb. sind somit Prodd. des normalen Stoffwechsels der Schilddrüsenhormone. H. LOHSCHELDER. 4562□

Über den Stoffwechsel von L-Thyroxin und die Ausscheidung seiner Produkte im Harn beim Kaninchen. Jean Roche, Raymond Michel, Ruth Sonntag-Nussenzweig und Maria-Fiore Meldolesi. (C. R. Séances Soc. Biol. Filiales **154.** 1732—36. 1960. Paris, Coll. de France, Labor. de Biochim. génér. et comparée.) (Franz.)

♂ Kaninchen (ohne Schilddrüse) wurde $^{131}J_{(3'.5')}$-*L-Thyroxin* (I; 2 µg/kg) i.v. injiziert. Der Anteil der Jodide an der im Harn ausgeschiedenen Gesamtradioaktivität betrug nur ca. $^1/_3$ (im Gegensatz zu anderen Säugetieren). Die Jodide wurden durch Papierelektrophorese von den organ. J-Verbb. abgetrennt, diese mit n-Butanol eluiert u. chromatographiert (Lsgm.: n-Butanol, gesätt. mit 2n NH_4OH), wobei sich 5 radioakt. Banden ergaben, die chromatograph. weiter aufgetrennt u. folgende Verbb. nachgewiesen wurden: eine geringe Menge an *Glucuroniden von 3.5.3'-Trijod-L-thyronin* (Spaltung durch β-Glucuronidase von *Escherichia coli*), ein Gemisch der *Glucuronide des L-Thyroxins* u. *der 3.5.3'.5'-Tetrajodthyroessigsäure* (II), als Hauptprod. der *Schwefelsäureester von* II (Hydrolyse durch Takadiastase), in geringer Menge der *Schwefelsäureester der 3.5.3'-Trijodthyroessigsäure*, sowie I u. II. H. LOHSCHELDER 4562□

Über die Dejodierung von auf biologischem Weg hergestelltem Radiothyroxin durch Rattenleber: Analytik der gebildeten Produkte. Serge Lissitzky, Marie Roques, Marie-Thérèse Bénévent und Aldo Pinchera. (C. R. Séances Soc. Biol. Filiales **152.** 1431—33. 1958, herausgeg. 28/2. 1959. Marseille, Fac. de Pharm., Labor. de Chim. Biol.) (Franz.)

Biolog. hergestelltes $^{126}J_{(3'.5')}$- $^{126}J_{(3.5.3'.5')}$-*Thyroxin* wird in vitro mit Rattenleber behandelt. Von den Rk.-Prodd. kann nur *3.5.3'.5'-Tetrajodthyroessigsäure* in kleinen Mengen papierchromatograph. isoliert werden. G. ZIEBARTH. 4562□

Der Zellstoffwechsel der Schilddrüsenhormone und die Dejodierung. Serge Lissitzky. (Bull. Soc. Chim. biol. **42.** 1187—1206. 1960. Marseille, Fac. de Méd. et de Pharmac., Labor. de Chim. Biol.) (Franz.)

Vf. gibt einen Überblick, vor allem über die Probleme der Dejodierung der Schilddrüsenhormone. — 67 Literaturangaben. H. LOHSCHELDER. 4562□

Die Hemmung der Monodejodierung von L-Thyroxin durch Thyroxinanaloge. Frank C. Larson und Edwin C. Albright. (J. Lab. clin. Med. **56.** 919—20. Dez. 1960. Madison, Wis.) (Engl.)

Bestimmte Analoge von *L-Thyroxin* (I) hemmen kompetitiv das Monodejodierungs-Syst., das I in L-Trijodthyronin umwandelt. Die wirksamsten Hemmstoffe besitzen eine Diphenyläther-Konfiguration u. eine COOH-Gruppe gemeinsam mit I. In Rattennierenschnitten übten, im Verhältnis zu I von 1 : 1, *3.5.3'.5'-Tetrajodthyropropionsäure* (II), *3.3'.5'-DL-Trijodthyronin* (III) u. *Methoxythyroxin* (IV) eine Hemmung der Dejodierung von I aus, im Verhältnis 10 : 1 wirkten *D-Thyroxin* (V), *3.5-DL-Dijodthyronin* (VI) u. *3.5.3'-L-Trijodthyronin* (VII) hemmend. *DL-Dijodthyrosin* (VIII) u. *α-Methylthyroxamin* waren unwirksam. Die Reihenfolge der Wirksamkeit bei dieser Konz. ging von **II** über **III, V** u. **IV** zu **VII**. Im Verhältnis 100 : 1 kam es durch **II, III** u. **IV** zu vollständiger u. durch **V, VII** u. **VIII** zu teilweiser Hemmung. Die Ergebnisse unterstützten die Anschauung, nach der der Anti-I-Effekt von **III** durch eine Blockierung der Umwandlung von I bedingt ist. U. TAUSENDFREUND. 4562□

Die Wechselwirkung zwischen Schilddrüsenhormonen und extra- und intracellulären Proteinen. J. R. Tata. (Bull. Soc. Chim. biol. **42.** 1171—85. 1960. London, Mill Hill, Nat. Inst. for Med. Res.) (Engl.)

Ausführliche Darst. der C. **1961.** 1618 referierten Arbeit. — 41 Literaturangaben. H. LOHSCHELDER. 4562□

Die Bestimmung von Jod-Protein im Serum. C. Piette und M. Piette. (Ann. Biol. clin. **18.** 438—44. Juli/Sept. 1960. Paris, Hosp. de la Pitié.) (Franz.)

Nachw. durch Fällung der Proteine mit $Zn(OH)_2$, Veraschung bei 600° in alkal. Milieu, Ermittlung des Jod-Geh. durch Best. seiner katalyt. Wirksamkeit gegen Cer-Arsenanhydridsalze u. Colorimetrie der Cersalze im Überschuß durch Brucin. Die gefundenen Jod-Geh. betragen im Normalfall 4—8 µg%, bei Mixödem < 3 µg%, Hyperthyreojodie 8—20 µg%. J. MALPRICHT. 4562□

Die Wirkungen der Parathyreoidektomie und eines parathyreoidalen Extraktes auf die Magnesiumausscheidung im Harn bei der weißen Ratte. P. Berthaux, J. Paupe und Nguyen-The-Minh. (C. R. Séances Soc. Biol. Filiales **154.** 1759—60. 1960. Paris, Fac. de Méd., Labor. de Pathol. exp.) (Franz.)

Bei Verss. mit weißen Ratten stieg die Ausscheidung von *Mg* im Harn nach Parathyreoidektomie an. Wenn die Ratten eine Ca- u. Mg-arme Diät erhielten, war der beobachtete Effekt, bei jeweils kleineren Absolutwerten, noch deutlicher. Nach Injektion eines parathyreoidalen Extraktes wurden keine markanten Änderungen der Mg-Ausscheidung beobachtet. H. LOHSCHELDER. 4563□

Calcium-, Phosphat- und Citratausscheidungsmuster normaler und hypoparathyreoider Personen nach Calciumverabreichung. Theodore B. Schwartz und Manfred Weinstein. (J. Lab. clin. Med. **56.** 944—45. Dez. 1960. Chicago, Ill.) (Engl.)

Nach i.v.-Infusion von 700 mg *Ca-Gluconat* oder $CaCl_2$ innerhalb von 25—30 Min. kam es bei normalen Personen u. solchen mit Nebenschilddrüsenunterfunktion zu einem Anstieg des Serum-Phosphat-Spiegels. Bei normalen Personen kam es (bei 10 von 11) zur Verminderung der Phosphat-Ausscheidung im Harn, während bei Nebenschilddrüsenunterfunktion (bei 6 von 7 Personen) die Phosphat-Ausscheidung stieg. Die *Ca*-Ausscheidung stieg bei normalen Personen auf das 3fache derjenigen bei Nebenschilddrüsenunterfunktion. Nach erzielter Normocalcämie überstieg die Ca-Ausscheidung bei Nebenschilddrüsenunterfunktion die Ausscheidung normaler Personen ohne Infusion. Die *Citrat*-Ausscheidung stieg in beiden Gruppen in Korrelation zur Ca-Ausscheidung. U. TAUSENDFREUND. 4563□

Kein Einfluß von Insulin auf den Tyrosintransport im isolierten Rattenzwerchfell. Gordon Guroff und Sidney Udenfriend. (Biochem. biophysica Acta [Amsterdam] **46.** 386—87. 15/1. 1961. Bethesda, Md., U.S. Dep. of Health, Education and Welfare, Publ. Health Serv., Nat. Inst. of Health, Nat. Heart Inst., Lab. of Clin. Biochem.) (Engl.)

Insulin besaß keinen Einfl. auf die Aufnahme von *Tyrosin* oder *α-Methyltyrosin* durch das isolierte Rattenzwerchfell. K. ZINGRAF. 4564□

Blutzuckersenkende Verbindungen als Appetitanregungsmittel für Ferkel. J. C. Pekas, G. E. Combs, J. M. Vandepopuliere und H. D. Wallace. (J. Animal Sci. **18.** 1282—91. Nov. 1959. Gainesville, Florida Agricultural Experiment Station.) (Engl.)

Tolbutamid (**I**) senkt den Blutzucker (BZ= nur bei hungernden, nicht aber bei normalen Tieren; dem Futter beigemischt, wirkte es wachstumsverzögernd. *Insulin* verringerte BZ, Futterverbrauch u. Gewichtszunahme. **I** steigerte den Futterverbrauch ebenfalls nicht. K. ZINGRAF. 4564□

Erschöpfung der insulinogenen Reserve bei Erwachsenendiabetes unter langdauerndem und anhaltendem hyperglykämischen Stress. Holbrooke S. Seltzer und Walter L. Smith. (J. Lab. clin. Med. **56.** 945—46. Dez. 1960. Dallas, Tex.) (Engl.)

Es konnte gezeigt werden, daß ununterbrochener Hyperglykämiestress bei Erwachsenen-Diabetes zur Erschöpfung der Insulinreserve führt, wobei der *β*-cytotrope Kollaps am schnellsten bei den Fällen mit der größten Kohlenhydrat-Intoleranz eintritt. Die Grundläsion bei Erwachsenen-Diabetes ist offenbar als primäres *β*-Zelldefizit anzusehen. U. TAUSENDFREUND. 4564□

Eine Verminderung des Gehaltes des Serums an anorganischem Phosphor bei Diabetikern nach langdauernder Verabreichung von Chlorpropamide. O. Peter Schumacher. (J. Lab. clin. Med. **56.** 944. Dez. 1960. Celveland, Ohio.) (Engl.)

Die Beobachtung, daß *Chlorpropamid* (500 mg/Tag peroral) den Geh. des Serums an *anorgan. P* ebenso wie Insulin herabzusetzen vermag, wird als Folge einer Steigerung der peripheren *Glucose*-Verwertung angesehen. U. TAUSENDFREUND. 4564□

Die Wirkung von Glukagon auf den Stoffwechsel von Adiposegewebe. Jean Himms Hagen. (J. biol. Chemistry **236.** 1023—27. April 1961. Winnipeg, Manitoba, Univ. of Manitoba, Med. School, Dep. of Physiol.) (Engl.)

Das Epididymis-Fettgewebe von ♂ Ratten wurde in Ca-freier, Albumin-haltiger RINGER-Lsg. mit u. ohne Zusatz von *Glukagon* (**I**) u. *Glucose* (**II**) inkubiert. **I** steigert die Freisetzung von *Fettsäuren*, den O_2-Verbrauch u. die **II**-Aufnahme. Die Ggw. von **II** ist zur Steigerung des O_2-Verbrauches notwendig. Die **II**-Aufnahme ist bei 10 μg **I**/ml maximal, wird aber durch *Insulin* noch gesteigert. **I** bewirkt in Abwesenheit von **II** Freisetzung von *Glycerin*. Die Fettsäurefreisetzung durch *Adrenalin* ist 7mal größer als durch **I**. H. LOHSCHELDER. 4564□

Lipoatrophischer Diabetes, Isolierung einer wirksamen adipokinetischen Substanz aus dem Urin. Lawrence H. Louis, Merlyn C. Minick und Jerome W. Conn. (J. Lab. clin. Med. **56.** 924—25. Dez. 1960. Ann Arbor, Mich.) (Engl.)

Als Ursache des Syndroms des Fettatrophiediabetes (allg. Atrophie des subkutanen Fettes, Insulin-resistenter Diabetes, Hyperlipämie, Hepatomegalie, Splenomegalie, Grundumsatzerhöhung ohne Hyperthyreose) ist offenbar eine durch Extraktion des Harnes nach CHALMERS u. Mitarbeiter mit anschließender Reinigung durch Oxycellulose in Essigsäure-Lsg. u. Elution mit 0,1 n HCl gewinnbare Substanz (wahrscheinlich ein Polypeptid) anzusehen. Diese Substanz führt bei der Maus (subkutan injiziert) zu fettiger Hepatomegalie, Splenomegalie, Hypoglykämie, beim Hund zu Hyperglykämie.
U. TAUSENDFREUND. 4564□

Die Wirkungslosigkeit der Thymektomie auf das Gesicht der Leistenlymphdrüse und die Schilddrüsenfunktion bei tragenden Ratten. E. O. Höhn. (Canad. J. Biochem. Physiol. **37.** 1453—55. Dez. 1959. Edmonton, Univ. of Alberta, Dep. of Physiology and Pharmacology.) (Engl.)

1—$3^1/_2$ Wochen nach der Thymektomie tragender Ratten zeigten sich keine signifikanten Unterschiede zwischen thymektomierten Tieren u. Kontrolltieren bezüglich des Gewichtes der Leistenlymphdrüse, der Schilddrüse u. der 24 Std.-Aufnahme von ^{131}J durch die Schilddrüse. K. F. MÜLLER. 4566□

Bradykinin. Strukturaufklärung, Synthese, physiologisch-pharmakologische Grundlagen. A. Cerletti, E. Stürmer und H. Konzett. (Dtsch. med. Wschr. **86.** 678—83. 7/4. 1961. Basel, Sandoz A.G., Pharmakol. Labor., Innsbruck, Univ., Pharmakol. Inst.) (Dt.)

Übersicht; chem. Konstit., die physiolog. Bedeutung, über die bisher nur wenig bekannt ist, u. die Beziehungen zu anderen Kininen werden behandelt. — 76 Literaturangaben. P. LOCH. 4569□

Die Wirkung von Serotonin auf die Durchblutung der Rattenniere. Horacio A. Dolcini, Isidoro Zaidman, Franz Lichtenberg und Seymour J. Gray. (Amer. J. Physiol. **199.** 1153—56. Dez. 1960. Boston, Mass., Harvard Med. School; Peter Bent Brigham Hosp.) (Engl.)

Serotonin (*5-Hydroxytryptamin*) verursachte in Dosen von 10 mg/kg an der Rattenniere eine erhebliche Gefäßerweiterung mit vermehrter Füllung der glomerulären u. peritubalen Kapillaren zwischen 15 u. 30 Minuten. Nach 2—3 Std. kam es zu einer Blutleere der corticalen Glomeruli ohne Änderung der Füllung juxtamedullärer Bezirke, woraus auf einen Shunteffekt geschlossen wird, der Erytrocythen u. Plasma (Verss. mit Benzidin- u. Tuscheinjektionen) betrifft. H. JORDAN. 4569□

Pressorisch wirksame, in vivo und in vitro gebildete Polypeptide als Mittler der renalen Hypertension. E. Braun-Menéndez und A. C. Paladini. (Circulation [New York] **17.** 668—71. April 1958. Buenos Aires, Univ. of Buenos Aires, Fac. of Med. Sciences, Inst. of Physiol.) (Engl.)

Die nach Einw. von Schweine-Renin auf *Hypertensinogen* (I) von Schwein, Pferd oder Rind erhaltenen Prodd. wurden der Gegenstromverteilung [Butanol-(2), 0,1 m NH_4OH u. Butanol-(2), 0,05 m Phosphatpuffer (pH 7,65)] unterworfen. Es wurden jeweils mehrere, hypertensiv akt. Polypeptide vorgefunden, wie es auch bei Pepsitensin der Fall ist. Vff. schließen daraus auf die Möglichkeit, daß außer Renin noch andere proteolyt. wirksame Enzyme im tier. Organismus tätig sind, die aus I vasapressor. akt. Prodd. bilden. P. LOCH. 4569□

Untersuchungen über die Polymorphie der Gruppensubstanzen des Blutes. W. Mański und H. Kozdroj. (Acta biochim. polon. **5.** 245—66. 1958. Warszawa, PAN, Inst. Biochem. i Biofiz.) (Pol.)

Aus Schweinemagen wurde nach Solubilisierung durch enzymat. Abbau mit Pepsin ein *Mucoproteid* (I) mit der Gruppenaktivität A gewonnen. Es enthält 13,6% Gesamt-N u. besteht aus 80 (%) Peptid u. 20 Polysaccharid, davon 10,6 Hexosamin, 5,0 Hexose u. 1,1 Methylpentose. Spektrophotmetr. konnte im Peptid keine aromat. Aminosäure festgestellt werden. I ist elektrophoret. einheitlich. Der enzymat. Abbau von I bleibt bei etwa 25% Peptidanteil stehen. Gleichzeitig verändert sich das Verhältnis von Hexosamin zu Hexose von 2: 1 zu 1 : 2, u. es steigt die Aktivität des abgebauten **I.** Auch ohne Hydrolyse lassen sich aus menschlichem Magen mit NaCl-Lsg. gruppenakt. Mucoproteide isolieren, die durch Fraktionierung mit A. in Verbb. mit 9,4—13% Gesamt-N getrennt werden. F. URBAN. 4572□

Über die Hämatinbindung im Methämoglobin. Takao Nakamura, Keiko Tokuyama, Yasuyuki Ogura und Saburo Nagakura. (J. Biochemistry [Tokyo] **42.** 347—58. Mai 1955. Tokyo, Univ., Fac. of Science, Botan. Inst. u. Tokugawa Inst. for Biol. Res.) (Orig.: Engl.)

Vom Cyan-Methämoglobin (MHbCN) wird das Dissoziationsgleichgewicht MHbCN $\rightleftharpoons$ $MHb^+ + CN^-$ in wss. Lsg. bei verschiedenen pH-Werten spektrophotometr. u. durch konduktometr. Säure—Base—Titration bestimmt. Beide Meth. führen zu demselben Ergebnis: eine dissoziationsfähige Gruppe ist an jedes Hämatin gebunden. Bei 25° ist der pK'-Wert 4,9. Ist diese Gruppe die CN^--Gruppe, verschiebt sich pK' nach 5,3. Aus diesen Werten ist eine Dissoziationswärme von 7—8 kcal berechenbar. Die hämatingebundene Gruppe ist vermutlich der Imidazolring im Histidin. Der pK'-Wert von freiem Histidin beträgt 6,0, u. der geringe Unterschied wird auf Wechselwrkg. zwischen Hämatin u. gebundener Gruppe zurückgeführt. Diese pK'-Werte stimmen überein mit den titrimetr., magnetometr. oder spektrophotometr. Ergebnissen anderer Autoren. H. KLUGE. 4572□

Über den Mechanismus der Aktivierung von molekularem Sauerstoff durch Hämoglobin. Gorō Kikuchi, Ryoiti Shukuya, Mitsuo Suzuki und Chiaki Nakamura. (J. Biochemistry [Tokyo] **42.** 267—84. Mai 1955. Tokyo, Nippon Med. School, Biochem. Labor.) (Orig.: Engl.)

Die Rkk., die zur Hämiglobin-Bldg. aus Oxyhämoglobin (HbO_2) führen, werden manometr. (WARBURG-Meth.) u. spektrophotometr. untersucht. Die Autoxydation von HbO_2 wird bei niedrigen pH-Werten u. nach Zugabe von *Na-Benzoat* (I) u. *Na-Laurat* (II) beschleunigt, d. h. die Affinität von Hb zum O_2 geht unter diesen Bedingungen zurück. Da ferner die Oxydation durch Ferricyanid in gleicher Weise von pH, I u. II abhängt, kann nicht HbO_2, sondern nur red. Hb wirklich mit dem O_2 reagieren. Die Hb-Bldg. wird durch die Ggw. gleichwertiger Reduktionsmittel, wie Ferrocyanid, NaN_3 u. Ascorbinsäure unterstützt. In Ggw. von Katalyse sinkt die Autoxydation von HbO_2, d. h., daß in diesem Syst. Peroxyde gebildet werden müssen, die in den Autoxydationsprozeß eingreifen. Hierbei wird das Häm-Mol. nicht zerstört, jedoch scheint der Proteinanteil umgewandelt zu werden. Für den Rk.-Ablauf wird ein aktivierter HbO_2-Zustand angenommen (bezeichnet mit $HbFe^{II}O_2^*$), welcher durch Rk. mit radikal. Zwischenstufen zum Hämiglobin führt. H. KLUGE. 4572□

Mitteilung über die Dissoziation von menschlichen fötalem Hämoglobin bei niedrigem pH. Titus H. J. Huisman. (Biochem. biophysica Acta [Amsterdam] **46.** 384—85. 15/1. 1961. Augusta, Ga., Med. Coll. of Ga., Dep. of Biochem. u. Dep. of Pathol.) (Engl.)

Eine vollständige Dissoziation von *fötalem Hämoglobin* (I) in die Untereinheiten α_2 u. γ_2 erfolgt nach mindestens 40std. Dialyse bei pH 5 (50%ig. Abnahme der Menge des alkalibeständigen I). Wenn das entstandene Gemisch bei pH 8 dialysiert wird, so tritt nur langsam eine Verb.-Bldg. geringen Ausmaßes zwischen den Untereinheiten ein. K. ZINGRAF. 4572□

Die Rolle der Nieren bei der Erythropoese. Wadi Suki und Arthur Grollman. (Amer. J. Physiol. **199.** 629—32. Okt. 1960. Dallas, Tex., Univ. of Texas, Southwestern Med. School, Dep. of Exper. Med.) (Engl.)

Es konnte an nephrektomierten u. normalen Hunden gezeigt werden, daß die Niere der Bldg.-Ort eines *erythrocytenstimulierenden Faktors* ist, der für die Aufrechterhaltung der normalen Erythropoese notwendig ist. Dieser Faktor ist humoraler Natur (Erythropoese stimulierende Aktivität ist auch im Nierenextrakt enthalten). U. TAUSENDFREUND. 4573□

Über den Einfluß des l-Glutamins auf den Kalium- und Natrium-Transport bei Kaninchen-Erythrocyten und Retikulocyten. S. Kaludin und L. Ababei. (Acta biol. med. german. [Berlin] **6.** 260—62. 1961. Berlin, Humboldt-Univ., Physiol. Chem. Inst.) (Dt.)

Nach 3std. Inkubation von Vollblut wurde die K- u. Na-Konz. in gewaschenen Erythrocyten u. Retikulocyten flammenphotometr. bestimmt. Nach Inkubation mit $1,35 \cdot 10^{-2}$ m Glutamin sank die K- u. Na-Konz. deutlich ab, in Retikulocyten 3mal mehr als in Erythrocyten. Glucosezusatz verminderte diese Abnahme. Rote Blutzellen bilden aus Glutamin NH_3, das K u. Na in der Zelle ersetzen könnte, wodurch diese Ionen austreten. Glucose hemmt die NH_3-Bldg., außerdem wird die ATP-Konz. erhöht, auf diese Weise könnte der Glucoseschutz erklärt werden. D. SCHEUCH. 4573□

Erythrokinetische Untersuchungen bei Thalassämie. Howard A. Pearson, William McFarland und E. R. King. (J. Lab. clin. Med. **56.** 866—73. Dez. 1960. Bethesda, Md., Nat. Naval Med. Center, US Naval Hosp.) (Engl.)

Bei heterozygoter Thalassämie konnte mit Hilfe von ^{51}Cr in 6 von 9 Fällen eine Verkürzung der Halbwertzeit der Erythrocyten auf 22 Tage festgestellt werden. In allen Fällen war der Plasma-Fe-Umsatz gesteigert u. eine Hyperplasie des roten Knochenmarks sichtbar. Die ^{59}Fe-Verwertung war gering u. lag zwischen der Norm u. den Werten bei homozygoter Thalassämie. Bei Thalassämie wird deshalb ineffektive Erythropoese als wichtiger pathogenet. Faktor angesehen. U. TAUSENDFREUND. 4573□

Isolierung und Eigenschaften des agglutinierenden Prinzips der Samen von Phaseolus vulgaris L. Maurice Coulet, Marie Josèphe Bezou und Bernadette

Cognet. (Bull. Soc. Chim. biol. **41.** 1385—89. 17/12. 1959. Clermont-Ferrand [Puy-de-Dôme], Fac. de Méd. et Pharmacie, Labor. de Bot.) (Franz.)

Nach Enteiweißen mit Pb-Salz durch fraktionierte $(NH_4)_2SO_4$-Fällung (0,4 bis 0,7 Sätt.) gereinigtes P. *vulgaris-Hämagglutinin* wurde durch Best. von Gesamt-N, Aminosäurezus. (Leucin, Alanin, Asparaginsäure, Glutaminsäure, Glycin, Threonin, Phenylalanin, Prolin, Valin, Taurin, Tyrosin), Elektrophorese- u. Sedimentationsverh., isoelektr. Punkt (5,0—5,1) u. UV-Absorption charakterisiert. Das Agglutinationsvermögen wurde durch 2 Std. Inkubation mit verschiedenen Zuckern u. Zuckerderivv. (Fructosediphosphat, Glucosaminhydrochlorid) nicht herabgesetzt. K. MAIER. 4573□

Funktionelle Aktivität der Aortenmucopolysaccharide. Ira Gore und Bernard J. Larkey. (J. Lab. clin. Med. **56.** 839—46. Dez. 1960. Boston, Mass., Vet. Admin. Hosp., West Roxbury; Harvard Med. School, Dep. of Pathol.; Cambridge Mass., Harvard School of Public Health, Dep. of Nutrition.) (Engl.)

Die *Mucopolysaccharide* nehmen, als Grundsubstanz der Aorta, 0,5% des Aortengewebes ein (autopt. gewonnenes Gewebe des Menschen). Sie besitzen Antikoagulans-Eigg., welche durch Protamin neutralisierbar sind u. nach i.v.-Injektion bei Ratten die Bldg. eines Lipoidclearing-Faktors anregen; diese Aktivität ist in der *Chondroitinsulfat B*-Fraktion enthalten, die 40—50% der Gesamtmucopolysaccharide ausmacht. Die Antikoagulansaktivität einer ganzen Aorta entspricht etwa einem Heparin-Wert von 100 mg/kg. Die Mucopolysaccharide der Aorta üben auch eine schwache Elastase-Aktivität aus, die jedoch nur in rohen Extrakten vorhanden ist u. weder Chondroitinsulfat A oder B noch Hyaluronsäure zugeordnet werden kann. U. TAUSENDFREUND. 4574□

Über den Polyensäurengehalt der verschiedenen Lipidfraktionen des Blutes bei der Arteriosklerose und dem Diabetes mellitus. W. Schrade, E. Böhle und R. Biegler. (Klin. Wschr. **37.** 1101—09. 1/11. 1959. Frankfurt/M., Univ., I. Med. Klinik.) (Dt.)

Bei Arteriosklerose u. Diabetes mellitus mit Hyperlipoidämie waren nach Trennung der verschiedenen Lipoidfraktionen die *Glyceride* des Serums durchschnittlich am stärksten vermehrt. Die *Cholesterinester* enthielten am meisten *Polyensäuren.* Beim Stoffwechselgesunden entfielen im Mittel 47,1% der Cholesterinester-Fettsäuren auf *Linolsäure* (**I**). Der Polyensäuren-Geh. der Phospholipoid-Fraktion war erheblich niedriger. Beim Gesunden betrug der **I**-Geh. in den Phospholipoiden 22,2%. Mit einem Durchschnittswert von 11,2% wiesen die Glyceride des Blutserums des Gesunden den geringsten **I**-Geh. auf. Geringe **I**-Mengen waren stets auch in der Fraktion der unveresterten Fettsäuren des Serums nachweisbar. Bei Arteriosklerose enthielten die Lipoidfraktionen des Serums weniger Polyensäuren als normal. Für die Cholesterinester ergab sich ein **I**-Geh. von etwa nur 38,0%, für die Phospholipoide von 19,6%. Eine geringe Verminderung des **I**-Anteils ließ sich auch in den Glyceriden der Arteriosklerotiker nachweisen. Auch beim Diabetiker waren Cholesterinester, Phospholipoide u. in geringem Umfange Glyceride polyensäureärmer als beim Gesunden. Die Bedeutung der Befunde wird besprochen. U. TAUSENDFREUND. 4574□

Die Rolle der menschlichen Serumlipoproteine beim Lipidtransport. Untersuchungen mit intravenösem Fett. Fred A. Kruger, David G. Cornwell, George J. Hamwi und J. B. Brown. (J. Lab. clin. Med. **56.** 918—19. Dez. 1960. Columbus, Ohio.) (Engl.)

Zur Unters. der hypothet. Transportmechanismen für den Lipidtransport im Serum wurden die vermutlichen Faktoren *Chylomikron* u. *Lipoproteine mit hoher Dichte* sowie *Lipoproteine mit den* S_F*-Werten 10—400* bzw. *3—9* nach i.v.-Injektion von 500 ml *Lipomul* als Triglyceridemulsion bei normalen, hyperlipäm. u. hypercholesterinäm. Personen geprüft (Zeitabstände: vor der Injektion u. zu den Std. 0, 2, 4, 7 sowie 24; während der Vers.-Periode wurde gefastet). Der *Cholesterin* (**I**)-Geh. der Chylomikron-Fraktion war in der ersten Zeit nach der Injektion deutlich erhöht, u. zwar dem Umfang nach entsprechend der gleichzeitigen Verminderung des **I**-Geh. der Lipoprotein-Fraktion mit hoher Dichte; in der S_F-10—400-Lipoprotein-Fraktion stieg der **I**-Geh. bis zur 7. Std. entsprechend einem Abfall des **I**-Geh. in der S_F-3—9-Fraktion. Bei normalen Personen war in der 24. Std. der Normalzustand wie vor der Infusion nachweisbar. Die Abweichungen bei den anderen Personen sind als Defekt im Transportmechanismus zu erklären. U. TAUSENDFREUND. 4574□

Zur Elektrophorese der Serum-Lipoproteide bei Arteriosklerose und einigen anderen Krankheitsbildern. K. Dirr und P. Bottermann. (Klin. Wschr. **37.** 1118—22. 1/11. 1959. München, Univ., II. Med. Klinik.) (Dt.)

Die *Lipoproteid*-Elektrophorese des Serums läßt keine differentialdiagnost. Schlußfolgerungen zu wie etwa die Protein-Elektrophorese. Im Rahmen anderweitiger Konstellationen können jedoch niedrige α-*Lipoproteid*-Werte die Diagnose einer Arteriosklerose bestärken, während hohe Werte sie bedenklich erscheinen lassen. Die Lipoproteid-Elektrophorese ist also nur geeignet zur Klärung der Frage „Arteriosklerose oder nicht" beizutragen. *Cholesterin*- u. *Ester*-Werte eignen sich nicht dazu, sie sind bei Arteriosklerose gegenüber der Norm nicht verändert. U. Tausendfreund. 4574□

Die Phospholipide des menschlichen Blutplasmas und ihr Austausch mit den Zellen. C. E. Rowe. (Biochem. J. **76**. 471–75. 1960. London, Nat. Inst. for Med. Res.) (Engl.)

Menschliches Blut wurde 6½ Std. mit *Na*-$^{11}C_{(2)}$-*Acetat* u. ^{32}P-*Orthophosphat* inkubiert. Die Zellen wurden abzentrifugiert, β-Lipoproteine aus dem Überstand mit $CaCl_2$ u. Dextransulfat ausgefällt u. abzentrifugiert. Sediment u. Überstand wurden mit A.-Ae. extrahiert, eingedampft u. mit A.-Aceton extrahiert. Der eingedampfte u. in $CH_3OH-CHCl_3$ aufgenommene Extrakt wurde an Silicagel chromatographiert u. die einzelnen Fraktionen auf Aktivität untersucht. Die Auftrennung der Fraktionen erfolgte papier- bzw. gaschromatograph. (Fettsäuren als Methylester). Die ^{32}P-Aktivität der Phospholipide (A) im β-Nipoprotein-freiem Plasma war gering. Die Best. von ^{14}C erfolgte nach einer zehnfachen Zeitspanne der Halbwertszeit von ^{32}P. Das Verhältnis *Sphingomyelin* (I): *Lecithin* (II): *Kephalin* (auf P bezogen) betrug 1,0 : 6,9 : 0,8. Alle drei waren radioaktiv. Die spezif. Aktivitäten des Plasma-I u. -II waren höher als die der cellulären Verbb., so daß nur ein Teil des cellulären A an der Biosynth. u. am Austausch beteiligt ist. Ein vollständiger Austausch der Blut-A würde zu einer gleichmäßigen Verteilung der Fettsäuren in Blut u. Plasma führen, was nicht der Fall ist. Celluläres II enthielt *Arachidonsäure*, nicht dagegen Plasma-II. Ebenso bestanden große Differenzen in der Verteilung von *Palmitin*-, *Stearin*-, *Olein*- u. *Linolensäure*, weniger von *Myristinsäure*. J. Boetler. 4574□

Heparin, Klärungsfaktor-Lipase und Fetttransport. D. S. Robinson und J. E. French. (Pharmacol. Rev. **12**. 241–63. Juni 1960. Oxford, England, Sir William Dunn school of Pathol.) (Engl.)

Übersucht. — 184 Literaturangaben. K. Zingraf. 4574□

Fibrinogengehalt im Blut bei Leberkrankheiten. Lidia Castro López. (Clín. y Lab. **71** (**46**). 187–200. März 1961. Lima, Perú, Univ., Cát. de Farmacol.) (Span.)

Der *Fibrinogen*-Geh. im Blut betrug bei Gesunden 0,348 ± 0,0316 g%, bei Lebercirrhose 0,423 ± 0,036 g%, bei Hepatitis 0,608 ± 0,044 g%, bei Cholecystitis calculosa vor der Operation 0,678 ± 0,035 g%, nach der Operation 0,907 ± 0,032 g% u. bei Leberkrebs 0,806 ± 0,079 g%. K. Zingraf. 4574□

Wirkung von Methode und Höhe der Eisenanwendung auf Wachstum, Hämoglobin und Hämatokrit von Ferkeln. J. H. Maner, W. G. Pond und R. S. Lowrey. (J. Animal Sci. **18**. 1373–77. Nov. 1959. Ithaca, N.Y., Cornell Univ.) (Engl.)

Tägliches Besprühen des Euters des Muttertieres mit $FeSO_4$ oder i.m. Injektion von je 100 mg Fe (in Form von Fe-Dextran) beim Ferkel am 3. u. 10. Tag führte zu höheren Hämoglobin- u. Hämatokritwerten als einmalige Injektion von 100 mg Fe am 3. Tag. Orale Verabreichung von je 292 mg Fe^{2+} am 3. u. 10. Tag führte zu geringeren Werten. Das Wachstum wurde durch alle Meth. nicht wesentlich beeinflußt. K. Zingraf. 4575□

Injizierbares Eisen-Dextran und verschiedene orale Eisenpräparate zur Verhütung der Eisenmangelanämie bei Ferkeln. D. R. Zimmerman, V. C. Speer, V. W. Hays und D. V. Catron. (J. Animal Sci. **18**. 1409–15. Nov. 1959. Ames, Iowa Agricultural and Home Economics Experiment Station.) (Engl.)

Eine i.m. Injektion von 2 ml *Fe-Dextran* (**I**; = 100 mg Fe) am Tag nach der Geburt war der wöchentlichen oralen Verabreichung einer *Fe-Cu-Paste* (**II**; 28 mg Fe als $FeSO_4$ + 2 mg Cu als $CuSO_4$) überlegen. Durch 2 ml **I**, täglich frische Streu oder 2mal wöchentlich **II** (40 mg Fe + 2,5 mg Cu) konnte eine Anämie verhütet werden. Maximales Wachstum wurde bei nach 3 Wochen entwöhnten Tieren durch 2 ml **I** am Tage der Geburt, bei nach 8 Wochen entwöhnten durch je 2 ml **I** am Tage der Geburt u. am 21. Tage erzielt. K. Zingraf. 4575□

Der fluorescenzmikroskopische Nachweis des Polyvinylpyrrolidons. R. Ammon und G. Mohn. (Acta histochem. [Jena] **6**. 66–76. 31/12. 1958.) (Dt.) — Vgl. C. **1960**. 942.

Die histolog. Schnitte werden in einer Ammonsulfatlsg. aufgefangen, die 30,2 g des Salzes auf 100 cm³ W. enthält. Nach einer Färbezeit von 15 Min. in 25 cm³ $(NH_4)_2SO_4$-Lsg. + 0,1 cm³ 1%ig. Eosin-Lsg. (Eosin bläulich, Merck Nr. 1342) werden sie in frischer $(NH_4)_2SO_4$ gespült. Der fluorescenzmkr. Nachw. wird bei einer Wellenlänge von 320 mμ vorgenommen. — Mikroaufnahmen von Organschnitten *Polyvinylpyrrolidon* (**I**) behandelter Ratten zur Unters. der **I**-Speicherung. P. Loch. 4576□

Elektrophoretische Komponenten der Proteine in der Nahrung der Honigbienenlarve. N. G. Patel, M. H. Haydak und T. A. Gochnauer. (Nature [London] **186.** 633—34. 21/5. 1960. St. Paul, Univ. of Minnesota, Dep. of Entomology and Economic Zoology.) (Engl.)

Die gegen W. dialysierten Proteine der Larvennahrung wurden in Abhängigkeit vom Alter u. der Kaste der die Nahrung aufnehmenden Larve der Papierelektrophorese in Barbitursäurepuffer vom pH 7,4 unterworfen. Es ergaben sich keine qualitativen Unterschiede der Elektropherogramme zwischen Proteinen in der Nahrung der jungen Larven der Königin, der Arbeiterinnen u. der Drohne. In den Proteinen der Larvennahrung der alten Arbeiterinnen u. der alten Drohnen fehlten zwei der vier in den anderen Pherogrammen vorhandenen Flecken. K. F. Müller. 4583□

Einfluß der schwefelhaltigen Verbindungen auf das quantitative Verhältnis der flüchtigen Säuren im Inhalt des Kuhpansens. F. Ju. Palfi und W. I. Skorochid. (Доповіді Академії Наук Української PCP [Ber. Akad. Wiss. Ukrain. SSR] 1960. 1546—48. Forschungsinst. für Ackerbau u. Tierzucht der Westgebiete der UkrainSSR.) (Ukrain.; Auszug: Engl.)

Erhalten Kühe im Laufe von 10 Tagen als Beifutter $Na_2SO_4 \cdot 10\ H_2O$ (I) in der Dosis von 30 g täglich, so wird im Pansen der Geh. an *Essigsäure* erhöht, der Geh. an *Propion-* u. *Buttersäure* vermindert. Durch I wird auch der *Fett*-Geh. der Milch erhöht. Eine ähnliche Wrkg. hat die Beifütterung von Bierhefe. O. Lebtag. 4585□

Biuret — eine Nichtproteinstickstoff-Quelle für Wiederkäuer. E. E. Hatfield, U. S. Garrigus, R. M. Forbes, A. L. Neumann und William Gaither. (J. Animal Sci. **18.** 1208—19. Nov. 1959. Urbana, Illinois Agricultural Experiment Station.) (Engl.)

Wenn *Biuret* (I) Schafen in Mengen verfüttert wurde, die einen beträchtlichen Anteil des Gesamt-N-Bedarfes ausmachten, so zeigten sich weder sofort noch später tox. Wrkg. u. Wachstum; Fortpflanzung oder Wollerzeugung wurden nicht geschädigt. Die Verwertung von I-N scheint im Gegensatz zu Harnstoff-N vom Gesamtfutterverbrauch abzuhängen. Bei Schafen u. Stieren wurde mit hohen Anteilen von I im Futter eine positive N-Bilanz erzielt. K. Zingraf. 4585□

Die Wirkungen von Riboflavin-Mangel auf Phagocytosis und Empfänglichkeit für Infektionen. Kenneth F. Wortman und Paul S. Sypherd. (J. Immunology **85.** 511—15. Nov. 1960. Tuscon, Univ. of Arizona, Dep. of Bacteriol. and Med. Technol.) (Engl.)

Mangel an *Riboflavin* bei männlichen weißen Ratten setzte die phagocyt. Fähigkeit der Leukocyten gegenüber *Diplococcus pneumoniae* herab, es waren weniger neutrophile Zellen an der Phagocytose beteiligt u. sie phagocytierten weniger Organismen; die Empfänglichkeit der Tiere für D. pneumoniae stieg stark an. M. Wiedemann. 4587□

Quantitative Bestimmung einiger Vitamine im Wasserlöslichen der menschlichen Hornschicht hautgesunder Versuchspersonen. G. Pascher und H. Röckl. (Arch. klin. exp. Dermatol. **210.** 485—95. 16/8. 1960. München, Univ., Dermatolog. Klinik u. Poliklinik.) (Dt.)

Im wss. Extrakt des abschabbaren Anteils des menschlichen stratum corneum disjunctum wurden die Konzz. an *Aneurin* (**I**), *Lactoflavin* (**II**), *Panthotensäure* (**III**), *Nicotinsäure* + *Nicotinsäureamid* (**IV**), *Pyridoxin* (**V**), *Biotin* (**VI**), *Cobalamin* (**VII**), *Folsäure* (**VIII**) u. *Gesamtascobinsäure* (**IX**) bestimmt. Es wurden gefunden (in γ-%, bezogen auf natives Schabsel): **I**: 19; **II**: 54; **III**: 100; **IV**: 161; **V**: 48,4; **VI**: 0,041; **VII**: 0,0038; **VIII**: 0,1; **IX**: 700. Außer Analysen an Sammelschabsel wurden zur Ermittlung der physiolog. Schwankungsbreite im Falle von **I**, **II** u. **III** auch Einzelanalysen durchgeführt. **IX** wurde auf chem. Wege, die übrigen Vitamine wurde durch mikrobiolog. Meth. bestimmt. K. F. Müller. 4587□

Chromatographische Trennung elektroneutraler und elektropositiver Faktoren des Vitamins B_{12} und B_{12p} nach der Elektrophorese. J. Janicki und J. Skupin. (Acta biochim. polon. **5.** 235—44. 1958. Poznań, WSR, Kat. Technol. roln.) (Pol.)

Vitamin B_{12} u. B_{12p} wurden auf- u. absteigend auf Whatman Nr. 1-Papier mit sek.-Butanol/Essigsäure/W./5%ig. wss. KCN-Lsg. 100:1:50:0,25 oder sek.-Butanol/NH_4OH (Dichte 0,88)/W./5%ig. wss. KCN-Lsg. mit demselben Verhältnis bei 27° Raumtemp. getrennt. Das krist. Präp., erhalten aus Abwässern, enthält 7, das nichtkrist. B_{12} aus der Methangärung 9, das nichtkrist. Präp. aus der Propionsäuregärung 8 Bestandteile. Wiederholte Chromatographie der Hauptfraktionen gibt keine weitere Auftrennung. Die UV-Spektren der Hauptfraktionen sind mit dem Spektrum des reinen Vitamins B_{12} identisch. F. Urban. 4587□

Neue Untersuchung über den Vitamin-B_{12}-Gehalt der Kuhmilch. R. Karlin und D. Portafaix. (C. R. Séances Soc. Biol. Filiales **154.** 1810—14. 1960. Inst. Pasteur de Lyon et C.N.R.S.) (Franz.)

Der Geh. an *Vitamin B_{12}* (I) in der Milch wurde nach Zusatz von KCN u. $CaCl_2$, Einstellung von pH 5,1, Verdünnung aus $^1/_{25}$, Erhitzen auf 120° für 6 Min. im Autoklaven, Zentrifugieren u. Filtrieren mikrobiolog. mittels *Lactobacillus leichmannii* 7830 bestimmt. Im Colostrum fand sich ein hoher I-Geh. (Mittel 16 µg/Liter). Die täglichen u. monatlichen I-Mengen unterliegen starken individuellen u. jahreszeitlichen Schwankungen. Im 1. Monat der Lactation ist der I-Geh. erhöht. Zur Zeit der Stallfütterung findet sich ein gegenüber der Weidefütterung erhöhter I-Geh.: Im Frühjahr 2,6 µg/Liter; Oktober bis Februar 3,9 µg/Liter (Mittelwerte einer holländ. Kuhherde).

H. LOHSCHELDER. 4587 □

Bevorzugte Retention von Hydroxycobalamin gegenüber Cyanocobalamin beim Menschen. Andreas Killander und Robert F. Schilling. (J. Lab. clin. Med. **56.** 917. Dez. 1960. Madison, Wis.) (Engl.)

Da *Hydroxycobalamin* (I) u. *Cyanocobalamin* (II) in ihrer antiperniciösen Aktivität gleichwertig sein sollen, können die von Vff. angestellten Unterss., die eine stärkere Retention von I gegenüber II nach subkutaner Injektion beim Menschen zeigen, Anlaß zu weiteren Prüfungen der Verwendbarkeit von I zur Erhaltungstherapie bei perniciöser Anämie sein. U. TAUSENDFREUND. 4587 □

Die biochemischen Funktionen von Vitamin B_{12}. W. N. Bukin. (Вопросы Медицинской Химии [Fragen med. Chem.] **6.** 335—44. Juli/Aug. 1960. Moskau, Bach-Inst. für Biochem. der Akad. der Wiss. der UdSSR.) (Russ.)

Übersicht an Hand der Literatur. Behandelt werden: allg. Eigg. von Vitamin B_{12}; Red. der Disulfidgruppen, Synth. der Methylgruppen u. Synth. der Desoxyriboside unter Teilnahme von Vitamin B_{12}; Biosynth. des Eiweißes; Teilnahme von Vitamin B_{12} an den Isomerisationsreaktionen. — 82 Literaturangaben. O. LEBTAG. 4587 □

Papierchromatographie von Phosphorsäureestern des Inosits. Anwendung bei der Untersuchung des hydrolytischen Abbaus von Inosithexaphosphat. André Desjobert und Fahrettin Petek. (Bull. Soc. Chim. biol. **38.** 871—83. 4/9. 1956. Paris, Fac. de Pharmacie, Labor. de Chim. biol. u. Centre National de la Rech. scientifique.) (Franz.; Auszug: Engl.)

Vff. beschreiben eine papierchromatograph. Meth., mit deren Hilfe die Identifizierung der verschiedenen Phosphorsäureester des Inosits möglich ist. Folgende R_F-Werte wurden gefunden (Papiersorte: WHATMAN Nr. 1; Lsgm.-Gemisch: Propanol: Ammoniak: W., 5:4:1; eindimensional, absteigend; Sprühreagentien: 1. wss.-alkohol. Lsg. von Eisenperchlorat, 2. wss.-alkohol. Lsg. von Sulfosalicylsäure; Zus. vgl. Orig.): *Inosithexaphosphat*, 0,09; *Inositpentaphosphat* (I; aus Weizenkeimlingen), 0,10; *Inosittetraphosphat* (durch diastat. Abbau erhalten: D), 0,17; *Inosittriphosphat* (D), 0,22; *Inositdiphosphat* (D), 0,27; *Inositmonophosphat* (D), 0,38; H_3PO_4, 0,34. — Es konnte mit Hilfe der von Vff. entwickelten Meth. nachgewiesen werden, daß der aus *Weizenkeimlingen* isolierte Phosphorsäureester des Inosits tatsächlich I ist. H. KOCKERT. 4587 □

Quantitative Veränderung von Carotin und Vitamin C im Blut bei Theileriose. M. A. Ali-Sade. (Ветеринария [Tierheilkunde] **38.** Nr. 4. 44—45. April 1961. Aserbaidshan. Veterinärwiss. Inst.) (Russ.)

Vf. bestimmte den Geh. an *Vitamin C* (I) u. *Carotin* (II) im Blut gesunder u. an Theileriose erkrankter Kühe bzw. Jungstiere. Während im Blut gesunder Kühe (Jungstiere) im Mittel 0,63 mg% (0,54) I u. 0,75 mg% (0,72) II festgestellt wurden, ergaben die Messungen an erkrankten Tieren 0,5 mg% (0,38) I u. 0,56 mg% (0,58) II.

GOTTFRIED SCHREIBER. 4587 □

Einbau des radioaktiven Methioninschwefels in die Proteine des Gewebes und des Blutserums von Ratten in Abhängigkeit von der Versorgung mit Vitamin A. A. A. Duscheiko. (Український Біохімічний Журнал [Ukrain. biochem. J.] **32.** 823—31. 1960. Kiew, Inst. für Biochem. der Akad. der Wiss. UkrainSSR.) (Ukrain.; Auszug: Engl.)

Im Ratten-Vers. wurde der Einfl. der verschiedenen Versorgung mit *Vitamin A* (I) auf den Einbau von ^{35}*S-Methionin* (II) in die Proteine (III) der Gewebe u. des Blutserums untersucht. Die Kontrollen erhielten mit dem Futter täglich 40 I.E. I, bei Hypervitaminose 50000 I.E., 2 Monate lang. Bei I-Mangel zeigte sich bei allen Gewebe-III ein verminderter II-Einbau. Im Mittel betrug die Abnahme der Radioaktivität 20—29% gegenüber der Kontrolle. Bei A-Vitaminose war der II-Einbau in die III der Niere um 78%, im Hoden um 70%, im Gehirn um 67% vermindert. Die Radioaktivität der III des Blutserums u. der Niere betrug ca. 50% der III-Aktivität in der Kontrolle. Bei starker I-Zufuhr konnte eine Gesetzmäßigkeit der Veränderungen der III-Radioaktivität in den Geweben u. im Blutserum nicht beobachtet werden. Bei parenteraler Zufuhr von 40000 E. I 8 Std. vor der II-Zufuhr stieg bei den avitaminösen Tieren die Radioaktivität der

Gewebe- u. Blutserum-III so stark an, daß sie in einzelnen Fällen sogar die III-Aktivität in der Kontrolle übertraf. O. LEBTAG. 4587 □

Über den Test des beschleunigten Alterns von Vitamin-A-Präparaten. 2. Mitt. Ryūichi Yamamoto, Masaya Baba und Etsuko Yamamoto. (Annu. Rep. Shionogi Res. Lab. [Japan] **1957.** 355—57. Amagasaki, Shionogi Seiyaku Kabushiki Kaisha, Seizai-Kenkyūshitsu.) (Jap.; Auszug: Engl.)

Die durch Lagerung bei 29, 45° u. im Wechsel von 24 Std. bei 29 u. 45° eintretende Zers. von *Vitamin-A-Präpp.* wurde 16mal während eines ganzen Jahres bestimmt. Aus diesen Daten wurde die Zers.-Geschw. nach der ARRHENIUSschen Formel berechnet. Die graph. Darst. (log K/1/T·10^5) zeigt, daß der Zers.-Faktor unter den wechselnden Temp.-Bedingungen dem bei Durchschnitts-Temp. (37,5°) äquivalent ist. F. MOSSNER. 4587

Einfluß der Vitamine A und D auf Wachstum und Capillarwiderstand des Meerschweinchens mit und ohne Ascorbinsäuremangel. — Akuter Mangel. J. Y. McGraw. (C. R. Séances Soc. Biol. Filiales **154.** 1905—10. 1960. Montréal, Canada, Univ. de Montréal, Dép. de Physiol.) (Franz.)

♂ Albinomeerschweinchen erhielten eine skorbuterregende Diät, sowie täglich 0,075 mg *β-Carotin* (I), 5,0 mg *Natriumascorbat* (II), 0,075 mg *Calciferol* (III) einzeln oder in Kombination. 21 Tage lang wurden das Wachstum u. der Capillarwiderstand verfolgt. Bei Gabe von II war das Wachstum normal. Durch II-Mangel bedingter Gewichtsverlust u. Skorbut werden durch I verzögert, während III die negativen Symptome verstärkt. Kombination von I u. III zeigt keine Änderung gegenüber der unbehandelten Gruppe. I u. II zeigen kombiniert den günstigsten Effekt, während III in Verbindung mit II die II-Wrkg. mindert. Der Capillarwiderstand wird durch I > I/II/III > II ~ II/I > II/III erhöht, während bei I/III die Werte normal bleiben. *Vitamin A* scheint demnach das Auftreten von Skorbut zu verzögern, während es durch *Vitamin D* beschleunigt wird. H. LOHSCHELDER. 4587 □

Der Einfluß von Vitamin D auf Wachstum und Capillarwiderstand des Meerschweinchens mit und ohne Ascorbinsäuremangel. J. Y. McGraw und A. DesMarais. (C. R. Séances Soc. Biol. Filiales **154.** 1911—15. 1960.) (Franz.) — Vgl. vorst. Referat.

Jungen Albinomeerschweinchen wurde eine skorbuterzeugende Diät, sowie täglich 5 mg *Natriumascorbat* (I) u. 0,075 mg *Calciferol* (II) einzeln oder kombiniert gegeben. 20 Tage lang wurden Wachstum u. Capillarwiderstand verfolgt. Mit I (abgeschwächt bei I/II) findet normales Wachstum statt, während bei II-Gabe Gewichtsabnahme wie bei den Kontrollen (keine Zusätze zur Diät) erfolgt. I steigert nur vorübergehend den Capillarwiderstand, während II diesen senkt. Sterblichkeit u. Hämorrhagien werden durch II-Gabe gesteigert. I u. II hemmen die durch I-Mangel bedingte Schilddrüsenhypertrophie. Die Depression des Capillarwiderstandes durch II wird einer direkten oder indirekten Steigerung der Schilddrüsenfunktion zugeschrieben. H. LOHSCHELDER. 4587 □

Der Einfluß von Vitamin D auf Wachstum und Capillarwiderstand männlicher oder weiblicher Ratten. J. Y. McGraw und A. DesMarais. (C. R. Séances Soc. Biol. Filiales **154.** 1916—21. 1960.) (Franz.) — Vgl. vorst. Referate.

♂ u. ♀ WISTAR-Albinoratten erhielten Purinadiät sowie täglich 0,075 mg *Calciferol* (I). Wachstum u. Capillarwiderstand wurden 90 Tage lang beobachtet. Das Wachstum weist starke Unterschiede zwischen ♂ u. ♀ Tieren auf (nach 90 Tagen > 100%), während zwischen I-behandelten u. unbehandelten prakt. keine Unterschiede beobachtet wurden. Das Wachstum der ♀ ist prakt. unterbunden. Auch der Capillarwiderstand zeigt starke Unterschiede: Bei den unbehandelten ♀ Tieren treten regelmäßig cycl. Schwankungen auf, während mit I gleichförmige niedrige Werte vorliegen. Bei den ♂ Ratten liegen bei I-Gabe alle Werte unter denen der Kontrollen. Nach diesen Verss. wurden verschiedene Drüsen untersucht u. vor allem bei Nebenniere u. Thymus größere Unterschiede festgestellt. H. LOHSCHELDER. 4587 □

Der Einfluß von Vitamin P auf Wachstum und Capillarwiderstand von Meerschweinchen mit und ohne Ascorbinsäuremangel. J. Y. McGraw und A. DesMarais. (C. R. Séances Soc. Biol. Filiales **154.** 1922—27. 1960.) (Franz.) — Vgl. vorst. Referate.

♂ Albinomeerschweinchen erhielten Purinadiät (skorbuterzeugend) sowie 5,0 mg *Natriumascorbinat* (I), 25 mg *Vitamin P* (II; „Catechin") oder I u. II kombiniert. 20 Tage lang wurden Wachstum u. Capillarwiderstand beobachtet. II bewirkt weder eine Hemmung der Skorbuterscheinungen, noch in Kombination mit I ein merklich verstärktes Wachstum, das schon durch I allein normal ist. Durch I, II oder I/II wird der Capillarwiderstand vorübergehend verstärkt (I/II > II > I), er fällt dann bei I auf normale, bei I/II auf etwas erhöhte, bei II auf die unternormalen Werte der nichtbehandelten Kontrollen. II scheint den I-Geh. im Gewebe leicht zu erhöhen. II vermindert nicht die Skorbutsterblichkeit. H. LOHSCHELDER. 4587□

Der Einfluß von Kalium und Calcium auf die Salz-, Glucose- und Wasserresorption des isolierten Dünndarms. W. Rummel und H. F. Stupp. (Naunyn-Schmiedebergs Arch. exp. Pathol. Pharmakol. **240.** 79—92. 1960. Homburg/Saar, Univ. des Saarlandes, Pharmakol. Inst.) (Dt.)

Die aus Verss. an isoliertem Rattendünndarm erhaltene Resorptionskurve von Cl^-, Na^+, K^+, Ca^{2+}, W. u. Glucose bei unterschiedlichen K^+- u. Ca^{2+}-Konzz. in der verwendeten TYRODE-Lsg. zeigt, daß Erhöhung wie Senkung der K- u. der Ca-Konz. die Resorption hemmt. Die Abnahme der Wasseresorption geht parallel mit der Na-Resorption, was weder für die Glucose-, noch für die Chloridresorption zutrifft. K. LOHS. 4594□

Die Vorstellung einer Verdauungsoberfläche im Dünndarm: celluläre Natur der Disaccharid- und Phosphatesterhydrolyse. David Miller und Robert K. Crane. (J. Lab. clin. Med. **56.** 928—29. Dez. 1960. St. Louis, Mo.) (Engl.)

Es konnte nachgewiesen werden (Streifen von Hamsterintestinum), daß die letzte Phase der Kohlenhydratverdauung, die Bldg. von Monosacchariden, eine Funktion des intakten Schleimhautepithels ist. Die Lokalisation des entsprechenden Enzyms im Bürstensaum zeigt, daß dieser Bereich als Verdauungsoberfläche anzusehen ist, in welcher Monosaccharide gebildet werden u. von wo sie durch einen spezif. Transportmechanismus resorbiert werden. U. TAUSENDFREUND. 4594□

Der Stickstoffumsatz bei Muskeltätigkeit verschiedenen Charakters. W. A. Rogoskin und N. N. Jakowlew. (Український Біохімічний Журнал [Ukrain. biochem. J.] **32.** 899—910. 1960. Leningrad, Forschungsinst. für Körperkultur.) (Russ.)

Übersicht an Hand der Literatur. — 97 Literaturangaben. O. LEBTAG. 4595□

Über die besondere physiko-chemische Struktur energiereicher Bindungen in biologischen Systemen. Gian Antonio Lanzani. (Chimica [Milano] **34.** 344—46. Sept. 1958. Milano, Univ., Centro di Studio per la Chimica e la Microbiol. delle Fermentaziani.) (Ital.)

Vf. zeigt an mehreren biolog. wichtigen Verbb. die Bedeutung der Phosphoniumgruppierung mit 4 covalenten u. einer heteropolaren Bindung. Dieser „Onium"-Charakter, auch der von quartären N-Atomen, kann durch einfachen Transport eines Elektronendubletts auf andere Atome (C, S) übertragen werden. P. LOCH. 4595□

Die Atmung von Frischwasserschnecken. Kaj Berg und K. W. Ockelmann. (J. exp. Biology **36.** 690—708. Dez. 1959. Copenhagen, Univ., Freshwater-biol. Labor.) (Engl.)

Der O_2-Verbrauch von 10 dän. Süßwasserschnecken wird in Anhängigkeit von Ernährungszustand u. Gewicht der Tiere u. von Temp. u. Sauerstoff-Geh. des W. untersucht. H. KLUGE. 4596□

Der Schwefelstoffwechsel im Sandwurm Arenicola cristata Stimpson. Walter Abbott und J. Awapara. (Biol. Bull. **119.** 357—70. Dez. 1960. Houston, Texas, Rice Univ., Dep. of Biol.) (Engl.)

Die von ROBIN (Dissertation [1954]) aufgestellte Hypothese, daß *Taurocyamin,* ein S-haltiges Guanidin-Deriv. in Invertebraten aus *Taurin* gebildet wird, konnte bei Unters. des Schwefelstoffwechsels an *Arenicola cristata Stimpson* von Vff. bestätigt werden. Die Bldg. erfolgt über eine Transamidierung zwischen *Taurin* u. *Arginin.* Abgesehen davon unterscheidet sich der S-Stoffwechsel in Arenicola kaum von dem der Säugetiere. U. BAUMANN. 4596

Die Rolle von Magnesium bei Osteoporose und idiopathischer Hypercalcämie. L. M. Dalderup. (Voeding **21.** 424—15. 15/8. 1960. Wageningen, Netherlands Inst. of Nutrition.) (Engl.)

Übersicht. Bei Osteoporose u. bes. bei idiopath. Hypercalcämie kann relativer oder abs. *Mg*-Mangel eine Rolle spielen, was bei therapeut. Maßnahmen zu berücksichtigen ist. — 51 Literaturangaben. K. ZINGRAF. 4596□

Citronensäure und Kalkstoffwechsel. 2. Mitt. **Die Bedeutung humoraler, vitaminischer und hormonaler Faktoren.** A. Lichtwitz, D. Hioco, R. Parlier und S. de Sèze. (Presse méd. **69.** 51—54. 14/1. 1961. Paris, Hôspital Lariboisière; Inst. Nat. d'Hygiène.) (Franz.)

Aus dem Knochen abgegebenes *Ca* liegt in der Transportform als *Tricalciumdicitrat* oder *Calciumhydrogencitrat* vor. Alkalose führt zu gesteigerter, Acidose (z. B. durch Acetazolamid) zu verringerter Citronensäureausscheidung u. im zweiten Fall daher zur Ca-Ablagerung in den Nieren. — Durch *Vitamin-D*-Gabe kommt es nach einem 3tägigen Anstieg des *Citronensäure* (I)-Spiegels dann wieder zur Normalisierung, wobei I in die am Ca-Stoffwechsel beteiligten Gewebe einströmt. Das Vitamin D greift sehr wahrscheinlich im KREBS-Cyclus an der *Citrogenase* oder an der *Isocitronensäuredehydrogenase* an.

— Einen ähnlichen Angriffspunkt dürfte das Parthyreoidhormon haben. — *Hydrocortison* verringert die Citrämie, indem es wahrscheinlich den I-Austritt aus den Speicherzellen behindert. — Durch Verabfolgung von *somatotropem Hormon* wird die Citrämie u. Citrurie u. damit auch die Ca-Ausscheidung erhöht. P. LOCH. 4596 □

Stickstoff-, Calcium- und Phosphorstoffwechsel unterernährter Kinder. 6. Mitt. **Die Wirkung des teilweisen oder vollständigen Ersatzes von Reis bei reiner vegetarischer Diät durch Kaffir-Korn (Sorghum vulgare).** P. P. Kurien, M. Narayanarao, M. Swaminathan und V. Subrahmanyan. (Brit. J. Nutrit. **14.** 339—45. Jan. 1960. Mysore, India, Central Food Technol. Res. Inst.) (Engl.) — 5. vgl. Brit. J. Nutrit. **13.** [1959.] 213.

Die Unterss. ergaben bei fortschreitendem Ersatz von Reis durch Kaffir-Korn trotz erhöhten Ca-Angebotes ein Absinken der Ca-Resorption. Die durch Kaffir-Korn erhöhte P-Zufuhr äußert sich auch in Erhöhung der P-Aufnahme. Die N-Aufnahme dagegen wird trotz gleichbleibender N-Zufuhr verringert. — 15 Literaturangaben. S. GEORGI. 4596 □

Vergleichende Stoffwechseluntersuchungen anorganischer und pflanzlich gebundener komplexer Formen des Kupfers bei Ratten und Schafen. C. F. Mills. (Soil Sci. **85.** 100—05. Febr. 1958. Bucksburn, Aberdeenshire, Scotland, Rowett Res. Inst.) (Engl.)

Mit Zeo-Karb 215 (Na^+), einem Kationenaustauscher mit SO_3H-Gruppen, behandelte wss. Grasextrakte enthalten noch Cu in einer für die Ratten verwertbaren Form, obwohl nach in vitro-Verss. aus diesem Material Cu^{2+}-Abspaltung erst bei pH <2 der pept. Digestate erfolgt. Möglicherweise findet daher direkte Cu-Resorption in Form eines noch unbekannten Komplexes statt. Cu^{2+}-Ionen werden im Verdauungskanal rasch an vorhandenes Material komplex gebunden u. vielleicht in dieser Form zum Resorptionsort transportiert. K. MAIER. 4596 □

Der Kohlendioxyd-Pool beim Menschen. George V. LeRoy, George T. Okita und Edward C. Tocus. (J. Lab. clin. Med. **56.** 922. Dez. 1960. Chicago, Ill.) (Engl.)

Zur Unters. der Eintritts-Geschw. von *CO_2* aus dem Oxydationsprozeß bestimmter Substanzen in den CO_2-Pool des Körpers ist die Kenntnis der Größe dieses Pools u. der Fraktion, die nach Durchströmung dieses Pools in der Vers.-Zeit mit der ausgeatmeten Luft ausgeschieden wird, erforderlich. Unter Verw. von $NaH^{14}CO_3$ u. automat. Best. des ausgeatmeten $^{14}CO_2$ konnte die Größe des Pools (bei 9 gesunden Personen) mit 487 $\pm$ 103 mm/m² Körperoberfläche bzw. 13 $\pm$ 2,8 mm/kg fettfreier Körpersubstanz ermittelt werden; die Durchströmungs-Geschw. beträgt 602 $\pm$ 198 mm/m² oder 15 $\pm$ 4,7 mm/kg; die Fraktion, die in der Ausatmungsluft erscheint, ist 0,71 $\pm$ 0,23 (die Durchströmungs-Geschw. u. die ausgeatmete Fraktion ist für jede Person ziemlich konst.). Ca. 0,2—0,6 Mol CO_2 treten mit dem CO_3^{2-} der Knochen in Austausch (Gleichgewichts-Rk.). U. TAUSENDFREUND. 4596 □

Fettsäuren-, Cholesterin- und Acetacetat-Biosynthese in Leberhomogenaten von normalen und hungernden Meerschweinchen. Frank Sauer. (Canad. J. Biochem. Physiol. **38.** 635—41. Juli 1960. Ottawa, Canada, Dep. of Agriculture, Res. Branch, Animal Res. Inst.) (Engl.)

Die *Fettsäuren-* (**I**), *Cholesterin-* (**II**) u. *Acetacetat* (**III**)-Biosynth. von Leberhomogenaten von normalen u. hungernden Meerschweinchen werden untersucht. Im Hungerzustand wird der Einbau von Acetat in **I** u. **II**, aber nicht in **III** vermindert. Die in vitro-Biosynth. von **I** u. **II** wird durch Zusatz von entweder Glucose-6-phosphat oder Isocitrat in Kombination mit Triphosphopyridinnucleotid nicht wieder hergestellt. Dieses ist auch durch Gaben von Glucose an die Hungertiere nicht der Fall. Die Zugabe von Isocitrat zu normalen Homogenaten senkt die **I**-Bldg. u. stimuliert die Lipogenese. — 32 Literaturangaben. G. KIMMERLE. 4596

Quantitative Untersuchungen über die Wirkung der Glucose auf die Freisetzung von Fettsäuren durch Fettgewebe. John A. Moorhouse, Germain J. Roy und Gordon R. Grahame. (J. Lab. clin. Med. **56.** 930—31. Dez. 1960. Winnipeg, Manitoba, Canada.) (Engl.)

Es wurde erstmals das quant. Verhältnis zwischen *Glucose* (**I**)-Konz. u. der durch **I** bewirkten Hemmung der Freisetzung *nichtveresterter Fettsäuren* aus dem Fettgewebe untersucht. An isoliertem Rattenfettgewebe war der molare Quotient zwischen **I**-Aufnahme u. Hemmung der Fettsäurenfreisetzung ca. 1; die Hemmung war eine lineare Funktion des log der **I**-Konzentration. Ohne *Insulin* (**II**) betrug der Regressions-Koeff. der Hemmung in μMol/g Fett gegenüber dem log der **I**-Konz. in mg/100 ml 1,973; die Hemmung war bei 470 mg/100 ml vollständig. Mit **II** betrug der Koeff. 1,570; die Hemmung war bei 100 mg/100 ml vollständig. Bei normalen Personen führte 1 g **I**/kg i.v.

zu deutlichem Abfall des Geh. an Fettsäuren; es wurde geschätzt, daß durch Zufuhr von 21,6 g I (oder 86 kcal) 8,6 g oder 77 kcal zurückgehalten wurden.
U. TAUSENDFREUND. 4596 □

Über den zeitlichen Verlauf der Verwertung parenteral zugeführter Fettemulsionen (Verbrennung, Ablagerung, Einbau in Phosphatide) und seine Beeinflussung durch Heparin. Vera von Brand und Nepomuk Zöllner. (Z. Ernährungswiss. 2. 27—36. April 1961. München, Univ., Med. Poliklinik.) (Dt.)

Die Ausscheidung von *markiertem* CO_2 nach i.v. Zufuhr von carboxylmarkiertem *Tripalmitin* in inakt. *Tripalmitin–Triolein–Tween-Emulsionen* mit u. ohne gleichzeitige Injektion von *Heparin* (I; 500 E.) wird an Ratten untersucht. Die Aufnahme von ^{14}C-*Palmitinsäure* (II) in die *Lipoide* (III) der Leber der Vers.-Tiere wird ebenfalls untersucht, wobei beim behandelten u. beim Vgl.-Tier nach 60—90 Min. ein Maximum erreicht wird. Die Aktivität der *Phosphatide* (IV) bleibt in der Leber länger erhalten, als die der übrigen III. Dies deutet auf einen Einbau der markierten Verbb. in die IV hin. Ähnlich ist das Bild bei der Lunge. Der größere Teil der II verläßt die Leber wieder, bevor es zu einem Abbau der ^{14}C-enthaltenden Carboxylgruppe kommt. Der Einbau markierter Fettsäuren in die IV scheint durch I begünstigt zu werden. Schon nach 3 Std. befinden sich 47% des markierten Kohlenstoffs in den IV der Leber. Die Unters.-Ergebnisse zeigen weiter, daß die Verbrennung des zugeführten Fettes durch I beschleunigt werden kann. Für die Triglyceridverwertung ist nach Ansicht der Vff. eine Triglyceridspaltung im strömenden Blut nicht unbedingt notwendig. Die vermehrte Verbrennung von *Neutralfett* im Plasma nach Zufuhr von I hängt nach Meinung der Vff. eng mit der durch I hervorgerufenen Lipämieklärung zusammen. Ohne Zufuhr von I stellt die Passage von Fetten aus dem Plasma an Orte der Verwertung einen geschwindigkeitsbestimmenden Schritt für den Abbau des *Plasmaneutralfettes* dar. H. ZÖLLNER. 4596 □

Über den Stoffwechsel der Lipidperoxyde. 4. Mitt. **Bindung von Peroxydsauerstoff an die Doppelbindungen der Gewebefettsäuren.** P. Dubouloz, J. Chancel-Gandonnière und R. Marville. (Bull. Soc. Chim. biol. **40.** 1521—31. 10/12. 1958. Marseille, Fac. de Méd., Labor. de Physique, Inst. Nat. d'Hygiène et C.N.R.S.) (Franz.) — 3. vgl. Bull. Soc. Chim. biol. **36.** [1954.] 893.

Bei der Zerstörung von *Oleylalkoholperoxyd* (I) durch Lebergewebe (Trockenpulver) wird Peroxyd-O auf die Fettsäuren übertragen, wobei eine äquivalente Zahl von Doppelbindungen verschwindet. I wurde durch O_2-Behandlung von Oleylalkohol, der gesätt. Fettsäuren u. etwas Linolsäure u. Spuren Linolensäure enthielt, bei 100° (ca. 10 Std.) hergestellt. 0,01 m KCN hemmt die Peroxyd-O-Übertragung völlig; Hitze u. Barbiturate hemmen diese teilweise. Die Übertragung erfolgt z. T. durch *red. Cytochrom c* (II), das in vitro akt. ist. Oxydiertes II ist unwirksam. II steigert die spontane I-Abnahme nicht wesentlich, bewirkt aber vollständige O-Übertragung auf die Doppelbindungen. Mit red. II assoziierte Katalase beschleunigt in vitro etwas die I-Zerstörung, ist aber allein inaktiv. Die Befunde werden speziell im Hinblick auf die Wrkg. ionisierender Strahlung diskutiert. K. MAIER. 4596 □

Elektronenmikroskopische Untersuchungen über die „Luminescenzschicht" in der Haut von Rana esculenta. I. Quasdorf und A. Michailowa. (Acta biol. med. german. [Berlin] **6.** 344—47. 1961. Berlin, Deutsche Akad. der Wissensch. zu Berlin, Inst. für Med. u. Biol., Bereich Pharmakol.) (Dt.)

Die Luminescenzschicht von Rana esculenta ist zellfrei u. enthält in einer elektronenopt. leeren Grundsubstanz amorphe Partikel, deren „Dichte" auch durch vorhergehende Extraktion mit A. nicht verändert wird. P. LOCH. 4597 □

Eine Methode zur Trennung der sauren Mucopolysaccharide: Ihre Anwendung zur Isolierung von Heparin aus der Rattenhaut. Sara Schiller, Gwendolyn Ann Slover und Albert Dorfman. (J. biol. Chemistry **236.** 983—87. April 1961. Chicago, Ill., Univ. of Chicago, La Rabida-Univ. of Chicago, Inst. and Dep. of Biochem. and Pediatrics.) (Engl.)

Die mit Aceton entfettete, gemahlene Haut von ♂ SPRAGUE-DAWLEY-Ratten wurde bei pH 5,5 in Ggw. von Cystein u. Dinatriumversenat, sowie krist. Papain (2 mg/g Haut) 24 Std. bei 60° inkubiert. Die Lsg. wurde gegen W. dialysiert, dann 72 Std. mit Trypsin behandelt, Trichloressigsäure (10% End-Konz.) zugefügt, die lösl. Anteile bei 4° gegen dest. W. dialysiert u. eingeengt. Die *sauren Mucopolysaccharide* (I) wurden in 0,035 bis 0,04 m NaCl mit Cetylpyridiniumchlorid (II; 3 mg/mg I) ausgefällt. Nach 1 Std. bei 37° wurde zum Nd. „schweres" Celit (ca. 20 mg/mg I) gegeben, die Mischung gerührt u. zentrifugiert. Der Nd. wurde in Ggw. von 0,1% II mit 0,4 m bzw. 1,2 m NaCl-Lsg. extrahiert u. so *Hyaluronsäure* bzw. *Chondroitinschwefelsäure*, dann mittels 2,1 m NaCl-Lsg. *Heparin* isoliert. Die I wurden auch durch Chromatographie an Dowex 1-X 2 (Chloridform) aufgetrennt oder gereinigt, wobei zur Eluierung NaCl-Lsgg. steigender Konzz. verwandt wurden. H. LOHSCHELDER. 4597 □

Unterscheidung massiver Pericardergüsse von Herzerweiterungen unter Verwendung von ^{131}J-Albumin. L. P. O'Meallie, W. D. Love und G. E. Burch. (J. Lab. clin. Med. **56.** 933—34. Dez. 1960. New Orleans, La.) (Engl.)

Als wertvolles diagnost. Hilfsmittel zur röntgenolog. nicht möglichen Unterscheidung massiver Pericardergüsse von starken Herzdilatationen wird die Best. des Blut-Vol. im Herzen mit ^{131}*J-Albumin* u. Scintillationszählung über dem Herzschatten empfohlen. Bei Ergüssen ist eine Differenz zwischen Blut-Vol. im Herzen u. röntgenolog. Schatten nachweisbar. U. TAUSENDFREUND. 4597 □

Wirkung oraler Kaliumsalze auf funktionelle und organische T-Zacken. R. H. Wasserburger und J. Brandabur. (J. Lab. clin. Med. **56.** 956. Dez. 1960. Madison, Wis.) (Engl.)

Perorale Verabreichung hochdosierter *K*-Salze ist als nützlich bei der klin. Unterscheidung von elektrocardiograph. T-Zackenveränderungen funktionellen u. organ. Ursprungs anzusehen. Im Gegensatz zu der funktionellen juvenilen präcordialen Umkehr der T-Zacke, die durch 10 g K-Salz gebessert werden kann, konnten bei T-Zackenveränderungen infolge transmuraler Ischämie, subendocardialer Ischämie, akutem Hinterwandinfarkt, akutem Vorderwandinfarkt, ausgeheiltem Hinterwandinfarkt, ausgeheiltem Vorderwandinfarkt, Blockierung des linken Überleitungsbündels, Überwiegen des linken Ventrikels bzw. Digitalis-Einw. (je 5 bzw. 10 Fälle) durch K-Salze keinerlei Veränderungen erzielt werden. U. TAUSENDFREUND. 4597 □

Nierenfunktion bei Magnesiummangelratten. W. O. Smith, H. Earl Ginn, Donald Baxter, Anton Lindner und Howard Guiles. (J. Lab. clin. Med. **56.** 947. Dez. 1960. Oklahoma City, Okla.) (Engl.)

Unter *Mg*-Mangel wurde bei Ratten die Fähigkeit zur Harnkonzentrierung u. zur Harnansäuerung untersucht. Bei Mg-Mangel überschritt das Harn-Vol. nach Vasopressin dasjenige der Kontrolltiere, die Konz.-Fähigkeit sank. Die Fähigkeit zur Ansäuerung ging verloren. Bei histolog. Unterss. zeigte sich Zerstörung der Mitochondrienstruktur in proximalen u. distalen Tubuli der Mangeltiere. U. TAUSENDFREUND. 4597 □

Anscheinende Differenz in der Nierenclearance von ^{45}Ca und ^{40}Ca bei Ratten. Robert C. Likins und Doris L. Craven. (Nature [London] **188.** 592—93. 12/11. 1960. Bethesda, Md., Nat. Inst. of Health, Nat. Inst. of Dental Res., Labor. of Biochem.) (Engl.)

1 Std. nach intraperitonealer Zufuhr von ^{89}*Sr*, ^{45}*Ca* u. *Ca* enthält das Plasma normaler Ratten nur wenig mehr ^{89}Sr u. ^{45}Ca als bei Tieren, die 12 Std. gehungert haben. Die hungernden Tiere scheiden jedoch wesentlich weniger ^{89}Sr u. ^{45}Ca im Urin aus als die normalen, obgleich die Gesamt-Ca-Ausscheidung beider Gruppen gleich ist. H.-J. KOCH/Berlin. 4597 □

Bicarbonatrückresorption beim Hund mit einseitiger experimenteller Pyelonephritis. Peter A. Morrin, Neal S. Bricker, S. Wesley Kime jun., Leonard N. Newmark und W. Burton Gedney. (J. Lab. clin. Med. **56.** 931—32. Dez. 1960. St. Louis, Mo.) (Engl.)

Bei einseitiger experimenteller Pyelonephritis (Hund) konnte keine konst. Beziehung zwischen pH u. der *Bicarbonat*-Ausscheidung im Harn der normalen u. der erkrankten Niere nachgewiesen werden. Zwar zeigte die erkrankte Niere eine etwas geringere Rückresorption des filtrierten *Bicarbonats*, die mit einer gesteigerten Glomerulumfiltration in Zusammenhang gebracht wird, die verblienenen Nephren resorbierten *Bicarbonat* jedoch in einem der Norm vergleichbaren Maße. Nach Constriction der Nierenarterien stieg die Rückresorption. U. TAUSENDFREUND. 4597 □

Glutamin- und Glutaminaseaktivität bei funktionell verschiedenen Nierenteilen. G. I. Ssilakowa, G. P. Trusch und M. I. Milon. (Український Біохімічний Журнал [Ukrain. biochem. J.] **32.** 832—48. 1960. Kiew, Inst. für Biochem. der Akad. der Wiss. der UkrainSSR.) (Ukrain.; Auszug: Engl.)

In Verss. mit Kaninchen verschiedenen Alters wurde der Geh. an Glutamin (I) in den morpholog. u. funktionell verschiedenen Nierengeweben u. die Aktivität der die NH_3-Bldg. aus **I** in der Niere bewirkenden *Glutaminase* (**II**) untersucht u. festgestellt, daß in der Niere des erwachsenen Kaninchens der NH_3-Geh. in der Rindensubstanz 13,9, in der Marksubstanz 19,3 mg% (bezogen auf die Trockensubstanz), der Geh. an **I** 15,4 bzw. 54,3 mg% beträgt. Die **II**-Aktivität ist ebenfalls verschieden: 0,057 im Mark, 0,024 in der Rinde (in mg NH_3–N je 1 g Gewebe u. 20 Min. Inkubation). Bei 3 Wochen alten Tieren sind **II**-Aktivität u. Geh. an NH_3 u. **I** in der Mark- u. Rindensubstanz der Niere prakt. die gleichen wie bei den erwachsenen Tieren. Der NH_3-Geh. beträgt im Mittel 14,5 mg%, der I-Geh. 27,1 mg%. Die NH_3-Konz. ist in den Nierengeweben verschieden: 22,3 mg% in der Marksubstanz, 53,4 mg% in der Rindensubstanz. Der I-Geh. beträgt in der Marksubstanz 16,1, in der Rindensubstanz 22,4 mg%. Die II-Aktivität in der Nierenmarksubstanz der jungen Tiere beträgt im Mittel 0,045, in der Nierenrinde 0,030 mg.

O. LEBTAG. 4597□

Die Funktion der Milchsäure bei der verminderten Harnsäureausscheidung bei Schwangerschaftstoxämie. Joseph S. Handler. (J. clin. Invest. **39.** 1526—32. Okt. 1960. Philadelphia, Pa., Univ. of Pennsylvania, School of Med., Dep. of Med.) (Engl.)

Die Funktion der *Milchsäure* (I) bei der verminderten *Urat* (II)-Ausscheidung bei Schwangerschaftstoxämie wurde untersucht. Nach Eintritt der erwarteten Abnahme der II-Clearance normaler Schwangerer infolge i.v. Lactatinfusion ergab die Best. der endogenen arteriellen I-Konzz. u. der II- u. Kreatinin (III)-Clearance von 28 (10 normal, 18 toxäm.) Schwangeren im Spätstadium eine signifikante Korrelation zwischen der arteriellen Gesamtblut-I-Konz. u. dem Verhältnis von Harnsäure (IV)-Clearance zu endogener III-Clearance. Die Korrelation deutet darauf hin, daß ein erhöhter I-Spiegel eine verstärkte renale tubuläre Nettoreabsorption von filtriertem II hervorruft u. mindestens teilweise für die niedrige IV-Clearance die Toxämie während des letzten Teils der Schwangerschaft verantwortlich ist. K. MAIER. 4597□

Die Phosphatidsäuren der Leber. M. Faure, M. J. Morelec-Coulon, J. Maréchal und L. Leborgne. (Bull. Soc. Chim. biol. **41.** 101—09. 13/3. 1959. Paris, Inst. Pasteur.) (Franz.)

Aus Rinderleber (Gefrierpulver) wurden eine *Polyglycerophosphatidsäure* (I) u. eine *Glyceroinositphosphatidsäure* (II) durch Methanolextraktion u. $BaCl_2$-Fällung isoliert. I zeigt die chem. Zus. u. serolog. Aktivität aus Herzmuskel gewonnenen Cardiolipids: 4% P, 0% N, JZ. 127, Fettsäure/P 2,02, Glycerin/P 1,5, Glycerinmonophosphorsäure/Glycerindiphosphorsäure 4 (HCl-Hydrolysat). Die als Na-Salz isolierte II hat die Kennzahlen: P 3,41% N 0%, JZ. 75, Fettsäure/P 1,9, Glycerin/P 0,96, Inosit/P 1,05. Die Fettsäuren bilden ein Gemisch einer gesätt. mit ungesätt. Säuren. Die gesätt. ist Stearinsäure. K. MAIER. 4597□

Die dynamische Erythrocyten-speichernde Funktion der Schafmilz. 1. Mitt. **Beziehungen zu den Fluktuationen der jugularen Hämatokritwerte.** A. W. Turner und V. Elizabeth Hodgetts. (Austral. J. exp. Biol. med. Sci. **37.** 399—420. Aug. 1959. Parkville, Victoria, Commonwealth Scientific and Industrial Res. Organization, Div. of Animal Health and Production.) (Engl.)

Mit Hilfe von ^{51}Cr-markierten Erythrocyten, die Schafen injiziert wurden, stellten Vff. fest, daß die Zahl der Erythrocyten in der Milz vergleichsweise hoch ist. Vom Grad der Milzfüllung hängt die Höhe des Hämatokritwertes von aus der Jugularvene entnommenem Blut ab. Einfl. hierauf haben nervöse Stimuli, Anästhesie, Adrenalin u. körperliche Arbeit. P. LOCH. 4597□

Die dynamische Erythrocyten-speichernde Funktion der Schafmilz. 2. Mitt. **Der Abfall jugularer Hämatokritwerte nach „Tranquillizer"-Gaben, besonders nach Chlorpromazin.** A. W. Turner und V. Elizabeth Hodgetts. (Austral. J. exp. Biol. med. Sci. **38.** 79—90. Febr. 1960. Parkville, Victoria, Australia, Commonwealth Sci. and Ind. Res. Org., Div. of Animal Health.) (Engl.) — 1. vgl. vorst. Referat.

Der Einfl. von *Chlorpromazin* (I), *Mepazin* (II), *Meprobamat* (III), *Dibenamin* (IV) u. *Dihydroergotamin* (V) auf den Hämatokritwert (HW) bei Schafen wurde untersucht. I bewirkt bei 0,7 mg/kg i.v. eine starke Verminderung (30%) des jugularen HW bei normalen Schafen, dagegen nur geringfügige Veränderung bei splenektomierten Tieren. Ähnlich wie I, aber schwächer (18%), wirkte II bei 2,3 mg/kg i.m., während III bei 9,4 mg/kg i.m. nur eine geringe Rk. (8% Abfall) auslöste. Mit Hilfe von ^{51}Cr-markierten Erythrocyten konnten Vff. nachweisen, daß mit dem HW-Abfall eine Auffüllung der Milz parallel geht. Die HW-Verminderung wurde auch bei IV (3%, 2 mg/kg i.v.) u. V (21%, $1{,}4 \cdot 10^{-5}$ g/kg i.v.) festgestellt. I zeigte eine hemmende Wrkg. auf die HW-Erhöhung durch Adrenalin oder Noradrenalin. B. v. KEREKJARTO. 4597□

Bedarf an gebundenem Calcium für die Wirkung von Oberflächenchemoreceptoren. Howard M. Lenhoff und John Bovaird. (Science [Washington] **130.** 1474—76. 27/11. 1959. Miami, Fla., Howard Hughes Med. Inst.) (Engl.)

Der durch 10^{-5} m red. Glutathion ausgelöste Futterreflex ungeschlechtlicher Formen von *Hydra littoralis* wird durch Stehen in *dest. W.*, durch Zusatz von 10^{-5} m *Äthylendiamintetraessigsäure* (I) u. durch 10^{-3} m Mg^{2+} gehemmt. Die Hemmung wird durch Zusatz von 10^{-3} m $CaCl_2$ aufgehoben. Die durch I hervorgerufene Hemmung wird durch Ba^{2+}, Mg^{2+}, Cd^{2+}, K^+, Li^+, Rb^+ u. Cs^+ (als Chloride) gar nicht, durch Sr^{2+} nur teilweise vermindert. Anionen beeinflussen den Futterreflex in der Reihenfolge $Cl^- > Br^- > J^- = NO_3^-$. H.-J. KOCH/Berlin. 4598□

Neuer Beweis für einen cholinergischen Prozeß bei der sympathischen Übertragung. M. J. Rand und V. Chang. (Nature [London] **188.** 858—59. 3/12. 1960. Sydney, N.S.W., Univ. of Sydney, Dep. of Pharmacol; London, Univ., School of Pharmacy, Dep. of Pharmacol.) (Engl.)

Vff. stellten fest, daß *Hemichinolinium* (20 bzw. 200 μg/ml Bad-Fl.) die Rkk. des Vas deferens bzw. des Diaphragmas von Meerschweinchen auf Stimulierung der entsprechenden Nerven (Nervus hypogastricum u. N. phrenicus) vollständig blockiert u. daß *Cholin* (100—1000 μg/ml) diese Blockierung aufhebt. Die Blockierung der Übertragung ist von der Frequenz der Stimulierung abhängig. — Damit ist ein zusätzlicher Beweis für den an den sympath. Nervenendigungen stattfindenden cholinerg. Prozeß erbracht. H. KOCKERT. 4598□

Die Funktion von Cerebrosidsulfat (Sulfatid) im Hirn. A. N. Davison. (Biochem. J. **78.** 28P—29P. März 1961. London, Guy's Hospital Med. School.) (Engl.)

Bei Verabreichung von ^{35}S-Sulfat (I), proportional dem Körpergewicht, an Ratten verschiedenen Alters wurde in das Hirn-*Sulfatid* (II) 20 Tage alter Tiere 10fach mehr ^{35}S eingebaut als in dasjenige erwachsener. Die maximale ^{35}S-I-Aufnahme fiel mit der Periode der aktivsten Mark-Bldg. im Hirn zusammen, so daß in diesem Zeitpunkt möglicherweise **II** in die sich entwickelnde Markscheide eingebaut wird. Markiertes **II** blieb nach Injektion bei neugeborenen Ratten ohne wesentlichen Verlust im Hirn erhalten, so daß **II** anscheinend eines der charakterist. Lipide (**III**) der Markscheide sein dürfte. In **III** des ausgewachsenen Hirns wurden relativ kleine ^{35}S-I-Mengen inkorporiert, u. das gebildete ^{35}S-**II** unterlag langsamem Umsatz. **II** des ausgewachsenen Hirns ist demnach größtenteils stoffwechselstabil u. Markierung nur während der Entw. möglich. K. MAIER. 4598□

Der Eiweißumsatz in den Hirngeweben bei wiederholten epileptischen Anfällen. K. I. Pogodajew, S. I. Ssawtschenko, M. Ss. Ossipowa und N. F. Turowa. (Український Біохімічний Журнал [Ukrain. biochem. J.] **32.** 808—22. 1960. Moskau, Inst. für höhere Nerventätigkeit der Akad. der Wiss. der UdSSR.) (Russ.; Auszug: Engl.)

Untersucht wurden im Ratten-Vers. der Einbau von Radiotyrosin in die Proteine des Blutes u. des Gehirns, der Geh. der Hirngewebe an anorgan. P, Kreatinphosphat, Adenosintriphosphat, Phosphoproteinen, die Gewebeanreicherung mit ^{15}N u. die isoelektr. Punkte der Proteine der verschiedenen Hirnbereiche in Abhängigkeit von der Stärke u. Häufigkeit der durch elektr. Strom verursachten epilept. Anfälle. Danach verlaufen die Prozesse des Eiweißumsatzes im Gehirn bei einer Häufigkeit der Anfälle, die noch keine tiefe Ermüdungserscheinungen verursachen, intensiver als in der Norm u. als bei Anfällen in großen Abständen. Mit zunehmender Zahl der Anfälle nimmt die Intensität der Stoffwechselprozesse im Gehirn während der Anfälle ab.

O. LEBTAG. 4598□

Die Verteilung von Kupfer im menschlichen Gehirn. P. J. Warren, C. J. Earl und R. H. S. Thompson. (Brain **83.** 709—717. 1960. London, Guy's Hosp. Med. School; Nat. Hosp.) (Engl.)

Zunehmendes Interesse am Kupferstoffwechsel des Zentralnerven-Syst. u. unterschiedliche Analysenwerte der Literatur veranlaßten die Vff. 25 verschiedene Bezirke des Gehirns auf ihren Cu-Geh. zu untersuchen. Sektionen von Patienten, die weder klin. noch makroskop.-erkennbare Anomalitäten des Gehirns oder des Rückenmarks aufwiesen, lieferten die Gewebeproben der einzelnen Bezirke der grauen u. weißen Substanz. Diese wurden mit einem Gemisch von $H_2SO_4/HClO_4/HNO_3$ verascht. Zur wss. Lsg. des farblosen Rückstandes wurde 50% NH_4-Citrat-Lsg., NH_4OH u. 0,5%ig. Diäthylthiocarbamat-Lsg. hinzugefügt. Der entstandene Cu-Komplex wurde mit Amylalkohol extrahiert u. Cu spektralanalyt. bei 458 mμ im Extrakt bestimmt. Die graue Substanz hatte einen höheren Cu-Geh. als die weiße Substanz. Durchschnittlich wurden 20—35 (μg Cu/g Trockengewicht) in den 16 Bezirken der grauen Substanz gefunden. Ausnahmen bildeten der hohe Cu-Geh. von *Locus caeruleus* (201), *Substantia nigra* (59,9), *Dentate Nucleus dentatus* (39,6) u. der verhältnismäßig niedrige Geh. des *Thalamus* (16). Die Bezirke der weißen Substanz enthielten durchschnittlich nur 11—14. Ausnahmen bildeten der niedrige Geh. von *Corpus callosum* (9,2), *Brücke* (7,1) u. *Sehnervenkreuzung* (4,8). Zum Vgl. wurde der Geh. der Blutgefäße (9,7), des *Ischiasnerven* (2,2) u. des Rückenmarks (8,5) bestimmt. Lipoidextrakte der weißen u. grauen Substanz enthielten nur Spuren von Cu. Foetale Gehirne (Best. mit 4 Gehirnen) enthielten ca. 9. Bei Ausschaltung des Lipoid-Geh. wurde der Cu-Geh. der weißen Substanz zu 28,7 u. bei der *Großhirnrinde* zu 44,7 bestimmt. P. WALSMANN. 4598□

Die physikalischen und chemischen Grundlagen der bioelektrischen Potentiale von Electrophorus electricus L. E. Schoffeniels. (Arch. int. Physiol. Biochim. **68.** 1—151. Jan. 1960. Liège, Univ., Inst. Léon Fredericq, Biochim.) (Franz.)

Die Mechanismen der Ionenregulierung in der isolierten Elektroplax von *E. electricus*: Meth. zur getrennten Unters. der leitenden u. nichtleitenden Membranen, Best. des Ionenflusses u. der intracellulären *K*- u. *Na*-Konz., Na-Fluß durch die isolierte Plax, Na- u. K-Fluß im Bereich der leitenden u. nichtleitenden Membranen, Wrkg. der Ionen-Zus. auf den Kationenfluß, Art der Ionenbewegungen, Energetik des akt. Transports, Hypothese bzgl. der Natur des für letzteren verantwortlichen Mechanismus; Ursprung der bioelektr. Potentiale der isolierten Elektroplax: Ursprung der Ruhepotentiale, Wirkungspotential, Bldg.-Mechanismus desselben, Wrkg. einiger Antimetabolite auf die elektr. Aktivität von *E. electricus*, Theorien des Ursprungs der für das Aktionspotential charakterist. Permeabilitätsveränderung (Theorie von NACHMANSOHN: Nachw. des Receptors in vivo, Aktivatoren u. Inhibitoren des Acetylcholinreceptors, Wrkg. einiger NH_4-Derivv. auf den Kationenfluß im Bereich der Elektroplax, Wrkg. lipidlösl. quart. NH_4-Verbb., Kritik der Theorie; weitere Theorien), funktionelle Organisation der leitenden u. nichtleitenden Membranen der Elektroplax; funktionelle Struktur der lebenden Membranen: Durchlässigkeit der Zellwände, vergleichende Biochemie des akt. Transports. — Zahlreiche Literaturangaben. K. MAIER. 4598□

E6. Pharmakologie. Therapie. Toxikologie. Hygiene

Die Strahlenbelastung der Gonaden in der Röntgentherapie. Georg Fuchs und Josef Hofbauer. (Strahlentherapie **111.** 297—300. Febr. 1960. Wien, Franz-Josef-Spital, Zentral-Röntgeninst.) (Dt.)

Auf Grund von 8461 therapeut. Röntgenbestrahlungen im Jahre 1958 wurde die durchschnittliche Gonadendosis der Bevölkerung durch therapeut. Bestrahlungen mit 0,77 mr/Kopf u. Jahr ermittelt. W. REUSSE. 4601□

Das Farbstoffbindungsvermögen isolierter Lebermitochondrien nach Röntgenbestrahlung in vitro und in vivo. Eberhard Scherer und Klaus Voelker. (Strahlentherapie **111.** 237—43. Febr. 1960. Marburg/L., Univ., Strahlenklinik.) (Dt.)

Ratten wurden mit 800 r röntgenbestrahlt (200 kV, Filter 0,5 mm Cu, FHA 40 cm, HWS 1,05 mm Cu). Die Lebermitochondrien werden so präpariert, daß sie in RINGER-Lsg. weiter verarbeitet u. mit Lithiumcarmin oder Trypanblau gefärbt werden konnten. In einem Parallel-Vers. wurden die Lebermitochondrien von unbestrahlten Ratten in vitro bestrahlt (30000 r, 55 kV, Filter 0,78 mm Al) u. dann angefärbt. Die Menge des jeweils adsorbierten Farbstoffes wurde photometr. bestimmt. Gegenüber Kontrollproben wird ein vermindertes Bindungsvermögen für die beiden Farbstoffe festgestellt, das auf eine Strukturschädigung der Mitochondrienoberfläche zurückgeführt wird. Diese wird als einer der morpholog. Frühschäden der Warmblüterzelle interpretiert. Die Befunde werden diskutiert. W. REUSSE. 4601□

Aktivitäten von Milz-Adenosindesaminase und Guanase nach Ganzkörper-Röntgenbestrahlung von Ratten. Herbert J. Eichel. (Proc. Soc. exp. Biol. Med. **105.** 103—07. Okt. 1960. Philadelphia, Pa., Hahnemann Med. Coll., Dep. of Biolog. Chem.) (Engl.)

WISTAR-Ratten wurden mit 600 r bestrahlt u. entmilzt. Im Milzhomogenat ermittelte man die *Adenosindesaminase* (AD)-Aktivität (*Adenosin* → *Inosin* + NH_3) durch Messung der *Adenosin*-Abnahme (265 mμ) sowie die *Guanase* (G)-Aktivität (*Guanin* → *Xanthin* + NH_3) durch Best. des *Guanin*-Abbaus (250 mμ) u. durch Messung der *Xanthin*-Zunahme mittels gereinigter *Milch-Xanthin-Oxydase.* Durch Ganzkörperbestrahlung der Ratten erfolgte in allen Fällen eine Erhöhung der spezif. Aktivität von AD u. Guanase. Bedingt durch den strahlungsinduzierten Verlust an Proteinstickstoff in der Milz um 35—50%, nimmt die Organgesamtaktivität von AD u. G durch die Bestrahlung ab. R. STRUFE. 4601

Zur Beeinflussung des Calciumstoffwechsels des Knochens durch ionisierende Strahlen. Adolf Zuppinger und Walter Minder. (Strahlentherapie **111.** 244—48. Febr. 1960. Bern, Univ. u. Inselspital, Röntgeninst.) (Dt.)

Weiße Ratten erhielten durch Magensonde 0,5 cm^3/100 mg Körpergewicht einer radioakt. $^{45}CaCl_2$-Lsg. von 2,0 μc Aktivität/cm^3. Unters. der Aktivität der proximalen Hälfte der Tibia ergab, daß nach einem anfänglich steilen Anstieg ca. ½ Tag nach Applikation wieder ein Abfall eintritt, der nach 2 Tagen einen bis zum 7. Tag nahezu konst. Wert erreicht. Bestrahlt man die Tiere mit 2000 r (250 kV, HWS 0,25 mm Cu), dann sinkt die Speicherung auf ca. 70% ab, bei 4000 r auf 64%. In der unbestrahlten

Tibia tritt ein indirekter, reversibler Effekt auf. Bei Bestrahlung mit 30-MeV-Elektronen wird eine geringere Schädigung des Ca-Stoffwechsels gefunden, bei gleicher absorbierter Energie ist die relative biolog. Wirksamkeit ca. 0,6. W. REUSSE. 4601 □

Einige biochemische Wirkungen direkter und Distanzröntgenbestrahlung von strahlenempfindlichen Geweben. N. B. Kurnick. (J. Lab. clin. Med. **56.** 919. Dez. 1960. Long Beach, Calif.) (Engl.)

Es wurden die Wrkg. von Ganzkörperbestrahlungen u. alleiniger Organbestrahlungen sowie von Bestrahlungen anderer Körperpartien auf den Geh. der Zellen an *Desoxyribonucleinsäure*, auf die Aktivität der *Desoxyribonuclease*, das Gewicht von Milz, Thymus u. Knochenmark verglichen. Bestrahlung der Milz allein mit 4000 r übte geringere Wrkg. aus als Körperbestrahlung (ausschließlich der Milz) mit 800 r. Maximal-Wrkg. kam durch Ganzkörperbestrahlung zustande. Ähnliche Rk. war beim Knochenmark zu beobachten. Thymusgewebe ist empfindlicher gegenüber Direktbestrahlung. Adrenalektomierte Mäuse reagieren wie normale Mäuse, obwohl Steroide einige der durch Bestrahlung bewirkten Veränderungen hervorrufen. Es wird vermutet, daß die indirekte Wrkg. durch Abbau-Prodd. geschädigter Zellen zustande kommt.
U. TAUSENDFREUND. 4601 □

Wirkung von Veränderungen der Begleitmahlzeit auf die Resorptionsgeschwindigkeit von radiojodmarkiertem Triolein. E. Clinton Texter jun., John A. D. Cooper, Gregario Cheifec und Ivan C. Keever. (J. Lab. clin. Med. **56.** 950. Dez. 1960. Chicago, Ill.) (Engl.)

Es konnte nachgewiesen werden, daß die Geschw. der Resorption von ^{131}*J-Triolein* durch die Art der Testmahlzeit beeinflußt wird. Die schnellste Resorption kommt durch *Milch*-Beifügung zustande. Verzögerte Resorption zeigt sich nach Verabfolgung zusammen mit *Erdnußöl*-Emulsionen. *Tween 80* beeinflußt die Resorption nicht signifikant. U. TAUSENDFREUND. 4601 □

Betrachtungen zum Strahlenschutz beim Umgang mit Radium und ähnlichen Gamma-Aktivitäten. Günter Balz und Alfons Jakob. (Strahlentherapie **111.** 286—96. Febr. 1960. Nürnberg, Städt. Krankenanstalten, Strahleninst.) (Dt.)

Ausgehend von Meßergebnissen über die Strahlenbelastung des Personals bei der Ra-Behandlung in der gynäkolog. Praxis werden allg. Regeln für das Verh. des Personals, für die Lagerung der Präpp., ihren Transport innerhalb der Klinik, das Verh. gegenüber Patientinnen mit eingelegten Strahlern u. die zweckmäßige Einrichtung eines Bestrahlungsinstitutes gebracht. W. REUSSE. 4601 □

Procain und Derivate im chemischen Schutz gegen die γ-Strahlen des ^{60}Co. J. Cheymol, P. Chabrier, M. Adolphe und M. Selim. (C. R. Séances Soc. Biol. Filiales **154.** 1761—62. 1960. Paris, Fac. de Méd., Inst. de Pharmacol.) (Franz.)

Bei Strahlenschutz-Verss. an R.A.P.-Mäusen mit 900 r γ-Strahlung des ^{60}*Co* zeigten *Komplexon III/Procain* u. die 3 isomeren Aminobenzoesäuren (**I**) eine geringere Wrkg. als Procainhydrochlorid (**II**). Für die Wirksamkeit von **I** gilt: $0 > p > m$. Die Strahlenschutz-Wrkg. von **II** ist mit der von Cysteamin u. Aminoäthylisothiuroniumsalz vergleichbar. H. LOHSCHELDER. 4601 □

Einfluß von Diodon Spofa auf die osmotische Resistenz und Hämolyse von roten Blutkörperchen. Jaroslav Fiala und Milan Svoboda. (Českoslov. Farmac. **7.** 456—58. Okt. 1958. Praha, úst. hem. a krevn. transf.) (Tschech.) — Vgl. C. **1958.** 8700.
Vff. stellen fest, daß das Röntgenkontrastmittel *3.5-Dijodpyridon-(4)-essigsaures Diäthanolamin* (*Diodon*, SPOFA) freies Hämoglobin nach Zufuhr im Plasma erhöht u. die osmot. Resistenz der Blutkörperchen erniedrigt. E. VEVERA. 4601

Veränderungen des Calciumgehaltes von Serum und Spinalflüssigkeit durch Einwirkung von Dinatriumäthylendiamintetraacetat. Alfred Soffer und Taft Toribara. (J. Lab. clin. Med. **56.** 947—48. Dez. 1960. Rochester, N.Y.) (Engl.)

Die durch *Äthylendiamintetraessigsäure* (*EDTA*) nach rascher i.v.-Injektion von 0,5—4 g hervorgerufene Hypocalcämie ist als Folge einer Verminderung des *proteingebundenen Ca* (ohne Veränderung des Gesamt-Ca u. unter Anstieg des Geh. an ultrafiltrierbarem Ca) als Ausdruck des Abfalls der *ionisierten Serum–Ca*-Fraktion anzusehen. Während diese Veränderungen im Serum nachgewiesen werden konnten, zeigten sich keinerlei Veränderungen im Ca-Geh. der Spinal-Fl., so daß EDTA offensichtlich die Blut–Spinal–Fl.-Schranke nicht überschreitet u. daß weiterhin das diffusionsfähige Ca des Serums u. der Spinal-Fl. nicht in Gleichgewichtsaustausch treten.
U. TAUSENDFREUND. 4607 □

Die pharmakodynamische Wirkung von Harnstoff auf Blutkreislauf und Atmung nach intravenöser Dauerzufuhr. B. Cuparencu, L. Grosu, I. Zăgreanu, M. Dorofteiu und A. Cojocaru. (Acta biol. med. german. [Berlin] **6.** 202—12. 1961. Klausenburg,

Rum. Volksrepublik, Med.-Pharmazeut. Hochschule, Inst. Physiol. u. Biophysik; Akad. der Rumän. Volksrepublik, Inst. für Med. Forschung.) (Dt.)

Intravenöse Dauerinfusion von *Harnstoff* (**I**; 300 ml 25—50% ig. Lsg.) an narkotisierte Hunde führte zu folgenden Symptomen: Der systol. Blutdruck blieb gleich, der diastol. dagegen sank, wodurch es zu einem Anstieg des Differentialdruckes kam. Carotissinus- u. oculocardiale Reflexe waren gesteigert. Die Tiere waren motor. erregt, es traten Muskelfibrillationen auf. **I** potenziert somit die Reizbarkeit des Organismus. Die Ursache hierfür ist ungeklärt. Es wird der mögliche Zusammenhang der Erscheinungen nach Dauerinfusion von **I** mit dem Krankheitsbild der Urämie diskutiert. D. SCHEUCH. 4607 □

Die Trifluormethylgruppe in der medizinischen Chemie. Harry L. Yale. (J. med. pharmac. Chem. **1.** 121—33. April 1959. New Brunswick, N.J., Squibb Inst. für Med. Research.) (Engl.)

Übersicht. Fluorierte KW-Stoffe als Inhalationsanästhetica, *2-Trifluormethylphenothiazin*-Derivv. als Ataractica u. Antiemetica, *6-Trifluormethyl-1.4.2-benzothiadiazin-1.1-dioxyde* als Diuretica, verschiedene Verbb. mit CF_3-Gruppen. — 55 Literaturangaben. K. MAIER. 4607 □

Eine Bemerkung über die bei Hühnern durch Dialkylfluoridate hervorgerufene Entmyelinisierung. M. C. Lancaster. (Brit. J. Pharmacol. Chemotherapy **15.** 279—81. Juni 1960. Porton, Salisbury, Wilts, Microbiol. Res. Establishment.) (Engl.)

Hühner wurden bis zur Entw. von Neurotoxizitätserscheinungen mit *Organophosphor-Verbb.* (**I**) behandelt u. anschließend Ichiadicusnerven, Rükenmark u. Medulla histolog. nach MARCHI zur Best. des Umfangs u. der Verteilung der Entmyelinisierung untersucht. Die Schädigungen waren der injizierten **I**-Dosis proportional. Das Rückenmark war empfindlicher als die Ischiadicusnerven. Vermutlich stellt das Rückenmark, nicht die Ischiadicusnerven, den Hauptort der Schädigung bei der klin. Paralyse nach Dyflosvergiftung dar. Geprüfte **I**: Fluorphosphate: *Diisopropyl-*, *Diäthyl-*, *Dibutyl-*, *Dipentyl-*; *Diäthylthiofluorphosphat*; *Isopropylphosphonsäureäthylesterfluorid*, *Äthylphosphonsäuremethylesterfluorid*, *Isobutylphosphonsäuremethylesterfluorid*, *Methylphosphonsäureisopropylesterfluorid*. K. MAIER. 4607 □

Günstige Wirkung von 3.3-Pentamethylen-4-hydroxybutyrat (Na-Salz) auf die Lernfähigkeit und das Erinnerungsvermögen der Ratte. François Bourlière und Angele Rapaport. (C. R. hebd. Séances Acad. Sci. **251.** 1567—69. 10/10. 1960. Paris, Fac. de Méd., Chaire de Gérontol. u. Centre de Gérontol. Claude Bernard.) (Franz.)

Vff. stellten fest, daß an 10—20 Monate alte ♂ Ratten (WISTAR-Stamm) verabfolgtes *Na-3.3-Pentamethylen-4-hydroxybutyrat* (Dosis: 15 Tage lang 3 mg/kg pro Tag, subkutan) Lernfähigkeit (App. nach SKINNER) u. Erinnerungsvermögen eines Großteils der Tiere verbessert. H. KOCKERT. 4607 □

Die Wirkung von Alkylierungsmitteln auf die Fruchtbarkeit männlicher Ratten. H. Jackson, B. W. Fox und A. W. Craig. (Brit. J. Pharmacol. Chemotherapy **14.** 149—57. Juni 1959. Manchester, Christie Hosp. and Holt Radium Inst.) (Engl.)

Tumorhemmende Dosen von *Tetramine* (*Triäthylenmelamin*, **I**) wirkten bei Ratten zunächst auf Spermatocyten u. Spermatiden, dann mit steigenden Konzz. allg. auf spermatogene Zellen u. reifes Sperma hemmend, so daß rasch Unfruchtbarkeit hervorgerufen wird. *Busulphan* (*Myleran*) störte mehrere Wochen lang die Entw. der Spermatogonien, während andere Keimzellen u. die Bldg. reifer Spermatozoen unbeeinflußt blieben. *Melphalan*, *L-p-[Di-β-chloräthyl]-aminophenylalanin*, war unwirksam. Die Antifertilitäts-Wrkg. von **I** wiesen auch verschiedene andere Äthylenimino-Derivv. auf, wobei die Aktivität trifunktioneller am größten, diejenige monofunktioneller am geringsten war. Letztere wirkten mit steigender Dosis sehr zerstörend auf das Samenblasenepithel. Anscheinend besteht bei der Ratte zwischen der Fähigkeit alkylierend wirkender Verbb. u. der Störung der Aktivität normaler u. patholog. wachsender Gewebe, z. B. Keimgewebe, hämatopoiet. u. Tumorgewebe keine eindeutige Beziehung. Weitere geprüfte Verbb.: *Thiotepa* (*Triäthylenthiophosphoramid*), *1.3-Di-[äthylensulfamoyl]-propan*, *6-Chlor-2.4-diäthyleniminopyrimidin*, *Diäthylenharnstoff*, *Diäthyleniminosulfoxyd*, *Monoäthylenharnstoff*, *N-Äthoxycarbonyläthylenimin*, *N-Toluol-p-sulfonyläthylenimin*, *β-Propiolacton*, *Dibenzanthracen*, *Urethan*, *Nitrofurantoin*, *Nitrofurazon*. K. MAIER. 4607 □

Über einige physiologische Wirkungen von p-(O.O-Diphenylphosphoramido)-benzoesäure-(β-diäthylaminoäthyl)-esterhydrochlorid und des entsprechenden Brommethylats. P. Hazard, P. Chabrier, A. Carayon-Gentil und A. Renier-Cornec. (C. R. Séances Soc. Biol. Filiales **154.** 1142—44. 1960.) (Franz.)

Vff. testeten die Substanzen *HC 2300* (**I**; *p-[O.O-Diphenylphosphoramido]-benzoesäure-[β-diäthylaminoäthyl]-esterhydrochlorid*) u. *HC 2301* (**II**; *p-[O.O-Diphenylphosphoramido]-benzoesäure-[β-diäthylmethylammonioäthyl]-esterbromid*) auf ihre physiolog. Wrkg. u.

verglichen sie mit der Wrkg. von *Procain* (III). — Die DL_{50} von I (Maus, i.v.) beträgt 0,045 g, von II 0,033 g u. von III (als *Hydroclorid*) 0,075 g. — I u. II verursachen am Kaninchenohr Reizerscheinungen, ohne lokalanästhet. wirksam zu sein. Beim chloralosierten u. bei künstlicher Atmung gehaltenen Hund verursacht I nach i.v. Injektion (Dosis: 0,0025, 0,01 u. 0,03 g) eine leichte arterielle Hypotension mit nachfolgender leichter Hypertension, die weder durch Vagotomie noch Atropin verändert wird; II verursacht hingegen schon in niedrigsten Dosen (0,005 g) eine merkliche Hypotension ohne hypertensive Phase. — Am isolierten Rattendarm vermindern bzw. unterdrücken I u. II die durch *Acetylcholin* bedingte Kontraktion. — II zeigt auf Grund seiner quartären Ammoniumgruppierung im Mol. eine ausgeprägte Antinicotinwirkung.

Versuche: *p-[O.O-Diphenylphosphoramido]-benzoesäure-[β-diäthylaminoäthyl]-ester-hydrochlorid* (I), F. 167°, durch Einw. von Diphenylphosphorsäurechlorid auf p-Aminobenzoesäure-[β-diäthylaminoäthyl]-ester u. Pyridin. — *p-[O.O-Diphenylphosphoramido]-benzoesäure-[β-diäthylmethylammonioäthyl]-esterbromid* (II), F. 162°, durch Einw. von CH_3Br auf die entsprechende Aminoverbindung. H. KOCKERT. 4607 □

Über den Einfluß von Atropin auf die zentrale Hemmung der Atmung durch Anticholinesterasen. W. Schaumann. (Naunyn-Schmiedebergs Arch. exp. Pathol. Pharmakol. **236**. 415—20. 1959. Frankfurt/M., Univ., Pharmakol. Inst.) (Dt.)

Die durch Injektion von *Paraoxon* (I, *E 600*) an Ratten hervorgerufene Lähmung des Atemzentrums läßt sich durch *Atropin* beseitigen, woraus geschlossen wird, daß I durch Inaktivierung der Cholinesterase wirkt. Vorherige Atropininjektion verhindert eine Wrkg. von I auf das Atemzentrum. G. ZIEBARTH. 4607 □

Uterotrophe Wirkung des Insekticids Methoxychlor. William W. Tullner. (Science [Washington] **133**. 647—48. 3/3. 1961. Bethesda, Md., Nat. Cancer Inst., Endocrinol. Branch.) (Engl.)

Betäubung oder perorale Behandlung mit dem Insekticid *Methoxychlor* [89,5% *1.1.1-Trichlor-2.2-bis-[p-methoxyphenyl]-äthan*; (I)] bewirkte bei Ratten u. Mäusen Gewichtszunahme des Uterus. Eine Entfernung von Ovarien, Nebenniere oder Hypophyse änderte den Effekt nicht, so daß eine direkte troph. Wrkg. auf den Uterus angenommen wird. Hochgereinigtes I erwies sich bei Ratten als nur halb so u. bei Mäusen als viel weniger wirksam wie das techn. Insekticid. H. LOHSCHELDER. 4607 □

Tierverträglichkeit eines Insektenabweisers. Die Giftigkeit von Butoxypolypropylenglykol 800 (Crag-Fliegenabweiser). C. P. Carpenter, C. S. Weil, P. E. Palm, M. D. Woodside und H. F. Smyth jun. (J. agric. Food Chem. **7**. 763—69. Nov. 1959. Pittsburgh, Pa., Mellbon Inst.) (Engl.)

Butoxypolypropylenglykol 800 (I) ist als *„crag-fly-repellent“* der UNION CARBIDE CORP. im Handel u. als gefahrloser Fliegenabweiser mehrfach untersucht. Eigene umfangreiche Verss. zeigten bei Einzel- u. Dauergaben an Nager nur geringe orale Gift-Wrkg. u. Hautaufnahme u. mit 9 verschiedenen Insekticiden als Futterzusatz an Ratten durch Best. der DL_{50} jeweils höchstens eine additive Wrkg. u. keine Steigerung der Giftigkeit. I ist nur zu 0,1% in W. lösl. u. dringt kaum durch die Zellwände, wie Vgl. der i.v. Wrkg. mit der subkutanen u. intraperitonealen ergibt. Einzelgaben finden sich zu 50% u. mehr unverändert im Harn wieder. Ratten vertrugen 640 ppm 2 Jahre lang täglich im Futter, Hunde 890 ppm 1 Jahr. H. MERCK. 4607 □

Wirkung des aktiven Prinzips der Artischocke sowie der mit ihm verwandten Substanzen auf Cholerese, Blut-Cholesterinspiegel und Cholesterinlipoidose. Paolo Preziosi und Biagio Loscalzo. (Fitoterapia [N. S.] **27**. 666—72. April/Juni. 690 bis 698. Juli/Sept. 1956. Napoli, Univ., Ist. di Farmacol.) (Ital.)

Vff. stellten fest, daß das akt. Prinzip der Artischocke, *Cynarin* (I; *1.4-Dikaffeylchininsäure*), bei äthylurethannarkotisierten Albinoratten eine ausgeprägte Erhöhung der Gallensekretion verursacht: I-Dosen von 25 mg/kg Körpergewicht wirken mäßig, aber durchaus nachweisbar, Dosen von 50 mg/kg u. höhere I-Dosen konst. u. stark choleretisch. Die choleret. Wrkg. von *Kaffeesäure* (II) ist nur wenig geringfügiger als die von I. Isomere, Substitutions-Prodd. u. Derivv. von I u. II [*Kaffeesäuredimethyläther, Dihydrokaffeesäure* u. ihr *Dimethyläther, 1-Kaffeylchinid, Chlorogensäure* u. ein *synthet. Isomeres von* I (III), FARMITALIA] wirken weit weniger choleret. als I selbst. — Außerdem senken I (bes. stark), II u. III den *Cholesterin* (IV)-Blutspiegel bei Kaninchen. — An isolierten Organen (Kaninchendarm, Meerschweinchengallenblase) verursacht I (Konz. $1:10^4$ u. höher) einen mäßigen Anstieg des Tonus, ohne die Rk. des Präp. gegenüber Acetylcholin zu verändern. Am isolierten Meerschweinchenherz übt I ($1:10^4$) eine chromotrope u. negative inotrope Wrkg. aus u. erhöht den Coronardurchfluß. — Der arterielle Blutdruck u. die Atmung von nicht narkotisierten Kaninchen wurden durch I auch nach höchsten Einzelgaben (200 mg/kg) nicht verändert. — I u. II üben bei mit IV behandelten Kaninchen einen Schutzeffekt aus; die Lipoprotein- u. Lipidplasmaspiegel dieser Tiere werden nicht wesentlich verändert. — In der Diskussion werden Analogien hinsichtlich der Struktur der stark choleret. wirksamen Verb. *Trition* (*5-Thion-3-p-methoxyphenyl-1.2-dithiol*) u. II aufgezeigt. H. KOCKERT. 4608□

Eine chemische und pharmakologische Untersuchung von Piper methysticum Forst. M. W. Klohs, F. Keller, R. E. Williams, M. I. Toekes und G. E. Cronheim. (J. med. pharmac. Chem. **1**. 95—103. Febr. 1959. Los Angeles, Calif., Riker Labors., Res. Div., Med. Chem. and Biol. Sciences Sects.) (Engl.) — Vgl. C. **1960**. 12332.

Die bekannten Komponenten u. eine neue Verb., *A*, von *P. methysticum* wurden chromatograph. isoliert u. pharmakolog. geprüft (Schutz gegen klon. Strychninkrämpfe der Maus, Verstärkung des Veronal–Na-Schlafs). Alle Verbb. wurden aus dem Magen-Darm-Kanal, trotz ihrer Unlöslichkeit in den verwendbaren Lsgm., rasch resorbiert. Die Chromatographie von Wurzelextrakt an Al_2O_3 ergab die Verbb.: *Dihydrokawain*, $C_{14}H_{16}O_3$, F. 55,2—56,2°, $[\alpha]_D^{24}$ +34° (c = 1; abs. A.); *Kawain*, $C_{14}H_{14}O_3$, F. 106,5—108°, $[\alpha]_D^{25}$ +97° (c = 1; A.); *Yangonin*, $C_{15}H_{14}O_4$, F. 155—156,5°, $[\alpha]_D^{24}$ 0 (c = 0,3; A.); *Dihydromethysticin*, $C_{15}H_{16}O_5$, F. 117—118°, $[\alpha]_D^{24}$ +19° (c = 1; CH_3OH); *Methysticin*, $C_{15}H_{14}O_5$, F. 139—140,5°, $[\alpha]_D^{28}$ +95° (c = 1; Aceton); *Verb. A*, $C_{14}H_{12}O_3$, F. 138—139° (CH_3OH); $[\alpha]_D^{24}$ 0° (c = 0,7; A.). K. MAIER. 4608□

Einfluß des Nicotins auf die höhere Nerventätigkeit unter den Bedingungen der freien motorischen Tätigkeit des Tieres. N. Boschew. (Известия на Института по Експериментална Медицина, Българска Академия на Науките [Bull. Inst. Méd. exp., Acad. bulg. Sci.] **2**. 529—53. 1957.) (Bulg.; Auszug: Franz.)

Bei 5 Hunden wurden 5 bedingte Reize, die zu einem Stereotyp vereinigt wurden, verwendet, 4 davon positiver, einer negativer Art. Außer dem positiven motor. Reflex wurden auch die Stellung u. die Pose des Tieres verwertet. Kleine Dosen Nicotin wirken als Reiz auf die Hirnrinde u. sind je nach dem Typ des Nerven-Syst. verschieden groß. Große Dosen wirken biphas., aufregend während der ersten, hemmend während der zweiten Phase. F. DU MANS. 4608□

Hemmung der Glutathionreduktase durch Nitrofurantoin. James A. Buzard, Frank Kopko und Mary F. Paul. (J. Lab. clin. Med. **56**. 884—90. Dez. 1960. Norwich, N.Y., Eaton Labor., Div. of the Norwich Pharmacal Comp.) (Engl.)

Nitrofurantoin (**I**; *Furadantin*, EATON LABOR.) ist zu den Substanzen zu rechnen, die bei Primaquin (**II**)-empfindlichen Personen zu intravasculärer Hämolyse führen. **I** besitzt einen direkten Effekt auf die *Glutathionreduktase* (**III**) in vitro, welche in den Erythrocyten derartiger Personen bekanntlich verändert ist. **III** aus Hämolysat von normalen u. **II**-empfindlichen Personen sowie anderen Tierarten wird in vitro durch **I** gehemmt. In Hämolysaten von Ratten wird **III** weder durch in vitro-Zugabe von **II**, Sulfanilamid, Acetylphenylhydrazin oder Acetanilid noch durch chron. Verabreichung von **I** mit der Kost verändert. Die durch **I** ausgeübte Hemmung erweist sich nach Dialyse als reversibel, so daß **I** offenbar nicht fest an **III** gebunden ist. Die Beobachtungen passen zu dem bekannten Glucose-6-phosphatdehydrogenasemangel u. der dazu in Beziehung stehenden Glutathioninstabilität. U. TAUSENDFREUND. 4610□

Serologisches Verfahren für den Nachweis von Antikörpern gegen Penicillin. Marguerite Epp. (Science [Washington] **130**. 1472. 27/11. 1959. Saskatoon, Sask., Canada, Univ., Dep. of Bacteriol.) (Engl.)

Durch Kupplung von *Penicillin T* (*p-Aminobenzylpenicillin*) u. *Penicillin V* (*Phenoxymethylpenicillin*) mittels *tetrazotierten Benzidins* an Erythrocyten von Kaninchen, Schaf u. Mensch (Blutgruppe 0, Rh-negativ) gelingt es, ein spezif. „Antigen" zum Nachw. von *Penicillin* (**I**)-*Antikörpern* im Serum von **I**-allerg. Personen herzustellen. Die sensibilisierten Erythrocyten werden einmal mit 1%ig. Kaninchenserum in Phosphatpuffer (pH 7,3) gewaschen u. in einer 2%ig. Suspension in diesem Medium verwendet. Das Ergebnis der Hämagglutination dieser Suspension durch Seren **I**-allerg. Personen kann bei Hämagglutinintitern von 1:4 bis 1:64 nach 3—5 Std. bei Zimmer-Temp. erkannt werden. Verss. zur Hemmung der Hämagglutination durch zugesetztes **I** lassen eine hohe Spezifität der Rk. erkennen, die auf Grund von gekreuzten Tests auf dem **I**-Mol. selbst, nicht auf der Seitenkette beruht. H.-J. KOCH/Berlin. 4611□

Der Antagonismus von Cocain gegenüber der Wirkung von Cholin-2.6-xylyläther-bromid an den sympathischen Nervenendigungen. P. A. Nasmyth und W. H. H. Andrews. (Brit. J. Pharmacol. Chemotherapy **14**. 477—83. Dez. 1959. London, St. Mary's Hosp. Med. School, Pharmacol. Dep.) (Engl.)

Cholin-2.6-xylylätherbromid (*TM 10*; **I**) verhindert die Kontraktion der Nickhaut (Katze) u. der Milz bei elektr. Reizung des cervicalen Sympathicusnervs. Diese Wrkg. beruht auf Hemmung der Abgabe von Noradrenalin („Sympathin") an den Nervenenden.

Intravenöse *Cocain* (II)-Injektion vor I hemmte dessen Wirkung. Bei Injektion von Atropin vor II wurde die Wrkg. großer I-Dosen nicht völlig blockiert. Nach Blockierung durch I stellte II-Injektion die Sekretion u. die Rkk. an den Sympathicusnervendigungen der innervierten Organe teilweise wieder her. *Phenoxybenzamin* stellte die Sekretion an den Nervenenden nach Hemmung durch I nicht wieder her. K. MAIER. 4620□

Pharmakologische Eigenschaften von Chlorpromazin vom Standpunkt der psychiatrischen Indicatoren. Z. Votava und J. Šrámková. (Českoslov. Farmac. 7. 458—60. Okt. 1958. Praha, výzk. úst. pro farmac. a biochem.) (Tschech.)
Übersicht. — 34 Literaturangaben. E. VEVERA. 4620

Einfluß des Aminazins auf die Verwertung des $^{14}C_{(1)}$-Acetates durch Ratten. R. W. Tschagowetz und Z. M. Schtutman. (Український Біохімічний Журнал [Ukrain. biochem. J.] **32.** 890—98. 1960. Kiew, Inst. für Biochem. der Akad. der Wiss. der UkrainSSR.) (Ukrain.; Auszug: Engl.)
In Verss. mit Ratten über den Einfl. des *Aminazins* (I) auf den Einbau von $^{14}C_{(1)}$-Acetat (II) wurde die Ggw. von freiem II aus der Differenz der Radioaktivität der alkal. Gewebe- u. Blutproben (restliche Radioaktivität) u. dem Wert der neutralen Proben ermittelt, da beim Trocknen bei 60—70° aus der neutralen Probe das freie II entweicht. Im Blut der Kontrolle wurde eine rasche Abnahme des freien II beobachtet; 3½ Std. nach der Zufuhr war kein II mehr festzustellen. Bei I-Zufuhr blieb der II-Geh. des Blutes während der gesamten Vers.-Dauer erhöht, ein Beweis dafür, daß I die II-Verwertung durch das Gewebe erschwert. In den Geweben von Leber u. Gehirn der Kontrolltiere nahm die Radioaktivität nach kurzem, starkem Anstieg ab, bei I-Zufuhr allmählich zu u. blieb bis zum Ende der Vers.-Zeit (3½ Std.) konstant. O. LEBTAG. 4620□

5-Äthyl-5-(1.3-dimethylbuten-(2)-yl)-barbitursäure, ein wirksames Stimulans des Zentralnervensystems. C. K. Cain und John Kleis. (J. med. pharmac. Chem. **1.** 31—36. Febr. 1959. Philadelphia, Pa., McNeil Labors., Inc.) (Engl.)
Der Einfl. von Strukturänderungen in der 5-Alkylgruppe disubstituierter Barbitursäuren auf die zentralerregende Aktivität (Maus) wurde bei den synthetisierten Verbb. *5-Äthyl-* u. *5-Allyl-5-[1.3-dimethylbuten-(2)-yl]-barbitursäure* untersucht. Diese waren 5- bis 10fach wirksamer als *5-Äthyl-5-[1.3-dimethylbutyl]-* (III), *5-Äthyl-5-[3-methylbuten-(2)-yl]-* u. *5-Äthyl-5-[3-methylbuten-(1)-yl]-barbitursäure.*
Versuche: *4-Methylpenten-(3)-ol-(2),* Kp. 133—146°, a) aus Mesityloxyd nach der Al-Alkoxyd-Meth.; 73% (Ausbeute), b) aus Mesityloxyd mit $NaBH_4$ in CH_3OH; 78%. — *4-Brom-2-methylpenten-(2)* (I); 71%. — *Äthyl-[1.3-dimethylbuten-(2)-yl]-malonsäurediäthylester* (II), $Kp._{0,35-0,3}$ 77—82°, aus Äthylmalonsäurediäthylester, $NaOC_2H_5$ u. I in abs. A. (Stehen über Nacht); $n_D^{24,5}$ 1,4462; 53%. — *[1.3-Dimethylbuten-(2)-yl]-malonsäurediäthylester,* $Kp._{55}$ 134—160°, aus Malonsäurediäthylester u. I wie vorst.; n_D^{26} 1,4395; 55%. — *Allyl-[1.3-dimethylbuten-(2)-yl]-malonsäurediäthylester,* $Kp._{0,4}$ 104—108°, wie vorst.; n_D^{26} 1,4537; 48%. — *5-Äthyl-5-[1.3-dimethylbuten-(2)-yl]-barbitursäure,* $C_{12}H_{18}N_2O_3$, F. 137 bis 139° (Bzl.–Heptan), aus II, Harnstoff u. $NaOC_2H_5$ durch 5 Std. Erhitzen (Dampfbad); DL_{50} 3,5 mg/kg (Maus intraperitoneal); 50%. Durch katalyt. Hydrierung mit Pt-Katalysator in CH_3OH das gesätt. Deriv. III. — *5-Allyl-5-[1.3-dimethylbuten-(2)-yl]-barbitursäure,* $C_{13}H_{18}N_2O_3$, F. 143—145° (Aceton–PAe.), wie vorst.; DL_{50} 5 mg/kg (Maus, intraperitoneal). K. MAIER. 4620□

Hämodynamische Untersuchungen beim Menschen vor und nach Verabreichung dreier chemischer Stoffe, welche sympathische Nervenaktivität blockieren. William R. Wilson, David C. Van Hecke und Walter M. Kirkendall. (J. Labor. clin. Med. **56.** 959. Dez. 1960. Iowa City, Iowa.) (Engl.)
An Hand der verschiedenen Wrkg. auf die Pressor-Rk. gegenüber *Ephedrin* (I) kann eine Unterscheidung zwischen der pharmakolog. Wrkg. von *Guanethidin* (II) u. *Bretyliumtosylat* (III; beide hemmen Bldg. oder Freisetzung von Norepinephrin an den Nervenendigungen in noch unbekannter Weise) getroffen werden. Nach II (Blutdruckherabsetzung, initiale Pressor-Rk. nach i.v.-Verabreichung, Bradycardie nach peroraler Verabreichung, in 1 Fall hypertensive Rk. bei Übergang zu liegender Stellung) ist keine Steigerung der Pressor-Wrkg. auf I zu beobachten, während III die Pressor-Rk. auf I steigert. *α-Methyl-DOPA* (*α-Methyl-3.4-dihydroxy-DL-phenylalanin*) hat hämodynam. Wrkg. ähnlich wie II u. III (teils Steigerung der Pressor-Rk. auf I, teils nicht), zusätzlich jedoch noch eine zentrale Wrkg. (Somnolenz), die nach II u. III nicht auftritt.
U. TAUSENDFREUND. 4620□

Appetithemmende Substanzen. Klaus Opitz und Arnold Loeser. (Dtsch. med. Wschr. **86.** 373—77. 3/3. 1961. Münster, Westf., Univ., Pharmakol. Inst.) (Dt.)
Es wird die Wrkg.-Weise des *Amphetamins,* des am längsten bekannten Appetitzüglers, erläutert u. weitere, ähnlich wirkende Verbb. besprochen: *Pervitin, 1-Cyclo-*

hexyl-2-[methylamino]-n-propan, 1-Phenyl-2-[methylamino]-propanol, 1-Phenyl-2-amino-propanol, α-Benzoyltriäthylamin, β-Phenyl-tert.-butylamin, dessen *p-Chlor-Deriv., 2-Methyl-3-phenylmorpholin,* dessen *N-Methyl-Deriv., α-Phenylbuttersäure-β'-[2-methyl-3-phenylmorpholino]-äthylester (Cafilon), α-Phenyl-α-piperidyl-(2)-essigsäuremethylesterhydrochlorid* u. *5-Methyl-5-[α.β-dibromphenyläthyl]-hydantoin.* — 111 Literaturangaben.
P. LOCH. 4622 □

Antihistaminica. 44. Mitt. Einige neue Salze von Mephenhydramin und Antazolin. J. O. Jílek und M. Protiva. (Československ. Farmac. **7.** 453—54. Okt. 1958. Praha, výzk. úst. pro farm. a biochem.) (Tschech.) — 43. vgl. Českoslov. Farmac. **7.** [1958.] 380.)

Einige Salze von *α-Methylbenzhydryl-2-dimethylaminoäthyläther* u. *2-[N-Benzylanilinomethyl]-imidazolidin* werden hergestellt.

Versuche: *α-Methylbenzhydryl-2-dimethylaminoäthyl* (I)*-bernsteinsäure,* $C_{22}H_{29}\cdot NO_5$, F. 104°, aus Bernsteinsäure u. α-Methylbenzhydryl-2-dimethylaminoäthyläther (II) durch Eindampfen. I-*Bitartrat,* $C_{22}H_{29}NO_7$, F. 116—117°. Durch Eindampfen von II mit d-Weinsäure, I-*Citrat,* $C_{24}H_{31}NO_8$, F. 130—132° aus I mit Citronensäure wie oben. *2-[N-Benzylanilinomethyl]-imidazolidin* (III)*-äthylsulfat,* $C_{17}H_{19}N_3\cdot C_2H_6O_4S$, F. 195° aus III mit A. u. H_2SO_4. Mischen u. stehenlassen. III-*Sulfat,* $C_{17}H_{19}N_3\cdot H_2SO_4$, F. 166—167° aus III mit Isopropylalkohol u. H_2SO_4. Saures III-*Sulfathydrat,* $C_{17}H_{19}N_3\cdot H_2SO_4\cdot 0,5\ H_2O$, F. 103—108°. Zu verd. H_2SO_4 bei 70° III zutropfen u. 12 Std. stehenlassen. Neutrales III-*Sulfathydrat,* $C_{17}H_{19}N_3\cdot H_2SO_4\cdot H_2O$, F. 128—132°, zu sehr verd. H_2SO_4 III zutropfen u. 12 Std. stehenlassen.
E. VEVERA. 4625

Untersuchungen über die Kombination von Nitrodimethylin und Äthylurethan. Italo Simon. (Gazz. med. ital. **116.** 291—98. Juli 1957. Pisa, Univ., Ist. di Farmacol.) (Ital.)

Eine Kombination von 1,5% *Nitrodimethylin* (I; *1.3-Dimethoxypropyl-(2)-nitrat*) u. 0,75% *Äthylurethan* (II), Kaninchen i.v. in Dosen, die die Dosis letalis minima von I überschreiten, verabreicht, ist nicht tox., bewirkt in isolierten Batrachierherzen einen reversiblen Herzstillstand, erweitert die Gefäße des Hintertraktes im LÄWEN-TRENDELENBURGschen Präp. u. senkt in niedriger Dosierung den Blutdruck des Kaninchens stärker als I oder II allein. Die Anwendung bei Hypertension wird vorgeschlagen. 3 mal 1 cm^3 täglich subkutan wurde von Normalpersonen ausgezeichnet vertragen.
K. ZINGRAF. 4627 □

Die Wirkung des Äthylurethans auf Sauerstoffverbrauch und Körpertemperatur der Ratte. Horst Ankermann und Karl-Heinz Jacobasch. (Acta biol. med. german. [Berlin] **6.** 263—65. 1961. Berlin, Humboldt-Univ., Pharmakol. Inst.) (Dt.)

Ratten, die mit 1 g *Äthylurethan*/kg Körpergewicht narkotisiert wurden, zeigten gegenüber Kontrolltieren bei gleichem Sauerstoffverbrauch eine signifikante Erniedrigung der Körper-Temp. um 2,6°. Unter der Einw. von Urethan ist eine Vergrößerung des O_2-Verbrauchs mit einem Anstieg der Körper-Temp. verbunden. Die Kontrollen zeigen dagegen eine große Stabilität der Körper-Temp., auch bei erheblichen Unterschieden im O_2-Verbrauch. Die Befunde weisen darauf hin, daß die narkotisierten Ratten sich nicht auf ein neues Stoffwechselgleichgewicht einstellen können. Äthylurethan bewirkt somit eine Stoffwechselstörung, was bei der Anwendung des Äthylurethans zu Stoffwechselexperimenten berücksichtigt werden muß.
D. SCHEUCH. 4627 □

Veränderungen einiger Glykogenolysevorgänge in der Leber weißer Ratten beim medikamentösen Schlaf. D. Ss. Kalitzin, A. A. Chadshiolow und K. I. Dantschewa. (Известия на Института по Експериментална Медицина Българска Академия на Науките [Bull. Inst. Méd. exp., Acad. bulg. Sci.] **2.** 391—03. 1957.) (Bulg.; Auszug: Dt.)

Bei weißen Ratten wurde Narkose durch subkutane Einführung von *Veronal-Na,* in Dosen von 0,015 g/100 g im Laufe von 5 Tagen verabreicht, erreicht. Durch Registrierung der motor. Reaktivität u. der Rk. auf mechan. Reiz u. durch Beobachtung des Verh. der Tiere wurde nachgewiesen, daß es sich um einen Schlafzustand u. nicht um Narkose handelte. Der Pegel des *Glykogens* war in der Leber bei schlafenden Vers.-Tieren erheblich höher als im Wachzustand. Die Aktivität der das Glykogen spaltenden *Phosphorylase* war bei schlafenden Ratten geringer als bei wachenden. Die Aktivität der *Amylase* in der Leber war bei schlafenden Ratten erhöht. Der Zuckerspiegel im Blut blieb unverändert.
F. DU MANS. 4627 □

Systemische und coronare hämodynamische Wirkungen von Natriumlactat. George G. Rowe, George M. Maxwell, Cesar A. Castillo, Skoda Afonso, Hans P. Gurtner, Carl J. Chelius und Charles W. Crumpton. (J. Lab. clin. Med. **56.**

874—78. Dez. 1960. Madison, Wis., Univ. of Wisconsin, Dep. of Med. and Ped.; Cardiopulmonary Res. Labor.) (Engl.)

Bei Hunden rief i.v.-Verabreichung von m *Na-Lactat* eine signifikante Herzfrequenzsteigerung, Erhöhung des O_2-Verbrauchs u. der CO_2-Abgabe, ferner Erhöhung des pH-Wertes des Blutes, Steigerung des Herz-Min.-Vol., der Herzarbeit, der Coronardurchblutung u. des O_2-Verbrauchs des Herzens hervor. U. TAUSENDFREUND. 4630□

Systemische und coronare hämodynamische Wirkungen von Erythrittetranitrat. George G. Rowe, Carl J. Chelius, Skoda Afonso, H. Peter Gurtner und Charles W. Crumpton. (J. Lab. clin. Med. **56.** 943. Dez. 1960. Madison, Wis.) (Engl.)

Erythrittetranitrat (*Cardilate*) wirkt hauptsächlich durch Verminderung der Herzarbeit infolge Verminderung des arteriellen Druckes u. des Herz-Min.-Volumens. Bei 11 normalen Personen u. 4 Patienten mit Angina pectoris kam es zur Steigerung der Herzfrequenz mit vermindertem arteriellen Blutdruck, Pulmonardruck u. Coronarsinusdruck; der gemischte venöse O_2-Geh. sank mit Vergrößerung der arteriovenösen O_2-Differenz; der Coronarsinus-O_2-Geh. blieb ebenso wie die arteriell-Coronarsinus-O_2-Differenz unverändert. Der Herzindex u. Schlagindex sanken. Der Coronarblutstrom änderte sich nicht signifikant, wenn auch der coronare Gefäßwiderstand u. die Herzwirksamkeit zurückgingen. 1 normale Person u. 2 Patienten zeigten hypotensive Rkk. mit Verminderung des Coronarstromes bei unverändertem Coronarwiderstand. U. TAUSENDFREUND. 4630□

Hypocholesterinämisierende Stoffe — eine vergleichende Untersuchung. Philip Lisan, Wilbur Oaks und Sheldon Bender. (J. Lab. clin. Med. **56.** 924. Dez. 1960. Philadelphia, Pa.) (Engl.)

Vgl. verschiedener, zur Erniedrigung des Blut-*Cholesterin* (**I**)-Spiegels geeigneter Stoffgruppen: a) Verhütung der **I**- u. Fettresorption, b) Steigerung des **I**-Stoffwechsels, c) Hemmung der endogenen **I**-Synthese. Gruppe a) (Verminderung der Gallensalz-Konz. im Darmtrakt) war unwirksam, Gruppe b) (*L-Thyroxin*, *D-Thyroxin* u. *Trijodthyropropionsäure*) unwirksam bei euthyreoiden Personen, wirksam bei Hypothyreose, eine Wrkg. auf die Entstehung der Angina wurde nicht beobachtet. *Nicotinsäure* kann als Vertreter der Gruppe c) gelten, ohne daß der Ort der Blockierung bekannt wäre; die Verw., selbst in Formen, die für verzögerte Freisetzung u. Schonung des Darmtraktes sorgen, ist durch Lebertoxizität u. klin. Nebenwrkg. eingeschränkt. Der neueste Vertreter der Gruppe c) ist *Triparanol* (*MER-29*), kaum tox. Wirkung. *Proteolyt. Enzyme* u. *Lipasen* sind kaum wirksam. U. TAUSENDFREUND. 4630□

Charakteristik der hypotensiven Wirkung von Veratrum-Alkaloiden aus Veratrum album. František V. Selecký, Anna Babulová, Vlasta Ditteová und Valeria Dittertová. (Českoslov. Farmac. **7.** 442—45. Okt. 1958. Bratislava, SAV, odd., farmac. chem. a biochem., chem. ústav, lab. exp. farmakol.) (Tschech.)

Vff. erhalten durch Benzolextraktion bei *Veratrum album* 2 Fraktionen, die pharmakolog. mit *Puroverin C*, SANDOZ (**I**) verglichen werden. 1. Fraktion: DL_{50} 0,465 mg/kg (Mäuse), 5 mal wirksamer als **I** bei geringerer Toxizität. Emet. Wrkg. bei Hunden (40 mg/kg). 2. Fraktion DL_{50} 3,9 mg/kg mit geringerer Wrkg. als **I**, bei Erhöhung der Dosis keine Wrkg.-Steigerung, sondern Senkung des Blutdruckes u. der Atmungsfrequenz. — 25 Literaturangaben. E. VEVERA. 4630

Verhütung von Adams-Stokesschen Anfällen durch Verminderung des Plasmakaliums mit Hilfe von Chlorothiazid. Louis Tobian. (J. Lab. clin. Med. **56.** 950—51. Dez. 1960. Minneapolis, Minn.) (Engl.)

Bei 7 Patienten mit ADAMS-STOKESschen Anfällen konnte durch Erniedrigung des Plasma-*K*-Geh. um 0,6—1,1 mVal/Liter mit Hilfe großer Dosen von *Chlorothiazid* (**I**) eine Sistierung der Anfälle erreicht werden, die Grenze lag bei ca. 3,9 mVal/Liter, oberhalb derer die Anfälle andauerten. Plasma-pH-Änderungen waren nicht für die Besserung verantwortlich (wenn auch in einigen Fällen der Plasma–Bicarbonat-Geh. leicht anstieg). Die günstigen Wrkg. von **I** kommen mit u. ohne Na-Zulage zustande, bei einigen Patienten wirkte Na jedoch energiefördernd. Die durch **I** bewirkten Veränderungen des Verhältnisses von extra- zu intracellulärem K reichen offenbar zur Leitungsverbesserung im Überleitungsgewebe aus. U. TAUSENDFREUND. 4634□

Beeinflussung der experimentellen Antidiurese bei Ratten durch Chlorothiazid. K. Kovács, M. A. Dávid und I. W. Horváth. (Naunyn-Schmiedebergs Arch. exp. Pathol. Pharmako. **236.** 382—91. 1959. Szeged, Ungarn, Med. Univ., I. Innere Klinik.) (Dt.)

6-Chlor-7-sulfamyl-1.2.4-benzothiadiazin-1.1-dioxyd (**I**, *Chlorothiazid*, MERCK-SHARP-DOHME, 25 mg/100 g Körpergewicht) bewirkt bei oral wasserbelasteten Ratten eine Vergrößerung der Urin-, NaCl- u. KCl-Ausscheidung, wobei sich die Na-Ausscheidung stärker als die K-Ausscheidung verstärkt. Die ausgeschiedene Kreatininmenge bleibt unverändert. In geringerem Maße treten diese Effekte auch bei Behandlung von hypophysektomierten u. durstenden Ratten mit I auf, während die Wrkg. des antidiuret. Hormons nicht aufgehoben wird. G. ZIEBARTH. 4634 □

Die diuretische Wirkung großer Dosen von Acetazolamid und einem Analogen ohne Kohlensäureanhydrasehemmwirkung. Arnold S. Relman, Richard Porter, James F. Tobias und William B. Schwartz. (J. clin. Invest. **39.** 1551—59. Okt. 1960. Boston, Mass., Boston, Univ., School of Med., Dep. of Med., Tufts Univ., School of Med., Dep. of Med., Evans Mem., Massachusetts, Mem. Hosp.; New England Center Hospital-Pratt Clinic.) (Engl.)

Intravenöse Injektion von 500 mg *Na-Acetazolamid* (I; *5-Acetamido-1.3.4-thiadiazol-2-sulfonamid*)/kg ruft bei narkotisierten Hunden vorübergehend eine massive Diurese hervor, bei der 40—60% des filtrierten Na u. W. sowie 25—50% des filtrierten Chlorids in den Urin gelangten. Die Bicarbonatreabsorption betrug 40—85% derjenigen der Kontrollen u. die Ausscheidung erreichte 70—95% der gefilterten Menge. Ein wesentlicher Anteil dieses Effekts beruht wahrscheinlich nicht auf Hemmung der Kohlensäureanhydrase (II), da das Na-Salz von *Cl 8490*, *N^2-Methyl-5-acetamido-1.3.4-thiadiazol-2-sulfonamid* (III), das in vivo wie in vitro keine II-Hemmwrkg. zeigt, eine ähnliche, nur etwas geringere Diurese hervorrief. Möglicherweise beruht der Mechanismus der I- u. III-Wrkg. auf einer vorübergehenden Änderung der Zus. der Nierenzellen.

K. MAIER. 4634 □

Klinische Erfahrungen mit einem neuen synthetischen Cholerecticum, dem 1-Phenylpropanol. G. Vallecorsi. (Minerva med. [Torino] **47. II.** 1617—19. 17/11. 1956. Firenze, Univ., Clin. Med. Generale.) (Ital.)

1-Phenylpropanol besitzt eine deutliche choleret. Wirkung. Bes. gut waren die Erfolge bei chron. Cholecystitis ohne Steinbildung.

K. ZINGRAF. 4640 □

Die Pharmakologie des Lungenkreislaufs. Domingo M. Aviado. (Pharmacol. Rev. **12.** 159—239. Juni 1960. Philadelphia, Pa., Univ. of Pa., Dep. of Pharmacol.) (Engl.)

Übersicht über die Bedeutung der Anoxie u. die Wrkg. von blutdrucksteigernden (Serotonin, Histamin, O_2, CO_2, Phosgen, Alloxan u. a.) u. blutdrucksenkenden (Aminophyllin, Acetylcholin, Isoproterenol, Tolazolin, Ganglienblocker, Reserpin, Hydralazin, Chlorpromazin u. a.) Mitteln sowie Arzneimitteln mit vorwiegend cardialer Wrkg. (Digitalisglykoside, Pitressin, Chinidin, Procainamid, PAe., Cyclopropan, Barbiturate, Morphin u. a.) auf den Lungenkreislauf. — 856 Literaturangaben. K. ZINGRAF. 4650 □

Experimentelle Untersuchungen über eine neue gegen Pilze wirksame Verbindung. S. Herrling, H. Sous, W. Krüpe, G. Osterloh und H. Mückter. (Arzneimittel-Forsch. **9.** 489—94. Aug. 1959. Stolberg/Rheinland; Chem. Grünenthal GmbH.) (Dt.)

Vff. untersuchen die bakteriostat., fungistat. u. fungiciden Eigg. von *1-p-Chlorbenzyl-2-methylbenzimidazol* (I, $Kp._{12}$ 240—242°; Öl; *Hydrat*; F. 67—68°; *Hydrochlorid*: F. 227—228°; *Hydrobromid*, F. 227—228°; *Perchlorat*, F. 219—221°; *p-Toluolsulfonat*, F. 212—214°). Es zeigt sich, daß I in vitro gegen grampositive Mikroorganismen (*Micrococcus Pyogenes, var. aureus, Streptococcus pyogenes, Diplococcus pneumoniae, Streptococcus facalis* u. *C. diphtheriae, Bacillus cereus* u. *B. subtilis*) in Mengen von 20 bis $>100\ \gamma$/ml bakteriostat. wirksam ist, während gramnegative Stämme u. Mycobakterien durch I nicht gehemmt werden. Gegen Strahlenpilze (*Nocardia asteroides*), *Sproßpilze* (*Candida albicans* [a] u. *Cryptococcus neoformans* [b]) u. Fadenpilze (*Epidermophyton floccosum, Trichophyton gypseum* u. T. *tonsurans*) besitzt I in Abhängigkeit von der Anzahl der Keime fungistat. Aktivität (Hemmdosen: 6·60 γ/ml), die in Ggw. von Serum erniedrigt wird. Die fungicide I-Wirksamkeit ist vom verwendeten Pilzstamm, dessen Proliferations-Geschw. u. der I-Dosis abhängig, wie aus Respirationsmessungen hervorgeht. So werden Pilzkulturen, die in der exponentiellen Wachstumsphase eine kurzfristige mittlere Verdoppelungszeit aufweisen (z. B. a) schon durch 500 γ I/ml vollständig gehemmt, während I auf Pilzzellen im Ruhezustand ohne Einfl. ist. Bei Meerschweinchen zeigt I eine starke lokale therapeut. Wrkg. gegen Infektion mit Trichophyton mentagrophytes (Trichophytie), ist jedoch gegen a-, b- u. Blastomyces dermatitis-Sepsis der Maus u. experimentelle Virusinfektionen unwirksam. Die akuten Toxizitäten (DL_{50}) von I (in mg/kg) betragen: Maus: 200 (per os), 250 (subkutan); 90 (intraperitoneal); Ratte: 2200: >2000; 58. (Lsgm. 1%ig. Carboxymethylcellulose-Lsg.) I besitzt keine chron. Toxizität, verursacht auf der normalen u. entzündeten Haut keinerlei Reizerscheinungen u. ist daher in Kombination mit *Thyrothricin* u. *Xanthocillin* zur lokalen Behandlung von Dermatomykosen des Menschen verwendbar. P. FAHRNLAENDER. 4661 □

—, Pharmacotherapeutica 1950—1959. Collection of papers presented at the opportunity of the 10th anniversary of the Research Institute of Pharmacy and Biochemistry in Prague. Praha: Státní Zdravotnické Nakladatelství. 1961. (436 S. m. Abb. u. Tab.)

F. Pharmazeutische Chemie. Desinfektion

Gegenwärtiger Stand der Frage der möglichen Anwendung von Ultraviolettstrahlen in der Apothekenpraxis. L. I. Stekolnikow. (Аптечное Дело [Apothekenwesen] **10.** Nr. 1. 73—80. Jan./Febr. 1961.) (Russ.)
Übersicht an Hand der Literatur. — 50 Literaturangaben. O. Lebtag. 4750□

Die Saponide in der Lebensmittel- und Heilmittelindustrie. J. P. Sisley. (Rev. Fermentat. Ind. aliment. **15.** 195—204. 15/6. 1960. Inst. des Corps Gras.) (Franz.)
Übersicht über Arten, chem. Zus., Eigg. u. Anwendung von Saponiden in der Lebensmittel- u. Heilmittelindustrie. — 44 Literaturhinweise.
W. Wesly. 4750□

Arzneimittel-Allergien. Hermann Michel. (Dtsch. Apotheker-Ztg. **100.** 1317 bis 1320. 10/11. 1960. Berlin, FU, II. Med. Klinik u. Poliklinik.) (Dt.)
Vortrag. — 12 Literaturangaben. H. Herper. 4750□

Die Standards und Toleranzen für Tabletten. F. R. Matyear und J. B. Green. (Australas. J. Pharmacy [N. S.] **39.** 1359—64. 30/12. 1958.) (Engl.)
Vff. besprechen Standards u. ihre Toleranzen hinsichtlich der von der Brit. Pharmakopoe 1953 aufgeführten Punkte: Herst.-Meth., Identifizierung der wirksamen Bestandteile, quant. Best. der Wirksubstanz nach der B.P., Begrenzung der Verunreinigungen, Gleichmäßigkeit des Gewichtes, Zerfallszeit nach der Meth. der B.P., sowie hinsichtlich der von der B.P. 1958 neuaufgenommenen Punkte: Tablettendurchmesser bei vorgeschriebener Stärke, Zerfallstest für magensaftresistente Tabletten u. Färbung von Überzügen. S. Erbe. 4766□

Luftsuspensionstechnik für das Auftragen von Überzügen auf Arzneimittelteilchen. Vorl. Mitt. Dale E. Wurster. (J. Amer. pharmac. Assoc., sci. Edit. **48.** 451—54. Aug. 1959. Wisconsin, Mad., Univ., School of Pharm.) (Engl.)
Aus den Unterss. geht hervor, daß Arzneimittel in Form von Tabletten usw. mittels eines aufwärtsgerichteten u. regulierbaren Luftstromes in einer vertikalen Säule, auf die der in Lsg. befindliche Überzug regulierbar aufgesprüht wird, gehalten u. anschließend getrocknet werden können. Die Vers.-Anlage wurde mit positivem Ergebnis für die verschiedenen Arten von Überzügen, die unter Verw. verschiedener Lsgm. aufgesprüht wurden u. für verschieden große Partikel bzw. Tabletten oder Preßlinge erprobt. Vers.-Dauer ca. 25—45 Minuten. Es erscheint möglich, die Vers.-Anlage auf techn. Maßstäbe umzusetzen. H. P. Fiedler. 4766□

Herstellung von Gelatinekapseln. G. Müller. (Gyógyszerészet [Pharmazie] **5.** 25—26. Jan. 1961. Köln.) (Ung.)
Inhaltlich ident. mit den unter C. **1961.** 3404, C. **1961.** 4446 u. 11803 referierten Arbeiten. G. Ligeti. 4766

Untersuchung der Diffusionsvorgänge bei der Extraktion von Heilpflanzen. Kálmán Szász. (Acta pharmac. hung. **31.** 12—16. Jan. 1961. Budapest, Köbányai Gyógyszerárugyár.) (Ung.)
Bei der Extraktion von pflanzlichen Wirkstoffen (z. B. Alkaloide) verläuft die Diffusion zwischen den zerstörten bzw. intakten Pflanzenzellen u. dem Lsgm. mit verschiedenen Geschwindigkeiten. Um diese auszuwerten, hat Vf. in einem neuen Gerät Extraktions-Verss. durchgeführt. Die untersuchten *Vinca minor L.*-Muster bestanden aus ausschließlich intakten bzw. aus ausschließlich zerstörten Zellen, weiter auch aus in einem bestimmten Verhältnis gemischten Zellen. Es wurde festgestellt, daß die freie oder verhinderte Diffusion den Extraktionsprozeß verschiedenartig beeinflußt.
G. Ligeti. 4782

Vergleichende Untersuchung von asiatischen und amerikanischen Datura-Arten. Gizella Verzár-Petri und Sándor Sárkány. (Acta pharmac. hung. **31.** 22—42. Jan. 1961. Budapest, L. Eötvös Univ., Inst. Angew. Botanik.) (Ung.)
Es wurden Entw., Morphologie u. Wirkstoffproduktivität einiger Datura-Arten (4 Varietäten von *D. stramonium*, *D. innoxia* Mill., *D. meteloides* Dun. u. 5 Varietäten *D. metel L.*) untersucht. Die nach der Meth. der Ph. Hung. V. aus Laubblättern extrahierten Gesamtwirkstoffe wurden titriert u. dann teils nach Romeike [1956], teils nach Munier u. Macheboeuf [1952] papierchromatograph. untersucht. So werden die Alkaloide (I) Hyoscyamin, Scopolamin, Meteloidin, Tropin, Scopolin u. ein unbekanntes I mit dem R_F-Wert 0,9 nachgewiesen. Vff. schlagen vor, an Stelle der offizinellen *D. Stramonium L. var. stramonium L.* mit einem I-Geh. von 0,244% die *var. tatula* Torr. wegen des höheren I-Geh. (0,323%) anzuwenden. Als Scopolamindroge ist die *D. innoxia* Mill. die geeignetste. G. Ligeti. 4782

Olitorin — ein neues Herzglykosid von Corchorus olitorius L. W. T. Tschernobai und D. G. Kolessnikow. (Доклады Академии Наук СССР [Ber. Akad. Wiss. UdSSR] **127.** 586—88. 21/7. 1959. Charkow, Chem.-Pharmaz. Forschungsinst.) (Russ.)

Aus den Samen von *Corchorus olitorius L.* (C.ol.) wurde ein neues Herzmonoglykosid isoliert, das *Olitorin* (I) genannt wird. Sein Aglykon ist *Strophanthidol* (II), das durch Red. der Formylgruppe von *Strophanthidin* (III) mit $NaBH_4$ zur Hydroxymethylgruppe erhalten wird, der Zuckerrest ist *Bowinose* (**IV**; = *Digitoxose* oder ein Stereoisomeres). **I** enthält nach der vorgeschlagenen Strukturformel **IV** in der 3-Stellung von **II**. Die Hauptglykoside von C.ol. sind somit *Olitorisid*, **I** u. *Corchorosid A*; Aglykone sind **II** u. **III**. Im Vers. werden die nichtfermentierten Samen mit verd. A. extrahiert, mit $Pb(OH)_2$ u. Ae. gereinigt, mit Chlf.-A. 2:1 bis zur negativen Probe nach Legal in der wss. Phase behandelt u. der Rückstand der Chlf.-Extrakte an Al_2O_3 chromatographiert. — *Olitorin* (I), $C_{29}H_{44}O_9$, F. 157—162°; $[\alpha]_D$ +18,18° (A.). — *Olitorigenin* (II; *Strophanthidol*), $C_{23}H_{34}O_6$, F. 218—225°. — *Bowinose* (**IV**; *Digitoxose* oder Stereoisomeres), $C_6H_{12}O_4$, F. 98—102°; $[\alpha]_D^{19}$ —16,20° (Aceton). Helmut Schäfer. 4782□

Versuch einer Echinopsinisolierung aus den Früchten von Echinops sphaerocephalus L. mit Hilfe von Ionenaustauschharzen. 1. Mitt. L. K. Ssuchomut. (Аптечное Дело [Apothekenwesen] **9.** Nr. 1. 62—67. Jan./Febr. 1960. Moskau, Med. Setschenow-Inst., Lehrstuhl für Technol. der Arzneiformen u. galen. Präpp.) (Russ.) — Vgl. C. **1959.** 16730.

Am besten eignet sich eine 10% ig. Essigsäure zur Extraktion der in den Früchten von *Echinops sphaerocephalus* enthaltenen Alkaloide. Die Adsorption des *Echinopsins* (I) erfolgt am günstigsten durch den Kationenaustauscher KU 2, dessen H- u. Na-Form gegenüber **I** die gleiche Austauschkapazität aufweisen, was eine gleichzeitige Eluation u. Regeneration des Kationenaustauschers ermöglicht. Die Desorption des **I** erfolgt durch 0,5n NaOH bei 80°. G. Siewert. 4782□

Antithixotropes Verhalten von Magnesiumoxydgelen. Clifford W. Chong, Stuart P. Eriksen und Joseph V. Swintosky. (J. Amer. pharmac. Assoc., sci. Edit. **49.** 547—52. Aug. 1960. Philadelphia, Pa., Smith Kline and French Div.) (Engl.)

Es wird das ungewöhnliche rheolog. Verh. wss. MgO-Gele, Sol-Gel-Bldg. während der Messung im Rotationsviscosimeter u. spontane Sol-Bldg. während des darauffolgenden Stehens untersucht u. auf Grund der mit dem Drage-Viscostrukturrheometer erhaltenen Kurven zu deuten versucht. H. P. Fiedler. 4790□

Die perkutane Absorption. 1. Mitt. **Die Art der Penetration und der Absorption.** Ottóné Szücs. (Gyógyszerészet [Pharmazie] **4.** 207—12. Juni 1960. Budapest, Med. Univ., Pharmac. Inst.) (Ung.)

Nach einem Überblick über die Histologie der Haut erörtert Vf. die Hautbarriere, ihre Funktion u. die Rolle der einzelnen Hautschichten während der Absorption. — 45 Literaturangaben. G. Ligeti. 4792□

Hypothiazid Tabletten. Pál Szentmiklósi. (Gyógyszerészet [Pharmazie] **4.** 185—86. Mai 1960. Budapest, Wiss. Abt., der Firma MEDIMPEX.) (Ung.)

Das in Ungarn hergestellte neue *Dihydrochlorthiazid* (*Hypothiazid*; I) F. 273—275°, Molgew. 297,7, wirkt als Diureticum 12 mal stärker als Chlorthiazid u. ist *Novurit* gleichwertig; jedoch ist es viel weniger toxisch. Nebenindikationen: Magenbeschwerden, Kopfschmerzen. G. Ligeti. 4800□

Saponine als Arzneimittel. Orzechowski. (Pharmaz. Rsch. **2.** 181—87. Okt. 1960.) (Dt.)

Übersicht. — 97 Literaturangaben. H. Herper. 4806□

Anwendung von Ionenaustauschharzen zur Gewinnung von Morphin aus Mutterlaugen der Morphinproduktion. M. Romantschuk. (Acta pharmac. hung. **31.** 8—11. Jan. 1961. Moskau, Chem.-Pharm. Inst.) (Ung.)

Morphin (I) konnte aus ca. 0,1% **I** enthaltenden Mutterlaugen durch Anwendung des Ionenaustauschers „*Kationit KU 2*" (II) mit 76% Ausbeute isoliert werden. **II** ist eine Polymer-Verb. von sulfoniertem Styrol u. Divinylbenzol u. wird in der Na-Form verwendet. Die Adsorptionskapazität für **I** beträgt in gegebener Vers.-Anordnung 1,5%. **I** wird mit 2% ig. NaOH von **II** als Na-Morphinat eluiert. **II** wird mit 2% ig. H_2SO_4 regeneriert u. nachher mit NaOH gesättigt. G. Ligeti. 4806

Gewinnung von Chlortetracyclin in viertel- und halbtechnischem Maßstab durch Extraktion mit organischen Lösungsmitteln unter Zusatz von Detergentien in alkalischer Lösung und durch Fällung mit Natriumchlorid aus wässerigen sauren Lösungen. Wojciech Sobiczewski, Zbigniew Ruczaj und Olgierd Lubiński. (Med. doświadczalna Mikrobiol. **10.** 385—96. 1958. Warszawa, Inst. Antibiot., Zakł. Technol.) (Pol.)

Die Extraktion von *Chlortetracyclin* (I) aus Gärungs-Lsgg. erfolgt alkal. mit einem Gemisch von Butylacetat u. Butanol (9:1). Um die Löslichkeit von I zu erhöhen, werden quart. NH_4-Verbb., wie Cetylpyridinium- oder Dimethyllaurylbenzylammoniumchlorid zugesetzt, die mit I beständige u. in organ. Lsgm. besser lösl. Komplexe bilden. Bei der Reextraktion mit 0,1n H_2SO_4 wird der Komplex zersetzt u. geht in die wss. Phase über. Durch Aussalzen der sauren Lsg. mit NaCl wird I-Hydrochlorid gefällt. Die Ausbeute beträgt 60%, bezogen auf den Anfang-Geh. in der Fermentationslösung. Die Reinheit der Substanz wird UV-spektroskop. bewiesen. F. Urban. 4810□

Untersuchung der bei einigen Streptomycinpräparaten auftretenden Trübung. László Láng, András Vincze, János Nuridsány, Imre Csató und Gábor Horváth. (Acta pharmac. hung. **31.** 43—47. Jan. 1961. Budapest, Egyesült Gyógyszer- és Tápszergyár.) (Ung.)

Mit Gummipfropfen verschlossene Streptomycin-Präpp. (I), die 96 Std. lang bei 50° behandelt worden waren, zeigten manchmal in wss. Lsgg. eine Opalescenz, die mit Äthylacetat ausschüttelbar ist. Die so erhaltene Lsg. zeigt bei 269 ± 1 mμ ein Absorptionsmaximum. Diese Extinktion (E) der verschiedenen I u. die nephelometr. bestimmten Werte (R) der betreffenden wss. Lsgg. zeigen einen Zusammenhang: R = 100 (E —0,100). Es ist noch nicht festgestellt, ob diese Trübung von einem oder mehreren Fremdstoffen verursacht wird, doch wird sie von manchen Gummisorten so beeinflußt, daß das Extinktionsmaximum der wss. Lsg. von 270 nach 274 mμ verschoben wird. Auch die Wärmebehandlung muß einen Einfl. ausüben, da lyophilisierte I diese Erscheinung nicht zeigen. G. Ligeti. 4810

Eine in Apotheken anwendbare neue Sterilisationsmethode. István Vitéz. (Gyógyszerészet [Pharmazie] **4.** 220—21. Juni 1960. Budapest, Landes-Hyg.-Inst.) (Ung.)

Bei Sterilisations-Verss. mit „Alufix 22" wird festgestellt, daß im App. bei 108,5° die im Dampfraum befindlichen nativen Erdsporen u. pathogenen Clostridien während der 20 Min. dauernden Sterilisation vernichtet werden, u. so ist der App. für die Apotheken empfehlenswert, um darin kleinere Mengen Fll., z. B. Injektions-Lsgg., zu sterilisieren. G. Ligeti. 4832□

Theoretische und praktische Betrachtungen über den Gebrauch von Antiseptica unter besonderer Berücksichtigung von „Hibitane" (Chlorhexidin). Kenneth G. Green. (Australas. J. Pharmacy [N.S.] **39.** 1356—59. 30/12. 1958. Imperial Chemical Ind. Ltd., Pharmaceuticals Div.) (Engl.)

Übersicht an Hand der Literatur über *Hibitane* (*Chlorhexidin*). Anwendungsbereiche sowie Verarbeitungsvorschriften (Lsg., Salbe), Sterilisation usw. werden aufgeführt. S. Erbe. 4832□

Untersuchung der pyrogenen Eigenschaften des durch Elektrofilter destillierten Wassers. S. Jatschewa, Tr. Trangafulow und N. Kolarow. (Известия на Института по Експериментална Медицина, Българская Академия на Науките [Bull. Inst. Méd. exp. Acad. bulg. Sci.] **2.** 555—66. 1957.) Bulg.; Auszug: Dt.)

Wasser wurde aus 6 verschiedenen Wasserquellen mit verschiedenen Graden der Verunreinigung durch Bakterien entnommen u. durch Elektrofilter oder auf gewöhnlichem Wege destilliert. Die Proben des dest. W. blieben verschieden lang stehen. Die auf gewöhnliche Weise dest. Proben erwiesen sich nach 12 std. u. längerem Stehen als pyrogen. Das durch Elektrofilter dest. W. war stets apyrogen, unabhängig vom Geh. an Mikroben u. pyrogenen Stoffen im Ausgangswasser. Die Verss. wurden an Kaninchen durchgeführt, denen das W. in die Ohrenvene eingespritzt wurde. F. du Mans. 4832□

Über die Bewertung der Mischprobe zur Identitätsprüfung von Arzneimitteln. M. Brandstätter-Kuhnert. (Österr. Apotheker-Ztg. **14.** 252—54. 30/4. 1960. Innsbruck, Univ., Pharmakognost. Inst.) (Dt.)

Bei der Best. des Misch-F. kann trotz der Verschiedenheit der Substanzen eine F.-Depression auf Grund einer Mischungslücke der fl. Phasen ausbleiben. Die Verschiedenheit der Substanzen ist aber an der Zweiphasigkeit der Schmelze im Mikroskop erkennbar, wie Vf. an einer Anzahl von Arzneimittelpaaren nachweist. Ein durch Mischkristall-Bldg. zwischen zwei Substanzen mit gleichem F. bedingtes Fehlen einer F.-Depression ist bei den zur Zeit verwendeten Arzneimitteln kaum zu befürchten. Auch von zersetzlichen Stoffen kann der Misch-F. bestimmt werden, wenn man für reproduzierbare Bedingungen (Korngröße u. Erhitzungs-Geschw.) sorgt. W. Krüger. 4880□

Die Ausführbarkeit pharmazeutischer Analysen in Gegenwart von Polyäthylenglykol-Derivaten. 1. Mitt. **Polyäthylenglykolstearat in wässeriger Lösung.** Katharina Dupcza, Ilse Kelemen, Gábor Vastagh und Eva Zábrák. (Pharmaz. Zentralhalle Deutschland **99.** 169—77. April 1960. Budapest, Staatl. Inst. für Hygiene, Chem. Abt.) (Dt.)

Polyäthylenglykol-Derivv., wie z. B. Stearinsäureester von Sorbitanhydridpolyoxyäthylenäthern (Tween 60; I) finden in der Pharmazie zunehmend als hydrophile Salbengrundlagen oder als Lsg.-Vermittler für hydrophobe Substanzen Verwendung. Vff. stellen fest, daß in Ggw. von 0,25—4% I Titrationen mit 0,1n NaOH, $Ce(SO_4)_2$, $AgNO_3$, $KBrO_3$ u. 0,05m EDTA zur Best. der verschiedenen Arzneimittel sowie Ausschüttelungs-Verff. für Alkaloide durchführbar sind. Ungenauigkeiten ergeben sich erst bei höheren I-Konzentrationen. Modifizierungen der gebräuchlichen Analysen-Verff. berücksichtigen die veränderte Farbe der Indicatoren in I-Lsgg. u. die oft verzögerte Rk.-Geschwindigkeit. W. KRÜGER. 4880□

Analyse von Quecksilbersalben. S. Z. Patel und J. T. Hannen. (Sci. J. Roy. Coll. Sci. Sct. J. **25.** 72—73. 1955. London, Nahrungsmittel u. Drogen, Dep. of Chem.) (Engl.)

Der Hg-Geh. von Salben wird durch Titration mit Äthylendiamintetraessigsäure (ÄDTE) in Ggw. von Eriochromschwarz T als Indicator bestimmt. Die Analysenprobe wird mit einem Überschuß an ÄDTE versetzt u. mit $MgCl_2$ zurücktitriert.
P. GOLINSKE. 4880□

Beiträge zur Bestimmung des freien Jod- und Jod–Jodid-Gehaltes von „Solutio jodi spirituosa". Pál Rózsa. (Acta pharmac. hung. **30.** 84—87. April 1960. Budapest, Orsz. Közegész. Int. Kém. Oszt.) (Ung.)

Das freie J_2 in der *Solutio jodi spirituosa* wird mit frisch hergestellter 0,1n Natriumpyrosulfit-Lsg. titriert; dann wird der Gesamtjodid-Geh. der austitrierten Lsg. argentometr. mit Methanylgelb als Indicator bestimmt. N. SEILER. 4880□

Beiträge zu den Reinheitsprüfungen des Arzneibuches. Nachweis von Jodid-Verunreinigungen in Salzsäure, Chloriden und Bromiden. Antal Végh, György Szász und Ottó Papp. (Acta pharmac. hung. **30.** 49—57. April 1960. Budapest, Orvostud. Egyetem Gyógyszer. Kém. Int.) (Ung.)

Durch Unterss. wird bewiesen, daß die Ausschüttelung des zu J_2 oxydierten J^- mit Chlf. zum Nachw. von J^--Verunreinigungen in HCl, Chloriden u. Bromiden zuverlässiger u. empfindlicher ist als die Jodstärkereaktion. N. SEILER. 4880□

Die Anwendung des Bromchlors in der Maßanalyse. Neues Verfahren zur Bestimmung des Hypophosphit-Ions. Kálmán Burger und László Ladányi. (Acta pharmac. hung. **30.** 80—83. April 1960. Budapest, Eötvös Loránd Tud. Egyetem Szervetlen és Anal. Kém. Int.) (Ung.)

Mit einem Überschuß an BrCl (Lsg. von 1 BrO_3^-, 2 Br^- u. überschüssiger HCl) wird $H_2PO_2^-$ in 40 Min. quant. zu PO_4^{3-} oxydiert. Der BrCl -Überschuß wird jodometr. zurücktitriert. 1 ml 0,1n Maß-Lsg. = 2,126 mg $Ca_3(PO_2)_2$. N. SEILER. 4880□

Eine Methode zur Bestimmung von Natriumbicarbonat und Natriumcitrat in Mixturen. Ian S. Taylor. (Australas. J. Pharmacy [N. S.] **39.** 1354. 30/12. 1958. Melbourne, Commonwealth Labor.) (Engl.)

Ein aliquoter Teil der $NaHCO_3$ (I) u. Na-Citrat (II) enthaltenden Mixtur wird in einem Platintiegel zur Trockne eingedampft, verascht, die Asche mit HCl aufgenommen u. die überschüssige HCl mit NaOH zurücktitriert. Ein weiterer aliquoter Teil der Mixtur wird mit HCl versetzt u. mit NaOH zurücktitriert. Aus dem Verbrauch der direkten Titration von I u. der Titration nach der Veraschung (I + II, durch die Veraschung in Na_2CO_3 umgewandelt) kann der Geh. an I u. II berechnet werden. S. ERBE. 4880□

Bestimmung kleiner Phosphatmengen in Calciumgluconat. János Inczédy. (Acta pharmac. hung. **30.** 74—79. April 1960. Budapest, Müsz. Egyetem Általános Kém. Tansz.) (Ung.)

Zur Best. von PO_4^{3-} (I)-Verunreinigungen in Ca-Gluconat wird verascht u. I nach der Molybdänblau-Meth. photometriert. Zur direkten Best. von I in der Gluconat-Lsg. eignet sich der farbige Komplex von I mit Vanadat- u. Molybdationen. Reagens: 20 g $(NH_4)_6Mo_7O_{24} \cdot 4\,H_2O$ in 400 ml heißem W. mit einer Lsg. von 1 g NH_4-Vanadat in 300 ml W. u. 140 ml konz. HNO_3 vereinigen, auf 1000 ml auffüllen. Diese Rk. ist weniger empfindlich als die Molybdänblaumethode. N. SEILER. 4880□

Die Bestimmung von Benzol und Toluol in Benzin. Éva Zöllner, Iván Vastagh und Gábor Vastagh. (Acta pharmac. hung. **30.** 58—67. April 1960. Budapest, Közegész. Int. Kém. Oszt.) (Ung.)

In verschiedenen Proben von Bzn. konnten durch UV-Spektroskopie 0,17—8,05% Bzl. + Toluol erfaßt werden. Es wird vorgeschlagen, eine Höchst-Konz. von 5% der beiden Verbb. für Medizinalbenzin noch zuzulassen. — 14 Literaturangaben.
N. SEILER. 4880□

Beiträge zu den Arzneibuch-Indentitätsprüfungen. 1. Mitt. **Die Diazoniumreaktion.** Antal Végh, György Szász, Antal Brantner, Mária Gracza-Lukács. (Gyógyszerészet [Pharmazie] **5.** 16—17. Jan. 1961. Budapest, Med. Univ., Pharm. Chem. Inst.) (Ung.)

Vff. stellten fest, daß ein großer Teil der alkohol. OH- bzw. Carbonylgruppen enthaltenden Arzneibuch-Verbb. auf Zusatz von Diazoreagens rot gefärbt werden. So färben sich kalte Proben von A., Trichlorisobutylalkohol, Glycerin u. Triäthanolamin rot; Milchsäure, Pyramidon, Aceton, sowie Chloride von Aneurin, Morphin, Methyl-, Äthyl- u. Diacetylmorphin geben undurchsichtige dunkelrote Reaktionen. Nach 3 Min. langem Erwärmen werden Weinsäure, Chloralhydrat, Theophyllin u. die Salze von Scopolamin, Homatropin u. Atropin rosa gefärbt; stärker ist die Rotfärbung nach Erwärmen bei Citronensäure, Lactose, Saccharose, Ephedrin u. noch tiefer bei Dextrose. Die Struktur der Rk.-Prodd. wird weiter studiert. G. Ligeti. 4880

Zur Frage der Gehaltsbestimmung von Dreistoffgemischen durch thermomikroskopische Methoden. M. Brandstätter-Kuhnert und J. Obkircher. (Mikrochim. Acta [Wien] **1960.** 836—53. Innsbruck, Univ., Pharmakognost. Inst.) (Dt.)

Die Möglichkeiten der Dreistoffanalyse mit Hilfe der Lichtbrechung der Schmelze u. der Best. der prim. Kristallisation werden an den Syst. *Adalin–Phenacetin–Salicylamid* u. *Pyramidon–Phenacetin–Luminal* experimentell untersucht. Auch bei optimalen Bedingungen treten Konz.-Felder auf, die für Geh.-Best. ungeeignet sind, weil die Isothermen der Lichtbrechung u. der prim. Kristallisation fast parallel verlaufen. In allen anderen Fällen sind Best. möglich. W. Kupfer. 4880□

Aufeinanderfolgender Nachweis von 2 bis 3 Ingredientien mit einem Reagens oder in einer Reaktion. M. M. Schwarzburd. (Аптечное Дело [Apothekenwesen] **9.** Nr. 1. 60—61. Jan./Febr. 1960. Kiew, Apotheke Nr. 24.) (Russ.)

Es wurden 11 verschiedene bin. oder tern. Arzneigemische folgender Bestandteile untersucht: Hexamethylentetramin, Kodein, Aminophenazon, $NaNO_2$, Barbamyl, Anästhesin, $NaHCO_3$, Novalgin, HCl, Procain, Diabenyl, NaBr, Na-Salicylat, Terpinhydrat, Coffein, Na-Benzoat. Die Ergebnisse sind tabellar. dargestellt.
G. Siewert. 4880□

Bestimmung einiger Piperidinverbindungen in nichtwässerigem Milieu. Lászlóné Vida. (Acta pharmac. hung. **30.** 68—73. April 1960. Budapest, Orsz. Közegész. Int. Kém. Oszt.) (Ung.)

Drei Piperidin-Derivv., *1-Piperidino-2-methyl-3-[4'-tolyl]-propanon-(3)·HCl* (*Mydeton*), *α-Phenyl-α-piperidyl-(2)-essigsäuremethylester·HCl* (*Centedrin, Ritalin*) u. *1-Piperidinomethylcyclohexanon-(2)·HCl* (*Spiractin*) werden durch Titration mit $HClO_4$ in Eisessig mit Gentianaviolett (I) als Indicator bestimmt. Aus Arzneimittelzubereitungen können diese Verbb. aus schwach alkal. Lsg. mit Chlf. ausgezogen u. in der Chlf.-Lsg. direkt mit $HClO_4$ gegen eine Mischung von I u. Dimethylgelb als Indicator (8:20; 0,1%ig. Lsg. in Eisessig) titriert werden. N. Seiler. 4880□

Anwendung von Reineckesalz bei der Analyse von Heilmitteln. 2. Mitt. **Colorimetrische Bestimmung von Nicotinsäuretetrahydrofurfurylester und von Isonicotinsäurehydrazid.** Adam Danek. (Dissertat. pharmac. [Warszawa] **11.** 327—31. 1959.) (Pol.) — 1. vgl. C. **1961.** 8033.

Nicotinsäuretetrahydrofurfurylester („Trafuril") u. *Isonicotinsäurehydrazid* bilden in wss., mit einem Tropfen H_2SO_4 angesäuerter Lsg. schwer lösl. Reineckate. Der Nd. wird in Aceton gelöst u. die Extinktion der Lsg. mit einem Blaufilter gemessen. Die Extinktion ist im Bereich 0,1—0,5 mg/ml der Konz. proportional. F. Urban. 4880□

Quantitative refraktometrische Bestimmung der Barbitursäurederivate. 2. Mitt. **Die refraktometrische Bestimmung und Identifizierung der 5.5-Diäthylbarbitursäure.** Mincsevné, Mária Ralcseva. (Gyógyszerészet [Pharmazie] **4.** 181—84. Mai 1960. Budapest, Med. Univ., Pharmac.-Chem. Inst.) (Ung.) — 1. vgl. C. **1961.** 5534; vgl. auch C. **1961.** 12180.

Vf. prüft die refraktometr. Meth. zur Best. von 5.5-Diäthylbarbitursäure (I) u. stellt fest, daß zwischen der Konz. (bei 0—10 g/Vol.-%) u. dem n_D der alkohol. I-Lsg. ein linearer Zusammenhang besteht, wenn die Konz. des A. 80—90 Vol.-% beträgt. n_D^{20} der 1%ig. Lsg. = 1,366244, die Änderung beträgt zwischen 12 u. 30° ±0,00037 pro Grad u. entspricht der Konz.-Änderung von 0,296 g/Vol.-%. Der Wert des „K"-Faktors ist 0,00125. Zur Identifizierung von I empfiehlt Vf. die Best. der Mol.-Refraktion.
G. Ligeti. 4880□

Quantitative Methoden zur Bestimmung von Alkaloiden. 3. Mitt. **Eine Oxalatmethode zur Bestimmung der Alkaloide in Ephedra.** M. I. Gorjajew, Ss. A. Moschkewitsch, R. N. Ssasonowa und I. M. Schabanow. (Журнал Прикладной Химии [J. angew. Chem.] **32.** 2313—20. Okt. 1959.) (Russ.) — 2. vgl. C. **1959.** 5570.

Das Verf. für die getrennte quant. Best. von *Ephedrin* (I) u. *Pseudoephedrin* (II) in der Ephedra beruht auf der sehr leichten Löslichkeit u. fast vollen Unlöslichkeit von II- bzw. I-Oxalaten im kalten Wasser. Wegen der erhöhten Löslichkeit des I-Oxalats bei Überschuß an Oxalsäure soll das Gemisch I + II mit 2%ig. Oxalsäure-Lsg. genau neutralisiert werden (Lackmus als Indicator). In Abhängigkeit von der Meth., mit welcher I + II gewonnen wurde (Ausziehen der Ephedra mit 1%ig. H_2SO_4 mit nachfolgendem Ausschütteln mit Ae. bzw. seine Dest. mit überhitztem Wasserdampf) werden 2 Varianten der vorst. I- u. II-Best. vorgeschlagen. S. BARYSCHNIKOW. 4880

Quantitative Santoninbestimmung in Wermutextrakten und Eluaten. Ju. W. Schosstenko und I. Ss. Ssimon. (Аптечное Дело [Apothekenwesen] **9.** Nr. 1. 59—60. Jan./Febr. 1960. Charkow, Pharm.-chem. Forschungsinst., Physikal.-chem. Labor.) (Russ.)

Aus den Extrakten bzw. Eluaten von *Artemisia cina Berg* wird nach Ansäuern mit HCl das *Santonin* (I) mit Chlf. ausgeschüttelt, die Chlf.-Lsg. mit akt. Kohle gereinigt u. nach Zugabe von 1—2 ml Ae. zur Trockne verdampft. Der Rückstand wird mit sd. 15%ig. A. aufgenommen u. I durch Verseifung bestimmt. 1 ml 0,1n NaOH = 0,0246 g I. G. SIEWERT. 4880 □

Ein einfaches Verfahren für diffusiometrische Antibiogramm-Untersuchungen. Kálmán Kinda und Judit Teveli. (Gyógyszerészet [Pharmazie] **5.** 18—20. Jan. 1961. Odorhei, Rumänien, Zentralstelle für Hyg. u. Epidemie.) (Ung.)

Bei dem neuen, abgeänderten Verf. der Vff. wird das zu prüfende Antibioticum bestimmter Konz. mit Stärke gemengt u. in dieses Pulvergemisch eine mit physiolog. NaCl-Lsg. durchtränkte Filterpapierscheibe getaucht. Von dem an der Scheibe haftenden Gemisch diffundiert das Antibioticum infolge der anwesenden NaCl-Lsg. rasch auf den Nährboden über. Die Meth. ist ebenso für qual. als auch für quant. Best. geeignet. Die Pulvergemische sind 18 Monate haltbar. G. LIGETI. 4880

Clinical Products Ltd., London, England (Erfinder: Wilfried Herbert Linnell und Stephen Paul Rety), **Arzneimittel** zur oralen Applikation mit verlängerter Wrkg.-Dauer erhält man, indem man bas. bzw. saure Arzneistoffe mit sauren bzw. bas. Ionenaustauschern vom Typ der mit Divinylbenzol vernetzten Styrol- oder Methacrylsäurepolymerisate umsetzt. (**E. P. 857 193** vom 14/3. 1957, ausg. 29/12. 1960.) K. KOEBKE. 4767

Bio-Dubernard Soc. An., Frankreich, **Herstellung von steifen und halbsteifen Verbänden, Bandagen und Überzügen** nach Art der mit Gipsbinden hergestellten Verbände, die sich aber nach dem Gebrauch durch Lsgm., wie Aceton oder Äthylacetat, erweichen u. leicht aufschneiden lassen. Zum Imprägnieren der Textilstoffbinde dient eine Emulsion von 2 verschiedenen plast. Massen, von denen die eine beim Auftrocknen einen nicht zusammenhängenden Film von kleinen, harten Teilchen u. die andere einen weichen Überzug liefert, der nach dem Trocknen die kleinen, harten Teilchen als Trägerstoff fixiert hält. Zu der ersten Gruppe gehört z. B. Polynonylmethacrylat (I), Polyäthylacrylat u. Polybutylacrylat. Zur zweiten Gruppe gehören Polymethylmethacrylat (II), Polyisobutylmethacrylat u. Polystyrol. — Eine Binde aus Baumwollgewebe wird mit einer 40%ig. Emulsion getränkt, welche 10 (%) I u. 90 II enthält. Dabei werden 78% plast. Masse als Trockenprod. aufgenommen. Vor dem Gebrauch wird die Binde in Aceton erweicht. (**F. P. 1 213 782** vom 28/10. 1958, ausg. 4/4. 1960.) M. F. MÜLLER. 4795

Imperial Chemical Industries Ltd., London, England (Erfinder: Norman Senior), **Bactericide hochpolymere Fasern oder Folien** werden erhalten durch Behandeln von natürlichen (z. B. Seide, Wolle, Flachs, Cellulose) oder synthet. (Polyester-, Nylon-) Fasern oder Folien mit wss. Lsgg. von Polyäthylenglykol sowie einem Indol-Deriv. der allg. Formel I, wobei R = H-Atom oder Acylgruppe. Der Ring A kann Substituenten tragen, z. B. Nitro-, Halogen-, Acylamino-, Alkyl-, Hydroxy-, Alkoxy- u./oder Carboxygruppen. (**E. P. 836 477** vom 25/10. 1957, ausg. 1/6. 1960.) F. KOCH. 4795

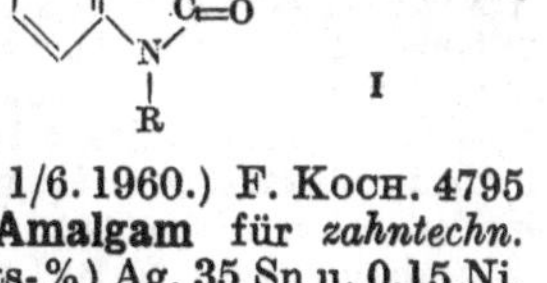

I

Claude Jean Bal, Frankreich, **Ag-, Sn- und Ni-Amalgam** für *zahntechn. Zwecke* aus Hg u. 35—65% eines Gemisches aus 64,85 (Gewichts-%) Ag, 35 Sn u. 0,15 Ni, bes. aus 55% Hg u. 45% des Gemisches, welches zusammengeschmolzen u. bei Raum-Temp. mit dem Hg verrieben wird. Durch den Zusatz von Ni wird die übliche Amalgamierungszeit auf $^1/_3$ herabgesetzt; sie beträgt nur $^1/_4$ Stunde. (**F. P. 1 219 712** vom 3/4. 1959, ausg. 19/5. 1960.) M. F. MÜLLER. 4799

Deutsche Gold- und Silber-Scheideanstalt vormals Roessler, Frankfurt/M. (Erfinder: Wilhelm Querfurth, Oberursel, und Otto Schweitzer, Königstein), **Herstellung haftfester Massen** durch Polymerisation von hauptsächlich aus monomeren oder anpolymerisierten Methacrylsäureestern u. darin gelösten oder feinverteilten Polymethacrylsäureestern bestehenden u. Polymerisationsinitiatoren sowie ggf. -beschleuniger enthaltenden Gemischen, dad. gek., daß die Polymerisation in Anwesenheit von (bes. 1—5%) *monomerer Acrylsäure* u./oder *Methacrylsäure* u. (bes. 2—10%) *Acrylamid* u./oder *Methacrylamid* durchgeführt wird. [Die prozentualen Angaben sind auf monomeren (Meth)acrylester bezogen.] Vorteilhaft ist die Menge des Amids größer als jene der Säure. — *Dentalmassen* u. rasch selbsthärtende Kitte. (**D. A. S. 1 086 430** Kl. 39b vom 22/7. 1953, ausg. 4/8. 1960.) O. SCHÖN. 4799

Soc. des Usines Chimiques Rhône-Poulenc, Frankreich (Erfinder: Paul Gailliot und Jean Baget), **Herstellung von Bis-[amidinophenylmercapto]-pentan** [*Dihydrochlorid*, F. 220—225° (Zers.)] u. **-hexan**, F. 162°, dad. gek., daß man 4-Cyanthiophenol mit 1.5-Dibrompentan bzw. 1.6-Dibromhexan kondensiert, das erhaltene 1.5-Bis-[4'-cyanphenylmercapto]-pentan (F. 124—125°) bzw. 1.6-Bis-[4'-cyanphenylmercapto]-hexan (F. 136°) in A. u. Chlf. mit HCl behandelt unter Bldg. von Bis-[äthoxycarbimidophenylmercapto]-pentan bzw. -hexandihydrochlorid, die man mit NH_3 umsetzt. — *Pharmazeutica*. (**F. P. 1 212 070** vom 16/5. 1958, ausg. 22/3. 1960.) S. BÖTTCHER. 4807

Soc. des Usines Chimiques Rhône-Poulenc, Frankreich, **Herstellung von o-Hydroxymethylphenoxycarbonsäurederivaten** nach dem F. P. 1 153 396 oder dadurch, daß man entsprechende Formylphenoxy-Derivv. reduziert. — *2-Hydroxymethyl-4-chlorphenoxyessigsäure*, F. 145°, durch Behandlung einer wss. Suspension von 2-Formyl-4-chlorphenoxyessigsäure mit 30%ig. HCHO in alkal. Medium oder durch Hydrieren an RANEY-Ni. — *2.6-Bis-[hydroxymethyl]-4-chlorphenoxyessigsäure*, F. 161°, aus 2.6-Bis-[hydroxymethyl]-4-chlorphenol (F. 168°) u. Chloressigsäure. — *2.6-Bis-[hydroxymethyl]-4-methylphenoxyessigsäure*, F. 150°, aus 2.6-Bis-[hydroxymethyl]-4-methylphenol. — *2-Hydroxymethyl-4-chlorphenoxyacetamid*, F. 135°, aus 2-Formyl-4-chlorphenoxyacetamid (F. 189°). — *2-Hydroxymethyl-4-methyl-*, F. 122°, u. *-4.5-dimethylphenoxyessigsäure*, F. 98°, aus 2-Hydroxymethyl-4-methyl- (F. 99°) bzw. -4.5-dimethylphenol. — *Pharmazeutica*. (**F.P. 71 054** vom 19/2. 1957, ausg. 8/10. 1959. **Zusatz zu F. P. 1 153 396; C. 1959. 4286.**) S. BÖTTCHER. 4807

Hercules Powder Co., übert. von: Thomas F. Sanderson, Wilmington, Del., V.St.A., **Oxydation von unsymmetrischen Stilbenen** der allg. Formel I (R = H, Alkyl, Acylrest einer Alkyl- oder Arylcarbonsäure; beide R können gleich oder verschieden sein) erfolgt durch deren Behandlung mit O_3 in Ggw. eines Lsgm. (Methanol, Essigsäure, Methylenchlorid, Chlf., CCl_4) bei —100 bis +10°, bes. —80 bis —50°. Durch Spaltung der Ozonide mit Wasserdampf oder alkal. H_2O_2 erhält man die entsprechenden *Aldehyde* oder *Carbonsäuren*. — Aus 3.5-Dimethoxystilben in Methylenchlorid unter Einleiten einer Mischung aus O_3 u. O_2 bei —60° u. Zers. des *Ozonids* mit wss. 10%ig. NaOH in Ggw. von 30%ig. H_2O_2 → *3.5-Dimethoxybenzoesäure* u. *Benzoesäure* neben etwas *Benzaldehyd* u. *3.5-Dimethoxybenzaldehyd*, die als Hauptprod. bei der Zers. des Ozonids mit Wasserdampf entstehen. — 3.5-Diacetoxystilben → *Ozonid* → *3.5-Diacetoxybenzaldehyd, Thiosemicarbazon*, F. 196—197°. Weiter können ozonisiert u. die entstandenen Ozonide gespalten werden: 3-Hydroxy-5-methoxy-, 3-Hydroxy-5-äthoxy-, 3.5-Dimethoxy-, -Diäthoxy-, -Dipropoxy-, -Dibutoxy-, -Diisobutoxy-, -Diamyloxy-, 3.5-Dipropionoxy- u. 3.5-Dibenzoxystilben. — *Zwischenprodd., bes. zur Herst. von Viruciden.* (**A. P. 2 776 986** vom 20/12. 1952, ausg. 8/1. 1957.) G. KRAUSS. 4807

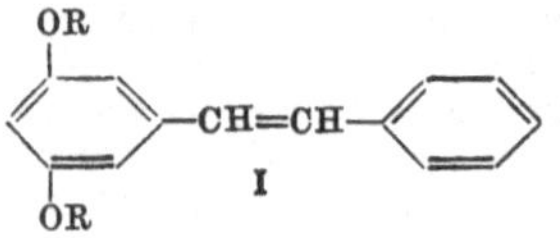

I

Silvano Rossi, Mailand, Italien, **Herstellung von N-Alkyl- beziehungsweise N-Alkenylderivaten des [3-Azabicyclo-(3.3.1)-nonans = I]**, dad. gek., daß man I mittels Alkyl- oder Alkenylhalogeniden (Br oder J) in einem inerten Lsgm., wie Bzl. oder Toluol, u. ggf. in Ggw. eines säurebindenden Mittels, wie Pyridin oder $NaHCO_3$, umsetzt u. die erhaltene Base in ein Säureadditionssalz überführt, oder, von der Hexahydroisophthalsäure (**II**) ausgehend, diese mit einem prim. Amin mit 1—3 C-Atomen in der Alkylgruppe bei erhöhter Temp. umsetzt u. das gebildete N-Alkylhexahydroisophthalimid mit z. B. Li-Al-Hydrid reduziert. — Aus **II** u. Methylamin bei 280° über das *N-Methylhexahydroisophthalimid* ($Kp._{10}$ 126—127°) das *N-Methyl-I*, Kp. 176—177°, *-Pikrat*, F. 215—217°, *-Perchlorat*, F. 212—214°, *-Hydrobromid*, F. 240—242°, *-Maleat*, F. 171—172°; aus I u. Ameisensäureformalin ebenfalls *N-Methyl-I*; aus I u. Isopropylbromid → *N-Isopropyl-I-hydrobromid*, F. 213°, *-maleat*, F. 188—189°; aus I u. Allylbromid → *N-Allyl-I-hydrobromid*, F. 175—176°, *-pikrat*, F. 158°; aus I u. Äthylbromid → *N-Äthyl-I-hydrobromid*, F. 204°, *-maleat*, F. 185°. — *Blutdrucksenkende Mittel.* (**E. P. 824 140** vom 14/6. 1957, ausg. 25/11. 1959.) W. Heyer. 4807

Norwich Pharmacal Co., Norwich, N.Y., V.St.A., **Arzneimittel** zur Bekämpfung von Eingeweidewürmern, bes. von *Oxyuris vermicularis*, enthaltend als Wirkstoff einen *Ester der 5-Nitro-2-furylacrylsäure* (I) mit einem Alkohol von 1—6 C-Atomen. *Äthylester:* F. 124—126°. (**Belg. P. 564 915** vom 18/2. 1958, ausg. 15/7. 1960. **Ind. P. 61 606** vom 2/9. 1957, ausg. 28/1. 1960. E. Prior. 28/8. 1957.) K. Koebke. 4807

Farbenfabriken Bayer Akt.-Ges., Leverkusen (Erfinder: Hartmund Wollweber, Rudolf Hiltmann, Wuppertal, Georg Kimmerle, Blankenstein/Ruhr, und Horst Kreiskott, Wuppertal), **Basisch substituierte Hydracrylsäureester** der allg. Formel I, *deren O-Acylderivate und/oder deren Salze* (R = gesätt. oder ungesätt. Bicyclo-[2.2.1]-heptyl, Nortricyclyl, Isopropyl, Isopropenyl, tert.-Butyl; R_1 = H,

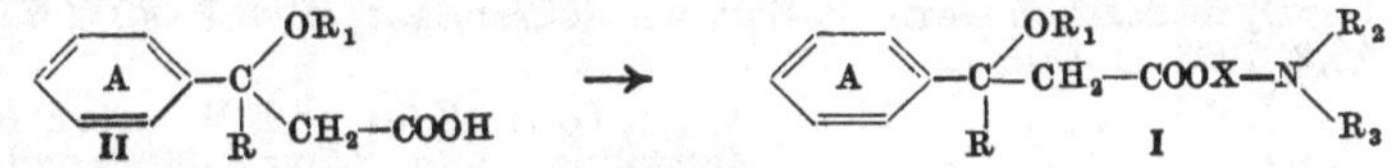

Acyl; X = gerad- oder verzweigtkettiges Alkylen, Cycloalkylen; R_2 u. R_3 = H, Alkyl, die beide zusammen mit dem N oder mit einem C von X einen mono- oder bicycl., heterocycl. Ring bilden können, der noch N, S, O oder N-Alkyl enthalten kann; Ring A kann eine oder mehrere Alkoxy-, Alkylmercapto- oder Methylendioxygruppen enthalten) erhält man durch Rk. von Carbonsäuren der allg. Formel II, deren Salzen oder funktionellen Derivv. mit den entsprechenden Aminoalkoholen oder deren funktionellen Derivv. in üblicher Weise, bes. in Ggw. eines Lsgm.; die freie OH-Gruppe kann dann mit Carbonsäureanhydriden oder -chloriden bei normaler oder erhöhter Temp. verestert werden. Entstandene ungesätt. Verbb. können zu den entsprechenden gesätt. hydriert werden. Die II entstehen durch Rk. des entsprechenden Ketons mit Bromessigester nach Reformatski. — Aus 40 g β-Phenyl-β-(2-bicyclo-[2.2.1]-5-heptenyl)-hydracrylsäureäthylester, $Kp._{0,2}$ 140° (freie Säure, F. 124—126°) u. 38 g 2-N.N-Diäthylaminoäthanol in Ggw. von 0,5 g Na bei 110—120° unter Entfernen des abgespaltenen A. → 33 g *β-Phenyl-β-(2-bicyclo-[2.2.1]-5-heptenyl)-hydracrylsäure-2-N.N-diäthylaminoäthylester*, $Kp._{0,15}$ 180 bis 184°; *Citrat*, F. 86—87°. — β-Phenyl-β-[2-nortricyclyl]-hydracrylsäureäthylester, $Kp._{0,1}$ 140°, → *β-Phenyl-β-[2-nortricyclyl]-hydracrylsäure-2-N.N-diäthylaminoäthylester*, $Kp._{1}$ 190°; *Citrat*, F. 92—93°. — β-Phenyl-β-tert.-butylhydracrylsäure, F. 114—115° (Äthylester, $Kp._{0,2}$ 100°) → *β-Phenyl-β-tert.-butylhydracrylsäure-2-N.N-diäthylaminoäthylester*, $Kp._{0,1}$ 146—148°; *Citrat*, F. 101—102°. — β-Phenyl-β-isopropylhydracrylsäure, F. 118—119° (Äthylester, $Kp._{0,7}$ 108—110°), + 3-N-Pyrrolidinopropylchlorid in Isopropanol → *β-Phenyl-β-isopropylhydracrylsäure-3-N-pyrrolidinopropylester*, $Kp._{0,3}$ 158 bis 162°; *Citrat*, F. 107—108°. — *β-Phenyl-β-isopropylhydracrylsäure-3-N.N-dimethylaminopropylester*, $Kp._{0,3}$ 140°; *Citrat* (C), F. 63—65°; *-2-N.N-dimethylaminopropylester*, $Kp._{0,6}$ 134°; *Hydrochlorid*, F. 104—105°; *-2-N.N-dimethylaminoäthylester*, $Kp._{0,3}$ 128°; C, F. 74—75°; *-2-N-pyrrolidinoisopropylester*, $Kp._{0,6}$ 162°; C, F. 78—80°; *-2-N-pyrrolidinoäthylester*, $Kp._{0,3}$ 158°; C, F. 75—76°; *-3-N.N-diäthylaminopropylester*, $Kp._{0,3}$ 164°; C, F. 77—78°; *-2-N.N-diäthylaminoäthylester*, $Kp._{0,1}$ 144°; C, F. 177°; *Hydrochlorid*, F. 112—114°; daraus in Essigsäureanhydrid mit Acetylchlorid bei 30° → *β-Phenyl-β-isopropyl-β-acetoxypropionsäure-2-N.N-diäthylaminoäthylesterhydrochlorid*, aus Essigester, F. 165—166°. — *β-Phenyl-β-isopropylhydracrylsäure-2-[2-piperidino-N-methyl]-äthylester*, $Kp._{0,3}$ 180°; *-[N-methylpiperidyl-(3)]-ester*, $Kp._{0,6}$ 170°; *Hydrochlorid*, F. 124 bis 126°; *-2-N.N-dimethylamino-2.2-dimethyläthylester*, $Kp._{0,8}$ 128°; *Hydrochlorid*, F. 98 bis 99°. — *β-Phenyl-β-isopropenylhydracrylsäure-2-N.N-diäthylaminoäthylester*, $Kp._{0,5}$ 154 bis 156°; *Hydrochlorid*, F. 99°. — *β-[p-Methoxyphenyl]-β-isopropylhydracrylsäure-2-N-pyrrolidinoäthylester*, $Kp._{0,5}$ 185°; C, F. 69—70°. — *β-[p-Methoxyphenyl]-β-isopropylhydracrylsäure-2-N.N-diäthylaminoäthylester*, $Kp._{0,3}$ 175°; C, F. 85—87°. — *β-[3.4-Dimethoxyphenyl]-β-isopropylhydracrylsäure-2-N.N-diäthylaminoäthylester*, $Kp._{0,3}$ 190°; C, F. 98—99°. — *β-[3.4-Methylendioxyphenyl]-β-isopropylhydracrylsäure-2-N.N-diäthylaminoäthylester*, $Kp._{0,5}$ 186—188°; C, F. 80—82°. — *β-[p-Äthoxyphenyl]-β-isopropylhydracrylsäure-2-N.N-diäthylaminoäthylester*, $Kp._{0,3}$ 180°; F. 89°. — *β-Phenyl-β-isopropylhydracrylsäure-2-N-piperidinoäthylesterhydrochlorid*, F. 122—123°. — *β-Phenyl-β-isopropylhydracrylsäure-2-N-morpholinoäthylesterhydrochlorid*, F. 125—126°. — *Mittel gegen Parkinsonsche Krankheit*; Tabelle. (**D. A. S. 1 102 156** Kl. 12o vom 27/2. 1959, ausg. 16/3. 1961.) G. Krauss. 4807

Omikron-Gagliardi, Soc. di Fatto, Mailand, Italien, **Herstellung von 4-Alkyl-5-acylimino-Δ^2-1.3.4-thiadiazolin-2-sulfochloriden**, dad. gek., daß man auf die entsprechenden 2-Benzylmercapto-Verbb. in wss. Suspension bei ca. 20—25° in Ggw. von $FeCl_3$ gasförmiges Cl_2 einwirken läßt. — 5-Acetylimino-4-äthyl-2-benzylmercapto-Δ^2-1.3.4-thiadiazol → *5-Acetylimino-4-äthyl-Δ^2-1.3.4-thiadiazolin-2-sulfochlorid*, F. 67—69°. — Analog: *5-Benzoylimino-4-methyl-* (F. 156—158°) u. *5-Benzoylimino-4-äthyl-Δ^2-1.3.4-thiadiazolin-2-sulfochlorid*, F. 135—137,5°. — Die Verbb. sind *Zwischenprodd.* zur Herst. der entsprechenden *Sulfonamide*, die z. B. zur Behandlung von *Herzschwäche* oder *Epilepsie* verwendet werden. (**D. A. S. 1 108 228** Kl. 12p vom 2/7. 1959, ausg. 8/6. 1961. It. Prior. 4/7. 1958.) A. Brösamle. 4807

Chemische Fabrik Schweizerhall, Basel, Schweiz, **Herstellung von therapeutisch wirksamen 4-Aminosalicylsäuresalzen** durch Rk. von 4-Aminosalicylsäure (**I**) oder deren Salzen mit Carbonsäurehydraziden. — Man gibt eine Lsg. von 27,6 (g) *Pyridin-4-carbonsäurehydrazid* (**II**) in 500 A. (96% ig) auf einmal zu 30,6 **I**. Die **I** löst sich unmittelbar; nach kurzer Zeit krist. das **I**-Salz des **II** in feinen Nadeln aus, das sich mit $CuSO_4$ in das komplexe Cu-Salz überführen läßt. (**Ind. P. 49 085** vom 2/3. 1953, ausg. 25/3. 1955. E. Prior. 3/3. 1952.) C. Lüttgen. 4807

Ethicon, Inc., übert. von: John Koo und Werner Richard Boehme, Somerville, N.J., V.St.A., **Herstellung von β-Pyridyldialkoxyacrylophenonen** der allg. Formel 2-R_1-3.6-Dialkoxy-β-R_2-acrylophenon (**I**), worin R_1 = H oder OH, R_2 = Pyridyl oder Thiophenyl u. „Alkoxy" = Methoxy-, Äthoxy-, Propoxy-, Isopropoxy-, Butoxy-, Isobutoxy- oder Pentoxy- bedeutet, dad. gek., daß man entsprechende R_2-Carboxaldehyde, z. B. Pyridincarboxaldehyd, in Ggw. von NaOH- oder KOH bzw. tert. Amine, z. B. Pyridin oder Piperidin, bei 0—100°, bes. 23—30°, mit einem 2-R_1-3.6-Dialkoxyacetophenon kondensiert. — Aus 2-Hydroxy-3.6-dimethoxyacetophenon u. 30% ig. A. u. 3-Pyridincarboxaldehyd → *β-[Pyridyl-(3)]-2-hydroxy-3.6-dimethoxyacrylophenonhydrochlorid*, F. 233—234°; analog *β-[Pyridyl-(3)]-2.5-dimethoxyacrylophenonhydrochlorid*, F. 204—205° (Zers.); *β-[Pyridyl-(4)]-2.5-dimethoxyacrylophenonhydrochlorid*, F. 228—230° (Zers.). — *Coronargefäße* erweiternde Mittel. (**A. P. 2 945 854** vom 17/2. 1959, ausg. 19/7. 1960.) W. Heyer. 4807

F. Hoffmann-La Roche & Co. Akt.-Ges., Basel, Schweiz, **Benzhydrylpiperidinverbindungen.** Man setzt α-[1-Äthylpiperidyl-(2)]-benzhydrol mit HBr um, behandelt mit wss. Alkali u. red. mit Ameisensäure. *1-Äthyl-2-benzhydrylpiperidin*, F. 42—44°; Hydrochlorid, F. 212—214°. (**Norw. P. 90 185** vom 24/7. 1956, ausg. 21/10. 1957. A. Prior. 25/7. 1955.) K. H. Kähler. 4807

F. Hoffmann-La Roche & Co. Akt.-Ges., Basel, Schweiz, **Herstellung von Hydrazinderivaten der allg. Formel** R_1—NH—NH—R_2, worin R_1 = Picolinoyl oder Nicotinoyl ist u. R_2 eine Aralkylgruppe bedeutet, dad. gek., daß man Picolin- oder Nicotinsäure bzw. reaktive Derivv. davon, bes. Alkylester mit 1—6 C-Atomen, Halogenide oder Amide, mit einem Aralkylhydrazin, oder daß man Nicotinsäure- bzw. Picolinsäurehydrazide mit einer Aralkylcarbonyl-Verb. umsetzt, das im letzteren Fall erhaltene Hydrazon hydriert oder mit einer Grignard-Verb. behandelt u. dann hydrolysiert, wobei die Hydrierung vorzugsweise in Ggw. von Pd-Kohle als Katalysator durchgeführt wird. — Aus Nicotinoylhydrazin u. [p-Methylphenyl]-aceton über das 1-Nicotinoyl-2-[2'-(p-methylphenyl)-isopropyliden]-hydrazin, F. 108—110°, → *1-Nicotinoyl-2-[2'-(p-methylphenyl)-isopropyl]-hydrazin*, F. 146°; aus Nicotinoylhydrazin u. Phenylaceton über das 1-Nicotinoyl-2-[2'-phenylisopropyliden]-hydrazin, F. 123—124°, → *1-Nicotinoyl-2-[2'-phenylisopropyl]-hydrazin*, F. 220°; analog über das 1-Nicotinoyl-2-[diphenylmethylen]-hydrazin, F. 97—99°, → *1-Nicotinoyl-2-[diphenylmethyl]-hydrazin*, F. 113—115°; über das 1-Nicotinoyl-2-[2'.2'-diphenylisopropyliden]-hydrazin, F. 182°, → *1-Nicotinoyl-2-[2'.2'-diphenylisopropyl]-hydrazin*; aus Picolinsäurehydrazid u. Benzaldehyd über das 1-Benzyliden-2-picolinoylhydrazin, F. 192—194°, → *1-Picolinoyl-2-benzylhydrazin*, F. 87—88°, *Hydrobromid*, F. 163—164°, *Phosphat* (Sirup), *Tartrat* u. *Hydrochlorid.* Aus Picolinsäure in Methylenchlorid u. Benzylhydrazin in Ggw. von Dicyclohexylcarbodiimid, Abtrennen des gebildeten N.N'-Dicyclohexylharnstoffs, Einengen des Filtrats zur Trockne, Hydrolyse mit 10% ig. NaOH, Einstellen des pH mit konz. HCl auf 8—9 → *Picolinoyl-2-benzylhydrazin*, F. 87—88°. — *Aminoxidaseinhibitoren.* (**E. P. 822 796** vom 1/4. 1958, ausg. 28/10. 1959. A. Prior. 5/4. 1957.) W. Heyer. 4807

Hans Seel und Josef Klosa, Berlin, **Spartein-Theophyllin-7-essigsäure-Komplexverbindung,** F. 159—161°, wird erhalten durch Rk. von 2 Mol Theophyllin-7-essigsäure, ggf. in einem geeigneten Lsgm., mit 1 Mol Spartein oder mit 1 Mol eines Salzes aus Spartein u. einer Mineralsäure in Ggw. geeigneter Fällungsmittel für die anion. Komponente dieser Salze. — *Heilmittel.* (**D. A. S. 1 100 027** Kl. 12p vom 28/9. 1955, ausg. 23/2. 1961.) H. Bräucker. 4807

F. Hoffmann-La Roche & Co. Akt.-Ges., Basel, Schweiz (Erfinder: Konrad Bernhauer, Wilhelm Friedrich und Gisela Gross, Aschaffenburg), **Gewinnung von reinen Vitaminen der B_{12}-Gruppe,** dad. gek., daß man Konzentrate von Vitaminen der B_{12}-Gruppe, welche einen Wirkstoff-Geh. von mindestens 10%, bezogen auf Trockensubstanz, aufweisen, in wss. Lsg. mit proteolyt. Enzymen von Schimmelpilzen behandelt, bes. mit Rohkonzentraten von Schimmelpilzkulturen bei pH 5,5—7,0 u. 20—30°. (**D. A. S. 1 102 974** Kl. 30h vom 8/10. 1959, ausg. 23/3. 1961. Schwz. Prior. 27/11. 1958.)
K. KOEBKE. 4809

Smith, Kline & French Laboratories, Philadelphia, Pa., V.St.A., **11.12-Epoxysteroide.** Man oxydiert z. B. 11β.12β-Epoxypregnan-3α.20β-diol mit CrO_3 in Essigsäure u. in Ggw. von Pyridin → *11β.12β-Epoxypregnan-3.20-dion,* F. 143—145°; daraus durch Red. mit $NaBH_4$ → *11β.12β-Epoxypregnan-3α-ol-20-on,* F. 130—140°, welches sich mit HBr spalten läßt → *12-Brompregnan-3α.11β-diol-20-on* (I), F. 188—190°; daraus durch Bromierung mit Br_2 → *12.21-Dibrompregnan-3α.11β-diol-20-on,* F. 180 bis 182° (Zers.), aus welchem man durch Rk. mit K-Acetat in Aceton u. in Ggw. von $KHCO_3$ → *11β.12β-Epoxypregnan-3α.21-diol-20-on-21-acetat* (**II**), F. 158—162°, erhält. — Man kann auch **I** durch Rk. mit methanol. NaOH dehydrobromieren → *11β.12β-Epoxypregnan-3α-ol-20-on,* F. 144—146°; *3-Acetat,* F. 158—160°. — **II** läßt sich durch CrO_3-Oxydation überführen → *11β.12β-Epoxypregnan-21-ol-3.20-dionacetat,* F. 117—119°. — *Heilmittel.* (**E. P. 846 045** vom 12/3. 1958, ausg. 24/8. 1960. A. Prior. 21/3. u. 26/6. 1957.)
U. SIEVERS. 4809

Schering Corp., übert. von: Eugene P. Oliveto, Bloomfield, David H. Gould, Palisades Park, und Temple Clayton, Parsippany, N.J., V.St.A., **3.20-Bis-äthylenketale von 3.20-Diketosteroiden der Pregnanreihe** erhält man durch Rk. der freien Diketone mit Äthylenglykol (**I**) in Ggw. einer organ. Sulfonsäure, bes. Methyl- (**II**) oder p-Toluolsulfonsäure. — Man setzt z. B. Cortison in Äthylenchlorid mit **I** in Ggw. von **II** um → *Δ^4-Pregnen-17α.21-diol-3.11.20-trion-3.20-bis-äthylenketal,* F. 230 bis 235°. — Analog: *Pregnan-17α.21-diol-3.11.20-trion-3.20-bis-äthylenketal.* — Nach Schutz der Ketogruppen auf diese Weise können weitere Veränderungen des Mol. durchgeführt werden. Danach können die geschützten Ketogruppen durch saure Hydrolyse, z. B. mit 50%ig. Essigsäure oder mit verd. H_2SO_4, wieder regeneriert werden. (**A. P. 2 927 108** vom 4/6. 1952, ausg. 1/3. 1960.) U. SIEVERS. 4809

Syntex Soc. An., Mexico, übert. von: Carl Djerassi, Birmingham, Mich., V.St.A., George Rosenkranz und Jesus Romo, Mexico, Mexico, **Δ^7-Allopregnenverbindungen.** Man behandelt z. B. $\Delta^{7.9(11)}$-22-Isoallospirostadien-3β-ol bei 196° im geschlossenen Rohr mit Acetanhydrid u. baut anschließend das erhaltene Furostatrien durch Oxydation mit CrO_3 in Ggw. von Essigsäure ab → *$\Delta^{7.9(11).16}$-Allopregnatrien-3β-ol-20-on-3-acetat,* F. 161—163°, $[\alpha]_D^{20}$ +196°, welches sich durch partielle Hydrierung in Ggw. von Pd-Kohle hydrieren läßt → *$\Delta^{7.9(11)}$-Allopregnadien-3β-ol-20-on-3-acetat* (**Ia**), F. 139—141°; $[\alpha]_D^{20}$ +78,9°. — Δ^7-Allopregnen-3β-ol-20-on-3-acetat + $LiAlH_4$ in Ae. → *Δ^7-Allopregnen-3β.20-diol* (**I**), F. 104—106°; $[\alpha]_D^{20}$ —3,2°. — Analog: *$\Delta^{7.9(11)}$-Allopregnadien-3β.20-diol* (**II**), F. 183—185°; $[\alpha]_D^{20}$ +24,4°. — **I**-Diacetat läßt sich durch Dehydrierung mit Hg(II)-Acetat überführen → **II**-*Diacetat,* F. 110—112°; $[\alpha]_D^{20}$ +23,9°. — **Ia** läßt sich durch Rk. mit Perphthalsäure überführen → *9α.11α-Oxido-Δ^7-allopregnen-3β-ol-20-on-3-acetat,* F. 188—190°; $[\alpha]_D^{20}$ —5°. — $\Delta^{7.16}$-Allopregnadien-3β-ol-20-on-3-acetat (**III**) + $LiAlH_4$ in Ae. → *$\Delta^{7.16}$-Allopregnadien-3β.20-diol,* F. 145—147°; $[\alpha]_D^{20}$ +6,6°. — **III** + H_2O_2 + NaOH → *16.17α-Oxido-Δ^7-allopregnen-3β-ol-20-on-3-acetat* (**IV**), F. 153—155°; $[\alpha]_D^{20}$ +28,2°; *freier Alkohol,* F. 124—126°; $[\alpha]_D^{20}$ +28,8°. — **IV** + Hg(II)-Acetat in Chlf. → *16.17α-Oxido-$\Delta^{7.9(11)}$-allopregnadien-3β-ol-20-on-3-acetat,* F. 153 bis 155°; $[\alpha]_D^{20}$ +117,5°. — Analog: $\Delta^{5.7}$-Allopregnadien-3β-ol-20-on-3-acetat → *$\Delta^{5.7.9(11)}$-Pregnatrien-3β-ol-20-on-3-acetat,* F. 143—145°; $[\alpha]_D^{20}$ +323,9°; *freier Alkohol,* F. 201—203°; $[\alpha]_D^{20}$ +284,5°. — $\Delta^{5.7}$-Pregnadien-3β-ol-20-on läßt sich nach OPPENAUER oxydieren → *$\Delta^{4.7}$-Pregnadien-3.20-dion,* F. 106—108°; $[\alpha]_D^{20}$ +102°. — Δ^7-22-Isoallospirosten-3β-ol-3-acetat + Acetanhydrid bei 196° → *$\Delta^{7.20(22)}$-Allofurostadien-3β.26-diol,* F. 175—177°. Baut man das als Zwischenprod. erhaltene Furostadiendiacetat mit CrO_3 in üblicher Weise ab, so erhält man *Δ^7-Allopregnen-3β.16β-diol-20-on-3-acetat-16-γ-methyl-δ-acetoxyvalerat,* F. 113,5—115,5°; $[\alpha]_D^{20}$ 0°. — Aus der Mutterlauge erhält man durch Verseifung mit methanol. $KHCO_3$ → *$\Delta^{7.16}$-Allopregnadien-3β-ol-20-on-3-acetat,* F. 136 bis 139°; *freier Alkohol,* F. 145—147°; $[\alpha]_D^{20}$ +58°. — Zwischenprodd. zur Herst. von *Steroidhormonen.* (**A. P. 2 924 596** vom 14/9. 1954, ausg. 9/2. 1960.) U. SIEVERS. 4809

Syntex Soc. An., Mexico, Mexico, **$\Delta^{1.4}$-3-Ketoverbindungen der Androstanreihe** erhält man durch Dehydrierung der entsprechenden Δ^4-3-Ketone mit SeO_2. — Man setzt z. B. Testosteron in Bzl. mit SeO_2 in Ggw. von H_2O 24 Std. unter Rückfluß um →

$\Delta^{1.4}$-*Androstadien-17β-ol-3-on*, F. 168—170°. — *Heilmittel* sowie Zwischenprodd. zu deren Herstellung. (**E. P. 843 108** vom 4/6. 1956, ausg. 4/8. 1960. Mexican. Prior. 14/7. 1955.) U. SIEVERS. 4809

Upjohn Co. (Erfinder: John Claude Babcock und Raymond LeRoy), Kalamazoo, Mich., V.St.A., **4.17α-Dimethyl-9α-fluor-11-ketotestosteron (I),** F. 205 bis 208°, erhält man durch Rk. von 17α-Methyl-9α-fluor-11β-hydroxytestosteron (**II**) mit Pyrrolidin in Methanol–Methylenchlorid → I-*3-Pyrrolidylenamin*, F. 175—178°, welches durch Rk. mit überschüssigem CH_3J übergeführt wurde → *4.17α-Dimethyl-9α-fluor-11β-hydroxytestosteron*, F. 203—206°; daraus durch CrO_3-Oxydation in Ggw. von Eisessig → **I**. — *Heilmittel*. (**D. A. S. 1 097 985** Kl. 12o vom 30/5. 1959, ausg. 26/1. 1961. A. Prior. 2/6. 1958.) U. SIEVERS. 4809

Merck & Co., Inc., Rahway, übert. von: George I. Poos, Ambler, Pa., und Lewis H. Sarett, Princeton, N.J., V.St.A., **16.17-Oxido-11-dehydrocorticosteron und dessen Ester.** Inhaltlich ident. mit A. P. 2 809 967; C. **1959.** 8392. (**A. P. 2 933 493** vom 30/6. 1954, ausg. 19/4. 1960.) U. SIEVERS. 4809

Raymond Michel, Paris, und Jean Roche, Bellevue, Meudon, Frankreich, **Methoxyphenoxynitrobenzaldehyd** der allg. Formel **I** erhält man durch Rk. von Halogennitrobenzaldehyd der allg. Formel **II** mit einem Alkoxyphenol der allg. Formel **III**

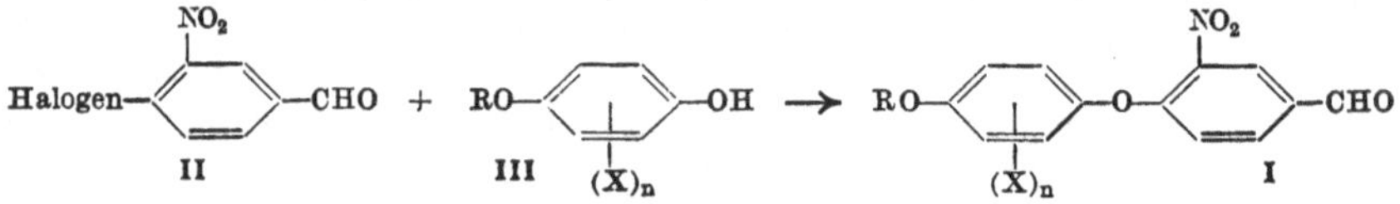

II III I

in Ggw. von wss. Alkalibicarbonat u. Alkalibisulfit als Red.-Mittel (R = kurzkettiges Alkyl; X = H, Halogen, kurzkettiges Alkyl oder Alkoxy; n = 1—4). Die NO_2-Gruppe kann mit $SnCl_2$ u. HCl zur Aminogruppe red. werden, die dann nach SANDMEYER durch J ersetzt wird. — Aus 12 g 3-Nitro-4-chlorbenzaldehyd u. 24 g 4-Methoxyphenol in Ggw. von 4,3 g K_2CO_3 u. 0,64 g $NaHSO_3$ in 130 cm³ W. unter Rückfluß → *3-Nitro-4-[4'-methoxyphenoxy]-benzaldehyd*, aus A., F. 63—64°; Ausbeute 70%; aus 2 g davon u. 5 g $SnCl_2 \cdot 2H_2O$ in 4 cm³ rauchender HCl zuerst bei Raum-Temp. u. dann bei 80° → *3-Amino-4-[4'-methoxyphenoxy]-benzaldehydhydrochlorid*, F. 92—93°; aus 14 g davon in 87,5 cm³ verd. H_2SO_4 (1 Teil konz. H_2SO_4 + 4 Teile W.) nach Zusatz von 112 cm³ W. u. 6,3 g $Ba(NO_2)_2$ in 112 cm³ W. bei —2 bis —5°, dann Eingießen in eine sd. Lsg. von 46,9 g KJ in Ggw. von wenig Cu-Bronze → *3-Jod-4-[4'-methoxyphenoxy]-benzaldehyd*. Als **II** sind noch die entsprechenden Br-, J- u. F-Derivv. verwendbar, als **III** 4-Äthoxy-, 4-Isopropoxy-, 4-Propylphenol. — *Zwischenprodd.* zur Herst. von *Thyroidhormonen*. (**A. P. 2 906 779** vom 19/3. 1957, ausg. 29/9. 1959.) G. KRAUSS. 4809

Imperial Chemical Industries Ltd., London, England (Erfinder: Alan Taylor), **Nitroessigsäurebutylester** ($Kp._{0,1}$ 120—125°, F. 37°) erhält man durch Rk. des Di-K-Salzes von $CH_2(NO_2)$—COOH mit $C_6H_5CH_2OH$ (**I**) in Ggw. eines Lsgm., als das auch überschüssiger **I** dienen kann, unter Einleiten von HCl-Gas bei 0—10°. — Zwischenprod. zur *Penicillinsynthese*. (**E. P. 835 521** vom 30/4. 1958, ausg. 25/5. 1960.) O. MÜLLER-MEININGEN. 4811

Olin Mathieson Chemical Corp., New York, N.Y., übert. von: William A. Lott, Maplewood, N.J., V.St.A., **Dialkylaminoalkylcarbanilate.** Durch Rk. von 1 Mol p.p'-Diisocyanatodiphenylmethan mit 3 Mol 2-Diäthylaminoäthanol (**I**) in trocknem Bzl. erhält man den *Di-[diäthylaminoäthyl]-ester* der *4.4'-Methylendicarbanilsäure, Dihydrochlorid*, F. 164—165° (Zers.); verwendet man an Stelle von **I** das 2-Diäthylaminoäthylamin, so erhält man das *Di-[diäthylaminoäthyl]-amid* der *4.4'-Methylendicarbanilsäure*, F. 145—146° (Zers.). Ferner wird dargestellt der **I**-*Diester* der *Toluol-2.4-dicarbaminsäure, Dihydrochlorid*, F. 182° (Zers.). — Verw. zur *Abscheidung* von Penicillinarten, z. B. von *Penicillin G*, aus wss. Lösungen. (**A. P. 2 965 672** vom 22/1. 1957, ausg. 20/12. 1960.) A. BRÖSAMLE. 4811

Merck & Co., Inc., Rahway, übert. von: James Gillin, Westfield, N.J., V.St.A., **Herstellung von kristallinem Mononatrium-Novobiocin** durch Lösen des auf fermentativem Wege erhaltenen u. gereinigten Novobiocins in einem Lsgm.-Gemisch aus einem C_{1-4}-Alkohol (2—4 Teile) u. 1 Bzl., Toluol oder Xylol u. Zusatz einer methanol. Na-Methylat-Lsg. bei pH 7,2—7,3. Der aus reinem Mono-Na-Salz bestehende Nd. wird im Vakuum bei ca. 50° getrocknet. — Beispiele für Fermentation u. Rk. mit Tabelle. (**A. P. 2 908 680** vom 4/4. 1957, ausg. 13/10. 1959.) H. SCHINDLER. 4811

Soc. des Usines Chimiques Rhône-Poulenc, Paris, Frankreich, **Arzneimittel.** Um die Wirksamkeit von *Dihydrostreptomycin* (**I**) zu erhöhen, mischt man es mit Pantothensäure (II) u./oder α-Acetylaminoisocapronsäure (III). I, II u. III können auch in Form ihrer Salze vorliegen. Man kann auch die II- oder III-Salze von I verwenden. (**E. P. 837 392** vom 17/11. 1958, ausg. 15/6. 1960. F. Prior. 27/11. 1957.) K. KOEBKE. 4811

Chas. Pfizer & Co., Inc., Brooklyn, N.Y., V.St.A., **Herstellung des Antibioticums „Verbindung Nr. 58"** auf üblichem fermentativem Wege mittels *Streptomyces fasciculus*, dessen morpholog. u. physiolog. Eigg. beschrieben sind. *Verb. Nr. 58*, freie Base, kein F. $<250^0$; $[\alpha]_D^{25}$ $+302^0$ (c = 0,2 in Pyridin); *Na-Salz*, kein F. $<267^0$; $[\alpha]_D^{25}$ $+205^0$ (c = 0,2 in Methanol); *Trimethylaminsulfatsalz*, F. 126—129° (Zers.); $[\alpha]_D^{25}$ $+248^0$ (c = 0,2 in Pyridin) u. $+218^0$ (c = 0,2 in N.N-Dimethylformamid); *Sulfat*, kein F. $<250^0$; $[\alpha]_D^{25}$ $+284^0$ (c = 0,2 in Pyridin); *Hydrochlorid*, F. $>250^0$; $[\alpha]_D^{25}$ $+293^0$ (c = 0,4 in Pyridin), $+283^0$ (c = 0,4 in N.N-Dimethylformamid) u. $+233^0$ (c = 0,4 in Methanol). UV- u. IR-Spektren obiger Stoffe. Kurven. Charakterist. ist Aktivität gegen *Saccharomyces cerevisiae*. — Tabellen. (**E. P. 841 495** vom 16/1. 1958, ausg. 13/7. 1960. A. Prior. 28/1. 1957.) H. SCHINDLER. 4811

Bristol-Myers Co., New York, übert. von: David A. Johnson, Glenn A. Hardcastle, Syracuse, und Yvon Gaston Perron, De Witt, N.Y., V.St.A., **Extraktion von Kanamycin** aus verd. wss. Lsgg. mit n-Butanol, dem ein nichtsubstituierter aliphat. Aldehyd mit 4—10 C-Atomen oder ein aromat. Aldehyd zugesetzt ist, bei alkal. pH-Wert. Aus der abgetrennten alkohol. Phase wird dann das Antibioticum mit wss. H_2SO_4 bei pH $<4{,}0$ extrahiert → *Kanamycinsulfat*, F. nicht $<250^0$; $[\alpha]_D^{23}$ $+121^0$; *Reineckat*, F. 211—213° (Zers.). Mittels Papierchromatographie gelingt Zerlegung in die Komponenten A (R_F 0,35) u. B (R_F 0,6). *Kanamycin-A-Base*; $[\alpha]_D^{24}$ $+146^0$ (c = 1 in n/10 H_2SO_4); *Kanamycin-A-Sulfat*, F. $>250^0$ (Zers.); $[\alpha]_D^{24}$ $+125^0$ (c = 1 in n/10 H_2SO_4); *Tetra-N-acetylkanamycin-A*, F. 250—255° (Zers.); *Kanamycin-A-Pikrat*, F. 225—230° (Zers.); *Kanamycin-B-Base*, Zers. bei 170°; $[\alpha]_D$ $+135^0$ (c = 0,63 in W.); *Tetra-N-acetylkanamycin-B*, F. $>280^0$. Außer Beispielen für die übliche Fermentation mit Streptomyces kanamyceticus (K 2-J), dessen morpholog. u. physiolog. Eigg. beschrieben sind, wird die Aufarbeitung des Nährmediums u. Isolierung des Antibioticums bzw. seiner Komponenten sowie deren antibakterielle Eigg. eingehend dargestellt. — Tabellen. (**A. P. 2 936 307** vom 16/12. 1957, ausg. 10/5. 1960.) H. SCHINDLER. 4811

Armour & Co., Chicago, übert. von: Mark E. Davenport, La Grange, Irby M. Bunding, Chicago, und Maurice A. Schooley, Western Springs, Ill., V.St.A., **Herstellung eines Anti-Schweinecholeraprodukts** durch Impfen eines dagegen immunen Schweins mit akt. Choleravirus, um eine Hyperimmunität im Blut zu erreichen. Dann wird dieses Blut entnommen, auf pH 6,7—7,1 eingestellt u. der Antikörper durch Fällung mit A. u. Abtrennen von der Blut-Fl. gewonnen. — Mengenbeispiele, Tabellen. (**A. P. 2 926 120** vom 29/7. 1957, ausg. 23/2. 1960. **E. P. 819 322** vom 16/11. 1956, ausg. 2/9. 1959.) H. SCHINDLER. 4813

Merck & Co., Inc., Rahway, übert. von: Leonard H. Silver, Cranford, N.J., V.St.A., **Inhaliermittel**, bes. für Tiere, gek. durch einen Geh. an Neomycin, Aureomycin, Erythromycin, Terramycin, Tetracyclin u./oder 4-Amino-3-isoxazolidon, bes. in Form der nichttox. Salze, die auf eine Teilchengröße von weniger als 10 μ gebracht sind u. mit einem aus SiO_2, Mg-Stearat, $CaCO_3$ oder MgO bestehenden Schutzfilm überzogen sind. (**A. P. 2 861 024** vom 12/11. 1957, ausg. 18/11. 1958.) W. HEYER. 4815

American Scientific Laboratories, Inc., Madison, übert. von: Stephen B. Hitchner, Verona, Wis., V. St. A., **Applikation einer Laryngotracheitis-Vaccine bei Hühnern** erfolgt durch Dosierung eines Tropfens (0,016 cm^3) in die (geöffnete) Kloake unter Kontakt mit der Schleimhaut. Schnelle u. genaue Dosierung. (**A. P. 2 910 407** vom 12/5. 1958, ausg. 27/10. 1959.) H. SCHINDLER. 4815

American Home Products Corp., New York, N.Y., übert. von: Gerhard R. Wendt, Havertown, Pa., V.St.A., **Herstellung von substituierten N-Mercuripropylamiden** der allg. Formel $R'-CO-NH-CH_2-CH(N[R''])-CH_2-Hg-R'''$, worin R' = Phenyl, Carboxyphenyl, Benzamidomethyl oder Pyridyl, R'' = 1.4-Tetramethylen oder 1.5-Pentamethylen u. R''' = Cl, Br, -N-piperidino oder -N-pyrrolidino ist, dad. gek., daß man ein N-Allylamid oder -imid mit Piperidin oder Pyrrolidin u. $HgCl_2$ oder $HgBr_2$ umsetzt. — Aus N-Allylphthalimid → *N-[3-Chlormercuri-2-piperidinopropyl]-phthalamsäure*, F. 144—145° (Zers.), aus N-Allylbenzamid → *N-[3-Chlormercuri-2-piperidinopropyl]-benzamid*; aus N-Allylnicotinamid → *N-[3-Chlormercuri-2-piperidinopropyl]-nicotinamid*, F. 112,5—113,5°; aus N-Allylisonicotinamid → *N-[3-Chlormercuri-2-pyrrolidinopropyl]-isonicotinamid*, *Hydrochlorid*, F. 151—151,5° (Zers.); aus N-Allylhippuramid → *N-[3-Piperidinomercuri-2-piperidinopropyl]-benzamid*,

F. 121—122°. — Zwischenprodd. u. *Diuretica* in der Veterinärmedizin sowie antibakterielle u. fungicide Mittel. (**A. P. 2 922 789** vom 22/7. 1958, ausg. 26/1. 1960.) W. HEYER. 4815

Soc. International Minerals & Chemicals Corp., Chicago, Ill., V.St.A., **Mund- und Zahnpflegemittel,** gek. durch einen Geh. von 0,05—5,0% an einem Alkylester bzw. Alkylamid (Alkyl = C_{10}—C_{18}) des Betains, bes. in Form des Chlorids, zur Verhinderung der Bldg. von Säuren. (**Belg. P. 560 090** vom 14/8. 1957, ausg. 22/4. 1960. A. Prior. 12/9. 1956.) E. PETERSEN. 4823

Thomas Hedley & Co. Ltd., Newcastle-upon-Tyne, England, **Herstellen einer als Putz- und Poliermittel in Zahnpasten und -pulvern geeigneten Aluminiumoxydverbindung.** α-$Al_2O_3 \cdot 3\, H_2O$ wird zunächst durch langsames Erhitzen auf 500 bis 800° (ca. 20° pro Min.) dehydratisiert u. dann wenigstens 1 Std. auf 900—1050° gehalten. (**E. P. 833 057** vom 21/6. 1957, ausg. 21/4. 1960. A. Prior. 22/6. 1956.) E. PETERSEN. 4823

Colgate-Palmolive Co., New York, N.Y., übert. von: Paul Becher, Murray Hill, N.J., V.St.A., **Entfernen von anorganischen Salzen aus den neutralisierten Schwefelsäureestern der Teilester mehrwertiger Alkohole,** bes. von Glycerin mit langkettigen Fettsäuren mit 8—24 C-Atomen, bes. 12—18 C-Atomen, erfolgt dadurch, daß man den durch Rk. der Teilester mit Oleum erhaltenen Schwefelsäureester mit anorgan. Base, bes. NaOH, neutralisiert, das entstandene Estersulfat mit einem Alkohol (Isopropanol) extrahiert u. die darin gelösten anorgan. Salze durch Zusatz von $MgSO_4$ oder KCl oder deren Gemischen unter Doppelsalz-Bldg. u. gleichzeitiger Schichten-Bldg. u. Abtrennen der entstandenen unteren Schicht entfernt, die die anorgan. Sulfate enthält. — Gereinigt werden die Sulfate der Teilester aus Glycerin u. Cocosnußfettsäuren oder Tallölfettsäuren, die auch hydriert sein können. — *Reinigungsmittel*, bes. für die *Zahnpflege*. (**A. P. 2 863 887** vom 26/3. 1957, ausg. 9/12. 1958.) G. KRAUSS. 4823

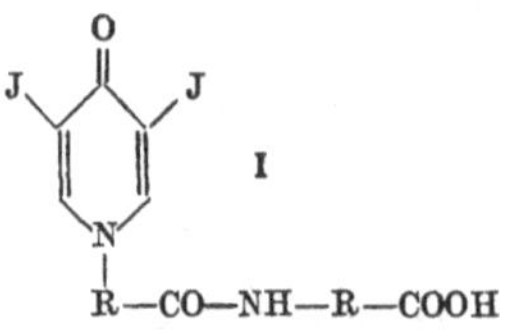

Cilag-Chemie Akt.-Ges. (Erfinder: Ernst Habicht), Schaffhausen, Schweiz, **Röntgenkontrastmittel,** enthaltend als schattengebende Substanz mindestens ein jodiertes Säureamid der allg. Formel **I**, in welcher R gerade oder verzweigte Alkylenreste von zusammen nicht mehr als 4 C-Atomen bedeuten. (**D. A. S. 1 097 084** Kl. 30h vom 11/12. 1959, ausg. 12/1. 1961. Schwz. Prior. 9/1. 1959.) K. KOEBKE. 4825

Farbenfabriken Bayer Akt.-Ges., Leverkusen (Erfinder: Alfred Distelmaier, Wuppertal-Vohwinkel, und Werner Scholtan, Wuppertal-Elberfeld), **Röntgenkontrastmittel,** bes. für die *Bronchographie*, das keinerlei Reiz-Wrkg. ausübt u. vom Körper schnell resorbiert wird. Man verwendet *Mono-* oder *Polyhydroxyalkylester der 3.5-Dijodpyridon-(4)-N-essigsäure* (**I**), wie **I**-*Monoglykolester* (**II**), *Mono*-**I**-[*2.2-dimethylpropandiol-(1.3)-ester*] (**III**), *3.5-Dijodpyridon-(4)-N-acetylglycerin* (**IV**), bes. aber **I**-*Mono-1.2-propylenglykolester* (**V**). Mit nichtionogenen Emulgatoren verwendet man sie als wss. Suspensionen, die bei 25° sehr dünnfl., bei Körper-Temp. wesentlich viscoser sind. — Man erhitzt 105 (g) 1.2-Propylenglykol, 115 cm³ Bzl. u. 4 cm³ H_2SO_4 mit 100 **I** 5 Std. zum Sieden, scheidet dabei W. ab, zieht dann das Bzl. ab u. gießt den Rückstand in 400 cm³ W.: 90 **V**, F. 169—172°. — Entsprechend **II**, F. 186—189°. — **III**, F. 205 bis 208°. — **IV**, F. 120—124°. — Verw. auch für die *Abb. des Uterus, der Harnwege u. Körperhöhlen*. — Vgl. D. A. S. 1 063 759; C. **1960.** 6596. (**Oe. P. 206 109** vom 29/8. 1958, ausg. 10/11. 1959. D. Prior. 11/9. 1957.) B. PANKOW. 4825

Joseph Nicholas Masci, Metuchen, N.J., V.St.A., **Sterilisation frei fließender kristalliner Pulver,** bes. von *Talkum*, mit einer Korngröße von ca. 1—200 μ, die bei Berührung mit einer Fl. zusammenbacken. Man behandelt die Pulver (**I**) mit $\geqq$0,5 (%) eines C_2—C_3-Alkylenoxyds (**II**), bes. Propylenoxyd, u. $\geqq$0,5 W. 5 Std. bis 15 Tage bei 70—120° F, bis sie steril sind, u. befreit sie vom **II**. (**Ind. P. 59 008** vom 28/11. 1956, ausg. 17/6. 1958.) C. LÜTTGEN. 4833

Ayerst, McKenna & Harrison Ltd., St. Laurent (Erfinder: Gordon Sharp Myers, Town of Mount Royal, und Martin Arnold Davis, Montreal), Quebec, Canada, **Basisch substituierte Äthylmercaptoäthylester der Phenthiazin-10-carbonsäure** (**I**) der allg. Formel Phenthiazin-10-COO—CH_2—CH_2—S—CH_2—CH_2—$N(R)_2$ [R = niedermol. Alkylrest] werden erhalten durch Rk. von Phenthiazin-10-carbonsäurechlorid (**II**) mit entsprechend bas. substituierten Äthylmercaptoäthanolen bei erhöhter Temp. in Ggw. geeigneter Lösungsmittel. Die **I** können nach an sich bekannten Verff. in die Salze bzw. quatern. Ammonium-Verbb. übergeführt werden. — Zu einer Suspension von 26,1 (g) **II** in 50 ml wasserfreiem Pyridin wird bei Raum-Temp.

unter Rühren eine Lsg. von 17,7 β-Diäthylaminoäthylmercaptoäthanol in 50 ml Pyridin zugetropft, danach das Rk.-Gemisch innerhalb von 30 Min. auf 90° erhitzt u. 45 Min. bei dieser Temp. belassen. Nach dem Abkühlen wird das Rk.-Gemisch in 400 ml Eiswasser gegossen u. hieraus das Rk.-Prod. nach Zugabe von NaOH mittels Ae. isoliert → *Phenthiazin-10-carbonsäure-[2'-(diäthylaminoäthylmercaptoäthyl)]-ester*, *Citrat*, aus Aceton, F. 99—101°, *Methobromid*, aus A./Ae., F. 155—160° (Zers.). — Analog werden der *Phenthiazin-10-carbonsäure-[2'-(dimethylaminoäthylmercaptoäthyl)]-ester*, Öl, *Maleinat*, aus A./Ae., F. 106—109°, u. (aus **II** u. β-Diisopropylaminoäthylmercaptoäthanol, $Kp._{0,3}$ 100°; n_D^{26} 1,4879) der *Phenthiazin-10-carbonsäure-[2'-(diisopropylaminoäthylmercaptoäthyl)]-ester*, Öl, *Citrat*, F. 49—54°, erhalten. — *Bactericide*. (**D. A. S. 1 105 419** Kl. 12p vom 11/8. 1959, ausg. 27/4. 1961. A. Prior. 14/8. 1958.) H. BRÄUCKER. 4833

Smith, Kline & French International Co., Philadelphia, Pa., V.St.A., *Pharmazeutische Tabletten*. (**Ind. P. 49 300** vom 4/4. 1953, ausg. 14/9. 1954. — C. **1956.** 2829 [F. P. 1 074 998].)

E. Fongera & Co., Inc., New York, N.Y., V.St.A., *Klare Lösungen organischer Verbindungen*. (**Ind. P. 49 308** vom 10/4. 1953, ausg. 31/8. 1954. E. Prior. 24/4. 1952. — C. **1956.** 7888 [Belg. P. 510 947].)

Ciba Ltd., Basel, Schweiz, *Herstellung wässriger Lösungen von schwerlöslichen oder unlöslichen therapeutischen Mitteln*. (**Ind. PP. 49 205** vom 17/3. 1953 u. **50 362** vom 29/9. 1953, beide ausg. 25/5. 1955. — C. **1957.** 1493 [F. P. 1 107 479].)

C. H. Boehringer Sohn, Chemische Fabrik, Ingelheim, *Gewinnung eines sedativen und blutdruckerniedrigenden Extraktes*. (**Holl. P. 95 914** vom 20/9. 1955, ausg. 15/11. 1960. D. Prior. 22/9. 1954. — C. **1960.** 574 [E. P. 772 122].)

Karl-Heinz Jaeger, Freiburg, und **Hellmut Mittenzwei**, München, *Gewinnung wachstumregulierender Produkte*. (**Holl. P. 95 611** vom 26/4. 1955, ausg. 15/10. 1960. D. Prior. 27/4. 1954. — C. **1958.** 10730 [D. A. S. 1 017 744].)

UCLAF, Soc. An., Paris, Frankreich, *Gewinnung eines stickstoffhaltigen Glucosids*. (**Holl. P. 95 610** vom 24/3. 1955, ausg. 15/10. 1960. F. Prior. 1/4. 1954. — C. **1958.** 11608 [E. P. 766 628].)

Soc. des Usines Chimiques Rhône-Poulenc, Paris, Frankreich, *Herstellung eines neuen Salzes von 1.5-Di-[4'-amidinophenoxy]-pentan*. (**Ind. P. 49 219** vom 18/3. 1953, ausg. 24/6. 1954. E. Prior. 12/2. 1953. — C. **1955.** 3438 [F. P. 1 050 956].)

Sterling Drug, Inc., New York, N.Y., V.St.A., *Herstellung von l-2.2-Diphenyl-4-dimethylaminopentanal-(1)*. (**Ind. P. 49 318** vom 7/4. 1953, ausg. 19/7. 1954. Can. Prior. 22/7. 1952. — C. **1956.** 196 [D. B. P. 924 862].)

F. Hoffmann-La Roche & Co. Akt.-Ges., Basel, Schweiz, *Herstellung von im Kern substituierten Bis-[tert. aminomethyl]-phenolen*. (**Holl. P. 95 676** vom 13/7. 1956, ausg. 15/10. 1960. A. Prior. 13/7. 1955. — C. **1959.** 15775 [Oe. P 195 430].)

Ciba Akt.-Ges., Basel (Erfinder: **Adrian Marxer**, Muttenz), Schweiz, *Neue Chinone*. (**Schwz. P. 343 402** vom 27/8. 1956, ausg. 15/2. 1960. Zusatz zu Schwz. P. 338 193; C. 1961. 7324. — C. **1960.** 1601 [Oe. P. 198 747].)

Ciba Akt.-Ges., Basel (Erfinder: **Adrian Marxer**, Muttenz), Schweiz, *Neue Chinone*. (**Schwz. P. 343 403** vom 19/9. 1956, ausg. 15/2. 1960. Zusatz zu Schwz. P. 338 193; C. 1961. 7324. — C. **1960.** 1602 [Oe. P. 198 748].)

Farbwerke Hoechst Akt.-Ges., vormals Meister Lucius & Brüning, Frankfurt/M., *α-Amino-β-hydroxybuttersäureanilide*. (**Holl. P. 95 467** vom 22/1. 1957, ausg. 15/9. 1960. D. Prior. 28/1. 1956. — C. **1959.** 7887 [D. A. S. 1 022 233].)

Knud Abildgaard, Løvens Kemiske Fabrik ved A. Kongsted (Erfinder: **Carl Lund Jensen**), Kopenhagen, Dänemark, *Phenolester der 2-Hydroxy-4-aminobenzoesäure*. (**E. P. 795 619** vom 8/9. 1955, ausg. 28/5. 1958. — C. **1960.** 11400 [Aust. P. 211 339].)

Cilag Akt.-Ges. (Erfinder: **Ernst Habicht**), Schaffhausen, Schweiz, *Blutzuckersenkende Sulfonylharnstoffe*. (**D. A. S. 1 098 505** Kl. 12o vom 8/1. 1958, ausg. 2/2. 1961. Schwz. Prior 24/1. u. 6/7. 1957. — C. **1960.** 7607 [Schwz. P. 341 487].)

Deutsche Gold- und Silber-Scheideanstalt vormals Roessler, Frankfurt/M., *Herstellung von Carbaminsäureestern*. (**Ind. P. 58 179** vom 17/8. 1956, ausg. 3/9. 1958. Can. Prior. 7/12. 1955. — C. **1960.** 12086 [Aust. P. 217 625].)

F. Hoffmann-La Roche & Co. Akt.-Ges., Basel, Schweiz, *Herstellung neuer Phosphorsäureester von Salicylamid*. (**Holl. P. 95 975** vom 23/8. 1956, ausg. 15/11. 1960. E. Prior. 30/8. 1955 u. 31/5. 1956. — C. **1959.** 9326 [D. A. S. 1 047 767].)

Wellcome Foundation Ltd., London, England (Erfinder: **Donald Wallace Adamson** und **John Evlyn Warner Billinghurst**), *Diquaternäre Stickstoffverbindungen*. (**E. P. 788 915** vom 5/3. 1954, ausg. 8/1. 1958. — C. **1959.** 10007 [Holl. PP. 85 167 u. 85 168].)

Ciba Ltd., Basel, Schweiz, *Herstellung eines 5-[p-Aminobenzolsulfonamido]-1-phenylpyrazols*. (**Holl. P. 95 738** vom 6/5. 1957, ausg. 15/10. 1960. Schwz. Prior. 7/5. 1956 u. 21/2. 1957. — C. **1960.** 3314 [D. A. S. 1 049 384].)

J. R. Geigy Akt.-Ges. (Erfinder: **Franz Häfliger** und **Louis Müslin**), Basel, Schweiz, *3.5-Dioxopyrazolidine*. (**Schwz. P. 350 299** vom 3/8. 1956, ausg. 14/1. 1961. — C. **1960.** 13119 [Oe. P. 200 141].)

Ciba Ltd., Basel, Schweiz, *Arylpyridylalkanone*. (**Ind. P. 49 184** vom 14/3. 1953, ausg. 20/4. 1954. — C. **1957.** 10288 [Schwz. P. 315 741].)

F. Hoffmann-La Roche & Co. Akt.-Ges., Basel, Schweiz, *Herstellung von Diphenyl-β-piperidylcarbinol*. (**Ind. P. 56 882** vom 21/3. 1956, ausg. 12/2. 1958. — C. **1959.** 16422 [Oe. P. 194 853].)

F. Hoffmann-La Roche & Co. Akt.-Ges., Basel, Schweiz, *Isonicotinsäurederivate*. (**Ind. P. 49 009** vom 18/2. 1953, ausg. 11/6. 1954. — C. **1956.** 12633 [E. P. 726 093].)

Carlo Erba S. p. A., Mailand, Italien, *Herstellen von Salzen der Isonicotinsäurehydrazidmethansulfonsäure*. (**Ind. P. 49 276** vom 27/3. 1953, ausg. 12/3. 1955. — C. **1957.** 11103 [A. P. 2 759 944].)

Wellcome Foundation Ltd., London, England, *Herstellung von Pyrimidinverbindungen.* (**Ind. P. 49 196** vom 16/3. 1953, ausg. 24/6. 1954. E. Prior 25/3. 1952. — C. **1959.** 6230 [E. P. 727 151].)

F. Hoffmann-La Roche & Co. Akt.-Ges., Basel, Schweiz, *Derivate des 5.6-Dihydro-benzo-[c]-cinnolins.* (**Belg. P. 543 002** vom 22/11. 1955, ausg. 11/9. 1959. — C. **1960.** 3316 [Oe. P. 194 395].)

Soc. des Usines Chimiques Rhône-Poulenc, Paris (Erfinder: **Robert Michel Jacob**, Ablon-sur-Seine, und **Jacques Georges Robert**, Gentilly), Frankreich, *Phenthiazinderivate.* (**D. A. S. 1 097 996** Kl. 12p vom 17/12. 1957, ausg. 26/1. 1961. F. Prior. 27/12. 1956, 14/2., 7/3., 15/3., 26/4. u. 19/7. 1957. — C. **1961.** 231 [E. P. 819 852].)

Soc. des Usines Chimiques Rhône-Poulenc, Paris, Frankreich, *Herstellung von 10-Aminoalkylphenothiazinderivaten.* (**Holl. P. 95 636** vom 22/9. 1955, ausg. 15/10. 1960. F. Prior. 6/11. 1954 u. 26/7. 1955. — C. **1959.** 12221 [D. P. [DDR] 14 004].)

Soc. des Usines Chimiques Rhône-Poulenc, Paris, Frankreich, *Herstellung von Phenothiazinyl-10-carbonsäureestern.* (**Holl. P. 95 694** vom 1/10. 1956, ausg. 15/10. 1960. F. Prior. 15/11. 1955. — C. **1959.** 7893 [D. A. S. 1 036 260].)

Soc. des Usines Chimiques Rhône-Poulenc, Paris, Frankreich, *Herstellung von N-substituierten 10.11-Dihydro-5-dibenzo-(b. f)-azepinderivaten.* (**Holl. P. 95 693** vom 1/10. 1956, ausg. 15/10. 1960. F. Prior. 20/10. 1955. — C. **1959.** 15775 [Oe. P. 194 400].)

Ciba Ltd., Basel, Schweiz, *Gewinnung eines Alkaloids.* (**Holl. P. 95 661** vom 4/5. 1956, ausg. 15/10. 1960. A. Prior. 4/5. 1955. — C. **1960.** 8959 [Aust. P. 213 264].)

Sandoz Akt.-Ges., Basel, Schweiz, *Säureamide der Tropanreihe.* (**Holl. P. 95 413** vom 19/10. 1955, ausg. 15/9. 1960. Schwz. Prior. 20/10. 1954 u. 7/2. 1955. — C. **1958.** 9575 [Oe. P. 191 902].)

„Licencia" Találmányokat Értékesítö Vállalat, Budapest, Ungarn, *Herstellung quaternärer Atropiniumsalze.* (**Holl. P. 95 683** vom 11/8. 1956, ausg. 15/10. 1960. — C. **1959.** 11351 [A. P. 2 833 773].)

Merck & Co., Inc., Rahway, N.J., V.St.A., *N-Benzhydryltropylamin und dessen Salze.* (**E. P. 751 107** vom 15/1. 1954, ausg. 27/6. 1956. A. Prior. 22/1. 1953. — C. **1959.** 16882 [Schwz. P. 326 776], C. **1956.** 11018 [A. P. 2 678 317] u. C. **1959.** 8385 [D. A. S. 1 007 332].)

Merck & Co., Inc., Rahway, N. J., V.St.A., *Vitamin-A-Präparat.* (**E. P. 849 787** vom 9/5. 1958, ausg. 28/9. 1960. A. Prior. 24/5. 1957. — C. **1960.** 15835 [A. P. 2 897 118].)

N. V. Philips' Gloeilampenfabrieken, Eindhoven, Holland, *Herstellung von Aldehyden aus Nitrilen.* (**Ind. P. 58 336** vom 4/9. 1956, ausg. 9/7. 1958. — C. **1959.** 12942 [F. P. 1 156 720].)

Richter Gedeon Vegyészeti Gyár R. T., Budapest, Ungarn, *Reinigung von Lösungen von Cyancobalamin und anderen Cobalaminverbindungen.* (**Holl. P. 95 494** vom 6/12. 1957, ausg. 15/9. 1960. Ung. Prior. 7/12. 1956. — C. **1959.** 9330 [D. A. S. 1 049 539].)

N. V. Philips' Gloeilampenfabrieken, Eindhoven, Holland, *Mittel zur Erhöhung des Blut-Calcium-Spiegels.* (**Ind. P. 56 372** vom 24/1. 1956, ausg. 18/8. 1958. — C. **1959.** 4904 [E. P. 789 269].)

Organon Laboratories Ltd., London, England, *Herstellung von Estern der Cyclopentanopolyhydrophenanthrene.* (**Ind. P. 49 375** vom 13/4. 1953, ausg. 15/12. 1954. — C. **1957.** 10290 [Oe. P. 187 246].)

Organon Laboratories Ltd., London, England, *Herstellung von Steroiden.* (**E. P. 840 957** vom 2/2. 1959, ausg. 13/7. 1960. Holl. Prior. 25/2. u. 23/12. 1958. — C. **1961.** 2720 [Holl. P. 93 032].)

Schering Corp., Bloomfield, N. J., V.St.A., *Herstellung von Steroiden.* (**E. P. 843 214** vom 3/8. 1955, ausg. 4/8. 1960. A. Prior. 11/1. 1955. — C. **1960.** 5580 [D. A. S. 1 059 906].)

Olin Mathieson Chemical Corp., New York, N.Y., V.St.A., *Herstellung von 16-Halogensteroiden.* (**Holl. P. 95 776** vom 7/2. 1958, ausg. 15/10. 1960. A. Prior. 7/2. 1957. — C. **1960.** 13461 [D. A. S. 1 069 621].)

Glaxo Laboratories Ltd., Greenford, England, *Herstellung von 2.4-Dibrom-3-keto-11β-hydroxyallosteroiden.* (**Holl. P. 95 751** vom 29/7. 1957, ausg. 15/10. 1960. E. Prior. 30/7. 1956 u. 23/7. 1957. — C. **1960.** 13461 [E. P. 813 756].)

Ciba Soc. An., Schweiz, *Herstellung von Δ^6-3.5-Cycloandrostenen.* (**F. P. 1 209 157** vom 23/5. 1958, ausg. 29/2. 1960. **Belg. P. 568 050** vom 27/5. 1958, ausg. 12/8. 1960. Beide Schwz. Prior. 27/5. 1957. — C. **1961.** 3412 [A. P. 2 870 175].)

Laboratoires Français de Chimiothérapie, Paris, Frankreich, *Herstellung eines Esters von Oestradiol.* (**Holl. P. 95 933** vom 20/1. 1956, ausg. 15/11. 1960. F. Prior. 25/1. 1955. — C. **1959.** 8255 [D. A. S. 1 030 342].)

Merck & Co., Inc., Rahway, N. J., V.St.A., *Herstellung von Nebennierenrindenhormonen.* (**It. P. 513 505** vom 22/2. 1947. A. Prior. 14/7. 1945. — C. **1953.** 6101 [Can. P. 476 503].)

Novo Terapeutisk Laboratorium A/S, Kopenhagen (Erfinder: **Knud Hallas-Møller**, Holte, **Karl Petersen**, Kopenhagen, und **Jørgen Schlichtkrull**, Holte), Dänemark, *Herstellung injektierbarer Insulinpräparate.* (**Holl. P. 95 804** vom 3/4. 1951, ausg. 15/10. 1960. Dän. Prior. 5/4. 1950 u. 6/3. 1951. — C. **1955.** 168 [E. P. 709 927].)

Parke, Davis & Co., Detroit, Mich., V.St.A., *1-[Nitrophenyl]-2-acylaminopropandiol-(1.3).* (**Ind. P. 49 130** vom 9/3. 1953, ausg. 5/5. 1954. — C. **1956.** 1103 [A. P. 2 687 434].)

Glaxo Laboratories Ltd., Greenford, Middlesex, England, *Ester und Amide von Penicillin G und Penicillin X.* (**Belg. P. 518 063** vom 28/2. 1953, ausg. 4/2. 1955. E. Prior. 29/2. u. 28/4. 1952. — C. **1950/54.** 4155 S. [F. P. 1 080 559].)

Novo Terapeutisk Laboratorium A/S, Kopenhagen, Dänemark, *Kristallisierte Dipenicillinalkylendiaminsalze.* (**Ind. P. 49 297** vom 2/4. 1953, ausg. 14/9. 1954. — C. **1956.** 1976 [Belg. P. 519 217].)

American Cyanamid Co., New York, N. Y., V.St.A., *Gewinnung von Tetracyclin auf biologischem Wege.* (**Ind. P. 56 792** vom 13/3. 1956, ausg. 9/6. 1958. Can. Prior. 8/2. 1956. Zusatz zu Ind. P. 50 502; C. 1961. 585 — C. **1960.** 925 [D. A. S. 1 039 196].)

Pfizer Corp., Colon, Panama, *Oxytetracyclinsalzhaltige Präparate.* (**E. P. 835 603** vom 21/5. 1957, ausg. 25/5. 1960. D. Prior. 29/5. 1956. — C. **1959.** 3911 [D. A. S. 1 039 706].)

Merck & Co., Inc., Rahway, N. J., V.St.A., *Reinigen von Novobiocin und Dihydronovobiocin.* (**E. P. 850 240** vom 9/5. 1958, ausg. 5/10. 1960. A. Prior. 21/5. 1957. — C. **1960.** 17212 [D. A. S. 1 072 774].)

Olin Mathieson Chemical Corp., New York, N. Y., V.St.A., *Herstellung von Nystatin.* (**E. P. 850 388** vom 20/3. 1957, ausg. 5/10. 1960. A. Prior. 22/3. 1956. — C. **1959.** 15453 [F. P. 1 166 230].)

Montecatini Soc. Gen. per l'Industria Mineraria e Chimica, Mailand, Italien, *Herstellung von Flavensomycin.* (**E. P. 850 325** vom 18/9. 1957, ausg. 5/10. 1960. It. Prior. 19/9. 1956. — C. **1960.** 1609 [D. A. S. 1 058 218].)

Farmaceutici Italia Soc. An., Mailand, Italien, *Herstellung des Antibioticums FJ 1163.* (**Belg. P. 565 719** vom 14/3. 1958, ausg. 29/7. 1960. F. Prior. 15/3. 1957. — C. **1960.** 231 [D. A. S. 1 060 092].)

Farbenfabriken Bayer Akt.-Ges., Leverkusen, *Herstellung wasserfreier und steriler fester Alkalibarbiturat- oder -thiobarbituratpräparate.* (**Holl. P. 95 452** vom 2/8. 1956, ausg. 15/9. 1960. D. Prior. 1/9. 1955. — C. **1958.** 9302 [D. A. S. 1 015 192].)

Imperial Chemical Industries Ltd., London, England, *Wurmmittel.* (**Ind. P. 56 780** vom 12/3. 1956, ausg. 31/3. 1958. E. Prior. 25/3. 1955. — C. **1960.** 17213 [Belg. P. 546 431].)

Colgate-Palmolive-Peet Co., Jersey City, N. J., V.St.A., *Zahnpflegemittel.* (**Ind. P. 49 062** vom 26/2. 1953, ausg. 12/6. 1954. — C. **1956.** 14119 [F. P. 1 075 782].)

Olin Mathieson Chemical Corp., Baltimore, Md., V.St.A., *Konservieren von Knochen zu Transplantationszwecken.* (**E. P. 834 256** vom 14/8. 1956, ausg. 4/5. 1960. A. Prior. 18/8. 1955. — C. **1959.** 8257 [F. P. 1 155 802].)

Asta-Werke Akt.-Ges., Brackwede, *Gewinnung von Reinkulturen von Bakterien.* (**Schwed. P. 156 223** vom 1/4. 1953, ausg. 25/9. 1956. D. Prior. 23/5. 1952. — C. **1959.** 12333 [F. P. 1 160 678].)

G. Analyse. Laboratorium

Druckmessung in der Vakuumphysik. W. W. Forrest. (Nature [London] **189.** 476. 11/2. 1961. Adelaide, Univ., Commonewealth Sci. and Ind. Res. Organiz., Div. of Biochem. and Gen. Nutrit.) (Engl.)

Vf. schlägt vor, unter Verw. der Einheit „vac" (vgl. FLORESCU, C. **1961.** 8045) eine der pH-Skala analoge Druckskala durch p (vac) = log vac + 3 zu definieren. Damit ergeben sich für alle prakt. Vakua positive p-Werte, der Nullpunkt der Druckskala liegt bei Atmosphärendruck (10^3 Vac). H. LIEPACK. 5016□

Vermeidung von Wägeproblemen, die sich aus einer elektrostatischen Aufladung ergeben. Tetsuo Mitsui und Keikichi Yoshikawa. (Mikrochim. Acta [Wien] **1961.** 527—28. Kyoto, Japan, Kyoto Univ., Coll. of Agric., Dep. of Agric. Chem.) (Engl.)

Vff. beschreiben eine einfache Meth., mit deren Hilfe sich die beim Wägen elektrostat. geladener Objekte ergebenden Schwierigkeiten vermieden u. korrekte Gewichtsangaben erhalten werden können. Die Verss. wurden mit einem Polyäthylenstab (0,4 cm∅, 10 cm lang) vorgenommen, der vor dem Wägen mit einem trockenen Tuch gerieben wurde. Je nach Anordnung des Stabes auf der Mikrowaage ergaben sich verschiedene Werte für das Gewicht. Vff. fanden, daß korrekte Werte erhalten wurden, wenn man den geladenen Stab in ein dünnwandiges Rohr aus Al oder rostfreiem Stahl einsetzte u. das Rohr mit dem Stab an dem Haken für die Waageschalen befestigte. Die Länge des verwendeten Rohrs mußte gleich der des Stabes sein. GERHARD SCHULZE. 5022□

Entwurf für einen Rückflußkühler. A. E. Staley. (Chemist-Analyst **47.** 49. Juni 1958. Decatur, Ill., A. E. Staley Mfg. Co.) (Engl.)

Vf. beschreibt einen Kühler, der die Prinzipien des LIEBIG-Kühlers u. des Kühlfingers vereinigt u. sich bes. beim Umkristallisieren bewährt (Skizze). CH. SCHLAGE. 5038□

Ein doppelt verwendbares Gebläserad. A. W. Billitzer. (Chemist-Analyst **47.** 48. Juni 1958. Dudley Park, South Australia, Beckers Party Ltd.) (Engl.)

Vf. beschreibt einen abgeänderten „Simplex Dispesator", mit dessen Hilfe etwa bei empfindlichen pflanzlichen u. tier. Extrakten das Ausfällen eines Nd., Abdekantieren, Waschen usw. leicht auch in größerem Maßstab übertragen werden kann. CH. SCHLAGE. 5048□

Über die Komponentenanalyse binärer Systeme nach der Schwächung von γ-Strahlung. W. Ss. Merkulow und A. W. Klimuschew. (Журнал Физической Химии [J. physik. Chem.] **34.** 1373—76. Juni 1960.) (Russ.) — Vgl. C. **1961.** 9140.

Allg. werden als bin. Syst. untersucht: Mischungen, Emulsionen, Lsgg. u. auch chem. Verbindungen. Im letzten Fall dient ein zu bestimmendes Element als die eine Komponente u. der Rest der Verb. als die zweite Komponente. Vff. entwickeln für diesen Fall die Theorie u. kommen zu Kriterien für die Auswahl der optimalen Strahlungsenergie u. die Berechnung des kleinsten Fehlers. An Hand der aufgestellten Formeln kann das geeignete Isotop, die Meßzeit, die Meßeffektivität, der geometr. Faktor u. die Aktivität bestimmt werden. G. EWALD. 5052□

Laboratoriumsgalvanometer Titroskop III. B. Poláček. (Chem. Listy **54.** 853—54. Aug. 1960. Praha, Laboratorní přístroje.) (Tschech.)

Das Titroskop III ist ein Spiegelgalvanometer mit einer Empfindlichkeit von $8 \cdot 10^{-9}$ A/mm, das zusammen mit Lichtquelle u. Skala in demselben Gehäuse untergebracht ist. M. RYBA/Prag. 5054

Über einen Versuch zur Anwendung der Anfärbemethode von Kalifeldspäten. W. A. Kigai. (Известия Академии Наук СССР, Серия Геологическая [Nachr. Akad. Wiss. UdSSR, geol. Ser.] **25.** Nr. 3. 101—04. März 1960. Moskau, Inst. für Geol. der Erzlagerstätten, Petrogr. Miner. u. Geochem. der Akad. der Wiss. der UdSSR.) (Russ).

Vf. beschreibt die von GABRIEL u. COX [1929] eingeführte Anfärbemeth. für Kalifeldspäte. Durch Anätzen der Feldspäte mit H_2F_2-Dämpfen wird K freigesetzt, das durch Rk. mit essigsaurer $Na_3[Co(NO_2)_6]$-Lsg. die Kalifeldspäte citronengelb färbt u. sie so, bes. in der Grundmasse saurer Effusivgesteine, kenntlich macht. Die Ätzung ist von den Temp.-Verhältnissen u. dem Charakter der Feldspäte abhängig, die Farbintensität von der Zeit der Farbeinwirkung. Die Färbung beeinflußt nicht die opt. Eigg. der Kalifeldspäte. Biotite werden ebenfalls schwach verändert; alle übrigen Minerale zeigen keine Einwirkung. Die Ergebnisse der Unters. von drei angefärbten Dünnschliffen werden ausführlich erläutert. E. SWILLENS. 5058□

Eine einfache Vorrichtung zur Elektrophorese für verschiedene Zwecke. M. Štastný und E. Nováková. (Chem. Listy **54.** 850—51. Aug. 1960. Praha, Karlova univ., Fakulta všeob. lékař., Labor. pro metabolismus bílkovin.) (Tschech.)

Das beschriebene Gerät dient zu elektrophoret. Analysen bei verkürzter Trennungszeit. Es besteht aus zwei Kunststoff- oder Glasschalen, welche mit Viscoseschwamm dicht ausgefüllt werden; als Elektroden dienen zwei Pt-Drähte, die in die mit einem Puffer vollgesogenen Schwämme eingeführt werden. Die Papierstreifen oder der Objektträger bei Anwendung des Agarträgers werden direkt auf die Schwämme gelegt.
M. RYBA/Prag. 5062

Untersuchungen über eine systematische Analysenmethode für saure Verbindungen durch Elektrochromatographie. 5. Mitt. **Verschiedene Faktoren bei der Elektroosmose.** 1. Mitt. Shigeichi Achiwa. (J. electrochem. Soc. Japan **6.** E12—E14. 1958. Hikone, Shiga Prefectural Junior Coll.) (Jap.; Auszug: Engl.) — 4. vgl. J. electrochem. Soc. Japan **26.** [1958.] 32; 3. vgl. C. **1959.** **11354.**

Vf. nimmt Bezug auf von WOOD (vgl. J. chem. Physics **23.** [1953.] 1881) entwickelte Gleichungen über das elektroosmot. Fließen der Fl. bei der Elektrochromatographie u. untersuchte die verschiedenen Faktoren, die dieses elektroosmot. Fließen beeinflussen. Es wurde gefunden, daß die Elektroosmose nach der Kathode mit zunehmendem pH-Wert der entwickelnden Fl. zunimmt. Der Einfl. der Konzz. der entwickelnden Fll., wie Ammoniumacetal, Essigsäure, Ammoniak, besteht darin, daß die Elektroosmose mit steigender Konz. abnimmt. Ebenfalls nimmt die Elektroosmose mit steigender Temp. ab; der Temp.-Koeff. wurde zu ca. $2,0 \cdot 10^{-4}$ cm/Grad/min abgeschätzt. Die Elektroosmose nimmt dagegen mit steigendem Potential zu; die Fließgeschw. pro Spannungseinheit beträgt in gewaschenem Filtrierpapier im Mittel $1,0 \cdot 10^{-4}$ cm/V/min, in ungewaschenem Filtrierpapier im Mittel $7,0 \cdot 10^{-4}$ cm/V/min. Ferner nimmt das elektroosmot. Fließen mit zunehmender Länge des entwickelnden Filtrierpapiers zu u. ebenfalls nimmt die Elektroosmose linear mit zunehmender Höhendifferenz zwischen dem Fl.-Niveau in dem Elektrodenbad u. der Filtrierpapieroberfläche zu. C. GOTTFRIED. 5062

Neuere Entwicklung des Gaschromatographie. Ernst Bayer. (Naturwissenschaften **47.** 433—39. 1. Okt.-H. 1960. Karlsruhe, TH, Inst. für organ. Chem.) (Dt.)

Übersicht, bes. über Trennleistung, neuere Detektoren u. präparative Gaschromatographie. C. E. DÖRING. 5062□

Ein „split-temperature"-Säulensystem für gaschromatographische Analysen. Paul Y. Feng und Boguslaw K. Krotoszynski. (Nature [London] **188.** 311—12. 22/10. 1960.) (Engl.)

Es wird ein Säulen-Syst. beschrieben, das Vorr. zur Aufrechterhaltung von 7 verschiedenen Temp.-Bereichen längs der Säule vorsieht, die variabel eingestellt werden können. Die einzelnen Bereiche werden gesondert beheizt u. mit Bimetall-Thermoregulatoren kontrolliert. Hierdurch wird die einwandfreie Auftrennung von Gemischen ermöglicht, die Bestandteile mit weit auseinanderliegenden Kpp. enthalten, was am Beispiel der Analyse eines Gemisches von n-Pentan, Bzl., Methylcyclohexan, Toluol, o-, m- u. p-Xylol, Äthylbenzol, n- u. Isopropylbenzol, tert.-Butylbenzol, tert.-Butyltoluol demonstriert wird. C. E. DÖRING. 5062□

Genauigkeit und Reproduzierbarkeit in der gaschromatographischen Analyse. R. S. Evans und P. G. W. Scott. (Nature [London] **190.** 710—12. 20/5. 1961. Cambridge, England, W. G. Pye and Co. Ltd.) (Engl.)

Bei Verw. der hochempfindlichen Ar-Ionisationszellen als Detektoren in der quant. Gaschromatographie werden öfter Fehlanzeigen (niedrige u. variable Empfindlichkeit, hoher Grundstrom, mangelhafte Linearität) beobachtet, die fast immer durch Kontamination des Trägergases mit organ. oder anorgan. Substanzen, bes. Wasserdampf u. permanenten Gasen, hervorgerufen werden. Um die Genauigkeit eines handelsüblichen Gaschromatographen mit dem Ar-Ionisationsdetektor zu bestimmen, wurden automat. über 4 Tage alle 10 Min. 0,30 ml Ar injiziert, die 1,600 ppm einer Propan–Butan-Mischung (ca. 1 : 1) enthielten. Die Mischung wurde in 8 Min. eluiert. Eine Kontamination des Ar ließ sich durch Einschalten einer Falle mit LINDE-5 A-Molekularsieb in die zuvor bei schwacher Rotglut im Ar-Strom gereinigte Kupferzuleitung verhindern. Als Säulenmaterial kam 24 Std. lang bei 100° im Ar-Strom stabilisierte Tonerde (100—120 mesh) mit 10% Squalen zur Anwendung. Die Säulen-Temp. betrug 75° u. die Trägergas-Geschw. 30 ml/min. Das Verhältnis der Spitzenhöhen beider Komponenten zeigt für 110 aufeinanderfolgende Best. eine Gesamtstreuung um ca. 1%. Die mittlere Abweichung betrug 0,23% u. die 95%-Vertrauensgrenzen lagen bei ±0,35%. Die Grundlinienabweichung in den 4 Tagen war 1,7% des Skalenvollausschlages. Die zugesetzten Probenmengen schwankten um ±4%. Eine zweite Vers.-Reihe, bei der die Spitzenflächen ausgemessen wurden, brachte ähnliche Ergebnisse. W. HEIN. 5062□

Zur Bestimmung des Berechnungsquotienten von nichtopaken Mineralsubstanzen mit Hilfe des Polarisationswinkels. Hilmar Schumann. (Nachr. Akad. Wiss. Göttingen, math.-physik. Kl., IIa math.-physik.-chem. Abt. **1960.** 167—72. Dresden, TH, Mineral. Geol. Inst.) (Dt.)

Vf. hat ein Reflexionsgoniometer derart umgebaut u. mit einer Polarisationseinrichtung versehen, daß mit diesem Instrument der Polarisationswinkel von Kristallen u. amorphen Substanzen gemessen u. aus ihm nach dem BREWSTERschen Gesetz der Brechungsindex berechnet werden kann. J.-E. HILLER. 5063□

Ein schnell aufzeichnendes Mikrofluorimeter. Rodney A. Olson. (Rev. sci. Instruments **31.** 844—49. Aug. 1960. Bethesda, Md., Educat. and Welfare, U. S. Dep. of Health, Publ. Health Serv., Nat. Inst. of Health, Nat. Inst. of Arthritis and Metabolic Diseases.) (Engl.)

Das Instrument, das ursprünglich zur Unters. von Fluorescenzstrukturen in Verbindung mit der Photochemie lebender Zellen entwickelt wurde, gestattet die kontinuierliche Aufzeichnung von Spektren mkr. Objekte. Ein linearer Spiralschlitz, der 2 U/s macht, ermöglicht eine oszillograph. Darst. der Emissions- u. Absorptionsspektren. Eine Modifikation erlaubt die gleichzeitige Aufzeichnung des zeitlichen Verlaufs der spektralen Änderungen bei verschiedenen, ausgwählten Wellenlängen. Beispiele der biolog. Anwendung werden gegeben. H. LINDBERG. 5063□

Neue Entwicklungen in der Interferenzspektroskopie. P. Jacquinot. (Rep. Progr. Physics **23.** 267—312. 1960. Bellevue, France, Centre Nat. de la Rech. Sci., Univ. de Paris and Labor. Aimé Cotton.) (Engl.)

Zusammenfassender Bericht über die Spektroskopie mit dem FABRY-PEROT-App. (einschließlich der vollständigen Theorie) u. die Meth., die von der interferometr. Modulationsamplitude oder von der interferometr. Modulationsfrequenz Gebrauch machen (Spektroskopie durch FOURIER-Transformation). D. JÖRCHEL. 5063□

Kontrolle der Dicke von aufgedampften Schichten während des Aufdampfens. G. Papp. (Rev. sci. Instruments **30.** 911—12. Okt. 1959. Fort Wayne, Ind., ITT Labor.) (Engl.)

Beschreibung der Meth., die den Verlauf der Aufdampfung der transparenten Schichten in jedem Moment durch Zählen der Interferenzringe auf einer Kontrollplatte, die sich neben der verdampfenden Probe befindet, zu verfolgen gestattet. C. GOTTFRIED. 5063

Ein doppelt moduliertes Photometer. Henry P. Kalmus. (Rev. sci. Instruments **31.** 828—32. Aug. 1960. Washington, D.C., Diamond Ordnance Fuze Labors.) (Engl.)

Eine niederfrequent getastete Hochfrequenz wird einer Brücke zugeführt, deren einer Zweig eine Photozelle bzw. ein Photomultiplier ist, dem in einem anderen Zweig ein Kondensator entspricht. Ein Niederfrequenzverstärker mit nachfolgendem, mit der Tastfrequenz gesteuertem Gleichrichter dient als Nullinstrument. Die Justierung dieses Photometers ist nicht kritisch. Vollausschläge für $4 \cdot 10^{-9}$ lu bei einem Signal/Rausch-Verhältnis 100 sind erreichbar. H. LINDBERG. 5064□

Photoelektrische Photometrie. H. J. J. Braddick. (Rep. Progr. Physics **23.** 154—75. 1960. Manchester, Univ., Physic. Labor.) (Engl.)

Vf. gibt einen Überblick über Photozellen u. -kathoden, Elektronenvervielfacher u. ihre Anwendungen in der Praxis, Photometrie schwachen Lichtes, Zählung von Elektronenimpulsen, Vgll. von Photozellen mit anderen photometr. Detektoren, Photometrie im ferneren UV, Festkörper-Syst. mit innerem Photoeffekt sowie einige spezielle Anwendungen. D. JÖRCHEL. 5064□

Über die Rolle der Absorptionslinien in dem photoelektrischen Photometer bei großer vorbeigehender Bande (grande bande passante). Anne Marie Rozis-Saulgeot. (Ann. Astrophysique **23.** 504—15. Juli/Aug. 1960. Paris, Inst. d'Astrophys.) (Franz.)

Vf. untersuchte die Rolle von Absorptionslinien bei der Deutung von photoelektr. Messungen von großen Durchgangsbanden. C. GOTTFRIED. 5064

Die Verwendung von „white spirit" bei der Feldcolorimetrie mit Dithizon. V. G. Hill. (Econ. Geol. **54.** 310—12. März/April 1959. Geol. Surv. of Ghana.) (Engl.)

„White spirit" wird durch Schütteln mit H_2SO_4 entfärbt. Eine konz. Lsg. von Dithizon in CCl_4 wird mit „white spirit" auf die gewünschte Konz. verdünnt. Diese Lsgg. sind gegen Oxydation u. Belichtung sehr viel weniger anfällig, als reine CCl_4-Lösungen. In „white spirit" selbst sind Dithizon u. seine Cu-, Zn- u. Pb-Salze unlöslich. L. ENSSLIN. 5065

Die Verwendung von „white spirit" in der Feldcolorimetrie mit Dithizon. R. E. Stanton. (Econ. Geol. **54.** 1577—78. Dez. 1959.) (Engl.)

Krit. Bemerkung zur Arbeit von HILL (vgl. vorst. Ref.) zur Verw. von „white spirit" als Lösungsmittel. Bzl. hat sich bei der colorimetr. Best. von Cu, Zn u. Pb mit Dithizon als weit günstiger erwiesen. GERHARD WOLFF. 5065□

Neue Anwendung der Glaselektrode in der Argentometrie. G. Asensi Mora. (An. Real. Soc. españ. Física Quím., Ser. B **54.** 535—40. Sept./Okt. 1958. Murcia, Fac. Cie., Labor. Quím. analít., Patronato „Juan de la Cierva" Invest. técn., Inst. „Alonso Barba".) (Span.)

Der zu bestimmenden Halogenid-Lsg. wird 1 Tropfen 1%ig. alkohol. J_2-Lsg. als Indicator zugesetzt. die bei Ag^+-Überschuß nach der Gleichung $3\,J_2 + 5\,Ag^+ + 3\,H_2O \rightarrow 5\,AgJ + JO_3^- + 6\,H^+$ reagiert, so daß der Äquivalenzpunkt durch plötzlichen Abfall des pH potentiometr. unter Verw. der Glaselektrode beobachtet werden kann. Am besten wird der anfängliche pH-Wert auf 5,4—5,7 eingestellt. Da die vollständige Fällung der einzelnen Halogenide infolge der verschiedenen Löslichkeit ihrer Ag-Salze getrennt erfolgt, beobachtet man mehrere pH-Änderungen u. hat damit die Möglichkeit, ihre Mengen potentiometr. zu bestimmen. Man kann nach diesem Verf. noch 0,001n J_2-Lsgg. mit 0,1% Fehler bestimmen; in Ggw. von Cl^- lassen sich noch 0,5% J^-, in Ggw. von Br^- noch 5% J^- nachweisen. W. METZENER. 5066□

Das Indicatorsystem Hg^{2+}-Diphenylcarbazid. F. Sierra Jiménez und C. Sánchez-Pedreño. (An. Real Soc. españ. Física Quím., Ser. B **54.** 541—52. Sept./Okt. 1958. Murcia, Fac. Cie., Labor. Quím. analít.; Patronato „Juan de la Cierva", Invest. técnicas, Inst. „Alonso Barba".) (Span.)

Die beiden Syst. *Diphenylcarbazon* (I)-Hg^{2+} u. *Diphenylcarbazid* (II)-Hg^{2+} werden beim Titrieren der Halogenide gegen $AgNO_3$ in stark saurem Medium als Adsorptionsindicatoren verwendet. Zur getrennten Best. des J^- im Halogenidgemisch benutzt man das unterschiedliche Verh. der Halogenidionen in Abhängigkeit vom pH. J^- kann auch in alkal. Lsg. bestimmt werden. Das Verh. der Indicatoren in heterogener Phase wird auf Grund der Neutralisationstheorie erörtert. — Best. von Cl^-, Br^-, CNS^- u. J^-. Zu 10 ml 0,1n (0,01n) Halogenid-Lsg. werden 5 (3) Tropfen 1%ig. alkohol. **I**- oder **II**-Lsg. u. 4 (2) Tropfen 0,01n $HgCl_2$-Lsg. gegeben; zu 10 ml 0,001n Halogenid-Lsg. werden 1 Tropfen 1%ig. alkohol. **I**-Lsg. u. 1 Tropfen 0,005n $HgCl_2$-Lsg. gegeben. Dazu kommen im Falle der 0,1 (0,01 u. 0,001)n Lsgg. 4—6 Tropfen 1n (0,01n) HNO_3. Wenn man dann gegen entsprechend konz. $AgNO_3$-Lsgg. titriert, erscheinen im Laufe der Titration die Cl^-- u. CNS^--haltigen Lsgg. milchweiß, die Br^-- u. J^--haltigen gelblich bzw. gelb. Im Äquivalenzpunkt erscheint der Nd. violett (Cl^- u. Br^-) bzw. blau (CNS^-) bzw. grün oder bläulichgrün (J^-), während die überstehenden Lsgg. farblos bleiben. Höherer Säure-Geh. stört nicht, ebensowenig Tageslicht, während direktes Sonnenlicht zu meiden ist. — Die Fehler sind außerordentlich klein. — Best. von J^- u. Cl^-. Bei gleicher Normalität von J^- u. Cl^- gibt man zu 10 ml 0,1 (0,01) n Lsg. 5 (2) Tropfen 1%ig. **I**-Lsg. u. 5 (2) Tropfen 0,01n $HgCl_2$-Lsg., danach noch 1—3 Tropfen 0,1n NaOH (5—10 Tropfen 0,01n NaOH), so daß sich das pH der Lsg. zu $>$ ca. 7,5 ergibt u. die Lsg. rosa erscheint. Während der Zugabe von $AgNO_3$ wird die Lsg. kanariengelb; erst bei Ausfällung des gesamten AgJ wird der Nd. plötzlich grün. Dann tropft man 1n (0,1n) HNO_3 zu, bis die kanariengelbe Farbe wiederkehrt (Säureüberschuß ist unschädlich). Sodann fügt man weiter $AgNO_3$-Lsg. zu, wobei grüngelbe Farbe auftritt, bis sich die Ausfällung des gesamten AgCl durch intensiv grüne Farbe des Nd. zu erkennen gibt. — Best. von J^- u. CNS^- u. Best. von J^- u. Br^-. Ausführung ähnlich wie bei der Best. von J^- u. Cl^-. W. METZENER. 5068□

Die Analyse von konzentrierten schwefelhaltigen Gasen. K. Je. Perepelkin und Ja. S. Ssorokin. (Заводская Лаборатория [Betriebs-Lab.] **23.** 1414—17. 1957.) (Russ.)

Die Best. von CS_2, COS u. H_2S nebeneinander in der CS_2-Industrie ist wegen der ähnlichen Absorptions-Eigg. der Verbb. schwierig. Vff. entwickelten ein Verf. zur Best. von CS_2 u. COS nach vorheriger Absorption von H_2S in 5% ig. Zinkacetatlösung. Dabei wird H_2S vollkommen absorbiert (Fehler: 1%), während die Absorption von CS_2 bei 50—60° nur 1—1,5% beträgt u. diese Menge durch ein Inertgas wieder aus der Zn-Acetat-Lsg. ausgetrieben werden kann. Die Absorption von COS ist noch geringer. In der Lsg. wird H_2S jodometr. bestimmt. CS_2 u. COS bilden mit alkohol. Kalilauge $C_2H_5O—CS—SK$ u. $C_2H_5O—CS—OK$, die beide bei der jodometr. Titration gleich viel J_2 verbrauchen. Bei der Best. des Gesamt-S werden für CS_2 u. COS verschiedene S-Mengen gefunden. Aus den unterschiedlichen Angaben berechnet man nach den Formeln $X = B - A$ u. $Y = A - X$, wobei $X = CS_2$-Geh., Y = COS-Geh., A = Resultat der jodometr. Best. u. B = S aus der Best. des Gesamt-S-Geh. (Verbrennung). Zur Kontrolle kann man einen bekannten Teil der alkohol. Kalilauge nach der Absorption mit H_2O_2 oxydieren u. anschließend den Gesamtschwefel-Geh. bestimmen. Analysiert wurden willkürliche Gemische von CS_2, COS u. H_2S in verschiedener Zus., sowie ein Gasgemisch der Zus.: 45—55% H_2S, 10—15% CS_2 u. 13—16% COS. Beide Analysengeräte werden beschrieben. G. EWALD. 5086□

a) Elemente und anorganische Verbindungen

Entwicklung der analytischen Chemie 1959. A. K. Babko. (Заводкая Лаборатория [Betriebs-Lab.] **26.** 679—703. 1960.) (Russ.)

Zusammenfassende Übersicht über die analyt. Meth. zur anorgan. Analyse für das Jahr 1959 u. z. T. auch noch von 1958. — 277 Literaturangaben. E. KLEVER. 5106□

Entwicklung der polarographischen Analyse anorganischer Ionen. I. W. Pjatnitzki. (Заводская Лаборатория [Betriebs-Lab.] **26.** 798—810. 1960.) (Russ.)

Zusammenfassende Übersicht. — 227 Literaturangaben. E. KLEVER. 5106□

Über die bei der qualitativen chemischen Analyse in der Praxis vorkommenden Fehler. 1. Mitt. **Kationen.** Juan Ramirez Muñoz. (Inform. quím. analít. **13.** 108—18. Juli/Aug. 143—56. 142. Sept./Okt. 1959. Madrid, Univ., Dep. Quím. analít.; Bucaramanga, Kolumbien, Univ. industrial de Santander, Div. Investig. científ.) (Span.)

Fehlerstatistik im Unterricht der qual. chem. Analyse bei den einzelnen Kationen im Makro- u. Halbmikroverfahren. W. METZENER. 5106□

Kation-Austauschtrennung von Metallionen durch Elution mit Fluorwasserstoffsäure. James S. Fritz, Barbara B. Garralda und Shirley K. Karraker. (Analytic. Chem. **33.** 882—86. Juni 1961. Ames, Iowa, Iowa State Univ., Inst. for Atom. Res. and Dep. of Chem.) (Engl.)

Kationen können mit verd. HF-Lsgg. gruppenweise an Ionenaustauschern getrennt werden. Metalle, die Fluorokomplexe bilden, werden dabei eluiert, während die anderen auf der Säule verbleiben. Das Elutions-Verh. einiger Metallionen kann durch Änderung der HF-Konz. im Elutionsmittel u. der Beladungsform des Austauschers variiert werden. Vff. verwenden als Austauscher Dowex-50 W×8 (100—200 mesh), gereinigt mit 10% ig. Ammoniumcitrat-Lsg. (pH 3,0—3,5), 3m HCl u. Wasser. Die so erhaltene H^+-Form wird für einige Trennungen in die Äthylendiammoniumform übergeführt. Da 0,1m oder 1,0m HF-Lsg. als Elutionsmittel benutzt wird, bestehen die Säulen aus Polyäthylenrohren. Die in verd. HNO_3, HCl oder $HClO_4$ [bei Nb(V) u. Ta(V) unter Zusatz von HF] gelösten Proben sollen von jedem Metallion 0,045—0,45mMol, insgesamt nicht mehr als 0,50 mMol enthalten. Die nach der Elution mit HF (Lauf-Geschw.: 2—3 ml/Min.) auf der Säule verbleibenden Ionen werden mit 2—3m HNO_3 oder HCl ausgewaschen. HF wird nach Zusatz von 70—72% ig. $HClO_4$ oder von konz. H_2SO_4 [bei Al(III), Ti(IV), V(IV) oder U(VI)] abgeraucht. Die für den qual. Nachw. folgender Ionen benutzten Reagentien werden tabellar. angegeben: Ag^+, Al^{3+}, As^{3+}, Ba^{2+}, Be^{2+}, Bi^{3+}, Ca^{2+}, Cd^{2+}, Co^{2+}, Cr^{3+}, Cu^{2+}, Fe^{2+}, Fe^{3+}, Ga^{3+}, Hg^{2+}, In^{3+}, La^{3+}, Mg^{2+}, Mn^{2+}, Mo^{6+}, Nb^{5+}, Ni^{2+}, Pb^{2+}, Sb^{3+}, Sc^{3+}, Sn^{4+}, Sr^{2+}, Ta^{5+}, Th^{4+}, Ti^{4+}, UO_2^{2+}, VO^{2+}, W^{6+}, Y^{3+}, Zn^{2+} u. Zr^{4+}. Die quant. Best. erfolgt durch Titration mit EDTA-Lösung. Für einige der vielen möglichen Trennungen werden quant. Werte mitgeteilt. W. HEIN. 5106□

Refraktometrische Bestimmung von Hydrazin in seinen binären Gemischen mit Wasser oder asymmetrischem Dimethylhydrazin. Guy Pannetier und Philippe Mignotte. (Bull. Soc. chim. France **1961.** 982—85. Mai. Paris, Fac. des Sci., Centre d'Orsay, Labor. de Chim. Gén.) (Franz.)

Die zur refraktometr. Analyse von N_2H_4-W.- (I) oder N_2H_4-$(CH_3)_2NNH_2$-Gemischen (II) notwendigen Eichkurven wurden bei 20 ± 0,1 bzw. 25 ± 0,1° aufgenommen. Die Brechungsindices der Komponenten ergaben sich dabei für 99%ig. N_2H_4 (+ 1% W.) zu n_D^{20} 1,4692, n_D^{25} 1,4675, für reines $(CH_3)_2NNH_2$ zu n_D^{20} 1,4085, n_D^{25} 1,4055 (alle Werte ± 0,0002). Die refraktometr. Kurve von I ist nicht genau linear, die n_D-Werte ändern sich etwas schneller bei hohem Wasser-Geh.; hierdurch ist für verd. Lsgg. eine Genauigkeit von 0,2%, für N_2H_4-reiche Lsgg. von 0,4% bei der refraktometr. Best. erreichbar. Die Kurve des Syst. II ist linear, die erreichbare Genauigkeit beträgt im gesamten Bereich 0,5%. In I tritt maximale Abweichung von der Linearität in der Nähe der Zus. des Monohydrats auf; für ein Dihydrat werden keine Anzeichen beobachtet. Zwischen N_2H_4 u. $(CH_3)_2NNH_2$ wirken nur schwache zwischenmol. Kräfte.

A. BLASCHETTE. G 243□

Die Bestimmung von Perjodat durch das im Laufe der Oxydation des Äthylenglykols gebildete Formaldehyd. László Maros, Ibolya Molnár Perl und Elemér Schulek. (Magyar Kémiai Folyóirat [Ung. Z. Chem.] **66.** 342—44. Sept. 1960. Budapest, Eötvös Loránd Tud. Egyet. Szervetlen és Analit.-Kém. Intézet.) (Ung.)

Best. des JO_4^- durch Rk. mit Äthylenglykol u. Best. des in der Rk. gebildeten HCHO mit der früher beschriebenen Bisulfit–Cyanid-Meth. (C. **1960.** 5272); die Genauigkeit beträgt ± 0,3%. G. HALMI. G 249□

Die Bestimmung von Thiosulfaten und Rhodaniden in Bädern für die thermische Sulfidierung von Metallen. F. K. Bajew, R. I. Frenkel und S. I. Storoshenko. (Заводская Лаборатория [Betriebs-Lab.] **23.** 1428—29. 1957. Rostow, Univ. u. Werk „Rostsselmasch".) (Russ.)

Thiosulfat wird nach vorheriger Abtrennung von anwesendem Sulfid, Polysulfid u. S in Ggw. von Rhodanid jodometr. bestimmt. Rhodanid wird durch J_2 nicht oxydiert, eine Mitfällung von Thiosulfat bei der Abtrennung des Sulfid-Nd. findet nicht statt. In einen 200-cm³-Maßkolben mit 10 cm³ einer 15%ig. $ZnSO_4 \cdot 7H_2O$-Lsg. werden 2 g Einwaage gegeben. Es wird mit W. aufgefüllt u. ein Teil der Lsg. vom Nd. filtriert; 20 cm³ des Filtrates werden in Ggw. von Stärke-Lsg. mit einer 0,04n Jod-Lsg. titriert. Rhodanid wird nach folgender Meth. bestimmt: CNS^- wird mit Br_2 zu BrCN oxydiert; freies Br_2 wird an Phenol gebunden. BrCN wird mit KJ zerlegt, wobei J_2 frei wird; das mit Thiosulfat titriert wird. Die Ergebnisse liegen nicht zu tief, wenn der Titer der Thiosulfat-Lsg. nach Rhodanid eingestellt wird. 2 g einer Probe, die außer Rhodanid Thiosulfat, Sulfid u. Polysulfid enthält, werden in einem 200-cm³-Maßkolben in W. gelöst. Zu 20 cm³ der aufgefüllten Lsg. werden 5 cm³ einer 10%ig. H_3PO_4-Lsg. u. Bromwasser bis zur bleibenden gelben Farbe gegeben. Nach 1—2 Min. wird eine wss. gesätt. Phenol-Lsg. bis zum Verschwinden der gelben Farbe zugegeben. Nach 10—15 Min. langem Stehen an einem dunklen Ort werden 5 cm³ einer 30%ig. KJ-Lsg. zugefügt. Wiederum nach 15—20 Min. wird das freie J_2 mit einer 0,05n $Na_2S_2O_3$-Lsg. titriert. G. EWALD. G 253□

Ein volumetrisches Schnellverfahren zur Bestimmung von Si in Al-Legierungen. Masami Hasegawa. (Nippon Kinzoku Gakkai-Si [J. Japan Inst. Metals] **24.** 493—96. 1960. (Jap.; Auszug: Engl.)

Das im einzelnen beschriebene Verf. beruht auf der Bldg. von K_2SiF_6 u. dessen Titration mit NaOH gegen Phenolphthalein. Ti, Ta u. Zr stören bei Konz. < 0,5% nicht. Die Best. nimmt 50 Min. in Anspruch u. eignet sich für Reihenuntersuchungen.

W. WESLY. G 261□

Die photocolorimetrische Bestimmung von Silicium in der siliciumorganischen Verbindung Äthylsilicat. Je. I. Fogelsson. (Заводская Лаборатория [Betriebs-Lab.] **23.** 1427. 1957. Moskau, Lichatschew-Automobilwerk.) (Russ.)

Die Meth. beruht auf der colorimetr. Best. von Siliciummolybdänblau. Zur Einwaage von 6—7 Tropfen der Probe werden 5 cm³ HCl (1,19) gegeben; nach Erscheinen eines Nd. wird dieser in 20 cm³ 20%ig. NaOH gelöst. Die Lsg. wird zu 35 cm³ H_2SO_4 (1:1) gegeben u. anschließend wird diese Lsg. in einen 250-cm³-Maßkolben übergeführt u. mit W. aufgefüllt. 25 cm³ dieser Lsg. werden nochmals mit 20 cm³ H_2SO_4 u. W. auf 250 cm³ verdünnt. Zu einer 10-cm³-Probe werden in einem 100-cm³-Maßkolben 40 cm³ W., 5 cm³ einer 5%ig. NH_4-Molybdat-Lsg., nach 3 Min. 10 cm³ einer 3%ig. NH_4-Oxalat-Lsg. u. 5 cm³ einer 5%ig. schwefelsauren Lsg. von MOHRschen Salz gegeben; sodann wird mit W. aufgefüllt. Mit dieser Lsg. wird die colorimetr. Best. durchgeführt. Genauigkeit ± 0,5% SiO_2; Dauer der Analyse 20 Minuten. G. EWALD. G 261□

Die Anwendung der Neutronaktivierungschromatographie zur Bestimmung der Reinheit von Phosphatpräparaten. Jiří Luštinec. (Biol. Plantarum [Praha] **2.** 67—69. 1960. Praha, Czech. Acad. of Sci., Inst. of Biol., Dep. of Plant Physiol.) (Engl.)

Zur Best. von Verbb. mit 0,1 μg P/cm² bei der Papierchromatographie wertvoller Verbb. kann man eine 9std. Aktivierung durch Neutronen im Kernreaktor bei einem Neutronenfluß von 10^{12}n $cm^{-2} \cdot s^{-1}$ verwenden. Z. ŠESTÁK. G 264□

Vergleichende Untersuchungen über die colorimetrische Bestimmung des Phosphors. 4. Mitt. Die Bestimmung von Orthophosphat in Gegenwart von Phosphorsäureestern (neue Methoden). Jean-Louis Delsal und Hamid Manhouri. (Bull. Soc. Chim. biol. **40.** 1623—36. 10/12. 1958. Hessarek, Iran, Inst. d'État des Sérums et Vaccins Razi.) (Franz.) — 3. vgl. C. **1960.** 14463.

Es werden 4 neue Meth. zur Best. von *Orthophosphat* (I) in Ggw. von Phosphorsäureestern beschrieben: 1. Meth. von Berenblum u. Chain, 1-Butanolextraktion bei pH 2,5; 2. Meth. von Berenblum u. Chain bei pH 4,0 ohne Extraktion; 3. I-Best. bei pH 4,0 mit Aminonaphtholsulfonsäure unter Verw. von $SnCl_2$ in saurem Acetatpuffer. Die Rk. erfolgt innerhalb von 2 Min.; die Absorption ist 15 Min. konst.; 4. I-Best. bei pH 4,0 mit Rhodol (p-Methylaminophenol) wird in Acetatpuffer in Ggw. von $5 \cdot 10^{-3}$m Cu ausgeführt. Die Rk. ist nach 2 Min. vollständig u. bleibt, bes. in Ggw. von Perchlorat, 30 Min. konstant. — Die spektrophotometr. Ablesung bei den bei pH 4,0 arbeitenden Meth. erfolgt bei 735 (3) bzw. 880 mμ (4). Die Rhodol-Meth. eignet sich zur Best. von anorgan. *P* von Geweben nach Perchloratenteiweißung u. zur Best. saurer u. alkal. Phosphatasen mit Na-Phenylphosphat oder -β-Glycerophosphat als Substrat.

K. Maier. G 264□

Indirekte colorimetrische Antimonbestimmung. C. Drăgulescu und I. Florea. (Studii Cercetări [Timişoara] Ştiinte chim. **6.** Nr. 3—4. 43—46. Juli/Dez. 1959. Timişoara, Fac. de Chim. Ind.) (Rum.)

Eine 30—0,2 mg Sb^{3+} enthaltende Probe wird in 3—5 ml HCl 1:1 gelöst, mit 5—10 ml Eisessig (I), überschüssiger 5% ig. KJ-Lsg., dann mit 1% ig. alkohol. Acridin-Lsg. in geringem Überschuß versetzt, zentrifugiert, der aus $[SbJ_4] \cdot$HAcridin bestehende Nd. mit I frei von J^- gewaschen, mit 5—10 ml CCl_4 u. 3—5 ml HNO_3 (1:1) versetzt u. J in CCl_4 bei 530 mμ colorimetr. bestimmt. As in Konzz. unter 10^{-2} m stört nicht.

W. Schmidt/Timişoara. G 266

Natriumtetraphenylborat, 1957: Eine Bibliographie. A. J. Barnard jun. und H. Büechl. (Chemist-Analyst **47.** 46—47. Juni 1958. Phillipsburg, N.J., J. T. Baker Chem. Co.; Hildesheim, Heyl u. Co.) (Engl.) — Vgl. Chemist-Analyst **46.** [1957.] 16; vgl. auch C. **1957.** 2416.

Zusammenstellung der Literatur über $Na[B(C_6H_5)_4]$ von 1957 u. Nachtrag von 1955 bis 1956. — 64 Literaturangaben. Ch. Schlage. G 275□

Untersuchungen über die flammenspektrochemische Analyse. 3. Mitt. **Bestimmung von Magnesium in Aluminiumlegierungen.** Shigerô Ikeda. (Sci. Rep. Res. Inst. Tôhoku Univ., Ser. A **8.** 9—13. Febr. 1956. Res. Inst. for Iron, Steel and Other Metals.) — C. **1959.** 10351. Gerhard Schulze. G 282□

Neue Angaben zur polarographischen Bestimmung von Spurenelementen im metallischen Zink. Róbert Szegedi und Ildikó Miklós. (Fémipari Kutató Intézet Közleményei [Mitt. Forsch.-Inst. NE-Metalle] **2.** 154—62. 1959.) (Ung.; Auszug: Dt.)

Die Best. von Pb-, Cu- u. Bi-Spuren in Reinst-Zn kann ohne vorherige Trennung polarograph. so ausgeführt werden, daß man das Metall in HNO_3 löst u. durch Eindampfen bzw. Verdünnen eine 0,1n salpetersaure Lsg. bereitet. Ein Anteil der Lsg. wird nach Entlüften von 0 V ausgehend polarographiert. Die Cu- u. Bi-Stufe erscheint addiert, die Pb-Stufe gesondert. Ein zweiter Anteil der Lsg. wird mit EDTA versetzt, so erscheint die Cu-Stufe für sich u. die Bi- u. Pb-Stufen addiert. Die Bi-Menge wird nach Abziehen der im ersten Anteil bestimmten Pb-Menge von der gemeinsamen Bi–Pb-Stufe ermittelt.

J. Plank. G 288□

Schnellbestimmung von Zn in Aluminiumlegierungen nach dem Äthylendiamintetraessigsäure-Verfahren. Shigeo Wakamatsu. (Nippon Kinzoku Gakkai-Si [J. Japan Inst. Metals] **24.** 504—06. 1960.) (Jap.; Auszug: Engl.)

Man löst 2 g der Probe in einem Gemisch von 30 ml 20% ig. NaOH u. 5 ml 30% ig. H_2O_2, vertreibt den H_2O_2-Überschuß durch Kochen, verd. auf 500 ml, filtriert, säuert eine aliquote Menge des Filtrats mit HCl an, versetzt (zur Maskierung von Al u. Sn) mit 3 g NH_4F u. 5 ml 50% ig. NH_4-Acetat-Lsg., stellt mit NH_4OH auf pH 5—6 ein, erwärmt auf 70—80°, versetzt mit 3 Tropfen Indicator, titriert mit 0,005 m EDTA u. titriert deren Überschuß mit $CuSO_4$-Lsg. zurück. W. Wesly. G 288□

Spektralanalytische Bestimmung der Seltenen Erden, die aus Gesteinen abgeschieden werden. A. N. Saidel, E. N. Fafurina, P. P. Jakimowa und Ss. Ss. Jakowlewa. (Вестник Ленинградского Университета, Серия Физики и Химии [Nachr. Leningrader Univ.] **15.** Nr. 4. [Ser. Physik. Chem.] Nr. 1. 48—59. 1960.) (Russ.)

Nach Isolierung der Summe der Seltenen Erden (SE) u. Abtrennung des Ce durch Extraktion der Nitrate mit Ae. werden ca. 0,2 mg des Konzentrats in CO_2-Atmosphäre am Wechselstrombogen analysiert (Elektrodenabstand 2 mm). Als Standard verwendet man Yb oder Tb (Basiselement für letzteres ist Sr). Der mittlere Fehler ist ca. 20%. Zur Erhöhung der Empfindlichkeit der Best. trennt man die Ce-freien SE an Ionenaustauschern in eine leichte Fraktion (La, Pr, Nd, Sm, Eu, Gd) u. eine schwere (Tb, Dy, Ho, Er, Tu, Yb, Lu, Y). — 32 Literaturstellen. S. ECKERT. .G 303□

Neue Methode zur Trennung und Bestimmung von Aluminium und Titan. Luigi Giuffré und Franco Maitan Capizzi. (Ann. Chimica **49.** 1834—43. Okt./Nov. 1959. Milano, Politecn., Ist. di Chim. Ind.) (Ital.)

Zur Trennung u. Best. der Kationen Al u. Ti bzw. Al-Äthylendiamintetraacetat- (**I**) u. Ti–H_2O_2–Äthylendiamintetraacetat-Komplexen wird eine rasche Meth. beschrieben, die auf der Verw. von kation. Austauschharzen, die nur zur Zers. von **I** durch quant. Absorption von Al^{3+} bei pH 1—3 geeignet sind, beruht. Es werden Säulen von 20 cm Länge u. 1 cm ∅ verwendet, die mit 20 ml Dowex-50-X-Austauschharz beschickt sind. Die Titrierzelle (Abb.) zur potentiometr. Titration vorst. Kationen wird beschrieben; die Ergebnisse sind vollkommen zufriedenstellend u. reproduzierbar (Diagramme u. Tabellen). G. PLATZER. G 321□

Die colorimetrische Bestimmung von Zirkonium mit Phenylfluoron. F. G. Shawrowski und A. T. Pilipenko. (Заводская Лаборатория [Betriebs-Lab.] **23.** 1407—10. 1957. Kiew, Schewtschenko-Univ.) (Russ.)

Phenylfluoron (*2.3.7-Trihydroxy-9-phenyl-6-fluoron*; **I**) gibt mit vielen Metallkationen eine Farb-Rk. (vgl. GILLIS u. Mitarbeiter, Analytica chim. Acta [Amsterdam] **1.** [1947.] 302) auch in Lsgg. mit kleinerem pH als z. B. Alizarin. **I** wird für die Best. von Ge u. Sb benutzt. Zr gibt mit **I** eine schwerlösl. hellrote Verbindung. Die Bldg. von *Zirkoniumphenylfluoronat* (**II**) verläuft in 0,4—0,5n HCl am schnellsten. Die Farbe von **II** ist in Ggw. von Gelatine 4 Std. haltbar. Das Adsorptionsmaximum liegt für **II** bei 535 mμ; für **I** ist die Adsorption in diesem Bereich minimal. Die Nachw.-Grenze beträgt in HCl oder HNO_3 0,32 γ/cm³ Zr, in H_2SO_4 2,4 γ/cm³ Zr. Die Farbe von **II** bleibt nur in alkohol. Lsg. für längere Zeit erhalten. Alkalimetalle, Erdalkalimetalle, Th, Al, Zn, Cd u. andere 2wertige Metallionen stören nicht; Phosphor- u. Flußsäure sowie Sn, Sb, Ta, Nb u. farbige Metallionen stören. Fe^{3+}, Cr^{3+}, Ti^{4+}, Co^{2+}, Ni^{2+}, Cu^{2+}, Bi^{3+}, Ag^{+}, V^{5+}, Mo^{6+} u. W^{6+} stören, wenn ihre Konzz. die Zr-Konz. um das entsprechend 50-, 200-, 3-, 200-, 500-, 200-, 50-, 300-, 100-, 1- u. 5fache übersteigen. Es wurde die Zus. von **II** untersucht, indem Proben einer $2\cdot10^{-4}$m Zr-Lsg. mit einer entspr. $2\cdot10^{-4}$m Lsg. von **I** in verschiedenen Verhältnissen gemischt u. colorimetr. best. wurden. Das Maximum der Kurve Zus.–opt. Dichte entspricht der Zus. $Zr(C_{19}O_5H_{11})_4$. Es wurde Zr in Lsg. in Ggw. verschiedener Kationen sowie Zr in metall. Mg u. Al bestimmt. 0,05—0,5 g einer Zr-haltigen Leg. (0,01—0,5 mg Zr) wird in der Kälte, später unter Erwärmung in 10 cm³ HCl (1:1) gelöst. Eine Trübe wird mit 1 cm³ HNO_3 beseitigt. Die Lsg. wird auf 50 cm³ aufgefüllt. Zu 5 oder 10 cm³ der Lsg. wird soviel HCl gegeben, daß sie 0,5n wird; sodann wird 1 cm³ einer 0,5%ig. Gelatine-Lsg. u. 5 cm³ 0,03%ig. alkohol. Lsg. von **I** zugefügt, auf 25 cm³ aufgefüllt u. nach 20 Min. bei 535 mμ Zr colorimetr. bestimmt. G. EWALD. G 322□

Die Bestimmung von Zirkonium durch amperometrische Titration unter Verwendung von Cupferron. Ju. I. Ussatenko und G. Je. Bekleschowa. (Заводская Лаборатория [Betriebs-Lab.] **23.** 1406—07. 1957. Dnepropetrowsk, Chem.-technol. Dsershinski-Inst.) (Russ.)

In einer früheren Arbeit wurde die Möglichkeit der amperometr. Best. von Cupferron (**I**) nachgewiesen (vgl. C. **1957.** **13763**). Vff. schlagen unabhängig von ELVING u. OLSON (vgl. C. **1957.** 1261) vor, **I** für die amperometr. Best. der Elemente zu verwenden, die mit **I** einen unlösl. Nd. bilden. ELVING u. OLSON benutzten eine Hg-Tropfelektrode. Vff. schlagen eine 900 U/min vollführende Pt-Elektrode vor. Eine Zugabe von NaCl u. eine Veränderung des Säure-Geh. von 0,1 auf 0,3n sind ohne Einfluß. Al, Cr, Mn, Zn, Ni, F, die 2fache Menge Cu u. anderer Elemente stören nicht; Fe^{3+} wird teilweise mitgefällt; Ti, V(V) u. Oxydationsmittel stören. Bestimmt werden Lsgg. mit 0,162 bis 5,67 mg ZrO_2, ferner 20 Lsgg. mit je 0,81 mg ZrO_2. Bei letzteren wurden im Mittel 0,8107 mg ZrO_2 gefunden; der relative Fehler jeder Analyse lag bei 0,55%. Außerdem bestimmen Vff. ein Zr-Silicat mit einer Genauigkeit von 99,3%. Zu einer salz- oder schwefelsauren Lsg. eines Zr-Salzes, die nicht mehr als 6 mg ZrO_2 enthält, wird soviel H_2SO_4 gegeben, daß die Lsg. 2—3n wird. Es wird 3 g NaCl zugegeben u. sodann bei Zimmer-Temp. u. bei 0,8 V langsam amperometr. mit **I** titriert. G. EWALD. G 322□

Quantitative Analyse von Zirkonium mit Hilfe der Röntgenfluorescenzspektrographie. 10. Mitt. Maria Lucco Borlera. (Ann. Chimica **49.** 1865—72. Okt./Nov. 1959. Torino, Politecn., Ist. di Chim. gen. e appl. e di Metallurg.) (Ital.) — 9. vgl. Ricerca sci. **29.** [1959.] 1465.

Vf. zeigt, daß die Röntgenfluorescenzanalyse zur Best. von Zirkonium in Quarzsand u. in feuerfesten Materialien auf Zr-Phosphat-Basis eingesetzt werden kann. Es empfiehlt sich, *MoO_3* als Eichsubstanz zu verwenden. Die Zr-Konz. ist dann proportional dem Intensitätsverhältnis der K_α-Linien von Zr u. Mo. Ein Mindest-Geh. von 0,1% Zr kann in den Proben mit einem relativen Fehler $<3\%$ bestimmt werden. Analysendauer weniger als 40 Minuten. G. PLATZER. G 322□

Eine neue Methode zur Bestimmung von sulfidischem Zinn in Erzen. L. W. Swerew und N. W. Petrowa. (Заводская Лаборатория [Betriebs-Lab.] **23.** 1403—05. 1957. Allunionsinst. für Mineralerze.) (Russ.)

Die Analyse von zinnhaltigen Erzen läuft auf eine getrennte Best. von Sn in oxyd. Erzen — Kassiteriten — u. sulfid. Erzen — Stanninen — hinaus. Nach den bekannten Meth. wird Stanninzinn mit Königswasser, HCl mit Oxydationsmitteln oder H_2SO_4 aus der Erzprobe herausgelöst, wobei ein unlösl. Rückstand von oxyd. Sn hinterbleibt. Diese Meth. sind ungenau, weil ein Teil des SnO_2 bei der Säurebehandlung in Lsg. geht. Vff. beobachteten, daß bei der Behandlung von stanninhaltigen Konzentraten mit gasförmigem Cl_2 in CCl_4 in Ggw. von elementarem S Stannin chloriert wird u. das gebildete Zinnchlorid in CCl_4 gelöst wird. Kassiterit wurde dabei nicht chloriert u. gelöst. Daraus wurde eine Analysen-Meth. unter Verw. von Br entwickelt. Zu der Einwaage von 0,5—2 g zerkleinerten Erzes wird in einem ERLENMAYER-Kolben 25 cm³ CCl_4, 10 cm³ Br_2 u. 1 g S gegeben, 2½ Std. gerührt, filtriert; das Filtrat wird mit H_2SO_4 (1:1) 30 Min. geschüttelt; in der abgetrennten schwefelsauren Lsg. wird Sn jodometr. bestimmt. Es wurden folgende Proben analysiert: SnS_2, SnS, SnO_2, SnO_2 (geglüht bei 800°), α-Zinnsäure u. ein Stannin aus Zinnwald. Die berechnete Menge Sn wurde entsprechend im salzsauren Auszug bzw. im Rückstand mit 99,01—101,8% gefunden. Ein Übergang von oxyd. Sn in Lsg. fand nicht statt. Ein Vgl. der Sn-Analysen von 3 Erzproben, die außer nach beschriebenem Verf. noch nach 2 Meth., bei denen das sulfid. Sn durch Säurebehandlung gelöst wird, durchgeführt wurden, zeigt in 2 Fällen erhebliche Abweichungen in der Best. des sulfid. Sn. G. EWALD. G 327□

Verbesserung der Mikrobestimmung von Zinn in Nichteisen- (und Zirkonium-) Legierungen. F. E. Huber jun., D. L. Chase und E. J. Center. (Chemist-Analyst **47.** 41. Juni 1958. Columbus, Ohio, Battelle Memorial Inst.) (Engl.)

Bei der Sn-Mikro-Best. nach MILLER u. CURRIE (Analyst **73.** [1948.] 377) verwenden Vff. eine verbesserte Glas-App. mit Gaseinleitungsrohr zur Red. des Sn mit metall. Sb unter Kochen mit HCl am Rückflußkühler. Das Sn(II) wird mit $5 \cdot 10^{-3}$n J_2-Lsg. titriert. (Die Jod-Lsg. wird mit O_2-freiem dest. W. bereitet u. ist wenigstens einen Monat lang stabil.) Während beider Arbeitsgänge wird CO_2 in die Lsg. eingeleitet. Unter Zusatz von wenigen Tropfen HF wird Sn in Zr-Legg. bestimmt. U stört nicht. Fehlergrenze bei 0,5 mg Sn 1%. CH. SCHLAGE. G 327□

Die Titration von Barium und Blei mit Natriumsulfat in Gegenwart des Komplexes Thoriumbrenzcatechinviolett als Indicator. C. Drăgulescu, T. Simonescu und R. Anton. (Studii Cercetări [Timişoara] Ştiinte chim. **6.** Nr. 3—4. 27—32. Juli/Dez. 1959. Timişoara, Baza de Cercetări Ştiinţifice a Acad. R.P.R.) (Rum.)

Eine Lsg. von 0,6—60 mg Ba^{2+} in 50 ml 60—80%ig. A. wird mit n HNO_3 auf pH 3,5—4,5 gebracht u. mit der gleichen Anzahl von Tropfen einer 0,0025m $Th(NO_3)_4$-Lsg. u. einer 0,0025m Lsg. von *Brenzcatechinviolett* (I) versetzt. Dabei entsteht der rote Th-I-Komplex. Man titriert sofort mit 0,1—0,025n Na_2SO_4-Lsg. bis zum Umschlag von Rot auf Gelb. 1 ml 0,1n Na_2SO_4-Lsg. entspricht 6,868 mg Ba; Cl^-, NO_3^- u. Kationen, die mit I keine Komplexe bilden, stören nicht. Fehler bei 0,7—3,5 (mg Ba) 1—2%; bei 4,0—17,0 0,05—0,73% u. bei 20—53 1,1—2,2%. Die Meth. kann auch zur Best. von SO_4^{2-} verwendet werden. SO_4^{2-} wird mit überschüssigem $Ba(NO_3)_2$ gefällt u. der Ba^{2+}-Überschuß zurücktitriert. Die Arbeitsweise bei Best. von Pb ist dieselbe; es wird 80%ig. A. verwendet, bei 2—10 mg Pb^{2+} schwanken die Fehler zwischen $-1,2$ u. $+1,4\%$, bei anderen Pb-Mengen sind sie höher. 1 ml n Na_2SO_4-Lsg. entspricht 10,36 mg Pb. Kationen, die mit I oder SO_4^{2-} reagieren, Cl^-, PO_4^{3-}, Essigsäure, Weinsäure, Oxalsäure u. andere stören. Die Best. dauern nur einige Minuten.

W. SCHMIDT/Timişoara. G 328

Beiträge zur Mikroanalytik des Vanadins. 1. Mitt. **Qualitativer Nachweis des Vanadin (V) durch Säulenchromatographie.** Imre Krausz. (Magyar Kémiai Folyóirat [Ung. Z. Chem.] **66.** 218—19. Juni 1960 Budapest, Eötvös Loránd Tud. Egyet. Szervetlen és Anal. Kém. Intézet.)

Meth. zum Nachw. von Mikromengen V auch in Ggw. der meisten Elemente durch Säulenchromatographie. Die Verb. des V(V) mit o-Oxychinolin wird auf dem Silicagel-Adsorbent getrennt. G. HALMI. G 330□

Beiträge zur Mikroanalytik des Vanadins. 2. Mitt. **Papierchromatographischer Nachweis des Vanadin(V).** Imre Krausz. (Magyar Kémiai Folyóirat [Ung. Z. Chem.] **66.** 296—97. Aug. 1960. Budapest, Eötvös Loránd Tud. Egyet. Szervetlen és Anal.-Kém. Intézet.) (Ung.) — 1. vgl. Magyar Kémiai Folyoirat [Ung. Z. Chem.] **66.** [1960.] 218.

Papierchromatograph. Nachw. des V(V) durch Abtrennung seines o-Oxychinolinkomplexes mit Isoamylalkohol–Essigsäure. Nachw.-Grenze 2—50 γ V(V), R_F-Wert 0,88. Nachw.-Grenze im Kreischromatogramm 5—200 γ, R_F-Wert 1,0. Der Nachw. wird auch von großen Mengen Pb, Cd, Cr(III) u. Cr(VI), Mg, Zn, Al, Mn(II), Cu, Mo(VI), Bi u. W(VI) nicht gestört. G. HALMI. G 330 □

Beiträge zur Mikroanalytik des Vanadins. 3. Mitt. Imre Krausz. (Magyar Kémiai Folyóirat [Ung. Z. Chem.] **66.** 344—46. Sept. 1960.) (Ung.) — 2. vgl. vorst. Referat.

Photometr. Best. des V(V) unter Verw. von o-Oxychinolin. Die Messung kann nach chromatograph. Trennung mit einem maximalen Fehler von 3% durchgeführt werden. Die Anwesenheit von Cr u. Mo (Mo jedoch nur in Mengen $\leqq$ V) beeinflußt die Best. nicht. G. HALMI. G 330 □

Spektrophotometrische Bestimmung von Vanadin mit Solochrome Black RN. G. E. Janauer, F. Tera und J. Korkisch. (Mikrochim. Acta [Wien] **1961.** 599—605. Wien, Univ., Analyt. Inst.) (Dt.)

Es wird eine sehr empfindliche u. genaue spektrophotometr. Meth. zur Best. von μg-Mengen V in salzsauer-methanol. Medium mit dem Azofarbstoff Solochrome Black RN (**I**) beschrieben. Außerdem wurden die Farbstoffe Solochrome Dark Blue (**II**) u. Solochrome Black AS (**III**) auf ihre Brauchbarkeit zur V-Best. geprüft. Das Absorptionsmaximum liegt bei Verw. von **I** bei 560, von **II** bei 620 u. von **III** bei 610—620 mμ. Die höchste Empfindlichkeit wird mit **I** erreicht (0,05 ppm nach SANDELL), bei **II** beträgt sie 0,075, bei **III** 0,15 ppm. Die Extinktionskurve des violetten V-I-Komplexes fällt mit steigender Acidität langsam ab, am geeignetsten erwies sich eine Konz. von 1 ml 1 n HCl/10 ml Meßlösung. Die Reihenfolge der Reagenszugabe sowie Änderung der Temp. zwischen 15 u. 30° beeinflussen die Meßergebnisse nicht. Die Extinktion erreicht nach 1 Std. ihren Maximalwert u. bleibt dann 12 Std. lang konstant. Folgende Ionen stören die Best. nicht: Al, Mg, Ca, Sr, Ba, Sn(II), Pb, Cd, Zn, Cr(III), Bi, Mn(II), U(VI), Cl^-, SO_4^{2-}, NO_3^- u. EDTA. Ni, Co u. Fe(III) stören geringfügig, Cu(II), Ti, Zr, Hf, Mo(VI), U(IV), PO_4^{3-} u. F^- sehr stark. Durch Zugabe von EDTA läßt sich z. B. Th maskieren, bei Fe(III)- u. Cu-Mengen $>$ 50 μg kann die störende Wrkg. durch Zusatz einer Spatelspitze festen KJ bequem ausgeschaltet werden. Die nicht maskierbaren Elemente lassen sich durch Ionenaustausch-Meth. vom V abtrennen. Das LAMBERT-BEERsche Gesetz gilt im Konz.-Bereich von 0—25 μg V/10 ml Lsg.; die Standardabweichung wurde für 6 Messungen zu 0,002 berechnet, sie ist im Konz.-Bereich von 5—25 μg V prakt. konst. u. nimmt für kleinere V-Konzz. etwas zu. Zur Best. werden 2—4 ml der V-haltigen Lsg. (0—25 μg V), die 1 ml 1 n HCl u. auf 10 ml 2 ml wss. Phase (Rest Methanol) enthalten muß, im 10-ml-Kolben mit 0,1 ml 0,1 m EDTA-Lsg. u. 5 ml 0,1%ig. I-Lsg. versetzt u. mit CH_3OH aufgefüllt. Die Extinktion wird bei 560 mμ gegen eine Blind-Lsg. gemessen u. der V-Geh. einer Eichkurve entnommen.

GERHARD SCHULZE. G 330 □

Bestimmung des Sauerstoffindex der Uranoxyde mittels Kaliumbichromat-Überschuß. L. Neumann. (Collect. czechoslov. chem. Commun. **25.** 2235—36. Aug. 1960. Prag, TH für Chem., Inst. für Technol. der Kernbrennstoffe u. Radiochem.) (Russ.)

Eine neue Meth. zur Best. des Sauerstoffindex der U-Oxyde wurde ausgearbeitet. Diese Meth. beruht auf der Auflösung der Oxyde mittels H_2SO_4 in Ggw. von $K_2Cr_2O_7$ u. der Titration des überschüssigen Oxydationsmittels. V. RŮŽIČKA/Prag. G 339

Über die Verwendung von Azofarbstoffen zur spektrophotometrischen Bestimmung von Uran und Thorium in gemischten Lösungsmitteln. 1. Mitt. **Die Bestimmung von vier- und sechswertigem Uran mit Hilfe von Solochrome Black 6 BN.** J. Korkisch und G. E. Janauer. (Mikrochim. Acta [Wien] **1961.** 537—42. Vienna, Univ., Analyt. Inst.) (Engl.)

Es werden zwei Meth. zur spektrophotometr. Best. von U mit Hilfe von 1-(2-Hydroxy-1-naphthylazo)-2-naphthol-4-sulfonsäure (**I**, Solochrome Black 6 BN) beschrieben. **I** ergibt in schwach saurer Lsg., die etwas Methanol, Äthylenglykol oder dgl. enthält, eine rötliche Farbe, die bei Zusatz von U(IV) nach Blau übergeht. In acetatgepufferten Lsgg., die organ. Lsgm. enthalten, löst sich **I** mit blauer Farbe u. reagiert mit U(VI) zu einem blauvioletten Komplex. Diese letzte Rk. läuft jedoch nur ab, wenn die Lsgg. eine geeignete Menge Zn^{2+} enthält. Offenbar bildet sich zunächst ein Zn-UO_2^{2+}-Acetat, das mit **I** zu einem Komplex höherer Ordnung reagiert. Die optimalen Bedingungen für die Auswahl der Meßwellenlänge, der Zn^{2+}-Konz., der I-Menge, des Rk.-Mediums, der Zeit, der Temp. u. der Reihenfolge des Reagensersatzes sowie die Einfl. von Störelementen wurden ermittelt. Die Extinktion der Endlsg. bleibt mindestens 24 Std. lang konst., eine Temp.-Änderung zwischen 15 u. 30° ist ohne Einfl., ebenso beeinflußt die Reihenfolge des Reagenszusatzes die Extinktion nicht. Mg, Ca, Sr, Ba, La(III), Pr(III), Nd(III), Zn, SO_4^{2-}, F^-, J^- u. Ascorbinsäure ergeben keine, Pb(II) u. Cd eine schwache, Al, Sn(II), Bi, Cu(II), Ce(IV), Yb(III), Ti(IV), Zr, Th, V(V), Cr(III), Mo(VI), Mn(II), Fe(III), Ni u. Co(II) eine starke Störung; PO_4^{3-} muß abwesend sein, da es U ausfällt. Wegen der Vielzahl der störenden Ionen schlagen Vff. vor der photometr. Best. Trennungen mit Hilfe von Ionenaustauschern vor. Die Probe-Lsg. wird dann eingedampft, zur Entfernung organ. Materials verascht, der Rückstand in 6m HCl aufgenommen u. die Lsg. nochmals zur Trockne eingedampft. Zur Best. des U(VI)-Komplexes bleibt der Rückstand (10—200 μg U) mit 0,50 ml 1m HCl 10—15 Min. lang bedeckt stehen. Man fügt dann 0,75 ml Zn-Acetat-Lsg. [10 g $Zn(CH_3COO)_2 \cdot 2\,H_2O$ in 1 ml 1m HCl + CH_3OH bis zum Vol. von 100 ml), 1,50 ml I-Lsg. (0,35% ig. in CH_3OH) u. 2,25 ml CH_3OH zu u. ermittelt die Extinktion bei 640 mμ gegen eine Blindlösung. Das Beersche Gesetz ist bis 200 μg U erfüllt, der relative Fehler beträgt $< \pm 0{,}05$ (bei 10 μg U ca. $\pm 0{,}1$). Zur Best. des U(IV)-Komplexes wird der Rückstand in 10 ml 10m HCl gelöst, die Lsg. im 100-ml-Kolben mit 1 g metall. Zn versetzt u. mit W. aufgefüllt. Ein aliquoter Teil von 0,100—1,00 ml (50 μg bis 1 mg U) wird ggf. mit Blind-Lsg. auf 1 ml verd., mit je 2 ml einer 2,5m Na-Acetat-Lsg. u. 0,35% ig. I-Lsg. (in CH_3OH) versetzt, mit CH_3OH auf 10 ml aufgefüllt u. die Extinktion bei 640 mμ für die Blind-Lsg. korrigiert. Das Beersche Gesetz ist bis 100 μg U/ml erfüllt, der relative Fehler beträgt $\pm 0{,}03$ bis $\pm 0{,}05$ für den Konz.-Bereich von 5—100 $\cdot$ μg U/ml, für verdünntere Lsgg. $> \pm 0{,}1$. Gerhard Schulze. G 339□

Die fraktionierte Bestimmung von metallischem Mangan und Manganmonoxyd in reduzierten Manganerzen. Shirô Watanabe. (Nippon Kinzoku Gakkai-Si [J. Japan Inst. Metals] **24.** 217—21. 1960.) (Jap.; Auszug: Engl.)

Durch 1 std. Behandlung von 0,1—0,2 g red. Mn-Erz mit 30 ml Lsg. von 5 g $HgCl_2$ in CH_3OH bei 70° wird das metall. Mn u. eine zu vernachlässigende Menge MnO gelöst. Man filtriert die Lsg., wäscht mit CH_3OH aus u. bestimmt das Mn in Filtrat + Wasch-Fl. nach Oxydation mit Persulfat mit $FeSO_4$. W. Wesly. G 350□

Die fraktionierte Bestimmung von Ferromangan und Manganmonoxyd in reduzierten Manganerzen. Shirô Watanabe. (Nippon Kinzoku Gakkai-Si [J. Japan. Inst. Metals] **24.** 221—25. 1960.) (Jap.; Auszug: Engl.) — Vgl. vorst. Referat.

Um auch das in red. Mn-Erzen vorhandene Ferromangan aufzulösen, empfiehlt sich eine 1 std. Behandlung des Erzes mit 50 ml einer Lsg. von 5 g $CuCl_2$ u. 0,4 g Na_2CO_3 in CH_3OH bei 40°. Man filtriert die Lsg., versetzt sie mit Al u. verd. H_2SO_4, kocht, bis die Lsg. farblos wird (Beseitigung von Cu), filtriert u. bestimmt das Mn titrimetr., wie im vorst. Ref. angegeben. W. Wesly. G 350□

Fraktionierte Bestimmung von Quarz und Silicat in Mangan- und reduzierten Manganerzen. Shirô Watanabe. (Nippon Kinzoku Gakkai-Si [J. Japan Inst. Metals] **24.** 479—82. 1960.) (Jap.; Auszug: Engl.)

Man löst den Silicatanteil in 0,5 g der Probe auf dem Paraffinbad in 30—60 Min. in einem Gemisch von 20 ml konz. H_3PO_4, 100 ml W. u. 10 ml 20% ig. $NaBF_4$-Lsg., läßt mit Filtrierpapierbrei 30 Min. bei Zimmer-Temp. stehen, filtriert, wäscht den Rückstand mit warmer HCl (1:9) u. danach mit W. aus, glüht ihn bei ca. 050° u. bestimmt den SiO_2-Geh. der Asche nach dem HF-Verfahren. Den Silicat-Geh. erhält man durch Abziehen des gefundenen SiO_2-Geh. vom Gesamt-SiO_2-Geh., der gesondert mit HF ermittelt wird. W. Wesly. G 350□

Fraktionierte Bestimmung verschiedener Elemente und rationelle Analyse in Mangan- und reduzierten Manganerzen mittels chemischer Analyse. Shirô Watanabe. (Nippon Kinzoku Gakkai-Si [J. Japan Inst. Metals] **24.** 483—86. 1960.) (Jap.; Auszug: Engl.)

Man erhitzt 0,5 g der Probe 1 Std. mit 50 ml 18n H_2SO_4 u. wenig H_2O_2, verd. mit 200 ml heißem W., filtriert, versetzt mit Filtrierpapierbrei, wäscht den Rückstand mit warmer 0,5n H_2SO_4 u. danach mit W. aus, glüht, schmilzt mit Na_2CO_3, extrahiert die Schmelze mit H_2SO_4-Lsg., bestimmt Gesamt-Mn mittels der $FeSO_4$-$KMnO_4$-Titration u. rechnet es auf Rhodonit ($MnSiO_3$) um. W. Wesly. G 350□

Die Bestimmung des vorhandenen Sauerstoffs in Mangan- und reduzierten Manganerzen. 6. Mitt. Shirô Watanabe. (Nippon Kinzoku Gakkai-Si [J. Japan Inst. Metals] **24.** 405—09. 1960.) (Jap.; Auszug: Engl.) — Vgl. vorst. Referat.

Eine krit. Prüfung der Best. von reinem MnO_2 mit Na-Oxalat (**I**) führt zu positiven Fehlern, wogegen man gute Ergebnisse erhält, wenn man eine Korrektur für die Menge des durch Luft u. Mn^{2+} zersetzten I anbringt. Das $FeSO_4$-Verf. ergibt theoret. Werte. Beide Verff. ergeben auch in Ggw. von Fe^{2+} brauchbare Werte, wenn man für Fe^{2+} eine Korrektur anbringt. W. Wesly. G 350 □

Die Bestimmung von dreiwertigem und vierwertigem Manganoxyd in Mangan- und reduzierten Manganerzen. 7. Mitt. Shirô Watanabe. (Nippon Kinzoku Gakkai-Si [J. Japan Inst. Metals] **24.** 409—13. 1960.) (Jap.; Auszug: Engl.) — 6. vgl. vorst. Referat.

Mn^{3+} bildet mit Acetylaceton (I) eine beständige Komplex-Verb., die saure KJ-Lsg. nicht oxydiert. In Ggw. von I geht $MnCl_4$ in $MnCl_3$ über u. gibt Cl ab, das aus saurer KJ-Lsg. J frei macht. Auf diese Weise bestimmt man Mn^{4+} neben Mn^{3+}. Das Verf. gibt zu hohe Werte, wenn die Acidität zu hoch u. Fe^{3+} anwesend ist. Man erhält aber richtige Werte, wenn vor dem Zusatz von KJ Fe^{3+} mit $SnCl_2$ red. wird. W. Wesly. G 350 □

Bestimmung von Eisen(II)-oxyd und Eisen(III)-oxyd in Gegenwart von dreiwertigem und vierwertigem Manganoxyd. Shirô Watanabe. (Nippon Kinzoku-Gakkai-Si [J. Japan Inst. Metals] **24.** 401—05. 1960.) (Jap.; Auszug: Engl.)

Man löst 0,2 g der Probe in einem Gemisch von 10 ml 20%ig. Na_2SO_3-Lsg. u. 30 ml H_3PO_4 (1:1) unter Durchleiten von CO_2 auf dem sd. Wasserbad, zersetzt den Na_2SO_3-Überschuß durch 10 Min. langes Kochen, kühlt ab u. titriert Fe^{2+} mit 0,02n NH_4VO_3-Lsg. u. Diphenylamin als Indicator. Fe^{3+} ergibt sich durch Abzug von Fe^{2+} von der Gesamt-Fe-Menge, die nach Red. mit $SnCl_2$ durch Titration mit $KMnO_4$-Lsg. bestimmt wird. W. Wesly. G 354 □

Die Trennung und Bestimmung von Oxydeinschlüssen in nichtlegiertem Kohlenstoffstahl mit einer methylalkoholischen Bromlösung. 1. Mitt. Yosaburo Okura. (Nippon Kinzoku Gakkai-Si [J. Japan Inst. Metals] **24.** 237—41. 1960.) (Jap.; Auszug: Engl.)

Zur Lösung der Oxydeinschlüsse in unlegiertem Stahl mit $<0,5\%$ C wird eine 10%ig. Br_2-Lsg. in CH_3OH von Zimmer-Temp. empfohlen. Das Verf. wird mit dem J_2-Verf. verglichen, das den Nachteil hat, selbst bei 60° einige Verbb., wie Fe- u. Mn-Nitride u. Fe-Sulfide nicht zu lösen, während das Br_2-Verf. schon bei Raum-Temp. diese Verbb. gemeinsam mit metall. Fe löst. W. Wesly. G 354 □

Die Trennung und Bestimmung von Oxydeinschlüssen in nichtlegiertem Kohlenstoffstahl mit methylalkoholischer Bromlösung. 2. Mitt. **Ein Vergleich der Auflösung von Eisen mit methylalkoholischer Brom- und Jodlösung.** Yosaburo Okura. (Nippon Kinzoku Gakkai-Si [J. Japan Inst. Metals] **24.** 241—45. 1960.) (Jap.; Auszug: Engl.) — 1. vgl. vorst. Referat.

Ein Vgl. der Anwendung des J- u. Br-Verf. (in CH_3OH-Lsg.) zeigt, daß das bei 60° u. Zimmer-Temp. zur Auflösung der Fe-Grundmasse angewandte J-Verf. im Gegensatz zum Br-Verf. unter dem Einfl. von Luft u. W. leidet. Durch 30—90 Min. langes Rühren nach Auflösung der Grundmasse erhält man bei beiden Verff. gleichbleibende Ergebnisse. Bei 60° jedoch führt das Br-Verf. zu Werten, die sich mit zunehmender Einw.-Zeit verringern. W. Wesly. G 354 □

Eine Schnellmethode zur Isolierung der Carbidphase in Stählen. O. Ss. Spiridonowa und T. I. Besuglowa. (Заводская Лаборатория [Betriebs-Lab.] **23.** 1412—13. 1957.) (Russ.)

Vff. entwickelten ein Verf. zur Abtrennung der Carbidphase aus Stählen, das von dem von Popowa (vgl. Заводская Лаборатория [Betriebs-Lab.] **11.** [1945.] 10) vorgeschlagenem Verf. abweicht. Die Probe wird in 1n KCl u. 5 g Citronensäure im Verlaufe von 40—60 Min. der Elektrolyse bei einer Stromdichte von 0,02—0,03 A/cm² unterworfen. Der gebildete Nd. wird in 6—8 Gläsern mit chlorfreiem, CO_2-gesätt., dest. W. nacheinander gewaschen u. anschließend elektrolyt. in 50% NaOH bei 0,1—0,5 A/cm² von der Probe getrennt. Zur Best. der im Carbid-Nd. enthaltenen Elemente wird dieser entweder in H_2SO_4 oder HNO_3 gelöst oder verascht u. anschließend mit Kaliumpyrosulfat aufgeschlossen. G. Ewald. G 354 □

Die Methoden der Gasbestimmung in schwarzen Metallen. S. M. Turowzewa. (Заводская Лаборатория [Betriebs-Lab.] **23.** 1432—36. 1957.) (Russ.)

Übersicht über folgende Gas-Best.-Meth.: Best. von Gasen in *Stahl* durch das Vakuumschmelz-Verf., Best. von O_2 beim Schmelzen der Proben in Ar, Best. von O_2 in kohlenstoffhaltigen Stählen im Gleichstromlichtbogen, u. Best. von O_2 in Fe mit Hilfe der Isotopenmethode. — 29 Literaturstellen. G. Ewald. G 354 □

Die Analyse von Gasen im Stahl nach der Methode der Vakuumerhitzung. Ju. A. Kljatschko, L. L. Kunin, Je. M. Tschisstjakowa und N. Ss. Laritschew. (Заводская Лаборатория [Betriebs-Lab.] **23.** 1410—12. 1957. Zentr. Forschungsinst. für Schwarzmetallurgie.) (Russ.)

Bei vielen Gasanalyse-Meth. unter Anwendung der Vakuumerhitzung wird alles frei werdende Gas als H_2 gerechnet, währenddessen aber auch H_2O, CO_2 u. etwas CO frei werden. Die Kenntnis des genauen H_2-Geh. im Metall ist für die Unters. der Poren-Bldg. von Wichtigkeit. Vff. entwickelten ein Verf. der Gasanalyse, das darauf beruht, daß vor der Erhitzung der zu analysierenden Proben bei 650—900° im Vakuum das Quarzröhrchen, in dem dann die Probe erhitzt wird, im Vakuum bei 800—1000° entgast wird. Das während des 20—30 Min. langen Erhitzens aus der Metallprobe entweichende Gas wird in einem geeichten Vol. aufgefangen; anschließend CO_2 u. H_2O in einer Kühlfalle mit fl. N_2 ausgefroren. Vff. beweisen, daß in Geräten, in denen das Arbeits-Vol. nicht vorher unter Vakuum erhitzt wurde, auf Grund der Zers. der an dem Quarzglas adsorbierten Feuchtigkeit eine vergleichsweise größere Menge H_2 u. kein H_2O gefunden wird. G. EWALD. G 354□

Eine mikrogravimetrische Bestimmungsmethode für Kobalt in Gegenwart anderer Elemente. Th. I. Pirtea und M. Dumitru. (Mikrochim. Acta [Wien] **1961**. 647—49. Bukarest, Univ. „C. I. Parhon", Labor. für analyt. Chem.) (Dt.)

Zur mikrogravimetr. Best. von Co schlagen Vff. o-Phenanthrolinhydrochlorid (I) in Ggw. von NH_4SCN vor. Der Nd. von $[Co(C_{12}H_8N_2)_2](SCN)_2$ ist rosa gefärbt u. sehr schwer lösl.; in schwach saurer Lsg. können bis zu 0,5 μg Co/ml erfaßt werden. Die Grenz-Konz. beträgt 1:2000000. In einem Filterbecher nach EMICH werden mit einer Mikrobürette 0,5—4 ml der schwach sauren Co-Lsg. (pH ca. 3—6) gegeben. Man erhitzt die Lsg. auf dem Wasserbad bis fast zum Sieden, fügt 0,05—0,1 g festes NH_4SCN u. 0,5 bis 2 ml einer 2%ig. **I**-Lsg. hinzu, läßt den Nd. 5 Min. lang absitzen, filtriert, wäscht den Nd. einige Male mit einer 60—70° warmen Lsg., die in 100 ml W. 0,3 g NH_4SCN u. 1 ml 2%ig. **I**-Lsg. enthält, dann 3—4mal mit je 0,5 ml W., anschließend 3mal mit je 0,5 ml einer Mischung aus 1 Teil A. u. 3 Teilen abs. Ae., schließlich 3mal mit je 0,5 ml abs. Ae. u. trocknet 5—10 Min. im Vakuumexsiccator. Nach diesem Verf. kann Co auch in Ggw. von Na, K, Ca, Ba, Sr, Mg, Be, Sc, Al, Cr u. NH_4 ohne vorhergehende Maskierung bestimmt werden. Die zu analysierende Lsg. muß dann jedoch vorher auf pH 3—4 gebracht werden. Das Auswaschen des Nd. ist vorsichtig u. wiederholt vorzunehmen, damit er nicht mit NH_4SCN oder anderen Metallsalzen verunreinigt bleibt.

GERHARD SCHULZE. G 355□

Über die Oxydation des Natrium-p-aminosalicylats, katalysiert durch die Ionen Co^{2+} und Cu^{2+}. Kinetische Methode zur Bestimmung des Kupfers. Radu Ralea und Olga Ungureanu. (An. ştiinţ. Univ. „Al. I. Cuza" Iaşi, Secţ. I [N. S.] **3**. 315—23. 1957. Cuza-Univ., Lehrstuhl für analyt. u. Mineralchem.) (Franz.)

Es wurde gezeigt, daß die sehr langsame Bldg. einer dunkelbraunen Färbung beim Zusammenbringen von Na-p-Aminosalicylat (Na-**I**) mit Na_2O_2 durch Ggw. von Cu^{2+}- u. Co^{2+}-Ionen erheblich beschleunigt wird. Die Zwischenverbb. $Cu(I)_2 \cdot 3\,H_2O$ u. $Co(I)_2 \cdot H_2O$ konnten gewonnen u. analysiert werden. Die braune Verb. ist in W. leicht lösl. u. kann mit A. gefällt werden, wobei sie kristallin wird, ihre Farbe jedoch nicht ändert. Die braune Verb. enthält weder Cu noch Co noch N. Die braune Färbung der Lsg. strebt in Ggw. von Co in wenigen Min., in Ggw. von Cu in 30—40 Min. einer Dauerintensität zu, deren Endwert von der Cu- bzw. Co-Konz. abhängt. Die katalyt. Beschleunigung der Rk. ist bei den Co-Ionen zu groß für exakte Messungen, bei den langsamer wirkenden Cu-Ionen ermöglicht sie die Anwendung des kinet. Verf. zur Ermittlung der Konz. des Cu. Man muß dafür sorgen, daß die Rk. hinsichtlich Cu 1. Ordnung ist, dann ist die opt. Dichte D der Färbung der Konz. des Cu proportional: $dD/dt = K_{Cu}$. Die Konst. K bestimmt man mit bekannten Cu-Mengen. Eine Eichkurve ist nicht erforderlich. Man füllt in zwei 25-ml-Meßkolben je 5 ml Na-**I**, 10 ml NaOH u. 0,1—0,2 g Na_2O_2, in das eine der Kölbchen noch 1—5 ml $CuCl_2$-Lsg., dann colorimetriert man mit dem Photocolorimeter FEK-M u. Grünfilter alle 2—4 Min. innerhalb von 20 Min. die Farbintensität bei Zimmer-Temp., wobei als Zeitnullpunkt die Zugabe von Na_2O_2 zu messen ist (Meßbeginn 5 Min. nach der Zugabe, da sich anfangs O_2 ausscheidet). Aus der gleichbleibenden Neigung der Geraden erhält man kinet. in 20 Min. den Geh. an Cu, während man nach dem früheren Verf. erst in 30 Min. unter Hinzuziehung der Eichkurve den Cu-Geh. bestimmen kann, u. zwar sind es Konzz. in der Größenordnung von 1 γ Cu/ml.

A. v. WILPERT. G 358□

Über die Oxydation des Natrium-p-aminosalicylats, katalysiert durch die Ionen Co^{2+} und Cu^{2+}. 2. Mitt. **Colorimetrische Methode zur Bestimmung des p-Aminosalicylats (PAS).** Radu Ralea und Olga Ungureanu. (An. ştiinţ. Univ. „Al. I. Cuza" Iasi, Secţ. I [N. S.] **4**. 171—79. 1958.) (Rumän.; Zusammenfassung: Russ. u. Franz.) — Vgl. vorst. Referat.

Das zur Best. des Cu ausgearbeitete Verf. wird nun, leicht modifiziert, für die Best. des p-Aminosalicylats (PAS = **I**) angewandt, wobei die Einfl. von Temp. u. Na_2O_2 untersucht werden. Angewandt werden dabei Lsgg. von 0,002m $CuCl_2$ u. 0,125m KCN. — Zur Prüf-Lsg., die $1\cdot10^{-6}$ bis $6\cdot10^{-6}$ gMol I/10 ml enthält, setzt man 5 oder 7 ml $CuCl_2$-Lsg. (10^{-5} bzw. $1,4\cdot10^{-5}$ Mol) zu; man oxydiert mit 0,0286 g Na_2O_2 u. gibt 0,5 ml $6,2\cdot10^{-5}$m KCN zu, so daß $\geqq 4$ KCN auf 1 Cu kommen, füllt auf 10 ml nach u. colorimetriert mit dem sowjet. Photocolorimeter FEK-M u. Grünfilter. In Ggw. von $6,1\cdot10^{-4}$m Trichloressigsäure muß man so viel NaOH zusetzen, daß die Endlsg. 0,001m ist, dann erhält man die gleichen Ergebnisse wie ohne Trichloressigsäure. Das LAMBERT-BEERsche Gesetz wird befolgt. Man kann I durch dieses Verf. im Blut bestimmen.

A. v. WILPERT. G 358□

Analytische Anwendungen der Chelone. 17. Mitt. **Murexid als Indicator bei der makro- und mikrovolumetrischen Bestimmung des Kupfers mit 1.2-Diaminocyclohexantetraessigsäure (ADCT).** Francisco Bermejo Martínez und Ramón Rey Mendoza. (Inform. Quím. analít. **13.** 91—93. 100. Juli/Aug. 1959. Santiago de Compostela, Fac. Cie., Labor. Quím. analít.) (Span.) — 16. vgl. Quím. e Ind. [Bilbao] **6.** [1959.] 3; 15. vgl. C. **1961.** 12942.

Nach theoret. Erörterungen über die Struktur der Murexid (I)–Metall-Komplex-Verbb. wird ein Verf. zur Cu-Best. durch Titration gegen Di-Na-ADCT (II)-Lsg. mit I als Indicator vorgeschlagen, das beim Vgl. mit der Titration gegen AEDT-Lsg. infolge seiner höheren Komplex-Bldg.-Konst. zur schärferen Einstellung der Ionengleichgewichte in der Nähe des Äquivalenzpunktes führt. Verf.: Man gibt zu der 0,06—1,3 (2,6—13; 26—96) mg Cu^{2+} enthaltenden Probe-Lsg. 2,5%ig. NH_3-Lsg. gerade bis zur Auflösung des Nd., so daß sich das pH auf 8—9 einstellt, verd. auf 150 ml, fügt eine Spatelspitze Indicator (100 Teile NaCl auf 1 Teil I, gleichmäßig gemischt) zu u. titriert gegen 0,001m (0,01 m; 0,1 m) Na_2-II-Lsg. bis zum Farbumschlag Gelb → Rotviolett. Die Schwermetalle stören, bes. Ni, Co, Zn, Cd u. Mn, können aber leicht durch Fällung mit H_2S, KSCN oder Oxin beseitigt werden.

W. METZENER. G 358□

Fluoroborsäure zur Bereitung von Proben für die Kupferbestimmung in Eisen- und Nichteisenlegierungen. Walter D. Nordling. (Chemist-Analyst **47.** 45. 47. Juni 1958. Providence, Rh.I., Grinnell Corp.) (Engl.)

Fe- u. Al-Legg. werden von 50%ig. Fluoroborsäure (I) gelöst. Cu wird aus dem Rückstand bestimmt. I u. H_2O_2 bzw. Na-Fluoroborat u. HNO_3 lösen Pb-Legg. einschließlich Cu, das nach Zusatz von Citrat aus alkal. Lsg. mit 2-(o-Hydroxyphenyl)-benzoxazol gefällt werden kann. Genaue Vorschriften für die Cu-Best. in verschiedenen Legg. werden angegeben.

CH. SCHLAGE. G 358□

b) Organische Verbindungen

Untersuchungen über organische Mikroanalyse. 5. Mitt. **Gleichzeitige Bestimmung von Kohlenstoff, Wasserstoff, Halogenen und Schwefel.** Toshihiro Onoe, Chizuru Furukawa und Hiro Ôtsuka. (Annu. Rep. Takamine Lab. **11.** 100—03. Dez. 1959. Tôkyô-Sinegawa, Takamine-Kenkyûzyo.) (Jap.; Auszug: Engl.) — 3. vgl. C. **1960.** 592.

Eine verbesserte gleichzeitige mikroanalyt. Best. von C, H u. Halogenen oder S ist beschrieben, worin S bzw. Halogene an Ag u. Stickstoffoxyde an MnO_2 adsorbiert werden.

E. MAEKAWA. 5352□

Eine spektrophotometrische Methode zur Bestimmung von Butylalkoholen. Ja. E. Schmuljakowski. (Химия и Технология Топлив и Масел [Chem. Technol. Brennstoffe Öle] **4.** Nr. 12. 46—50. Dez. 1959.) (Russ.)

Zur spektrometr. Best. von n-, sek. u. tert.-Butylalkohol werden diese in entsprechende Nitrit-Verbb. umgewandelt u. ihre UV-Absorptionsspektren im Gebiet 320 bis 420 mμ im Spektrometer ermittelt. Auf Grund der erhaltenen Absorptionsspektren u. der opt. Dichte D stellt Vf. eine Formel zur Berechnung sowohl der einzelnen als auch gemischten Butylalkohole auf u. beschreibt die Gewinnung von Nitrit-Verbb. der Butylalkohole u. die Auswertung der Vers.-Ergebnisse.

K. WEKUA. G 560□

Gewinnung und Identifizierung von Mercaptanen aus wässerigen alkalischen Lösungen durch Gaschromatographie. H. D. LeRosen. (Analytic. Chem. **33.** 973—74. Juni 1961. Port Arthur, Texas, Texaco, Inc.) (Engl.)

In einer beschriebenen einfachen App. werden bei vermindertem Druck aus alkal. Lsgg. die darin enthaltenen Mercaptane sowie CO_2 u. H_2S durch Ansäuern mit H_2SO_4 in Freiheit gesetzt u. in einer evakuierten Gaspipette aufgefangen. Die gaschromatograph. Analyse erfolgt mit He als Trägergas (83 ml/min Durchfluß-Geschw.) bei einer Säulen-Temp. von 30° an zwei je 2 m langen mit Celit (60—100 mesh) gefüllten Säulen. Je 100 g des Säulenmaterials waren mit 30 g Silicon 200 bzw. Tetraisobutylen getränkt.

Die Spitzen der einzelnen Mercaptane, des H_2S u. CO_2 lassen sich aus ihren durch Eichproben ermittelten relativen Retentionszeiten identifizieren. Die Gewichts-% jeder Komponente errechnen sich aus den Flächen unter den Spitzen. Sie sind auf die potentiometr. bestimmten Mercaptan-Schwefel-Geh. der Ausgangsstoffe abzugleichen. Die unter Berücksichtigung der CO_2-, Luft- u./oder CS_2-Spuren korr. Werte von H_2S, C_2H_5SH, iso-C_3H_7SH u. tert.-C_4H_9SH weichen im Durchschnitt um $\pm 10\%$ von den Werten ihrer Mischungen ab, die von CH_3SH u. n-C_3H_7SH um $\pm 25\%$. Die Reproduzierbarkeit ist um vieles besser. Die in Raffineriegasen enthaltenen Spuren von H_2S u. Mercaptanen lassen sich beim Durchleiten durch 30% ig. Alkalilaugen so stark anreichern, daß eine befriedigend genaue Best. mit dieser Meth. möglich wird. W. HEIN. G 600□

Zwei Nachweismethoden für Nitrile und Amide. Swiatoslaw Trofimenko und John W. Sease. (Analytic. Chem. **30.** 1432—34. Aug. 1958. Middletown, Conn., Wesleyan Univ., Dep. of Chem.) (Engl.)

100 mg Substanz (aliphat. oder aromat. Amide u. Nitrile) werden mit Natronkalk vermischt u. erwärmt. Dabei entstehende, NH_3 enthaltende Dämpfe leitet man in 1% ig. $CuSO_4 \cdot 5\,H_2O$-Lsg. in CH_3OH. Bei positivem Ausfall der Rk. bildet sich ein roter oder blauer Nd., der sich auch bei längerem Stehen nicht auflöst. Aromat. Nitro-Verbb. stören diesen Test. In solchen Fällen wird folgendes Verf. angewandt: 50—100 mg Substanz werden in 2 ml CH_3OH gelöst, mit 0,1 ml 13,5% ig. Lsg. von $HgCl_2$ in CH_3OH unter Zusatz von 0,05% Bromthymolblau vermischt u. anschließend mit 0,5m NaOH in CH_3OH alkal. eingestellt. Nur N-unsubstituierte u. N-monosubstituierte Amide geben eine blaue Farb-Rk.; Crotonaldehyd, Aceton, Cylopentanon, Acetessigester, Vinylacetat sowie andere Aldehyde, Ketone, Ester u. ungesätt. Verbb. stören.

R. STRUFE. G 800

Potentiometrische Bestimmung von Amiden in Essigsäureanhydrid. David C. Wimer. (Analytic. Chem. **30.** 77—80. Jan. 1958. North Chicago, Ill., Abbott. Labor.) (Engl.)

Die in Essigsäureanhydrid (I) gelösten Amide (z. B. Dodecylamid, Thioacetamid) werden mit 0,1n $HClO_4$ in CH_3COOH oder Dioxan titriert. Die Endpunkts-Best. geschieht wegen Fehlens geeigneter Farbindicatoren auf potentiometr. Wege. Die Amide lassen sich auch im Gemisch mit Aminen titrieren, wobei zunächst die Gesamtbasizität in I bestimmt u. durch Ausführung der Rk. bei 0^0 eine Acetylierung der Amine verhindert wird. Durch nachfolgende Titration in CH_3COOH wird dann die Basizität der Amine ermittelt. R. STRUFE. G 800

Tetraphenylborat-Fleckentest zum Nachweis von Aminen und deren Salzen. Francis E. Crane jun. (Analytic. Chem. **30.** 1426—29. Aug. 1958. New Brunswick, N.J., Rutgers Univ., Douglas Coll., Chem. Labor.) (Engl.)

Eine Probe des Unters.-Materials wird in verd. CH_3COOH oder in Mineralsäuren gelöst, mit verd. NaOH auf pH ca. 3 eingestellt u. davon 1 Tropfen auf einer schwarzen Tüpfelplatte oder im Mikroreagensglas mit 1 Tropfen 3—7% ig. wss. Na-Tetraphenylborat (TPB)-Lsg. versetzt. In Ggw. eines Amins tritt eine zumeist weiße Trübung auf. Außer prim., sek. u. tert. Aminen sowie deren quart. Salzen reagieren auch anorgan. Salze, wie KCl, NH_4Cl, $AgNO_3$, $HgCl_2$ u. a.; S-Benzylthiuroniumchlorid, Triphenylsulfoniumchlorid u. Tetraphenylarsoniumchlorid geben ebenfalls einen positiven Test.

R. STRUFE. G 910

Trennung der 2.4-Dinitrophenylabkömmlinge einiger Aminosäuren nach der Methode der Gegenstromverteilung. A. Ss. Chochlow und Tschan-zin Tschi. (Биохимия [Biochemie] **25.** 1030—34. Nov./Dez. 1960. Moskau, Allunions-Forschungsinst. für Antibiotica.) (Russ.; Auszug: Engl.)

Unter Zuhilfe der Eichkurven für die Lsgg. in Butylacetat u. im 1/15m Phosphatpuffer läßt sich aus der Farbintensität mit ausreichender Genauigkeit der Geh. an Aminosäuren bestimmen. Verss. über die Verteilung von Gemischen aus Abkömmlingen von *2.4-Dinitrophenol* (I) geht hervor, daß eine gute Trennung durchführbar ist, wenn die einzelnen Aminosäuren sich um mehr als eine Methylengruppe voneinander unterscheiden. Die Brauchbarkeit der Meth. wird an folgenden I-Abkömmlingen aufgezeigt: Threonin, Glycin, Alanin, Aminobuttersäure, Valin, Leucin, Norleucin, Phenylalanin.

O. LEBTAG. G 1060□

Die Bestimmung von m-Nitrobenzoesäure im Elektrolyten bei der Entfernung von Zinn aus Blechabfällen. N. N. Lapin und A. T. Sljussarew. (Заводская Лаборатория [Betriebs-Lab.] **23.** 1430—32. 1957. Shdanow, Metallurg. Inst.) (Russ.)

Der Elektrolyt für die Regeneration von Sn aus Blechabfällen enthält neben 5% ig. NaOH ca. 2,5% *m-Nitrobenzoesäure* (I) u. auch *Hydrazobenzoldicarbonsäure* (II). Die üblichen Best.-Meth. der aromat. Nitro-Verbb. sind bei I neben II nicht anwendbar.

Vff. bestimmen I durch Red. mit überschüssigen Sn^{2+} in einer H_2-Atmosphäre. Überschüssiges Sn^{2+} wird mit J_2 zurücktitriert. In einen mit H_2 gefüllten Kolben werden 10 cm^3 2n NaOH, 1 oder 2 cm^3 der zu untersuchenden Lsg. u. 15 cm^3 einer 0,1n $SnCl_2$-Lsg. gegeben. Der Kolben wird 15 Min. bei 90—95° auf dem Wasserbad erwärmt. Sodann werden zur kalten Lsg. 20 cm^3 2n HCl gegeben; die Lsg. wird auf 100 cm^3 verd.; anschließend wird mit J_2 titriert. Dauer der Analyse: 20—25 Minuten.

G. EWALD. G 1210□

Die Verwendung der potentiometrischen Titrationsmethode bei der Bestimmung von freiem Alkali in Lösungen von Phenolen und Schmelzen von aromatischen Sulfonsäuren. M. A. Portnow und Ss. M. Schein. (Заводская Лаборатория [Betriebs-Lab.] **23.** 1417—20. 1957. Filiale des Inst. für org. Zwischenprodukte u. Farbstoffe.) (Russ.)

Die Best. von freiem Alkali in Phenolat- u. Naphtholatschmelzen ist für die Feststellung des Rk.-Endes der Alkalischmelze von Benzolsulfonsäure u. Naphthalinsulfonsäure notwendig. Der Geh. an freiem Alkali darf im erhaltenen Phenol u. β-Naphthol für bestimmte Folge-Rkk., z. B. für die Herst. von Salicylsäure, nicht mehr als 0,2% betragen. Die acidimetr. Titration unter Anwendung von Indicatoren ist wegen der Puffer-Wrkg. der Schmelze ungenau. Bei der potentiometr. Titration an einer Sb-Elektrode zur Best. von freiem Alkali in Schmelzen der Benzol- u. Naphthalinsulfonsäure wird bis zum pH 11 nur freies Alkali neutralisiert. Das entstandene β-Naphthol wird mit Alkali bis zum pH = 5 titriert. Titriert wurden alkal. Lsgg. von β-Naphthol mit 0,5n HCl bis zur EMK = 610 mV. Dabei stört anwesendes Na_2SO_3 nur unwesentlich. Der relative Fehler beträgt 5%. Die Unters. der vollständigen Titrationskurven von Naphtholat mit HCl u. von β-Naphthol mit NaOH zeigt, daß die Best. der Zus. von Naphtholat im Bereich pH = 11 nicht möglich ist. Der Endpunkt beider Titrationen liegt bei pH = 5. Deshalb sollen Indicatoren mit einem Umschlagpunkt bei pH = 4—6, z. B. Bromkresolpurpur oder Methylrot verwandt werden. Vff. beweisen die Möglichkeit der potentiometr. Titration des Gesamtalkali-Geh. an einem Elektrodenpaar Sb–Kalomel mit HCl bis zur EMK 220 mV u. des β-Naphthol-Geh. an einem Elektrodenpaar Pt–Kalomel mit einer 0,1n Jod-Lsg. bis zur EMK 220 mV. G. EWALD. G 2700□

Nachweisgrenzen der Flavone mit Tetraphenyldiboroxyd und langkettigen quartären Ammoniumverbindungen durch die Tüpfelreaktion nach F. Feigl. 12. Mitt. **Über aromatische Borverbindungen.** Richard Neu. (Mikrochim. Acta [Wien] **1958.** 715—25. Karlsruhe, Fa. Dr. Willmar Schwabe, Chem. Forsch.-Labor.) — 11. vgl. Fette, Seifen, Anstrichmittel **59.** [1957.] 823; 9. vgl. C. **1958.** 3123.

Durch Tüpfeltest mit Tetraphenyldiboroxyd (**I**) wird die Nachw.-Grenze für 20 Hydroxy-Derivv. der Phenylbenzo-γ-pyrone ermittelt an Hand der Sichtbarkeit der Tüpfel im Tages- u. UV-Licht. Es treten z. T. charakterist. Färbungen u. Fluorescenzen auf, die Rückschlüsse auf Stellung u. Anzahl der Hydroxygruppen ermöglichen. Durch Besprühen des Tüpfelflecks mit Lsgg. langkettiger quart. Ammonium-Verbb., wie Zephirol, Riseptin oder Bradosol im Anschluß an die Rk. mit I treten die Farbunterschiede im Tageslicht deutlicher hervor, u. die Fluorescenzen werden z. T. erheblich verstärkt. Durch Anwendung der beiden Reagentien wird die Nachw.-Grenze weiter herabgesetzt. K. PAVEL. G 3211

Bestimmung von Steroidalkoholen mit Essigsäureanhydrid-C-14. Vincent P. Hollander und Julia Vinecour. (Analytic. Chem. **30.** 1429—31. Aug. 1958. Charlottesville, Va., Univ. of Virginia, School of Med.) (Engl.)

Das aus CH_3-^{14}COONa durch Umsetzung mit Phthalylchlorid erhaltene Essigsäureanhydrid-^{14}C wird in Benzol-Lsg. unter Zusatz von Pyridin mit 0 2—3 μg des zu untersuchenden Steroidcarbinols (Cortison, Hydrocortison, Androsteron, Dehydroepiandrosteron) bei Raum-Temp. umgesetzt. Nach Entfernung von überschüssigem Reagens durch Dest. bei Raum-Temp. in konz. H_2SO_4 wird ein Toluol + Propylenglykol auf WHATMAN Nr. 1-Papier chromatographiert u. der Fleck mit A. extrahiert. Nach nochmaliger Chromatographie auf WHATMAN-Nr. 4-Papier [Syst.: Bzl. + CH_3OH+W. (4:2:1)] wird der Fleck eluiert u. dessen Radioaktivität bestimmt. Die Meth. eignet sich bes. gut für die Best. von Steroidalkoholen im Blutplasma. R. STRUFE. G 3750

d) Medizinische und toxikologische Analyse

Beiträge zur Aminosäurebestimmung in biologischem Material. 5. Mitt. **Über die Trennung multipler Gemische ninhydrinpositiver Verbindungen mittels Gradientelution an Ionenaustauschersäulen.** G. Krampitz und R. Müller. (Z. Tierphysiol. Tierernähr. Futtermittelkunde **14.** 114—28. April 1959. Bonn, Univ., Inst. für Anatomie u. Physiol. der Haustiere.) (Dt.)

Es wird über Erfahrungen mit der Gradientelution nach Moore u. Stein (C. **1952.** 4666) berichtet. Die chromatograph. Trennung von Gemischen verschiedener Aminosäuren u. Amine erfolgte an 150-cm-Säulen von Dowex-50 X 4 bzw. 5. Eluiert wird mit Citratpuffern graduell gesteigerter Ionenstärke u. pH-Werts. Die Meth. bietet den Vorteil hohen Auflösungsvermögens auch bei multiplen Gemischen, die u. a. in den Körper-Fll. vorkommen. E. Moisar. 5725□

Eine Rechenscheibe zur Auswertung der Ergebnisse von Blutserumelektrophoresen auf dem Papierträger. Otakar Quadrat. (Chem. Listy **54.** 851—52. Aug. 1960. Praha, Ústř. laboratoř nemocnice na Bulovce.) (Tschech.)

Die logarithm. Rechenscheibe dient zur raschen Berechnung des Eiweiß-Geh in elektrophoret. Fraktionen. M. Ryba/Prag. 5728

Eine einfache spektrophotometrische Methode zur Bestimmung von Calcium. 2. Mitt. **Eine Halbmikro-Methode mit verkürzter Fällungszeit.** Patrick V. Ferro und Anna Bell Ham. (Amer. J. clin. Pathol. **28.** 689—93. Dez. 1957. Miami, Fla., Dae Regents, Inc., Dep. of Chem.) — 1. vgl. Amer. J. clin. Pathol. **28.** [1957.] 208.

Eine von Vff. beschriebene Meth. zur Best. von *Ca* im *Serum* (l. c.) wurde verbessert, so daß Ca bei erheblichem Zeitgewinn bereits in einer Mindestmenge von 0,5 cm^3 Serum exakt erfaßt werden kann. Bei dem Verf. wird Ca mit dem Na-Salz der *Chloranilsäure* (I) als Chloranilat gefällt, der Nd. abzentrifugiert, mit 50% ig. Isopropanol gewaschen, mit *Tetra-Na-Äthylendiamintetraacetat* (**II**) umgesetzt u. die wieder frei werdende **I** spektrophotometr. bestimmt. **I** in Form des Na-Salzes mit der höheren Löslichkeit gegenüber der freien I erlaubt Anwendung höherer Konzz. u. damit Verkürzung der Fällungsdauer. — Durchführung: Ca-Eich-Lsg. durch Auflösen von 0,2497 g reinstem $CaCO_3$ in 9 cm^3 1 n, HCl u. Auffüllen auf 1 Liter. — Na-**I**-Lsg. durch Auflösen von 4 g NaOH in 600—700 cm^3 dest. W., Eintragen von 11 g reiner **I**, Umschütteln bis zur Lsg., Auffüllen auf 1 Liter (pH 3,5—11) u. Filtrieren. Bei Raum-Temp. 2—3 Monate haltbar. — **II**-Lsg. durch Auflösen von 5 g **II** in 100 cm^3 Wasser. — Zur Best. Mischen von 2 cm^3 Serum mit 1 cm^3 Na-**I**-Lsg. im Zentrifugenglas, nach 30 Min. Abzentrifugieren des Nd., Waschen mit 5—6 cm^3 50% ig. Isopropanol, Abgießen des Waschmittels, Befeuchten mit 2 Tropfen W., Auflösen in 6 cm^3 **II**-Lsg. u. Messen der Extinktion der klaren roten Lsg. bei 520 mμ. Daneben Reagentienblindwert u. Eichwert mit 2 cm^3 der Ca-Eichlösung. — Haldmikro-Best. mit 0,5 cm^3 Serum, sowie 0,25 bzw. 1,1 cm^3 **I**- bzw. **II**-Lösung. Größter Fehler 1,4%, mittlerer Fehler 0,49%. K. Zopff. 5728

Untersuchungen über den Einfluß von Kälte auf Proteinmakromoleküle. 2. Mitt. **Beobachtungen an Serumalbumin.** Andrea Monzini und Gabriella Dapelli. (Chimica [Milano] **34.** 439—42. Nov. 1958.) (Ital.) — 1. vgl. Freddo **3.** [1956.] 71.

0,15% ig. wss. Lsgg. von Serumalbumin wurden 40, 60 u. 80 Tage bei —15, —25 u. —30° gehalten u. an ihnen zunächst der Geh. an freiem NH_2-Stickstoff vor u. nach dem Einfrieren bestimmt. In allen Fällen wurde eine Abnahme des N-Geh. gemessen, dessen Ursache noch nicht angegeben werden kann. Auch die SH-Gruppen nehmen anfänglich beträchtlich ab, erreichen jedoch bei längerer Kälte-Einw. u. tieferer Temp. allmählich den Anfangswert vor dem Einfrieren. Weiter wurde das polarograph. Verh. vor u. nach dem Einfrieren untersucht. Die Vers.-Ergebnisse sind tabellar. wiedergegeben. Schließlich wurden noch die Veränderungen des UV-Absorptionsspektrums durch den Einfl. des Einfrierens untersucht. Diese Vers.-Ergebnisse sind graph. für die einzelnen Temp. angegeben. Tabellar. ist weiter die elektrophoret. Wanderungs-Geschw. für die verschiedenen Behandlungsweisen angegeben. C. Gottfried. 5728

Quantitative Bestimmung von Thiooctansäure auf spektrophotometrischem Wege. Mario Covello und Carla De Vena. (Ricerca sci. **29.** 2552—60. Dez. 1959. Neapel, Univ., Ist. di Chim. farm. e tossicol.) (Ital.)

Die Best. von *Thiooctansäure* (**I**) in sehr geringen Mengen erfolgt mit der neuen Meth., die auf der Red. von S mit H_2 zu H_2S u. quant. Umwandlung in Methylenblau durch Einw. von Dimethyl-p-phenylendiamin u. anschließenden Oxydation mit $FeCl_3$ nach E. Fischer [1886] beruht. H_2S wird bei 665 mμ spektrophotometr. (Diagramme) ausgewertet. Die Ergebnisse werden wiedergegeben u. die benutzte App. ausführlich beschrieben. Die Konz. von **I** im Bereich von 0,020—0,140 μg/ml wurde mit einem Fehler von 2% ermittelt. Bei der Best. von **I** im menschlichen *Harn* wurden mit dieser Meth. zufriedenstellende Ergebnisse erzielt. G. Platzer. 5732□

Wilhelm Autenrieth, Analisi chimica qualitativa. 4ª ediz. Firenze: Sansoni edizioni scientifiche. 1960. (XII + 236 S. m. Abb.) *L.* 1500,—.

J. H. Avery and **A. W. K. Ingram**, Laboratory physics, rev. edit. London: Heinemann. 1961. (516 S. m. Diagr.) 25 s.

G. C. Barker and **A. W. Gardner**, Pulse polarography. London: H. M. S. O. 1961. (12 S. m. 10 Taf.) = A. E. R. E.-C/R. 2297. 4 s.

J.-A. Gautier, Mises au point de chimie analytique pure et appliquée et d'analyse bromatologique. 9é série. Paris: Masson. 1961. (210 S. m. 47 Abb. u. 31 Tab.) 40 NF.

I. M. Kolthoff and **P. J. Elving**, eds., Treatise on analytical chemistry. Vol. 2, part 1. London: Interscience Publrs. 1961. (518 S. m. Abb. u. Tab.) 120 s.

Izaak Maurits Kolthoff, ed., Treatise on analytical chemistry, vol 3, part 2. New York: Interscience. 1961. (XVII + 380 S. m. Abb.) $ 12. —.

Ludwig Medicus†, Einleitung in die chemische Analyse. 1. Bd.: Kurze Anleitung zur qualitativen Analyse. 28., erw. u. verb. Aufl. 2. Bd.: Kurze Anleitung zur Maßanalyse. Mit besonderer Berücksichtigung der Vorschriften des DAB. 6 und des Erg.-B. 6. 16., durchgesehene Aufl. Dresden, Leipzig: Theodor Steinkopff. 1961. 1. (VIII + 150 S. m. 13 Abb.) 8°. DM. 10,70. 2. (XII + 400 S. m. 20 Abb.) 8°. DM 11,—.

Joseph Reilly and **Daniel Gerard O'Donovan**, Quantitative inorganic analysis; a students handbook. Cork: Cork U. P. 1956. (126 S. m. Diagr.) 10 s. 6 d.

—, Organische Reagenzien für die anorganische Analyse. 2. Aufl. Herausgeg. von E. Merck, Darmstadt. Weinheim/Bergstr.: Verl. Chemie 1961. (X + 139 S.) DM 9,—.

H. Angewandte Chemie

I. Allgemeine chemische Technologie

Ein wichtiges Prüfgerät für zweigliedrige Beispiele. D. J. G. Farlie. (Quality Engr. **25.** 1—6. Jan./Febr. 1961. Wembley, General Electric Co. Ltd., Hirst Res. Centre.) (Engl.)

Es wird ein scheibenförmiger Rechenschieber beschrieben, mit dem sich die Bedeutung experimenteller Ergebnisse unter Variation verschiedener Größen für die techn. Anwendung berechnen läßt. G. GATTOW. 5800□

Die Ventilation in der chemischen Industrie. Vidar Westerholm. (Teknillisen Kemian Aikakauslehti **18.** 105—10. 1961.) (Finn.)

Beschreibung verschiedener Ventilations-App., die bes. für die chem. Industrie geeignet sind u. ihre Einsatzmöglichkeiten. G. BAUER. 5802□

Gekürzte Tabellen der Korrosionsfestigkeit. St. Moliński und G. Bieńkiewicz. (Chemik **13.** Nr. 7/8. Sonderbeil. 1—12. Juli/Aug. 1960.) (Pol.)

Korrosionstabellen für *Metalle, Legg., Beton, Bitumenbaustoffe,* säurefestes *keram. Material,* säurefeste *Kitte, Holz, Kunststoffe, Gummi, Lacke, Porzellan, Kohle-* u. *Graphit-*Erzeugnisse für die Temp. 20, 60 u. 100°. F. URBAN. 5804□

Eigenschaften von Emulsionen, die durch einige indische Tone stabilisiert sind. B. K. Singh und S. N. Srivastava. (Indian J. appl. Chem. **22.** 175—76. 1959. Agra, St. John's Coll.) (Engl.)

Im Hinblick auf Emulgatorhilfsmittel in der Industrie werden ind. Tone, die ähnliche Eigg. wie Bentonite u. Kieselgur haben müssen, auf ihre Brauchbarkeit untersucht. An den Syst. Leuchtpetroleum–H_2O, Olivenöl–H_2O, Bzl.–H_2O, CCl_4–H_2O u. CS_2–H_2O erweisen sich nur weißer u. rosa Raj-Mahal-Ton als gute Emulgatorhilfsmittel. E. FLECHSIG. 5824□

Eine neue Methode zur Messung des Filtrierkoeffizienten von Niederschlägen. Tadeusz Wojtasik. (Przemysł chem. **38.** 422—25. Juli 1959. Szczecin, Politechn., Kat. Inż. chem.)

Es wird eine Filtrier-App. u. eine Berechnungs-Meth. zur Best. des Filtrier-Koeff., also des *spezif. Filterwiderstandes,* bei konst. Gewicht des Nd. beschrieben. Bei dieser Meth. ist es gleichgültig, ob die Suspension über dem Nd. sich langsam oder schnell absetzt. Die Berechnungs-Meth. von RUTH [1933, 1935] ist dagegen nur dann anwendbar, wenn sich die Schichtdicke des Nd. durch Sedimentation nicht weiter erhöht. Die beschriebene Meth. wird am Beispiel der Filtration einer wss. Suspension von *Saturationsschlamm* überprüft. F. URBAN. 5830□

Sorption und Desorption des Trimethylamins an Kationen-Austauschern. F. Juračka und K. Kašpar. (Chem. Průmysl **10 (35).** 554—56. Okt. 1960. Pardubice, Výzkumný ústav syntet. pryskyřic a laků.) (Tschech.)

Es wurde die Sorption u. Desorption des Trimethylamins (I) an stark saurem Katex S u. schwach saurem Carboxylkatex KB-2 verglichen. Bessere Resultate wurden beim Katex S erreicht, u. zwar höhere Sorptionsfähigkeit, größere Beständigkeit des Additionssalzes u. bessere Desorptionscharakteristik. J. SCHNEIDER. 5848□

Entstaubung des braunen Rauches. Kurt Guthmann. (Wasser, Luft Betr. **4.** 272—76. Sept. 1960. Düsseldorf.) (Dt.) — Vgl. C. **1960.** 7632.

Der dunkelrotbraun gefärbte Eisenoxydrauch enthält aerosolartig feine Teilchen von 20—100 mm^{-6} Korngröße. An Hand von prakt. Beispielen wird ein Überblick über die verschiedenen Entstaubungs-Verff. u. -anlagen gegeben. G. BAUER. 5850□

Die Rolle oberflächenaktiver Substanzen bei der Benetzung von verschiedenen Industriestauben. Z. Csürös. (Periodica polytechn. [Budapest], chem. Ingenieurwes. 3. 65—86. 1959. Budapest, TU, Inst. für org. Chem. Technol.) (Dt.)

Zur Bindung von Industrie- u. Kohlestaub eignen sich Lsgg. oberflächenakt. Stoffe. Vf. beschreibt zwei Labor.-Verff. zur Prüfung der Eignung oberflächenakt. Stoffe zur Staubbindung, u. zwar eine Meth. für abgesetzten Staub, die Untertauch-Meth., u. die Staubkammer-Meth. für Flugstaub. Es wurden zahlreiche Netzmittel auf ihre Wrkg. an verschiedenenStaubarten geprüft. Es zeigte sich, daß kein universell anwendbares Netzmittel existiert. Die auf Grund der Labor.-Verss. ausgeführten Betriebs-Unterss. waren zufriedenstellend. N. SEILER. 5850□

Eine neue Gaskältemaschine als universeller Tieftemperaturerzeuger. Joachim Weinhold. (Kälte **14.** 13—19. Jan. 1961. Hamburg.) (Dt.)

Es wird die Wirkungsweise einer mit H_2 oder He arbeitenden Vierzylinder-Gaskältemaschine von Philips u. die Vorteile der bei ihr durchgeführten Kombination von Kompressor, Expansionsmaschine u. Regenerator in einem einzigen Zylinder beschrieben. Anwendungsgebiete: Gasverflüssigung, -reinigung u. -trennung, Gas- u. Fl.-Kühlung. M. HAGEDORN. 5858□

Calciumchlorid und Magnesiumchlorid in Kühlsolen. Theodor Schmidt. (Kälte **14.** 21. Jan. 1961. Hamburg-Bergedorf.) (Dt.)

Die bekannten unterschiedlichen Wärmetönungen beim Lösen von $CaCl_2$, $MgCl_2$ u. $BeCl_2$ in W., die korrosionsfördernden Eigg. von $MgCl_2$-Lsgg. u. die Notwendigkeit, ein bestimmtes $CaCl_2$–$MgCl_2$-Verhältnis in Kühlsolen einzuhalten, werden besprochen. M. HAGEDORN. 5858□

Beaufsichtigung und Überprüfen von Zentrifugalpumpen. W. Holyoake. (Quality Engr. **25.** 7—13. Jan./Febr. 1961. Kelly and Lewis Pty. Ltd.) (Engl.)

Vf. gibt eine allg. Vorschrift, wie Zentrifugalpumpen zu überwachen u. zu überprüfen sind. G. GATTOW. 5880□

Verhalten einer Flüssigkeit im Luft-Mikrometer. 1. Mitt. **Kenngrößen von kleindimensionierten Düsen und Öffnungen. Im Falle einer Nichtberücksichtigung der Kompressibilität.** Yasutoshi Nakayama. (Trans. Japan. Soc. mechan. Engr. **26.** 1485—92. Nov. 1960.) (Jap.; Auszug: Engl.)

Für REYNOLDS-Zahlen von 550—10000 wurden unter Verw. von dest. W. u. Luft (Niederdruck) die Charakteristiken an 5 Arten runder u. 24 Arten zylindr. Düsen (Verhältnis Länge zu Durchmesser 0,799:16,520), sowie an 5 Arten messerscharfer Öffnungen (Durchmesser 0,3—1,2 mm) ermittelt. Die Ausströmungs-Koeff. wurden für jede Art von Düsen u. Öffnungen experimentell bestimmt u. eine allg. Formel ausgearbeitet. G. GATTOW. 5882□

Verhalten einer Flüssigkeit im Luft-Mikrometer. 2. Mitt. **Kenngrößen von kleindimensionierten Düsen und Öffnungen. Im Falle einer Berücksichtigung der Kompressibilität.** Yasutoshi Nakayama. (Trans. Japan. Soc. mechan. Engr. **26.** 1493—1501. Nov. 1960.) (Jap.; Auszug: Engl.) — 1. vgl. vorst. Referat.

Für den Hochdrucktyp eines Luftmikrometers wurden die Charakteristiken von Öffnungen u. Düsen für eine Druckdifferenz von 0,2—3,0 $kg \cdot cm^{-2}$ (Bereich des Druckverhältnisses: 0,25—0,95) bestimmt. Zwischen dem Prod. Ausströmungs-Koeff. (nichtkompressible Fll.) mal Expansionsfaktor u. dem Druckverhältnis besteht eine nahezu lineare Beziehung. Eine allg. Formel konnte aus experimentell bestimmten Ausströmungs-Koeff. für alle Arten von Düsen u. Öffnungen abgeleitet werden. G. GATTOW. 5882□

Experimentelle Untersuchung über die Bewegung von gekörnten Festkörpern und über die Geschwindigkeitsverteilung von Luft in einer pneumatischen Förderungsvorrichtung. Tokio Uematu und Yoshinobu Morikawa. (Trans. Japan. Soc. mechan. Engr. **26.** 1522—28. Nov. 1960.) (Jap.; Auszug: Engl.)

Aus der Verteilung von Festkörpern in einem horizontalen Rohr konnte gezeigt werden, daß der Anteil des Sinkens von gekörnten Festkörpern (FK) bei turbulenter Strömung kleiner ist als die Schwankungen beim Fließen der Suspension von FK. Infolge der gegenseitigen Zusammenstöße der FK untereinander u. mit der Rohrwandung werden die FK nicht konst. transportiert, sondern befinden sich in einem fortwährend verändertem Zustand. Werden die FK in einem horizontalen Rohr bewegt, dann ist die Geschw.-Verteilung der Luft nicht symm. zur Rohrachse. G. GATTOW. 5888□

Druckverlust in Rohrbiegungen, in denen gekörnte Festkörper transportiert werden. Tokio Uematu und Yoshinobu Morikawa. (Trans. Japan. Soc. mechan. Engr. **26.** 1528—35. Nov. 1960.) (Jap.; Auszug: Engl.) — Vgl. vorst. Referat.

Vff. haben experimentell den Druckverlust (DV) bestimmt, der bei gekrümmten Rohren auftritt, in denen gekörnte Festkörper transportiert werden. Unter der Annahme, daß der totale DV sich zusammensetzt aus dem DV von normalen Fll. u. dem DV, hervorgerufen durch die Festkörper, konnte gezeigt werden, daß der durch die Festkörper bedingte DV mit steigendem Gewichtsverhältnis Festkörper: Luft zunimmt. Der DV-Anteil der Fll. läßt sich durch bekannte Gleichungen beschreiben. G. GATTOW. 5888 □

Ein praktischer Hysteresograph. R. R. Bockemuehl und W. E. Sargeant. (J. appl. Physics, Suppl. zu **31.** Nr. 5. 180 S—182 S. Mai 1960. Warren, Mich., General Motors Res. Labors.) (Engl.)

Es wird ein einfaches Gerät zur Aufzeichnung von Hysteresekurven ferromagnet. Stoffe in Labor. u. bei industriellen Anwendungen beschrieben. Als Integrationsglieder werden Gegeninduktivitäten benutzt. In weniger als einer Min. gestattet das Gerät die Aufzeichnung einer Hystereseschleife oder einer jungfräulichen Magnetisierungskurve. H. FAHLENBRACH. 5888 □

Anwendung von Silicaten bei der Verarbeitung hochaktiver Abfälle. Jiří Beránek und Karel Lustig. (Sklář a Keramik **8.** 102—06. April 1958. Praha, Chemoprojekt u. Minist. spotřebn. průmyslu.) (Tschech.)

Übersicht über die Möglichkeiten der Beseitigung von radioakt. Abfällen durch Ionenaustausch mit Silicaten, durch Adsorption an Glas oder keram. Material u. die bisherigen Erfahrungen. — 19 Literaturhinweise. R. K. MÜLLER. 5894 □

Esso Research and Engineering Co., V.St.A. (Erfinder: Merrell R. Fenske und Richard H. Criswell), **Erzeugung von Energie.** Man leitet eine NH_3 enthaltende Fl. (Zus. z. B.: 15—75% NH_3 u. 85—25% Monomethylamin) in eine Verdampfungszone u. verdampft die Fl. bei mindestens 10,5 at durch indirekten Wärmeaustausch mit einem warmen Medium (z. B. Niederdruckdampf, Verbrennungsgase), läßt die gebildeten Dämpfe sich in einem Expansionsmotor bei 4—38° entspannen, verflüssigt die entspannten Dämpfe u. leitet die erhaltene Fl. in die Verdampfungszone zurück. — 6 Zeichnungen. (**F. P. 1 146 163** vom 13/2. 1956, ausg. 7/11. 1957. A. Prior. 14/2. 1955.) T. OPPERMANN. 5817

VEB Farbenfabrik Wolfen, Wolfen, Kr. Bitterfeld (Erfinder: Friedrich Wolf, Leipzig, und Manfred Morgner, Wolfen), **Sulfierung von Ionenaustauscherharzen** auf Polymerisations- oder Kondens.-Basis. Man behandelt die Harze mit gasförmigem SO_3 u. sulfiert in bekannter Weise weiter. — Man kondensiert ω-Phenolsulfosäure, Phenol u. Formalin, trocknet, behandelt mit einem 2,5 Vol.-%ig. SO_3-Gasatom u. dann 4 Std. bei 110° mit 98%ig. H_2SO_4. (**D. P. [DDR] 20 911** Kl. 39c vom 13/5. 1957, ausg. 17/2. 1961 [Wirtschaftspatent].) M. PANKOW. 5827

Esso Research and Engineering Co., V.St.A. (Erfinder: Frank G. Turpin jun. und James F. Ross), **Trennen von flüchtigen und festen, feinen Teilchen.** Man bringt die erhitzten Teilchen in Kontakt mit einem KW-Stoff-Öl u. leitet das entstandene Gemisch aus Dämpfen u. feinen Teilchen in eine Trennzone mit vertikaler Achse u. kreisförmigem Querschnitt, wobei sich unter der Einw. der Zentrifugalkraft die feinen Teilchen abscheiden. — 4 Zeichnungen. (**F. P. 1 127 043** vom 4/4. 1955, ausg. 6/12. 1956. A. Prior. 6/4. 1954.) T. OPPERMANN. 5829

Godfrey L. Cabot, Inc., V. St. A., **Wiedergewinnung von feinen Festteilchen aus Aerosolen,** bes. von *Ruß* oder *Metalloxyden,* durch Passieren einer Reihe von Abscheidungszonen mit Cyclonen, wobei in jeder Zone ein Teil der Teilchen abgeschieden wird, Aufteilen des verbleibenden Aerosols in 2 ungleiche Vol., Durchleiten des größeren Vol. durch eine Filtrationszone, Einbringen der erhaltenen Feststoffe in das kleinere Aerosol-Vol., das somit an Festteilchen angereichert wird, Abscheidung der Gesamtmenge Festteilchen in der Filtrationszone u. Rückführung des verbleibenden Aerosols in die erste der Abscheidungszonen. — Schema der Anlage. (**F. P. 1 106 626** vom 23/8. 1954, ausg. 21/12. 1955.) H.-J. NITZSCHKE. 5851

Commonwealth Industrial Gases Ltd. (Erfinder: Thomas John Webster), **Verdampfen von bei tiefen Temperaturen verflüssigten Gasen unter Gewinnung von mechanischer Energie.** Man komprimiert das fl. Gas auf hohe Drucke, verdampft u. erwärmt es in einem Wärmeaustauscher u. expandiert es in einer mechan. Energie erzeugenden Expansionsmaschine. Beispiel: Man komprimiert fl. CH_4 auf 1000 lbs./sq.in.g,

expandiert u. erwärmt es in 2 Stufen, so daß es mit 15° zum Verbrauch gelangt. (**Aust. P. 220 879** vom 13/9. 1957, ausg. 16/4. 1959. E. Prior. 19/9. 1956.)
K. DEMMLER. 5857

Rohm & Haas Co., V.St.A. (Erfinder: David Buchanan Fordyce, Frank Johnson Glavis und Sidney Melamed), **Entwässern alkalischer Suspensionen feinverteilter mineralischer Feststoffe** durch Zufügen von 0,001—3 % eines linearen Polymeren mit einem mittleren Molgew. von wenigstens 300000, welches mindestens 0—55 Mol-% Estereinheiten der allg. Formel $-CH_2-\overset{|}{C}(R^0)-CO-O-A-NR_1R_2$ u. 45—100 Mol-% Estereinheiten der allg. Formel $-CH_2-\overset{|}{C}(R^0)-CO-O-A-NR\cdot R_1R_2]X$ enthält [$R^0 = H$ oder CH_3; $A = -(CH_2)_2-$, $-(CH_2)_3-$ oder $-CH_2CH\cdot(CH_3)-$; R_1 u. $R_2 = CH_3$ oder C_2H_5; R = Benzyl-, Alkylrest mit 1—4 C-Atomen, β-Hydroxyäthyl, β- oder γ-Hydroxypropyl; X = OH oder negative salzbildende Reste oder Atome, wie Cl, Br, J, Methylsulfatanion, Acetat, Propionat oder Phosphat). Zweckmäßig werden 80 Mol-% der Amineinheiten in quatern. Einheiten umgewandelt. Genannt ist polymeres Dimethylaminoäthylmethacrylat mit mindestens 80% quatern. Estereinheiten. Diese Polymeren besitzen ein starkes Flockungsvermögen für viele Mineralsuspensionen. Die Entfernung des W. erfolgt leicht durch Dekantieren oder Filtrieren. (**F. P. 1 165 165** vom 30/11. 1956, ausg. 20/10. 1958. A. Prior. 1/12. 1955.)
W. WITTHOLZ. 5875

National Cash Register Co., Dayton, Ohio, V.St.A., *Koazervieren von ölhaltigen Emulsionen.* (**Schwed. P. 156 074** vom 11/6. 1954, ausg. 11/9. 1956. A. Prior. 30/6. 1953. — C. **1960.** 4628 [Norw. P. 87 953].)

Fred S. Carver, Inc., Summit, N.J. (Erfinder: **Fred Stuart Carver**, New York, N. Y.), V.St.A., *Abtrennen von Feststoffen aus Flüssigkeiten.* (**Schwz. P. 317 105** vom 4/10. 1950, ausg. 29/12. 1956. A. Prior. 8/10. 1949. — C. **1956.** 4822 [E. P. 722 170].)

Purolator Products, Inc., Rahway, N.J., V.St.A., *Filtrieren von Flüssigkeiten, besonders Ölen und Gasen.* (**Belg. P. 528 054** vom 13/4. 1954, ausg. 18/1. 1957. A. Prior. 20/4. 1953. — C. **1957.** 11118 [E. P. 752 827].)

Dario Teatini, Mailand, Italien, *Filtrieren von Schwebstoffe enthaltenden Flüssigkeiten.* (**A. P. 2 780 364** vom 16/6. 1954, ausg. 5/2. 1957. **Belg. P. 529 621** vom 15/6. 1954, ausg. 5/7. 1957. Beide It. Prior. 16/6. 1953. — C. **1958.** 9315 [D. B. P. 964 673].)

Wabag, Wasserreinigungsbau, Kulmbach, *Offenes oder geschlossenes Flüssigkeitsfilter, das auch zum Entsäuern, Enteisenen, Entmanganen und als Ionenaustauscher brauchbar ist.* (**E. P. 756 735** vom 20/3. 1953, ausg. 5/9. 1956. — C. **1959.** 9005 [Holl. P. 85 085].)

Paul Cordier, Frankreich, *Regenerieren von Ionenaustauschern.* (**F. P. 1 184 272** vom 12/10. 1957, ausg. 20/7. 1959. — C. **1960.** 17567 [E. P. 824 831].)

Reuttener Textilwerke Akt.-Ges., Österreich, *Abscheiden brennbarer Bestandteile aus Abgasen.* (**F. P. 1 220 671** vom 20/4. 1959, ausg. 27/5. 1960. Oe. Prior. 30/4. 1958. — C. **1960.** 13147 [Oe. P. 206 872].)

Union Carbide Corp., New York, N.Y., V.St.A., *Tieftemperaturabscheidung von tiefsiedenden Verunreinigungen, einschließlich Stickstoff und Kohlenmonoxyd, aus gasförmigem Rohwasserstoff.* (**Oe. P. 209 880** vom 5/9. 1958, ausg. 25/6. 1960. A. Prior. 6/9. 1957. — C. **1960.** 16889 [D. A. S. 1 074 064].)

Sterling Drug, Inc., New York, N.Y., V.St.A., *Verhinderung der Bildung von Verkrustungen an Gefäßwänden.* (**Oe. P. 211 279** vom 24/1. 1956, ausg. 26/9. 1960. A. Prior. 24/1. 1955. — C. **1959.** 14841 [D. A. S. 1 051 252].)

Mij. voor Kolenbewerking Stamicarbon N. V., Heerlen, Holland, *Exotherme chemische Reaktionen.* (**Dän. P. 84 143** vom 30/5. 1952, ausg. 30/12. 1957. Holl. Prior. 30/5. 1951. — C. **1955.** 2503 [F. P. 1 063 866].)

Deutsche Gold- und Silber-Scheideanstalt vormals Roessler, Frankfurt/M., *Gleichzeitiger Austausch zwischen Gas und Flüssigkeiten.* (**F. P. 1 210 655** vom 13/11. 1957, ausg. 10/3. 1960. D. Prior. 13/11. 1956. — C. **1959.** 11370 [D. A. S. 1 048 558].)

Universal Oil Products Co., Des Plaines, Ill., V.St.A., *Katalysator für Kondensationen und Polymerisationen.* (**E. P. 822 998** vom 25/9. 1957, ausg. 4/11. 1959. A. Prior. 27/9. 1956. — C. **1960.** 10012 [D. A. S. 1 048 877].)

—, Regional Research Laboratory. Annual report 1959—60. Hyderabad: Regional Research Laboratory. 1961. (217 S.)

II. Betriebsschutz. Feuerschutz

Aluminium als Arbeitsschutz gegen Wärmestrahlen. C. H. Neukirchen. (Aluminium **37.** 41—43. Jan. 1961. Düsseldorf.) (Dt.)

Die Verw. von Plättchenringgeflechten u. Schuppengeweben aus Al zur Herst. von Schutzkleidungen gegen Wärmestrahlung wird beschrieben. F. VIER. 5932 □

Erfahrungen bei Unfällen in Metallminen während der Jahre 1956 und 1957. John C. Machisak, Naomi W. Kearney und Elizabeth B. Dixon. (U. S. Dep. Interior, Bur. Mines, Inform. Circ. **1960.** Nr. 7977. 1—82. Washington.) (Engl.)

Vff. bringen in einer überwiegend aus Tabellen bestehenden Druckschrift amtliche statist. Unterlagen über die tödlich verlaufenen u. anderen Unfälle von 1956 u. 1957 in den Übertage-, Untertage- u. metallurg. Betrieben der Metallminen der USA u. von Alaska. Zum Vgl. werden außerdem Gesamtunfallzahlen von 1931 bzw. von 1952—1957 mitgeteilt. H. MEINER. 5936 □

Explosionsschutz in der Industrie. H. R. Maisey. (Chem. Process Engng. **40.** 83—85. 92. März 1959. Graviner Manufacturing Co. Ltd., Ind. Explosion Suppression Dep.) (Engl.)

Es werden 4 Meth. zur Verhütung von Explosionen in Industrieanlagen besprochen. 1. Die Unters. einer Explosion durch Freisetzen eines geeigneten Mittels; auf den zu Beginn der Rk. noch sehr geringen Druck spricht ein sehr empfindliches Gerät an u. bewirkt die Verbreitung des die Explosion stoppenden Mittels innerhalb von 40 mSek.; 2. Verhinderung der Explosion durch Öffnung einer Berstscheibe, jedoch bricht diese Scheibe nicht erst unter dem Explosionsdruck, sondern wird durch den Explosionsanzeiger sofort geöffnet. 3. Bei Explosionen besteht stets die Gefahr einer Ausweitung durch Rohrleitungen usw. zu benachbarten Kesseln,; dies wird dadurch verhindert, daß auch in den gefährdeten Nachbarkesseln entsprechende Meth. (1) ein Unterdrücker verbreitet wird. 4. Eine andere Möglichkeit ist die Isolierung der gefährdeten Nachbargefäße von dem Explosionszentrum. Mit Hilfe der beschriebenen Anordnungen läßt sich eine Trennung binnen 80 mSek. erreichen. Die Meth. wird im allg. mit Meth. (3) kombiniert. Vf. gibt zahlreiche Beispiele für die erfolgreiche Anwendung der empfohlenen Meth. an. L. SCHWIEGK. 5936 □

Zerstörung von Materialien in verunreinigter Atmosphäre. John E. Yocom. (Corrosion [Houston] **15.** Nr. 10. 51—55. Okt. 1959. San Francisco, Calif., Bay Area Pollution Control Distr.) (Engl.)

Kurze Übersicht über mögliche Auswrkg. verunreinigter Atmosphäre (CO_2, SO_2, SO_3 H_2S, *HF*, O_3, *Rauch* u. *feste Teilchen*) auf *Metalle, Baumaterialien, Leder, Papier, Textilien, Farben, Kautschuk* u. andere *Elastomere.* — 34 Literaturangaben. WOLFGANG SIMON. 5948 □

III. Elektrotechnik

Thermolastic. M. Lorant. (Kunststoffe-Plastics [Solothurn] **7.** 470—71. 1960. London.) (Engl.)

Isolationswicklungen aus Glimmerband an großen Generatoren werden mit fl. „Thermolastic" (AMERICAN WESTINGHOUSE Co.) bestrichen, das nach dem Härten gegenüber Asphalt den Vorteil vollständig reversibler Wärmeausdehnung hat. R. JUNGE. 5956 □

Hochspannungsisolatoren für Innenraumanlagen. Der Weg zum verschmutzungssicheren Isolator. H. Bitter. (Elektrizitätswirtschaft **59.** 760—65. 5/11. 1960. Erlangen, Siemens-Schuckertwerke AG.) (Dt.)

Die techn. Entw. des Hochspannungsisolators vom glatten Stützer über den Rillenstützer, beide aus Porzellan, zum Rippenstützer aus Gießharz u. zugegebenem Quarzmehl wird aufgezeigt. Die mechan. u. elektr. Vorzüge des Gießharzisolators werden beschrieben. A. BAUER. 5956 □

Legierungen zur Temperaturkompensation elektrischer Meßgeräte. C. A. Clark. (Instrument Pract., Control Syst.-Electronics-Automat. **15.** 56—61. Jan. 1961. Birmingham, Mond Nickel Co.) (Engl.)

Auf Grund von Unterss. über die magnet. Induktion von Fe–Ni- u. Ni–Cu-Legg. als Funktion der Temp. werden Legg. entwickelt, die bei niedrigen Temp. stabil sind u. bessere magnet. Eigg. als die bisher verwendeten Legg. zeigen. Geeignete Legg. sollen frei von C u. Si sein, auf pulvermetallurg. Wege hergestellt werden u. $\leq 66\%$ Fe enthalten. Legg. mit ca. 13(%) Cu, 10 Mn, Rest Ni kompensieren in einem größeren Temp.-Bereich als Legg. von 70 Ni mit 30 Cu. Eine Leg. mit 29,8 Ni, 1,4 Cu, 3,0 Mo, Rest Fe gibt eine gute Temp.-Kompensation im Temp.-Bereich von -40 bis $+80^0$. W. WESLY. 5958 □

Spektrale Charakteristiken von Multiplier-Photoröhren, die mit Antimon–Caesium-Photokathoden ausgerüstet sind. I. Tremko und B. Růžičová. (Bull. astronom. Inst. Czechoslovakia **11.** 75—81. 1960. Skalnaté Pleso, Astronom. Inst. of the Slovak Acad. of Sci.; Ondřejov, Astronom. Inst. of the Czechoslovak Acad. of Sci.) (Engl.)

Von 12 verschiedenen Typen von Multiplierphotoröhren mit Sb–Cs-Photokathoden werden die Kurven der spektralen Empfindlichkeit aufgenommen u. die Spannungsabhängigkeit untersucht. Folgende Multiplier werden zur Messung benutzt: FEU-17, FEU-19, RCA 931 A, 1P 21 u. M 12 S. Die Kurven der spektralen Empfindlichkeit — aufgenommen bei Zimmer-Temp. — sind bei höherer Anodenspannung steiler; ihre Unterschiede hängen nicht so sehr von den verschiedenen Typen ab, sondern sind untereinander durch die Herst. der Röhren bedingt. E. HAHN. 5976 □

Theoretische und praktische Untersuchungen an photoelektrischen Sperrschichtzellen. 11. Mitt. **Sperrschichtzellen und das Gesetz von Talbot.** G. Blet. (Mesures Contrôle ind. **21.** 883—88. Dez. 1956. C.R.S.M., Labor. de Photométrie.) — 10. vgl. Mesures Controle ind. **21.** [1956.] 501.

Vf. stellt systemat. Unterss. an, unter welchen Bedingungen Sperrschichtphotozellen das Gesetz von Talbot erfüllen. W. Günther. 5976

Piezoelektrische Druckmeßnormalien für ein Stoßwellenrohr. J. H. Gerrard. (Acustica [Zürich] **9.** 17—23. 1959. Manchester, Univ., Mechanics of Fluids Dep.) (Engl.)

Vf. diskutiert die Anforderungen, die an ein Eichgerät für Druckmessungen an der Wand eines Stoßwellenrohres zu stellen sind, u. überprüft krit. frühere Verss., diesen Anforderungen zu entsprechen. Es wird ein auf Arbeiten von Dimeff (Rev. sci. Instruments **26.** [1955.] 879) basierendes u. ein anderes, verbessertes $BaTiO_3$-Druckmeßnormal beschrieben. Beide Normalien besitzen eine Ansprechzeit von 2 μs. Die wilden Schwingungen in der Anzeige, die auf eine Stoßwelle folgen, sind auf kleine Amplituden reduziert. K. Hardel. 5978□

Bedeutung und Verwendung der Titankeramik. Jiří Schwarzbach. (Sklář a Keramik **8.** 13—15. Jan. 49—51. Febr. 1958. Hradec Králové, Výzk. úst. elektrotechn. keramiky.) (Tschech.)

Vf. schildert die Entw. der Keramik mit Verw. von TiO_2, der Herst. u. der Verw., bes. für Hoch- u. Niederspannungskondensatoren. R. K. Müller. 5982□

Steatit-Magnesia Akt.-Ges., Porz, **Elektrischer Widerstand** mit negativem Temp.-Koeff., bestehend aus einem gemischten Ferrit mit 0,5—10(%) MgO, 3—5 MnO_2, 5—10 ZnO, 5 NiO_2, 70—90 Fe_2O_3. (**It. P. 510 953** vom 15/4. 1950. D. Prior. 24/12. 1949.) K. Koebke. 5955

Council of Scientific & Industrial Research, Neu Delhi (Erfinder: Veeraragava Aravamuthan, Karaikudi), Indien, **Primärnaßzelle** mit einer gesätt. NaCl-Lsg. als Elektrolyt, einer Anodenzelle aus in Graphit gepacktem Zn u. einer Kathode aus C. Als Depolarisator dient $FeCl_3$. — Zeichnungen. (**Ind. P. 57 958** vom 24/7. 1956, ausg. 23/7. 1958.) H. Nebelsiek. 5971

Soc. Générale du Magnésium und Accumulateurs A.E.V., Seine, Frankreich (Erfinder: Bernard Raclot), **Galvanische Elemente und Akkumulatoren.** Zur Verbesserung der Lagerfähigkeit werden die Elektroden mit einer nicht oder nur sehr schwach ionisierten ionendurchlässigen, in W. unlösl., schützenden Substanz behandelt, z. B. einem Harz, Fett, Kunststoff, Cellulose-Deriv., einer Metallseife u. dgl., die in einem organ. Lsgm. gelöst aufgetragen werden. Geeignet ist Polystyrol oder ein Gemisch von 10 (Gewichtsteilen) Zn-Stearat, 5 Al-Palmitat, 5 Lanolin in 80 Toluol. (**F. P. 1 100 088** vom 24/2. 1954, ausg. 15/9. 1955.) J. Weis. 5971

LIP Soc. An. d'Horlogerie, Doubs, Frankreich, **Galvanisches Element** ohne Gas-Entw., bes. zum *Antrieb von Uhren*, aus einer Elektrode aus Sn–Bi-Leg. mit 0,5 bis 5 Gewichts-% Bi u. einem Depolarisator aus HgO, Ag_2O, CuO, AgCl u. dgl. mit elektr. leitendem Zusatz u. Bindemittel, die zusammen mit dem alkal. Elektrolysen in einem dicht verschlossenen, leichten Gehäuse aus dünnem Kunststoff untergebracht sind. Der Elektrolyt enthält 25—50 Vol.-% Alkalihydroxyd, bes. KOH, mit Zusätzen, die die Kristallisation von Rk.-Prodd. verlangsamen, z. B. Weinsäure (bis 20%). Andere Zusätze sind Saccharose, Dextrose, LiCl (0,5—2%). — Zeichnung. (**F. P. 1 134 968** vom 26/10. 1955, ausg. 23/4. 1957.) J. Weis. 5971

Pierre Aimé Charles Jacquier, Seine, Frankreich, **Elektrochemischer Stromerzeuger.** Der Abstand zwischen den positiven u. negativen Elektroden galvan. Primär- u. Sekundärelemente wird durch Weglassen eines besonderen Separators verringert u. dadurch der Innenwiderstand herabgesetzt. Die bei dem dichten Aneinanderlegen geeigneter Elektrodenpaare sich bildende, im Elektrolyten unlösl. Oxydschicht, z. B. ZnO u. PbO im Syst. Zn–PbO_2 oder PbO im Syst. Pb–PbO_2, soll den üblichen Scheider ersetzen. (**F. P. 1 147 585** vom 14/3. 1956, ausg. 27/11. 1957.) J. Weis. 5971

Robert Bosch G. m. b. H., Deutschland, **Separator für Akkumulatoren** besteht aus imprägniertem Papier u. trägt auf seiner der positiven Elektrode zugekehrten Seite Abstandsrippen, die mindestens an ihrer Oberfläche aus säure- u. sauerstoffbeständigem Kunststoff (Polystyrol oder Polyäthylen) bestehen. Zum Beispiel sind Kunststoffstreifen in Längsrillen oder in Durchbrüchen des Papiers verankert. — 6 Zeichnungen. (**F. P. 1 147 735** vom 16/4. 1956, ausg. 28/11. 1957. D. Prior. 8/6. 1955.) J. Weis. 5971

Comp. Générale d'Électricité, Seine, Frankreich, **Herstellung poröser Materialien, besonders für Akkumulatorenscheider,** aus Latex von Vinylpolymerisaten, dem feingekörnte Stoffe, die in W. leicht lösl. sind, z. B. Harnstoff, u. unlösl. Stoffe, z. B. SiO_2-Gel, zugemischt sind. Nach dem Mischen werden ebene Gebilde geformt, die mit W. ausgelaugt werden. (**F. P. 1 126 034** vom 10/5. 1955, ausg. 13/11. 1956.) J. Weis. 5971

S.E.T. (Soc. d'Exploitation Technique), Seine, Frankreich, **Akkumulator mit Zinkelektrode,** die aus einem Träger aus Mg, der von einer Zn-Folie umfaßt wird besteht. — Zeichnung. (**F. P. 62 624** vom 12/3. 1952, ausg. 15/6. 1955. **Zusatz zu F. P. 1 035 940; C. 1954. 10076.**) J. Weis. 5971

Gaston Jules Delvallée, Savoie, Frankreich, **Thermoelektrisches Element** mit 2 Elektroden unterschiedlichen Kontaktpotentials, die ein elektr. Feld aufbauen, welches Ladungsträger transportiert, die durch Wärme-Wrkg. in einem geeigneten Medium entstehen. Ausführungsformen: 1. Im Vakuum angeordnete Elektroden beliebiger Form mit unterschiedlicher therm. Elektronenaustrittsarbeit, z. B. aus verschiedenen BaO–SrO-Gemischen. 2. Dünne Schicht eines elektron. leitenden Halbleiters (z. B. teilweise red. BaO–SrO-Gemisch) zwischen Folien aus verschiedenen Metallen (z. B. Pt u. Ni) oder zwischen Schichten eines p- u. eines n-Halbleiters. 3. Metallelektroden unterschiedlichen Kontaktpotentials in einem durch Wärme-Wrkg. in Ionen zerfallenden Gas. 4. Vorr. mit fl. Elektrolyt, die nach dem Prinzip des Beispiels 3 arbeitet. (**F. P. 1 147 070** vom 14/1. 1956, ausg. 19/11. 1957.) J. Weis. 5971

Alois Ihln, Berlin-Biesdorf, **Herstellung einer stabförmigen Zirkonkathode für Bogenentladungslampen** aus einem Schwermetallmantel mit einer Seele aus Zr-Oxyd (**I**). Das in einen fertig geformten, hochgesinterten Schwermetallmantel eingebrachte bes. pulverförmige **I** wird eingepreßt u. beiderseitig mit entsprechenden Drahtstücken aus Schwermetall abgeschlossen. Danach wird das Stück in einer Schutzgasatmosphäre einer Temp. von ca. 2970° K ausgesetzt, bis **I** schmilzt u. der Innenraum des Schwermetallmantels dadurch ohne Poren-Bldg. u. ohne Luftspalt von **I** so ausgefüllt wird, daß eine innige Verbindung zwischen **I** u. dem Schwermetallmantel, der z. B. aus W, Mo oder Ta besteht, entsteht. — 3 Zeichnungen. (**D. P. [DDR] 18 869** Kl. 21f vom 14/11. 1957, ausg. 12/5. 1960 [Wirtschaftspatent].) M. F. Müller. 5973

General Electric Co. Ltd., London, Brian Everard Hunt und Alfred Hamilton McKeag, Wembley, England, **Herstellung von Luminescenzmaterial** durch Erhitzen von Ca, P, O, Sb u. entweder Cd oder Mg enthaltenden Verbb., wobei die Verbb. in solchen Mengen angewendet werden u. die Erhitzung so geleitet wird, daß das Rk.-Prod. im wesentlichen in Pyrophosphatform vorliegt u. durch UV-Strahlung von 2537 Å zur Luminescenz erregbar ist. Beispiel: 2,08 (g) $CaHPO_4$, 2,64 $CdCO_3$, 2,13 $(NH_4)_2 \cdot HPO_4$, 0,06 Sb_2O_3 u. 0,05 Na_2CO_3 werden in gepulverter Form zu einer Paste angerührt, bei 250° getrocknet, gemahlen u. 1 Std. auf 900° erhitzt. Das erhaltene Prod. entsprach der Zus. 1 CaO · 1 CdO · 1,05 P_2O_5 mit 1% Sb als Aktivator u. zeigt eine stark blaue Fluorescenz nach UV-Bestrahlung von 2537 Å. (**E. P. 792 903** vom 23/3. 1954, ausg. 2/4. 1958.) K. Demmler. 5975

General Electric Co., New York, N.Y., V.St.A., übert. von: Brian E. Hunt, Bushey Heath, und Alfred H. McKeag, North Wembley, England, **Herstellung von elektroluminescierenden, mit Kupfer aktivierten Zinksulfidleuchtstoffen.** ZnS wird bei $>$ 950°, jedoch unterhalb seiner Verflüchtigungs-Temp., ca. 2 Std. erhitzt, gekühlt, mit 0,01—1 Gew.-% Cu gemischt u. auf 600—950° erhitzt. Beispiel: 300 (g) bei 1250° vorgeglühtes ZnS, 100 ZnO u. 0,4 Cu in Form einer wss. Lsg. von $CuSO_4 \cdot 5\,H_2O$ werden gemischt, getrocknet u. ca. 15 Std. in einem geschlossenen Rohr auf 850° erhitzt. Das gewaschene u. getrocknete Prod. zeigt eine tiefblaue Luminescenz. (**A. P. 2 821 509** vom 19/8. 1954, ausg. 28/1. 1958.) K. Demmler. 5975

Westinghouse Electric Corp., East Pittsburgh, Pa., übert. von: Henry W. Rimbach, Bloomfield, N.J., V.St.A., **Leuchtstoffe der molaren Zusammensetzung w MgO–x P_2O_5,** aktiviert mit z Ce_2O_3 oder z Ce_2O_3 + y MnO, wobei das Verhältnis x:(w + y + 3 z) bzw. x:(w + 3 z) = 0,90—1,15 u. das Verhältnis (2 z + y):w bzw. 2 z:w = 0,08—1,00 ist. — Beispiel: 390 (Teile) $MgHPO_4$, 96 $Mn_3(PO_4)_2$, 12 $CePO_4$, 420 $(NH_4)_2HPO_4$ werden bei 700—800° geglüht, nach Zusatz von 1% $(NH_4)_2 \cdot HPO_4$ gemahlen, nochmals wie vorher geglüht, mit W. gewaschen u. ein Prod. der folgenden mol. Zus. erhalten: 3,80 Mg, 0,64 Mn, 0,17 Ce, 10,40 P. — Kurvenbild. (**A. P. 2 835 636** vom 7/1. 1954, ausg. 20/5. 1958.) K. Demmler. 5975

A/B Standard Radiofabrik, Bromma, Schweden (Erfinder: D. W. Black), **Selengleichrichter.** Zwischen der auf einer Grundplatte befindlichen Se-Schicht u. einer Gegenelektrodenschicht aus einer Cd-Leg. wird eine Zwischenschicht aus Polyamid u. einem Nitroparaffin angebracht, deren pH-Wert mittels NH_4OH auf 7 eingestellt wird. (**Schwed. P. 154 790** vom 20/10. 1952, ausg. 12/6. 1956.) K. H. Kähler. 5977

Joseph B. Brennan, Cleveland, Ohio, V.St.A., **Herstellung von porösen Metallbändern** durch Tauchen einer rotierenden Trommel in eine Fl., aus der sie in ihr dispergierte Metallfasern mitnimmt. Die Metallfasern werden nach Trocknen mit einer IR-Lampe entweder durch Hochfrequenzerwärmung aneinandergeschmolzen oder durch Aufspritzen von Metall miteinander verbunden. Auf diese Weise können z. B. poröse Bänder aus Al-Legg. verwendet werden, die in *Elektrolytkondensatoren* Verw. finden. — Zeichnung. (**A. P. 2 903 787** vom 31/10. 1956, ausg. 15/9. 1959.) F. Vier. 5983

C. Conradty, Nürnberg, **Imprägnieren von Kohleelektroden.** Man behandelt diese ganz oder teilweise mit einer Lsg. eines härtbaren Siliconharzes in Trichloräthylen, so daß eine sehr dünne Schicht entsteht, verdampft das Lsgm. u. härtet durch Erwärmen. Man kann auch ein nichthärtendes Siliconöl verwenden. Durch die Imprägnierung wird das Aufsaugen von Elektrolyt-Lsg. verhindert, nicht aber der Stromübergang verschlechtert. (**It. P. 513 134** vom 18/11. 1953. D. Prior. 22/5. 1953.) K. Koebke. 5993

North American Philips Co., Inc., New York, N.Y., V.St.A., übert. von: **Johannes Christiaan Duran, Martinus Antonius Maria Bakker** und **Pieter Geert van Zanten**, Eindhoven, Holland, *Stromleiter-Einschmelzung für elektrische Entladungsröhren.* (**A. P. 2 873 510** vom 6/9. 1955, ausg. 17/2. 1959. Holl. Prior. 8/9. 1954. — C. **1959.** 2251 [Oe. P. 189 297 u. F. P. 1 130 821].)

Sylvania Electric Products Co., Inc., Wilmington, Del., V.St.A., *Leuchtschicht für Hg-Hochdruck-Dampfentladungslampen.* (**E. P. 835 034** vom 1/11. 1956, ausg. 18/5. 1960. A. Prior. 2/3. 1956. — C. **1958.** 14146 [D. A. S. 1 028 231].)

General Electric Co., Schenectady, N.Y., V.St.A., *Elektrolumineszierende Zelle.* (**Holl. P. 95 009** vom 5/8. 1953, ausg. 15/8. 1960. A. Prior. 9/8. 1952. — C. **1957.** 11121 [D. B. P. 963 172].)

N. V. Philips' Gloeilampenfabrieken, Eindhoven, Holland, *Vorratskathode.* (**Norw. P. 90 198** vom 3/12. 1955, ausg. 21/10. 1957. A. Prior. 6/12. 1954. — C. **1959.** 2252 [F. P. 1 143 215].)

Deutsche Gold- und Silber-Scheideanstalt vormals Roessler, Frankfurt/M., *Herstellung von Perschwefelsäure durch elektrolytische Oxydation.* (**Norw. P. 90 179** vom 13/12. 1952, ausg. 21/10. 1957. D. Prior. 22/12. 1951. — C. **1956.** 4541 [Belg. P. 516 326].)

Permutit Co. Ltd., London, England (Erfinder: **Thomas Victor Arden** und **Gilbert William Merriman**), *Verfahren zur Elektrodialyse.* (**E. P. 828 898** vom 22/3. 1955, ausg. 24/2. 1960. — C. **1960.** 5280 [Aust. P. 210 813].)

IV. Wasser. Abwasser

Der Zustand des Chlors unter den Bedingungen der Wasserchlorung. J. Fuchs. (Chemiker-Ztg. **83.** 153—55. 5/3. 1959. Karlsruhe.)

Aus 16 näher erläuterten Rk.-Gleichungen zwischen Cl_2, H_2O, HOCl, ClO^-, Cl_2O, H_2 u. OH^- u. 4 daraus ermittelten Berechnungsformeln geht hervor, daß bei der Wasserentkeimung mit Cl_2 dieses fast nie als ClO^- oder als HOCl allein regiert. Der wesentliche Bestandteil der wirksamen Wasserchlorung ist HOCl in Abhängigkeit vom pH-Wert des W. (Kurve: Dissoziationsgleichgewicht von HOCl bei 25° u. Tabelle über die Zus. teilneutralisierter HOCl-Lsgg. in Mol/Liter). — 15 Literaturangaben. H. Eckstein. 6024□

Der apparative Einsatz bei der Behandlung industrieller Abwässer. H. Krieghoff. (Wasser, Luft Betr. **4.** 339—42. Dez. 1960. Michelbach/Nassau.) (Dt.)

Beschreibung der zur Behandlung industrieller Abwässer zur Verfügung stehenden Maschinen u. ihre Einsatzmöglichkeiten. G. Bauer. 6036□

Mechanische Koagulierung bei der Sedimentation von Abwasser. E. J. Hall. (J. Proc. Inst. Sewage Purificat. **1960.** 209—18.) (Engl.)

Die Sedimentation der durch den Permanganatverbrauch ermittelten organ. Trübe in den Abwässern von Johannesburg (Südafrika) konnte mit Hilfe eines oscillierenden Paddelrührers deutlich beschleunigt werden. — Diskussion. R. Haar. 6040□

Die Probleme der Wasserklärung in jugoslawischen Aufbereitungsanlagen unter besonderer Berücksichtigung der Kohlenwäschen. K. Slokan. (Freiberger Forsch.-H. Reihe A Heft **163.** 114—25. 1960.) (Dt.)

Beschreibung der Klär-Meth. in den verschiedenen Anlagen. Aufbereitung der Fein- u. Feinstkorntrüben vor allem mit Hydrocyclonen. Schemata der Anlagen u. Diagramme der Klärwirkung. H. Dorsch. 6040□

Langsame Filtration der Abwässer von Holzimprägnieranlagen über Sand. Albert H. Halff. (Proc. annu. Meeting Amer. Wood Preservers' Assoc. **55.** 184—87. 1959. Partner, Hundley and Halff, Consulting Engineers, Dallas, Texas.) (Engl.)

Kurze Übersicht über die üblichen Verff. zur Behandlung solcher Abwässer. Beim langsamen Filtrieren über Sand werden Trübungen völlig beseitigt, die Toxizitätswerte der mit Flußwasser auf 6% verd. u. dann gefilterten Abwässer aber nicht befriedigend gesenkt. — 11 Literaturzitate. M. Hagedorn. 6040□

Neutralisierung der Abwässer aus Glaspolierbetrieben. Jaromír Nosek und Jiří Křepelka. (Sklář a Keramik 8. 110—12. April 1958. Praha, Státní úst. pro projekt. závodů lehkého průmyslu, odd. technol. vody.) (Tschech.)

Die in Abwässern aus Glaspolierbetrieben enthaltenen Säuren (HF, H_2SO_4) können mit $CaCO_3$, CaO oder Dolomit neutralisiert werden. Vff. erörtern Einzelheiten der Verff. u. die Eigg. der erhaltenen Schlämme. R. K. Müller. 6042□

Die biologische Behandlung von Industrieabwässern. J. W. Abson und K. H. Todhunter. (Brewers' Guild J. **47.** 19—40. Jan. 1961.) (Engl.)

Übersicht. Mikrobiolog. u. biochem. Grundlagen des biolog. Abbaues von Industrieabwässern. Konstruktion u. Arbeitsweise der dafür hauptsächlich in Frage kommenden techn. Anlagen, ausgerüstet mit Berieselungsfiltern oder Belebtschlammbehältern, deren Vorteile u. Nachteile in ökonom. u. arbeitsmäßiger Hinsicht dargestellt werden. W. Knöbel. 6044□

Verfahren zur mechanischen Entwässerung und Trocknung von Klärschlamm. Rudolf Randolf. (Wasserwirtsch.-Wassertechn. **10.** 257—61. Juni 1960. Berlin.) (Dt.)

Überblick über die techn. Grundzüge der heute bekannten Verfahren. G. Bauer. 6048□

Die Wasserbehandlung in Atomkraftwerken. P. Profos. (Chim. mod. **4.** 173—89. Juni 1959.) (Franz.) — Vgl. C. **1961.** 2061. J. Lehmberg. 6050

Eine eingehendere Untersuchung über die Strömung in Abwasserbecken mit Hilfe radioaktiver Indicatoren. S. G. Burgess, A. F. Green und Patricia A. Easterby. (J. Proc. Inst. Sewage Purificat. **1960.** 184—92.) (Engl.)

Vff. stellten in einem mit Brom-82 als NH_4Br durchgeführten Markierungs-Vers. fest, daß das Abwasser beim Durchlaufen der Klärbecken eine Zirkulationsbewegung ausführt, wobei der hauptsächliche Materialstrom über der Beckensohle erfolgt. — Diskussion. R. Haar. 6068□

V. Anorganische Industrie

Herstellung von Peroxyden durch Autoxydation. Geschichtliche Entwicklung. O. von Schickh. (Chemie-Ing.-Techn. **32.** 462. Juli 1960. Ludwigshafen/Rh., BASF.) (Dt.)

Übersicht. — 9 Literaturangaben. W. Wesly. H 241□

Schwefelsäure aus griechischen, arsenhaltigen Pyriten. A. Jackson. (Ind. Chemist **36.** 555—56. Nov. 1960. Simon-Carves Ltd.) (Engl.)

Durch Flotation aufbereiteter Pyrit mit 89,0 (%) FeS_2, 0,5 PbS, 1,0 ZnS, 2,6 As_2O_3, 6,0 SiO_2, 0,9 verschiedenen Stoffen wird durch Abgase bei 250—300° getrocknet, gemahlen u. im Freeman-Ofen (Wirbelstrombett) geröstet (950—1000°). Man leitet die Röstgase mit 10—12% SO_2 durch Abhitzekessel, reinigt u. verarbeitet sie auf Kontakt-H_2SO_4. Der Abbrand enthält 1,50—1,70 (%) As, wogegen Abbrand aus Herreshoff-Öfen nur 0,2—0,3 As aufweist, was auf der viel kürzeren Röstdauer im Wirbelstrombett beruht. Der Rest des As wird den Röstgasen in der Naßreinigung u. in Elektrofiltern entzogen. W. Wesly. H 253□

Gewinnung von Kochsalz durch Kühlung von Salzlösungen. D. Ss. Nadeshdin, M. W. Gontscharowa und M. Je. Kuplitschenko. (Украинский Химический Журнал [Ukrain. chem. J.] **26.** 126—31. 1960. Ukrain. Wiss. Forsch.-Inst. der Salzind.) (Russ.)

Es wurden Labor.-Verss. mit einer kontinuierlichen Anlage zur Gewinnung von Kochsalz aus Salz-Lsgg. durch Kühlung mit $NaCl \cdot 2\,H_2O$ durchgeführt. Wenn das ursprüngliche Salz $CaSO_4$ enthält, kann durch dieses Kühl-Verf. ein Kochsalz gewonnen werden, das nach seiner chem. u. granulometr. Zus. einem Salz entspricht, das durch Verdampfen im Vakuum gewonnen wird. Das Kühl-Verf. ist billiger als das Verdampfen im Vakuum. H. Treumann. H 274□

Verfahren zur Herstellung von hochwertigem Natriumfluorid. Ss. Ch. Sarnitzki. (Украинский Химический Журнал [Ukrain. chem. J.] **26.** 121—25. 1960. Winnitza Superphosphatfabrik.) (Russ.)

Durch Bearbeitung des techn. Prod. mit einer 5—25%ig. NaOH-Lsg. wird hochwertiges NaF gewonnen. Aus dem sich bildenden Na_2SiO_3 wird mit Hilfe von $Ca(OH)_2$ NaOH regeneriert, die wieder der Produktion zugeführt wird. Die Ausbeute an NaF beträgt, je nach der Arbeitsweise, 83—92% der theoret. Menge. Gleichzeitig werden $CaSiO_3$, CaF_2 u. SiO_2 erhalten. Analog kann man auch andere schwerlösl. Fluoride (CaF_2, MgF_2 u. a.) anreichern. H. Treumann. H 274□

Henkel & Cie. G. m. b. H. (Erfinder: Bruno Blaser, Karl-Heinz Worms und Joachim Schiefer), Düsseldorf, **Verwendung von Acylierungsprodukten (I) der phosphorigen Säure als Stabilisierungsmittel für Peroxyverbindungen und deren Lösungen.** Beispiele für I: Na-Acetophosphonat, die Umsetzungs-Prodd. von H_3PO_3 mit Essigsäureanhydrid oder mit Acetylchlorid, Dinatriumsalz des Adipinoyldiphosphonsäure-(P.P')-diäthylesters. (**D. A. S. 1 107 207** Kl. 12i vom 3/6. 1959, ausg. 25/5. 1961.) K. DEMMLER. H 241

Farbwerke Hoechst Akt.-Ges., vormals Meister Lucius & Brüning (Erfinder: Heinz Schmidt, Franz Holzinger und Waldemar Ziemer), Frankfurt/M., **Metallanode für die Abscheidung von Chlor bei der Elektrolyse wässeriger Alkalichlorid- oder Salzsäurelösungen** aus unedlem, gegen Cl_2 beständigem Grundmetall mit einer ebenfalls gegen Cl_2 beständigen edelmetall. Deckschicht, dad. gek., daß die Deckschicht ganz oder teilweise aus Ir besteht, wobei sich zwischen dem Grundmetall u. der Deckschicht eine oder mehrere Edelmetallschichten befinden können. Als Grundmetall dient bes. ein solches, das eine beständige Schutzschicht, bes. eine Oxydschicht, bildet, z. B. Ti, Ta, Zr. Das Aufbringen der Ir-Deckschicht auf das Grundmetall kann in bekannter Weise, z. B. durch Aufdampfen im Hochvakuum, durch mechan. Aufspritzen oder auf elektrolyt. Wege erfolgen. (**D. A. S. 1 105 395** Kl. 12i vom 24/9. 1959, ausg. 27/4. 1961.) K. DEMMLER. H 247

Columbia-Southern Chemical Corp., Pittsburgh, Pa., V.St.A., **Herstellung von verdichteten, amorphen Erdalkalisilicaten** aus amorphem Pulver mit einer spezif. Oberfläche von 20—70 m^2/g, dad. gek., daß das Pulver in einem zur Hälfte gefüllten, zylindr. Behälter solange einer rotierenden Bewegung ausgesetzt wird, bis sich das Pulver zu Körnern vereinigt hat. (**E. P. 848 933** vom 5/12. 1956, ausg. 21/9. 1960. A. Prior. 5/12. 1955.) A. GRADL. H 261

United States Borax & Chemical Corp., Los Angeles, Calif., V.St.A. (Erfinder: Raymond Thompson und John Nicholas Barrett), **Herstellung von primären Orthophosphaten,** dad. gek., daß man eine wss. Lsg. von Orthophosphorsäure u. ein Chlorid des in Frage stehenden Alkalimetalles elektrolysiert. (**E. P. 854 145** vom 13/5. 1958, ausg. 16/11. 1960.) A. GRADL. H 264

Shri Dhar, Firozabad, Indien, **Herstellung von Cadmiumsulfid.** Man oxydiert metall. Cd zu CdO, löst dieses in H_2SO_4, leitet H_2S durch die Lsg. oder gibt Na_2S oder $(NH_4)_2S$ zu. Das Verf. ist dad. gek., daß die Oxydation des Cd durch atmosphär. O_2 unter Verw. von ca. 5% CdO als Katalysator durchgeführt wird. (**Ind. P. 59 121** vom 13/12. 1956, ausg. 22/5. 1959.) C. LÜTTGEN. H 289

Friedrich Baumann, Leuna, Kr. Merseburg, *Umwandlung von Kohlenoxyd in Kohlensäure und Wasserstoff.* (**D. A. S. 1 076 633** Kl. 12i vom 19/1. 1955, ausg. 3/3. 1960. — **C. 1960.** 6283 [E. P. 798 539].)

Lonza Electric & Chemical Works Ltd., Basel, Schweiz, *Herstellung von reinem Silicium.* (**E. P. 850 819** vom 15/1. 1957, ausg. 5/10. 1960. Schwz. Prior. 19/1. 1956. — **C. 1959.** 255 [D. A. S. 1 027 193].)

Wacker-Chemie G. m. b. H., München, *Herstellung von reinstem Silicium.* (**E. P. 837 205** vom 30/7. 1956, ausg. 9/6. 1960. D. Prior. 29/7. 1955. — **C. 1959.** 255 [D. A. S. 1 025 845].)

Wacker-Chemie G. m. b. H., München, *Reinigung von Siliciumchloroform.* (**Oe. P. 211 277** vom 26/3. 1959, ausg. 26/9. 1960. D. Prior. 11/4.1958. — **C. 1960.** 3665 [D. A. S. 1 067 010].)

Chempatents, Inc., New York, N.Y., V.St.A., *Kontinuierliche Gewinnung von Lithiumchlorid aus Spodumen.* (**Belg. P. 566 808** vom 15/4. 1958, ausg. 12/8. 1960. A. Prior. 27/6. 1957. — **C. 1961.** 262 [D. A. S. 1 076 652].)

Department of Mines (Erfinder: **Maurice Archambault**, Quebec City, **James U. MacEwan**, Montreal, und **Charles A. Olivier**, St. Nicholas Station), Quebec, Canada, *Lithiumsulfat aus Spodumen.* (**A. P. 2 923 600** vom 7/9. 1956, ausg. 2/2. 1960. — **C. 1960.** 7641 [D. A. S. 1 064 935].)

Courtaulds Ltd., London, England, *Herstellung von kristallwasserfreiem Natriumsulfat aus kristallwasserhaltigem Natriumsulfat.* (**Belg. P. 561 147** vom 26/9. 1957, ausg. 20/5. 1960. E. Prior. 2/10. 1956. — C. **1960.** 7641 [E. P. 814 415].)

Dow Chemical Co., Midland, Mich. (Erfinder: **William A. Mod**, Freeport, **Charles W. Becker**, Angleton, und **Elwood L. Carlson**, Lake Jackson, Tex.), V.St.A., *Gewinnung von grobkristallinem Natriumbicarbonat.* (**A. P. 2 926 995** vom 1/8. 1956, ausg. 1/3. 1960. — **C. 1960.** 11778 [D. A. S. 1 075 577].)

Commissariat à l'Énergie Atomique, Paris (Erfinder: **Roger Caillart**, Sèvres, **Roger Pointud**, Paris, **Émile Pruvot**, Saint-Jean-de-Maurienne, und **Paul Baradez**, La Praz), Frankreich, *Herstellung von gesintertem Berylliumoxyd.* (**Schwz. P. 348 397** vom 25/6. 1956, ausg. 14/10. 1960. F. Prior. 29/6. 1955. — C. **1960.** 259 [D. A. S. 1 052 381].)

Montecatini Soc. Gen. per l'Industria Mineraria e Chimica, Mailand, Italien, *Aufarbeiten von Kainit.* (**E. P. 838 768** vom 18/7. 1958, ausg. 22/6. 1960. It. Prior. 22/7. 1957 u. 7/5. 1958.— **C. 1960.** 7972 [D. A. S. 1 067 419].)

Olin Mathieson Chemical Corp., New York, N.Y., V.St.A. (Erfinder: **Aden Jackson King**), *Herstellung von Magnesiumtetraborid.* (**E. P. 837 979** vom 18/3. 1957, ausg. 22/6. 1960. — **C. 1959.** 6258 [D. A. S. 1 041 485].)

Farbenfabriken Bayer Akt.-Ges., Leverkusen (Erfinder: **D. Goerrig** und **V. Lwowski**), *Herstellung von Calciummonofluorid.* (**Belg. P. 567 454** vom 7/5. 1958, ausg. 12/8. 1960. D. Prior. 10/5. 1957. — C. **1959.** 4276 [D. A. S. 1 041 015].)

Columbia-Southern Chemical Corp., Pittsburgh, Pa., V.St.A., *Herstellung von reinem Bariumoxyd.* (**E. P. 845 122** vom 12/6. 1957, ausg. 17/8. 1960. A. Prior. 2/7. 1956. — C. **1959**. 3264 [D. A. S. 1 034 161].)

Peter Spence & Sons Ltd., Widnes, England, und **Deutsche Gold- und Silber-Scheideanstalt vormals Roessler**, Frankfurt/M., *Herstellung von α-Al_2O_3 (Korund).* (**Belg. P. 567 571** vom 10/5. 1958, ausg. 12/8. 1960. E. Prior. 11/5. 1957. — C. **1960**. 3344 [D. A. S. 1 062 689].)

VEB Farbenfabrik Wolfen, Wolfen, Kr. Bitterfeld, *Gewinnung von Aluminiumsalzen.* (**E. P. 841 293** vom 11/3. 1957, ausg. 13/7. 1960. D. Prior. 13/9. 1956. — C. **1959**. 11378 [D. P. [DDR] 15 453].)

Ciba Akt.-Ges., Basel (Erfinder: **Walter Scheller**, Neue Welt), Schweiz, *Trennen von Niob- und Tantalverbindungen.* (**Schwz. P. 348 398** vom 3/7. 1956, ausg. 14/10. 1960. — C. **1959**. 11036 [D. A. S. 1 050 323].)

Deutsche Gold- und Silber-Scheideanstalt vormals Roessler, Frankfurt/M., *Abscheiden von Ammoniumuranat.* (**E. P. 844 407** vom 16/9.1957, ausg. 10/8. 1960. D.Prior. 29/9. 1956. — C. **1959**. 1913 [D. A. S. 1 034 606].)

United States Atomic Energy Commission, Washington, D. C., V.St.A., *Gewinnung von Uranverbindungen aus einer U-Zr-Legierung.* (**Belg. P. 561 140** vom 26/9. 1957, ausg. 20/5. 1960. A. Prior. 28/9. 1956. — C. **1960**. 13810 [E. P. 824 579].)

VI. Silicatchemie. Baustoffe

Über die Radioaktivität von technischen Gläsern. H. Gebauer. (Kerntechnik 121—23. April 1960. Erlangen-Bruck, Frieseke & Hoepfner G. m. b. H.) (Dt.)

Vf. berichtet über Messungen der Radioaktivität an verschiedenen Gläsern der Firmen: Jenaer Glaswerk Schott & Gen., Glaswerke Ruhr u. Glasfabrik Weißwasser G. m. b. H.; die Radioaktivität der Gläser rührt im wesentlichen vom K_2O-Geh. her, bes. durch das darin enthaltene Isotop ^{40}K. Es wurden Werte zwischen 0 u. 107 Imp./min·g gefunden. Die Meßergebnisse werden bes. im Hinblick auf die Brauchbarkeit der Gläser beim Zählrohrbau diskutiert. H. SCHIRRWITZ. 6200□

Erzeugnisse aus Glas mit einem Siliciumdioxydgehalt von mehr als 96% und deren Verwendung. M. Beran. (Sklář a Keramik **8**. 10. Jan. 1958. Hradec Králové, Výzk. úst. sklářský.) (Tschech.)

Überblick über die Herst. u. Verw. von Quarzglas mit <4% Na-Boratglas. R. K. MÜLLER. 6204□

Elektrophorese in der keramischen Technologie. Ladislav Valenta. (Sklář a Keramik **8**. 11—12. Jan. 1958. Hradec Králové, Výzk. úst. elektrotechn. keramiky.) (Tschech.)

Übersicht: Grundlagen; Ausführung (Schema); Beispiele: elektrophoret. Gießen von Porzellan u. Stealith. R. K. MÜLLER. 6206□

Grundlagen der Berechnung von Tunnelöfen für die Keramik. Rudolf Jeschar und Carl-Otto Pels. (Ziegelindustrie **14**. 34—39. Jan. 1961.) (Dt.)

Im Hinblick auf eine materialgerechte Ofenkonstruktion ist es notwendig, die Zusammenhänge zwischen zulässiger Brenn-Geschw., Ofenleistung, Wärmeübergang, Trockenluft, Setzart u. a. als Grundlagen für die Berechnung von Tunnelöfen zu klären. N. PETERS. 6210□

Beobachtungen über Blasenbildung und Wiederaufkochen von Blechgrundemails. G. Weimer. (Glas-Email-Keramo-Techn. **11**. 445—48. Dez. 1960.) (Dt.)

Vf. versucht Beobachtungen der Praxis mit in der Literatur veröffentlichten Forschungsergebnisse in Einklang zu bringen. Neben der krit. Betrachtung des Verf. des „Wiederaufkochens" von Grundemails wird auch das Thema „Fischschuppen u. Ausspritzer" behandelt. — 18 Literaturangaben. G. BAUER. 6212□

Untersuchungen über den Einfluß der Textur und der Ofenatmosphäre auf die Wärmeleitfähigkeit von Schamottesteinen bei hohen Temperaturen. P. Eckhoff und H. E. Schwiete. (Sprechsaal Keram., Glas, Email **93**. 506—12. 5/10.; 539—45. 20/10.; 557—61. 5/11. 1960.) (Dt.)

Die Wärmeleitfähigkeit (WL) handelsüblicher, im plast. Verf. hergestellter Schamottesteine der Konventionsklasse A II ist im Temp.-Bereich von ca. 900 bis ca. 1300° in Richtung senkrecht zur Kopffläche u. in Richtung senkrecht zur Läuferfläche gleich groß. Dagegen ist sie in Richtung senkrecht zur Lagerfläche ca. 40% größer als in den beiden anderen Achsenrichtungen. Die WL nimmt in Luftatmosphäre bis 1200° mit der Temp. stetig zu, wobei der Temp.-Koeff. bis auf 0 abnimmt. Zwischen 1200 u. 1300° bleibt sie konstant. Bei hohen Temp. (oberhalb 950°) ist die WL von Schamottesteinen außer von der Steintemp. abhängig von der Ofenatmosphäre u. bei Rauchgasatmosphäre von der Einw.-Dauer der Rauchgase. In oxydierender Rauchgasatmosphäre ist die WL von Schamottesteinen bei hohen Temp. größer als in Luftatmosphäre. Die Zunahme der WL der Steine ist eine Folge der Verringerung ihrer Porosität u. der Erhöhung des Wärmeleitvermögens ihrer Grundmasse. Als Ursache dafür kann auf Grund mineralog. Unterss. die Cristobalit-Bldg. aus der Schamotteglasphase durch Einw. des in den Rauchgasen enthaltenen CO_2 angesehen werden. In reduzierender Rauchgasatmosphäre ist die WL bei hohen Temp. unterhalb ca. 1280° Brenntemp. (ca. 1200° Steinmittel-Temp.) höher als in Luftatmosphäre u. niedriger als in oxydierender Rauchgasatmosphäre. Oberhalb ca. 1330° Brenntemp. (ca. 1250° Steinmittel-Temp.) ist sie niedriger als in oxydierender Rauchgasatmosphäre u. auch niedriger als in Luft. Die Ursachen der Abweichungen der in verschiedener Atmosphäre gebrannten Steine werden diskutiert. — 18 Literaturangaben. G. BAUER. 6218□

Meßtechnik an Öfen und Trocknungsanlagen. Karl-Heinz Schmidt. (Ziegelindustrie **14.** 28—33. Jan. 76—80. Febr. 1961.) (Dt.)

Die neuzeitlichen Fertigungs-Meth. in der Ziegelindustrie gestatten es nicht mehr, den Produktionsablauf lediglich auf das Beobachtungsvermögen des Praktikers zu beschränken. Es werden die meßtechn. Kontrollmöglichkeiten u. die dazu gehörigen Instrumente eingehend behandelt. Die zur Einführung u. zum allg. Verständnis erforderlichen Grundlagen werden eingehend dargelegt. Es werden im einzelnen beschrieben: Mengenstrommessung mit Meßdrosseln oder Stausonden, Messung der Luftfeuchte, die verschiedenen Arten der Temp.-Messung u. die Rauchgasanalyse (ORSAT- u. a. Methoden). N. PETERS. 6228□

Über die hydraulischen Eigenschaften von Ölschiefer. E. Tanner. (Tonind.-Ztg. keram. Rdsch. **84.** 598—600. 30/12. 1960. Harburg/Schw.) (Dt.)

Von 2 fränk. Ölschiefer-Vork. wurde die eine Lagerstätte näherer Prüfung unterworfen. Durch Abschwelen der organ. Substanz, wobei ein Gas mit H_u = 5150 kcal/m³ abging, ließ sich bei 850° ein Rückstand mit hydraul. Eigg. erhalten. Aus ihm hergestellte Prüfwürfel zeigten nach 14 Tagen eine Druckfestigkeit von 150 kp/cm² bei einer Wasseraufnahme von 50% des Schieferascheanteils. Verschiedene Zusätze begünstigten teilweise Druckfestigkeit u. Abbindezeit. R. KAISER. 6228□

Ein Versuch zur Gewinnung wasserfester Isolierplatten aus Torf. I. W. Karpenko. (Торфяная Промышленность [Torf-Ind.] **36.** Nr. 7. 19—20. 1959.)

GOST 4861—49 gestattet für Torfisolierplatten ein maximales Wasseraufnahmevermögen von 50%. Vf. versuchte, solches durch Zusatz von fl. Paraffin zu erreichen. Torf vom Dispersionsgrad 12—80 bzw. 7—20% wurde durch Verwirbelung mit Rauchgasen in einer Pneumaleitung kontinuierlich mit fl. Paraffin (70—80°) versetzt, über einen Staubventilator geleitet u. durch eine weitere Pneumaleitung dem Bunker zugeführt. Der Paraffinverbrauch betrug 185 kg für 171 m³ Torf. Die paraffinierten u. unparaffinierten Torfplatten hatten folgende Eigg.: Wasseraufnahme: 42,8—56,7 bzw. 70,2 bis 143,4%, Biegefestigkeit: 2,33—2,98 bzw. 2,08—2,9 kg/cm², Vol.-Gewicht: 263—306 bzw. 235—272 kg/m³, Feuchtigkeit: 8,8—15,2 bzw. 6,15—21%. N. HVIID. 6228□

Zur Theorie der Elektro-Osmose. A. Belluigi. (Bautechnik **37.** 165—68. Mai 1960. Perugia, Italien, Univ.) (Dt.)

Der Vorgang der Bodenfestigung durch Elektroosmose wird in zweidimensionaler Betrachtungsweise behandelt. Zwischen der unendlich langen, mit der z-Achse eines kartes. Koordinaten-Syst. zusammenfallenden Kathode u. parallel geschalteten u. parallel verlaufenden Anoden liegt eine Gleichspannung. Dann ist der in einem beliebigen Punkt des Erdbodens durch einen gegebenen Strom erzielbare Entwässerungsgrad proportional dem Potentialunterschied zwischen dem Punkt u. der Kathode. Es werden Gleichungen abgeleitet, die die Berechnung der an der Kathode geförderten Wassermenge ermöglichen. R. JUNGE. 6232□

Elektronenmikroskopische und thermochemische Untersuchungen über die Hydratation der Calciumsilicate 3 CaO·SiO₂ und β-2 CaO·SiO₂ und den Einfluß von Calciumchlorid und Gips auf den Hydratationsvorgang. Heinz-Georg Kurczyk und Hans Ernst Schwiete. (Tonind.-Ztg. keram. Rdsch. **84.** 585—97. 30/12. 1960. Aachen, TH, Inst. für Gesteinshüttenkunde.) (Dt.)

Mit Hilfe der dynam. Differenzcalorimetrie (DDK) nach SCHWIETE u. ZIEGLER (vgl. C. **1959.** 2588) ließ sich in den beiden synthet. hergestellten Hauptbestandteilen, $3\,CaO\cdot SiO_2$ (I) u. β-$2\,CaO\cdot SiO_2$ (II), das Freiwerden von $Ca(OH)_2$ bei der Hydratation quant. verfolgen. Die Berechnungsformel für die frei gewordene Menge CaO wird angegeben. In den verbleibenden Silicathydratphasen betrug das Verhältnis von Ca:Si nach 1, 2 u. 3 Monaten Lagerung für **I** 1,88, 1,87, 1,92; für **II** 1,86, 1,80, 1,85. Elektronenmkr. u. röntgenograph. Unterss. wiesen auf Ähnlichkeiten dieser Hydratkristalle mit den TAYLORschen synthet. C-S-H-Prodd. u. mit dem natürlichen Tobermorit, obwohl in letzterem (= $Ca_5Si_6O_{18}H_2\cdot 4\,H_2O$) das Ca:Si-Verhältnis nur 0,83 ist. Ein IR-Absorptionsdiagramm dieser zeigte ebenfalls weitgehende Ähnlichkeit zwischen einem Tobermoriteinkristall u. der CSH-Phase. Vff. stellten aus ihren Ergebnissen die Strukturformel auf: $Ca'(Ca_4Si_6O_{16}(OH)_2)\cdot(Ca'(OH)_2)_n$, worin n = 5—7 u. der Annex′ ein Ca mit unbekannten Gitterkoordinaten bezeichnet. $CaCl_2$-Beimischung bewirkt bis zu 2 Gew.-% Zusatz eine Steigerung der CaO-Abspaltung bei der Hydratisierung von **I**, umgekehrt eine Verhinderung der Abspaltung bei **II**; $CaSO_4$-Zusatz bis zu 4% von **I** störte die Abspaltung nicht, erheblich dagegen als Zusatz zu **II** durch Behinderung der Kristallisation jener nadelförmigen Hydratationsprodukte. R. KAISER. 6240□

Neuere in der Glasanalyse anwendbare Methoden. Milan Paleček. (Sklář a Keramik **8**. 42—44. Febr. 1958. Hradec Králové, Výzk. úst. sklářský.) (Tschech.)
Beschreibung allg. neuerer Analyse-Meth. u. einzelner neuer Verff. zur Best. von SiO_2, Al_2O_3 u. Fe_2O_3, Pb u. Zn, Ca, Mg, Sr u. Ba, Alkalien u. F, SO_3 u. B_2O_3. — 64 Literaturhinweise. R. K. MÜLLER. 6242□

Bestimmung kleiner Mengen Bor in Silicatmaterialien. Zdeněk Valcha. (Sklář a Keramik **8**. 113. April 1958. Kutná Hora, Úst. pro výzk. rud.) (Tschech.)
B wird durch Dest. mit Methanol aus dem silicat. Material isoliert. Die zu untersuchende Probe wird mit der 4fachen Menge $KNaCO_3$ im Pt-Tiegel oder mit NaOH im Ni-Tiegel geschmolzen, die Schmelze mit heißem W. aufgenommen, die Lsg. filtriert, 3mal dekantiert u. 2mal mit 0,5%ig. Na_2CO_3-Lsg. gewaschen, das Filtrat eingedampft, abgekühlt, mit H_2SO_4 (1:1) gegen Methylrot schwach angesäuert, ammoniakal. gemacht, von SiO_2 abfiltriert, wieder mit H_2SO_4 neutralisiert u. 1 Tropfen H_2SO_4 im Überschuß u. 0,5 g NaH_2PO_4 zugegeben; nach Auffüllen auf 200 ml werden 2 ml Lsg. u. 20 ml H_2SO_4 (9:1) + (10 mg/Liter) Chinalizarin in einen trockenen 50 ml-Meßkolben gegeben u. mit PULFRICH-Photometer mit Filter S 61 photometriert. Der B-Geh. wird nach einer Eichkurve ermittelt. R. K. MÜLLER. 6248□

Ernst Leitz G. m. b. H., Wetzlar/Lahn (Erfinder: Heinz Brömer, Hermannstein, und Norbert Meinert, Wetzlar), **Optisches Glas.** Dieses besteht im wesentlichen aus 4—14 (Gew.-%) B_2O_3, 35—50 Erdalkalimetaphosphat, 15—40 Erdalkalioxyd, 4—20 ZnO u./oder CdO, 0—12 Al_2O_3 u./oder La_2O_3, 0—5 ZrO_2, 0—10 PbO, 0—1,5 TiO_2 u. 0—5 Orthophosphaten von Al, Na u. K, wobei die Summe von Al_2O_3, La_2O_3, PbO, ZrO_2, TiO_2 u. der bezeichneten Orthophosphate 2—25 beträgt. — Zum Beispiel hat ein Glas aus 43,0 $Ca(PO_3)_2$, 11,5 B_2O_3, 31,5 BaO, 9,0 ZnO, 2,5 ZrO_2 u. 2,5 La_2O_3 die opt. Lage $n_e = 1{,}645$ u. $\nu_e = 58{,}5$. (**D. A. S. 1 089 935** Kl. 32b vom 1/8. 1959, ausg. 29/9. 1960. **Zusatz zu D. B. P. 936 472; C. 1956. 7637.**) HANS HOFFMANN. 6201

Council of Scientific & Industrial Research, Neu Delhi, Indien, **Herstellung von Schaumglas.** Man vermischt ein feinpulverisiertes Red.-Mittel, z. B. Ruß, Graphit, Tierkohle, Stärke, Zucker oder Cellulosematerial, mit feingepulvertem Glas u. setzt Sulfite, Thiosulfate oder auch SO_2 zu. Dann erhitzt man das Gemisch im geschlossenen Behälter auf ca. 800—850°. Wenn die Schaum-Bldg., bes. durch den Zusatz an gasförmigem SO_2 in Mengen von 1%, bezogen auf die Glasmenge, beendet ist, erhitzt man nochmals 4—24 Std. auf 500—600°. (**Ind. P. 49 524** vom 11/5. 1953, ausg. 23/3. 1955.) H. NEBELSIEK. 6201

Council of Scientific & Industrial Research, Neu Delhi, Indien, **Herstellung von borfreier Emaille.** Man schmilzt Quarz, Feldspat oder TiO_2 unter Zuschlag von Na_2CO_3, $CaCO_3$, $MgCO_3$, $NaNO_3$, Flußspat oder ZnO als Flußmittel zusammen u. setzt der Schmelze Metalloxyde, wie Oxyde des Co, Ni u./oder Mn, sowie Kryolith, Na-Silicofluorid u./oder Sb_2O_3 als Opalisierungsmittel u. CuO u./oder Cr_2O_3 als Farbstoffe zu. Um das Auftreten von Haarrissen u. dgl. zu vermeiden, setzt man der Schmelze außerdem noch K-Salze, wie KNO_3 oder K_2CO_3, zu. — Um z. B. eine weiße Emaille zu erhalten, schmilzt man oxydierend bei 1000—1100° folgende Komponenten zusammen: 10—35 (Gewichtsteile) Quarz, 0—20 Feldspat, 2—6 TiO_2, 5—25 Na_2CO_3, 10—20 KNO_3, 2—7 Flußspat, 0—7 $CaCO_3$, 0—5 $MgCO_3$, 0—6 Sb_2O_3, 0—10 Kryolith, 0—10 $Na_2[SiF_6]$, 0—10 ZnO u. 0—5 Kaolin. Die nach dem Erkalten u. Trocknen erhaltene Fritte wird gemahlen, u. zu 100 Fritte werden 40—45 (%) W., 8—15 TiO_2, 2—5 Ton, $^1/_8$ Na-Aluminat u. $^1/_{16}$ $NaNO_2$ zugesetzt. (**Ind. P. 49 555** vom 14/5. 1953, ausg. 3/5. 1955.)
H. NEBELSIEK. 6213

A/B Gustavsbergs Fabriker, Gustavsberg, Schweden (Erfinder: S. E. Dahlgren), **Entfernen von Email.** Das zu behandelnde Gut wird in einer Schmelze von 80—99,5 (%) NaOH u. 0,5—20 NaF bei 400—500° für ca. 5 Min. hin u. her bewegt. (**Schwed. P. 154 487** vom 11/10. 1952, ausg. 15/5. 1956.) K. H. KÄHLER. 6213

Council of Scientific & Industrial Research, Neu Delhi, Indien, **Herstellung eines Schaummittels** für die Bereitung von *Schaumbeton* durch Emulgierung einer Harzseife in einer wss. Leimlösung. (**Ind. P. 58 909** vom 17/11. 1956, ausg. 13/9. 1958.) H. NEBELSIEK. 6225

Knapsack-Griesheim Akt.-Ges. (Erfinder: Konrad Reuter), Knapsack, **Herstellung von Formlingen aus gebranntem Kalk.** Pulverförmiger Abriebkalk kann wieder verwendet werden, z. B. bei der Herst. von CaC_2, wenn es gelingt, ihn zu brikettieren. Hierzu wird ein zu ca. 60% aus Teilchen mit einer Korngröße von 0—1 mm u. zu ca. 40% einer Größe von bes. 1—3 mm bestehendes CaO-Pulver mit 0,05—0,5 Gew.-% Graphitpulver gemischt u. anschließend verpreßt. (**D. A. S. 1 101 260** Kl. 80b vom 24/10. 1958, ausg. 2/3. 1961.) G. FRIKELL. 6227

Institut International Financier, Liechtenstein (Erfinder: Ernesto Kocherthaler und Kurt Fizia), **Mörtel** zum kontinuierlichen Herstellen von *Kunststeinen* auf der Strangpresse besteht z. B. aus Kies, u. zwar 1200 (Teile) 0—0,2 mm, 3400 0,2—1 mm, 4000 1—3 u. 8000 3—7 mm, 3400 Kalksteinpulver u. 2000 Zement (PZ 225). Wasserzementfaktor 0,96. — Beispiele; 2 Diagramme. (**F. P. 1 134 886** vom 26/7. 1955, ausg. 18/4. 1957. Schwz. Prior. 28/7. 1954 u. 20/6. 1955.) O. KAYSER. 6227

Karl Wobisch und Gerhard Saunus, Warnemünde, **Mittel zum Aufkleben und Verlegen von Fliesen in Schiffen und Fahrzeugen** zur Vermeidung von Riß-Bldg. u. Abplatzen bei Erschütterungen, bestehend aus einer lösungsmittelfreien elast. Klebemasse aus Latex, Kunstharzdispersionen, Weichmachern u. Flugasche oder Schamottemehl. Die Masse bleibt nach dem Verkleben weich, so daß die Fliesen bei Reparaturen leicht entfernt werden können. — Sie besteht z. B. aus 100 (Gewichtsteilen) Flugasche oder Glasmehl u. 125 eines Klebers auf Latex-, Harz- oder Kunstharzbasis. (**D. P. [DDR] 20 439** Kl. 22i vom 23/11. 1957, ausg. 9/12. 1960 [Wirtschaftspatent].) M. F. MÜLLER. 6227

Giovanni Biagi, Alexandria, Ägypten, **Herstellung von Mauersteinen.** Ein Gemisch von 80 (%) gemahlener Asche von fossilen Brennstoffen, 10 Zement u. 10 Kalk wird mit W. angeteigt, in einer Presse verformt u. getrocknet. (**It. P. 512 144** vom 9/12. 1953.) K. KOEBKE. 6229

Atelier de Construction de Dilling S. à r. l. und Alfred Spengler. Saargebiet, **Vorbehandlung keramischer Massen,** wie Mischungen von Töpferton mit anderen Tonen oder Schiefer, Tonschiefer, Asche, Gichtstaub usw., die trocken oder halbfeucht zur Herst. von *Backsteinen* usw. verformt werden sollen, durch Feinzerkleinern, Zusatz von W. u. einem die Oberflächenspannung herabsetzenden Mittel, wie Saponin, Salze höherer Amine, Stearinsäureamid usw., sowie von $CaSO_3$ zur Erhöhung der Plastizität. Ferner wird vor oder während der Verformung NH_4Cl zugesetzt. (**F. P. 1 117 368** vom 10/1. 1955, ausg. 22/5. 1956.) O. KAYSER. 6229

Industrial Development Co. (Establishment), Liechtenstein (Erfinder: Willy Neu), **Ölfester Fußbodenbelag.** Zu Asphalt oder Bitumen werden bis zu 2% Harze, die bis 250° beständig sind, Steinkohlenteerpech, Braunkohlenteerpech, Cumaronharz usw. u. mineralisierte organ. Bestandteile, wie Holzmehl, Stroh u. Torf, zugesetzt. (**F. P. 1 123 826** vom 21/3. 1955, ausg. 28/9. 1956.) O. KAYSER. 6229

Jules E. Havelin, Havertown, und Frank Kahn, Philadelphia, Pa., V.St.A., **Stabilisierte Böden** zum Aufnehmen schwerer Lasten erhält man aus Gemischen von 5—25 (Gew.-%) Flugasche, 35—75 eines plast. Bodens (Ton, Lehm, Schlamm) u. 20—50 „Aggregat“ (I), wobei die Summe der genannten Bestandteile 100 beträgt; dazu kommen 2—9 Kalk. I ist ein körniges (40 Maschen-½ inch.), gegen Flugasche u. Kalk chem. inertes, in W. unlösl. Material (Kalkstein, Sand, Kies, Hochofenschlacke). (**A. P. 2 815 294** vom 22/12. 1954, ausg. 3/12. 1957.) H. KOBS. 6229

Carborundum Co., Niagara Falls, N.Y., V.St.A., **Herstellung von wasserfestem Sandpapier.** Man koaguliert ein Mischpolymerisat z. B. aus Butadien u. Acrylnitril in einer Grundpapiermasse u. stellt daraus ein entsprechendes Blatt her. Darauf bringt man eine dünne Schicht aus einem synthet. Harz, z. B. aus einem ölmodifizierten Phenolharz, auf, bestreut diese mit einer entsprechenden Menge Si-Carbid u. trocknet ca. ³/₄ Std. bei 175° F. Anschließend überzieht man das Ganze mit einer dünnen Schicht aus einem Phenol–Formaldehyd-Kondens.-Prod. u. härtet längere Zeit bei 175—300° F. (**Ind. P. 49 615** vom 23/5. 1953, ausg. 9/8. 1955.) H. NEBELSIEK. 6239

Minnesota Mining & Mfg. Co., übert. von: Albert E. Raymond, St. Paul, Minn., V.St.A., **Schleifbänder mit regelmäßig liegenden Schleifkörnern (I).** Die I rieseln frei durch die Luft, ggf. noch durch ein Sieb, auf das darunter hinweggeführte, mit dem Bindemittel (Formaldehyd–Phenolharz) versehene Band, das sodann in der Hitze gehärtet wird. — Abbildungen. (**A. P. 2 876 086** vom 21/6. 1954, ausg. 3/3. 1959.) F. KOCH. 6239

Deutsche Gold- und Silber-Scheideanstalt vormals Roessler, Deutschland, *Herstellung von Schutzschichten auf Leichtmetallen.* (F. P. 1 144 468 vom 22/3. 1956, ausg. 14/10. 1957. D. Prior. 22/3. 1955. — C. 1958. 6649 [D. A. S. 1 012 795].)

Himansu Kumar Mitra, Jamshedpur, Indien, *Feuerfester Sinter aus wasserhaltigem Magnesiumsilicatgestein.* (D. A. S. 1 086 613 Kl. 80b vom 17/11. 1953, ausg. 4/8. 1960. — C. 1957. 10852 [A. P. 2 759 833].)

British Thomson-Houston Co. Ltd., London, England, *Herstellung keramischen Materials.* (**Holl. P. 95 052** vom 21/8. 1954, ausg. 15/8. 1960. E. Prior. 24/8. 1953. — C. **1958.** 14152 [E. P. 776 822].)

Kennedy Van Saun Mfg. & Eng. Corp. (Erfinder: **Alan Ray Allen**), V.St.A., *Löschen von dolomitischem Kalk.* (**F. P. 1 163 845** vom 26/7. 1956, ausg. 1/10. 1958. A. Prior. 26/7. 1955. — C. **1961.** 626 [Aust. P. 215 330].)

Ju. M. Butt und **L. N. Raschkowitsch**, Das Festwerden von Bindemitteln bei erhöhten Temperaturen. Moskau: Gosstroiisdat. 1961. (232 S. m. Abb.) 1 Rbl. 1 Kop. [Russ.]

VII. Agrikulturchemie. Schädlingsbekämpfung

Tone der Böden des Guadalquivier-Tales. Salvador Gonzalez Garcia. (Agrochimica [Pisa] **4.** 49—71. Dez. 1959. Sevilla, Centro de Edafología y Biología Aplicada del Cuarto.) (Span.)

Bei der Bodenkettierung der wichtigsten landwirtschaftlichen Gebiete Westandalusiens wurde festgestellt, daß in der Gegend von Sevilla u. Cadiz folgende Bodentypen vorherrschen: Xerorendzina, Terra rossa, kalkhaltiger Rotlehm, roter Auenboden, Salzböden, andalus. Schwarzerden. Der häufigste Bodentyp im Gebiet von Córdoba ist der Braunlehm. Die Zus. der Tonfraktion der Horizonte von 33 Profilen der genannten Böden wurde eingehend untersucht. Die hierbei erhaltenen Ergebnisse werden im Hinblick auf die Boden-Entw. u. die Bodenfruchtbarkeit diskutiert. M. WINIKER. 6304□

Untersuchungen an Böden Kambodschas. Hideaki Saeki, Masao Okamoto, Junzo Azuma, Hirofumi Inoue, Masahiro Takiuchi und Hiroshi Tarumi. (Soil Plant Food [Tokyo] **5.** 16—27. Juni 1959. Hyogo Univ. of Agric., Labor. of Soil Sci.) (Engl.)

Ca. 350 Böden Kambodschas, teils unterteilt in Ober- u. Unterboden, wurden auf mechan. Zus. (Textur), pH-Wert, Austausch- u. hydrolyt. Säure, Kationenaustauschkapazität u. ihren Geh. an Humus, N, austauschbarem Ca sowie „ verfügbarem" Ca, P u. K untersucht. Auf Grund der Ergebnisse rangieren hinsichtlich ihrer Ertragsfähigkeit die Böden basalt. Ursprungs an erster Stelle (trotz ihrer relativ starken Acidität), gefolgt von den alluvialen Böden u. den Sandsteinböden. Der Nährstoffspiegel u. damit ihr derzeitiger Fruchtbarkeitszustand ist jedoch allg. sehr niedrig. WILFRIED WERNER. 6304□

Untersuchungen über die Gleybildung in Böden. 1. Mitt. Über den Mechanismus der Bildung von aktivem Ferroeisen in Böden. Kinjiro Yamanaka und Satoru Motomura. (Soil Plant Food [Tokyo] **5.** 134—40. Dez. 1959. Tokyo, Nat. Inst. of Agric. Sci.) (Engl.)

In Modell-Verss. an 6 „Paddy"- u. „Upland"-Böden versuchen Vff., Hinweise auf den Mechanismus der bei der Vergleyung von Böden ablaufenden Fe^{2+}-Bldg. zu erhalten. Die Böden wurden 35 Tage unter Zusatz von bzw. ohne Glucose (**I**) überfluteten Bedingungen inkubiert. Der pH-Wert der Böden stieg ohne **I**-Zugabe während der Inkubation leicht an, in Ggw. von **I** sank er dagegen sehr schnell auf Werte zwischen 3 u. 4 ab. Die Geschw. des **I**-Abbaues korrelierte eng mit der Zunahme des Geh. an akt. Fe^{2+}; sie war jedoch bei den verschiedenen Böden unterschiedlich. Mit Ausnahme der vulkan. Ascheböden veränderte sich die Farbe aller Böden mit Zunahme des Fe^{2+}-Geh. in ein mehr oder weniger deutliches Blaugrau. Ohne **I**-Zusatz wurde nur wenig Fe^{2+} gebildet u. die Farbe änderte sich kaum. Zugabe von Inhibitoren (NaN_3, $HgCl_2$, Monojodessigsäure) zu dem **I**-behandelten Boden unterband jede Fe^{2+}-Bldg. u. Farbänderung. WILFRIED WERNER. 6304□

Stickstoffcyclen im Reisfeld-Boden. 1. Mitt. Die Wirkung der blaugrünen Alge auf die Fixierung von atmosphärischem Stickstoff in überfluteten Reisböden. Susumu Nishigaki und Matsusaburo Shioiri. (Soil Plant Food [Tokyo] **5.** 36—39. Juni 1959. Tokyo, Univ., Fac. of Agric., Soil Res. Labor.) (Engl.)

Inkubations-Verss. mit überfluteten Reisböden ergaben, daß im Boden eine N-Anreicherung erfolgt, die parallel zum Wachstum der blaugrünen Algen verläuft. Alle Faktoren, welche das Algenwachstum begünstigten, führten auch zu einer Erhöhung der N-Anreicherung aus der Atmosphäre (Belichtung, Kalkung). Die N-Fixierung erfolgt nur an der Bodenoberfläche. Die Unterss. zeigten, daß in einem überfluteten u. gelichteten Boden die N-Fixierung durch Algen größer sein kann, als der auf Denitrifikation zurückzuführende N-Verlust. WILFRIED WERNER. 6304□

Der Einfluß des Gehaltes an organischer Substanz und der Pflanzenwurzeln auf die Auswaschung von Kationen aus Paddy-Böden. Tomoyoshi Kiuchi und Shinpei Omukai. (Soil Plant Food [Tokyo] **5.** 108—13. Dez. 1959. Omagari, Akita Pref., Tohoku Nat. Agric. Exp. Stat.) (Engl.)

In Gefäß-Verss. wurde auf einem Mineral- u. 2 Humusböden der Einfl. der organ. Substanz u. der Bepflanzung auf die Kationenauswaschung im Laufe der Bewässerung untersucht. K^+ u. NH_4^+ wurden in den humosen Böden in stärkerem Maße ausgewaschen als im Mineralboden. Dies wird darauf zurückgeführt, daß die in diesen Böden vorliegende organ. Substanz eine nur geringe Austauschkapazität hat. Bei Bepflanzung verminderte sich die K^+- u. NH_4^+-Auswaschung stark. Die Ca^{2+}- u. Mg^{2+}-Auswaschung nahm mit der Zeit stark ab. Unterschiede zwischen den Böden waren zunächst nicht vorhanden. Später wurde aus den humosen Böden etwas mehr Ca^{2+} u. Mg^{2+} ausgewaschen. Bepflanzung erhöhte die Auswaschverluste an diesen Kationen, bes. im späteren Vegetationsstadium. Fe u. Mn wurden ebenfalls aus bepflanzten Gefäßen stärker ausgewaschen. Durch Trocknung des Bodens wurde die Fe-Auswaschung auf dem Mineralboden erhöht, auf den humosen Böden erniedrigt. WILFRIED WERNER. 6304□

Phosphatreduktion im Paddy-Boden. 1. Mitt. Goro Tsubota. (Soil Plant Food [Tokyo] **5.** 10—15. Juni 1959. Utsunomiya, Tochigi Agric. Exp. Stat.) (Engl.)

In Modell-Verss. wird untersucht, ob unter den reduktiven Bedingungen des Paddy-Bodens eine Phosphat-Red. erfolgt. Die in Exsiccatoren vorgenommenen Unterss. ergaben, daß im Paddy-Boden die Phosphat-Red. bis zum PH_3 möglich ist. Der entweichende PH_3 wurde in HNO_3 aufgefangen. Während einer 16tägigen Überflutung wurden bis zu 102 γ P_2O_5 in Gasform pro kg Boden entbunden. Die Dephosphorifikation (**A**) war bes. hoch bei humusreichen Böden u. wurde durch hohe Temp. begünstigt. In Inkubations-Verss. in Wasserkultur, die mit einem Bodenextrakt beimpft worden war, traten unter reduktiven Bedingungen Phosphit u. Hypophosphit auf. Beide Verbb., die in erheblichen Mengen papierchromatograph. nachgewiesen werden konnten, stellen offenbar Zwischen-Prodd. der Phosphat-Red. dar. — Aus dem Boden konnten Bakterien isoliert werden, z. B. Clostridium butyricum u. Escherichia coli, die das für **A** erforderliche niedrige Redoxpotential in ihrem Medium erzeugen. Es wird vermutet, daß diese Formen an **A** beteiligt sind. WILFRIED WERNER. 6304□

Untersuchungen über Bindung und Mobilisation des Phosphats bei verschiedenen Bodentypen Ungarns. Árpádné Haas. (Agrokémia és Talajtan [Agrochem. u. Bodenkunde] **8.** 331—50. Dez. 1959. Gödöllö, Agrártud. Egyetem Talajtani Tanszék.) (Ung.)

An charakterist. ungar. Böden wurden die Faktoren des PO_4^{3-}-Bindungs- u. Mobilisationsvermögens im pH-Bereich 4—8 untersucht. Aus den Meßwerten konnte eine Formel aufgestellt werden, welche das prozentuale Verhältnis der an der PO_4^{3-}-Bindung teilnehmenden Faktoren zu errechnen gestattet. Zwischen Fällung u. Lsg. der Phosphate besteht eine Korrelation, die für die Prüfböden das PO_4^{3-}-Lsg.-Gleichgewicht als Funktion des pH zu konstruieren gestattet. Für die PO_4^{3-}-Versorgungskraft der Böden ist der Quotient aus der Differenz des PO_4^{3-}-Geh. der mit extrem saurem u. extrem alkal. Puffer ausbalancierten Boden-Lsg. u. der Differenz der entsprechenden pH-Gleichgewichtswerte charakteristisch. N. SEILER. 6304□

Langdauernde Wirkungen von Phosphat- und Kaliumgaben auf organischen Böden. 1. Mitt. **Karotten, Kartoffeln und Rote Beete.** J. F. Davis, L. N. Shepherd und R. E. Lucas. (Michigan State Univ. Agric. appl. Sci., agric. Exp. Stat., quart. Bull. **41.** 762—67. Mai 1959.) (Engl.)

In einem langjährigen Dauerdüngungs-Verf. (seit 1941) wurde die Wrkg. steigender *P*- u. *K*-Gaben (0—200 lbs. P_2O_5 u. 0—400 lbs. K_2O/acre) zu Karotten, Kartoffeln u. Roten Beeten auf einem jungfräulichen Moorboden (80% organ. Substanz, pH 6,4, Austauschkapazität = 182 mVal/100 g) untersucht. Auf diesem Boden sprachen die Pflanzen besser auf K als auf P an. Im Laufe der Jahre variierten die Erträge u. das Ausmaß der K-Wrkg. sehr stark. P wirkte am besten zu Roten Beeten. P-Düngung ohne gleichzeitige K-Zufuhr brachte niedrigere Erträge als die ungedüngten Kontrollen, was auf die visuell feststellbare Verschärfung des K-Mangels zurückzuführen ist. Die Höhe der PK-Zufuhr u. bis zu einem gewissen Grad auch des PK-Entzuges durch die Pflanzen spiegelte sich in den PK-Geh. des Bodens (extrahiert mit 0,018n Essigsäure im Verhältnis 1:8) wider. WILFRIED WERNER. 6304□

Die Keimfähigkeit des Samens von Möhren, Salat und Pfefferpflanzen, die unter starkem Mangel an Düngenährstoffen gewachsen sind. James F. Harrington. (Hilgardia **30.** 219—35. Okt. 1960. Berkeley, Calif., Univ. of California.) (Engl.)

Vf. untersuchte den Einfl. von P-, N-, Ca- u. K-Mangel auf die Ernte u. die Keimfähigkeit von Pfeffer-, Salat- u. Mohrrübensamen. Die Samenerträge wurden durch einen Mangel von N-, P-, Ca- u. K-Düngern herabgesetzt. Der Prozent-Geh. an keimfähigen Samen wurde durch Ca-, N- u. K-Mangel verringert, während bei P-Mangel kein Unterschied gegenüber der Keimfähigkeit von normalem Samen zu verzeichnen war. Die vollständige Abwesenheit von K führt jedoch zu einem ungewöhnlich hohen Anstieg der Keimfähigkeit bei Pfeffer. Die Keimfähigkeitsdauer war bei Samen, die unter Ca- u. K-Mangel gebildet wurden, wesentlich geringer als bei normaler Düngung.

W. KÖLLING. 6304□

Düngung bei der Aussaat der Baumwolle unter den Bedingungen von Tadshikistan. A. M. Meschtscherjakow und Ch. I. Raschidow. (Хлопководство [Baumwoll-Wirtsch.] **10.** Nr. 3. 22—27. März 1960. Tadshik. Landw. Inst., Forschungsinst. für Ackerbau der Akad. der Wiss. der TadshikSSR.) (Russ.)

Als optimal erwiesen sich P-Gaben in die Saatzeile, jedoch bei Trennung des Saatgutes von dem Dünger durch eine dünne Erdschicht. Unter trockenen Frühjahrsverhältnissen kann aber bei diesem Verf. infolge der Störung der Wasserzufuhr zur Saat eine Verminderung ihrer Keimfähigkeit hervorgerufen werden. Wird der Dünger 5 cm tief unter der Saatzeile bzw. 1—2 cm seitlich von dieser eingebracht, so sind am besten Dosen von 10 kg/ha P_2O_5 u. 5 kg/ha $N(NH_4NO_3)$. Bei Verdoppelung dieser Dosen zeigten die Erträge beträchtliche Schwankungen. In 4jährigen Verss. stiegen die Rohbaumwollerträge durch Gaben von 10 kg/ha Superphosphat um 1,9—2,3 dz/ha, durch die von einem Gemisch von Superphosphat + Stallmist (1:1 bzw. 1:4) um 3,1—4,5 bzw. 4,1—5,0 dz/ha. Der positive Einfl. des Stallmistes erklärt sich durch seine neutralisierende Wrkg. auf die freie Säure des Superphosphats sowie durch Intensivierung der mikrobiolog. Prozesse im Boden u. Verminderung der P-Fixierung in diesem. In Labor.-Verss. wurde gezeigt, daß die freie Säure des Superphosphat erst bei 6facher Stallmistmenge vollständig neutralisiert wird. M. GORDIENKO. 6304 □

Die Anwendung von Mineraldüngern auf Schwarzerdeböden Sibiriens. A. Je. Kotschergin. (Земледелие [Ackerbau] **8.** Nr. 3. 49—55. März 1960. Sibir. Forsch.-Inst. für Landw.) (Russ.)

Unter den Verhältnissen Sibiriens findet im Boden im Verlauf der Herbst- u. Winterperiode keine wesentliche Änderung des N-Geh. statt; die Nitrate bleiben bis zum Zeitpunkt der Aussaat erhalten. Daher spielt für die Anreicherung des Bodens mit Nitrat der Zeitpunkt des Pflügens eine große Rolle: beim Pflügen (nach Sommerweizen) am 18. 8. betrug der Nitrat-Geh. (in kg/ha) in der 0—60 cm-Bodenschicht 87, beim Pflügen am 19. 9. 37, am 3. 10. 19. Beim Umbruch der mehrjährigen Gräser mit Leguminosen im Sommer war der Nitrat-Geh. im Boden doppelt so groß wie beim Umbruch im Herbst. Weiter spielen die Witterungsverhältnisse des Vorjahres insofern eine große Rolle, als nach trockenen Jahren mit ihren verminderten Erträgen viel größere N-Mengen im Boden bleiben als nach feuchten Jahren. Jedoch sind sibir. Tschernosemböden nach allen Vorfrüchten an P_2O_5 arm, wodurch die Wrkg. der N-Düngung (ohne P) stark begrenzt wird. In allen Versuchsvarianten waren die Erträge von Getreidekulturen bei Gaben von NP bedeutend höher als bei N-Gaben allein. K-Düngung ist auf diesen Böden weniger wirksam, auf lehmigem Tschernosem nicht erforderlich. M. WROBLEWSKI. 6304 □

Einfluß der Düngung auf den Stärkegehalt von Kartoffeln. W. W. Mischinkina. (Доклады Академии Наук Азербайджанской ССР [Ber. Akad. Wiss. Aserbaidshan-SSR] **15.** 1049—52. 1959. Bodenerosionsstation.) (Russ.; Auszug: Aserbaidshan.)

Vf. berichtet über Feldverss., die zwecks Prüfung des Einfl. von mineral. u. organ. Düngern auf 2 Kartoffelsorten (Lorch u. Narodny) durchgeführt wurden. Die in einer Tabelle enthaltenen Ergebnisse werden besprochen. Bei gleichem Nährstoff-Geh. in Mineraldüngern bzw. Mist führt die mineral. Düngung zu bedeutend höheren Kartoffelerträgen. Im Vgl. zu ungedüngten Böden sinkt der Stärke-Geh. der Kartoffelknollen bei mineral. gedüngten Böden (sowohl bei gemeinsamer als auch bei getrennter Düngung). Bei getrennter Zufuhr von N, P u. K in Dosen von je 50 kg/ha ist die geringste Abnahme des Stärke-Geh. (1,6%) bei P-Düngung festzustellen, die größte (3,2%) bei N-Düngung. S. AUGUSTAT. 6304 □

Die Wirkung von drei Kalkungsmitteln auf die Bodenreaktion sowie den Ertrag und die Phosphoraufnahme von Luzerne. Ein Gewächshausversuch. K. M. Pretty und W. W. McCall. (Michigan State Univ. Agric. appl. Sci., agric. Exp. Stat., quart. Bull. **40.** 318—26. Nov. 1957.) (Engl.)

Düngungsverss. mit $CaCO_3$, dolomit. Kalkstein, u. Hochofenschlacke zu Luzerne auf Lehm- u. Sandböden von Michigan ergaben: Bzgl. der Erhöhung des Boden-pH war $CaCO_3$ am wirksamsten. Die Beeinflussung der Erträge variierte mit der Art des Bodens u. der Art des Kalkungsmittels. Durch die Kalkung wurde die P-Aufnahme durch die Pflanzen gesteigert, was hauptsächlich auf die Ertragssteigerung zurückzuführen ist. Der P-Geh. der Pflanzen wurde nicht merklich beeinflußt. M. WINIKER. 6304 □

Untersuchungen über das Ansprechen von Kulturen auf Molybdän und Kalk in Michigan. Fred Turner und W. W. McCall. (Michigan State Univ. Agric. appl. Sci., agric. Exp. Stat., quart. Bull. **40.** 268—81. Nov. 1957.) (Engl.)

In Gefäß- u. Freilandverss. wurde die Wrkg. von *Kalkung* u. *Mo*-Düngung zu Hafer, Bohnen, Blumenkohl, Luzern, Weiß- u. Rotklee auf sandigen Lehmböden von Michigan untersucht. Signifikante Ertragssteigerungen wurden durch Kalkung bei

Blumenkohl u. Rotklee erzielt; ebenso, wenn auch in schwächerem Maß, durch Mo-Düngung. Gleichzeitige Applikation von Kalk u. Mo war wirkungsvoller als Kalkung allein
M. WINIKER. 6304 □

Vergleich einiger Gründüngungsarten in der Demokratischen Republik Vietnam. L. Can und H. Pagel. (Int. Z. Landwirtsch. [Sofia/Berlin] **1960.** Nr. 5. 191—94. Gialam, Hanoi, Inst. für Land- u. Forstwirtschaft. Abt. Agrikulturchemie.) (Dt.)

Viele Böden der Demokrat. Republik Vietnam sind sauer, ungesättigt u. arm an Nährstoffen, bis an *assimilierbarem Phosphor*. Bei Verss. zur Bodenverbesserung durch Gründüngung unter gleichzeitiger Zufuhr von Rohphosphaten (Phosphorite) bewährten sich vor allem Crotalaria striata, C. usaramoensis, Mimosa pudica var. inermis, Thephrosia candida u. Phaseolus calcaratus, die sämtlich imstande sind, P_2O_5 aus unlösl. Phosphorit zu mobilisieren. M. WINIKER. 6304 □

Die Samenkeimung einiger tropischer Leguminosen. P. R. Wycherley. (J. Rubber Res. Inst. Malaya **16.** 99—106. 1960. Kuala Lumpur, Rubber Res. Inst. of Malaya, Botan. Div.) (Engl.)

Zur Beschleunigung der Keimung u. der Bestandsbildung von 4 trop. Leguminosen wurde eine Vorbehandlung der Samen mit physikal. u. chem. Mitteln vorgenommen. Die Aufbewahrung der Samen von Calopogonium mucunoides, Centrosema pubescens, Flemingia congesta u. Pueraria phaseoloides bei Temp. von 25—30° u. Luftfeuchtigkeits-Geh. von 50—100% reduzierte die Keimung u. die Vitalität der Keimlinge. Beschädigung der Samenschale durch Einschneiden u. Behandlung mit konz. H_2SO_4, ferner Einlegen in Glycerin hatte bei allen Arten, trockene Wärme bei Pueraria u. Centrosema gute Erfolge. IR-Bestrahlung wirkte in Abhängigkeit von der Bestrahlungsdauer unterschiedlich. Weniger wirksam waren *Kerosin*, *Gibrel* u. *Kinetin*. Die Vorbehandlung mit W. machte die Keimlinge empfindlich gegen fehlende Feuchtigkeit im Verlauf der Keimung.
WILFRIED WERNER. 6312 □

Der Einfluß der Vorbehandlung von Samen mit Phytohormonlösungen auf Wachstum und Ertrag der Feldpflanzen. T. R. Narayanan und K. Vasudeva Menon. (Madras agric. J. **47.** 159—65. April 1960.) (Engl.) — Vgl. C. **1960.** 11082.

Samenkörner von Reis u. Hirse wurden in 50 ppm *β-Indolylessigsäure* (**I**) oder *1-Naphthylessigsäure* enthaltendem W. vorgequollen u. an verschiedenen Standorten ausgesät. Pflanzen aus unvorbehandelten Körnern wurden im Vorblütenstadium mit 10 ppm I-Lsg. besprüht. — Das Vorquellen von Hirsekörnern in den Phytohormon-Lsgg. hatte einen positiven Einfl. auf den Feldertrag, hier war der Einfl. auf Pflanzengröße u. Bestockung nicht eindeutig. Bei Reis wirkte sich die Vorbehandlung nur auf einigen Standorten auf den Ertrag aus. Ein Besprühen der Pflanzen erhöhte die vegetative Entw., die sich in größeren Strohertägen äußerte.
WILFRIED WERNER. 6312 □

Wirkung der Kalkanwendung zum Boden auf die Befallsdichte mit Japankäferlarven. J. B. Polivka. (J. econ. Entomol. **53.** 476—77. Juni 1960. Wooster, Ohio, Ohio Agric. Exp. Stat.) (Engl.)

Mehrfache Beobachtungen zeigten, daß die Befallsdichte der Larven von Popillia japonica New. in Böden mit niedrigem pH (4,3) stärker war, als in den mit höherem pH (~7). Kalkung des Bodens (1500—3000 lbs/acre) schränkte den Befall ein.
FRITZ MÜLLER/Ludwigshafen. 6312 □

Wirkung einiger chlorierter Kohlenwasserstoffinsekticide auf die Nematodenpopulationen im Boden. Norman French, E. P. Lichtenstein und G. Thorne. (J. econ. Entomol. **52.** 861—65. Okt. 1959. Madison, Wis., Univ. of Wisconsin.) (Engl.)

Im Labor. hatte *DDT* (**I**) nach 24 Tagen keine Wrkg. auf die Nematodenmenge, wogegen *Lindan* (**II**) einen 85%ig. Rückgang des Befalles bewirkte. In Freiland-Verss. hatte *Heptachlor* nach 5 Wochen keine erkennbare Wrkg. In schlammigem Lehm zeigte *Aldrin* nach 3 oder 4 Jahren keinen Erfolg, **I** u. **II** nur bei höheren Gaben. Eine saprophage Art zeigte auf mit **I** oder **II** behandelten Parzellen eine starke Vermehrung.
FRITZ MÜLLER/Ludwigshafen. 6312 □

Bodenbehandlung mit Insekticiden zur Bekämpfung von Hippelates collusor und H. hermsi. Mir S. Mulla, Martin M. Barnes und M. J. Garber. (J. econ. Entomol. **53.** 362—65. Juni 1960. Riverside, Calif., Univ. of Calif., Citrus Exp. Stat.) (Engl.)

Gegen diese Mücken wirkte nur gekörntes *DDT* (13 lbs/acre) ausgezeichnet. *Aldrin* oder *Heptachlor* (gekörnt oder emulgiert) wirkten nur anfänglich in beschränktem Maße, aber nicht auf die Dauer. *Dieldrin* war nach 7—10 Monaten wirkungslos, *Thiodan* war ebenfalls ohne Wrkg., *Toxaphen* zeigte wechselnde Ergebnisse.
FRITZ MÜLLER/Ludwigshafen. 6312 □

Das Schicksal von Phorate in Böden. L. W. Getzin und R. K. Chapman. (J. econ Entomol. **53.** 47—51. Febr. 1960. Madison, Wis., Univ. of Wisconsin, Dep. of Entomol.) (Engl.)

Phorate (I) zum Boden gegeben wirkte in sandigen Böden zu Kartoffeln u. Kohl besser als in lehmigen, wie die Bekämpfungsergebnisse mit Pieris rapae L. u. Trichoplusia ni Hübner u. die Cholinesterasehemmung zeigten. Mit ^{32}P markiertes I wurde von Erbsen am besten aufgenommen in Quarzsand > sandigem > lehmigem > schwerem Boden. Oxydationsprodd. von I wurden am meisten in sandigem Boden gefunden, Hydrolyseprodd. entstanden nur wenige, im Boden gebunden blieb am meisten I in schwerem Boden, in reinem Sand wurden nur Hydrolyseprodd. festgestellt. Aus den Böden verflüchtigten sich 20—25% des I innerhalb 1 Std., weiterhin trat jedoch kein Verlust mehr auf. In Quarzsand u. auf einer Stahlfläche betrug der Verlust nach 24 Std. über 90%.
FRITZ MÜLLER/Ludwigshafen. 6312 □

Bemerkung über die Beständigkeit von Phosdrin. David E. Donley. (J. econ. Entomol. **52.** 1015—16. Okt. 1959. Central States Forest Exp. Stat.) (Engl.)

Stammbehandlung junger Eichen mit *Phosdrin* bewirkte 2 bis höchstens 3 Tage Abtötung der Larven von Anisota senatoria J. E. Smith an den Blättern. Nach dieser Zeit konnte auch im Biovers. mit Daphnia pulex De Geer kein Giftstoff mehr festgestellt werden. FRITZ MÜLLER/Ludwigshafen. 6312 □

Bekämpfung von Diaphania nitidalis (Stoll) und Restmengenuntersuchungen mit Malathion und Phosdrin. James E. Roberts und Leo E. Anderson. (J. econ. Entomol. **53.** 482—83. Juni 1960. Experiment, Ga., Georgia Exp. Stat.) (Engl.)

Viermalige Behandlung von Gurken mit 4%ig. *Malathion* (**I**)-Staub [1,5 (lbs/acre)] oder 2%ig. *Phosdrin* (**II**)-Staub (0,5) schränkten den Befall mit Diaphania nitidalis Stoll. gegenüber unbehandelt wesentlich ein. $2^1/_2$ Std. nach der Behandlung wurden keine Restmengen von I gefunden, die von II lagen unter dem erlaubten Wert von 0,25 ppm.
FRITZ MÜLLER/Ludwigshafen. 6312 □

Laboratoriumsuntersuchungen zur Giftigkeit verschiedener Insekticide gegen die einzelnen Stadien der orientalischen Obstmotte. M. H. Brunson. (J. econ. Entomol. **53.** 468—71. Juni 1960.) (Engl.)

Von 54 geprüften Insekticiden bewährten sich gegen alle Stadien von Grapholita molesta Busck. am besten *Guthion* (**I**), *Parathion* (**II**), *Methyl*-**II**, *Chlorthion* (**III**) u. *Sevin*. *Ryania*, *Tedion*, *Perthane* u. *Methoxychlor* wirkten am geringsten. Die meisten Insekticide waren gegen Vollkerfe wirkungsvoller, als gegen die anderen Stadien. *Dow ET-15*, *Thiodan* u. *Ethion* wirkten genügend gegen Vollkerfe, aber weniger gegen Eier, *Phosdrin*, *Pirazinon* u. *Phorate* waren ungenügend wirksam gegen Eier, jedoch nicht gegen Larven. **II** u. **III** waren gegen schlüpffähige Eier besser als gegen frisch abgelegte, bei **I** war es umgekehrt. FRITZ MÜLLER/Ludwigshafen. 6312 □

Polybutene — eine neue Bekämpfungsmöglichkeit für Pflanzenmilben. R. W. Fisher. (J. econ. Entomol. **52.** 1015. Okt. 1959. Vineland Stat., Ontario, Canada Dep. of Agric.) (Engl.)

Im Gewächshaus machte ein Besprühen verschiedener Pflanzen mit einer 5%ig. Emulsion von *Indol H-1500* (einem *Polybuten*) die beweglichen Stadien von Tetranychus telarius L. sofort unbeweglich, Eier wurden abgetötet. Die durch Gewebe geschützten schlüpften zwar, wurden dann aber sofort abgetötet. Wegen der geringen Flüchtigkeit u. Wasserunlöslichkeit bestand eine lange Dauerwrkg., die auch vor Neubefall schützten. Pflanzenschädigungen wurden nicht beobachtet. FRITZ MÜLLER/Ludwigshafen. 6312 □

Bekämpfung resistenter Spinnmilben an Gewächshausrosen. E. A. Taylor, T. J. Henneberry und F. F. Smith. (J. econ. Entomol. **52.** 1026—27. Okt. 1959.) (Engl.)

Mit gegen *Aramite* (**I**) u. *Kelthane* resistenten Tetranychus telarius L. befallene Rosen wurden mit *Ovex* (**II**), *Tedion* (**III**), **III** + **I** u. **I** + *Schradan* (**IV**) 8mal in wöchentlichen Abständen besprüht. **I** + **III** u. **I** + **IV** wirkten gut, **II** oder **III** allein ungenügend. Im nächsten Jahr waren **I** + **III** u. **I** + **IV** wirkungsvoll, **I** + *Demeton* (**V**) oder **III** allein ungenügend. In einem anderen Vers. wirkte **I** + **III** am besten. **IV** u. **V** zusammen mit **I** hatten Pflanzenschädigungen zur Folge. FRITZ MÜLLER/Ludwigshafen. 6312 □

Sevinrückstände an Sojabohnen nach seiner Anwendung zur Heerwurmbekämpfung. L. J. Hardin, W. W. Stanley, D. E. Gonzalez und S. E. Bennett. (J. econ. Entomol. **53.** 481—82. Juni 1960. Knoxville, Tenn., Tennessee Agric. Exp. Stat.) (Engl.)

Die Abtötung der Larven von Pseudaletia unipuncta Haworth mit *Sevin* [0,75, 1,5, 3 (lbs/acre)] erreichte nach 24 Std. 50%, nach 96 Std. mit der höchsten Gabe 99%. Die

Rückstände betrugen direkt nach Anwendung den Gaben entsprechend 24, 78 u. 125 ppm, nach 96 Std. 2, 4 u. 30 ppm. Die Toleranz bei anderen Bohnen ist auf 10 ppm festgesetzt. Mit 1,5 dürfte der Rückstand bei 90%ig. Abtötung nach 4 Tagen mit 3 bei vollkommener Abtötung nach etwa 7 Tagen unter diesem Werte bleiben.

FRITZ MÜLLER/Ludwigshafen. 6312 □

Restmengen von Sevin und 1-Naphthol im Futter nach Anwendung von Sevin in Öl vom Flugzeug aus. E. W. Huddleston und George G. Gyrisco. (J. econ. Entomol. **53.** 484. Juni 1960. Ithaca, N.Y., Cornell Univ.) (Engl.)

Vom Flugzeug aus gegen Porthetria dispar L. mit einem *Sevin* (I) (1 lb)-Kerosin-Gemisch (1 gall./acre) besprühter Klee zeigte nach 21 Tagen I-Restmengen unter der Empfindlichkeitsgrenze der Bestimmungs-Meth. von 0,20 ppm. Der Nachw. von *1-Naphthol* (II) gelang nicht. Es wurde also überhaupt kein II gebildet oder die II-Mengen lagen unter der Empfindlichkeitsgrenze (0,23 ppm) der benutzten Nachweismethode.

FRITZ MÜLLER/Ludwigshafen. 6312 □

Giftwirkung von Bortrioxyd gegen Entwicklungsstadien von Aedes aegypti, Anopheles quadrimaculatus und Culex quinquefasciatus. R. W. Fay. (J. econ. Entomol. **52.** 1027—28. Okt. 1959. Savannah, Ga., Communicable Disease Center.) (Engl.)

Eier von Aedes aegypti (**a**), Anopheles quadrimaculatus (**b**) u. Culex quinquefasciatus (**c**) schlüpften in Lsgg. von 2000, 4000 u. 8000 ppm $B_2O_3 \cdot H_2O$ (I). Nach 24 Std. waren die Larven von **c** in allen 3 Konz., die von **a** in 4000 u. 8000, die von **b** in 8000 abgestorben, nach 48 Std. lebten nur noch die von **b** in 2000. Im 2. u. 3. Stadium waren nach 24 u. 48 Std. die Empfindlichkeit der Larven gegen I: **b** > **a** > **c**, die Larven 3 waren im allg. weniger empfindlich, Puppen noch weniger, die Reihenfolge war hier: **b** > **c** > **a**. Nach längerer Zeit verminderten bis 100 ppm I die Entw. von Vollkerfe der **a** u. **c** nicht, bei 250 ppm entwickelten sich nur wenige, was bei **b** schon bei 50 ppm I der Fall war.

FRITZ MÜLLER/Ludwigshafen. 6312 □

Reaktion der Baumwolle und Baumwollschädlinge auf Saatgutbehandlung mit Thimet. W. J. Mistric jun. und E. J. Spyhalski. (J. econ. Entomol. **52.** 807—11. Okt. 1959. Raleigh, N. C., North Carolina State Coll.) (Engl.)

Saatgutbehandlung mit *Thimet* (I) schützt Baumwollpflanzen gegen Frankliniella fusca Hinds., F. exigua Hood, F. tritici Fitch, Thrips tabaci Lind. u. Aphis gossypii Glov., weiter auch gegen Tetranychus cinnabarinus Bois. u. T. telarius L. I war teilweise wirksam gegen Anthonomus grandis Boh., begünstigte aber das Auftreten von Heliothis zea Boddie u. H. virescens F., jedoch wurde bei Anwendung von I mangelnde Fruchtbldg. u. eine gewisse Schädigung des Keimes, des Auflaufens u. Wachstums der Baumwolle beobachtet.

FRITZ MÜLLER/Ludwigshafen. 6312 □

Malathionrückstände auf und in den Blättern von Phaseolus vulgaris. Fumio Matsumura. (J. econ. Entomol. **53.** 452—54. Juni 1960. Edmonton, Alberta, Univ. of Alberta, Dep. of Entomol.) (Engl.)

Mit ^{32}P markiertes *Malathion* (I) wanderte in den Blättern von Phaseolus vulgaris nur wenig. Es wurde vom Blattgewebe entsprechend der Konz. schnell aufgenommen. Die Menge des I auf der Blattoberfläche war nach 3 Tagen nur gering entsprechend der geringeren Verdampfung infolge der Aufnahme durch das Pflanzengewebe zu Beginn.

FRITZ MÜLLER/Ludwigshafen. 6312 □

Versuche zur Bekämpfung von Apfelschädlingen. Philip Garman. (J. econ. Entomol. **52.** 826—29. Okt. 1959. New Haven, Conn., Connecticut Agric. Exp. Stat.) (Engl.)

Gegen alle Äpfel befallende Insekten bewährten sich 1957 u. 1958 von 11 geprüften Insekticid-Fungicid-Gemischen in jeder Beziehung am besten *Guthion* + *Captan* (I), *Sevin* + *Kelthane* + I, *Methoxychlor* + *Glyodin* + *Ferbam* u. *Pb-Arsenat* (II) + *Malathion* + I, *Kepone* + I hatte eine vielversprechende Wirkung. *Delnav* + I u. II + *Ryania* + I fielen dagegen ab. Die Schäden an Nutzinsekten waren geringer als mit chlorierten KW-Stoffen (*TDE* + *DDT* + *Dieldrin*). *Methoxychlor*, *Äthion* u. *Delnav* hatten keine allg., sondern mehr eine spezif. Wrkg. gegen einzelne Schadinsekten.

FRITZ MÜLLER/Ludwigshafen. 6312 □

Ein Freilandversuch zur Bekämpfung von Trichoplusia ni Hbn. an Sellerie mit verschiedenen Insekticiden und Bacillus thuringiensis Berliner. A. A. Grigarick und Y. Tanada. (J. econ. Entomol. **52.** 1013—14. Okt. 1959. Davis, Calif., Univ. of California.) (Engl.)

Bei der Bekämpfung von Trichoplusia ni Hbn. bewährte sich am besten Stäubung mit *Malathion* + *Perthane* u. *DDT* + *Toxaphen* + *S. Thiodan*, *Bacillus thuringiensis Berliner*, *Parathion* u. *Phosdrin* wirkten geringer, *Dimethoate*, *Dibrom* u. *Am. Cyanamid 18076* ungenügend.

FRITZ MÜLLER/Ludwigshafen. 6312 □

Versuche zur Bekämpfung des Herbstheerwurmes an Süßmais. Floyd P. Harrison, Roderick M. Coan und L. P. Ditman. (J. econ. Entomol. **52.** 838—40. Okt. 1959. College Park, Md., Maryland Agric. Exp. Stat.) (Engl.)

Bei der Bekämpfung von Laphygma frugiperda J. E. Smith hatte 1957 die Anwendung von gekörntem *DDT* (**I**) nur ungenügenden Erfolg. 1958 war zwar der Bekämpfungserfolg besser, drückte sich aber weder in Menge noch Güte des Erntegutes aus. Als Emulsion wirkten 0,25 Liter 25%ig. I-Konzentrat je 100 Liter W. besser, als 0,5 oder 1 Liter.
FRITZ MÜLLER/Ludwigshafen. 6312 □

Bewertung von für die Tabakwurmbekämpfung in Frage kommenden Insekticiden und Krankheitserregern, 1956—1958. F. E. Guthrie, R. L. Rabb und T. G. Bowery. (J. econ. Entomol. **52.** 798—804. Okt. 1959. Raleigh, North Carolina Agric. Exp. Stat.) (Engl.)

Gegen Protoparce sexta Johan. wirkte in Labor.-Verss. am besten *Guthion* (**I**) = *DDVP* > *Endrin* (**II**) = *Dipterex* (**III**) = *Shell SD 4402* (**IV**) > *Thiodan* (**V**) = *Sevin* (**VI**) > *Chlorthion, Delnav, Äthion* u. *Trithion*. In Feldverss. hatten **V, VI, IV** u. **III** etwa die gleiche Wrkg. wie **II, I** wirkte in vergleichbarer Konz. weniger, war aber in höherer gut wirksam. Bei **I** u. **III** war der Larvenfraß an den Blättern stärker. Die Rückstände verschwanden während der Heißbehandlung zu 85% u. mehr. Geschmacksbeeinflussung wurde nur bei **VI** beobachtet. Bacillus thuringiensis Berliner-Sporen wirkten ebenso gut, aber langsamer als die wirksamen Insekticide. Sie schädigten das Raubinsekt Polistes exclamans Vier. nicht. FRITZ MÜLLER/Ludwigshafen. 6312 □

Systemische Insekticide zur Bekämpfung der weißen Citrusfliege an Gardenien. L. L. Hyche und B. W. Arthur. (J. econ. Entomol. **52.** 1008—10. Okt. 1959. Auburn, Ala., Alabama Polytechnic Inst.) (Engl.)

4jährige Bekämpfungs-Vers. von Dialeurodes citri Ashm. an Gardenia spp. ergaben, daß *Demeton* (**I**), *Am. Cyanamid 12008* (**II**), *Am. Cyanamid 12009* (**III**), *Delnav* u. *Weißölemulsion* die besten Ergebnisse zeitigten. Laubsprühungen mit *Schradan, Malathion, Parathion* u. *Isolan* waren weniger wirkungsvoll. Ebenfalls sehr wirksam war Bodenbehandlung mit **I, II, III,** *Thimet* u. *Disyston*. Am besten wirkte zweimalige Anwendung. FRITZ MÜLLER/Ludwigshafen. 6312 □

Laboratoriumsuntersuchungen des Dreigestreiften Kartoffelkäfers und seine Bekämpfung mit verschiedenen Insekticiden. T. W. Kerr und C. E. Olney. (J. econ. Entomol. **53.** 480—81. Juni 1960. Kingston, R. I., Univ. of Rhode Island.) (Engl.)

Von der überwinternden Generation von Lema trilineata Oliv. töteten Beläge von *Dieldrin* [360 (mg/sq.in.)] nicht 1%, gegen die 1. Generation waren 281 unwirksam. Die DL_{50} von *DDT* war bei überwinternden 5, sie stieg bei der 1. Generation bis 515. *Thiodan* war bedeutend wirksamer, seine DL_{50} stieg von 0,31 auf 8. *Endrin* hatte wechselnde Ergebnisse, 5—37 hatten nach 24 Std. kaum eine Wrkg., nach 72 Std. stieg sie bei der höchsten Gabe auf 77%. FRITZ MÜLLER/Ludwigshafen. 6312 □

Rückstandswirkung einiger Insekticide bei der Stechfliegenbekämpfung. Warren T. Johnson und George S. Langford. (J. econ. Entomol. **53.** 477—78. Juni 1960. College Park, Md., Univ. of Maryland.) (Engl.)

Der Befall mit Siphona irritans L. konnte durch Behandeln der Tiere mit *Korlan* oder *Dimethoate* bis zu 12 Tagen erheblich eingeschränkt werden, *Malathion* wirkte weniger, *Sevin* nicht so lange, *Methoxychlor* war nie länger als 12 Tage wirksam. Sprühungen hatten geringere Dauer-Wrkg. als Stäubungen, Regen schränkte die Dauer-Wrkg. ein.
FRITZ MÜLLER/Ludwigshafen. 6312 □

Populationswechsel infolge Insekticidanwendung bei vier Milbenarten an Luzerne. E. C. Klostermeyer. (J. econ. Entomol. **52.** 991—94. Okt. 1959. Prosser, Wash., Irrigation Exp. Stat.) (Engl.)

Beobachtungen in den Jahren 1953—1957 ergaben in der Hauptsache, daß 4—6 Wochen nach dem Besprühen der Luzerne mit *DDT* der Befall mit Tetranychus telarius L. (**a**) anstieg, der der Raubmilben Typhlodromus cucumeris Oudms. (**b**) u. Tydeus sp. (**c**) zurückging. *Dieldrin* (**I**) u. *Endrin* erhöhten den Befall mit **b** u. verringerten den mit **a** u. **c**. *Schradan* u. andere organ. Phosphate ließen den Befall mit **c** ansteigen u. den mit **a** u. **b** abfallen. Gemische verursachten dazwischen liegende Ergebnisse. Einmal wurde Tarsonemus confusus Ewing von *Demeton* verstärkt, von **I** abgeschwächt. FRITZ MÜLLER/Ludwigshafen. 6312 □

Beobachtungen am Luzernekäfer in Wyoming und seine Bekämpfung. W. D. Fronk. (J. econ. Entomol. **52.** 939—42. Okt. 1959. Laramie, Wyo., Wyoming Agric. Exp. Stat.) (Engl.)

Gegen Hypera postica Gyll. wirkte gekörntes *Heptachlor* besser als *Dieldrin* (**I**), letzteres (1,25 lbs/acre) war aber 2 Jahre lang wirksam u. ergab höhere Erträge als unbehandelt. 1957 wirkten *Malathion* (II), I u. *Endrin* gut, letzteres fiel jedoch 1958 ab. In diesem Jahre waren II u. *Phosdrin* (III) gut, nach 13 Tagen auch *Demeton*. *DDT* wirkte gegen Larven besser als *Heptachlor* u. *Toxaphen*, gegen Vollkerfe bewährten sich nach 1 Tag III, *Parathion* u. II. FRITZ MÜLLER/Ludwigshafen. 6312□

Versuche zur Verhinderung der Übertragung von Ceratocystis ulmi Buis. Moreau durch Borkenkäfer mit dem systemischen Insekticid Chipman R-6199. A. F. Al-Azawi und Dale M. Norris jun. (J. econ. Entomol. **52.** 902—04. Okt. 1959. Madison, Wis., Univ. of Wisconsin, Dept. of Entomol.) (Engl.)

Einbringen von 10, 20 oder 30 g *Chipman R-6199* (I) in die Stämme der Ulmen wirkte gut gegen die Übertragung des Pilzes Ceratocystis ulmi durch Borkenkäfer. Die Länge der Fraßgänge betrug bei den behandelten Bäumen bis 1,5, bei den unbehandelten 3,3 mm u. mehr. Die Anzahl der bis zum Kambium reichenden Infektionsgänge wurde durch die Insekticidbehandlung zu 96,3% eingeschränkt. 20 g I wirkten 80 Tage lang.
FRITZ MÜLLER/Ludwigshafen. 6312□

Wirksamkeit neuer Insekticide auf den Kartoffelblattfloh und der Einfluß der Blattflohbekämpfung und der Kartoffelsorte auf den Knollenwurmbefall. R. N. Hofmaster. (J. econ. Entomol. **52.** 908—10. Okt. 1959. Painter, Va., Virginia Truck Exp. Stat.) (Engl.)

Gegen Empoasca fabae Harr. (**a**) an Kartoffeln wirkten *Delnav*, *Sevin* (I) u. *Thiodan* (II) bei 4wöchentlichen Anwendungen (0,2 lbs/acre) ausgezeichnet, *Ethion*, *Guthion* u. *Trithion* (0,5) wirkten auch gut. *Diazinon*, *Dibrom* (III), *Dipterex*, *Parathion* u. *Phosdrin* (0,5) wirkten gut, aber wenig dauerhaft. *DDT* (IV, 0,5) war gut, aber I, II u. III + IV unterlegen. *Aldrin*, *Dieldrin* u. *Heptachlor* versagten. Eine wirksame Bekämpfung von **a** sowie Artverschiedenheit der Kartoffeln hatten Einfl. auf den Befall mit Gnorimoschema operculella Zell. FRITZ MÜLLER/Ludwigshafen. 6312□

Bekämpfung der tropischen Rattenmilbe. Walter Ebeling. (J. econ. Entomol. **53.** 475—76. Juni 1960. Los Angeles, Calif., Univ. of California.) (Engl.)

Ornithonyssus bacoti Hirst. konnte durch Bestäuben der Dachgeschosse usw. von befallenen Häusern mit *Silicagel* + 4,7%ig. *Ammoniumsilicofluorid* (1 lb/1000 sq.ft.) 6 Wochen bis zu 1 Jahr erfolgreich bekämpft werden.
FRITZ MÜLLER/Ludwigshafen. 6312□

Auswirkungen der physikalischen Eigenschaften von Derrisstaub auf ihre Giftigkeit gegen den mexikanischen Bohnenkäfer. F. H. Harries. (J. econ. Entomol. **52.** 1017. Okt. 1959.) (Engl.)

Die Abtötung der Larven von Epilachna varivestis Muls. war am geringsten beim höchsten *Rotenon*-Geh. der gemahlenen *Derris*-Wurzel. Die feineren Anteile (6 u. 7 μ) wirkten besser, als die gröberen (9 μ). Ebenso fiel die Giftigkeit ab bei den gröberen Anteilen des Verdünnungsmittels Pyrophyllit. FRITZ MÜLLER/Ludwigshafen. 6312□

Bekämpfung von Musca autumnalis DeGeer. W. N. Bruce, Stevenson Moore, III und G. C. Decker. (J. econ. Entomol. **53.** 450—51. Juni 1960. Urbana, Ill., Univ. of Illinois Coll. of Agric.) (Engl.)

Zur Bekämpfung von Musca autumnalis De Geer an Rindern war Behandlung der Ställe mit *Diazinon* (I), *Dimethoate* (II), *Malathion* (III) oder *Ronnel* (IV) wirkungslos, ebenso die Behandlung der Tiere mit *DDT*, III oder IV oder *Toxaphen*. *Tabatrex* oder *R-326* hatte nur eine beschränkte Abwehrkraft. Dagegen bewährte sich das Anbringen von Köderflecken aus Sirup + W. + *DDVP* (V) u./oder II auf der Stirn der Tiere, das wasserlösl. I wirkte geringer. Die besten Ergebnisse mit Sofort- u. 21täg. Dauer-Wrkg. wurden erzielt bei 3 ml je Tier Köder mit 1—2% II + 0,1—0,2% V.
FRITZ MÜLLER/Ludwigshafen. 6312□

Versuche mit Insekticiden zur Bekämpfung von Ziegenläusen 1957 und 1958. Bobby Moore, B. O. Drummond und H. M. Brundrett. (J. econ. Entomol. **52.** 980—81. Okt. 1959.) (Engl.)

Bovicola caprae Gurlt u. B. limbatus Gerv. hatten Resistenz entwickelt. Behandlung mit 0,25%ig. *Toxaphen* (I) war unwirksam, während *DDT* u. *Methoxychlor* noch voll wirkten, *Lindan* zu Beginn, aber ohne Dauer. In Freiland-Verss. wirkten I u. 0,1%ig. *Delnav* ungenügend. *Ronnel* (II), *Malathion*, *Dipterex*, *Bayer 21/199* (III) u. *Sevin* (IV) wirkten bei Ziegen mit einem Vlies nicht älter als 10 Wochen innerhalb 24 Std., innerhalb 3—5 Tagen bei längerem Vlies. Mit 0,5%ig. II, 0,1%ig. III oder 0,5%ig. IV besprühte Herden waren bis zur nächsten Schur nach 2 bis 4 Monaten läusefrei. FRITZ MÜLLER/Ludwigshafen. 6312□

Die Bedeutung der Betriebs-Bodenklassifikation. Sándor Belák und Lóránd Nagy jun. (Növényzermelés [Pflanzenbau] **8.** 307—14. Dez. 1959. Keszthely, Délnyugatdunántúli Mezögazd. Kisérl. Int.) (Ung.)

Zur prakt. Klassifikation der Böden für Betriebszwecke wurden 8 Bodenklassen nach den darauf anzubauenden Pflanzen aufgestellt. N. SEILER. 6324□

Methoden zur Bestimmung der Spurenelemente in Böden und Pflanzen. G. Rinkiss. (Известия Академии Наук Латвийской ССР [Nachr. Akad. Wiss. LettSSR] **1959.** Nr. 6. 117—29. Inst. für Biologie der Akad. der Wiss. der LettSSR.) (Lett.; Auszug: Russ.)

Die Vorteile der Veraschung der organ. Pflanzensubstanz bzw. der Behandlung des Bodens mit HNO_3-Dämpfen bestehen in einer Einsparung von Zeit u. Reagentien (für 5 g Pflanzensubstanz 2—5 Min., 5—10 ml konz. HNO_3), wobei auch die Sicherheit gegeben ist, daß keine Verluste von Spurenelementen entstehen. Die Herst. der Lsgg. von Bodenproben in Säuren erfordert etwa $1^1/_2$—2 Std., ermöglicht aber die Anwendung von rationellen Bestimmungs-Meth. der Spurenelemente, während bei der Herst. von Schmelzen von Böden mit Carbonaten bei der Best. Schwierigkeiten auftreten können. Die Anwendung einer farbigen Celluloidskala bei der Best. von Cu, Zn, Mn, Co, B beschleunigt die Analyse u. sichert eine ausreichende Genauigkeit der Ergebnisse.

M. GORDIENKO. 6324□

Polarographische und amperometrische Bestimmung von Malathion. Jean Prat und Daniel Bodin. (Mém. Serv. chim. État **41.** 243—51. 1956/1957. Labor. Central des Services chim. de l'État.) (Franz.)

Die polarograph. Best. von *Malathion* (I) beruht auf dessen alkal. Spaltung in *O.O-Dimethyldithiophosphorsäure* (**II**) u. in *Fumarsäurediäthylester* bzw. *Fumarsäure* (**III**) u. der Messung des kathod. Diffusionsstromes der **III**. Vff. stellen fest, daß die mit reiner **III** erhaltene Eichkurve nicht übereinstimmt mit der Kurve von alkal. gespaltenem **I**. Fehler mindestens 7%. Vff. schlagen daher vor, den anod. Oxydationsstrom von **II** für die Best. auszunutzen. Die Schwierigkeit, die anod. Oxydationsstufe ausmessen zu müssen, umgehen sie durch eine amperometr. Titration mit der Hg-Tropfelektrode in verd. alkohol. perchlorsaurer Lsg., bei der die **II** mit $CuSO_4$ in wss. Lsg. gefällt wird. Diese Meth. erlaubt ebenfalls die Best. von freier **II** in **I**, ferner die Best. von **I** in Ggw. von anderen Pesticiden wie *DDT* oder *HCH*. H. MARSEN. 6328□

Süddeutsche Kalkstickstoff-Werke Akt.-Ges., Trostberg (Erfinder: Herwig Höger, Trostberg, Franz Kaess, Traunstein, Hermann Kronacher und Thomas Fischer, Trostberg), **Kontinuierliche Aufarbeitung der bei der Herstellung von weißem Kalkstickstoff anfallenden Abgase** zwecks Wiederverwendung im Kreislauf. Aus den Abgasen werden in einer Waschstufe NH_3 u. HCN selektiv ausgewaschen u. weitgehend von CO_2 getrennt u. die anfallende, mit NH_3 angereicherte, HCN u. Spuren von CO_2 enthaltende Lsg. durch Dest. regeneriert u. der Wäsche wieder zugeleitet. Die bei der Dest. anfallenden Brüden werden zur weitgehenden Kondens. des Wasserdampfes auf Temp. oberhalb der beginnenden Abscheidung fester Stoffe vorgekühlt, zwecks Abtrennung der CO_2 in Form von Ammonium-Verbb. nachgekühlt u. das von CO_2 befreite NH_3–HCN-Gemisch den Ausgangsstoffen wieder zugeführt. Dabei arbeitet man zweckmäßig unter erhöhtem Druck. (**D. A. S. 1 106 299** Kl. 12k vom 10/7. 1959, ausg. 10/5. 1961.) H. NEBELSIEK. 6285

Monsanto Chemical Co., St. Louis, Mo., übert. von: Lloyd E. Weeks, Union, Ohio, V.St.A., **Ammoniumphosphat-Düngemittel.** Rohphosphate werden mit H_2SO_4, bes. den bei Alkylierungs- oder Petroleumreinigungsprozessen anfallenden Säuren, zu freier H_3PO_4 aufgeschlossen. Den erhaltenen Phosphorsäuren wird ca. 0,001—0,1 (%) bes. 0,005—0,05 eines Polyoxyäthylenäthers der Formel $C_nH_{2n+1}\cdot S(-CH_2CH_2O-)_{n+4}H$, in der n = 10—20 ist, zugesetzt. Das Gemisch wird dann bei ca. 75—95° mit NH_3, KOH u. dgl. neutralisiert u. rasch auf ca. 35° abgekühlt. Die Äther können z. B. durch Kondensierung von 1 (Mol) n-Decyl- oder n-Dodecylmercaptan mit 8,5—12 Äthylenoxyd hergestellt werden. Andere Düngesalze, z. B. NH_4NO_3, KNO_3, $Na\cdot NO_3$ u. KCl können der Masse zugefügt werden. Die in der H_3PO_4 enthaltenen, schlammbildenden, unlösl. Verunreinigungen werden in Form von sich nichtabsetzenden Dispersionen stabilisiert. Die NH_4-Phosphate werden als solche oder zur Herst. von fl. *Dünge-Lsgg.* verwendet. (**A. P. 2 928 728** vom 23/7. 1956, ausg. 15/3. 1960.)

H. KARST. 6291

Lothar Hübner, Kulmbach, **Herstellung von festen oder flüssigen Garten- und Blumendüngemitteln aus Malzkeimen,** dad. gek., daß die Malzkeime unter Zusatz ausreichender Wassermengen bei erhöhter Temp. vergoren werden, worauf die vergorene Masse nach einigen Tagen getrocknet u. grob vermahlen wird, oder daß aus den vergorenen Malzkeimen die Gär-Fl. abgetrennt u. im Vakuum auf einen Extrakt-Geh. von $>$ 30% eingedampft wird. Der abgetrennten Gär-Fl. kann der gesamte Wasser-

Geh. entzogen werden. Den festen oder fl. Düngemitteln werden noch Makro- oder Mikronährstoffe zugemischt. Die in den Keimen enthaltenen Wachstumsfaktoren werden in lösl., für die Pflanzen schnell u. leicht aufnehmbare Form übergeführt. Das Düngemittel besitzt hohe Dünge-Wrkg. u. völlige Unschädlichkeit bei Überdüngung. Es besteht aus ca. 25—47 (%) Eiweiß, 8—11 Asche, 16—20 Pentosanen, 18 Holzfasern, 26—29 Kohlenhydrate u. Dextrose u. dgl., u. enthält 4—7,5 N_2, 1,8—2,5 P_2O_5 u. 1,5—2,0 K_2O. Das Düngemittel wird in fester Form auf den zu düngenden Boden ausgestreut oder mit W. verd. zum Gießen von Kulturpflanzen, bes. Blumen, verwendet. Ergebnisse aus Vgl.-Versuchen. (**D. A. S. 1 104 536** Kl. 16 vom 14/5. 1960, ausg. 13/4. 1961.)
H. KARST. 6295

Virginia-Carolina Corp., übert. von: Lewis Edward Goyette, Richmond, Va., V.St.A., **Vernichten unerwünschten Pflanzenwuchses** durch Behandlung der Pflanze in einer beliebigen Wachstumsstufe mit einer Verb. der allg. Formel $(RO)_xP(=O)(R')_y$, in der R u. R'-Alkylgruppen mit 2—8 C-Atomen u. x u. y ganze Zahlen bedeuten, deren Summe 3 ist. — Die Phosphonate (x = 2 u. y = 1) töten Saatgut nicht ab, während Phosphinate (x = 1 u. y = 2) das Saatgut abtöten, so daß die Phosphinate als Herbicid für alle Pflanzenformen dienen können, während ein Gemisch aus Phosphinaten u. Phosphonaten wohl für die Pflanzen selbst, aber nicht für Saatgut zu verwenden ist. (**A. P. 2 927 014** vom 14/2. 1957, ausg. 1/3. 1960.) H. NEBELSIEK. 6313

Badische Anilin- & Soda-Fabrik Akt.-Ges., Ludwigshafen/Rh. (Erfinder: Franz Reicheneder, Karl Dury, Ludwigshafen/Rh., und Adolf Fischer, Mutterstadt/Rhpf.), **Mittel zur Beeinflussung des Pflanzenwachstums,** enthaltend Pyridazone der allg. Formel I, in der R für H oder einen ggf. substituierten Arylrest, X für Halogen oder eine ggf. durch eine oder zwei gleich oder verschiedene Alkyl-, Hydroxalkyl-, Cycloalkyl-, Alkenyl-, Aryl- oder Aralkylgruppen substituierte Aminogruppe oder für eine Polymethylenimino-, Morpholino- oder Piperazinogruppe stehen u. Y dieselbe Bedeutung wie X hat, mit der Maßgabe, daß nicht X u. Y gleichzeitig Halogene oder gleichzeitig N-haltige Gruppen bedeuten. — Man erhält I durch Rk. der entsprechenden chlorsubstituierten Pyridazone mit den jeweiligen N-haltigen Verbb., z. B. NH_3. — Beispiele für I: [-pyridazon-(6) = II] *4.5-*(oder *5.4*)*-Chlorpiperidino-***II**, F. 183—185°; *4.5-*(oder *5.4*)*-Chlormorpholino-***II**, F. 224°; *1-Methyl-4.5-*(oder *5.4*)*-chlormorpholino-***II**, F. 104 bis 106°; *1-Phenyl-4.5-*(oder *5.4*)*-chloramino-***II**, F. 202—204°; *1-Phenyl-4.5-*(oder *5.4*)*-chlormethylamino-***II**, F. 212°; *1-Phenyl-4.5-*(oder *5.4*)*-chloräthylamino-***II**, F. 156—157°; *1-Phenyl-4.5-*(oder *5.4*)*-chlordimethylamino-***II**, F. 89—90°; *1-Phenyl-4.5-*(oder *5.4*)*-chlordiäthylamino-***II**, F. 105—106°; *1-Phenyl-4.5-*(oder *5.4*)*-chlorallylamino-***II**, F. 163—164°; *1-Phenyl-4.5-*(oder *5.4*)*-chlorpyrrolidino-***II**, F. 148—149°; *1-Phenyl-4.5-*(oder *5.4*)*-chlorpiperidino-***II**, F. 150—152°; *1-Phenyl-4.5-*(oder *5.4*)*-chlormorpholino-***II**, F. 170—172°; *1-Phenyl-4.5-*(oder *5.4*)*-chlorcyclohexylamino-***II**, F. 121°; *1-Phenyl-4.5-*(oder *5.4*)*-chlorbenzylamino-***II** F. 202—203°; *1-Phenyl-4.5-*(oder *5.4*)*-chlor-(β-phenyläthylamino)-***II**, F. 117—119°; *1-Phenyl-4.5-*(oder *5.4*)*-chlor-(β-hydroxäthylamino)-***II**, F. 170—171°; *1-Phenyl-4.5-*(oder *5.4*)*-chlor-(γ-oxypropylamino)-***II**, F. 115—117°; *1-Phenyl-4.5-*(oder *5.4*)*-chlorpiperazino-***II**, *Hydrochlorid*, F. 295° (Zers.); *1-Phenyl-4.5-*(oder *5.4*)*-brompyrrolidino-***II**, F. 147—148°; *1-Phenyl-4.5-*(oder *5.4*)*-brommorpholino-***II**, F. 156°; *1-p-Chlorphenyl-4.5-*(oder *5.4*)*-chlorpyrrolidino-***II**, F. 191—192°. — Man wendet die I in Form von Lsgg., Emulsionen, Suspensionen oder Stäubemittel an. (**D. A. S. 1 105 232** Kl. 45 l vom 21/11. 1958, ausg. 20/4. 1961.) H. NEBELSIEK. 6313

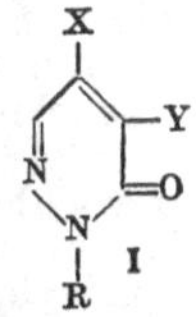

I

Soc. des Usines Chimiques Rhône-Poulenc, Paris (Erfinder: Jean Metivier, Arpajon), Frankreich, **Mittel zur Förderung des Pflanzenwachstums,** enthaltend mindestens eine Verb. der allg. Formel I, in der Z eine OH-Gruppe, einen Alkoxy- oder einen ggf. durch 1 oder 2 Alkylreste substituierten Aminorest bedeutet, u. ein übliches Verdünnungsmittel. — Beispiele für I: 2-Formyl-4-chlorphenoxyessigsäure; 2-Formyl-4-chlorphenoxyacetamid; 2-Formyl-4-chlorphenoxyessigsäuremethylester, 2-Formyl-4-chlorphenoxy-N.N-dimethylacetamid. — Die I zeigen gegenüber bekannten Substanzen, wie dem Na-Salz der 2.4-Dichlorphenoxyessigsäure oder 2-Methyl-4-chlorphenoxyessigsäure, eine geringere Phytotoxizität u. eine bessere phytohormonale Wirkung. (**D. A. S. 1 107 445** Kl. 45 l vom 30/9. 1958, ausg. 25/5. 1961. **E. P. 860 856** vom 10/11. 1958, ausg. 8/2. 1961. Beide F. Prior. 18/11. 1957.) H. NEBELSIEK. 6313

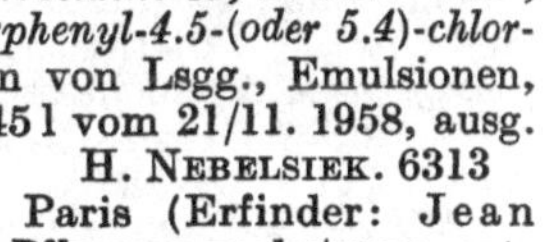

I

Chas. Pfizer & Co., Inc., Brooklyn, N.Y., übert. von: Louis G. Nickell, Post Washington, Frank C. Pennington, Cedar Rapids, Iowa, und Isaiah A.

Solomons, Garden City, N.Y., V.St.A., **Pflanzenschutzmittel,** enthaltend in einem üblichen Träger u. in einer Menge von 0,001—15% als Wirkstoff ein Desacetylanisomycin, z. B. *2-(α-Hydroxy-p-methoxybenzyl)-4-hydroxypyrrolidin,* welches durch eine alkal. Hydrolyse mittels NaOH, KOH, $Ba(OH)_2$ oder $Ca(OH)_2$ von Anisomycin erhalten wird. (**A. P. 2 935 444** vom 27/2. 1957, ausg. 3/5. 1960.) W. HEYER. 6313

Dow Chemical Co., Midland, übert. von: Herbert B. Rickert, Midland, Mich., V.St.A., **Halogenierung von Polycarbonsäuren,** die durch Oxydation von Kohle erhalten wurden u. im wesentlichen aus aromat. Polycarbonsäuren bestehen. Man halogeniert die 5—40%ig., bes. 10—25%ig. wss. Lsg. der Carbonsäuremischung mit Cl_2 oder Br_2 bei 20—95° u. pH 3—9, bes. 4—7, bis zu einem Halogen-Geh. von 45%, isoliert das Rk.-Prod. durch Extraktion, bes. mit Methyläthylketon, u. Dest. als in W., Aceton, Methanol lösl., hygroskop., gelbbraunes Pulver. — Verw. bes. als *Fungicid.* (**A. P. 2 929 838** vom 19/9. 1957, ausg. 22/3. 1960.) L. STADELMANN. 6313

American Cyanamid Co., New York, N.Y., übert. von: Frederic C. Schaefer, Darien, Conn., V.St.A., **Monosubstituierte s-Triazine** der Formel **I,** in denen

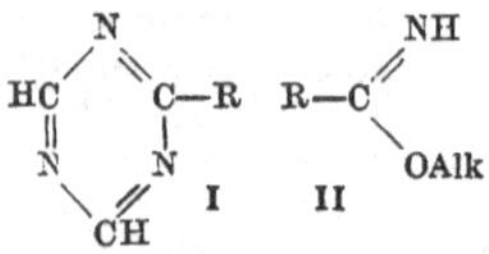

R = Alkyl, Aryl oder Aralkyl ist, werden durch Rk. von s-Triazin mit einem Iminoester der Formel **II,** in der Alk = niederes Alkyl ist, bei 25—100° in wasserfreiem A. hergestellt. — Aus Acetiminoäthylester u. s-Triazin unter Rückflußkochen erhält man *2-Äthyl-s-triazin,* Kp. 125—127°, F. 50°. — Analog werden dargestellt: *2-Phenyl-s-triazin,* $Kp._2$ 105°, F. 65°; *2-Benzyl-s-triazin,* $Kp._{25}$ 135—145°; *2-(m-Nitrophenyl)-s-triazin,* F. 123—125°; *2.2'-(p-Phenylen)-ditriazin,* F. 298—299°; *2-Methyl-s-triazin; 2.4-Dimethyl-s-triazin.* — *Fungicide, Insekticide.* (**A. P. 2 878 250** vom 19/7. 1957, ausg. 17/3. 1959.) A. DANDL. 6313

N. V. Philips' Gloeilampenfabrieken, Eindhoven (Erfinder: Jan Hendrik Uhlenbroek und Jacques Meltzer, Weasp), Holland, **Mittel zur Milbenbekämpfung,** enthaltend ein Gemisch aus Diphenylquecksilber u. mindestens einer der Verbb.: 4-Chlorphenylbenzolsulfonat, 4-Chlorphenyl-4-chlorbenzolsulfonat, 4-Chlorphenyl-4-chlorbenzylsulfid, -sulfoxyd oder -sulfon oder Polychlordiphenylsulfon, unter Zusatz üblicher fester oder fl. inerter Trägerstoffe u. ggf. oberflächenakt. Stoffe, Dispergier- u./oder Haftmitteln. — Bes. wirksam gegen *Spinnmilben* ist ein Gemisch aus Diphenylquecksilber u. 2.4.5.4'-Tetrachlordiphenylsulfon (1:2). (**D. A. S. 1 105 657** Kl. 45 l vom 24/3. 1959, ausg. 27/4. 1961. Holl. Prior. 27/3. 1958.) H. NEBELSIEK. 6313

Farbenfabriken Bayer Akt.-Ges., Leverkusen (Erfinder: Gerhard Schrader, Opladen), **Thiophosphorsäureester** der allg. Formel RO—P(=O)(OR')—S—R'' (R, R' u. R'' = Alkyl, R'' kann noch OH, Mercapto- u. Carbonylgruppen enthalten) erhält man durch Rk. wasserlösl. Salze von O.O-Dialkylthiophosphorsäuren der allg. Formeln RO—P(=O)(OR')—SH oder RO—P(=S)(OR')—OH mit Verbb. der allg. Formel R''X (X = Halogen) in Ggw. von W. bei 20—100, bes. 30—80°, wobei reinere, bes. mercaptanfreie Prodd. als nach D. B. P. 830 509; C. **1952.** 8037 erhalten werden. — Aus 165 g dimethylthionophosphorsaurem NH_4 in 150 cm^3 W. u. 130 g β-Chloräthylthioäthyläther bei 40° unter Rühren, dann ½ Std. bei 45°, Zusatz von 100 cm^3 Chlf. → *O.O-Dimethylthiolphosphorsäure-S-(β-äthylmercapto)-äthylester;* 92% (Ausbeute). — Diäthylthionophosphorsaures NH_4 → *O.O-Diäthylthiolphosphorsäure-S-(β-äthylmercapto)-äthylester,* frei von übelriechenden Nebenprodd., wie Mercaptanen; 100%. — α-Chlormethylthioäthyläther → $(CH_3O)_2P(=O)SCH_2SC_2H_5$; 92%. — $(C_2H_5)_2 \cdot P(=O)SCH_2SC_2H_5$; 97%. — Benzylchlorid → $C_6H_5CH_2SP(=O(OCH_3)_2$, $Kp._{0,01}$ 98°. — $C_6H_5CH_2SP(=O)(OC_2H_5)_2$, $Kp._{0,01}$ 99°. — p-Chlorbenzylchlorid → $(p)C_6H_4CH_2SP(=O) \cdot (OCH_3)_2$, $Kp._{0,01}$ 110°. — 3.4-Dichlorbenzylchlorid → $(3.4)Cl_2C_6H_3CH_2SP(=O)(OCH_3)_2$, $Kp._{0,01}$ 125°. — 3.4.6-Trichlorbenzylchlorid → $(3.4.6)C_6H_2CH_2SP(=O)(OCH_3)_2$, $Kp._{0,01}$ 135°. — $(3.4)C_6H_3CH_2SP(=O)(OC_2H_5)_2$, $Kp._{0,01}$ 123°. — $(3.4.6)Cl_3C_6H_2CH_2SP(=O) \cdot (OC_2H_5)_2$, $Kp._{0,01}$ 145°. — Chloressigsäureäthylester → $(CH_3O)_2P(=O)SCH_2COOC_2H_5$, $Kp._{0,01}$ 85°. — α-Brompropionsäureäthylester → $(C_2H_5O)_2P(=O)SCH(CH_3)COOC_2H_5$, $Kp._{0,01}$ 93°. — Methyljodid → $CH_3SP(=O)(OCH_3)_2$, $Kp._1$ 65°; wasserlöslich. — α-Chlormethyläthylketon → $(C_2H_5O)_2P(=O)SCH(CH_3)COCH_3$, $Kp._{0,01}$ 86°. — Vgl. D. A. S. 1 018 053; C. **1959.** 1922. — *Schädlingsbekämpfungsmittel.* (**Schwz. P. 350 645** vom 13/10. 1956, ausg. 31/1. 1961. D. Prior. 29/10. 1955.) G. KRAUSS. 6313

American Cyanamid Co., New York, N.Y. (Erfinder: Shirley Du Breuil, Stamford, Conn.), V.St.A., **Herstellung neuer Phosphorsäureester** der Formel **I,** worin R u. R' niedere Alkylreste bedeuten, A = S oder O, Z = H, OH, Halogen, C_6H_5, $—OCH_3$, $—COOCH_3$, $—O—P(:S)—(OC_2H_5)_2$ oder einen niederen Alkylrest darstellen,

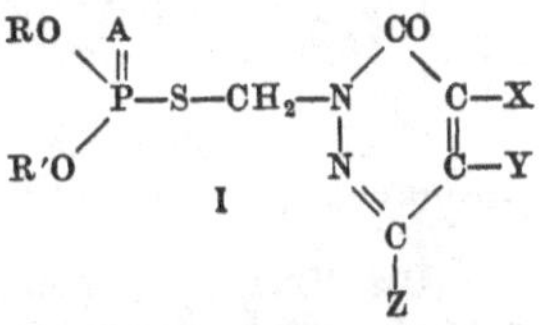

dad. gek., daß man in an sich bekannter Weise ein Salz einer Dialkylthiophosphorsäure mit dem entsprechenden Chlormethylpyridazinon umsetzt. — Aus K-O.O-Diäthyldithiophosphat u. 5-Brom-4-chlor-2-chlormethyl-3(2H)-pyridazinon → *O.O-Diäthyl-S-(4-brom-5-chlor-1.6-dihydro-6-oxo-1-pyridazinylmethyl)-dithiophosphat*, $C_9H_{13}BrClN_2O_3SP_2$, n_D^{25} 1,5980. Analog werden folgende *Dithiophosphate* hergestellt: *O.O-Diäthyl-S-(1.6-dihydro-3-hydroxy-6-oxo-1-pyridazinylmethyl)-*, F. 104 bis 104,5°; *O.O-Diäthyl-S-(1.6-dihydro-4.5-dimethyl-3-hydroxy-6-oxo-1-pyridazinylmethyl)-*, F. 105,5—106,5°; *O.O-Dimethyl-S-(3-chlor-1.6-dihydro-6-oxo-1-pyridazinylmethyl)-*, n_D^{25} 1,5870; *O.O-Diäthyl-S-(4-chlor-1.2-dihydro-1-oxo-2-phthalazinylmethyl)-*, F. 78,5—79°; *O.O-Diäthyl-S-(3-chlor-1.6-dihydro-6-oxo-1-pyridazinylmethyl)-*, n_D^{25} 1,5363; *O.O-Diäthyl-S-(3-acetoxy-1.6-dihydro-6-oxo-1-pyridazinylmethyl)-*, n_D^{25} 1,5525; *O.O-Diäthyl-S-(1.6-dihydro-3-methoxy-6-oxo-1-pyridazinylmethyl)-*, n_D^{25} 1,5170. — *Hochakt. Insekticide, Acaricide* u. *Nematocide*, die durch *Kontakt* oder *system.* angewendet werden. (**D. A. S. 1 106 766** Kl. 12p vom 30/6. 1959, ausg. 18/5. 1961. A. Prior. 30/6. 1958.)
A. BRÖSAMLE. 6313

J. R. Geigy Akt.-Ges., Basel, Schweiz, *Triazinderivate.* (**F. P. 1 194 416** vom 6/11. 1957, ausg. 9/11. 1959. **E. P. 842 666** vom 6/11. 1957, ausg. 27/7. 1960. Beide Schwz. Prior. 7/11. 1956. — C. **1960.** 13816 [Oe. P. 202 151].)

Farbenfabriken Bayer Akt.-Ges., Deutschland (Erfinder: **Werner Schäfer, Richard Wegler** und **Ludwig Eue**), *3-[Furfurylidenamino]-1.2.4-triazol.* (**F. P. 1 187 505** vom 5/12. 1957, ausg. 11/9. 1959. **E. P. 821 010** vom 11/12. 1957, ausg. 30/9. 1959. Beide D. Prior. 17/12. 1956. — C. **1958.** 12807 [D. A. S. 1 027 462].)

Imperial Chemical Industries Ltd., London, England, *Quaternäre Salze von Pyridinderivaten.* (**Ind. P. 57 648** vom 18/6. 1956, ausg. 7/8. 1958. E. Prior. 20/7. 1955. — C. **1959.** 17387 [A. P. 2 823 987].)

Olin Mathieson Chemical Corp., New York, N.Y., V.St.A., *Stabilisieren von wässerigen Lösungen von Pyridinthionen.* (**Belg. P. 561 090** vom 25/9. 1957, ausg. 20/5. 1960. A. Prior. 22/5. 1956. — C. **1960.** 12480 [A. P. 2 909 459].)

Farbenfabriken Bayer Akt.-Ges., Leverkusen, *Herstellung von Phosphonsäureesterfluoriden.* (**E. P. 837 073** vom 29/5. 1958, ausg. 9/6. 1960. D. Prior. 3/6. 1957. — C. **1959.** 13923 [D. A. S. 1 050 767].)

Farbenfabriken Bayer Akt.-Ges., Deutschland (Erfinder: **Gerhard Schrader**), *Thiophosphorsäureester.* (**F. P. 1 188 381** vom 16/12. 1957, ausg. 22/9. 1959. D. Prior. 21/12. 1956. — C. **1960.** 972 [D. A. S. 1 050 761].)

Farbenfabriken Bayer Akt.-Ges., Deutschland (Erfinder: **Hans Joachim Tuppack** und **Gerhard Schrader**), *Fluorphosphonsäureester.* (**F. P. 1 196 414** vom 27/5. 1958, ausg. 24/11. 1959. **Belg. P. 568 088** vom 28/5. 1958, ausg. 12/8. 1960. Beide D. Prior. 3/6. 1957. — C. **1959.** 13923 [D. A. S. 1 050 767].)

Farbenfabriken Bayer Akt.-Ges., Deutschland (Erfinder: **Gerhard Schrader**), *Thionophosphorsäureester.* (**F. P. 1 187 441** vom 3/12. 1957, ausg. 10/9. 1959. D. Prior. 13/12. 1956. — C. **1960.** 3013 [D. A. S. 1 059 444].)

Farbenfabriken Bayer Akt.-Ges. Deutschland (Erfinder: **Walter Lorenz** und **Gerhard Schrader**), *Phosphorigsäureester.* (**F. P. 1 199 166** vom 7/7. 1958, ausg. 11/12. 1959. D. Prior. 10/7. 1957. — C. **1960.** 3013 [D. A. S. 1 050 331].)

N. V. Philips' Gloeilampenfabrieken, Eindhoven, Holland, *Mittel zur Bekämpfung von schädlichen, tierischen und pflanzlichen Organismen.* (**Belg. P. 568 137** vom 29/5. 1958, ausg. 12/8. 1960. Holl. Prior. 31/5. 1957. — C. **1960.** 14494 [D. A. S. 1 075 891].)

Arthur Douglas Harford und **Herbert Ward Vernon**, *Pesticid.* (**Aust. P. 221 583** vom 2/1. 1957, ausg. 11/6. 1959. E. Prior. 6/1. 1956. — C. **1960.** 12481 [A. P. 2 897 112].)

Farbenfabriken Bayer Akt.-Ges., Leverkusen, *Schädlingsbekämpfungsmittel.* (**Belg. P. 566 954** vom 19/4. 1958, ausg. 12/8. 1960. D. Prior. 20/4. 1957. — C. **1960.** 10805 [Oe. P. 205 803].)

Ruhrchemie Akt.-Ges., Oberhausen, *Schädlingsbekämpfungsmittel.* (**E. P. 836 655** vom 14/10. 1957, ausg. 9/6. 1960. D. Prior. 31/10. 1956. — C. **1959.** 271 [D. A. S. 1 029 612].)

VIII. Metallurgie. Korrosion

Die Ausdehnung der Aufbereitungskurven auf die magnetische Trennung von Mineralien. E. Occella. (Progr. Mineral Dressing [Stockholm] **1957.** 407—14. 1958. Turin, Politecnico, Ist. di Arte Miner.) (Engl.)

Beschreibung der Konstruktion u. Anwendung von Aufbereitungskurven zur magnet. Trennung von Mineralien mit Beispielen: Anreicherung von Fe_3O_4 u. Beseitigung einer magnet. Fraktion in einer Zwischenstufe der Trennung von kurzfaserigem *Asbest* u. *Serpentin.* W. WESLY. 6360□

Einfache Mikroskopie zur Betriebsüberwachung in Mineralaufbereitungsanlagen. E. Cohen. (Progr. Mineral Dressing [Stockholm] **1957.** 713—26. 1958. London, Royal School of Mines.) (Engl.)

Beschreibung eines stereoskop. Mikroskops u. seiner Verw. zur Unters. feinkörniger Stoffe als Mittel zur Betriebsüberwachung in Mineralaufbereitungen beim Zerkleinern, bei der mechan. Trennung u. der Flotation. — Diskussion. W. WESLY. 6360□

Die Aufbereitung von Titanerzen. W. K. Finn. (Progr. Mineral Dressing [Stockholm] **1957.** 393—406. 1958. Rheinhausen, Fried. Krupp Maschinen- u. Stahlbau.) (Engl.)

Übersicht über die Verff. zur Aufbereitung von Ti-Erzen mit Beispielen für die Aufbereitung von *Ilmenit* u. *Rutil* (mit Beimengungen von Strandsand, Fe_3O_4 oder Fe_2O_3). — Diskussion. W. WESLY. 6360 □

Die Trennung von Hauptmassen-Sulfid-Konzentraten durch Flotation. A. S. Konev und L. B. Debrivnaja. (Progr. Mineral Dressing [Stockholm] **1957.** 541—56. 1958. Leningrad, Inst. for Mineral Dressing.) (Engl.)

Unterss. über die Desorption von Sammlern von einer Mineraloberfläche mit Na_2S zeigen, daß Luftblasen den Zugang der Ionen des Desorptionsmittels zur Oberfläche erschweren; daher ist eine mechan. Einw. nötig, um die Berührung zwischen Luftblasen u. Mineralteilchen zu zerstören. Die Desorption an dieser Berührungsfläche benötigt höhere Konzz. des Desorptionsmittels als die Desorption an der Berührungsfläche Fl.-Feststoff. Die Arbeitsgänge in einem neuen Konzentrator (Fließbild) sind: Flotation des Hauptmassenkonzentrates, Na_2S-Behandlung, Entwässern, Waschen, erneutes Zerkleinern, selektive Flotation. Auf diese Weise kann eine gröbere Zerkleinerung gewählt u. die Zahl der Flotationszellen verringert werden, was zu einer höheren Anreicherung u. Ausbeute führt. — Diskussion. W. WESLY. 6362 □

Untersuchung über die Wirkung von modifizierenden Stoffen bei der Flotation. O. S. Bogdanov, V. Y. Hainman, A. K. Podnek und N. A. Janis. (Progr. Mineral Dressing [Stockholm] **1957. 479**—91. 1958.) (Engl.)

Unterss. über die Einw. von anion. Sammlern u. modifizierenden Stoffen auf Aktivatoren u. Entspannern der Flotation zeigen, daß die Flotation vielfach (in Ggw. von Na_2S bei hohem pH) infolge der Verdrängung des Sammlers durch Entspannungsionen (EA) verhindert wird. Bei der Einw. von K_2CrO_4 auf PbS oder von $Fe(CN)_6^{3-}$ auf Chalcocit u. Bornit wird die Entspannung durch Sorption der EA an den von Sammlern nicht bedeckten Mineraloberflächen verursacht. Die hydrophile Wrkg. der EA kann die hydrophobe Wrkg. der adsorbierten Sammler überschreiten. Die Aktivierung von Mineraloberflächen durch Metallionen, wie von Zinkblende durch Cu-Ionen u. von Silicaten durch Ca^{2+}, Ba^{2+} u. Fe^{3+} erhöht die Sorption des Sammlers u. begünstigt seine Fixierung auf der Mineraloberfläche. W. WESLY. 6362 □

Die Adsorption von Diäthyldithiophosphat und Butylxanthogenat durch Sulfide. S. I. Mitrofanov und V. G. Kušnikova. (Progr. Mineral Dressing [Stockholm] **1957.** 461—73. 1958. Moskau, Gincvetmet.) (Engl.)

Die graph. Wiedergabe der in Ggw. verschiedener Elektrolyte [$K_4Fe(CN)_6$, $FeSO_4$, $Fe_2(SO_4)_3$, $ZnSO_4$, Na_2SO_3, $CuSO_4$, $Na_2S_2O_3$] bei verschiedenem pH von *Pyrit, Kupferkies* u. *Zinkblende* adsorbierten Mengen Sammler [Diäthyldithiophosphat (I), Butylxanthogenat] zeigt, daß I in selektiver Weise in Ggw. u. Abwesenheit von Metallsalzen in saurer Lsg. adsorbiert wird. Die Adsorption von I durch Sulfide wird durch 2 geradlinige Abschnitte wiedergegeben. Zwischen dem pH-Wert im Schnittpunkt der Geraden u. dem pH-Wert, der dem Beginn der Hydrolyse der Sulfate der zugehörigen Metalle im Mineralgitter entspricht, besteht eine Beziehung. Die Adsorptionskurven für Xanthogenat (II) zeigen Höchstwerte im pH-Bereich 4,5—5. Eine selektive Adsorption von II an Zinkblende u. deren Inhibierung an Kupferkies wird in saurer Lsg., bes. in Ggw. von $CuSO_4$, beobachtet. W. WESLY. 6362 □

Über die Beziehung zwischen der Nichthomogenität der Oberflächeneigenschaften und der Verteilung der Xanthogenate auf der Oberfläche von schwefelhaltigen Mineralien. I. N. Plaxin und R. S. Safeev. (Studii Cercetări Metalurgie **4.** 283—94. 4 Tafeln. 1959.) (Rum.)

Unterss. über die Einw. von Xanthogenaten (I) auf die Oberfläche von S enthaltenden Mineralien u. die I-Verteilung auf dieser Oberfläche (Messung des elektrochem. Potentials auf den verschiedenen Oberflächenzonen) zeigen, daß gleichzeitig anod. u. kathod. Zonen auf der Oberfläche vorliegen. Daraus geht die Nichtgleichförmigkeit der Mineraloberfläche hervor. Der Gradient der auf der Mineraloberfläche erscheinenden elektr. Kraftfelder ist der entscheidende Faktor für die Fixierung der I auf den verschiedenen Zonen der Mineralteilchen. — 29 Literaturangaben. W. WESLY. 6362 □

Setzmaschinenkonzentrat und Flotationskonzentrat als schwere Stoffe in zwei Huntington-Heberlein-Schwimmaufbereitungen der Firma Montevecchio. Giuseppe Bellavita und Roberto Antoniolli. (Progr. Mineral Dressing [Stockholm] **1957.** 229—51. 1958.) (Engl.)

Beschreibung von Schwimmaufbereitungsanlagen für *Pb-* u. *Zn-Erze,* wobei bes. auf die Zerstäubung, die Vol.-Fraktion der festen Stoffe u. die physikal.-chem. Eigg.

der Teilchenoberfläche geachtet wird, weil jeder dieser Faktoren quant. Wrkg. ausübt. — Diskussion. W. WESLY. 6362□

Universell verwendbarer Hochvakuum-Lichtbogenofen. Heimo Hardung-Hardung. (Vakuum-Techn. **6.** 45—46. April 1957. Frankfurt/M., Degussa.) (Dt.) M. GEHLEN-KELLER. 6370□

Sachgemäße Behandlung von Warmhalteöfen und Tiegeln. H. Kron. (Giessereipraxis **1959.** 433—35. 10/12.) (Dt.)
Übersicht. W. WESLY. 6370□

Der Einfluß der Röstung im Wirbelstrombett auf die hydrometallurgischen Verfahren. J. D. Grothe und B. H. McLeod. (Progr. Mineral Dressing [Stockholm] **1957.** 675—82. 1958. Stamford, Conn., Dorr-Oliver, Inc.) (Engl.)

Durch Verbesserung der Röstung im Wirbelstrom-Verf. werden die gewonnenen Erze u. Konzentrate zur hydrometallurg. Aufbereitung geeignet. Beispiele: Gewinnung von *reinstem Cu* aus Kupferkieskonzentrat, Trennung von reinem Cu u. reinem *Zn* aus den entsprechenden Sulfidgemischen, Lsg. von *Co* aus Chalcocit–Carrolit-Konzentrat, Lsg. von Co aus Pyrit ohne Chlorierung. — Diskussion. W. WESLY. 6380□

Die Erschmelzung von metallischem Blei und Zink in einem Arbeitsgang. B. G. Perry und D. A. Temple. (Freiberger Forsch.-H., Reihe B Heft Nr. **47.** 5—20. Febr. 1960.) (Dt.) — C. **1960.** 5624. M. GEHLEN-KELLER. 6380□

Untersuchungen über die Chlorierung von Nichteisenerzen. Hans Hohn, Gerhard Jangg, Loreliese Putz und Ernst Schmiedl. (Progr. Mineral Dressing [Stockholm] **1957.** 683—703. 1958. Wien, TH, Inst. für anorgan. chem. Technol.) (Engl.)

Zur „chem." Aufbereitung zusammengesetzter oder magerer Erze (*Metalloxyde* u. *-sulfide, Pyrite, Sn-Erze*) empfiehlt sich die Chlorierung, deren thermodynam. Grundzüge u. techn. Ausführung beschrieben werden. Die Vorteile des Verf. sind: niedrige Arbeits-Temp., hohe Ausbeute u. gute Trennung der Erzbestandteile. Beispiele an zusammengesetzten u. gemischten, sulfid. u. oxyd. Erzen. — Diskussion. W. WESLY. 6380□

Herstellung eines Sandes für das CO_2-Verfahren. H. T. Bidwell. (Foundry Trade J. **107.** 383—85. 29/10. 1959. Wembley, Middlesex, Glacier Metal Comp. Ltd.) (Engl.)

Vf. befaßt sich mit der Aufgabe für das CO_2-Verf. einen Sand herzustellen, der die Eigg. eines herkömmlichen Formsandes hat. Die für den CO_2-Sand nachteiligen Wrkg. von Ton u. Feuchtigkeit werden durch Zusatz eines leicht ionisierten Na-Salzes beseitigt, um zwischen dem Komplex Na/Ca-Ton u. dem Na-Silicat eine Platzwechsel-Rk. herbeizuführen. Der so hergestellte Sand ist mit großem Erfolg verwendet worden. K. HILLINGER. 6382□

Die Herstellung des Kernbinders DP. S. G. Assejewa. (Гидролизная и Лесохимическая Промышленность [Hydrolysen- u. holzchem. Ind.] **13.** Nr. 3. 24. 1960.) (Russ.)

Beschreibung einer Anlage zur Herst. des Kernbinders *DP* aus Formton (25—30%) u. Holzpech (70—75%). Die Herst. besteht in Trocknung, Zerkleinerung, Mahlung u. Mischung beider Komponenten. T. LUKANOFF. 6382□

Entwicklungen im Schmelzen von Metallen für Gießereien. Anonym. (Brit. Foundryman **54.** 103—30. März 1961.) (Engl.)

Bericht des Sub-Committe TS 52 of the Technical Council. — 53 Literaturangaben. M. GEHLEN-KELLER. 6382□

Anwendung radioaktiver Isotope für die Untersuchung des Mechanismus der Bildung von Verunreinigungen in Gußstücken. P. P. Berg, M. A. Studnitz und B. Ju. Feigelsson. (Литейное Производство [Giesserei-Betr.] **1956.** Nr. 7. 18—19. Juli.) (Russ.)

Für die Beurteilung des Übergangs von Formenteilchen als Verunreinigungen in den *Stahlguß* wurden Formen mit radioakt. P hergestellt [100 (%) Sand K 50/100; 7 Wasserglas u. 4 W., welchem 3 radioakt. H_3PO_4-Lsgg. zugesetzt wurden] u. mit Stahlguß bei 1560—1570° in 15—17 Sek. ausgefüllt. Der Übergang des radioakt. P in den Guß wurde autoradiograph. verfolgt; nach den Ergebnissen enthalten die Gußoberflächenschichten eine größere Anzahl von akt. Stellen, bes. an den oberen Flächen. J. TŮMOVÁ. 6382□

Betrachtungen über einen selteneren Materialfehler in einem Manganbronzeguß. A. Azzolini. (Fonderia ital. **8.** 355—58. Okt. 1959. Sesto S. Giovanni, Soc. Metallindustria.) (Ital.)

In Mn-Bronzen mit (%) 58 *Zn*, 1 *Al*, 1 *Mn*, Rest *Cu* fanden sich nach dem Gießen an den Kopfenden der Gußblöcke begrenzte poröse Zonen, als deren Ursache Vf. lokale Bldg. von Kondenswasser aus der Stampfmasse vermutet. Vorschläge zum Vermeiden solcher Gußfehler werden mitgeteilt. A. SANDER. 6382□

Herstellung eines riesigen Denkmals nach alten und neuen Formverfahren. J. Steele. (Brit. Foundryman **52.** 322—32. Juli 1959.) (Engl.)

Bei der Herst. von Einzelteilen eines 20 ft. hohen u. 9,5 t schweren Bronzedenkmals zeigte sich das CO_2-Verf. dem Wachsausschmelz-Verf. für große Gußstücke überlegen. Einzelheiten bzgl. der beiden Verff. werden berichtet u. die beiden Verff. miteinander verglichen. — Diskussion. K. HILLINGER. 6382□

Die Agglomerierung von Hämatit-Konzentrat unter Verwendung von Feuerungen mit ansteigenden Roststäben. Thomas E. Ban. (Progr. Mineral Dressing [Stockholm] **1957.** 365—92. 1958. Cleveland, Ohio, McDowell Co., Inc., Res. Dep.) (Engl.)

Auf Grund von Labor.-Unterss. werden Fe_2O_3-Flotationskonzentrate granuliert; zur Agglomerierung der Konzentrate dient eine Feuerung mit ansteigenden Roststäben. Die Bldg. u. Prüfung der Pellets, der Verlauf des Wärmeübergangs u. der Verbrennung u. der Bedarf an Rohstoffen u. Energie werden erörtert. — 13 Literaturangaben, Diskussion. W. WESLY. 6390□

Die magnetische Röstung von Hämatit. Sven Eketorp. (Progr. Mineral Dressing [Stockholm] **1957.** 285—303. 1958. Domnarvet, Schweden, Stora Kopparbergs Bergslags AB, Res. Dep.) (Engl.)

Beschreibung eines Rekuperativdrehofens zur magnet. Röstung von Fe_2O_3 u. seiner Wärmebilanz, wobei das geröstete Erz (100—150°) zum Vorwärmen des frischen Erzes dient. — Diskussion. W. WESLY. 6390□

Trockene, magnetische Aufbereitung von fein gemahlenem Magnetit. Urmas Runolinna. (Progr. Mineral Dressing [Stockholm] **1957.** 255—84. 1958. Otanmäki, Finnland.) (Engl.)

Beschreibung der im Labor.- u. Betriebsmaßstab ausgeführten magnet. Aufbereitung von fein gemahlenem Fe_3O_4, wobei die Dispersion der trockenen Feststoffe mit kleinen Mengen Fettsäuren beim Mahlen oder Trocknen behandelt wird. Die Ergebnisse von Trocken- u. Naßaufbereitung werden miteinander verglichen. — Diskussion. W. WESLY. 6390□

Zur Frage der Gußeisen- und Stahlgewinnung ohne Anwendung des Hochofenverfahrens. 3. Mitt. **Neue Angaben über den Reaktionsmechanismus bei der Reduktion von Eisenoxyden und Eisenerzen durch festen Kohlenstoff.** M. Ss. Kurtschatow. (Известия на Химическия Институт при БАН [Bull. Inst. chim., Acad. bulg. Sci.] **4.** 143—212. 1956.) (Bulg.; Auszug: Dt.) — 2. vgl. Известия на Химическия Институт при БАН [Bull. Inst. chim., Acad. bulg. Sci.] **3.** [1955.] 371.

Untersucht wird der Red.-Mechanismus bei der Red. von Fe-Oxyden u. Fe-Erzen durch festen C. Hierbei wird festgestellt, daß diese Red. in zwei Richtungen vor sich geht: prim. Rk. der Oxyddissoziation bei Absonderung von O_2, die unter der Wrkg. der aktivierten O_2-Adsorption durch den festen C beschleunigt wird; adsorptionskatalyt. Red. der Oxyde durch CO, das ein Prod. der chem. O_2-Adsorption u. der Red. des CO_2 durch C ist. Die Anfangs-Temp. u. Geschw. der Red. durch Dissoziation hängt mit der für den Verlauf der aktivierten O_2-Adsorption erforderlichen Aktivierungsenergie zusammen, deren Größe von den strukturellen Besonderheiten des zur Red. benützten C abhängig ist. Der Rk.-Verlauf bei der Red. durch CO hängt unmittelbar mit den Ergebnissen der chem. O_2-Adsorption, mit den Red.-Bedingungen u. mit der physikal. Struktur der Fe-Oxyde zusammen. Die Geschw. der Red. ist gleich der Summe der Geschw. der Dissoziations-Rk. u. der Red. durch CO. Die Red. der Oxyde durch festen C geht nicht immer unter Wärmeverlust vor sich. Der allg. Wärmeeffekt dabei ist gleich der Summe aller Wärmeeffekte der während der Red. stattfindenden elementaren Vorgänge. Aus den Vers.-Ergebnissen wird gefolgert, daß der Zustand des aus der Red. der Fe-Oxyde erhaltenen Prod. von der Art u. Menge des verwendeten festen Brennstoffs abhängt. Die Rk.-Fähigkeit des Brennstoffes bestimmt die Temp., unter der die Rk. vor sich geht, was auch für die physikal. Beschaffenheit des Prod. von Bedeutung ist. Die Fe-Erze, bes. Magnetit u. Hämatit, lassen sich wegen ihrer physikal. Eigg. durch CO schwieriger reduzieren. Je schneller die erforderliche Temp. erreicht wird, um so größer sind die bei den höheren Temp. reduzierten Oxydmengen. Vorherige Brikettierung u. mechan. Einw. auf die Rk.-Mischung beeinflussen günstig die Geschw. des Rk.-Vorganges. — 53 Schrifttumsstellen. H. HOCHSTEIN. 6390□

Eisenerzeugung ohne Koks. I. Hypr. (Nová Techn. **1960.** 60—61. Běchovice, Ústav pro výzkum a využití paliv.) (Tschech.)

Kurze Zusammenfassung der Herst.-Arten von *Fe-Schwamm* durch Red. des Fe-Erzes mittels Gasen (Rohölgasen). — Das Erz wird mit einem ca. 4fachen Überschuß eines vorgewärmten Wärmeübertragungsmittels (Al_2O_3) gemischt u. bei 1050° mittels reduzierenden Gasen (H_2 + CO) im Laufe von 10 Min. reduziert. Das Verf. ist etwa um die Hälfte billiger als Hochofenroheisen u. gewinnt ständig an Bedeutung.

J. TŮMOVÁ. 6392□

Die Erstarrung von Gußeisen und die Erörterung der bei Schreckprüfstücken erhaltenen Ergebnisse. H. Morrogh. (Brit. Foundryman **53.** 503—06. Nov. 1960.) (Engl.)

Diskussion zu der C. **1961.** 2767 referierten Arbeit. M. GEHLEN-KELLER. 6402□

Gase im Gußeisen mit besonderer Berücksichtigung der Wasserstoffaufnahme in Sandformen. J. V. Dawson und L. W. L. Smith. (Trans. Amer. Foundrymen's Soc. **66.** 17—30. Mai 1958. Alvechurch, Brit. Cast Iron Res. Assoc.) (Engl.)

Al-Geh. zwischen 0,01—0,10% verursachen im Grauguß Gasporen u. erhöhen in starkem Maße die H-Aufnahme. Bei über 0,2% Al nimmt die Neigung zur Gasporen-Bldg. im Grauguß ab; die H-Aufnahme wird verringert. Beim Fehlen von *Ti* ist der Einfl. von Al auf die Feinlunker-Bldg. geringer; Ti hat einen geringen Einfl. auf die H-Aufnahme, auch zusammen mit Al. *Mg*-Geh. bis 0,1% erzeugen beim Fehlen von Al keine Gasporen, jedoch nimmt die H-Aufnahme proportional zu. Außerordentlich geringe Al-Geh. erzeugen in Ggw. von 0,04—0,06% Mg Gasporen u. erhöhen die H-Aufnahme. Bei über 0,1% Mg ist Al weniger zur Gasporen-Bldg. fähig. Der Al-Geh. von Ferrosilicium kann Feinlunker hervorrufen, wenn es im sphärolith. Gußeisen als Keimmittel benützt wird. Die H-Aufnahme wird mit Al allein erhöht. Al verstärkt im Gußeisen mit Kugelgraphit-Ausbldg. in Ggw. von 0,04% *Ti* das Auftreten von Gasporen. Wachsende Mg-Geh. über 0,1% vermindern in Ggw. von Al die Neigung zur Gasporen-Bldg. u. zur H-Aufnahme. *Mn*-Geh. über 4% ergeben Feinlunker-Bldg. sowie eine außerordentlich hohe H-Aufnahme. 0,02% *Bi* schränkt die Feinlunker-Bldg. ein u. beeinflußt nicht die H-Aufnahme. *Kohlenstaub*-Zusätze zum Sand verringern die Neigung zur Gasporen-Bldg. beträchtlich, erhöhen jedoch in geringem Maße die H-Aufnahme. Ein Zusatz von *Pech* zum Sand verringert ohne Beeinflussung der H-Aufnahme die Gasporen-Bldg. in starkem Maße. Die Verw. von *Holzmehl* im Formensand vermindert die Gasporen u. verringert in geringem Umfang die H-Aufnahme. Eine Abnahme der Gieß-Temp. vermindert die H-Aufnahme im Temp.-Bereich 1450 u. 1400°, eine weitere Senkung der Gieß-Temp. zeigt dagegen keinen wesentlichen Einfl. mehr.

H. HOCHSTEIN. 6402□

Kinetik der eutektoiden Austenitumwandlung im Grauguß mit Blättchengraphit. K. P. Bunin, I. P. Gorlowa und Ss. O. Fedorowa. (Доповіді Академії Наук Української РСР [Ber. Akad. Wiss. UkrainSSR] **1960.** 188—91. Inst. für Eisenmetallurgie der Akad. der Wiss. der UkrainSSR.) (Ukrain.; Auszug: Engl.)

Untersucht wurde die Kinetik der isotherm. *Austenit* (**I**)-Umwandlung in 3 Graugußproben mit 1,0—2,9 bzw. 2,0—2,94 bzw. 3,0—3,92 (%) *C*, 1,30 bzw. 2,73 bzw. 4,0 *Si*, 0,12 bzw. 0,10 bzw. 0,09 *Mn*, 0,009 bzw. Spuren *S* u. 0,12 bzw. Spuren bzw. 0,1 *P*. Die Proben wurden 1½ Std. bei 880°, 1½ Std. bei 930° u. ½ Std. bei 980° austenitisiert, danach mit der Geschw. 0,5°/h bis zur oberen Grenze des stabilen eutektoiden Gleichgewichtes abgekühlt: 760 bzw. 820 bzw. 900°. Es wurde die Lage der Linien der beginnenden Ausscheidung von Graphit, Ferrit u. Zementit aus **I**, der Linien der beendeten eutektoiden **I**-Umwandlung sowie der Linien der beendeten Graphitisierung des eutektoiden Zementits ermittelt. Für alle 3 Graugußproben wurden die Diagramme des isotherm. **I**-Zerfalls aufgenommen. Es zeigte sich, daß mit zunehmendem Si-Geh. der **I**-Zerfall in Ferrit u. Graphit sehr stark beschleunigt wird. Sehr stark beschleunigt wird die Graphitisierung des eutektoiden Zementits. O. LEBTAG. 6402□

Die Bildung von unterkühltem Graphit im Gußeisen. I. Igarashi, G. Ohira, K. Ikawa und T. Horigome. (Trans. Amer. Foundrymen's Soc. **66.** 561—68. Mai 1958. Senday, Tohoku-Univ., Kamaishi, Fuji Iron Works.) (Engl.)

Durch Verss. wird ermittelt, ob unterkühlter Graphit im Gußeisen direkt aus der Schmelze erstarrt oder sich aus Ledeburit zersetzt. Es wurde hierbei gefunden, daß beide Prozesse in Abhängigkeit von den Umständen auftreten können. Der Einfl. von *C*, *Si* u. den anderen Elementen, wie *Mn, Cr, W* u. *Mo, O, S, Se, Te* u. *Bi* auf die Graphit-Bldg. wird untersucht u. die Bldg. von unterkühltem Graphit aus der Schmelze erörtert. Ferner wird die Zers. von Ledeburit zu Graphit einer Unters. unterworfen u. dabei der bes. Einfl. von Si besprochen. H. HOCHSTEIN. 6404□

Zur Frage der Theorie der Graphitisierung von weißem Gußeisen. I. M. Pronman. (Литейное Производство [Giesserei-Betr.] **1960.** Nr. 11. 37—41. Nov.) (Russ.)

Aus weißem Gußeisen wurde *Zementit* (**I**) elektrolyt. abgeschieden u. auf die Phasen-Zus. nach Tempern u. Abschrecken röntgenograph. untersucht. Fe-freie **I**-Präpp. wurden im Vakuum bei 650, 700, 950 u. 1100° getempert u. langsam abgekühlt bzw. in W. ab-

geschreckt. Durch Abschrecken von 1100 u. 950° wurden die Phasen I, Austenit u. Graphit fixiert, durch Abschrecken von 700 u. 650° neben I viel Graphit u. α-Fe. Langsam abgekühlte Proben bestehen nur aus I u. Graphit (1100 u. 950°) bzw. nur aus I (700 u. 650°). Die Graphitisierung von weißem Gußeisen wird demnach durch den Zerfall des I bei höheren Temp. u. Fixieren dieser Vorgänge beim Abschrecken bewirkt.
H. JÄGER. 6404□

Der Einfluß des Abschreckens auf die Graphitisierung von isoliertem Zementit. W. K. Titow und W. Ss. Wanin. (Литейное Производство [Giesserei-Betr.] **1960.** Nr. 11. 41—42. Nov.) (Russ.)

Aus bei 700—900° normalisiertem bzw. abgeschrecktem weißem Gußeisen wurde Zementit isoliert u. seine Graphitisierung magnet.-ballist. untersucht. Eine Beschleunigung der Graphitisierung von isoliertem Zementit durch Abschrecken des Gußeisens konnte nicht nachgewiesen werden. H. JÄGER. 6404□

Kolbensegmente aus Kugelgraphit-Gußeisen mit Ferritgefüge. Traian Dumitrescu und Pascal Popescu. (Comun. Acad. Republ. Populare romîne **6.** 1357—66. 1 Tafel. Dez. 1956.) (Rum.)

Ein ferrit., Kugelgraphit enthaltendes Gußeisen (I) mit 3,00—2,70 (%) *C*, 4—5,22 *Si*, 0,70—1,00 *Mn* u. 0,45—0,55 *P* wird mit perlit., Kugelgraphit enthaltendem Gußeisen (II) u. mit Lamellengraphit enthaltendem, mit *Cr*, *Ni*, *Mo* u. *W* legiertem Gußeisen (III) verglichen. Die Unterschiede von I, II u. III in den mechan. Eigg. daraus hergestellter Kolbensegmente werden tabellar. wiedergegeben. Die Elastizität ist am größten, die Härte am kleinsten bei I. I zeigt im Gegensatz zu II u. III keine inneren Spannungen. Auch die Verschleißfestigkeit (in Flugzeugmotoren) ist bei I am besten u. die Technologie der Verarbeitung am einfachsten. R. K. MÜLLER. 6404□

Einfluß und Ursache von Temperguß-Mikrostrukturen. L. R. Jenkins, W. J. Amsbary, J. T. Bryce, L. E. Emery, P. W. Green, G. B. Mannweiler, C. R. Sorensen und Wm. A. Zeunik. (Trans. Amer. Foundrymen's Soc. **66.** 166—76. Mai 1958.)

Die Feingefüge-Ausbldg. von ferrit. Temperguß wird an Hand von mkr. Aufnahmen gezeigt u. dabei auf den sich hieraus ergebenden Einfl. auf die Temperguß-Eigg. hingewiesen. Dieses Tempergußeisen hat eine charakterist. Ausbldg. des Rand- u. des Kerngefüges. Diese werden mkr. untersucht, u. es wird nachgewiesen, wodurch die in dem Gefüge auftretenden Änderungen, die z. T. bedeutend sind u. für den Betriebsmann unerwartet auftreten können, bedingt sind. Hieraus werden Richtlinien für die Wärmebehandlung für ferrit. Temperguß abgeleitet. H. HOCHSTEIN. 6406□

Vakuumentgasung von Stahl. D. E. Parsons und W. A. Morgan. (Canad. Mining metallurg. Bull. **54.** 163—69. Febr. 1961. Ottawa, Ontario, Canada, Dep. of Mines and Techn. Surveys.) (Engl.)

Übersicht an Hand von 18 Literaturangaben. M. GEHLEN-KELLER. 6408□

Die Brüchigkeit von Stahl in Berührung mit der flüssigen Phase. 1. Mitt. **Die Brüchigkeit von Schmiedeeisen in Berührung mit geschmolzenen Kupfer-Blei-Legierungen.** Morio Nakajima. (Tetsu to Hagane [J. Iron Steel Inst. Japan] **46.** 967—72. Aug. 1960.) (Jap.; Auszug: Engl.)

Bei hoher Temp. an Schmiedeeisen in Berührung mit geschmolzenen Cu-Pb-Legg. ausgeführte Biege- u. Zug-Verss. zeigen: In dem Maße, wie der Cu-Geh. in den fl. Legg. steigt, wird der Stahl spröder. Die V-förmigen Winkel γ-Fe/Fl. fallen auf 20°.
W. WESLY. 6408□

Stahlschleudergußrohre und andere rohrförmige Erzeugnisse. James T. Gow. (Foundry Trade J. **107.** 579—85. 10/12. 1959.) (Engl.)

Kurzer Überblick über Herst. u. Eigenschaften. K. HILLINGER. 6408□

Untersuchung über kupferhaltige, schwach gekohlte Stähle. 1. Mitt. **Die Einwirkung von Legierungselementen auf die Ausscheidungshärtung. Die Kennwerte von kupferhaltigen, schwach gekohlten Stählen.** Masazō Okamoto, Ryōhei Tanaka und Rokurō Itō. (Tetsu to Hagane [J. Iron Steel Inst. Japan] **46.** 961—67. Aug. 1960.) (Jap.; Auszug: Engl.)

Unterss. über die Einw. von *Si*, *Ni*, *Mn*, *Cr* u. *Mo* auf die Ausscheidungshärtung (AH) von Stählen mit 0,05 (%) C u. 1,5 Cu zeigen: In Stählen, die bei 680° abgeschreckt worden sind, findet eine auf C-Ausscheidung aus Ferrit beruhende AH statt. In Mo enthaltenden Stählen erfolgt keine auf Cu-Ausscheidung beruhende AH. In Stählen, die von 930—680° im Ofen abgekühlt u. danach abgeschreckt worden sind, treten die beiden AH auf. Mn, Cr u. Mo als Carbide bildende Elemente verzögern die AH durch C-Ausscheidung, Mo auch durch Cu-Ausscheidung. Ni vermindert die Rotbrüchigkeit von Cu enthaltenden Stählen. W. WESLY. 6410□

Untersuchung über Carbide in C-reichem, V-reichem Schnelldrehstahl. Sadao Koshiba, Shin Kimura und Hideki Harada. (Nippon Kinzoku Gakkai-Si [J. Japan Inst. Metals] **24.** 437—40. 1960.) (Jap.; Auszug: Engl.)

Unterss. über die elektrolyt. isolierten Carbide (I) von Schnelldrehstählen mit 0,79 bis 1,38 (%) C, 0,14—0,32 Si, 0,29—0,49 Mn, 0,009—0,024 P, 0,003—0,013 S, 0,01—0,12 Ni, 3,85—4,18 Cr, 7,19—17,88 W, 0,16—4,91 Mo, 0,80—4,03 V, 0—9,70 Co zeigen, daß der I-Geh. in geglühtem Zustand ca. 20% beträgt. Die I bestehen aus M_6C, MC u. $M_{23}C_6$. In abgeschrecktem Zustand beträgt der Geh. an unlösl. I ca. 8%, sie bestehen hauptsächlich aus MC. Mit fortschreitender Temperung steigt der I-Geh., bes. bei 575°. Bis 650° bleibt das Verhältnis zwischen MC u. M_6C unverändert. Stahl mit 1,38 (%) C u. 4,03 V zeigt eine ebenso gute Schneiddauerhaftigkeit wie Stahl mit 0,83 C, 12,74 W u. 4,35 Co. W. WESLY. 6410□

Über die Carbidreaktionen, die sekundäre Härtung und die Volumenänderung, die in der vierten Temperungsstufe von legierten Stählen auftreten. Tomo-o Satô und Taiji Nishizawa. (Nippon Kinzoku Gakkai-Si [J. Japan Inst. Metals] **24.** 473—77. 1960.) (Jap.; Auszug: Engl.)

Unterss. über die aus mehreren, bei 400—730° getemperten Cr-, Mo-, W- u. V-Stählen, elektrolyt. isolierten Carbide (I) zeigen, daß die Bldg. von M_6C, Mo_2C, W_2C u. VC eine Ausdehnung des Stahles bewirkt. Die Umwandlung von Zementit in M_7C_3 u. $M_{23}C_6$ verursacht keine Vol.-Änderung. Das unterschiedliche Verh. beruht auf einer Verschiedenheit der Kristallstrukturen der einzelnen I. Daraus erklärt sich, warum sek. Härtung in V-, Mo- u. W-, aber nicht in Cr-Stahl in der 4. Temperungsstufe auftritt. W. WESLY. 6410□

Zink-Titan-Legierungen als Walzwerkstoff. E. Pelzel. (Blech **7.** 768—71. Nov. 1960.) (Dt.)

Unterss. an Zn-Ti-Legg. mit 0,1—0,4% Ti. Mit zunehmendem Ti-Geh. steigt Festigkeit u. Härte, während Dehnung, Biegezahl u. Faltprobe etwa konst. bleiben. M. GEHLEN-KELLER. 6426□

Elektrische Leitfähigkeit von sandgegossenen Kupferlegierungen. D. G. Schmidt und F. L. Riddell. (Mod. Castings **35.** Nr. 4. 207—16. April. Trans. Amer. Foundrymen's Soc. **67.** 207. 16. 1959. Chicago, H. Cramer & Co.) (Engl.)

Die elektr. Leitfähigkeit von über 100 verschiedenen sandgegossenen Cu-Legg. wurden gemessen u. die Werte in Tabellen zusammengestellt. Die Wrkg. verschiedener Zusatzelemente auf die elektr. Leitfähigkeit, wie *Al* u. *Si*, wird erläutert. F. VIER. 6432□

Entsilicierung von Kupfer-Silicium-Legierungen mit Siliciumtetrachlorid und Stickstoff. Kyuya Nagasaki und Masami Kaneko. (Nippon Kinzoku Gakkai-Si [J. Japan Inst. Metals] **24.** 425—28. 1960.) (Jap.; Auszug: Engl.) — Vgl. C. **1961.** 289.

Die stärkste Gewichtsabnahme von Cu-Legg. mit 2—7% Si tritt beim Erhitzen in N_2-Atmosphäre mit 10% $SiCl_4$ bei 500 u. 600° auf; sie ist bei 800° nicht nennenswert. Bei 500° ist die Entsilicierung (Gewichtsabnahme) am größten in Proben mit 5,40% Si; sie fällt bei 800° mit steigendem Si-Geh. der Proben. Die Rk. verläuft nach den Gleichungen: Si (in Cu) + $SiCl_4 \rightleftharpoons 2\ SiCl_2$, (n-1) $SiCl_2 + SiCl_4 \rightleftharpoons Si_nCl_{2n+2}$. W. WESLY. 6432□

Radiographie, Mikrostruktur und mechanische Eigenschaften der Magnesium-Thorium-Zirkonium-Gußlegierung HK 31 A. T. R. Bergstrom und R. G. Bassett. (Mod. Castings **35.** Nr. 4. 217—36. April 1959. Trans. Amer. Foundrymen's Soc. **67.** 217—25. 1959. Seattle, Wash., Boeing Airplane Co.) (Engl.)

Radiograph. Unterss. der Mg-Th-Zr-Guß-Leg. *HK 31 A* mit 2,5—4% Th u. 0,5 bis 1,0 Zr ergeben das Vorliegen von Makroausscheidungen, in den Gußteilen, die die Mikrostruktur beeinflussen u. die mechan. Eigg. verschlechtern. Durch Zonen mit herabgesetztem Geh. der Zusatzelemente werden die mechan. Eigg. bei höheren Temp. herabgesetzt, nicht aber bei Raumtemperatur. Gebiete mit erhöhten Leg.-Geh. verschlechtern die Eigg. bei höheren u. bei Raumtemperaturen. F. VIER. 6444□

Gußteile aus Aluminiumlegierungen mit engen Toleranzen. J. C. Bailey. (Brit. Foundryman **53.** 506—07. Nov. 1960.) (Engl.)

Diskussion zu der C. **1961.** 1001 referierten Arbeit. M. GEHLEN-KELLER. 6446□

Wiedergewinnung von Thorium durch Lösungsmittelextraktion aus Lösungen nach Entfernung des Urans im Betrieb. A. Audsley, W. Ryan und R. A. Wells. (Bull. Instn. Mining Metallurgy Nr. 648. Trans. **70.** Part II. 75. Nov. 1960.) (Engl.)

Diskussionsbemerkung zu der C. **1961.** 3135 referierten Arbeit. M. GEHLEN-KELLER. 6448□

Untersuchungen an Niob-Tantal-Legierungen. H. Braun, K. Sedlatschek und R. Kieffer. (J. less-common Metals [Amsterdam] **1.** 413—19. Dez. 1959. Reutte, Tirol, Metallwerk Plansee A.G.) (Dt.)

Nb–Ta-Sinter-Legg. aller Zuss. wurden nach Verformung auf Härte, Zugfestigkeit, Streckgrenze, Dehnung, spezif. elektr. Leitfähigkeit, elektrochem. Verh. u. Korrosionsbeständigkeit untersucht. Die mechan. Eigg. zeigen kein Maximum. Bei mittlerer Konz. besitzt die spezif. elektr. Leitfähigkeit ein Minimum, der Reststrom anod. oxydierter Proben verläuft mit Maximum. In Legg. können als Heizleiterwerkstoff Verw. finden. In Elektrolytkondensatoren u. bei Verw. in der chem. Industrie sollte der Nb-Geh. nicht über 8,5% hinausgehen. F. VIER. 6448□

Wiedergewinnung von Rhenium und Analyse seiner Legierungen. A. A. Woolf. (J. less-common Metals [Amsterdam] **1.** 420—23. Dez. 1959. Aldermaston, Berks., Assoc. Electrical Ind.) (Engl.)

Beschrieben wird die quant. Wiedergewinnung von Re aus Abwässern durch Umsetzung zu NH_4ReO_4 an Ionenaustauscherkolonnen mit folgender Red. durch H_2 oder durch therm. Zers. des aus dem Perchlorat umgesetzten $(NH_4)_2ReJ_6$. Die Analyse von bin. u. tern. Re-Legg. kann durch eine einfache Oxydations-Meth. durchgeführt werden F. VIER. 6448□

„Tailor made alloys". D. A. Robins. (Metal Ind. [London] **94.** 501—04. 508. 19/6. 1959.) (Engl.)

Mit „*Tailor made alloys*" werden Legg. bezeichnet, die unter Berücksichtigung eines speziellen Verw.-Zwecks zusammengesetzt sind, z. B. die Herst. von Legg. durch pulvermetallurg. Verff. mit genau berechneten Ausdehnungscharakteristiken. Die Elektronentheorie u. die Gitterfehlstellentheorie der Metalle wird erörtert u. es wird an Hand von halbempir. Regeln dargelegt, wie die Kenntnis der theoret. Zusammenhänge von prakt. Wert für die Voraussage der Eigg. von Legg. ist. F. VIER. 6470□

Über den Einfluß der geometrischen Parameter von konusartigen Diamantspitzen auf die Ergebnisse der Härteprüfung von Metallen. B. I. Piliptschuk. (Заводская Лаборатория [Betriebs-Lab.] **26.** 510—13. 1960. Allunions Mendelejew-Forsch.-Inst. für Meteorologie.) (Russ.)

Die Ergebnisse der Arbeit von Owssjannikow, Stoljarow u. Timoschuk (vgl. C. **1961.** 3465) werden krit. erörtert. Es werden auf Grund von Berechnungen u. eigener experimenteller Befunde starke Einschränkungen der von diesen Vff. aufgestellten These über den Einfl. der geometr. Abmessungen der kon. Diamantspitze auf die Werte der Härte-Best. bei Metallen vorgenommen. H. HOCHSTEIN. 6480□

Neue dynamische Härtezahl. M. Ss. Drosd. (Заводская Лаборатория [Betriebs-Lab.] **26.** 472—77. 1960. Stalingrad, Mechan. Inst.) (Russ.)

Die lineare Beziehung zwischen der Eindruckkraft einer sphär. Kuppe u. der Tiefe ihres plast. Eindringens in das Metall ist eine physikal. Material-Eig., die sowohl bei stat. als auch bei einer Schlagbelastung auftritt. Hierdurch ist die Existenz nicht nur der stat., sondern auch der Schlag–Kugel-Probe, die nicht von den Unters.-Bedingungen abhängt, bedingt. Die Unveränderlichkeit der dimensionslosen Parameter $m = F(H)$ u. β beim Übergang vom stat. zum Schlageindruck wird als Beweis für die Übereinstimmung der Werte der stat. u. der dynam. Härte gewertet. Für die Best. der neuen Härtezahl bei beliebiger Eindringungs-Geschw. der Kuppe können die gleichen Tabellen oder Nomogramme dienen, welche die Abhängigkeit $H = F(P/D^2, d)$ mitteilen. Es wird die Anwendbarkeit der dynam. Kugelprobe erörtert. H. HOCHSTEIN. 6480□

Über die Prüfung der wechselnden Härte bei Wärmecyclen in Verbindung mit der Untersuchung der thermischen Ermüdung. Ss. W. Sserenssen und P. I. Kotow. (Заводская Лаборатория [Betriebs-Lab.] **25.** 1216—23. 1959.) (Russ.)

Große Temp.-Änderungs-Geschw. unter Bedingungen eines nichtstationären Wärmezustandes rufen in Konstruktionsteilen bedeutende Temp.-Spannungen im elast.-plast. Bereich hervor. Eine wiederholte Entstehung solcher Spannungen kann zur allmählichen Zerstörung durch therm. Ermüdung führen. Durch Verss. wird die Veränderung der tangentialen Temp.-Spannungen in einem Zylinder mit 10 mm Radius während einer Temp.-Wechselbeanspruchung mit Temp.-Änderungs-Geschw. in der Zylinderoberfläche von 100°/s bei einer Erwärmung von 0 auf 800° u. einer Abkühlung von 800 auf 0° bestimmt. Die Auswertung der an einer *EI 437 B*-Leg. erhaltenen Vers.-Ergebnisse zeigt, daß bei nicht stationärer Wärmehaltung im Prüfkörper wesentliche Wärmespannungen entstehen können, welche die Kriechgrenze übersteigen. Zur Unters. der Gesetzmäßigkeiten solcher Verformungen wird ein Verf. u. eine Vorr. entwickelt, bei denen die Proben einer Zug–Druck-Beanspruchung unterworfen werden, wobei diese Beanspruchung durch therm. Verformungen gleichmäßig hervorgerufen werden. Wrkg.-Prinzip der Prüfvorr. u. Arbeitsvorschriften unter Angabe der Probeform werden behandelt; es werden Angaben über die Verformungsdiagramme bei sich ändernder Temp. gemacht. H. HOCHSTEIN. 6480□

Über die Wasserstoffsprödigkeit von Stahl bei seiner kathodischen Polarisation in Schwefelsäure. Ss. M. Beloglasow und M. I. Polukarow. (Журнал Прикладной Химии [J. angew. Chem.] **33.** 389—97. Febr. 1960. Perm, Univ.) (Russ.)

Bei der Unters. der Veränderung der mechan. Eigg. von Stahl bei seiner kathod. Polarisation in H_2SO_4 wird festgestellt, daß im Falle einer Stahldrahtprobe die größte Empfindlichkeit der angewendeten Meth. die Verdrehungs- u. Biege-Verss. besitzen. Es wird eine geringe Änderung der mechan. Stahl-Eigg. bei seiner kathod. Polarisation in handelsüblich chem. reiner H_2SO_4 sowie eine sehr starke Veränderung dieser Eigg. im Falle eines Zusatzes geringer Mengen SeO_2 u. As_2O_3 zum Elektrolyten festgestellt. Die Unters.-Ergebnisse bestätigen die Angaben über die Wrkg. von Katalysatoren auf die H- Haltigkeit des Stahles, die durch eine andere Meth. bereits früher erhalten wurden. Bei einer Gegenüberstellung der Ergebnisse der Best. der mechan. Eigg. u. der Größe des Kathodenpotentials kommt man zu dem Schluß, daß beim Fehlen von Katalysatoren der H im Stahl in Form von Atomen auftritt u. von der H-Überspannung abhängt; bei Ggw. von Katalysatoren im Elektrolyten tritt der H in den Stahl in Form von Protonen ein; die Geschw. dieses Prozesses hängt nicht von der H-Überspannung ab.

H. HOCHSTEIN. 6480 □

Warmbruchtest für Leichtmetall-Gußlegierungen. E. J. Gamber. (Mod. Castings **35.** Nr. 4. 237—41. April 1959. Cleveland, Aluminum Co. of America.) (Engl.)

Für die Prüfung auf Warmbruchfestigkeit von *Al-* u. *Mg*-Guß-Legg. wird eine U-förmige Gußform entwickelt. An Beispielen wird gezeigt, daß die mit den in dieser Form gegossenen Teilen erhaltenen Ergebnisse in guter Übereinstimmung mit den Erfahrungen der Gießpraxis stehen. F. VIER. 6480 □

Eine Untersuchung über die Kriech-Bruch-Prüfung. Ryuichi Nakagawa und Yasuo Otoguro. (Tetsu to Hagane [J. Iron Steel Inst. Japan] **46.** 982—87. Aug. 1960.) (Jap.; Auszug: Engl.)

Unterss. über die Kriech–Bruch-Eigg. von rostfreiem *18-8-Stahl* unter 10—13 kg/mm² Beanspruchung bei 650° zeigen: Mit steigender Abschreck-Temp. vermindern sich Kriech–Bruch-Zeit (KZ) u. Dehnung; sie ändern sich jedoch $>1100°$ nicht. Im Vgl. mit Kurzzeitprüfungen ist die Abweichung der KZ kleiner u. die der Dehnung u. Kriechgeschw. größer. An Proben mit 6 u. 8 mm ∅ sind keine Einw. der Abmessungen erkennbar; jedoch sind die Abweichungen an Proben mit 10 mm ∅ größer als an Stücken mit 6 mm ∅. W. WESLY. 6480 □

Über die Methodik der Bestimmung der Warmfestigkeit von Gußeisen. N. N. Alexandrow. (Заводская Лаборатория [Betriebs-Lab.] **25.** 1335—36. 1959. Zentr. Forsch.-Inst. für Technol. u. Maschinenbau.) (Russ.)

Zur Erzielung von Vgl.-Resultaten bei der Beurteilung der Warmfestigkeit von Gußeisen mit beliebiger Graphitausbldg. kann nur die Meth. der Beurteilung der Zunderbeständigkeit der Gußeisensorten auf Grund ihrer Gewichtserhöhung verwendet werden. Zur Best. des zweiten Kennzeichens von warmfestem Gußeisen (Neigung zum Wachsen) wird üblicherweise die Messung der Probenlänge vor u. nach der Unters. angewendet, jedoch hängt hierbei die Genauigkeit der Best. des Wachsens von der Form des Prüflings ab. Empfohlen wird daher die Verw. von zylindr. Proben mit in die Stirnflächen eingeschraubten Stiften aus warmfestem nichtrostendem Stahl der Sorte *1 Ch 18 N 9 T*.

H. HOCHSTEIN. 6480 □

Über den Einfluß der Belastungsgeschwindigkeit und der Prüftemperatur auf die Höchstverformbarkeit von Stahl. I. A. Rasow und Je. M. Schewandin. (Заводская Лаборатория [Betriebs-Lab.] **25.** 198—202. 1959.) (Russ.)

Untersucht wird der Einfl. der Belastungs-Geschw. u. der Unters.-Temp. (+20 bis −120°) auf die Höchstverformbarkeit, wie sie durch das Auftreten der ersten Makrorisse bei zähem Bruch gek. ist, an Stählen bei Schlag–Biege-Beanspruchung. Die Prüfungen werden an gekerbten Proben nach einer Meth. unter Ermittlung des Einfl. der Art des Spannungszustandes auf flache Proben von verschiedener Breite durchgeführt. An zwei Stahlmarken (*30 G* u. *12 ChN 3 MA*) wird die Abhängigkeit des Biegewinkels von der spezif. Rißfläche im Bruch ermittelt. Es zeigt sich, daß der Grenzbiegewinkel u. somit auch die Höchstverformbarkeit, die dem Auftreten der ersten Risse am Kerbboden der Proben entspricht, im Bereich der Unters.-Bedingungen nicht von der Beanspruchungs-Geschw. abhängt. H. HOCHSTEIN. 6480 □

Methode zur Bestimmung des Restaustenits in der Oberfläche von gehärtetem Stahl. M. M. Klimotschkin und Ss. D. Entin. (Заводская Лаборатория [Betriebs-Lab.] **25.** 1326—28. 1959. Zentr. Forsch.-Inst. für Technol. u. Maschinenbau.) (Russ.)

Vorgeschlagen u. erläutert wird eine Meth. zur Berechnung der Restaustenitmenge in der gehärteten Oberflächenschicht von Stahl auf Grund magnet. Messungen. Die Berechnungsformel wird entwickelt; es wird auf Grund von Berechnungen gezeigt, wie sich der Restaustenit über die Schichttiefe der gehärteten Zone verteilt.
H. HOCHSTEIN. 6480□

Anwendung der magnetischen Sonde zur Analyse der magnetischen Anisotropie in gewalzten ferromagnetischen Materialien. N. L. Brjuchatow und G. I. Koshewnikow. (Заводская Лаборатория [Betriebs-Lab.] **25.** 1319—22. 1959. Moskau, Inst. für Eisenbahntransport-Ingenieure.) (Russ.)

Ausgearbeitet wird eine Meth. der Messung der normalen Komponenten I_n der Magnetisierbarkeit, die zur Analyse der kristallograph. Textur u. der inneren Spannungen unerläßlich ist. Die Analyse wird mit Hilfe einer magnet. Sonde auf einem ganzen Blech ohne dessen Zerstörung durchgeführt. Die Verw. der magnet. Sonde hängt davon ab, daß ein gleichmäßiges Magnetfeld auf der Oberfläche des ferromagnet. Metalls eine Verzerrung in Übereinstimmung mit einer Abweichung des Summenvektors der Magnetisierbarkeit I von der ursprünglichen Richtung des Magnetisierungsfeldes H unterworfen wird. Diese Verzerrung wird durch die Ggw. einer magnet. Anisotropie im Metall bedingt; man kann sie durch die Komponenten H_p u. H_n kennzeichnen. Die letztere kann durch eine empfindliche magnet. Sonde bei allen Orientierungen des Feldes H gegenüber der Probe gemessen werden. Die Durchführung der Messungen u. die Auswertung der dabei erhaltenen Kurven werden nach Erörterung des allg. Schemas der magnet. Sondenanlage im einzelnen besprochen. H. HOCHSTEIN. 6480□

Einfluß der Faseranordnung auf den physikalischen Zustand der Oberflächenschichten von warmbehandeltem Stahl SchCh 15 bei der Prüfung der Rollreibung. B. D. Grosin und T. M. Golowinska. (Доповіді Академії Наук Української РСР [Ber. Akad. Wiss. UkrainSSR] **1960.** 184—87. Inst. für Baumechanik der Akad. der Wiss. der UkrainSSR.) (Ukrain.; Auszug: Engl.)

In Verss. mit gehärtetem u. bei niedriger Temp. angelassenem Stahl *SchCh 15* wird gezeigt, daß bei der Rollreibung ein Zerfall des Martensits, eine Verfestigung u. anschließend eine Entfestigung erfolgt. Diese Prozesse treten bei jenen Proben am frühesten u. am stärksten auf, bei welchen die Fasern um 90° von der Achsrichtung abweichen; schwächer sind sie beim Winkel von 45°, am schwächsten bei Längsfaserung der Proben.
O. LEBTAG. 6480□

Methode zur Untersuchung des Einflusses der Durchhärtbarkeit auf die mechanischen Eigenschaften legierter Stähle. L. P. Kopp. (Заводская Лаборатория [Betriebs-Lab.] **26.** 310—12. 1960.) (Russ.)

Beschrieben wird ein Verf. zur Best. der Abhängigkeit der mechan. Eigg. von der Größe der Durchhärtung an einer Stirnabschreckprobe. Die an einem Stahl *35 Ch N 3 M* nach diesem Verf. durchgeführte Unters. ergibt, daß die Härte, Proportionalitäts- u. Kriechgrenze der gehärteten Proben mit der Entfernung von der Probenstirn erniedrigt werden, die Bruchfestigkeit aber prakt. gleichbleibt. Die Werte der spezif. Dehnung u. der Einschnürung sowie auch der Kerbschlagzähigkeit hängen nicht vom Abstand von der Probenstirn ab. Jedoch fällt in denjenigen Fällen, in denen die Härte des abgeschreckten Stahles unter 40 Rc sinkt, die Kerbschlagzähigkeit stark ab. Eine mkr. Analyse zeigte, daß diese Abnahme mit dem Auftreten von Ferrit in der Struktur zusammenhängt. Ähnliche Ergebnisse wurden bei der Unters. der Stähle *35 ChGSsA* u. *24 ChN 4* erhalten.
H. HOCHSTEIN. 6480□

Die Beziehung zwischen Härte und Gefüge der Stahldrähte. Tasaburo Nishioka und Yukio Yasukuni. (Nippon Kinzoku Gakkai-Si [J. Japan Inst. Metals] **24.** 417—21. 1960.) (Jap.; Auszug: Dt.)

Die Härte von wärmebehandeltem u. gezogenem Stahldraht steigt durch Ziehen nach dem 1. Zug mit fallendem C-Geh. u. fallender Wärmebehandlungsfestigkeit (WT) u. nach mehreren Zügen mit steigendem C-Geh. u. steigender WF. Das Verhältnis der Härte von Längs- zur Querrichtung ist bei steigender Ziehverformung anfangs <1, später >1u. bleibt dann unverändert; mit steigendem C-Geh. nimmt es bei $<90\%$ Querschnittsabnahme zu, bei $>90\%$ ab. Luftpatentierter Draht zeigt den höchsten, geglühter den kleinsten Wert des Verhältnisses. W. WESLY. 6490□

Über die Nitrierbehandlung von Schnelldrehstahl. Sadao Koshiba, Kazuo Tanaka und Akeo Sumi. (Nippon Kinzoku Gakkai-Si [J. Japan Inst. Metals] **24.** 429 bis 432. 1960.) (Jap.; Auszug: Engl.)

Die besten Bedingungen zur Nitrierung von Schnellstählen mit 0,73—0,86 (%) C, 0,25—0,29 Si, 0,27—0,32 Mn, 3,78—4,21 Cr, 6,52—18,23 W, 0—5,20 Mo, 1,10—2,10 V, 0—5,33 Co bestehen in 30—60 Min. langem Eintauchen in das fl. Nitrierbad (*NS 350*) bei

500—570°. Die Nitriertiefe beträgt je nach Stahlart 0,03—0,06 mm, bei > 1200 VICKERS-Härten in abgeschrecktem u. getempertem Zustand. W. WESLY. 6492□

Reibung und „Sulfinuz". Y. de Villemeur. (Métaux **34.** 413—46. Nov. 1959. Ateliers Partiot.) (Franz.) — Vgl. C. **1960.** 9708 u. C. **1959.** 5288.

Zahlreiche, an Stahl u. Fe ausgeführte Reibungs-Verss. erläutern den Vorgang der Reibung u. geben Anhaltspunkte für die Wahl der Werkstoffe u. ihrer Behandlung, bes. mit „Sulfinuz". — 13 Literaturangaben. W. WESLY. 6492□

Das Plasma-Brennschneiden von Schmiedeeisen im Wettbewerb mit dem Sauerstoff-Brennstoff-Verfahren. Herman C. Phelps. (Welding Engr. **45.** Nr. 12. 33—36. Dez. 1960.) (Engl.)

Ein Vgl. des *Plasma*-Brennschneide-Verf. mit dem *Oxy-fuel*-Verf. zeigt, daß die erstgenannte Arbeitsweise bessere Brennschnitte u. größere Geschw. aufweist u. wirtschaftlicher ist. W. WESLY. 6502□

16000° mit der Plasma-Fackel. F. Schad. (Z. Schweißtechn. Zürich **50.** 36—39. 10/2. 1960. Oberdorf.) Dt. u. Franz.)

Konstruktion, Betrieb u. Anwendungen der Plasma-Fackel werden beschrieben. F. VIER. 6506□

Schweißelektroden. P. Ettrup Petersen. (Dansk tek. Tidsskr. **85.** 28—40. Febr. 1961. 28. 33—40. Kopenhagen.) (Dän.)

Histor. Überblick. M. GEHLEN-KELLER. 6506□

Über die magnetische Methode zur Bestimmung der Ferritphase im Metall von Schweißnähten. N. I. Koperssak. (Заводская Лаборатория [Betriebs-Lab.] **25.** 1323—24. 1959. Kiew, Polytechn. Inst.) (Russ.)

Bei der Anwendung der magnet. Meth. zur Best. des abs. Anteils der Ferritphase im Metall von Schweißnähten auf hochlegierten Cr-Ni- u. anderen austenit. Stählen ist eine Normalprobe notwendig, von der die Menge der Ferritphase genau bekannt ist. Hierbei muß die chem. Zus. des Ferrits in der Normalprobe die gleiche sein wie die Ferrit-Zus. im Prüfling. Eine Berechnungs-Meth. für die Ferritmenge wird angegeben. An einer Probe der Zus. 0,08(%) C, 22,4 Cr, 3,8 Ni, 1,09 Mn, 2,2 Si, 1,25 V, 0,11 Ti, Rest Fe unter Verw. einer aus Armco-Fe bestehenden Normalprobe erhaltene Meßergebnisse zeigen eine gute Übereinstimmung mit der Berechnungmethode. H. HOCHSTEIN. 6506□

Das Tiefätzen von Metallen. Edgar Kursetz. (Blech **7.** 771—78. Nov. 1960.) (Dt.)

Überblick. M. -GEHLEN-KELLER. 6512□

Halbberuhigte Stähle für Weiß- und Zinkblech. Josef Teindl und Bohuslav Otta. (Hutnické Listy **14.** 886—94. Okt. 1959. Ostrava, Vys. škola báňská u. Místek.) (Tschech.)

Umfangreiche Unterss. der Erzeugung u. Bewährung von Weiß- u. Zn-Blechen für Konservendosen aus halbberuhigtem Stahl [0,017(%) *C*; < 0,1 *Si*; 0,4 *Mn*; 0,01 *P*; 0,02 *S*, beruhigt mit höchstens 2,7 kg/t 50% FeSi, 0,8 kg/t Al oder bis 6 kg/t 20% FeTi in der Pfanne) zeigten, daß der halbberuhigte Stahl dem nichtberuhigten mit kleinstem Si-Geh. gleichkommt. Der *Sn*-Überzug ist auf solchem Stahl dünner u. bei *Zn*-Überzügen wird eine kleinere Ausschußzahl infolge geringerer Bldg. von „Zebrastreifen" erreicht. Bei Aufarbeiten des Bleches auf Dosen sowie beim Lagern der fertigen Konserven traten keine Schwierigkeiten auf. J. TŮMOVÁ. 6516□

Stromlos aufgebrachte Nickellegierungsüberzüge geben gleichmäßige, harte, korrosionsbeständige Schutzschichten. Ladd Kuzela. (Western Metalworking **17.** Nr. 12. 34—36. Dez. 1959.) (Engl.)

Überblick über die Anwendung des *Kanigen*-Verf. u. über die Korrosionsbeständigkeit der Ni-Schicht gegen verschiedene Reagentien. F. VIER. 6520□

Interkristalline Korrosion von rostfreien austenitischen Stählen. I. Clerbois, F. Clerbois und J. Massart. (Electrochim. Acta [London] **1.** 70—82. April. 295. Juli 1959. Brüssel, Soc. Solvay.) (Franz.)

Nach potentiostat. Messungen können an rostfreien austenit. Stählen 3 Arten von Korrosion auftreten: Allg. Korrosion, interkristalline Korrosion u. Oxydation in oxydierendem Medium. Durch solche Verss. läßt sich die Festigkeit der rostfreien austenit. Stähle gegen interkristalline Korrosion besser bestimmen als nach bekannten Verfahren. Es wird vorgeschlagen, die zu untersuchenden Stähle in einem Elektrolyten aus 2n H_2SO_4 bei 20° u. einer Elektrodenspannung von −100 mV 24 Std. lang zu behandeln. Der nach dieser Behandlung durchgeführte Biege-Vers. der Probe gibt einen genügenden Anhaltspunkt für das Verh. des Stahls gegen interkristalline Korrosion. — Diskussion. F. VIER. 6538□

Stoffe mit Inhibitoren in der Dampfphase. (V.P.I.) Andor Nemes. (Csomagolástechnika [Verpackungstechnik] **4.** 99—103. Juli/Aug. 1959.) (Ung.)

Beim Verpacken wird als Rostschutzmittel allg. *Dicyclohexylaminnitrit* (I) empfohlen. I ist in W. leicht lösl., Anstreichen mit der wss. Lsg. ist jedoch nicht günstig, weil I nach dem Verdampfen des W. kristallin verbleibt u. leicht abgewischt wird. Etwas besser ist, Papier mit der Lsg. zu imprägnieren, es muß aber für die Verhinderung des Verdampfens von I gesorgt werden. In Verss. wurden Suspensionen von I mit NaOH u. Casein als Bindemitel auf Natronpapier u. Bitumenpapier aufgetragen, in diese blank gescheuerte Bandeisenstücke gepackt u. bei ca. 25° in mit Dampf gesätt., bzw. 35% relativer Feuchtigkeit stehengelassen. Laut Verss. ist I als Rostschutz brauchbar, wenn das Packmittel unversehrt bleibt u. die Klebestellen das Eisen nicht berühren. Die Dampftension von I ist klein, daher genügen 10—12 g/m² zum Schutz gegen Rosten für ca. 6 Monate. J. PLANK. 6538□

Die Bakterienentwicklung bei der kathodischen Stahlpolarisation in Seewasser. L. A. Rosenberg und I. B. Ulanowski. (Микробиология [Mikrobiologie] **29.** 721—24. Sept./Okt. 1960. Inst. für Ozeanologie der Akad. der Wiss. der UdSSR.) (Russ.; Auszug: Engl.)

In Unterss. mit *Bacillus megaterium, Pseudomonas fluorescens Liquefaciens* u. *Bacillus mycoides* wird die Entw. bis 0,08 mA/cm² (Bac. mycoides) oder 0,2 mA/cm² (bei den beiden übrigen Stämmen) beschleunigt u. erreicht ein Maximum oder bei noch größerer Stromdichte gehemmt (bei Bac. mycoides verringert sich die Bakterienzahl bei 2,5 mA/cm² um das 10fache). Diese Abhängigkeit ergibt sich aus dem pH in der Kathodenschicht (bei Bac. mycoides pH 9, bei den beiden übrigen 10—11). Der Einfl. der Bakterien kann sich korrosionshemmend durch Ablagerung von $CaCO_3$ u. $Mg(OH)_2$ aus dem Meereswasser auf der Oberfläche des Stahls oder korrosionsfördernd durch Beschleunigung der Selbstauflösung des Stahls auswirken. K. SATTLER. 6538□

Kathodischer Korrosionsschutz bei Rohrleitungen und Behältern. Walter G. v. Baeckmann. (Blech **7.** 658—62. 1960. Essen.) (Dt.)

M. GEHLEN-KELLER. 6538□

Betrachtungen über die Bestimmung der Korrosivität von Industriewasser. G. Bombara und F. Gianni. (Metallurgia ital. **48.** 503—12. Nov. 1956. San Donato Milanese, E.N.I., Labor. di Ric. Sci.) (Ital.)

Übersicht über einige Labor.-Meth. zur Best. der Korrosivität von Industriewasser. Die Best. der Korrosivität eines elektrolyt. Mediums im Vgl. mit der eines Metalls ist unmöglich, wenn nicht alle Korrosionsbedingungen spezifiziert werden können u. infolgedessen nicht mit einer Zahl definierbar sind. Unter den verschiedenen Best.-Meth. ist die „elektr.", auf Messungen aktueller Korrosion (K) beruhende Meth. bes. zuverlässig u. prakt. unabhängig von der Anfangsphase von AK u. zeigt ein beachtliches Unterscheidungsvermögen. Die Vers.-Bedingungen (chem. Analyse, elektrolyt. Leitfähigkeit, Selbstkorrosion im stehenden Medium (dest. W., Meer- u. Brunnenwasser u. verschiedene Konzz. von NaCl-Lsgg.), Selbst- u. galvan. AK im turbulenten Bereich, Eigg. galvan. Polarisation, kathod. Polarisation u. schwächste Schutzstromstärken) u. der Einfl. der Turbulenz auf die kathod. Polarisation (schwächste Schutzströme bei galvan. AK) sind angegeben. — 11 Literaturhinweise. G. PLATZER. 6540□

Die den Widerstand von Stahlguß gegen starke Verschleißbeanspruchung beeinflussenden Faktoren. T. E. Norman. (Trans. Amer. Foundrymen's Soc. **66.** 187—96. Mai 1958. Denver, Climax Molybdenum Co.) (Engl.)

Untersucht werden auf ihr Verschleiß-Verh. in Kugelmühlen bes. hoch gekohlte, martensit., perlit. u. austenit. Stähle in Form von Gußstücken mit großem Querschnitt. Hierbei zeigt sich, daß die martensit. Stähle eine höhere Verschleißfestigkeit besitzen als die perlitischen. Die das Mikrogefüge beeinflussenden Faktoren, wie der C-Geh., die Austenitisierungs-Temp., die Anlaß-Temp., der Leg.-Geh. u., für die perlit. Stähle, die Feinheit u. die sich hieraus ergebende Härte der perlit. Struktur. Die austenit. Stähle sind bes. stark von ihrer Zus. abhängig. H. HOCHSTEIN. 6546□

Beitrag zur Ermäßigung des Abriebverschleißes von Brennkraftturbinenschaufeln in Hüttenbetrieben. Karel Löbl und Josef Vodseďálek. (Hutnické Listy **14.** 879—85. Okt. 1959. Praha, Stát. výzk. ústav materiálu a technol.) (Tschech.)

Vff. untersuchten die Möglichkeit einer Lebenszeitverlängerung von Turbinenschaufeln für Brennkraftturbinen durch Aufschweißen einer Hart-Leg. [1,3—2,1(%) *C*; 51 *Co*; 25 *Cr*; 10 *W*] auf die Laufkanten der erhöhten Abrasion ausgesetzten Turbinenschaufeln aus Ni-Leg. (*Nimonic*). Die Ergebnisse der Labor.-Prüfungen (Kriechfestigkeit, Strukturstabilität, Ermüdung u. innere Dämpfung) zeigen die Vorteile dieses Verf. bes. für Statorschaufeln. J. TŮMOVÁ. 6546□

Reymersholms Gamla Industri Aktiebolag, Hälsingborg, Schweden, **Raffination von Nickeloxyd enthaltenden Stoffen** mit möglichem Fe-Oxyd-Geh. zur Entfernung von *Cu, Zn, Pb* u. anderen Metallen, die als Sulfide u./oder Oxyde in kleinen Mengen enthalten sind. Das Material wird mit *Cl*-haltigem Gas mit bis zu 10% Cl_2 oder einem *HCl*-Geh. bis 20% auf 600—1000° erhitzt. Die restliche Menge des Chlorierungsgases besteht aus nichtreduzierenden Gasen. Unter den genannten Bedingungen wird der Hauptteil des oxyd. *Ni* u. *Fe* nicht angegriffen. (**E. P. 835 730** vom 17/1. 1958, ausg. 25/5. 1960. Schwed. Prior. 25/1. 1957.) M. NECKERMANN. 6361

Olin Mathieson Chemical Corp., East Alton, Ill., übert. von: Carl J. Hechinger, St. Louis, Mo., V.St.A., **Herstellung von Metallpellets.** Das Metall wird in einem Behälter auf eine Temp. erhitzt, bei der es sich in einem geschmeidig-plast. Zustand befindet. Davon werden Mengen abgetrennt, die zur Bldg. von Kügelchen genügen, wobei deren Oberfläche so hoch erhitzt wird, daß sich eine fl. Schicht auf dem unveränderten Kern bildet. Die Kügelchen werden durch Einfallenlassen in eine Fl.-Feststoff-Suspension gekühlt u. verfestigt. — Beispiel: Herst. von Pellets aus *Al, Cu* u. *Ni*, die zum Pressen von Gegenständen verwendet werden. — Abbildung. (**A. P. 2 919 471** vom 24/4. 1958, ausg. 5/1. 1960.) M. NECKERMANN. 6379

Pechiney Comp. de Produits Chimiques et Électrométallurgiques, Frankreich, **Reduktion von Metalloxyden,** z. B. *Mn*-Oxyden, in der Wirbelschicht. Als Traggas können reduzierende oder neutrale Gase oder Mischungen hiervon verwendet werden. Die Red.-Mittel können gasförmig oder fest sein. Das Verf. eignet sich auch zur Red. von Oxyden des *Zn, Ti* u. *Hg*. (**F. P. 1 211 100** vom 3/10. 1958, ausg. 14/3. 1960.) M. NECKERMANN. 6381

Pan American Petroleum Corp., übert. von: Frank G. Pearce, Tulsa, Okla., V.St.A., **Gewinnung von Metallen aus ihren Erzen,** z. B. oxyd. *Fe*-Erzen. Durch die geschmolzene Masse, bestehend aus dem Erz, Schlacke u. freiem Metall, wird eine Mischung aus H_2 u. CO, welche durch teilweise Verbrennung von KW-Stoff-haltigen Brennstoffen erhalten wurde, hindurchgeblasen, wobei das Erz zu Metall red. wird. Die Abgase werden zur Vorerhitzung des Erzes verwendet, danach, zwecks Entfernung des W., abgekühlt, hierauf verdichtet, damit sich die sauren Bestandteile abscheiden. Die so behandelten Gase werden nunmehr wieder aufgeheizt u. als Trägergas für Flußmittel verwendet, die in den obersten Abschnitt der Red.-Zone zusammen mit vorerhitztem Erz eingeblasen werden. An einer oder mehreren Stellen der geschmolzenen Masse wird zusätzlich O_2 eingeblasen u. Schlacke sowie raffiniertes Metall kontinuierlich abgezogen. — Abbildung. (**A. P. 2 923 615** vom 28/3. 1957, ausg. 2/2. 1960.) M. NECKERMANN. 6381

Lucien Peras, **Schutzschichten für Metallgießformen,** bestehend aus einem 1. Überzug, der 10—30(%) *Mo, W, Ni, Co* oder *Fe* u. 90—70 *Cr* enthält, u. einem 2. Überzug, der 50—90 Al_2O_3 u. 50—10 einer Leg. mit wenigstens 70% Cr enthält, wobei die Überzüge mit Spritzpistolen oder dgl. aufgebracht sind. (**Öst. P. 219 617** vom 18/6. 1957, ausg. 5/2. 1959. F. Prior. 8/8. 1956.) K. DEMMLER. 6383

Phoenix-Rheinrohr Akt.-Ges. Vereinigte Hütten- und Röhrenwerke, Deutschland, **Frischen von phosphorhaltigem Roheisen,** dad. gek., daß THOMAS-Eisen mit 0,6—2% *P* unter normalem Zusatz von *Kalk* u. *Fe-Oxyden* (z. B. Walzenzunder) in einem bodenblasenden Konverter bis zur Verbrennung des größeren Anteils an P durch den Wind, der an O_2 angereichert sein kann, vorgefrischt wird. Anschließend wird die so gebildete Schlacke, die verhältnismäßig wenig Fe enthält, abgezogen u. darauf der Schmelze in einem Gewichtsanteil von 15—25% fl. Roheisen zusammen mit einer entsprechenden Menge Kalk zugesetzt. Der Konverter wird sodann aufgerichtet u. durch den Konverterboden solange geblasen, bis die Kalk- u. Eisenoxydzusätze miteinander zu reagieren beginnen. Die Schlacke wird im niedergehaltenen Konverter durch Blasen von gasförmigem O_2 auf diese Schlacke verflüssigt u. an Fe angereichert; nach Aufrichtung des Konverters wird noch kurzzeitig zur raschen Beseitigung des Restes an P im noch C-haltigen Roheisen geblasen. — Kurvenbilder. (**F. P. 1 218 002** vom 20/12. 1958, ausg. 6/5. 1960. D. Prior. 31/12. 1957.) H. HOCHSTEIN. 6401

Jan-Erik Östberg, Schweden, **Frischen von Masselroheisen in einem Lichtbogenofen,** dad. gek., daß fl. Masselroheisen prakt. kontinuierlich unter gleichzeitigem Zusatz eines Frischmittels, z. B. *Erzen*, einem im Lichtbogenofen befindlichen Schmelzbad, das einen verhältnismäßig geringen C-Geh. u. eine verhältnismäßig hohe Temp. besitzt, mit einer geeigneten Geschw. zugesetzt wird, derart, daß einerseits der C-Geh. u. die Temp. des Bades genau konst. gehalten werden, die sich in allen Fällen um nicht mehr als 0,3% u. 50° in 5 Min. ändern sollen, u. anderseits die zum Frischen des Masselroheisens zum Stahl, der prakt. die gleiche Zus. u. den gleichen Zustand wie das sich im

Ofen befindliche Bad besitzt, erforderliche Energiemenge der Energiezufuhr entspricht, die von der elektr. Ofenausrüstung sowie aus den im Ofen auftretenden metallurg. Rkk. herstammen. (**F. P. 1 226 204** vom 2/6. 1959, ausg. 8/7. 1960.) H. HOCHSTEIN. 6401

William H. Moore, Larchmont, N.Y., V.St.A., **Herstellung von Gußeisen mit Kugelgraphit** aus einer Gußeisenschmelze mit unter 0,04% Rest-*Mg* sowie mit über 0,02% *S*, dad. gek., daß der Schmelze ein Gemisch aus *CaSi*, CaF_2 u. einer *Mg*-Leg. zugesetzt wird, wobei der Mg-Geh. dieses Zusatzmittels größer als zur Erzeugung von 0,04% Mg im Gußeisen erforderlich ist, ferner CaSi u. CaF_2 zur Begrenzung des Rest-Mg-Geh. auf unter 0,04% reagieren u. die Mg-Leg. beim Zusatz zur Schmelze allein nicht zur Erzeugung eines Gußeisens mit Kugelgraphit bei einem Rest-Mg-Geh. von unter 0,05% in der Lage ist, u. daß die so behandelte Schmelze zur Herst. des gewünschten Gußstückes abgegossen wird. Zweckmäßig wird als Mg-Leg. ein Mg-haltiges Ferrosilicium verwendet. — Schliffbilder. (**A. P. 2 922 713** vom 31/10. 1957, ausg. 26/1. 1960.) H. HOCHSTEIN. 6405

Sherritt Gordon Mines Ltd., Canada (Erfinder: Frank Arthur Forward und Vladimir Nicolaus Mackiw), **Gewinnung von Nichteisenmetallen** aus einem *Fe* u. NE-Metalle enthaltendem Material. Das Material wird unter Bldg. eines Steines geschmolzen, wobei der S-Geh. des Steines so geregelt wird, daß er zwischen der zur Bldg. der NE-Metallsulfat liegenden Menge u. einem 100% ig. Überschuß liegt. Der Stein wird auf eine zwischen 0,417 u. 0,043 mm liegende Korngröße aufgemahlen u. dann mit wss. H_2SO_4 zwischen 90 u. 180° in Ggw. von freien O_2 enthaltendem Gas unter Druck behandelt, wobei sich die NE-Metalle als Sulfate lösen u. vom Fe-haltigen Rückstand abgetrennt werden können. — Beispiel: Gewinnung von *Ni* u. *Co* aus Ferro-Legg. u. sulfid. Material. (**F. P. 1 215 383** vom 25/11. 1958, ausg. 19/4. 1960. Can. Prior. 10/12. 1957.) M. NECKERMANN. 6421

National Smelting Co. Ltd., London, England, **Hochofenprozeß für Zink enthaltende Mineralien.** Man hält die Temp. im oberen Teil des Ofens auf 700—900°, indem man die Gebläseluft u. die Zuschläge vorwärmt, u. gewinnt das Zn aus den Abgasen. — 100 t eines gerösteten u. gesinterten Minerals der Zus. 42 (%) *Pb*, 11 *Zn*, 18 Fe_2O_3, 11 SiO_2 werden auf 700° erhitzt u. mit 30 t auf 950° erhitztem Koks (13% Asche) aufgegeben u. mit Luft von 600° angeblasen. Aus den Abgasen gewinnt man im Pb-haltigen Schlammkondensator 83% des Zinks. (**It. P. 514 467** vom 8/4. 1954. E. Prior. 10/4. 1953.) K. KOEBKE. 6427

Sherritt Gordon Mines Ltd., Canada, **Trennung von Kobalt und Nickel** in einer wss. Sulfatlösung. Die Lsg. wird mit *CaO* versetzt, um die Metallhydroxyde bei einem pH-Wert von ca. 10 auszufällen. Die Trübe läßt man in einem auf 80° erhitzten Autoklaven bei 3,4 atm mit Luft reagieren u. filtriert anschließend. Das Filtrat wird verworfen. Der *Ni* u. *Co* enthaltende Nd. wird mit NH_3-haltiger $(NH_4)_2SO_4$-Lsg. zur Entfernung des Ni gelaugt, wobei ein fast Ni-freier Nd. u. eine Ni-Lsg. mit wenig Co erhalten wird. — Abbildung. (**F. P. 1 208 339** vom 5/6. 1958, ausg. 23/2. 1960.) M. NECKERMANN. 6435

Sierra Metals Corp., Chicago, Ill., V.St.A., **Kobalt-Legierungen** bestehen aus 15—30 (%) *Cr*, 5—15 *W*, 0,5—20 *Ta*, 0,1—3 *C*, Rest *Co*. Die Legg. können außerdem noch *Nb* enthalten, dessen Menge halb so groß wie die des Ta, jedoch 3 nicht überschreitet, ferner *Mo*, dessen Menge halb so groß ist wie die des W, jedoch 3,5 nicht überschreitet, ferner bis 1,5 *Si* u. bis 5 *Ni* u./oder *Fe*. Die Legg. sind beständig gegen Korrosion u. besitzen hohe Festigkeiten zwischen 1500 u. 2200° F. (**E. P. 830 649** vom 3/9. 1958, ausg. 16/3. 1960. A. Prior. 12/9. 1957 u. 28/7. 1958.) C. GÖTZE. 6435

National Distillers Products Corp., New York, N.Y., übert. von: Jonas Kamlet, Easton, Conn., V.St.A., **Herstellung von Titan** in folgenden 3 Stufen: a) Rk. von *Alkalifluotitanat* mit *Al* in einer Menge, die ausreicht, um eine bin. Ti-Al-Leg. mit 53—95% Ti durch Erhitzen auf 660—1850° zu bilden; b) Trennen der bin. Leg. von den bei der Rk. gebildeten Salzen; c) selektives Laugen des Al aus der bin. Leg. mit einer wss. Lsg., z. B. NaOH oder Na_2CO_3, wobei Ti im Rückstand verbleibt. (**A. P. 2 785 971** vom 24/9. 1953, ausg. 19/3. 1957.) K. BAYER. 6449

Soberti Soc. de Brevets, d'Études et de Recherches Métallurgiques, Frankreich, **Elektrolytische Herstellung von Titan und Zirkonium durch Raffination ihrer Legierungen,** z. B. von Ferrotitan oder Ferrosilicotitan, die als Anoden in einem schmelzfl. Alkali- oder Erdalkalihalogenidbad, das Ti als Chloride, bes. als $TiCl_2$, enthält, verwendet werden. Auf der Kathode wird Ti abgeschieden, das einen Reinheitsgrad bis 99% hat u. nur geringe Verunreinigungen an *Fe* u. *Si* aufweist. — Zeichnungen. (**F. P. 1 146 248** vom 20/3. 1956, ausg. 7/11. 1957.) K. BAYER. 6449

Rem-Cru-Titanium, Inc., V.St.A. (Erfinder: Robert Isaac Jaffee, Horace Russell Ogden und Milton Bernard Vordahl), **Titan-Legierungen** bestehen aus 0,5—23 (%) mindestens eines die α-Phase begünstigenden Elements, u. zwar *Al, Sn, In, Sb, Ag,* wobei Al 7, In 3 u. Ag 10 nicht überschreiten soll u. die Summe dieser Elemente so zusammengesetzt ist, daß der Al-Geh., vermehrt um ein Drittel der Geh. der übrigen Elemente, nicht mehr als 7 beträgt, ferner bis 50 *Zr* oder *Hf*, bis 0,5 *Mo* oder *Mn*, bis 3 *Nb* oder *V*, bis 10 *Ta*, Rest *Ti*. Die Legg. besitzen eine große Widerstandsfähigkeit u. Duktilität sowie gute Stabilität bei einer Alterung zwischen 430 u. 540°. (**F. P. 1 199 532** vom 4/3. 1958, ausg. 15/12. 1959. A. Prior. 8/3. 1957.) C. GÖTZE. 6449

Soc. de Produits Chimiques des Terres Rares, Frankreich, **Extraktion von Uran aus bestimmten Erzen,** wie die in Brasilien vorkommenden Zr-haltigen Erze *Caldasit* u. *Zirkit*, die ca. 0,5% U_3O_8 enthalten. Das U-arme Erz wird mit konz. H_2SO_4 aufgeschlossen u. die erhaltene Masse, der noch $Na_2SO_4 \cdot 10 H_2O$ (300—400 kg auf 1t Erz) zugegeben wird, bei ca. 700—800° so lange calciniert, bis sich keine SO_2- u. SO_3-Dämpfe mehr entwickeln. Der nach der Calcinierung anfallende Rückstand wird mit W. behandelt u. dann verd. Säure oder Na_2CO_3-Lsg. zugegeben, um die wss. Phase zu trennen, in der das U angereichert ist. Diese Lsg. kann nach verschiedenen Verff. gereinigt u. das U z. B. durch Na_2CO_3 gefällt werden. Die Ausbeute an extrahiertem *U* beträgt z. B. 80%. (**F. P. 1 124 271** vom 18/4. 1955, ausg. 16/10. 1956.) K. BAYER. 6449

National Distillers & Chemical Corp., New York, N.Y., V.St.A., **Metallherstellung.** Das Halogenid eines mehrwertigen Metalles wird mit so viel Alkalimetall red., daß ein Metallhalogenid niedrigerer Wertigkeit entsteht. Die hierbei entstehende Mischung aus Alkalihalogenid u. dem Metallhalogenid niedrigerer Wertigkeit wird nach weiterem Zusatz von Alkalimetall bis zu dem gewünschten Metall red. u. die hierbei entstehende pulverförmige Mischung bis über den F. des Alkalichlorids erhitzt. Anschließend kann das Metallpulver abgetrennt werden. — Beispiele: Herst. von *Zr* u. *Hf* aus deren Tetrachloriden. (**Belg. P. 563 821** vom 9/1. 1958, ausg. 17/6. 1960.) M. NECKERMANN. 6475

Siemens-Plania-Werke Akt.-Ges. für Kohlefabrikate, Meitingen, Österreich, **Verbesserung der mechanischen Eigenschaften, besonders der Zunderfestigkeit** von Sinterkörpern aus 65—87 (%) *Ni*, Rest *Al* mit einem Poren-Vol. von weniger als 20. Nach dem Sintern in einer nicht oxydierenden Atmosphäre werden die Körper einer Erhitzung in einer oxydierenden Atmosphäre bei Temp., die oberhalb der Gebrauchs-Temp. liegen, z. B. zwischen 950 u. 1300°, unterworfen. (**E. P. 836 064** vom 18/7. 1957, ausg. 1/6. 1960. Oe. Prior. 23/7. 1956.) C. GÖTZE. 6475

Purolator Products, Inc., Rahway, N.J., übert. von: Frank C. Wagner, Karthaus, Pa., V.St.A., **Herstellung von gesinterten Metall-Gegenständen** aus einem feinen Metallpulver, z. B. einem Pulver aus nichtrostendem Stahl mit 0,10 (%) *C*, 2,37 *Si*, 0,85 *Mn*, 0,008 *S*, 18,11 *Cr*, 8,19 *Ni* von —325 mesh Feinheit, u. einem aus organ. Bindemetall bestehenden Rohgemisch, dad. gek., daß dieses Rohgemisch in feuerfestem Al_2O_3-Pulver gelagert u. zunächst bei ca. 400° in trocknem H_2, dessen Taupunkt zwischen 0 u. —10° F liegt, unter Abbrennen des organ. Bindemittels gesintert wird, worauf der Gegenstand von der Al_2O_3-Pulverunterlage entfernt, von anhaftenden Pulverresten befreit u. sodann bei ca. 1230° in einer Atmosphäre aus bes. stark getrocknetem H_2, dessen Taupunkt sich —60° F nähert, 1½—4 Std. gesintert wird. — Abbildung. (**A. P. 2 928 733** vom 21/6. 1957, ausg. 15/3. 1960.) H. HOCHSTEIN. 6475

Plessey Co. Ltd., Ilford, übert. von: Norman C. Moore und John B. Huffadine, Northampton, England, **Gesintertes Material für Bremsen, Kupplungen** u. dgl. bestehen aus 5—40 (%) Al_2O_3, Rest eine *Mo—Cr*-Leg. mit annähernd demselben Ausdehnungs-Koeff. wie Al_2O_3. — Beispiel: 35 Mo, 35 Cr, 30 Al_2O_3. (**A. P. 2 893 112** vom 3/9. 1957, ausg. 7/7. 1959.) C. GÖTZE. 6475

Heinz Schmalz, Weyer/Oberlahnkr., **Werkstoff für Geschoßführungsringe.** Verwendet werden Sinterwerkstoffe mit überwiegendem Anteil an Fe, bestehend aus mit mindestens 6%, vorzugsweise 10—20%, reinem *Cu* ummanteltem *Fe-Pulver*, das als solches oder in Mischung mit *Zn-*, *Sn-*, *Pb-* u./oder *Sb*-Pulver zu Ringen verpreßt u. gesintert ist, als Werkstoffe für Geschoßführungsringe von guter Korrosionsbeständigkeit, Wärmeleitfähigkeit u. guten Gleiteigenschaften. Bes. werden solche Sinterwerkstoffe verwendet, bei denen Zn-Pulver in einem solchen Verhältnis zum Ummantelungs-Cu zugesetzt ist, daß durch Diffusion bei der Sinterung *Messing*, vorzugsweise mit einem Cu-Geh. zwischen 70 u. 80%, oder *Tombak* entstanden ist. (**D. A. S. 1 094 780** Kl. 18d vom 8/3. 1957, ausg. 15/12. 1960.) H. HOCHSTEIN. 6475

Schwarzkopf Development Corp., New York, N.Y., V.St.A., übert. von: Franz Kolbl und Karl Messmer, Reutte, Tirol, Österreich, **Herstellung eines homogenen Sinterkörpers.** Ein pulverförmiges Gemisch aus Carbiden, Boriden oder

Siliciden hitzebeständiger Metalle (*Ti*, *Zr*) mit einem Bindemittel (*Co*, *Ni*, *Cr*) wird in eine Form gebracht u. 10 Min. lang bei ca. 1100° gesintert, wobei die Form langsam in Rotation versetzt u. diese so lange aufrechterhalten wird, bis beim darauffolgenden Abkühlen die durch das Bindemittel hervorgerufene fl. Phase in die feste übergeht. Durch die Rotation werden Verlagerungen der die fl. Phase bildenden Bindemittel vermieden. — Zeichnung. (**A. P. 2 894 836** vom 19/11. 1957, ausg. 14/7. 1959.) C. GÖTZE. 6477

Sandvikens Jernverks Aktiebolag, Sandviken, übert. von: Fall Johan Olof William Ohlsson, Enskede, Schweden, **Gesinterte Hartmetall-Legierungen** bestehen aus 30—45 (%) *TiC*, 1—3 *TaC* u./oder *NbC*, 8—11 eines Bindemittels *Ni*, *Co*, *Fe*, Rest *WC*. Charakterist. für die Legg. ist, daß sie aus einer *γ-Phase* mit in TiC in fester Lsg. befindlichem WC, TaC oder NbC besteht, ferner aus einer α-Phase mit dem restlichen ungelösten WC u. aus einer *β-Phase* aus dem Bindemetall, wobei das Verhältnis der Beträge der β- u. γ-Phase ausgedrückt wird durch die Formel $100 - \beta \geq \gamma \geq 100 - 1{,}5\,\beta$ u. die Summe der Beträge der 3 Phasen gleich 100 ist, ausgedrückt in Vol.-%. (**A. P. 2 899 739** vom 11/6. 1957, ausg. 18/8. 1959.) C. GÖTZE. 4776

N. V. Philips' Gloeilampenfabrieken, Holland, **Herstellung von Band aus härtbarem Stahl mit über 0,4 % C,** der von einer Temp., bei der das Gefüge aus mindestens 80% Austenit besteht, unter Beibehaltung dieser Struktur, ggf. unter Einschaltung einer Vorformung auf eine zwischen der Rekristallisations-Temp. u. einer 10% tiefer als die der beginnenden Martensit-Bldg. liegenden Temp., z. B. auf 230°, abgekühlt u. bei dieser Temp. so schnell verformt wird, daß der Austenit sich nicht oder zum größeren Teil nicht in Bainit oder Martensit umwandelt, worauf der verformte Austenit in Bainit oder Martensit übergeführt wird, dad. gek., daß die makroskop. Verformung aus einer starken Abplattung bei nur schwacher Streckung eines runden Stahldrahts, der dabei in die Bandform übergeführt wird, besteht. (**F. P. 1 215 682** vom 20/10. 1958, ausg. 20/4. 1960. Holl. Prior. 22/10. 1957.) H. HOCHSTEIN. 6491

Jean Reymond, Frankreich, **Wärmebehandlung eines niedriggekohlten Stahles** zur Erzielung der gleichen Festigkeits-Eigg., wie sie ein C-haltiger, gehärteter Stahl aufweist, dad. gek., daß der niedriggekohlte Stahl, z. B. weicher THOMAS-Stahl, bis zu ca. $^2/_3$ der Stärke des zu behandelnden Gegenstands aufgekohlt, dann einer isotherm. Härtung u. schließlich einer Anlaßbehandlung unterworfen wird. Zweckmäßig findet die Aufkohlung in einem Salzbad bei 850° statt. Die isotherm. Härtung wird durch Abschrecken in einem Nitrat- oder Ölbad von 180—200° bewirkt, u. das Anlassen erfolgt durch ein gestuftes Anlassen bei 350 u. sodann bei 400°. Zwischen dem Härten u. Anlassen wird der Stahl bis zum völligen Wärmeausgleich in einem 180—200° warmen Salzbad gehalten. (**F. P. 1 222 247** vom 23/4. 1959, ausg. 8/6. 1960.) H. HOCHSTEIN. 6493

Selas Corp. of America, Dresher, übert. von: Charles A. Turner jun., Flourtown, Pa., V.St.A., **Weichglühen von unlegiertem und niedriglegiertem Stahl,** dad. gek., daß der Stahl kontinuierlich durch einen Ofen mit einer wesentlich über der End-Temp. des Stahls liegenden Temp., z. B. von mindestens 2000° F, hindurchgeführt wird, wobei der Stahl gleichmäßig auf eine 100—300° F über der unteren krit. Temp. (A_{c_1}-Punkt) liegende Temp., z. B. von 1500° F, so rasch erhitzt wird, daß die Carbide keine Zeit zur Auflösung haben, worauf nach Erreichen dieser Temp. der Stahl einer Luftabkühlung unterworfen wird. (**A. P. 2 938 820** vom 24/4. 1958, ausg. 31/5. 1960.) H. HOCHSTEIN. 6493

Spécima Soc. An., Frankreich, **Stabilisierung von Metallen, besonders von Stählen,** mit inneren, z. B. von einer Wärmebehandlung herrührenden inneren Spannungen, dad. gek., daß die zu stabilisierenden Metalle oder Metallgegenstände 2—3 Std. sehr tiefen Temp., bes. von —70°, ausgesetzt werden, wobei diese Abkühlung in einem Kühlgefäß durchgeführt wird oder die Metalle bzw. Metallteile während dieser Zeit auf einem aus einem Gemisch von Na u. K mit einem Mischverhältnis von 1 : 2 bestehenden Bett liegen. (**F. P. 1 224 526** vom 15/5. 1959, ausg. 24/6. 1960.) H. HOCHSTEIN. 6493

Siemens-Schuckertwerke Akt.-Ges., Berlin und Erlangen (Erfinder: Otto Stobernack, Berlin), **Zusatzwerkstoff für das Verschweißen von unberuhigten Stählen** unter Argon-Schutzgas, besteht aus einer Fe-Leg. mit 0,1 (%) *C*, 19,0 *Cr*, 2,0 *Mo*, 11,0 *Ni*, Spuren von *Ti*, Rest *Fe*. (**D. A. S. 1 095 632** Kl. 49h vom 24/2. 1956, ausg. 22/12. 1960.) W. HAUSWALD. 6507

Felix Ritter von Rüling, Köln-Mülheim, **Heißspritzverfahren zur chemischen Behandlung von Oberflächen,** z. B. Entfetten, Entrosten, Oxydieren, Phosphatieren, mittels entsprechender üblicher Fll., denen ein Quellmittel (Weizenmehl, Stärke) zugesetzt wird, u. ein Emulgier- oder Dispergiermittel u. ein Stabilisator zugesetzt werden kann. Wird ein Metall als Verb. oder in dispergierter Form zugesetzt, so wird dieses durch die Zufuhr von Wärme auf der Oberfläche in seine metall. Form übergeführt bzw. niedergeschmolzen. Nach Abschluß der chem. Rk. der Behandlungs-Fl. mit der Oberfläche werden die entfernbaren Schichtteilchen (Farbe, Rost) abgespült. (**D. A. S. 1 102 522** Kl. 48d vom 3/5. 1952, ausg. 16/3. 1961.) H. BAUR. 6513

Standard Oil Co., Chicago, Ill., übert. von: George E. Weis, Independence, Mo., V.St.A., **Reinigen metallischer Oberflächen mit einem Kohlenwasserstoff-Lösungsmittel.** Durch teer- oder harzartige Prodd., wie Rohöl, Heizöl, Asphalt oder dgl., verunreinigte metall. Oberflächen von Tankwagen, Standgefäßen, Transportleitungen u. dgl., werden bei erhöhter Temp. mit einem nichtviscosen KW-Stoff-Destillat gereinigt, das als wirksamen Bestandteil eine Mischung enthält aus ca. 0,2—2,0 Gewichts-% eines Stoffes, der durch Rk. von Phosphorsulfid (P_2S_3, P_2S_5) mit einem KW-Stoff (*Bzl.*, *Anthracen*, *Diphenyl*) zwischen ca. 200 u. 600° F u. anschließende Neutralisierung durch Alkalien u. Erdalkalien entsteht, u. aus ca. 0,4—1 Gewichts-% *N-Alkylpropylendiamin*, entsprechend der Formel $RNHCH_2CH_2CH_2NH_2$, in der der Alkylrest R entweder ein normaler Cetylrest ist oder ein Fettsäurerest, z. B. der Laurylsäure, der Kokosnußfettsäure, der Sojafettsäure oder der Talgfettsäure. (**A. P. 2 911 371** vom 8/8. 1955, ausg. 3/11. 1959.) H. BAUR. 6513

Radio Corp. of America, übert. von: Otis D. Black, Haddon Heights, N.J., und Leonard H. Cutler, Philadelphia, Pa., V.St.A., **Ätzen von Kupfer** durch Behandlung in Ggw. eines Oxydationsmittels (Luft, O_2, H_2O_2) mit einer wss. Lsg. eines lösl. Salzes, das Cu-Ionen in Mengen von ca. 45—140 g/Liter liefert (*$CuCl_2$*), u. die H-Ionen in Mengen von ca. 3 bis ca. 5 g/Liter (*HCl*) enthält. Wenn nötig, wird die Lsg. durch Zugabe von W. u. eines H-Ionen bildenden Stoffes regeneriert, so daß die Menge der Cu- u. H-Ionen in den oben angegebenen Grenzen bleibt, da sich Cu-Ionen während des Ätzens bilden. — Beispiel: Wss. Lsg. aus ca. 200 g/Liter $CuCl_2$ u. ca. 375 g/Liter HCl (39%ig). (**A. P. 2 908 557** vom 7/1. 1957, ausg. 13/10. 1959.) H. BAUR. 6513

Siemens-Schuckertwerke Akt.-Ges., Berlin und Erlangen (Erfinder: Heinz Grüss, Berlin-Wannsee), **Elektrolyt zum anodischen Polieren von Metallen und Verfahren zu seiner Herstellung.** Der Elektrolyt eignet sich bes. zum Polieren von *Stahl* u. ist gek. durch einen Geh. an *Borflußsäure* in *H_3PO_4*, wobei die H_3PO_4 teilweise oder ganz durch *CH_3COOH* ersetzt sein kann. Zur Herst. soll wasserfreies Bariumborfluorat in konz. H_3PO_4 aufgelöst werden. Die Polierwrkg. läßt sich durch vorheriges Ausfällen der Bariumionen mittels Zusatz von stöchiometr. Mengen konz. H_2SO_4 verbessern. (**D. A. S. 1 085 391** Kl. 48a vom 30/1. 1958, ausg. 14/7. 1960.)
H. HÄNLE. 6515

Riedel & Co. (Erfinder: Helmut Hampel und Helmut Heinitz), Bielefeld, **Elektrolytisches Glänzen von Schwermetallen und Schwermetall-Legierungen.** Verwendet wird eine wss. Lsg., die neben einer Mineralsäure einen einwertigen gesätt. aliphat. Alkohol in Kombination mit einem 2 u./oder 3wertigen gesätt. aliphat. Alkohol enthält. — Beispiel: 5—15 (Vol.-%) *H_2SO_4*, 50—70 *Glycerin*, 5—20 *Isopropanol* u. 10—20 Wasser. Bei 3—15 V, 20—60°, 2—20 A/dm² u. einer Behandlungszeit von 5—30 Min. läßt sich eine Oberfläche von mattseidigem bis hohem Glanz erzeugen. (**D. A. S. 1 089 611** Kl. 48a vom 16/8. 1958, ausg. 22/9. 1960.) H. HÄNLE. 6515

Siemens & Halske Akt.-Ges., Berlin und München (Erfinder: Franz Kerkhoff, Barterode über Göttingen), **Formgebende elektrolytische Bearbeitung von Körpern aus halbleitendem oder leitendem Material** durch lokalisiertes elektrolyt. Ätzen oder Galvanisieren, dad. gek., daß der Abstand zwischen dem als Elektrode geschalteten u. zu bearbeitendem Körper u. einer kleinen Gegenelektrode so klein eingestellt wird, daß ein als Elektrolyt dienender, den Raum zwischen den beiden Elektroden ausfüllender Fl.-Tropfen von diesen beiden Elektroden gehalten u. dieser Abstand während des Ablaufs des Verf. durch Bewegung der Gegenelektrode gesteuert, bes. konst. gehalten wird. — Abbildung. (**D. A. S. 1 082 786** Kl. 48a vom 6/5. 1954, ausg. 2/6. 1960.)
H. HÄNLE. 6515

N. V. Philips' Gloeilampenfabrieken (Erfinder: Popko Reinder Dijksterhuis und Adrianus Baudoin), Eindhoven, Holland, **Herstellung von Kobaltfolien** durch galvan. Nd. u. anschließendes Abziehen der Co-Schicht von der Kathode unter Verw. einer aus passiviertem Titanmetall bestehenden Kathode, auf welche entweder ein Kupferüberzug oder zunächst ein Nickel- u. auf diesen ein Goldüberzug aufgebracht ist. Zur Verbesserung der Duktilität kann die Folie in einer red. Atmosphäre auf 400—600° erhitzt werden. (**D. A. S. 1 092 266** Kl. 48a vom 21/2. 1957, ausg. 3/11. 1960. Holl. Prior. 24/2. 1956.) H. HÄNLE. 6517

Karl Schmidt G. m. b. H. (Erfinder: Wolfgang Staubwasser), Neckarsulm/Württ., **Erhöhung der Haftfestigkeit galvanischer Überzüge auf aushärtbaren Alu-**

miniumlegierungen durch Erhitzen der Al-Legg. auf 200° u. darüber vor dem Aufbringen der galvan. Überzüge. — Beispiel: Um eine Laufschicht auf eine zur Herst. einer Pleuelstange verwendeten Al–Cu–Mg-Leg. in der Kurbelwellenlagerung aufzubringen, wird die Pleuelstange auf 200° ca. 10 Std. in einem Ofen erwärmt u. danach der galvan. Behandlung unterworfen. (**D. A. S. 1 086 104** Kl. 48a vom 6/11. 1957, ausg. 28/7. 1960.) H. Hänle. 6517

Schering Akt.-Ges., Berlin (Erfinder: Hermann Horstmann, Hildesheim, Otto Panenka, Braunschweig, und Hans-Jürgen Ehrich, Wolfenbüttel), **Cyanidisches Kupferbad,** dad. gek., daß es neben an sich bekannten Glanzzusätzen *n-* oder *Isobutanol, n-* oder *Isopropanol* oder *Butylenglykol* enthält. — Zum Beispiel werden einem solchen Bad 1—2 g/Liter zugesetzt. (**D. A. S. 1 087 424** Kl. 48a vom 15/4. 1958, ausg. 18/8. 1960.) H. Hänle. 6517

Richard Springer, Frankfurt/M. (Erfinder: Leslie E. Lancy, Ellwood City, Pa., V.St.A.), **Einseitiges Auftragen metallischer oder nichtmetallischer Überzüge auf Metallbänder oder -bleche.** Für das einseitige Auftragen sollen galvanoplast. erzeugte, von der Mutterkathode noch nicht abgezogene Metallbänder oder -bleche verwendet werden. Solche noch nicht abgezogene Cu-Bänder lassen sich z. B. einseitig oxydieren u. werden dann zur Herst. von gedruckten Schaltungen verwendet. (**D. A. S. 1 086 509** Kl. 48a vom 8/2. 1958, ausg. 4/8. 1960.) H. Hänle. 6517

Schering Akt.-Ges., Berlin (Erfinder: Hans Günther Todt und Vladimir Markovac, Berlin-Charlottenburg), **Galvanisches Abscheiden hochglänzender Nickelüberzüge** unter Verw. eines Bades, das als Glanzmittel aliphat. α-Oxyaldehyde enthält. Durch diese Verbb. wird neben dem Zusatz bekannter Glanzmittel eine einebnende Wrkg. erzielt. — Beispiel: 280 (g/Liter) $NiSO_4 \cdot 7H_2O$, 50 $NiCl_2 \cdot 6H_2O$, 40 H_3BO_3, 2 *benzaldehyd-o-sulfonsaures Natrium*, 2 *Glycerinaldehyd*. Das Bad wird bei einem pH-Wert von 4,6, bei einer Temp. von 50° mit einer Stromdichte von 0,5—8,0 A/dm^2 betrieben. (**D. A. S. 1 083 098** Kl. 48a vom 21/1. 1959, ausg. 9/6. 1960.) H. Hänle. 6521

Sel-Rex Corp., Nutley (Erfinder: Edwin Cornell Rinker, Morristown), N.J., V.St.A., **Galvanische Abscheidung einer Gold–Silber-Legierung.** Das nach D. A. S. 1 055 315 verwendete Bad mit einem Geh. an 5—48 (g/Liter) $K[Au(CN)_2]$, 45 bis 200 *KCN* u. $K[Ag(CN)_2]$ in einer solchen Menge, daß die abgeschiedene Au-Leg. nicht mehr als 1% Ag enthält, kann, wenn die Stromlinienstreuung nicht entscheidend ist, weniger als 45, bes. bei Beginn der Galvanisierung 6—10 g KCN/Liter enthalten. (**D. A. S. 1 089 612** Kl. 48a vom 23/12. 1958, ausg. 22/9. 1960. **Zusatz zu D.A.S. 1 055 315; C. 1960. 7333.**) H. Hänle. 6527

Hubert Offermanns, Solingen-Ohligs, **Galvanische Abscheidung von Silberüberzügen.** Zur Verw. gelangen alkal. reagierende Komplexbäder, die das Ag in gelöster Form u. Alkalimetall-Verbb. enthalten. Den Bädern werden *Se-* u./oder *Te-Verbb.* bis zu 2 mg/Liter zugesetzt, in denen das Element in Form des 2wertigen negativen Ions vorliegt, z. B. das *Na-Salz der Selenocyanwasserstoffsäure*. (**D. A. S. 1 081 734** Kl. 48a vom 16/7. 1955, ausg. 12/5. 1960.) H. Hänle. 6527

Pennsalt Chemicals Corp., Philadelphia (Erfinder: Charles Mahlon Swalm, Fort Washington, Pa., und Samuel Spring, Van Nuys, Los Angeles, Calif.), V.St.A., **Phosphatieren von Eisen, Zink und ihren Legierungen** mittels einer wss. Lsg. aus 5—24 (g/Liter) an prim. *Na-, K-,* NH_4*-Phosphat*, von 1—20 an saurem *Na-, K-,* NH_4*-Pyrophosphat* u. 0,02—0,2 einer wasserlösl. Verb. des 5wertigen *As*, 3wertigen As oder 3wertigen *Cr*. Zur Herst. der Lsg. dient ein festes Stoffgemisch. — Beispiel: 13,5 (g) NaH_2PO_4, 9,8 $Na_2H_2P_2O_7$, 0,24 $Na_2HAsO_4 \cdot 3H_2O$, mit W. aufgefüllt auf 1 Liter. (**D. A. S. 1 094 551** Kl. 48d vom 16/8. 1957, ausg. 8/12. 1960. A. Prior. 17/8. 1956.) H. Baur. 6533

Sinclair Refining Co., New York, N.Y., übert. von: Everett N. Case, Homewood, Ill., V.St.A., **Inhibitor für Rohöle** zum Schutz von Leitungen u. Gefäßen in Form einer Lsg. oder von gegossenen Stäben. Die Dichte der Lsg. ist größer als die des Öls. Sie besteht im wesentlichen aus ca. 2—16 Gewichtsteilen eines in Öl unlösl., wasserlösl. Trägerbestandteils (Harnstoff oder hydratisiertes Na-Acetat), aus 1 bis 11 Gewichtsteilen eines in Öl u. W. lösl. Korrosionsinhibitors u. soviel eines die Dichte erhöhenden Mittels ($BaSO_4$) mit einer Dichte größer als ca. 3, um eine höhere Dichte der Lsg. zu erzielen als die des Öls. Der eigentliche Inhibitor besteht aus wasserlösl. *Erdölsulfonsäure*, neutralisiert durch einen Stoff, der der Formel $R{-}\overset{\displaystyle H}{\underset{\displaystyle H}{N}}{-}(CH)_2{-}NH_2$ entspricht, in der R einen geradkettigen KW-Stoffrest, abgeleitet von Talgsäuren, mit 16 bis 18 C-Atomen bedeutet (N-Alkyläthylendiamin, z. B. „Duomeen T"). — Beispiel:

19,6 Vol.-% wasserlösl. *Erdölsulfonsäure*, 12,8 „Duomeen T", 21,8 *Isopropanol*, 45,8 Lsgm. (*Bzl.*, *Xylol*), 4,4 auf 100 gal. der Endlösung. (**A. P. 2 891 009** vom 22/7. 1957, ausg. 16/6. 1959.) H. BAUR. 6539

Nalco Chemical Co. (Erfinder: Aaron Sterlin), Chicago, Ill., V.St.A., **Korrosionsschutzmittel** für Eisenmetalle als Zusatz zu wasserhaltigen, fl. KW-Stoffen ist ein Salz einer organ. aliphat. Dicarbonsäure mit mindestens 10 C-Atomen (Sebacinsäure) mit einem Glyoxalidin der nebenst. Formel, wobei R ein aliphat. KW-Stoffradikal mit mindestens 8 C-Atomen u. R', Z u. Y eine niedrigaliphat. Gruppe mit nicht mehr als 6 C-Atomen oder H bedeuten, z. B. ein Salz von *1-(2-Oxyäthyl)-2-heptadecenylimidazolin* (2 Mol) u. *Sebacinsäure* (1 Mol). (**D. A. S. 1 103 713** Kl. 48d vom 27/9. 1955, ausg. 30/3. 1961.) H. BAUR. 6539

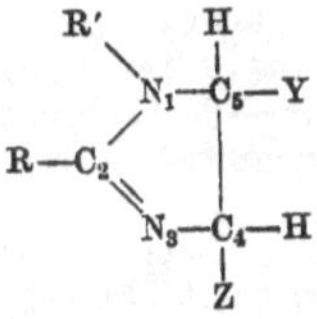

Ernest Clarence Rollason, Metallurgy for engineers. 3rd. edit. London: Edward Arnold. 1961. (VIII + 392 S. m. Abb., Tab. u. Diagr.) 20 s.

—, Eisenhütte. Taschenbuch für Eisenhüttenleute. 5., neubearb. Aufl. Herausgeg. vom Akademischen Verein Hütte, Berlin. Berlin: Verl. Wilhelm Ernst & Sohn. 1961. (XXXII + 1341 S. m. 1406 Abb. u. 549 Taf.) DM 112,—.

IX. Organische Industrie

Technologische Probleme der Acetylengewinnung bei der unvollständigen Methanverbrennung. A. László und A. Nemeth. (Газовая Промышленность [Gas-Ind.] **5**. Nr. 11. 39—43. Nov. 1960.) (Russ.)

Vff. untersuchten in der halbtechn., techn. u. Labor.-App. die optimalen Bedingungen für die Acetylen-Herst. durch unvollständige CH_4-Verbrennung. Die mittlere Zus. der Rk.-Prodd. war folgende: 6—8 (%) C_2H_2, 25—27 CO, 54—56 H_2, 3,8—4,5 CO_2, 0,2—0,4 O_2, 3,5—4,0 CH_4, 0,3 C_2H_4. O. LEBTAG. H 530□

Einiges über die Herstellung und Verwendung von Metallseifen. H. Manneck. (Seifen-Öle-Fette-Wachse **85**. 833—34. 23/12. 1959.) (Dt.)

Überblick über die Herst.-Verff. von Metallseifen u. deren vielfältige Einsatzmöglichkeiten in den unterschiedlichsten Industriezweigen. G. LOSSNER. H 810□

Umwandlung von Methan mit Schwefeldioxyd zu Schwefelkohlenstoff. W. T. Wdowitschenko, N. P. Galenko und A. W. Larionow. (Журнал Прикладной Химии [J. angew. Chem.] **32**. 347—50. Febr. 1959.) (Russ.)

Es wird die Konversion von Methan mittels SO_2 zu CS_2 unter Verw. verschiedener Katalysatoren (Alumogel, Bentonit, Silicagel, Bimsstein) sowie bei verschiedenen Rk.-Bedingungen (Temp., Verhältnis CH_4/SO_2) untersucht. Die günstigste Ausbeute von ca. 1 g CS_2 pro Liter SO_2 erhält man bei 900° unter Verw. eines mit Bleiacetat getränkten Bimssteins (5 Gewichts-% an Pb^{2+}) u. beim Mol-Verhältnis CH_4/SO_2 = 3 : 1. E. BREITHER. H 880□

Comp. Française des Matières Colorantes, Seine, Frankreich (Erfinder: Xavier Bilger und Jacques Pechmeze), **Herstellung von löslichen Chromkomplexen** durch Rk. von bas. Cr-Salzen einer einbas. Säure in organ. Lsgm. mit einer in W. unlösl. oder wenig lösl., keine sauren Gruppen, aber wenigstens eine phenol. OH-Gruppe enthaltenden Substanz, welche ferner eine oder mehrere der Gruppierungen —OH, —O—, —CHO, —CO—, —CO—O—, —CO—N<, —N<, —NO, —NO_2, —N=N—, —N=N(O)—, —SO—, —SO_2—, —SO_2—N<, —SO_2—O— in o- oder peri-Stellung zur phenol. OH-Gruppe enthält. Die Mengenverhältnisse werden so gewählt, daß auf 1 Mol phenol. Verb. wenigstens 2 Cr-Atome entfallen. — 800 (Teile) Cr-Chloridhexahydrat, 172 NaOH u. 1000 A. werden zu 232 2-Hydroxy-5-chlorbenzophenon (I) in 900 A. gegeben, 1 Std. wird gekocht u. NaCl abfiltriert, wonach eine mit W. in jedem Verhältnis mischbare alkohol. *Komplex-Lsg.* erhalten wird. Aus 5 cm^3 der Lsg. kann nach Zusatz von 10 cm^3 A., 10 Min. langes Kochen mit 5 cm^3 15%ig. alkohol. NaOH, Filtration u. Neutralisation mit CH_3COOH I wieder erhalten werden. — Weitere phenol. Ausgangs-Verbb. sind: α-Hydroxyanthrachinon, Salicylaldehyd, N-Phenyl-2-hydroxy-1.4-naphthochinon-4-imin, Salicylsäuremethylester, Salicylanilid, α-Nitroso-β-naphthol, 3-Nitro-4-hydroxytoluol, 2.4'-Dihydroxydiphenylsulfon, Azofarbstoff aus Anilin u. β-Naphthol, 2-Hydroxynaphthoesäure-(3)-anilid, Guajacol, Alizarin, 1.8-Dihydroxyanthrachinon, Stearoylresorcin u. -brenzcatechin, 2.4-Dihydroxyazobenzol, 6-Hydroxy-9-heptadecylfluorenon, 2-Hydroxybenzolsulfanilid, 4-Chloracetylbrenzcatechin, 6-Hydroxyindazol, 3'.4'-Dihydroxy-4-phenyl-2-aminothiazol, 3-Trifluormethyl-1-[5'-nitro-2'-hydroxybenzoylamino]-benzol (F. 182°), 5'-Nitro-2'-hydroxybenzoylamino-

benzol (F. 227°), 8-Hydroxychinolin. — Mittel zum *Wasserabweisendmachen, Färben* u. *Gerben; Fungicide* u. *Parasiticide.* (**F. P. 1 120 111** vom 14/1. 1955, ausg. 2/7. 1956.)
H.-J. NITZSCHKE. H 460

Engelhard Industries, Inc., Newark, N.J., V.St.A., **Isomerisieren von Alkanen.** Hierfür wird ein Katalysator verwendet, der 0,05—5 Gew.-% Pd auf einem Träger enthält, der 5—25 Gewichts-% B-Oxyd neben Tonerde aufweist. — Diese besteht aus γ-Tonerde, die durch Trocknen u. Calcinieren von wasserhaltiger Tonerde, die 55—95 Gewichts-% Trihydrat neben amorpher Tonerde u./oder Boehmit aufweist, erhalten wurde. (**E. P. 839 421** vom 18/9. 1958, ausg. 29/6. 1960. A. Prior. 19/9. 1957.)
H. KAHLES. H 510

Minnesota Mining & Mfg. Co., St. Paul, Minn. (Erfinder: Horace Raymond Davis, Cedar Grove, und Stanley Hsi-Kwei Chiang, Jersey City, N.J.), V.St.A., **Herstellung eines fluorhaltigen Olefins** durch partielle Dehalogenierung eines aliphat., F- u. a. Halogenatome enthaltenden KW-Stoffs, dad. gek., daß man diesen KW-Stoff, der wenigstens 1 Halogenatom an jedem von 2 benachbarten, durch einfache Bindung miteinander verbundenen C-Atomen, von denen wenigstens eins ein anderes Halogenatom als F ist, trägt, mit einem metall. Dehalogenierungsmittel (Sn, Mg, Fe, Al u. bes. Zn) in Ggw. von W., das ein oberflächenakt. Mittel (nichtion.: bes. ein Polyglykoläthermonostearat oder ein Polyäthylenglykoläther von p-Nonylphenol; anion.: bes. Na-Dodecylbenzolsulfonat oder Na-Laurylsulfat; kation.: bes. Stearyldimethylbenzylammoniumchlorid) enthält, das nicht mit dem Halogenid des metall. Dehalogenierungsmittels unter Bldg. einer in W. unlösl. Verb. reagiert, vorzugsweise bei 15—90° u. bes. bei 25—75° umsetzt. Es ist zweckmäßig, ein Verhältnis von W. zu Halogen-KW-Stoff zwischen 1 : 5 u. 10 : 1 anzuwenden, wobei das W. einen Geh. von 0,01—10, gewöhnlich 0,1—5 Gewichts-% aufweist. Der Zusatz von Metallchloriden, bes. von $SnCl_2$ oder $ZnCl_2$, als Initiatoren kann zweckmäßig sein. — So erhält man bei erhöhter Selektivität aus 1.1.2-Trifluor-1.2-dichloräthan → *Trifluoräthylen*; 1.2-Dichlortetrafluoräthan → *Tetrafluoräthylen*; 1.1-Difluor-1.2-dichloräthan → *Vinylidenfluorid*; Gemisch aus 78,8 (Mol-%) 1.1.2-Trifluortrichloräthan, 20,1 1.1.1-Trifluor-2.2-dichloräthan, 0,1 1.1.2-Trifluor-1.2-dichloräthan u. 1 1.2-Dichlortetrafluoräthan → Gemisch aus 70,2 Trifluorchloräthylen, 16,8 1.1-Difluor-2-chloräthylen, 6,1 1.1.2-Trifluortrichloräthan, 2,8 1.1.2-Trifluor-1.2-dichloräthan, 1,6 1.1.1-Trifluor-2.2-dichloräthan, 0,9 Dichlortetrafluoräthan u. 1,6 Trifluorchloräthan. — Vgl. F. P. 1 139 868; C. **1959.** 2963. (**D. A. S. 1 088 046** Kl. 12o vom 3/11. 1955, ausg. 1/9. 1960. A. Prior. 23/11. 1954.)
W. GRÄGER. H 520

N. V. de Bataafsche Petroleum Mij. (Erfinder: Theodorus Willem te Nuyl), Den Haag, Holland, **Herstellung von Vinylchlorid** durch therm. Zers. von 1.2-Dichloräthan im Wirbelbett mit festen Teilchen (feiner Sand) bei mindestens 200° je nach der Verweilzeit in der Rk.-Zone; zweckmäßig wird bei 460—540° gearbeitet. — Vgl. F. P. 1 132 804; C. **1959.** 1938. (**E. P. 770 917** vom 15/10. 1954, ausg. 27/3. 1957.)
W. GRÄGER. H 520

Sicedison S.p.A., Italien, **Stabilisierung von Trichloräthylen,** dad. gek., daß man 0,001—1 (%) Propylen- oder Butylenoxyd, 0,001—1 Essigsäureäthylester u. ggf. 0,001—1 Isobutanol zusetzt. — Diagramme. (**F. P. 1 186 713** vom 22/11. 1957, ausg. 31/8. 1959. It. Prior. 23/11. 1956.) S. BÖTTCHER. H 520

Badische Anilin- & Soda-Fabrik Akt.-Ges., Deutschland, **Partielle Hydrierung von Acetylenverbindungen** in wss. Phase an Pd-Katalysatoren, die Metalle der 2. oder 3. Gruppe enthalten, in Ggw. eines Amins. — *2.6-Dimethyloctadien-(2.7)-ol-(6)*, durch Hydrierung einer Suspension von 2.6-Dimethylocten-(2)-in-(7)-ol-(6) in Cyclohexan in Ggw. von Pyridin an einem mit $CaCO_3$ u. $(CH_3COO)_2Zn$ imprägnierten Pd-Katalysator. — *Buten-(2)-diol-(1.4)*, aus Butindiol. — *2-Methylbuten-(3)-ol-(2)*, aus 2-Methylbutin-(3)-ol-(2). — *Vinylcyclohexen-(1)*, aus 1-Äthinylcyclohexen-(1). (**F. P. 1 190 949** vom 31/1. 1958, ausg. 15/10. 1959. D. Prior. 5/2. 1957.) S. BÖTTCHER. H 530

British Oxygen Co. Ltd. (Erfinder: Leo Philipp Ellinger), London, England, **Herstellung von Katalysatoren,** die bes. geeignet sind für die Rk. von C_2H_2 u. CH_2O zu *2-Butin-1.4-diol.* Man mischt eine wss. Lsg. eines Cu-Salzes [140 g $Cu(NO_3)_2 \cdot 3H_2O$] mit einem Überschuß von gelöstem Alkalisilicat (Wasserglas, 30% $Na_2Si_4O_9$); der erhaltene Nd. wird gewaschen, getrocknet u. auf 220° erhitzt, gekühlt u. in eine wss. Lsg. von (305 g/Liter) $Cu(NO_3)_2$ u. (46 g/Liter) $Bi(NO_3)_3 \cdot 5H_2O$ für 20 Min. getaucht u. dann bei 500° geröstet. Das Röstprod. kann ggf. mit inerten Stoffen, wie Kaolin, in geeignete Form (Kügelchen) gebracht werden. Bei Einw. von C_2H_2 bildet sich Cu-Acetylid u. kein Cupren. (**E. P. 784 638** vom 21/9. 1954, ausg. 16/10. 1957.)
W. GRÄGER. H 570

E. I. du Pont de Nemours & Co., übert. von: Charles S. Cleaver, Wilmington, Del., V.St.A., **1.2-Difluor-1.2-dialkoxyäthylene** (I) erhält man durch Rk. von Chlordifluormethan mit einem Alkalialkoholat eines sek. oder tert. Alkanols der allg. Formel II bei 0—80° unter Kühlen nach dem Rk.-Schema: $2CHF_2Cl + 4R{-}C(R')(R'')$—OM (II) → R—C(R')(R'')—O—CF=CF—O—C(R')(R'')—R (I) + 2MCl + 2MF + 2II (R = H, Alkyl; R' u. R'' = Alkyl; M = Alkali). — Aus CHF_2Cl u. K-tert.-Butylat in tert.-Butanol u. n-Hexan bei 30°, dann bei 50—60° → *1.2-Difluor-1.2-di-(tert.-butoxy)-äthylen*, $C_{10}H_{18}F_2O_2$, $Kp._{11}$ 57—61,5°; Ausbeute 25%; beständig gegen konz. NH_3, NaOH u. verd. wss. Säuren; mit konz. H_2SO_4 erfolgt Zers.; absorbiert Br_2 in CCl_4 unter Gasentwicklung. — K-Isopropylat → *1.2-Difluor-1.2-di-(isopropoxy)-äthylen*, $Kp._{40}$ 58 bis 65°; als Haupt-Prod. entsteht *Orthoameisensäureisopropylester*, $Kp._{40}$ 78—84°. — sek.-Butanol → *1.2-Difluor-1.2-di-(sek.-butoxy)-äthylen*. — 2-Pentanol → *1.2-Difluor-1.2-di-(2-pentoxy)-äthylen*. — 2-Methylbutan-2-ol → *1.2-Difluor-1.2-di-(2-methyl-2-butoxy)-äthylen*. — 2.4-Dimethylpentan-3-ol → *1.2-Difluor-1.2-di-(2.4-dimethyl-3-pentoxy)-äthylen*. — 2.3.3-Trimethylbutan-2-ol → *1.2-Difluor-1.2-di-(2.3.3-trimethyl-2-butoxy)-äthylen*. — 2.3.3-Trimethylpentan-2-ol → *1.2-Difluor-1.2-di-(2.3.3-trimethyl-2-pentoxy)-äthylen*. — 3-Äthyl-6-methylheptan-3-ol → *1.2-Difluor-1.2-di-(3-äthyl-6-methyl-3-heptoxy)-äthylen*. — Mit prim. Alkoholaten entstehen nur die entsprechenden Orthoameisensäureester. Die Äther lassen sich in Ggw. von ion. Katalysatoren ($FeCl_3$) oder freie Radikale bildenden Stoffen (Peroxyde, Azonitrile) *polymerisieren* oder *mischpolymerisieren*, bes. mit Vinylhalogeniden, Vinylestern, Styrol u. 1.3-Butadien. *Lsgm.* für *Polyvinylfluorid*; diese Lsgg. dienen zum Überziehen von Metallen oder Textilien. — *Zwischenprodukte*. (**A. P. 2 853 531** vom 26/4. 1956, ausg. 23/9. 1958.) G. KRAUSS. H 570

VEB Leuna-Werke „Walter Ulbricht", Leuna, Kr. Merseburg (Erfinder: Friedrich Asinger, Max Thiel, Leuna, und Edith Pallas, Halle/Saale), **α-Mercaptoketone** erhält man durch Rk. von S oder Polysulfiden u. NH_3 mit Ketonen der allg. Formel $RR'CHCOCH_2R''$ (R, R' u. R'' = H, Alkyl, Cycloalkyl, die auch noch OH u. eine Carbonylgruppe enthalten können), bes. bei Raum-Temp. u. anschließende Hydrolyse der entstandenen $\Delta^{3.4}$-Thiazoline mit verd. Säuren. — Aus 172 g Diäthylketon u. 32 g S-Blüte unter Einleiten von NH_3, nach 2 Std. Extraktion mit Bzl., Verjagen des Bzl. → **I**, Öl, $Kp._{10}$ 97°; daraus mit 1 Mol 2n HCl bei 60—65° → *α-Mercaptodiäthylketon*,

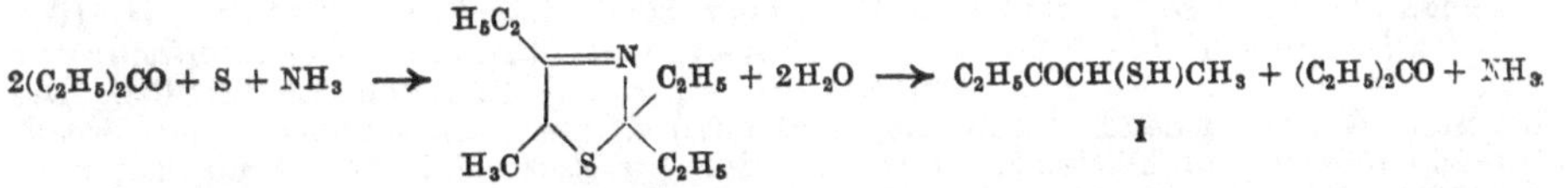

Kp. 156—158°; 75% (Ausbeute); als Nebenprod. → Öl, $C_{10}H_{18}OS_2$. — Methyläthylketon → Öl, $Kp._6$ 70°, → *2-Mercaptobutan-3-on*, $Kp._{18}$ 50°; 70%. — Di-n-propylketon → Öl, $Kp._4$ 58°; 65%. — Cyclooctanon → 2.2-Heptamethylen-4.5-hexamethylen-$\Delta^{3.4}$-thiazolin, $Kp._{0,4}$ 150°; 79%; → *α-Mercaptocyclohexanon*, $Kp._{0,9}$ 88°; 68%. — *Zwischenprodd.* zur *Herst.* von *Alterungsschutzmitteln*, *Schädlingsbekämpfungs-* u. *Rostschutzmitteln*. — Vgl. Holl. P. 94 259; C. **1961**. 1371. (**D. A. S. 1 064 505** Kl. 12o vom 14/4. 1956, ausg. 3/9. 1959.) G. KRAUSS. H 600

Phillips Petroleum Co., übert. von: Stanley D. Turk und Richard C. Doss, Bartlesville, Okla., V.St.A., **Trimere aliphatische Aldehyde** mit 2—7 C-Atomen in Ggw. einer Mischung aus H_2SO_4 u. H_3PO_4 bei 32—140° F, bes. 100—120° F, durch Neutralisieren der Rk.-Mischung mit einer wss. Mischung aus Na- oder K- u. NH_4-Acetat oder -Propionat im Verhältnis 5—200 : 1, bes. 10—40 : 1, u. Dest. des Trimeren. Durch das Neutralisieren wird die Rückbldg. des Aldehyds verhindert. In *Trimere* sind überführbar: *Acet-*, *Propion-*, *Valer-*, *Capron-*, *Heptaldehyd* u. die entsprechenden *Isomeren*. — Vorr., Zeichnung. (**A. P. 2 830 998** vom 16/5. 1955, ausg. 15/4. 1958.) G. KRAUSS. H 660

F. Hoffmann-La Roche & Co. Akt.-Ges., Basel, Schweiz (Erfinder: August Sturzenegger, Cedar Grove, N.J., V.St.A.), **Herstellung von Keten** durch therm. Zers. von Aceton, dad. gek., daß man ein Rk.-Gefäß verwendet, das mindestens an den mit Aceton in Berührung kommenden Teilen aus einem Stahl besteht, der nur ca. 14—18% Cr u. nicht >ca. 0,12% C enthält. Zweckmäßig wird ein langgezogenes, schlangen- oder schraubenförmiges Rohr verwendet, durch welches bei ca. 700—800°, bes. 730—760°, Acetondämpfe mit einer Geschw. von ca. 50000—200000 kg/m²/h kontinuierlich hindurchgeleitet werden, wobei die Verweilzeit im erhitzten Rohr ca. 0,01—1,0 Sek., bes. 0,1—0,5 Sek., beträgt. Verstopfungen des Rk.-Rohrs durch C-Abscheidungen treten nicht auf. (**D. A. S. 1 101 403** Kl. 12o vom 4/8. 1958, ausg. 9/3. 1961. **E. P. 858 485** vom 23/7. 1958, ausg. 11/1. 1961.) W. GRÄGER. H 700

Der Japanische Staat, vertreten durch Tokyo Institute of Technology (Erfinder: Kiyoshi Morikawa, und Tadao Shiba), Tokyo, Japan, **Herstellung von Acetonitril (I)** (Kp. 75—83°) durch Rk. von C_2H_2 mit überschüssigem NH_3 bei 500—650° unter normalem oder höherem Druck in Ggw. eines Alkalihydroxyds oder Alkali- oder Erdalkalisalze enthaltenden Al_2O_3-Katalysators u. von Wasserdampf, dad. gek., daß man ein Rk.-Gasgemisch verwendet, in dem man ein Mengenverhältnis von mindestens 1,5—2,5 (Mol) NH_3 zu 1 C_2H_2 u. einen Wasserdampfpartialdruck von 2—50 mm Hg einstellt. Man verwendet bes. ein H_2 u. ggf. CO enthaltendes Gasgemisch, einen Fließbettkatalysator, den man zur Synth. u. Regenerierung unterteilen kann, verwendet für die Innenwandung der Synth.- u. Regeneriervorr. Stahl oder Fe-Legg. mit einem Cr-Überzug oder ein anderes, unter den Rk.-Bedingungen beständiges Material, mit möglichst geringem Fe-Geh. u. wäscht durch Kühlung nicht kondensiertes **I** aus dem Abgas mit W. oder **I** aus. (**D. A. S. 1 101 388** Kl. 12o vom 21/4. 1958, ausg. 9/3. 1961.) O. MÜLLER-MEININGEN. H 810

American Cyanamid Co., New York, N.Y. (Erfinder: Richard Lansing Webb, Noroton Heights, und Erwin Carpenter, Stamford, Conn.), V.St.A., **Acrylsäureamid (I)** erhält man durch Neutralisieren von Acrylsäureamidsulfat mit NH_3 in Ggw. von W. dadurch, daß man das Neutralisieren mit NH_3 unter Abscheiden von kristallinem $(NH_4)_2SO_4$ bei pH 2—7, bes. 3,5—6,5, u. bei wenigstens 20°, bes. 20—60°, in Ggw. einer solchen Menge W. vornimmt, die zur Herst. einer bei wenigstens 20° gesätt., wss. **I**-Lsg. notwendig ist, u. das ausfallende $(NH_4)_2SO_4$ bei wenigstens 20° abtrennt. Die Abtrennung des Sulfats soll bei einer Temp. erfolgen, die wenigstens so hoch ist wie die Sättigungs-Temp. der wss. **I**-Lsg.; Reinheitsgrad von **I** 98,2%; Ausbeute 90—95%. — Vgl. E. P. 768 062; C. **1957.** 13812 u. A. P. 2 753 375; C. **1959.** 16843. — Diagramm. (**D. A. S. 1 093 356** Kl. 12o vom 15/3. 1955, ausg. 24/11. 1960. **Schwz. P. 331 510** vom 15/3. 1955, ausg. 15/9. 1958. Beide A. Prior. 16/3. 1954.) G. KRAUSS. H 810

Soc. d'Électro-Chimie, d'Électro-Métallurgie et des Aciéries Électriques d'Ugine, Frankreich (Erfinder: Jacques Modiano), **Herstellung von Methylmethacrylat (I).** Die Ausbeute wird verbessert, wenn man dem bei der Herst. anfallenden azeotrop. Gemisch von **I**, Methanol u. W. $<20°$ unter Rühren so viel W. zusetzt (10—50 Gewichts-%), daß eine wss., Methanol enthaltende Phase sich von der hauptsächlich **I** enthaltenden organ. Phase trennt, die man fraktioniert. — 2 Anlageschemata. (**F. P. 1 193 167** vom 11/3. 1958, ausg. 30/10. 1959.) S. BÖTTCHER. H 810

Badische Anilin- & Soda-Fabrik Akt.-Ges. (Erfinder: Max Strohmeyer und Herbert Maisack), Ludwigshafen/Rh., **Herstellung von Ketonitrilen.** Die bekannte Rk. von Enaminen mit Acrylsäurenitril (I) bzw. dessen Substitutions-Prodd. bei 25—150° u. anschließende Verseifung des erhaltenen Additions-Prod. bei z. B. 50—100° wird dadurch verbessert, daß man in Ggw. geringer Mengen eines Stabilisators (z. B. 0,01—1 Gewichts-% Hydrochinon, Thiodiphenylamin oder Methylenblau) u. in Abwesenheit von Lsgm. arbeitet. — Zum Beispiel läßt man 19 mit 0,1% Hydrochinon stabilisierte (Teile) I in 30 Min. unter Rühren u. Feuchtigkeitsausschluß zu 41 Pyrrolidinocyclopenten tropfen, die auf 50° erwärmt sind, verseift das Gemisch mit 100 W. in 1½ Std. bei 60°, trennt die organ. Schicht ab, wäscht sie mit verd. HCl neutral, setzt zur besseren Schichtentrennung Chlf. zu, vereinigt die wss. Extrakte, schüttelt sie mit Chlf. aus u. gewinnt aus den Chlf.-Extrakten durch Vakuum-Dest. 34,8 (85%) *Cyanäthylcyclopentanon*, $Kp._{0,09}$ 97°. — Analog werden hergestellt: *Cyanäthylcyclohexanon*, $Kp._{0,15}$ 101°; 90%. — *Cyanäthylcyclooctanon*, $Kp._{0,25}$ 112°; 70%. — Durch das Verf. werden die Rk.-Zeiten wesentlich verkürzt. (**D. A. S. 1 090 203** Kl. 12o vom 7/8. 1959, ausg. 6/10. 1960.) R. LINK. H 870

Lonza Elektrizitätswerke und Chemische Fabriken Akt.-Ges. (Gampel), Basel (Erfinder: Pascal Matile und Ernst Peterhans, Visp, Wallis), Schweiz, **Herstellung von Harnstoff** aus CO_2 u. überschüssigem NH_3 unter erhöhter Temp. u. hohem Druck, wobei das umgesetzte Gemisch aus dem Rk.-Gefäß unter teilweiser Entspannung einem Trennapp. zugeführt wird, in welchem die Harnstoff-Lsg. weitgehend von CO_2 u. NH_3 befreit u. dann in einem Entgaser auf Normaldruck entspannt wird, wobei die abgetrennten Gase mindestens teilweise in das Rk.-Gefäß zurückgeführt werden, dad. gek., daß man das gesamte, aus diesem Trennapp. stammende, CO_2- u. NH_3-haltige Gasgemisch einer Absorptionsanlage zuführt, in welcher das NH_3 durch Waschen unter Druck vollständig von der CO_2 befreit wird, u. daß man dann das CO_2-freie NH_3 nach Verflüssigung dem Hochdruckgefäß wieder zuführt. — Vorrichtungen. (**Schwz. P. 352 323** vom 24/1. 1957, ausg. 14/4. 1961.) A. BRÖSAMLE. H 880

E. I. du Pont de Nemours & Co., übert. von: William J. Middleton, Wilmington, Del., V.St.A., **Aminodicyanäthylene** erhält man durch Rk. von Dicyanketenacetalen der allg. Formel I (R u. R' = gleicher oder verschiedener KW-Stoffrest, die beide zusammen auch einen Ring bilden können); erhältlich durch Rk. von Malonsäurenitril mit S_2Cl_2 u. Rk. des entstandenen Tetracyanäthylens mit 1- oder 2wertigen Alkoholen in Ggw. von Harnstoff, tert. Aminen oder Metallsalzen als Katalysator, vgl. J. Amer. chem. Soc. **80.** [1958.] 2775. 2788) mit NH_3, prim. oder sek. Monoaminen mit 1—18 C-Atomen u. prim. oder sek. Diaminen mit 1—16 C-Atomen. — Aus 136 Teilen Dicyanketenäthylenacetal (**II**) u. 450 Teilen 28,3%ig. wss. NH_4OH nach 10 Min. unter Rückfluß, dann stehenlassen → 1.1-Diamino-2.2-dicyanäthylen, $C_4H_4N_4$, aus W. Nadeln, F. 236 bis 238°; 93% (Ausbeute); UV-Absorption 2510 Å; daraus durch Hydrolyse mit 10%ig. NaOH unter Rückfluß → *1.1-Diamino-2-cyan-2-carbamyläthylen*, $(NH_2)_2C{=}C(CN)-CONH_2$, aus W., F. 204—205°; 60%. — Dicyanketendiäthylacetal (**III**) + NH_4OH → *1-Amino-2.2-dicyanvinyläthyläther*, $C_6H_7N_3O$, aus A. Nadeln, F. 225—226°; 67%; UV-Absorption 2540 Å; auch erhältlich aus Tetracyanäthylen u. A. in Ggw. von Harnstoff u. Zusatz von NH_4OH nach dem Erhitzen; 22%; daraus mit Piperidin in W. unter Rückfluß → *1-Amino-1-piperidino-2.2-dicyanäthylen*, $C_9H_{12}N_4$, aus W. Nadeln, F. 160 bis 161°; 60%. — **II** + Methylamin → *1.1-Bis-(methylamino)-2.2-dicyanäthylen*, $C_6H_8N_4$, aus W. Nadeln, F. 160—163°; 30%. — **III** → *1-Methylamino-2.2-dicyanvinyläthyläther*, $C_7H_9N_3O$, aus W. Platten, F. 98—99°; 86%; reagiert schwach sauer; lösl. in NaOH, aber nicht in wss. $NaHCO_3$; daraus mit wss. NH_3 → *1-Amino-1-methylamino-2.2-dicyanäthylen*, $C_5H_6N_4$, aus W., F. 198—200°; 84%. — **II** + Dimethylamin → *1.1-Bis-(dimethylamino)-2.2-dicyanäthylen*, $C_8H_{12}N_4$, aus W. Nadeln, F. 129—130°; 52%. — **II** + Äthylendiamin in Tetrahydrofuran → *2-(Dicyanmethylen)-imidazolidin*, $C_6H_6N_4$, aus W. Prismen, F. 279—280°; 79%; daraus mit wss. NaOH unter Rückfluß → *2-(Carbamylcyanmethylen)-imidazolidin*, $C_6H_8N_4O$, aus 10%ig. NaOH, F. 241—243°; auch erhältlich aus Tetracyanäthylen + Trimethylenglykol + Äthylendiamin; 70%. — Aus **II** u. *verd.* NH_4OH → *1-Amino-1-(2-hydroxyäthoxy)-2.2-dicyanäthylen* (= 1-Amino-2.2-dicyanvinyl-2-hydroxyäthyläther), $C_6H_7N_3O_2$, aus W. Nadeln, F. 164—165°. — Dicyanketentrimethylenacetal + *konz.* NH_4OH → *1-Amino-1-(3-hydroxypropoxy)-2.2-dicyanäthylen* (= 1-Amino-2.2-dicyanvinyl-3-hydroxypropyläther), $C_7H_9N_3O_2$, aus W., F. 166—167°; 66%. — **II** + Hexamethylendiamin in Tetrahydrofuran bei Raum-Temp. nach 18 Std. → zähes, kautschukartiges *Polymeres*, unlösl. in organ. Lösungsmitteln. — **II** (= 2-Dicyanmethylen 1.3-dioxolan) + Piperidin → *1-(2-Hydroxyäthoxy)-1-piperidino-2.2-dicyanäthylen* (= 1-Piperidino-2.2-dicyanvinyl-2-hydroxyäthyläther). — Dicyanketen-2.2-dimethyltrimethylenacetal + Octadecylamin → *1-(2.2-Dimethyl-3-hydroxypropoxy)-1-octadecylamino-2.2-dicyanäthylen* (= 1-Octadecylamino-2.2-dicyanvinyl-2.2-dimethyl-3-hydroxypropyläther). — Dicyanketen-1.2-dipropyläthylenacetal + Dibutylamin → *1-(1.2-Dipropyl-2-hydroxyäthoxy)-1-dibutylamino-2.2-dicyanäthylen*, $(CN)_2C{=}C(N[C_4H_9]_2)OCH(C_3H_7)CH\cdot(C_3H_7)OH$. — Dicyanketen-1.2-(4-cyclohexen)-ylenacetal + Benzylamin → *1-Benzylamino-2.2-dicyanvinyl-6-hydroxy-3-cyclohexenyläther*. — Dicyanketendiallylacetal + Äthanolamin → *1-β-Hydroxyäthylamino-1-allyloxy-2.2-dicyanäthylen* (= 1-β-Hydroxyäthylamino-2.2-dicyanvinylallyläther. — Dicyanketendimethylacetal + Octadecylamin → *1.1-Bis-(octadecylamino)-2.2-dicyanäthylen*. — **III** + N-Äthyltrimethylendiamin → *1-Äthyl-2-(dicyanmethylen)-hexahydropyrimidin*. — **II** + Piperazin → *1.4-Diaza-7-(dicyanmethylen)-bicyclo-[2.2.1]-heptan* (= N.N'-[2.2-Dicyanvinylidin]-piperazin). — Dicyanketentrimethylenacetal + Allylamin + Cyclopentylamin → *1-Allylamino-1-cyclopentylamino-2.2-dicyanäthylen*. — Dicyanketendimethylacetal + 1.3-Diamino-2-methylbutan → *2-Dicyanmethylen-4.5-dimethylhexahydropyrimidin*. — **II** + 1.3-Diamino-2.4-diphenylbutan → *4-Benzyl-2-dicyanmethylen-5-phenylhexahydropyrimidin*. — Zwischenprodd.; Schmierölzusatzmittel. Mit langkettigen Aminen entstehen Polymere. Die durch Verseifung entstandenen Carbonsäureamide dienen zur Entfernung von Metallionen, bes. von Cu u. Fe aus ihren Lsgg. in Form von Chelaten; Vulkanisationsbeschleuniger für Kautschuk. (**A. P. 2 883 368** vom 30/8. 1954, ausg. 21/4. 1959.)

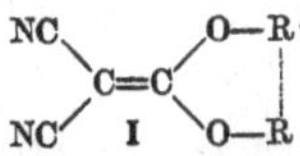

G. KRAUSS. H 950

Farbenfabriken Bayer Akt.-Ges. (Erfinder: Winfried Kruckenberg), Leverkusen, **Herstellung von ε-Acyllysinen.** Man chloriert das wasserfreie Salz einer N-Acyl-ε-aminocapronsäure mit aliphat. Acylrest mit SO_2Cl_2 in Ggw. von $SOCl_2$ u. aminiert das Rk.-Prod. mit mindestens 50%ig. NH_3, berechnet auf das gesamte vorhandene Wasser. — Zum Beispiel behandelt man 6 Mol N-Acetyl-ε-aminocapronsäure bei 40—50° mit 4000 (g) SO_2Cl_2 u. 75 $SOCl_2$, versetzt mit Eiswasser, neutralisiert mit NaOH, leitet NH_3 ein u. erhitzt im Autoklaven auf 95°. Man erhält *ε-Acetyllysin* in einer Ausbeute von 90—95%. (**Holl. P. 95 854** vom 19/3. 1954, ausg. 15/11. 1960.)

F. BÖHM. H 950

Geigy Chemical Corp., Ardsley, N.Y., V.St.A., übert. von: Carl Max Brenner, Riehen, und Hans Rudolf Rickenbacher, Basel, Schweiz, **Herstellung**

von α-Hydroximino-ε-caprolactam, F. 206—208°, durch Umsetzen von α,α-Dichlor-ε-caprolactam mit Hydroxylaminhydrochlorid in 10%ig. ammoniakal. CH_3OH bei 60°. Man filtriert das gebildete NH_4Cl ab, dampft die Lsg. im Vakuum ein u. extrahiert den Rückstand mit wassergesätt. Äthylacetat. Durch Red. mit H_2 in Ggw. eines Katalysators → *α-Amino-ε-caprolactam,* F. 68—71°. — Zwischenprodukt. (**A. P. 2 938 029** vom 23/1. 1959, ausg. 24/5. 1960. Schwz. Prior. 31/1. 1958.) W. HEYER. H 950

Dow Corning Corp., übert. von: Edwin P. Plueddemann, Midland, Mich., V.St.A., **Neue phosphorhaltige Organosiliciumverbindungen** erhält man durch Rk. von Organosilicium-Verbb., in denen Epoxygruppen über C an Si gebunden sind (D. A. S. 1 061 321; C. **1960.** 3059) mit Säuren des P, wie Ortho-, Meta-, Pyro-, Unterphosphorsäure, Phosphon- u. Phosphinsäuren. — 15 g einer 85%ig. Lsg. von H_3PO_4 in W. werden zu einer Lsg. von 20 g der Verb. $[\underbrace{CH_2CH}_{O}CH_2OCH_2CH_2CH_2SiCH_3O]_5$ in 70 g Aceton gegeben, wobei man die Verb. $[(HO)_2P(:O)OCH_2CH(OH)CH_2OCH_2CH_2CH_2SiCH_3O]_5$ erhält, die in W. lösl. ist, aber bei 150° zu einem unlösl. Film gehärtet werden kann. — Schmiermittel, Härtungsmittel für Harze, Primer für Stahl u. Stabilisierungsmittel für Alkyde. (**A. P. 2 951 860** vom 15/11. 1957, ausg. 6/9. 1960.) J. MÜHLEISEN. H 980

Shell Internationale Research Mij. N. V., Den Haag (Erfinder: Frederik Johannes Zuiderweg und Gerrit Hendrik Reman, Amsterdam), Holland, **Extraktion und Gewinnung von aromatischen Kohlenwasserstoffen aus einer flüssigen Kohlenwasserstoffmischung,** dad. gek., daß man die Temp. im Extraktions-Syst. auf 140—170° hält, ein hochsd., für Aromaten selektives Extraktionsmittel vom Kp. 225 bis 295° u. höchstens 2% W. an dem einen Ende des Extraktions-Syst. einführt, die vom Extraktions-Syst. entnommene Extraktionsphase um mindestens 15° auf 115—150° abkühlt, die gekühlte Extraktionsphase in eine Abstreifzone bei $<$ 1,5 atm (abs.) einer Kopf-Temp. von 115—150° u. einer Boden-Temp. über 165° bringt, dann die Dämpfe aus der Abstreifzone kondensiert u. nach Entfernung von prakt. der gesamten, als eine 2. fl. Phase anfallende Wassermenge in das Extraktions-Syst. zurückbringt, wobei die kondensierten Dämpfe in das Extraktions-Syst. entweder an dem Ende, bei dem die Extraktionsphase entfernt wird u./oder an einer dazwischenliegenden Stelle wieder eingeführt werden, u. daß man dann in der Dest.-Zone die Trennung zwischen dem Lsgm. u. den KW-Stoffen des aus der Abstreifzone herrührenden Rückstandes der Extraktionsphase bei $<$ 0,5 atm (abs.) u. bei einer Boden-Temp. von mindestens 145° durchführt, wobei diese Boden-Temp. mindestens 10° niedriger als die Boden-Temp. in der Abstreifzone ist. — Zeichnung. (**D. A. S. 1 095 432** Kl. 23b vom 4/2. 1960, ausg. 22/12. 1960. E. Prior. 6/2. 1959.) E. KAHLES. H 1010

Continental Oil Co., Ponca City, Okla., übert. von: James C. Kirk, Lake Charles, La., und Edsel L. Miller, Houston, Tex., V.St.A., **Reinigen von Alkylaryl-Kohlenwasserstoffen.** Um die färbenden Verunreinigungen aus den durch Alkylieren an FRIEDEL-CRAFTS-Katalysatoren erhaltenen Gemischen, deren Alkylreste 8 bis 18 C-Atome aufweisen, zu entfernen, wird das KW-Stoff-Gemisch bei 20—100° für die Dauer von 5—60 Min. mit einem Oxydationsmittel, wie Na-, K-Chromat, Na-, K-Dichromat, CrO_3 oder Ozon, in Ggw. von W. u. H_2SO_4 behandelt. Dabei bilden sich 2 Phasen, die voneinander getrennt werden, die obere Schicht, die von den Oxydations-Prodd. prakt. frei ist, wird mit 1—5 Gewichts-% H_2SO_4, bezogen auf die KW-Stoffe, bei 25—80° 5—30 Min. lang behandelt. (**A. P. 2 932 677** vom 8/1. 1958, ausg. 12/4. 1960.) E. KAHLES. H 1010

California Research Corp., San Francisco, übert. von: John W. Scott jun., Ross, Calif., V.St.A., **Herstellung von Xylolisomeren aus aromatenreichen Kohlenwasserstoffdestillaten.** Eine KW-Stofffraktion vom Kp. 325—450° F mit einem Aromaten-Geh. von 75 Vol.-% u. einem bas. N-Geh. von 10 ppm wird mit mindestens 200 Standardkubikfuß H_2 je Barrel KW-Stoff in Ggw. eines Katalysators aus NiS oder CoS auf einem akt. Crackträger bei $>$ 400 lbs./sq.in. umgesetzt, wobei die Katalysator-Temp. bei 450—730° F gehalten wird. — Zeichnungen. (**A. P. 2 944 089** vom 7/7. 1958, ausg. 5/7. 1960.) E. KAHLES. H 1010

Diamond Alkali Co., Cleveland, übert. von: Clifford A. Neros, Willoughby, und George A. Miller, Painesville, Ohio, V.St.A., **Stabilisierung von in der Seitenkette halogenierten aromatischen Kohlenwasserstoffen,** bes. von chlorierten Xylolem, erfolgt durch Zusatz von 0,0001—5%, bes. 0,1—1% eines mehrwertigen Alkohols der Formel $HOCH_2-(CHOH)_n-CH_2OH$, worin n 1—6 bedeutet, wie Erythrit, Pentaerythrit, Xylit, Arabit, Dulcit u. Sorbit. (**A. P. 2 951 101** vom 26/5. 1958, ausg. 30/8. 1960.) J. MÜHLEISEN. H 1010

Esso Research and Engineering Co., Elizabeth, N.J., übert. von: Delos E. Bown, Baytown, Harold W. Eashart, Houston, und Robert H. Perry jun.

und Daniel E. Nicholson, Baytown, Tex., V.St.A., **Herstellung von Durol aus Polymethylbenzol.** Ein Polymethylbenzol, das im Durchschnitt 8,5—9,5 C-Atome je Mol. aufweist, wird mit einem Mol Methylierungsmittel je Mol Polymethylbenzol in Dampfphase bei normalem Druck in Ggw. eines Alkylierungskatalysators aus Kieselsäure–Tonerde auf 650—950° F mit einer Raumströmungs-Geschw. von 0,2—1 V/V/Std. erhitzt. — Zeichnung. (**A. P. 2 945 899** vom 25/3. 1957, ausg. 19/7. 1960.)
E. KAHLES. H 1010

Whiffen & Sons Ltd., London, England, **Herstellung eines stabilen Reagens zur Herstellung von Semicarbazonen.** Zu E. P. 790 066; C. **1959.** 1942 ist nachzutragen: Wenn man Hydrazin u. Nitroharnstoff unter Kühlung miteinander reagieren läßt, ist das erhaltene Salz stabil u. braucht daher nicht sofort weiterverarbeitet zu werden. (**Holl. P. 95 443** vom 12/6. 1956, ausg. 15/9. 1960. E. Prior. 16/6. 1955.)
F. BÖHM. H 1120

Hercules Powder Co., übert. von: Edwin J. Vandenberg, Wilmington, Del., V.St.A., **5-Benzoylpentanol-(1)** erhält man durch Spaltung von Phenylcyclohexanhydroperoxyd, das in organ. inertem Lsgm. gelöst ist, in Ggw. von säureaktiviertem Al-Silikat, wie Montmorillonit, Attapulgit, Zeolith, Fullererde, Kaolinit oder Bentonit, bei —15 bis 200°, bes. 50—75°, vorzugsweise bei Normaldruck. — *Insecticid, Plastikator.* — Außerdem entstehen bei der Spaltung noch Cyclohexanon u. Phenol. (**A. P. 2 950 320** vom 27/5. 1953, ausg. 23/8. 1960.) L. STADELMANN. H 1180

Imperial Chemical Industries Ltd., London, England (Erfinder: Richard William Harold Benson, Ernest Andersson Barrass und George Reid Ure), **Herstellen von Benzolcarbonsäuren** durch Oxydation von Alkylbenzolen mit O_2 in Ggw. einer Monocarbonsäure, bes. Essigsäure, Schwermetallkatalysatoren, bes. Mangan- u. Kobaltsalzen, u. von Bromionen in fl. Phase bei erhöhtem Druck u. Temp. in einem Rk.-Gefäß aus Chrom–Nickel–Austenit-Stahl, wobei man das Verhältnis von Metallionen zu Bromionen so einstellt, daß die Korrosion des Rk.-Gefäßes weniger als 0,2 mm pro Jahr beträgt. Die hierzu erforderliche Mindest-Konz. an Metallionen, durch welche die Bldg. von HBr verhindert wird, muß jeweils durch Vorverss. bestimmt werden. — Beispiel: Oxydation von p-Xylol zu *Terephthalsäure.* (**E. P. 849 041** vom 3/4. 1958, ausg. 21/9. 1960.) L. STADELMANN. H 1220

Chemstrand Corp., übert. von: George E. Ham, Decatur, Ala., V.St.A., **Reinigen von aromatischen Dicarbonsäuren** der allg. Formel HOOC—⟨⟩—(R_n)—COOH, wobei n 0 oder 1 bedeutet u. R für —⟨⟩—, —S(=O)(=O)—⟨⟩—, —HN—C(=O)—NH—⟨⟩—, —HN—C(=S)—NH—⟨⟩—, —R′—⟨⟩—, wobei R′ eine Alkylgruppe mit 1—8 C-Atomen ist, —O—R″—, wobei R″ eine Alkylgruppe mit 1 bis 6 C-Atomen ist, oder für —O—R‴—O—⟨⟩—, sowie R‴ eine Alkylgruppe mit 1—6 C-Atomen ist, steht. Man löst die Dicarbonsäuren in N-Methylpyrrolidon, 1.5-Dimethylpyrrolidon, N-Methylpiperidin oder N-Methylcaprolactam bei 30—130°, kühlt ab u. wäscht die Salze mit heißem W. aus, wobei man die freien Dicarbonsäuren erhält. — Beispiele: Reinigung von *Terephthalsäure, p.p′-Dicarboxydiphenoxybutan* u. *-äthan.* (**A. P. 2 949 483** vom 30/7. 1954, ausg. 16/8. 1960.) L. STADELMANN. H 1220

Imperial Chemical Industries Ltd., London, England (Erfinder: Fred Dean und Colin Bertie Cotterill), **Aromatische Dicarbonsäuren** erhält man in erhöhter Ausbeute durch Oxydation von dialkylsubstituierten Aromaten mit O_2 in 2 Stufen: In der 1. Stufe oxydiert man bei 130—175° in Ggw. von Co- oder Mn-Salzen von organ. Säuren zur Monocarbonsäure, in der 2. Stufe oxydiert man die Monocarbonsäure zur Dicarbonsäure bei einer nur wenig über dem F. der betreffenden Monocarbonsäure liegenden Temp. in Ggw. eines Mn-Salzes einer organ. Säure. — Beispiel: p-Xylol → *Terephthalsäure.* (**E. P. 857 098** vom 10/3. 1958, ausg. 29/12. 1960.)
L. STADELMANN. H 1220

Farbwerke Hoechst Akt.-Ges., vormals Meister Lucius & Brüning, Frankfurt/M., **Trennung von Terephthalsäure und Toluylsäuren.** Zu A. P. 2 862 963; C. **1960.** 2349 ist nachzutragen: Für das Verf. sind auch Alkohole mit 5 oder 6 C-Atomen geeignet. (**Holl. P. 95 438** vom 1/5. 1956, ausg. 15/9. 1960.) F. BÖHM. H 1220

Polymer S. p. A. Industrie Chimiche, Mailand, Italien, **Herstellung von Hydrochinon-O.O′-di-n-propionsäure** der Formel HOOC—CH_2—CH_2—O—C_6H_4—O—CH_2—CH_2—COOH, F. 207°, dadurch, daß man 24 (Teile) 1.4-Dicyanäthoxybenzol mit

94 50% ig. H_2SO_4 1 Std. kocht. 1 Vol. W. zugibt, kühlt, mit Na_2CO_3 neutralisiert u. mit Na_2SO_4 (2n) fällt. (**It. P. 510 513** vom 30/7. 1953.) K. KOEBKE. H 1250

Imperial Chemical Industries Ltd., London, England (Erfinder: Cyril Gardner und Gerald Peter French), **Katalytische Reduktion von Dinitrotoluolen.** Die Red. dieser Verbb., bes. der 2.4- u. 2.6-Isomeren mit H_2 in Ggw. von Pd oder Pt erfolgt im wss. alkohol. Medium, das 10 Gewichtsteile eines Alkohols auf 100 Gewichtsteile W. enthielt. Als Alkohol werden CH_3-OH, C_2H_5OH, Isopropanol, n-Propanol oder tert.-Butanol verwendet. — 600 Teile 2.4-Dinitrotoluol werden innerhalb von 8 Std. kontinuierlich in eine bewegte in einem Autoklaven aus rostfreiem Stahl befindliche Suspension gespritzt, die auf 1000 Teile Isopropanolgemisch mit 40% Isopropanol 1,5 Teile eines Pd-Katalysators auf Kohle mit 3% Pd enthält. Der H_2-Druck im Autoklaven wird auf 20 lbs./sq.in. gehalten. Das Rk.-Prod. wird zur Wiedergewinnung des Isopropanols destilliert. Man erhält 370 Teile *2.4-Diaminotoluol* = 94% der Theorie. (**E. P. 852 144** vom 16/4. 1958, ausg. 26/10. 1960.) E. FUCHS. H 1310

Union Carbide Corp., V.St.A. (Erfinder: Donald Leroy Bailey und Ronald Marston Pike), **Herstellung organischer Si-Verbindungen,** dad. gek., daß man ein ω-Aminoalkyl- oder -Halogenalkylsilan bei 150—180° mit einem Arylamin umsetzt. — *N-[γ-Triäthoxysilylpropyl]-anilin*, $Kp._{0,4-0,6}$ 139—145°, n_D^{25} 1,4879, durch 24std. Rühren von Anilin u. γ-Chlorpropyltriäthoxysilan, Filtrieren u. Ausäthern; Nebenprod. ist *N.N-Di-[γ-triäthoxysilylpropyl]-anilin*, $Kp._{0,5}$ 239—245°. — *N-Methyl-N-[γ-triäthoxysilylpropyl]-anilin*, $Kp._{0,7}$ 127—134°, n_D^{25} 1,4849, aus N-Methylanilin. — *N-[γ-Triäthoxysilylpropyl]-naphthylamin*, $Kp._{2,5}$ 185—187°, n_D^{25} 1,5268, aus γ-Aminopropyltriäthoxysilan u. Naphthylamin. — *N-Methyl-N-[γ-trimethylsilylpropyl]-anilin*, $Kp._3$ 117—120°, n_D^{25} 1,5148; aus γ-Chlorpropyltrimethylsilan. — *N-[γ-Triäthoxysilylproypl]-o-anisidin*, $Kp._{1,4}$ 159,5—161°, n_D^{25} 1,4900, aus o-Anisidin. — *N-[γ-Triäthoxysilylpropyl]-2.5-dichloranilin*, $Kp._{1,2}$ 155—161°, aus 2.5-Dichloranilin. — *N-[γ-Triäthoxysilylpropyl]-m-nitranilin*, $Kp._{1,4}$ 176—180°, aus m-Nitranilin. — Die Prodd. lassen sich zu *Polysiloxanen* hydrolysieren u. mit diazotierten Aminen zu direkt färbenden *Farbstoffen* kuppeln. (**F. P. 1 184 095** vom 8/10. 1957, ausg. 16/7. 1959. A. Prior. 12/10. 1956.) S. BÖTTCHER. H 1380

Engelhard Industries, Inc. (Erfinder: Paul N. Rylander, Newark, und Martin J. Kilroy, West Orange), N.J., V.St.A., **Alicyclische Ketone,** bes. *Cyclohexanon*, erhält man durch Dehydrieren der entsprechenden alicycl. Alkohole, z. B. von Cyclohexanol, bei < 400°, bes. bei 2500—400°, u. einer Raum-Geschw. von 0,01—20, bes. 0,02—2,0 g, Beschickung/g Katalysator/Std. in Ggw. eines Ru-haltigen Katalysators, bes. Ru auf Kohle. Es entsteht kein Phenol als Nebenprodukt. Außer Cyclohexanol können auch noch Cyclopentanol oder Cycloheptanol dehydriert werden. — Zwischenprodd. zur Herst. von *Adipinsäure*. (**D. A. S. 1 082 591** Kl. 12o vom 25/8. 1958, ausg. 2/6. 1960. **E. P. 849 135** vom 13/8. 1958, ausg. 21/9. 1960. Beide A. Prior. 9/9. 1957.) R. LINK. H 1960

Badische Anilin- & Soda-Fabrik Akt.-Ges., Ludwigshafen/Rh. (Erfinder: Günther Pöhler, Ludwigshafen/Rh., und Anton Wegerich, Limburgerhof/Pfalz), **Aminfreies Cyclohexanon** erhält man aus dem aus Anilin oder Nitrobenzol durch Überleiten mit der gleichen oder mehrfachen Menge W. oder Wasserdampf u. mit einem Überschuß an H_2 bei 150—350° u. bei 50—325 at über Hydrierungskatalysatoren (z. B. 6% Ni auf Bimsstein) hergestellten gekühlten u. von den gasförmigen Anteilen befreiten Rk.-Gemisch durch Behandeln desselben in einem Autoklaven im fl. Zustand bei 250—350° mit Dehydrierungskatalysatoren (Schwermetallen der I., II. oder VIII. Gruppe des Period. Syst., wie Cu, Ni, Al, Zn bzw. deren Verbb., wie Oxyden, evtl. auf übliche Trägerstoffe aufgebracht) unter dem durch die vorgegebene Temp. sich einstellenden Dampfdruck des wasserhaltigen Rk.-Gemisches, evtl. mehrstufig, wobei der während der Rk. gebildete H_2 u. NH_3 laufend aus dem Druckgefäß entfernt werden. Bes. vorteilhaft ist die Durchführung der Dehydrierung in einem vertikalen Druckgefäß nach dem Rieselverfahren. (**D. A. S. 1 075 597** Kl. 12o vom 1/10. 1958, ausg. 18/2. 1960.) R. LINK. H 1960

UCLAF, Frankreich (Erfinder: Maurice Pesez und Jaroslav Bartos), **Herstellung substituierter cyclischer Ketone,** z.B. **2.6-Bis-[diphenylallyliden]-cyclohexanon,** F. 207—208°, *2.5-Bis-[diphenylallyliden]-cyclopentanon*, F. 207—208°, u. *2-Diphenylallyliden-5.5-dimethylcyclohexandion-(1.3)*, F. 159—161°, dad. gek., daß man Diphenylacrolein in A. in Ggw. von HCl mit Cyclohexanon, Cyclopentanon bzw. 5.5-Dimethylcyclohexandion-(1.3) kondensiert. — Die Prodd. *absorbieren UV-Strahlen.* — Diagramme. (**F. P. 1 199 631** vom 21/4. 1958, ausg. 15/12. 1959.) S. BÖTTCHER. H 1960

Imperial Chemical Industries Ltd., London, England, **Herstellung von Cyclohexadien-(1.4)-dicarbonsäure-(1.4) und deren Mono- und Diestern.** Man erhitzt

Cyclohexandiol-(2.5)-dicarbonsäure-(1.4) (oder einen Ester davon), worin 0,01—5 Gewichts-% eines Salzes gelöst ist, auf mindestens 150°. Als Salze, die die Dehydratation beschleunigen u. eine genügende Löslichkeit besitzen, werden u. a. Alkali- u. Erdalkalichloride, -bromide u. -jodide, $NiCl_2$ u. $FeCl_3$, Na-Acetat u. -benzoat genannt. — Vgl. Holl. P. 92 613; C. **1960**. 13528. (**Holl. P. 95036** vom 1/5. 1954, ausg. 15/8. 1960. E. Prior. 7/4. 1954.) F. Böhm. H 2020

Soc. d'Exploitation des Laboratoires Jacques Logeais, Frankreich (Erfinder: J. G. A. E. Maillard, M. M. M. Benard und R. M. Morin), **Herstellung cycloaliphatischer Hydroxysäuren**, dad. gek., daß man ein cycloaliphat. Keton mit dem Ester einer aliphat. α-Bromcarbonsäure umsetzt u. den entstehenden Ester in wss.-alkohol. Lsg. mit $Ba(OH)_2$ verseift. — *α-[1-Hydroxycyclohexyl]-buttersäure* (I), F. 81 bis 82°, aus Cyclohexanon u. α-Brombuttersäureäthylester in Ggw. von Zn-Pulver u. Verseifung des I-*Äthylesters*, $Kp._{13}$ 134—135°, $Kp._{12}$ 130—132°, $Kp._{9}$ 128°. — *α-[1-Hydroxy-3-methylcyclohexyl]-buttersäure*, F. 85—86°. — *α-[1-Hydroxy-4-methylcyclohexyl]-* (III), F. 96—97°, u. *α-[Hydroxycyclopentyl]-buttersäure*. — *α-[1-Hydroxycyclohexyl]-propionsäure* (III), F. 60—61°, u. *-capronsäure* (IV), F. 71°. — I-*Na-Salz*, F. 299—300°. I-*NH_4-Salz*, F. 125—126°. I-*Diäthylaminsalz*, F. 98—100° (Zers.), I-*Piperidinsalz*, F. 100—103° (Zers.). I-*Morpholinsalz*, F. 98—100° (Zers.). I-*Cyclohexylaminsalz*, F. 148—152° (Zers.). II-*Diäthylaminsalz*, F. 122—123°. III-*Diäthylaminsalz*, F. 102°. IV-*Diäthylaminsalz*, F. 125—126°. (**F. P. 1 191 712** vom 19/2. 1958, ausg. 21/10. 1959.) S. Böttcher. H 2050

Ethyl Corp., New York, N.Y. (Erfinder: Albert Philip Giraitis und Tillmon Henry Pearson, Baton Rouge, La.), V.St.A., **Herstellung von Mangancyclopentadieniden**, dad. gek., daß Cyclopentadienide eines Metalls der Gruppen I, II, IIIa, IVa oder VIII des Period. Syst. unter Verw. einer metall. Mn enthaltenden Anode elektrolysiert werden. Zweckmäßig wird dem Elektrolyten zwecks Regenerierung ein Cyclopentadien-KW-Stoff zugesetzt. — Eine 0,8 Mol/Liter Methylcyclopentadienat-Na enthaltende Lsg. in einem Gemisch von 1 (Teil) Diäthylenglykoldimethyläther auf 4 Tetrahydrofuran, die gelöstes Methylcyclopentadien enthält, wird unter Verw. einer Anode aus Rein-Mn u. einer Cu-Kathode mit einer Zellenspannung von 20—30 V u. einer Stromdichte von 0,005—0,05 A/cm² elektrolysiert. Aus dem Prod. erhält man durch Dest. *Dicyclopentadienyl-Mn* in einer 25%ig. Stromausbeute u. einer 90%ig. Ausbeute, bezogen auf verbrauchtes Mn. (**D. A. S. 1 100 021** Kl. 12o vom 18/12. 1958, ausg. 23/2. 1961. A. Prior. 23/12. 1957.) J. Mühleisen. H 2180

Karl Buser, Leipzig, und Otto Schrader, Leuna, **Herstellung von p.p'-Dihydroxydiphenyldimethylmethan** durch Kondens. von Phenol u. Aceton in saurer Lsg., dad. gek., daß das bei Kohlehydrierung oder als Schwel-Prod. der Stein- u. Braunkohle u. des Ölschwefels anfallende Rohaceton verwendet wird. (**D. P. [DDR] 17 984** Kl. 12q vom 4/5. 1957, ausg. 11/12. 1959 [Wirtschaftspatent].) L. Grossner. H 2260

Allied Chemical Corp., New York, übert. von: François X. Demers jun., Amherst, und Theodore R. Fink, Buffalo, N.Y., V.St.A., **Reinigung von 4.4'-Methylendianilin.** Das bei der Rk. von Anilin mit Formaldehyd erhaltene Roh-Prod. wird im wss. Medium mit 0,4—1 Mol HCl auf 1 Mol 4.4'-Methylendianilin versetzt. Das entstandene Chlorid wird auskrist., von der die Unreinigkeiten enthaltenden Mutterlauge getrennt u. mit NaCl u. W. gewaschen. Die Base wird aus dem Salz durch KOH oder NaOH bei 80—90° frei gemacht. Nach dem Auswaschen des Alkalis wird die Base abdest. (235—250° bei 8 mm). (**A. P. 2 938 054** vom 18/2. 1958, ausg. 24/5. 1960.) E. Fuchs. H 2510

Koppers Co., Inc., Pittsburgh, Pa., V.St.A., **Anthrachinon**, F. 284—286°, erhält man durch Oxydation von geschmolzenem oder in einem Lsgm. (Nitrobenzol, Di- u. Trichlorbenzol, Chlornitrobenzol) gelösten Anthracen mit konz. HNO_3 (98%ig.) bei 150—220, bes. 175—200° u. anschließendes Abkühlen der Rk.-Mischung auf 20°. (**E. P. 796395** vom 18/2. 1957, ausg. 11/6. 1958. A. Prior. 28/3. 1956.) G. Krauss. H 2800

General Aniline & Film Corp., New York, N.Y., übert. von: Walter N. Alexander, Verona, N.J., V.St.A., **Anthrachinon (I)** erhält man durch Oxydation von Anthracen (II) in Ggw. eines Lsgm. (Chlf., CCl_4, Di- u. Trichlorbenzol, Nitrobenzol, Eisessig, Toluol) mit 3—80%ig. HNO_3 bei Raum-Temp. bis 200°, bes. 85—115° u. 1—215 lbs./sq.in.abs.; anschließend wird aus der Lsg. das I kristallin abgeschieden; aus dem Lsgm. werden die N-Oxyde ausgetrieben, u. nach Zusatz von frischem **II** u. frischer HNO_3 wird dieses in den Kreislauf zurückgeführt. I-Ausbeute: 92—98,5%. — Das Verf. ist auch anwendbar zur Herst. von kurzkettigen Mono- u. Dicarbonsäuren aus langkettigen Fettsäuren. — Vorr., Zeichnungen. (**A. P. 2 821 534** vom 16/9. 1954, ausg. 28/1. 1958.) G. Krauss. H 2800

N. V. de Bataafsche Petroleum Mij., Den Haag, Holland, **Herstellung von 1.2.3.4.7.7-Hexachlorbicyclo-(2.1.1)-heptadien-(2.5)** durch Rk. von Hexachlorcyclopentadien u. Acetylen. Man arbeitet unter solchen Bedingungen, daß folgende Beziehungen eingehalten werden: a) $900 \leq 28{,}6\,p + 2\,t + m \leq 4400$; b) $12{,}3 \leq p \leq 35$; c) $100 \leq t \leq 185$; d) $m > 60$. Hierin bedeuten p = Überdruck in kg/cm², t = Temp. in °C, m = Kontaktzeit in Minuten. Auf diese Weise erhält man gute Ausbeuten (bis 95%). — Vgl. F. P. 1 170 150; C. **1960.** 13197. (**Holl. P. 95 181** vom 8/8. 1956, ausg. 15/8. 1960. A. Prior. 10/8. 1955.) F. BÖHM. H 2950

Union Carbide Corp., V.St.A. (Erfinder: Ronald Marston Pike), **Herstellung organischer Si-Verbindungen,** die Pyrrolgruppen enthalten, z. B. *γ-[2.5-Dimethylpyrryl]-propyltriäthoxysilan,* Kp.$_{0,5}$ 119—121°, n_D^{25} 1,4587, u. *δ-[2.5-Dimethylpyrryl]-butylmethyldiäthoxysilan,* dad. gek., daß man ein Aminoalkylalkoxysilan, z. B. γ-Aminopropyltriäthoxy- oder δ-Aminobutylmethyldiäthoxysilan, bei 100—180° mit einem γ-Diketon, wie Acetonylaceton, umsetzt. — Die Prodd. lassen sich mit anderen Siloxanen copolymerisieren. — *Imprägnierungsmittel* für Fasern, *Schmieröl-* u. *Kunstharzzusätze.* (**F. P. 1 184 098** vom 8/10. 1957, ausg. 16/7. 1959. A. Prior. 12/10. 1956.) S. BÖTTCHER. H 3081

Laboratoires Français de Chimiothérapie, Frankreich (Erfinder: André Allais und Jean Meier), **Herstellung von 6-Fluortryptamin,** F. 80° (Pikrat, F. 264°). 2-Nitro-4-aminotoluol wird diazotiert u. mit H_3BF_6 umgesetzt zu *3-Nitro-4-methylbenzoldiazoniumfluorborat,* das man durch Erhitzen zersetzt zu *2-Nitro-4-fluortoluol,* Kp.$_3$ 77°, n_D^{25} 1,522. Dieses wird in Ggw. von K-Äthylat mit Diäthyloxalat zu *4-Fluor-2-nitrophenylbrenztraubensäureäthylester* kondensiert, den man mit Säuren behandelt, mit Fe red. u. cyclisiert zu *6-Fluorindol-2-carbonsäureäthylester,* F. 140°. Man verseift zu *6-Fluorindol-2-carbonsäure,* F. > 220°, decarboxyliert zu *6-Fluorindol,* F. 73°, das man mit Dimethylamin u. HCHO zu *6-Fluorgramin,* F. 136,5°, kondensiert. Dieses führt man in das *Sulfomethylat* u. letzteres mit KCN in *6-Fluorindolyl-(3)-acetonitril,* Kp.$_{0,1}$ 110°, F. 51—52°, über, das an RANEY-Ni hydriert wird. (**F. P. 1 201 548** vom 18/4. 1958, ausg. 30/12. 1959.) S. BÖTTCHER. H 3081

Olivier Gaudin, Frankreich, **Herstellung von Dithio-β-ketocarbonsäuren,** dad. gek., daß man Aldehyde oder Ketone in Ggw. von Na-tert.-Butylat oder -Amylat in Bzl. mit CS_2 kondensiert. Die Dithiosäuren können durch Rk. mit $P_4S_{10}(P_2S_5)$ in Ggw. von Katalysatoren in Toluol, Xylol oder Tetralin in *1.2-Dithiol-3-thione* übergeführt werden. — *Benzoyldithioessigsäure,* F. 63°, aus Acetophenon; wird in *5-Phenyl-1.2-dithiol-3-thion,* F. 124—125°, übergeführt. — *Acetyldithioessigsäure* u. *5-Methyl-1.2-dithiol-3-thion,* F. 31—32°. — *4.4-Dimethyl-3-oxodithiopentansäure* u. *5-[tert.-Butyl]-1.2-dithiol-3-thion,* F. 70°, aus 3.3-Dimethylbutanon. — *p-Methoxybenzoyldithioessigsäure,* F. 98°, u. *5-[p-Methoxyphenyl]-1.2-dithiol-3-thion,* F. 109°, aus p-Methoxyacetophenon. — *4.5.6.7-Tetrahydrobenzo-1.2-dithiol-3-thion,* F. 102°, aus Cyclohexanon. (**F. P. 1 198 192** vom 6/6. 1958, ausg. 4/12. 1959.) S. BÖTTCHER. H 3112

Claude Hennart und Eugène Merlin, Frankreich, **Herstellung von Chromon-2-carbonsäuren** und ihren *Estern,* dad. gek., daß man Alkylalkoxydichlorglykolate mit o-Hydroxyarylalkylketonen umsetzt. — Chromon-2-carbonsäuren: *3-Methyl-, Äthylester,* aus o-Hydroxypropiophenon u. Äthoxydichlorglykolsäureäthylester. — *3-Methyl-,* F. 170°, aus dem Ester. — *3.7-Dimethyl-,* F. 181°, aus 2-Hydroxy-4-methylpropiophenon. — *3-Methyl-7-hydroxy-,* F. 320°, aus 2.4-Dihydroxypropiophenon. Ggf. verwendet man Pd-Katalysatoren. (**F. P. 1 193 052** vom 3/3. 1958, ausg. 30/10. 1959.) S. BÖTTCHER. H 3211

Abbott Laboratories, V.St.A. (Erfinder: Irwin W. Sangrelet und Gregory A. Bauer), **Herstellung von Pyridincarbonsäureestern,** dad. gek., daß man z. B. Nicotinsäure mit einem großen Überschuß n-Hexanol 12 Std., n-Octanol oder Äthylbutanol 22 Std. u. 2-Äthylhexanol 8 Std. kocht u. das entstehende W. mit Bzl. azeotrop. abdest.: *Nicotinsäure-n-hexyl-,* Kp.$_5$ 140°, *-äthylbutyl-, -äthylhexyl-,* Kp.$_5$ 150°, u. *-n-octylester.* (**F. P. 1 186 702** vom 23/11. 1957, ausg. 31/8. 1959. A. Prior. 23/11. 1957.) S. BÖTTCHER. H 3231

Soc. des Usines Chimiques Rhône-Poulenc, Frankreich, **Herstellung von Estern des Piperidyl-(2)-phenylcarbinols (I),** Form *B,* dad. gek., daß man ein Isomerengemisch (A + B) von **I** mit $SOCl_2$ zum Chlor-Deriv. umsetzt u. dieses entweder direkt, z. B. mit CH_3COOAg, oder über **I** (B) in **I** (*B*)-Ester überführt. — Beschrieben wird die Herst. von *1-Chlor-1-phenyl-1-[piperidyl-(2')]-methan* (*Hydrochlorid,* F. 213°), u. daraus mit $AgNO_3$-Lsg. **I** (*B*), F. 172°, das man auch aus **I** (A)-Hydrochlorid erhalten kann u. das sich als Hydrochlorid zum *Acetathydrochlorid* (*B*) (**II**) acetylieren läßt. — Aus d-**I** (A)-Hydrochlorid, F. 219—220°, $[\alpha]_D^{20}$ +7° (c = 3,5; Chlf.), stellt man *l*-**I** (*B*) her, F. 149—150°; $[\alpha]_D^{20}$ −45° (c = 3,5; Chlf.). — *l*-**II** (*B*), *Hydrochlorid,* F. 232°; $[\alpha]_D^{20}$ −60° (c = 0,4; Chlf.). *d-Form,* F. 232°, $[\alpha]_D^{20}$ +71° (c = 0,3; Chlf.). (**F. P. 70 999** vom 6/2. 1957, ausg. 30/9. 1959. **Zusatz zu F. P. 1 176 935; C. 1961. 5184.**) S. BÖTTCHER. H 3231

Soc. des Usines Chimiques Rhône-Poulenc, Frankreich, **Herstellung von Estern des Piperidyl-(2)-phenylcarbinols (I).** Aus I (Form A) u. Essigsäureanhydrid stellt man *1-[1'-Acetylpiperidyl-(2')]-1-phenylcarbinol* (II) *A*, F. 148°, her, das man durch Behandlung mit HCl in *1-Acetoxy-1-[piperidyl-(2')]-1-phenylmethanhydrochlorid B* überführt, welches analog auch aus II B (F. 145°) entsteht. (**F. P. 71 000** vom 7/2. 1957, ausg. 30/9. 1959. **Zusatz zu F. P. 1 176 935; C. 1961. 5184.**) S. BÖTTCHER. H 3231

Merck & Co., Inc., Rahway, N.J., V.St.A., **Herstellung von Steroidderivaten.** Man behandelt ein 17α.21-Dihydroxy-20-ketosteroid der Pregnanreihe in Ggw. einer starken Säure mit einem Aldehyd der Formel $C_nH_{2n+1}CHO$ (n = 0—5). — Aus in Chlf. suspendiertem Cortison erhält man durch Rühren mit CH_2O (40%ig. wss. Lsg.) u. konz. HCl *17-20.20-21-Bis-methylendioxy-4-pregnen-3.11-dion*, F. 259—262°. — Analog: *17-20.20-21-Bis-methylendioxy-1.4-pregnadien-3.11-dion*, F. 214—217°. — *17-20.-20-21-Bis-methylendioxy-1.4-pregnadien-11β-ol-3-on-11-methoxymethyläther*, F. 217 bis 220°. — *17-20.20-21-Bis-methylendioxy-4.6-pregnadien-3.11-dion*, F. 239—243° (Zers.), $[\alpha]_D^{25}$ +119° (Chlf.). — *17-20.20-21-Bis-methylendioxy-9α-fluor-4-pregnen-11β-ol-3-on*, F. 248—255°. — *17-20.20-21-Bis-methylendioxy-4-pregnen-11β-ol-3-on*, F. 217 bis 222°. *17-20.20-21-Bis-methylendioxy-9.11β-oxydo-4-pregnen-3-on*, F. 180—190°. — *17-20.20-21-Bis-methylendioxy-1-pregnen-3.11-dion*, F. 230—233°. — *17-20.20-21-Bis-methylendioxyallopregnan-11β-ol-3-on*, F. 220—225°. (**Holl. P. 95 768** vom 2/1. 1958, ausg. 15/10. 1960. A. Prior. 2/1. 1957.) F. BÖHM. H 3750

Canada Packers Ltd., übert. von: Kekhusroo R. Bharucha, Toronto, Ontario, Canada, **Herstellung eines Benzophenon-Adduktes des Epipregnanolons** sowie dessen *Spaltung*. Man oxydiert z. B. 3α-Acetoxy-$\Delta^{20,23}$-24.24-diphenylcholadien in Aceton u. in Ggw. von $MgSO_4$ mit $KMnO_4$ bei 45—50°, hydrolysiert die Acetoxygruppe des Oxydations-Prod. mit methanol. HCl, trennt die anorgan. Salze ab u. krist. das Prod. aus Ae. um → *Epipregnanolon–Benzophenon-Addukt*, F. 126—130°; $[\alpha]_D^{25}$ 84,57°, das sich auch durch Einengen einer äther. Lsg. von Epipregnanolon (I) u. Benzophenon herstellen läßt. Zur Spaltung wird das Addukt mit Wasserdampf dest. → **I**, F. 149—151°, oder mit H_3PO_4 extrahiert, wobei ebenfalls **I** erhalten wird. (**A. P. 2 868 810** vom 29/11. 1956, ausg. 13/1. 1959.) U. SIEVERS. H 3750

Badische Anilin- & Soda-Fabrik Akt.-Ges., Deutschland, *Chlorierung von Kohlenwasserstoffen.* (**F. P. 1 182 611** vom 11/9. 1957, ausg. 26/6. 1959. D. Prior. 18/9. 1956. — C. **1958.** 12532 [D. A. S. 1 023 026].)

Hooker Electrochemical Co., V.St.A. (Erfinder: **David Solomon Rosenberg**), *Photochemische Chlorierung von Kohlenwasserstoffen.* (**F. P. 1 178 555** vom 9/4. 1957, ausg. 26/2. 1959. A. Prior. 16/4. 1956. — C. **1960.** 17275 [A. P. 2 899 370].)

Esso Research and Engineering Co., Elizabeth, N.J., V.St.A., *Zerlegen von Kohlenwasserstoffgemischen.* (**D. B. P. 974 256** Kl. 23b vom 26/1. 1952, ausg. 10/11. 1960. Anmeldung bekanntgemacht 8/11. 1956. — C. **1957.** 3391 [A. P. 2 710 668].)

Associated Ethyl Co. Ltd., London, England (Erfinder: **William James Read, Daniel Brennan Clapp, Douglas Ronman Stevens, John Edward Russell** und **Sydney Frank Grover**), *Halogenieren von Olefinen.* (**Jap. A. S. 2116/1959** vom 25/7. 1956, ausg. 9/4. 1959. E. Prior. 28/7. 1955. — C. **1960.** 12162 [Aust. P. 217 906].)

Dr. Karl Ziegler, Mülheim/Ruhr, *Flüchtige Kohlenwasserstoffe.* (**Oe. P. 205 011** vom 11/7. 1955, ausg. 25/8. 1959. D. Prior. 7/8. 1954. — C. **1959.** 1268 [F. P. 1 128 369].)

Soc. d'Électro-Chimie, d'Électro-Métallurgie et des Aciéries Électriques d'Ugine, Paris, Frankreich, *Herstellung von Tri- und Tetrachloräthylen.* (**E. P. 846 517** vom 30/1. 1958, ausg. 31/8. 1960. F. Prior. 8/2. 1957 u. 20/1. 1958. — C. **1959.** 15189 [F. P. 1 166 211].)

Badische Anilin- & Soda-Fabrik Akt.-Ges., Ludwigshafen/Rh. (Erfinder: **Herbert Friederich**, Worms), *Isomerisieren von Butendiolen.* (**Jap. A. S. 2459/1959** vom 30/7. 1956, ausg. 15/4. 1959. — C. **1959.** 7632 [D. A. S. 1 035 643].)

Badische Anilin- & Soda-Fabrik Akt.-Ges., Ludwigshafen/Rh. (Erfinder: **Ferdinand Meyer**, Mannheim, und **Kurt Demmler**, Ludwigshafen/Rh.), *Diglycidäther von Diolen.* (**Schwz. P. 347 510** vom 27/4. 1956, ausg. 31/8. 1960. D. Prior. 14/5. 1955. — C. **1957.** 12009 [D. B. P. 960 185].)

Nitroglycerin Aktiebolaget, Gyttorp, Schweden, *Salpetersäureester aliphatischer Alkohole.* (**Oe. P. 205 015** vom 30/12. 1957, ausg. 25/8. 1959. Schwed. Prior. 8/2. u. 28/8. 1957. — C. **1960.** 7337 [D. A. S. 1 058 039].)

Henkel & Cie. G. m. b. H., Düsseldorf, *Peroxysulfonate aus Sultonen und Peroxyden.* (**E. P. 822 901** vom 20/12. 1955, ausg. 4/11. 1959. D. Prior. 23/12. 1954. — C. **1959.** 3296 [F. P. 1 142 444] u. C. **1960.** 17467 [D. A. S. 1 030 334].)

Usines de Melle, Melle, Frankreich, *Reinigen von Aceton.* (**It. P. 510 205** vom 1/10. 1952. F. Prior. 2/10. 1951. — C. **1956.** 4280 [E. P. 718 338].)

Union Carbide Corp., V.St.A. (Erfinder: **Benjamin Phillips, Paul Spencer Starcher** und **Bertrand Donahay Ash**), *Persäuren.* (**F. P. 1 183 067** vom 29/7. 1957, ausg. 2/7. 1959. A. Prior. 31/7. 1956. — C. **1959.** 3299 [A. P. 2 814 641].)

American Cyanamid Co., V.St.A. (Erfinder: **Erwin Lockwood Carpenter**), *Acrylnitril.* (**F. P. 1 186 704** vom 23/11. 1957, ausg. 31/8. 1959. A. Prior. 14/12. 1956. — C. **1960.** 3696 [A. P. 2 840 592].)

Organico Soc. An., Paris, Frankreich, *Gleichzeitige Erzeugung von Oenantol und Undecylensäure.* (**Holl. P. 95 134** vom 18/1. 1956, ausg. 15/8. 1960. F. Prior. 21/1. 1955. — C. **1958.** 8188 [F. P. 1 120 247].)

American Cyanamid Co., New York (Erfinder: **Norbert Bikales**, Stamford, und **Mary Lucy Miller**, New York), N.Y., V.St.A., *Eisenfreies Acrylsäureamid.* (**Schwz. P. 348 399** vom 14/6. 1956, ausg. 14/10. 1960. A. Prior. 25/8. 1955. — C. **1960.** 15219 [F. P. 1 153 586].)

Rohm & Haas Co., Philadelphia, Pa., V.St.A., *Alkalisalze der 2.3-Dichlorisobuttersäure.* (**Oe. P. 205 016** vom 20/1. 1958, ausg. 25/8. 1959. A. Prior. 25/1. 1957. — C. **1959.** 9732 [A. P. 2 823 232].)

Lonza Elektrizitätswerke und Chemische Fabriken Akt.-Ges., Basel (Erfinder: **Heinrich Hopff**, Küsnacht, und **Heinz Lüssi**, Zürich), Schweiz, *Herstellung von aromatischen Dicarbonsäurevinylestern.* (**D. A. S. 1 093 354** Kl. 12o vom 13/10. 1956, ausg. 24/11. 1960. Schwz. Prior. 9/12. 1955. — C. **1960.** 14517 [Schwz. P. 339 616].)

Union Carbide Corp. übert. von: **Frederick Charles Frostik jun.**, und **Benjamin Phillips**, New York, N.Y., V.St.A., *Herstellung von 3.4-Epoxy-2-hydroxyalkansäureallylestern.* (**E. P. 834 029** vom 31/8. 1956, ausg. 4/5. 1960. A. Prior. 16/9. 1955. — C. **1960.** 15220 [Belg. P. 550 751].)

Koninklijke Industrieele Mij. voorheen Noury & van der Lande N. V., Deventer, Holland, *Gluconsäuremonohydrat.* (**Oe. P. 200 130** vom 4/9. 1957, ausg. 25/10. 1958. Holl. Prior. 17/9. 1956. — C. **1960.** 10405 [D. A. S. 1 069 610].)

Inventa Akt.-Ges. für Forschung und Patentverwertung, Luzern, Schweiz, *Herstellung von Aminocarbonsäuren.* (**Holl. P. 95 114** vom 11/10. 1955, ausg. 15/8. 1960. — C. **1958.** 7599 [E. P. 774 468].)

Dow Corning Corp., V.St.A. (Erfinder: **John L. Speier** und **Donald E. Hook**), *Herstellung von Organosiliciumverbindungen.* (**F. P. 1 163 492** vom 23/11. 1956, ausg. 26/9. 1958. A. Prior. 5/12. 1955. — C. **1959.** 9054 [A. P. 2 823 218].)

Parke, Davis & Co., Detroit, Mich., V.St.A., *Mineralsaure Salze von O-Glycyl-(l)-serin.* (**Dän. P. 84 108** vom 30/4. 1953, ausg. 16/12. 1957. — C. **1959.** 11730 [Oe. P. 189 621].)

Ajinomoto Co., Inc., Tokyo, übert. von: **Tetsuo Ogawa**, Tokyo, **Toshinao Tsunoda**, Zushi, **Ryohei Aoki**, **Kazumoto Kinoshita** und **Shinji Okumura**, Tokyo, und **Yasuhiro Kondo**, Kawasaki, Japan, *Herstellung von l-Glutaminsäure.* (**A. P. 2 940 903** vom 20/1. 1958, ausg. 14/6. 1960. Jap. Prior. 5/2. 1957. — C. **1960.** 300 [D. A. S. 1 061 790].)

Bataafse Petroleum Mij. N. V., Den Haag, Holland (Erfinder: **John Louis van Winkle**, **Edward Reed Bell** und **Rupert Clarke Morris**, Emeryville, Calif., V.St.A.), *Herstellung von Monoamiden von Trihalogenmethanphosphonsäuremonoestern.* (**D. A. S. 1 097 445** Kl. 12o vom 20/7. 1954, ausg. 19/1. 1961. A. Prior. 20/7. 1953. — C. **1957.** 3125 [F. P. 1 109 234].)

Comp. Française Thomson-Houston, Seine, Frankreich, übert. von: **Robert Nelson Meals**, *Umwandlung von Methylpolysiloxanen in Methylalkoxysilane.* (**F. P. 1 159 821** vom 19/9. 1956, ausg. 2/7. 1958. A. Prior. 26/9. 1955. — C. **1959.** 1270 [A. P. 2 826 599].)

Esso Research and Engineering Co., Elizabeth, N.J., V.St.A., *Reinigen von Kohlenwasserstoffen.* (**Belg. P. 567 259** vom 29/4. 1958, ausg. 12/8. 1960. A. Prior. 6/9. 1955. — C. **1960.** 5975 [A. P. 2 848 519].)

California Research Corp., San Francisco, Calif., V.St.A., *Alkylieren von Benzol mit Propen.* (**Holl. P. 94 792** vom 24/6. 1954, ausg. 15/7. 1960. A. Prior. 25/6. 1953. — C. **1957.** 2060 [F. P. 1 108 149].)

Koppers Co., Inc. (Erfinder: **George Arthur Webb**), Pittsburgh, Pa., V.St.A., *Herstellung von Hydroxyaromaten.* (**Jap. A. S. 9970/1958** vom 1/12. 1952, ausg. 19/11. 1958. A. Prior. 4/12. 1951. — C. **1957.** 5416 [A. P. 2 736 754].)

Distillers Co. Ltd., Edinburgh, England (Erfinder: **Alaric Louis Jeffrey Raum**), *Herstellung von o-Methylolphenolen.* (**E. P. 774 696** vom 30/4. 1954, ausg. 15/5. 1957. — C. **1958.** 12823 [D. A. S. 1 027 681].)

Comp. Française Thomson-Houston, Frankreich (Erfinder: **Allan Stuart Hay**), *Oxydation organischer Verbindungen.* (**F. P. 1 186 888** vom 22/3. 1957, ausg. 3/9. 1959. A. Prior. 27/3. 1956. — C. **1960.** 5645 [E. P. 798 619].)

Hercules Powder Co., Wilmington, Del. (Erfinder: **Ross Oliver Watson**, Mount Holly, N.J.), V.St.A., *Verhindern von Terephthalsäureabscheidungen in Veresterungsvorrichtungen.* (**D. A. S. 1 092 898** Kl. 12o vom 21/2. 1959, ausg. 17/11. 1960. A. Prior. 6/3. 1958. — C. **1960.** 6999 [A. P. 2 892 864].)

Vereinigte Glanzstoff-Fabriken Akt.-Ges., Wuppertal (Erfinder: **Wolfgang Jurgeleit**, Aschaffenburg), *Abbau von Polyäthylenterephthalat zu Terephthalsäuredimethylester.* (**Schwz. P. 348 154** vom 18/12. 1956, ausg. 30/9. 1960. D. Prior. 25/1. 1956. — C. **1957.** 12013 [D. A. S. 1 003 714].)

Farbwerke Hoechst Akt.-Ges., vormals Meister Lucius & Brüning, Frankfurt/M., *Diazotierung von Aminen.* (**E. P. 844 062** vom 15/10. 1956, ausg. 10/8. 1960. D. Prior. 14/10. 1955. Zusatz zu E. P. 812 368; C. 1960. 8017. — C. **1958.** 4626 [D. A. S. 1 008 309].)

Badische Anilin- & Soda-Fabrik Akt.-Ges., Deutschland, *4.4'-Diaminodiphenylsulfoxyde und -sulfone.* (**F. P. 1 179 930** vom 24/5. 1955, ausg. 29/5. 1959. D. Prior. 18/6. 1954. — C. **1959.** 963 [D. B. P. 964 593].)

Badische Anilin- & Soda-Fabrik Akt.-Ges., Deutschland, *Cyclooctatrien-(1.3.6).* (**F. P. 1 184 302** vom 14/10. 1957, ausg. 20/7. 1959. D. Prior. 19/10. 1956. — C. **1960.** 16594 [D. A. S. 1 034 626].)

Studiengesellschaft Kohle m. b. H., Mülheim/Ruhr, *Herstellung von Nitrocyclododecan und Cyclododecanonoxim.* (**Belg. P. 566 745** vom 12/4. 1958, ausg. 12/8. 1960. D. Prior. 18/4. 1957 u. 31/3. 1958. — C. **1961.** 3525 [D. A. S. 1 060 859] u. C. **1961.** 4522 [D. A. S. 1 081 009].)

Ciba Ltd., Basel, Schweiz, *Herstellung von Methylenhydrophenanthrenen.* (**E. P. 845 283** vom 15/10. 1956, ausg. 17/8. 1960. Schwz. Prior. 13/10. 1955 u. 13/7. 1956. — C. **1959.** 16167 [F. P. 1 165 070].)

N. V. de Bataafsche Petroleum Mij., Den Haag, Holland, *Äthylenoxyd.* (**Oe. P. 205 471** vom 5/5. 1958, ausg. 25/9. 1959. A. Prior. 7/5. 1957. — C. **1960.** 12506 [D. A. S. 1 075 585].)

X. Färberei. Organische Farbstoffe

Untersuchungen über einige Faktoren bei der Herstellung von Druckpasten für den Flächendruck. Yoshifumi Okaya und Jiro Sanada. (J. Soc. Textile Cellulose Ind., Japan [Sen-i Gakkaishi] **16.** 968—74. Nov. 1960. Wakayama City, Japan, Wakayama Prefectural Ind. Res. Inst.) (Jap.; Auszug: Engl.)

Es wird der Einfl. verschiedener Verdickungsmittel beim maschinellen Flächendruck auf die Güte des erzielbaren Druckes untersucht. Die erhaltenen Ergebnisse zeigen, daß Weizenstärke, Natriumalginat u. Schisa bestens geeignet sind. Verdickungsmittel, die allen gestellten Anforderungen an Flächendrucke gerecht werden, wurden nicht gefunden. Bei Verw. von Verdickungen aus verschiedenen Prodd. ist eine Mischung aus Weizenstärke u. Na-Alginat bes. geeignet. — 7 Figuren, 2 Tabellen. H. G. FRÖHLICH. 7006□

Farbstoffe und Textilhilfsmittel. Anonym. (SVF Fachorgan Textilveredlung **16.** 151—52. Febr. 1961.) (Dt.)

SANDOZ AKT.-GES., Basel: *Nylonstrumpfbraun 2 R ultradispers* färbt helle u. dunkle rotstichige Brauntöne auf Nylon u. Perlon. Der Farbstoff, der auch für den Druck geeignet ist, ist auch für Acetat u. Triacetat anwendbar. Zirk. Nr. 1414 u. Musterkarte Nr. 1313. — „*Lanasyndruck*" wird in der Musterkarte Nr. 1405/61 für den Maschinen- u. Filmdruck auf Wolle, Seide u. synthet. Polyamidfasern illustriert. — CIBA AKT.-GES., Basel: *Orafix TR* dient als Fixier- u. Bindemittel für Flock-, Mattätzweiß-, Mattweiß- u. Metallpulverdruck. Es weist gute Kochwasch- u. Reibechtheit auf. Bes. hervorragend ist die Trockenreinigungsechtheit. — POLYGAL AKT.-GES., Marstetten: *Polyprint-Emulsionsverdicker CPH* ermöglicht Mischnuancen bei Überfällen im Dreifarbendruck (Trichromie). Die Trichromietechnik ermöglicht im Rouleauxdruck zahlreiche u. außerordentlich attraktive Farbeffekte. Das Prod. gewährleistet einwandfreies Ausdrucken auch der feinsten Rasterpartien u. brillante u. farbkräftige Mischtöne mit homogener Abstufung. P. ECKERT. 7018□

Betrachtungen zum Färben von Küpenfarbstoffen nach dem Pigmentklotzverfahren und dessen egalitätsbestimmende Faktoren. R. Loss. (SVF Fachorgan Textilveredlung **16.** 59—63. Jan. 1961. Langenthal.) (Dt.)

Die Egalität der Küpenfärbung nach dem Pigmentklotz-Verf. wird beeinflußt bei der Klotzung durch die Pigmentgröße in der Dispersion, dem Netzvermögen des Gewebes u. der Tauchzeit sowie bei der Entw. durch die Klotzflottenmenge u. der Entw.-Zeit, ferner durch die Ziehkurven der Küpenfarbstoffe. A. REIFF. 7020□

Die Lichteinwirkung auf Gewebe aus Stapelfasern. J. A. Legkun. (Przegląd włókienniczy **14.** 26—32. Jan. 1960.) (Pol.)

Die Lichtechtheit von Ausfärbungen läßt sich am besten colorimetr. bestimmen. Wie Unterss. des Vf. zeigen, verschießen mit Direktblau gefärbte u. fixierte Fasern im Licht weniger als mit lichtechtem Direktblau gefärbte Fasern. Je satter die Farbe ist, d. h. je konzentrierter die Farbstoff-Lsg. beim Färben ist, desto lichtechter ist die gefärbte Faser. Eine erneute Ausfärbung verschossener Fasern ist lichtechter als die erste Ausfärbung. F. URBAN. 7028□

Neue Furanfarbstoffe. Bis-acylacetarylide der Furan-2.5-dicarbonsäure als Kupplungskomponenten für Entwicklungsazofarbstoffe. Giorgio Modena. (Boll. sci. Fac. Chim. ind. Bologna **14.** 17—21. 1956.) (Ital.) — Vgl. C. **1956.** 11170.

Durch Kondens. von Furan-2.5-dicarbonsäuredichlorid mit Acetessigester u. Hydrolyse mit NH_4Cl/NH_4OH wurde *2.5-Bis-[carbäthoxyacetyl]-furan* dargestellt u. mit Arylaminen in sd. Xylol in die entsprechenden *2.5-Bis-[arylaminoformylacetyl]-furane* übergeführt. Letztere geben mit aromat. u. heterocycl. Diazoniumsalzen *2.5-Bis-[α-arylaminoformyl-α-arylazoacetyl]-furane*, die als gelbe bis orangefarbene Entw.-Farbstoffe auf Baumwolle sehr gute Wasch-, Schweiß- u. Alkalibeständigkeit, jedoch mit Ausnahme der heterocycl. Derivv. nur geringe Licht- u. Chlorechtheit besitzen.

Versuche: *2.5-Bis-[carbäthoxyacetyl]-furan*, $C_{14}H_{16}O_7$, durch Zutropfen von n-NaOH zu Furan-2.5-dicarbonsäuredichlorid u. Acetessigester in Bzl. unter Rühren $<30—35^0$, Ansäuern der wss. Schicht, Extrahieren mit Ae., 36std. Stehen des Extraktrückstandes mit NH_4Cl in NH_4OH, Lösen des Nd. in W., Ansäuern mit HCl u. Extrahieren mit Ae.; Öl; 65% (Ausbeute). — 2.5-Bis-[arylaminoformylacetyl]-furane: aus 1 Mol vorst. Ester, 2 Mol Arylamin u. Spuren Piperidin in sd. Xylol (3 Std.). *o-Toluidino-*, $C_{24}H_{22}N_2O_5$, F. 223°, aus Pyridin Blättchen; 70%. — *p-Toluidino-*, $C_{24}H_{22}N_2O_5$, F. 245°, aus Pyridin Prismen; 49%. — *o-Anisidino-*, $C_{24}H_{22}N_2O_7$, F. 151°, aus Xylol Prismen; 70%. — *p-Anisidino-*, $C_{24}H_{22}N_2O_7$, F. 236°, aus Pyridin Nadeln; 62%. — *o-Chloranilino-*, $C_{22}H_{16}Cl_2N_2O_5$, F. 165°, aus Xylol Mikrokristalle; 64%. — *p-Chloranilino-*, $C_{22}H_{16}Cl_2 \cdot N_2O_5$, F. 250°, aus Pyridin Nadeln; 75%. — *2.5-Dichloranilino-*, $C_{22}H_{14}Cl_4N_2O_5$, F. 222°, aus Xylol Nadeln; 50%. — *o-Nitranilino-*, $C_{22}H_{16}N_4O_9$, F. 191°, aus Chlorbenzol Mikrokristalle; 50%. — *m-Nitranilino-*, $C_{22}H_{16}N_4O_9$, F. 207°, aus Pyridin Mikrokristalle; 48%. — *p-Nitranilino-*, $C_{22}H_{16}N_4O_9$, F. 227°, aus Pyridin Mikrokristalle; 75%. — *α-Naphthylamino-*, $C_{30}H_{22}N_2O_5$, F. 238°, aus Pyridin Prismen; 78%. — *4-Chlor-2-methylanilino-*, $C_{24}H_{20}Cl_2N_2O_5$, F. 225°, aus Pyridin Prismen; 69%. — *5-Chlor-2-methylanilino-*, $C_{24}H_{20}Cl_2N_2O_5$, F. 238°, aus Pyridin Nadeln; 62%. — *2.5-Diäthoxyanilino-*, $C_{30}H_{34}N_2O_9$, F. 173°, aus Xylol Mikrokristalle; 65%. — *2.5-Diäthoxy-4-chloranilino-*, $C_{30}H_{32}Cl_2N_2O_9$,

F. 150°, aus A. Nadeln; 50%. — *2.4-Dimethoxy-5-chloranilino-*, $C_{26}H_{24}Cl_2N_2O_9$, F. 225°, aus Chlorbenzol Prismen; 76%. — *Thiazolyl-(2)-amino-*, $C_{16}H_{12}N_4O_5S_2$, F. 243°, aus Pyridin Prismen; 70%. — *Benzothiazolyl-(2)-amino-*, $C_{24}H_{16}N_4O_5S_2$, F. 221°, aus Pyridin Mikrokristalle; 62%. — *Dibenzofuryl-(3)-amino-*, $C_{34}H_{22}N_2O_7$, F. 250°, aus Nitrobenzol Mikrokristalle; 54%. — 2.5-Bis-[α-arylamino-α-arylazoacetyl]-furane, aus 1 Mol 2.5-Bis-[arylaminoformylacetyl]-furan in Alkali u. 2,1 Mol Aryldiazoniumsalz. — *-α-(2.5-dichloranilino)-α-(o-methoxybenzolazo)-*, $C_{36}H_{26}Cl_4N_6O_7$, F. 305°, aus Nitrobenzol Mikrokristalle; λ_{max}416—420 (log ε = 4,57). — *-α-(2-methyl-4-chloranilino)-α-(o-methoxybenzolazo)-*, $C_{38}H_{32}Cl_2N_6O_7$, F. 296°, aus Nitrobenzol Prismen; λ_{max} 418—420 (log ε = 4,52). — *-α-(2.5-diäthoxy-4-chloranilino)-α-benzolazo-*, $C_{42}H_{40}Cl_2N_6O_9$, F. 246°, aus Bzl. Nadeln; λ_{max} 386—398 (log ε = 4,58). — *-α-(2.5-diäthoxy-4-chloranilino)-α-(o-methoxybenzolazo)-*, $C_{44}H_{44}Cl_2N_6O_{11}$, F. 257°, aus Bzl. Nadeln; λ_{max} 416—420 (log ε = 4,59). — *-α-(2.4-dimethoxy-5-chloranilino)-α-benzolazo-*, $C_{38}H_{32}Cl_2N_6O_9$, F. 287°, aus Chlorbenzol Stäbchen; λ_{max} 396—404 (log ε = 4,54). — *-α-(2.4-dimethoxy-5-chloranilino)-α-(o-methoxybenzolazo)-*, $C_{40}H_{36}Cl_2N_6O_{11}$, F. 303°, aus Chlorbenzol Blättchen; λ_{max} 420—426 (log ε = 4,56). — *-α-[benzothiazolyl-(2)-amino]-α-benzolazo-*, $C_{36}H_{24}N_8O_5S_2$, F. 278°, aus Chlorbenzol Nadeln; λ_{max} 398—404 (log ε = 4,61). — *-α-[dibenzofuryl-(3)-amino]-α-benzolazo-*, $C_{46}H_{30}N_6O_7$, F. 291°, aus Chlorbenzol Blättchen; λ_{max} 394—402 (log ε = 4,59). — *-α-[dibenzofuryl-(3)-amino-α-(o-methoxybenzolazo)-*, $C_{48}H_{34}N_6O_9$, F. 316°, aus Nitrobenzol Prismen; λ_{max} 418—422 (log ε = 4,21). F. Heller. 7052□

Badische Anilin- & Soda-Fabrik Akt.-Ges., Deutschland, **Verbesserung der Farbbeständigkeit von gefärbten Celluloseestern und -äthern** bei Verw. von Farbstoffdispersionen von wasserunlösl. Anthrachinonfarbstoffen, bes. in einer Luftatmosphäre, welche Verbrennungsgase enthält. Das zu färbende Gut wird vor, während oder nach dem Färben mit einer geringen Menge eines Dibenzylimidazolidins **I** versetzt (Ar = ein mit Halogen oder Alkyl- oder Alkoxygruppen substituierter Phenylrest;

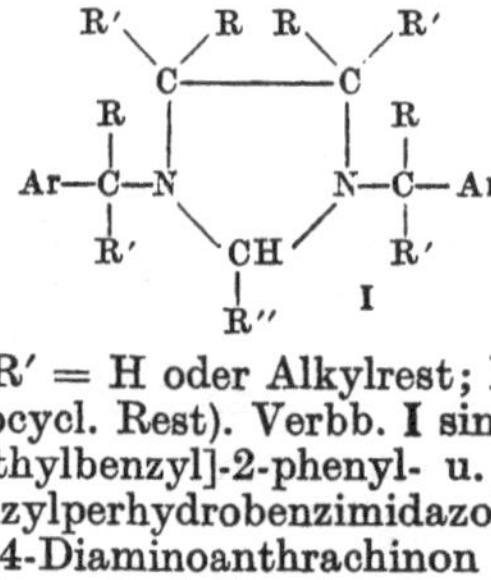

I

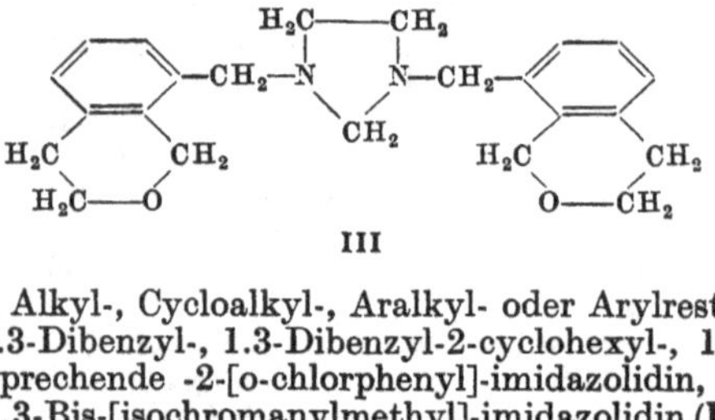

III

R u. R' = H oder Alkylrest; R'' = H, Alkyl-, Cycloalkyl-, Aralkyl- oder Arylrest oder heterocycl. Rest). Verbb. **I** sind z. B. 1.3-Dibenzyl-, 1.3-Dibenzyl-2-cyclohexyl-, 1.3-Di-[α-methylbenzyl]-2-phenyl- u. das entsprechende -2-[o-chlorphenyl]-imidazolidin, N.N'-Dibenzylperhydrobenzimidazol (**II**), u. 1.3-Bis-[isochromanylmethyl]-imidazolidin (**III**).— 2 g 1.4-Diaminoanthrachinon u. 4 g **II** werden in 4 Liter W. gelöst. Damit wird ein Acetatgewebe 1 Std. bei 80—85° violett gefärbt. Die Färbung ist gegen Verbrennungsabgase beständig. — 1.4.5.8-Tetraaminoanthrachinon geben mit **III** eine blaue Färbung mit gleichen Eigenschaften. (**F. P. 1 155 048** vom 21/7. 1956, ausg. 21/4. 1958. D. Prior. 22/7. 1955.) M. F. Müller. 7007

Sandoz Akt.-Ges., Basel (Erfinder: Ernst Merian, Bottmingen, und Otto Senn, Arlesheim), Schweiz, **Färben hydrophober Fasern, wie Celluloseacetat-, Polyamid- und Polyesterfasern.** Man verwendet Dispersionsfarbstoffe, die durch Kuppeln von 1 Mol der Diazo-Verb. aus einem 1-Amino-2-nitrobenzol, das in 4-Stellung einen nicht wasserlösl. machenden Substituenten tragen kann, mit 1 Mol ggf. im Phenylkern nicht wasserlösl. machende Substituenten tragendem 1.3-Indandion (1.3-Diketohydrinden), oder 1 Mol in 2-Stellung substituierter Derivv. davon, die ihren in 2-Stellung befindlichen Rest gegen einen o-Nitrophenylazorest austauschen lassen, erhalten wurden. (**D. A. S. 1 090 172** Kl. 8m vom 13/4. 1959, ausg. 6/10. 1960. Schwz. Prior. 25/4. 1958 u. 24/3. 1959.) F. Böhm. 7021

Ernst Heilamm, Bad Blankenburg, und Hans Steinmüller, Rudolstadt, **Verhinderung von Kett- und Schußstreifigkeit beim Färben von Polyamidfäden** mit in organ. Lsgm. lösl., direkt aufziehenden Farbstoffen. Dem Bad der Vorwäsche wird ein bekanntes Red.-Mittel, z. B. Na-Hydrosulfit, zugesetzt. Die Konz. richtet sich nach der Art des Red.-Mittels. (**D. P. [DDR] 19 173** Kl. 8m vom 17/4. 1956, ausg. 16/6. 1960 [Wirtschaftspatent].) M. F. Müller. 7021

Soc. de Produits Chimiques Industriels S.P.C.I. (Erfinder: Joachim Reuter), La-Plaine-Saint-Denis, Frankreich, **Färben von Gebilden aus Polyacrylnitril oder Mischpolymerisaten des Acrylnitrils.** Bei der Durchführung des Verf. gemäß D. A. S. 1 051 787 setzt man zwecks besserer Ausnutzung des Farbstoffes der Flotte mehr Dihydroxyalkandisulfonsäure (I) u. $CuSO_4$ (II) zu, als in der genannten D. A. S. angegeben, u. zwar zur Erzielung mittlerer Farbtiefen 100—150 (%) I u. 130—200 II. Bei blasseren Farbtönungen erhöht, bei satteren erniedrigt sich dieser %-Satz. (**D.A.S. 1 092 879** Kl. 8m vom 6/12. 1957, ausg. 17/11. 1960. F. Prior. 6/12. 1956. **Zusatz zu D. A. S. 1 051 787; C. 1959. 16485.**) F. BÖHM. 7021

Joh. A. Benckiser G. m. b. H., Chemische Fabrik, Ludwigshafen/Rh., **Erhöhung der Lagerbeständigkeit von mit normalen, unveresterten Küpenfarbstoffen bedruckter Ware vor und nach dem Dämpfen.** Man verwendet eine Druckpaste, die neben den sonst verwendeten Hydroxyl- u. bzw. oder Aminogruppen tragenden Verbb. einen Zusatz von Salzen mehrwertiger bzw. mehrfach funktioneller organ. Säuren enthält. Solche Salze sind z. B. Salze der Nitrilotriessigsäure, Äthylendiamintetraessigsäure, Weinsäure oder Citronensäure. Als endständige OH- bzw. NH_2-Gruppen tragende Verbb. kommen z. B. in Betracht: Glycerin, Thiodiäthylenglykol, Sorbit, Harnstoff, Triäthanolamin. — Ein tiefer Farbton wurde z. B. mit einer Druckpaste auf der Grundlage einer Stärke–Traganth-Verdickung erreicht, welche je kg 60 (g) Indanthrenmarineblau R 100/1000, 75 Na-Formaldehydsulfoxylat, 84 Na_2CO_3, 60 Thiodiäthylenglykol u. 20 Nitrilotriessigsäure enthielt. (**Oe. P. 199 607** vom 19/1. 1954, ausg. 25/9. 1958. D. Prior. 24/1. 1953.) M. F. MÜLLER. 7023

Deering Milliken Research Corp., Pendleton, übert. von: Cyril George Evans, Clemson, S.C., V.St.A., **Bedrucken von Textilien** aus Polyacrylnitril. Man verwendet Druckpasten, die erhalten wurden durch Erhitzen auf 210—300° F einer Mischung aus einem sauren Farbstoff, einem wasserlösl. Cu(II)-Salz, einem wasserlösl. Alkalisalz einer anorgan. Säure oder einer niedermol. Fettsäure u. einem 1—3wertigen Phenol, das noch 1—2 KW-Stoff-, COOH- oder Halogensubstituenten enthalten kann, wobei die Anzahl dieser Substituenten u. der OH-Gruppen zusammen nicht $>$ 3 betragen soll, bes. p-Phenylphenol. Als weitere Zusätze kommen ggf. hygroskop. Lsgm. für die Farbstoffe (Glycerin), Furfurylalkohol u. als Netzmittel wirkende Alkylsulfate in Frage. (**A. P. 2 906 590** vom 5/5. 1954, ausg. 29/9. 1959.) F. BÖHM. 7023

Badische Anilin- & Soda-Fabrik Akt.-Ges., Deutschland, **Entfernung von Küpenfarbstoffen von gefärbten Geweben** unter Verw. einer Bad-Fl., welche Polyvinylpyrrolidon u. ein Zusatzmittel in Form von Polyalkylenoxyd-Derivv., höhermol. aliphat., aliphat.-aromat., oxyarylierten Alkyl-Verbb., Aminen oder von höheren aliphat. Iminen, enthalten. Bei der Farbstoffentfernung hinterbleiben keinerlei schädliche Reste auf dem Gewebe. (**F. P. 1 150 224** vom 25/5. 1956, ausg. 9/1. 1958. D. Prior. 3/6. 1955.) M. F. MÜLLER. 7027

Farbwerke Hoechst Akt.-Ges., vormals Meister Lucius & Brüning, Deutschland, **Herstellung eines Monoazofarbstoffes** der Formel I, dad. gek., daß diazotiertes 1-Amino-2-äthyl-5-nitrobenzol mit 2-[2'-Hydroxynaphthoyl-(3')-amino]-naphthalin gekuppelt wird. (**F. P. 1 160 335** vom 16/11. 1956, ausg. 11/7. 1958.) S. BÖTTCHER. 7053

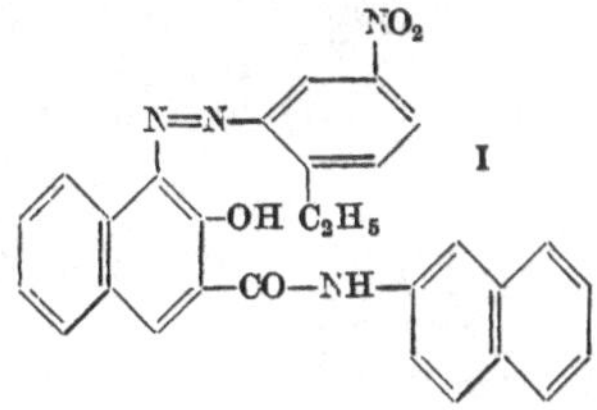

I

Farbenfabriken Bayer Akt.-Ges., Leverkusen (Erfinder: Karl-Heinz Freytag und Carl Taube), **Herstellung von Trisazofarbstoffen** u. deren *Cu-Komplexen*, dad. gek., daß man 3.3'-Dichlor-4.4'-diaminodiphenyl (I) tetrazotiert u. mit Hydroxy- oder Aminonaphthalin-Derivv. oder Pyrazolon-Derivv. u. dem Cu-Komplex

III

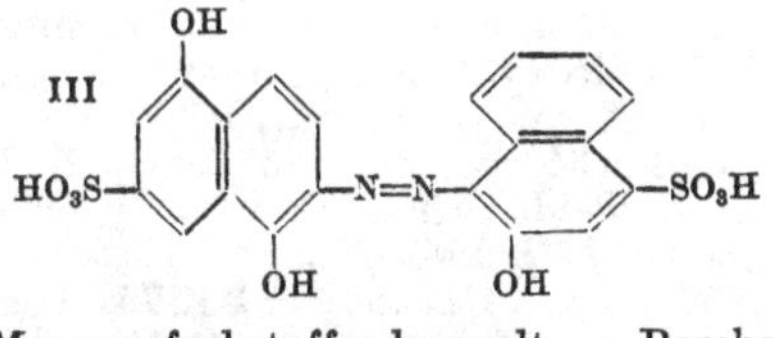

II

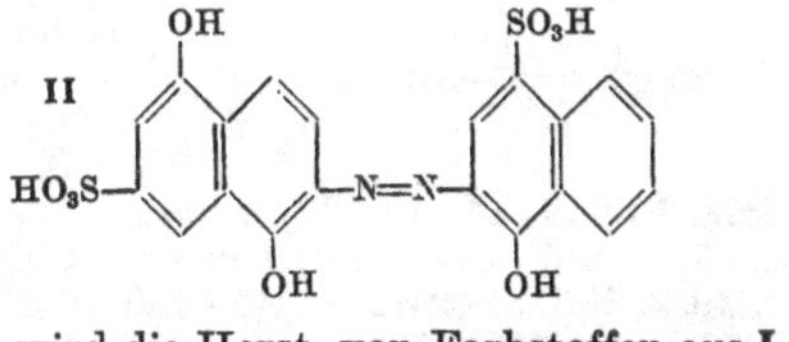

eines Monoazofarbstoffes kuppelt. — Beschrieben wird die Herst. von Farbstoffen aus I, 1-Hydroxynaphthalin-3.8-disulfonsäure u. dem Cu-Komplex aus diazotierter 1-Amino-2-hydroxynaphthalin-4-sulfonsäure u. 1.6-Dihydroxynaphthalin-3-sulfonsäure; aus I, 1-Hydroxynaphthalin-3.6-disulfonsäure u. dem gleichen Cu-Komplex, sowie den Cu-Komplexen von III u. II; aus I, 1-Amino-8-hydroxynaphthalin-2.4-disulfonsäure u. III-Cu-Komplex. (**F. P. 1 160 937** vom 28/11. 1956, ausg. 13/8. 1958. **Belg. P. 552 951** vom 27/11. 1956, ausg. 15/1. 1960. Beide D. Prior. 28/11. u. 2/12. 1955.) S. BÖTTCHER. 7055

Ciba Akt.-Ges. (Erfinder: Jakob Brassel und Max Stäuble), Basel, Schweiz, **Farbstoffe der Anthrachinonreihe.** Reaktivfarbstoffe, die zum Färben u. Bedrucken von bes. cellulosehaltigen Fasern geeignet sind, die sie in gut chlor-, licht- u. sehr gut waschechten Tönen färben, erhält man dadurch, daß man Trihalogentriazine einerseits mit wasserlösl. Anthrachinonfarbstoffen, die eine acylierbare Aminogruppe u. mindestens eine saure, wasserlöslichmachende Gruppe enthalten, u. andererseits mit einer Aminocarbon- oder -sulfonsäure, einer niedrigmol. organ. Hydroxyverb. oder NH_4OH derart kondensiert, daß Kondens.-Prodd. entstehen, die mindestens 2 saure, wasserlöslichmachende Gruppen u. ein labiles Halogenatom aufweisen. — Die erhaltenen Farbstoffe können, bes. durch Aussalzen, Filtrieren u. Trocknen unter milden Bedingungen zu trocknen Färbe-Präpp. verarbeitet werden. — Zu einer Lsg. von 20 (Gewichtsteilen) Cyanurchlorid (I) in 80 Aceton gibt man 100 Eis u. versetzt die erhaltene Suspension mit einer auf 0° gekühlten Lsg. von 32,7 des Dinatriumsalzes von 1-Aminobenzol-2.5-disulfonsäure (II) in 330 W. u. tropft zu diesem Gemisch in 2 Std. 55 Vol.-Teile 2n Na_2CO_3 bei 2—4°. Die so erhaltene Lsg. des Kondens.-Prod. aus **I** u. **II** gibt man in eine 40° warme Lsg. von 43,1 des Na-Salzes von 1-Amino-4-(3'-aminophenylamino)-anthrachinon-2-sulfonsäure u. 5,3 Na_2CO_3 in 2000 W., erwärmt das Rk.-Gemisch auf 35—40°, rührt 1 Std. bei dieser Temp., salzt mit NaCl aus, filtriert u. trocknet im Vakuum bei 90°. Der dunkel gefärbte Farbstoff färbt Baumwolle (**A**) rotstichigblau. — Ähnliche Farbstoffe erhält man durch Rk. des Kondens.-Prod. aus **I** u. **II** mit 1-Amino-4-phenylaminoanthrachinon-2-sulfonsäure mit den folgenden Substituenten im Phenylrest der Phenylaminogruppe: 3'-Methylamino, rotstichigblau; 3'-Äthylamino, rotstichigblau; 4'-Amino, blau; 2'-Sulfo-4'-amino, blau; 2'-Sulfo-4'-methylamino, blau; 3'-Sulfo-4'-amino, blau; 4'-Chlor-5'-amino, blau; 3'-Carboxy-4'-amino, blau. — Weitere Farbstoffe können erhalten werden durch Rk. von **I** u. 1-Aminoanthrachinon-2-sulfonsäure (**III**)-4-Derivv.: **III**-(4'-aminophenylamino)-3'-sulfonsäure (**IIIa**) u. 1-Aminobenzol-3-sulfonsäure (**IV**), blau; **III**-(3'-methylaminophenylamino)-5-sulfonsäure u. **IV**, rotstichigblau; **III**-(4'-äthylaminophenylamino)-5-sulfonsäure u. **IV**, grünstichigblau; **III**-(3'-amino-4'-chlorphenylamino)-8-sulfonsäure u. **IV**, blau; **III**-(4'-aminophenylamino)-7-sulfonsäure, grünstichigblau; **IIIa** u. 1-Amino-4-methylbenzol-2-sulfonsäure, grünstichigblau; **III**-(4'-aminophenylamino)-2'.5-disulfonsäure (**V**) u. 1-Aminobenzol-4-sulfonsäure (**Va**), grünstichigblau; **IIIa** u. 1-Amino-2-methoxybenzol-5-sulfonsäure, grünstichigblau; **IIIa** u. 8-Aminonaphthalin-3.6-disulfonsäure, grünstichigblau; **V** u. 7-Aminonaphthalin-3-sulfonsäure. Ferner werden Farbstoffe erhalten durch Rk. von **I** mit: **IV** u. 5-Amino-**III**, färbt **A** rotorange; 4-Amino-**III** u. **Va**, färbt **A** blauviolett. Setzt man 2.4-Dichlor-6-phenylamino-1.3.5-triazin-3'-sulfonsäure (**VI**) mit sulfoniertem Aminoisodibenzanthron um, so wird ein Farbstoff erhalten, der **A** in grauen Tönen färbt. Der aus **VI** u. 1.4-Diaminoanthrachinon-2-carbonsäure (**VII**) erhältliche Farbstoff färbt **A** violettblau. Weitere Farbstoffe erhält man aus: **I**, **VII** u. 4-Aminobenzoesäure, marineblau; **I**, 4-Brom-5-amino-**III** u. 1-Aminobenzol-3-sulfonsäure, orange; **I**, 4-Amino-5-nitro-**III** u. **Va**, blauviolett; 2.4-Dichlor-6-phenylamino-1.3.5-triazin-4'-sulfonsäure (**VIII**) u. 1-Aminoanthrachinon-5-sulfonsäure, gelb; **I**, **Va** u. 4-Aminoanthrachinon-1-carbonsäure-2-sulfonsäure, violettbraun; **VIII** u. dem sulfonierten Farbstoffgemisch aus 1.5-Dihydroxy-4-nitro-8- u. 1.8-Dihydroxy-4-nitro-5-phenylaminoanthrachinon, grünstichigblau; **VI** u. Aminodibenzpyrenchinondisulfonsäure, braun; **I**, **Va** u. 4-Methylamino-**III**, rosa; **VI** u. dem Dischwefelsäuremonoester (**IX**) von 1.4-[Di-(β-hydroxyäthylamino)]-anthrachinon(**X**), rotviolett; **I**, dem **IX** von **X** u. NH_4OH, Farbstoff der Zus. **XI**

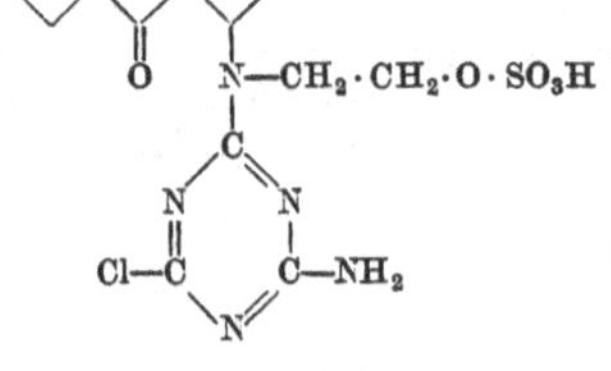

XI

(**F. P. 1 182 124** vom 6/9. 1957, ausg. 23/6. 1959. **Belg. P. 560 734** vom 11/9. 1957, ausg. 22/4. 1960. Beide Schwz. Prior. 12/9. 1956, 19/2. u. 23/7. 1957. **Oe. P. 201 746** vom 11/9. 1957, ausg. 26/1. 1959. Schwz. Prior. 12/9. 1956 u. 19/2. 1957. **Schwz. P. 350 400** vom 12/9. 1956, ausg. 14/1. 1961 u. **352 767** vom 12/9. 1956, ausg. 28/4. 1961.) O. ROICK. 7059

Laszlo Auer, übert. von: **Leslie Ladislaus Balassa**, V. St. A. *Herstellung von Zeugdruckpasten.* (**F. P. 1 159 597** vom 24/5. 1956, ausg. 30/6. 1958. A. Prior. 26/5. 1955. — C. **1960.** 15912 [E. P. 808 925].)

Imperial Chemical Industries Ltd., London, England, *Färben von Textilien.* (**Ind. P. 56 201** vom 2/1. 1956, ausg. 13/2. 1958. E. Prior. 12/1. 1955. — C. **1958.** 9068 [E. P. 780 509].)

Ciba Ltd., Basel, Schweiz, *Pigmentfärbeverfahren.* (**E. P. 842 727** vom 6/11. 1956, ausg. 27/7. 1960. Schwz. Prior. 1/12. 1955. — C. **1960.** 11477 [A. P. 2 888 420].)

Comp. Française des Matières Colorantes, Paris, Frankreich, *Oxydationsfarben für Textilien*. (**It. P. 512 543** vom 22/7. 1953. F. Prior. 30/7. 1952. — C. **1955.** 3973 [F. P. 1 060 667].)

Imperial Chemical Industries Ltd., London, England, *Färben und Drucken von aus Cellulose bestehenden Textilerzeugnissen*. (**Oe. P. 200 553** vom 18/4. 1957, ausg. 10/11. 1958. E. Prior. 18/4. 1956 u. 10/4. 1957. — C. **1959.** 11736 [D. A. S. 1 052 945].)

Vereinigte Glanzstoff-Fabriken Akt.-Ges., Wuppertal-Elberfeld (Erfinder: **Wolfgang Jurgeleit**, Aschaffenburg), *Färben von textilen Gebilden aus Polyolefinen*. (**Oe. P. 196 832** vom 11/6. 1957, ausg. 25/3. 1958. D. Prior. 31/7. 1956. — C. **1961.** 1021 [E. P. 814 582].)

Farbenfabriken Bayer Akt.-Ges., Leverkusen, *Farbstoffe zum Färben und Bedrucken von Polymeren oder Co-Polymeren aus Acrylonitril oder asymm. Dicyanäthylen*. (**E. P. 840 282** vom 14/3. 1958, ausg. 6/7. 1960. D. Prior. 28/3. 1957. — C. **1959.** 13946 [D. A. S. 1 044 022].)

Ciba Soc. An., Schweiz, *Echtfärben von Vinylpolymerisaten*. (**F. P. 1 155 691** vom 8/8. 1956, ausg. 7/5. 1958. Schwz. Prior. 9/8. 1955. — C. **1959.** 3006 [D. A. S. 1 027 396].)

Farbwerke Hoechst Akt.-Ges., vormals Meister Lucius & Brüning, Frankfurt/M., *Bedrucken von Textilien*. (**Holl. P. 95 104** vom 9/9. 1955, ausg. 15/8. 1960. D. Prior. 18/9. 1954. — C. **1957.** 8945 [D. A. S. 1 003 177].)

Ciba Soc. An., Basel, Schweiz, *Azofarbstoffe*. (**Schwed. P. 156 132** vom 14/1. 1955, ausg. 18/9. 1956. Schwz. Prior. 15/1., 26/3. u. 20/12. 1954. — C. **1958.** 4937 [D. A. S. 1 011 546].)

Farbenfabriken Bayer Akt.-Ges., Deutschland, *Herstellung von wasserunlöslichen Monoazofarbstoffen*. (**F. P. 1 144 918** vom 29/3. 1956, ausg. 18/10. 1957. D. Prior. 30/3. 1955. — C. **1958.** 10507 [D. B. P. 965 917].)

Ciba Akt.-Ges., Basel, Schweiz, *Metallazofarbstoffe*. (**Norw. P. 88 338** vom 20/4. 1956, ausg. 12/11. 1956. Schwz. Prior. 21/4. 1955. — C. **1960.** 1336 [Aust. P. 211 292].)

J. R. Geigy Soc. An., Schweiz, *Kupferbare Disazofarbstoffe*. (**F. P. 1 154 717** vom 19/6. 1956, ausg. 16/4. 1958. Schwz. Prior. 20/6. 1955. — C. **1960.** 17625 [Schwz. P. 340 287].)

Farbwerke Hoechst Akt.-Ges., vormals Meister Lucius & Brüning, Frankfurt/M., übert. von: **Erich Brenneisen**, Hofheim, **Richard Huss** und **Arthur Siebert**, Frankfurt/M., *Metallhaltige Diazofarbstoffe*. (**A. P. 2 951 069** vom 26/3. 1957, ausg. 30/8. 1960. D. Prior. 31/3. 1956. — C. **1960.** 2354 [D. A. S. 1 020 425].)

XIa. Farben. Anstriche. Lacke. Naturharze

Der Einfluß der Oberflächenrauhigkeit auf die Dauerhaftigkeit von Farbanstrichen. Joseph Bigos. (Corrosion [Houston] **15.** Nr. 8. 428 t—432 t. Aug. 1959. Monroeville, Pa., United States Steel Corp., Appl. Res. Labor.) (Engl.)

Auf Grund der geringen Lebensdauer von Pb-Phenolanstrichen auf Konstruktionsstählen in Industrieatmosphären konnte gezeigt werden, daß die Haltbarkeit der Farbschichten von der Rauhigkeit der Metalloberfläche stark beeinflußt wurde. Sandgestrahlte Stahloberflächen zeigten in der Salzsprühkammer ein gutes Verh. der aufgetragenen Farbschichten, während grob gestrahlte Oberflächen mit Unterschieden in den Profilspitzen (anchor pattern profil) bis zu $8 \cdot 10^{-3}$ in. bei üblicher Farbschichtdicke starke Korrosionen zeigten. Nach den Unters.-Ergebnissen ist keine Korrosion bei einem Profilunterschied von $4 \cdot 10^{-3}$ in. u. einer Farbschichtdicke (trocken) von $1,5 \cdot 10^{-3}$ in. zu erwarten. Für die allg. Regel, daß die Farbschichtdicke das dreifache der maximalen Oberflächenrauhigkeit betragen soll, konnte keine Bestätigung gefunden werden.

WOLFGANG SIMON. 7090□

Der Schutz von Metalloberflächen durch Vorbehandlung und Anstrich. F. Reichel. (Industrieblatt **57.** 35—37. 25/2. 1957.) (Dt.)

Prakt. Hinweise für Vorbehandlung u. Lackierung von Metallen.

B. SCHEIFELE. 7090□

Kritische Pigmentvolumenkonzentration. G. Hesse. (Plaste u. Kautschuk **7.** 421—25. Aug. 1960. Coswig, Bez. Dresden, VEB Lack- u. Druckfarbenfabrik.) (Dt.)

Die zunehmende Anwendung der Begriffe Pigment-Vol.-Konz. u. krit. Pigment-Vol.-Konz. machte es notwendig, das Pigment–Bindemittel-Verhältnis in Anstrichmitteln in Vol.-Begriffen auszudrücken, da mit diesen Begriffen die techn. Eigg. eines Anstriches, wie Rost- u. Blasen-Bldg., Glanz usw. eng verbunden sind. Das aber macht seinerseits eine genaue Meth. zur Feststellung des Pigment-Vol.-Verhältnisses zum Gesamt-Vol. des Pigmentes u. Bindemittels erforderlich. In diesem Zusammenhang bespricht Vf. die Zellen-Meth., die New-England-Club-Meth. u. die Zentrifugenmethode.

K. WEKUA. 7092□

Polyester als korrosionsbeständige Überzüge. Lawrence Graubart. (SPE Journal **16.** 1317—23. Dez. 1960. Reichhold Chem., Inc.) (Engl.)

Aus 4 verschiedenen „Polylite"-Marken wurden unter Verw. von Styrol, TiO_2, Glimmer u. Methyläthylketonperoxyd Lacke hergestellt, die ölfrei sind u. bei Raum-Temp. an der Luft härten. Überzüge davon auf sandgestrahltem Stahl oder Al, z. T. auch auf Mauerwerk, jeweils ohne oder mit verschiedenen Grundierungen wurden auf UV-, Wetter- u. Chemikalienbeständigkeit sowie auf Schlagfestigkeit, z. T. im Vgl. mit Überzügen aus Epoxyd–Polyamid-, Öl–Alkyd- oder Melamin–Alkyd-Harzen untersucht. Die Ergebnisse zeigen, daß die mehrere mil starken Polyesterüberzüge als Korrosions- u.

Wetterschutz sowie als Dekorationsmittel teils gleichwertig, teils besser als bekannte Überzüge sind. Für Stahl ist eine Epoxyd–Polyamid–Zinkchromat-Grundierung zu empfehlen. Die Stoßfestigkeit (Film konkav) ist etwa gleich wie die Rückstoßfestigkeit (Film konvex) schlechter als die bekannter Überzüge. R. JUNGE. 7096□

Die Feuchtigkeits-Resistenz von kaltgehärteten Epoxydharz-Anstrichen. 2. Mitt. **Der Einfluß des Lösungsmittels.** D. M. James. (J. Oil colour Chemists' Assoc. **43.** 653–73. Sept. 1960. Liverpool, Beck, Koller & Co. Ltd.) (Engl.) — 1. vgl. C. **1961.** 8847.

Die Widerstandsfähigkeit gegen Feuchtigkeit von kaltgehärteten Epoxydharzanstrichen ist abhängig vom Lsgm., mit dem sie niedergeschlagen worden sind. Die langsam verdampfenden wasserlösl. Lsgm., wie Gylkoläther u. Diacetonalkohol verursachen eine schnelle Blasen-Bldg. in dest. Wasser. Es wurde auch der Mechanismus der Blasen-Bldg. studiert. Als Modell wurden hierfür Äthylglykol als akt. Lsgm. herangezogen. Als die Ursache der Blasen-Bldg. muß die Gesamtquellung abgelehnt werden, weil die Filme in W. schrumpfen, u. einige Alkohole, die Quellung hervorrufen, keine Blasen-Bldg. verursachen. Die Wasserdurchlässigkeit wird ebenfalls durch das Lsgm. wenig beeinflußt. Einbrennen vermindert die Blasen-Bldg. von Filmen. Es ist anzunehmen, daß Lsgm. an oder in der Nähe der Hauptschicht zurückgehalten wird u. durch osmot. Druck Blasen-Bldg. hervorruft. Die Blasen-Fl. enthält flüchtige oxydable Stoffe. Daß die Blasen durch Innendruck verursacht werden, wird dadurch bewiesen, daß, wenn man die Filme auf dünne Metallfolie aufträgt, die Metallfolie wie auch der Anstrich beim Eintauchen in dest. W. Blasen bilden. Es wird auch eine andere Möglichkeit diskutiert, nämlich Entstehung der Blasen durch innere Kräfte im Film bei der Trocknung u. Aufhebung der Adhäsion durch das Wasser. Dies könnte unabhängig von allen osmot. Effekten geschehen. K. WEKUA. 7106□

Mikrobiologische Angriffe auf Anstriche in den Tropen. P. Whiteley. (J. Oil Colour Chemists' Assoc. **43.** 842–58. Dez. 1960. Watford, Herts., Building Res. Stat., Tropic. Building Sect.) (Engl.)

Vf. bespricht Vork. von Schimmelpilzen u. Algen in trop. Klima, Unterschiede zwischen Schimmel u. Algen, Wachstum u. Einw. auf Anstriche, Beziehung zwischen der Zus. der Anstriche u. der Widerstandsfähigkeit gegen Schimmel bei Pigmenten, Medien u. Fungiciden. Vf. führt einige Ergebnisse aus Ghana bei der Luft-Einw. ausgesetzten Anstrichen an, aus denen folgt, daß die Widerstandsfähigkeitsdauer von äußeren dekorativen Anstrichen gegen Schimmel geringer ist als die Dauer ihres Schutzvermögens. — Diskussion. — 36 Literaturhinweise. K. WEKUA. 7106□

Laporte Titanium Ltd., Luton, Bedfordshire, England (Erfinder: James Thomson Richmond, Raymond James Wigginton und George Geoffrey Durrant), **Herstellung von Titandioxydpigmenten durch Hydrolyse von Titansulfatlösungen.** $TiSO_4$-Lsgg. werden in Ggw. von Rutil-Bldg. fördernden Keimen hydrolysiert, das gefällte TiO_2 ausgewaschen, worauf es in Ggw. von W. mit einer alkal. reagierenden NH_4-Verb., bes. NH_4OH oder $(NH_4)_2CO_3$, zwecks Neutralisation der Rest-H_2SO_4 u. Einstellung eines pH-Wertes von 5–8 behandelt wird, um dann mit von Ca-, Mg- u. Silicationen freiem W. $(NH_4)_2SO_4$-frei gewaschen zu werden, worauf es bei 850–900° calciniert wird. Vor dem Auswaschen der H_2SO_4 kann dem TiO_2 eine unlösl. Zn-Verb., bes. ZnO, $Zn(OH)_2$ oder $ZnCO_3$, zugesetzt werden, wodurch Mischpigmente erhalten werden. Das TiO_2 liegt fast vollständig in der Rutilform vor u. zeigt bessere Färbekraft als ein solches, das nicht neutralisiert u. ein zweites Mal gewaschen wurde. (**E. P. 846 085** vom 3/11. 1955, ausg. 24/8. 1960. **Aust. P. 209 561** vom 31/10. 1956, ausg. 22/8. 1957. E. Prior. 3/11. 1955.) K. WOLK. 7093

Columbia-Southern Chemical Corp., übert. von: Edward M. Allen, Doylestown, Ohio, V.St.A., **Herstellung eines feinteiligen Kieselsäure-Erdalkalisulfit-Pigments,** dad. gek., daß eine wss. Aufschlämmung einer feinteiligen SiO_2 mit einer Partikelgröße unter 0,1 μ mit einem Geh. an Erdalkali- u. Sulfitionen u. mit einem pH von 1,5–6 hergestellt wird, aus der durch pH-Steigerung auf über 6,5 das Pigment ausgefällt wird. — Vgl. E. P. 805 494; C. **1960.** 4694 u. nachst. Referat. (**A. P. 2 865 779** vom 24/6. 1955, ausg. 23/12. 1958.) A. GRADL. 7093

Columbia-Southern Chemical Corp., übert. von: Edward M. Allen, Doylestown, Ohio, V.St.A., **Herstellung eines feinteiligen Kieselsäure–Erdalkalisulfit-Pigments,** dad. gek., daß man ein wasserlösl. Erdalkalisalz in eine wss. Dispersion einer feinteiligen, gefällten SiO_2 mit einer Teilchengröße $< 0,1\ \mu$ in Ggw. von Sulfitionen unter Rühren einbringt u. das entstandene Pigment abfiltriert; Bedingung ist, daß das Erdalkalisalz (bes. $CaCl_2$) eine leichtere Wasserlöslichkeit besitzt als das entsprechende Sulfit. — Vgl. E. P. 805 494; C. **1960.** 4694, u. vorst. Referat. (**A. P. 2 865 780** vom 24/6. 1955, ausg. 23/12. 1958.) A. GRADL. 7093

J. R. Geigy Akt.-Ges., Basel, Schweiz, **Farbstarke Phthalocyaninpigmente** erhält man durch Vermischen halogenfreier oder schwach halogenierter, metallfreier Phthalocyanine (I) oder solcher I, die Metalle der Atomzahlen 27—29 enthalten, mit 1—20 (%) Sn-I u./oder Al-, Ti oder Fe-I. — Als Grundkomponente verwendet man z. B. 94 (Teile) rohes Cu-I (Cl-frei), 3 Al-I u. 3 Sn-I, die man mit 250 wasserfreiem $CaCl_2$ u. 20 wasserfreiem Na-Acetat ca. 100 Std. in einer Kugelmühle vermahlt, mit 3000 einer heißen, verd. HCl anpastet, salzfrei wäscht u. trocknet. (**Ind. P. 56 090** vom 17/12. 1955, ausg. 10/3. 1958.) H. NEBELSIEK. 7093

Esso Research and Engineering Co., V.St.A. (Erfinder: Stanley E. Jaros und Joseph F. Nelson), **Herstellung von trocknenden Kohlenwasserstoffölen.** Man bringt kontinuierlich in eine erste Polymerisationszone ein Gemisch aus 50—100 (Teilen) Butadien, 50—0 Styrol, 50—300 eines inerten, bei ca. 20—250° sd., fl. KW-Stoffes, 1—100 eines Äthers mit 2—8 C-Atomen aus der Gruppe der Alkyläther u. cycl. Diäther, deren O-Atome mindestens durch 2 C-Atome voneinander getrennt sind, u. ca. 0,6—8 eines fein verteilten Alkalimetallkatalysators u. erhitzt auf 40—60°, bis der Umsetzungsgrad der Monomeren ca. 40—60% erreicht hat. Danach leitet man das Polymerisationsgemisch in eine zweite Polymerisationszone u. polymerisiert bei 55—105°, bis der Umsetzungsgrad 100% beträgt. — 3. Zeichnungen. (**F. P. 1 125 521** vom 31/3. 1955, ausg. 31/10. 1956. A. Prior. 2/4. 1954 u. 1/2. 1955.) T. OPPERMANN. 7097

Albert Gobert, Frankreich, **Als Überzugsmittel verwendbare Lackharze,** bestehend aus einem ungesätt. Polyesterharz (I), Fettkörpern, wie Paraffin oder Wachs, Naturharzen, z. B. Kopal, Füllstoffen u. einem Polymerisationskatalysator. I besteht aus einem Gemisch aus Propylenglykol–Diäthylenglykol–Maleinat-Harz u. Propylendiäthylenglykol–Fumarat-Harz. Als Katalysator wird Methyläthylketonperoxyd bes. genannt. (**F. P. 1 177 456** vom 21/6. 1957, ausg. 24/4. 1959.) W. WITTHOLZ. 7097

Willy Wiegand, Mühlheim/Ruhr (Miterfinder: Hans Hofmann, Oberhausen/Rhld.), **Stabilisieren von Polyvinylchlorid,** dad. gek., daß diesem einige % *Pb*-Cyanamid zugesetzt werden; derartig stabilisierte *Polyvinylchloridüberzüge* haften sehr stark auf metall. u. nichtmetall. Untergrund. (**D. A. S. 1 064 236** Kl. 39b vom 3/7. 1952, ausg. 27/8. 1959.) O. SCHÖN. 7097

Arno Staerker, Coburg, **Korrosionsschutzmittel.** Vgl. D. B. P. 959 778; C. **1957.** 9753. Zu ergänzen ist, daß den zu verwendenden Oxyden noch andere Oxyde, bes. CaO, MgO, NiO oder TiO_2, sowie Bindemittel (Bentonit, Dextrin, Latex, Sulfitablauge) oder die Haftfähigkeit erhöhende Metallsalze (Cu-, Mn- oder Co-Salze) oder Borate zugesetzt werden können. (**E. P. 741 594** vom 2/10. 1951, ausg. 7/12. 1955. D. Prior. 19/10. 1950 u. 11/8. 1951.) W. GRÄGER. 7097

Schering Akt.-Ges. (Erfinder: Eugen Griebsch und Wolfgang Götze), Berlin, **Überzugsmittel beziehungsweise Reaktionslacke** enthalten Rk.-Prodd. aus Polyurethanen u. N-Aminoalkylamiden (Polyamidaminen — sog. reaktive „Versamide", vgl. Jahrbuch der Lackchemie — Reaktionslacke, 1959, S. 89) sowie zusätzlich Epoxyharze. Die Lackfilme zeigen sehr gute Haftung sowie Chemikalienfestigkeit. (**D. A. S. 1 090 803** Kl. 22h vom 10/6. 1959, ausg. 13/10. 1960. **Zusatz zu D. A. S. 1 086 372; C. 1961. 1384.**) M. BÖTTCHER. 7107

Pittsburgh Plate Glass Co., Pittsburgh, Pa., V.St.A., **Verbesserte Überzugsmittel auf Polymethylmethacrylatbasis.** Diese enthalten als hauptsächlichen Filmbildner ein Mischpolymerisat aus 50—90 (Gew.-%) Methacrylsäuremethylester u. 50—10 eines anderen Alkylesters einer olefin. ungesätt. Carbonsäure (z. B. Äthyl-, Octyl- oder Propylacrylat, Äthylmethacrylat, Dimethylitaconat), wobei das Mischpolymerisat eine Viscosität von 25—320 cSt. (bei 25°) als 25% ig. Toluol-Lsg., aufweist. Weichmacher, bes. Butylbenzylphthalat, können zugesetzt werden. Zweckmäßig baut man noch 1—10%, bezogen auf Polymerisat u. Weichmacher, Polyäthylen ein. Außer z. B. Ruß, TiO_2, Phthalocyaningrün u. -blau kann man auch Metallpigmente, wie Al-Schuppen, verwenden. (**E. P. 839 480** vom 11/4. 1957, ausg. 29/6. 1960. A. Prior. 14/5. 1956.) P. KRUG. 7107

E. I. du Pont de Nemours & Co., Wilmington, Del., übert. von: Evan Franklin Evans, West Chester, Pa., und Dale Edward Jackson, Newark, Del., V.St.A., **Flüssige Überzugsmittel in Form wässeriger Dispersionen,** enthaltend in koll. Verteilung 5—60 (%) Polytetrafluoräthylen (I) sowie 1—20, bezogen auf I, mit elektronegativem Überzug versehene Asbestfaserteilchen. Mit den Dispersionen kann man z. B. Metalle, Holz, Gewebe oder Keramik überziehen. Nach dem Trocknen erfolgt die Aushärtung (Sinterung) oberhalb 327°. Auf z. B. Glas aufgebrachte Filme können nach dem Sintern abgezogen werden. (**A. P. 2 945 831** vom 13/6. 1956, ausg. 19/7. 1960.) P. KRUG. 7107

E. I. du Pont de Nemours & Co., V.St.A., **Dispergieren von Pigmenten in Flüssigkeiten** u./oder Verminderung ihrer Teilchengröße. Pigment u. filmbildendes Material werden in Ggw. von 30—65% (des Gesamtvol.) Sand auf 0,84—0,42 mm Teilchengröße granuliert, wonach der Sand abgetrennt wird. Pigment u. filmbildende Masse werden kontinuierlich zu- u. abgeführt. — *Email*: 15,1 (g) mit 52,7% Leinöl modifiziertes Glycerinphthalat, 1,5 50%ig. Lsg. von Sojalecithin, 17,5 KW-Stoff-Lsgm., 2,8 1%ig. phenol. Inhibitor, 63,1 TiO_2-Pigment. — *Textilüberzug*: 200 25%ig. Dispersion von chlorsulfoniertem Polyäthylen in Toluol, 95 Toluol, 5 A., 100 Baryt. — *Pigmentdispersion*: 39 Siliconharz, 198 TiO_2-Pigment, 54 Xylol. — *Nitrocelluloselack*: 180 Nitrocellulosekomposition (aus 9,2 Butylacetat, 6,8 Methylisopropylcarbinylacetat, 15,7 Methylisobutylketon, 7,2 Methylisobutylcarbinol, 28,8 Isopropanol, 28,4 Butanon, 8,3 Toluol, 9,9 Naphtha, 12,4 Xylol, 53,3 Nitrocellulose), 29 geblasenes Ricinusöl, 22 Isopropanol, 15 Methylisobutylcarbinol, 51 Toluol, 12 Xylol, 71 Butanon, 18 Butylacetat, 12 Methylisobutylcarbinylacetat, 11 Methylisobutylketon, 67 Miloriblau, 6 ZnO-Pigment. — Weitere Beispiele; Beschreibung der App.; 10 Zeichnungen. (**F. P. 1 149 290** vom 4/4. 1956, ausg. 23/12. 1957.) H.-J. NITZSCHKE. 7107

Godfrey L. Cabot, Inc., Boston, übert. von: Merill E. Jordan, Walpole, und William G. Burbine, Whitman, Mass., V.St.A., **Schutzüberzugsmittel mit einem Gehalt an pyrogener Kieselsäure.** Das Überzugsmittel enthält als Bindemittel eine Mischung aus Holzöl (I) u. einem organ. Harz (**II**; bes. Phenolformaldehydharz) in einem Verhältnis von 8—40 gall. **I** je 100 pounds **II**. Die als alleiniges Pigment zugesetzte SiO_2 ist durch Pyrolyse von Si-Tetrahalogeniden hergestellt u. hat eine Teilchengröße von <50 mμ; sie wird in solcher Menge verwendet, daß die Pigment-Vol.-Konz. 1,67—7 beträgt. Der Glanzwert der Überzüge ist >90%, gemessen mit einem „Photovolt"-Reflektometer bei 60°-Winkel. (**A. P. 2 947 713** vom 7/10. 1954, ausg. 2/8. 1960.) P. KRUG. 7107

Badische Anilin- & Soda-Fabrik Akt.-Ges., Deutschland, **Erhärtende, Polyglycidyläther enthaltende Gemische,** bestehend aus einem Glycidyl-Deriv., dessen Mol. mehr als eine Epoxygruppe enthält, u. einem Diamin, dessen Aminogruppen sich an 2 carbocycl. Resten befinden, welche ggf. durch Atome oder Atomgruppen miteinander verbunden sein können. An jedem der N-Atome befindet sich mindestens ein H-Atom. — Zum Beispiel gibt man zu 100 (Teilen) eines Polyglycidyläthers, hergestellt aus Butantriol u. Epichlorhydrin 32,5 p.p'-Diaminodiphenylmethan. Auf Holz aufgetragen ergibt das erhaltene Prod. sehr harte, durchsichtige *Filme*. — Vgl. D. A. S. 1 009 808; C. **1958.** 7611. (**F. P. 1 131 190** vom 1/9. 1955, ausg. 18/2. 1957. D. Prior. 2/9. u. 14/9. 1954.) T. OPPERMANN. 7107

Fabriques de Produits Chimiques de Thann et de Mulhouse, Thann, Frankreich, *Titandioxydpulver*. (**E. P. 809 284** vom 26/5. 1955, ausg. 18/2. 1959. F. Prior. 26/5. 1955. — C. **1959.** 16796 [F. P. 1 105 534].)

Deutsche Gold- und Silber-Scheideanstalt vormals Roessler, Frankfurt/M., *Behandeln von Ruß*. (**It. P. 512 827** vom 13/10. 1953. D. Prior. 9/12. 1952. — C. **1957.** 6290 [F. P. 1 088 447].)

Dow Corning Corp., V.St.A. (Erfinder: **Donald R. Weyenberg**), *Polymerisieren von Organosiloxanen*. (**F. P. 1 153 556** vom 30/5. 1956, ausg. 12/3. 1958. A. Prior. 2/6. 1955, — C. **1959.** 5309 [E. P. 794 629].)

Dow Chemical Co. (Erfinder: **Robert L. Johnson, Dale N. Robertson** und **Edgar M. Adams**), Midland, Mich., V.St.A., *Wässerige kolloidale Dispersion*. (**Jap. A. S. 2176/1959** vom 1/7. 1958, ausg. 9/4. 1959. A. Prior. 1/7. 1957. — C. **1960.** 9735 [A. PP. 2 888 421 u. 2 898 317].)

Chemomedica Chemikalien und Arzneimittel Vertriebsgesellschaft Creutzberg und Co., Wien, Österreich, *Lösungsmittel und Fixativ*. (**It. P. 512 015** vom 18/8. 1953. Oe. Prior. 26/8. 1952. — C. **1956.** 10128 [F. P. 1 090 513].)

E. I. du Pont de Nemours & Co., V. St. A. (Erfinder: **Aloysius Norbert Walus**), *Pigmentlack auf Basis von Nitrocellulose und ölmodifizierten Alkydharzen*. (**F. P. 1 181 928** vom 3/9. 1957, ausg. 19/6. 1959. A. Prior. 26/11. 1956. — C. **1959.** 14570 [A. P. 2 857 344].)

XIb. Plaste (Kunstharze. Plastische Massen)

Polymerenstruktur und Eigenschaften. Herman S. Kaufman. (CSPE Journal **16.** 962. Aug. 1960. Morristown, N.J., Allied Chem. Corp.) (Engl.)

Bericht über Gründung, Ziele u. Arbeitsweise eines Ausschusses.

R. JUNGE. 7170 □

Blasgießen von Polyäthylen. F. Ranalli. (Materie plast. **26.** 319—23. April 1960.) (Ital.)

Vf. erläutert die Prinzipien u. Bedingungen des Blasguß-Verf., die dafür verwendeten Polyäthylentypen u. die Eigg. der erhaltenen Formstücke, welche im allg. von der verwendeten Type abhängen. Im einzelnen werden die Faktoren beschrieben, die gutes Aussehen, Formstabilität, einwandfreie Schweißnaht, optimale Wandstärke u. Einheitlichkeit gewährleisten. G. PIEKARSKI. 7172 □

Druck-Bruch von Polyäthylen in einem Medium. L. L. Lander. (SPE Journal 16. 1329—32. Dez. 1960. Union Carbide Plastics Co.) (Engl.) — Vgl. HOWARD, C. **1960.** 4038.

In einem heizbaren Tank können 20 Proben aus Polyäthylen (I), die Abmessungen haben wie beim „Type S Tensile Impact“-Vers., konst. Zugbelastungen in fl. Medien oder in Luft ausgesetzt werden. An I (Dichte 0,914—0,960, Schmelzindex 0,3—20,0 dg/min) tritt in wss. Igepal-Lsg. (II) bei 60° u. 600 lbs./sq.in. nach 0,1—350 Std. plötzlicher Bruch ein. Die Lebensdauer wird durch das herabfallende Gewicht registriert. — Messungen in II unter verschiedener Zugbelastung zeigen, daß sich bei I der Dichte 0,918 die Lebensdauer etwa logarithm. mit sinkendem Schmelzindex erhöht. Bei I der Dichte 0,950 ist das weniger ausgeprägt, bei Dichte 0,960 hat der Schmelzindex prakt. keinen Einfluß. Bei I niedriger Dichte wird wahrscheinlich die Lebensdauer durch wachsende Dichte verlängert, die Belastung für unendliche Lebensdauer ist jedoch meist für alle I-Arten etwa die gleiche. I niederer Dichte, das in II bei 60° u. 600 lbs./sq.in. 0,4—1 Std. Lebensdauer hat, hält unter gleichen Bedingungen in Luft mehr als 1000 Std. lang. I der Dichte 0,950 bzw. 0,960 hat in II oder Luft etwa gleiche Lebensdauer. — Das Meß-Verf. erscheint als Prüf-Meth. für I besser geeignet als der „Bent Strip Test“ (l. c.), weil es vielseitiger ist, vergleichbare Werte liefert u. die Anwendung einer konst. u. für alle Stoffe gleichen Belastung gestattet. R. JUNGE. 7172□

Spektrale Untersuchung der Struktur und der thermischen Alterung des Copolymers von Tetrafluoräthylen mit Äthylen. Ss. G. Malkewitsch, L. I. Tarutina und L. W. Tschereschkewitsch. (Пластические Массы [Plast. Massen] **1960.** Nr. 6. 5—7.) (Russ.)

Zur Unters. gelangten Copolymere mit verzweigten Seitenketten u. ohne diese an der Luft u. im Vakuum. Copolymere mit Seitenketten verlieren bei 275° an Gewicht ca. 4%, die ohne verzweigte Seitenketten zeigen keinen Gewichtsverlust. Bei 240° zeigen die nicht oder wenig verzweigten Stoffe keine Änderung des Absorptionsspektrums, bei den verzweigten beginnt bei dieser Temp. das Auftreten neuer Absorptionsbanden u. braunrote Färbung infolge Oxydation. Im Vakuum sind dagegen keine neuen Banden u. Verfärbungen zu beobachten. Bei 290° wird der Prozeß beschleunigt; es wird HF abgespalten. Die Alterung an der Luft ist bedingt durch Abbau infolge Oxydation; im Vakuum ist der Alterungsprozeß eine Strukturierung. J. v. SCHROEDER. 7172□

Hilfsstoffe für Polymethylmethacrylat. T. Perotti. (Materie plast. **26.** 326—32. April 1960.) (Ital.)

Überblick über die auf den verschiedensten Anwendungsgebieten des Polymethylmethacrylats eingesetzten Hilfsstoffe, deren Anwendung (z. B. Einmischung) u. Wirkung. Im bes. werden erwähnt: Antistatika, Farbstoffe u. Pigmente, Klebstoffe.
G. PIEKARSKI. 7172□

Polymerenzersetzung: Thermodynamik, Mechanismen und Energetik. 1. Mitt. Leo A. Wall. (SPE Journal **16.** 810—14. Aug. 1960. Nat. Bureau of Standards.) (Engl.) — 2. vgl. C. **1961.** 6877.

An Hand bekannter thermodynam. u. kinet. Daten werden Zers.-Mechanismen, bes. Start-Rkk., u. therm. Stabilität von Polymeren diskutiert, bes. von Polyäthylen, Polymethylstyrol, Polymethylmethacrylat u. Polytetrafluoräthylen. R. JUNGE. 7172□

Automatische Kontrolle und Regulierung bei der Herstellung von Phenol–Formaldehyd-Harzen. N. Ja. Parlaschkewitsch, Ju. M. Lushkow und W. P. Bildina. (Пластические Массы [Plast. Massen] **1960.** Nr. 6. 54—57.) (Russ.)

Zur Automatisierung des Kondens.-Prozesses ist nur eine automat. Best. der Konz. der Katalysatoren (HCl oder Oxalsäure) u. deren Regulierung erforderlich. Die Konz. der Säuren wird durch Leitfähigkeitsmessungen mit dem Potentiometer EPD-12 bestimmt u. durch ein mit einem Elektromagneten versehenes Ventil, das bei Konz.-Änderungen den Zufluß des Katalysators reguliert, konst. gehalten. J. v. SCHROEDER. 7176□

Polyesterharze und -platten. Z. Kłosowska. (Chemik **13.** 292—97. Juli/Aug. 1960. Warszawa, Inst. Tworzyw sztucznych.) (Pol.)

Übersicht über Herst. u. Eigg. von Polyesterharzen mit u. ohne Glasfaserverstärkung, Polyesterlacke u. Gießharze mit bes. Berücksichtigung poln. Prodd. („Polimal“). F. URBAN. 7176□

Fortschritte in den Prüfmethoden für Vinylkunststoffe. J. B. De Coste. (SPE Journal **16.** 1129—33. Okt. 1960. Bell Telephone Labor., Inc.) (Engl.)

Es werden folgende von ASTM entwickelte oder übernommene Prüf-Verff. vor allem hinsichtlich ihrer Anwendung für Weich-PVC besprochen: Luftofenalterung, Flüchtigkeitstest für organ. Verbb., Beständigkeit gegen Mikroorganismen, Licht- u. Wetterbeständigkeit, Rk. mit Werkstoffen, IR-Analyse. R. JUNGE. 7210□

Ein Kugelviscosimeter für technische Anwendungen. J. G. Robinson. (Brit. Plastics **33.** 209—11. Mai 1960. Bristol, Hubert H. P. Trist & Co. Ltd.) (Engl.)
Eine einfache u. schnelle Meth. zur Messung der Viscosität verschiedener Fll. bis zu 1000 cPs. u. mehr (Kugelfall-Meth.), die sich bes. für Betriebs-Unterss. eignet, wird beschrieben. R. SCHÄFF. 7210□

Deutsche Akademie der Wissenschaften zu Berlin, Berlin-Adlershof (Erfinder: Alfred Rieche, Berlin, Ernst Schmitz, Alt-Glienicke, und Elfriede Beyer, Berlin), **Stickstoffhaltige organische Peroxyde** der allg. Formel $ROOCH_2$—N(X)—Y erhält man durch Rk. von Methylol- oder Methoxymethyl-Verbb. prim. oder sek. N-haltiger Basen mit organ. Hydroperoxyden der allg. Formeln R—O—O—H u. HOO—R—OOH (R = Alkyl, Cycloalkyl, Aralkyl, Alkenyl; —N(X)—Y = prim. oder sek., aliphat., cycloaliphat., araliphat. oder heterocycl. Amin, Harnstoff-, Melamin- oder substituierter Hydrazinrest). Die Methylolamine können auch während der Rk. aus dem entsprechenden Amin mit HCHO gebildet werden. — Aus 2,4 Teilen 30% ig. wss. HCHO, 2 Teilen Piperidin u. 2,1 Teilen tert.-Butylhydroperoxyd unter Eiskühlung → *N-(tert.-Butylperoxymethyl)-piperidin*, $Kp._1$ 43—44°; (Ausbeute) 70,5%; auch erhältlich aus N-Methoxymethylpiperidin. — Cumolhydroperoxyd → *N-(Cumylperoxymethyl)-piperidin*, $Kp._{0,01}$ 85—87°. — 25% ig. Dimethylamin + HCHO → *Cumylperoxymethyldimethylamin*, $C_6H_5(CH_3)_2OOCH_2N(CH_3)_2$, $Kp._{0,01}$ 60°; 69,7%. — Cyclohexylamin + HCHO → *Di-(cumylperoxymethyl)-cyclohexylamin*, 87%. — Äthylamin + HCHO → *Di-(cumylperoxymethyl)-äthylamin*; 50%. — Dicyclohexylamin + HCHO → *Cumylperoxymethyldicyclohexylamin*, aus Ae.–PAe., F. 50°; 97%. — Piperazin + HCHO → *N.N'-Di-(cumylperoxymethyl)-piperazin*, aus Ae.–PAe., F. 90—91°; 68%. — Hexaäthoxymethylmelamin → *Dicumylperoxymethyltetraäthoxymethylmelamin*, nicht destillierbares Öl. — Verwendet man zur Rk. die Methyloläther, so wird z. B. die Methoxygruppe durch den —OOR-Rest ausgetauscht. Zur Rk. sind noch verwendbar: Äthyl-, Benzyl-, Tetrahydronaphthalin- u. Cyclohexenhydroperoxyd. — *Katalysatoren* zum *Polymerisieren* von *Vinyl-Verbb.* u. zur Herst. von *Polyesterharzen*, die gleichzeitig als *Regler* bzw. *kettenabbrechende Mittel* dienen. (**D. A. S. 1 098 513** Kl.12o vom 18/10. 1957, ausg. 2/2. 1961.) G. KRAUSS. 7171

Phillips Petroleum Co., Bartlesville, Okla., V.St.A., **Polymerisierung olefinisch ungesättigter Kohlenwasserstoffe.** Als Katalysator verwendet man eine Verb. mit höchstens 50 C-Atomen im Mol. mit der Formel Halogen $_nM(OR)_m$ zusammen mit einem Gemisch aus $AlCl_3$ mit Na, K, Li, Rb, Cs, Be, Mg, Zn ,Cd, Hg, Al, Ga, In u./oder Tl (M = Ti, Zr, Hf oder Th; R = ggf. durch Halogen substituierter u./oder Äther-O enthaltender Alkyl-, Alkenyl-, Cycloalkyl-, Cycloalkenyl- u./oder Arylrest mit 1—20 C-Atomen; $m \geqq 1$; m + n = Wertigkeit von M). — Zum Beispiel polymerisiert man Äthylen bei 196—199° u. einem Druck von 14 kg/cm² in Ggw. von Cyclohexan u. einem Katalysator, der aus 1,7 (g) Ti-Butoxyd, 1,3 $AlCl_3$ u. 1 Al-Pulver besteht. (**Holl. P. 95 675** vom 11/7. 1956, ausg. 15/10. 1960. A. Prior. 11/7. 1955. **Ind. P. 58847** vom 9/11. 1956, ausg. 4/9. 1958.) F. BÖHM. 7173

Monsanto Chemical Co., St. Louis, übert. von: Leo James Weaver, Creve Coeur, Mo., V.St.A., **Herstellung von Alkaryl-Kohlenwasserstoffen,** die 5—20 C-Atome in dem Alkylrest enthalten, wobei ein aromat. KW-Stoff mit einem Olefinpolymeren in Ggw. eines FRIEDEL-CRAFTS-Katalysators wie HF u. Metallhalogenid umgesetzt wird. Der verbrauchte Katalysator wird abgezogen u. das Olefinpolymere vor seinem Eintritt in die Rk.-Zone mit dem verbrauchten Katalysator in Kontakt gebracht. (**A. P. 2 949 492** vom 18/6. 1958, ausg. 16/8. 1960.) E. KAHLES. 7173

Gelsenberg Benzin Akt.-Ges., Gelsenkirchen (Erfinder: Karl Peterlein, Gladbeck), **Polymerisation von Olefinen, besonders Äthylen, oder olefinhaltigen Gasen** mittels metallorgan. Verbb. enthaltender Katalysatorkombinationen nach ZIEGLER in 2 Stufen, wobei in der 1. Stufe ein kleiner Teil des Polymerisats in einer inerten leicht sd. organ. Fl. hergestellt u. in der 2. Stufe nach prakt. restloser Entfernung der Fl. durch Verdampfen trocken polymerisiert wird, nach D. A. S. 1 064 718, dad. gek., daß man in der 1. Stufe, statt ein Polymerisat herzustellen, ein bereits fertiges, körniges Polymerisat in Ggw. eines inerten Gases mit der inerten, leicht sd. organ. Fl., die vorher in Abwesenheit polymerisierenden Gases mit Katalysatoren nach ZIEGLER versetzt worden ist, mischt. — Beispiel: 200 g körniges, an der Luft gelagertes, weißes, nach dem Verf. der D. A. S. 1 064 718 hergestelltes Polyäthylen wird mit 600 ml Leichtbenzin (40—60°) unter Durchleiten von N_2 gerührt, nach 1 Std. eine Aufschlämmung von 12 (ml) Triäthyl-Al u. 6 $TiCl_4$ in 250 Leichtbenzin zugesetzt, unter Anstrahlen des Rk.-Gefäßes mit einem IR-Strahler das Lsgm. völlig abdest. u. C_2H_4 eingeleitet, das unter Zunahme der Rk.-Temp. in Abwesenheit von Lsgm. polymerisiert wird. Nach 2 Std. waren 130 g körniges Polyäthylen neu gebildet worden. (**D. A. S. 1 090 859** Kl. 39c vom 20/3. 1956, ausg. 13/10. 1960. **Zusatz zu D.A.S. 1064718; C. 1960. 16612.**) K. DEMMLER. 7173

Dow Chemical Co., V.St.A. (Erfinder: Charles R. Pfeifer und Mark R. Kinter), **Stabilisieren von polymeren Olefinen,** wie *Polyäthylen,* die mit ZIEGLER-Katalysatoren erhalten wurden. Das Polymere wird nach der Polymerisation mit Verbb. mit akt. H (W., Alkohole, gewisse Amine, saure organ. Stoffe, Mercaptane), in Dampfform, behandelt, Flüchtiges entfernt u. das Polymere erst dann der Luft ausgesetzt. (**F. P. 1 159 713** vom 17/8. 1956, ausg. 1/7. 1958. A. Prior. 8/12. 1955.) M. PANKOW. 7173

Ferro Chemical Corp., Bedford, Ohio, V.St.A., **Stabilisierte halogenenthaltende Vinylharze.** Um das Verfärben von halogenenthaltenden Vinylharzen beim Erhitzen, z. B. beim heißen Verformen, zu verhüten, setzt man solchen Polymeren, z. B. aus Vinylchlorid (**I**) oder Mischpolymeren, z. B. aus **I** u. Vinylidenchlorid, einen sauren Boratester (**II**) eines mehrwertigen Alkohols zu, z. B. Pentaerythrit- (**III**), Propylenglykol-, Sorbit-, Glycerin- oder 1.1.1-Trimethyloläthanborat, z. B. im Verhältnis von 0,1—10 Teile **II** auf 100 Teile Harz. Die **II** werden vorzugsweise durch Erhitzen von H_3BO_3 (**IV**) u. Alkohol ohne Zugabe eines Katalysators hergestellt, z. B. durch Erhitzen von 1 Mol **III** mit 2 Mol **IV**, bis 3,5 Mol W. abdest. sind. (**E. P. 833 853** vom 22/4. 1958, ausg. 4/5. 1960. A. Prior. 20/9. 1957.) K. SARRE. 7173

Solvic Soc. An., Brüssel, Belgien, **Polymerisation von Vinylchlorid** in Lsg., Emulsion oder im Block. Man verwendet als Katalysator 0,1—2% eines *Bortrialkyls* BR_3 (R = z. B. C_2H_5, n-C_4H_9) u. arbeitet bei Normaldruck u. erhöhter Temperatur. (**Belg. P. 560 624** vom 6/9. 1957, ausg. 22/4. 1960.) A. DANDL. 7173

Eastman Kodak Co., Rochester, N.Y., übert. von: Harry W. Coover, Kingsport, Tenn., V.St.A., **Herstellung von Pfropfmischpolymerisaten** bei 15—75° in W. u. in Ggw. eines Peroxydkatalysators, z. B. $(NH_4)_2S_2O_8$ (u. $NaHSO_3$), eines Gemisches aus 30—99 (%) Vinylchlorid oder Vinylidenchlorid u. 70—1 (Meth-)Acrylnitril, (Meth-)Acrylamid, Vinylacetat oder Methylacrylat auf ein Mischpolymerisat aus 1—99 N-Methylmethacrylamid u. 99—1 Acrylamid. Das Mischpolymerisat soll 5—40% der Gesamtmenge betragen. Beispiele entsprechend den Variationsmöglichkeiten. (Schwer entflammbare) *Fasern* u. *Filme* mit guter Anfärbbarkeit für Acetat-, Wolle-, Direkt- u. Küpenfarbstoffe sowie für photograph. Zwecke. (**A. P. 2 921 044** vom 26/11. 1954, ausg. 12/1. 1960.) H. SCHINDLER. 7173

E. I. du Pont de Nemours & Co., Wilmington, Del., V.St.A., **Halogenalkylester von Terephthalsäure und Isophthalsäure** erhält man durch Erhitzen der entsprechenden Phthalsäurechloride mit mindestens 2 Mol Tetrahydrofuran auf 50—100° in Ggw. von farblosen FRIEDEL-CRAFTS-Katalysatoren. Hergestellt wurden: *Bis-(4-chlorobutyl)-terephthalat,* F. 45°, u. *Bis-(4-chlorobutyl)-isophthalat. — Weichmacher für thermoplast. Harze,* bes. für „PVC". (**E. P. 842 071** vom 16/12. 1958, ausg. 20/7. 1960. A. Prior. 23/12. 1957.) L. STADELMANN. 7173

Asahi Kasei Kogyo Kabushiki Kaisha, Osaka (Erfinder: Kan Shibata, Nabeoka), Japan, **Stabilisieren von Vinylidenchloridpolymeren und -mischpolymeren** gegen Licht mit 2-Hydroxy-3.5-dihalogenbenzoesäurephenylestern, z. B. 3.5-Dichlor-, 3.5-Dibrom- oder 3.5-Dijodsalicylsäurephenylester. (**Jap. A. S. 5686/1959** vom 4/10. 1956, ausg. 30/6. 1959.) M. PANKOW. 7173

Asahi Kasei Kogyo Kabushiki Kaisha, Osaka (Erfinder: Yuji Kobayashi und Kan Shibata, Nabeoka), Japan, **Lichtstabilisatoren für Vinylidenchloridpolymere und -mischpolymere** bestehend aus Verbb. der Formel $O:P(OR_1)\cdot(OR_2)OR_3$ (R_1 = **A**; l = 0—1; X = Cl, Br, J; R_2, R_3 = **B** oder **C**; m ≧ n; p ≦ q; m = 0—1 u. p = 0—1), z. B. Trisalicyloyl-, 5-Chlorsalicyloyldiphenyl-, Disalicyloyl-2-hydroxy-5-chlorphenylphosphat. (**Jap. A. S. 5891/1959** vom 18/7. 1956, ausg. 4/7. 1959.) M. PANKOW. 7173

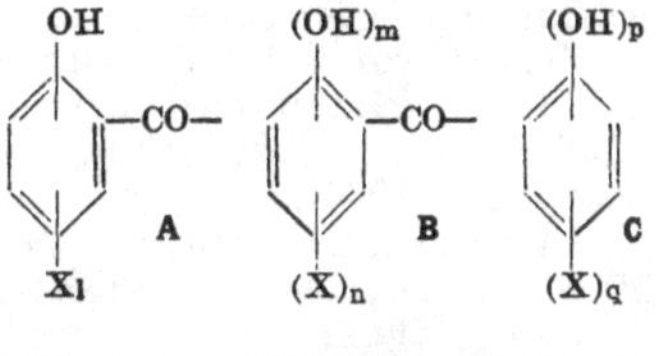

Imperial Chemical Industries Ltd., London (Erfinder: William Colwill und Stanley Minor Todd, Blackley, Manchester), England, **Herstellung von Mischpolymerisaten aus Vinylalkohol und Acrylsäureestern** (**I**), dad. gek., daß eine wss. alkohol. Lsg., die durch Zusatz eines mit W. mischbaren Alkohols zu einer wss. Dispersion eines Mischpolymeren aus Vinylacetat (**II**) u. einem **I** mit nicht <1 (Gewichtsteil) **II** je **I** erhalten wurde, mit einem Alkalihydroxyd behandelt wird. Das Mischpolymere aus **I** u. **II** erhält man als wss. Dispersion durch Emulgieren des **II** u. **I** als Mischung der Monomeren in einer wss. Lsg. eines teilweise hydrolysierten Polyvinylacetats (**III**) unter Zugabe einer wss. Katalysator-Lsg. aus Alkalicarbonat u. Alkalipersulfat u. Erhitzen. Als Ausgangsstoffe dienen nach den Beispielen **II** u. Äthylacrylat, die in eine Lsg. des **III**, das 88 Vinylalkoholeinheiten u. 12 **II**-Einheiten enthält, gegeben werden u. zu der Na_2CO_3 u. $K_2S_2O_8$ als wss. Lsg. zugesetzt wird. Die Temp. wird zunächst auf 80° gehalten u. dann zur Vervollständigung der Polymerisation auf 90—95° erhöht. Biegsame *Filme, Schlichtemittel.* (**D. A. S. 1 092 200** Kl. 39c vom 9/7. 1958, ausg. 3/11. 1960. E. Prior. 10/7. 1957 u. 5/5. 1958. **E. P. 848 348** vom 10/7. 1957, ausg. 14/9. 1960.) H. SCHINDLER. 7173

E. I. du Pont de Nemours & Co., V.St.A. (Erfinder: Donald Hughel Payne), **Herstellung von kristallinem Polypropylen.** Ein mit einem Katalysator aus einer Ti-Verb. u. einer Metall–KW-Stoff-Verb. erhaltenes Hochpolymeres, das ein amorphes u. ein krist. Polymeres enthält, wird mit einem Lsgm. für das amorphe Polymere extrahiert. — Zu 50 cm³ Cyclohexan mit 0,01 Mol $TiCl_4$ gibt man 50 cm³ Cyclohexan mit 0,01 Mol Li–Al-Tetrabutyl u. drückt Propylen bei 75° u. 20 kg/cm² auf. Nach 2 Std. behandelt man das Polymere mit CH_3OH–HCl u. wäscht mit CH_3OH u. Aceton. 100 g des Polymeren extrahiert man 2½ Std. mit 3,5 Liter Toluol u. trennt unlösl. Kristallines ab; 30 g. Es kann im Spritzguß bei 200° verformt werden. — Herst. von *Filmen, Isoliermaterial, Schaummaterial.* (**F. P. 1 154 256** vom 22/6. 1956, ausg. 4/4. 1958. A. Prior. 22/6. 1955.) M. PANKOW. 7173

Monsanto Chemical Co. (Erfinder: John Bailey Ott), **Wasserlösliche Polymerisate von Acrylsäure und Acrylsäure-2-äthylhexylestern.** Derartige Polymerisate aus 93,5—98,5 (Mol-%) Acrylsäure u./oder Methacrylsäure u. 6,5—1,5 2-Äthylhexylacrylat u./oder 2-Äthylhexylmethacrylat werden z. B. verwendet bei der Behandlung von Nylongarnen, als Ausflockungsmittel für Bier u. als Dispergiermittel von wss. Suspensionen von Vinylchlorid- oder Styrolpolymerisaten. Die Herst. erfolgt aus den Komponenten unter Verw. einer organ. Fl., in der die Monomeren lösl., das Polymerisat nicht lösl. ist. — Z. B. werden 30 (Teile) eines Gemisches aus 94 Mol-% Acrylsäure u. 6 Mol 2-Äthylhexylacrylat mit 120 1.2-Dichloräthan u. 0,1 Benzoylperoxyd in N-Atmosphäre mit einem Geh. von 0,001% SO_2 (bezogen auf die Monomeren) 76 Std. bei 50° zur Rk. gebracht. Die spezif. Viscosität des Rk.-Prod. in 1%ig. wss. Lsg. bei 25° ist 4,3. — Vgl. A. P. 2 862 912; C. **1960.** 5015. (**Aust. P. 216 558** vom 18/3. 1957, ausg. 28/8. 1958. A. Prior. 22/3. 1956.) G. FRIKELL. 7173

British Resin Products Ltd., London, England, **Acrylsäureester von Alkoholäthern von Phenolen und deren Polymere.** Die Ester besitzen die Formel I, in der R

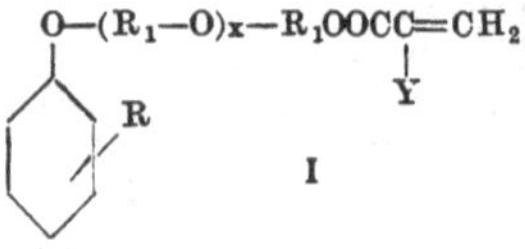

I

einen aliphat. Rest von 8—28, R_1 einen 2wertigen Rest von 2—8 C-Atomen, Y H oder CH_3 u. x null oder eine ganze Zahl von 1—5 bedeuten, z. B. β-Methacrylat-(3-pentadecylphenoxy)-äthan oder β-Acrylat-β'-(3-pentadecylphenoxy)-diäthyläther. Die Polymerisation der I erfolgt in üblicher Weise mit u. ohne Katalysatoren u. ergibt fl. bis feste Prodd. (**II**). Die Monomeren können als Weichmacher für natürlichen u. künstlichen Kautschuk, die üblichen Polymerisations-Prodd. u. die bekannten Epoxyharze dienen, ferner die **II** als Zusätze zu Schmierölen, um deren Viscosität zu erhöhen. (**E. P. 828 496** vom 14/11. 1957, ausg. 17/2. 1960. A. Prior. 14/11. 1956.) K. SARRE. 7173

Monsanto Chemical Co., St. Louis, Mo., übert. von: Roland J. Kern, Dayton, Ohio, V.St.A., **(Misch)-Polymerisation von (Meth-) Acrylnitril** bei $> 50°$ erfolgt in Ggw. eines *Benzoxazolyldisulfids*, bes. des 2.2'-Bis-benzoxazolyldisulfids, in Mengen von 0,01—0,1 Gewichts-% des Monomeren. Andere Monomere, die für sich mit diesem Katalysator nicht polymerisierbar sind, lassen sich jedoch mit den obigen Nitrilen mischpolymerisieren. Ausbeuteerhöhung. (**A. P. 2 926 160** vom 27/10. 1953, ausg. 23/2. 1960.) H. SCHINDLER. 7173

Imperial Chemical Industries Ltd., London, England (Erfinder: Brian Mills, Percy Arthur Small, Peter Markey und Annette la Touche Turner-Jones), **Polymerisation von Methacrylsäureestern** (Alkyl C_{1-4}) erfolgt in Ggw. eines Katalysators (I) der allg. Formel RMgX, worin R = Alkyl, Cycloalkyl, Aryl oder Aralkyl u. X = Br oder Cl ist, bei —25 bis +50°, ggf. gemischt mit einem Lsgm. für den Ester. Als **I** sind in den Beispielen Äthyl-, n-Propyl-, n-Amyl-, Phenyl-, Cyclohexyl-MgBr oder n-Butyl-MgCl genannt. Die Kristallinität der Prodd. wird verbessert durch Erhitzen auf Temp., die 15—25° unter dem jeweiligen F. liegen. Außer den monomeren Estern können noch Gemische mit z. B. Methylisopropenylketon, Methacrylnitril, Glykoldimethacrylat mischpolymerisiert werden. (**E. P. 837 227** vom 20/3. 1957, ausg. 9/6. 1960.) H. SCHINDLER. 7173

Distillers Co. Ltd., Edinburgh, Schottland (Erfinder: Francis Paul Gintz), **Pfropfpolymerisate von Polystyrol** erhält man durch Polymerisation von Chloropren oder einer mindestens 50% Chloropren enthaltenden Monomerenmischung als wss. Dispersion in einem wss. Polystyrollatex. — Die Rk.-Prodd. haben *erhöhte Erweichungspunkte, bessere Schlagfestigkeit* u. sind *klar durchsichtig*. (**E. P. 837 334** vom 9/10. 1957, ausg. 9/6. 1960.) L. STADELMANN. 7173

E. I. du Pont de Nemours & Co., Wilmington, Del., übert. von: Charles Franklin Robinson, Woodbury, N. J., V.St.A., **Härtungsmittel für Glycidylpolyäther** mehrwertiger Phenole oder Alkohole mit einer Epoxydäquivalenz $>$ 1 ist ein Gemisch aus Pyromellithsäuredianhydrid (I) u. Maleinsäureanhydrid, in dem 25—65% der Anhydridgruppen aus dem I vorliegen, in einem Mengenverhältnis, daß 0,7—0,9 Anhydridgruppen je Epoxydgruppe treffen. Das Aushärten erfolgt bei 120—180°, z. B. zu Gießkörpern. (**A. P. 2 948 705** vom 10/2. 1956, ausg. 9/8. 1960.) G. TEWES. 7177

European Research Associates Soc. An., übert. von: Nederlandse Organisatie voor Toegepast-Natuurwetenschappelijk Onderzoek ten Behoeve van Nijverheid, Handel en Verkeer, **Lineare Polycycloacetale** erhält man durch Rk. von 4wertigen Alkoholen (I) der allg. Formel $(HOCH_2)_2$—R—$(CH_2OH)_2$, worin R einen aliphat., cycloaliphat. oder aromat. Rest bedeutet u. je 2 der $HOCH_2$-Gruppen sich in α- u. ω-Stellung von R befinden, mit aliphat. Dialdehydacetalen (II), in denen die 2 Acetalgruppen durch eine C-Kette getrennt sind. I sind z. B. Pentaerythrit (I), 1.1.8.8-Tetra-(hydroxymethyl)-octan u. 1.1.12.12-Tetra-(hydroxymethyl)-dodecan u. II 1.1.5.5-Tetraäthoxypentan, 1.1.6.6-Tetraäthoxyhexan u. 1.1.7.7-Tetraäthoxyheptan. — 2,87 g I u. 5,53 g 1.1.6.6-Tetraäthoxyhexan werden zuerst auf 170°, dann auf 210°, sodann auf 230° bei 2 mm Hg u. zum Schluß auf 240 bei 0,4 mm Hg erhitzt, wobei man ein braunes, klares Polymerisat mit F. 199—203° erhält. — Filme u. Fäden. (**Belg. P. 568 181** vom 30/5. 1958, ausg. 12/8. 1960. Holl. Prior. 4/6. 1957.) J. MÜHLEISEN. 7177

Chemische Werke Hüls Akt.-Ges. (Erfinder: Fritz Derichs, Helmut Wiesehollek, Walter Franke und Franz Stürzenhofecker), Marl, **Herstellung von linearen Polyestern,** dad. gek., daß man Verbb. mit einer Bicyclohepten-(2.2.1)-doppelbindung u. einer freien Carboxylgruppe der allg. Formel I, in der R eine geradkettige oder verzweigte, gesätt. oder ungesätt. C-Kette, die durch Heteroatome u./oder cycl. Gruppen unterbrochen sein kann, oder ein cycl. Syst. darstellt u. n = 0, 1 oder 2 ist, in Ggw. von FRIEDEL-CRAFTS-Katalysatoren oder sauren Kondens.-Mitteln bes. bei 50—130° polyaddiert. In den Beispielen sind Bortrifluoridätherat, $SnBr_4$, Sn-Tetrachloridätherat als Katalysatoren genannt. Die als Ausgangsstoffe in den Beispielen genannten Verbb. mit einer Bicyclohepten-(2.2.1)-doppelbindung erhält man durch Rk. eines (substituierten) Cyclopentadiens mit ungesätt. Verbb. nach dem Schema der Diensynthese. So erhält man aus Maleinsäureanhydrid u. Endomethylentetrahydrobenzylalkohol (II) unter Erwärmen den Maleinsäurehalbester, F. 62°, mit 2-Hydroxymethyl-1.4.5.8-bis-endomethylen-1.2.3.4.4a.5.8.8a-octahydronaphthalin den Maleinsäurehalbester, F. 114°; aus Phthalsäureanhydrid u. II den öligen, schwer kristallisierbaren Phthalsäurehalbester. Diese Halbester können z. B. mit Styrol in Ggw. peroxyd. Katalysatoren, wie Cyclohexanonperoxyd, u. Beschleunigern, wie Cobaltnaphthenat, zu klaren Körpern ausgehärtet werden. (**D. A. S. 1 086 044** Kl. 39c vom 7/6. 1958, ausg. 28/7. 1960. **E. P. 847 767** vom 15/1. 1959, ausg. 14/9. 1960. D. Prior. 7/6. 1958.) H. SCHINDLER. 7177

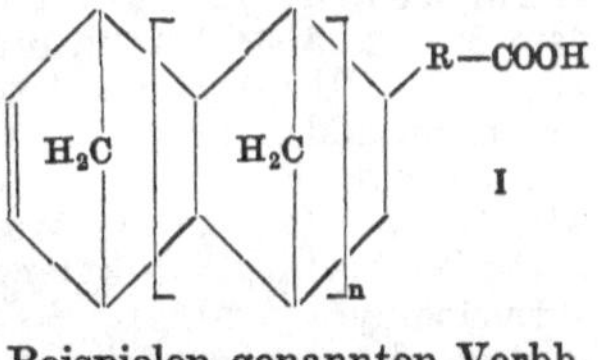

I

Distillers Co. Ltd., Edinburgh, Schottland (Erfinder: Kenneth Arne Caleb Scott), **Polyesterharzmasse,** enthaltend einen ungesätt. Polyester, z. B. aus 2,2 (Mol) Propylenglykol, 1 Maleinsäure- u. 1 Phthalsäureanhydrid, 35 Gewichts-% Styrol u. 0,05—5% Tungöl. (**E. P. 847 532** vom 9/8. 1957, ausg. 7/9. 1960.) F. KOCH. 7177

Farbenfabriken Bayer Akt.-Ges. (Erfinder: Richard Wegler und Gunter Frank), Leverkusen, **Beschleunigungsmittel beim Härten von Epoxyharzen.** Der D. A. S. 1 032 528 ist nachzutragen, daß neben den cycl. Säureanhydriden an Stelle der Derivv. tert. Amine mit mindestens 2 Epoxydgruppen solche verwendet werden, die nur eine Epoxydgruppe aufweisen, z. B. von der allg. Formel $R_1R_2N—CH_2—CH—CH_2$, (CH und CH_2 über O verbrückt)

worin R_1 u. R_2 einen Alkyl-, Aryl- oder Cycloalkylrest bedeuten u. beide Substituenten auch für Teile eines Ring-Syst. stehen können. Genannt werden 2.3-Epoxypropylmethylanilin, 2.3-Epoxypropyldiäthylamin, 2.3-Epoxypropylpiperidin u. 2.3-Epoxypropylmorpholin. (**D. A. S. 1 098 199** Kl. 39b vom 10/10. 1958, ausg. 26/1. 1961. **Zusatz zu D. A. S. 1 032 528; C. 1959. 2301.**) G. TEWES. 7177

General Tire & Rubber Co. (Erfinder: Otto Charles Elmer), V.St.A., **Herstellung von Polyurethanelastomeren.** Ein Gemisch aus 1 (Mol) Polyalkylenglykoläther (Molgew. > 500; Poly-n-butylenglykoläther) u. aus einer Verb. (I) mit wenigstens 2 akt. H-Atomen u. wenigstens einer olefin. Doppelbindung, in der wenigstens 1 doppelt gebundenes C-Atom einer aus wenigstens 5 C-Atomen bestehenden, von O-Atomen freien Kette anliegt, welche endständig einen ggf. über eine Estergruppierung substituierten Kettenteil aus 2—12 C-Atomen aufweist, wird mit 0,9—1,5, bes. 1 organ. Di- oder Triisocyanat, bezogen auf akt. H-Atome in der Masse, umgesetzt u. das modifizierte Polyätherurethan (II) mit 0,5—8 Teilen S, bezogen auf **II**, unter Erwärmen u. Formgebung vernetzt. Ruß kann der Masse zugegeben werden. Die **I** sind bes. Ricinolylalkohol, Glycerinmonooleat u. Propylenglykolmonoricinoleat. Als Beschleuniger wird bei der Herst. der **II** Fe-Acetonylacetonat, Octylenglykoltitanat, Stearyltitanat oder Dicyclopentadienyl-Fe verwendet. — Herst. von *Reifen* u. *Gurten*. (**F. P. 1 216 336** vom 22/10. 1958, ausg. 25/4. 1960. **D. A. S. 1 100 945** Kl. 39 b vom 23/10. 1958, ausg. 2/3. 1961. Beide A. Prior. 24/10. 1957.) G. Tewes. 7181

Ciba Akt.-Ges., Basel, Schweiz, **Herstellung gefärbter Polyurethankunststoffe.** Akt. H-Atome aufweisende organ. Verbb. (Polyester u. Polyäther) werden mit organ. Polyisocyanaten (I) unter Zusatz von OH- oder Aminogruppen aufweisenden organ. Farbstoffen (**II**), die möglichst frei von Sulfonsäuregruppen sind, umgesetzt. Die **II** sind z. B. Triphenylmethan-, Oxazin-, Thiazin-, Nitro-, Methin-, Phthalocyaninfarbstoffe (Tri- oder Tetraaminomethylphthalocyanin u. Fuchsin), Azofarbstoffe (4-Aminoazobenzol, 2.4-Diaminoazobenzol u. Triaminoazobenzol) u. Anthrachinonfarbstoffe (1- oder 2-Amino-, 1.5- oder 1.4-Diamino-, 1.4.5-Triaminoanthrachinon u. 1-Amino-4-Hydroxyanthrachinon). Die **II** sollen in organ. Lsgm. (Dimethylformamid) lösl. sein u. können auch schon vorher mit den **I** versetzt werden, wobei dann erst nach einigen Std. die Zugabe der Polyoxy-Verb. erfolgt. Die Masse dient als Lack, zur Herst. von Schaumstoffen u. zur Textilbeschichtung. (**Oe. P. 208 079** vom 17/3. 1959, ausg. 25/3. 1960. **F. P. 1 219 438** vom 16/3. 1959, ausg. 17/5. 1960. Beide Schwz. Prior. 18/3. 1958 u. 22/1. 1959.) G. Tewes. 7181

Farbenfabriken Bayer Akt.-Ges., Leverkusen (Erfinder: Hans Holtschmidt und Günther Braun, Köln), **Vernetzte phosphorhaltige Kunststoffe nach dem Isocyanat-Polyadditionsverfahren** erhält man durch Rk. von linearen oder verzweigten OH-gruppenhaltigen Kondens.- oder Polymerisations-Prodd. (Polyester, Polyesteramide, Polyacetale, Polyäther u. Polythioäther) mit einem Molgew. > 800 mit aromat. P-haltigen Polyisocyanaten der allg. Formel $X \cdot P = R(Y, Z)$ ($R = O$ oder S; X = O-Aryl-, O-Aralkyl-, O-Cycloalkylaryl-, S-Aryl-, S-Aralkyl-, S-Cycloalkylaryl-, N-$(Aryl)_2$-, N-Alkylaryl- oder N-Cycloalkylarylrest; Y u. Z = X oder O-Alkyl-, O-Cycloalkyl-, S-Alkyl-, S-Cycloalkyl-, N-$(Alkyl)_2$-, N-$(Cycloalkyl)_2$-Rest, wobei X, Y u. Z gleich oder verschieden u. auch ungesätt. sein u./oder weitere Substituenten, wie Halogenatome, Alkoxy-, Thioäther, Carbonsäureester- oder Sulfongruppen enthalten können, u. in denen mindestens 2 aromat. gebundene NCO-Gruppen im Mol. vorhanden sind), u. ggf. mindestens 2 mit NCO-Gruppen reagierende H-Atome aufweisenden Verbb. (mehrwertige Alkohole u. Amine), unter Formgebung. — Herst. von *Formkörpern, Flächengebilden* u. *Schaumstoffen*. (**D. A. S. 1 092 190** Kl. 39b vom 22/3. 1958, ausg. 3/11. 1960. **F. P. 1 228 381** vom 20/3. 1959, ausg. 29/8. 1960. D. Prior. 22/3. 1958.) G. Tewes. 7181

Metallgesellschaft Akt.-Ges. (Erfinder: Wolfgang-Dieter Luz), Frankfurt/M., **Aushärten von Polysulfiden,** dad. gek., daß zu fl. Polysulfiden 5—20% Organozinn-Verbb., bes. Alkyl- oder Arylzinn-Verbb., zugesetzt werden, z. B. Tetrabutylzinn-Verbb., Organozinnoxyd, Alkyl- oder Arylzinnacetat oder -laurat. (**D. A. S. 1 103 570** Kl. 39b vom 19/11. 1958, ausg. 30/3. 1961.) W. Overbeck. 7185

Deutsche Gold- und Silber-Scheideanstalt vormals Roessler, Frankfurt/M. (Erfinder: Jürgen Behrends, Hanau/M.), **Herstellung von Eupolyoxymethylenen** durch Polymerisation von monomerem CH_2O in Ggw. eines Katalysators, dad. gek., daß als solcher eine organ. S-Verb., die das Strukturelement **I** aufweist, benutzt wird. In den Beispielen sind Tetramethylthiuramdisulfid, 2-Mercaptobenzthiazol u. das Piperidinsalz der Pentamethylendithiocarbaminsäure genannt, die als 0,01—0,03%ig. Suspension in Bzn. eingesetzt werden. Die Polymerisation erfolgt in Ggw. von O_2, bes. im Gemisch mit einem Inertgas, z. B. N_2. — Tabelle. Die Prodd. lassen sich zu Formkörpern verarbeiten. (**D. A. S. 1 089 171** Kl. 39c vom 31/5. 1958, ausg. 15/9. 1960. **E. P. 848 061** vom 28/5. 1959, ausg. 14/9. 1960. D. Prior. 31/5. 1958.) H. Schindler. 7185

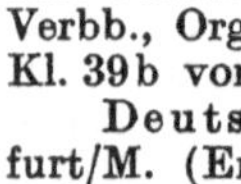

I

United Shoe Machinery Corp., Flemmington, N.J., übert. von: John H. Highberger, Marblehead, und Robert A. Whitmore, Beverly, Mass., V.St.A.,

Platten („Häute") aus Kollagen-Fasern werden hergestellt aus frischen Kalbshäuten, die in ½%ig. Essigsäure bei ca. 0° (pH 3,5) 24 Std. gequollen sind. Die Masse wird, nachdem sie im Holländer pastös gemacht u. mit NaCl versetzt wurde, mit Na_2CO_3 auf pH 7,5 eingestellt u. durch Erhitzen (6 Std. auf 25°) zum Ausflocken gebracht. Zwischen 2 Glasplatten, deren obere nach dem Ausgießen entfernt wird, trocknet die Masse zu einer hautähnlichen Platte, die im Elektronenmikroskop die Struktur der Kollagenfasern zeigt, auf. — 3 Abbildungen. (**A. P. 2 934 446** vom 21/12. 1955, ausg. 26/4. 1960.) F. KOCH. 7199

Francis H. Snyder & Associates, Inc., Nero Milford, übert. von: Francis H. Snyder, Newtown, Conn., V.St.A., **Harze aus Phenol und Hydropyrolyseprodukten von Lignocellulose.** Säuregetränkte Lignocellulose wird bei 500—1260 lbs./sq.in. u. der entsprechenden Temp. gesätt. Dampfes während 10—800 Sek. behandelt. Nach Extraktion mit Aceton, Äthylacetat, A., Isoamylalkohol oder Methylisobutylketon wird filtriert u. nach Alkalisieren auf pH 10,5—11,5 mit Phenol, Resorcin, Kresolen, Xylolen, Mono- oder Dihydroxydiphenylen am Rückfluß kondensiert. Da der größte u. wesentlichste Anteil des Hydropyrolyse-Prod. Hydroxymethylfurfural ist, dient dieses als Mengenmesser insofern, als auf 2 (Mol) jeweils 1 Phenol kommt. *Papier-* u. *Textilhilfsmittel, Bindemittel für Glasfasern* u. so weiter. (**A. P. 2 937 158** vom 28/6. 1956, ausg. 17/5. 1960.) H. SCHINDLER. 7205

Winterbottom Book Cloth Co. Ltd., Manchester (Erfinder: Charles Dunbar und John Lunt), England, **Harzgefüllte, schichtartige Stoffe,** die als Belagstoffe, Vorhänge, Tücher, aber auch Diaphragmen für Pumpen dienen, enthalten einen luftundurchlässigen Film aus einem ungesätt. Polyester, z. B. aus Maleinsäureanhydrid u. Diäthylenglykol, in welchen einzelne Strähnen oder Bögen eines Textilgewebes eingebettet sind. (**E. P. 817 891** vom 25/11. 1954, ausg. 6/8. 1959.) M. BÖTTCHER. 7205

Allied Chemical Corp., New York, N.Y., V.St.A., **Schichtstoff aus ungesättigtem Polyesterharz,** einer ungesätt. monomeren Verb., einem Füllstoff (organ. oder anorgan., Glas, Asbest, Carbonate der II. Gruppe des Period. Syst., Kunststoffe), einem Polymerisationskatalysator (organ. Peroxyd), einem Stabilisator (o-Methoxyphenol), einem Entformungsmittel sowie Sb_2O_3 u. 2bas. Pb-Phosphit. Das Härten geschieht bei 2500 lbs./sq.in. u. bei 200—400° F, u. dauert ½—5 Minuten. (**E. P. 842 760** vom 19/11. 1957, ausg. 27/7. 1960. A. Prior. 15/2. 1957.) F. KOCH. 7205

Inventa Akt.-Ges. für Forschung und Patentverwertung, Schweiz, *Behandlung von körnigem, festem Material mit Gasen.* (**F. P. 1 173 209** vom 23/1. 1957, ausg. 23/2. 1959. Schwz. Prior. 2/2. 1956. — C. **1960.** 17 293 [Schwz. P. 343 373].)

Deutsche Gold- und Silber-Scheideanstalt vormals Roessler, Frankfurt/M., übert. von: **Erich Bäder,** Hanau/M., **Otto Schweitzer,** Königstein, und **Wilhelm Querfurth,** Oberursel, Taunus, *Polymerisation von Vinylidenverbindungen.* (**A. P. 2 946 770** vom 25/7. 1955, ausg. 26/7. 1960. D. Prior. 30/7. 1954. — C. **1958.** 8768 [F. P. 1 128 202].)

Esso Research and Engineering Co., V.St.A. (Erfinder: **Stanley E. Jaros** und **Bruce R. Tegge**), *Herstellung thermoplastischer Polymerer.* (**F. P. 1 163 058** vom 13/9. 1956, ausg. 22/9. 1958. A. Prior. 7/10. 1955. — C. **1960.** 3057 [E. P. 805 862].)

Dow Chemical Co., V.St.A. (Erfinder: **Richard Edward Edmonson** und **William Fabyan Wroth**), *Behandlung von Polyäthylen.* (**F. P. 1 161 740** vom 21/9. 1956, ausg. 3/9. 1958. A. Prior. 31/10. 1955. — C. **1959.** 15851 [D. A. S. 1 033 404].)

Esso Research and Engineering Co., V.St.A. (Erfinder: **Lewis W. Bowman** und **Robert F. Leary**), *Propylenpolymerisation.* (**F. P. 1 160 050** vom 17/10. 1956, ausg. 7/7. 1958. A. Prior. 28/10. 1955. — C. **1960.** 15591 [A. P. 2 874 153].)

Esso Research and Engineering Co., V.St.A. (Erfinder: **Samuel B. Lippincott, Robert McKee Thomas, Howard T. Oakley, Robert F. Leary** und **Robert S. Brodkey**), *Polymerisation von Propylen.* (**F. P. 1 162 725** vom 26/10. 1956, ausg. 16/9. 1958. A. Prior. 28/10. 1955. — C. **1959.** 17512 [E. P. 800 447].)

Esso Research and Engineering Co., V.St.A. (Erfinder: **Allen R. Kittleson**), *Polymerisation von Olefinen.* (**F. P. 1 160 757** vom 24/9. 1956, ausg. 5/8. 1958. A. Prior. 29/9. 1955. — C. **1959.** 17509 [E. P. 796 845].)

Esso Research and Engineering Co., V.St.A. (Erfinder: **Raymond G. Newberg** und **Robert E. Clayton**), *Höhermolekulare olefinische Mischpolymerisate.* (**F. P. 1 168 269** vom 27/12. 1956, ausg. 5/12. 1958. A. Prior. 29/12. 1955. — C. **1960.** 10426 [A. P. 2 845 399].)

Rohm & Haas Co., Philadelphia (Erfinder: **Fred Easterday Boettner,** Philadelphia, Pa., und **Warren Dexter Niederhauser,** Huntsville, Ala.), V.St.A., *Herstellung modifizierter wasserlöslicher Polyacrylamide.* (**Jap. A. S. 2440/1959** vom 12/2. 1958, ausg. 14/4. 1959. **F. P. 1 198 809** vom 11/2. 1958, ausg. 9/12. 1959. Beide A. Prior. 14/2. 1957. — C. **1960.** 12518 [D. A. S. 1 060 143].)

Rohm & Haas Co., Philadelphia (Erfinder: **Fred Easterday Boettner,** Philadelphia, Pa., und **Warren Dexter Niederhauser,** Huntsville, Ala.), V.St.A., *Herstellung wasserlöslicher Polyacrylamide.* (**Jap. A. S. 2441/1959** vom 12/2. 1958, ausg. 14/4. 1959. **F. P. 1 198 808** 11/2. 1958, ausg. 9/12. 1959. Beide A. Prior. 14/2. 1957. — C. **1960.** 12518 [D. A. S. 1 060 602].)

Farbwerke Hoechst Akt.-Ges., vormals Meister Lucius & Brüning, Frankfurt/M., *Reinigung von Polyäthylen.* (**Holl. P. 95 151** vom 9/4. 1956, ausg. 15/8. 1960. D. Prior. 9/4. 1955. — C. **1959.** 7306 [Oe. P. 199 369].)

American Cyanamid Co., New York, N.Y., V.St.A., *Kontinuierliche Überwachung des Molekulargewichts von Acrylnitrilmischpolymerisaten.* (**E. P. 835 552** vom 18/5. 1956, ausg. 25/5. 1960. A. Prior. 29/7. 1955. — C. **1960.** 15237 [F. P. 1 154 171].)

Rohm & Haas Co., Philadelphia, Pa., V.St.A., *Quaternäre Ammoniumverbindungen enthaltende Mischpolymerisate.* (**E. P. 835 550** vom 13/3. 1956, ausg. 25/5. 1960. A. Prior. 21/3. 1955. — C. **1959.** 6971 [A. P. 2 810 713].)

Ruhrchemie Akt.-Ges., Oberhausen, *Äthylenpolymerisation.* (**E. P. 827 537** vom 25/6. 1956, ausg. 3/2. 1960. D. Prior. 28/7. 1955. — C. **1958.** 9358 [Oe. P. 194 132].)

Western Electric Co., Inc., New York, N.Y. (Erfinder: **Walter Lincoln Hawkins, Vincent Leonard Lanza** und **Field Howard Winslow**, N.J.), V.St.A., *Stabilisieren von Polymeren gegen Oxydation.* (**Jap. A. S. 2135/1959** vom 9/11. 1957, ausg. 9/4. 1959. **F. P. 1 192 952** vom 18/9. 1957, ausg. 29/10. 1959. Beide A. Prior. 29/11. 1956. — C. **1960.** 3056 [Oe. P. 202 773].)

Western Electric Co., Inc., New York, N.Y. (Erfinder: **Walter Lincoln Hawkins** und **Vincent Leonard Lanza**, N.J.), V.St.A., *Stabilisieren geradkettiger Kohlenwasserstoffe.* (**Jap. A. S. 2136/1959** vom 9/11. 1957, ausg. 9/4. 1959. **F. P. 1 184 009** vom 7/10. 1957, ausg. 16/7. 1959. Beide A. Prior. 29/11. 1956. — C. **1960.** 3056 [Oe. P. 203 209].)

Western Electric Co., Inc., New York, N.Y. (Erfinder: **Walter Lincoln Hawkins, Vincent Leonard Lanza** und **Field Howard Winslow**, N.J.), V.St.A., *Stabilisieren gesättigter polymerer Kohlenwasserstoffe.* (**F. P. 1 199 240** vom 9/10. 1957, ausg. 11/12. 1959. **Jap. A. S. 2137/1959** vom 9/11. 1957, ausg. 9/4. 1959. Beide A. Prior. 29/11. 1956. — C. **1960.** 3056 [Oe. P. 203 210].)

Western Electric Co., Inc., New York, N.Y. (Erfinder: **Walter Lincoln Hawkins, Vincent Leonard Lanza** und **Field Howard Winslow**, N. J.), V.St.A., *Stabilisieren von Polymeren gegen Oxydation.* (**Jap. A. S. 2138/1959** vom 9/11. 1957, ausg. 9/4. 1959. **F. P. 1 192 953** vom 18/9. 1957, ausg. 29/10. 1959. A. Prior. 29/11. 1956. — C. **1960.** 3056 [Oe. P. 203 213].)

Western Electric Co., Inc., New York, N.Y. (Erfinder: **Walter Lincoln Hawkins, Vincent Leonard Lanza** und **Field Howard Winzlow**, N.J.), V.St.A., *Stabilisieren geradkettiger Kohlenwasserstoffe.* (**Jap. A. S. 2139/1959** vom 9/11. 1957, ausg. 9/4. 1959. **F. P. 1 183 969** vom 5/10. 1957, ausg. 16/7. 1959. Beide A. Prior. 29/11. 1956. — C. **1960.** 3056 [Oe. P. 203 211].)

Western Electric Co., Inc., New York, N.Y. (Erfinder: **Walter Lincoln Hawkins, Vincent Leonard Lanza** und **Field Howard Winslow**, N.J.), V.St.A., *Stabilisieren von geradkettigen Kohlenwasserstoffen.* (**Jap. A. S. 2140/1959** vom 9/11. 1957, ausg. 9/4. 1959. **F. P. 1 184 008** vom 7/10. 1957, ausg. 16/7. 1959. Beide A. Prior. 29/11. 1956. — C. **1960.** 3056 [Oe. P. 203 212].)

Western Electric Co., Inc., New York, N.Y. (Erfinder: **Walter Lincoln Hawkins, Vincent Leonard Lanza** und **Field Howard Winslow**, N.J.), V.St.A., *Stabilisiertes Präparat.* (**Jap. A. S. 2141/1959** vom 9/11. 1957, ausg. 9/4. 1959. A. Prior. 29/11. 1956. — C. **1960.** 3056 [Oe. P. 202 774].)

Pittsburgh Plate Glass Co., V.St.A. (Erfinder: **Frank Fekete**), *Derivate ungesättigter Carbonsäuren.* (**F. P. 1 186 845** vom 4/1. 1957, ausg. 2/9. 1959. A. Prior. 5/1. 1956. — C. **1960.** 2709 [A. P. 2 830 078].)

Rheinpreussen Akt.-Ges. für Bergbau und Chemie und **Karl Wahl**, Deutschland, *Trocknen von Phenolharzlösungen oder -emulsionen.* (**Jap. A. S. 2335/1959** vom 24/10. 1956, ausg. 11/4. 1959. — C. **1958.** 9074 [F. P. 1 138 822].)

Devoe & Raynolds Co., Inc., übert. von: **William J. Belanger, John E. Masters** und **Darell D. Hicks**, Louisville, Ky., V.St.A., *Herstellung modifizierter gehärteter Epoxyharze.* (**A. P. 2 947 712** vom 11/6. 1956, ausg. 2/8. 1960. — C. **1960.** 4370 [D. A. S. 1 060 138].)

E. I. du Pont de Nemours & Co. (Erfinder: **Martin E. Cupery**), Wilmington, Del., V.St.A., *Herstellung von phosphathaltigen Polymeren.* (**Schwz. P. 349 085** vom 14/11. 1955, ausg. 15/11. 1960. — C. **1957.** 1306 [A. P. 2 723 971].)

National Research Development Corp., London, England (Erfinder: **John Warcup Cornforth, John Albert Stock, Philip Montagu D'Arcy Hart** und **John Richard William Rees**), *Herstellung von Phenol-Formaldehydkondensationsprodukten und deren Polyoxyalkylenäthern.* (**E. P. 760 214** vom 30/5. 1951, ausg. 31/10. 1956. — C. **1950/1954.** 3593 S [F. P. 1 062 007].)

Farbenfabriken Bayer Akt.-Ges., Leverkusen, *Schaumstoffe aus Polycarbonaten.* (**E. P. 838 824** vom 2/8. 1957, ausg. 22/6. 1960. D. Prior. 16/8. 1956. — C. **1959.** 1622 [D. A. S. 1 031 507].)

Ciba Ltd., Basel, Schweiz, *Hochmolekulare Polyisocyanatumsetzungsprodukte aus Alkylenoxydanlagerungsprodukten.* (**Ind. P. 58 045** vom 1/8. 1956, ausg. 4/9. 1957. — C. **1959.** 12070 [Oe. P. 197 582].)

Dunlop Rubber Co. Ltd., London, England, *Herstellung von elastischen Polyurethanschaumstoffen.* (**Ind. P. 57 320** vom 11/5. 1956, ausg. 24/7. 1957. E. Prior. 22/6. 1955. — C. **1959.** 14894 [D. A. S. 1 048 407].)

Albright & Wilson Ltd., England (Erfinder: **Wilson Alvin Reeves, John Daulton Guthrie** und **Carl Hamalain**), *Herstellung von polymeren bromhaltigen Nitrilomethylolphosphorverbindungen.* (**Jap. A. S. 2296/1959** vom 9/11. 1955, ausg. 9/4. 1959. A. Prior. 9/11. 1954. — C. **1960.** 8030 [A. P. 2 861 901].)

Farbenfabriken Bayer Akt.-Ges., Leverkusen, *Herstellung von Polyurethan-Elastomeren.* (**E. P. 840 097** vom 14/3. 1958, ausg. 6/7. 1960. D. Prior. 19/3. 1957. — C. **1960.** 1693 [D. A. S. 1 045 095].)

Dow Corning Corp., V.St.A., übert. von: **Howard E. Hachtel** und **Cecil L. Frye**, *Organosiliciummischpolymere.* (**F. P. 1 165 550** vom 23/11. 1956, ausg. 27/10. 1958. A. Prior. 22/12. 1955. — C. **1959.** 17519 [E. P. 809 263].)

Dow Corning Corp., V.St.A., übert. von: **Oscar K. Johannson**, *Organosiloxancopolymere.* (**F. P. 1 154 330** vom 29/6. 1956, ausg. 4/4. 1958. A. Prior. 8/7. 1955. — C. **1958.** 12544 [D. A. S. 1 023 584].)

Farbenfabriken Bayer Akt.-Ges. (Erfinder: **Walter Noll**), Leverkusen, *Herstellung wässeriger Emulsionen von Organopolysiloxanen.* (**Holl. P. 95 179** vom 1/8. 1956, ausg. 15/8. 1960. D. Prior. 3/8. 1955. — C. **1959.** 7649 [D. A. S. 1 033 894].)

American Cyanamid Co., New York, N.Y. (Erfinder: **William Wooding**, Old Greenwich, **Tzeng Jiueq Suen**, Neu Canaan, und **Yun Jen**, Stamford, Conn.), V.St.A., *Herstellung wasserlöslicher modifizierter Melamin-Formaldehyd-Kondensationsprodukte.* (**E. P. 832 203** vom 26/4. 1956, ausg. 6/4. 1960. **Schwz. P. 349 081** vom 5/5. 1956, ausg. 15/11. 1960. — C. **1958.** 2288 [A. PP. 2 769 796, 2 769 797, 2 769 799 u. 2 769 800].)

Ciba Soc. An., Basel, Schweiz, *Lichtstabile Aminoplaste.* (**Belg. P. 567 735** vom 16/5. 1958, ausg. 12/8. 1960. Schwz. Prior. 16/5. 1957. — C. **1960.** 7703 [Oe. P. 204 275].)

XII. Kautschuk

Kautschuk in der Astronautik. Kautschuk und Plaste spielen eine wachsende Rolle in der Raumfahrt. H. N. Langton und S. N. Angove. (Rubber J. int. Plastics **135.** 41—42. 44. 60. 12/7. 79—80. 82—83. 19/7. 115—16. 26/7. 1958. Nat. Coll. of Rubber Technology). (Engl.)

Überblick. G. TREWENDT. 7220□

Die Reaktion des natürlichen Kautschuk mit Maleinsäureanhydrid. I. A. Tutorski, L. Ss. Krochina und B. A. Dogadkin. (Каучук и Резина [Kautschuk u. Gummi] **19.** Nr. 5. 3—6. Mai 1960. Moskau, Lomonossow-Inst. für chem. Feintechnologie.) (Russ.)

Die Rk. des *Maleinsäureanhydrids* (I) mit *Naturkautschuk* (II) beim Mastizieren auf Walzen wird untersucht. Die Wrkg. der I-Dosierung (1—5%), der Mastikationszeit (bis 30 Min.), des Walzenspaltes (0,3 u. 0,6 mm), der Walzen-Temp. (20 u. 40°) u. des O_2-Geh. auf die Anlagerung von I u. die Strukturierung von II (ermittelt als benzolunlösl. Gelanteil) werden untersucht. Bis 5% I verläuft die Anlagerungs-Rk. nach der Gleichung 1. Ordnung. Strukturierung u. I-Anlagerung verlaufen parallel. Bei größerem Walzenspalt durchläuft die Rk. eine Inhibierungsperiode, die durch erhöhte I-Dosierung vermindert werden kann. Beim Mastizieren an der Luft wird bei 40° nur in den ersten Min. Gel gebildet; beim weiteren Mastizieren nimmt der Gel-Geh. wieder ab. Die Strukturierung erfolgt in Ar-Atmosphäre bedeutend schneller als an der Luft. Eine Rk.-Gleichung wird auf Grund dieser Ergebnisse entwickelt, wobei eine Anlagerung der I-Doppelbindung an II-Kettenradikale, die durch die Mastikation entstehen, u. der so gebildeten I-II-Radikale an die Doppelbindung einer stabilen II-Kette angenommen wird.

O. KRAMM. 7222□

Synthese und Eigenschaften von Vinylsiloxankautschuk. I. K. Stawitzki und W. M. Swetosarowa. (Каучук и Резина [Kautschuk u. Gummi] **19.** Nr. 5. 6—11. Mai 1960. Allunions Lebedew-Forschungsinst. für synthet. Kautschuk.) (Russ.)

Die Synth. u. die Eigg. von *Siliconkautschuk* (I) *mit Vinylgruppen* u. seiner Vulkanisate werden beschrieben. Durch Einwirken von Cl_2 auf Diäthyldichlorsilan wird α- (II; Kp. 79—81°) u. β-Chloräthyläthyldichlorsilan (III; Kp. 96—98°) erhalten. Durch Erwärmen mit Chinolin wird das HCl abgespalten u. Äthylvinyldichlorsilan erhalten ($Kp._{180}$ 77—78°; Ausbeute für II 10—14%, für III 43—50%). Durch gleichzeitige Hydrolyse eines Gemisches von Dimethyldichlorsilan u. Alkyl- bzw. Arylvinyldichlorsilan in W. bei 2—4° u. anschließende Polykondens. mit Hilfe eines Katalysators, wie 2% H_2SO_4 (am besten), $Al_2(SO_4)_3$, $(C_3H_7OH)KOH$ werden Polymere mit einem Geh. von 0,07—4 Mol-% an $R \cdot C_2H_3 \cdot SiO$ erhalten (R = Methyl-, Äthyl- bzw. Phenylrest). Mit steigendem Geh. an Vinylgruppen nimmt die Aktivität des Kautschuks bei der Vulkanisation zu. Gegenüber normalem I kann die Dosierung an Benzoesäureperoxyd von 2% auf ca. 0,6% herabgesetzt werden. Auch mit S (2%) u. Tetramethylthiuramdisulfid (1%) erhält man gute Vulkanisate. Bes. der Druckverformungsrest bei hohen Temp. wird durch Einführen der Vinylgruppen stark verbessert: bei 200° von 99 auf 14% für 1% an Vinylgruppen. Die Art der zweiten organ. Gruppe am Si ist prakt. ohne Bedeutung für die Eigg. des I. Nur die Kombination von Vinyl–Phenyl-Radikalen bringt eine erhöhte Kältebeständigkeit. O. KRAMM. 7224□

Die Chemie der Verstärkung. 3. Mitt. **Modell-Systeme aus Ruß und Squalen.** M. L. Studebaker und L. G. Nabors. (Kautschuk u. Gummi **9.** Nr. 12. WT305 bis WT311. Dez. 1956.) (Dt.) — Vgl. C. **1956.** 9047.

Vff. stellten Mischungen aus *Ruß* (I) u. *Squalen* (II), I u. *S*, I, II u. S sowie I, II, S, *MBT* u. Zn-Laurat her, die auf 150° (während 1 Std.) erhitzt wurden. Die fl. Fraktionen wurden durch 30tägige Extraktion mit Toluol entfernt u. die festen Fraktionen nach Trocknung der Elementaranalyse unterworfen. Aus den erzielten Daten konnte entnommen werden, daß eine beträchtliche Aktivität an der I-Oberfläche oder in ihrer unmittelbaren Nähe vorliegt. M. WINIKER. 7226□

Über Gummiozokerit. G. Benthin. (Seifen-Öle-Fette-Wachse **81.** 647—48. 26/10. 684—85. 9/11. 1955. Wanne-Eickel, Krupp-Kohlechemie GmbH., Anwendungstechn. Labor.) (Dt.)

Unterss. handelsüblicher *Gummiozokerite* ergaben, daß dieselben zum größten Teil aus langkettigen Paraffinen u. nur zu 20—30% aus Petrolaten oder FISCHER-TROPSCH-Paraffin bestehen. Der mögliche Wirkungsmechanismus derselben als Lichtriß- u. Alterungsschutzmittel für Gummiwaren wird kurz diskutiert. M. WINIKER. 7226□

Zur Frage der Bewertung der Frostbeständigkeit von Gummi. Je. K. Dobrer. (Каучук и Резина [Kautschuk u. Gummi] **19.** Nr. 5. 51—52. Mai 1960. Leningrad, Werk „Elektroapparat".) (Russ.)

Durch vergleichende Unterss. an verschiedenen Gummiproben auf Kältebeständigkeit nach GOST 7338—55 (Beanspruchung auf Bruch durch Knickung eines Gummistreifens um 180° nach 2 Std. langem Einfrieren bei —45°), 408—53 (Koeff. der Kältebeständigkeit) u. 7912—56 (Verglasungs-Temp.) wird gezeigt, daß die Prüfung nach GOST 7338—55 gegenüber den beiden anderen zusammen keine so umfassende Aussagemöglichkeit bietet u. für die Praxis eine Senkung der Prüf-Temp. auf —55° oder eine Einteilung in 2 Gruppen (—45 u. —55 bis —60°) notwendig ist, um Fehlresultate bzgl. einer guten Kältebeständigkeit zu vermeiden. O. KRAMM. 7248□

E. I. du Pont de Nemours & Co., Wilmington, Del., V.St.A., **Mischpolymerisate** aus einem endständig ungesätt. Monoolefin u. einem Diolefin, dessen Doppelbindungen durch > 2 C-Atomen getrennt sind u. dessen eine Doppelbindung endständig ist, erhält man bei 50—60° in einem KW-Stoff als Lsgm. u. in Ggw. eines Katalysators, der z. B. durch Rk. von $AlLiH_4$ u. Decen-(1) u. des Prod. mit $TiCl_4$ erhalten wird. Als Monomere sind in den Beispielen 6-Methyl-1.5-heptadien (I) u. ein Gemisch von Äthylen u. Propylen oder **I** u. Hexen-(1) genannt. — *Kautschukartige, vulkanisierbare Produkte.* (**E. P. 819 279** vom 7/1. 1957, ausg. 2/9. 1959. A. Prior. 25/1. 1956.) H. SCHINDLER. 7225

Farbenfabriken Bayer Akt.-Ges., Leverkusen (Erfinder: Gustav Sinn, Bergisch Neukirchen, Dietrich Rosahl und Heinz Esser, Köln-Stammheim), **Wässerige Dispersionen von synthetischen Elastomeren** mit einem Geh. an Oxyden mehrwertiger Metalle, bes. ZnO, für die Herst. von vernetzten geformten Gebilden, dad. gek., daß die synthet. Elastomeren aus Mischpolymerisaten aus 2-Chlorbutadien-(1.3), einer Äthylencarbonsäure u. einem weiteren Monomeren bestehen, z. B. Butadien, Dichlorbutadien, Acrylsäurenitril oder Styrol. (**D. A. S. 1 103 569** Kl. 39 b vom 19/12. 1958, ausg. 30/3. 1961.) W. OVERBECK. 7227

B. B. Chemical Co., Boston, übert. von: Thomas C. Morris, Lexington, und Conrad Rossitto, Lawrence, Mass., V.St.A., **Verstärkungsmittel für Natur- und Kunstkautschuk,** bestehend aus dem Rk.-Prod. folgender 3 Komponenten: 1. Kondens.-Prod. aus CH_2O u. einem alkyl- oder arylsubstituierten (3—6 C-Atome) Phenol, 2. polymerisiertes Kolophonium u. 3. MgO oder Bleioxyd. Die Rk. erfolgt in einem organ. Lsgm., z. B. einem Gemisch aus 15 (%) Toluol, 25 Methyläthylketon u. 60 Hexan, unter kräftigem Rühren. Das in Lsg. befindliche Rk.-Prod. kann z. B. gelöstem Polychloropren zugesetzt werden, woraus ein z. B. Leder an Al fest bindendes *Klebemittel* erhalten wird. Bei Verw. von Bleioxyd entstehen wärmestabile Kautschukprodukte. Nach den Beispielen ist 1 ein p-Phenylphenol-CH_2O-Harz. — Tabellen. (**A. P. 2 938 876** vom 3/5. 1957, ausg. 31/5. 1960.) H. SCHINDLER. 7227

Esso Research and Engineering Co., V.St.A., übert. von: Francis P. Ford, **Butylkautschukvulkanisation.** Mischungen aus Butylkautschuk u. Naturkautschuk, Butadien–Styrol- oder Butadien–Acrylnitril-Kautschuk vulkanisiert man mit S oder S-haltigen Vulkanisationsmitteln u. einer Verb. mit der Gruppe —NH—, wie Aldehydamine, Polyalkylamine, Polyarylguanidine, S enthaltende Guanidine oder Sulfenamide, jedoch ohne zusätzliche Ultrabeschleuniger, wie Tetramethylthiuramdisulfid oder Te-Diäthyldithiocarbamat. — Man hält eine Mischung aus 75 (Gewichtsteilen) Butylkautschuk, 25 GR—S-Kautschuk, 50 Gastex-Ruß, 5 ZnO, 0,5 Stearinsäure, 3 S u. 1 Diphenylguanidin 40 Min. bei 152°. (**F. P. 1 153 168** vom 30/4. 1956, ausg. 3/3. 1958. A. Prior. 2/5. 1955.) M. PANKOW. 7229

Dunlop Rubber Co. Ltd., London, England, **Vulkanisierbare Kautschukmischung.** Man mischt Rohkautschuk mit Lignin u. einer Methylengruppen abspaltenden Verb., z. B. Hexamethylentetramin, u. erhitzt auf ca. 120—150°, worauf die Weiterverarbeitung unter üblichen Zusätzen erfolgt. Das Verf. bewirkt eine Verbesserung der mechan. Eigg. des Kautschuks. (**Aust. P. 160 844** vom 4/6. 1952, ausg. 17/2. 1955.) C. LÜTTGEN. 7229

Dow Corning Corp., V.St.A., übert. von: Robert R. Selfridge bzw. Midland Silicones Ltd., London, England, **Organosiloxanelastomere.** Man vulkanisiert eine Mischung aus 95—99,99 (Gewichts-%) eines hydroxylhaltigen Polysiloxans (von einer Viscosität von mindestens 100 cSt mit wenigstens 2 OH-Gruppen pro Si-Atom u. einem mittleren Geh. von 1,9—2 organ. Resten pro Si-Atom, wobei diese Reste einwertige KW-Stoffreste mit wenigstens 8 C-Atomen u. ihre Halogen-KW-Stoff-Derivv. darstellen) u. 5—0,01 eines Siloxans mit wenigstens 3 RHSiO-Gruppen im Mol. u. restlichen $R_3SiO_{0,5}$-Gruppen (R = einwertiger KW-Stoffrest mit wenigstens 7 C-Atomen) mit einem Vulkanisationskatalysator, bes. aus Salzen mehrwertiger Metalle mit organ. Carbonsäuren oder Organometall-Verbb., wie Ferribenzoat oder Tetralauryl-Sn. — Man mischt 100 (Gewichtsteile) fl. hydroxylhaltiges Dimethylpolysiloxan

(15000 cSt) mit 50 Diatomeenerde, 4 Methylhydrogensiloxan mit Trimethylgruppen an den Kettenenden u. 1,5 Dibutyl–Sn-Dilaurat. Die Masse dient als *Abdruckmasse für zahnärztliche Zwecke* u. wird in 5 Min. kautschukartig. – Die Prodd. können zur Herst. *elektr. Isolierungen, Dichtungen, Enteisungsanlagen* u. zum *Bedecken von Textilien* dienen. (**F. P. 1 165 552** vom 23/11. 1956, ausg. 27/10. 1958. **E. P. 804 199** vom 5/9. 1956, ausg. 12/11. 1958. Beide A. Prior. 22/12. 1955.) M. PANKOW. 7231

Goodyear Tire & Rubber Co., V.St.A. (Erfinder: Henry A. Pace), **Herstellung von weichen, elastomeren, zellförmigen Stoffen** durch Rk. eines Polymeren mit akt. H-Atomen, einem Molgew. von 750–2250 u. SZ. ≦5 mit Diisocyanat u. W.; man läßt das Polymere zunächst mit 0,9–1,1 Mol eines Diisocyanatgemisches aus 9–35 (Gew.-%) Toluol-2.6- u. 91–65 -2.4-diisocyanat reagieren u. bringt nach Entfernung der Rk.-Wärme mit einer neuen Menge Diisocyanat u. W. zum Schäumen u. Härten. Man verwendet bes. ein Diisocyanat mit dem Verhältnis 85/15 von 2.4- zu 2.6-Isomeren. Schaum-Bldg. u. Härtung lassen sich so besser aufeinander abstimmen. – Man kondens. 1 (Mol) Adipinsäure, $^1/_3$ Äthylenglykol, $^1/_3$ Diäthylenglykol u. $^1/_3$ Butylenglykol zu einem Polyester (OH-Zahl 60; SZ. 2), mischt 700 (Teile) des Polyesters mit 14 Ricinusöl u. 71,4 Toluoldiisocyanat (9% 2.6-Isomeres, 91% 2.4-Isomeres) u. rührt 35 Min. bei 60–65°. 100 des Prod. werden mit 22,4 des Diisocyanats, 2,75 W., 0,5 cm³ N-Methylmorpholin u. 0,64 Butyraldehyd–Anilin-Rk.-Prod. gemischt u. in der Form in 20 Min. bei 60° u. 60 Min. bei 100° gehärtet. – Vgl. Aust. P. 210 394; C. **1960.** 6340. (**F. P. 1 153 771** vom 8/6. 1956, ausg. 21/3. 1958. **Belg. P. 553557** vom 19/12. 1956, ausg. 15/1. 1960. Beide A. Prior. 21/12. 1955.) M. PANKOW. 7231

Wingfoot Corp., Akron, Ohio, V.St.A., *Schlauchdichtungsmittel.* (**It. P. 512 749** vom 20/10. 1953. A. Prior. 17/6. 1953. — C. **1959.** 9418 [Belg. P. 529 701].)

Firestone Tire & Rubber Co., V.St.A. (Erfinder: **Richard S. Stearns** und **Lawrence Eduard Forman**), *Herstellung von kautschukartigem Polyisopren.* (**F. P. 1 161 453** vom 1/9. 1956, ausg. 1/9. 1958. A. Prior. 1/9. 1955. — C. **1959.** 11744 [D. A. S. 1 040 795].)

B. F. Goodrich Co., New York, N.Y., übert. von: **Gorman E. Eilbuk**, Elyria, und **Elmer R. Urig**, Lorain, Ohio, V.St.A., *Kunstkautschuk-Dispersion.* (**A. P. 2868 754** vom 29/6. 1955, ausg. 13/1. 1959. **Belg. P. 547 273** vom 24/4. 1956, ausg. 6/11. 1959. A. Prior. 29/6. 1955. — C. **1960.** 4047 [F. P. 1 149 536].)

Montecatini Soc. Gen. per l'Industria Mineraria e Chimica, Mailand, Italien (Erfinder: **G. Natta, M. Bruzzone** und **C. Borsini**), *Herstellung von Elastomeren mit verbesserten Eigenschaften aus linearen α-Olefinpolymeren mit mindestens 4-C-Atomen.* (**Belg. P. 556 846** vom 19/4. 1957, ausg. 26/2. 1960. It. Prior. 20/4. 1956. — C. **1960.** 3717 [F. P. 1 177 746].)

United States Rubber Co., New York, N.Y., V.St.A., *Modifizieren von Elastomeren.* (**It. P. 512 377** vom 6/2. 1954. A. Prior. 16/3. 1953. — C. **1958.** 9629 [F. P. 1 095 954].)

Columbian Carbon Co. (Erfinder: **Harold Anthes Braendle**), New York, N.Y., V.St.A., *Herstellen von Dispersionen von Ruß in Kautschuk.* (**D. A. S. 1 063 364** Kl. 39a vom 22/1. 1953, ausg. 13/8. 1959. A. Prior. 12/3. 1952. — C. **1955.** 6871 [E. P. 705 344].)

Air Reduction Co., Inc., New York, N.Y., V.St.A., *Aktiver Füllstoff für Polybutylenkautschuk.* (**It. P. 512 362** vom 4/2. 1954. A. Prior. 25/3. 1953. — C. **1957.** 9531 [F. P. 1 092 857].)

Dayton Rubber Co., Dayton, Ohio, V.St.A., *Herstellung von porösem Kautschuk für Druckplatten.* (**It. P. 512 347** vom 23/1. 1954. A. Prior. 4/2. 1953. — C. **1958.** 4641 [F. P. 1 096 294].)

Esso Research and Engineering Co., V.St.A. (Erfinder: **Francis P. Ford** und **James V. Fusco**), *Butylkautschukmischvulkanisat.* (**F. P. 1 169 621** vom 28/12. 1956, ausg. 31/12. 1958. A. Prior. 30/12. 1955. — C. **1960.** 11843 [E. P. 811 536].)

Dunlop Rubber Co. Ltd., London, England, *Verkleben von halogenhaltigen Kunststoffen mit anderen Stoffen, bes. Stahl.* (**Ind. P. 50 648** vom 16/11. 1953, ausg. 6/3. 1956. E. Prior. 25/11. 1952. — C. **1960.** 10773 [F. P. 1 098 549].)

W. D. Huke, Introduction to natural and synthetic rubbers. London: Hutchinson. 1961. (160 S. m. Abb.) 25 s.

William Johnson Smith Naunton, ed., The applied science of rubber; prepared with the approval of the Institution of the Rubber Industry. London: Edward Arnold. 1961. (X + 1191 S. m. Abb., Tab. u. Diagr.) 8 £. 8 s.

Charles Henry Leigh-Dugmore, Microscopy of rubber. Cambridge: Institution of the Rubber Industry. 1961. (VI + 72 S. m. Taf.) 25 s.

XIII. Ätherische Öle. Parfümerie. Kosmetik

Natürliche Duftnoten. 32. Mitt. **Die Rosaceen.** E. S. Maurer. (Soap, Perfum. Cosmet. **32.** 518–20. Mai 1959.) (Engl.) – 30. u. 31. vgl. Soap, Perfum. Cosmet. **32.** [1959.] 295; 27. vgl. C. **1960.** 11844.

Charakterisierung der Geruchsnote der Blüten von wildem Weißdorn, die sich durch Geh. an Anisaldehyd u. Benzaldehydcyanhydrin kennzeichnet. H. SONTAG. 7276

Natürliche Duftnoten. 33. Mitt. **Die Oenotheraceen.** E. S. Maurer. (Soap, Perfum. Cosmet. **32.** 615–18. Juni 1959.) (Engl.) – 32. vgl. vorst. Referat.

Botan. Merkmale duftender Oenotheraceenarten folgender Gattungen: Epilobium, Circaea, Oenothera, Gaura u. Fuchsia. Charakterisierung der Duftnoten.
H. Sontag. 7276□

Natürliche Duftnoten. 34. Mitt. **Die Lythraceen.** E. S. Maurer. (Soap, Perfum. Cosmet. **32.** 811—12. Aug. 1959.) (Engl.) — 33. vgl. vorst. Referat.

Botan. Merkmale verschiedener parfümist. interessanter Lythraceenarten, bes. Blutweiderich (Lythrum salicaria) u. Henna. Charakterisierung der Duftnoten.
H. Sontag. 7276□

Natürliche Duftnoten. 35. Mitt. **Die Saxifragaceen.** E. S. Maurer. (Soap, Perfum. Cosmet. **32.** 999. Okt. 1138. 1140. 1142. Nov. 1959.) (Engl.) — 34. vgl. vorst. Referat.

Botan. Merkmale duftender Saxifragaceenarten folgender Gattungen: Saxifragaceen, Astilbe, Deutzia, Irea, Escallonia u. Hydrangia. Charakterisierung der Duftnoten.
H. Sontag. 7276□

Natürliche Duftnoten. 36. Mitt. **Die Umbelliferen.** E. S. Maurer. (Soap, Perfum. Cosmet. **32.** 1229—33. Dez. 1959.) (Engl.) — 35. vgl. vorst. Referat.

Charakterisierung der Geruchsnoten von aus Umbelliferengewächsen gewonnenen äther. Ölen, die in der Hauptsache als Speisenwürze u. für Heilzwecke u. nur in geringem Maß in der Parfümerie Verw. finden. H. Sontag. 7276□

Natürliche Duftnoten. 37. Mitt. **Die Cucurbitaceen oder die Familie der Kürbisgewächse.** 38. Mitt. **Die Crassulaceen.** E. S. Maurer. (Soap, Perfum. Cosmet. **33.** 196. Febr. 1960.) (Engl.) — 36. vgl. vorst. Referat.

Beschreibung der botan. Merkmale verschiedener Cucurbitaceenarten, unter bes. Berücksichtigung der Geruchs- u. Geschmacksstoffe liefernden Arten, Cucurbita moschata, cerifera u. momordica. Charakterisierung der Duftnoten verschiedener kultivierter Crassulaceenarten. H. Sontag. 7276□

Natürliche Duftnoten. 39. Mitt. **Die Caprifoliaceen.** 40. Mitt. **Die Rubiaceen (einschließlich Gardenien).** E. S. Maurer. (Soap, Perfum. Cosmet. **33.** 387—90. April. 486—91. Mai 1960.) (Engl.) — 38. vgl. vorst. Referat.

Zum Abschluß seiner Besprechung der Caprifoliaceen beschreibt Vf. botan. Merkmale u. Duftnoten von Schneeball u. Holunder. Vork. u. botan. Merkmale verschiedener Rubiaceenarten werden unter bes. Berücksichtigung ihrer Duftnoten beschrieben. Angabe von Parfümkompositionen zur Synth. der Bouvardia u. Rondeletia Duftnote.
H. Sontag. 7276□

Natürliche Duftnoten. 41. Mitt. **Die Araliaceen, einschließlich Efeu und Ginseng.** 42. Mitt. **Die Valerianaceen.** E. S. Maurer. (Soap, Perfum. Cosmet. **33.** 986—94. Sept 1960.) (Engl.) — 40. vgl. vorst. Referat.

Kurze Charakterisierung der verbreitetsten Araliaceenarten unter bes. Berücksichtigung der Geruchsnoten ihrer Wurzeln, Rinden u. Hölzer. Vork. u. Geruchsnoten verschiedener Valerianaceenarten. H. Sontag. 7276□

Papierchromatographie von Phenolen auf mit Polyamid imprägniertem Papier. Kung-Tsung Wang. (Riechstoffe u. Aromen **10.** 158—59. Mai 1960. Nat. Taiwan Univ., Dep. of Chem.) (Dt.)

Auf mit 5% Polycaprolactam in Ameisensäure imprägniertem Papier können Phenole chromatograph. getrennt u. nachgewiesen werden. Für einfache Phenole eignen sich als Lsgm. bes. KW-Stoffe, für Di- u. Triphenole Äthylacetat, für Triphenole n-Butanol. Die bei der Verw. der verschiedenen Lsgm. erhaltenen R_F-Werte werden für folgende Phenole angegeben: Phenol, o-, p- u. m-Kresol, Carvacrol, Thymol, Guajacol, Brenzkatechin, Resorcin, Hydrochinon, Pyrogallol, Phloroglucin, α- u. β-Naphthol. Bei der Unters. von *Chamaecyparis formosensis* konnten mit dieser Meth. folgende phenol. Komponenten nachgewiesen werden: o- u. p-Kresol u. Carvacrol.
H. P. Fiedler. 7286□

L. Givaudan & Cie. Soc. An., Schweiz (Erfinder: Marion S. Carpenter und William M. Easter jun.), **Herstellung von 4-tert.-Butyl-α-methyldihydrozimtaldehyd,** $Kp._1$ 95—96°, $D._{25}^{25}$ 0,942, n_D^{20} 1,504, dad. gek., daß man p-tert.-Butylbenzaldehyd in alkal. Medium mit Propionaldehyd zu 4-tert.-Butyl-α-methylzimtaldehyd, $Kp._1$ 114°, F. 67°, Ep. 65°, umsetzt, den man an Raney-Ni oder Pd-Kohle hydriert, wobei als Nebenprod. *4-tert.-Butyl-α-methyldihydrozimtalkohol* entsteht. — Beide Prodd. werden als *Riechstoffe* für Seifen, Cremes u. Parfüms verwendet. — Vgl. D. A. S. 1 037 621; C. **1959.** 10083. (**F. P. 1 177 132** vom 3/6. 1957, ausg. 21/4. 1959. A. Prior. 11/6. 1956.) S. Böttcher. 7277

Comp. Française des Matières Colorantes, Frankreich (Erfinder: Jésus Anatol und Joseph Nordmann), **Imidazolderivate** nebenst. Formel (R_1 u. R_3 = H oder aliphat., isocycl. oder heterocycl. Reste; R_2 = H, OH oder SH; R_4 = —CHO oder —COOH) sowie deren Salze, Ester, Amide oder Hydrazide dienen in Verbindung mit entsprechenden Trägerstoffen als *UV-Licht-* bzw. *Sonnenschutzmittel*, bes. in der *Kosmetik*. Ebenfalls wirksam sind die analogen Urocansäure-Derivv. (R_4 = —CH=CH—COOH). Sie werden gewonnen durch Kondens. entsprechender Aldehyde

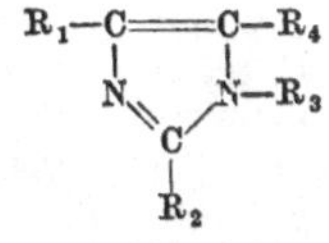

(R_4 = —CHO) mit Malonsäure u. gleichzeitige oder anschließende Decarboxylierung. — Imidazolcarbonsäuren-(5): *1-Furfuryl-2-mercapto-, Äthylester* (I), $C_{11}H_{12}N_2O_3S$, F. 130° (wss. A.), aus 18 (g) N-Furfurylglycinäthylester durch 30 Min. langes Kochen mit HCOOH/Acetanhydrid auf dem Wasserbad u. Dest. u. Rk. des entstandenen *N-Furfuryl-N-formylglycinäthylesters* ($Kp._{28}$ 193—196°) mit 16 Ameisensäureäthylester u. 4 Na-Methylat in Bzl., Eindampfen u. Behandlung des Rückstands in A. mit konz. HCl u. KSCN; 13,5 g (Ausbeute). — *1-Phenyl-*, $C_{10}H_8N_2O_2$, F. 211° (wss. A.), aus dem Äthylester; perlmutterartige Schuppen. — *1-Phenyl-2-mercapto-, Hydrazid*, $C_{10}H_{10}N_4OS$, F. 233° (Dimethylformamid/W.), aus dem Äthylester durch 2 std. Kochen mit Hydrazinhydrat in A.; 64%. — *1-Benzyl-2-mercapto-, Äthylester*, $C_{13}H_{14}N_2O_2S$, F. 135° (Essigester/PAe.), aus N-Benzyl-N-formylglycinäthylester analog I; 75%. — *1-Benzyl-, Äthylester*, $C_{13}H_{14}N_2O_2$, F. 66° (Isopropyläther), aus vorst. Verb. durch 1 std. Rühren mit HNO_3 in Essigsäure über das *Nitrat* (F. 162°) durch dessen Behandlung mit wss. Soda-Lsg.; 64%. *Hydrazid, Monohydrat*, $C_{11}H_{12}N_4O \cdot H_2O$, F. 140° (wss. A.), aus dem Äthylester. *N'-Benzolsulfonylhydrazid* (II), $C_{17}H_{16}N_4O_3S$, F. 206° (wss. A.), aus dem Hydrazid u. Benzolsulfochlorid in Pyridin; 94%. — *1-Benzyl-5-formylimidazol*, $C_{11}H_{10}N_2O$, F. 45°, $Kp._{23}$ 201—203°, aus II durch Erhitzen mit Na_2CO_3 in Äthylenglykol auf 170°; 63%. *Hydrochlorid*, F. 185°. — *[1-Phenylimidazolyl-(5)]-methylenmalonsäure* (III), $C_{13}H_{10}N_2O_4$, F. 226°, aus 1-Phenyl-5-formylimidazol in A. u. Malonsäuremonohydrat in W. durch 5 std. Kochen unter Zusatz von Piperidin; 68% — Urocansäuren: *1-Cyclohexyl-*, $C_{12}H_{16}N_2O_2$, F. 190° (A.), aus 1-Cyclohexyl-5-formylimidazol analog **III** unter gleichzeitiger CO_2-Abspaltung; 70%. *Äthylesterdihydrochlorid*, $C_{14}H_{20}N_2O_2 \cdot 2HCl$, F. 92°. *Äthylester*, $C_{14}H_{20}N_2O_2$, F. 55°. *Hydrazid, Sesquihydrat*, $C_{12}H_{18}N_4O \cdot 1{,}5H_2O$, F. 206 bis 208° (W.). — *1-Benzyl-*, $C_{13}H_{12}N_2O_2$, F. 218° (A.), aus 1-Benzyl-5-formylimidazol analog vorst. Verb.; 62%. — *1-Phenyl-*, $C_{12}H_{10}N_2O_2$, F. 232° (A.), aus **III** durch 15 std. Kochen in Pyridin; 77%. (**F. PP. 1 184 709** u. **1 184 710** vom 21/9. 1957, ausg. 24/7. 1959.) EBERHARD RIEDEL. 7285

Vereinigte Papierwerke Schickedanz & Co., Nürnberg (Erfinder: Curt Walter Leupold, Nürnberg, und Hans Walter†, Lahr-Dinglingen), **Herstellen von Pudergrundlagen.** Kieselsäure- u. Al-Oxydgele in Hydratform mit steiler Adsorptionsisotherme (I) werden mit solchen Gelen in Hydratform homogen vermischt, deren I durch geeignete physikal. Behandlung, wie Erhitzen auf $<800°$, durch Anwendung von Druck, durch Kollern oder Verreiben oder durch Vermischen mit hydrophoben Stoffen, wie Wachsen, Ölen u. Fetten, abgeflacht oder auf den Wert 0 herabgesetzt wurde. (**D. A. S. 1 098 674** Kl. 30h vom 16/4. 1957, ausg. 2/2. 1961.) E. PETERSEN. 7285

Sales Affiliates, Inc., V. St.A. (Erfinder: Everett Goodrich McDonough und Walter William Edman), **Mittel zur Herstellung von Kaltdauerwellen** aus einem Erweichungsmittel (I) u. einem schwach alkal. Tamponierungsmittel (II). I ist z. B. ein in W. lösl. Salz der Äthylendiamintetraessigsäure oder ein in W. lösl. Polyphosphat, wie Hexametaphosphat (Na-Salz). Als II sind Tris-[hydroxymethyl]-aminomethan oder das Na- oder NH_4-Salz davon genannt. — Die Behandlungs-Lsg. enthält 0,7—4%, bes. 1,5%, I u. 1,5—6%, bes. 3%, II. Der pH-Wert der Lsg. wird auf 8—9,5 eingestellt. — Vgl. F. P. 1 134 081; C. **1957.** 10896 u. A. P. 2 889 833; C. **1960.** 14208. (**F. P. 1 198 718** vom 4/2. 1958, ausg. 9/12. 1959. A. Prior. 4/2. 1957.) M. F. MÜLLER. 7285

F. Hoffmann-La Roche & Cie. Soc. An., Schweiz (Erfinder: **August Sturzenegger**), *Gemischte Acetale*. (**F. P. 1 186 764** vom 27/11. 1957, ausg. 1/9. 1959. A. Prior. 11/12. 1956. — C. **1959.** 15858 [D. A. S. 1 053 499].)

F. Hoffmann-La Roche & Co. Akt.-Ges., Basel, Schweiz, *Herstellung von Jononen*. (**E. P. 843 751** vom 27/11. 1958, ausg. 10/8. 1960. A. Prior. 27/11. 1957. — C. **1960.** 16962 [A. P. 2 877 271].)

F. Hoffmann-La Roche & Cie. Soc. An., Basel, Schweiz (Erfinder: **A. Sturzenegger**), *Gemischte Acetale aus Alkylenincarbinolen und ungesättigten Äthern*. (**Belg. P. 563 099** vom 10/12. 1957, ausg. 3/6. 1960. A. Prior. 11/12. 1956. — C. **1959.** 15858 [D. A. S. 1 053 499].)

Soc. Monsavon-l'Oréal, Paris, Frankreich, *Färben von Haaren und anderen Keratinsubstanzen*. (**Belg. P. 564 087** vom 20/1. 1958, ausg. 17/6. 1960. F. Prior. 21/1. 1957. — C. **1959.** 10417 [F. P. 1 164 951].)

XIV. Zucker. Kohlenhydrate. Stärke

Die Wirkung von Stall- und Mineraldüngern auf den Ertrag und die technologische Qualität der Zuckerrübe unter verschiedenen klimatischen Bedingungen. Jaroslav Prugar und Bohumír Novák. (Listy Cukrovarnické **74.** 169—72. 15/8. 1958. Praha-Ruzyně, Výzk. ust. rostl. výr. ČSAZV.) (Tschech.)

Durch Feldverss. wurde der Beweis erbracht, daß sich eine kombinierte organo-mineral. Düngung am besten bewährt hat, da Stalldünger allein zwar die technolog. Eigg., Mineraldünger aber den Gesamtertrag erhöht. E. Schmeling. 7406□

Virusgelbsucht bei Zuckerrüben. 1. Mitt. H. Rønde Kristensen und Mogens Christensen. (Tidsskr. Planteavl **62.** 369—419. 1958. Statens Forsøgsvirksomhet i Plantekultur.) (Dän.)

Als Reagens für die Diagnose der Virusgelbsucht (VG) bei Zuckerrüben wird aus Neuseeländer Spinat (*Tetragonia expensa*) ein Antiserum mit Titer 1 : 2560 u. Verdünnungen über 1 : 40 dargestellt, das mit dem Saft aus gesunden Pflanzen selten, mit jungen Blättern infizierter Pflanzen nicht zuverlässig reagiert, weshalb ältere Blätter für die Diagnose zu verwenden sind. Auf diese Weise ist die Verbreitung der Krankheit in Dänemark kontrolliert worden u. kann die Wirksamkeit von Bekämpfungsmaßnahmen geprüft werden. Wo VG nachgewiesen ist oder die Gefahr der Infektion mit VG besteht, soll mit Systox oder Metasystox gespritzt werden (besser als mit Parathion), zuerst nach dem ersten Nachw. von Pfirsichaphiden. Hauptüberträger sind Blattläuse, in Dänemark vor allem die Pfirsichblattlaus. — 49 Literaturangaben.
R. K. Müller. 7406□

Die Anwendung der chromatographischen Methode bei der Untersuchung der Veränderungen des Kohlenhydratkomplexes der Zuckerrübe bei längerer Lagerung. O. W. Braun. (Журнал Прикладной Химии [J. angew. Chem.] **32.** 2084—90. Sept. 1959.) (Russ.)

Bei Lagerung der Zuckerrüben (Ernte 1955) von September bis März stellt Vf. folgende Änderungen fest: Saccharose wird zerstört, während Raffinose gebildet oder angesammelt wird, auch treten mit zunehmender Lagerzeit Kestose u. Fructose in Erscheinung. Die Analysen wurden mittels aufsteigender Papierchromatographie mit Butanol–Essigsäure–W. (5 : 1 : 2) als Fließmittel u. α-Naphthol als Entwickler durchgeführt. Zur Identifizierung dienten R_F-Werte sowie Vgl.-Zucker. R. Wittwer. 7406□

Rücknahme von übersaturiertem Vorscheideschlammkonzentrat — eine neue Saftreinigungsmethode. S. Wramstedt. (Zucker **13.** 596—99. 15/12. 1960.) (Dt.)

Nach einem in Schweden entwickelten Saftreinigungs-Verf. wird Vorscheidesaft in einem Eindicker in Klarsaft u. Schlammkonzentrat getrennt. Ein Teil des Schlammkonzentrats wird nach Übersaturation in die Vorscheidung zurückgenommen, der andere wieder mit dem Klarsaft vereinigt, bevor er in die Hauptscheidung gelangt. Vorscheidung u. Hauptscheidung werden „kalt" durchgeführt. Die Eigg. des Vorscheidesaftes, des Saftes der 1. Saturation u. des Dicksaftes werden angegeben. W. Willenberg. 7412□

Die Umlaufgeschwindigkeit und Wärmeabgabe beim Sieden hochkonzentrierter Zuckerlösungen. I. I. Ssagan. (Известия Высших Учебных Заведений, Пищевая Технология [Hochschulnachr., Nahrungsmittel-Technol.] **1960.** Nr. 5. 103—11. Kiew, Technol. Inst. für Lebensmittelind., Lehrstuhl für Spezialapp.) (Russ.)

Die Bedingungen des Wärmeaustausches sind beim Sieden von hochkonz. Zucker-Lsgg. in Rohren von der Höhe des Siederohres abhängig u. durch die Umlauf-Geschw. W_0 u. den hydraul. Widerstand des Syst. bestimmt. Durch zunehmende Konz. der Lsgg. wird ihre Überhitzung gesteigert. Die W_0-Abhängigkeit von der Höhe der piezometr. Höhe h_k ist durch das Vorhandensein eines W_0-Maximums bei einem bestimmten h_k-Wert charakterisiert. Die Lage dieses Maximums ist vom Temp.-Gefälle (TG) u. der Konz. der sd. Lsg. abhängig. Diese Abhängigkeit ist nicht eindeutig: Von einem bestimmten W_0-Wert ab entsprechen einem W_0 2 verschiedene h_k-Werte. Eine Erhöhung der Konz. der sd. Lsg. erniedrigt die abs. Werte der maximalen u. optimalen W_0. Die W_0 vermindert sich mit abnehmendem Temp.-Gefälle. Bei Anlagen, die mit hohem Berieselungsgrad arbeiten, bildet die Kurve $\alpha_2 = f(W_0)$ eine Schleife, was durch einen nicht eindeutigen Charakter von $W_0 = f(h_k)$ zu erklären ist. W_0 ist keine eindeutige Funktion der Höhe der sd. Fl.; die Abhängigkeit $\alpha_2 = f(W_0)$ u. α_2/α_2 optimal $= f(h_k/h_k$ optimal), welche bei der Arbeit von Anlagen mit hohen h_k erhalten werden, sind demzufolge nicht identisch. Die Erhöhung des h_k erhöht die W_0 nur bis zu einer gewissen Grenze; seine weitere Erhöhung erniedrigt die W_0. S. Baryschnikow. 7414

Studien über die Verkleisterung der Stärke. 2. Mitt. **Untersuchung der die Verkleisterung beeinflussenden Faktoren.** J. Holló, J. Szejtli, E. László und

Gy. Beke. (Nahrung 3. 617—30. 1959. Budapest, TU, Inst. für Landwirtsch.-Chem. Technol.) (Dt.) — 1. vgl. Nahrung 2. [1958] 697.

Angaben über Verkleisterungs-Temp. (VT) einer *Stärke* (I) sind nur dann eindeutig, wenn alle Bedingungen der Best. angegeben werden. Wie Vff. zeigen, ist die VT eine Funktion der untersuchten I, der Verkleisterungsumstände, der Vorbehandlung u. der Ggw. von Fremdstoffen. Liegt der Feuchtigkeits-Geh. einer I unter 10%, so findet man einen niedrigeren Wert der VT, der bei mehr Feuchtigkeit hiervon unabhängig ist. An sich ist die VT von der Korngröße nicht abhängig. Ein dazwischen zu beobachtendes früheres Verkleistern von großen Körnern ist darauf zurückzuführen, daß hier mehr beschädigte Körner vorliegen. Behandlung der I mit KOH-Lsgg. verschiedener Konz. (0,001—0,1n) führt zunächst zu einer Abnahme, dann zu einem Anstieg der VT. Erhitzen von I auf 180° zeigt, daß die VT bei fortschreitender Dextrinierung abnimmt. Unters. der Verkleisterungs-Eigg. der I in 0,001—0,05n KOH ergab, daß die VT mit steigender KOH-Konz. abnimmt. Der Zeitbedarf für die Verkleisterung wird kürzer. In einem pH-Bereich von 3—11 ändert sich die VT nicht, bei kleineren oder größeren Werten sinkt sie ab. Ggw. von Enzymen beeinflußt den Quellungsbeginn nicht.

M. Ulmann. 7448□

Studien über die Verkleisterung von Stärke. 3. Mitt. **Mechanismus der Verkleisterung.** J. Holló, J. Szejtli, E. László und G. S. Gantner. (Nahrung 3. 877 bis 888. 1959.) (Dt.) — 2. vgl. vorst. Referat.

Es wurde die im Verlauf der Verkleisterung von *Stärke* (I) bei steigender Temp. herausgelöste Stoffmenge durch Best. der J-Sorption u. des polarograph. Maxima-Dämpfungsvermögens untersucht u. gleichzeitig die Lichtdurchlässigkeit der im Zustande der Verkleisterung befindlichen I-Suspensionen bestimmt. Schon bei Beginn der Quellung der I wird eine bestimmte Stoffmenge herausgelöst. Die in der I enthaltene *Amylose* (II) tritt in 2 Stufen aus. Während der Quellung lösen sich die niedermol. Anteile der II (ca. 30%), während die restliche Menge während der Dispersion des I-Korns frei wird. Das *Amylopektin* wird erst im Verlauf der Dispersion in Freiheit gesetzt.

M. Ulmann. 7448□

XV. Gärungsindustrie

Destillation von Melassemaische unter Vakuum. W. I. Baranzew. (Известия Высших Учебных Заведений, Пищевая Технология [Hochschulnachr., Nahrungsmittel-Technol.] **1960.** Nr. 5. 76—81. Stalino-Technikum für Lebensmittelind.) (Russ.)

Die Dest. von Melassemaischen bei 48—182 mm verbessert durch Erniedrigung des Säure- u. Ester-Geh. des Destillats die Qualität des hergestellten Alkohols. Die Temp. des unteren Teils der Kolonne soll 37—39° nicht übersteigen. Die <4 Min. in der Kolonne verbleibenden Hefen sollen schnell auf 25—27° abgekühlt werden. Die abgetrennten Hefen können zur Vergärung von Melassemaischen bzw. als Bäckerhefen verwendet werden. S. Baryschnikow. 7536

Verteilung der Alkoholkonzentration auf den Böden der Reinigungskolonne. P. Ss. Zygankow und A. P. Nikolajew. (Известия Высших Учебных Заведений, Пищевая Технология [Hochschulnachr., Nahrungsmittel-Technol.] **1960.** Nr. 5. 149—52. Kiew, Technol. Inst. für Lebensmittelind., Lehrstuhl für Spezialapp. u. Lehrstuhl für Prozesse u. Apparaturen.) (Russ.)

Der Verteilungscharakter der A.-Konzz. in der Fl. auf den Böden der Reinigungskolonne wurde theoret. bestimmt. Die theoret. Schlußfolgerungen wurden durch das Experiment bestätigt. Die Abhängigkeit der Verteilung der A.-Konzz. auf den Böden der Kolonne vom Dampfverbrauch u. dem A.-Geh. in der die Kolonne versorgenden Fl. wird erörtert. S. Baryschnikow. 7536

Die Bedeutung der Temperatur im Rahmen der Weinbereitung. Walter Saller. (Kälte **13.** 405—09. Aug. 1960. Klosterneuburg, Österreich, Höhere Bundes-Lehr- u. Versuchsanst. für Wein- u. Obstbau.) (Dt.)

Um einen gleichmäßigen Gärverlauf von Weinen, die in großen Behältern vergoren werden, zu erreichen, ist die Anwendung von Kälte unerläßlich. Bei der Lagerung von Wein wirkt sich die Kühlung durch Abscheidung störender Stoffe, bes. Weinstein, günstig aus. Infolge der Abhängigkeit der Löslichkeit von CO_2 von der Temp. ist Kühlung für die Herst. von Perl- u. Schaumwein erforderlich. F. Radler. 7554□

Der Essigstich und seine Verhütung. Baum. (Dtsch. Weinbau **15.** 918—20. 2. Nov.-H. 1960. Bad Kreuznach.) (Dt.)

Wein kann, bes. bei Verw. von verunreinigtem u. krankem Lesegut, bei hoher Gär-Temp. u. Luftzutritt durch Essigsäurebakterien verdorben werden. Eine Entfernung der Essigsäure aus dem Wein ist nicht möglich. Gefährdete Weine müssen rechtzeitig geschwefelt werden. F. RADLER. 7554 □

Der Einfluß der Dissoziation von Hefen auf den technischen Prozeß der Flaschenchampagnisierung. S. D. Rabinowitsch. (Виноделие и Виноградарство СССР [Weinbereit. Weinbau UdSSR] **20.** Nr. 3. 14—17. 1960. Champagnerfabrik „Neue Welt".) (Russ.)

Die Verw. von dissoziierten Hefen bei der Flaschenchampagnisierung gewährleistet keine vollständige Vergärung des Mostzuckers u. führt zur Bldg. uneinheitlicher, klebriger Ndd., welche nur schwierig auf den Pfropfen zu überführen sind. Vf. empfiehlt infolgedessen die Verw. von rauhen, säureresistenten Hefestämmen. Die sich bildenden Ndd. bleiben körnig u. zeigen nicht die genannten Mängel. Die Verw. des empfohlenen Hefestammes hat sich im 1. Jahr des Reifens als bes. zweckmäßig erwiesen. S. BARYSCHNIKOW. 7554

Untersuchung über die Einleitung der Autolyse eines Stammes von Aspergillus niger. 2. Mitt. Voruntersuchung der verschiedenen Gruppen von Stickstoffsubstanzen und Identifizierung der Aminosäuren des Autolysats. E. Emiliani und J. M. Parera. (Rev. Fac. Ing. Quím. **27.** 99—112. 1958. Inst. de Investigac., Dep. de Microbiol.) (Span.)

In einem Medium für Citronensäuregärung mit 0,28% NH_4Cl (75 mg N) wird ein Stamm von Aspergillus niger gezüchtet, wobei der N in 3 Tagen unter Bldg. von 2 g Mycel (Trockensubstanz) je 100 ml Medium verbraucht wird u. das pH auf 1 abnimmt, so daß die Sporulation gehemmt wird. Das entnommene Mycel nimmt in 1%ig. Essigsäure bei 30° in 3 Tagen um 50% an Gewicht ab (Autolyse; pH 2,5 → 3,2). Das Autolysat enthält 40 mg N je 100 ml, ca. 0,7 (mg/100 ml) Proteine, 0,9 NH_3-N, 1 Amid-N, 4—5 N aus Purin- u. Pyrimidinbasen (u. a. Adenin), 23 Amino-N, nach saurer Hydrolyse 34,5. Durch Trennung mit Ionenaustauscherharz u. Papierchromatographie werden an Aminosäuren nachgewiesen: Alanin, Asparagin-, Glutaminsäure, Glycin, Lysin, Phenylalanin, Prolin, Arginin, Serin, Threonin, Tyrosin, Glucosamin, Leucin, Isoleucin, Valin, Asparagin, in kleinen Mengen: Histidin, Tryptophan, Cystein, Cystin u. Methionin. R. K. MÜLLER. 7578 □

Glycerinproduktion: Eine Pilot-Anlagen-Prüfung zur kontinuierlichen Gärung und Aufarbeitung. John F. Harris und George J. Hajny. (J. biochem. microbiol. Technol. Engng. **2.** 9—24. April 1960. Madison, Wis., U. S. Dep. of Agric., Forest Serv. Forest Prod. Labor.) (Engl.)

Das Bisulfit-Verf. wurde in einer Pilotanlage kontinuierlich durchgeführt. Die Gärung wird in zwei Stufen ausgeführt. Die erste wird mit automat. Kontrolle des Bisulfitspiegels zur Bldg. von Glycerin bis zu einer 5%ig. Lsg. gefahren, die zweite zur Entfernung von Restzucker unter Belüftung. Die Hefe wird nach milder Säurewäsche rezirkuliert. Die ablaufende Lsg. wird stark angesäuert u. die flüchtigen Prodd., SO_2 Acetaldehyd u. A. abgetrieben. Durch fraktionierte Kondens. wird ein Teil des SO_2 als reine wss. Lsg. niedergeschlagen, der Rest wird durch Alkalisieren des Kondensats entfernt. Die vereinigten Lsgg. können wieder in den Prozeß zurückgeführt werden. Die von flüchtigen Stoffen befreite Gär-Lsg. wird eingeengt, bis das enthaltene Na_2SO_4 als Dekahydrat auskristallisiert. Die restlichen Verunreinigungen werden durch eine kombinierte Ionenausschluß-/Ionenaustausch-Technik weitgehend entfernt u. das Prod. hochkonzentiert. Das so gereinigte Glycerin entspricht den Anforderungen der U.S.P. bis auf den Silbernitrat-Test. Die Ausbeuten, bezogen auf Zucker, betragen für Glycerin 25%, A. 17% u. Acetaldehyd 11%. Außerdem wird Na_2SO_4 gewonnen. Unter den derzeitigen Bedingungen des Zuckerangebots ist das so gewonnene Glycerin gegenüber synthet. oder dem aus der Seifen-Herst. wettbewerbsfähig. M. RINGPFEIL. 7578 □

Die Bestimmung der amylolytischen Aktivität von weißem aktiven Malz. F. I. Saglodina, N. I. Prosskurjakow und T. O. Schaikliss. (Хлебопекарная и Кондитерская Промышленность [Brot- u. Konditorei-Ind.] **4.** Nr. 1. 9—11. Jan. 1960. Moskau, Stadtsowjet, Verwaltung für Bäckereiwesen, Versuchsstat.) (Russ.)

Je 10 ml wss. Malzauszug (0,5 g in 500 ml) werden nach Abfiltrieren mit je 1 g Weizenmehl bekannter amylolyt. Aktivität versetzt. Nach Erwärmung unter Durchmischen wird die Best. analog der amylolyt. Aktivität des Roggenmehls durchgeführt, der Geh. an in W. lösl. Stoffen (mit Präzisionsrefraktometer bestimmt) soll dabei berücksichtigt werden. S. BARYSCHNIKOW. 7598

Ein einfaches Gerät zur praktischen Beurteilung der Farbe weißer Traubensäfte. Hs. Lüthi. (Schweiz. Z. Obst- u. Weinbau **69.** 571—74. 10/12. 1960. Wädenswil, Eidg. Versuchsanstalt.) (Dt.)

Es wird ein einfacher Farbkomparator beschrieben, der es ermöglicht, den Farbwert von weißen Traubensäften zu bestimmen, was für die Beurteiling der Qualität („Oxydation") wesentlich ist. F. RADLER. 7604 □

Der Sorbitgehalt im Wein und seine Beurteilung. F. Querberitz. (Dtsch. Wein-Ztg. **96.** Nr. 24. Wein u. Rebe **42.** 510—16. 21/8. 1960. Köln, Inst. für Lebensmittel-, Wasser- u. Luftunterss.) (Dt.)

Es wird betont, daß die Meth. zur Best. von *Sorbit* mit *o-Chlorbenzaldehyd* nach LITTERSCHEIDT [1931] zur Erkennung eines Zusatzes von Obstwein zu Traubenwein geeignet ist. Dies wird an Hand von Analysen einer Anzahl in- u. ausländ. Weine nachgewiesen. F. RADLER. 7606□

Nochmals: Analytische Merkmale südtiroler Weine und ihre Beurteilung. Franco De Francesco. (Dtsch. Lebensmittel-Rdsch. **56.** 358—59. Dez. 1960.) (Dt.)

Entgegnung zur Arbeit von LINDNER u. PATSCHKY, C. **1961.** 2122.
F. RADLER. 7606□

XVI. Nahrungs-, Genuß- und Futtermittel

Wirkung von Ronnel auf Vollkerfe des Reiskäfers, Sitophilus oryzae. Phillip K. Harein. (J. econ. Entomol. **53.** 372—75. Juni 1960. Manhattan, Kans., Kansas State Univ.) (Engl.)

Behandlung von Weizen mit verschiedenen Gaben von *Ronnel* in W. hatte nach 14 Tagen bei 1,85 (ppm) eine Sterblichkeit von 50%, bei 4 eine solche von 95% zur Folge, bei 1 nur 7%, verminderte aber die Vermehrung um 94%. Die Behandlungsdauer hatte entsprechenden Einfl. auf die Sterblichkeit, auch wenn sie 14 Tage vorher erfolgt war. Der Zusatz von 10 u. noch mehr der von 25 verlieh dem Weizen einen störenden Geruch. FRITZ MÜLLER/Ludwigshafen. 7664□

Die Verteilung der Vitamine des Weizens in handelsüblichen Mahlprodukten. W. K. Calhoun, F. N. Hepburn und W. B. Bradley. (Cereal Chem. **37.** 755—61. Nov. 1960. Chicago, Ill., American Inst. of Baking.) (Engl.)

Analysentabellen von sämtlichen Mahl-Prodd. zweier Handelsmühlen über Geh. u. Verteilung von 9 Vitaminen u. kurze Diskussion der Ergebnisse.
H. HAEVECKER. 7670□

Proteinqualität in ausgewählten Weizenbackprodukten. Barbara M. Kennedy und Adelia R. Sabiston. (Cereal Chem. **37.** 535—42. Juli 1960. Berkeley, Calif., Univ. of California.) (Engl.)

Bewertung des Nährwertes der Proteine verschiedener Back-Prodd., die Proteine aus dem Mehl u. verschiedene Zugaben von Milch u. Ei enthielten.
H. HAEVECKER. 7674□

Einige in Ofengasen vorkommende aromatische Verbindungen. Lazare Wiseblatt. (Cereal Chem. **37.** 728—33. Nov. 1960. Chicago, Ill., American. Inst. of Baking.) (Engl.)

In Backofendämpfen wurden als einzige organ. Verbb. identifiziert: A., Acetaldehyd u. Essigsäure. Eine nach der quant. Analyse hergestellte Mischung ergab nicht annähernd das Aroma der Ofengase. Erst durch Zusatz von Furfurol u. Acetylmethylcarbinol wurde ein ähnliches Aroma erhalten. Demnach müssen Spuren nichtidentifizierter Verbb. für das typ. Ofenaroma verantwortlich sein. H. HAEVECKER. 7674□

Die in Teig, Ofengasen und Brot gefundenen flüchtigen organischen Säuren. Lazare Wiseblatt. (Cereal Chem. **37.** 734—39. Nov. 1960. Chicago, Ill., American Inst. of Baking.) (Engl.)

In gärendem Teig, im Brot u. im Ofen wurden festgestellt (in mg je 1000 g Mehl): Essigsäure 198, 150, 15; n-Buttersäure 23,1, 10,6, 0; Isovaleriansäure 13,1, 6,1, 0; n-Capronsäure 6,2, 0, 0. Die Unters. erstreckte sich nur auf mit Wasserdampf flüchtige Säuren. H. HAEVECKER. 7674□

Bemerkung über die Bestimmung von Gelatinierungstemperaturen von Reissorten. J. V. Halick, H. M. Beachell, J. W. Stansel und H. H. Kramer. (Cereal Chem. **37.** 670—72. Sept. 1960. Lafayette, Ind., Purdue Univ.) (Engl.)

An 20 Reismustern wurde die Gelatinierungs-Temp. durch den Amylographen u. die Stärkequellung bestimmt. Es wurde festgestellt, daß der Amylose-Geh. keinen oder nur sehr geringfügigen Einfl. auf die Gelatinierungs-Temp. hat. H. HAEVECKER. 7686□

Ägyptische Nahrungsmittel. Der Calcium-, Phosphor- und Eisengehalt einiger volkstümlicher Gemüse. Sabry Riad Morcos und Mokhtar Mohammed Amin. (Egypt. J. Chem. **2.** 367—73. 1959. Dokki, Cairo, Nat. Res. Centre.) (Engl.)

Es werden die Geh. von Allium kurrat, Daucus carota, Eruca sativa, Lactuca sativa, Mentha spicata, Raphanus sativa u. Petroselinum crispum ägypt. Provenienz mitgeteilt. Namentlich die letztgenannte Gemüseart ist als gute Quelle aller 3 Elemente anzusehen.
M. WINIKER. 7690□

Verwertung der Früchte von Hippophae rhamnoides in der Nahrungsmittelindustrie. Stefan Mrożewski und Ewa Bąkowska. (Przemysł Spożywczy **14.** Nr. 12. 23—25. 1960. Warszawa.) (Pol.)

Die beste Verwertung des *Vitamin C* (I) der Früchte von Hippophae rhamnoides ist die Herst. von Säften durch warme Extraktion. Der Saft enthält 148 mg% I. Er kann zur Gelierung von anderen Obstsäften (Apfelsaft) u. zur Herst. von Trinksäften dienen. Die Prodd. verlieren bei halbjähriger Lagerung 25—30% des I. F. URBAN. 7706□

Die phenolischen Substanzen von fermentiertem Tee. 4. Mitt. **Enzymatische Oxydationen von einzelnen Substraten.** E. A. H. Roberts und M. Myers. (J. Sci. Food Agric. **10.** 167—72. März 1959.) (Engl.) — 3. vgl. C. **1961.** 14494.

Die phenol. Inhaltsstoffe von fermentiertem Tee entstammen der enzymat. Oxydation von (—)-*Epigallocatechin* oder (—)-*Epigallocatechingallat.* E. LÜCK. 7724□

Die phenolischen Substanzen von fermentiertem Tee. 5. Mitt. **Hydrolyse von Gallussäure-Estern durch Aspergillus niger.** E. A. H. Roberts und M. Myers. (J. Sci. Food Agric. **10.** 172—76. März 1959.) (Engl.) — 4. vgl. vorst. Referat.

Durch Aspergillus niger entsteht bei der Fermentation von Tee aus *Theaflavingallat Theaflavin. Flavanolgallate* werden in die entsprechenden *Flavanole* übergeführt. Wahrscheinlich werden die Umsetzungen durch *Esterase* bewirkt. E. LÜCK. 7724□

Die phenolischen Substanzen von fermentiertem Tee. 6. Mitt. **Die Darstellung von Theaflavin und Theaflavin-Gallat.** E. A. H. Roberts und M. Myers. (J. Sci. Food Agric. **10.** 176—79. März 1959.) (Engl.) — 5. vgl. vorst. Referat.

Beschreibung der Darst. von *Theaflavin* (I) u. I-*Gallat* durch Extraktion aus Tee mit kochendem W. bzw. Vorbehandlung des wss. Tee-Extraktes mit Aspergillus niger u. anschließende Extraktion. I-Gallat: $C_{42}H_{32}O_{20}$, Extinktions-Koeff. bei 275 mμ 37500, I: $C_{35}H_{28}O_{16} \cdot 4 H_2O$, F. 237—240° (Zers.), Extinktions-Koeff. bei 275 mμ 27960. Bei der Alkalischmelze entsteht aus I Phloroglucin u. Spuren von Gallussäure.

E. LÜCK. 7724□

Die phenolischen Substanzen von fermentiertem Tee. 7. Mitt. **Die Darstellung definierter Flavanole.** E. A. H. Roberts und M. Myers. (J. Sci. Food Agric. **11.** 153—57. März 1960.) (Engl.) — 6. vgl. vorst. Referat.

Es werden Meth. zur Isolierung von (—)-*Epigallocatechin,* (+)-*Gallocatechin* (I), (—)-*Epigallocatechingallat* u. (—)-*Epigatechingallat* beschrieben. I kommt in den Teeblättern als solches, nicht in Racematform vor. E. LÜCK. 7724□

Die phenolischen Substanzen von fermentiertem Tee. 8. Mitt. **Enzymatische Oxydation von Polyphenol-Gemischen.** E. A. H. Roberts und M. Myers. (J. Sci. Food Agric. **11.** 158—63. März 1960.) (Engl.) — 7. vgl. vorst. Referat.

Tee-Oxydase oxydiert aus einer Mischung verschiedener Substrate bevorzugt die Komponenten mit niedrigerem rH-Wert. Bei der Teefermentation findet nur eine untergeordnete gemischte Oxydation der *Gallussäure* u. des *Theogallins* (I) statt. Aus I entstehen Substanzen, die sich chromatograph. ähnlich den *Thearubiginen* (II) verhalten. Die Catechine wirken bei der gemischten Oxydation von *Theaflavinen* (III), *Bis-flavanolen* (IV) u. II als „Trägersubstanzen". Gemischte Oxydationen von III u. IV sind möglicherweise für die Bldg. von II verantwortlich zu machen. E. LÜCK. 7724□

Experimentelle Konservierung von Geflügel durch Chlortetracyclin und Bestrahlung. A. W. Phillips, H. R. Newcomb und F. C. Bach. (Food Technol. **14.** 521—22. Okt. 1960. Syracuse, N.Y., Univ., Biol. Research Labors., Bact. and Botany Dep.) (Engl.)

Durch Kombination von Bestrahlung mit Chlortetracyclin konnte an Hühnerfleisch bei 7wöchiger Lagerung bei 5° kein mikrobieller Verderb festgestellt werden. Eine Einzelbehandlung war der kombinierten Behandlung unterlegen. U. BEHRENS. 7750□

Ein neues Vakuumverfahren zur Herstellung von Trockenfleisch. R. Grau und A. Schultheiß. (Fleischwirtschaft **12.** 827—28. 831—32. Okt. 1960. Kulmbach.) (Dt.)

Beschreibung eines Verf. zur Herst. von Trockenfleisch, das darauf beruht, daß frisches oder zubereitetes Fleisch im Vakuum bei Temp. bis höchstens 36° über stark wasserentziehenden Mitteln, z. B. Silicagel, getrocknet wird. M. WINIKER. 7750□

Über den 3.4-Benzpyrengehalt im Rauchkammerruß. J. Kolšek, M. Perpar und M. Žitko. (Mikrochim. Acta [Wien] **1959.** 299—302. Ljubljana, Jugoslaw., Univ., Inst. für org. Chem.) (Dt.)

Das durch unvollständige Verbrennung u. durch pyrogene Zers. organ. Substanzen gebildete cancerogene 3.4-Benzpyren (I) wurde aus dem mit Zuckerholz beheizten Fleischwarenrauchkammern mit Bzl. extrahiert, der Auszug mit alkohol. KOH verseift u. der unverseifbare Anteil nach Lösen in Cyclohexan auf acetyliertem Papier chromatographiert. Es wurden 10 Komponenten im Syst. $CH_3OH/CHCl_3$ (3:1) getrennt u. durch

Eigenfluorescenz im UV-Licht nachgewiesen. Der R_F-Wert von I betrug 0,08, der von *1.12-Benzoperylen* 0,22. Der I-Geh. im Rauchkammerruß beträgt $1,9 \cdot 10^{-3}$%. Im Extrakt geräucherter Fleischwaren ist die I-Menge jedoch so gering, daß sein Nachw. nicht möglich ist. R. STRUFE. 7750

Die Haltbarkeit von Brucella-Bakterien in Rohwürsten. M. Lerche und H. J. Entel. (Fleischwirtschaft **12.** 920. 923—24. Nov. 1960. Berlin, FU, Inst. für Lebensmittelhygiene.) (Dt.)

Bei der Herst. von Rohwürsten aus brucellenhaltigem Fleisch werden die Erreger innerhalb kurzer Zeit abgetötet. Es wird angenommen, daß vor allem die Säure-Bldg. bei der Rohwurstreifung die Widerstandskraft des Erregers beeinflußt. M. WINIKER. 7750□

Unnatürliche Rotfärbung an der Oberfläche von gebratenem und gekochtem Fleisch. E. Hess. (Fleischwirtschaft **12.** 925—26. Nov. 1960. Zürich, Univ., Vet.-bakteriol. Inst.) (Dt.)

In der Praxis kann eine irisierende ziegelfarbene Rötung an erhitzten Fleischoberflächen, welche Nitrosegasen auch nur in Spuren ausgesetzt waren (in der Nähe von frisch hergestellter Ascorbinsäure–Nitrat-Pökellake) oder an Fleischflächen, welche mit Lake irgendwie direkt Kontakt hatten, entstehen. M. WINIKER. 7750□

Veränderungen von Nitritpökelsalz während der Aufbewahrung. Hellmut Ratz. (Fleischwirtschaft **12.** 835—36. 839. Okt. 1960. Freiburg/Br., Chem. Untersuchungsamt.) (Dt.)

Vf. berichtet über Verss., deren Ergebnisse für eine Entmischung bei feuchtgelagertem Nitritpökelsalz sprechen. M. WINIKER. 7750□

Der Gehalt an freiem Fett in Trockenmilchprodukten in Abhängigkeit von ihrer Feuchtigkeit und der Lagerungstemperatur. W. Fawstowa. (Молочная Промышленность [Milch-Ind.] **21.** Nr. 2. 6—8. Febr. 1960. Allunions Forschungsinst. der Milchind.) (Russ.)

Die Unters. des Einfl. des Wasser-Geh. auf den Geh. an freiem Fett in der Trockenvollmilch (TM) u. im Trockenrahm (TR) ergab, daß eine Aufnahme von W. durch die TM bei 50%ig. Luftfeuchtigkeit erfolgt. Anfeuchtung des Prod. auf 4—4,5% erhöht den Geh. an freiem Fett der TM nicht; bei 8,66% W. erhöht er sich auf 24,02% (das 10,5fache des Ausgangswertes). Bei Anfeuchtung des TR auf 6,39% erhöht sich der Geh. an freiem Fett auf 39,9% (das doppelte des Ausgangswertes). Eine sprunghafte Erhöhung des Geh. erfolgt bei TM bei 5,3% Wasser. Eine Abkühlung auf 2° verändert den Geh. der TM an freiem Fett nicht, erhöht ihn aber bei TR auf ca. 8,5%. Selbst bei einem Wasser-Geh. der TM weit unter der GOST-Norm erhöht sich der Geh. an freiem Fett, was die Benetzbarkeit der TM verschlechtert. Das Homogenisieren der Milch ist deshalb für die TM- u. TR-Herst. notwendig. Die Prodd. sollen hermet. verpackt u. in einem Raum mit möglichst konst. Temp. u. bei einer Luftfeuchtigkeit nicht über 75% aufbewahrt werden. S. BARYSCHNIKOW. 7756

Herabsetzung des Fettgehaltes der Buttermilch. W. Kyiw. (Молочная Промышленность [Milch-Ind.] **21.** Nr. 11. 39—40. Nov. 1960. Tartu, Milchkombinat des Volkswirtschaftsrates der EstnSSR.) (Russ.)

Verss. erwiesen, daß der Fett-Geh. der Buttermilch sehr stark von der Konstruktion der Zentrifuge, der Wiederholung der Pasteurisation u. der Temp. des gelieferten Rahms abhängig ist. S. BARYSCHNIKOW. 7756

Über die Bereitung von Kefir mit Reinkulturen. A. Maximowa. (Молочная Промышленность [Milch-Ind.] **21.** Nr. 9. 18—22. Sept. 1960. Allunions Forsch.-Inst. für Molkereiwesen.) (Russ.) — Vgl. C. **1961.** 5994.

Die Möglichkeit, Reinkulturen zur Kefirbereitung zu verwenden, wurde durch Verss. festgestellt. Die Kulturen mit ausgeprägter antibiot. Aktivität erwiesen sich bei wiederholter Überpflanzung kombinierter Säurewecker als beständig. Als Mikroorganismen wurden Str. lactis, Str. diacetilactis, Str. paracitrovorus, Betabacterium, Streptobakterien, Hefen u. Bact. aceti angewandt. Die Regulierung der relativen Aktivität der vorst. Mikroorganismengruppen im Säurewecker wird durch entsprechende Temp. u. Aufbewahrungsdauer des Säureweckers erreicht. Das bereitete Prod. hatte guten Geschmack sowie eine feste u. homogene Konsistenz. S. BARYSCHNIKOW. 7756

Ursachen der Hohlraumbildung im Kefir. N. Korolewa. (Молочная Промышленность [Milch-Ind.] **21.** Nr. 12. 19—21. Dez. 1960. Moskau, Milchkombinat.) (Russ.)

Die Hohlraum-Bldg. im Kefir ist durch die biochem. Aktivität der nützlichen Mikroflora des Prod., nicht durch die des B. coli verursacht. Die Erscheinung kann durch Säuren der Milch u. Kultivieren der Kefirpilze bei 18—20° vermieden werden. S. BARYSCHNIKOW. 7756

Einfluß der Temperaturverhältnisse bei der Rahmvorbereitung auf die Butterkonsistenz. D. Katscheraususkiss. (Молочная Промышленность [Milch-Ind.] **21.** Nr. 11. 10—12. Nov. 1960. Litauische Zweigstelle des Zentr. Forsch.-Inst. für Molkereiwesen.) (Russ.)

Nach der Pasteurisation wird der Rahm schnell auf 5—7° abgekühlt u. unter ständigem Rühren ≥ 2 Std. stehengelassen. Nach langsamer Erwärmung auf 17—19° (Wasserbad von $\leq 28°$) u. Zugabe von Säurewecker wird der Rahm über Nacht stehengelassen. Ungeachtet der niedrigen JZ. (30—33) des Milchfettes in der Winterperiode war die bereitete Butter von guter Konsistenz u. hatte eine Festigkeit von 40—50 g/cm. Nach der üblichen Meth. bereitete Butter aus demselben Rahm war bröcklig; ihre Festigkeit betrug 80—90 g/cm. S. BARYSCHNIKOW. 7758

Untersuchungen über Oberflächenphänomene bei Nahrungsmitteln. 1. Mitt. **Die Oberflächenspannung der Milch und Milchprodukte.** Jan Czajka. (Roczniki państwowego zakładu Hig. **11.** 173—78. 1960. Lublin, WSSE, Duiał Żywienia i Żywnosci.) (Pol.)

Die Veränderung der Oberflächenspannung σ von frischer Milch u. Buttermilch verläuft beim Stehen an der Luft nicht gleichmäßig: Zunächst fällt σ sehr schnell, nach 2 Std. verlangsamt sich der Abfall. Nach 30—48 Std. erreicht σ ein Minimum u. steigt dann wieder an. Die Umkehrzeit hängt vom pH-Wert der Fl. ab. Wss. 2%ig. Käsesuspensionen verhalten sich ähnlich. Der σ-Wert dieser Suspensionen steigt mit der Konzentration. σ ist am höchsten bei Quark. F. URBAN. 7760□

Die Anwendung von aktivierten Säureweckern bei der Gewinnung von Käse. Ju. Muchin. (Молочная Промышленность [Milch-Ind.] **20.** Nr. 12. 35—36. Dez. 1959. Slawjansk, Molkerei.) (Russ.)

Bei der Herst. verschiedener Käsesorten werden als Säurewecker reine Kulturen von Str. lactis u. aromabildenden Str. paracitrovorus u. Str. diacetilactis angewandt. Nur einheim. bzw. durch mehrfaches Umsaaten an die örtlichen Bedingungen angepaßte Bakterienstämme sind zu verwenden. Über die Anwendung der Säurewecker bei der Herst. von 2 Käsesorten werden kurze Angaben gemacht. S. BARYSCHNIKOW. 7760

Eigenschaften und Zusammensetzung des Labfermentpulvers von lebenden Kälbern. I. Michailuss. (Молочная Промышленность [Milch-Ind.] **21.** Nr. 12. 22—23. Dez. 1960. Lwow, Meister- u. Laborantenschule für die Milchindustrie.) (Russ.)

Von einem Kalb können durch eine gewöhnliche Fistelentnahme des Magensaftes in 5 Monaten 2—3 kg trockenes Labferment von Standardaktivität (100000 E) gewonnen werden. Das Ferment hat ausgesprochene bactericide Eigg. u. kann demzufolge 9 Jahre ohne Aktivitätsverminderung bei Zimmer-Temp. aufbewahrt werden. Die Löslichkeit des Präp. ist besser als die des üblichen Labferments. Seine 1%ig. Lsgg., die 1 Std. bis 60° erwärmt wurden, behielten 51—54% ihrer Aktivität bei (vollständige Zerstörung des üblichen Labferments unter diesen Bedingungen). Dies ist für die Herst. von Käsesorten, deren 2. Erwärmung bei 52—58° erfolgt, von besonderer Wichtigkeit. S. BARYSCHNIKOW. 7760

Die Anreicherung von Quark mit Vitaminen. W. Bogdanow, R. Dawidow, L. Bannikowa, L. Gulko, Je. Bechowa und M. Jermakowa. (Молочная Промышленность [Milch-Ind.] **21.** Nr. 9. 15—17. Sept. 1960.) (Russ.)

Bei der Gewinnung von Quark gehen die in W. lösl. Vitamine (Thiamin, Riboflavin u. Vitamin B_{12}) in das Serum über. Die biolog. Anreicherungs-Meth. des Quarkes mit diesen abgetrennten Vitaminen ist infolgedessen von großer prakt. Bedeutung. Verss. erwiesen, daß die Anwendung einer Kultur des B-Stammes von Bact. acidi propioniei als Säurewecker die Gewinnung eines an Vitamin B_{12} angereicherten Quarkes zur Folge hat. Säurewecker aus einem Gemisch von Milch- u. Propionsäurebakterien u. Carotinoidhefen bleiben dagegen ohne Wrkg. auf den Vitamin A- u. Carotin-Geh. des Prod., während der Thiamin- u. Riboflavin-Geh. dabei nur unbedeutend erhöht wird. S. BARYSCHNIKOW. 7760

Über die Intensivierung der Quarkherstellung und den wärmebeständigen Milchsäurebacillus. N. Korolewa. (Молочная Промышленность [Milch-Ind.] **21.** Nr. 11. 20—22. Nov. 1960. Moskau, Milchkombinat.) (Russ.)

Die Intensivierung der Quark-Herst. bei erhöhter Temp. unter Anwendung des wärmebeständigen Streptococcus wird erörtert. Die prakt. Anwendbarkeit der Meth. ist jedoch stark abhängig von den Eigg. der verarbeiteten Milch u. von der Möglichkeit einer raschen Abkühlung des hergestellten Prod., da sonst das Fertigprod. eine erhöhte Acidität aufweist. S. BARYSCHNIKOW. 7760

Technologie und Technik der Fließbandherstellung von Käse. A. Rosanow. (Молочная Промышленность [Milch-Ind.] **21.** Nr. 3. 3—6. März 1960.) (Russ.)

Normalisierte, pasteurisierte u. schwach mit aktivierter Bakterienkultur versetzte Milch wird zum Reifen bei 10—12° bei geringer Zugabe von $CaCl_2$ u. Na_3PO_4 angesetzt. Das Gerinnen erfolgt in 20—45 Minuten. Geformt wird außerhalb des Käsebades. Das Pressen kann durch erhöhten Druck bedeutend erleichtert werden. Das Salzen des so hergestellten Käses wird um 2—5 Tage herabgesetzt. Das sehr arbeitsaufwendige Trocknen der Rinde mit period. Abwaschen wird durch beschleunigtes (15—20 Tage) Trocknen in Räumen mit nur 80—85% Luftfeuchtigkeit ersetzt. Die Rinde bekommt einen Schutzüberzug. S. BARYSCHNIKOW. 7760

Mikrobiologische Prozesse im schnell reifenden Käse. M. Gibschman. (Молочная Промышленность [Milch-Ind.] **21.** Nr. 3. 15—18. März 1960. Zentr. Wiss. Forschungsinst. für Molkereiwesen.) (Russ.)

Allg. über den heutigen Stand dieser Frage. S. BARYSCHNIKOW. 7760

Biochemische Prozesse im schnell reifenden Käse. I. Klimowski. (Молочная Промышенность [Milch-Ind.] **21.** Nr. 3. 10—15. März 1960. Zentr. Wiss. Forschungsinst. für Molkereiwesen.) (Russ.)

Vf. beschreibt die biochem. Prozesse in schnell reifendem Käse bei Anwendung von aktivierten Säureweckern u. eines aus Milch durch Behandlung mit Pepsin u. Bakterienfermenten hergestellten Hydrolysates. S. BARYSCHNIKOW. 7760

Bereitung von „Jaroslaw"-Käse beschleunigter Reifung. N. Pawlow. (Молочная Промышленность [Milch-Ind.] **21.** Nr. 12. 29—30. Dez. 1960. Volkswirtschaftsrat der BelorussSSR, Verwaltung für Fleisch- u. Milchindustrie.) (Russ.)

Durch Anwendung von *aktiviertem Säurewecker* (a) u. *Hydrolysat* (b) werden die Milchsäuregärung, der Zerfall von Eiweißstoffen u. die Entw. der aromabildenden Mikroflora von „Jaroslaw"-Käse beschleunigt. Nach Zugabe von 0,01% $CaCl_2 \cdot CH_2O$, 0,6% a, 0,25 b u. 0,0025% Labfermentpulver wird die Koagulation nach 25 Min. beendet. Vor der 2. Erwärmung, die bei 38—39° stattfindet, werden 30% der Molke entfernt u. 5—6% einer 0,3%ig. NaCl-Lsg. zugefügt. Salzen u. Reifen werden bei $\geq$12 bzw. bei 13—14° durchgeführt. S. BARYSCHNIKOW. 7760

Über die Herstellung von Roquefortkäse. I. Ssimonow. (Молочная Промышленность [Milch-Ind.] **21.** Nr. 9. 39. Sept. 1960. Solotye Moravcy, Tschechoslowakei.) (Russ.)

1—2 Tage nach dem Salzen wird der Käse abgewaschen, gut getrocknet u. paraffiniert. Nach einigen Tagen wird die Masse systemat. umgewendet. 18—21 Tage danach wird der Käse wiederholt paraffiniert. Die mikrobiolog. Prozesse (Wachstum von Penicillium roqueforti) verlaufen normal. Der Trockenverlust ist unbedeutend. Die Fertigware soll höchstens 48% W. enthalten. Roquefortkäse aus Kuhmilch ist weniger pikant als der aus Schafmilch. Vf. schlägt eine 24—48std. Räucherung nach dem Salzen vor. Die anschließende Behandlung des Prod. bleibt unverändert. S. BARYSCHNIKOW. 7760

Untersuchungen zum Futtermittelverderb. Verhinderung des Schimmelpilzwachstums durch γ-Strahlen. B. D. Webb, H. D. Thiers und L. R. Richardson. (Appl. Microbiol. **7.** 329—33. Nov. 1959. College Station, Tex., Texas Agric. and Mechanical Coll., Abric. Exp. Stat., Dep. of Biol., Dep. of Biochem. and Nutrit.) (Engl.)

Futtermittel, namentlich solche auf Basis von Mais, können durch γ-Strahlen vor Schimmelbefall geschützt werden. Bei einem Wasser-Geh. von unter 15,5(%) genügen 0,25 (Mrad), bei einem Wasser-Geh. von über 16,5 sind 0,5 notwendig, bei höheren Wasser-Geh. noch größere Strahlendosen. Schimmelpilze, die in Futtermitteln mit hohem Wasser-Geh. wachsen, sind strahlenresistenter als solche, die auf Medien mit niedrigem Wasser-Geh. wachsen. Penicillium u. Verticillium sind bes. resistent.

E. LÜCK. 7786□

Verfahren zur qualitativen Extraktion gewisser antimikrobieller Konservierungsstoffe aus Nahrungsmitteln. Christiane Genest und D. G. Chapman. (J. Assoc. off. agric. Chemists **43.** 438—39. Mai 1960. Ottawa, Dep. of Nat. Health and Welfare, Food and Drug Directorate.) (Engl.) — Vgl. C. **1960.** 13878.

Zur Isolierung von Konservierungsstoffen aus mehreren Nahrungsmitteln werden mehrere Fl.-Fl.-Extraktions-Verff. vorgeschlagen: Tomatenmark, Marmelade, Sülze, Gelee werden mit W. angerührt, mit HCl versetzt u. 4 Std. mit Chlf. extrahiert. Fruchtsaft wird nach HCl-Zusatz ebenso behandelt. Margarine wird geschmolzen, mit 0,1n Na_2CO_3-Lsg. versetzt, geschüttelt, nach dem Erstarren abfiltriert, worauf man das Filtrat mit HCl versetzt u. wie oben behandelt. Käse wird zerkleinert, mit Na_2CO_3 geschüttelt u. weiter wie Margarine behandelt. Fischkonserven untersucht man ähnlich wie Käse. W. WESLY. 7790□

Bemerkung über eine Modifikation des 5-Gramm-Vermahlungsversuches unter der 5-Gramm-Mikromühle. S. J. Kitterman, E. F. Seeborg und M. A. Barmore. (Cereal Chem. **37.** 762—64. Nov. 1960. Washington, D.C., Agric. Exp. Stat.) (Engl.)

Beschreibung eines aufsetzbaren u. auswechselbaren Trichters, in dem 4 Vermahlungsmuster gleichzeitig eingefüllt werden können, wodurch die Leistungsfähigkeit der Vers.-Mühle um 200% erhöht wird. H. HAEVECKER. 7796 □

Eine polarimetrische Untersuchung der diastatischen Kraft von Mehlen. A. H. Woodhead und Catherine A. Wyatt. (Cereal Chem. **37.** 543—47. Juli 1960. Nairobi, Kenya, Unga Ltd., Nairobi Mills.) (Engl.)

Die polarimetr. Best. der diastat. Kraft des Mehls ergibt andere Werte als die Meth., die auf chem. Red. basieren. Die reduzierenden Substanzen in Kleie u. Keimling werden polarimetr. nicht mitbestimmt. H. HAEVECKER. 7798

Nachweis und Bestimmung von Sojamehl in Weizenmehl. Y. Pomeranz und G. D. Miller. (J. Assoc. off. agric. Chemists **43.** 442—44. Mai 1960. Manhattan, Kans., Kansas State Univ., Dep. of Flour and Feed Milling Ind.) (Engl.)

Man untersucht die Probe bei 18-, 24- oder 48facher Vergrößerung im UV-Licht. Die Ggw. kanariengelber, fluorescierender Teilchen deutet auf Sojamehl u. kann quant. ausgewertet werden. Die Fluorescenz wird durch Wärmebehandlung des Sojamehls nicht beeinflußt. W. WESLY. 7798 □

Ein Verfahren zum Nachweis der Proteolyse im Fleisch. M. S. Pohja, F. Rigler und F. P. Niinivaara. (Fleischwirtschaft **12.** 834—35. Okt. 1960. Hämeenlinna, Finnland, Forschungsanst. der genossenschaftlichen Schlachhöfe.) (Dt.)

Zum Nachw. von Bakterien mit stark proteolyt. Einfl. auf Fleisch werden 2 Meth. beschrieben, das *Hydrolysezonen-Verf.* (**a**) u. das *Ninhydrin-Verf.* (**b**). Das Prinzip von **a** besteht darin, daß ein aus Fleisch hergestellter fester Nährboden, der anfangs trüb u. undurchsichtig ist, infolge der proteolyt. Eigg. der Bakterien durchsichtig wird. Um die Bakterienkolonie bildet sich somit eine klare Zone. **b** beruht darauf, daß in einer aus Fleisch zubereiteten Nähr-Lsg. bei Anwesenheit von Bakterien, die Eiweißstoffe des Fleisches abbauen, Aminosäuren entstehen, die durch Farb-Rk. mit Ninhydrin nachgewiesen werden. M. WINIKER. 7850 □

Der Einfluß verschiedener Vorbehandlungsmethoden, Zerkleinerungsarten und verschieden hoher Erhitzung auf den histologischen Nachweis von Leber in Leberwürsten. F. Kelch und P. Enders. (Fleischwirtschaft **12.** 805—06. 811—12. Okt. 1960. Kulmbach, Bundesanst. für Fleischforsch., Inst. für Bakteriol. u. Histol.) (Dt.) M. WINIKER. 7850 □

Eine neue Methode zur Messung der Totenstarre. G. Nemitz, W. Partmann und D. Scharra. (Z. Lebensmittel-Unters. u. -Forsch. **112.** 261—72. 1960. Karlsruhe, Bundesforschungsanst. für Lebensmittelfrischhaltung.) (Dt.)

Es wird ein Gerät u. eine Meth. beschrieben, die es gestattet, den zeitlichen Ablauf der Rigor-mortis-Veränderungen an Muskelproben oder ganzen Fischen zu messen. Die Arbeitsweise des Geräts beruht auf Torsionsmessungen. An Hand einiger Beispiele (Musculus gastrocnemius des Rindes, Regenbogenforelle, Karpfen) wird der mit dem Gerät gemessene Starreverlauf diskutiert. Es zeigt sich eine gute Korrelation mit den Ergebnissen von pH-Messungen u. Best. der elektr. Reizbarkeit. M. WINIKER. 7852 □

Chemische Kennwerte der Zersetzung von Seebarsch. Fred Hillig, L. R. Shelton jun., J. H. Loughrey und Beatrice F. Fitzgerald. (J. Assoc. off. agric. Chemists **43.** 433—38. Mai 1960. Washington, D.C., Food and Drug Administ.) (Engl.)

Unterss. mehrerer, bis zu 11 Tage alter, eisgekühlter Proben Seebarsch geben (Zahlentafeln) dessen fortschreitende Zers. wieder. Flüchtige Säuren, Ameisen- u. Essigsäure, flüchtige Basen, flüchtige Amine u. Trimethylamin nehmen in dem Maße wie die organolept. Klasse zu. Dagegen zeigen Bernsteinsäure u. A. eine geringe Wechselbeziehung zur organolept. Beurteilung. W. WESLY. 7852 □

Histamin als chemischer Nachweis der Zersetzung von Fisch. David W. Williams. (J. Assoc. off. agric. Chemists **43.** 431—33. Mai 1960. Atlanta, Ga., Dep. of Health, Educat. and Welfare, Food and Drug Administ.) (Engl.)

Eine Nachprüfung des abgewandelten Verf. von SAGER u. HORWITZ (C. **1959.** 1973; Verzicht auf den Boraxpuffer, Vertiefung u. Stabilisierung der Färbung durch A.-Zusatz, Beseitigung der nach A.-Zusatz auftretenden Trübung durch Zentrifugieren) zeigt, daß es große Sorgfalt erfordert. Da es sich um 0—25 μg Histamin handelt, die aus 10 g Fisch extrahiert werden, wird ein etwa auftretender Fehler stark vervielfältigt, wenn die Ergebnisse in % angegeben werden. Das Verf. wird erneut überprüft. W. WESLY. 7852 □

Bestimmung von Mammokokken in der Rohmilch. A. Chrulkewitsch. (Молочная Промышленность [Milch-Ind.] **21.** Nr. 10. 29. Okt. 1960.) (Russ.)

Eine mkr. Best. der Mammokokken (Verursachung des bitteren Geschmacks) in der Rohmilch (Bakterienkulturen auf Agar-Medium in PETRI-Schalen) wird kurz beschrieben. S. BARYSCHNIKOW. 7856

Eine Ösen-Plattenmethode zur Bestimmung der Zahl lebensfähiger Keime in Rohmilch. D. I. Thompson, C. B. Donnelly und L. A. Black. (J. Milk Food Technol. **23.** 167—71. Juni 1960. Madison, Wisc., Wisconsin State Labor. of Hyg.; Cincinnati, Ohio, Publ. Health Serv., R. A. Taft Sanit. Engng. Center.) (Engl.)

Die gesteigerte Milchhygiene erfordert empfindliche Meth. zur Keimzahlbestimmung. Das Standardplatten-Verf. ist andererseits zu aufwendig. Vff. empfehlen folgendes Verf.: Eine 0,001 ml fassende Platin–Rhodium-Öse wird etwas abgewinkelt u. mit dem zickzackförmig gebogenen Stiel in eine gröbere Injektionsnadel eingeführt, die auf eine Vorr. zum kontinuierlichen Pipettieren (eingestellt auf 1 ml/Kolbenhub) aufgesetzt wird. Diese ist durch einen Schlauch mit einer Vorratsflasche für steriles Verdünnungswasser verbunden. Die App. wird im Autoklaven sterilisiert, die Öse in der Flamme. Nach Entnahme einer Menge von 0,001 ml aus der Milchprobe wird der Öseninhalt durch Kolbendruck mit 1 ml Verdünnungswasser in sterile Plastik-PETRI-Schalen gespült. Sterilisieren der Öse zwischen der Entnahme von 2 Proben ist nicht erforderlich. Anschließend werden die Platten mit 12—15 ml Agar ausgegossen. Die nach Bebrütung ausgezählte Kolonienzahl·1000 ergibt die Keimzahl/ml. Die Ergebnisse stimmen mit den nach dem Standardplatten-Verf. erhaltenen gut überein. HANS THIELE. 7856□

Kryoskopie von Milch. W. F. Shipe. (J. Assoc. off. agric. Chemists **43.** 411—13. Mai 1960. Ithaca, N.Y., Cornell Univ., Dep. of Dairy Ind.) (Engl.)

Eine Nachprüfung der amerikan. Vorschriften zur Best. der Gefrierpunktserniedrigung von *Milch* führt zur Empfehlung einer Reihe von Änderungen der Methodik u. der Berechnung. W. WESLY. 7856□

Die Scharersche Phosphataseprüfung in der vom Gesundheitsamt der Stadt Baltimore abgewandelten Form. Emanuel Kaplan. (J. Assoc. off. agric. Chemists **43.** 394—99. Mai 1960. Baltimore, Md., City Health Dep.) (Engl.)

Eine Nachprüfung der SCHARERschen Phosphataseprüfung in abgewandelter Form (Verw. gekochter oder pasteurisierter Milch mit 0,1 u. 0,5% roher Milch bei jeder Reihenprüfung, 30 Min. lange Entw.-Zeit nach ROGER [1938], bessere Vermischung mit Butylalkohol) ergibt hohe Genauigkeit bei Zusätzen bis 0,5% roher Milch. W. WESLY. 7856□

Die Unterscheidung von reaktivierter und Rest-Phosphatase in kurzzeitig bei hoher Temperatur pasteurisierter Milch und Sahne. E. F. McFarren, R. C. Thomas, L. A. Black und J. E. Campbell. (J. Assoc. off. agric. Chemists **43.** 414—26. Mai 1960. Cincinnati, Ohio, Robert A. Taft Sanitary Engng. Center, Public Health Serv.) (Engl.)

Mit Hilfe eines Geräts zur kurzzeitigen Pasteurisierung bei hoher Temp. u. des abgewandelten SCHARERschen Verf. zur Best. der Phosphatase (PT)-Aktivität wird ein Verf. zur Unterscheidung von reaktivierbarer u. Rest-PT entwickelt; es beruht darauf, daß die Aktivität von reaktivierbarer PT in Milch u. Rahm nach 1 std. Verweilen bei 34° in Ggw. von $MgCl_2$ auf das 8—14fache steigt, wogegen Rest-PT keinen Anstieg der Aktivität zeigt. Bei Ggw. beider PT-Arten steigt die Aktivität auf das 4—5fache. Die günstigste Temp. zur PT-Reaktivierung beträgt 220—230° F für Rahm u. 220—250° F für Vollmilch nach Pasteurisierung bei 34° bei einer $MgCl_2$-Konz. von 1,5% für Rahm u. 20% für Milch. W. WESLY. 7856□

Ein Verfahren zum Nachweis von rekonstituierter Milch in flüssiger Verkaufsmilch. Gladys M. Junker. (J. Assoc. off. agric. Chemists **43.** 407—11. Mai 1960. New Orleans, La., State Board of Health.) (Engl.)

Eine nach dem früher (C. **1958.** 5536) vorgeschlagenen Verf. zum Nachw. von rekonstituierter Milch in fl. Verkaufsmilch ausgeführte Unters. zahlreicher Milchproben ergibt (Zahlentafeln) starke Schwankungen der gefundenen Werte. Für den genannten Nachw. wird das C. **1959.** 3328 erwähnte Verf. empfohlen. W. WESLY. 7856□

Die Vorbereitung von Preßrahmproben. C. G. Cunningham. (J. Assoc. off. agric. Chemists **43.** 405—06. Mai 1960. Boston, Mass., Dep. of Health, Educat. and Welfare, Food and Drug Admin.) (Engl.)

Eine Nachprüfung des früher (C. **1958.** 5245) vorgeschlagenen Verf. zur Probenahme von Rahmproben ergibt deren Homogenität; es wird als offizielles Verf. empfohlen. W. WESLY. 7856□

Apparat zur Bestimmung der Grenzacidität der Milch. A. Leibman und I. Kleinsinger. (Молочная Промышленность [Milch-Ind.] **21.** Nr. 10. 21—22. Okt. 1960. Inst. für Projektier. des Molkereiwes.) (Russ.)

Beschreibung einer tragbaren App. zur raschen Best. der Milchacidität.
S. BARYSCHNIKOW. 7856

Vergleichende Untersuchungen über die Fettgehaltsbestimmung von Milch nach dem gravimetrischen Verfahren von Röse-Gottlieb und der butyrometrischen Schnellmethode nach Gerber. G. Schwarz, H. Mumm und G. Schell. (Molkerei- u. Käserei-Ztg. **11.** 974—77. 13/7. 1960. Hohenheim, Landw. Hochsch., Inst. für Milchwirtsch. u. Gärungswes.) (Dt.)

Die Unterschiede zwischen den Ergebnissen der butyrometr. u. der gewichtsanalyt. Fett-Best.-Meth. nahmen mit steigendem Fett-Geh. der Milch zu. Bei einer Milch mit ca. 2,5 (5) % Fett betrug der Unterschied im Mittel 0,04 (0,11) % Fett. Wurde jedoch bei der GERBER-Meth. an Stelle der 11,0-ml-Milchpipette eine solche mit einem Vol. von 10,75 ml oder 10,77 ml verwendet, so stimmten die erzielten Ergebnisse sehr gut mit denen der Meth. von RÖSE u. GOTTLIEB überein. — Ein Ersatz des *Amylalkohols* (I) durch *Drawin M* hatte keinen Einfl. auf die Ergebnisse der butyrometr. Methode. Wurde hingegen an Stelle von I *Malentol* benutzt, so lagen die erhaltenen Werte im Mittel um 0,04% höher. M. WINIKER. 7856□

Die Verwendung von „Malentol" als Austauschstoff für Amylalkohol zur Gerber-Fettbestimmung in Milch. G. Hingst. (Molkerei- u. Käserei-Ztg. **11.** 1592. 30/11. 1960. Bad Segeberg.) (Dt.)

Vf. nimmt Stellung zu der Arbeit von SCHWARZ, MUMM u. SCHELL (vgl. vorst. Ref.) u. führt aus, daß *Malentol* der gleichen Charge wie das von SCHWARZ u. Mitarbeitern benutzte bei Fett-Best. in anderen Unters.-Stellen keine höheren Werte lieferte als Amylalkohol. M. WINIKER. 7856□

Die „Te Sa"-Prüfung: Ein neues Schnellverfahren zur Bestimmung von Fett in Milch und Milchprodukten. B. B. Anderson, D. W. Bailey und J. C. Ash. (J. Assoc. off. agric. Chemists **43.** 399—405. Mai 1960. Fort Worth, Tex., Anderson Labor., Inc.; Fort Lauderdale, Fla., Techn. Inst.) (Engl.)

Das im einzelnen beschriebene Verf. zur Schnellbest. von Fett in Milch (-Prodd.) besteht in der Verw. eines Netz-, Lsgm. u. Dispergiermittels u. eines Puffersalzes (Harnstoff, Na_2CO_3, Äthylendiamintetraessigsäure, Na_2HPO_4, Polyoxyäthylenester eines Fett–Harzsäure-Gemisches) u. wird auf Grund der Beleganalysen zur Best. von Fett in roher Milch empfohlen. W. WESLY. 7856□

Methode zur Auswahl der Trocknungsbedingungen zur Bestimmung des Gesamtfeststoffgehaltes der Milch. U. S. Ashworth. (Amer. Dairy Sci. Assoc. **38.** 141—43. 1957. State Coll. of Washington, Dep. of Dairy Sci.) (Engl.)

Es werden die Fehlerquellen aufgezeigt, die sich bei den verschiedenen Meth. zur Best. der Trockensubstanz bei Lebensmitteln, bes. bei Milcherzeugnissen ergeben. In Modell-Verss. mit Substanzen mit definiertem Wasser-Geh. wurde gefunden, daß bei Magermilch eine Trocknungszeit von 4½ Std. u. bei Vollmilch eine solche von 5 Std. die besten Werte ergibt. Kondensierte Milch verlangt Trocknungszeiten von 24 Std. u. mehr, die optimale Trocknungszeit läßt sich hier durch Zusatz von 1 ml A. vor dem Trocknen auf 24 Std. einstellen. E. LÜCK. 7856□

Die Bestimmung des Eiweißgehaltes in der Milch nach der Methode der Formoltitration. A. Dudenkow. (Молочная Промышленность [Milch-Ind.] **20.** Nr. 12. 37—39. Dez. 1959. Ukrain. Forschungslabor. für Molkerei.) (Russ.)

Der Casein–$Ca_3(PO_4)_2$-Komplex u. das emulgierte Fett bedingen die Opazität u. die weiße Farbe der Milch. Diese opt. Eigg. des Prod. stören die Eiweiß-Best., wenn sie nach der üblichen Formoltitrations-Meth. ausgeführt wird. Die Meth. verlangt tatsächlich die Erzielung einer strengen Übereinstimmung der Farbtöne bei 2 aufeinander folgenden Titrationen. Diese Beobachtungen in milchigen Medien sind aber schwierig. Vf. empfiehlt, die Milch vor der ersten Neutralisation mit Lsgg. von Trilon B (Na-Äthylendiamintetraacetat) bzw. von Na-Hexametaphosphat zu versetzen. Die dabei sich bildenden Casein–Na_3PO_4- u. Ca-Komplexe geben klare bzw. nur opalisierende Lösungen. Die Best. des Eiweiß-Geh. kann in Vollmilch oder Magermilch durchgeführt werden. Die zweite Meth. erwies sich als genauer (keine Trübung durch emulgiertes Fett). Die so modifizierte Formoltitrations-Meth. wird seit 1958 in Betriebskontroll-Labor. der Milchindustrie der UkrainSSR mit Erfolg angewandt. S. BARYSCHNIKOW. 7856

Colorimetrische Lactosebestimmung in Milch unter Verwendung der Phenol-Schwefelsäure-Reaktion. David R. Erickson und G. A. Richardson. (Amer. Dairy Sci. Assoc. **38.** 133—40. 1957. Corvallis, Ore., Oregon State Coll.) (Engl.)

Es wird eine einfache Meth. zur colorimetr. Best. der *Lactose* vorgeschlagen, die sich gut für Routineanalysen eignet. 10 ml Milch werden in einem 250 ml-Kolben mit 100 ml W. u. 7 ml einer 5%ig. Lsg. von „dialysiertem" Fe versetzt u. gut umgeschwenkt. Nach dem Auffüllen wird intensiv 10 Min. lang geschüttelt. Nach dem Filtrieren wird 1:100 verd., sodann werden 2 ml der Verdünnung mit 1 ml Phenolreagenz (5%ig. wss. Lsg.)

u. 5 ml konz. H_2SO_4 versetzt. Es wird gut durchgemischt u. wenigstens 10 Min. lang in einem 20—25° warmen Wasserbad abgekühlt. Die Färbung wird bei 490 mμ gegen eine Lsg. der Reagentien als Blindwert gemessen. E. LÜCK. 7856□

Eine chromatographische Methode zur Bestimmung des Zinngehaltes in Milchprodukten. N. Morosowa und K. Olschanowa. (Молочная Промышленность [Milch-Ind.] **20.** Nr. 12. 26. Dez. 1959. Moskau, Technol. Inst. für Fleisch- u. Milchind.) (Russ.)

Die organ. Bestandteile des zu untersuchenden Prod. werden mit HNO_3 oxydiert. Nach Beseitigung der HNO_3 (mit Ammoniumoxalat) wird die Lsg. auf ein genaues Vol. (10 ml) gebracht. Der Sn-Geh. der Lsg. wird chromatograph. nach der Meth. der Grenzverdünnungen bestimmt (5%ig. K-Xanthogenat-Lsg. als Entwickler; 2 Analysen-Verff. werden angegeben). Bei Cu- u. Ni-haltigen Prodd. (wobei die Meth. der qual. Best. dieser Metalle angegeben ist) sollen diese Ionen durch Laugezusatz zuerst eliminiert werden. Die Meth. ermöglicht die Best. von 14 mg Sn in 1 kg Milchprodukt.

S. BARYSCHNIKOW. 7856

Nachweis ranzigen Geschmacks in Milch. J. A. Nelson, R. R. Hedrick und J. L. Brence. (J. Milk Food Technol. **23.** 337—40. Nov. 1960. Bozeman, Mont., Montana Agric. Exp. Stat., Dep. of Dairy Ind.) (Engl.)

Vff. führten Verss. zur Beurteilung von Milch auf das Vorliegen ranzigen Geschmacks durch. Homogenisierte Milch wurde mit verschiedenen Mengen durch Behandlung mit Lipase ranzigen Vollmilchpulvers versetzt. Die Proben wurden durch 3 erfahrene Milchprüfer beurteilt. Es zeigte sich, daß die Empfindlichkeit gegenüber ranzigem Geschmack bei verschiedenen Personen stark differiert. Da mit derartigen Unterschieden auch bei den Konsumenten zu rechnen ist, empfehlen Vff. zur Qualitätsbewertung von Milch außer der organolept. Prüfung, eine chem. Meth. heranzuziehen. Hierzu scheint ein Verf., wie das von THOMAS u. Mitarbeitern entwickelte (Amer. Milk Review **17.** [1955.] 50), geeignet. HANS THIELE. 7856□

Trennung und Nachweis der Natriumsalze von flüchtigen Fettsäuren. George Schwartzman. (J. Assoc. off. agric. Chemists **43.** 428—30. Mai 1960. Boston, Mass., Dep. of Health, Education and Welfare, Food and Drug Administration.) (Engl.)

Die Na-Salze der Essig-, Propion-, n-Butter- u. n-Valeriansäure lassen sich papierchromatograph. mit einem Gemisch gleicher Voll. tert.- u. n-Butanol u. konz. Ammoniak trennen. Als Farbreagens dient eine Lsg. von je 0,2 g Methylrot u. Bromthymolblau in einem Gemisch von 100 ml Formaldehyd u. 400 ml A., das mit 0,1n NaOH auf pH 5,2 eingestellt wird. Das Verf. wurde z. B. bei der Unters. von *Butter* angewandt. Es bedarf weiterer Erprobung. W. WESLY. 7858□

Papierelektrophorese von Casein. L. M. Libbey und U. S. Ashworth. (Proc. annu. Meeting, Western Divis., Amer. Dairy Sci. Assoc. **38.** 157—60. 1957. Pullman, State Coll. of Washington, Dep. of Dairy Sci.) (Engl.)

Casein wurde bei pH 12 durch Papierelektrophorese in 3 Fraktionen zerlegt. Es wird empfohlen 0,01—0,02 ml einer 10%ig. Lsg. aufzutragen. Man erhielt 50% δ- u. $\varkappa$-Casein, 45% β-Casein u. 5% ν-Casein. E. LÜCK. 7860□

Apparatur zur schnellen Bestimmung des Wassergehaltes in Käse, Quark und Casein. J. Cesul. (Przemysł Spożywczy **14.** Nr. 12. 27—28. 1960.) (Pol.)

Die Best. des Wasser-Geh. in Milch-Prodd. wird auf 10 Min. Dauer verkürzt, wenn die Probe zwischen zwei elektr. geheizte Platten gebracht wird. Die Temp. der Platten wird konst. gehalten. Die Platten müssen stets an den Proben anliegen.

F. URBAN. 7860□

Kontrolle der Qualität des bakteriellen Säureweckers. A. Manenkowa, L. Salaschko und Je. Derjabina. (Молочная Промышленность [Milch-Ind.] **21.** Nr. 10. 10—12. Okt. 1960. Zentr. Forsch.-Inst. für Molkereiwesen.) (Russ.)

20 ml des gut durchgemischten Säureweckers für Käse werden im Reagensglas (Ø 15 mm) auf dem Wasserbad allmählich bis auf 90° erwärmt. Die durch CO_2 verursachte ausgeprägte schwammige Konsistenz des Koagulums u. sein Aufstieg von 0,6 bis 2—3 cm über das Serumniveau deuten (bei Abwesenheit von CO_2-bildenden Bact. coli u. Hefen) auf das Vorhandensein von Str. diacetilactis u. Str. paracitrovorus hin. 3 Tropfen des vorst. Serums werden mit 3 Tropfen 40%ig. KOH-Lsg. gemischt u. nach 10—15 Min. beobachtet. Das Auftreten einer deutlichen Rosafärbung zeigt einen Geh. an aromat. Substanzen (Acetoin u. Diacetyl) an. S. BARYSCHNIKOW. 7860

Bestimmung des Fettgehaltes von Quark durch eine modifizierte Babcock-Methode. Edmund A. Zottola und Roy W. Stein. (Proc. annu. Meeting, Western Divis., Amer. Dairy Sci. Assoc. **38.** 151—56. 1957. Corvallis, Ore., Oregon State Coll., Dep. of Dairying.) (Engl.)

Von mehreren Modifikationen des BABCOCK-Testes zur Best. des Fett-Geh. von Speisequark erwies sich nur das Verf. mit Butanol als brauchbar u. vergleichbar mit dem Ae.-Extraktionsverfahren. E. LÜCK. 7860□

Die Bestimmung der Beschaffenheit von Sojabohnenmehl mit der Farbstoffabsorptionsprüfung. Eugenia Olomucki und S. Bornstein. (J. Assoc. off. agric. Chemists **43.** 440—42. Mai 1960. Rehovot, Israel, Agricult. Res.-Stat.) (Engl.)

Eine Nachprüfung des von FRÖLICH (Nature [London] **174.** [1954.] 879) vorgeschlagenen Verf. zur Best. der Beschaffenheit von Sojabohnenmehl mit der Farbstoffabsorptionsprobe ergibt gute Übereinstimmung mit den an Hühnern ausgeführten biolog. Versuchen. Die Arbeitsweise wird etwas abgewandelt: Die ungenügend erhitzten Mehlsorten werden ihrer biolog. Wirksamkeit gemäß in 2 Untergruppen eingeteilt. Die Farbstoffabsorption für richtig erhitztes Mehl wird um 0,2 mg/g erweitert. W. WESLY. 7868□

M & R Dietetic Laboratories, Inc., übert. von: Cecil K. Ortman, Amlin, Ohio, V.St.A., **Herstellung schnell benetzbaren und löslichen Sahnepulvers,** welches in heißer Fl. schnell dispergierbar ist, bestehend aus groben trockenen Teilchen, die in fein verteilter Form 15—42% Butterfett, fettfreie feste Milchbestandteile mit einem Ca:P-Verhältnis $<$0,85 unter Hinzufügung äquivalenter Mengen Lactose von 15 bis 65 Gew.-% der gesamten festen Bestandteilen im Endprod. enthalten. Über 62% der Gesamtlactose befinden sich in β-Form. (**A. P. 2 933 393** vom 4/11. 1957, ausg. 19/4. 1960.) H. MAASS. 7759

Joh. A. Benckiser G. m. b. H., Chemische Fabrik, Ludwigshafen/Rh. (Erfinder: Hermann Rudy, Christa Constabel-Lehmberg, Heidelberg, und Johann Rauch, Mannheim), **Verwendung eines aus Gärablaugen mit Hilfe von nisinbildenden Streptokokken hergestellten Gärungsproduktes als Silagemittel.** Das unter Zusatz von Pilzmycelen hergestellte Prod. wird als solches oder teilweise oder ganz eingedickt als Siliermittel verwendet, wobei zum Schluß des Gärungsprozesses organ. oder anorgan. Säuren zugesetzt werden können. Nach ausreichender Nisin-Bldg. werden dem Gärungs-Prod. weitere Vitamin B_{12} oder wachstumsfördernde Stoffe bildende Mikroorganismen, z. B. Propionsäurebakterien, eingeimpft. Vor der Gärung können dem Prod. als weitere Nährstoffe Milch-Prodd., wie Molke, entrahmte Frischmilch, oder Soja- oder Fischmehl, zugesetzt werden. Bei der Gärung werden als geeignete Pilzmassen Aspergillus-, Rhizopus-, Penicilliumarten u. Hefen zugefügt. Geeignete Ablaugen oder Schlempen sind z. B. die nach Ausfällung der Citronensäure anfallende Melasseschlempe u. Kristallisationsmutterlaugen der Ca-Gluconatgewinnung. Ohne Isolierung der Wirkstoffe wird im Silofutter die Entw. von Buttersäurebakterien unterdrückt. Auf 100 kg Luzerne sind ca. 1—2 kg des Konzentrates erforderlich. (**D. A. S. 1 103 735** Kl. 53g vom 5/4. 1958, ausg. 30/3. 1961.) H. KARST. 7783

Wilson & Co., Inc., übert. von: Edward J. Czarnetzky, Palos Heights, Ill., V.St.A., **Behandlung von Molke.** Kohlenhydrathaltige Abfallstoffe, bes. Molke, Ablaugen der Zuckerrüben- u. Citrusindustrie, Melassen u. dgl., werden durch Zusatz von NH_3 auf ein pH von 5,8—6 eingestellt u. einer biochem. Oxydation, z. B. durch Fermentation oder enzymat. Oxydation, unterworfen, wobei z. B. Lactose, Glucose, Zucker u. Stärke zu organ. Säuren, z. B. Milch- oder Gluconsäure, umgewandelt werden. Die Fermentations-Fl. wird im Vakuum bis auf einen Feststoff von ca. 50% konz. u. durch Einleiten von NH_3 bis auf ein pH von 7—8 neutralisiert. Das Prod. enthält NH_4-Lactat oder -Gluconat u. dgl. u. einen Geh. an Proteinäquivalenten von 8—30%. Es ist bes. als *Futtermittel* für Wiederkäuer geeignet. (**A. P. 2 904 437** vom 1/6. 1954, ausg. 15/9. 1959.) H. KARST. 7787

E. I. du Pont de Nemours & Co., Wilmington, übert. von: James T. Baldini, Newark, und Hans R. Rosenberg, Wilmington, Del., V.St.A., **Geflügelfuttermittel.** Den Futtergemischen für Küken, Enten, Puten, Hühner, Gänse u. dgl., z. B. aus Sojabohnen-, Alfalfa-, Mais-, Fischmehl, Mineralsalzen, Vitaminen, Spurenelementen u. dgl., wird 0,01—0,2% *α-Hydroxy-γ-methylmercaptobuttersäure* oder *α-Amino-γ-methylmercaptobuttersäure* (*Methionin*) oder ihrer NH_4-, K-, Na-, Ca-, Mg-Salze, Alkylester oder Amide zugesetzt, wobei der Fett-Geh. der Futtermittel durch Zusatz von tier. oder pflanzlichen Fetten oder Ölen bzw. Fettsäuren, z. B. Sojabohnenöl, Maisöl, Baumwollsaatöl, Talg, Schmalz, Fisch-, Walöl, Stearin-, Öl- u. Linolensäure, auf 5—13% erhöht wird. Das Wachstum der gefütterten Tiere wird beschleunigt u. die Futterausnutzung verbessert. (**A. P. 2 879 162** vom 4/10. 1956, ausg. 24/3. 1959.) H. KARST. 7787

Farbenfabriken Bayer Akt.-Ges., Leverkusen (Erfinder: Christian Hackmann, Wuppertal-Elberfeld), **Futtermittelzusatz** nach D. A. S. 1 080 388, gek.

durch einen Geh. an *p-Aminobenzolsulfonamido-4-methylpyrimidin* in Mengen von 0,1 bis 2 g/kg Futtermittel. Das Zusatzmittel ist geschmacklos, nicht hygroskop. u. in größeren Mengen nicht toxisch. Man erreicht ein schnelleres Wachstum u. eine bessere Futterausnutzung, einen Rückgang von Alterserscheinungen, wie Haarausfall u. seniler Marasmus. Bes. geeignet zur Verfütterung an Hühner, Schweine, Rinder u. Pelztiere. (**D. A. S. 1 101 119** Kl. 53g vom 6/2. 1959, ausg. 2/3. 1961. **Zusatz zu D. A. S. 1 080 388; C. 1960. 17 650.**) H. KARST. 7787

Farbwerke Hoechst Akt.-Ges., vormals Meister Lucius & Brüning, Deutschland, *Herstellung von stabilem Na-Sorbat.* (**F. P. 1 205 366** vom 8/4. 1958, ausg. 2/2. 1960. D. Prior. 6/4. 1957. — **C. 1959.** 10 094 [D. A. S. 1 045 390].)

F. Hoffmann-La Roche & Co. Akt.-Ges., Basel, Schweiz, *Polyendiale und Polyendione aus Alkalisalzen von Nitronsäuren und α.β-ungesättigten Dihalogenkohlenwasserstoffen.* (**E. P. 798 211** vom 4/4. 1957, ausg. 16/7. 1958. **Belg. P. 556 355** vom 2/4. 1957, ausg. 26/2. 1960. Beide Schwz. Prior. 4/4. 1956. — **C. 1960.** 15257 [D. A. S. 1 054 982].)

Transcontinental Development Co., Trust Reg., Vaduz, Liechtenstein, *Herstellung eines Teekonzentrates.* (**Ind. P. 58 582** vom 6/10. 1956, ausg. 18/8. 1959. — **C. 1958.** 10527 [D. A. S. 1 021 241].)

International Cigar Machinery Co., V.St.A., übert. von: **D. Bandel,** *Herstellung von Tabakfolien.* (**Belg. P. 544 744** vom 26/1. 1956, ausg. 25/9. 1959. A. Prior. 14/7. 1955. — **C. 1960.** 11148 [Aust. P. 213 406].)

Chemische Fabrik Budenheim Akt.-Ges., Mainz/Rh. (Erfinder: **Otto Pfrengle** und **Christel Pietruck,** Budenheim/Rh.), *Verhütung der Gerinnung von Schlachttierblut.* (**Schwz. P. 350 182** vom 27/6. 1956, ausg. 31/12. 1960. D. Prior. 27/6. 1955. — **C. 1958.** 13128 [D. A. S. 1 018 296 u. E. P. 831 132].)

F. Hoffmann-La Roche & Co. Akt.-Ges., Basel, Schweiz, *Riboflavin enthaltende Beifuttermittel und Zusatznährmittel.* (**E. P. 840 016** vom 15/9. 1958, ausg. 6/7. 1960. A. Prior. 17/9. 1957. — **C. 1960.** 16627 [F. P. 1 211 662].)

XVII. Fette. Seifen. Wasch- u. Reinigungsmittel. Wachse. Bohnermassen usw.

Isolierung flüchtiger Fett- und Ölbestandteile durch Vakuumentgasung. J. de Bruyn und J. C. M. Schogt. (J. Amer. Oil Chemists' Soc. **38.** 40—44. Jan. 1961. Vlaardingen, Niederlande, Unilever Res. Labor.) (Engl.)

Für die Isolierung der flüchtigen Geruchsbestandteile von Ölen u. Fetten in zur weiteren Unters. geeigneter Form u. für die Herst. geschmackloser Ölproben (für Stabilitäts-Unterss.) schlagen Vff. die Meth. der Vakuumentgasung (VE) bei 10^{-5} bis 10^{-6} mm vor (3 verschiedene Entgasungszellen werden beschrieben). VE hat gegenüber klass. Extraktions-Meth. Vorteile: Lsgm.-Einsparung, niedrige Arbeitstemp., Zeitersparnis. Nachteilig ist der geringe Öl- oder Fettdurchsatz (1 kg/Tag) u. damit die oft für eine Charakterisierung zu geringen extrahierten Substanzmengen. N. TRZEBOWSKI. 7874□

Filtrationsextraktion von Safflorsamen in halbtechnischem Maßstab. E. L. D'Aquin, Joseph Pominski, H. L. E. Vix und E. A. Gastrock. (J. Amer. Oil Chemists' Soc. **38.** 44—47. Jan. 1961. New Orleans, La., Southern Reg. Res. Labor.) (Engl.)

Die steigende Produktion von Safflorsamen, einer relativ neuen Ölsaat mit hohem Öl-Geh. (35%), veranlaßte Vff. zu untersuchen, ob für die Entölung die bei anderen Ölsaaten angewendete Filtrationsextraktion (dem einfachen Auspressen überlegen) auch durchführbar ist. Ergebnisse einer halbtechn. Filtrationsanlage mit kontinuierlicher Extraktion zeigen, daß geschälter oder ganzer Safflorsamen bis auf 1% Restfett-Geh. mit hoher Filtrations-Geschw. entölt werden kann. Dem Ölkuchen (bis 40% Eiweiß enthaltend) kann das Lsgm. fast quant. entzogen werden. N. TRZEBOWSKI. 7894□

Keimversuche mit Erdnußsamen. L. F. Rabari, R. D. Patel und J. G. Chohan. (J. Amer. Oil Chemists' Soc. **38.** 4—5. Jan. 1961. Vallabh Vidyanagar, Indien, Sardar Vallabhbhai Vidyapeeth, Chem. Dep.) (Engl.)

Beim Keimen von Erdnußsamen (EN) (Keimzeit zwischen 3 u. 8 Tagen) steigen der Rohfaser- (RF) u. Kohlenhydrat-Geh. (KH) auf Kosten des Öl-Geh. (Ö) proportional der Zeit (vor dem Keimen: RF 2,1%, KH 18,1%, Ö 46,8%; nach 8 Tagen Keimzeit: RF 6,1, KH 50,9, Ö 9,3), während der Protein-, Feuchtigkeits- u. Asche-Geh. nahezu unverändert bleiben. Nähere Unters. der Zus. des mit PAe. extrahierten Samenöls zeigt, daß mit fortschreitender Keimung die Menge an gesätt. Fettsäuren (geradkettig von C_{14}—C_{24}) stärker vermindert wird als die Menge der ungesätt. (Linol- u. Öl)-Säuren. Bezieht man den Säure-Geh. nicht auf Menge an Samensubstanz, sondern Samenöl, so entsteht durch beobachtetes Steigen der JZ. der fälschliche Schluß der Bldg. ungesätt. Fettsäuren beim Keimvorgang. N. TRZEBOWSKI. 7894□

3-cis-Hexenal, der „grüne" Geschmack des umgewandelten Sojabohnenöls. G. Hoffmann. (J. Amer. Oil Chemists' Soc. **38.** 1—3. Jan. 1961. Vlaardingen, Niederlande, Unilever Res. Labor.) (Engl.)

Mittels Gas–Fl.-Chromatographie von durch Luft bei hohen Temp. oxydiertem Sojaöl konnte die bisher unbekannte Trägersubstanz (TS) des bei Ranzigwerden auftretenden Beigeschmacks nach grünen Bohnen („green beans") isoliert werden. Durch IR-Spektroskopie als aliphat. Aldehyd u. durch Papierchromatographie der Dinitrophenylhydrazone der TS als C_6-Aldehyd charakterisiert, konnte TS als *3-cis-Hexenal* (I) bestimmt u. durch Synth. bestätigt werden. I entsteht bei Autoxydation über Hydroperoxyde aus der im Sojaöl enthaltenen *Linolensäure*, $C_{18}H_{30}O_2$.

Versuche: *1-Methoxyhexen-(1)-in-(3)* II), Kp.$_{75}$ 98—100°, aus 1-Methoxybuten-(1)-in-(3) über 4-Na-Verb. u. Behandlung mit Diäthylsulfat; n_D^{25} 1,4868; 46% (Ausbeute). — *1-Methoxyhexadien-(1.3)*, Kp.$_{75}$ 75—78°, aus II durch partielle Hydrierung mit Pd-Katalysator; n_D^{25} 1,4659; 70%. N. TRZEBOWSKI. 7894□

Isolierung der Isomeren zweier 2.4-Alkadienale aus dem Geschmackskonzentrat des umgewandelten Sojabohnenöles. G. Hoffmann. (J. Amer. Oil Chemists' Soc. **38.** 31—32. Jan. 1961. Vlaardingen, Niederlande, Unilever Res. Labor.) (Engl.) — Vgl. vorst. Referat.

Durch Gas-Fl.-Chromatographie werden aus den flüchtigen Zers.-Prodd. des Sojaöls die Isomeren von *2.4-Heptadienal* u. *2.4-Decadienal* isoliert. Durch IR-Spektroskopie konnte ihre Konfiguration bestimmt werden: 2-trans-, 4-cis u. 2-trans, 4-trans. Ihre Entstehung wird auf die Autoxydation der im Öl enthaltenen *Linolensäure* zurückgeführt. N. TRZEBOWSKI. 7894□

Löslichkeit und Reaktion von Linolsäure in Wasser. Ahmed Fahmy Mabrouk und L. R. Dugan jun. (J. Amer. Oil Chemists' Soc. **38.** 9—13. Jan. 1961. Chicago, Ill., Univ. of Chicago, Amer. Meat Inst. Foundation.) (Engl.)

Durch Schallwellen hergestellte Emulsionen (E) bzw. aus E durch Zentrifugieren erhaltene gesätt. Lsgg. (pH 6: 25,5 mg/100 ml Lsg.; pH 7: 60,0; pH 8: 76,0) bei 6,7° von *Linolsäure* (I) in Puffergemischen (0,1 m KH_2PO_4/0,1 m NaH_2PO_4) zeigen bei pH-Werten über 6 eine durch zunehmende Seifen-Bldg. verursachte pH-Wertverringerung (pH 6: 0,09; pH 7: 0,33; pH 8: 1,10). Die Löslichkeit von I in Leitfähigkeitswasser beträgt 15 mg/100 ml (—0,22). Die aus Löslichkeit u. Leitfähigkeitsmessungen bestimmten klass. u. thermodynam. pK betragen: bei 0,7° $6{,}974 \cdot 10^{-6}$ u. $6{,}905 \cdot 10^{-6}$, bei 25° $1{,}730 \cdot 10^{-5}$ u. $1{,}689 \cdot 10^{5}$. Durch Wechselwrkg. mit W. entsteht aus I eine gesätt. Tetrahydroxysäure mit bisher unbekannter Struktur. — 26 Literaturangaben. N. TRZEBOWSKI. 7908□

Die Synthese von Waschmitteln aus Olefinen, die durch Hydrokondensation von Kohlenoxyd mit Äthylen und Propylen erhalten wurden. Ja. T. Eiduss, K. W. Pusitzki und A. Ju. Rabinowitsch. (Журнал Прикладной Химии [J. angew. Chem.] **32.** 423—28. Febr. 1959. Zelinsky-Inst. für org. Chem.; Moskau, Filiale des Fettforschungsinst.)

Die aus Äthylen u. Propylen mit CO gewonnenen Hydrokondensate wurden mit Bzl. u. $AlCl_3$ in Monoalkylbenzole umgesetzt u. in Fraktionen von C_5—C_{17} zerlegt. Die einzelnen Fraktionen wurden mit H_2SO_4 sulfoniert u. mit NaOH neutralisiert. Durch Zusatz von Na_2SO_4 wurden die Waschmittel gewonnen. Auch gemischte Fraktionen von C_{10}—C_{12} u. C_{13}—C_{17} wurden zur Herst. der Waschmittel verwendet. Die Sulfonate aus Äthylen haben bei niedrigem pH keine emulgierenden Eigg., ausgenommen die Fraktion mit $C_{(2)}$; sie sind aber beständig gegen hartes u. Seewasser. Schaum-Bldg. beginnt bei C_7. Die Sulfonate aus Propylen geben Lsgg. mit guten oberflächenakt. Eigg., die Fraktion C_{10-12} ist in ihren Eigg. der entsprechenden Fraktion des Synthins überlegen; nur die Schaum-Bldg. ist geringer. J. v. SCHROEDER. 7912□

Die Verfärbung von Wollfett bei der Aufarbeitung. C. A. Anderson und E. V. Truter. (J. Soc. Dyers Colourists **77.** 63—64. Febr. 1961. Leeds 2, Univ., Textile Chem. Labor.) (Engl.)

Wärmebehandlung des Lanolins allein bewirkt keine sehr starke Verfärbung. Vielmehr entsteht aus Wollwachs, dem hydrophilen Anteil u. dem Schmutz bei dem Aufarbeiten in einem Bzn.-W.-Syst. ein Komplex, aus dem sich die färbenden Bestandteile beim Abdestillieren des Lsgm. bilden. Vff. schlagen daher vor, Wollwachs nicht mit dem Schmutz zusammen in einem heterogenen Syst. (W.-Bzn.) zu verarbeiten, sondern erst das gereinigte Wollwachs u. außerdem, wenn der Komplex sich doch gebildet hat, eine zu große Erwärmung zu vermeiden. G. MEINHARDT. 7924□

Über die Anwendung von 2-Thionobarbitursäure beim Nachweis von oxydierten Fetten. B. I. Chomutow und G. A. Garkuscha. (Вопросы Медицинской Химии [Fragen med. Chem.] **6.** 431—34. Juli/Aug. 1960. Moskau, Gesundheitsminist. der UdSSR.) (Russ.; Auszug: Engl.)

Bei der Rk. von *2-Thionobarbitursäure* (I) sowohl mit *Sorbinsäure* (II) wie mit oxydierten *Fetten* entstehen Prodd., die ein Absorptionsmaximum des Spektrums bei 535 mμ aufweisen. Bei der Rk. zwischen I u. solchen Sulfonamiden, wie Sulfadiazin u. Acetylsulfadiazin, werden Prodd. mit einem Absorptionsmaximum bei 531—535 mμ erhalten.

Vff. nehmen an, daß die mit I reagierenden Oxydations-Prodd. der Fette konjugierte Doppelbindungen enthalten. Es wird vorgeschlagen, den Oxydationsgrad der Fette bei der Prüfung mit I in Gew.-% II auszudrücken. O. LEBTAG. 7932□

Untersuchungen an Carbonylverbindungen in fetten Ölen. Senjiro Maruta und Yoshihito Suzuki. (Kōgyō Kagaku Zasshi [J. chem. Soc. Japan, ind. Chem. Sect.] **62.** 811—13. Juni 1959. Kôhu, Yamanasi-Daigaku.) (Orig.: japan.; Auszug: Engl.)

2,2—3,5 g fette Öle wurden in 40 ml A. gelöst u. die Lsg. durch eine Säule aus Amberlite IRA-400 ($-HSO_3$-Form) geleitet, wobei in den Ölen vorhandene Carbonyl-Verbb. absorbiert wurden; die Addukte aus den Carbonyl-Verbb. u. Sulfit wurden dann mit 10%ig. NaCl-Lsg., W. u. schließlich mit A. ausgezogen u. mit 10%ig. NaOH hydrolysiert. Die freien Carbonyl-Verbb. wurden mit 2.4-Dinitrophenylhydrazin zu den 2.4-Dinitrophenylhydrazonen umgesetzt, die dann spektrophotometr. (360 mμ) bestimmt wurden. Nach diesen Daten enthalten 100 g fette Öle 0,32—3,441 g Carbonyl-Verbb., berechnet als *Capronaldehyd* (I). Zwischen dem Geh. an Carbonyl-Verbb. u. der SZ. sowie der Ranzidität wurden positive Beziehungen gefunden. Die erhaltenen Dinitrophenylhydrazone wurden papierchromatograph. mit Petroleum-KW-Stoffen als stationärer Phase u. mit einem Gemisch aus Methanol u. Petroleum-KW-Stoffen als Laufmittel getrennt; tier. Öle enthalten viel I, während Pflanzenöle viel Butyraldehyd u. daneben I enthalten. E. MAEKAWA. 7932

Bestandteile der nicht-azelainischen Produkte bei der Ozonisierung der Ölsäure sowie der gemischten Fettsäuren in Eisessig. Gaku Izumi. (Kôgyô Kagaku Zasshi [J. chem. Soc. Japan, ind. Chem. Sect.] **62.** 814—17. Juni 1959. Nagoya, Kôgyôgizyutu-Sikenzyo.) (Jap.; Auszug: Engl.)

Die nichtazelain. Prodd. bei der Ozonisierung der *Ölsäure* (I) sowie der gemischten Fettsäuren aus Reiskleie oder aus Tallöl in Eisessig werden gaschromatograph. analysiert, wobei *Pelargonsäure* (II) als Haupt-Prod. u. daneben ca. $^1/_5$ der Menge II *Caprylsäure* (III) gefunden werden. III mußte sich aus Ölsäurehydroperoxyd durch Abbau gebildet haben. E. MAEKAWA. 7936

Dow Chemical Co., übert. von: Beverly M. Eagon und George K. Greminger jun., Midland, Mich., V.St.A., **Herstellung einer stabilen Öl-in-Wasser-Emulsion.** Man dispergiert u. benäßt mindestens 1%, bezogen auf das Gesamtgewicht der Emulsion, eines in W. lösl. Hydroxypropylmethylcelluloseäthers mit 1—30%, bezogen auf das Gesamtgewicht der Emulsion, eines *genießbaren* Öls, wie Citronenöl, u. rührt dann eine wss. Phase, die 5—30%, bezogen auf das Gesamtgewicht der Emulsion, Propylenglykol enthält, in das so dispergierte Celluloseäther-genießbares Öl-Gemisch ein, bis Emulgierung erfolgt. (**A. P. 2 906 626** vom 22/7. 1957, ausg. 29/9. 1959.) H. MAASS. 7895

De Laval Separator Co., New York, N.Y., V.St.A., *Raffination von Ölen und Fetten.* (**Ind. P. 49 006** vom 18/2. 1953, ausg. 18/6. 1954. — C. **1950/54.** 2925 S [F. P. 1 072 209].)

Colgate-Palmolive Co., Jersey City, N.J., V.St.A., übert. von: **William Ralph Hearn**, Scarboro, **Allister Neil Mac Lean** und **Frederick William Trusler**, Toronto, Ontario, Canada, *Flüssiges Grobwaschmittel.* (**A. P. 2 920 045** vom 6/9. 1955, ausg. 5/1. 1960. — C. **1961.** 7442 [E. P. 800 706].)

Unilever Ltd., Port Sunlight, England, *Reinigungsmittel mit verbessertem Schaumvermögen.* (**E. P. 846 686** vom 26/3. 1959, ausg. 31/8. 1960. A. Prior. 1/4. 1958. — C. **1961.** 4555 [D. A. S. 1 086 379].)

K. Durham, ed., Surface activity and detergency. London: Macmillan; New York: St. Martin's P. 1961 (XIII + 250 S. m. 14 Taf., Tab. u. Diagr.) 35 s.

XVIIIa. Holz. Cellulose. Zellstoff. Papier. Papierdruck. Celluloid. Linoleum

Untersuchungen zur Chemie des Holzes und dessen Komponenten als theoretische Grundlage der chemischen Technologie des Holzes. P. Odinzow. (Известия Академии Наук Латвийской ССР [Nachr. Akad. Wiss. LettSSR] **1960.** Nr. 7. 193—202.) (Russ.)

Zusammenfassende Darst. (93 Literaturangaben) der Arbeiten des Vf. über das Verh. verschiedener *Cellulosen*, bes. bei Quellung, im Hinblick auf die bei Hydrolysenprozessen bei Verw. von H_2SO_4 ablaufenden Vorgänge. M. ULMANN. 7952□

Chemische Analysen von Gebirgs-Hemlocktanne. E. F. Kurth. (Tappi **41.** 733—34. Dez. 1958. Corvallis, Ore., Oregon State College, Dep. of Chem.) (Engl.)

Die chem. Zus. des Holzes von *Tsuga mertensiana* wurde nach Standard-Meth. festgestellt. Sie stimmt mit anderen Nadelhölzern überein. Von den Bestandteilen der Rinde wurden hauptsächlich die Extraktstoffe extrahiert u. näher analysiert. Holz enthält 6,6% Extraktstoffe, die Rinde 29,4—39,5%. Der Tannin-Geh. der Rinde schwankt in

Abhängigkeit vom Alter zwischen 15 u. 21%. Außer Tannin enthalten die Extraktstoffe der Rinde Wachs, eine purpurrot gefärbte Substanz u. Protocatechusäure. In dem Ätherextrakt der inneren Rinde konnten papierchromatograph. d-Catechin u. l-Epicatechin nachgewiesen werden. W. WERGIN. 7952□

Wirkung einer feuerverhütenden Substanz auf das Brennbarkeitsverhalten von imprägnierter südlicher Gelbkiefer. S. K. Coburn und K. J. Morris. (Proc. annu. Meeting Amer. Wood-Preservers' Assoc. **55.** 70—87. 1959. Chicago, Ill., Res. Center Assoc. of American Railroads.) (Engl.)

Nach Gewichtsverlust u. Höhe der Temp. beim Brand bewertet, verringert der Zusatz eines aromat. Phosphorsäureesters (I) den Brandschaden, wenn das Holz mit Kreosot- u. Kreosot–Steinkohlenteer-Lsgg. imprägniert wird; bei Verw. von Kreosot–Petroleum-Lsgg. versagt der Zusatz. Als Erklärung für die Wrkg. von I wird ein Ionenmechanismus vorgeschlagen. M. HAGEDORN. 7953□

Über die milde Hydrolyse von Dialkoholcellulose. (Vorläufiger Bericht.) N.-E. Virkola. (Paperi ja Puu **41.** 551—52. 19/11. 1959. Helsinki, Oy Keskuslaboratorio-Centrallabor. Ab.) (Engl.)

Ausgehend von der Mitt. von SMITH u. ANDERSON über die vollständige Hydrolyse einer mit $NaJO_4$ oxydierten u. dann mit $NaBH_4$ zum Polyalkohol red. Cellulose führte Vf. von Baumwollcellulose (I) eine ähnliche Unters. durch, wobei aber I nur so weit behandelt wurde, daß man eine Dialkoholcellulose mit 8,08% der Glucoseeinheiten erhielt. Dieses Präp. gab nach Red. mit $NaBH_4$ u. Hydrolyse mit 1n HCl bei 20° 1,8% Glyoxal, das durch verschiedene Rkk. nachgewiesen wurde. Vf. erläutert diese Umsetzungen durch ein Schema. E. BORCHERS. 7954□

Über Zellstofftrockner. Erik J. Snellman. (Paperi ja Puu **41.** 535—50. 19/11. 1959. Lohja Mill, Lohja-Kotka Oy, Finland.) (Finn.)

Beschreibung der in Finnland zur Trocknung von Zellstoffen verwendeten Trockenmaschinen, u. zwar sowohl der offenen Zylindertype wie der mit Umluft beheizten Ventilatortrockner bzgl. Wärme- u. Kraftverbrauch, Trockenleistung sowie Einfl. auf die Zellstoffbeschaffenheit. — 16 Abbildungen. E. BORCHERS. 7956□

Das Sulfit–Soda-Mehrstufen-Kochverfahren. Einige Erfahrungen und Entwicklungsmöglichkeiten. 2. Mitt. Reino H. Räsänen und Lassi I. Luotonen. (Zellstoff u. Papier **8.** 375—78. Okt. 1959. Rauma, Rauma-Repola Oy.) — 1. vgl. C. **1961.** 3042.

Der im Sulfit–Soda-Mehrstufen-Verf. gewonnene Zellstoff ist bes. zur Herst. von Viscose geeignet u. entspricht in seiner Zus. u. Kettenlängenverteilung weitgehend einem Linterszellstoff. H. BECKER. 7962□

Die Bestimmung des Alkaliverlustes im Abwasser mit verschiedenem Gehalt an Sulfitablauge und Salzwasser. Alpo Ora. (Paperi ja Puu **41.** 559—60. 19/11. 1959. Rauma-Repola Oy Rauma Mills, Finnland.) (Finn.)

Vf. bestimmte den Geh. des Abwassers an Sulfitablauge (I) mittels der Lignin-Best. nach der spektrophotometr. UV-Absorption bei 300 mμ nach GOLDSCHMID. Außerdem wurde die Abnahme der Alkalität berechnet als Na_2O infolge des verschiedenen Geh. an I im Abwasser colorimetr. ermittelt. E. BORCHERS. 7962□

Untersuchung des Durchschnitt-Polymerisationsgrades einiger veredelter Zellstoffarten. V. Mašura und I. Slávik. (Chem. Zvesti **14.** 225—33. März 1960. V. M. Bratislava, Kollárovo nám. 2, Chemický pavilon. SVŠT, I. S. Bratislava, Lamačská 5.) (Slowak.)

Aus einem Vgl. der viscosimetr. Best. des DP von Cellulose verschiedener Provenienz u. Behandlung wurde festgestellt, daß der DP der ursprünglichen Cellulosen bzw. der Cellulosen nach dem Mercerisieren, heterogen ist. Für die richtige Bewertung der Cellulose ist die Kenntnis des DP der Ausgangscellulose weniger aufschlußreich als die der Alkalicellulose kurz vor der Sulfidierung. Sorgfältige Entfernung des Lignins bedingt die Herst. entsprechender Cellulose für Cordfasern. A. KRČMA. 7964□

Polyphosphorsäure in HNO_3—H_3PO_4—P_2O_5-Säuregemischen und der Einfluß auf den Nitrierungsgrad von Cellulosenitrat. Teizo Ōkawa und Kazuo Saotome. (J. Soc. Textile Cellulose Ind., Japan [Sen-i Gakkaishi] **13.** 374—80. Juni 1957. Nobeoka, Japan, Asahi Kasei Kogyo Co. Ltd.) (Jap.; Auszug: Engl.)

Das Verh. von Polyphosphorsäure (I) in HNO_3—H_3PO_4—P_2O_5 enthaltenden Nitriergemischen sowie der Einfl. von I auf den zu erwartenden Nitrierungsgrad von Cellulosenitrat wird näher untersucht. Hierbei wurde gefunden, daß sich in obigem Nitriergemisch I bildet. Das Gleichgewicht ist nach 4 Tagen erreicht. Außerdem wird darauf hingewiesen, daß von den aus der Literatur bekannten Nitriergemischen nach STAUDINGER, DOLMETSCH u. MITCHELL, das letztere vorzuziehen ist. — 14 Literaturzitate, 7 Tabellen, 5 Figuren. H. G. FRÖHLICH. 7970□

Verwendung von Strohzellstoff in der Papierindustrie. Tibor Méro und György Vámos. (Papíripar és Magyar Grafika [Papierind. u. ung. Graphik] **5.** 13—22. Jan. 1961. Budapest, Forsch.-Inst. Papierind.) (Ung.)

Vff. untersuchten die Eigg. von Getreidestrohzellstoff als Ersatz für Holzzellstoff bei der Papiererzeugung. Abgesehen von einer kleinen Verminderung der Einreißfestigkeit u. Doppelfalzzahl, kann Strohzellstoff zur Herst. von Schreib- u. Druckpapier, fettdichten Kraft- u. Packpapieren gut verwendet werden. Das Entwässern u. Trocknen ist bei erhöhtem Zusatz an Strohzellstoff, bes. Reiszellstoff, wegen Anhaftens auf den Walzen etwas schwieriger. Dem kann durch Verminderung der Sieb-Geschw., Anwärmen des Zirkulationswassers auf mindesten 30° usw. abgeholfen werden. Es wird über Verss. zur Herst. von Schreibpapier mit 10% Aschen-Geh. bei 20—80% Zusatz von Weizenstrohzellstoff bei einer Maschinen-Geschw. von 180—190 m/Min. berichtet. J. PLANK. 7974

Über die Beziehung zwischen Zellstoffviscosität und Papierfestigkeit von Sulfatzellstoff, der durch Chlor-Hypochloritbleiche abgebaut ist. H. P. Dahm. (Norsk. Skogind. **13.** 188—92. Juni 1959. Oslo, Pulp and Paper Res. Inst.) (Engl.)

Vf. ermittelte an verschiedenen, weitgehend durch Chlorierung u. Bleiche abgebauten Sulfatzellstoffmustern aus Kiefer–Fichte-Gemisch nach der Mahlung den Zusammenhang zwischen Stoffviscosität u. Festigkeit des Blattes u. der Einzelfasern. Zur ersten Vers.-Reihe dienten einige aus einem Bleichbetrieb entnommene Zellstoffmuster, von denen die Festigkeitsdaten nach der Mahlung in der LAMPÉN-Mühle u. Blatt-Bldg. in BERGMAN-Einheiten bestimmt wurden, außerdem die Viscosität in Cuoxan-Lsg. nach der Meth. CCA 16. Dabei bestätigte sich, daß die Blattfestigkeit mit abnehmendem DP-Grad zurückgeht, wobei die Kurve bei einem DP-Grad entsprechend der Viscosität 35 cP deutlich fällt. Als 2. Muster diente ein im Betrieb chlorierter u. gebleichter Zellstoff, der im Labor. mit Hypochlorit bis zur Viscosität 35 cP nachgebleicht worden war. Vf. bestimmte an diesen Mustern den Zusammenhang zwischen Faserfestigkeit u. Faserbindung sowie bzgl. der Eigenfestigkeit der Fasern, indem er die Blattfestigkeit mit der Festigkeit der Faserlängenfraktionen der in der PFI-Mühle gemahlenen Zellstoffmuster verglich u. diese Daten nach der Gleichung von CLARK auswertete. — 4 Diagramme, 14 Literaturhinweise. E. BORCHERS. 7984□

Bestimmung der Aufnahme öliger Holzschutzmittel in intensiv imprägnierten Holzpfählen nach Bohrkern-Extraktions-Methode. R. H. Baechler. (Proc. annu. Meeting Amer. Wood-Preservers' Assoc. **54.** 34—43. 1958. Forest Products Labor., Forest Serv., U.S. Dep. of Agric.) (Engl.)

Die Ergebnisse der Toluolextraktion von Bohrkernen aus Kiefersplintholz u. Douglasfichte weichen geringfügig von jenen ab, welche aus der Gewichtszunahme ganzer Pfähle im Laufe der Kreosotbehandlung gewonnen werden. Der Vf. hält es für möglich, daß die Meth. der Extraktion von Bohrproben zusammen mit Eindringtiefen-Best. zu einer brauchbaren Abnahmeprüfung für imprägnierte Pfähle ausgebaut werden kann. M. HAGEDORN. 8004□

Olaus T. Hodnefield und Kay O. Anderson, Montrose, Calif., V.St.A., **Flammwidrige Mischung** aus Gilsonit (**I**; ein schwaches, sprödes, glänzendes, aus KW-Stoffen bestehendes Mineral) mit einem F. zwischen 200—270°, Bitumen, sowie 50—125 Teilen (auf 100 Teile **I**) eines feingepulverten, inerten, unbrennbaren mineral. Füllstoffes (z. B. 300-mesh-Talkum) sowie einer Ölseife, auch Aminseife als Emulgator. Ggf. kann 1% (bezogen auf **I**) Harnstoff–Formaldehyd-Harz zugesetzt werden. (Berichtigung zu dem in C. **1961.** 7078—79 veröffentlichten Referat.) (**A. P. 2 940 942** vom 14/10. 1957, ausg. 14/6. 1960.) F. KOCH. 7953

Koppers Co., Inc., Del., übert. von: Irving S. Goldstein, Pittsburgh, Pa., V.St.A., **Fungicides Imprägnieren von Holz** erfolgt mit 10—30%ig. Lsg. von β-Propiolacton (**I**), wobei in das Holz ca. 10% **I** eingebracht werden. Als Lsgm. werden organ., das Holz auflockernde Fll. (Aceton, Dioxan) angewandt. Das Imprägnieren erfolgt bes. durch das Druck-Verf. mit 56—80° heißen Lösungen. (**A. P. 2 931 741** vom 31/12. 1954, ausg. 5/4. 1960.) K. WOLK. 7953

Joachim Boll und Heinz Decker, Arnstadt, **Wasserabweisendes Mittel für Faserstoffplatten** aus einer Hartparaffin–Hartwachs-(Montanwachs)-Schmelze, welcher ein Emulgator auf Basis eines wassergelösten Alkylsulfonats u. danach bei erhöhter Temp., z. B. bei 90°, ein wss. Äthanolamin unter starkem Rühren zugesetzt ist. — 20 (Gewichtsteile) Hartparaffin u. 20 Montanwachs werden auf 90° erhitzt u. 3 eines Emulgators in Form eines Alkylsulfonats in 10 W. u. später 7 Äthanolamin in 50 W. zugegeben. (**D. P. [DDR] 20 728** Kl. 38h vom 11/9. 1957, ausg. 24/1. 1961 [Ausschließungspatent].) M. F. MÜLLER. 7953

Bauer Bros. Co. (Erfinder: Marvin Edward Ginaven und Albert Hayden Adams), Springfield, Ohio, V.St.A., **Imprägnieren des Rohstoffs bei der kontinuierlichen Halbzellstoffgewinnung,** wobei der Rohstoff (Holz, landwirtschaftliche Abfälle) zum Austreiben von Luft u. Fl. fortschreitend komprimiert, in einer von der Atmosphäre abgedichteten Kammer expandiert u. in eine Imprägnier-Lsg. eingeführt wird, dad. gek., daß der Stoff unmittelbar bei der Expansion mit der Imprägnier-Lsg. in Berührung gebracht wird. Zweckmäßig wird der Stoff mehrmals komprimiert u. entspannt, wobei in jeder Entspannungszone Imprägnier-Lsg. zugeführt u. in der anschließenden Kompressionszone wieder abgepreßt wird. — Vorr., Zeichnung. (**D. A. S. 1 101 126** Kl. 55b vom 28/6. 1958, ausg. 2/3. 1961. A. Prior. 18/11. 1957.) G. VOGEL. 7957

Derivés Résiniques et Terpéniques, Frankreich (Erfinder: Louis Desalbres), **Aufarbeitung von Tallöl.** Tallöl wird in einem Lsgm., wie Aceton, Isopropanol, PAe. oder Methylisobutylketon, zur selektiven Ausfällung der Harz-, Fett- u. Sterinsäuren mit einem Amin, bes. Hexamethylendiamin, bei 50—60° umgesetzt. Die gefällten Harzsäuresalze werden durch Ansäuern in die freien Säuren übergeführt oder durch Erhitzen auf 180° zu Harzen von niedriger SZ. vom F. $\geq$ 115° aufgearbeitet. (**F. P. 1 183 268** vom 23/9. 1957, ausg. 6/7. 1959.) EBERHARD RIEDEL. 7967

Council of Scientific & Industrial Research, Neu-Dehli (Erfinder: Gunvant Mulshanker Vyas, Rajaram Vyasaraya Bhat und Kafiluddin Ahmed Chowdhury, Dehra Dun), Indien, **Herstellung von Papier aus Bambus.** Man zerkleinert den Bambus bis zu solcher Feinheit, daß sich die Fasern (I) von den Parenchymzellen (**II**) mechan., z. B. durch Sieben, trennen lassen, schließt die **I** in üblicher Weise durch chem. Behandlung u. Bleichen auf, vermischt sie mit den unbehandelten **II**, die lediglich, z. B. im Holländer, noch stärker zerkleinert wurden, u. verarbeitet evtl. nach Zugabe von Füllstoffen in üblicher Weise zu Papier. (**Ind. P. 49 054** vom 25/2. 1953, ausg. 9/3. 1955.) C. LÜTTGEN. 7979

VEB Leuna-Werke „Walter Ulbricht", Leuna (Erfinder: Rudolf Bemmann und Hubert Schade, Leuna), **Kationenaktive, korrosionsverhindernde Netzmittel** erhält man, wenn man ein Amin oder ein Gemisch von Aminen der Formel R_1NHR_2, wobei R_1 einen mindestens 6 C-Atome aufweisenden Rest darstellt, der mindestens teilweise aus einem geraden oder verzweigten Alkylrest besteht u. der aromat. oder hydroaromat. Reste enthalten kann, u. R_2 einen geraden oder verzweigten Alkylrest mit höchstens 4 C-Atomen bedeutet, u. die Reste R_1 u. R_2 verschieden sind, in die Aminsalze oder ein Aminsalzgemisch umwandelt u. dieses durch Behandeln mit einem Alkalinitrit in das entsprechende *Ammoniumnitrit* oder Ammoniumnitritgemisch überführt. — Man neutralisiert 100 Gewichtsteile eines Amingemisches $RNHCH_3$ (R = geradkettiges Alkyl mit 8—18 C-Atomen, wobei das N-Atom an ein beliebiges C-Atom von R gebunden sein kann) mit 30%ig. H_2SO_4 bis pH 8. Durch Rk. des Gemisches mit überschüssigem $NaNO_2$ entstehen 2 Schichten, von denen die untere Na_2SO_4, restliches $NaNO_2$ u. W., die obere, das fl. Ammoniumnitrit enthält. Durch Entwässern der oberen Schicht erhält man 110 Gewichtsteile fl. Ammoniumnitrit.

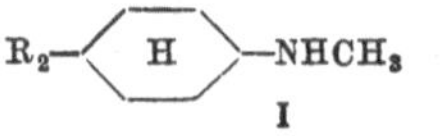

I

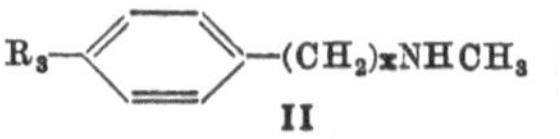

II

Ähnliche Ammoniumnitrite erhält man aus Aminen der Formeln **I** u. **II** (R_2 = Alkyl mit 6—18 C-Atomen; R_3 = Alkyl mit 1—8 C-Atomen; x = 1—25). Die Prodd. dienen als Hilfsmittel bei der *Papierimprägnierung*, bei der Herst. von Bohr- u. Schleifwässern, Schädlingsbekämpfungs- u. Holzkonservierungsmitteln. Sie sind auch selbst starke Insekticide, Acaricide u. Fungicide. (**Schwz. P. 347 528** vom 14/5. 1956, ausg. 31/8. 1960.) A. MOHR. 7987

Interchemical Corp., New York, N.Y. (Erfinder: Sylvester Arnold Scully, New Milford, N.J., und Roy Aloysius Pizarello, Mount Vernon, N.Y.), V.St.A., **Herstellung einer Druckfarbe** vom Phthalocyanin-Typ, dad. gek., daß man äquimol. Mengen wasserfreies Mono- u. Dichlorphthalat mit Harnstoff u. CuCl in Ggw. eines NH_4-Molybdates als Katalysator umsetzt, wobei man einen Phthalocyanin–Cu–Cl-Komplex erhält, der im Mittel 6 Atome Cl je Mol. enthält u. in dem jedes individuelle Mol. nicht $>$ 8 u. nicht $<$ 4 Atome Cl enthält. (**Schwz. P. 326 560** vom 29/10. 1954, ausg. 15/2. 1958.) A. GRADL. 7991

Mo och Domsjö Aktiebolag, Örnsköldsvik, Schweden, *Nachbehandlung von Celluloseäthern.* (**Schwed. P. 156 100** vom 27/3. 1952, ausg. 18/9. 1956. — C. **1956.** 7114 [E. P. 739 286].)

Joseph Louis Costa, Emil G. Glauber, Reginald Arthur Morse, Alfred Politzer, Joseph W. Wirth, Henry von Kohorn und **Ralph Steven von Kohorn,** New York, N.Y., V.St.A., *Herstellen von α-Cellulosebrei.* (**Ind. P. 56 037** vom 12/12. 1955, ausg. 11/8. 1958. — C. **1960.** 5356 [Aust. P. 210 740].)

Soc. Rhodiaceta, Frankreich, übert. von: **Deutsche Rhodiaceta Akt.-Ges.,** *Herstellung von Celluloseacetat.* (**F. P. 1 176 280** vom 28/5. 1957, ausg. 8/4. 1959. D. Prior. 4/7. 1956. — C. **1957.** 8389 [D. A. S. 1 003 705].)

Celanese Corp. of America, New York, N.Y., V.St.A., *Entwässern von wasserhaltigen Lösungen organischer Celluloseester in mit Wasser nicht mischbaren organischen Lösungsmitteln.* (**E. P. 814 831** vom 16/8. 1956, ausg. 10/6. 1959. A. Prior. 16/8. 1955. — C. **1960.** 5039 [A. P. 2 849 440].)

Crown Zellerbach Corp., San Francisco, Calif., V.St.A., *Imprägnieren von Packpapier.* (**It. P. 510 001** vom 29/7. 1950. A. Prior. 16/8. 1949. — C. **1954.** 9186 [F. P. 1 023 954].)

Dow Chemical Co., Midland (Erfinder: **Marvin H. Fishaber**, Saginaw), Mich., V.St.A., *Ätzen von Druckplatten.* (**A. P. 2 940 836** vom 31/7. 1956, ausg. 14/6. 1960. — C. **1960.** 12544 [D. A. S. 1 074 595].)

Robert Alexander Travis, New York, N.Y., V.St.A., *Material zur Herstellung von Stereotypiematrizen.* (**Schwz. P. 308 909** vom 17/2. 1953, ausg. 17/10. 1955. **It. P. 496 980** vom 22/1. 1953. Beide A. Prior. 20/2. 1952. — C. **1950/54.** 7185. S [E. P. 717 022].)

XVIIIb. Textilfasern

Radioaktivität und Textilindustrie. Paul Rochas. (Teintex **26.** 27—33. 15/1. 1961.) (Franz.)

Als Beispiele für die Verw. der Radioaktivität in der Textilindustrie werden angeführt: die Verw. von isotopen Spurenelementen u. die Meth. der Radioaktivierung, beispielsweise zur Unters. von Quellungserscheinungen, Ionenaustausch u. Solvatation bei Textilfasern, Best. von Carboxylgruppen bei der Cellulose, Feststellung von Cu-Spuren in Fäden oder Geweben, die in Verbindung mit Kautschuk verwendet werden sollen, Kontroll-Meth. beim Spinnen, Ausrüsten, Beschichten, zur automat. Regelung der Dicke oder gleichmäßigen Verteilung von Schlichte- oder Ausrüstungsmitteln, Entfernung stat. Elektrizität sowie Bestrahlung von Textilien. L. JENTGEN. 8022□

Einige Anwendungsmöglichkeiten von Enzymen. Claude Boidin. (Teintex **26.** 33—45. 15/1. 1961.) (Franz.)

Der Begriff des Enzyms wird als biochem. Katalysator definiert u. seine Wrkg. am Beispiel der enzymat. Hydrolyse der Stärke im Vgl. zur sauren Hydrolyse mit HCl erklärt. Es werden die hauptsächlichsten Enzyme vegetabil., tier. u. bakteriellen Ursprungs aufgeführt. Das Hauptmerkmal der Enzyme ist ihre Spezifikation, da sie nur auf bestimmte Substrate wirken, von denen sie auch ihren Namen erhalten. Die enzymat. Rk. wird nach der Theorie Enzym + Substrat $\rightleftharpoons$ Zwischenprod., Zwischenprod. → Abbau-Prodd. + Enzym erklärt. Der Einsatz von Enzymen zum Entschlichten, als Hilfsmittel beim Bleichen u. Färben usw. wird gestreift u. in einer Tabelle zusammengefaßt. L. JENTGEN. 8030□

Natriumchlorit in der kontinuierlichen Bleiche. Günter Rösch. (Przegląd włóienniczy **14.** 270—75. Mai 1960. Karl-Marx-Stadt.) (Pol.)

Übersicht über Verf. u. angewandte Apparaturen. Um Faserschädigungen zu vermeiden, darf beim kontinuierlichen Bleichen mit $NaClO_2$ höchstens eine 2—3% ig. Lsg. verwendet werden. F. URBAN. 8032□

Mechanische Eigenschaften von Faservliesstoffen. D. R. Petterson. (Ind. Engng. Chem., int. Edit. **51.** 902—03. Aug. 1959.) (Engl.)

Es wird eine analyt. Theorie entwickelt, um das Verh. orthotrop. Materialien vorauszusagen, wenn die Hauptbeanspruchung nicht längs der Symmetrieachsen erfolgt. Obwohl sie nur in der eigentlichen HOOKschen Region des Materials gültig ist, können vorausgesagte Werte in der Praxis für bestimmte nichtlineare Materialien, wie Faservliesstoffe, sehr befriedigend sein. Es wird eine Meth. beschrieben, die auf Grundlage der orthotropen Theorie ausgearbeitet wurde, um aus den Faser-Eigg., dem Bindemittel u. der geometr. strukturellen Anordnung die allg. mechan. Eigg. von Faservliesstoffen vorauszusagen. Derartige Informationen sollen dem Hersteller helfen, für bestimmte Verw.-Zwecke bessere Strukturen zu finden u. den Faservliesstoffen weitere Einsatzmöglichkeiten zu verschaffen. L. JENTGEN. 8040□

Baumwollgewebe mit Naßknitterechtheit, das mit Formaldehyd ohne allzugroßen Verlust an Festigkeit hergestellt wird. Wilson A. Reeves, Rita M. Perkins und Leon H. Chance. (Amer. Dyestuff Reporter **49.** Nr. 18. 27—32. 5/9. 1960. New Orleans, La., U.S. Dep. of Agric., Southern Regional Res. Labor.) (Engl.)

Sowohl in Labor.-Verss. als auch techn. (Foulard, 100 yd./Min.) wurden verschieden vorbehandelte Baumwollgewebe mit einer Lsg. von 7,4% H·CHO u. 19,5% HCl behandelt u. danach ohne Trocknung, teils nach 15 Min. Lagerung, mit verd. Soda-Lsg. u./oder mit W. gewaschen. Ein mercerisiertes, nicht vorgenetztes Gewebe (ca. 3 oz/sq.yd.) erreichte nach zweimaligem Foulardieren bei insgesamt 20 Min. Rk.-Zeit folgende Werte: gebundener H·CHO 0,48%, Knittererholungswinkel (W + R, MONSANTO-Meth.) trocken 172 (vorher 196), naß 301° (217), Zugfestigkeit (ELMENDORF-Meth., Kette) 780 (1400) g, Bruchfestigkeit (Kette) 25,5 (44,5) lbs, Bruchdehnung 4,3 (6,5) %, Abriebfestigkeit (flex abrasion, Stoll Abrader) 250 (1455) Cyclen. Trotz etwa gleichen Sinkens der Zugfestigkeit ist die Naßknitterechtheit von mercerisiertem Gewebe besser als von gebleichtem.

Behandlung ohne Vornetzen erhöht die Naßknitterechtheit etwas. Die Chemikalienkosten des Verf. betragen ca. 0,3 cents per sq.yard. — Wie orientierende Verss. zeigen, wird für 3 Min. mit H·CHO behandeltes Gewebe statt 5 nur 2,5% Triazon benötigt, um die gleiche Naß- u. Trockenknitterechtheit wie an nicht-H·CHO-behandeltem Gewebe zu erzielen. R. JUNGE. 8044□

Nachweis des durch überschüssiges Bleichen verursachten Abbaues von Flachscellulose. Valerio Broglia. (Chimica [Milano] **34.** 235—38. Juni 1958.) (Ital.)

Es wird eine auf der Fluorescenz im UV-Licht bei der Wellenlänge 2537 Å basierende Meth. zum unmittelbaren Nachw. des oxydativen Abbaues von nativer Cellulose beschrieben, die bis jetzt nur für mit Hypochloriten gebleichte Leinengewebe benutzt wurde; ebenfalls wird die Methodik zu für Dokumantationszwecke geeigneten photograph. Aufnahmen von Fluorescenzbildern geschildert. — 23 Literaturhinweise. G. PLATZER. 8050

Röntgenographische und elektronenoptische Untersuchungen über die Einlagerung von Silber in Keratin. J. Sikorski und H. J. Woods. (J. Textile Inst., Trans. **51.** T 506—T 516. Dez. 1960. Leeds, England; Univ. of Leeds, Dep. of Text. Ind., Text. Phys. Labor.) (Engl.)

Lincoln-Wolle wurde nach einer Vorbehandlung mit 0,5m $HSCH_2COONa$-Lsg. während 18 Std. bei 35°, pH 5 mit 0,05m $Hg(NO_3)_2$ u. $AgNO_3$-Lsgg. (Behandlung 18 Std., bei 35°, pH 4—5,5) umgesetzt u. dann elektronenopt. u. röntgenograph. untersucht. Vff. gelangen zu dem Bild einer in eine Matrix eingebettete Mikrofibrillarstruktur. Allerdings erfolgt die Aufnahme von Hg bzw. Ag nicht nur durch die Matrix, sondern auch durch die Mikrofibrillen. — Diskussion. H. G. FRÖHLICH. 8060□

Untersuchungen über Änderungen der Kristallstruktur von Wollkeratin während chemischer Modifikationen mit der besonderen Berücksichtigung von Ausrüstungsprozessen. A. Skertchly. (J. Textile Inst., Trans **51.** T 528—T 543. Dez. 1960. Leeds, England, Univ. of Leeds, Dep. of Text. Ind., Text. Phys. Res. Labor.) (Engl.)

Zur Erkennung von Änderungen in der Kristallstruktur von Wollkeratin als Folge chem. Einw. wird ein neues Aufnahmegerät für Röntgendiagramme einschließlich der Arbeitsweise u. Vorbereitung der Faserproben beschrieben. Außerdem wird die Einw. von 98%ig. HCOOH bei 20°, von 10m LiBr-Lsg. u. einem 30%ig. Phenol–W.-Gemisch bei Temp. von 14 u. $22{,}5_0$ auf Wolle untersucht u. die Stabilität des Keratingitters durch Best. der Aktivierungsenergie zur Aufspaltung der H-Brücken ermittelt. Die Ergebnisse werden ausführlich diskutiert. — 21 Literaturzitate, 9 Figuren, 2 Tabellen. — Diskussion. H. G. FRÖHLICH. 8060□

Das UV-Absorptions-Spektrum von festem Keratin. E. G. Bendit. (J. Textile Inst., Trans. **51.** T 544—T 561. Dez. 1960. Ryde, N. S. W., Australien, Wool Res. Labor., C. S. I. R. O.) (Engl.)

Die Best. von UV-Absorptionsspektren von festem Keratin zur Ermittlung der Struktur von Keratinfasern wird ausführlich beschrieben. Eine starke Absorption zeigt das Tyrosin bei 278—279 mμ verglichen mit einem Wert von 274,5 mμ für die wss. Lsg. der freien Aminosäure, was auf eine Rk. der phenol. OH-Gruppe mit benachbarten Gruppen in der Faser hindeutet. Säurebehandlung bei pH 1,5 ändert die UV-Absorption nicht, während die Tyrosinabsorption bei pH 13 nach höheren Wellenlängen (ca. 280 mμ) verschoben wird. Bei Behandlung mit 8m LiBr-Lsg. wird eine Tyrosinabsorption von 275 mμ erhalten. Bei um 60% gestrecktem Keratin wird die Absorption bei 250 mμ u. zwischen 300—400 mμ erhöht, während UV- u. Alkalischädigungen des Keratins die Absorption zwischen 300—350 mμ erhöhen. — 33 Literaturzitate, 11 Figuren. H. G. FRÖHLICH. 8060□

Thermodynamische Funktionen einer reversibel kontrahierbaren β-Keratose-Faser. P. T. Speakman. (J. Textile Inst., Trans. **51.** T 792—T 796. Dez. 1960. Leeds England, Univ. of Leeds, Dep. of Text. Ind.) (Engl.)

Mit Peressigsäure oxydiertes Pferdehaar wird mit 3m NH_4OH-Lsg. 30 Min. behandelt, wobei sich die α- u. γ-Keratose aus der Faser herauslösen. Der zurückbleibende aus β-Keratose bestehende Faseranteil dehnt sich um 50%, wenn er von einer saueren Lsg. (pH ca. 4,5) in eine alkal. Lsg. von 7—8 gebracht wird. Gleichzeitig nimmt auch die Dicke der Faser zu. Die erhaltene Dehnung ist jedoch völlig reversibel ohne Bldg. einer Hystereseschleife. Röntgenaufnahmen deuten darauf hin, daß der größte Anteil des Proteins in der gedehnten u. ungedehnten Form keine geometr. Ordnung aufweist. H. G. FRÖHLICH. 8066□

Kabelspinnen von Viscosereyon. Ein Bericht über ein neues polnisches Produktionsverfahren zur Herstellung von Zellwolle bei völliger Ausnutzung der Spinngase unter Luftabschluß. A. Bornyiec. (Man-Made Textiles **38.** Nr. 439. 32—34. Jan. 1961.) (Engl.)

Es wird eine Vorr. an einer Zellwollspinnmaschine beschrieben, mit der man die beim Spinnen frei werdenden Gase (H_2S, CS_2 u. CO_2) ohne Luftbeimischung absondern kann. Es soll möglich sein, aus diesen Gasen ca. 80 kg CS_2 u. 50 kg S pro t Regeneratcellulose wiederzugewinnen. L. Jentgen. 8074□

Beitrag zur Untersuchung einiger Textur- und Strukturänderungen von Silonfasern. 3. Mitt. V. Hurt, M. Jambrich und M. Javorek. (Chem. Zvesti **14.** 64—76. Jan. 1960. Svit, okres Poprad, Výskumny ustav chemických vlákien.) (Slowak.) — 2. vgl. C. **1960.** 340.

Zur Vervollständigung des Bildes der makromol. Kettenordnung in der Polyamid-6-Faser *Silon* wurden Maxima der Differentialkurven (MDK) aus den Arbeitsdiagrammen Belastung–Dehnung bestimmt, sowie der prozentuale Anteil der elast. Hysterese der Silonfaser. Aus nichtpublizierten Vgl. mit röntgendifraktograph. Orientierungs-Best. (OB) der Ketten-Moll. der Silonfaser wird der Wert der MDK für die OB der Ketten-Moll. der Silonfaser bekundet. Die elast. Hysterese bestimmt die Widerstandsfähigkeit des Materials gegen Erwärmung bei wiederholten Deformationen. A. Krčma. 8080□

Beitrag zur Untersuchung einiger Textur- und Strukturänderungen von Silonfasern. 4. Mitt. V. Hurt, M. Jambrich und M. Javorek. (Chem. Zvesti **14.** 137—47. Febr. 1960.) (Slowak.) — 3. vgl. vorst. Referat.

An verschiedenartigem, mit nasser u. trockener Wärme behandeltem Silon- (Polyamid-6) Material wurde der Kristallinitätsgrad (KG) mittels Röntgendiffraktographie 1. nach Goppels modifizierter Meth. u. 2. mit vollautomatisierter Kammer, sowie Volumetrie bestimmt. Nasse u. trockene Wärmebehandlung haben verschiedenen Einfl. auf den endlichen KG sowie die Übergangs-Geschw. der Strukturmodifikationen, wie relative KG-Werte der verglichenen Meth. zeigen. A. Krčma. 8080□

Untersuchungen über Papiergarne. 20. Mitt. **Zug-Dehnungs-Verhalten beim Plattenzwirnen.** Kuniichi Yamada. (J. Soc. Textile Cellulose Ind., Japan [Sen-i Gakkaishi] **15.** 829—32. Okt. 1959. Okayama, Japan, Okayama Shujitsu Junior Coll.) (Jap.; Auszug: Engl.)

Ausführliche Unterss. über die Struktur von Papiergarnen. Die Ergebnisse werden an Hand von zahlreichen Figuren u. Photos diskutiert. H. G. Fröhlich. 8086□

Anwendungen der IR-Spektroskopie auf die Cellulosechemie. Fernand Hurtubise. (Canad. Textile J. **76.** Nr. 12. 53—60. 12/6. 1959. Hawkesbury, Ontario, Industrial Cellulose Res. Ltd., Basic Res. Div.) (Engl.) — Vgl. C. **1960.** 15614.

Wie zahlreiche Beispiele aus bekannten Arbeiten zeigen, bietet die IR-Spektroskopie (Mikroskop- oder auch KBr-Pillen-Meth.) mit u. ohne polarisierte Strahlung zahlreiche Möglichkeiten der Anwendung in Grundlagen- u angewandter Forschung sowie bei der Faseranalyse — 16 Literaturhinweise. R. Junge. 8096□

Optische Messungen an Textilien. 2. Mitt. Helmut Köb. (Textil-Prax. **13.** 932—36. Sept. 1958. München, TH.) — 1. vgl. Textil-Prax. **12.** [1957.] 790.

Einleitend wird ein kurzer Überblick über den Bleichindex u. seine Best. gegeben u. anschließend die opt. Zusammenhänge besprochen. Hierauf wird die prakt. Durchführung beschrieben. P. Eckert. 8098

Eine neue Methode der quantitativen Bestimmung von Cellulose. M. A. Ssobolew, A. A. Krassiwskaja und W. I. Schtscherbina. (Известия Высших Учебных Заведений, Технология Текстильной Промышленности [Hochschulnachr., Technol. Textil-Ind.] **1960.** Nr. 5. 106—09. Kostroma, Textil-Inst.) (Russ.)

Streuende Werte beim Vgl. von 4 verschiedenen Best.-Meth. für *Cellulose* (**I**) in Flachsfasern führten Vff. zu einem neuen Arbeits-Verf., das auch bei Holz anwendbar ist. Nach Extraktion (6—8 Std.) des Unters.-Materials mit A.–Bzl. (1 : 1) wird auf dem sd. Wasserbad 1 Std. mit einem Gemisch Natriumchlorit, HNO_3 u. OP-18 behandelt, über einem Glasfilter gewaschen u. anschließend 1 Std. mit einem Gemisch von NaOH u. Na_2SO_3 gekocht. Unter Verw. des gleichen Filters wird abfiltriert u. die Alkalibehandlung wiederholt. Schließlich wird mit verd. Essigsäure u. W. ausgewaschen, bei 105° getrocknet u. gewogen. Die gewonnene **I** enthält kaum Lignin, wenig Asche u. zeigt einen hohen Geh. an α-**I**. M. Ulmann. 8104□

Eine neue Möglichkeit zur Bestimmung des Biege-Moduls handelsüblicher Reyonfaser mittels der Resonanz-Frequenz-Methode. Saburo Okajima und Shoichi Suzuki. (J. Soc. Textile Cellulose Ind., Japan [Sen-i Gakkaishi] **15.** 809—13. Okt.1959. Tokyo, Japan; Tokyo Metropolitan Univ., Fac. of Technol.) (Jap., Auszug: Engl.)

Es wird eine Verbesserung bei der Best. des Biege-Moduls einzelner handelsüblicher Reyonfäden nach der Resonanz-Frequenz-Meth. beschrieben, nach welcher sich der ungleichmäßige Querschnitt des Viscosereyon prakt. nicht mehr auf das Meßergebnis auswirkt. — 5 Figuren, 5 Tabellen. H. G. Fröhlich. 8112□

United Plastics Industries, Inc. (Erfinder: Marc Alfred Chavannes und James William Howden), **Vereinigen von Fasern tierischen oder pflanzlichen Ursprungs, besonders Baumwolle, durch Verkleben mit thermoplastischen Kunstharzen,** z. B. Gemischen aus Vinylacetat u. -chlorid, indem man das gepulverte Harz mittels einer rotierenden Vorr. in eine fortlaufend bewegte Bahn der Faserstoffe hineintreibt, die so imprägnierte Faserstoffbahn erhitzt, preßt u. abkühlt. — Abbildungen. (**Aust. P. 219 552** vom 3/5. 1957, ausg. 29/1. 1959.) K. DEMMLER. 8025

Sterling Drug, Inc., New York, N.Y. (Erfinder: Nathan Norman Crounse, Cincinnati, Ohio), V.St.A., **Fluorescierende Benzimidazolylstilbene** der allg. Formel **I**

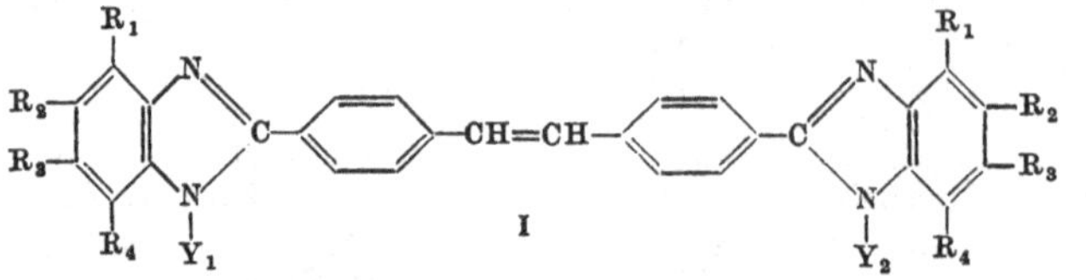

I

[R_1—R_4 = H, Alkyl- oder Alkoxyrest mit 1—4 C-Atomen, Halogen; Y_1, Y_2 = H, Alkylreste mit 1—6 C-Atomen, Hydroxyalkylgruppen mit 2—6 C-Atomen, 2-Hydroxy-3-sulfopropylrest, Hydroxyoxaalkylreste mit 3—15 C-Atomen, Carboxyalkylrest mit 2—6 C-Atomen, Cyanalkylrest mit 3—6 C-Atomen, Aralkylrest mit 7—11 C-Atomen (auch mit substituiertem Bzl.-Kern), Allyl-, Methalylrest]. Die Verbb. mit Y_1 u. Y_2 = H werden aus entsprechenden o-Aminoaniliden durch Cyclisierung unter sauren Bedingungen gewonnen, die Aminoanilide durch Red. entsprechender o-Nitroanilide. Diese wiederum entstehen aus Stilben-4.4′-dicarbonsäuredichlorid (**II**) mit 2 Mol des entsprechenden o-Nitroanilins. — *4.4′-Bis-[benzimidazolyl-(2)]-stilben* (**III**), durch Kondens. von o-Nitroanilin in N.N-Dimethylanilin mit **II** in Chlorbenzol zu *Stilben-4.4′-bis-[carbonsäure-o-nitroanilid]*, $C_{28}H_{20}N_4O_6$, F. 305—307°, dessen Red. in sd. 2-Methoxyäthanol mit $SnCl_2$ u. konz. HCl bei gleichzeitiger Cyclisierung zu **III**-Dihydrochlorid u. Freisetzen der Base. Die Red. kann auch in Essigsäure-HCl mit Al oder Fe durchgeführt werden. **III** entsteht auch aus o-Phenylendiamin in C_6H_5Cl u. wss. Sodalsg. mit **II** über *Stilben-4 4′-bis-[carbonsäure-o-aminoanilid]*, welches in HCl-Lsg. cyclisiert wird. — *4.4′-Bis-[5-* (oder 6-) *methylbenzimidazolyl-(2)]-stilben*, analog **III** aus **II** u. 2-Nitro-4-methylanilin über *Stilben-4.4′-bis-[carbonsäure-2-nitro-4-methylanilid]*. — Ähnlich *4.4′-Bis-[5-* (oder 6-) *methoxybenzimidazolyl-(2)]-stilben*, aus 2-Nitro-4-methoxyanilin über *Stilben-4.4′-bis-[carbonsäure-2-nitro-4-methoxyanilid]*, F. 311—318°. — *4.4′-Bis-[5-* (oder 6-) *chlorbenzimidazolyl-(2)]-stilben*, aus 2-Nitro-4-chloranilin über *Stilben-4.4′-bis-[carbonsäure-2-nitro-4-chloranilid]*. — *4.4′-Bis-[1-methylbenzimidazolyl-(2)]-stilben* (**IV**), aus N-Methyl-o-phenylendiamin über *Stilben-4.4′-bis-[carbonsäure-o-methylaminoanilid]*. — Methylierung von **III** in 2-Methoxyäthanol u. NaOH mit Dimethylsulfat liefert je nach den Bedingungen *4-[Benzimidazolyl-(2)]-4′-[1-methylbenzimidazolyl-(2)]-stilben* (**V**) oder **IV**. — *4-[Benzimidazolyl-(2)]-4′-[1-carboxymethylbenzimidazolyl-(2)]-stilben*, ebenso aus **III** u. Chloressigsäure. — *4-[1-Carboxymethylbenzimidazolyl-(2)]-4′-[1-methylbenzimidazolyl-(2)]-stilben*, aus **V** u. $ClCH_2COOH$. — Aus **III** u. Acrylnitril *4-[Benzimidazolyl-(2)]-4′-[1-(2-cyanäthyl)-benzimidazolyl-(2)]-stilben*, das zu *4-[Benzimidazolyl-(2)]-4′-[1-(2-carboxyäthyl)-benzimidazolyl-(2)]-stilben* hydrolysiert werden kann. Unter anderen Bedingungen entstehen *4.4′-Bis-[1-(2-cyanäthyl)-benzimidazolyl-(2)]-stilben* bzw. *4.4′-Bis-[1-(2-carboxyäthyl)-benzimidazolyl-(2)]-stilben*. — Ebenso werden aus **V** *4-[1-(2-Cyanäthyl)-benzimidazolyl-(2)]-4′-[1-methylbenzimidazolyl-(2)]-stilben* u. *4-[1-(2-Carboxyäthyl)-benzimidazolyl-(2)]-4′-[1-methylbenzimidazolyl-(2)]-stilben* erhalten. — Chlorbenzylierung von **III** mit o-Chlorbenzylchlorid liefert *4-[Benzimidazolyl-(2)]-4′-[1-(o-chlorbenzyl)-benzimidazolyl-(2)]-stilben* u. *4.4′-Bis-[1-(o-chlorbenzyl)-benzimidazolyl-(2)]-stilben*, $C_{42}H_{30}Cl_2N_4$, F. 280°. — *4-[Benzimidazolyl-(2)]-4′-[1-allylbenzimidazolyl-(2)]-stilben*, aus **III** u. Allylchlorid. Daraus *4.4′-Bis-[1-allylbenzimidazolyl-(2)]-stilben*. — *4-[Benzimidazolyl-(2)]-4′-[1-(2-hydroxyäthyl)-benzimidazolyl-(2)]-stilben*, aus **III** u. Äthylenchlorhydrin, daneben geringe Mengen *4.4′-Bis-[1-(2-hydroxyäthyl)-benzimidazolyl-(2)]-stilben*. — *4-[Benzimidazolyl-(2)]-4′-[1-(2-hydroxy-2-{2-hydroxyäthoxy}-propyl)-benzimidazolyl-(2)]-stilben* u. *-4′-[1-(2-hydroxy-3-{2-hydroxyäthoxy}-propyl)-benzimidazolyl-(2)]-stilben*, aus **III** u. 2-Hydroxy-3-[2-hydroxyäthoxy]-propylchlorid. — *4-[Benzimidazolyl-(2)]-4′-[1-(2-hydroxy-3-{2-[2-hydroxyäthoxy]-äthoxy}-propyl)-benzimidazolyl-(2)]-stilben*, aus **III** u. 2-Hydroxy-3-[2-(2-hydroxyäthoxy)-äthoxy]-propylchlorid. — *4-[Benzimidazolyl-(2)]-4′-[1-(2-hydroxy-2-sulfopropyl)-benzimidazolyl-(2)]-stilben*, aus **III** u. Na-2-Hydroxy-3-chlorpropansulfonat. — *4-[Benzimidazolyl-(2)]-4′-[1-{2.3-dihydroxypropyl}-benzimidazolyl-(2)]-stilben* (**VI**), aus **III** u. 2.3-Dihydroxypropylchlorid. Unter anderen Bedingungen entsteht *4-[Benzimidazolyl-(2)]-4′-[1-(2-hydroxy-3-(2.3-dihydroxypropoxy)-propyl)-benzimidazolyl-(2)]-stilben*, F. 225° Aus **VI** u. Äthylenoxyd *4-[Benzimidazolyl-(2)]-4′-[1-(2-hydroxyäthyl)-* u. *-[1-(2-{2-*hydroxy-

äthoxy}-äthyl)-benzimidazolyl-(2)]-stilben. — *4-[1-(2-Hydroxyäthyl)-benzimidazolyl-(2)]-4'-[1-(2-(2-hydroxyäthoxy)-äthyl)-benzimidazolyl-(2)]-stilben*, F. 280—285°, aus **III** u. Äthylenoxyd. — Aus den hydroxyalkylierten Verbb. werden mit Maleinsäure-, Bernsteinsäure-, Dodecylbernsteinsäure-, Dodecenylbernsteinsäure-, Cyclohexan-1.2-dicarbonsäure-, 3- u. 4-Chlorphthalsäure- u. Tetrachlorphthalsäureanhydrid die *sauren Salze* hergestellt. — Opt. Aufheller. (**F. P. 1 148 166** vom 20/4. 1956, ausg. 4/12. 1957. **Schwz. P. 348 409** vom 21/4. 1956, ausg. 14/10. 1960. **E. P. 813 543** vom 13/4. 1956, ausg. 21/5. 1959. **Belg. P. 547 204** vom 21/4. 1956, ausg. 6/11. 1959. Alle A. Prior. 21/4. 1955 u. 2/4. 1956. **A. PP. 2 838 504** vom 21/4. 1955, ausg. 10/6. 1958, **2 878 248** vom 2/4. 1956, ausg. 17/3. 1959, **2 937 148** vom 21/4. 1955, ausg. 17/5. 1960 u. **2 937 997** vom 2/4. 1956, ausg. 24/5. 1960.) H.-J. NITZSCHKE. 8033

Otto Dann, Deutschland, **Herstellung von Thiophendioxyden,** dad. gek., daß man 2-Arylbenzthiophene oxydiert. — *2-Phenylbenzthiophen-1.1-dioxyd*, F. 175—177°, durch Rk. von 2-Phenylbenzthiophen (F. 174—175°), mit H_2O_2 in Eisessig. — Analog folgende Benzthiophen-1.1-dioxyde: *5-Methyl-2-phenyl-*, F. 182—184°. — *3-Brom-2-phenyl-*, F. 151—152°. — *2-[4'-Chlorphenyl]-*, F. 167—169°. — *3-Acetoxy-2-phenyl-*, F. 164—166°. — *5-Chlor-2-phenyl-*, F. 217—219°. — *6-Methoxy-2-phenyl-*, F. 162 bis 164°. — *6-Äthoxy-5-methyl-2-phenyl-*, F. 222—224°. — *4.7-Dimethyl-5-chlor-2-[4'-chlorphenyl]-*, F. 279—281°. — *4.7-Dimethyl-5-chlor-2-phenyl-*, F. 232—234°. — *2-Naphthyl-*; *2-Phenylnaphthothiophen-1.1-dioxyd.* — *3-Hydroxy-2-phenyl-*, F. 177—178°. — Folgende *Benzthiophene* als Ausgangsstoffe: 5-Methyl-2-phenyl-, F. 158—159°; 3-Brom-2-phenyl-, F. 63—64°; 2-[4'-Chlorphenyl]-, F. 197—198°; 3-Acetoxy-2-phenyl-, F. 75—77°; 5-Chlor-2-phenyl-, F. 183—184°; 6-Methoxy-2-phenyl-, F. 152—154°; 6-Äthoxy-2-phenyl-5-methyl-, F. 142—144°; 4.7-Dimethyl-5-chlor-2-phenyl-, F. 86—88°; 4.7-Dimethyl-5-chlor-2-[4'-chlorphenyl]-, F. 157—158°; 2-Naphthyl-, u. 2-Phenylnaphthothiophen. — *Opt. Bleichmittel.* (**F. P. 1 182 785** vom 16/9. 1957, ausg. 29/6. 1959. D. Prior. 17/9. 1956.) S. BÖTTCHER. 8033

Métropolis (Manufacture de Jouets de Luxe), Loire, Frankreich, **Schützen von Spielzeug aus Plüsch vor Wasser, Feuchtigkeit und anderen Flüssigkeiten.** Man bedeckt die innere, nicht samtartige Fläche des Gewebes mit einer von Natur aus undurchlässigen oder nach Behandlung undurchlässig werdenden Schicht, z. B. aus Öltuch, einer Folie aus plast. Material. Die so behandelte Plüschhülle wird sofort mit einem Fasermaterial oder einem anderen Stoff gefüllt (z. B. mit Wolle, Kork, Kautschukgranula, Glaswolle). (**F. P. 1 137 264** vom 5/2. 1955, ausg. 27/5. 1957.) T. OPPERMANN. 8037

American Cyanamid Co., New York, N.Y., übert. von: Lennart Albert Lundberg, Stamford, Conn., V.St.A., **Wasserlösliche Mischpolymerisate** mit hohem Mol.-Gew. erhält man durch Rk. von Verbb. der allg. Formeln **I** oder **II**, worin R ein Alkyl (C_{1-4}) oder H u. R'—CH< einen Aldehydrest bedeuten, mit einem Alkylenpolyamin mit niedrigem Molgew. der Formel **III**, worin R'' = Alkyl oder Aryl, X = > 2

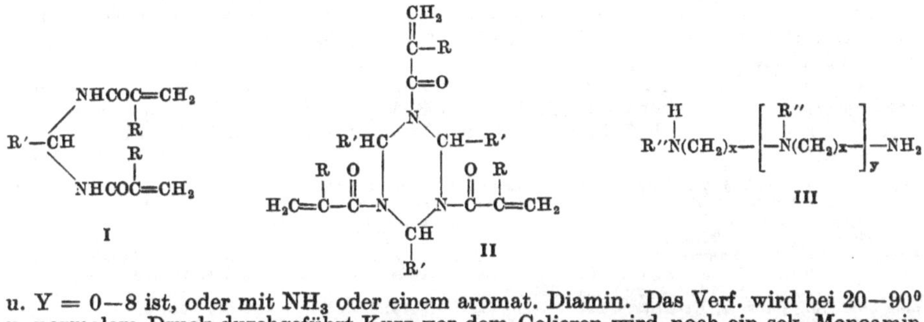

u. Y = 0—8 ist, oder mit NH_3 oder einem aromat. Diamin. Das Verf. wird bei 20—90° u. normalem Druck durchgeführt. Kurz vor dem Gelieren wird noch ein sek. Monoamin zur Rk. der restlichen Vinylgruppen zugesetzt, wodurch die Rk. gestoppt wird. Als Komponenten sind in den Beispielen genannt: N.N-Methylen-bis-acrylamid u. Hexahydro-1.3.5-triacryloyl-symm.-triazin einerseits u. 1.3-Diaminobutan, Äthylendiamin, Triäthylentetramin, Trimethylendiamin, Äthylen-bis-hydroxypropylamin, Imino-bis-propylamin u. Methylimino-bis-propylamin andererseits. Als Stopper werden Dimethyl- u. Diäthylamin verwendet. — Tabellen. Die Endprodd. lassen sich mit Säuren usw. in *Aminoaustauscher* überführen oder wurden als *Textil-* oder *Papierfiltermittel* u. *Imprägniermittel* verwendet. (**A. P. 2 934 528** vom 21/11. 1956, ausg. 26/4. 1960.) H. SCHNEIDER. 8037

Dan River Mills, Inc., übert. von: George Shiu Yim Poon, Danville, Va., V.St.A., **Kunstharz**, erhalten durch Erhitzen von 1(Mol) *Melamin* u. 3—11 Äthylenharnstoff in hochsd. inertem Lsgm. (I) auf ca. 180° bis zur Entw. von NH_3 u. anschließende Kondens. mit 5—30 CH_2O bei pH 6,5—11, bes. 9,5. Als I sind Äthylen-, Diäthylen-, Propylen-, Butylenglykol u. Glycerin genannt. Mit dem Harz *imprägnierte Baumwollgewebe* widerstehen Bleichen mit chlorhaltigen Mitteln. — Beispiele. (**A. P. 2 929 799** vom 14/5. 1956, ausg. 22/3. 1960.) H. SCHINDLER. 8045

United States of America, Secretary of Army, übert. von: Varsenig Z. Pasternack und Robert M. Lollar, Cincinnati, Ohio, V.St.A., **Erhöhung der Füllkraft von Landgeflügelfedern durch Kräuselung; Mottenechtmachen von Geflügelfedern.** Man modifiziert die Cystinbindung des Keratins durch folgende Schritte: Behandlung mit wss. 1%ig. Lsg. von $Na_3PO_4 \cdot 12H_2O$ bei 43—49°, Spülen, Behandeln mit wss. 6%ig. Lsg. von *$Zr(SO_4)_2 \cdot 4H_2O$* (I) über 30 Min. bei pH 1,6, über 140 Min. bei pH 3,2—3,3 u. über 10 Min. bei pH 4,3 bei 40—47°, Spülen u. Trocknen. — Den gleichen Kräuseleffekt erreicht man, wenn an Stelle von I eine wss. 3,5%ig. Lsg. von *Brom-* oder *Chloressigsäure* (II) bei erst pH 2,8 u. dann, nach Zusatz von Na_2CO_3, bei pH 9,2—9,4 angewendet wird. — Nach A. P. 2 928 713 erhält man Mottenechtheit durch folgende Schritte: Behandlung mit wss. Lsg. von Na_3PO_4, Spülen, Behandeln mit wss. 5%ig. Lsg. von $CH_2BrCOOH$ bei pH 7 über 15 Min., bei pH 9—9,5 über 4½ Std., Spülen, Behandeln mit wss. Lsg. mit 0,8% *Chromsäure* u. 1% *$Na_2Cr_2O_7$* über 2½ Std. bei 34—44°, Nachbehandeln mit wss. 0,1%ig. Lsg. von *Hydrazin* bei 31—37° über 63 Min. bei pH 3—5, Spülen u. Trocknen. — Nach A. P. 2 928 714 wird Mottenechtheit u. Kräuselung erreicht durch die Schritte: Kräuseln mit wss. 1%ig. Lsg. von Na_3PO_4, Spülen, Behandeln mit wss. 2%ig. Lsg. von *Epichlorhydrin* erst bei pH 6, dann bei pH 9,2, Spülen u. Trocknen. (**A. PP. 2 926 061** vom 23/4. 1957, ausg. 23/2. 1960, **2 928 713** u. **2 928 714** vom 23/4. 1957, ausg. 15/3. 1960.) H. MÖLLERING. 8063

S. A. I. C. Soc. An. Industria Coesionatura, Fino Mornasco, Como, Italien, **Schlichte für Rayonfasern** u. für synthet. Fasern im allg., bestehend aus der Lsg. eines weichmacherhaltigen (ungesätt. pflanzliche Öle) Glycerophthalharzes in einem organ. Lsgm. (Bzl., Trichloräthylen). (**It. P. 510 320** vom 20/1. 1953.) K. KOEBKE. 8075

Sergio Laballe, Biella, Italien, **Verbessern von Cellulose,** die zur Herst. von Textilien bestimmt ist (Baumwolle, Leinen, Rayonviscose, Acetatrayon). Man taucht in eine wss. Lsg. eines Acetals, wäscht mit W. u. trocknet bei 100—110°. Die Prodd. haben eine erhöhte Elastizität u. fühlen sich wie Wolle warm an. (**It. P. 512 302** vom 1/3. 1953.) K. KOEBKE. 8077

Courtaulds Ltd. (Erfinder: Albert Stanley Carpenter), London, England, **Herstellung fadenbildender, acetonlöslicher Mischpolymerer** aus *Acrylnitril* (I) u. *Vinylidenchlorid* (II) durch Polymerisieren einer Mischung aus 30—65 (Gewichts-%) I u. 70—35 II in Ggw. eines Polymerisationsanregers (III) in einem Lsgm. für die Monomeren u. III, dad. gek., daß als Lsgm. eine Mischung von a) W., b) einem in W. lösl. aliphat. Alkohol u. c) Aceton u./oder Essigsäure verwendet wird, wobei dieses Gemisch mindestens 15 Vol.-% jedes der Bestandteile a, b u. c enthält. Als III sind in den Mengenbeispielen K-Metabisulfit u. $(NH_4)_2S_2O_8$ genannt. Als Komponenten des Lsgm.-Gemisches sind W., Eisessig u. A. bevorzugt. Homogene, klare Polymerisate, die bes. zum *Trockenverspinnen* geeignet sind. (**D. A. S. 1 088 229** Kl. 39c vom 5/2. 1959, ausg. 1/9. 1960. E. Prior. 18/2. 1958. **E. P. 849 029** vom 18/2. 1958, ausg. 21/9. 1960.) H. SCHINDLER. 8081

Deutsche Gold- und Silber-Scheideanstalt vormals Roessler, Frankfurt/M. (Erfinder: **Joachim Rasch,** Rheinfelden/Bad.), *Verwendung von chemisch oder vorzugsweise elektrolytisch oberflächlich oxydiertem, gegebenenfalls mit Fremdstoffen bis zu 1% legiertem Aluminium.* (**D. A. S. 1 078 400** Kl. 48a vom 10/9. 1955, ausg. 24/3. 1960. — C. **1959.** 3338 [Oe. P. 194 355].)

Armstrong Cork Co., Lancaster, Pa., V.St.A., *Die Bildung von statischer Elektrizität verhindernde Überzüge für Walzen, Kämme und dergleichen an Textilmaschinen.* (**Ind. P. 55 833** vom 16/11. 1955, ausg. 12/7. 1957. — C. **1960.** 8730 [E. P. 810 385].)

Ciba Soc. An., Schweiz, *Herstellung von Polyglykolätherderivaten.* (**F. P. 1 158 764** vom 13/7. 1956, ausg. 19/6. 1958. Schwz. Prior. 15/7. u. 1/9. 1955. — C. **1959.** 15540 [Oe. P. 195 413].)

Ciba Akt.-Ges., Basel (Erfinder: **Otto Albrecht,** Neue Welt, Basel), Schweiz, *Wasserlösliche, stickstoffhaltige Polyglykolätherderivate.* (**D. A. S. 1 064 717** Kl. 39c vom 10/7. 1956, ausg. 3/9. 1959. Schwz. Prior. 15/7. u. 1/9. 1955. — C. **1959.** 15540 [Oe. P. 195 413].)

Farbenfabriken Bayer Akt.-Ges., Deutschland (Erfinder: **Edgar Siegel** und **Heinrich Gold**), *Bleichmittel.* (**F. P. 1 183 896** vom 4/10. 1957, ausg. 15/7. 1959. D. Prior. 4/10. 1956. — C. **1959.** 13038 [D. A. S. 1 051 784].)

Farbenfabriken Bayer Akt.-Ges., Leverkusen, *Optische Bleichung von Fasermaterial.* (**E. P. 846 148** vom 27/2. 1957, ausg. 24/8. 1960. D. Prior. 1/3. 1956. — C. **1958.** 3484 [D. A. S. 1 010 047].)

Midland Silicones Ltd., London, England, *Quaternäre Amidomethylsiloxane.* (**E. P. 835 516** vom 16/4. 1958, ausg. 25/5. 1960. A. Prior. 29/5. 1957. — C. **1959.** 11443 [A. P. 2 838 423].)

Farbenfabriken Bayer Akt.-Ges., Deutschland, *Hydrophobieren von Textilien.* (**F. P. 1 149 873** vom 24/5. 1956, ausg. 2/1. 1958. D. Prior. 28/5. u. 13/6. 1955. — C. **1960.** 15263 [Aust. P. 215 781].)

Esso Research and Engineering Co., V.St.A. (Erfinder: **Francis P. Baldwin** und **Samuel B. Robison**), *Verbesserung der Haftung von Faserstoffen an Kautschukmaterial.* (**F. P. 1 165 623** vom 13/12. 1956, ausg. 28/10. 1958. A. Prior. 19/12. 1955. — C. **1960.** 13888 [E. P. 803 182].)

Heberlein & Co., Wattwil, Schweiz, *Erzeugung von Musterungen auf beflockten bzw. mit staubförmigem Gut versehenen Trägerbahnen.* (**Oe. P. 196 829** vom 13/3. 1956, ausg. 25/3. 1958. — C. **1960.** 11867 [D. A. S. 1 070 134].)

Ciba Ltd., Basel, Schweiz, *Optische Bleichung von Faserstoffen.* (**Holl. P. 95 139** vom 21/2. 1956, ausg. 15/8. 1960. Schwz. Prior. 22/2. 1955 u. 25/1. 1956. — C. **1960.** 2051 [Oe. P. 197 318].)

Canadian International Paper Co., Montreal (Erfinder: **Julian Albert Dixon**, Grenville, und **William Reginald Saxton**, Hawkesbury), Canada, *Herstellung von geformten Gebilden aus regenerierter Cellulose.* (**Schwz. P. 348 773** vom 14/6. 1956, ausg. 31/10. 1960. A. Prior. 18/1. 1956. — C. **1959.** 9769 [D. A. S. 1 033 842].)

Vereinigte Glanzstoff-Fabriken Akt.-Ges., Wuppertal (Erfinder: **Berthold Daimler**, Heinsberg, **Hugo Elling**, Oberbruch, und **Richard Elssner**, Randerath), *Herstellung von Fäden aus Viscose.* (**Schwz. P. 348 775** vom 24/8. 1957, ausg. 31/10. 1960. D. Prior. 23/10. 1956. — C. **1959.** 11768 [Oe. P. 200 715].)

Vereinigte Glanzstoff-Fabriken Akt.-Ges., Wuppertal (Erfinder: **Hugo Elling**, Oberbruch-Grebben, **Richard Elssner**, Randerath, **Heinz Grotjahn**, Dremmen, und **Kurt Heuer**, Grebben), *Herstellung von Fäden, Fasern und Filmen aus regenerierter Cellulose.* (**Schwz. P. 349 367** vom 10/4. 1958, ausg. 30/11. 1960. D. Prior. 21/6. 1957. — C. **1958.** 9946 [D. A. S. 1 023 559].)

N. V. Onderzoekingsinstituut Research, Arnheim, Holland, *Herstellung von Fäden, Folien und ähnlichen Gebilden aus Viscose.* (**E. P. 820 274** vom 28/12. 1956, ausg. 16/9. 1959. Holl. Prior. 16/1. 1956. — C. **1959.** 345 [Oe. P. 197 005].)

E. I. du Pont de Nemours & Co., Wilmington, Del., V.St.A., *Herstellung von geformten Gebilden aus regenerierter Cellulose.* (**Holl. P. 94 987** vom 29/5. 1952, ausg. 15/8. 1960. A. Prior. 29/5. 1951. — C. **1959.** 5003 [Schwz. P. 319 179].)

E. I. du Pont de Nemours & Co., V.St.A., *Verspinnen von Viscose.* (**F. P. 1 165 093** vom 25/10. 1956, ausg. 17/10. 1958. — C. **1959.** 12094 [A. P. 2 810 658].)

Unilever N.V., Rotterdam, Holland (Erfinder: **Edward Green**, Bedford, **Robert Whittingham Graham**, Higham Ferrers, **Howard Stuart Gardner** und **Alan William Holmes**, Rushden, England), *Herstellung von Spinnlösungen aus Globulinen.* (**Holl. P. 84 724** vom 6/6. 1953, ausg. 15/4. 1957. **Schwz. P. 328 379** vom 6/6. 1953, ausg. 30/4. 1958. Beide E. Prior. 6/6. 1952. — C. **1960.** 13568 [E. P. 742 580].)

Imperial Chemical Industries Ltd., London, England, *Unlöslichmachen künstlicher Proteinfasern.* (**Ind. P. 55 236** vom 20/8. 1955, ausg. 22/11. 1957. — C. **1961.** 4936 [Aust. P. 219 465].)

Imperial Chemical Industries Ltd., London, England, *Unlöslichmachen von künstlichen Fäden und Fasern.* (**Ind. P. 56 200** vom 2/1. 1956, ausg. 13/5. 1958. — C. **1959.** 3006 [E. P. 787 588].)

Imperial Chemical Industries Ltd., London, England, *Veränderung der Eigenschaften von synthetischen Fasern.* (**Ind. P. 53 720** vom 7/2. 1955, ausg. 10/8. 1957. E. Prior. 12/2. 1954. — C. **1957.** 11468 [F. P. 1 122 106].)

Imperial Chemical Industries Ltd. (Erfinder: **Denis Coleman**), London, England, *Herstellung von Polyamiden.* (**Aust. P. 207 609** vom 10/12. 1954, ausg. 16/5. 1957. E. Prior. 16/12. 1953. — C. **1957.** 12932 [F. P. 1 115 493].)

Imperial Chemical Industries Ltd. (Erfinder: **Denis Coleman**), *Polyamide.* (**Aust. P. 210 749** vom 3/2. 1956, ausg. 7/11. 1957. E. Prior. 9/2. 1955. Zusatz zu Aust. P. 207 609; s. vorst. Ref. — C. **1959.** 14599 [E. P. 793 451].)

Böhme Fettchemie G. m. b. H. (Erfinder: **Hans Markert** und **Hans Wedell**), Düsseldorf, *Antistatische Ausrüstung von Textilien aus Polyamiden, Polyestern oder Celluloseacetat.* (**D. A. S. 1 097 080** Kl. 29b vom 27/4. 1954, ausg. 12/1. 1961. — C. **1958.** 7634 [F. P. 1 133 394].)

Böhme Fettchemie G. m. b. H., Düsseldorf, *Behandlung von Carbonamid-Gruppen enthaltenden Formgebilden, bes. Polyamidtextilien.* (**E. P. 839 891** vom 30/7. 1957, ausg. 29/6. 1960. D. Prior. 16/8. 1956. — C. **1959.** 7674 [D. A. S. 1 028 527].)

Deutsche Gold- und Silber-Scheideanstalt vormals Roessler, Frankfurt/M. (Erfinder: **K. Dithmar** und **E. Naujoks**), *Bleichen von Polyamidfasern.* (**Schwed. P. 154 972** vom 11/2. 1954, ausg. 26/6. 1956. **It. P. 510 886** vom 6/2. 1954. Beide D. Prior. 12/3. 1953. — C. **1957.** 3422 [F. P. 1 094 713].)

Paul Halbig, Freiburg, Schweiz, *Herstellung von Fäden aus Polyacrylnitril.* (**Schwz. P. 348 776** vom 27/8. 1956, ausg. 31/10. 1960. — C. **1959.** 2658 [D. A. S. 1 030 969].)

Chemstrand Corp. (Erfinder: **Walter Hargreaves Hindle**), *Vorbehandlung beim Bleichen von Acrylnitrilfasern.* (**Aust. P. 210 809** vom 9/2. 1956, ausg. 7/11. 1957. A. Prior. 28/2. 1955. — C. **1960.** 4714 [E. P. 797 958].)

E. I. du Pont de Nemours & Co., Wilmington, Del. (Erfinder: **Frederick Roy Millhiser**, Waynesboro, Va.), V. St.A., *Fasern oder Fäden mit guter Anfärbbarkeit.* (**Schwz. P. 345 970** vom 3/8. 1954, ausg. 15/6. 1960. A. Prior. 3/8. 1953. — C. **1957.** 6004 [F. P. 1 106 816].)

Dow Chemical Co., V.St.A. (Erfinder: **Stanley A. Murdock** und **Thomas C. Spence**), *Herstellung von Acrylnitrilfasern.* (**F. P. 1 163 888** vom 5/10. 1956, ausg. 2/10. 1958. A. Prior. 7/10. 1955. — C. **1960.** 13568 [E. P. 816 841].)

Dow Chemical Co., Midland, Mich., V.St.A., *Thermoplastisches Präparat.* (**Jap. A. S. 2192/1959** vom 27/7. 1956, ausg. 9/4. 1959. A. Prior. 29/8. 1955. — C. **1959.** 9093 [E. P. 790 601].)

Dow Chemical Co., Midland, Mich., V.St.A. (Erfinder: **Stanley A. Murdock**, **Teddy G. Traylor** und **Theodore B. Lefferdink**), *Antistatisches Harzmaterial.* (**Jap. A. S. 2244/1959** vom 30/4. 1957, ausg. 9/4. 1959. A. Prior. 4/5. 1956. — C. **1960.** 7723 [F. P. 1 177 758].)

Dow Chemical Co. (Erfinder: **Carl B. Havens**, **Almar T. Widiger** und **George H. Youse**), *Fäden aus Polyäthylen.* (**Aust. P. 217 642** vom 12/6. 1956, ausg. 6/11. 1958. A. Prior. 26/8. 1955. — C. **1960.** 5041 [E. P. 804 054].)

Dow Chemical Co., V.St.A. (Erfinder: **Carl B. Havens**, **Almar T. Widiger** und **George H. Youse**), *Herstellung von Polyäthylenfäden.* (**F. P. 1 156 903** vom 3/7. 1956, ausg. 22/5. 1958. A. Prior. 26/8. 1955. — C. **1960.** 5041 [E. P. 804 054].)

Union Carbide Corp., New York, N.Y., V.St.A., übert. von: **Frank Joseph Welch, Frederick Poekler Reding** und **Andrew Tainter Walter**, *Herstellung von Poly-(4-methyl-1-penten) für Fasern und Fäden.* (**E. P. 823 309** vom 30/4. 1957, ausg. 11/11. 1959. A. Prior. 4/5. 1956. — C. **1959.** 14292 [Oe. P. 202 688].)

Montecatini Soc. Gen. per l'Industria Mineraria e Chimica (Erfinder: **Bianco Battaglioli**), Mailand, Italien, *Gut färbbares Formmaterial aus Polypropylen.* (**Jap. A. S. 2246/1959** vom 24/9. 1957, ausg. 9/4. 1959. It. Prior. 27/9. 1956. — C. **1960.** 14563 [Oe. P. 206 643].)

Farbwerke Hoechst Akt.-Ges., vormals Meister Lucius & Brüning, Frankfurt/M., *Veränderung des Warenbildes von aus Polyesterfasern bestehenden oder solche enthaltenden Geweben.* (**Oe. P. 197 780** vom 23/7. 1956, ausg. 27/5. 1958. D. Prior. 25/7. 1955. — C. **1959.** 16199 [Holl. P. 89 330].)

Catalin Corp. of America, Fords, N.J., V.St.A. (Erfinder: **Joseph Bernard Hyman, Stanley Kordzinski, William Robert Sterr** und **Peter Albert Yurcick**), *Herstellung von Phenolharzen mit niedrigem Aschegehalt.* (**E. P. 835 757** vom 16/7. 1956, ausg. 25/5. 1960. — C. **1960.** 7047 [Aust. P. 210 397].)

XIX. Brennstoffe. Erdöl. Mineralöle

Das rheologische Verhalten der Kohlen des Beckens von Rasa. B. Lavrencic. (Ann. Mines Belgique **1957.** 1057—59. Nov. Ljubljana, Yugosl., Chemie-Inst. „Boris Kidric".)

Am Dilatometer-Verh. lassen sich vier Typen der Rasa-Kohlen erkennen, deren C-Geh. in der trocknen, brennbaren Substanz 79,0/78,2/76,6/76,5% beträgt, der H-Geh. 5,6/6,0/5,4/5,4%, der N-Geh. 1,7/1,4/1,4/1,2%, der S-Geh. 11,0/11,0/11,3/9,6% u. der O-Geh. 2,7/3,4/5,3/7,3%. F. SCHUSTER. 8126□

Isolierung vielkerniger aromatischer Kohlenwasserstoffe aus Oxydationsprodukten der Steinkohle. F. Micheel und J. Bernsmann. (Angew. Chem. **73.** 113. 7/2. 1961. Münster/Westf., Univ., Organ.-chem. Inst.) (Dt.)

Durch Oxydation von Steinkohle mit Luft bei 150—200° u. anschließend mit konz. HNO_3 bei 160° u. Extraktion der Benzolcarbonsäuren mit Essigester wird ein Gemisch höherkerniger Polycarbonsäuren erhalten. Decarboxylierung ihrer Cu(II)-Salze im Autoklaven bei 280° oder besser in Polyäthylenglykolmonomethyläther bei 200—250°, Zn-Staub-Dest. u. anschließende Säulenchromatographie an Al_2O_3 u. partiell acetyliertem Cellulosepulver liefern *Fluoren, Phenanthren, Anthracen, Fluoranthen, Pyren, 1.2-Benzanthracen, 3.4-Benzfluoranthen, 1.2-Benzpyren, 3.4-Benzpyren* u. *10.11-Benzfluoranthen.* Andere, im UV-Licht stark fluorescierende Stoffe, konnten noch nicht identifiziert werden. Analog nativer Steinkohle verhält sich die vor der Oxydation zur Entfernung von Bitumen mit Bzl. unter Druck extrahierte Steinkohle. An mehrkernigen Aromaten waren bisher lediglich Naphthalin, Phenanthren u. Fluorenon aus den Oxydations-Prodd. isoliert worden. L. LAMZA. 8126□

Entwicklung der Kokskohlenbasis in Ungarn. János Schwertner. (Kohászati Lapok **94.** 35—37. Jan. 1961. Sztalinváros, Donau-Eisenwerk.) (Ung.)

Es werden die Verkokungsmöglichkeiten der Steinkohlen des Mecsek-Reviers, die Ergebnisse der Voranreicherung u. des Nachwaschens behandelt. Vom Nachwaschen mit schwerer Suspension ist eine Erhöhung des Ausbringens von 10% zu erwarten. Vf. erörtert die Möglichkeit zur Verminderung des S-Geh. von Koks durch Vermischen mit ausländ. Steinkohlen. L. ZOMBORY. 8134

Diagnostische Eigenschaften des Bildungsprozesses von Bitumen, Erdöl und Gas. I. O. Brod. (Rivoluz. ind. **8.** Nr. 85. 4—6. Jan. 1960. Akad. der Wiss. der UdSSR.) (Ital.) — C. **1961.** 10035. G. PLATZER. 8136□

Carbonisierung von Kohle mit Hydrierabschlamm. V. Macháček und V. Machek. (Paliva **38.** 85—86. März 1958.) (Tschech.)

Beim Verschwelen eines Gemisches aus backender Kohle u. Hydrierabschlamm ist weder eine Vormahlung der Kohle noch Vormischung von Kohle u. Schlamm erforderlich, dagegen ist die Menge des Schlamms der Kornfeinheit der Kohle anzupassen. Der Heizwert des erhaltenen Gases ist bei vorgemahlener u. ungemahlener Kohle gleich. R. K. MÜLLER. 8140□

Beitrag zur Verfolgung der Stoffbilanz der Hochtemperaturcarbonisierung der Kohlen. V. Beneš. (Paliva **38.** 52—56. Febr. 1958. Kladno.) (Tschech.)

Auf Grund der Elementar-Zus. der Kohle u. der daraus gewonnenen Prodd. u. der Analyse der gewonnenen Gase, Teere u. Rückstände wird eine Stoffbilanz der Hochtemp.-Schwelung aufgestellt, die es ermöglicht, den Gang der Rkk. zu verfolgen. Eine bes. Bedeutung kommt dabei dem H_2 zu, dessen Verbleib in den verschiedenen Prodd. eingehender untersucht wird. R. K. MÜLLER. 8142□

Die Kennzeichnung von Kohlenmischungen zur Koksbereitung. D. W. van Krevelen, H. A. G. Chermin, H. N. M. Dormans und F. J. Huntjens. (Ann. Mines Belgique **1957.** 1059—63. Nov. Zentrallabor. der holländ. Staatsgruben.)

Zur Erzielung einer guten Koksqualität sind nach Vff. an die Kohlenmischungen folgende Anforderungen zu stellen: Die Mischung muß homogen sein; die Kornverteilung

muß eine gute Raumausfüllung begünstigen; die nicht plast. Inerten müssen sehr fein zerkleinert werden; der Plastizitätsbereich muß ausgedehnt sein u. der Erweichungsgrad muß einen bestimmten Wert haben; in der plast. Zone muß die Gas-Entw. ausgeprägt sein, damit die Teilchen verschweißen können; ein annehmbarer Schrumpfungsgrad des Halbkokses schließt in sich eine so hoch wie möglich liegende Wiederverfestigungs-Temp. u. eine Kontraktion so schwach wie möglich. Die ersten drei Forderungen können durch eine selektive Aufbereitung erfüllt werden. Die restlichen drei hängen von der Auswahl geeigneter Kohlen ab. Die Kohlenmischungen sollen zwischen 20 u. 25% flüchtige Bestandteile enthalten, eine plast. Zone von 100° Breite haben u. eine maximale Dilatation nach AUDIBERT-ARNU von 40—90% des Anfangswerts der Probe.
F. SCHUSTER. 8144□

Zusammensetzung von Koksofengas. Tōru Wainai, Jiro Ichikawa und Minoru Akita. (J. Fuel Soc. Japan **38.** 653—59. Okt. 1959. Nihon, Univ.) (Jap.; Auszug: Engl.)

Zus. u. Menge von Koksofengas wurde während des laufenden Betriebs von Koksöfen des New-Otto-Typs jede Std. durch Gasanalyse nach HEMPEL u. nach einer Labor.-Meth. untersucht. Der Vgl. beider Meth. läßt bei Anwendung einer empir. Gleichung den Schluß zu, daß die Zus. des Koksofengases auf Grund von Labor.-Unterss. bestimmt werden kann. R. MAHRWALD. 8156

Flüssiggas als Energiequelle zur Erzeugung von Infrarotstrahlung. Piotr Lipka. (Nafta [Katowice] **16.** 165—67. Juni 1960. Warszawa.) (Pol.)

Übersicht über Wrkg. u. Anwendungsmöglichkeiten gasbeheizter keram. IR-Strahler. F. URBAN. 8162□

Anlagen zur Vakuum-Carbonatbehandlung und Anlage zur Gewinnung von Kontaktsäure im Beckton-Werk. L. S. Cooper und R. M. Johnson. (Gas [Roma] **10.** 40—48. Febr. 1960.) (Ital.)

Es wurde die Eisenoxydgasreinigung durch eine Waschanlage („Hot Activation Process" der KOPPERS Co.) ersetzt, bei der mit verd. Soda-Lsg. gewaschen wird, die dann mit Dampf unter Vakuum regeneriert wird. Zusätzlich wurde eine LURGI-Anlage errichtet, in welcher der Cyanwasserstoff verbrannt u. 78%ig. H_2SO_4 in einer Tagesproduktion von 12,95 t erzeugt wird. Carbonatwaschung u. Kontaktsäuregewinnung werden in 2 Schemazeichnungen dargestellt. Über weitere Einzelheiten wird berichtet.
E. A. WERNICKE. 8164□

Versuche zur Erhöhung der Ausbeute an Naphthalin. Walenty Stateczny. (Chemik **13.** 396—99. Okt. 1960.) (Pol.)

Die Fraktion Kp. 170—250° des Rohteers, die bes. viel Naphthalin (I) enthält, wird von sauren u. bas. Bestandteilen befreit u. nochmals destilliert. Man erhält 12% eines Öls, Kp. 170—200°, mit 2 (%) **I**, 67 **I**-Öl, Kp. 212—222°, F. 67°, mit 88 **I** u. 21 Spülöl mit 2,5 **I**. Das **I**-Öl wird redest. u. man erhält **I** (F. 78,8°) mit 84%ig. Ausbeute oder 8,25%, bezogen auf Teer. F. URBAN. 8166□

Experimentelle Untersuchung des Koeffizienten der Wasserverdrängung durch Gas im Zusammenhang mit der Untertageaufbewahrung von Gas in wasserführenden Strukturen. A. L. Chein, Ss. N. Businow und P. Ja. Altuchow. (Газовая Промышленность [Gas-Ind.] **5.** Nr. 11. 27—32. Nov. 1960.) (Russ.)

Experimentell wird eine Abhängigkeit des Koeff. σ_m der Verdrängungs-Koeff. von W. durch Gas von der Filtrations-Geschw. des W., ν_v, u. von der Geschw. der Bewegung der Phasengrenze Gas—W., ν_{pH}, festgestellt. Mit steigenden Werten von ν_v u. ν_{pH} nimmt σ_m sehr stark ab, bes. bei geringen Werten. Experimentell läßt sich nachweisen, daß σ_m sehr wenig vom Druckverhältnis des eintretenden u. austretenden Gases abhängig ist. O. LEBTAG. 8174□

Forschung in den Kohlenteer- und Benzol-Industrien. D. McNeil und K. H. V. French. (Gas J. **304** (**112**). 259—65. 9/11. 1960.) (Engl.)

Literaturbericht auf Grund von 63 neueren Veröffentlichungen. F. SCHUSTER. 8176□

Über die Extraktion von kreosot- und asphaltreichem Braunkohlen-Hochtemperatur-Teer mit wasserhaltigem Methanol. 2. Mitt. **Versuchsergebnisse.** Erich Gundermann. (Erdöl u. Kohle **13.** 556—60. Aug. 1960. Leipzig, Inst. für Verf.-Technik der organ. Chem. der Dt. Akad. der Wiss. zu Berlin.) (Dt.) — 1. vgl. C. **1961.** 13052.

Die Ergebnisse der ein-, zwei- u. dreistufigen Verss. in verschiedenen App. werden beschrieben u. technolog. ausgewertet. Eine optimale Konz. des Methanols von 80 bis 85 Vol.-% wurde ermittelt. Damit wurden bei einstufiger Arbeitsweise 70—80%, bei dreistufiger Arbeitsweise 86—93% der Kreosote u. Asphalte in den Extrakten entfernt. Die erhaltenen Raffinate zeigen im Vgl. zum eingesetzten Rohteer bedeutende Verbesserung der therm. Stabilität. Vf. schlägt eine Verarbeitungstechnik für kreosot- u.

asphaltreiche Braunkohlenteere vor, bei der die Teere mit wss. Methanol mehrstufig extrahiert, die Raffinate dest. u. die dabei gewonnenen Paraffinmassen mit Butanon oder Aceton entölt werden. Bei dieser Verarbeitungsweise werden Paraffin, leichte Heizöle u. Koks gewonnen. U. KRAUS. 8178□

Chemisch beständige keramische und synthetische Materialien unter dem Gesichtspunkte ihrer Anwendung in der Erdölindustrie. Feliks Stanczykiewicz. (Wiadomości Naftowe **6.** 103—05. Mai 1960.) (Pol.)

Übersicht über Korrosionsbeständigkeit u. mechan. Eigg. von Beton, Bitumen- u. Kohle-Prodd. u. von Kunststoffauskleidungen (Polyisobutylen, PVC) bes. gegen Erdölprodukte. F. URBAN. 8186□

Grundlagenbericht über radioaktive Isotope und die Prinzipien der Kernstrahlungsmessung. Barbara Jaworska. (Wiadomości Naftowe **6.** 112—14. **143.** Mai/Juni 1960.) (Pol.)

Übersicht mit kurzer Behandlung der Wahl radioakt. Isotopen für Unterss. von Erdölvorkommen. F. URBAN. 8188□

Bohrtone und -schlämme. Paolino Collura. (Metano, Petrolio nuove Energie **12.** 421—45. Juli. 503—25. Aug. 581—600. 30/9. 649—65. 31/10. 721—39. 30/11. 809—29. 31/12. 1958.) (Ital.) — Vgl. C. **1959.** 15545.

Vf. gibt eine umfassende Übersicht über die bei Erdölbohrungen verwendeten Spülflüssigkeiten. Besprochen werden die Druckverhältnisse im Bohrloch, die angewandten Aufschlämmungen u. deren Wechselwrkg. mit den Wandungen, mit bes. Berücksichtigung koll.-chem. Erscheinungen. Zahlreiche anorgan. u. organ. Chemikalien werden mit ihren speziellen Anwendungsgebieten benannt, bes. auch Mittel zur Zementierung der Verrohrung. Der letzte Abschnitt befaßt sich mit den verschiedenen Bohr-Verff. (Rotary, mit Motor unter Tage, Preßluftbohrung, Turbinenbohrung). — 87 Literaturnachweise. E. A. WERNICKE. 8190□

Vergleich der trennenden Wirkung polarer und unpolarer Adsorbenten bei schweren Erdölprodukten. Je. M. Breschtschenko. (Химия и Технология Топлив и Масел [Chem. Technol. Brennstoffe Öle] **4.** Nr. 3. 53—59. März 1959.)

Als polares Adsorbens wurde Al-Silicat, als unpolares Aktivkohle eingesetzt. Die Unterss. wurden an einem Paraffin–Naphthen- u. einem Paraffin–Naphthen–Aromaten-Gemisch durchgeführt. Durch Adsorption an Aktivkohle trat im ersten Fall eine Trennung in höher- u. niedrigkristallisierende Komponenten ein (Deparaffinierung). Die Adsorption einer Komponente an Aktivkohle ist um so stärker, je höher ihre Kristallisations-Temp. u. je niedriger Dichte u. Brechungsindex sind. Im zweiten Fall trat neben der Deparaffinierung eine Trennung des aromat. Anteils in höher- u. niedrigkristallisierende Komponenten ein. H. VOGEL. 8192□

Endotherme katalytische Spaltung von Erdgas und Raffineriegas. G. Hellendoorn, J. H. Baars und E. de Jonge. (Riv. Combustibili **14.** 136—48. Febr. 1960. Gaswerk Hilversum, Holland.) (Ital.) — Vgl. C. **1961.** 2489.

Wärmebilanz der Erdgasumwandlung in Form eines SANKEY-Strombilds. Konvertierung von Raffineriegas durch ein cycl. Katalyseverfahren. Zus. von Erdgas u. Raffineriegas vor der Umwandlung. F. SCHUSTER. 8196□

Versuche über die Hydrierung von Mineralölen zur Herstellung gasförmiger Kohlenwasserstoffe. F. J. Dent, R. F. Edge und F. C. Wood. (Gas [Roma] **8.** 121—26. April. 156—62. Mai. 195—203. Juni 1958.) — Vgl. C. **1958.** 1467.

Die Hydrierung von Leichtdestillat, Gasöl, Rohöl u. schwerem Heizöl wurde bei H_2-Drucken von 30 at u. Temp. zwischen 700 u. 900° im Hinblick auf die Möglichkeiten der Erzeugung gasförmiger KW-Stoffe untersucht. Die Vers.-Anlage u. ihre für die Hydrierung der verschiedenen Ölqualitäten notwendigen Abwandlungen werden ausführlich erläutert. Das Koksfließbett in der Vers.-Anlage dient in erster Linie zur Kontrolle der Rk.-Temp. u. zur Beherrschung der entstehenden Aschen u. etwaigen C-Abscheidungen. Beim Leichtdestillat u. beim Gasöl muß nur auf vollständige Verdampfung u. gute Durchmischung mit dem Hydriergas geachtet werden, bevor Berührung mit den fluidisierten Koksteilchen eintritt. Rohöl u. schweres Heizöl werden verdüst u. direkt in das Fließbett eingespritzt, wobei die Verhinderung der Zusammenballung der Koksteilchen wichtig ist. Im Falle des Leichtdestillats führt die Hydrierung zu einer prakt. 100%ig. Ausbeute an gasförmigen KW-Stoffen. Bei der Hydrierung von Gasöl werden bereits beträchtliche Mengen Kondensat gefunden, aber keine C-Abscheidungen. Für Rohöl u. schweres Heizöl sinkt die Gasausbeute auf 75—80 bzw. 65—70% unter Ablagerung von 2—3 bzw. 4—5% C. Der CONRADSON-Test lieferte bei diesen Ölen etwa die doppelte C-Menge. In allen Fällen bestehen die Kondensate vornehmlich aus Bzl. u. Naphthalin mit geringen Beimischungen an höheren aromat. Verbindungen. Bzl. u.

Naphthalin können aus dem Kondensat relativ rein gewonnen werden, doch ist das Bzl. nicht ganz frei von Thiophen. Die mitgeteilten Ergebnisse von Labor.-Verss. deuten darauf hin, daß sich die Ausbeuten an Gas für Rohöle u. schwere Heizöle in industriellen Hydrieranlagen mit einer größeren Höhe des Fließbetts u. H_2-Drucken von 50 at noch beträchtlich werden steigern lassen. Die Wärmebilanz des Hydrierprozesses bei den verschiedenen Ölqualitäten in der Vers.-Anlage u. in einer industriellen Anlage, die Heizwerte der unter verschiedenen Temp.-Bedingungen entstehenden gasförmigen KW-Stoffe u. die Verw.-Möglichkeiten des Gases werden diskutiert. L. WIESNER. 8198□

Anwendung des Platforming-Verfahrens bei engsiedenden Naphthas zur Gewinnung von Aromaten und zur Verbesserung von Octanen. Whei-Chen Wu, Rei-Shueh Soong, Chuen-ying Chen und Cheng-sen Lin. (Chem. Ind. Engng. [China] **1959.** 15—23. Min. für Erdölind., Res. Inst.) (Chin.; Auszug: Engl.)

Naphthas von Yumen, Zentral-Szechuan (60—130°) u. hydriertes Schieferöl von Fushun (60—120°) wurden zur Gewinnung von Aromaten in einem isothermen Reaktor mit 80 ml Katalysator nach dem Platforming-Verf. behandelt. Der eingesetzte Katalysator war eine Sonderentw., die Arbeitsbedingungen werden mitgeteilt. Die Ausbeute an Aromaten betrug in Gewichts-%: Yumen 38,5, Kramayi 31,8, Zentral-Szechuan 46,6 u. Fushun 32,2. Die Ausbeute an Überschuß-H_2 betrug 1,7—2,2 Gewichts-%, an Fll. 90—94%. Bei einem Einsatz des Katalysators während 2170 Std. nahm die Ausbeute an Aromaten von 38,8 auf 35,4 Gewichts-% bei Yumen ab. Yumen-Naphtha ergab nach der Entbutanisierung 90% Bzn. mit einer OZ. von 72 (Motor-Meth.). OZ. des Rohstoffs 44. F. ROSENDAHL. 8200□

Kraftstoff und Motor. 2. Mitt. **Kraftstoff und Ottomotor.** Heinz Hoffmann. (Erdöl u. Kohle **11.** 169—73. März 1958. Stuttgart-Untertürkheim, Daimler-Benz Akt.-Ges.) (Dt.) — 1. vgl. C. **1958.** 11408.

Nach Schilderung der verschiedenen Ausführungsarten der Brennraumgestaltung befaßt sich Vf. eingehend mit der Benzineinspritzung u. den Fragen des Klopfens. F. ROSENDAHL. 8204□

Fluorescenzspektren von Motortreibstoffen. K. Mihul, K. Ruscior, W. Pop, F. R. Schwarz und G. A. Redulessku. (Известия Академии Наук СССР, Серия Физическая [Nachr. Akad. Wiss. UdSSR, physik. Ser.] **23.** 122—25. Jan. 1959.) (Russ.)

Inhaltlich ident. mit der C. **1961.** 2844 referierten Arbeit. E. v. PEZOLD. 8212□

Oxydationsmethode zur Abscheidung von Sulfiden aus den mittleren Erdölfraktionen. Je. N. Karaulowa und G. D. Galpern. (Доклады Академии Наук СССР [Ber. Akad. Wiss. UdSSR] **124.** Nr. 3. 583—85. 21/1. 1959. Erdölinst. der Akad. der Wiss. der UdSSR.) (Russ.)

Die Meth. wurde an künstlichen Gemischen erarbeitet u. bei Unterss. von S-organ. Verbb. aus Romaschkino-Erdöl angewandt, wobei gezeigt wurde, daß es möglich ist, mittels H_2O_2 in Essigsäure die Sulfide (**I**) quant. zu Sulfoxyden (**II**), z. B. $C_{13.67}H_{25.70}\cdot SO_{1.37}$ zu $C_{13}H_{26}SO$ mit 43,5% **II**, bezogen auf **I**, zu oxydieren, ohne daß die aromat. KW-Stoffe u. die der Thiophenreihe davon betroffen werden. Die **II** können vom nichtoxydierten Anteil mittels Adsorptionschromatographie getrennt werden, wobei als Adsorbens Silicagel, als Elutionsmittel Bzl., $CHCl_3$ u. A. dienen. Nach der Zus. der **II** sind die Ausgangs-**I** völlig gesätt. cycl. Verbindungen. Die Zus. der **II** bewegt sich zwischen $C_{10}H_{20}OS$ u. $C_{15}H_{28}OS$. E. v. PEZOLD. 8214□

Der Einfluß von Schwefeligsäureanhydrid auf den Verschleiß von Gußeisen in Gegenwart von Schmiermitteln. K. Ss. Ramaija und W. Ss. Sawelski. (Химия и Технология Топлив и Масел [Chem. Technol. Brennstoffe Öle] **4.** Nr. 1. 31—34. Jan. 1959.) (Russ.)

Vff. haben in einer Vers.-Anlage festgestellt, daß gasförmiges *SO_2* eine Erhöhung der Korrosion u. des Verschleißes von *Gußeisen*-Bestandteilen eines Motors hervorruft. Mit Hilfe von ^{60}Co konnte erwiesen werden, daß SO_2 mit dem Schmiermittel anfänglich eine Verbindung bildet, die als Korrosionsschutz wirkt, die jedoch bei weiterer Einw. von SO_2 zerstört wird u. somit ein Anwachsen der Korrosion bedingt.

G. SCHREIBER. 8220

Einwirkung von höheren Temperaturen auf bituminöse Mischungen. William H. Gotolski. (Proc. Amer. Soc. Civil Engr., J. Highway Divis. **86.** HW3. 2592-1-27. Sept. 1960.) (Engl.)

Nach den Unterss. vom Vf. nimmt die MARSHALL-Stabilität (MSt) in dem Maße ab, wie die Temp. des Asphalts zunimmt, dagegen nimmt die MSt zu, wenn die Temp. des Gesteins bei der Mischung der Komponenten zunimmt. Die für die HVEEM-Stabilität (HSt) erhaltenen Werte bei 135° Asphalt-Temp. sind größer, als wenn der Asphalt bei gleicher Temp. zur Mischung herangezogen wird. Die Temp. des Gesteins scheint keinen

Einfl. auf die HSt zu haben. Für die Mischung von Asphalt u. Gestein scheint die Temp. von 190° am geeignetsten zu sein. F. ROSENDAHL. 8236 □

Ermüdungserscheinungen bei bituminösen Straßenbelägen. R. N. J. Saal und P. S. Pell. (Kolloid-Z. **171.** 61—71. Juli 1960. Amsterdam, N. V. de Bataafsche Petroleum Mij.; Nottingham, Univ.) (Engl.)

Wenn Bitumenmischungen Biegungs- u. Torsionsschwingungen unterworfen werden, so zeigen sie Ermüdungserscheinungen, jedoch gibt es keinen Hinweis für die Existenz einer Dauerbelastungsgrenze im untersuchten Bereich. Der Oberflächenzustand hatte nur geringe Auswirkungen, doch verringerte ein steigender Geh. an Hohlräumen die Lebensdauer. Ruhepausen hatten dabei keinen Einfluß. Unter wechselnden Biegungsbeanspruchungen bei konst. Amplitude ist die Ermüdung sehr temperaturempfindlich (je niedriger die Temp., um so länger die Lebensdauer), ebenso ist sie abhängig von der Geschw. der Belastung (je geringer die Geschw., um so kürzer die Lebensdauer). Auf Grund der Verss. wurden Formeln aufgestellt, mit denen sich der Bruch infolge der Ermüdung bis zu einem gewissen Grade berechnen läßt. F. ROSENDAHL. 8236 □

William Joseph Kruppa, Somerville, und John Beekman Rinkhoff, Fanwood, N.J., V.St.A., **Herstellung von Koks aus schlecht backenden und blähenden Kohlen,** dad. gek., daß man sie in fein zerkleinerter Form in einen Gasstrom, bes. Luft, einer plötzlichen Oxydation bei 675—800° F zuführt, schnell abkühlt, von dem Trägergas abtrennt, brikettiert u. verkokt. — Zeichnung. (**Ind. P. 49 015** vom 19/2. 1953, ausg. 4/10. 1955.) C. LÜTTGEN. 8145

Benjamin Aaron Arakie, Calcutta, Indien, **Herstellung von brikettierten Brennstoffen aus Koksgrus** (I) durch Mischen von 80—92(%) I mit 7—15 Kalk, der >60 CaO, Rest MgO u. SiO_2 enthält, u. 2—5 Ton u. anschließendes Verformen. — Zeichnung. (**Ind. P. 49 282** vom 30/3. 1953, ausg. 13/5. 1955.) C. LÜTTGEN. 8145

Metallgesellschaft Akt.-Ges., Frankfurt/M. (Erfinder: Friedrich Danulat †, Frankfurt/M., und Paul Schmalfeld, Bad Homburg v. d. H.), **Entgasen von staubförmigen Brennstoffen,** dad. gek., daß überschüssiger heißer Entgasungsrückstand oder Koks aus dem Prozeß abgeführt u. in diesem heißen Zustand zur Fließbrikettierung von Steinkohle oder zur Brikettierung von Erzen verwertet wird. (**D. B. P. 974 519** Kl. 26a vom 5/12. 1953, ausg. 26/1. 1961. Anmeldung bekanntgemacht 21/6. 1956. **Zusatz zu D. B. P. 974 376; C. 1961. 8890.**) E. KAHLES. 8149

Ruhrgas Akt.-Ges. (Erfinder: Friedrich Nistler), Essen, **Brenngaserzeugung durch Vergasen eines feinkörnigen Brennstoffes** in einem Wirbelschichtvergaser u. Nachvergaser des aus in diesem Vergaser erzeugten Gases abgeschiedenen Staubs in einem von dem Wirbelschichtvergaser (I) erzeugten Gas nicht durchströmten Staubvergaser (II). Dem I wird der feinkörnige Brennstoff unter Verw. des aus dem II austretenden heißen Gases als Trägergas zugeführt u./oder die aus dem I in festem Zustand ausgetragene Schlacke zerkleinert, in den II eingeblasen u. dort erschmolzen. (**D. B. P. 974 634** Kl. 24e vom 3/3. 1951, ausg. 9/3. 1961. Anmeldung bekanntgemacht 29/5. 1952.) W. HAUSWALD. 8149

Didier-Werke Akt.-Ges., Deutschland, **Thermische Behandlung von gasförmigen Kohlenwasserstoffen oder solche enthaltenden Gasen, besonders zur Herstellung von Synthesegas.** Das Gasgemisch wird in Ggw. von H_2O-Dampf oder CO_2 in der Rk.-Kammer auf 1000° u. mehr erhitzt, wobei ein Teil der heißen Gase (Dissoziationsgase) mit ihrer gesamten oder nahezu gesamten fühlbaren Wärme aus der Rk.-Kammer abgezogen u. gleichzeitig mit den umzusetzenden Stoffen wieder in die Rk.-Kammer eingeführt werden. — 2 Zeichnungen. (**F. P. 1 172 141** vom 29/1. 1957, ausg. 5/2. 1959.) W. WITTHOLZ. 8153

Texas Co., New York, N.Y., übert. von: Du Bois Eastman und William L. Slater jun., Whittier, Calif., V.St.A., **Abstellen unter Druck betriebener Synthesegeneratoren** mit nachgeschalteter Flüssigkeitskühlung. Man unterbricht gleichzeitig die Zufuhr an Ausgangsmaterial (Kohle bzw. KW-Stoff u. O_2 bzw. Dampf) zum u. die Abführung von Synth.-Gas aus dem Generator, so daß der herrschende Druck aufrechterhalten bleibt, führt Kühl-Fl., bes. W., bei einer Temp. <Kp. beim herrschenden Druck kontinuierlich durch die Kühlzone u. läßt Synth.-Gas aus dem Reaktor allmählich in die Kühlzone ab, wobei der Druck stets über dem Dampfdruck der Kühl-Fl. gehalten wird. Ein Zurücksteigen des Kühlmittels in den Reaktor wird so verhindert. — Zeichnung. (**A. P. 2 818 326** vom 7/8. 1956, ausg. 31/12. 1957.) H. KOBS. 8153

Virgil Stark, V.St.A., **Herstellung von Stadtgas.** Man spaltet Erdölschweröle bei Temp. über 810°, wozu man heiße Gase verwendet, die beim Verbrennen des C-Nd.

entstanden sind, verwendet einen Teil dieser heißen Gase u. die Spaltgase zur Erzeugung von Dampf, komprimiert die Spaltgase bei ca. 21 at u. kühlt sie ab, um die Bestandteile mit sehr hohem Kp. zu verflüssigen. Die nicht kondensierten Gase vermischt man ggf. mit Luftgas oder mit Rauchgasen, um ein Stadtgas von gewünschter Zus. zu erhalten. (**F. P. 1 122 516** vom 8/4. 1955, ausg. 10/9. 1956.) T. OPPERMANN. 8157

Hamburger Gaswerke G. m. b. H., Deutschland, **Entfernen von Blausäure und Schwefelwasserstoff aus Gasen der Kohlendestillation.** Man entfernt zuerst die Blausäure zusammen mit den Stickstoffoxyden in einem Vorreiniger bei 15—25° mit einer 30—40% W. enthaltenden Fe-Oxydmasse ohne Zuführung von Luft u. dann H_2S in einem oder mehreren Reinigern unter Zuführung von Luft mit einer nur 5—15% W. enthaltenden Fe-Oxydmasse bei 30—70°. — Schemat. Zeichnung. — Vgl. E. P. 670 028; C. **1954.** 3141. (**F. P. 1 129 902** vom 14/3. 1949, ausg. 29/1. 1957.) T. OPPERMANN. 8173

Babcock & Wilcox Ltd., London, England, **Verbesserung des Schlackenabzuges** aus mit pulverisierten oder granulierten Brennstoffen beschickten Öfen. Brennstoffe, wie *Braunkohle*, hinterlassen eine Asche mit hohem Geh. an Al_2O_3 u. CaO, welche einen hohen F. aufweist. Zwecks Herabsetzung des F. wird Asche mit niedrigerem F., z. B. von Steinkohlen, die einen hohen Si-Geh. aufweisen, in die Brennkammer eingeführt. (**Aust. P. 167 022** vom 8/12. 1953, ausg. 1/3. 1956. E. Prior. 8/12. 1953 [1952? der Ref.].) W. GRÄGER. 8179

Petrolite Corp., Wilmington, Del., übert. von: Melvin De Groote, St. Louis, und Owen H. Pettingill, Kirkwood, Mo., V.St.A., **Mischungen oxyalkylister Zucker.** Rohrzucker oder Glucose (I) wird nacheinander mit Butylenoxyd (**II**), Propylenoxyd u. Äthylenoxyd (**III**) oder I nur mit II u. **III** umgesetzt, wobei sich die Mengenverhältnisse der Komponenten aus den beigefügten Dreiecks- bzw. Tetraederdiagrammen ergeben. Die Rk.-Prodd. sind bes. geeignet, um *Emulsionen* des W.-in-Öl-Types, bes. *Erdölemulsionen, zu brechen.* (**A. PP. 2 945 023, 2 945 024** u. **2 945 025** vom 24/5. 1954, ausg. 12/7. 1960.) K. FABEL. 8191

Esso Research and Engineering Co., Elizabeth, N.J., übert. von: William O. Webber, Baytown, Tex., V.St. A. **Behandlung von Kohlenwasserstoffen.** Zum Mischen u. Trennen nicht miteinander mischbarer Fll. läßt man einen fl. KW-Stoff durch eine begrenzte Zone fließen u. führt in diese als 2. Fl. ein Behandlungsmittel, z. B. NaOCl-Lsg., an mehreren, auf einem Kreisumfang liegenden getrennten Punkten ein, so daß sich ein Gemisch kleiner Tröpfchen von gleichem Durchmesser bildet. Man leitet die Mischung durch eine lange Koagulierzone u. läßt die koagulierte Mischung in eine 1. u. 2. Fl. absitzen. — Zeichnung. (**A. P. 2 944 010** vom 6/12. 1957, ausg. 5/7. 1960.) P. UNGER. 8193

Sun Oil Co., Philadelphia, übert. von: Junior W. Loveland, Swarthmore, Pa., und Laurence J. Cali, Claymont, Del., V.St.A., **Entfernung von gelöstem Sauerstoff aus Erdölfraktionen mit festen Sulfiten,** z. B. Alkalisulfiten oder Ammoniumsulfit, wobei O_2 aus der fl. Erdölfraktion entfernt wird. (**A. P. 2 938 863** vom 25/2. 1958, ausg. 31/5. 1960.) P. UNGER. 8195

Socony Mobil Oil Co., Inc., V.St.A., **Entfärben und Reinigen von Mineralölen mit körnigen Adsorptionsmitteln** im Gegenstrom-Verf., z. B. mit Fullererden oder Zeolithen, bei kontinuierlicher Arbeitsweise. — 12 Abbildungen, Diagramme. (**F. P. 1132602** vom 24/6. 1955, ausg. 13/3. 1957.) M. F. MÜLLER. 8195

Socony-Vacuum Oil Co., Inc., V.St.A., **Entfernung der Verunreinigungen aus Mineralölen** durch Adsorptionsmittel, wie Fullererde, Bauxit, Bentonit, Knochen- u. Holzkohle, Mg-Silicat, akt. Kaolin, akt. Kohle. Dabei werden Farbstoffe, harzbildende Stoffe u. a. Verunreinigungen entfernt. Das verbrauchte Adsorptionsmittel wird von den anhaftenden Ölanteilen durch Auswaschen mit Bzn. befreit, danach getrocknet u. abgebrannt. — 7 Abbildungen. (**F. P. 1 133 856** vom 28/4. 1955, ausg. 3/4. 1957.) M. F. MÜLLER. 8195

Chemetron Corp., Chicago, Ill. (Erfinder: Arne Eriksen, Burlingame, Calif.), V.St.A., **Herstellung von aktivierten Nickelkatalysatoren für die Umformung von Kohlenwasserstoffen,** dad. gek., daß NiO oder beim Erhitzen an der Luft in Ni-Oxyde übergehende Ni-Verbb. mit einem Aktivierungsmittel aus Tonerde oder Kalkstein-Verbb. u. einem Bindemittel aus 60—67 (Gewichts-%) CaO, 18,8—25,5 Silicat, 3—7,5 Tonerde, 0,5—5,5 Kalkstein u. dem Rest aus Alkali- oder Erdalkalioxyden in Ggw. von W. zu einer teigartigen Masse vermahlen werden u. diese verformt u. gebrannt wird. (**D. A. S. 1 097 601** Kl. 23b vom 18/1. 1960, ausg. 19/1. 1961. A. Prior. 26/1. 1959.) E. KAHLES. 8197

Standard Oil Development Co., Elizabeth, N.J., V.St.A., **Katalysatoren zum Cracken** von KW-Stoffen mit 20—60 (Gewichts-%) Al_2O_3 u. 80—40 SiO_2. Man läßt 1 (Gewichtsteil) amalgamiertes Al mit 30—70 wss. CH_3COOH (1—3%) reagieren, trennt das entstandene Tonerdehydrosol mit 1—3% Al_2O_3 ab u. vermischt es mit einem getrennt bereiteten Silicahydrogel mit 5—15% SiO_2. Man erhält ein Gemisch mit 2,3 oder 4 SiO_2 auf 1 Al_2O_3, das homogenisiert u. bei 400—1200° F im Luftstrom getrocknet wird. (**Ind. P. 49 505** vom 6/5. 1953, ausg. 15/7. 1955.) H. NEBELSIEK. 8197

Phillips Petroleum Co., übert. von: Paul H. Johnson und Charles R. Eberline, Bartlesville, Okla., V.St.A., **Beeinflussung der Crackaktivität eines Kieselsäure-Crackkatalysators.** Der Katalysator wird unter Umwandlungsbedingungen mit einem $>$ 10 ppm schwere Metalle enthaltenden KW-Stofföl in Kontakt gebracht. Der mit den Metallen verunreinigte Katalysator wird abgezogen. Nichtvergifteter Katalysator mit einer Oberfläche von 25—90 m^2/g wird der Zone in solcher Menge zugeführt, daß das Gleichgewicht mit der Menge des abgezogenen Katalysators aufrechterhalten wird. Der Katalysatorfluß wird so einreguliert, daß die Katalysatoroberfläche in dieser Zone 25—50 m^2/g beträgt. Das Umwandlungs-Prod. wird abgezogen. (**A. P. 2 947 684** vom 2/1. 1958, ausg. 2/8. 1960.) E. KAHLES. 8197

Standard Oil Co., Chicago, übert. von: William P. Thomson, Alton, Ill., V.St.A., **Kohlenwasserstoff-Umwandlung,** wobei ein Pt-Tonerde-Katalysator mit einem S-haltigen KW-Stoffgemisch in Kontakt gebracht wird. Die Regenerierung des Pt-Katalysators erfolgt so, daß das O_2-haltige Verbrennungsgas von unten nach oben durch den Katalysator geführt wird, wobei dem im Kreislauf geführten Verbrennungsgas laufend O_2 zugeführt wird. Sobald die Verbrennungsfront im Katalysator sich dem oberen Ende nähert, wird die O_2-Zufuhr zum Regeneriergas abgestellt. Dann wird das Gas abwärts durch den Katalysator bei vermindertem Druck geleitet, so daß alle C-haltigen Rückstände auf dem Katalysator abgebrannt sind u. die S-haltigen Prodd. in SO_2 übergeführt sind. Dann wird der Druck in der Zone wieder erhöht u. diese mittels Heizgas auf eine Temp. oberhalb der Rk.-Temp. erhitzt, hierauf wird mit einem inerten Gas der O_2 ausgetrieben u. dann KW-Stoffe eingeführt. — Zeichnung. (**A. P. 2 923 679** vom 23/5. 1957, ausg. 2/2. 1960.) E. KAHLES. 8197

M. W. Kellogg Co., Jersey City, N.J., übert. von: Joseph F. Skelly, New York, N.Y., V.St.A., **Umwandlung von Kohlenwasserstoffen.** Die Reaktionszone u. die Abstreifzone befinden sich in einem Kessel, der oberhalb der Regenerierzone angeordnet ist. In der Rk.-Zone wird ein dichtes Wirbelbett von feinverteilten Feststoffen aufrechterhalten. Vom Wirbelbett gelangen die Teilchen in eine Abstreifzone u. von dort durch eine Leitung durch die Regenerierzone zum Boden der Regenerierzone. Nach erfolgter Regenerierung werden die Teilchen mittels Luft wieder durch die Regenerierzone hindurch nach oben in die Rk.-Zone befördert. — Vorr., Zeichnungen. (**A. P. 2 900 330** vom 12/11. 1954, ausg. 18/8. 1959.) E. KAHLES. 8197

M. W. Kellogg Co., Jersey City, N.J. (Erfinder: Henry Pettiner Wickham, Glen Head, N.Y., und John Bremner Osborne, South Orange, N.J.), V.St.A., **Katalytische Spaltung von hochsiedenden Kohlenwasserstoffen im Fließbettverfahren,** wobei als Katalysatorträger ein O_2-haltiges Gas verwendet wird, das gleichzeitig zur Verbrennung der Katalysatorverunreinigungen beim Regenerieren des Katalysators verwendet wird. Die Vorr. besteht aus einem stehenden zylindr. Aggregat, welches im oberen Teil den regenerierten Katalysator enthält, der durch eine Reihe von vertikalen Kammern in die Rk.-Zone gelangt. — 3 Abbildungen. (**F. P. 1 117 518** vom 13/12. 1954, ausg. 23/5. 1956. A. Prior. 14/12. 1953. **D. A. S. 1 027 827** Kl. 23b vom 14/12. 1954, ausg. 10/4. 1958. **E. P. 788 000** vom 2/12. 1954, ausg. 18/12. 1957. A. Prior. 14/12. 1953 u. 25/10. 1954. **A. P. 2 891 001** vom 25/10. 1954, ausg. 16/6. 1959.) M. F. MÜLLER. 8197

Metallgesellschaft Akt.-Ges., Frankfurt/M. (Erfinder: Johannes Krause, Frankfurt/M., und Karl Ebner, Oberursel), **Crackung von Ölen, Teeren oder dergleichen Kohlenwasserstoffen in der Gasphase,** bei dem das zu crackende fl. Gut in so großen Mengen eines gas- oder dampfförmigen Heizmittels fein verteilt wird, daß die Temp., auf die das Heizmittel erhitzt wird, nur eine kleine Spanne über der Cracktemp. liegt u. hohe Strömungs-Geschw. angewandt werden, dad. gek., daß die Crackung in einem Strahl-App. durchgeführt, ein Teil des Heizmittels, wie an sich bekannt, im Kreislauf durch den Rk.-Raum u. einen Raum für die Zumischung von frischem Heizmittel geführt wird, dessen Menge das Drei- bis Zehnfache des frisch in den Mischraum eintretenden Heizmittels beträgt, so daß die Förderung des Gemisches aus Kreislaufgas, frischem Heizmittel u. dem an der engsten Stelle des Diffusors in den Strahl-App. eingeführten zu crackenden Stoffes in dem Strahl-App. mit so hoher Geschw. erfolgt, daß nur kurze Crackzeiten von $^1/_{10}$—$^1/_{50}$ Sek. erforderlich sind. — Zeichnungen. (**D. B. P. 974 350** Kl. 23b vom 3/1. 1945, ausg. 1/12. 1960. Anmeldung bekanntgemacht 29/7. 1954.) E. KAHLES. 8197

Esso Research and Engineering Co., übert. von: Alan Schriesheim, Fords, N.J., V.St.A., **Herstellung von Schwerbenzinanteilen hoher Octanzahl,** die hauptsächlich aus verzweigten C_5—C_7-Paraffinen bestehen. Eine geringere Menge von geradkettigen C_6—C_{18}-Paraffinen wird mit einer größeren Menge Butanen oder Pentanen bei < 140° F in Ggw. eines Katalysatorkomplexes aus $AlBr_3$ u. 20—100 Gewichts-% Br_2 oder Cl_2 umgesetzt. — Zeichnung. (**A. P. 2 943 126** vom 26/9. 1958, ausg. 28/6. 1960.) E. KAHLES. 8201

Esso Research and Engineering Co., Elizabeth, N.J. (Erfinder: Frederick Williams Steffgen, Charles Newton Kimberlin jun., Fred J. Buchmann, Alexis Voorhies jun., Baton Rouge, La., Albert B. Welty jun., Wilfred O. Taff, Westfield, Donald D. MacLaren, Scotch Plaines, und Edward J. Gornowski, Cranford, N.J.), V.St.A., **Hydroformieren von Kohlenwasserstoffen** in Ggw. von Katalysatoren der Platingruppe in Form einer dichten Fließbettschicht. Dabei werden 8,9—356 dm³ H_2 auf 1 Liter Öl angewandt. Der Druck beträgt 0—14 at. Der unwirksam gewordene Katalysator wird unter oxydierenden Bedingungen, z. B. in Ggw. von Cl_2, regeneriert u. dabei von den die Aktivität herabsetzenden Verunreinigungen befreit. Das restliche Chlor wird nach dem Regenerieren mittels eines inerten Gases ausgetrieben. Im ganzen werden bei der Regenerierung 0,2—1,25% Cl_2 benötigt. Bei der Hydroformierung wird Naphtha in der Rk.-Kammer mit dem H_2-Gasstrom im Gegenstrom mit einer Geschw. von 1,5—4,5 m/s geführt. Die für die Rk. notwendige Wärme wird durch die hocherhitzten festen Teilchen gleichzeitig zugeführt. — 2 Zeichnungen. (**F. P. 1 135 954** vom 31/8. 1955, ausg. 7/5. 1957. **E. P. 790 329** vom 26/8. 1955, ausg. 5/2. 1958. **D. A. S. 1 020 430** Kl. 23b vom 1/9. 1955, ausg. 5/12. 1957. Alle A. Prior. 1/9. u. 29/9. 1954. **A. P. 2 856 351** vom 29/9. 1954, ausg. 14/10. 1958. **Belg. P. 553 476** vom 17/12. 1956, ausg. 15/1. 1960. A. Prior. 27/12. 1955. **A. P. 2 908 636** vom 27/12. 1955, ausg. 13/10. 1959.) M. F. MÜLLER. 8201

E. I. du Pont de Nemours & Co., Wilmington, übert. von: Matthew R. Kegelman, Claymont, Del., V.St.A., **Motortreibstoff auf Gasolinbasis.** Derselbe enthält Pb-Tetraäthyl, Halogenspülmittel u. zur Vermeidung von Abscheidungen im Verbrennungsraum 0,03—03 Gew.-% mindestens eines Oleylsalicylates eines Erdalkalimetalls der Ordnungszahl 20—56, z. B. Ba- oder Sr-Oleylsalicylat. (**A. P. 2 933 380** vom 22/6. 1955, ausg. 19/4. 1960.) E. DREWS. 8205

E. I. du Pont de Nemours & Co., Wilmington, Del., V.St.A. (Erfinder: Charles Anthony Sandy und James Herbert Werntz), **Klopffeste Kraftstoffe für Ottomotoren.** Sie bestehen aus einer bleitetraäthylhaltigen Benzinbasis u. enthalten als Antiklopfmittel Li-Salze von folgenden Säuren: tert. organ. Carbonsäuren (I), sek. organ. Carbonsäuren (II), organ., acycl. verzweigten Carbonsäuren (III). Zusatzmengen mindestens $1,3 \cdot 10^{-2}$ g/Liter, berechnet als Li. — Beispiele: für **I**: 2-Äthylcapron-, 2.3-Dicyclohexylpropionsäure; für **II**: 1.2.2.3-Tetramethylcyclopentan-, 2-Methyl-2-äthylbuttersäure; für **III**: 3.5.5-Trimethylcapronsäure. (**D. A. SS. 1 099 258** u. **1 099 259** vom 11/2. 1958, ausg. 9/2. 1961, beide A. Prior. 18/2. 1957 u. **1 099 260** vom 27/6. 1958, ausg. 9/2. 1961. A. Prior. 27/6. 1957. **A. PP. 2 935 973** u. **2 935 974** vom 18/2. 1957, ausg. 10/5. 1960 u. **2 935 975** vom 27/6. 1957, ausg. 10/5. 1960.) E. DREWS. 8205

Esso Research and Engineering Co., Elizabeth, N.J., übert. von: Charles L. Thorpe, Raymond L. Heinrich, Edward J. Hoffman und James A. Anderson jun., Baytown, Tex., V.St.A., **Hydrierung von asphalthaltigen Kohlenwasserstoffölen.** Bei 200—2000 lbs./sq.in. wird das Öl in Ggw. eines S-akt. Hydrierungskatalysators bei 600—850° F hydriert, wobei die Auslaß-Temp. 20—80° F höher ist als die Einlaßtemperatur. Die Raumströmungs-Geschw. beträgt 0,2—5 Vol./Vol./Std. u. die H_2-Menge 1000—10000 cu.ft. H_2 je barrel Öl. Period. wird die Umwandlungszone entspannt, während im Laufe von 1—20 Std. das asphalthaltige Öl durch die Rk.-Zone fließt. Dann wird wieder auf Rk.-Druck komprimiert. Die Entspannung beträgt 5—50% des normalen Arbeitsdrucks während der Zeit von 0,5—5 Min., während die Kompression auf den Arbeitsdruck 1—40 Min. dauert. — Verw. als *Heizöl.* Zeichnungen. (**A. P. 2 950 242** vom 7/10. 1957, ausg. 23/8. 1960.) E. KAHLES. 8217

Esso Research and Engineering Co. (Erfinder: Arnold J. Morway), V.St.A., **Herstellung von Gemischen von wasserfreien Seifen und Salzen** für die Verw. als *Verdickungsmittel von Mineralschmierölen* aus Metallseifen von höhermol. u. mittelmol. (C_3—C_{10}) aliphat. Fettsäuren u. einem Metallsalz der Essigsäure. In diesem Gemisch beträgt das Verhältnis der Essigsäure zu den anderen Säuren mindestens 4:1. — Beispiel: 12 (Gewichts-%) Eisessig, 3 Valeriansäure, 3 Caprylsäure, 10 $Ca(OH)_2$, 0,5 Phenyl-α-naphthylamin, 71,5 Mineralschmieröl (98,8° Viscosität 9 cSt); Verhältnis von Essigsäure zu den übrigen Säuren = 4; VZ. des Säuregemisches = 470. (**F. P. 1 148 917** vom 21/3. 1956, ausg. 18/12. 1957. **D. A. S. 1 054 631** Kl. 23c vom 12/3. 1956, ausg. 9/4. 1959. **E. P. 778 567** vom 22/2. 1956, ausg. 10/7. 1957. Alle A. Prior. 1/4. 1955.)

M. F. Müller. 8221

Heinrich Koppers G. m. b. H., Essen, *Kontinuierliche Vergasung von Kohlenwasserstoffölen.* (**E. P. 837 211** vom 22/10. 1956, ausg. 9/6. 1960. D. Prior. 27/10. 1955. — C. **1959.** 15227 [D. A. S. 1 023 746].)

Office National Industriel de l'Azote, Toulouse, Frankreich, *Herstellung wasserstoffhaltiger Gase.* (**E. P. 772 787** vom 12/9. 1952, ausg. 17/4. 1957. F. Prior. 19/2. 1952. — C. **1950/54.** 7196 S [F. P. 1 056 321].)

Texaco Development Corp., V.St.A. (Erfinder: **Du Bois Eastman, Dale Monroe Strasser, Frank Edward Guptill** und **Charles Parker Marion**), *Vergasung von flüssigen schweren Kohlenwasserstoffen.* (**F. P. 1 148 551** vom 9/2. 1956, ausg. 11/12. 1957. A. Prior. 10/2. u. 22/7. 1955. — C. **1960.** 13239 [Aust. P. 213 534].)

British Petroleum Co. Ltd., England (Erfinder: **Percy Meyer** und **Graham Neville Griffiths**), *Behandeln von Rohölen.* (**F. P. 1 147 415** vom 10/6. 1955, ausg. 25/11. 1957. E. Prior. 29/6. 1954. — C. **1959.** 1321 [D. A. S. 1 030 951].)

Socony Mobil Oil Co., Inc, New York, N.Y., V.St.A., *Kontakt von Flüssigkeiten mit Feststoffteilchen.* (**Oe. P. 206 555** vom 10/5. 1955, ausg. 10/12. 1959. A. Prior. 10/5. 1954. Zusatz zu Oe. P. 197 516; C. 1959. 8434. — C. **1960.** 4397 [E. P. 804 632].)

Socony Mobil Oil Co., Inc., New York, N.Y. (Erfinder: **Eric Victor Bergstrom**, Short Hills, N.J.), V.St.A., *Trocknen von Adsorptionsmitteln.* (**D. A. S. 1 070 325** Kl. 23b vom 11/7. 1956, ausg. 3/12. 1959. A. Prior. 11/7. 1955. — C. **1960.** 3749 [E. P. 801 409].)

Edeleanu G. m. b. H., Deutschland, *Verbesserung der Eigenschaften von Harnstoff-Kohlenwasserstoffkomplexen.* (**F. P. 1 184 240** vom 11/10. 1957, ausg. 17/7. 1959. D. Prior. 16/10. 1956. — C. **1958.** 9657 [D. A. S. 1 015 972].)

Comp. Française de Raffinage, Paris, Frankreich, *Reinigung von aus Erdölen extrahierten Polymethylensulfiden.* (**Holl. P. 78 350** vom 5/6. 1953, ausg. 15/6. 1955. F. Prior. 5/3. 1953. — C. **1960.** 13240 [E. P. 756 345].)

Socony Mobil Oil Co., Inc., New York, N.Y. (Erfinder: **Eric Victor Bergstrom**, Short Hills, und **Edward Rudolph Josef Sorf**, Fanwood, N.J.), V.St.A., *Umwandlung von Kohlenwasserstoffen.* (**F. P. 1 146 640** vom 5/1. 1956, ausg. 13/11. 1957. **D. A. S. 1 052 035** Kl. 23b vom 13/1. 1956, ausg. 5/3. 1959. Beide A. Prior. 14/1. 1955. — C. **1961.** 3206 [A. P. 2 897 139].)

Socony Mobil Oil Co., Inc., übert. von: **Paul B. Weisz**, Pitman, N.J., V.St.A., *Katalytische Umwandlung von Kohlenwasserstoffen.* (**A. P. 2 854 400** vom 13/7. 1954, ausg. 30/9. 1958. — C. **1960.** 4021 [D. A. S. 1 067 013].)

Esso Research and Engineering Co., übert. von: **Brook I. Smith**, Elizabeth, und **Edward D. Boston**, Westfield, N.J., und **John W. Herrmann**, Woodside, N.Y., V.St.A., *Umwandlung von Kohlenwasserstoffen.* (**A. P. 2 871 183** vom 21/9. 1954, ausg. 27/1. 1959. — C. **1960.** 4397 [E. P. 810 808].)

Esso Research and Engineering Co., Elizabeth, N.J., V.St.A., *Umwandlung von Kohlenwasserstoffen.* (**E. P. 840 104** vom 12/6. 1958, ausg. 6/7. 1960. A. Prior. 12/11. 1957. — C. **1960.** 7391 [D. A. S. 1 068 409].)

Badische Anilin- & Soda-Fabrik Akt.-Ges., Ludwigshafen/Rh., *Hydrieren, Dehydrieren, Reformieren, Isomerisieren, Hydrofinieren oder Cracken von Kohlenwasserstoffen.* (**E. P. 803 261** vom 11/3. 1955, ausg. 22/10. 1958. D. Prior. 20/3. u. 7/5. 1954. — C. **1960.** 5363 [Aust. P. 210 321].)

Rheinpreussen Akt.-Ges. für Bergbau und Chemie, Homberg/Niederrhein, *Katalytische Hydrierung von CO mit Wasserdampf.* (**Oe. P. 186 620** vom 21/7. 1952, ausg. 25/8. 1956. D. Prior. 4/9. 1951. Zusatz zu Oe. P. 175 878; C. 1954. 7561. — C. **1958.** 14170 [Schwz. P. 316 738].)

British Petroleum Co. Ltd., London, **Peter Thomas White** und **Ernest Carlton Housam**, Sunbury-on-Thames, England, *Dehydrieren und Dehydrocyclisieren von nichtaromatischen Kohlenwasserstoffen.* (**E. P. 837 707** vom 20/9. 1957, ausg. 15/6. 1960. — C. **1960.** 14750 [D. A. S. 1 074 790].)

Standard Oil Development Co., V.St.A. (Erfinder: **John P. Thorn** und **Walter R. F. Guyer**), *Katalysator zur Umwandlung von Kohlenwasserstoffen.* (**F. P. 67 171** vom 8/9. 1954, ausg. 25/11. 1957. A. Prior. 14/10. 1953. Zusatz zu F. P. 1 068 896; C. 1956. 904. — C. **1958.** 4970 [D. B. P. 962 366].)

Standard Oil Development Co., V.St.A. (Erfinder: **Zigmond W. Wilchinsky, John A. Hinlicky** und **George R. Gilbert**), *Herstellung von η-Aluminiumoxyd.* (**F. P. 1 112 480** vom 29/9. 1954, ausg. 14/3. 1956. A. Prior. 31/12. 1953 u. 5/1. 1954. — C. **1958.** 3208 [D. A. S. 1 014 257].)

Universal Oil Products Co., Des Plaines, Ill., V.St.A., *Verarbeiten von Rohöl durch Destillation.* (**Ind. P. 53 385** vom 20/12. 1954, ausg. 21/6. 1956. — C. **1959.** 4670 [Aust. P. 202 360].)

„Shell" Research Ltd., übert. von: **Shell Refining & Marketing Co. Ltd.**, England, *Verringerung der Neigung zur Bildung von Mineralölemulsionen.* (**F. P. 1 126 454** vom 22/3. 1955, ausg. 23/11. 1956. E. Prior. 24/3. u. 17/12. 1954. — C. **1957.** 6032 [D. B. P. 951 952].)

„Shell" Research Ltd., übert. von: **Shell Refining & Marketing Co. Ltd.**, England, *Elektrische Isolieröle.* (**F. P. 1 133 510** vom 17/6. 1955, ausg. 28/3. 1957. E. Prior. 17/6. 1954. — C. **1957.** 13224 [E. P. 752 512].)

California Research Corp., San Francisco, Calif., V.St.A. (Erfinder: **Paul K. Mulvany**), *Schmieröle.* (**D. A. S. 1 097 606** Kl. 23c vom 13/3. 1952, ausg. 19/1. 1961. A. Prior. 29/3. 1951. — C. **1960.** 13898 [A. P. 2 680 123].)

Standard Oil Development Co., V.St.A. (Erfinder: **George P. Baumann**), *Gewinnung von hochwertigen Schmierölen.* (**F. P. 63 117** vom 15/11. 1951, ausg. 24/8. 1955. A. Prior. 24/11. 1950. Zusatz zu F. P. 1 041 771; C. 1954. 9203. — C. **1956.** 5171 [A. P. 2 687 982].)

Dow Corning Corp., Midland, Mich., V.St.A., *Herstellung eines Trisiloxans.* (**Holl. P. 95 177** vom 31/7. 1956, ausg. 15/8. 1960. A. Prior. 7/10. 1955. — C. **1959.** 3012 [E. P. 787 800].)

„Shell" Research Ltd., London, England, *Hochdruckschmiermittel.* (**Holl. P. 95 160** vom 24/5. 1956, ausg. 15/8. 1960. E. Prior. 25/5. 1955. — C. **1960.** 3750 [Aust. P. 209 964].)

„Shell" Research Ltd., London, England, *Herstellung eines öllöslichen Assoziates eines Salzes einer organischen Säure mit einem Erdalkalicarbonat.* (Holl. P. 95 157 vom 27/4. 1956, ausg. 15/8. 1960. E. Prior. 29/4. 1955. — C. 1959. 8757 [F. P. 1 154 445].)

N. V. de Bataafsche Petroleum Mij., Holland, *Schmierölzusatzmittel aus Gemischen von Metallsalzen von Phenol und Salicylsäure.* (F. P. 1 120 071 vom 28/10. 1954, ausg. 29/6. 1956. Holl. Prior. 30/10. 1953. — C. 1961. 1427 [E. P. 759 346].)

Institut Français du Pétrole des Carburants et Lubrifiants, Seine, Frankreich (Erfinder: L. Boisselet und G. Avico), *Schmiermittelgemische und Additive für Schmiermittel.* (F. P. 1 143 205 vom 3/12. 1955, ausg. 27/9. 1957. — C. 1961. 4217 [Belg. P. 552 529].)

M. R. Colby, Seattle, V.St.A. (Erfinder: O. D. Colvin, E. N. Fabares und F. J. Swaney), *Verhindern von Korrosion in Öltanks.* (Schwed. P. 153 445 vom 2/4. 1949, ausg. 14/2. 1956. E. Prior. 6/4. 1948. — C. 1961. 1069 [Norw. P. 89 164].)

Esso Research and Engineering Co., Del., V.St.A., übert. von: Laurence F. King, Sarnia, Ontario, Canada, *Schmierfette.* (A. P. 2 820 762 vom 14/6. 1954, ausg. 21/1. 1958. — C. 1950/54. 3661 S [F. P. 1 082 660].)

N. V. de Bataafsche Petroleum Mij., Holland (Erfinder: Arnold A. Bondi und Hyman Diamond), *Schmiermittel.* (F. P. 1 131 152 vom 9/5. 1955, ausg. 18/2. 1957. A. Prior. 10/5. 1954. — C. 1957. 11192 [D. A. S. 1 003 897].)

N. V. de Bataafsche Petroleum Mij., Holland (Erfinder: Stanley S. Sorem), *Schmiermittel für Metalle bei hohen Betriebstemperaturen.* (F. P. 1 135 361 vom 11/7. 1955, ausg. 26/4. 1957. A. Prior. 12/7. u. 18/10. 1954. — C. 1958. 2612 [D. B. P. 963 984].)

Bataafse Petroleum Mij. N. V., Den Haag (Erfinder: Jacob Koome, Amsterdam, Holland, und George Merlin Good, Emeryville, Calif., V.St.A.), *Katalytisches Isomerisieren von festen Kohlenwasserstoffgemischen.* (D. A. S. 1 096 888 Kl. 12o vom 28/3. 1955, ausg. 12/1. 1961. Holl. Prior. 29/3. 1954. — C. 1958. 5848 [E. P. 766 027].)

Thomas Swan & Co. Ltd. und Leslie Bolgar, England, *Kationische, oberflächenaktive Bitumenzusätze.* (F. P. 1 136 576 vom 23/11. 1955, ausg. 15/5. 1957. E. Prior. 24/11. 1954. — C. 1959. 6684 [E. P. 773 622].)

R. D. Obolenzew und A. W. Maschkina, Hydrogenolyse der schwefelorganischen Verbindungen des Erdöls. Moskau: Gosstoptechisdat. 1961. (144 S. m. Zeichng.) 58 Kop. [Russ.]

XX. Schieß- und Sprengstoffe. Zündmittel

Angewandte chemische Kinetik. 15. Mitt. **Die Explosionsreaktionen.** J. C. Jungers und P. Leprince. (Rev. Inst. franç. Pétrole Ann. Combustibles liquides **11.** 1406—69. Nov. 1956.) (Franz.) — 14. vgl. C. **1961.** 2908.

Allg. Überblick über die Anwendung von Explosionsreaktionen.

F. ROSENDAHL. 8292

Reaktionskinetische Probleme bei der Herstellung von Nitroglycerin, Nitroglykol und ähnlichen Sprengstoffen. Valter Öhman, Ettore Camera und Jacques Bourgeois. (Chemiker-Ztg. — Chem. Apparatur **83.** 399—406. 20/6. 1959. Vevey, Dr. Mario Biazzi S. A., Labor.) (Dt.)

Vff. untersuchen die Auflösung von Glycerin (I), Glykol (II) in H_2SO_4 u. die Rk. nach Zusatz von HNO_3 u. führen eine Reihe von Nitrierungen von I u. II unter verschiedenen Vers.-Bedingungen (Temp., Wasser-Geh., Rühren) durch. Es ergibt sich, daß die Nitrierung als ein Komplex von Rkk. an den Phasenoberflächen verläuft u. die Rk.-Geschw. erhöht werden kann; hierbei spielt auch die Zerstäubung des I eine Rolle. In bezug auf den Wasser-Geh. erhält man die höchsten Rk.-Geschw. bei $H_2SO_4 \cdot H_2O$ oder etwas höher bei starkem Rühren, jedoch auch aus Stabilitätsgründen nicht $> H_2SO_4 \cdot 1{,}2\ H_2O$. Der Einfl. der Temp. ergibt sich bes. durch die Abhängigkeit der Viscosität des I von der Temp., wobei jedoch 20° als maximale Nitrierungs-Temp. angesehen wird. I u. II verhalten sich reaktionskinet. etwas verschieden. H. FREIWALD. 8304□

Ammoniumnitrat-Sprengstoffe. Melvon A. Cook. (Mining Congr. J. **45.** Nr. 10. 57—62 u. 107. Okt. 1959. Univ. of Utah, Inst. of Metals and Explosiv. Res.) (Engl.)

Gemische von NH_4NO_3 (I) mit Diesel- oder Heizöl (II), möglichst im Verhältnis 94 I/6 II, werden am Sprengort oder im Bohrloch gemischt. Vf. beschreibt die Eignung verschiedener Sorten I, wobei sich solche mit (0,025%) Überzug aus oberflächenakt. KW-Stoff-Sulfonaten durch leichte Detonierbarkeit auszeichnen. Die Detonations-Geschw. ist fast die berechnete. Zur Erhöhung der Ladedichte, die bei 94 I/6 II nur 0,8 g/cm³ beträgt, wird I z. T. durch $NaNO_3$ (III) ersetzt oder Ferrosilicium zugefügt. Ferner werden die Eigg. von geeigneten Mischungen beschrieben: 92/8 I-Kohlepulver, I-Zuckerwasser, I-Melassewasser, grobkörniges TNT–I–III 36/32/32 mit Zusatz von 10% W. (breiartig, hohe Dichte). Als Übertragungsladungen werden gegossene aus TNT-Nitropenta 50/50 (Pentolite) von 50—400 g je nach dem Durchmesser des Bohrloches u. Empfindlichkeit des Gemisches empfohlen. H. FREIWALD. 8304□

Das Auftreten von Kohlenoxyd beim Schießen mit Sprengstoff. J. Boucart. (Explosifs **12.** 96—108. Juli/Sept. 1959. Centre de Rech. pour l'Ind. des Prod. Explos.) (Franz.)

Vf. behandelt die die CO-Bldg. beeinflussenden Faktoren, wie Ladedichte bei Sprengstoffen mit unterschiedlicher O_2-Bilanz u. die Gleichgewichte, die den CO-Geh. bestimmen. Aus Verss. unter praxisnahen Bedingungen ergibt sich bei 8 Bergwerkssprengstoffen ein CO-Geh. in der Luft von 0,006—0,07 Vol.-%, wobei der geringe CO-Geh. bei Sprengstoffen mit hohem O_2-Geh. auftritt. Bei fast gleicher Zus. hat kleine Teilchengröße der Sprengstoffbestandteile geringen CO-Geh. zur Folge. H. FREIWALD. 8304□

Die Bildung von Kohlenoxyd in den Sprengstoffschwaden. C. Boutry und C. Fossé. (Explosifs 12. 109—25. Juli/Sept. 1959. Centre de Rech. pour l'ind. des prod. explos.) (Franz.)

Es werden Patronen aus Dynamiten u. anderen Bergwerksprengstoffen in einer Steinbruchgalerie (1) frei aufgehängt, (2) am Boden liegend u. (3) im Bohrloch unter Arbeitsleistung gesprengt u. dann der CO (**I**)- u. bei Dynamiten der NO_2 (**II**)-Geh. bestimmt. Die Meth. der Probeentnahme u. Analyse werden beschrieben. Bei einem Dynamit werden bei (2) ca. 20 Liter **I** je kg Sprengstoff, bei (1) ca. die Hälfte u. bei (3) 20—30 Liter **I**/kg gefunden. Bei anderen Bergwerksprengstoffen mit relativ hohem O_2-Geh. enthält die Luft nach der Sprengung bei (1) u. (2) ca. 2 Liter **I**/kg, bei (3) jedoch 10. Eine Patronenhülle aus paraffiniertem Papier erhöht den **I**-Geh. auf das Doppelte, ähnlich wirkt eine starre Hülle aus hartem Ton im Vgl. mit einer halbstarren aus NaCl. Bei Dynamit wird bei (2) der NO-**II**-Geh. zu 1—5 Liter **II**/kg (0,005—0,014 Vol.-%) gefunden.
H. FREIWALD 8304□

Nitroglycerin Aktiebolaget, Gyttorp, Schweden, **Laden von Bohrlöchern mit Sprengpatronen,** dad. gek., daß die Patronen mittels Preßluft durch einen Schlauch aus Plastikkunststoff (antistat. behandelt) eingeführt werden, wobei der Schlauch in seinem Innern mit längsverlaufenden Nuten oder Rinnen versehen ist. — Zeichnung. (**Belg. P. 564 336** vom 29/1. 1958, ausg. 17/6. 1960. Schwed. Prior. 30/1. u. 25/4. 1957.) A. GRADL. 8299

Aktiebolaget Chematur, Stockholm, Schweden, und Norsk Spraengstofindustri A/S, Oslo, Norwegen, **Herstellung von Trinitrotoluol** erfolgt kontinuierlich unter Verw. einer Nitriersäure, die 86—95 (%) H_2SO_4, 0,5—14 HNO_3 u. 2,25 bis 13,5 W. enthält u. die im Gegenstrom zu Mono- oder Dinitrotoluol durch die App. geleitet wird. — Zeichnung. (**Holl. P. 95 062** vom 3/12. 1954, ausg. 15/8. 1960. Schwed. Prior. 7/12. 1953.) F. BÖHM. 8305

Ludwig F. Audrieth und George C. Hale, Dover, N.J., V.St.A., **Sprengstoff,** bestehend aus einem Satz des *Di-* oder *Triaminoguanidins* mit HNO_3, Pikrinsäure, $HClO_4$, $HClO_3$, HN_3, Styphninsäure, Dinitrophenol oder Dinitroresorcin, für sich allein oder im Gemisch mit anderen Sprengstoffen (TNT). (**A. PP. 2 929 698** vom 15/8. 1944 u. **2 929 699** vom 19/8. 1944, beide ausg. 22/3. 1960.) A. GRADL. 8305

Imperial Chemical Industries Ltd., England, **Sprengpatrone.** Ein druckfester, röhrenförmiger Behälter enthält eine nicht deformierende, bei örtlicher Erhitzung selbständig gasentwickelnde Ladung (z. B. ein 1—3% $MgCO_3$ enthaltendes Gemisch von $NaNO_2$ u. NH_4Cl) u. eine Sicherheitszünd-Vorr. für diese Ladung. — Zeichnung. (**F. P. 1 121 323** vom 24/3. 1955, ausg. 8/8. 1956. E. Prior. 30/4. 1954 u. 23/2. 1955.) T. OPPERMANN. 8305

Rolfinag (Proprietary) Ltd. (Erfinder: Carl Werner Rolfes), Elandsfontein, Transvaal, Südafrika, **Zündschnurverbinder,** bestehend aus einem verformbaren Röhrchen, dad. gek., daß das Röhrchen aus einem unter dem Einfl. der Verbrennungswärme schmelzbarem Material, bes. aus Pb, Sn u. Sb besteht. (**Schwz. P. 348350** vom 3/11. 1958, ausg. 30/9. 1960. Süd-Afrikan. Prior. 13/12. 1957.) A. GRADL. 8309

Aerojet-General Corp., Cincinnati, Ohio, übert. von: Robert L. Hirsch, Glendale, Clyde F. Miller, Arcadia, und Anthony Bellin, Pasadena, Calif., V.St.A., **Behandlung von Feststofftreibsätzen** auf der Basis eines therm. härtenden Alkyd-Vinyl-Harzes u. eines anorgan. Perchlorats zwecks Verhinderung eines unkontrollierbaren Abbrandes, dad. gek., daß im Tauch-Verf. auf die zu schützenden Oberflächen eine Schicht eines Gemisches von thermoplast. Harzen aufgebracht wird. Das Harzgemisch besteht aus Kondens.-Prodd. des Äthylendiamins mit Linol- oder Linolensäure u. aus Glycerinsebacat, das mit einer gesätt. Fettsäure, einer schwach ungesätt. Säure oder einem nichttrocknendem, pflanzlichen Öl modifiziert ist. Die Tauchbehandlung wird bei 360—400° F durchgeführt. (**A. P. 2 917 424** vom 28/10. 1947, ausg. 15/12. 1959.) A. GRADL. 8311

Atlantic Research Corp., Alexandra, Va., V.St.A. (Erfinder: Lester L. Weil), **Feststoff-Treibsatz,** bestehend aus einem Gemisch eines feinteiligen, unlösl. Oxydationsmittels mit einem festen, gummiartigen Gel, dad. gek., daß das Gel aus einer homogenen Dispersion von Polyvinylchlorid in einem organ. Weichmacher besteht u.

beide Komponenten als Brennstoff wirken. Geeignete Weichmacher sind: Dioctylsebacat, Dibutylsebacat, Dimethoxyäthylphthalat. Die prozentuale Verteilung ist ca. 12—20% PVC, 4—18% Weichmacher, Rest Oxydationsmittel, z. B. NH_4ClO_4. (**E. P. 853 320** vom 21/4. 1955, ausg. 2/11. 1960.) A. GRADL. 8311

Chimie et Propulsion, Haute-Garonne, Frankreich, **Herstellung pyrotechnischer Artikel,** dad. gek., daß die pyrotechn. Massen mit wärmehärtenden, ungesätt. Polyesterharzen gemischt werden, die nach dem Pressen der Massen mit Hilfe von Katalysatoren u. Beschleunigern polymerisiert werden. — Beispiel: 35 (g) $Sr(NO_3)_2$, 15 Sr-Oxalat, 28 Mg-Pulver werden durchmengt u. 8% einer Mischung von 80 „Sterpon NP 52" als Harz, 20 Styrol als Verdünnungsmittel, 4 Benzoylperoxyd als Katalysator u. 3 Co-Naphthenat als Beschleuniger zugegeben. (**F. P. 1 136 980** vom 17/11. 1955, ausg. 22/5. 1957.) J. WEIS. 8313

Olin Mathieson Chemical Corp., East Alton, Ill., V.St.A., *Rauchloses Pulver.* (**Schwz. P. 350 593** von 13/4. 1956, ausg. 14/1. 1961. A. Prior. 17/5. 1955. — C. **1959.** 354 [E. P. 793 398].)

E. I. du Pont de Nemours & Co., Wilmington, Del., V.St.A., *Knallzündschnur.* (**E. P. 839 832** vom 27/10. 1958, ausg. 29/6. 1960. A. Prior. 15/11. 1957. — C. **1960.** 8741 [D. A. S. 1 070 535].)

Th. Goldschmidt Akt.-Ges., Deutschland, *Pyrophore Legierungen zur Herstellung von Zündsteinen.* (**F. P. 1 160 277** vom 14/11. 1956, ausg. 10/7. 1958. D. Prior. 30/11. 1955. — C. **1958.** 7007 [D. A. S. 1 017 508].)

E. Merck Akt.-Ges., Darmstadt, *Mittel zum Verschwelen chemischer Substanzen.* (**Oe. P. 209 108** vom 10/9. 1958, ausg. 25/5. 1960. D. Prior. 30/1. 1958. — C. **1959.** 15553 [D. A. S. 1 058 895].)

XXII. Leim. Klebstoffe usw.

Metallklebverbindungen mit Glasfasergewebe-Einlagen. H. Meckelburg. (Adhäsion **3.** 1—6. Jan. 1959. Braunschweig, DFL, Inst. für Flugzeugbau.) (Dt.)

Zur Verbesserung der Festigkeits-Eigg. von Metallbindemitteln werden ungerichtete gepreßte Glasfasern u. Glasseidengewebe in Köperbindung in handelsübliche Epoxyd-, fettsäuremodifizierte Epoxyd-, vinylformalmodifizierte Phenolformaldehyd- u. Acrylatharzkleber eingebettet. Es konnte die relative Schälfestigkeit bei Epoxydharzbindemitteln gesteigert werden, dagegen trat keine Erhöhung der Bindefestigkeit u. der Zugfestigkeit ein. Eine Erhöhung der Wärmebeständigkeit bei Epoxydharzen wurde im Zug–Scher-Vers. gemessen. Hypothesen über die Stützwrkg. u. die Veränderung des Dehnungsverhaltens durch die Glasfasereinbettung werden aufgestellt, die Anwendung der Erkenntnisse am Beispiel des Flugzeugbaus aufgezeigt. D. WESSER. 8388□

Veith Kunststoffwerk G. m. b. H. (Erfinder: Karl-Helmut Schmidt), Reutlingen, **Verkleben von Kunststoffolien bzw. Bahnen mit oder ohne Beschichtung mit sich selbst oder anderen Werkstoffen.** An Stelle der üblichen mechan. oder chem. Aufrauhung der Kunststoffoberfläche zur Verbesserung des Haftens beim Verkleben erfolgt eine aufrauhende Behandlung der Oberfläche vor der Verklebung durch Sprüh- oder Büschelentladungen. (**D. A. S. 1 104 095** Kl. 22i vom 19/7. 1960, ausg. 6/4. 1961.) E. FUCHS. 8383

Fr. Sander Nachf. (Erfinder: Otto Lücke jun.), Wuppertal, **Klebstreifen mit Verstärkungsfäden.** Ein oder mehrere Querverstärkungsfäden werden in Schraubenform endlos um den mit der Klebschicht versehenen Klebstreifen so gewickelt, daß zwischen den einzelnen Windungen noch eine ausreichende Klebfläche frei bleibt. (**D. A. S. 1 095 971** Kl. 22i vom 29/12. 1959, ausg. 29/12. 1960.) E. FUCHS. 8383

Henkel & Cie. G. m. b. H. (Erfinder: Helmut von Freyhold), Düsseldorf, **Feinverteilte anorganische Pulver enthaltender Wasserglas-Klebstoff für das kontinuierliche Verkleben von Pappbahnen auf Wellpappenmaschinen.** Der Klebstoff besteht im wesentlichen aus einer Wasserglas-Lsg. bes. der Viscosität von 120—150 cP u. „Neuburger" Kreide in Mengen von 3—20%, bezogen auf die Gesamtmenge. Die Klebstoffmischung soll womöglich erst dann angewendet werden, wenn die Komponenten bei 30—80° so lange vermischt worden sind, bis ein kontinuierlicher Viscositätsanstieg des Gemisches eingetreten ist. (**D. A. S. 1 092 586** Kl. 22i vom 4/7. 1959, ausg. 10/11. 1960.) E. FUCHS. 8389

Esso Research and Engineering Co., Elizabeth, N.J., V.St.A. (Erfinder: Edward Allen Hunter und Augustus Bailey Small), **Latexähnliche Harzdispersionen.** Durch Polymerisation von dampfgecrackten Petroleumdestillaten, die bes. zwischen 30—280° sieden, gewonnene Harze werden in geschmolzenem Zustand bei Temp. $<100°$ mit bes. 1—5% eines polyoxyalkylierten Alkylphenols oder Alkohols mit 4—10 Oxalkylgruppen, bes. Octylphenolpolyglykoläther, u. bes. 5—15% eines Kondens.-Prod. von einem C_{10}—C_{20}-Alkylamin, bes. einem Amin, dessen Alkylrest sich vom Sojaöl ableitet, u. CH_2O gemischt u. mit W. dispergiert. Es können außerdem noch andere Emulgatoren, z. B. Dodecyltrimethylammoniumchlorid, zugesetzt werden. Die Prodd. eignen sich als *Klebstoffe, Papierleime, Appretur* u. *Bindemittel.* (**E. P. 818 735** vom 6/5. 1957, ausg. 19/8. 1959.) C. Lüttgen. 8389

E. I. du Pont de Nemours & Co., V.St.A. (Erfinder: James Edward van Epp), **Herstellung eines Elastomeren in Filmform.** Auf Filme aus Elastomeren, wie Kautschuk, Butadien-Acrylnitril-Mischpolymerisate, Butylkautschuk, chlorsulfoniertes Polyäthylen, Polyurethan, bringt man vor der Vulkanisation wenigstens einseitig eine Schicht aus Neopren, das zur völligen Vulkanisation nicht ausreichende Mengen an Vulkanisiermittel enthält, so daß es nach der Vulkanisation mindestens oberflächlich unvollständig vulkanisiert ist, u. verwendet die so erhaltene klebende Folie zum Überziehen von plast. Massen, Metallen, Holz, Papier, Textilien, wobei man diese Unterlagen vorher mit einer klebenden Zwischenschicht aus Neopren-Lsg. versehen kann, die ihrerseits mit Chlorkautschuk auf die Unterlage geklebt sein kann. — Vgl. A. P. 2 866 731; C. **1960.** 7022. (**F. P. 1 146 713** vom 26/1. 1956, ausg. 14/11. 1957. A. Prior. 27/1. 1955.) M. Pankow. 8389

Rubber & Asbestos Corp., Bloomfield, übert. von: Jerome L. Been und Martin M. Grover, Rutherford, N.J., V.St.A., **Klebstoff.** Der Klebstoff besteht aus einer Mischung eines Polyepoxydharzes, enthaltend reaktive Epoxy- u. Hydroxylgruppen mit thermoplast. Phenol–Aldehyd-Harzen, Polyvinylacetalen, die 2—25% Resthydroxyl enthalten, u. Butadien–Acrylnitril-Mischpolymeren, die 15—45% Acrylnitril enthalten. Der Mischung kann auch noch ein fl. monomerer Glycidyläther zugesetzt werden. Ferner kann die Mischung in Form einer Dispersion in einem Lsgm. verwendet werden. (**A. P. 2 920 990** vom 2/6. 1954, ausg. 12/1. 1960.) E. Fuchs. 8389

Günther Weile und Joachim Spitzner, Eisleben, und Erich Hölbing, Ahlsdorf, **Klebmittel für mineralische Werkstoffe,** bes. zum *Verbinden von Kupferschlacke* u. zum *Auffüllen von* größeren *Lunkereinschlüssen* bei Gußfehlern u. in verschleißenden Rohrteilen, aus einem kalthärtenden Epoxydharz mit einem Zusatz von feingemahlenem Mineralstoff, z. B. Schlackensand, im Mischungsverhältnis von 1:4. (**D. P. [DDR] 20 532** Kl. 22i vom 23/4. 1959, ausg. 27/12. 1960 [Wirtschaftspatent].) M. F. Müller. 8389

Minnesota Mining & Mfg. Co., V.St.A. (Erfinder: Walter C. O'Leary und Robert A. Frigstad), **Epoxydharzmischung** aus einem Epoxydharz, einem Härtemittel für dieses u. einem niedrigmol. Acrylnitril–Butadien-Mischpolymerisat. Auch das Epoxydharz soll möglichst niedrigmol. sein, z. B. einen Erweichungspunkt $<75^0$ aufweisen. — Man mischt z. B. 100 (Teile) fl. Epoxydharz Bakelit BR 18774, 195,2 1.4.5.6-7.7-Hexachlorbicyclo-[2.2.1]-5-hepten-2.3-dicarbonsäureanhydrid als Härtemittel, 15 Acrylnitril–Butadien (42:58)-Mischpolymerisat der Intrinsicviscosität ca. 0,3 u. 7 SiO_2-Pulver, verklebt mit der Mischung Al-Platten u. hält diese ca. 1 Std. bei 177° u. 1,8 kg/cm² in der Presse. — Die Gemische sind gute *Klebstoffe* für Glas u. Metall. — Vgl. Aust. P. 213 456; C. **1960.** 11839. (**F. P. 1 149 324** vom 11/4. 1956, ausg. 24/12. 1957. A. Prior. 11/4. 1955.) M. Pankow. 8389

Badische Anilin- & Soda-Fabrik Akt.-Ges., Ludwigshafen/Rh. (Erfinder: Horst Brüggemann, Karl Dachs, Ludwigshafen/Rh., Erich Schwartz, Mannheim, und Hans Wilhelm, Ludwigshafen/Rh.), **Verklebung von Gegenständen mit Hilfe von Polyamiden.** Während des Klebprozesses läßt man die Polyamide durch alkal. Polymerisation aus monomeren Lactamen entstehen. Als Aktivatoren setzt man hierbei substituierte Harnstoffe, Thioharnstoffe, Guanidine u. Urethane zu. Die Verklebung kann bei Anwesenheit von Treibmitteln durchgeführt werden, so daß geschäumte Verklebungen entstehen. — Man stellt z. B. eine Schmelze A aus 250 (Teilen) Capryllactam her, in denen 3 Natriummethylat bei 150° gelöst sind. Eine Schmelze B derselben Temp. beteht aus 200 Capryllactam, 50 Caprolactam, 20 Bis-[capryllactam-N-carbonsäure]-hexamethylendiamid-(1.6). Die 2 zu verklebenden Flächen werden getrennt mit Schmelze A bzw. B beschichtet u. unter leichtem Druck zusammengehalten. Die Flächen sind nach ca. 30 Std. verklebt. (**D. A. S. 1 095 431** Kl. 22i vom 29/9. 1959, ausg. 22/12. 1960.) E. Fuchs. 8389

Minnesota Mining & Mfg. Co. (Erfinder: Robert H. Stow), St. Paul, Minn., V.St.A., **Druckempfindliche Klebebandklebmasse.** Der Klebstoff besteht aus folgendem Gemisch: 1. Einem Mischpolymerisat. Dieses ist hergestellt durch Mischpolymerisation eines Acrylsäureesters, a) eines nichttert. Alkohols mit 1—14 C-Atomen oder eines Acrylsäureestergemisches, das in der Gesamtheit der Estergruppen im Durchschnitt ca. 4—12 C-Atome aufweist, u. einer mischpolymerisierbaren monoäthylen. Verb. b), die am doppelt gebundenen C-Atom eine stark polare Gruppe durch einen Carbonylrest gebunden aufweist, in einer Menge von ca. 0,5—12 Gew.-% der Monomeren a) u. b). 2. Einer damit mischbaren polyfunktionellen organ. Verb. (I), die mindestens 2 funktionelle Gruppen enthält, die mit den funktionellen Gruppen des Mischpolymerisates I zu reagieren vermögen. Für I sind polymere Amine geeignet. — Ein Gemisch aus 163 (Teilen) eines Isooctylacrylatmonomeren, 6,8 Acrylsäure, 248 Äthylacetacetat als Lsgm. u. 0,62 Benzoylperoxyd als Katalysator wurde unter N_2 bei 55° 6 Std. langsam gerührt, wobei eine viscose Lsg. erhalten wurde. Dann wurden weiter 79 Äthylacetat u. 0,62 Benzoylperoxyd hinzugegeben. Die Temp. wurde dann 5 Std. auf 60° gehalten. Die Lsg. wurde mit 280 Heptan auf eine aufstreichbare Viscosität verdünnt. Die Analyse ergab ein Mischpolymerisations-Prod. aus ca. 96% des Isooctylacrylatmonomeren u. ca. 4% des Acrylsäuremonomeren. Die Prod.-Lsg. enthielt ca. 23,3% Feststoffe. Das Mischpolymerisat wurde auf einen gestreckten Polyäthylenterephthalatfilm aufgetragen, der zuvor mit einer sehr dünnen Grundierschicht überzogen worden war. Diese Grundierschicht wurde mittels einer 5%ig. Lsg. eines Gemisches in Toluol u. Methyläthylketon aufgetragen, das aus 1 eines Epoxyharzes mit Handelsbezeichnung „ERL-2774", 1 eines polyfunktionellen polymeren Amins mit der Handelsbezeichnung „Versamid 115" u. aus 2 eines Nitrilkautschuks mit der Handelsbezeichnung „Chemigum NINS" bestand. Das Epoxyharz war ein Rk.-Prod. von Epichlorhydrin mit Bisphenol. Das Polyamin ist ein Additions-Prod. von polymerisierten, langkettigen Fettsäuren u. polyfunktionellen prim. u. sek. Aminen, besitzt ein Molgewicht zwischen 1500 u. 2000 u. hat eine BROOKFIELD-Viscosität von 500—750 cP bei 40°. 244—255 g dieses Prod. neutralisieren 1 Äquivalent Säure. Der Nitrilkautschuk ist ein Mischpolymerisat aus 70 Teilen Butadien u. 30 Teilen Acrylnitril. Der Mischpolymerisatüberzug wurde 5 Min. bei 60—82° u. dann noch 10 Min. bei ca. 95° getrocknet, wobei eine druckempfindliche Klebeschicht mit einem trockenen Überzugsgewicht von ca. 0,73 g je 155 cm^3 erhalten wurde. (**D. A. S. 1 096 524** Kl. 22i vom 28/10. 1957, ausg. 5/1. 1961. A. Prior. 2/11. 1956. **A. P. 2 925 174** vom 2/11. 1956, ausg. 16/2. 1960.) E. FUCHS. 8389

Harold Marvin Sonnichsen, Cranbury, und Donald Joseph Giroux, Westfield, N.J., V.St.A., **Klebband.** Das als Klebmasse verwendete Gemisch auf Basis Natur- oder Kunstkautschuk (I) üblicher Zus. erhält einen kleinen Zusatz Polyisocyanat, z. B. 1—5%, bezogen auf I, u. evtl. Peroxyd, bes. Cumolhydroperoxyd, zur Erhöhung der Klebfestigkeit. (**E. P. 824 276** vom 19/1. 1956, ausg. 25/11. 1959. A. Prior. 19/1. 1955.) C. LÜTTGEN. 8389

Dunlop Rubber Co. Ltd., London, England, *Klebstoff*. (**Schwed. P. 155 720** vom 6/11. 1953, ausg. 21/8. 1956. E. Prior. 13/11. 1952 u. 26/10. 1953. — C. **1957**. 2374 [E. P. 743 587].)

Montecatini Soc. Gen. per l'Industria Mineraria e Chimica, Mailand, Italien, *Verkleben von Polyäthylenfilmen mit metallischen Oberflächen*. (**It. P. 512 172** vom 26/1. 1954. — C. **1959**. 8764 [E. P. 777 984].)

P. Beiersdorf & Co. Akt.-Ges., Hamburg, *Herstellung selbstklebender Bänder*. (**Holl. P. 94 569** vom 8/2. 1956, ausg. 15/6. 1960. D. Prior. 12/2. 1955. — C. **1958**. 6720 [F. P. 1 140 282].)

Ciba Ltd., Basel, Schweiz, *Klebefolie*. (**Holl. P. 95 064** vom 9/12. 1954, ausg. 15/8. 1960. E. Prior. 10/12. 1953. — C. **1957**. 10919 [Oe. P. 189 730].)

Farbenfabriken Bayer Akt.-Ges., Leverkusen (Erfinder: **E. Weinbrenner** und **W. Tischbein**), *Klebstoffe*. (**Belg. P. 568 164** vom 30/5. 1958, ausg. 12/8. 1960. D. Prior. 31/5. u. 26/11. 1957. — C. **1959**. 13049 [D. A. S. 1 034 298].)

XXIV. Photographie

Photographische Körnigkeit und Korneindruck: Witold Romer. (Sci. Ind. photogr. [2] **30**. 3—12. Jan. 1959. Wroclaw, Polen, Techn. Univ.) (Franz.)

Vf. unterzieht die Arbeiten von JONES u. HIGGINS über die photograph. Körnigkeit einer krit. Diskussion. Er unterscheidet nach dem von ihm vorgeschlagenen Schema folgende Begriffe: 1. strukturelle Körnigkeit (granularité) als dem Ausdruck für die Kornverteilung in der Emulsionsschicht, 2. opt. Körnigkeit als dem Ausdruck für die photometr. Beschreibung der Fluktuationen eines Lichtstromes in einer Schicht von struktureller Körnigkeit u. 3. subjektive Körnigkeit (granulation, graininess) als Bezeichnung für den Korneindruck, den eine Schicht auf den Beobachter ausübt. Die objektive u. die subjektive Körnigkeit werden stark durch die Beobachtungsbedingungen beeinflußt. Vff. begründet die Notwendigkeit seines Vorschlages, Körnigkeitsmessungen zweckmäßigerweise bei diffuser Beleuchtung der Probe durchzuführen, wie es bei Dichtemessungen üblich ist. Ferner wird gefordert, die maximale Apertur des verwendeten Meßinstrumentes zu begrenzen. Vf. hält gewisse Voraussetzungen in den Arbeiten von JONES u. HIGGINS für ungenügend begründet. W. GÜNTHER. 8600

Zur Photoreduktion der Safraninfarbstoffe, Safranin T und Phenosafranin. (Die Photoreduktion in wässeriger salzsaurer Lösung und in Aceton-Wassergemischen durch Sn^{++}-Ionen). R. Havemann, H. Pietsch und D. Ollmann. (Z. wiss.

Photogr. Photophysik Photochemie **54.** 208—20. Jan. 1961. Berlin, Humboldt-Univ., Physikal. chem. Inst.) (Dt.)

Die Phenazinfarbstoffe *Safranin T* u. *Phenosafranin* sind, da sie N-Atome mit ungepaartem Elektronenpaar enthalten, befähigt, in saurer Lsg. Protonen anzulagern. Hierbei entstehen Farbstoffionen mit neuen photochem. Eigenschaften. Beide Farbstoffe bilden mit $SnCl_2$ in salzsaurer wss. Lsg. vom pH 1,35 ein photochem. reversibles Redoxsystem. Die Photo-Red. der Farbstoffe zur Leukoform verläuft über einen Farbstoff–Sn^{2+}-Komplex, z. B. [Phenosafranin · Sn]$^{2+}$. Es werden die Dissoziations-Konst. der beiden Farbstoff–Sn^{2+}-Komplexe ermittelt. Für den Safranin–Sn^{2+}-Komplex ergeben sich: $pK = -2{,}96$ u. $K = 1{,}1 \cdot 10^{-3}$ [Mol/Liter], für den Phenosafranin–Sn^{2+}-Komplex: $pK = -2{,}76$ u. $K = 1{,}9 \cdot 10^{-3}$ [Mol/Liter]. Durch Zusatz eines weniger polaren Lsgm., z. B. Aceton, zur wss. salzsauren Rk.-Lsg. wird die Dissoziation des Komplexes nach $[\text{Farbstoff} \cdot Sn]^{2+} \rightleftharpoons \text{Farbstoff} + Sn^{2+}$ zurückgedrängt, wodurch die Ausbleichungs-Geschw. erhöht wird. Die Anfangs-Rk.-Geschw. nimmt mit steigender Aceton-Konz. in der Lsg. deutlich zu. Eine Photo-Red. ist auch in reinem Aceton möglich, Zusatz von Säure ist dann nicht erforderlich. Die Anfangs-Rk.-Geschw. sind hierbei um etwa die Hälfte größer als in wss. Lsg. vom pH 1,35 bei gleicher Konz. an $SnCl_2$. W. GÜNTHER. 8604□

Über den Einfluß der Alterung auf Sensibilität und Schleier photographischer Schichten. Milena Závětová. (Czechoslov. J. Physics **7.** 506—08. 1957.) (Russ.) — C. **1961.** 10811. R. K. MÜLLER. 8604□

Eastman Kodak Co., übert. von: Glen G. Gray, Rochester, N.Y., V.St.A., **Nichtrollendes Photopapier.** Vor dem Auftragen der Halogensilberemulsion wird das Rohpapier mit einer 5—50% ig., bes. 15% ig. Lsg. eines langkettigen Äthylenglykoläthers der allg. Formel $RO(CH_2CH_2O)_nR'$ getränkt. Hierbei sind R u. R' Alkylgruppen u. n = 2—135. Bevorzugt werden Tetraäthylenglykoldimethyläther u. Diäthylenglykoldiäthyläther. (**A. P. 2 865 792** vom 20/12. 1954, ausg. 23/12. 1958.) A. KALIX. 8603

Günther Bach, Dessau, und Werner Felgner, Wolfen, Kr. Bitterfeld, **Herstellung von Sulfatbetain-Carbocyanin-Farbstoffen** der Formel **I**, dad. gek., daß man 2-Methylcyclammoniumsalze mit Orthocarbonsäureestern zu 2-[β-Alkoxyalkenyl]-

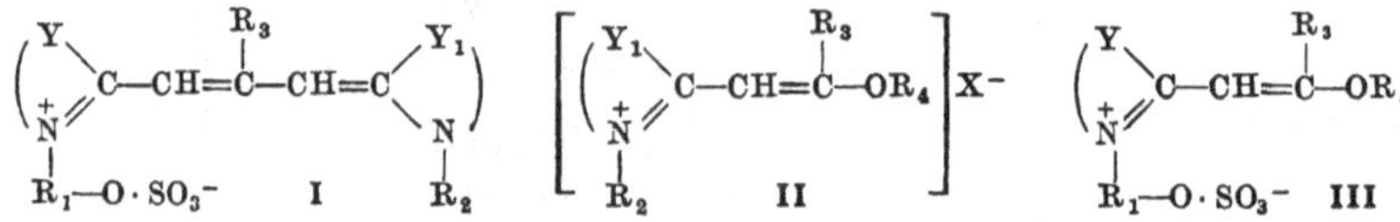

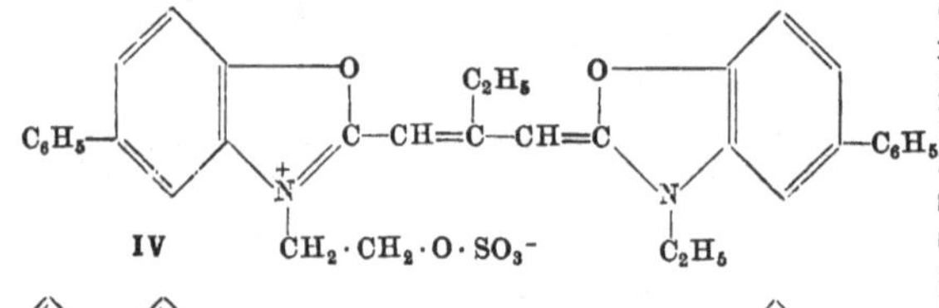

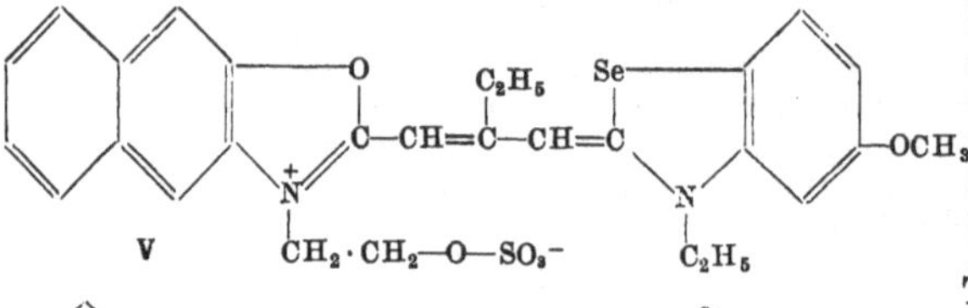

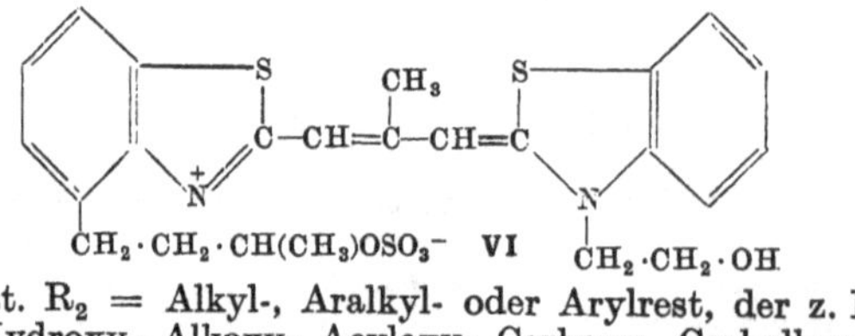

cyclammoniumsalzen der Formel **II** umsetzt u. diese mit 2-Methylcyclammoniumsulfatbetainen kondensiert oder daß man 2-Methylcyclammoniumsulfatbetaine mit Orthocarbonsäureestern zu 2-[β-Alkoxyalkenyl]-cyclammoniumsulfatbetainen der Formel **III** umsetzt u. diese mit 2-Methylcyclammoniumsalzen kondensiert (Y u. Y_1 = Atomgruppen, die zur Schließung eines fünfgliedrigen heterocycl. Ringes, z. B. eines Oxazols, Thiazols oder Selenazols, erforderlich sind; sie können partiell hydriert sein u. beliebige Substituenten, z. B. Alkyl-, Aryl-, OH-, Alkoxylrest oder Halogen, tragen; R_1 = 2wertiger KW-Stoffrest mit 2 bis 4 C-Atomen, der ggf. substituiert ist. R_2 = Alkyl-, Aralkyl- oder Arylrest, der z. B. substituiert sein kann durch eine Hydroxy-, Alkoxy-, Acyloxy-, Carboxy-, Carbalkoxy-, Sulfo-, Sulfat- oder Aminogruppe; R_3 = H, Alkyl- oder Arylrest; R_4 = Alkylrest; X = Anion). Als Orthocarbonsäureester sind Orthoameisen- u. Orthoessigsäuretriäthylester genannt. Kondens. wird in einem

Lsgm., wie A., Acetonitril oder Pyridin, in Ggw. eines bas. Kondens.-Mittels, z. B. Triäthylamin oder Piperidin, ausgeführt. — 3,3 (g) 2-Methyl-3-[äthyl-ω-sulfat]-5-phenylbenzoxazoliumbetain u. 4,2 2-[β-Äthyl-β-äthoxyvinyl]-3-äthyl-5-phenylbenzoxazoliumäthylsulfat werden in 10 ml Pyridin mit 2,8 ml Triäthylamin 1 Std. bei 130° erhitzt: *Farbstoff* **IV**, F. 246—248° (A.). — Bei Verw. von 2-Methyl-3-äthyl-5-methoxybenzselenazolium-p-toluolsulfonat entsteht in analoger Weise die Verb. **V**, F. > 210° (Zers.). — 30,1 2-Methyl-3-[γ-methyl-γ-sulfatpropyl]-benzthiazoliumbetain u. 36,5 2-[β-Methyl-β-äthoxyvinyl]-3-[β-oxyäthyl]-benzthiazoliumperchlorat bilden in Methanol mit Triäthylamin den *Farbstoff* **VI**, F. 221—223°. — *Sensibilisierungsfarbstoffe* für photograph. Halogensilberemulsionen. (**D. P.** [**DDR**] **20 781** Kl. 22e vom 19/6. 1958, ausg. 6/2. 1961 [Wirtschaftspatent].) M. F. Müller. 8605

Eastman Kodak Co. (Erfinder: Burt Haring Carroll, John Sagal jun. und Dorothy Johnson Beavers), Rochester, N.Y., V.St.A., **Sensibilisierte Halogensilberemulsionen.** Die Emulsionen enthalten ion. Polyalkylenoxyde (I) u. als Stabilisatoren bekannte Azaindene (II), die im vorliegenden Falle auch empfindlichkeitssteigernd wirken. Als kation. I werden bes. verwendet: quatern. NH_4- u. Phosphonium-**I**- sowie tern. Sulfonium-**I**-Salze. Als anion. Verbb. von **I** kommen in Frage: Bis-Hydrogensulfate, Bis-pyridiniumperchlorate, Carboglutamate u. Bis-N-carboxymethylcarbamate. Die verwendeten **I** sollen mindestens 4 Polyäthylen-, Polypropylen- oder Polybutylenoxydreste mit einem Molgewicht von 200—1500 enthalten. Vorzugsweise verwendet werden Verbb. von Typus $A{-}N^{+}(X^{-}){-}(CH_2{\cdot}CH_2O)_n{\cdot}CH_2{\cdot}CH_2{-}N^{+}(X^{-}){-}B$. Hierbei ist entweder $A = B = {<}(R)(R_1)(R_2)$, oder $A = R_4O$ u. $B = {<}(R)(R_1)(R_2)$, oder $A = B = $ (Q) C, oder $A = R_4O$ u. $B = $ (Q) c, dabei kann N auch durch $-S^{\pm}$ oder $-P^{\pm}$ ersetzt sein. R, R_1 u. R_2 sind aliphat. oder aromat. KW-Stoffreste, R_4 ist ein Alkyl- oder aromat. Rest, X ist ein Säurerest, bes. Halogenid, Perchlorat, Alkylsulfat, p-Toluolsulfonat oder Alkylsulfat, Q sind die zur Bldg. eines heterocycl. Kernes nötigen Atome, bes. zur Bldg. eines Pyridyl-, α- oder γ-Picolylringes, $n > 3$. — Beispiele: Tetra-(äthylenoxyd)-äthyl-bis-pyridiniumperchlorat, p-tert.-Octylphenoxypoly-(äthylenoxyd)-äthylpyridiniummethansulfonate mit $n = 4—11$, Octa-(äthylenoxyd)-äthyl-bis-pyridiniumperchlorat, Poly-(äthylenoxyd)-äthyl-bis-pyridiniumperchlorat mit einem Molgewicht von 300, 400, 600, 1000 oder 1540, Okta-(äthylenoxyd)-äthylbis-trimethylammoniumperchlorat, Okta-(äthylenoxyd)-äthyl-bis-dimethyldodecylammoniumperchlorat, Tetra-(äthylenoxyd)-äthyl-bis-dimethylsulfoniumperchlorat, p-tert.-Octylphenoxypoly-(äthylenoxyd)-äthyldimethylsulfonium-p-toluolsulfonate mit $n > 4$, Poly-(äthylenoxyd)-äthyl-bis-pyridiniumperchlorat, Okta-(äthylenoxyd)-äthylbis-(laurylmethylsulfoniummethansulfonat), Okta-(äthylenoxyd)-äthyl-bis-(äthylmethylsulfoniummethansulfonat), Poly-(äthylenoxyd)-äthyl-N-carboxymethylcarbamat, Di-Na-Salz, $n = 75$; Poly-(äthylenoxyd)-äthyl-bis-hydrogensulfate mit $n = 35$ u. 75, Poly-(äthylenoxyd)-äthyl-bis-Na-carboglutamate mit $n = 35$ u. 75; N-Carbolauroxypoly-(äthylenoxyd)-äthyl-Na-glutamat mit $n = 12$; Poly-(äthylenoxyd)-äthyl-bis-(3.5-disulfobenzoat)-tetra-Na-Salz mit $n = 35$, N-Carboleyloxy-poly-(äthylenoxyd)-äthyl-Na-glutamat mit $n = 12$; N-Carbocetyloxypoly-(äthylenoxyd)-äthyl-Na-glutamat mit $n = 27$; N-Carbo-p-tert.-octylphenoxypoly-(äthylenoxyd)-äthyl-Na-glutamat mit $n = 30$, p-tert.-Octylphenoxypoly-(äthylenoxyd)-Na-äthylsulfat mit $n = 12$. — Herst.-Verf. für verschiedene dieser Verbindungen. — Zusammen mit **I** verwendbare **II** sind z. B. 4-Hydroxy-6-alkyl-1.3.3a.7-tetra-**II**, 5-Carboxy-4-hydroxy-1.3.3a.7-tetra-**II**, 1.2-Bis-(4-hydroxy-6-methyl-1.3.3a.7-tetra-**II**-5-yl)-äthan, 1.2.3.4-Tetrakis-(4-hydroxy-6-methyl-1.3.3a.7-tetra-**II**-2-yl)-butan, 2-Amino-5-carboxy-4-hydroxy-1.3.3a.7-tetra-**II**, 4-Hydroxy-2-β-hydroxyäthyl-6-methyl-1.3.3a.7-tetra-**II**, 7-Hydroxy-1.2.3.4.6-penta-**II**, 4-Hydroxy-2-(4-pyridyl)-6-methyl-1.3.3a.7-tetra-**II**. — Dosierung: 0,10—10,0 g **I** u. 0,02 bis 10,0 g **II** auf 1 Mol Halogensilber. (**D. A. S. 1 084 131** Kl. 57b vom 6/12. 1957, ausg. 23/6. 1960. A. Prior. 10/12. 1956.) A. Kalix. 8607

E. I. du Pont de Nemours & Co., Wilmington, Del. (Erfinder: Thomas David Smith, Red Bank, N.J.), V.St.A., **Stabilisatoren für Halogensilberschichten,** die Polyoxyalkylen-Derivv. (I) mit einem Molgewicht > 282 als Allgemeinsensibilisatoren enthalten, bilden einwertige u. einkernige Phenole (II), die in p-Stellung zur OH-Gruppe substituiert sind, u. in denen 1—4 der übrigen H-Atome des Benzolringes durch KW-Stoffreste substituiert sein können. Als derartige Substituenten kommen in Frage: Alkylgruppen mit 1—18, bes. 12 C-Atomen, Cycloalkyl- u. Aralkylgruppen, ferner ein- u. mehrkernige Arylreste. Bes. verwendet wird 2-Benzyl-4-methyl-6-tert.-butylphenol; weitere Beispiele für **II**: 2.3.6-Tri-tert.-butyl-4-phenylphenol, p-n-Nonylphenol, p-Benzylphenol, p-α-Cumylphenol, p-Phenylphenol u. 2-Oxy-4-tert.-butylphenol. Dosierung: 5 bis

50 mMol II auf 1 Mol Halogensilber. Die II sind am wirksamsten in Kombination mit I, die Kondens.-Prodd. aus Polyäthylenoxyden mit Oleylalkohol mit einem Molgewicht > 300 darstellen, sowie Polyäthylenoxyde mit einem Molgewicht > 1500. (**D. A. S. 1 096 194** Kl. 57b vom 30/4. 1958, ausg. 29/12. 1960. **F. P. 1 205 574** vom 24/4. 1958, ausg. 3/2. 1960. **E. P. 836 089** vom 1/4. 1958, ausg. 1/6. 1960. Alle A. Prior. 1/5. 1957. **A. P. 2 955 037** vom 1/5. 1957, ausg. 4/10. 1960.) A. KALIX. 8611

Kodak-Pathé, Frankreich, **Stabilisatoren für Halogensilberschichten** bilden Verbb. der allg. Formel I. Hierin ist X eine ggf. alkylsubstituierte Vinylengruppe, ein S- oder O-Atom, eine —NH- oder —CR'=N-Gruppe, in der R' ein H-Atom, eine Alkyl- oder Carboxyalkylgruppe mit 1—4 C-Atomen ist; Y u. Z, die einander gleich oder verschieden sein können, stellen H-Atome, OH-Gruppen oder andere einwertige Substituenten, bes. Alkylgruppen, dar. Y u. Z können zusammen auch einen Benzolring bilden. R ist ein H-Atom, eine Alkylgruppe mit 1—4 C-Atomen, ein Metallatom (Na, K, Ag) oder eine NH_2-Gruppe. Herst. z. B. nach Ber. dtsch. chem. Ges. **33.** [1900.] 1888.

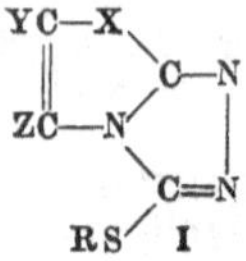

I

— Beispiele sind folgende *3-Thiole* (**II**): 2.3'-Dihydrobenzothiazolo-2'.3'-5.4-triazol-(1.2.4)-**II**; 2'.3'-Dihydrobenzimidazolo-2'.3'.5.4-triazol-(1.2.4)-**II**, 2'.3'-Dihydrobenzoxazolo-2'.3'-5.4-triazol-(1.2.4)-**II**; 2'.3'-Dihydrobenzothiazolo-2'.3'-5.4-triazol-(1.2.4)-methyl-**II**; 1'.2'-Dihydrochinolino-1'.2'-5.4-triazol-(1.2.4)-**II**; 4-Hydroxy-6-methyl-1.2.-3a.7-tetrazainden-**II**. — Dosierung: 0,003—2,0, vorzugsweise 0,01—1,0 g auf 127 g Ag. Diese Zusätze verhindern auch die Bronzierung der Bilder bei der Hochglanzheißtrocknung. (**F. P. 1 196 816** vom 4/7. 1957, ausg. 26/11. 1959.) A. KALIX. 8613

Kalle & Co. Akt.-Ges., Wiesbaden, *Material für die elektrophotographische Bilderzeugung.* (**E. P. 836 148** vom 26/6. 1957, ausg. 1/6. 1960. D. Prior. 27/6. 1956. — C. **1960.** 2403 [D. A. S. 1 060 260].)

Algemeene Kunstzijde Unie N.V. (Erfinder: **Endre Schönberg** und **Karel Wilbrink**), Arnhem, Holland, *Auftragen von Schichten auf Filme und Folien.* (**Schwz. P. 349 731** vom 1/11. 1956, ausg. 15/12. 1960. Holl. Prior. 26/11. 1955. — C. **1959.** 314 [Oe. P. 195 541].)

Kodak Ltd., London, England, übert. von: **Leslie G. S. Brooker** und **Frank L. White**, *Polymethinfarbstoffe.* (**E. P. 751 318** vom 10/8. 1954, ausg. 27/6. 1956. A. Prior. 19/8. 1953. — C. **1959.** 8768 [A. P. 2 739 964].)

Agfa Akt.-Ges., Leverkusen, *Mattierung photographischer Schichten.* (**E. P. 837 529** vom 27/8. 1958, ausg. 15/6. 1960. D. Prior. 30/8. 1957. — C. **1960.** 17593 [D. A. S. 1 058 835].)

E. I. du Pont de Nemours & Co., Wilmington, Del., V.St.A., *Herstellung von wasserunlöslichen Mischpolymerisaten.* (**E. P. 804 069** vom 15/10. 1956, ausg. 5/11. 1958. **Aust. P. 215 618** vom 23/10. 1956, ausg. 10/7. 1958. Beide A. Prior. 9/11. 1955. — C. **1960.** 2066 [A. P. 2 831 781].)

General Aniline & Film Corp., New York, N.Y., V.St.A., *Farbkuppler für Purpur.* (**E. P. 837 360** vom 17/2. 1958, ausg. 15/6. 1960. A. Prior. 21/2. 1957. — C. **1959.** 14609 [D. A. S. 1 049 701].)

Werner Borchmann, Deutschland, *Herstellung von Mehrfarbenbildern mit Hilfe von nur 2 Farbauszügen.* (**F. P. 1 203 571** vom 13/3. 1958, ausg. 20/1. 1960. D. Prior. 13/3. 1957. — C. **1959.** 12110 [D. A. S. 1 052 237].)

Agfa Akt.-Ges., Leverkusen, *Reproduktion von ein- und mehrfarbigen Originalen.* (**E. P. 837 317** vom 17/1. 1957, ausg. 9/6. 1960. D. Prior. 19/1. 1956. — C. **1958.** 14490 [D. A. S. 1 000 690].)

Kalle & Co. Akt.-Ges., Wiesbaden, *Lichtempfindliches Material für Reproduktionsverfahren.* (**E. P. 837 368** vom 31/7. 1958, ausg. 15/6. 1960. D. Prior. 3/8. 1957. — C. **1959.** 9784 [D. A. S. 1 047 622].)

REDAKTIONSSCHLUSS: 28. Juli 1961

Herausgeber: Prof. Dr. Heinrich Bertsch, Berlin, u. Prof. Dr. Dr. h. c. Wilhelm Klemm, Münster. Chefredakteure und verantwortlich für den Inhalt: Dr. Willi Barz (komm.), Berlin N 4, Schiffbauerdamm 19, Fernsprecher: 425571, u. Dr. Eugen Klever, Berlin W 30, Geisbergstraße 39, Fernsprecher: 249541.

Verlag: Akademie-Verlag GmbH, Berlin W 8, Leipziger Str. 3—4 (Fernsprecher: 220441, Telex-Nr. 011773, Postscheckkonto Berlin 35021), und Verlag Chemie GmbH, Weinheim/Bergstr. (Fernsprecher: Weinheim 3635 [Sammelnummer]; Fernschreiber: 0465516 chemieverl wnh; Postscheckkonten: Frankfurt/M. 145314 u. Berlin [West] 7430). Bestellnummer: 1007/132. Das Chemische Zentralblatt erscheint wöchentlich. Preis des Jahrganges einschl. Autoren-, Patent-, Sach- u. Formelregister: DM 960,—; einseitig bedruckte Ausgabe: DM 1050,—. Abgabe der Zeitschrift nur mit sämtlichen Registern. Abbestellungen nur bis spätestens 6 Wochen vor Ablauf des Kalenderjahres.

Satz u. Druck: VEB Leipziger Druckhaus, Leipzig, III/18/203. X. 61.
Veröffentlicht unter der Lizenznummer ZLN 5002 des Ministeriums für Kultur, Hauptverwaltung Verlagswesen.
Printed in Germany.

Kolibri 360 GmbH
Ferdinand-Jühlke-Straße 7
99095 Erfurt, Deutschland
produktsicherheit@kolibri360.de